Die Entwickelung

des

Niederrheinisch-Westfälischen Steinkohlen-Bergbaues

in der zweiten Hälfte des 19. Jahrhunderts.

Herausgegeben vom

Verein für die bergbaulichen Interessen im Oberbergamtsbezirk Dortmund
in Gemeinschaft mit der Westfälischen Berggewerkschaftskasse
und dem Rheinisch-Westfälischen Kohlensyndikat.

VI.

Wetterwirtschaft.

Mit 225 Textfiguren und 25 Tafeln.

1903.

Springer-Verlag Berlin Heidelberg GmbH

ISBN 978-3-642-98908-7   ISBN 978-3-642-99723-5 (eBook)
DOI 10.1007/978-3-642-99723-5

Softcover reprint of the hardcover 1st edition 1903

Inhaltsverzeichnis.

Einleitung   3

1. Kapitel: Beschaffenheit der Wetter.

I. Chemische Zusammensetzung der Wetter.

1. Die Aussenluft

    a) Normale Zusammensetzung   4
    b) Lokale Beimengungen   6

2. Die Grubenwetter

    a) Allgemeines   7
    b) Kohlensäure

        α) Entstehung derselben 12
        β) Kohlensäuregehalt der Wetterströme 20
        γ) Wirkungen des Kohlensäuregehaltes der Wetter 29

    c) Grubengas

        α) Eigenschaften des Grubengases 38
        β) Erscheinungen beim Verbrennen von Schlagwettern
        Schlagwetter mit 0 bis $5^1/_2\,{}^0/_0$ CH_4 41
        »   » $5^1/_2$ » $13^1/_2\,{}^0/_0$ CH_4 46
        »   » $13^1/_2$ » 100 ${}^0/_0$ CH_4 49
        Rückschlag 50
        Nachschwaden 51

        γ) Erkennung und Untersuchung der Schlagwetter 52
        δ) Auftreten von Grubengas im Ruhrbezirk
        Geschichtliches 64
        Prozentgehalt der ausziehenden Hauptströme an CH_4 . . 68
        Täglich ausströmende Menge CH_4 86
        Einfluss der Teufe auf die Grubengasentwickelung . . . 94
        Einfluss der Stärke des Deckgebirges auf die Gruben-
        gasentwickelung 95

Seite

Grubengasentwickelung in den verschiedenen Flötz-
gruppen. 96
Grubengasentwickelung einzelner Flötze 99
Auftreten von Grubengas ausserhalb des Steinkohlen-
gebirges 99
Plötzliche Grubengasausbrüche 100
Bläser 102
Gasdruck in der Kohle 104
Einfluss der Luftdruckschwankungen auf die Grubengas-
entwickelung 105

ε) Schlagwetterexplosionen. 113

d) Wasserstoff. 119
e) Schwefelwasserstoff

α) Eigenschaften und Entstehung von H_2S 121
β) Vorkommen von H_2S im Ruhrbezirk. 122

f) Ammoniak 124
g) Kohlenoxyd 125

II. Feuchtigkeitsgehalt der Wetter.

1. Allgemeines 128
2. Bestimmung des Feuchtigkeitsgehaltes der Luft. 130
3. Feuchtigkeitsgehalt der Grubenwetter im Ruhrbezirk. . 132
4. Wirkungen der Feuchtigkeit der Grubenwetter 139

III. Temperatur der Wetter.

1. Temperatur der Aussenluft

a) Allgemeines 140
b) Einfluss von Kälteperioden und Vorkehrungen gegen das
Einfrieren nasser Schächte 140

2. Gründe der Erwärmung der Wetter in der Grube

a) Eigenwärme der Gebirgsschichten 144
b) Heisse Quellen 146
c) Sonstige Gründe der Erwärmung der Grubenwetter 148

3. Temperatur der Grubenwetter im Ruhrbezirk 149

2. Kapitel: Wetterversorgung.

I. Die Wettermengen.

1. Geschichtliches 165
2. Die absoluten Wettermengen je Minute 168
3. Die Wettermengen je Tonne Förderung 170
4. Die Wettermengen je Kopf der Belegschaft. 172
5. Vergleich der Resultate der bisherigen Untersuchungen 174
6. Volumenvermehrung der Wetter in der Grube 175
7. Messung der Wettermengen 178

Seite

II. Die Depression.

    1. Wesen und Grösse der Depression 189

    2. Messung der Depression 191

III. Die Beziehungen zwischen Wettermenge und Depression und der Einfluss des natürlichen Wetterzuges.

    1. Das Proportionalitätsgesetz 200

    2. Der natürliche Wetterzug 201

    3. Einwirkung des natürlichen Wetterzuges auf das Proportionalitätsgesetz. 209

    4. Die Grubenweite. 214

IV. Wirkungsgrad und Durchgangsöffnung der Ventilatoren.

    1. Der manometrische Wirkungsgrad 224

    2. Die Durchgangsöffnung 229

    3. Der mechanische Wirkungsgrad 234

3. Kapitel: Erzeugung des Wetterzuges.

I. Geschichtliches. 238

II. Natürlicher Wetterzug. 240

III. Künstlicher Wetterzug.

    1. Erzeugung des Wetterzuges durch Erwärmung

        a) Wetteressen 240

        b) Wetteröfen 242

        c) Dampfrohrleitungen im Schachte 245

    2. Erzeugung des Wetterzuges auf mechanischem Wege

        a) Strahlapparate, Volum- und Schraubenventilatoren 247

        b) Centrifugal-Ventilatoren

            α) Allgemeines 249

            β) Die einzelnen Ventilatorsysteme

            Rateau-Ventilator 251

            Pelzer-   »   259

            Capell-   »   270

            Geisler-   »   279

            Guibal-   »   285

            Kley-   »   290

            Winter-   »   294

            Moritz-   »   297

            Wagner-   »   300

            Schiele-   »   302

            Mortier-   »   303

Seite

γ) Antrieb der Ventilatoren

    Antrieb mittelst Dampfmaschinen 308

    Antrieb mittelst Gasmaschinen 314

    Elektrischer Antrieb 314

δ) Aufstellung der Ventilatoren

    Aufstellung oberirdischer, saugender Ventilatoren (Wetter-

        kanäle!) 320

    Aufstellung gleichzeitig betriebener Ventilatoren 336

    Aufstellung blasender Ventilatoren 341

    Aufstellung unterirdischer Ventilatoren 344

ε) Kosten der Ventilatoranlagen 353

4. Kapitel: Wetterführung.

I. Die Zu- und Abführung der Grubenwetter.

1. Allgemeines 360

2. Der Querschnitt der zur Wetterführung dienenden
Schächte 362

3. Die Schachtsysteme 366

4. Die Verteilung der Schächte über das Grubenfeld . . . 370

5. Die Einrichtung der Schächte für die Wetterführung

    a) Schachtscheider 375

    b) Feste Schachtverschlüsse 381

    c) Bewegliche Schachtdeckel 384

    d) Wetterschleusen 404

    e) Sonstige bewegliche Schachtverschlüsse 408

II. Die Wetterführung in der Grube.

1. Die Verteilung des Wetterstromes auf die einzelnen
Sohlen 412

2. Die Bildung von Wetterabteilungen 419

3. Die Wetterführung in den Betrieben

    a) Allgemeines 433

    b) Bewetterung unterirdischer Maschinenkammern und Pferde-
        ställe 437

    c) Bewetterung des alten Mannes 438

    d) Abwärtsführung eines Wetterstromes 440

4. Die Hülfsmittel zur Führung des Wetterstromes in der
Grube

    a) Feste Wetterdämme 448

    b) Wetterthüren 449

    c) Wetterscheider 455

    d) Wetterröschen und Wetterlutten 461

    e) Wetterbrücken 461

5. Kapitel: Sonderbewetterung.

Seite

I. Allgemeines 463

II. Die Verwendbarkeit der Sonderbewetterung.

   1. Vergleich der Wirksamkeit der einzelnen Bewetterungsmethoden. 465

   2. Vergleich des Verhaltens der einzelnen Bewetterungsmethoden beim Eintritt von Explosionen 473

   3. Vergleich der einzelnen Bewetterungsmethoden bezüglich der Kosten 475

III. Geschichte der Sonderbewetterung 476

IV. Die Apparate der Sonderbewetterung.

   1. Die Ventilatoren

      a) Die Systeme der Sonderventilatoren 481

      b) Die mechanische Ausführung der Sonderventilatoren . . . 485

      c) Der Antrieb der Sonderventilatoren

         α) Handventilatoren 487

         β) Durch Motoren betriebene Ventilatoren

         Ventilatoren mit Druckluftantrieb 491

         Ventilatoren mit Druckwasserantrieb . . . . : . 500

         Ventilatoren mit elektrischem Antrieb 511

   2. Die Strahlapparate

      a) Allgemeines 514

      b) Die Wirkungsweise der Strahlapparate 515

      c) Wasserstrahlapparate

         α) Wassertrommeln 520

         β) Wasserdüsen-Apparate 521

      d) Druckluft-Strahlapparate 528

   3. Die Wetterlutten

      a) Holzlutten 533

      b) Asphaltlutten 533

      c) Papierlutten 534

      d) Tuchlutten 534

      e) Metalllutten

         α) Material und Form der Metalllutten 536

         β) Preise der Metalllutten 540

         γ) Luttenverbindungen

         Steckverbindungen 543

         Muffenverbindungen 543

         Bandverbindungen 545

         Flanschenverbindungen 547

         δ) Luttenkrümmer 550

V. Der Betrieb der Sonderbewetterung.

                                                        Seite

1. Allgemeines 553
2. Betriebsergebnisse

     a) Betriebsergebnisse der Ventilatoren 558

         α) Leistungen und Betriebskosten von Handventilatoren . . 561
         β) Leistungen und Betriebskosten von Motorventilatoren. . 562
         Pressluft-Ventilatoren 563
         Turbinen-Ventilatoren 565
         Elektromotor-Ventilatoren 566

     b) Betriebsergebnisse der Gebläse

         α) Pressluftgebläse 566
         β) Wasserstrahlgebläse 572

     c) Betriebsergebnisse der Lutten 576

VI. Schlussfolgerungen 583

6. Kapitel: Kontrolle der Wetterwirtschaft 584

Berichtigung.

Der Abschnitt: »Einfluß der Luftdruckschwankungen auf die Grubengasentwickelung« (S. 105—111) ist nicht von Bergassessor Kette, sondern von Bergassessor Baum verfaßt worden.

Verzeichnis der Tafeln.

zu Kapitel

Tafel   I. Kohlensäure- und Grubengas-Entwickelung auf Zeche Shamrock . 1

II. Flammenerscheinungen in einer Seippelschen Benzinlampe. 1

III. Uebersichtskarte über die Ende 1898 je Tonne Förderung entwickelten Schlagwettermengen 1

IV. Ergebnisse der i. d. J. 1899 und 1900 vorgenommenen Gesteins-temperaturmessungen im Ruhrbecken 1

V. Einfluss der heissen Quellen von Zeche Graf Moltke auf die Wetter-temperatur 1

VI. Wettergeschwindigkeiten im Wetterkanal von Schacht Zollverein III 2

VII. Graphische Darstellung der Beziehung zwischen Quadrat der Wetter-menge und zugehöriger Depression $\left(\dfrac{V^2}{h}\right)$ 2

VIII. Wetteröfen. 3

IX. Anzahl der Grubenventilatoren, nach Systemen geordnet, 1856—1900 3

X. Gesamtzahl der Grubenventilatoren, 1856—1900. 3

XI. Capell-Ventilator von 2,5 m Flügelraddurchmesser 3

XII. Capell-Ventilator von 4 m Flügelraddurchmesser auf Zeche Julius Philipp. 3

XIII. Capell-Ventilatoren. 3

XIV. Ventilator von Schiele 3

XV. Ventilator-Antriebsmaschine auf Zeche Alma 3

XVI. Ventilator-Antriebsmaschine auf Zeche Consolidation, Scht. IV . . 3

XVII. Ventilator-Antriebsmaschine auf Zeche Neu-Iserlohn. 3

XVIII. Uebersichtskarte des Ruhrkohlenbezirks 4

XIX. Wetterschleuse auf Zeche Prosper, Scht. III 4

XX. Luftschleuse auf Zeche Wilhelmine Victoria, Scht. II 4

XXI. Luftschleuse auf Zeche Neumühl 4

XXII. Hauptwetterriss der Zeche Kaiserstuhl II 6

XXIII. Spezialwetterriss von Zeche Kaiserstuhl II. 6

XXIV. Desgl. 6

XXV. Desgl. 6

Benutzte Litteratur.

Preussische Zeitschrift für das Berg-, Hütten- und Salinenwesen.
Oesterreichische Zeitschrift für Berg- und Hüttenwesen.
Glückauf.
Berggeist.
Zeitschrift der deutschen geologischen Gesellschaft.
Zeitschrift für angewandte Chemie.
Bulletin de la société de l'industrie minérale.
Comptes rendus mensuels de la société minérale.
Karstens Archiv für Mineralogie, Geognosie, Bergbau und Hüttenkunde.
Hauptbericht der Preussischen Schlagwetter-Kommission nebst Anlagen.
Behrens, Beiträge zur Schlagwetterfrage.
Brunk, Die chemische Untersuchung der Grubenwetter.
Jičinsky, Katechismus der Grubenwetterführung mit besonderer Berücksichtigung der Schlagwettergruben.
v. Hauer, Die Wettermaschinen.
Murgue, Ueber Grubenventilatoren.
Rittinger, Centrifugalventilatoren.
v. Ihering, Die Gebläse.

Wetterwirtschaft.

Einleitung.

Das unendliche Luftmeer, welches unsere Erde umgiebt, besteht überall, wohin auch der Mensch gedrungen ist, aus $^4/_5$ Stickstoff und $^1/_5$ Sauerstoff. Dieses Gemenge, bei bestimmten Temperaturen, Druck und Feuchtigkeitsgehalt ist die Basis des Körperbaues, des Gedeihens und Wohlbefindens aller organischen Lebewesen.

Eine lokale Aenderung der Zusammensetzung der Luft, eine Verschiedenheit des Druckes, sowie ein grösserer oder geringerer Feuchtigkeitsgehalt üben mit elementarer Gewalt ihren Einfluss auf alles Organische aus. Man denke an die gedrungene Gestalt und die hochgewölbte Brust des Hochländers, die langaufgeschossene Gestalt und die flache Brust des Tiefländers; die dem Erdboden sich anschmiegende Flora der Hochebene und die Pflanzengiganten der tropischen Tiefebene.

Solche Unterschiede kommen über Tage vor, wo doch die Luft nur wenig verunreinigt ist und in ungemessenen Mengen zur Verfügung steht. Um wie viel grösser muss der Einfluss sein, den die Grubenluft mit ihren vielen schädlichen Beimengungen auf die Gesundheit des Bergmanns ausübt, der ja ausserdem gezwungen ist, mit einem beschränkten Wetterquantum, einem dünnen Luftfaden auszukommen. Insbesondere für Steinkohlengruben mit ihren ausgedehnten Betrieben und ihrer meist erheblichen Gasentwickelung ist daher eine gute Wetterwirtschaft Lebensfrage.

Bei der folgenden Betrachtung der Wetterwirtschaft im Ruhrkohlenbezirk wird es unsere erste Aufgabe sein, die chemischen und physikalischen Eigenschaften der Grubenwetter näher ins Auge zu fassen.

---

1. Kapitel: Beschaffenheit der Wetter.

I. Chemische Zusammensetzung der Wetter.

1. Die Aussenluft.

Von Professor Dr. Broockmann.

a) Normale Zusammensetzung der Luft.

Die normale Zusammensetzung der Luft ist — abgesehen von den neuerdings gefundenen und zum Teil noch zweifelhaften Elementen Argon, Metargon, Aetherium, Krypton, Neon, Xenon und Helium — folgende:

$$
\begin{aligned}
&79{,}00 \ \% \ N \\
&20{,}96 \ \% \ O \\
&\underline{0{,}04 \ \% \ CO_2} \\
&100{,}00 \ \%.
\end{aligned}
$$

Daneben enthält die Luft je nach der Temperatur und der Witterung wechselnde Mengen Wasserdampf, welche jedoch an den relativen Verhältnissen obiger Gase nichts ändern.

Wenn wir im Folgenden von der Zusammensetzung der Luft sprechen, so wollen wir der Einfachheit halber die Luft als aus 79 % N und 21 % O bestehend annehmen. Wir dürfen dies ohne Bedenken thun, denn die oben angeführten zum Teil noch recht problematischen Gase sind ebenso indifferent wie der Stickstoff, sie ändern an den physiologischen Eigenschaften und Wirkungen der Luft nichts und können daher mit dem Stickstoff und der Kohlensäure als sauerstoffverdünnende Gase angesehen werden. Auch die anderen geringfügigen Beimengungen, von denen später noch die Rede sein wird, können wir vorläufig bei unseren Betrachtungen vernachlässigen.

Wie schon in der Einleitung erwähnt wurde, haben alle im Freien genommenen Proben dieselbe Zusammensetzung der Luft ergeben. Der

Hauptgrund für diese überraschende Thatsache ist der, dass nur ein ganz verschwindend kleiner Teil der Atmosphäre durch die gesamte Tierwelt verbraucht wird. In einem Jahre beträgt dieser Verbrauch nur den $\frac{1}{5\,000\,000\,000}$ Teil der gesamten Atmosphäre. Der gegenwärtige Zustand der sauerstoffverbrauchenden Lebewelt sowie der Feuerungsanlagen könnte demnach noch Hunderttausende von Jahren andauern, bevor eine Aenderung in der Zusammensetzung der Luft merkbar werden würde. Tier- und Pflanzenwelt ergänzen sich ausserdem bekanntlich bezüglich des Verbrauchs an Luft; was der eine verdirbt, macht der andere wieder gut. Aengstliche Leute haben schon berechnet, wann ein Mangel an Sauerstoff die Lebewelt gefährden würde; aber nicht Sauerstoffmangel wird einst den Untergang der Organismen verursachen, sondern Kälte und Trockenheit.

Ein zweiter Grund für die überall gleiche Zusammensetzung der Luft ist die schrankenlose Beweglichkeit der Atmosphäre. Die Luft, welche heute über Russland lagert, weht vielleicht morgen schon über Deutschland hinweg und Luftmassen, welche am Aequator aufsteigen, sind in wenigen Tagen am Nordpol. Wenn daher auch an irgend einer Stelle der Erde wirklich fremde Gase gebildet werden, so werden sie doch bald derart durcheinander gewirbelt, mit Luft gemengt und über den grossen Erdball verteilt, dass sie sich der menschlichen Wahrnehmung vollständig entziehen. Ein dritter Grund für die überall gleiche Zusammensetzung der Luft, die Diffusion der Gase, ist weiter unten besprochen.

Eine konstante Beimengung der Atmosphäre ist der feine Staub — Sonnenstaub —, welcher sowohl terrestrischen, wie auch kosmischen Ursprungs sein kann (Nordenskiöld). Dieser Staub spielt in der Atmosphäre eine weit wichtigere Rolle, als man auf den ersten Blick annehmen könnte. Des allgemeinen Interesses wegen sei nur erwähnt, dass der Sonnenstaub die kleinsten Lichtwellen (blau, violett) reflektiert und so den Himmel blau erscheinen lässt. An den Sonnenstäubchen bilden sich Wassertropfen, Schnee und Graupeln; alles Meteorwasser würde ohne den Staub nur in Form von Tau, Reif und Glatteis aus der Atmosphäre ausfallen. Staubreiche Gegenden, wie Industriebezirke, haben meistens eine grössere jährliche Regenmenge als andere Orte, welche aus sonstigen physikalischen Gründ n auf dieselbe Regenmenge Anspruch hätten. So fällt z. B. im rheinisch-westfälischen Industriebezirke erheblich mehr Regen, als in der nur wenige Meilen nördlicheren Münster'schen Ebene. Bochum hat im Durchschnitt der letzten zwölf Jahre fast genau 800 mm Regen gehabt, während die Münstersche Ebene etwa 700 mm Regen aufweist. Der geringe Höhenunterschied allein würde diese ziemlich erhebliche Differenz nicht verursachen.

Die stets in der atmosphärischen Luft enthaltene Kohlensäure hat für den Bergmann wenig Interesse; denn ihn wird es wenig kümmern, ob in der Luft 0,03 oder 0,04 % CO_2 enthalten ist, ob über dem Meere oder über dem Lande, bei Nebel oder Sonnenschein, bei Tag oder bei Nacht ein Geringes mehr oder weniger an Kohlensäure vorhanden ist. In der Grube hat er ja mit ganz anderen Mengen dieses Gases zu rechnen. Wir brauchen daher auf die Bedeutung der in der Aussenluft enthaltenen Kohlensäure hier nicht näher einzugehen.

Von dem in der Luft enthaltenen Wasserdampf wird weiter unten die Rede sein.

b) Lokale Beimengungen der Luft.

Abgesehen von den genannten konstanten Beimengungen kann man infolge lokaler Ursachen so ziemlich alles in der Luft finden, was man zu finden wünscht; es kommt nur darauf an, wo man die Luftprobe nimmt. Selbst die Stoffe der kosmischen Nebelflecke wollen Liveing und Dewar in der Luft nachgewiesen haben! In der Nähe der Hochöfen wird man alles finden können, was man in den Hochofen hineinbringt und was sich bei den Vorgängen im Hochofen bildet; in der Nähe von Vulkanen, Fumarolen, Solfataren und Mofetten wird man alles das in der Luft nachweisen können, was sich aus Schwefel, Sauerstoff, Wasser und Kohlensäure bilden kann und in der Nähe des Meeres werden alle Bestandteile des Meerwassers auch in der Luft enthalten sein. Alle solche Funde haben aber lediglich lokale Bedeutung.

Noch kürzlich (20. Juli 1900) hat Professor A. Gautier*) in einem Vortrag über die »brennbaren Gase der Luft« vor dem internationalen Kongress für reine Chemie in Paris behauptet, auf Grund seiner Forschungen enthalte die Luft stets freien Wasserstoff und zwar 0,02 %, daneben noch wechselnde Mengen von Kohlenoxyd und Kohlenwasserstoffen! Wäre dies richtig, so könnte man niemals reine atmosphärische Luft von der oben angegebenen Zusammensetzung feststellen, sondern müsste stets brennbare Gase H, CO, CH_4 und $C_x H_y$ finden. Nun wird im berggewerkschaftlichen Laboratorium zu Bochum theoretisch auf 0,002 % genau gearbeitet und unter Berücksichtigung von Beobachtungsfehlern mancher Art eine Genauigkeit von 0,02 % garantiert. Bevor z. B. Wetteruntersuchungen angestellt werden, überzeugt man sich zunächst, dass in den Apparaten kein brennbares Gas vorhanden ist, man führt eine blinde Analyse aus, d. h. man untersucht Luft, nimmt dieselben Operationen vor, als ob brennbares Gas vorhanden wäre und wohl tausend Mal hat man festgestellt, dass die Luft kein brennbares Gas enthält, wenigstens nicht in Mengen, welche 0,002 % übersteigen (vergl. die Arbeiten Liveing und Dewar).

---

*) Annales de Chimie et de Physique. 1900, S. 5—112.

2. Die Grubenwetter.

a) Allgemeines.

Von Professor Dr. Broockmann.

Die frischen Wetter erleiden auf ihrem Wege durch die Grubenbaue chemische Veränderungen, durch welche dieselben in zweifacher Hinsicht verschlechtert werden. Einerseits wird der Sauerstoffgehalt der Wetter vermindert — matte Wetter — und zwar durch das Atmen der Menschen und Tiere, das Brennen der Lampen, durch Oxydationsvorgänge in der Kohle und im Nebengestein, sowie durch Zersetzung organischer Stoffe, des Grubenholzes, der tierischen und menschlichen Exkremente. Andererseits vermehrt sich infolge der genannten Vorgänge der Kohlensäuregehalt der Luft, während gleichzeitig eine Reihe weiterer schädlicher Gase (CO, H_2S, CH_4, $C_x H_y$ u. s. w.) hinzutreten — böse Wetter.

In welchem Masse die einzelnen Gase bei der Luftverschlechterung auf den Ruhrzechen mitwirken, soll nunmehr untersucht werden; die erwähnten Oxydations- und Zersetzungsvorgänge, deren Endprodukt in der Hauptsache CO_2 ist, wollen wir bei Besprechung der Kohlensäure mit behandeln. Zunächst mögen einige allgemeine Bemerkungen über die in den Kohlen eingeschlossenen Gase*) Platz finden.

Welche Gase überhaupt in den Kohlen eingeschlossen sind, und wie dieselben bei der Bildung der Flötze entstanden sind, ist bei Besprechung der einzelnen »Gährungsstadien« der Kohle in Band I des näheren auseinandergesetzt, worauf hier verwiesen sei. Ueber die Menge und Zusammensetzung der in den Ruhrkohlen enthaltenen Gase hat Verfasser im Laboratorium der Berggewerkschaft in Bochum eine Reihe von Untersuchungen angestellt.

Um die Gase möglichst rein zu erhalten, liess er an eine Sprengel'sche Luftpumpe ein Glasgefäss, welches zur Aufnahme der Kohlen dient, anblasen; bei dieser Einrichtung sind Undichtigkeiten, wie sie bei Anwendung von Kautschukverbindungen nicht zu vermeiden sind, ausgeschlossen. Um die an den inneren Glaswandungen des ganzen Apparates sowie an den Kohlen adhärierende Luft möglichst zu entfernen, liess Verfasser den beschickten Apparat unter öfterer Erneuerung des Vakuums längere Zeit stehen und erhitzte dann erst das Gefäss, in welchem sich die Kohlen befanden, im Wasserbade auf 100° C., pumpte die entweichenden Gase bis zur Erschöpfung ab und fing dieselben über Quecksilber auf.

---

*) Vergl. hierzu Glückauf 1899 S. 269 ff.

Es wurden stets nur frische Kohlen von möglichst wenig gestörten Flötzen zur Untersuchung ausgewählt, ferner wurde stets dieselbe Korngrösse (2—4 mm Durchmesser) der zerkleinerten Kohlen und stets dieselbe Menge (100 g) angewandt. Einige Ergebnisse dieser Untersuchungen sind in den folgenden Tabellen zusammengestellt; zur schnelleren Orientierung bezüglich der angewandten Kohle sind die auf reine Kohlensubstanz berechneten Koks- und Gasgehalte der betreffenden Kohlen angeführt.

Westfälische Kohlen.

Tabelle 1.

	I Magerkohle Fl. Gabe Gottes Z. Stock u. Scherenberg	II Kokskohle Fl. Dickebank Z. Praesident	III Kokskohle Fl. 13 Z. Hibernia	IV Kokskohle Fl. 8 Z. Pluto	V Gaskohle Fl. Zollverein 6 Z. Helene u. Amalie	VI Gasflammkohle Fl. 12 Z. Rhein-Elbe	VII Kännelkohle Fl. 7 Z. Math. Stinnes
Koks $\%$ . . .	80	77	74	74	69	60	46
Gas $\%$ . . .	20	23	26	26	31	40	54
Menge der Gase in ccm	50	87	100	150	14	10	7
Zusammensetzung der Gase.							
CH_4 $\%$ . . .	75	96	94	87	14	12	60
CO_2 „ . . .	22	2	6	13	58	21	40
N „ . . .	3	2	—	—	28	67	—
O „ . . .	—	—	—	—	—	—	—
$C_x H_y$ „ . . .	—	—	—	—	—	—	—
CO „ . . .	—	—	—	—	—	—	—
	100	100	100	100	100	100	100

Nr. I ist eine Kohle aus der mageren Partie, in welcher Schlagwetter selten vorkommen; in diesem Flötze »Gabe Gottes« haben jedoch auf der Zeche Stock und Scherenberg einige Schlagwetterexplosionen stattgefunden. Die Kohle des Flötzes ist ausserdem verkokbar. Das Flötz »Gabe Gottes« bildet also eine Ausnahme, es ist ein Kokskohlenflötz mitten in der Magerkohlenpartie.

Nr. II ist eine untere Kokssohle, welche sehr zur Selbstentzündung neigt; der Kohlenstaub dieses Flötzes entzündet sich oft vor belegtem Ort.

Nr. III ist dem Flötz 13 der Zeche Hibernia bei Gelsenkirchen entnommen, in welchem sich einige grössere Explosionen ereigneten.

Nr. IV entstammt dem Flötz 8 der Zeche Pluto, identisch mit Röttgersbank;
in diesem Flötz fanden mehrere grosse Kohlenstaubexplosionen statt.

In der Kokskohlenpartie, zu welcher No. II, III, IV gehören,
nimmt die Gefährlichkeit bezüglich der Staubbildung wie auch der
Wetterentwickelung meistens vom Hangenden und vom Liegenden
nach Flötz Röttgersbank zu, die Flötze neigen ausserdem zur Selbstentzündung; alle grösseren Kohlenstaubexplosionen sind in Westfalen
in dieser Partie vorgekommen. In dieser Flötzgruppe vernimmt
man vor Ort in der frisch angehauenen Kohle ein starkes »Krebsen«;
kleinere Kohlenstückchen spritzen infolge des Austretens der eingeschlossenen Gase oft mit grosser Heftigkeit ab. Durch diesen Vorgang wird ein äusserst feiner, fetter Kohlenstaub erzeugt, den man
nur schwer aus den Runzeln der Haut entfernen kann. Auch durch
die Behandlung gerade dieser Kohlen (II, III, IV) in dem Broock-
mannschen Apparate entstand eine grosse Menge äusserst feinen
Kohlenstaubes.

Nr. V ist eine typische Gaskohle, sie besteht fast nur aus Mattkohle.

Nr. VI ist eine typische Gasflammkohle.

Nr. VII ist eine typische Kännelkohle. Die äusserst geringe Menge der
erhaltenen eingeschlossenen Gase — nur 7 ccm — kann nicht
überraschen; Kännelkohle ist sehr zähe, kaum zu pulverisieren
und sehr dicht; sie lässt daher die eingeschlossenen Gase sehr
schwer entweichen.

Was nun zunächst die Menge der bei 100° erhaltenen Gase anlangt,
so ist aus Tabelle 1 ersichtlich, dass nicht etwa die gasreichsten Kohlen
— die Gas- und Gasflammkohlen — die grösste Menge eingeschlossener
Gase liefern, sondern die Kokskohlen.

Die Gesamtmenge der eingeschlossenen Gase zu ermitteln ist bis
jetzt noch nicht gelungen; bei der von mir angewandten Methode bekommt
man z. B. nur den Teil der Gase, welcher beim Erhitzen auf 100° C im Stande
ist bei der angewandten Korngrösse im Vakuum die Umhüllungen zu
zersprengen, abzüglich des Teiles, welcher beim Erzeugen des Vakuums
bei Zimmertemperatur entweicht. Die in der Tabelle enthaltenen Zahlen
haben daher nur unter sich Vergleichswert.

Ihrer chemischen Natur nach bestehen die Gase nur aus CH_4, CO_2
und N in sehr wechselnden Verhältnissen; O, C_xH_y, CO sind in den Gasen
westfälischer Kohlen nicht vorhanden.

Kohle absorbiert Sauerstoff und zwar nicht etwa mechanisch,
sondern derselbe tritt in die Kohlensubstanz ein, indem er sich chemisch

bindet;*) es ist daher von vornherein höchst unwahrscheinlich, dass in den Gasen, welche sich vor undenklichen Zeiten in der Kohle gebildet haben und seitdem eingeschlossen gewesen sind, noch freier Sauerstoff vorhanden sein sollte. Wenn dennoch hin und wieder Sauerstoff gefunden wird, so dürfte dies — wenn nicht Analysenfehler vorliegen sollten — auf beigemengte Luft zurückzuführen sein.

Die Ansicht, dass in den eingeschlossenen Gasen kein Sauerstoff vorhanden sein kann, wird bestätigt durch zahlreiche Analysen reiner Bläser. Sowohl in den Bläsern westfälischer Gruben, wie auch anderer Kohlenreviere fand Verfasser nur CH_4, CO_2 und N aber niemals O; da nun die Bläser unzweifelhaft von den eingeschlossenen Gasen gespeist werden, so müssten doch auch die Bläser Sauerstoff enthalten, wenn dieser in den eingeschlossenen Gasen enthalten wäre.

In wenigstens 40 Bläsern westfälischer Gruben hat Verfasser fast nur CH_4 gefunden, oft 99 % und darüber, der Rest bestand stets aus CO_2; auch in anderen Kohlenrevieren enthalten die Bläser fast nur CH_4.

Der Stickstoff, welcher auch in Flötzen anderer Reviere enthalten ist, welche den Gas- und Gasflammkohlen Westfalens (oder noch jüngeren Kohlen) entsprechen, ist nicht als Luftrest, sondern als Gährungsprodukt anzusehen.

Zwei Thatsachen unterstützen diese Ansicht: erstens enthalten nur die jüngeren Kohlen erhebliche Mengen Stickstoff, während in älteren Kohlen nur Spuren von Stickstoff eingeschlossen sind, zweitens enthalten jüngere Kohlen stets mehr Stickstoff in der Kohlensubstanz als die älteren. Letztere haben den Stickstoff als Gährungsprodukt schon abgegeben. Bläser aus jüngeren Kohlen enthalten oft erhebliche Mengen Stickstoff. Ein Bläser des Hoffnungsschachtes (Lugau, Sachsen) enthält z. B.: 78 % N, 14 % CH_4, 8 % CO_2.

Höhere Kohlenwasserstoffe (C_xH_y) sind in den eingeschlossenen Gasen westfälischer Kohlen nicht enthalten. Freilich findet man in den Wettern hin und wieder Spuren höherer Kohlenwasserstoffe und auch von Wasserstoff, jedoch sind diese Gase nicht auf Ausströmungen aus der Kohle zurückzuführen, sondern sie sind durch Zersetzung, Erhitzung, Zerfall tierischer Stoffe entstanden oder verdanken gar ganz fremdartigen und zufälligen Ursachen ihr Dasein (Schmieröl, Petroleum, Benzin, geteerte Wetterlutten, Wettertücher, Pressluft usw.).

Zum Vergleich mögen hier noch einige Resultate von Untersuchungen der eingeschlossenen Gase aus fremden Kohlenrevieren folgen:

---

*) Chem. Centr. 1865 S. 953, Dingler 178 S. 379; 190 S. 398; 193 S. 51, 195 S. 315.

Fremde Kohlen. Tabelle 2.

	VIII. Saarbrücken	IX. Obernkirchen b. Bückeburg	X. England	XI. Oberschlesien	XII.	XIII.	XIV. Ungarn	XV. Habichtswald
	Flötz 3 Z. Camph.	Wälderkohle	Fl. Hutton Z. Ryhope	Sattelflötz Gr. Laura	?	Tertiäre Pechkohle	Junge Kohle	Braunkohle
Koks % .	60	80	63	63	62	50	55	56
Gas % .	40	20	37	37	38	50	45	44
Menge d. Gase in ccm .	100	90	70	30	20	45	23	50
Zusammensetzung der Gase.								
CH_4 % .	84	94	94	--	—	5	—	—
CO_2 „ .	16	3	3	60	32	8	66	91
N „ .	—	3	—	30	61	87	34	—
O „ .	—	—	—	5	3	—	—	—
C_xH_y „ .	—	—	3	-	—	—	—	—
CO „ .	--	—	—	5	4	—	—	9
	100	100	100	100	100	100	100	100

Nr. VIII stammt aus dem Flötz, in welchem am 17/18. März 1885 auf Grube
Camphausen die verheerende Kohlenstaubexplosion stattgefunden hat.

Nr. IX ist eine Wälderkohle von Obernkirchen (Bückeburg). In den
Wettern der genannten Grube finden sich höhere Kohlenwasserstoffe und es liegt nun die Vermutung nahe, dass dieselben in den
Kohlen enthalten seien. Wie jedoch aus Tabelle 2 ersichtlich, ist
dies nicht der Fall; die höheren Kohlenwasserstoffe jener Grube
entstammen vielmehr den begleitenden, bituminösen Schiefern, in
denen tierische Ueberreste in grosser Menge vorkommen, welche
sich auch durch einen eigentümlichen Geruch bemerkbar machen.
Aus diesen Schiefern hat Verfasser vor mehreren Jahren höhere
Kohlenwasserstoffe extrahieren können.

Nr. X ist eine englische Kohle, in deren eingeschlossenen Gasen ein englischer
Chemiker höhere Kohlenwasserstoffe auffand; Verfasser hat sich von
dieser Kohle einige frische Stücke verschafft und ebenfalls höhere
Kohlenwasserstoffe feststellen können.

Nr. XI und No. XII sind oberschlesische Kohlen von fast gleicher Zusammensetzung, die eingeschlossenen Gase sind jedoch merkwürdig
verschieden. Sie enthielten eine geringe Menge Sauerstoff.

Nr. XIII ist eine Pechkohle; der hohe Stickstoffgehalt der Gase ist äusserst charakteristisch.

Nr. XIV ist eine jüngere (Lias?) Kohle aus Ungarn.

Nr. XV ist eine Braunkohle vom Habichtswald. In den eingeschlossenen Gasen von Braunkohlen wurde von verschiedenen Chemikern Kohlenoxyd festgestellt.

Allgemein lässt sich, wie durch obige Tabellen bestätigt wird, über die eingeschlossenen Gase folgendes sagen:

Braunkohlen enthalten vorzugsweise CO_2 neben CO; jüngere Kohlen vorzugsweise CO_2 und N neben kleineren Mengen CH_4; ältere Kohlen vorzugsweise CH_4 neben CO_2.

Es sollen nunmehr die auf den Ruhrzechen häufiger auftretenden Gase besprochen werden.

b) Kohlensäure.

α. Entstehung derselben.

Von Professor Dr. Broockmann und Bergassessor Kette.

Der ursprünglich vorhandene Kohlensäuregehalt der Luft von 0,04 % vermehrt sich auf dem Wege durch die Grubenbaue aus verschiedenen Ursachen. Zunächst entsteht Kohlensäure beim Atmen der Menschen und Tiere, sowie beim Brennen der Lichter.

Das Prinzip der Atmung ist im ganzen Tierreiche dasselbe: es findet stets in einer sehr zarten Haut durch Osmose ein Austausch des Sauerstoffs der Luft und der im Innern des Körpers — im Blute — gebildeten Kohlensäure statt.

Die »Atmungshaut« bildet bei den Protozoën die ganze Oberfläche des Körpers, bei den Insekten durchzieht sie den Körper als Röhrensystem, bei den Fischen, Fröschen und Lurchen ist sie als äusserer Anhang vorhanden und bei den höheren Tieren endlich stellt sie ein im Innern des Körpers liegendes, weitverzweigtes und verästeltes, eine grosse Oberfläche darbietendes Gebilde dar — die Lunge.

Die Osmose, welche man bei Gasen speziell Diffusion nennt, spielt auch in der Grube eine bedeutsame Rolle. Man versteht darunter das Bestreben zweier Gase oder auch Flüssigkeiten von verschiedenem spezifischen Gewichte sich zu mischen. Bei diesem Mischen dringt sowohl die leichtere Substanz in die schwerere, wie auch die schwerere in die leichtere ein; jedoch herrscht stets der erstere Vorgang vor. Je grösser die Differenz der spezifischen Gewichte der betreffenden Gase oder Flüssigkeiten ist, desto heftiger ist die Wirkung.

Weshalb atmet nun der Mensch? Weil bei einem bestimmten Verhältnisse von Sauerstoff zu den Irrespirabilien der osmotische Vorgang in der Atmungshaut nicht mehr vor sich geht, die Lunge dadurch zur Kontraktion gereizt und der Mensch gezwungen wird, die untaugliche Luft zunächst auszustossen und dann wieder frische, die Osmose wieder in Thätigkeit setzende Luft einzuatmen. Die Luft, welche der Mensch beim gewöhnlichen Atmen ausatmet, mit welcher also die Lunge instinktiv nichts mehr zu thun haben will, bezw. welcher die Lunge ohne Anstrengung keinen Sauerstoff mehr entziehen kann, enthält rund:

$$79\,\%\ N$$
$$17\,\%\ O$$
$$\underline{4\,\%\ CO_2}$$
$$100\,\%$$

Von den $21\,\%$ Sauerstoff der eingeatmeten Luft hat demnach die Lunge nur $4\,\%$ verarbeitet und dafür sind $4\,\%$ Kohlensäure gebildet. Diese in der Ausatmungsluft noch enthaltenen $17\,\%$ O müssen wir als die äusserste Grenze für Luft betrachten, welche als Atmungsluft noch in Frage kommen kann.

Der Atmungsprozess hängt ab von dem Verhältnis zwischen Sauerstoff und Irrespirabilien. Bei reiner Luft ist dies Verhältnis

$$1 : 3,762$$

bei der Luft, welche der Mensch ausatmet,

$$1 : 4,882.$$

Nach der geringsten Explosion ist die entstehende Luft nicht mehr atembar. Vor der Explosion besteht die Luft z. B. aus:

$$5,5 \text{ Raumteilen } CH_4$$
$$19,8 \qquad » \qquad O$$
$$\underline{74,7} \qquad » \qquad N$$
$$100,0;$$

bei der Explosion bilden sich aus den 5,5 Raumteilen $CH_4 = 5,5$ Raumteile CO_2; hierbei werden 11 Raumteile O verbraucht und verschwinden als Raum, es bleiben daher:

$$5,5 \text{ Raumteile } CO_2$$
$$8,8 \qquad » \qquad O$$
$$\underline{74,7} \qquad » \qquad N$$
$$89,0,$$

d. h. in Prozenten:

$$6,2\,\%\ CO_2$$
$$9,9\,\%\ O$$
$$\underline{83,9\,\%\ N}$$
$$100,0\,\%$$

und das Verhältnis von O : Irrespirabilien $= 1 : 9,1$!

Dass ein Mensch an Sauerstoffmangel sterben kann, ist Vielen ein sehr fern liegender Gedanke, obwohl man täglich beobachten kann, dass ein Feuer erstirbt und ein Licht erlischt, wenn Sauerstoffmangel eintritt; Brennen und Atmen sind aber gleiche chemische Vorgänge. Allerdings reisst eine Flamme bedeutend mehr Sauerstoff aus der Luft, als die Lunge. Die Flamme erfordert daher eine sauerstoffreichere Luft, als die Lunge und die Folge davon ist, dass in schlechter Luft eine Flamme eher erlischt, als der Mensch Atemnot erleidet.

Wenn auch die Kohlensäure-Menge, die durch das Atmen der Menschen und Pferde und das Brennen der Lichter der Grubenluft zugeführt wird, nur eine kleine ist, so kann man dieselbe doch annähernd berechnen. Nach den verschiedenen neueren Angaben[*]) kann man annehmen, dass in der Grube je Stunde folgende Kohlensäure-Mengen gebildet werden:

$$\text{je Arbeiter} \quad . \quad . \quad 60 \text{ Liter,}$$
$$\text{» Grubenlampe} \quad 11 \quad \text{»}$$
$$\text{» Pferd} \quad . \quad . \quad . \quad 600 \quad \text{»}$$

Nimmt man nun für eine mittlere Ruhrzeche von 900 t täglicher Förderung eine unterirdische Belegschaft in der Hauptschicht von 400 Mann und 20 Pferden und eine frische Wettermenge von 2000 cbm an, so würden nach obiger Berechnung auf einer solchen Zeche je Stunde entwickelt werden:

$$\text{durch 400 Arbeiter} \quad . \quad . \quad 400 \cdot 60 \text{ Liter } CO_2$$
$$\text{» 400 Grubenlampen} \quad 400 \cdot 11 \quad \text{»} \quad \text{»}$$
$$\underline{\text{» 20 Pferde} \quad . \quad . \quad . \quad 20 \cdot 600 \quad \text{»} \quad \text{»}}$$
$$\text{Sa. } 40{,}4 \text{ cbm } CO_2 \, .$$

oder je Minute 0,673 cbm. Der Kohlensäuregehalt der Grubenwetter würde also hierdurch von 0,04 % auf 0,075 % steigen.

Bei einem durchschnittlichen CO_2-Gehalt der ausziehenden Wetter der Ruhrzechen von 0,30 % verhält sich die durch das Atmen u. s. w. bewirkte Luftverschlechterung zur Gesamtverschlechterung ungefähr wie 1 : 9.

Natürlich ist die auf die genannten Ursachen zurückzuführende Luftverschlechterung auf den einzelnen Gruben sehr verschieden, je nach der frischen Wettermenge, die je Kopf der Belegschaft zugeführt wird.

---

[*]) Vgl. Schondorff, »Untersuchung der ausziehenden Wetterströme in den Steinkohlenbergwerken des Saarbeckens«, Ztschr. f. d. B. H. u. S. 1876, S. 80; Hesse, »Untersuchungen über die klimatischen Verhältnisse in den Steinkohlenbergwerken des Zwickauer Reviers«, Jahrbuch f. d. Berg- und Hüttenwesen im Königreich Sachsen 1882, S. 112; Bericht der belgischen Kommission über die Anwendbarkeit von Gasmotoren auf Schlagwettergruben; Ann. d. Min. d. Belgique, 1900, Bd. V, S. 171; Lamprecht »Grubenbrandgewältigung«, S. 50.

Grenzwerte dürften wohl einerseits auf der Zeche Oberhausen Schacht I/II, andererseits auf Zeche Hibernia vorliegen. Auf der erstgenannten Zeche, wo übrigens z. Zt. durch Abteufen eines zweiten ausziehenden Wetterschachtes für die Vermehrung des Wetterquantums gesorgt ist, zogen Ende 1898 bei einer unterirdischen Belegschaft in der Hauptschicht von 670 Mann und 79 Pferden 2365 cbm frische Wetter ein, je Kopf (einschl. Pferde) also nur 2,2 cbm. Die Kohlensäure, die hier durch das Atmen der Menschen und Pferde und das Brennen der Lichter entstand, beträgt nach obigem:

$$\frac{670\,(60 + 11) + 79 \cdot 600}{60 \cdot 1000} = 1{,}583 \text{ cbm je Minute.}$$

Hierdurch allein würde der CO_2-Gehalt des Wetterstromes von 0,04 auf 0,11 $^0/_0$ anwachsen. Da aber der ausziehende Wetterstrom von Oberhausen, Schacht I/II, damals thatsächlich 0,40 $^0/_0$ CO_2 enthielt, so haben die in Rede stehenden Ursachen trotz der Ungünstigkeit der Gesamtverhältnisse nur ungefähr den fünften Teil der Wetterverschlechterung, soweit solche im Anwachsen des CO_2-Gehaltes zum Ausdruck kommt, verursacht.

Im Gegensatz hierzu sind auf der Zeche Hibernia, wo Ende 1898 der durchschnittlich unter Tage in der Hauptschicht beschäftigten Belegschaft von 560 Mann und 31 Pferden rund 7150 cbm frische Wetter, d. h. je Kopf rund 10 cbm zugeführt wurden, durch das Atmen u. s. w. je Minute entstanden:

$$\frac{560\,(60 + 11) + 31 \cdot 600}{60 \cdot 1000} = 0{,}973 \text{ cbm } CO_2,$$

eine Menge, die einer Vermehrung des CO_2-Gehaltes des Wetterstromes von 0,04 auf nur 0,05 $^0/_0$ entspricht. Die Analyse des ausziehenden Wetterstromes ergab zu dieser Zeit einmal (am 15. November 1898) 0,07 $^0/_0$, ein andermal (am 6. Oktober 1898) 0,12 $^0/_0$ CO_2, sodass also in dem einen Fall $^1/_3$, im anderen Fall rund $^1/_6$ der Kohlensäurevermehrung auf die gedachten Atmungs- und Verbrennungsvorgänge zurückzuführen wäre.

Aus diesen Beispielen ergiebt sich schon, dass neben den vorgenannten Ursachen auf den Ruhrzechen noch eine Reihe anderer und stärkerer Kohlensäure erzeugender Faktoren vorhanden sind, wie denn auch die Analysen der ausziehenden Wetterströme der übrigen Zechen derartige Mengen von Kohlensäure nachweisen, dass sie aus den erstgenannten Ursachen allein nicht zu erklären sind. Kohlensäure bildet sich nämlich dauernd auch bei der Zersetzung organischer Stoffe, hauptsächlich des Grubenholzes und der menschlichen und tierischen Excremente sowie beim Abthun der Sprengschüsse; ferner auch bei der Zersetzung kohlensaurer Verbindungen durch Schwefelsäure, die bei der Oxydation des Schwefelkieses entsteht. Auch durch die CO_2-Ausströmung der Soolquellen, die auf einer ganzen Anzahl von Ruhrzechen angefahren sind, wird der Kohlensäuregehalt der Grubenwetter vermehrt.

Namentlich in der ersten Zeit, nachdem sie angefahren sind, können solche Quellen ziemlich bedeutende Mengen von Kohlensäure entwickeln; so wurde z. B. auf der Zeche Monopol Schacht Grillo, kurz nach dem Anfahren einer kohlensäurehaltigen Soolquelle der CO_2-Gehalt des ausziehenden rund 2900 cbm starken Gesamtstromes nach einer am 5. Oktober 1898 bei normalen Luftdruckverhältnissen genommenen Wetterprobe zu $0,88\,\%$ festgestellt, während er von 12 anderen aus den Jahren 1897 bis 1899 stammenden Analysen nur in einem einzigen Falle — bei sinkendem Luftdruck — $0,62\,\%$, in den übrigen aber nur 0,30 bis $0,50\,\%$ betrug. Der hiernach als aussergewöhnlich hoch zu betrachtende CO_2-Gehalt von $0,88\,\%$ ist nach Ansicht der Betriebsleitung, da Grubenbrände und andere besondere Ursachen nicht vorhanden waren, im wesentlichen auf Rechnung der Soolquelle zu setzen.

Auch die in Form von Bläsern ausströmenden Gase pflegen Kohlensäure, wenn auch gewöhnlich nur in geringen Mengen, zu enthalten. So ergab nach dem Hauptbericht der Preussischen Schlagwetter-Kommission S. 53 die Analyse eines aus dem Hangenden des Fettkohlenflötzes Gustav auf der Zeche ver. Bonifacius ausströmenden Bläsers neben $90,94\,\%$ CH_4 $0,30\,\%$ CO_2; ein im Esskohlenflötz Dickebank der Zeche Shamrock im Jahre 1894 angehauener Bläser enthielt neben $83,97\,\%$ CH_4, $0,77\,\%$ CO_2. Nach Behrens „Beiträge zur Schlagwetterfrage", S. 88, fand man in dem aus dem Fettkohlenflötz No. 16 ausströmenden Bläsergas $0,50\,\%$ CO_2 neben $99,50\,\%$ CH_4 und nach Broockmann „Ueber die in Steinkohlen eingeschlossenen Gase", Glückauf 1899, S. 269 ff, hat die Analyse von 30 bis 40 reinen Bläsern westfälischer Gruben stets mehr als $99\,\%$ CH_4 und als Rest CO_2 ergeben.

Die grössten Mengen Kohlensäure entwickeln sich endlich durch die fortwährend stattfindende unsichtbare Verbrennung der Kohle selbst und zwar sowohl im festen Kohlenstoss als besonders im alten Mann, wo das zurückgebliebene Kohlenklein mit seiner verhältnismässig grossen Oberfläche die Einwirkung des Luftsauerstoffes auf den Kohlenstoff begünstigt.

Auch die Schwaden, die bei Grubenbränden und Schlagwetter- oder Kohlenstaub-Explosionen entstehen, führen Kohlensäure in grossen Mengen.

Die Zusammensetzung des nicht mit Luft vermischten Bläsergases entspricht, wie Behrens a. a. O. S. 88 hervorhebt, derjenigen, die aus dem festen Kohlenstoss sich entwickelnde Gase zeigen. Den Beweis hierfür hat Bergrat Behrens auf Zeche Hibernia in der Weise geführt, dass er in den Fettkohlenflötzen 16 und 13 Bohrlöcher von verschiedener Tiefe stossen und die aus diesen Bohrlöchern austretenden Gase unverdünnt auffangen und untersuchen liess.

Hierbei wurden folgende Resultate erhalten:

Tabelle 3.

Lfd. No. der Be-obach-tung	Ort der Probenahme	Tiefe des Bohrlochs in m	Zeit der Probenahme	CH_4 in %	N in %	CO_2 in %
1	Flötz 16; flache Flötz-partie, südlich, II Stück, Grundstrecke, X Sohle, Westen	4	23. 8. 1894	99	—	0,44
2	dsgl.	4	dsgl.	99	—	0,60
3	dsgl.	0,6	28. 8. 1894	96,1	3,4	0,50
4	dsgl.	0,6	dsgl.	95	4,5	0,50
5	dsgl.	1,0	25. 9. 1894	98,4	—	1,60
6	dsgl.	10,0	dsgl.	98,6	—	1,40
7	Flötz 13; flache Flötz-partie, südlich, X Sohle, auf Teilsohle, Westen	1,0	dsgl.	98,5	—	1,50

Ist somit auch — wenigstens nach den Versuchen auf Hibernia — der CO_2-Gehalt der aus der festen Kohle sich entwickelnden Gase sehr niedrig (1,6 bis 0,4 %), so ist die Gesamtmenge der auf diese Weise in den Wetterstrom gelangenden Kohlensäure doch nicht ganz unbeträchtlich. So entströmten z. B. einem auf Hibernia im frischen Stoss von Flötz 16 ge-stossenen Bohrloch täglich bis zu 110 Liter CO_2 bei einem durchschnittlichen CO_2-Gehalte der ausströmenden Gase von 1 %. Bemerkt muss aber dabei werden, dass die bei diesem Bohrloch gemessene Gasmenge von 8 Litern je Minute das überhaupt beobachtete Maximum darstellt, während in 11 anderen, ebenfalls im frischen Stoss angesetzten Bohrlöchern desselben Flötzes durchschnittlich nur 2 bis 3 Liter Gas je Minute entwickelt wurden. Die thatsächliche Menge der aus der festen Kohle im Laufe einer bestimmten Zeit austretenden Kohlensäure lässt sich natürlich durch derartige Versuche nicht ermitteln; auch die Arbeiten, die A. Hilbck auf Veranlassung der preussischen Schlagwetter-Kommission, hinsichtlich der allmählichen Entgasung einer Bauabteilung des Schachtes Kaiser-stuhl I der Steinkohlenzeche ver. Westfalia bei Dortmund in den Jahren 1884 und 1885 angestellt hat, geben in dieser Beziehung nur wenig Auf-schluss. Die Versuche, die zunächst dem Auftreten des Grubengases in einer einzelnen Bremsbergabteilung des 2 m mächtigen Flötzes Sonnen-schein galten und nur nebenher die Kohlensäure berücksichtigten, ergaben nämlich in der Hauptsache nur, dass während der Zeit, wo vom Brems-

berg aus die sieben Oerter nach Osten betrieben wurden, durchschnittlich
täglich rund 226 cbm CO_2, während der Uebergangszeit vom Ortsbetrieb
zum Pfeilerrückbau 220 und während des Pfeilerrückbaues selbst rund
275 cbm CO_2 in dem ausziehenden Wetterstrom der Abteilung enthalten
waren. Da aber in diesen Zahlen die durch die Belegschaft (20 Mann) und
deren Lampen sowie durch ein Pferd entwickelte und die schon im frischen
Wetterstrom vorhandene Kohlensäure mit einbegriffen sind, so bleiben
während der beiden ersten Zeitperioden rund 128 bezw. 122 cbm, während
der letzten rund 183 cbm CO_2, die auf die Ausströmung aus der frischen
Kohle zurückzuführen sind.

Genaueres ergiebt folgende auf Grund der Hilbck'schen Angaben
zusammengestellte Tabelle:

Tabelle 4.

1.	2.	3.	4.	5.	6.	7.	8.	9.	10.	11.
Zeit	Betriebsart	Durchschnittl. frische Wettermenge je Minute	Durchschnittl. arbeitstägliche Förderung	Täglich in den ausziehenden Wettern enthaltene Menge CO_2	Nach Abzug der in dem frischen Wetterstrom enthaltenen und der durch durchschnittlich 20 Mann Belegschaft und ein Pferd entwickelten Menge CO_2 strömten aus der Bauabteilung in 24 Std. folgende Mengen CO_2 aus	Dies ist je t geförderter Kohle	Auf 1 qm frischen entblössten Kohlenstoss entfielen täglich CO_2 *)		Im Durchschnitt wurden täglich entblösst Kohlenstoss	waren vorhanden Kohlenstoss
		cbm	t	cbm	cbm	cbm	cbm	cbm	qm	qm
Dezember 1884 bis März 1885	Ortsbetrieb	109	34	226	128	3,8	5	0,05	23	2300
April bis Mai 1885	Uebergang vom Ortsbetrieb zum Pfeilerrückbau	110	20	220	122	6,1	—	—	—	—
Juni bis August 1885	Pfeilerrückbau	100	47	275	183	3,9	—	—	—	—

*) Bezogen auf Spalte 6.

Während der ersten Periode (wo also nur die verschiedenen Oerter
in Betrieb waren), konnten regelmässige Beziehungen zwischen der aus
der Kohle ausströmenden CO_2-Menge und der Oberfläche des entblössten
Kohlenstosses nicht beobachtet werden; die CH_4-Ausströmung nahm da-

gegen regelmässig je Quadratmeter der gesamten freigelegten Kohlenstösse berechnet, ab.

Diese Versuche von Hilbck sind, was die Kohlensäure anlangt, um deswillen von geringem Wert, als es doch wohl erforderlich gewesen wäre, den thatsächlichen CO_2-Gehalt der frischen Wetter bei ihrem Eintritt in die Versuchs-Abteilung jedesmal durch Analysen feststellen zu lassen; man kann nicht ohne weiteres annehmen, dass die Wetter ungeachtet ihres 1 100 m langen Weges vom Schachte bis zu der betr. Abteilung regelmässig den gleichen niedrigen CO_2-Gehalt von 0,04 % gehabt haben; auch der Einfluss der Luftdruckschwankungen ist von Hilbck nicht berücksichtigt worden.

Welche Flötze oder Flötzgruppen des Ruhr-Revieres in besonderem Masse zur Entwickelung von CO_2 aus dem festen Kohlenstoss neigen, lässt sich in Ermangelung geeigneter allgemeiner Grundlagen nicht genauer angeben. Auf einer Anzahl von Zechen stehen zwar gewisse Flötze in einem derartigen Rufe; da aber wohl nirgends die aus dem frischen Kohlenstoss austretenden CO_2-Mengen durch Analysen quantitativ festgestellt sind, so beruhen die diesbezüglichen Angaben einzelner Zechen auf ziemlich unsicheren Unterlagen, zumal in den meisten Fällen die aus dem alten Mann sich entwickelnden CO_2-Mengen die Beurteilung der Verhältnisse sehr erschweren. Aus dieser Mitwirkung des alten Mannes erklärt es sich auch, dass sehr häufig gerade die mächtigeren Flötze von den verschiedenen Zechen-Verwaltungen als diejenigen bezeichnet werden, die CO_2 in grösseren Mengen austreten lassen. So hat z. B. eine diesbezügliche Umfrage ergeben, dass das durchschnittlich 1,25 m mächtige Leitflötz der Esskohlengruppe Sonnenschein, auf den Zechen Victor, Erin, Mansfeld, Constantin der Grosse, Carl Friedrich Erbstollen und Bonifacius und ferner das zur gleichen Gruppe gehörige, nicht selten über 2 m mächtige Flötz Dickebank auf Erin, Graf Schwerin, Eintracht Tiefbau, Steingatt, General und Erbstollen, Centrum und König Ludwig als besonders viel CO_2 entwickelnd gelten; gleiches wird angegeben von dem 2 bis 3 m mächtigen Gasflammkohlen-Flötze Sedan auf Zeche Graf Moltke und den Gasflammkohlen-Flötzen 20 und 22 (Leitflötz Bismarck) auf Wilhelmine Victoria ferner von den Gaskohlen-Flötzen Friedrich auf Zeche Dorstfeld (1,87 m mächtig), Flötz 19 auf Zeche Hannover (2,30 m mächtig) und Flötz 4 bis 6 auf Friedrich Ernestine.

In der Fettkohlenpartie seien als Beispiele angegeben die Flötze Ruppel Süd I ($3^1/_2$ m) und Backmeister der Zeche Hannibal, No. 35 der Zeche Hannover, Hugo (1,60 m) der Zeche Holland, Flötz 12 und 16 der Zeche Zollverein; von den Esskohlenflötzen ausser den oben genannten noch Flötz Pauline auf Kaiser Friedrich, Urbanusbank auf ver. Mansfeld, Marie auf Victor, Helene auf Centrum, Elise und Franziska auf Holland

Beckstadt auf Carolus Magnus, Christian Levin und Hagenbeck. Von den Magerkohlenflötzen sollen erhebliche Mengen CO_2 entwickeln die Flötze Mausegatt (= Dicke Kirschbaum) auf Hörder Kohlenwerk und auf Prinz Regent, Finefrau auf Borussia, Constantin der Grosse Schacht III und Johann Deimelsberg, Stein und Königsbank auf Constantin der Grosse Schacht III und Hagenbeck. Besonders zu erwähnen bleibt noch, dass auf Zeche Neu-Iserlohn, als man im Jahre 1896 mit einem Querschlage das im Hangenden von Flötz Röttgersbank befindliche Fettkohlenflötz 11 von 0,90 m Mächtigkeit durchfuhr, ungewöhnlich grosse Mengen von Kohlensäure austraten, die nach Angabe der Betriebsleitung keinesfalls auf Ausströmung aus dem alten Mann zurückzuführen sind.

Nach Lage der Sache ist es nicht möglich, den Anteil, den die einzelnen vorgenannten Ursachen an der Gesamtmenge der in den Gruben regelmässig entwickelten Kohlensäure haben, näher anzugeben, da stets mehrere solcher Ursachen gleichzeitig wirken.

β) Kohlensäuregehalt der Wetterströme.
Von Bergassessor Kette.

Genauere Kenntnis über den Kohlensäuregehalt westfälischer Wetterströme haben wir erst seit 1883/84. Auf Veranlassung der Preussischen Schlagwetter-Kommission hat damals Dr. Schondorff im ganzen von 55 verschiedenen Ruhrzechen (einschl. Rheinpreussen) 256 Wetterproben genommen und dieselben auf ihren Gehalt an CH_4 und CO_2 untersucht.*)

Von diesen 256 Proben waren 23 aus in Betrieb stehenden streichenden Strecken, 6 aus Ueberhauen, 9 von Abbaupfeilern, 210 aus ausziehenden Haupt- oder Teilströmen, die sämtlich nicht mehr zu weiterer Bewetterung von Betriebspunkten dienten, 6 aus Wetterkanälen über Tage, 1 aus einem von der Wettersohle abfallend geführten Wetterstrome, der einige Betriebe unter dieser bewettert, und 1 aus dem alten Mann entnommen.

Die Analyse ergab nun:

1. Von 23 Wetterproben aus streichenden Strecken enthielten 10 über $0,5^0/_0$ CO_2; als Maximum wurde gefunden $1,183^0/_0$, als Minimum $0,058^0/_0$.

2. Von 6 Wetterproben aus Ueberhauen enthielten 2 über $0,05^0/_0$ CO_2; als Maximum wurde gefunden $0,993^0/_0$, als Minimum $0,208^0/_0$.

---

*) Bemerkt wird, dass für den Bericht der Lokalabteilung Dortmund der Schlagwetter-Kommission (cfr. Anl. Bd. II S. 81) nur die 128 Wetterproben in Betracht gekommen sind, die in der Ztschr. f. d. Berg-, Hütten- u. Salinenw., 1883, S. 435 ff, aufgeführt sind, die übrigen 128 sind in derselben Zeitschrift 1884, S. 509 ff, von Schondorff veröffentlicht.

3. Von 9 Wetterproben vor Abbaupfeilern enthielten 2 über 0.5% CO_2; als Maximum wurde gefunden 1.134%, als Minimum 0.165%.

4. Von 210 Wetterproben aus ausziehenden Strömen enthielten 91 über 0.5% CO_2;[*] als Maximum wurde gefunden 1.842%, als Minimum 0.083%.

5. Von 6 Wetterproben aus Wetterkanälen über Tage enthielten 4 über 0.5% CO_2; als Maximum wurde gefunden 0.672%, als Minimum 0.164%.

Die Wetterprobe, welche aus dem abfallend geführten Strome genommen wurde (Zeche Tremonia), ergab 0.430% CO_2 neben 0.360% CH_4; diejenige dagegen aus dem alten Mann (Zeche Shamrock Fl. 5) 7.535% CO_2 neben $2.148\,CH_4$.

Von den untersuchten Zechen zeichnete sich besonders die (seit 1890 eingestellte) Zeche Ruhr und Rhein durch den starken Kohlensäure-Gehalt ihrer Wetter vor Ort aus; die oben angegebenen Maximal-Zahlen von 1.183 bei streichenden Strecken und 0.993 in Ueberhauen beziehen sich auf diese Zeche. In ihrem ausziehenden Gesamtstrom fand Schondorff indessen nur 0.583% CO_2. Hinsichtlich der ausziehenden Gesamtströme stand die Zeche Wolfsbank Schacht I am schlechtesten, nämlich mit 1.842% CO_2; die frische Wettermenge betrug hier aber auch weniger als 1 cbm je Kopf. Als Mittelwert für den CO_2-Gehalt sämtlicher damals untersuchten Hauptausziehströme ergab sich 0.495%. Inzwischen hat sich der Prozentgehalt an CO_2 der ausziehenden Wetterströme bedeutend verringert, entsprechend der eingetretenen Vermehrung der Wettermengen.

Seit jenen Untersuchungen des Dr. Schondorff ist nun durch die Bergbehörde den meisten und wohl allen grösseren Ruhrzechen vorgeschrieben worden, zu bestimmten Zeiten den Schlagwetter- und Kohlensäuregehalt der ausziehenden Wetterströme durch Analyse feststellen zu lassen; unter Einbeziehung einiger weiterer Analysen, die einzelne andere — meist kleine — Zechen ohne solchen Zwang besonders für die Zwecke des vorliegenden Werkes haben anfertigen lassen, war es möglich, von 191 selbstständigen Betriebsanlagen — im ganzen wurden Ende 1898 deren 209 gezählt — die Analysen der gesamten ausziehenden Wetterströme zusammenzustellen (S. **Tab. 12 a. S. 70 ff.**). Die betreffenden Wetterproben sind mit wenigen Ausnahmen im letzten Vierteljahr 1898 genommen. Bei einzelnen Zechen ist dabei aus zwei oder drei gleichzeitig entnommenen Wetterproben von Teilströmen das Mittel für den Gesamtstrom berechnet worden, während in einigen anderen Fällen auch, um den normalen Verhältnissen möglichst nahe zu kommen, ·aus zwei zeitlich etwas verschiedenen Wetterproben desselben Gesamtstromes ein Mittelwert berechnet ist. So z. B. ist für Zeche Graf Schwerin, deren ausziehender Strom am 1. Oktober 1898 bei 3468 cbm

---

[*] Davon 10 auf 7 verschiedenen Zechen über 1%.

Stärke 0,22% CO_2 und am 30. Dezember 1898 bei 3450 cbm Stärke 0,36 % CO_2 enthielt, ein Mittelwert von 0,29 % CO_2 angenommen.

Vorausgeschickt sei ferner noch, dass der CO_2-Gehalt des ausziehenden Wetterstromes einer Schachtanlage ebensowenig eine konstante Grösse darstellt wie der CH_4-Gehalt; gleich diesem schwankt er innerhalb gewisser Grenzen je nach den Betriebsverhältnissen und zum Teil auch nach den Veränderungen des Luftdruckes, die dort, wo grosse Hohlräume mit schlagwetter- und kohlensäurehaltigen Wettern angefüllt sind, also zumal auf älteren ausgedehnten Gruben, sich besonders bemerkbar machen.*) Da aber bei fast allen Zechen aus statistischen Zusammenstellungen des Oberbergamtes sich eine Kontrolle der den nachfolgenden Ausführungen zu Grunde liegenden Analysen durch je eine spätere und frühere ermöglichen liess, können die aus der Zusammenstellung dieser Analysen sich ergebenden Schlussfolgerungen als bezeichnend für die Wetterverhältnisse der Ruhrzechen sowohl insgesamt als auch mit gewisser Einschränkung für die der einzelnen Zechen gelten. Einzelne abweichende Fälle werden besonders hervorgehoben werden. Bemerkt muss ferner noch werden, dass die im berggewerkschaftlichen Laboratorium zu Bochum ausgeführten CO_2-Analysen als bis auf 0,02 % genau anzusehen sind.

Betrachtet man unter diesen Einschränkungen die durch die Analysen gegen Ende 1898 nachgewiesenen CO_2-Gehalte der ausziehenden Gesamtströme, so ergiebt sich zunächst, dass kein einziger derselben über 1 % enthielt. Den höchsten CO_2-Gehalt mit 0,76 % ergab der ausziehende Gesamt-Strom der Zeche ver. Sälzer und Neuack, die eine der ältesten im ganzen Bezirk ist. Im Anfang des 19. Jahrhunderts ging man auf dieser bis dahin Stollenbau treibenden Zeche zum Tiefbau — ohne Bergeversatz — über, wobei auf den oberen Sohlen grosse Hohlräume entstanden, aus denen der hohe CO_2 - Gehalt der ausziehenden Wetter stammt. Eine neuere Analyse des Gesamtstromes dieser Zeche aus dem Jahre 1899 ergab 0,66 % CO_2, während 1897 (ebenso wie 1898) 0,70 % gefunden wurden. Auf Zeche Sälzer & Neuack folgen die Zechen Friedlicher Nachbar mit 0,64, Baaker Mulde und Schacht Hamburg der Zeche ver. Hamburg und Franziska mit je 0,62, Glückauf Tiefbau (zwei Schachtanlagen) und Eiberg mit je 0,60 % CO_2. Ueber $1/2$ % CO_2 hatten ferner noch folgende Zechen: Cölner Bergwerksverein Schacht Anna, Hannover Schacht I/II, Rheinische Anthracitwerke und ver. Pörtingsiepen je 0,58 %, Humboldt, Alstaden I und Präsident I je 0,56, Hercules 0,55 %, ver. Dahlhauser Tiefbau 0,54 %, Altendorf Schacht südliche Mulde und ver. Germania Schacht II je 0,52 %.

---

*) Vgl. hierzu die Arbeit von Richter in der Zeitschr. f. d. B. H. u. S. 1888, S. 259 ff, die das Ausströmen von CH_4 und CO_2 auf Zeche Shamrock behandelt.

Im ganzen erhält man folgende Uebersicht:

Der CO_2-Gehalt des ausziehenden Stromes betrug

auf 18	selbständigen	Schachtanlagen	über	0,50 % bis 0,76 %
» 30	»	»	»	0,40 » » 0,50 »
» 42	»	»	»	0,30 » » 0,40 »
» 51	»	»	»	0,20 » » 0,30 »
» 41	»	»	»	0,10 » » 0,20 »
» 9	»	»	unter	0,10 » » 0,04 »

Sa. 191

Die 9 Schachtanlagen mit weniger als 0,1 % sind folgende:

Königin Elisabeth Schacht Hubert	0,08 %
Dorstfeld Schacht 1	0,08 »
Schlaegel und Eisen Schacht III	0,08 »
Hörder Kohlenwerk Schacht Holstein . . .	0,08 »
Crone	0,08 »
Hibernia	0,07 »
Rheinpreussen Schacht III	0,06 »
Zollverein Schacht IV/V	0,05 »
General Blumenthal Schacht III	0,04 »

Zu diesen Zahlen ist folgendes zu bemerken: Wie schon oben erwähnt, ist der Kohlensäuregehalt der ausziehenden Wetterströme gewissen Schwankungen unterworfen. Auf einzelnen der vorgenannten 9 Anlagen aber ist derselbe regelmässig ein sehr geringer, wenn er auch nicht immer unter 0,10 % bleibt. Hierher gehören in erster Linie diejenigen Zechen, die erst seit wenigen Jahren in Förderung getreten sind, wo also der alte Mann noch keine grösseren CO_2-Mengen entwickeln kann. Es sind dies Königin Elisabeth Schacht Hubert[1]) (in Betrieb seit 1898), Schlaegel und Eisen Schacht III[2]) (seit 1898), Rheinpreussen Schacht III[3]) (seit 1898), Zollverein Schacht IV/V[4]) (seit 1893 bezw. 1896) und General Blumenthal Schacht III[5]) (seit 1898). Der geringe CO_2-Gehalt der schon älteren Zeche Hibernia, der nach anderen Analysen bis auf 0,12 % steigt, erklärt sich aus der grossen Wettermenge von mehr als 7000 cbm, durch die eine aussergewöhnlich

---

[1]) Auf Hubert betrug der CO_2-Gehalt im Juni 1899 0,14 %, im Dezember 1899 0,10 % und im März 1900 0,14 %.

[2]) Auf Schlaegel und Eisen III schwankt der CO_2-Gehalt nach sieben in der Zeit von Oktober 1898 bis April 1900 ausgeführten Analysen nur zwischen 0,10 und 0,05 %.

[3]) Auf Rheinpreussen III ergab eine andere im Jahre 1899 ausgeführte Analyse 0,12 % CO_2.

[4]) Auf Zollverein IV/V ergiebt der Durchschnitt von zehn in den letzten Jahren angefertigten Analysen des ausziehenden Stromes 0,11 % CO_2.

[5]) Auf General Blumenthal, Schacht III ergab der Durchschnitt von sechs Analysen während der Zeit von Januar 1899 bis April 1900 nur 0,06 % CO_2.

starke Verdünnung der in der Grube sich bildenden, an sich gar nicht geringen CO_2-Mengen erreicht wird.

Der niedrige CO_2-Gehalt des Wetterstromes der schon aus der Mitte des 19. Jahrhunderts stammenden Magerkohlenzeche Crone dürfte nach Analogie der übrigen Zechen ähnlicher Art wohl mehr ein zufälliger sein; weitere Analysen, die zum Vergleich dienen könnten, liegen von dieser Zeche nicht vor. 0,08 % CO_2 sind auch für die aus der Mitte der 70er Jahre stammende Schachtanlage Holstein der Zeche Hörder Kohlenwerk, auf deren zweiter Schachtanlage Schleswig 0,25 % CO_2 festgestellt wurden — ein auffällig geringes Ergebnis, welches hinter dem in den drei Jahren 1895, 1896 und 1897 gefundenen CO_2-Gehalt desselben Stromes von durchschnittlich 0,25 % wesentlich zurückbleibt; eine neuere Analyse aus dem Jahre 1899 ergab die ebenfalls recht geringe Menge von 0,12 % CO_2.

Auch auf Zeche Dorstfeld, Schacht I, wo der Abbau der Gas- und Gasflammkohlen - Flötze schon vor ungefähr 50 Jahren begonnen hat, ergaben die Analysen des ausziehenden Hauptstromes während der letzten Jahre in der Regel einen bedeutend höheren CO_2-Gehalt als 0,08 %; z. B. wurden bei einer Analyse im Jahre 1899 0,30 % gefunden.

Im Durchschnitt kann man nach den vorliegenden Analysen annehmen, dass die ausziehenden Wetterströme der westfälischen Zechen jetzt durchschnittlich ung. 0,30 % CO_2 enthalten, während die Schlagwetter-Kommission (vgl. S. 21) noch fast 0,50 % fand.

Es ist vielleicht nicht uninteressant, die Kohlensäure-Menge, welche auf den einzelnen Schachtanlagen täglich mit den ausziehenden Wettern in die freie Luft gelangt, zu berechnen und — ähnlich wie dies mit dem Methan-Gehalt zu geschehen pflegt — in Beziehung zur täglichen Förderung zu bringen. Von den berechneten Mengen sind jedoch diejenigen in Abzug zu bringen, die dem 0,04 % betragenden CO_2-Gehalt der frischen Wetter entsprechen, denn die auf diese Weise in die Grube gelangende CO_2-Menge kann einen ganz verschiedenen grossen Teil der im ausziehenden Strom enthaltenen Menge betragen, je nachdem der Prozentgehalt des letzteren grösser oder kleiner ist. Es sind deshalb nachstehend neben den Zahlen, welche die gesamte ausströmende tägliche CO_2-Menge angeben, in Klammern auch diejenigen Mengen angegeben, welche sich nach Abzug von 0,04 % aus den verschiedenen Analysen-Resultaten ergeben. Hierbei ist auf die etwaige Volumveränderung des ausziehenden Wetterstromes gegenüber dem frischen keine Rücksicht genommen.

Die grösste Menge Kohlensäure mit rund 28 000 (bezw. 25 000) cbm je Tag entwickelt hiernach die seit Anfang der sechziger Jahre im Betriebe befindliche Zeche Shamrock, deren weitausgedehnte Baue mit umfangreichen Hohlräumen in Verbindung stehen, die von dem früher allein üblichen Pfeilerbau herrühren.

Additional information of this book

(Die Entwickelung des Niederrheinisch-Westfälischen Steinkohlen-Bergbaues in der zweiten Hälfte des 19. Jahrhunderts; 978-3-642-98908-7; 978-3-642-98908-7_OSFO1)

is provided:

http://Extras.Springer.com

Die Tafel I stellt nach 24 derartigen Analysen die Beziehungen zwischen der auf Shamrock ausströmenden CO_2- (und CH_4-) Menge, der Wettermenge und der täglichen Förderung während der letzten 5 Jahre dar; dabei sind auch die Schwankungen des Luftdruckes in den letzten 48 Stunden vor Entnahme der betreffenden Wetterproben eingezeichnet, wobei allerdings hinzugefügt werden muss, dass, da eine genauere Angabe über die Tageszeit der Probenahme leider nicht mehr zu erhalten war, diese Luftdruck-Kurven nur Anspruch auf ungefähre Richtigkeit haben. Zur Erklärung sei weiter noch bemerkt, dass auf Shamrock im September 1898 ein neuer Ventilator auf Schacht V in Betrieb genommen wurde, während im Dezember 1898 der unterirdische Ventilator stillgesetzt und ein den letzteren an Grösse übertreffender oberirdischer Ventilator auf Schacht VI in Gang gesetzt wurde; daher die aus dem Bilde sich ergebende grosse Vermehrung der ausziehenden Wettermenge an der Jahreswende 1898/99.

Ausser Shamrock lieferten nach den vorliegenden Analysen noch 7 (5) Schachtanlagen eine tägliche Menge von mehr als 20 000 cbm CO_2. Die sämtlichen 191 Anlagen zerfallen in folgende Gruppen:

mehr als 20 000 bis 30 000 cbm CO_2 strömten auf   8   (6) Schachtanl. aus
  »   »   15 000 » 20 000 »   »   »   »   26 (15)   »   »
  »   »   10 000 » 15 000 »   »   »   »   34 (33)   »   »
  »   »   7 500 » 10 000 »   »   »   »   42 (35)   »   »
  »   »   5 000 »   7 500 »   »   »   »   35 (46)   »   »
  »   »   2 500 »   5 000 »   »   »   »   29 (34)   »   »
unter   2 500   »   »   »   »   17 (22)   »   »

Summa 191 (191).

Im ganzen waren in den Wetterströmen dieser 191 Schachtanlagen je Tag rund 1 802 000 (1 567 000) cbm CO_2 enthalten, d. h. ungefähr die Hälfte mehr als dieselben Schachtanlagen an CH_4[*] entwickelten. Bei einer täglichen Gesamtförderung von rund 179 000 t entfallen also auf jede Tonne Kohlen rund 10 (8,8) cbm CO_2 (gegenüber 6,7 cbm CH_4) und auf jede Schachtanlage im Durchschnitt 9 400 (8 200) cbm. Unter den 22 Zechen, die nach Abzug der dem Gehalt der frischen Luft entsprechenden CO_2-Menge täglich weniger als 2 500 cbm CO_2 entwickeln, befindet sich mit rechnerisch 0 cbm CO_2 die 1898 in Förderung getretene Zeche General Blumenthal Schacht III, wo der CO_2-Gehalt der ausziehenden Wetter nach der vorliegenden Analyse dem der frischen Luft entspricht. Bei der für diese Analysen anzunehmenden Fehlergrenze von $0,02^0/_0$ ist dies Ergebnis nicht undenkbar. Nach der Anmerkung a. S. 23 würde den durchschnittlich auf General Blumenthal Schacht III gefundenen

---

[*] 1 200 000 cbm CH_4 je Tag.

0,06 % CO_2 eine täglich in der Grube entwickelte Menge von 575 cbm CO_2 entsprechen.

Neben General Blumenthal Schacht III zeichnen sich naturgemäss eine Anzahl andere erst vor kurzem in Förderung getretene Anlagen durch geringe CO_2-Entwickelung aus, so Rheinpreussen Schacht III (1898)*), Schlaegel & Eisen Schacht III (1898), Ewald Schacht III (1898), Königin Elisabeth Schacht Hubert (1898), Zollverein VI (1898) und Neumühl (1896). An diese schliessen sich noch an Zollverein IV/V (1893) und Rabe (1892). Auffälligerweise sind aber in dieser Gruppe auch eine Reihe älterer Zechen vertreten, nämlich Constantin der Grosse Schacht III (die frühere Zeche Herminenglück-Liborius) (1864), Königsborn Schacht I (1879), Neu-Essen Schacht Fritz (1875), Victoria (1875), Hörder Kohlenwerk Schacht Holstein (1874), Alte Haase (1859), Crone (ung. 1855), Dorstfeld I (ung. 1855) und Sellerbeck Schacht Müller (ung. 1839).

Auf den Prozentgehalt des ausziehenden Stromes und die absolute Menge der täglich entwickelten Kohlensäure sind naturgemäss die Stärke des Wetterstromes und die Höhe der Förderung von wesentlichem Einfluss; denn unter sonst gleichen Betriebsverhältnissen muss der Prozentgehalt des ausziehenden Stromes an CO_2 umso kleiner sein, je grösser die Wettermenge ist und andrerseits wird die täglich entwickelte CO_2-Menge unter sonst gleichen Verhältnissen auf einer kleineren, also weniger fördernden Grube kleiner sein als auf einer andern, wo ein ausgedehnterer Betrieb mit stärkerer Förderung stattfindet. Der Einfluss dieser beiden Faktoren verschwindet aber, wenn man diejenigen CO_2-Mengen vergleicht, welche täglich auf den einzelnen Zechen je t täglich geförderter Kohlen ausströmen.

Eine solche Berechnung ergiebt folgendes Bild: †)

Es wurden je t täglicher Förderung entwickelt

Auf	2	(1)	Schachtanlagen über		30	cbm	CO_2
»	12	(9)	»	»	20 —30	»	»
»	21	(14)	»	»	15 —20	»	»
»	28	(24)	»	»	12,5—15	»	»
»	27	(26)	»	»	10,0—12,5	»	»
»	50	(44)	»	»	7,5—10,0	»	»
»	24	(41)	»	»	5,0— 7,5	»	»
»	21	(21)	»	»	2,5— 5,0	»	»
»	6	(11)	»	»	2,5 und weniger		
Sa.	191	(191)					

*) Die in Klammern beigefügten Zahlen bedeuten das Jahr, in dem die betreffende Zeche die Förderung aufgenommen hat.

†) Die eingeklammerten Zahlen ergeben sich nach Abzug der in der frischen Luft enthaltenen Kohlensäure.

Im Durchschnitt werden, wie schon oben auf S. 25 berechnet ist, auf jeder Schachtanlage je Tonne rund 10 (8,8) cbm CO_2 entwickelt.

An der Spitze sämtlicher Zechen stehen in Bezug auf Kohlensäureentwickelung je Tonne Förderung die beiden Schachtanlagen der Zeche Altendorf, nämlich Schacht Nördliche Mulde mit 32,85 (29,26) und Schacht Südliche Mulde mit 36,70 (33,91) cbm CO_2. Von diesen schon in den fünfziger Jahren in Betrieb gekommenen Anlagen, auf denen die hauptsächlich in 2 Mulden gelagerten Flötze der Ess- und Magerkohlengruppe mit streichendem Pfeilerbau abgebaut werden, hat die Schachtanlage Nördliche Mulde ihren Betrieb infolge Verhiebes der vorhandenen Flötze im Jahre 1899 fast ganz eingestellt und fördert nur noch die zum Betrieb der Wasserhaltung erforderlichen Kohlen. Auf Schacht Südliche Mulde ist der Betrieb der drei tiefsten Sohlen (V, VI und VII) seit 1896 eingestellt und bewegt sich der Abbau z. Zt. über der 210 m Sohle.

Die Analysen der letzten 5 Jahre ergaben folgende Resultate:

Tabelle 5.

Datum der Probenahme	Ausziehende Wettermenge cbm	Durchschnitt tägliche Förderung t	Ergebnis der Analyse $^0/_0$		In 24 Stunden ausströmende Menge cbm		Auf 1 t Förderung entfallende Menge cbm		Bezw. nach Abzug der in den frischen Wettern enthaltenen CO_2 Im Ganzen cbm	Je t cbm
			CH_4	CO_2	CH_4	CO_2	CH_4	CO_2		
I. Altendorf, Schacht Nördliche Mulde.										
15. 7. 95	870	350	0,00	0,40	—	5000	—	14,28	4499	12,85
7. 3. 96	1407	300	0,04	0,28	800	5650	2,67	18,83	4844	16,13
27. 11. 97	1347	150	0,00	0,38	—	7350	—	49,00	6579	43,86
12. 10. 98	1200	210	0,02	0,40	350	6900	1,66	32,85	6209	29,56
24. 10. 99	930	20	0,00	0,28	—	3750	—	187,5	3215	160,75
Im Durchschnitt	1150	206	—	—	230	5750	1,12	27,91	5088	24,69
II. Altendorf, Schacht Südliche Mulde.										
27. 9. 95	1493	290	0,00	0,40	—	8596	—	29,64	7738	26,68
16. 9. 96	1232	230	—	0,32	—	5673	—	24,66	4965	21,58
26. 11. 97	1301	240	0,03	0,22	561	4118	0,43	17,15	3370	14,04
24. 10. 98	1300	265	0,00	0,52	—	9734	—	36,73	8986	33,90
23. 10. 99	1281	350	0,00	0 28	—	5155	—	14,72	4418	12,62
Im Durchschnitt	1321	275	—	—	112	6655	—	24,58	5895	21,43

Ueber 20 cbm CO_2 je Tonne Förderung ergaben auch die Analysen auf folgenden 12 Zechen:

Tabelle 6.

Lfd. No.	Zeche	Je t entwickelte Menge CO_2 cbm	Jahr der ersten Förderung	Gebaute Flötzgruppen
1	ver. Stock u. Scheerenberg	27,3 (23,76)	1856	Magerk.
2	Germania I (Südfeld) . . .	26,7 (22,8)	1857	Fett- u. Essk.
3	Monopol, Schacht Grillo . .	26,3 (23,66)	1879	»
4	Mansfeld, Schacht Colonia	25,1 (22,9)	1869	»
5	ver. Hamburg u. Franziska, Schacht Hamburg . . .	25,0 (23,4)	1858	Magerk.
6	Friedlicher Nachbar	23,7 (22,4)	1867	Fett- u. Essk.
7	Glückauf Tiefbau, Schacht Giesbert	21,6		
8	Glückauf Tiefbau, Schacht Gotthelf	21,6 } (21,3) } 1850		»
9	Adolf von Hansemann . . .	21,3 (14,6)	1896	Fett, Ess-, u. Magerk.
10	Dannenbaum, Schacht I . .	21,1 (18,9)	1859	»
11	Friedrich Wilhelm	20,6 (18,2)	vor 1815	Magerk.
12	Constantin der Grosse, Sch. I	20,3 (18,8)	1855	Fett- u. Essk.

Von all diesen Zechen ist nur Adolf von Hansemann eine sehr junge in Vorrichtung stehende Zeche, bei der demgemäss die grosse je Tonne Förderung entwickelte CO_2-Menge etwas auffällig ist. Thatsächlich ist aber die CO_2-Entwicklung in den Bauen von Hansemann nicht so gross wie auf den übrigen vorgenannten Zechen; während bei jenen die eingeklammerten Zahlen nur wenig von den nicht eingeklammerten abweichen, ist bei Hansemann dieser Unterschied sehr gross: 21,3 : 14,6. Es erklärt sich dies aus dem Verhältnis der grossen Wettermenge von 2 145 cbm mit nur 0,13% CO_2 zu der kleinen Förderung von nur 190 t. Die dem CO_2-Gehalt der frischen Wetter entsprechende Menge ist demgemäss im Verhältnis zu der thatsächlich in den Grubenbauen hinzutretenden Menge sehr gross (1 : 2); immerhin ist auch die unter Berücksichtigung dieser Verhältnisse verbleibende Menge von 14,6 cbm CO_2 je Tonne eine ziemlich grosse im Verhältnis zum Alter der Zeche. Von sämtlichen 191 Betriebsanlagen entwickeln nach Abzug der in der Atmosphäre enthaltenen 0,04% nur 30 und zwar lauter alte Anlagen mehr CO_2 als Adolf von Hansemann. Genaueres über die CO_2-Ausströmung auf Adolf von Hansemann ist aus der folgenden Tabelle zu ersehen:

CO_2-Ausströmung auf Zeche Adolf von Hansemann.   **Tabelle 7.**

Datum der Analyse.	Wetter-menge je Minute in cbm	Prozentgehalt an		Täglich im ausziehenden Wetterstrom enthalt. Menge cbm		Täglich in der Grube entwickelte Menge CO_2 (nach Abzug von 0,04% von Spalte IV)	Je Tonne täglicher Förderung entwickelte Menge in cbm			Durchschnittliche tägliche Förderung zur Zeit der Probenahme in Tonnen
		CH_4	CO_2	CH_4	CO_2		CH_4	CO_2 nach Spalte VI	CO_2 nach Spalte VII	
I	II	III	IV	V	VI	VII	VIII	IX	X	XI
3. 9. 1898	1 220	0,14	0,16	2 460	2 810	2108	27,52	31,22	23,42	90
30. 3. 1899	2 145	0,20	0,13	6 250	4 050	2780	32,87	21,30	14,63	190
26. 7. 1899	2 755	0,21	0,04	8 350	1 490	—	21,92	4,18	—	380
15. 12. 1899	2 812	0,25	0,16	10 150	6 480	4860	18,08	11,57	8,68	560
7. 4. 1900	3 230	0,32	0,20	14 900	9 300	7440	21,87	13,68	10,94	680

Jene 22 Schachtanlagen, welche nach S. 25 nach Abzug der dem Gehalt der frischen Wetter entsprechenden Menge unter 2 500 cbm CO_2 je Tag entwickeln, sind auch diejenigen mit der geringsten CO_2-Ausströmung je t Förderung; eine Ausnahme machen nur die Zechen Rabe und Sellerbeck Schacht Müller, die infolge ihrer sehr geringen Förderung höhere Zahlen, nämlich 6,2 bezw. 7,1 cbm CO_2 je Tonne, aufweisen.

γ) Wirkungen des Kohlensäuregehaltes der Wetter.
Von Professor Dr. Broockmann.

In Bezug auf die Schädlichkeit der Kohlensäure werden häufig Fragen gestellt, wie z. B.: bei wieviel Prozent CO_2 ist Luft noch »gut« zu nennen? wieviel Prozent CO_2 ruft beim Menschen Unwohlsein hervor? bei wieviel Prozent CO_2 erstickt ein Mensch? bei wieviel Prozent CO_2 erlischt ein Licht? u. s. w.

Auf derartige Fragen kann man keine einfachen Antworten geben, weil nicht allein der Gehalt der Luft an Kohlensäure in Frage kommt, sondern auch das Verhältnis von Sauerstoff zu den Irrespirabilien zu berücksichtigen ist.

Zunächst möge hier eine Anzahl von Angaben aus der Litteratur Platz finden:

I. 0,1 % CO_2 in der Luft ist die Grenze zwischen guter und schlechter Luft (Pettenkofer).

II. 0,5% CO_2 sind für Bergleute nicht schädlich.

III. 0,7 % CO_2 schaden den Bergleuten nicht wesentlich.

IV. 1,0 % CO_2 rufen merkliches Unbehagen hervor.

V. 2,0 % CO_2 Die Luft ist noch atembar.

VI. 3,0 % CO_2 Atembeschwerden beim Menschen.

VII. 4,0 % CO_2 Atemnot und geringer Puls.

VIII. 5 % CO_2 Kopfweh.

IX. 5—6 % CO_2 wirken tödlich (Köhler, Bergbaukunde).

X. 5—6 % CO_2 sind gefährlich (Höfer, Taschenbuch).

XI. 6 % CO_2 Herzklopfen und Kopfweh (Brunck, Untersuchung der Grubenwetter 1900).

XII. 8 % CO_2 Taumel.

XIII. 8—10 % CO_2 Die Luft wirkt tödlich (Höfer).

XIV. 10 % CO_2 sind vollständig hinreichend (!) um Krankheitserscheinungen beim Menschen hervorzurufen (Eulenberg, Handbuch des öffentlichen Gesundheitswesens Bd. II. S. 244).

XV. 10 % CO_2 hält man so ziemlich allgemein für die Grenze, von welcher an das Leben eines Menschen gefährdet ist (Gorup-Besanez, Phys. Chemie).

XVI. 11 % CO_2 Bewusstlosigkeit beim Menschen; der Tod tritt jedoch erst ein, wenn der Mensch mehrere Stunden (!) in dieser Atmosphäre verbleibt (Brunck a. a. O. S. 27).

XVII. 16 % CO_2 Ein Säugetier erleidet Atemnot (Vierordt, Physiologie des Menschen S. 201).

XVIII. 18 % CO_2 bringen Erstickung hervor (Vierordt a. a. O.).

XIX. ? % CO_2 Die Wirkung der Einatmung von CO_2 auf den Menschen hängt wesentlich von der Schnelligkeit der Aufnahme ab; plötzliche Einatmung grosser Mengen kann Bewusstlosigkeit und Tod veranlassen, während bei allmählicher Steigerung der CO_2-Gehalt der Luft gefahrlos ist (bis zu welcher Grenze ist nicht gesagt) (W. Marcel Ch. C. 1891 II 720).

Aehnliche, ganz widersprechende Angaben findet man in der Litteratur über den Prozentsatz an CO_2 in der Luft, bei welchem ein Licht erlischt.

XX. 2,83 % CO_2 Die Luft, in welcher eine Kerze erlosch, enthielt durchschnittlich 2,83 % CO_2 (Eulenberg a. a. O. S. 244).

XXI. 5 % CO_2 Es zeigt sich noch ein schwaches Glimmen des Dochtes (Zeitschr. f. d. Berg-, Hütten- u. Salinenwesen 1872, Bd. XX, BS. 55).

XXII. 5—6 % CO_2 Augenblickliches Erlöschen der Flamme (Köhler, Bergbaukunde).

XXIII. 8 % CO_2 Das Glimmen des Dochtes hört auf (Serlo, Bergbaukunde).

XXIV. 10 % CO_2 und mehr bringen eine Flamme zum Erlöschen (Taylor).

XXV. 10 % CO_2 Die Grubenlichter erlöschen (Höfer, Taschenbuch f. Bergmänner).

XXVI. 20 % CO_2 Eine Kerze erlischt in Luft, welche 0,2 Volumen CO_2 enthält (Meyers Conversationlexikon 1890).

Bei allen diesen Angaben fehlen Notizen über die Grösse der betr. Räume, die Geschwindigkeit der Luft und die übrigen Bestandteile des jeweiligen Luftgemenges. Wir wollen daher zunächst hervorheben, dass mit einer Angabe = x % CO_2 überhaupt nichts gesagt ist.

Es können nämlich zwei Luftarten z. B. 5 % CO_2 enthalten und trotzdem den Atmungs- und Verbrennungsprozess ganz wesentlich verschieden beeinflussen. Angenommen, die 5 % CO_2 stammen aus den Lungen oder seien Produkt der Verbrennung irgend eines Brenn- oder Leuchtstoffs, so ist diese Luftart zusammengesetzt:

$$\left.\begin{array}{l} 5 \text{ % } CO_2 \\ 16 \text{ „ } O \\ 79 \text{ „ } N \end{array}\right\} \quad O : (CO_2 + N) = 1 : 5{,}250$$

$$\overline{100 \text{ %}}$$

Angenommen, jene 5 % CO_2 stammen aus einer CO_2-Quelle, welche sich in reine Luft ergösse, so ist die Luftart zusammengesetzt:

$$\left.\begin{array}{l} 5 \text{ % } CO_2 \\ 20 \text{ „ } O \\ 75 \text{ „ } N \end{array}\right\} \quad O : (CO_2 + N) = 1 : 4{,}000$$

$$\overline{100 \text{ %}}$$

Um die Verschiedenheit solcher Luftarten experimentell zu beweisen, hat Verfasser vor mehreren Jahren zwei Versuchsreihen[*] angestellt.

Ueber eine brennende Kerze, welche in einer geräumigen Schale auf Quecksilber schwamm, wurden Gefässe verschiedener Dimensionen (Bechergläser, Glascylinder, grosse Glashäfen usw.) gestülpt, sodass die Oeffnung des Gefässes durch Quecksilber abgeschlossen wurde; nachdem die Kerze durch die im Gefässe nach und nach schlechter werdende Luft zum Erlöschen gebracht war, wurde der CO_2-Gehalt der entstandenen Luftart festgestellt.

----

[*] Zeitschr. f. d. Berg-, Hütten- und Salinenwesen 1887, Bd. XXXV, B S. 56.

Folgende Tabelle möge die Ergebnisse zeigen:

Tabelle 8.

Grösse des abgeschlossenen Raumes 1	Zusammensetzung der Luftart, welche die Flamme zum Erlöschen brachte		
	$^0/_0$ CO_2	$\%$ N	$\%$ O
0,15	6,6	79	14,4
0,3	6,3	79	14,7
0,5	6,0	79	15,0
0,75	5,7	79	15,3
1,0	4,7	79	16,3
2,0	4,3	79	16,7
3,0	4,0	79	17,0
4,0	3,5	79	17,5
10,0	3,0	79	18,0
60,0	2,9	79	18,1

Selbst die Form der Gefässe war von Einfluss; z. B. zeigten sich Verschiedenheiten in der Zusammensetzung der durch die Flamme erzeugten Luftart, je nachdem hohe cylindrische Gefässe oder mehr kugelförmige von demselben Rauminhalte angewandt wurden.

Die Verhältnisse von O : Irrespirabilien sind

für den kleinsten Raum . . . . = 1 : 6,
„ „ grössten „ . . . . = 1 : 4.

Der Grund dieser Erscheinung ist leicht ersichtlich, wenn man sich vergegenwärtigt, wie eine Flamme die Luft in Bewegung setzt. In einem kleinen Raume findet sofort eine wirbelnde Bewegung statt, an welcher sich alle Luft beteiligt; die schon eines Teiles des Sauerstoffs beraubte Luft wird daher mehreremale mit Heftigkeit an die Flamme getrieben und ihr so wiederholt Sauerstoff entzogen.

In einem grösseren Raume findet dagegen die heftige Luftbewegung nur in einem verhältnismässig kleinen Teile des ganzen Raumes statt, während die übrige Luft an der Bewegung nicht teilnimmt und deshalb ihres Sauerstoffs nicht beraubt wird. Der relative Gehalt an gebildeter Kohlensäure muss also in einem kleinen Raume grösser sein, als in einem grösseren Raume. Er ist aus demselben Grunde auch von der verschiedenen Luftbewegung in einem bestimmten Raume abhängig, welche zwei verschiedene Flammen hervorrufen; eine Benzinflamme brennt besser in schlechter Luft als eine Oelflamme, weil erstere heisser ist und einen heftigeren Luftstrom hervorruft als die Oelflamme.

Beim Erlöschen einer Flamme ist also auch die Wettergeschwindigkeit zu berücksichtigen.

In der Grube haben wir es natürlich mit noch grösseren Räumen zu tun, als der grösste Raum war, der bei vorstehenden Versuchen zur Verfügung stand (60 l) und die Wettergeschwindigkeit wird an den gefährdeten Punkten meist gering sein. Die Zahl — 2,9 % CO_2 —, welche für den grössten Raum gefunden wurde, würde also der Wirklichkeit am nächsten kommen, wenn wir es mit stagnierender Luft und mit Kohlensäure zu thun haben, welche auf Kosten des Sauerstoffs gebildet worden ist.

Der Befund 2,9 % CO_2 entspricht dem von Eulenberg (XX a. S. 30) angegebenen Werte 2,83 % CO_2; merkwürdigerweise ist aber diese Zahl, als zu niedrig, häufig angegriffen worden und hat daher in bergtechnische Werke keinen Eingang gefunden.

Ist in den Grubenwettern etwa 1 % CO_2 enthalten, so hebt sich die kleingeschraubte Flamme von der Dochthülse nach oben ab; doch lässt sich der Kohlensäuregehalt durch diese Beobachtung nicht genau ermitteln, denn zwischen $3/_4$, 1 und $1^1/_2$ % CO_2 ist bei dieser Erscheinung kein Unterschied wahrzunehmen.

In Wettern, welche $1^1/_2$ und mehr Prozent CO_2 enthalten, ist es schwer die erloschene Lampe wieder anzuzünden; sehr schwer oder fast unmöglich wird es bei Sicherheitslampen mit Doppelkörben.

Bei der zweiten Versuchsreihe, welche Verfasser anstellte, wurde in frische Luft Kohlensäure geleitet. Diese Gemische wurden einer Flamme solange zugeführt, bis sie erlosch und alsdann die Luftart analysiert.

Folgende Ergebnisse stellten sich bei diesen Versuchen heraus:

Tabelle 9.

Luftmenge (einschl. CO_2), welche je Minute der Flamme zugeführt wurde	Zusammensetzung der Luftart, welche die Flamme zum Erlöschen brachte		
l	% CO_2	% N	% O
3,3	10,0	71,1	18,9
1,4	10,0	71,1	18,9
5,5	10,0	71,1	18,9
6,6	11,0	70,3	18,7
7,7	11,0	70,3	18,7
8,5	11,0	70,3	18,7
9,5	11,5	69,9	18,6
10,1	12,0	69,5	18,5
11,3	12,5	69,1	18,4
15,8	12,5	69,1	18,4
19,8	13,0	68,7	18,3
22,6	13,5	68,3	18,2
25,7	14,0	67,9	18,1
28,3	14,5	67,5	18,0
30,8	15,0	67,1	17,9

Der Sauerstoffgehalt geht also nur um 1 % herunter, während der Kohlensäuregehalt um 5 % steigt; es ergiebt sich hieraus, dass bei grösseren Geschwindigkeiten mehr Irrespirabilien erforderlich sind um eine Flamme zum Erlöschen zu bringen, als bei geringeren Geschwindigkeiten.

Betrachten wir diese Vorgänge vom physikalischen Standpunkte, so werden wir sagen können: je grösser die Wärmeentwickelung einer Flamme ist — d. h. je mehr Sauerstoff ihr in der Zeiteinheit zugeführt wird — desto grösser kann auch die abkühlende Wirkung der Irrespirabilien sein, bis die Flamme zum Erlöschen kommt.

Das Verhältnis von O : Irrespirabilien ist bei:

der grössten Geschwindigkeit 1 : 4,6
» geringsten   »   1 : 4,3

Auch aus diesen Versuchen ersieht man, dass die Angabe irgend eines Teiles einer Luftart keinen Anhaltspunkt geben kann, um über die Wirkung desselben auf eine Flamme ein Urteil zu fällen. Es müssen stets auch die anderen Komponenten bekannt sein und vor allen Dingen muss die Geschwindigkeit des Wetterstromes berücksichtigt werden.

Wir ersehen aber auch ferner, dass alle vorstehend angeführten Angaben über den Kohlensäuregehalt, welcher zum Erlöschen einer Flamme erforderlich ist, also XX bis XXVI auf S. 30, unter gewissen Umständen richtig sein können, selbst die höchste Zahl (XXVI) würde man bei grossen Wettergeschwindigkeiten konstatieren können.

In der Grube gestalten sich die Verhältnisse aber noch bei weitem verwickelter. Da haben wir es nicht allein mit CO_2, N und O zu thun, sondern auch noch mit CH_4 und anderen Gasen. Die betreffenden Luftarten können wir nicht so einfach berechnen; wir müssen also zunächst eine vollständige Analyse derselben besitzen, um über ihre Wirkungen urteilen zu können.

Von zwei durch Grubenbrand verdorbenen Luftarten mögen hier Beispiele angeführt werden:

a		b
15,9 %	O	11,9 %
2,6 %	CO_2	5,4 %
81,5 %	N	82,7 %
100,0 %		100,0 %

In beiden Gasgemischen erloschen die Lichter sofort, bei beiden war die Geschwindigkeit die gleiche = 70 cbm je Minute in einer Strecke von 3 qm Querschnitt.

Wollte man nun bei a nur die Kohlensäure berücksichtigen, so würde man nach den landläufigen Angaben nicht verstehen, wie eine nur $2,6\,^0/_0$ CO_2 enthaltende Luft eine Flamme sofort ersticken kann.

Das Verhältnis von O : Irrespirabilien ist aber bei a $= 1:5,3$, bei b sogar $1:7,4$ und demnach bei beiden sehr ungünstig.

Eine andere Luftart enthielt:

$$\left.\begin{array}{l} 3\,^0/_0 \ CH_4 \\ 2\,^0/_0 \ CO_2 \\ 17\,^0/_0 \ O \\ 78\,^0/_0 \ N \end{array}\right\} \quad O : \text{Irrespirabilien} = 1:5$$

$$\overline{100\,^0/_0}$$

Von dieser Luft wurde gesagt: Wetter seien mit der Lampe nicht beobachtet, sondern die Lampe sei sehr bald erloschen; nachdem sich jedoch die Luft, welche einer Kluft entströmte, mit dem sonst reinen Wetterstrome gemischt habe, habe man mit der Lampe Wetter feststellen können. Nach dem Gesagten ist dies leicht erklärlich; in diesem Falle hat das Methan der Kohlensäure geholfen, die Flamme zu ersticken.

Eine alte Erfahrung lehrt nun, dass der Mensch in verdorbenen Luftarten, falls es sich nur um N, O, CH_4 und CO_2 handelt, weit widerstandsfähiger ist als eine Flamme; der Grund hierfür ist in dem grossen Absorptionsvermögen der nach Millionen Quadratcentimetern zählenden Oberfläche der Lungenbläschen zu suchen.

Oben haben wir die Angaben und Ansichten verschiedener Autoren (I bis XIX) über die Wirkungen und die Schädlichkeit der Kohlensäure auf den menschlichen Organismus kennen gelernt. Eine sehr sanguinische Auffassung hat der grosse Hygieniker Pettenkoffer (I), welcher $0,1\,^0/_0$ CO_2 als Grenze zwischen guter und schlechter Luft ansieht; wollte man diese Zahl im gewöhnlichen Leben für die Beurteilung einer Luft massgebend sein lassen, so würde man bald zu der Ueberzeugung kommen, dass die gesamte zivilisierte Menschheit in schlechter Luft atmet, denn in geschlossenen Räumen, in denen Menschen verkehren, Lichter brennen u. s. w., ist ein Gehalt von weniger als $0,1\,^0/_0$ CO_2 eine Seltenheit.

Die Punkte II, III und IV auf S. 29 u. 30 erledigen sich durch die auf S. 20 ff. besprochenen Kohlensäuregehalte der Wetterströme.

Unter V ist gesagt, dass bei $2\,^0/_0$ CO_2 die Luft noch atembar sei. Wenn man nun bedenkt, dass in überfüllten Räumen, wie in Schulen, Kasernen, Theatern u. s. w. die Kohlensäuregehalte garnicht selten $2\,^0/_0$ erreichen, so kann man doch nicht sagen: die Luft sei noch atembar; sondern hier kann man mit Fug und Recht behaupten, die Luft sei verdorben oder schlecht. Das Unbehagen, welches man in überfüllten Räumen empfindet, rührt allerdings nicht allein von der Kohlensäure her, sondern von Miasmen aller Art und vor allen Dingen von dem hohen Feuchtigkeitsgehalte der Luft.

Den Bergmann interessiert eigentlich nur eine Zahl — die unter VII angegebene — bei 4% CO_2 Atemnot und geringer Puls. Diese Zahl ist eine von der Natur gegebene, worauf schon bei Besprechung des Atmungsvorganges hingewiesen wurde.

Luft von der Zusammensetzung

$$4\,\% \ CO_2$$
$$17\,\% \ O$$
$$79\,\% \ N$$
$$\overline{100\,\%}$$

entspricht der Ausatmungsluft. Wenn aber die Einatmungsluft der Ausatmungsluft gleich ist, so geht die normale Atmung nicht mehr vor sich. Alles, was dann bei noch höheren Prozenten erfolgt, gehört ins Reich des physiologischen Experiments. Alle übrigen Angaben, also von VIII bis XIX sind daher nicht für unsere Betrachtungen geeignet; doch möge darauf hingewiesen werden, dass auch für den Atmungprozess die Angabe eines Gases keinen Anhaltspunkt bieten kann; gerade so wie wir beim Lichte die mannigfachsten Verhältnisse kennen gelernt haben, unter welchen Flammen erlöschen, gerade so müssten wir auch beim Atmungsprozesse die mannigfachsten Verhältnisse studieren; es ist nicht gleich, ob ein Tier in einem kleinen Raume erstickt oder in einem grösseren: im ersteren Falle geht das Tier im Erstickungskrampfe zu Grunde, im anderen Falle fällt es durch allmähliches Schwächerwerden der Atmungs- und Lebensfunktionen zunächst in Schlaf und dann wird das »Lebenslicht« allmählich kleiner und kleiner.

Geradezu unverständlich ist die unter XIX angeführte Angabe, wonach bei allmählicher Steigerung der CO_2-Gehalt der Luft gefahrlos sei!

Eine Frage möge hier noch besprochen werden: ist Kohlensäure ein Gift oder nicht? Hierüber sind die Meinungen recht geteilt, und es mögen daher einige Autoritäten gehört werden:

I. Obschon CO_2 nicht im eigentlichen Sinne giftig ist, so wirkt doch die Beimengung weniger Prozente CO_2 zur Luft erstickend, weil dadurch die Ausscheidung von CO_2 aus der Lunge verzögert wird (Ritter, Chemie).

II. In grösserer Menge der Luft beigemengt wirkt CO_2 auf den menschlichen Organismus nicht nur durch die Herabsetzung des Sauerstoffgehaltes, sondern direkt giftig, indem sie dann durch ihren hohen Partialdruck in den Lungen die Abgabe der CO_2 aus dem damit beladenen Blute erschwert (Brunck a. a. O.).

III. CO_2 ist giftig u. s. w. (Z. f. phys. Chemie 2 S. 99).

IV. CO_2 ist nicht giftig (Meyers Conversationslexikon 1890).

V. CO_2 ist nicht im eigentlichen Sinne (z. B. für den Magen) ein Gift (Kreussler, Chemie).

VI. CO_2 ist ungiftig, wenn nicht in grösseren Mengen eingeatmet (Muck, Elementarbuch d. Steinkohlen-Chemie).

VII. CO_2 ist nicht giftig (Kolbe, Chemie).

Und so geht es fort, der eine spricht die CO_2 als Gift an, der andere sieht sie als nicht giftig an und der dritte betrachtet die CO_2 nur unter Umständen als giftig.

Was ist nun aber Gift? Nach den allgemeinen Anschauungen eine Substanz, welche schon in kleinen Mengen den Organismus schädigt.

Taylor gesteht am Schlusse einer längeren Abhandlung über die Definition von Gift ein, dass es unmöglich ist eine genaue Definition zu geben (Taylor, die Gifte).

Das Arsen (As_2O_3) ist ein starkes Mineralgift und doch gewöhnt sich der Organismus daran. Arsenesser in Kärnten und Steiermark können mit der Zeit ein Gramm je Tag vertragen; Pferde und Kühe werden mit Arsen gefüttert, um sie glatthaarig oder fett zu machen.

Blausäure, das fürchterlichste Gift, wird zum Medikamente gegen Krämpfe, Asthma u. s. w.

Wollen wir aber nun einen Stoff, den wir fortwährend einatmen, den wir selbst stets produzieren und zwar rund 1 kg im Tage, den wir fortwährend in den Lungen, im Magen und in den Gedärmen haben, den wir in den meisten Getränken unserm Körper zuführen und der unser Nationalgetränk erst bekömmlich und das Wasser schmackhaft macht, wollen wir unsere stete Lebensbegleiterin als giftig bezeichnen?

Keinem Menschen fällt es ein Stickstoff, Wasserstoff oder Methan giftig zu nennen, obwohl diese beim Atmungsprozesse dieselbe nur inaktive Rolle spielen wie die Kohlensäure. Sie verhindern, erschweren, verzögern den Atmungsprozess; wenn wir aber alles, was den Atmungsprozess verhindert, »Gift« nennen wollten, so könnten wir mit demselben Rechte einen Strick, an welchem jemand aufgehängt worden ist, als »Gift« bezeichnen.

Wir können also die Kohlensäure als »Auswurfstoff«, »Exkrement«, »Endprodukt schneller oder langsamer Verbrennung« oder dergl. bezeichnen aber nicht als »Gift«!

c) Grubengas.

Wie wir gesehen haben, spielen die kohlensäurehaltigen Wetter im westfälischen Bergbau eine nicht unbedeutende Rolle. Weit grösser und häufig ganz allein massgebend ist aber der Einfluss, den das Vorkommen des Grubengases, welches mit Luft gemengt die »schlagenden Wetter« bildet, auf die Wetterwirtschaft und den gesamten Betrieb der Ruhrzechen ausübt.

α) Eigenschaften des Grubengases.
Von Professor Dr. Broockmann.

Grubengas (Methan, Sumpfgas, leichter Kohlenwasserstoff, CH_4) ist ein geruchloses, farbloses, beim Atmen unschädliches, brennbares Gas. Es ist in Wasser kaum löslich, sehr schwer zu verdichten und erst bei hohen Hitzegraden zum Zerfall zu bringen. Seine Dampfdichte ist $= 8$, das spezifische Gewicht $= 0,554$, die spezifische Wärme $= 0,593$ (Gewicht) bezw. $0,328$ (Volum); beim Verbrennen liefert es 13 300 Wärmeeinheiten. Ein Gemenge von Luft und Grubengas entzündet sich bei etwa 700° C (von den verschiedenen Autoren werden 650, 680 und 725° C angegeben).

Die Geruchlosigkeit des Grubengases

wird oft von älteren Bergleuten angezweifelt, welche behaupten, Schlagwetter riechen zu können. Diese Ansicht ist jedoch lediglich auf eine Verwechselung des Grubengases mit anderen, riechenden Gasen oder auf Einbildung zurückzuführen. Die atmosphärische Luft nennen wir fälschlicherweise geruchlos, weil wir uns an ihren Geruch derart gewöhnt haben, dass wir ihn nicht mehr wahrnehmen. Tritt jedoch eine Aenderung in der Zusammensetzung der Luft ein, indem z. B. grössere Mengen CH_4 den Sauerstoffgehalt vermindern, so merkt dies der Geruchssinn und wir bezeichnen den modifizierten Geruch als faulig, süsslich u. s. w. und schreiben denselben dem Grubengas zu, während er eine Folge des geringeren Sauerstoffgehaltes ist.

Für die Gewöhnung an einen bestimmten Geruch möge ein anderes Beispiel angeführt werden. Verfasser hatte in einem Zimmer zu thun, in welchem ein Brandstifter alle Möbel, Betten u. s. w. mit Petroleum übergossen hatte, sodass ein sehr starker Petroleumgeruch beim Eintritt bemerkbar war. Nach etwa viertelstündigem Aufenthalte in diesem Zimmer war Verfasser nicht mehr imstande riechen zu können, ob ein Lappen mit Petroleum getränkt war oder nicht; die Geruchsnerven mussten in frischer Luft erst wieder empfänglich gemacht werden — der Lappen roch stark nach Petroleum!

Bei den Angaben über »Geruch«, »Kaltwerden«, »Schlechtwerden« u. s. w.

in Wettern spielt auch die Einbildung, die Suggestion eine Rolle; hierzu ein sehr charakteristisches Beispiel: In einem Ueberhauen waren zwei Bergleute erstickt. Bei der Probenahme der Wetter, welche mehrere Stunden nach dem Unfall vorgenommen wurde, wurde es dem Probezieher, einem gesunden, kräftigen Mann, »kalt« und »schlecht«. Die Wetter waren freilich keine frische Wetter, aber von einer Zusammensetzung, welche eine derartige physiologische Wirkung vollständig ausschliesst. Hier war es leicht erkläriches menschliches Fühlen und Denken, welche das »Kaltwerden« und »Schlechtwerden« verursacht hat.

Bei Angaben von Gerüchen ist auch das geringe Unterscheidungsvermögen aller Nichtchemiker zu berücksichtigen; es ist z. B. für viele Menschen alles, was übel riecht — Schwefelwasserstoff!

Was die Unschädlichkeit des Grubengases beim Atmen

anlangt, so muss hervorgehoben werden, dass dies nur der Fall ist, solange das Methan nicht in solchen Mengen vorhanden ist, dass dadurch der Prozentgehalt an Sauerstoff erheblich heruntergedrückt wird; das Methan spielt beim Atmungsprozesse genau dieselbe Rolle wie der Stickstoff. Beide sind »Sauerstoffverdünner«, beide werden, nachdem sie die Lunge passiert haben, unverändert ausgeatmet.

Die leider immer noch recht häufigen Fälle von Erstickungen in Ueberhauen sind lediglich darauf zurückzuführen, dass durch hohen CH_4-Gehalt der Sauerstoffgehalt der Luft bis unter die zum Atmen mindestens erforderlichen 17 % heruntergedrückt worden ist.

Bei der Untersuchung eines derartigen Unfalls wird dann der Chemiker auch zu Rate gezogen und Fragen: »Ist Kohlenoxyd in den betr. Wettern« enthalten gewesen oder »ist eine Entmischung der Luft möglich«, wiederholen sich bei solchen Gelegenheiten nur zu oft.

In diesen Stickwettern findet man aber niemals Kohlenoxyd und von einer Entmischung der Luft kann keine Rede sein.

Sonstige physiologische Wirkungen übt das CH_4 wegen seiner grossen Beständigkeit nicht aus.

Die Beständigkeit des Grubengases

möge hier etwas näher erläutert werden: Leitet man höhere Kohlenwasserstoffe durch rotglühende Röhren (Gasretorten, Koksöfen), so zersetzen sich die höheren Kohlenwasserstoffe stets derart, dass sich Kohlenstoff (Retortenkoks) ausscheidet und niedrigere Kohlenwasserstoffe — und zwar als Endglied CH_4 — sich bilden. Wird die Erhitzung dann noch weiter getrieben, so zerfällt — jedoch erst bei Weissglut — auch das CH_4 in C und 4 H

Eine Verbindung, wie CH_4, welche gewissermassen die Quintessenz des Atomenkampfes zwischen C und H bis zur Rotglut vorstellt, wird nicht so leicht dem Impulse äusserer, schwacher Einwirkungen Folge leisten. Nur chemisch recht wirksame Körper wie Chlor vermögen darauf einzuwirken, ein Gemenge von CH_4 und Cl ist sogar explosiv.

Eine weitere Folge der Beständigkeit und des indifferenten Verhaltens des CH_4 ist, dass es sich in Flüssigkeiten nicht löst; es giebt keine Absorptionsmittel für CH_4. Hieraus ergiebt sich als logische Folge, dass CH_4 nicht riechen kann; denn Körper, welche sich nicht lösen und nicht leicht zerfallen, können weder riechen, noch schmecken, noch giftig sein.

Was die

Farbe des brennenden Grubengases

anlangt, so giebt es hierüber soviele Angaben wie Schriftsteller. Alle Farbennüancen von blassblau bis dunkelgelb sind vertreten, bald soll das Gas nicht leuchten, bald schwach leuchten, bald soll es mit »mässig heller Farbe« leuchten. Das Merkwürdige ist nun, dass für bestimmte Fälle alle diese Angaben richtig sind. Verbrennt z. B. wenig CH_4 mit kleiner Flamme, so ist die Farbe der kaum leuchtenden Flamme blassblau, strömt dagegen CH_4 aus einer Oeffnung unter mässigem Druck aus, so ist die Flamme blassgelb und schwach leuchtend, strömt endlich das CH_4 unter starkem Druck aus, sodass eine lange Flamme entsteht, so ist die Flamme gelb und leuchtend und kaum von einer Leuchtgasflamme zu unterscheiden.

Der Grund ist in der verschiedenen Erwärmung des verbrennenden Methans und in dem geringen Kohlenstoffgehalte des Gases zu suchen. Bei kleiner Flamme erwärmt sich das ausströmende Gas nur wenig, es verbrennt mit dem hinzutretenden Sauerstoff sofort zu Kohlensäure und Wasser; bei grösserer Flamme verbrennt dagegen nicht alles ausströmende Gas sofort, sondern nur der äussere Mantel der Flamme; die Hitze, welche diese Verbrennung hervorbringt, spaltet das CH_4 des Kernes der Flamme, scheidet daraus C ab und letzterer kommt dann ins Glühen.

Nächst Wasserstoff (34 500 W. E.) liefert das Grubengas von allen bekannten Gasen die grösste

Wärmemenge beim Verbrennen,

nämlich 13 300 W. E.

Ein Beispiel möge dies näher erläutern: Stellen wir uns einen 100 cbm grossen Raum vor, welcher mit einem $9^1/_2$ prozentigen Schlagwettergemisch angefüllt ist und stellen wir uns dann die Frage, welche Wärmemenge bei der Explosion dieser Gasmenge entsteht. In den 100 cbm sind $9^1/_2$ cbm CH_4 enthalten; dieselben wiegen, da das spezifische Gewicht von $CH_4 = 0,554$ ist und 1 cbm Luft 1,293 kg wiegt 9,5 . 0,554 . 1,293 kg. Wir haben dann $9,5 \times 0,554 \times 1,293 \times 13\,300 = 90\,507$ W. E., d. h. eine Wärmemenge, welche imstande ist, 142 l Wasser von $0°$ C in Dampf von $100°$ C zu verwandeln.

Durch diese enorme Wärmeentwickelung wird alles im Explosionsbereiche versengt und verbrannt, die Kleider werden in Zunder verwandelt, die Kohlenstösse verkokt und die Stempel äusserlich verkohlt.

Um die verderblichen Folgen durch Verbrennung möglichst zu vermeiden, sind denn auch die auf den Bekleidungszwang der Bergleute hinzielenden Verordnungen erlassen.

β) Erscheinungen beim Verbrennen von Schlagwettern.
Von Professor Dr. Broockmann.

Mit den Erscheinungen beim Verbrennen der Schlagwetter, welche im Kohlenbergbau eine bedeutsame Rolle spielen, wollen wir uns nunmehr beschäftigen und wollen unterscheiden:

$$\begin{array}{llllll} \text{Schlagwetter, welche} & 0 & \text{bis} & 5\tfrac{1}{2}\,\% & CH_4 & \text{enthalten} \\ \text{»} & 5\tfrac{1}{2} & \text{»} & 13\tfrac{1}{2}\,\% & \text{»} & \text{»} \\ \text{»} & 13\tfrac{1}{2} & \text{»} & 100\ \,\% & \text{»} & \text{»} \end{array}$$

Schlagwetter mit 0 bis $5\tfrac{1}{2}\,\%$ CH_4.

Enthält ein Luft-Methan-Gemenge nur geringe Mengen CH_4 — bis $5\tfrac{1}{2}\,\%$ —, so ist dasselbe für sich nicht brennbar oder explosiv, weil die Wärmeentwickelung des an einer Stelle entzündeten Grubengases nicht ausreicht, um das übrige Gemenge auf die Entzündungstemperatur des Methans zu bringen, da die übrigen Bestandteile des Gemenges abkühlend wirken. In der Nähe einer Wärmequelle, wo die abkühlende Wirkung aufgehoben ist, brennt dagegen ein Schlagwettergemisch von weniger als $5\tfrac{1}{2}\,\%$ CH_4.

Auf die Flamme der Sicherheitslampe wirken Schlagwetter bekanntlich auf zweierlei Art ein:*)

1) Die Dochtflamme verlängert sich, da das Grubengas an der Oberfläche der Flamme mit zur Verbrennung gelangt, sie wird unruhig, verbreitert sich im unteren Teil, verliert an Glanz und wird im oberen Teil russig. Die Flammenverlängerung ist an der normalen, hell leuchtenden Dochtflamme bereits bei $1\,\%$ CH_4 deutlich wahrnehmbar, dagegen ist das Mass der Verlängerung derartigen Schwankungen unterworfen, dass es eine auch nur einigermassen genaue Abschätzung des Grubengasgehaltes nicht gestattet. Das vielfach übliche Verfahren mit grosser Flamme abzuprobieren, ist daher sehr wohl geeignet, die Anwesenheit von Schlagwettern rechtzeitig zu konstatieren, giebt aber über den Gehalt von Grubengas keine oder nur sehr unzuverlässige Anhaltspunkte.

---

*) Jicinsky, Katechismus der Grubenwetterführung, S. 10.

2) Es bildet das an der Dochtflamme verbrennende Grubengas über dieser Flamme einen anfangs dunkelvioletten, später blauen Kegel (Aureole), welcher bei vollem Licht nur schwach, bei verkleinerter Flamme dagegen sehr scharf hervortritt.

Der Flammenkegel, welchen man in geringprozentigen Schlagwettergemischen an der kleingeschraubten Flamme der Grubenlampe sieht, ist verbrennendes Grubengas; die Verbrennung pflanzt sich aber nicht fort, sondern bleibt lokal und schmiegt sich der Lampenflamme an.

Aus der Grösse der Lichtkegel kann man den Gehalt an CH_4 in geringprozentigen Schlagwettern annähernd bestimmen. Je kleiner die Kegel sind, je enger sie sich der Flamme anschmiegen und je blasser sie sind, desto geringer ist der Gehalt an CH_4; je grösser die Kegel werden, je weiter sie die kleingeschraubte Flamme umgeben, und je blauer die Farbe des Lichtkegels wird, desto grösser ist der Gehalt an CH_4. Ist ein Gehalt von etwa $5\frac{1}{2}\,^0/_0$ CH_4 erreicht, so füllt der Lichtkegel den ganzen Drahtkorb aus, d. h. das in die Lampe gelangende Gasgemenge ist für sich brennbar.

Wie oben bemerkt wurde, hängt es von der Temperatur ab, ob ein geringprozentiges Schlagwettergemisch brennt oder nicht. Bei den Lichtkegeln an kleinen Flammen ist es also von Wichtigkeit, wie gross oder wie klein die Flamme eingestellt wird, d. h. wie gross oder wie klein die Wärmequelle ist, an welcher das Methan verbrennt. Schraubt man die Flamme sehr klein, so ist der Lichtkegel bei einem bestimmten Gehalte nicht so hoch wie an einer etwas grösseren Flamme; im ersteren Falle ist jedoch unser Auge empfindlicher, im anderen Falle wird es durch den schwachen Lichtschein etwas geblendet und der Lichtkegel erscheint daher nicht so deutlich. Man thut gut, die Flamme soweit herunter zu schrauben, dass noch ein winziges, gelbes Lichtpünktchen dicht unter der Spitze der Flamme zu sehen ist.

Die Abhängigkeit der Höhe bezw. Grösse der Lichtkegel von der Wärme geht wohl am besten daraus hervor, dass bei Anwendung verschiedener Brennstoffe die Kegel bei demselben Prozentsatze an CH_4 sehr verschieden hoch sind. Der Aethylalkohol (Pielerlampe) liefert mehr Wärme als Methylalkohol (Cheneaulampe), Benzin liefert mehr Wärme als Rüböl.

Die Höhe der Lichtkegel ist auch von der Konstruktion der Lampe abhängig, je nachdem sie imstande ist, die Wärme gut fortzuleiten bezw. auszustrahlen, oder ob sie sich stark erhitzt. (Schutzbleche, doppelter Drahtkorb u. s. w.)

Ferner kommen in Frage die Temperatur der Wetter, die Teufe d. h. der Druck, die Wettergeschwindigkeit und die Art wie der Wetterstrom die Lampe trifft. Kommt der Wetterstrom von unten, so wird der Lichtkegel langgestreckt und scharf begrenzt, kommt der Wetterstrom von der Seite, so wird die Spitze oder der ganze Lichtkegel umgebogen und die Erscheinung wird leicht undeutlich.

Ferner spielt ein erheblicher CO_2- oder N-Gehalt eine Rolle, da einerseits das spezifische Gewicht, wie auch die spezifische Wärme der Kohlensäure grösser sind, als die von Sauerstoff oder Stickstoff, andrerseits ein zu grosser Stickstoffgehalt die Verbrennlichkeit des Methans vermindert.

Hierzu ein Beispiel:

Im Hauptberichte der Preussischen Schlagwetter-Kommission hat Verfasser ein Bild des in der Benzinlampe bei $5^0/_0$ CH_4 entstehenden Flammenkegels gegeben. Genau dasselbe Bild findet sich in einem kleinen Buche, welches für das Aufsichtspersonal der Mährisch-Ostrauer Gruben im Jahre 1896 verfasst worden ist,*) bei diesem Bilde steht jedoch $6^0/_0$ CH_4. Die Erklärung dieser Verschiedenheit ist leicht gegeben: Bei meinen Versuchen wurde reine Luft mit fast reinem CH_4 gemengt, während bei den Ostrauer Versuchen ein N-haltiger Bläser angewandt wurde.

Grösse, Farbe u. s. w. der Lichtkegel hängen also nicht allein von dem Gehalt an CH_4 ab, sondern auch von den jeweilig in den Gasgemengen vorhandenen anderen Gasen.

Wir wollen nun die Erscheinungen besprechen, welche sich an der kleingeschraubten Benzinlampenflamme zeigen. Ist dieselbe bis auf 2 bis 3 mm Höhe verkleinert, so besteht sie in schlagwetterfreier Atmosphäre aus einem scharf begrenzten dunkelblauen Kegel, an dessen Spitze ein kleiner gelber Punkt sichtbar ist. Der dunkelblaue Kegel wird von einem hellblauen oben undeutlich begrenzten Saume eingehüllt. In diesem Zustande ist, wie bereits erwähnt, die Benzinflamme zur Untersuchung der Schlagwetter am besten geeignet. Bei weiterer Verkleinerung der Dochtflamme verschwindet der gelbe leuchtende Punkt, während der hellblaue Saum sich verlängert und bereits in reiner Luft ähnliche Erscheinungen aufweist, wie sie sonst erst durch einen geringen Methangehalt hervorgerufen werden.

Durch Höherschrauben des Dochtes vergrössert sich dagegen der gelbe leuchtende Teil der Flamme und verdeckt durch seine Helligkeit die Erscheinungen in geringprozentigen Schlagwettern.

An der richtig eingestellten, d. h. auf ca. 2—3 mm Höhe reduzierten Benzinflamme kann nun ein geübtes Auge bereits bei ca. $^1/_2\,^0/_0$ Methangehalt eine geringe Veränderung wahrnehmen, indem der unterste Teil der seitlichen Begrenzungslinien eines Methankegels sichtbar wird. Die von diesen nach oben konvergierenden sich aber nicht vereinigenden Linien

---

*) Verlag von Julius Kitte in Mährisch-Ostrau.

eingeschlossene Fläche hebt sich mit matter dunkelvioletter Farbe von dem schwarzen oder dunklen Hintergrunde ab. Bei Vermehrung des Gasgehaltes wird der sichtbare Teil des Methankegels allmählich höher, seine Farbe wird lichter und intensiver, behält aber bis zu $1^1/_2$—$1^3/_4\,^0/_0$ den dunkelvioletten Ton bei.

Bei $^3/_4\,^0/_0$ ist die Färbung der Aureole bereits so deutlich, dass sie auch von einem wenig geübten Auge nicht mehr gut übersehen werden kann. Vollständig ausgebildet, d. h. mit einer deutlich sichtbaren Spitze versehen, ist die Aureole erst bei $1^1/_2\,^0/_0$; sie besitzt bei diesem Gasgehalt eine Höhe von etwa 1 cm unter der Voraussetzung, dass die Dochttülle 7 mm lichte Weite hat und die ursprüngliche Höhe der Benzinflamme 2—3 mm betrug. Bei Steigerung des Methangehaltes auf $2\,^0/_0$ geht die Farbe der Aureole in Blau über, und zwar ist eine hellblaue Umrandung von einem etwas dunkleren Innenteil deutlich zu unterscheiden. Die Farbe ändert sich von nun an nicht mehr, sie wird nur bei weiterer Steigerung des Methangehaltes noch intensiver.

Auf Tafel II sind die Flammenerscheinungen dargestellt, wie sie auf der Lampenversuchsstation in Bismark an einer Seippelschen Benzinlampe von 7 mm Dochttüllendurchmesser beobachtet wurden. Die Versuche wurden im Schondorffschen Apparat ausgeführt, in welchem die auf 2—3 mm Dochtflammenhöhe eingestellte Lampe einem vertikal aufsteigenden Strom von 0,75 m/Sek. Geschwindigkeit ausgesetzt war. Die Temperatur schwankte während der Versuchszeit zwischen 10 und 15° C; der Luftdruck war im Apparat um 30 mm Wassersäule geringer als der atmosphärische.

Während des Ablesens der Aureolenhöhen wurden aus der unmittelbaren Nachbarschaft der Lampe Gasproben entnommen und ihr Gehalt an CH_4 und CO_2 durch Analyse bestimmt.

Welch bedeutenden Einfluss die ursprüngliche Höhe der Dochtflamme auf die Aureolenlänge ausübt, ergiebt sich aus folgendem Versuchsresultat:

Auf Tafel II ist die Aureolenlänge bei $2,5\,^0/_0$ Methangehalt zu ca. 15 mm angegeben. Wurde durch Herabziehen des Dochtes die Lampenflamme auf das äusserste Mass verkleinert, so sank die Aureole bei $2,5\,^0/_0$ Methangehalt bis auf 11 mm herunter, während sie durch Vergrösserung der Dochtflamme auf 4—5 mm bis auf etwa 30 mm stieg aber blasser und undeutlicher wurde. Darüber hinaus war die Gasaureole infolge der zu grossen Lichtstärke der Dochtflamme nicht mehr deutlich erkennbar.

Trotz der erheblichen Höhenunterschiede, welche die Gasaureolen bei ein und demselben Methangehalt aufweisen können, ist es bei einiger Uebung sehr wohl möglich, mittelst der Benzinlampe den Gehalt an Methan wenigstens nach halben Prozenten abzuschätzen. Der bei Benzinlampen allgemein verwendete Runddocht hat stets gleichen Durchmesser, das

Benzin erzeugt keine Verkohlungen am Docht und liefert daher beim Abprobieren stets gleiche Flammenerscheinungen. Es kommt eben nur darauf an, die Dochtflamme stets auf dasselbe Mass zu reduzieren, was bei einiger Uebung verhältnismässig leicht erreicht werden kann. Nach Tafel II wiesen die Aureolen bei den Versuchen in Bismark folgende Höhen auf:

Bei $1^1/_2$ Prozent CH_4 10   mm
»   2   »   »   11—12   »
»   2,5   »   »   15   »
»   2,75   »   »   19   »
»   3   »   »   25—26   »
»   3,25   »   »   32   »
»   3,5   »   »   56   »
»   3,65   »   »   122   »

Bei $3,75\,^0/_0$ erreichte die Aureole den Korbdeckel, verbreitete sich bei $3,85\,^0/_0$ zu einer nahezu cylindrischen Form und füllte bei $4^0/_0$ bereits den grössten Teil des Drahtkorbes an. Bei $4,25\,^0/_0$ senkte sich die Methanflamme schleierförmig bis in den Glascylinderraum hinein, um hierauf gewöhnlich zu erlöschen. Ebenso wie die Aureole wuchsen auch die Lampenflammen von Prozent zu Prozent an, bis sie bei $4^1/_2\,^0/_0$ ebenfalls gewöhnlich erloschen.

Dieses Erlöschen der Dochtflamme und der brennenden Gase im Lampenkorbe tritt nach einigen Autoren erst bei $5^1/_2\,^0/_0$ ein, nach anderen bei $6^1/_2\,^0/_0$ und nach wiederum anderen bei $8\,^0/_0$. Alle diese Angaben können richtig sein. Sie sind aber noch nicht einmal erschöpfend, denn bei einer Wettergeschwindigkeit von $^1/_2$ m und mehr brennen die Wetter im Korbe ruhig weiter und zwar findet dies bei Wettern statt, welche $5^1/_2$ bis $13^1/_2\,^0/_0$ CH_4 enthalten.

In Lampen mit unterer Luftzufuhr brennen die Wetter im Drahtkorbe weit besser und länger und zwar auch bei höheren Prozentsätzen als in Lampen mit oberer Luftzufuhr; in Lampen mit Luftzufuhr von unten wird häufig die erloschene Dochtflamme durch die fortwährenden kleinen Explosionen, welche in den Glascylinder hineinschlagen, wieder angezündet.

Beim Abmessen der Höhe der Lichtkegel ist der subjektiven Anschauung ein ziemlich weiter Spielraum gegeben. Man hat sich, um dies zu vermeiden, dadurch helfen wollen, dass man in der Lampe eine Skala aus Platindrähten oder horizontale Einschnitte in einem äusserlichen Blechmantel anbrachte; diese Einrichtungen sind jedoch eher hinderlich als förderlich. Das »Abmessen« wird stets ein »Abtaxieren« bleiben und Uebung wird auch hier den Meister machen. Der Bergmann, welcher nicht häufiger durch Analysen Gewissheit darüber erlangt, wie viel CH_4 an der Stelle, wo er diese oder jene Erscheinung in der Lampe wahrgenommen hat, in Wirklichkeit vorhanden war, wird niemals Sicherheit im Taxieren erlangen.

Ferner kommt es auch auf das betreffende Auge an; einen sehr schwachen Lichtkegel vermögen viele Augen garnicht wahrzunehmen.

Für die Praxis wird man sich am besten merken:

Bei 2 $^0/_0$ CH$_4$ zeigt sich ein etwa 1 cm hoher Kegel,
> 3 » » bleibt die Spitze des Kegels noch unter dem oberen Rande des Glascylinders,
> 3$^1/_2$ » » ragt die Spitze des Kegels über den oberen Rand des Glascylinders hervor und die Spitze ist im Drahtkorbe zu sehen,
> 4 » » erreicht die Spitze des Kegels die Decke des Drahtkorbes,
> 4$^1/_2$ » » wogt ein unregelmässiges Flammengebilde im Korbe,
» 5—5$^1/_2$ » » füllt sich der Drahtkorb mit brennenden Gasen.

Die Flamme der Oelsicherheits-Lampe zeigt das Vorhandensein von Grubengas ebenso frühzeitig an wie die Benzinflamme, wenn es gelingt, sie in der richtigen Weise zu verkleinern. Im allgemeinen ist aber die Abschätzung des Methangehaltes aus dem Grunde unsicher, weil die Reduktion der Flamme nicht immer auf das gleiche Mass zu bringen ist, und weil die Aureolenhöhen auch von der Dochtverkohlung, welche bei Oelbrand bedeutend ist, abhängen. Es kommt hinzu, dass die gebräuchlichen Oelsicherheitslampen in der Dochtbreite sehr stark von einander abweichen, wodurch gleichfalls verschiedene Aureolenhöhen bedingt werden.

Schlagwetter mit 5$^1/_2$—13$^1/_2$ $^0/_0$ CH$_4$.

Schlagwetter brennen selbständig weiter oder explodieren, wenn der Gehalt an CH$_4$ 5$^1/_2$ $^0/_0$—13$^1/_2$ $^0/_0$ beträgt. Da wir nun im Vorstehenden gesehen haben, dass namentlich Wärme und Druck einen wesentlichen Einfluss auf eine Verbrennung ausüben, so müssen wir auch hier wieder hervorheben, dass die 5$^1/_2$ $^0/_0$ nicht mathematisch aufzufassen sind. Denn wenn wir es mit warmen und unter stärkerem Druck stehenden Schlagwettern zu thun haben, so wird schon ein weniger als 5$^1/_2$ prozentiges Gemisch brennbar sein, während ein kaltes und unter schwächerem Drucke stehendes Gemenge mehr als 5$^1/_2$ $^0/_0$ CH$_4$ erfordert um selbständig brennbar zu sein. (Vergl. Verfahren Le Châtelier, 6,1 $^0/_0$ CH$_4$ „la limite d'inflammabilité".)

Wächst der Gehalt an CH$_4$, so nehmen Explosionsfähigkeit und Explosionsheftigkeit zu und erreichen bei 9$^1/_2$ $^0/_0$ CH$_4$ ihr Maximum. Wächst dann der Gehalt an CH_4 weiter, so werden die Explosionen wieder schwächer, bis bei $13^1/_2\,^0/_0$ CH_4 eine Explosion ohne fremde Luftzufuhr nicht mehr erfolgt.

Eine merkwürdige Erscheinung müssen wir hier zunächst näher ins Auge fassen, welche durch viele Experimentatoren auf diesem Gebiete bestätigt worden ist; Schlagwetter, welche 7 oder $8\,^0/_0$ CH_4 enthalten — also das Maximum der Explosibilität noch nicht erreicht haben — sind weit leichter entzündlich als die heftiger wirkenden; einen Grund hierfür vermögen wir nicht anzugeben.

Um nun die wechselnde Stärke der Explosionen verstehen zu können, müssen wir uns auf chemische Gebiete begeben.

Gase vereinigen sich mit dem Sauerstoff beim Verbrennen stets in einem bestimmten Verhältnisse. So erfordern z. B.:

$$
\begin{array}{rlll}
2 \text{ Raumteile } & H & = 1 \text{ Raumteil } & O \\
2 \text{ »} & CH_4 & = 4 \text{ Raumteile } & O \\
2 \text{ »} & C_2H_6 & = 7 \text{ »} & O \\
2 \text{ »} & C_3H_8 & = 10 \text{ »} & O \\
2 \text{ »} & CO & = 1 \text{ »} & O \\
2 \text{ »} & H_2S & = 3 \text{ »} & O
\end{array}
$$

Es ist nun wohl sehr erklärlich, dass eine Explosion dann am kräftigsten wirken muss, wenn möglichst viel Gas bei der Explosion in Wechselwirkung tritt. Dies ist der Fall, wenn der gesamte Gehalt an brennbarem Gas den gesamten Gehalt an Sauerstoff verbraucht, sodass in den Nachschwaden weder brennbares Gas noch Sauerstoff mehr vorhanden ist.

Dieses Verhältnis, das Maximum der Explosibilität, findet statt bei:

$$
\begin{array}{llll}
\text{Luft - } H & \text{ - Gemengen bei } & 30\,^0/_0 & H \\
\text{»} \text{ - } CH_4 & \text{ - } \text{»} \text{ »} & 9{,}5\,^0/_0 & CH_4 \\
\text{»} \text{ - } C_2H_6 & \text{ - } \text{»} \text{ »} & 5{,}7\,^0/_0 & C_2H_6 \\
\text{»} \text{ - } C_3H_8 & \text{ - } \text{»} \text{ »} & 4{,}0\,^0/_0 & C_3H_8 \\
\text{»} \text{ - } CO & \text{ - } \text{»} \text{ »} & 30{,}0\,^0/_0 & CO \\
\text{»} \text{ - } SH_2 & \text{ - } \text{»} \text{ »} & 12{,}2\,^0/_0 & SH_2 \\
\text{»} \text{ - Leuchtgas - } & \text{»} \text{ »} & 14\text{—}15\,^0/_0 & \text{Leuchtgas.}
\end{array}
$$

Leuchtgas ist ein wechselndes Gemenge verschiedener Gase, daher ist für dasselbe eine bestimmte Angabe nicht zu machen.

Das explosivste Schlagwettergemenge enthält also:

$$
\begin{array}{ll}
9{,}5\,^0/_0 & CH_4 \\
90{,}5\,^0/_0 & \text{Luft} \\
\hline
100{,}0\,^0/_0 &
\end{array}
$$

In diesen 90,5 % Luft sind 19,0 % Sauerstoff enthalten, folglich besteht
das Gemenge aus:

$$9,5\,\% \;\; CH_4$$
$$19,0\,\% \;\; O$$
$$71,5\,\% \;\; N$$
$$\overline{}$$
$$100,0\,\%$$

demnach ist das Verhältnis:

$$CH_4 : O = 2 : 4.$$

Enthält nun ein Schlagwettergemisch mehr als $9^1/_2\,\%$ CH_4,
z. B. 10 %, so erfordert dasselbe 20 % O. In der beigemengten Luft
sind jedoch nur 18,9 % O, folglich bleibt nach der Explosion noch
unverbranntes CH_4 übrig. Ist andererseits weniger CH_4 vorhanden, z. B.
nur 9 %, so erfordern diese 18 % O; in der beigemengten Luft sind jedoch
mehr als 18 % O, nämlich 19,1 % O enthalten, in diesem Falle bleibt demnach O übrig.

Bei einem

9   %igen Schlagwetter treten 27,00 Raumteile Gas in Wechselwirkung
$9^1/_2$ %   »   »   »   28,50   »   » »   »
10   %   »   »   »   28,35   »   » »   »

Auch hier muss wiederum hervorgehoben werden, dass die Heftigkeit einer Explosion nicht allein von obigen mathematischen Verhältnissen
abhängt, sondern auch vom Druck und von der Wärme; je höher der
Druck ist, unter welchem die Gase stehen (Teufe der Gruben) und je
grösser die Eigenwärme der Gasmoleküle ist, desto heftiger wird die
Explosion sein.   Bei Versuchen über Tage wird man dies berücksichtigen
müssen, wenn man aus den Versuchsergebnissen Rückschlüsse auf
praktische Verhältnisse ziehen will.

Ueberschreitet nun der Gehalt an brennbaren Gasen das Explosionsmaximum (also bei $CH_4 = 9^1/_2\,\%$) und entzündet man dann ein derartiges
Gemenge, so beobachtet man zwei Flammen; die erste schlägt mit
explosionsartiger Geschwindigkeit durch den Raum, während die zweite
langsamer nachfolgt.   Die erste Flamme stellt den Verbrennungsakt des-
jenigen Teiles des brennbaren Gases vor, welcher mit dem in der beigemengten Luft enthaltenen Sauerstoff verbrennt, während die zweite
Flamme durch das Verbrennen des übriggebliebenen brennbaren Gases
mit dem Sauerstoff der neu hinzutretenden äussern Luft entst ht.

Führt man diese Versuche z. B. in einem durch eine Platte leicht
verschliessbaren Glasgefässe aus, so kann man die beiden Flammen
zeitlich trennen: wenn die erste Flamme entsteht, verschliesst man

schnell das Gefäss und kann dann später das übriggebliebene Gas anzünden.

Diese Erscheinungen geben uns eine Erklärung für die wohlbegründete Aussage der Bergleute, dass sie bei Explosionen zwei getrennte Flammen wahrgenommen haben.

In Wirklichkeit ist damit die Zahl der möglichen, zeitlich und örtlich getrennten Explosionen noch nicht erreicht. Nehmen wir z. B. an, dass durch die Hitze einer einleitenden, reinen Wetterexplosion Kohlenstaub entgast werde, wodurch abermals, von der ersten Explosionsstelle entfernt ein explosives Gemenge erzeugt werde, und dass in beiden Fällen der Gehalt an brennbaren Gasen das Explosionsmaximum überschritten habe, so sind schon vier zeitlich und örtlich getrennte Explosionen möglich.

Schlagwetter mit $13^1/_2$—100 $^0/_0$ CH$_4$.

Ist in einem Schlagwettergemisch der Gehalt von $13^1/_2$ $^0/_0$ CH$_4$ erreicht, so tritt keine Explosion mehr ein; Gemenge von $13^1/_2$ $^0/_0$ und darüber sind nicht mehr explosionsfähig, sondern brennen ruhig ab, wenn von aussen frische Luft hinzutreten kann.

Es sei hier bemerkt, dass für die äusserste Grenze der Explosionsfähigkeit der Schlagwetter auch noch in den neusten bergtechnischen Werken oft falsche Zahlen — von ehrwürdigem Alter — angegeben sind, z. B. 30 $^0/_0$, $33^1/_3$ $^0/_0$, 35 $^0/_0$ u. s. w.

Ueberraschend ist es freilich, dass $13^1/_2$ $^0/_0$ schon die äusserste Grenze bilden, da doch in einem solchen Gemisch noch 18,2 $^0/_0$ O vorhanden sind und diese mit den 9,1 $^0/_0$ CH$_4$, welche zur Verbrennung kommen können, einem Explosionsgrade entsprechen würden, welcher fast dem Maximum gleichkommen müsste. Der Grund ist erstens der, dass durch zu grosse Wärmeabgabe an das übrigbleibende CH$_4$, welches sich in Acetylen (C$_2$H$_2$) und Wasserstoff umsetzt, dem Ganzen zuviel Wärme entzogen wird; zweitens ist die specifische Wärme des Methans $2^1/_2$ mal grösser als die des Stickstoffs.

Eine kleine Uebersicht möge diese merkwürdige Thatsache noch deutlicher machen:

explosiv			nicht explosiv
9,1 $^0/_0$ CH$_4$		9,1 $^0/_0$ CH$_4$	
18,2 $^0/_0$ O		18,2 $^0/_0$ O	
68,3 $^0/_0$ N		68,3 $^0/_0$ N	
4,4 $^0/_0$ N		4,4 $^0/_0$ CH$_4$	
100,0 $^0/_0$		100,0 $^0/_0$	

Zum Schluss mögen hier in tabellarischer Zusammenstellung die Erscheinungen beim Verbrennen von Schlagwettern nebst den korrespon-

dierenden beim Verbrennen von Leuchtgas- und Wasserstoff-Luftgemengen
angeführt werden:

Tabelle 10.

Luft gemengt mit	Brennt nicht von 0 Prozent bis Prozent	Explodiert von Prozent bis Prozent	Maximum der Explosibilität	Es zeigen sich zwei getrennte Flammen, von Prozent bis Prozent	Ohne Luftzufuhr nicht brennbar von Prozent bis 100%
CH_4	$5^1/_2$	$5^1/_2$—$13^1/_2$	$9^1/_2$	10,8—$13^1/_2$	$13^1/_2$
H	7	7—75	30	35—75	75
Leuchtgas .	$4^1/_2$	$4^1/_2$—30	14—15	20—30	30

Rückschlag.

Der Rückschlag erfolgt aus mehreren Gründen.

1. Nach einer Explosion verschwindet der zur Verbrennung des
Methans verbrauchte Sauerstoff als Raum, beim Explosionsmaximum verschwinden also 19 Raumteile, rund $^1/_5$ des Raumes.

2. Die durch die Explosion erwärmte, ausgedehnte Luft kühlt sich,
indem sie Arbeit verrichtet, rasch ab.

3. Der bei der Explosion auf hohe Temperatur, starke Spannkraft und
auf einen grossen Raum gebrachte Wasserdampf kühlt sich ebenfalls sehr
schnell ab, wodurch eine erhebliche Raumverkleinerung entsteht. Es
kommen hier in Frage erstens der Wasserdampf, welcher durch Verbrennung aus CH_4 und O entsteht, zweitens der in der Luft befindliche
Wasserdampf und drittens derjenige, welcher sich bei der grossen
Explosionshitze aus flüssigem Wasser bildet.

4. Die durch die Explosion zusammengepressten, benachbarten
Luftmassen, welche nicht mit an der Explosion teilgenommen haben
aber auch wegen der Widerstände nicht entweichen konnten, dehnen sich
wieder aus. Aus allen diesen Gründen entsteht kurz nach der Explosion
eine zur Explosionsstelle hin gerichtete Luftwoge, der »Rückschlag«.

Wie schnell nun dieser Rückschlag erfolgt, möge ein einfaches Beispiel zeigen:

Bei der Wetteranalyse verbrennen wir in unsern Apparaten das
Methan mittelst eines elektrisch erhitzten, hellorange-glühenden Platin-
drahtes in einem birnförmigen Glasgefässe, welches oben zugeschmolzen und
unten durch einen Kautschukstopfen verschlossen ist, welch letzterer
mit Quecksilber bedeckt ist. Verbrennen wir nun ein explosionsfähiges
Gemisch, so wird der Kautschukstopfen nach unten herausgeschleudert;

er wird aber sofort wieder durch den Luftdruck in die Birne fest hinein-
gepresst, weil in der Birne ein luftverdünnter Raum entstanden ist.

Dass der Kautschukstopfen gelockert gewesen sein muss, erhellt
daraus, dass nach dem eben beschriebenen Vorgange einige Tropfen
Quecksilber aus der Birne herausgeschleudert sind, ausserdem kann man
die Bewegung des Stopfens sehen.

Häufig hört man von älteren Bergleuten, dass sie die Wirkung des
Rückschlages als stärker bezeichnen als die der eigentlichen Explosion
und zwar aus dem leicht erklärlichen Grunde, weil sie gesehen haben, dass
nach einer Explosion die geschleuderten Gegenstände am Explosionsherde
liegen und nicht von diesem weg fortgeschleudert sind. Eine Erklärung
dieser Thatsache ist leicht gegeben: der Rückschlag hat mit den durch die
Wucht der Explosion gelockerten Gegenständen, Stempeln u.s.w. leichtes
Spiel. Die erwähnte Anschauung von der grösseren Kraft des Rückschlages ist demnach ein Trugschluss.

Nachschwaden.

Nach Explosionen entsteht für die Belegschaft durch die Nachschwaden eine grosse Gefahr; erfahrungsmässig fordern die Nachschwaden
bei weitem mehr Opfer als die Explosion selbst (Geschleudertwerden,
Verbrennung).

Der Erstickungstod in Nachschwaden kann nun aus mancherlei Ursachen eintreten. Wir wollen dieselben, nach ihrer Wichtigkeit geordnet,
hier anführen:

1. Durch Sauerstoffmangel,
2.   »   Kohlensäure,
3.   »   Kohlenoxyd,
4.   »   mechanisches Verstopfen der Luftwege durch Kohlenstaub,
5.   »   Verbrennung der Luftwege,

und zwar kann der Tod sowohl durch nur eine, wie auch durch mehrere
dieser Ursachen eintreten und sehr schwer ist daher in solchen Fällen die
wahre Todesursache festzustellen.

Der Arzt wird leicht Verstopfungen oder Verbrennungen der Luftwege constatieren und im Blute Kohlenoxyd auffinden können, in wieweit
und in welchem Masse aber z. B. Kohlensäure oder Sauerstoffmangel mitgewirkt haben, vermag er nicht zu sagen.

Kohlenoxyd wird in solchen Fällen hin und wieder im Blute aufgefunden, es gilt dies jedoch nicht als Regel, sondern bildet stets die Ausnahme.

Sauerstoffmangel ist in der vorstehenden Uebersicht an erster Stelle
aufgeführt, weil nach Ansicht des Verfassers diesem die weitaus grösste

4*

Schuld beizumessen ist; Sauerstoffmangel wirkt z. B. viel »erstickender« als ein Uebermass von CO_2; ein durch CO_2 Betäubter kann in guter Luft bald wieder zum Bewusstsein gebracht werden, während durch Sauerstoffmangel der Tod sehr schnell herbeigeführt wird.

Auch eine andere Frage möge an dieser Stelle besprochen werden: entsteht bei einer reinen Schlagwetterexplosion, etwa bei mangelndem Sauerstoff, Kohlenoxyd?

Bis zum Explosionsmaximum ($9^1/_2\,^0/_0$ CH_4) ist in dem Gemenge genügend Sauerstoff vorhanden, also zur Bildung von CO keine Gelegenheit gegeben. Ein über $13^1/_2$ prozentiges Gemenge explodiert überhaupt nicht mehr, also würde nur bei Gemengen von $9^1/_2$ bis $13^1/_2$ die Möglichkeit vorliegen, bei ungenügendem Sauerstoff zu explodieren und Kohlenoxyd bilden zu können.

Wie schon vorhin erwähnt, ist man imstande, experimentell die zweite Flamme eines zwischen obigen Prozentsätzen liegenden, explodierenden Gemenges abzusperren und erhält dann ein restierendes Gasgemenge, welches eine bei mangelndem Sauerstoff stattgehabte Explosion mitgemacht hat; hierin müsste dann doch jedenfalls Kohlenoxyd vorhanden sein.

Versuche, welche Verfasser in dieser Richtung anstellte, ergaben, dass niemals eine Spur Kohlenoxyd vorhanden war, sondern, dass sich durch die Explosionshitze der ersten Flamme das nicht verbrannte CH_4 in C_2H_2 (Acetylen) und H umgewandelt hatte. Bei reinen Schlagwetterexplosionen entsteht also kein Kohlenoxyd.

Praktische Bedeutung hat diese Frage jedoch nicht, sondern sie ist lediglich theoretisch interessant; denn in Wirklichkeit wird in keinem Nachschwaden nach Explosionen in Kohlengruben Kohlenoxyd fehlen. Die Bildung desselben ist so einfach und die Bedingungen dazu — Kohlensäure und erhitzte Kohle — sind bei jeder Explosion vorhanden, sodass man garnicht nach anderen Ursachen zu suchen braucht. Die Reduktion der CO_2 durch C erfolgt schon bei 550 ° C.

γ. Erkennung und Untersuchung der Schlagwetter.
Von Professor Dr. Broockmann.

Die einfachste, handlichste und allgemeinste Erkennungsmethode für Grubengas ist das Beobachten der kleingeschraubten Lampenflamme. Von allen Lampen eignet sich die Benzinlampe am besten zu dieser Untersuchung, weil dieselbe in der Hand jedes Bergarbeiters ist und Gehalte an CH_4, welche für die Praxis von Bedeutung sind, mit genügender Schärfe anzeigt.

Von vielen Fachleuten wird bekanntlich das übliche Abprobieren mit verkleinerter Flamme verworfen, weil es die Gefahr des Durchschlagens beim Eintritt innerer Explosionen vermehre und die Verlängerung der normalen Flamme mit genügender Sicherheit das Vorhandensein schlagender Wetter erkennen lasse. Die grosse Gefahr des Durchschlagens kann mit Rücksicht auf die in der Lampe anzunehmenden chemischen Vorgänge als richtig zugegeben werden. Je mehr Verbrennungsprodukte in der Lampe sind, und je mehr sie als Kamin wirkt, um so weniger heftig werden innere Explosionen sein und wirken können. Auch ist es unzweifelhaft besser, bei möglichst grosser Flamme die Wetter im Innern der Lampe ruhig abbrennen zu lassen, als durch eine kleine Flamme infolge des aus Angst oder Unkenntnis sehr häufig vorkommenden raschen Zurückziehens der Lampe Veranlassung zu inneren Explosionen und deren Fortpflanzung nach aussen zu geben.

Es darf aber auf der anderen Seite nicht unberücksichtigt bleiben, dass das Anzeigen der Lampe bei kleiner Flamme schon sehr früh anfängt und zwar früher als von einer Explosionsgefahr überhaupt die Rede ist, und dass das übliche Abprobieren in der Hand eines nur einigermassen mit schlagenden Wettern bekannten Arbeiters und mit einer guten Lampe eine sehr einfache und ungefährliche Sache ist.

Im Ostrau-Karwiner Reviere hat man mit Rücksicht auf die vorstehenden Erwägungen für das Abprobieren der Wetter die folgende Vorschrift erlassen.*)

„Die Lampe wird zuerst mit normaler Flamme langsam bis unter die First angehoben; wenn hierbei eine Verlängerung der Flamme und Entleuchtung des Flammenkörpers erfolgt, eine Aureole sich bildet oder sogar ein Kreisen und Flackern der Flamme und die Bildung einer Glockengestalt vor sich geht, so ist damit ein gefährliches Schlagwettergemisch (über 4%) konstatiert. In diesem Falle wird die Lampe ebenso langsam gesenkt, wenn nicht vorher das Erlöschen der Flamme erfolgt. Ein solches Ort muss verlassen und vorschriftsmässig versichert werden. Ist an der vollen Flamme kein gefährliches Schlagwettergemisch bemerkbar, so wird dieselbe durch die Dochtschraube verkleinert, und schliesst man sodann aus der Länge der den Flammenkern überragenden Aureole auf den Prozentgehalt der Gase.

Diese Aureole ist am deutlichsten sichtbar und das Abprobieren daher am zuverlässigsten, wenn der Docht soweit herunter geschraubt wird, dass an der Spitze der Lampenflamme noch ein leuchtender gelber Punkt von der Grösse eines Hanfkornes sichtbar ist.“

---

*) Instruktion für die Aufseher des Ostrau-Karwiner Revieres Seite 11 und Jičinsky: Katechismus der Grubenwetterführung 1891, Seite 18.

Für Betriebsleiter und Aufsichtsbeamte sind auch die Pieler- und die
Cheneau-Lampe von Bedeutung, welche ein höheres Mass von Indikationsfähigkeit als die Benzinlampe besitzen. Mit der Pieler-Lampe kann man
schon Gehalte von 0,25 $\%$ CH_4 mit Sicherheit feststellen; sie ist daher ein
Instrument von nicht zu unterschätzendem Werte. Die Pieler-Lampe hat
aber auch mehrere Mängel, zu welchen z. B. gehört, dass sie nicht leuchtet
und man daher gezwungen ist, 2 Lampen mit sich zu führen; sodann wird
in bewegten Wettern wegen Fehlens eines Glascylinders die Flamme umgebogen und die Indikation recht erschwert. Der Hauptmangel der Pieler-
Lampe liegt aber in ihrer »Güte«, denn schon bei $2^{1}/_{4}\%$ CH_4 erreicht die
Aureole den Drahtkorbdeckel und bringt diesen ins Glühen. Sieht nun der
Bergmann — selbst der geübtere, wie der Verfasser aus eigener Erfahrung
weiss —, die hohe, 14 cm lange Flamme und ausserdem das Erglühen des
Drahtkorbdeckels, so stellt er sich den CH_4-Gehalt der Wetter und deren
Gefährlichkeit ganz anders vor als dies in Wirklichkeit der Fall ist und
verlässt demnach die fragliche Oertlichkeit. In der Benzinlampe würde bei
diesem Prozentsatze eine ganz kleine Aureole entstehen, der Bergmann würde
dann ruhig weiter ableuchten und von den Wetterverhältnissen jener
Oertlichkeit ein ganz anderes Bild bekommen.

Die Pieler-Lampe giebt ausserdem sehr leicht zu Durchschlägen
Veranlassung.

Sie erfordert aus allen diesen Gründen ein eingehendes Studium und ist
daher nur in der Hand eines mit der Lampe Vertrauten und nur in
geringprozentigen Wettern mit Vorteil zu gebrauchen.

Einige Mängel der Pieler-Lampe sind bei der von Cheneau konstruierten Lampe vermieden. Die Cheneau-Lampe ist jedoch recht teuer
und recht kompliziert und schon die Anschaffung der dazu gehörigen
Materialien — Methylalkohol, Kupfersalz und eine organische Substanz —
stösst auf Schwierigkeiten.

Die Angabe, man könne mit der Cheneau-Lampe schon 0,1 $\%$ CH_4 erkennen, ist übertrieben; die Indikationsfähigkeit der Chenau-Lampe ist derjenigen der Pieler-Lampe gleich; Verfasser hat sich davon durch Experi-
mente überzeugt.

Zum Erkennen der Wetter in Klüften, Auskesselungen der First usw.
dient der Garforth'sche fire-damp-detector, engl. Patent No. 8500.
Das Wesentliche daran ist ein kleiner mit einer Röhre versehener
Gummiball, mit welchem man an den fraglichen Stellen die Luftprobe
ansaugt, um sie dann durch eine seitlich des Brenners einer gewöhnlichen Grubenlampe angebrachten Röhre an die kleingeschraubte
Flamme gelangen zu lassen. Zum exakten Arbeiten mit dem Apparate
gehört recht viel Uebung.

Die Versuche, die heisse Wasserstoff-Flamme zur Indikation von Schlagwettern zu verwenden — was wohl das Ideal für die Erkennung von CH_4 sein würde — haben bis jetzt noch keine brauchbaren Apparate gezeitigt; die Lampe von F. Clowes ist noch zu unpraktisch.

Auch die Osmose kann zum Anzeigen von Schlagwettern dienen. Die Apparate, welche auf osmotischen Vorgängen beruhen, haben jedoch alle den Nachteil, dass sie nur zu bald durch Staub ganz erheblich an ihrer Brauchbarkeit Einbusse erleiden. Am praktischsten und handlichsten ist noch ein kleiner, tragbarer Apparat (Thongefäss mit Röhre und Manometer), welcher eine unwesentliche Abänderung des alten bezw. ältesten Ansell'schen*) Apparates darstellt.

Der Patent-Gasindikator von E. H. F. Liveing ist mehr ein wissenschaftliches Spielzeug als ein für praktische Untersuchungen bestimmtes Instrument, bei dessen Handhabung man ausserdem wenigstens 3 Hände haben muss; die Versuche in der Praxis haben ein recht ungünstiges Resultat ergeben.

Selbst das Reich der Töne ist dienstbar zu machen versucht worden, um CH_4 anzuzeigen. Der betr. Apparat, Hardys Formenophon,**) ist allerdings für den theoretischen Unterricht an einem Konservatorium der Musik geeigneter, als für den praktischen Grubenbetrieb.

Auch das spezifische Gewicht der Grubengase benutzt man, um den Gehalt an CH_4 festzustellen. Der »Gas-Analysator« von Krell zur fortlaufenden Untersuchung von Grubenluft auf schlagende Wetter***) (D. R. P. No. 88 188) beruht auf Messung des Druckunterschiedes zweier fortlaufend angesaugter Luftsäulen — einesteils atmosphärischer Luft, anderenteils Grubenluft — nach dem Prinzipe der hydrostatischen Wägung. Theoretisch ist der Apparat richtig unter der Voraussetzung, dass die angesaugte Grubenluft gehörig von Kohlensäure befreit wird, dass der Wassergehalt beider Luftsäulen der gleiche ist und dass nicht zu grosse Differenzen im Sauerstoffgehalte der Grubenluft eintreten; jedenfalls müsste man die rein rechnerische Justierung des Apparats durch empirische Befunde ergänzen. Ob der Apparat die angegebene grosse Empfindlichkeit besitzt — man soll damit schon 0,05 $^0/_0$ CH_4 feststellen können — kann Verfasser nicht sagen, da er den Apparat nicht aus eigener Anschauung kennt; ein ähnlicher Apparat (Arndt's Patent), welcher fortlaufend den CO_2-Gehalt der Feuerungsgase angeben soll, hat sich in der Praxis nicht bewährt.

Das spezifische Gewicht der leichteren Grubengase wird auch bei dem Apparate von Egger & Co., Wien, zur Indikation auf CH_4 benutzt;

---

*) Berg- u. Hüttenmännische Zeitung 1866, Tafel IV.
**) Ebenda 1894, S. 101.
***) Zeitschr. f. d. Berg-, Hütten- u. Salinenwesen 1899, Bd. XLVII, B S. 73 ff.

auch bei diesem Apparate, einer Wage, spielt der Staub eine unangenehme Rolle.

Eine andere Art den Gehalt an CH_4 zu bestimmen bietet die Explosionsfähigkeit bezw. die Entzündungsfähigkeit eines bestimmten Gemenges von Luft und CH_4 bezw. von Luft, Leuchtgas und CH_4. Hierauf beruhen die Apparate von Bing (D. R.-P. 108 683), von Shaw*) und das Verfahren von Le Châtelier. Das Prinzip ist dasselbe: man erzeugt durch Zusatz von brennbarem Gas zu den zu untersuchenden Grubenwettern ein explosives Gemenge und die eintretende Explosion wird dann entweder einfach nur beobachtet (Le Châtelier), oder sie wird zur Erzeugung von Signalen verwandt (Bing und Shaw).

Inwieweit diese Verfahren richtig sind und Sicherheit gewähren, wollen wir hier näher erörtern.

Der Bingsche Apparat saugt über Tage fortlaufend Grubenluft an und mischt diese mit einer bestimmten gleichbleibenden Menge Leuchtgas, welche so bemessen wird, dass sie mit reiner Luft keine Explosion hervorruft; ist jedoch in der Grubenluft eine bestimmte Menge CH_4 z. B. $1\,{}^0/_0$ vorhanden, so wird ein explosives Gemenge erzeugt, dieses wird selbstthätig angezündet und die dann eintretende Explosion wird zur Erzeugung von Pfeifensignalen benutzt.

Die Fälle, in denen der Bing'sche Apparat nicht funktionieren würde, sind durchaus nicht selten. So z. B. würde bei plötzlichen Ausbrüchen von Grubengas, beim Anhauen eines Bläsers usw., also gerade dann, wenn sehr viel CH_4 an einer bestimmten Stelle der Grube vorhanden ist, in dem Explosionscylinder des Apparates ein nicht explosives Gemenge entstehen und der Warnruf würde nicht ertönen.

Die Kosten der Bingschen Einrichtung würden recht erhebliche sein, denn „es werden ebenso viele Apparate über Tage aufgestellt, wie Oerter unter Tage zu beobachten sind“. Da würden für eine grössere Zeche mehrere Hundert Apparate nötig sein und trotz der vielen Apparate würde die Arbeit des sehenden und denkenden Menschen in der Grube (Ableuchten) nicht entbehrt werden können.

Für den westfälischen Grubenbetrieb, mit seinen vielen und wechselnden Arbeitspunkten ist der Bingsche Apparat nicht zu empfehlen.

Der Shawsche Apparat**), über welchen Verfasser in der Zeitschrift Glückauf 1897, 27. November ausführlich berichtet hat, ist derart konstruiert, dass zu einer stets gleichbleibenden Menge Luft (800 ccm) eine wechselnde Menge Leuchtgas hinzugesetzt werden kann. Dieses Gemenge wird in einen Cylinder eingeführt, in welchem es zur Explosion

---

*) Ber. d. d. chem. Ges., Jahrg. 27, Heft 5.
**) Glückauf 1894, No. 30.

gebracht wird. Ein den Explosionscylinder verschliessender Deckel wird bei genügender Heftigkeit der Explosion gegen eine Glocke geschleudert und diese zum Ertönen gebracht.

Ist nun in der zu untersuchenden Luft brennbares Gas enthalten, so ist, um die gleiche Explosionswirkung wie vorher zu erzielen, ein geringerer Zusatz von Leuchtgas erforderlich. Nehmen wir z. B. an, reine Luft mit 8 % Leuchtgas gebe die gewünschte Explosionswirkung und die zu untersuchenden Grubenwetter, gemengt mit nur 7 % Leuchtgas brächten dieselbe Wirkung hervor, so wird einfach 7 von 8 abgezogen und die Differenz $= 1$ wäre dann der in den untersuchten Wettern enthaltene Prozentsatz an Grubengas.

Mit dem Shawschen Apparate soll man den Gehalt an CH_4 bis auf 0,1 % genau bestimmen können. Eine derartige Genauigkeit besitzt der Apparat jedoch durchaus nicht; aber selbst wenn diese Angabe — 0,1 % Genauigkeit — richtig wäre, so würde sie für westfälische Grubenverhältnisse nicht genügen. Der Grubenleiter muss eine möglichst genaue Bestimmung des CH_4-Gehaltes seiner Wetter besitzen, um die Wetterverteilung, Wettermenge u. s. w. richtig bemessen zu können. Mit einer Genauigkeit von 0,1—0,2 % kann man auch nach dem Verfahren von Le Châtelier den Gehalt an CH_4 bestimmen. Das Prinzip dieser Untersuchungsmethode beruht darauf, dass bei einem bestimmten CH_4-Gehalte in der Luft das Gemenge entzündbar ist, bei einem geringeren Gehalte dagegen keine Entzündung mehr stattfindet, während bei einem höheren Gehalte Explosion eintritt. Diese Grenze — la limite d'inflammabilité — liegt bei 6,1 % CH_4. Hat man z. B. Wetter, zu welchen 3,0 % reines CH_4 hinzugesetzt werden müssen, um die Entzündbarkeit hervorzurufen, so sind 6,1—3,0 $= 3,1$ % CH_4 in den zu untersuchenden Grubenwettern enthalten. Die Methode von Le Châtelier hat den Vorteil, dass recht viele Bestimmungen in kurzer Zeit ausgeführt werden können; dagegen hat sie den Nachteil, dass die Genauigkeit zu wünschen übrig lässt und dass man den so wichtigen Kohlensäuregehalt der Wetter nicht feststellen kann.

In den Wettern der westfälischen Gruben sind nun, dank der riesigen Wettermengen, welche die Aufsichtsbehörde vorschreibt, nur sehr geringe Mengen CH_4 und CO_2 enthalten und um diese zu ermitteln, ist nur eine äusserst exakte Bestimmungsmethode anwendbar.

Es würde zunächst in Frage kommen die Bunsensche gasometrische Methode. Dieselbe ist sehr genau aber auch sehr zeitraubend und erfordert einen recht geübten Fachmann (Chemiker und Physiker). Sie ist z. B. für das berggewerkschaftliche Laboratorium in Bochum, in welchem jährlich etwa 5 000 Wetteranalysen ausgeführt werden, durchaus nicht anwendbar.

Dasselbe ist von der Cl. Winklerschen Methode zu sagen. Merkwürdigerweise bricht noch i. J. 1900 Prof. Dr. O. Brunck für diese Untersuchungsmethode eine Lanze.[*)]

Eine Methode, welche in verhältnismässig kurzer Zeit genaue Resultate ergiebt, ist diejenige von R. Jeller.[**)]

Die Messung des zu untersuchenden Gases bezw. des nach Entfernung der Kohlensäure oder des Methans verbleibenden Volumens geschieht derart, dass man stets auf gleichbleibendes Volumen einstellt und die Druckänderungen bestimmt, welche durch Entfernung der betreffenden Gase bedingt werden. Daraus werden dann die Gehalte an CO_2 und CH_4 berechnet.

Jeller giebt die Genauigkeit seiner Resultate auf $0{,}01 - 0{,}02\,\%$ an; zur Erlangung jedes Resultates sind 24 Ablesungen erforderlich und die Zeitdauer einer Analyse beträgt $^3/_4$ Stunden.

Eine Anzahl weiterer Apparate, sog. »Grisoumeter«, deren es eine beträchtliche Anzahl giebt und mit denen man höchstens eine Genauigkeit von $0{,}1\,\%$ zu erzielen vermag, können für unsere Zwecke nicht in Betracht kommen.

Um nun möglichst genaue Resultate in möglichst kurzer Zeit ohne Anwendung allzu grosser Gasmengen erhalten zu können, hat mein Lehrer und Amtsvorgänger Dr. A. Schondorff einen Apparat konstruiert, dessen eingehende Beschreibung mit Abbildungen im XXXV. Bande der Zeitschrift für das Berg-, Hütten- und Salinenwesen, S. 59 ff., gegeben ist, worauf hier verwiesen sei.

Mit Hülfe dieses Apparates wird zunächst die Kohlensäure durch Kalilauge absorbiert und die dadurch hervorgerufene Volumenabnahme gemessen; alsdann wird das Methan an einem elektrisch zur Orangeglut gebrachten Platindraht verbrannt und die bei der Verbrennung entstehende Volumen-Verminderung gemessen und drittens die bei der Verbrennung des Methans entstandene Kohlensäure absorbiert und die entsprechende Volumenabnahme gemessen. Die Ablesungen erfolgen sämtlich mit Hülfe von Fernrohren, was recht umständlich und für die Augen angreifend ist.

Unter Berücksichtigung der unvermeidlichen Ablese- und Beobachtungsfehler, der schädlichen Räume, Reibungswiderstände u. s. w. ist ein geübter Experimentator bei peinlichem Einhalten aller gegebenen Vorschriften in der Lage eine Genauigkeit der Resultate von $\pm\,0{,}004\,\%$ zu erzielen.

[*)] Brunck, Die chemische Untersuchung der Grubenwetter. Freiberg i. S. Craz u Gerlach 1900.

[**)] Zeitschrift für angew. Chemie 1896. S. 692. Oesterr. Z. f. B. u. H.-Wesen 1898 S. 351. 369. 389.

Der Schondorff'sche Apparat genügt den weitestgehenden Anforderungen und ist für wissenschaftliche Untersuchungen sehr geeignet.

Um für die Bedürfnisse der Praxis einen möglichst handlichen Apparat mit ausreichender Genauigkeit zu schaffen, hat Verf. den Schondorff'schen Apparat etwas umgeändert; da dieser umgeänderte Apparat im rheinisch-westfälischen Kohlenreviere im Gebrauche ist, möge etwas näher darauf eingegangen werden. Hergestellt wird der Apparat von R. Müller, Glasbläserei, Essen.

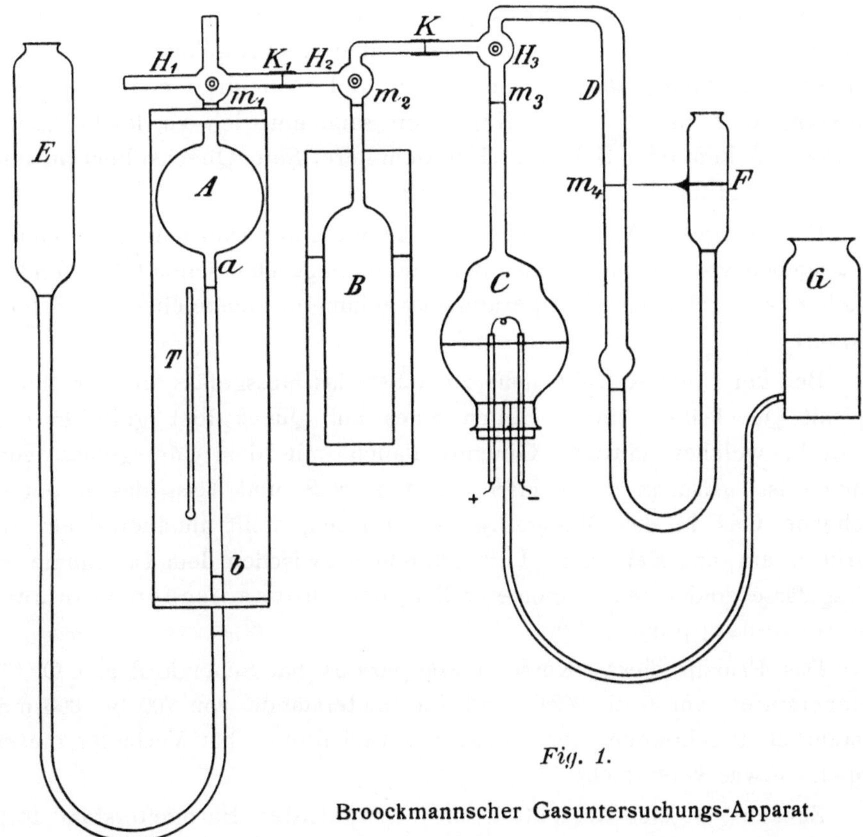

Fig. 1.

Broockmannscher Gasuntersuchungs-Apparat.

Zunächst ist das genaue Ablesen auch für das blosse Auge durch eine genauere, feinere Teilung des Messgefässes A (Fig. 1) ermöglicht, indem nicht ein gleichweites langes Glasrohr, sondern ein Kugelgefäss mit möglichst enger, eingeteilter Röhre gewählt wurde.

Das Messgefäss fasst bis zu einer bestimmten Marke b 500 willkürliche Einheiten und von diesen sind von a bis b auf der engen Röhre an unseren verschiedenen Apparaten 70 oder 45 oder 30 Einheiten ablesbar. Diese Einrichtung ist deshalb statthaft, weil in den meisten Wettern nur geringe Mengen CO_2 und CH_4 enthalten sind, demnach auch nur geringe Volumen-Verminderungen zu messen sind. Man könnte nun auf den Gedanken kommen, durch noch engere Röhren die Genauigkeit der Ablesungen zu erhöhen. Dies hat jedoch seine natürlichen Grenzen. In sehr engen Röhren spielt die Kapillardepression und der Reibungswiderstand des Quecksilbers eine Rolle; der Meniskus des Quecksilbers ist nicht gleichmässig zu formen und ausserdem sammelt sich in sehr engen Röhren leicht über dem Quecksilbermeniskus ein Tröpfchen Wasser oder Schmutz an, wodurch das Ablesen sehr erschwert oder ungenau wird.

Dasselbe wäre von den Kapillarröhren zu sagen, welche die Teile A, B, C und D des Apparates verbinden. Sehr enge Kapillarröhren würden hier die schädlichen Räume verkleinern und somit die Genauigkeit vergrössern, aber in zu engen Kapillaren sammeln sich zu leicht kleine Wassertröpfchen oder Schmutz (Hahnschmiere, Fett, Quecksilber) an und rufen Verstopfung des Apparates hervor.

Das Messgefäss A, an welchem ein feingeteiltes Thermometer T hängt, ist umgeben von einem weiten unten und oben geschlossenen Glascylinder, welcher vor schnellen Temperaturschwankungen ausreichenden Schutz gewährt.

Bei der Analyse füllt man zunächst das Messgefäss bis zur Marke m_1 mit Quecksilber durch Heben eines mit Quecksilber gefüllten Gefässes E, welches mittelst Gummischlauch mit dem Messgefäss verbunden ist. Alsdann senkt man das Gefäss E und lässt das zu untersuchende Gas in das Messgefäss A eintreten, stellt annähernd auf die Marke b ein und stellt dann Luftverbindung zwischen dem Luftraume im Messgefässe und einem Manometer D F, dem mechanischen Volumen-Korrektionsapparate, her.

Das Prinzip dieses Korrektionsapparates hat Schondorff a. a. O. für Temperaturen von 0 bis 30^0 C und Barometerstände von 700 bis 800 mm ausführlich beschrieben; für praktische Verhältnisse hat Verfasser diesen Apparat etwas vereinfacht.

Zunächst ist eine Korrektion für wechselnden Barometerstand fortgelassen, da während der Dauer einer Analyse (15 bis 20 Minuten) eine messbare Aenderung des Luftdrucks nicht stattfindet; bei stürmischem Wetter, bei welchem sich der Luftdruck erheblich ändern kann, soll man mit dem Apparate überhaupt nicht arbeiten.

Wir führen, um eine direkte Vergleichung der Gasvolumina zu ermöglichen, irgend ein während der Analyse erhaltenes Volumen auf das Volumen zurück, welches es bei der zuerst gemessenen Temperatur und der bei dieser Temperatur herrschenden Tension des Wasserdampfes haben würde; wir messen die Gase stets im mit Wasserdampf gesättigten Zustande.

Durch diesen Korrektionsapparat spart man viel Zeit und ist namentlich vor Rechenfehlern bewahrt.

Die Funktionen des Korrektionsapparates wollen wir hier kurz besprechen.

Denken wir uns einen abgesperrten Luftraum V (Fig. 2), welcher von der äusseren Luft durch das verstellbare Wassermanometer D F getrennt ist. Bei gleichem inneren und äusseren Druck und bei einer bestimmten Temperatur steht das Wasser in den beiden Schenkeln D und F gleich hoch. Erwärmt sich nun V, so dehnt sich die Luft aus, übt infolgedessen einen Druck aus und treibt das Wasser im Schenkel F hoch; durch Heben dieses Schenkels würde man dann die Aenderung des Volumens ausgleichen und

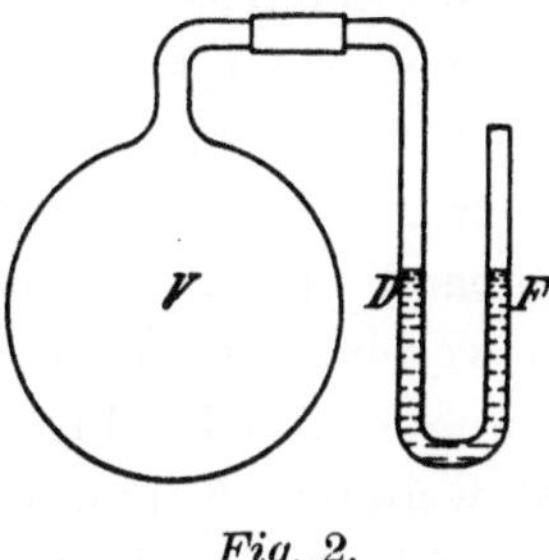

Fig. 2.

das anfängliche Volumen wieder herstellen können. Kühlt sich dagegen V ab, so zieht sich die Luft zusammen und um das ursprüngliche Volumen V wiederherzustellen, wird man den Schenkel F senken müssen.

Alle Gase dehnen sich bei Erwärmung um 1^0 C um $\frac{1}{273}$ ihres Volumens aus. Setzen wir das Volumen eines Gases bei 0^0 C und 760 mm Barometerstand (1 Atm.) $= 1$, so würde bei $+ 273^0$ C dieses Volumen $= 2$ sein; dieses doppelt so grosse Volumen würde durch den Druck einer zweiten Atmosphäre $= 760$ mm Quecksilbersäule wieder auf das Volumen 1 zusammengepresst werden. Demnach sind in ihren Wirkungen »entgegengesetzt gleich« Erwärmung um 273^0 C und Druck von 760 mm Quecksilbersäule, d. h. für 1^0 C $= \frac{760}{273} = 2,784$ mm Hg $= 37,86$ mm H_2O.

Durch Heben des Manometerschenkels F um 37,86 mm würden wir die durch 1^0 C bewirkte Ausdehnung von V, durch Senken um dieselbe Grösse die durch 1^0 C bewirkte Zusammenziehung von V ausgleichen können.

Wir arbeiten nun aber stets mit feuchten Gasen und müssen daher auch die Aenderung der Tension des Wasserdampfes berücksichtigen.

Nehmen wir z. B. an, die Temperatur des Raumes V sei anfangs $+ 17^0$ C, später $+ 18^0$ C, so ist die Tension des Wasserdampfes gestiegen um:

$$15{,}3304 - 14{,}3950 = 0{,}9354 \text{ mm Hg} = 12{,}72 \text{ mm } H_2O;$$

demnach müssten wir bei einer Temperaturerhöhung von $+ 17^0$ C auf $+ 18^0$ C den Schenkel F um $37{,}86 + 12{,}72 = 50{,}58$ mm heben.

Würde die Temperatur von $+ 17^0$ C auf $+ 16^0$ C fallen, so wäre die Tension von $14{,}3950$ auf $13{,}5108 = 0{,}8842$ mm Hg $= 12{,}03$ mm H_2O gesunken; man müsste dann den Schenkel F um $37{,}86 + 12{,}03 = 49{,}89$ mm senken.

Wie man sieht, ist die Korrektion bei gleichen Temperaturdifferenzen nicht gleich, schwankt aber bei Zimmertemperaturen und Barometerständen von etwa 740 bis 760 mm für 1^0 C »um 50 mm herum«.

Der recht komplizierte Schondorffsche Korrektionsapparat ist nun bei den veränderten Apparaten derart vereinfacht (nicht verbessert), dass auf dem inneren Schenkel D (Fig. 1) des Manometers, einer etwas weiteren Kapillarröhre, von der Marke m_4 50 mm nach oben und unten in 20 gleiche Teile (entsprechend $^1/_{20}{}^0$ C) eingeteilt sind. Der äussere Schenkel F ist mit einer feinen Spitze versehen, welche man beim ersten Einstellen auf die Marke m_4 bringt; auf m_4 steht das Wasser, wenn der äussere Luftdruck darauf lastet.

Die Fehler, welche dieser vereinfachte Korrektionsapparat bedingt, sind sehr gering; will man sich aber damit nicht begnügen, so kann man auf die in Figur 3 abgebildete Skala einstellen, bei welcher die Hälfte der vertikalen Mittellinie = 50 mm, die kleinste 47 mm und die grösste 53 mm lang ist; aus dem jeweiligen Barometerstande und der Anfangstemperatur (x^0 C) würde man die betreffende Linie dann zunächst berechnen müssen.

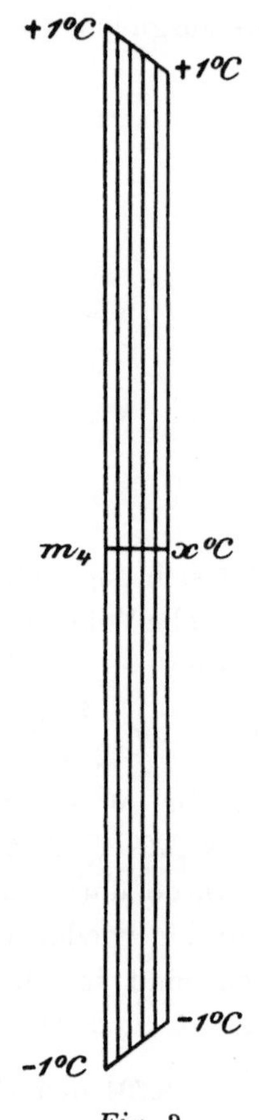

Fig. 3.

Der Gang der Analyse ist nun folgender: zunächst wird das in A (Fig. 1) bis zur Marke b befindliche Gas im Manometer auf m_4 eingestellt, Temperatur und Volumen gemessen und notiert (I). Alsdann wird das Gas in das mit Kalilauge gefüllte Kohlensäure-Absorptionsgefäss B durch Heben des Gefässes E gedrückt und nach der Absorption wieder in das Messgefäss A durch Senken des Gefässes E gesogen, wobei die Kalilauge wieder genau bis zur Marke m_2 heraufgezogen wird. Es wird jetzt wieder Verbindung mit dem Manometer hergestellt, nach der jeweiligen Temperaturerhöhung oder Erniedrigung F um den bestimmten Betrag gehoben oder gesenkt, wieder auf die Marke m_4 eingestellt und das Volumen des jetzt restierenden Gases alsdann notiert (II). Hierauf treibt man das Gas in die Verbrennungsbirne C; das Quecksilber, welches sich in C bis zur Marke m_3 befand, geht dabei teilweise in das Gefäss G. In C wird das Methan an einem elektrisch zur Orangeglut gebrachten Platindraht verbrannt. Nach gehöriger Abkühlung wird das Gas wiederum nach A getrieben, während in C das Quecksilber wieder genau bis zur Marke m_3 heraufgezogen wird; das Gefäss G wird dabei etwas gehoben. Das Gas wird nun wiederum im Manometer eingestellt und das restierende Gas gemessen (III), hierauf wird die bei der Verbrennung gebildete Kohlensäure in B absorbiert, das Gas wiederum nach A getrieben und gemessen (IV).

Die Dauer der Analyse beträgt etwa 15 bis 20 Minuten. Wir haben dann z. B. folgende Werte erhalten:

I. 500   Einheiten angewandtes Gas

II. 498   »   nach Absorption der CO_2 =

     2   » $CO_2 = 0{,}40\,^0/_0\ CO_2$

III. 490   »   nach der Verbrennung des CH_4 =

     8   »   Volumen-Verminderung $= 0{,}80\,^0/_0\ CH_4$

IV. 486   »   nach Absorption der gebildeten CO_2 =

     4   »   gebildete $CO_2 = 0{,}80\,^0/_0\ CH_4$.

Wie hieraus ersichtlich wäre es nicht nötig, die IV. Zahl — die Menge der bei der Verbrennung gebildeten Kohlensäure — zu bestimmen, denn diese Menge ist, wenn das verbrannte Gas CH_4 ist, stets gleich der Hälfte der bei der Verbrennung entstandenen Volumenverminderung. Aber diese IV. Zahl bestimmen wir regelmässig, denn sie bildet eine höchst willkommene Kontrole. Zunächst giebt sie uns Aufschluss darüber, ob das verbrannte Gas CH_4 und nicht etwa ein anderes brennbares Gas ist, alsdann wird durch die IV. Zahl die III. und auch die II. Zahl kontroliert und drittens wird durch die IV. Zahl unsere ganze Arbeit kontroliert.

In 99 Fällen v. H. ist nun die Menge der gebildeten Kohlensäure gleich der Hälfte der bei der Verbrennung entstandenen Volumen-verminderung, weil eben das verbrannte Gas CH_4 ist; ist jedoch Wasserstoff oder Kohlenoxyd oder ein höherer Kohlenwasserstoff vorhanden, so werden wir sofort durch das abweichende Verhältnis von gebildeter Kohlensäure zur Volumenverminderung aufmerksam und führen dann irgendwelche Kontrolanalyse aus.

Zur Erlangung eines guten Resultates einer Gasanalyse gehört nun nicht allein ein guter Apparat mit tadellos eingeschliffenen Glashähnen H_1 H_2 H_3 und luftdichten Verbindungen K K_1, sondern auch ein geübter Experimentator und dann noch viele Dinge, welche der Nichtfachmann als unwesentlich ansieht, welche aber das Resultat ganz wesentlich beeinflussen können. Dahin gehört ein grosses nach Norden gelegenes Zimmer, in welchem die Temperaturschwankungen nur geringfügig sind und in welches kein Sonnenstrahl fällt; ein auf einen Gasuntersuchungs-apparat fallender Sonnenstrahl bringt lokale Erwärmungen hervor, welche für den Experimentator unkontrolierbar sind.

Ferner gehört dazu reines Quecksilber. Der Quecksilbermeniskus muss in der Messröhre stets bei aufsteigendem Quecksilber eingestellt werden, denn die Fehler, welche bei Nichtbeachtung dieser Vorschrift gemacht werden, sind bei weitem grösse , als wenn z. B. der Korrektions-apparat um $^1/_2$ mm fehlerhaft eingestellt wird. Der Quecksilbermeniskus muss richtig abgelesen werden, man muss dabei das Auge mit dem Meniskus in dieselbe Horizontale bringen.

Ferner ist eine gute Hahnschmiere erforderlich, welche man auch kunstgerecht an die Hähne bringen mus; Glashähne richtig schmieren können ist für den Gastechniker eine Hauptbedingung. Natürlich muss der Experimentator seinen Apparat ganz genau, in allen seinen kleinen Nebensächlichkeiten kennen und ihn von Fett und Schmutz häufig reinigen. Zum Reinigen dient warmes Seifenwasser, welchem einige Tropfen Kalilauge zugesetzt sind, später wird dann mit destilliertem Wasser gereinigt; Säuren, starke Laugen, Alkohol oder Aether dürfen zum Reinigen nicht benutzt werden.

Wir garantieren eine Genauigkeit unserer Resultate von $\pm$ 0,02 %.

d. Auftreten von Grubengas im Ruhrbezirk.

Von Bergassessor Kette.

Geschichtliches.

Schlagende Wetter sind schon seit alters her auf den Ruhrzechen bekannt, wenn auch über das mehr oder minder gefährliche Auftreten derselben nur spärliche Nachrichten aus früheren Zeiten vorliegen.

Jedenfalls kann man sagen, dass grössere oder geringere Mengen schlagender Wetter fast auf sämtlichen Zechen des Beckens entweder noch vorkommen oder in früheren Zeiten vorgekommen sind; denn eine ganze Anzahl von Zechen, die jetzt als schlagwetterfrei gelten können, hat früher mit dieser Gefahr zu kämpfen gehabt. Dies gilt namentlich auch von den Zechen, die vom Thale der Ruhr oder dessen Seitenthälern aus in dem zu Tage ausgehenden Steinkohlengebirge bauen und auf denen trotz dieses der natürlichen Entgasung günstigen Umstandes wenigstens in den ersten Betriebsperioden Schlagwetter ziemlich regelmässig angetroffen wurden.

Bei den Nachrichten, die uns aus früheren Zeiten über die Schlagwettergefährlichkeit der einzelnen Zechen überkommen sind, ist freilich zu bedenken, dass in Ermangelung eines geeigneten Massstabes der Begriff der Schlagwettergefährlichkeit ein sehr schwankender war, wie er es ja zum Teil auch heute noch ist. In der Regel galt als Kriterium der Umstand, ob auf der betreffenden Grube gerade eine Explosion vorgekommen war oder nicht. Und da Schlagwetter-Explosionen bekanntlich nicht nur von dem stärkeren oder schwächeren Ausströmen des Grubengases, sondern ausserdem von der mehr oder minder guten Wetterführung und schliesslich auch von einem die Entzündung verursachenden Zufall abhängen, so erklärt es sich, dass oft in einem Jahr eine Zeche als schlagwettergefährlich genannt wird, im folgenden aber nicht.

Ferner konnten Schlagwettermengen, deren ungefährliche Beseitigung bei den heutigen Hülfsmitteln der Wetterführung leicht ist, bei dem früheren Stande der Technik Gefahren genug verursachen. Diese Verhältnisse dürfen bei den nachstehend wiedergegebenen historischen Nachrichten über die Schlagwetterfrage nicht aus den Augen gelassen werden.

Nach der Festschrift von Reuss: »Mitteilungen aus der Geschichte des Königlichen Oberbergamtes zu Dortmund und des niederrheinisch-westfälischen Bergbaues«*) gehörte in der Mitte der zwanziger Jahre des 19. Jahrhunderts die z. Zt. ziemlich schlagwetterfreie Zeche St. Peter, die auf den Magerkohlenflötzen der Herzkämpermulde baute, zu denjenigen wegen ihrer schlagenden Wetter gefürchteten Gruben, auf denen zuerst im Bezirk mit der Davyschen und später mit der Müselerschen Sicherheitslampe gearbeitet wurde.

Die erste Bergpolizei-Verordnung im Ruhrbecken, welche sich mit dem Vorkommen von Schlagwettern beschäftigt, ist vom Dortmunder Oberbergamt unter dem 24. März 1845 erlassen worden. In dieser Zeit waren hauptsächlich die Gruben in der Gegend von Dortmund und Hörde, namentlich die Zechen Friedrich Wilhelm und Am Schwaben, auf denen damals einzelne Teile der Fettkohlenpartie neben Magerkohlenflötzen gebaut wurden, durch Schlagwetter gefährdet.

Als man dann Ende der vierziger Jahre in grösserem Masstabe dazu überging, auch die unter der Mergelbedeckung anstehenden Steinkohlenflötze abzubauen (Graf Beust 1840/41, dann Helene und Amalie, Victoria Mathias, Präsident u. a.) und als gleichzeitig der weiter nach Norden sich ausdehnende Bergbau in immer grössere Teufen niedergehen

---

*) Zeitschr. f. d. Berg-, Hütten- u. Salinenw. 1892, Bd. XII, B S. 309 ff.

musste, nahm auch die Schlagwettergefahr stetig zu. So wurden nach einem im »Berggeist« erschienenen Aufsatz »Beobachtungen über das Vorkommen schlagender Wetter in den Steinkohlengruben des Ruhrbeckens«*) bei weitem die meisten der damaligen neueren Tiefbaugruben von schlagenden Wettern heimgesucht. Diese Gruben lagen zumeist nördlich der Mergel-Auflagerungsgrenze, es gehörten zu ihnen aber auch solche, die nur in dem zu Tage ausgehenden Steinkohlengebirge bauten; unter letzteren werden namentlich die in der Herzkämper-Mulde und die bei Mülheim a. d. Ruhr bauenden Zechen angeführt, Zechen, die jetzt fast alle als ziemlich schlagwetterfrei bezeichnet werden können.

Etwas später wird besonders die Zeche ver. Bickefeld Tiefbau, die im Anfang der sechziger Jahre in ihrem westlichen dicht bei Hörde liegenden Feldesteil baute, als eine der gefährlichsten Zechen im Ruhrbecken dargestellt.**) U. a. wird hier berichtet, dass beim Abbau des Flötzes 34 (Flötz Hühnerhecke) der Magerkohlenpartie die aus den Wasserseigen der Grundstrecken aufsteigenden Wetter durch ein Grubenlicht angezündet, tagelang fortbrannten und dass man in einem Bohrloch von 6—8 Zoll Durchmesser und 1 Fuss Tiefe im Pfeilerstosse die Schlagwetter mittelst eines an einer Stange befestigten Grubenlichtes 2- und zuweilen 3 mal in einer Minute zur Explosion bringen konnte. Trotzdem wurde damals auf dieser Zeche mit offener Lampe gearbeitet. Jetzt gehört ver. Bickefeld entschieden zu den ungefährlicheren Gruben des Bezirks.

Allgemeinere Ausführungen über die Schlagwetterfrage auf den Ruhrzechen sind im übrigen in der Litteratur der sechziger und siebziger Jahre nicht enthalten. Auch die hauptsächlich aus den technischen Mitgliedern und den Hülfsarbeitern des Dortmunder Oberbergamts bestehende Kommission, welche auf Veranlassung des damaligen Handelsministers in den Jahren 1868—1871 die Wetterführung der westfälischen Steinkohlengruben untersuchte, befasste sich zumeist nur mit den technischen Einrichtungen der Wetterführung und der von Nonne über die Arbeiten der Kommission verfasste Bericht***) enthält keinerlei allgemeinere (und auch sehr wenig spezielle) Angaben über das Auftreten der Schlagwetter. U. a. hat diese Kommission jedoch auch die Zeche Neu-Iserlohn befahren, welche durch eine ganze Anzahl z. T. sehr bedeutender Explosionen in jener Zeit eine traurige Berühmtheit erlangt hatte und die namentlich wegen des häufigen Auftretens von grösseren Bläsern damals wohl die gefährlichste Grube im ganzen Bezirk war.

Eine gewisse Uebersicht über das Vorkommen der schlagenden Wetter im Bezirke ist erst durch die im Jahre 1882 beginnenden Arbeiten

---

*) Berggeist 1860, S. 525.
**) Zeitschr. f. d. Berg-, Hütten- u. Salinenw. 1865, Bd. XIII, B S. 56.
***) Ebenda 1873, Bd. XXI, B S. 37 ff.

der Preussischen Schlagwetter-Kommission geschaffen worden, die sich dabei auf die Resultate von chemischen Analysen der Wetterströme stützen konnte. Dies Hülfsmittel ist zwar schon im Jahre 1863, jedoch nur in zwei Fällen*) von dem Dortmunder Oberbergamt angewandt worden, aber erst durch die Arbeiten des bei der Schlagwetter-Kommission thätigen Dr. Schondorff hat es die ihm zukommende allgemeine Bedeutung erhalten. Die vorgenannte Preussische Schlagwetter-Kommission und im besonderen deren Lokalabteilung Dortmund hat sich im Gegensatz zu den früheren Wetteruntersuchungskommissionen ausserordentlich eingehend mit dem Auftreten der Schlagwetter im Ruhrbezirk beschäftigt und ihren Arbeiten, die sich über die Jahre 1881—1887 erstreckten, ist ein umfangreiches Material über diese Frage zu verdanken.

Aus ihren Berichten sollen an dieser Stelle nur einige Angaben gebracht werden, die den damals durch die Analyse gefundenen CH_4-Gehalt der verschiedenen Wetterströme betreffen; die übrigen Ausführungen der Kommission über das Vorkommen von Schlagwettern werden, zur Vermeidung von Wiederholungen zweckmässig erst später berücksichtigt werden, wenn der jetzige Stand der Schlagwetterfrage behandelt werden wird.

Von den 256 Analysen, die Dr. Schondorff in den Jahren 1882 bis 1884 von den Wetterströmen der Ruhrzechen (im ganzen 55 Zechen einschl. Rheinpreussen) anfertigte, betrifft nur ein kleiner Teil die ausziehenden Gesamtströme, die nur auf 30 Zechen untersucht sind. Sieben Analysen ergaben hierbei einen Gehalt von mehr als $0,50\,^0/_0$ CH_4, wie aus folgender Tabelle ersichtlich:

Tabelle 11.

Lfd. No.	Zeche	Gesamtstrom cbm	$^0/_0$ CH_4	Entsprechend einer täglichen CH_4-Entwickelung von cbm
1	Neu-Iserlohn, Schacht I	1 236	1,43	25 400
2	Kaiserstuhl I	1 053	1,09	16 500
3	Julia	580	1,02	8 500
4	Recklinghausen I (Clerget) . . .	957	0,82	11 500
5	General Blumenthal I	277	0,72	2 870
6	Germania I	949	0,60	8 200
7	Königsborn I	248	0,59	2 100

Den niedrigsten Grubengasgehalt wiesen die ausziehenden Gesamtströme von Ruhr und Rhein mit $0,002\,^0/_0$ und von Concordia I, Deutscher Kaiser I

---

*) Zeitschr. f. d. Berg-, Hütten- u. Salinenw. 1873, Bd. XXI, B S. 68.

und Prosper II mit je 0,02 % auf; als Mittel ist in dem Bericht der Lokalabteilung Dortmund (Seite 212) für die damals untersuchten ausziehenden
Hauptwetterströme ein Gehalt von 0,377 % CH_4 berechnet; dabei ist allerdings nicht zu vergessen, dass diese Untersuchungen sich zumeist auf die
schlagwetterreicheren Zechen erstreckt haben. Bemerkt sei noch, dass die
oben berechnete, täglich auf Neu-Iserlohn Schacht II ausströmende Gruben-
gasmenge von 25 400 cbm bei der damaligen ungefähr 1080 t täglich betragenden Förderung einer Menge von rund 23,5 cbm CH_4 je Tonne
entspricht.

Der durch Dr. Schondorff festgestellte CH_4-Gehalt der ausziehenden
Teilströme in der Grube schwankt naturgemäss zwischen viel grösseren
Grenzen als der der Gesamtströme. Es sei in dieser Beziehung nur kurz
erwähnt, dass als Maximum in einem 90 cbm starken Strome, der aus
einem Ueberhauen auf Neu-Iserlohn Schacht II im Flötz X auszog,
4,8 % CH_4 gefunden wurden; im übrigen kommt derartigen Analysen ausziehender Teilströme, ebenso wie denjenigen, wo die Probeentnahme vor
Ort stattgefunden hat, nur eine beschränkte örtliche Bedeutung zu, sodass
die diesbezüglichen Resultate hier übergangen werden können.

In der Folgezeit ist dann die chemische Untersuchung von Wetterproben auf den Ruhrzechen immer mehr üblich geworden und findet jetzt
zum Teil auf Anordnung der Aufsichtsbehörde in regelmässigen Zwischenräumen auf allen Schlagwettergruben des Bezirks statt.

Prozentgehalt der ausziehenden Haupt-Wetterströme an CH_4.

Die Menge der jetzt im Ruhrbecken auftretenden Schlagwetter soll
nunmehr durch einige genauere statistische Angaben erläutert werden,
welche sich auf die mit den ausziehenden Gesamtströmen auf den einzelnen Zechen ausströmenden CH_4-Mengen beziehen. Zugleich sind die
bereits auf S. 21 ff. besprochenen Angaben über die Kohlensäure-
entwicklung beigefügt.

Das in vorstehender Tabelle 12 enthaltene Material von Analysen der
ausziehenden Gesamtwetterströme beruht auf den zu Zwecken des vorliegenden Sammelwerks den einzelnen Gruben Ende 1898 zugestellten
besonderen Fragebogen über die Wetterführung. In diesen ist von den
verschiedenen selbständigen Betriebsanlagen bezw. Zechen einerseits die
Wettermenge des ausziehenden Gesamtstromes in Kubikmetern je Minute,
andererseits das Analysen-Resultat der aus diesen Strömen entnommenen
Wetterproben angegeben.

Von den 209 selbständigen Betriebsanlagen, welche 1898 im Ruhrbecken (einschl. der linksrheinischen Zeche Rheinpreussen) in Förderung
standen, haben 191 Anlagen mit einer täglichen Förderung von 179 184 t

derartige Angaben gemacht. Die übrigen 18 Betriebsanlagen sind fast alle gänzlich schlagwetterfreie Zechen kleineren Umfangs, deren tägliche Gesamtförderung nur 3 164 t beträgt.

Die Zeit, auf die sich die nachstehenden Angaben beziehen, ist bei fast sämtlichen Zechen der November 1898. Nur bei einzelnen Zechen ist aus verschiedenen Gründen die betreffende Wetterprobe erst im Anfang oder auch Mitte des Jahres 1899 genommen worden. Bei einigen Zechen, die kurz vor wie nach dem genannten Zeitpunkt Analysen des ausziehenden Gesamtstromes anfertigen liessen, ist das arithmetische Mittel dieser Analysen berechnet worden. Ferner muss noch bemerkt werden, dass die Angaben in einzelnen Fällen (wie z. B. bei Zeche Ewald I/II) das Mittel aus zwei (bzw. mehreren) gleichzeitig untersuchten Teilströmen darstellen und dass ferner bei gewissen grösseren Zechen, wo der aus einer selbständigen Betriebsanlage ausziehende Wetterstrom z. T. auch Betriebspunkte einer zweiten ebenfalls selbständig aufgefassten Betriebsanlage bewettert hatte, die Förderung dieser Betriebspunkte der der ersten Anlage oder event. auch die in jenem Wetterstrom enthaltene CH_4-Menge entsprechend der der zweiten Anlage zugerechnet werden musste. Da es schliesslich möglich war, das in dieser Weise gewonnene Material mit den Analysen zu vergleichen, welche in zwei amtlichen Zusammenstellungen des Oberbergamtes Dortmund über die Wetterwirtschaft auf den Steinkohlenbergwerken dieses Bezirks für die Jahre 1896 und 1899 enthalten sind, und etwaige auffällig erscheinende Ergebnisse der 1898er Analysen entsprechend zu berichtigen, so dürften die Zahlen der Tabelle 12 im grossen und ganzen das normale Auftreten der Schlagwetter auf den einzelnen Zechen ausdrücken.

Sieht man von den 18 meist kleineren Anlagen ab, von denen Analysen nicht zu beschaffen waren, (nämlich Ver. Adolar, Bergmann, Blankenburg, Deutschland, Glückswinkelburg, Gutglück und Wrangel, Hoffnungsthal, Joseph, Langenbrahm, Mansfeld Scht. Urbanus, Neuglück, Paul, Pauline, Prinz Friedrich, Schöne Aussicht, Ver. Trappe, Urban Maximus und Wodan), so sind zunächst 30 Anlagen anzuführen, bei denen die Analysen keinerlei nachweisbare Mengen oder höchstens Spuren von CH_4 ergaben; es sind dies die Zechen:

1. Alstaden Scht. I,
2. Altendorf Scht. südl. Mulde,
3. Berneck,
4. Caroline bei Holzwickede,
5. Ver. Charlotte,
6. Crone,
7. Eiberg,
8. Eintracht Tiefbau Scht. I,

Wetterwirtschaft.

CH_4- und CO_2-Entwickelung Ende 1898

Laufende No.	Name der Zeche bezw. selbständigen Betriebs-Abteilung	Durchschnittliche tägliche Förderung	Ausströmende Wettermenge	Ergebnis der Analysen		In 24 Stunden ausströmende Menge			Je t täglicher Förderung ausströmende Menge		
							CO_2			CO_2	
				CH_4	CO_2	CH_4	überhaupt	nach Abzug von 0,04 %, welche in den frischen Wettern enthalten sind	CH_4	überhaupt	nach Abzug von 0,04 %, welche in den frischen Wettern enthalten sind
		t	cbm	%	%	cbm	cbm	cbm	cbm	cbm	cbm
1.	2.	3.	4.	5.	6.	7.	8.	9.	10.	11.	12.
1	Ver. Adolar	3	65	—	—	—	—	—	—	—	—
2	Adolf von Hansemann	190	2 145	0,20	0,13	6 250	4 050	2 779	32,87	21,30	14,63
3	Alstaden I	464	945	—	0,56	—	7 600	7 070	—	16,38	14,63
4	Alstaden II	719	1 350	0,07	0,30	1 350	5 800	5 054	1,87	8,06	7,03
5	Alte Haase	300	826	0,02	0,16	250	1 850	1 426	0,78	6,16	4,75
6	Altendorf, nördliche Mulde	210	1 200	0,02	0,40	350	6 900	6 221	1,66	32,85	29,62
7	Altendorf, südliche Mulde	265	1 300	—	0,52	—	9 750	8 986	—	36,70	33,91
8	Amalia	1 025	3 114	0,17	0,42	8 750	18 750	17 035	7,36	17,30	16,61
9	Baaker Mulde	550	950	0,21	0,62	2 850	8 500	7 934	5,22	15,45	14,42
10	Bergmann	70	431	—	—	—	—	—	—	—	—
11	Berneck	300	511	—	0,42	—	3 096	2 794	—	10,33	9,31
12	Ver. Bickefeld Tiefbau	380	960	0,02	0,26	250	3 550	3 038	0,65	9,34	7,99
13	Blankenburg	430	341	—	—	—	—	—	—	—	—
14	Ver. Bommerbänker Tiefbau	500	978	0,01	0,40	150	5 550	5 068	0,30	11,10	10,13
15	Ver. Bonifacius	1 500	2 280	0,18	0,27	5 900	8 850	7 546	3,93	5,9	5,03
16	Borussia	550	2 530	0,25	0,11	9 100	3 950	2 548	16,55	7,18	4,63
17	Bruchstrasse	470	3 157	0,23	0,20	10 450	9 100	7 272	22,25	16,55	15,47
18	Carl Friedrichs Erbstollen	400	1 946	0,14	0,25	3 950	7 050	5 889	9,87	17,62	14,72
19	Caroline bei Harpen	600	1 532	0,22	0,38	4 850	8 400	7 502	8,06	14,04	12,50
20	Caroline bei Holzwickede	400	750	Spuren	0,25	Unbestimmbar	2 700	2 260	—	6,75	5,65
21	Ver. Carolinenglück	1 000	2 370	0,045	0,29	1 550	9 750	8 539	1.55	9,75	8,53
22	Carolus Magnus	850	2 142	0,11	0,30	3 400	9 200	8 021	4,00	10,82	9,44
23	Centrum I/III	1 400	2 880	0,09	0,45	3 750	18 650	17 006	2,68	13,40	12,15
24	Centrum II	1 300	2 877	0,147	0,445	6 100	18 450	16 574	4,69	14,19	12,75
25	Ver. Charlotte	400	570	Spur	0,42	Unbestimmbar	3 450	3 125	—	8,62	7,81
26	Concordia I	800	1 212	0,158	0,39	2 750	6 800	6 105	3,44	8,50	7,63
27	Concordia II/III	2 200	2 750	0,21	0,19	8 300	7 500	5 947	3,77	3,41	2,70
28	Consolidation I	600	2 046	0,25	0,25	7 350	7 350	6 163	12,25	12,25	10,27
29	Consolidation II	1 500	4 454	0,305	0,25	19 450	16 000	13 464	12,97	10,67	9,90
30	Consolidation III/IV	2 200	4 800	0,21	0,21	14 500	14 500	11 750	6,59	6,59	5,34
31	Constantin der Grosse I	475	1 349	0,09	0,50	1 700	9 650	8 942	3,58	20,3	18,82
32	Constantin der Grosse II	800	1 621	0,07	0,48	1 600	11 150	10 267	2,00	13,93	12,83

(auf Grund von Analysen der ausziehenden Ströme).   **Tabelle 12.**

| In Bau befindliche Flötzgruppen | | | | | Bemerkungen | Durchschnittliche Mächtigkeit des Deckgebirges innerhalb des Baufeldes (m) | Teufe des Abbauschwerpunktes (m) |
Gasflammkohlen	Gaskohlen	Fettkohlen	Esskohlen	Magerkohlen			
13.	14.	15.	16.	17.	18.	19.	20.
.	.	.	.	+	—	—	208
.	.	+	+	.	Summe bezw. Mittel aus den Analysen von zwei Teilströmen vom 30. 3. 99.	260	390
.	.	.	.	+	—	70	250
.	.	.	+	+	—	80	330
.	.	.	.	+	—	—	60
.	.	.	+	+	—	—	110
.	.	.	+	+	—	—	140
.	.	+	+	.	—	80	208
.	.	+	+	.	—	—	235
.	.	.	.	+	—	—	74
.	.	+	.	.	—	—	150
.	.	.	.	+	—	16	350
.	.	.	.	+	—	—	100
.	.	.	.	+	Drei ausziehende Teilströme von zusammen 500—600 cbm Stärke sind in dieser Analyse nicht mit einbegriffen.	—	173
.	+	+	+	.	—	50	250
.	.	+	+	+	Summe bezw. Mittel aus den Analysen zweier Teilströme.	20	400
.	.	+	+	.	—	10	293
.	.	+	+	.	Summe bezw. Mittel aus den Analysen zweier Teilströme.	—	220
.	.	+	+	.	Analyse vom 6. 3. 99 (vergl. Prinz von Preussen No. 157).	50	310
.	.	.	.	+	Summe bezw. Mittel aus den Analysen zweier Teilströme.	20	180
.	.	+	+	.	Summe bezw Mittel aus den Analysen zweier Teilströme.	60	270
.	.	+	+	.	—	100	380
.	.	+	+	.	—	60	330
.	.	+	+	+	Summe bezw. Mittel aus den Analysen zweier Teilströme.	60	290
.	.	.	.	+	—	—	260
.	+	+	+	.	Summe bezw. Mittel aus den Analysen zweier Teilströme.	80	320
.	.	+	+	.	—	80	300
.	+	+	+	.	Von den auf C. I täglich geförderten 1240 t entfallen 640 t auf Betriebe, deren 624 cbm starker Wetterstrom nach dem zur Schachtanlage C. II gerechneten Schacht V abzieht, infolgedessen sind diese 640 t bei Schacht II verrechnet.	150	435
+	+	+	+	.	Von den auf C. II täglich geförderten 1360 t entfallen 500 t auf Betriebe, die von Schachtanlage III/IV aus mit 950 cbm bewettert werden, infolgedessen sind diese 500 t in Abzug, die oben bei C. I erwähnten 640 t in Zugang gebracht.	150	515
+	+	+	+	.	Zu der täglichen Förderung von 1700 t der Schachtanlage III/IV sind die oben berechneten 500 t der Schachtanlage II hinzugerechnet.	160	500
.	.	+	+	.	—	60	350
.	.	+	+	.	—	70	405

Laufende No.	Name der Zeche bezw. selbständigen Betriebs-Abteilung	Durchschnittliche tägliche Förderung	Ausströmende Wettermenge	Ergebnis der Analysen		In 24 Stunden ausströmende Menge			Je t täglicher Förderung ausströmende Menge		
							CO_2			CO_2	
				CH_4	CO_2	CH_4	überhaupt	nach Abzug von 0,04%, welche in den frischen Wettern enthalten sind	CH_4	überhaupt	nach Abzug von 0,04%, welche in den frischen Wettern enthalten sind
		t	cbm	%	%	cbm	cbm	cbm	cbm	cbm	cbm
1.	2.	3.	4.	5.	6.	7.	8.	9.	10.	11.	12.
33	Constantin der Grosse III . . .	695	1 455	0,13	0,12	2 550	2 500	1 670	3,67	3,59	2,40
34	Constantin der Grosse IV . . .	520	1 112	0,25	0,28	3 950	4 450	3 845	7,59	8,55	7,39
35	Courl I/II	1 225	2 600	0,19	0,22	7 100	8 250	6 937	5,79	6,73	5,66
36	Crone	450	1 150	—	0,08	—	1 300	662	—	2,89	1,47
37	Dahlbusch I	799	1 250	0,03	0,20	550	3 600	2 880	0,68	4,5	3,60
38	Dahlbusch II/V	975	3 023	0,63	0,19	27 350	8 300	6 523	28,05	8,51	6,69
39	Dahlbusch III/IV.	1 173	1 512	0,18	0,22	3 850	4 800	3 917	3,37	4,08	3,34
40	Ver. Dahlhauser Tiefbau . . .	450	824	0,11	0,54	1 300	6 350	5 933	2,88	14,11	13,18
41	Dannenbaum I	580	2 242	0,17	0,38	5 450	12 250	10 973	9,39	21,12	18,87
42	Dannenbaum II	530	1 400	0,07	0,19	1 400	3 800	3 024	2,64	7,17	5,70
43	Deutscher Kaiser I	900	2 300	0,04	0,28	1 300	9 250	7 949	1,44	10,28	8,83
44	Deutscher Kaiser II	1 300	2 300	0,02	0,33	650	10 950	9 273	0,50	8,42	7,13
45	Deutscher Kaiser III	1 000	2 800	0,07	0,24	2 800	9 700	8 064	2,80	9,70	8,06
46	Deutschland	250	900	—	—	—	—	—	—	—	—
47	Dorstfeld I	900	1 325	0,15	0,08	2 800	1 500	763	3,11	1,66	0,84
48	Dorstfeld II	500	1 158	0,11	0,30	1 650	4 950	4 334	3,30	9,90	8,67
49	Eiberg	800	1 120	—	0,60	—	9 650	9 029	—	12,06	11,28
50	Eintracht Tiefbau Sch. I . . .	850	1 810	—	0,20	—	5 200	4 176	—	6,11	4,91
51	Eintracht Tiefbau Sch. Heintzmann	800	2 177	—	0,34	—	10 600	9 403	—	13,25	11,78
52	Ver. Engelsburg	222	1 411	0,08	0,18	1 600	3 650	2 851	7,20	16,44	12,84
53	Erin (I u. II u. III)	1 875	3 918	0,45	0,48	25 350	27 050	24 811	13,52	14,37	13,23
54	Ewald I/II . . •	2 170	4 102	0,304	0,272	17 950	16 100	13 579	8,27	7,42	6,25
55	Ewald III/IV	550	1 642	0,53	0,12	12 550	2 850	1 886	22,82	5,18	3,43
56	Freiberg	370	785	0,02	0,32	200	3 550	3 154	0,54	9,50	8,52
57	Freie Vogel u. Unverhofft . . .	550	1 260	0,10	0,32	1 800	5 800	5 083	3,27	10,54	9,24
58	Friederika	367	1 277	0,04	0,40	700	7 200	6 624	1,96	19,61	18,05
59	Friedlicher Nachbar.	340	882	0,09	0,64	1 150	8 100	7 618	3,36	23,70	22,40
60	Friedrich der Grosse	1 775	3 010	0,26	0,17	11 200	7 350	5 630	6,31	4,14	3,17
61	Friedrich Ernestine	750	1 105	—	0,28	—	4 450	3 816	—	5,93	5,09
62	Friedrich Wilhelm	250	1 054	0,08	0,34	1 200	5 150	4 550	4,80	20,6	18,20
63	Fröhliche Morgensonne . . .	1 375	2 978	0,10	0,42	4 300	18 000	16 286	3,12	13,09	11,84
64	General Blumenthal I/II . . .	1 600	5 600	0,48	0,21	38 700	16 950	13 708	24,18	10,60	8,57

| In Bau befindliche Flötzgruppen | | | | | Bemerkungen | Durchschnittliche Mächtigkeit des Deckgebirges innerhalb des Baufeldes m | Teufe des Abbauschwerpunktes m |
Gasflammkohlen	Gaskohlen	Fettkohlen	Esskohlen	Magerkohlen			
13.	14.	15.	16.	17.	18.	19.	20.
·	·	·	·	+	—	70	340
·	+	+	·	·	—	150	245
·	·	+	+	·	Analyse vom 20. IV. 1899.	170	340
·	·	·	·	+	Analyse Mitte Mai 1899.	—	300
·	+	·	·	·	—	100	330
·	+	+	·	·	Summe bezw. Mittel aus den Analysen zweier Teilströme.	110	410
·	+	·	·	·	—	100	380
·	·	·	+	+	—	—	260
·	·	+	+	+	Von den aus dem ausziehenden Schacht Friederika II der Schachtanlage Dannenbaum II ausströmenden 1900 cbm Wetter entfallen 500 cbm auf Betriebe, die zur Schachtanlage Friederika I gehören. (Vergl. No. 58.)	10	410
·	·	+	+	·	—	—	500
·	+	+	·	·	—	130	330
+	·	·	·	·	—	230	320
·	+	+	·	·	—	170	260
·	·	·	·	+	—	—	257
+	+	·	·	·	—	80	280
·	·	+	+	·	—	60	470
·	·	·	·	+	—	—	250
·	·	·	+	+	—	—	340
·	·	+	+	+	—	10	250
·	·	·	·	+	—	20	425
·	·	+	+	·	—	200	360
+	·	·	·	·	Summe bezw. Mittel aus den Analysen zweier Teilströme.	325	490
+	·	·	·	·	—	340	420
·	·	·	·	+	—	20	180
·	·	·	·	+	—	20	520
·	·	+	+	+	Summe bezw. Mittel der aus dem Wetterschacht von Friederika und aus dem Schacht Friederika II (vergl. No. 42) ausziehenden Wetterströme, soweit sie zur Bewetterung der Betriebspunkte der Zeche Friederika dienen.	—	220
·	·	+	+	·	—	—	380
·	+	+	+	·	—	220	382
·	+	·	·	·	—	110	300
·	·	·	·	+	—	50	350
·	·	+	+	+	Summe bezw. Mittel aus den Analysen zweier Teilströme vom 14. IX. 1898.	20	315
+	+	·	·	·	—	410	530

Laufende No.	Name der Zeche bezw. selbständigen Betriebs-Abteilung	Durchschnittliche tägliche Förderung	Ausströmende Wettermenge	Ergebniss der Analysen		In 24 Stunden ausströmende Menge			Je t täglicher Förderung ausströmende Menge		
							CO₂			CO₂	
				CH₄	CO₂	CH₄	überhaupt	nach Abzug von 0,04%, welche in den frischen Wettern enthalten sind	CH₄	überhaupt	nach Abzug von 0,04%, welche in den frischen Wettern enthalten sind
		t	cbm	%	%	cbm	cbm	cbm	in cbm	cbm	cbm
1.	2.	3.	4.	5.	6.	7.	8.	9.	10.	11.	12.
65	General Blumenthal III . . .	400	2 000	0,39	0,04	11 250	1 150	—	28,12	2,88	—
66	Ver. General u. Erbstollen . .	375	1 024	0,02	0,50	300	7 300	6 782	0,80	19,4	18,08
67	Ver. Germania I	300	1 505	0,46	0,37	9 950	8 000	7 142	33,17	26,67	22,80
68	Ver. Germania II	1 850	2 892	0,24	0,52	10 000	21 650	19 987	5,40	11,70	10,80
69	Glückauf Tiefbau Sch. Giesbert	(350)	(924)	(0,08)	(0,60)	(1 075)	(7 975)	(7 444)	(3,04)	(22,79)	(21,27)
		700	1 847	0,08	0,60	2 150	15 950	14 888	3,04	22,79	21,27
70	Glückauf Tiefbau Sch. Gotthelf	(350)	(924)	(0,08)	(0,60)	(1 075)	(7 975)	(7 444)	(3,04)	(22,79)	(21,27)
71	Glückswinkelburg	185	408	—	—	—	—	—	—	—	—
72	Gneisenau I/II	1 100	5 560	0,70	0,22	56 050	17 600	14 400	50,95	16,00	13,09
73	Gottessegen	550	1 050	0,07	0,18	1 050	2 700	2 116	1,91	4,90	3,84
74	Graf Beust	1 030	2 340	0,14	0,24	4 600	8 050	6 739	4,46	7,80	6,54
75	Graf Bismarck I	1 525	2 270	0,21	0,23	6 850	7 500	6 206	4,49	4,92	4,06
76	Graf Bismarck II	580	1 340	0,25	0,23	4 800	4 450	3 859	8,28	7,67	6,65
77	Graf Bismarck III	1 425	3 340	0,33	0,19	15 850	9 150	7 214	11,12	6,42	5,06
78	Graf Moltke	1 800	3 510	0,04	0,35	2 000	17 650	15 667	1,11	9,80	8,70
79	Graf Schwerin	1 100	3 460	0,19	0,29	9 450	14 450	12 456	8,60	13,13	11,32
80	Gut Glück u. Wrangel	3	60	—	—	—	—	—	—	—	—
81	Ver. Hagenbeck	1 225	2 541	0,02	0,40	850	16 250	13 176	0,69	13,25	10,75
82	Hamburg u. Franziska Schacht Hamburg	1 000	3 078	0,03	0,62	1 350	27 500	25 704	1,23	25,00	23,36
83	Hamburg u. Franziska Schacht Franziska	925	3 200	Spuren	0,28	Unbestimmbar	12 100	11 073	—	13,08	11,97
84	Ver. Hannibal I	720	940	0,57	0,48	7 700	6 500	5 962	10,70	9,02	8,28
85	Ver. Hannibal II	540	810	0,18	0,32	2 050	3 800	3 269	3,78	7,03	6,05
86	Hannover I/II	2 000	2 334	0,29	0,58	9 800	19 450	18 144	4,90	9,72	9,07
87	Hannover III	900	1 200	0,47	0,46	8 100	7 950	7 258	9,00	8,83	8,06
88	Hansa I/II	900	4 400	0,40	0,18	25 300	11 400	8 870	28,11	12,66	9,85
89	Hasenwinkel	1 400	2 650	0,06	0,38	2 250	14 200	12 974	1,60	10,14	9,26
90	Heinrich	430	1 113	Spuren	0,31	Unbestimmbar	4 950	4 320	—	11,51	10,04
91	Heinrich Gustav	825	2 593	0,33	0,36	12 300	13 400	11 952	14,91	16,00	14,48
92	Helene u. Amalia Sch. Amalia .	1 250	2 254	0,05	0,44	1 600	14 250	12 988	1,28	11,4	8,39
93	Helene u. Amalia Sch. Helene .	1 300	2 756	0,03	0,28	1 200	11 100	9 518	0,99	8,55	7,32
94	Hercules	1 000	1 713	—	0,55	—	13 550	12 585	—	13,4	12,58

| Bau befindliche Flötzgruppen | | | | Bemerkungen | Durchschnittliche Mächtigkeit des Deckgebirges innerhalb des Baufeldes m | Teufe des Abbauschwerpunktes m |
| Gaskohlen | Fettkohlen | Esskohlen | Magerkohlen | | | |
14.	15.	16.	17.	18.	19.	20.
+	.	.	.	—	500	550
.	.	+	.	—	—	260
.	+	+	.	Von den auf G. I geförderten 950 t werden 300 t in Betrieben gewonnen, welche von dem im Südfelde stehenden Wetterschacht bewettert werden; 650 t dagegen in Betrieben, die von dem zu G. II gehörigen Wetterschacht im Nordfeld bewettert werden; diese 650 t sind deswegen der an sich nur 1200 t starken Förderung von G. II zugerechnet. — Die Schlagwetterentwicklung ist auf G. im Südfeld bedeutend stärker wie im Nordfeld.	30	400
.	+	+	.		40	220
.	+	+	.	Die beiden Förderschächte Giesbert und Gotthelf der Zeche Glückauf Tfb. sind als 2 selbständige Betriebsabteilungen zu betrachten, deren Wetterführung jedoch infolge der Betriebsverhältnisse und insbesondere infolge des Vorhandenseins nur eines gemeinsamen, ausziehenden Schachtes derartig in einander übergreift, dass die Schlagwetterentwickelung etc. nicht getrennt berechnet werden kann. Es sind deshalb für die vorliegenden statistischen Zwecke die Gesamtförderung beider Anlagen, ebenso wie die ausziehende Wettermenge und die in ihnen enthaltenen CH_4 und CO_2 Mengen gleichmässig auf beide Anlagen vertheilt.	—	300
.	+	+	.		—	300
.	.	+	.	—	—	40
.	.	+	.	—	240	330
.	.	.	+	—	—	190
.	+	+	.	—	40	400
.	.	.	.	Die thatsächliche Förderung dieser 3 Schachtanlagen beträgt auf Schacht I 1175 t, auf Schacht II 1580 t und auf Schacht III 775 t. Von der Förderung des Schachtes II entfallen jedoch 850 t auf Betriebe, die von Schacht I aus mit 400 cbm und 650 t auf Betriebe, die von Schacht III aus mit 1050 cbm bewettert werden. Die Zahlen für Schacht I und III sind dementsprechend verändert worden.	200	440
.	.	.	.		230	420
.	.	.	.		280	365
+	+	.	.	Mittel aus 2 Analysen vom 1. X. 98 (Wettermenge 3468 cbm mit 0,12% CH_4 und 0,22% CO_2) 30. XII. 98 („ 3450 „ „ 0,25% CH_4 „ 0,36% CO_2).	310	420
.	.	+	+	—	230	500
.	.	.	+	—	—	?
.	.	+	+	Summe bezw. Mittel aus den Analysen von drei Teilströmen.	30	300
.	.	.	+	—	—	235
.	.	.	+	—	—	332
.	+	.	.	—	100	400
+	.	.	.	—	130	400
+	+	+	.	—	100	360
+	+	+	.	—	80	360
.	+	+	.	—	140	610
.	.	+	.	—	—	280
.	.	.	+	Laut Analyse vom 7. VI. 1899.	—	260
.	+	+	.	—	40	440
.	+	+	.	—	60	350
+	+	+	.	—	90	340
.	.	.	+	Summe bezw. Mittel aus den Analysen zweier Teilströme.	30	200

Laufende No.	Name der Zeche bezw. selbständigen Betriebs-Abteilung	Durchschnittliche tägliche Förderung	Ausströmende Wettermenge	Ergebnis der Analysen		In 24 Stunden ausströmende Menge			Je t täglicher Förderung ausströmende Menge		
							CO_2			CO_2	
				CH_4	CO_2	CH_4	überhaupt	nach Abzug von 0,04%, welche in den frischen Wettern enthalten sind	CH_4	überhaupt	nach Abzug von 0,04%, welche in den frischen Wettern enthalten sind
		t	cbm	%	%	cbm	cbm	cbm	cbm	cbm	cbm
1.	2.	3.	4.	5.	6.	7.	8.	9.	10.	11.	12.
95	von der Heydt	1 400	2 020	0,08	0,30	2 350	8 700	7 560	1,68	6,21	5,40
96	Hibernia	850	7 298	0,49	0,07	51 400	7 350	3 154	60,47	8,64	3,71
97	Hoffnungsthal.	75	250	—	—	—	—	—	—	—	—
98	Holland I/II	780	3 070	0,60	0,18	26 450	7 950	6 192	33,90	10,19	7,94
99	Holland III/IV.	1 236	1 834	0,31	0,35	8 200	9 200	8 193	6,62	7,44	6,63
100	Hörder Kohlenwerk Sch. Schleswig	770	1 500	0,04	0,25	850	5 400	4 536	1,12	7,01	5,89
101	Hörder Kohlenwerk Sch. Holstein	750	1 182	0,07	0,08	1 150	1 350	676	1,53	1,80	0,90
102	Hugo I	950	2 200	0,09	0,18	2 750	5 650	4 435	2,9	5,94	4,67
103	Hugo II	725	2 550	0,11	0,16	4 050	5 857	4 406	5,58	8,10	6,07
104	Hugo III	550	800	0,04	0,22	460	2 550	2 073	0,83	4,63	3,77
105	Humboldt	600	1 300	—	0,56	—	10 450	9 734	—	17,47	16,22
106	Johann Deimelsberg	750	2 004	0,03	0,42	8 50	12 050	10 973	1,15	16,00	14,63
107	Joseph	20	140	—	—	—	—	—	—	—	—
108	Julia	1 250	2 940	0,11	0,42	4 650	17 850	16 085	3,72	14,28	12,87
109	Julius Philipp	920	1 689	0,07	0,48	1 650	11 600	10 699	1,79	12,60	11,63
110	Kaiser Friedrich	800	1 278	0,05	0,35	900	6 500	5 702	1,12	8,12	7,12
111	Kölner Bergwerks-Verein Sch. Anna	650	1 215	0,10	0,58	1 750	10 100	9 446	2,69	15,54	14,53
112	Kölner Bergwerks-Verein Sch. Karl	875	2 016	0,09	0,34	2 600	9 750	8 712	2,97	11,14	9,96
113	Kölner Bergwerks-Verein Emscher-schächte	1 000	1 737	0,17	0,37	4 250	9 200	8 251	4,25	9,20	8,25
114	Königin Elisabeth Sch. Wilhelm .	800	1 686	0,07	0,13	1 650	3 150	2 188	2,06	3,93	2,73
115	Königin Elisabeth Sch. Hubert .	375	573	—	0,08	—	650	316	—	1,76	0,84
116	Königin Elisabeth Sch. Friedrich Joachim	800	1 590	0,06	0,28	1 350	6 400	5 500	1,68	8,00	6,88
117	Königsborn I	700	703	0,34	0,22	3 400	2 200	1 814	4,85	3,14	2,59
118	Königsborn II	1 350	2 476	0,18	0,32	6 400	11 350	9 979	4,74	8,40	7,39
119	Königsgrube	1 600	2 530	0,08	0,46	2 900	16 700	15 307	1,81	10,44	9,57
120	König Ludwig I u. II u. III . .	1 750	4 627	0,46	0,34	30 800	22 400	19 987	17,60	12,80	11,42
121	König Wilhelm Sch. Christian Levin	1 200	1 944	Spur	0,46	Unbestimmbar	12 850	11 750	—	10,71	9,79
122	König Wilhelm Sch. Neu-Köln .	900	2 000	0,03	0,40	850	11 500	10 368	0,96	12,70	11,52
123	Langenbrahm	975	1 532	—	—	—	—	—	—	—	—
124	Lothringen I/II	1 300	2 412	0,26	0,40	8 950	13 800	12 499	6,88	10,6	9,61
125	Louise u. Erbstolln	770	1 877	0,40	0,26	10 800	7 000	5 947	14,03	9,09	7,72
126	Ludwig	700	1 217	0,06	0,40	1 050	6 950	6 307	1,50	9,92	9,01

| Bau befindliche Flötzgruppen | | | | Bemerkungen | Durchschnittliche Mächtigkeit des Deckgebirges innerhalb des Baufeldes m | Teufe des Abbauschwerpunktes m |
Gaskohlen	Fettkohlen	Esskohlen	Magerkohlen			
14.	15.	16.	17.	18.	19.	20.
·	·	+	·	—	170	380
·	+	·	·	—	110	565
·	·	·	+	—	—	50
+	+	·	·	—	70	385
·	+	+	·	—	70	430
·	·	·	+	—	80	330
·	·	·	+	—	70	250
·	·	·	·	Summe bezw. Mittel aus den Analysen der 1500 cbm aus Schacht II und der 700 cbm aus Schacht III ausziehender Wetter, die zusammen die Betriebe von Schacht I bewettern.	280	560
+	·	·	·	Von 4050 cbm aus Schacht II ausziehenden Wettern entfallen 1500 cbm auf Betriebspunkte von Schacht I.	300	400
·	·	·	·	Von den 1500 cbm aus Schacht III ausziehenden Wettern entfallen 700 cbm auf Betriebspunkte von Schacht I.	220	540
·	·	·	+	—	10	240
·	·	·	+	—	10	330
·	·	·	+	—	—	40
·	+	+	·	—	180	340
·	+	+	·	—	—	270
·	·	+	+	Summe bezw. Mittel aus den Analysen zweier Teilströme.	—	250
·	+	+	·	—	110	300
·	+	+	·	—	130	300
+	·	·	·	—	120	220
·	+	+	+	—	50	280
·	·	+	·	—	60	260
+	+	+	·	—	60	200
·	·	+	+	—	180	320
·	+	+	·	—	220	362
+	·	·	·	Summe bezw. Mittel aus den Analysen zweier Teilströme.	120	410
·	+	+	·	Summe bezw. Mittel aus den Analysen zweier Teilströme.	300	400
·	·	+	·	—	160	330
·	+	+	·	—	120	340
·	·	·	+	—	—	273
·	+	+	·	—	160	255
·	+	+	+	—	—	360
·	·	·	+	—	—	350

Laufende No.	Name der Zeche bezw. selbständigen Betriebs-Abteilung	Durchschnittliche tägliche Förderung	Ausströmende Wettermenge	Ergebnis der Analysen		In 24 Stunden ausströmende Menge			Je t täglicher Förderung ausströmende Menge		
							CO_2			CO_2	
				CH_4	CO_2	CH_4	überhaupt	nach Abzug von 0,04 %, welche in den frischen Wettern enthalten sind	CH_4	überhaupt	nach Abzug von 0,04 %, welche in den frischen Wettern enthalten sind
		t	cbm	%	%	cbm	cbm	cbm	cbm	cbm	cbm
1.	2.	3.	4.	5.	6.	7.	8.	9.	10.	11.	12.
127	Mansfeld Sch. Colonia	960	3 636	0,25	0,46	13 100	24 100	21 988	13,65	25,10	22,90
128	Mansfeld Sch. Urbanus . . .	65	560	—	—	—	—	—	—	—	—
129	Margaretha	750	1 500	0,05	0,50	1 050	10 500	9 936	1,40	14,00	13,25
130	Ver. Maria Anna und Steinbank .	800	2 634	0,013	0,379	500	14 400	13 954	0,63	18,00	17,44
131	Massener Tiefbau I/II	950	1 700	0,28	0,34	6 950	8 300	7 344	7,32	8,74	7,73
132	Massener Tiefbau III	700	1 400	0,25	0,36	5 050	7 250	6 451	7,21	10,36	9,21
133	Mathias Stinnes	1 800	2 215	0,05	0,38	1 550	12 050	10 843	0,86	6,69	6,02
134	Monopol Sch. Grillo	650	2 968	0,46	0,40	19 650	17 100	15 379	30,23	26,31	23,66
135	Monopol Sch. Grimberg . . .	800	4 109	0,63	0,11	37 150	6 450	4 132	46,43	8,06	5,16
136	Mont Cenis I	(825) 1 650	(1 783) 3 565	(0,52) 0,52	(0,42) 0,42	(13 350) 26 700	(10 750) 21 500	(9 763) 19 526	(16,18) 16,18	(13,03) 13,03	(11,83) 11,83
137	Mont Cenis II	(825)	(1 783)	(0,52)	(0,42)	(13 350)	(10 750)	(9 763)	(16,18)	(13,03)	(11,83)
138	Neu Essen Sch. Heinrich . . .	1 050	1 963	0,34	0,28	9 600	7900	6 782	9,14	7,52	6,45
139	Neu Essen Sch. Fritz	750	1 070	—	0,14	—	2 150	1 540	—	2,87	2,05
140	Neuglück	205	220	—	—	—	—	—	—	—	—
141	Neu Iserlohn I	900	3 348	0,62	0,16	29 900	7 700	5 788	33,22	8,56	6,43
142	Neu Iserlohn II	1 100	2 581	0,37	0,12	13 750	4 450	2 966	12,50	4,04	2,69
143	Neumühl	350	825	Spur	0,12	Unbestimmbar	1 400	950	—	4,0	2,71
144	Nordstern I/II	1 950	5 148	0,04	0,17	3 000	12 600	9 633	1,54	6,46	4,94
145	Oberhausen I/II	2 000	2 890	0,21	0,40	8 700	16 650	14 976	4,35	8,32	7,49
146	Oberhausen Sch. Osterfeld . .	1 975	3 053	0,544	0,182	23 950	8 000	6 148	12,13	4,05	3,11
147	Paul	54	620	—	—	—	—	—	—	—	—
148	Pauline	280	475	—	—	—	—	—	—	—	—
149	Pluto Sch. Thies	1 650	5 138	0,14	0,214	10 350	15 850	12 571	6,27	9,61	7,62
150	Pluto Sch. Wilhelm	1 147	3 947	0,20	0,30	11 300	17 000	14 774	9,85	14,82	12,88
151	Ver. Pörtingsiepen	600	1 280	0,08	0,58	1 450	10 650	9 950	2,41	17,75	16,58
152	Ver. Präsident I	410	702	0,09	0,56	900	5 600	5 256	2,20	13,66	12,82
153	Ver. Präsident II	510	2 030	0,10	0,32	2 900	9 350	8 179	5,68	18,33	16,04
154	Preussen I	800	2 120	0,36	0,12	10 950	3 650	2 433	13,68	4,56	3,04
155	Prinz Friedrich	50	430	—	—	—	—	—	—	—	—
156	Prinz Regent	800	2 196	0,10	0,20	3 150	6 300	5 054	3,93	7,87	6,32
157	Prinz von Preussen	630	1 722	0,08	0,30	2 000	7 450	6 451	3,15	11,81	10,24
158	Prosper I	1 450	3 000	—	0,38	—	16 400	14 688	—	11,31	8,31

In Bau befindliche Flötzgruppen					Bemerkungen	Durchschnittliche Mächtigkeit des Deckgebirges innerhalb des Baufeldes　m	Teufe des Abbauschwerpunktes　m
Gasflammkohlen	Gaskohlen	Fettkohlen	Esskohlen	Magerkohlen			
13.	14.	15.	16.	17.	18.	19.	20.
.	.	+	+	.	Mittel aus 2 Analysen vom 6. 9. 98 (Wettermenge 4494 cbm mit 0,25% CH_4 und 0,46% CO_2 gemessen im Wetterkanal) und vom 5. 12. 98 (Wettermenge 2779 cbm mit 0,25% CH_4 und 0,46% CO_2 gemessen auf der Wettersohle).	20	280
.	.	.	.	+	—	—	195
.	.	.	.	+	—	5	350
.	.	.	+	+	Summe bezw. Mittel aus den Analysen zweier Teilströme.	10	200
.	.	.	+	+	Von dem 1900 cbm starken ausziehenden Gesamtstrom auf Schacht III bewettern 500 cbm Betriebspunkte von Schacht I und II; dieser Teilstrom mit seinem entsprechenden Gehalt an CH_4 und CO_2 ist dem nur 1200 cbm starken Gesamtstrom der Schachtanlage I/II hinzugerechnet.	80	260
.	.	.	+	+		100	240
+	+	.	.	.	—	190	410
.	.	+	+	.	Analyse vom 9. I. 1899.	290	500
.	.	+	.	.	—	450	680
+	+	.	.	.	Die beiden Schachtanlagen Mont Cenis I/II sind 2 selbständige Betriebsabteilungen, deren Wetterführung jedoch infolge der Betriebsverhältnisse und insbesondere infolge des Vorhandenseins nur eines gemeinsamen ausziehenden Schachtes derartig in einander übergreift, dass die Schlagwetterentwickelung etc. nicht getrennt berechnet werden kann. Es ist deshalb für die vorliegenden statistischen Zwecke die Gesamtförderung beider Anlagen, ebenso wie die ausziehende Wettermenge und die in ihnen enthaltenen CH_4- und CO_2 Mengen gleichmässig auf beide Anlagen vertheilt.	200	325
+	+	.	.	.		200	260
+	+	.	.	.	Auf Schachtanlage Heinrich werden hauptsächlich Gas-, auf Fritz hauptsächlich Gasflammkohlen gebaut.	120	390
+	+	.	.	.	—	140	390
.	.	.	+	+	—	—	70
.	.	+	+	.	—	20	423
.	.	+	+	.	—	50	323
.	.	+	.	.	—	120	250
+	.	.	.	.	—	210	500
.	.	+	+	+	—	140	450
.	.	+	.	.	Summe bezw. Mittel aus den Analysen zweier Teilströme.	240	440
.	.	.	+	.	—	—	185
.	.	.	.	+	—	—	100
.	+	+	+	.	Von dem insgesamt 4667 cbm starken Wetterstrom, der aus dem Wetterschacht der Betriebsabteilung Wilhelm auszieht, bewettern 720 cbm Betriebspunkte der Betriebsabteilung Thies und sind mit ihrem entsprechenden Gehalt an CH_4 etc. dem 4418 cbm starken, aus dem Wetterschacht von Thies ausziehenden Strom hinzugerechnet.	150	490
.	+	+	.	.		180	485
.	.	.	.	+	—	—	310
.	.	+	+	.	Von der thatsächlichen täglichen Förderung von 600 t auf Schacht I entfallen 210 t auf Betriebe, die von Schacht II aus bewettert werden, und sind deswegen der Förderung dieses Schachtes zugerechnet.	40	392
.	.	.	+	.		50	390
.	.	+	.	.	—	350	500
.	.	.	.	+	—	—	60
.	.	+	+	+	—	—	370
.	.	+	+	.	Analyse vom 6. 3. 1899. (Vergl. Caroline No. 19.)	50	320
+	+	+	.	.	—	180	355

Laufende No.	Name der Zeche bezw. selbständigen Betriebs-Abteilung	Durchschnittliche tägliche Förderung	Ausströmende Wettermenge	Ergebnis der Analysen		In 24 Stunden ausströmende Menge	CO₂		Je t täglicher Förderung ausströmende Menge	CO₄	
				CH₄	CO₂	CH₄	überhaupt	nach Abzug von 0,04%, welche in den frischen Wettern enthalten sind	CH₄	überhaupt	nach Abzug von 0,04%, welche in den frischen Wettern enthalten sind
		t	cbm	%	%	cbm	cbm	cbm	cbm	cbm	cbm
1.	2.	3.	4.	5.	6.	7.	8.	9.	10.	11.	12.
159	Prosper II	3 400	5 412	0,02	0,34	1 515	26 350	23 371	0,45	7,75	6,87
160	Rabe	100	269	0,03	0,20	100	750	619	1,00	7,50	6,19
161	Recklinghausen I	1 450	2 747	0,33	0,50	13 000	19 700	18 201	8,96	13,59	12,55
162	Recklinghausen II	1 200	4 150	0,22	0,22	13 150	13 150	10 757	10,95	10,95	8,96
163	Rhein-Elbe u. Alma Sch. Rheinelbe	2 100	4 820	0,15	0,28	10 400	19 400	16 660	4,95	9,24	7,93
164	Rhein-Elbe u. Alma Sch. Alma .	1 935	4 250	0,09	0,43	5 500	26 300	23 860	2,84	13,59	12,33
165	Rheinische Anthracit-Kohlenwerke	460	556	—	0,58	—	4 600	4 320	—	10,00	9,39
166	Rheinpreussen I/II	950	1 800	0,09	0,30	2 350	7 750	6 739	2,47	8,16	7,09
167	Rheinpreussen III	800	2 768	0,07	0,06	2 800	2 400	792	3,50	3,00	0,99
168	Richradt	325	750	—	0,48	—	5 200	4 752	—	16,00	14,62
169	Roland	650	1 300	0,06	0,50	1 100	9 350	8 611	1,69	14,38	13,25
170	Ver. Rosenblumendelle	750	1 350	—	0,38	—	7 550	6 609	—	10,07	8,81
171	Ver. Sälzer u. Neuack	1 000	1 800	0,07	0,76	1 800	19 550	18 662	1,80	19,55	18,66
172	Schlägel u. Eisen I/II	1 300	4 439	0,24	0,19	15 350	12 150	9 576	11,81	9,35	7,36
173	Schlägel u. Eisen III	450	1 643	0,22	0,08	5 100	1 900	936	11,33	4,22	2,08
174	Schöne Aussicht	5	200	—	—	—	—	—	—	—	—
175	Schürbank u. Charlottenburg .	600	1 650	0,03	0,30	700	7 100	6 177	1,17	11,83	10,29
176	Ver. Sellerbeck Sch. Carnall . .	375	950	0,03	0,50	400	6 850	6 292	1,06	18,27	16,78
177	Ver. Sellerbeck Sch. Müller . .	180	590	—	0,19	—	1 600	1 281	—	8,88	7,11
178	Shamrock I/II	2 570	5 300	0,095	0,37	7 250	28 250	25 185	2,81	10,84	9,80
179	Shamrock III/IV	2 547	5 362	0,22	0,20	16 950	15 400	12 355	6,25	6,04	4,85
180	Siebenplaneten	850	1 463	0,20	0,40	4 200	8 400	7 588	4,94	9,88	8,92
181	Steingatt	475	1 200	Spur	0,46	Unbestimmbar	7 950	7 258	—	16,74	15,28
182	Ver. Stein u. Hardenberg Sch. Minister Stein . . .	1 608	5 680	0,21	0,24	17 200	19 650	16 358	10,68	12,21	10,17
183	Ver. Stein u. Hardenberg Sch. Fürst Hardenberg . .	775	2 061	—	0,16	—	4 750	3 556	—	6,13	4,59
184	Ver. Stock u. Scherenberg Sch. Beust	200	1 180	Spuren	0,32	Unbestimmbar	5 450	4 752	—	27,25	23,76
185	Ver. Stock u. Scherenberg Sch. Hövel	200	623	0,05	0,42	450	3 750	3 413	2,25	18,75	17,06
186	Ver. Trappe	450	575	—	—	—	—	—	—	—	—
187	Tremonia	800	1 676	0,05	0,44	1 200	10 700	9 648	1,50	13,38	12,06
188	Unser Fritz I	1 001	1 895	0,24	0,30	6 600	8 300	7 250	6,60	8,30	7,25
189	Unser Fritz II	845	1 610	0,34	0,38	7 900	8 800	7 900	9,35	10,41	9,35

In Bau befindliche Flötzgruppen					Bemerkungen	Durchschnittliche Mächtigkeit des Deckgebirges innerhalb des Baufeldes m	Teufe des Abbauschwerpunktes m
Gasflammkohlen	Gaskohlen	Fettkohlen	Esskohlen	Magerkohlen			
13.	14.	15.	16.	17.	18.	19.	20.
+	+	+	·	·	—	200	420
·	·	·	·	+	—	—	150
·	·	+	+	·	—	220	380
+	+	+	+	·	—	250	380
·	+	·	·	·	Summe bezw. Mittel aus den Analysen zweier Teilströme.	100	350
·	+	+	+	·	Summe bezw. Mittel aus 2 Analysen vom 24. 9. 98 (Wettermenge 4236 cbm mit 0,06 % CH_4 und 0,50 % CO_2) 22. 12. 98 (　　　„　　　4280　„　„　0,11 % CH_4　„　0,36 % CO_2)	120	270
·	·	·	·	+	Ein zweiter ausziehender Strom von ca. 400 cbm ist nicht analysirt worden.	—	300
·	·	+	+	+	} Von der thatsächlichen täglichen Förderung von 1250 t der Schachtanlage I/II entfallen 300 t auf Betriebe, die von Schacht III aus bewettert werden, und sind deswegen der an sich nur 500 t starken Förderung dieses Schachtes zugerechnet.	130	400
·	·	+	+	+		100	350
·	·	·	+	·	—	—	130
·	·	·	+	+	—	50	300
·	·	·	+	+	—	20	300
·	·	+	+	·	—	40	300
+	+	·	·	·	—	380	520
+	+	·	·	·	—	400	450
·	·	·	·	+	—	—	?
·	·	·	·	+	—	20	550
·	·	·	·	+	—	60	350
·	·	·	·	+	—	20	350
·	+	+	+	·	Summe bezw. Mittel aus den Analysen zweier Teilströme.	150	410
·	+	+	+	·	—	160	230
·	·	+	+	+	—	4	158
·	·	·	+	·	—	—	450
·	·	+	+	·	Analyse vom 13. V. 1899.	180	310
·	+	·	·	·	Summe bezw. Mittel aus den 3 Teilströmen der Analysen vom 13. V. 1899.	170	410
·	·	·	·	+	Analyse vom 15. VI. 1899	—	132
·	·	·	·	+	—	—	284
·	·	·	·	+	—	—	272
·	·	+	+	+	—	50	360
·	+	·	·	·	} Von den 1960 cbm aus Schacht II ausziehenden Wettern sind 350 cbm für Betriebe von Schacht I verwandt und mit ihrem Gehalt an CH_4 etc. dem aus Schacht I ausziehenden, an sich nur 1545 cbm starken Wetterstrom hinzugerechnet.	210	415
+	+	·	·	·		230	390

Laufende No.	Name der Zeche bezw. selbständigen Betriebs-Abteilung	Durchschnittliche tägliche Förderung	Ausströmende Wettermenge	Ergebnis der Analysen		In 24 Stunden ausströmende Menge			Je t täglicher Förderung ausströmende Menge		
							CO₂			CO₂	
				CH_4	CO_2	CH_4	überhaupt	nach Abzug von 0,04%, welche in den frischen Wettern enthalten sind	C H 4	überhaupt	nach Abzug von 0 04%, welche in den frischen Wettern enthalten sind
		t	cbm	%	%	cbm	cbm	cbm	cbm	cbm	cbm
1.	2.	3.	4.	5.	6.	7.	8.	9.	10.	11.	12.
190	Urban-Maximus	3	59	—	—	—	—	—	—	—	—
191	Victor	1 790	5 200	0,22	0,22	16 400	16 500	13 478	9,16	9,22	7,53
192	Victoria b. Byfang	350	650	—	0,13	—	1 200	849	—	3,43	2,43
193	Victoria Mathias	900	1 863	0,14	0,28	3 750	7 500	6 437	4,16	8,33	7,15
194	Vollmond	860	3 168	0,32	0,32	14 550	14 550	12 773	16,91	16,91	14,85
195	Westende	1 100	2 300	0,16	0,30	5 150	10 000	8 611	4,68	9,09	7,83
196	Westhausen	700	2 500	0,01	0,26	350	9 350	7 920	0,51	13,37	11,31
197	Ver. Westfalia Sch. Kaiserstuhl I	850	2 230	0,27	0,25	8 800	8 000	6 739	10,35	9,41	7,93
198	Ver. Westfalia Sch. Kaiserstuhl II	1 350	4 550	0,70	0,15	45 850	9 850	7 200	33,96	7,28	5,33
199	Wiendahlsbank	550	1 440	0,11	0,24	2 300	5 000	4 147	4,18	9,09	7,54
200	Ver. Wiesche	800	3 150	0,015	0,142	700	6 450	4 536	0,87	8,06	5,67
201	Wilhelmine Victoria I	950	3 380	0,27	0,28	13 150	13 600	11 678	13,84	14,31	12,29
202	Wilhelmine Victoria II/III . . .	1 250	2 975	0,15	0,14	6 400	5 950	4 262	5,12	4,76	3,41
203	Wodan	25	350	—	—	—	—	—	—	—	—
204	Wolfsbank u. Neuwesel . . .	866	1 875	0,03	0,30	800	8 050	6 998	0,92	9,20	8,08
205	Zollern	950	4 100	0,16	0,26	9 450	15 350	12 988	9,94	16,15	13,67
206	Zollverein I/II	2 000	3 165	—	0,13	—	5 900	4 104	—	2,45	2,05
207	Zollverein III	2 250	2 971	—	0,38	—	16 250	14 544	—	7,22	6,46
208	Zollverein IV/V	1 100	2 759	0,06	0,05	2 400	1 950	345	2,17	1,77	0,31
209	Zollverein VI	200	200	—	0,13	—	350	259	—	1,75	1,29

  9. Eintracht Tiefbau Scht. Heintzmann,
 10. Friedrich Ernestine,
 11. Hamburg und Franziska Scht. Franziska,
 12. Heinrich,
 13. Hercules,
 14. Humbold,
 15. Königin Elisabeth Scht. Hubert,
 16. König Wilhelm Scht. Christian Levin,
 17. Neu Essen Scht. Fritz,
 18. Neumühl,
 19. Prosper I,

| In Bau befindliche Flötzgruppen | | | | | Bemerkungen | Durchschnittliche Mächtigkeit des Deckgebirges innerhalb des Baufeldes | Teufe des Abbauschwerpunktes |
| Gasflammkohlen | Gaskohlen | Fettkohlen | Esskohlen | Magerkohlen | | m | m |
13.	14.	15.	16.	17.	18.	19.	20.
.	.	.	.	+	—	—	?
.	.	+	+	+	Summe bezw. Mittel aus den Analysen zweier Teilströme.	280	372
.	.	.	.	+	Analyse vom 6. VI. 1899.	—	100
.	.	+	.	.	—	80	460
.	.	+	+	.	—	30	304
.	.	+	+	.	Summe bezw. Mittel aus den Analysen von 3 Teilströmen vom 22. IX. 1899.	100	300
.	.	+	+	.	—	190	365
.	.	+	+	.	Summe bezw. Mittel aus den Analysen zweier Teilströme.	120	270
.	.	.	+	.	—	130	240
.	.	.	+	+	—	—	245
.	.	.	.	+	Summe bezw. Mittel aus den Analysen zweier Teilströme.	20	400
+	+	+	.	.	—	150	520
+	+	.	.	.	—	150	500
.	.	.	.	+	—	—	50
.	.	+	+	.	—	80	390
.	.	+	+	+	—	110	255
.	+	+	+	.	—	110	360
+	+	.	.	.	—	110	330
.	.	+	+	.	—	130	270
.	+	.	.	.	—	110	270

20. Rheinische Anthracitkohlenwerke,
21. Richradt,
22. Ver. Rosenblumendelle,
23. Ver. Sellerbeck Scht. Müller,
24. Steingatt,
25. Ver. Stein und Hardenberg Scht. Fürst Hardenberg,
26. Ver. Stock- und Scherenberg Scht. Beust,
27. Victoria bei Byfang,
28. Zollverein I/II,
29. Zollverein III,
30. Zollverein VI.

Unter diesen Zechen, die zusammen nach der aufgestellten Statistik fördertäglich durchschnittlich 20 524 t förderten, fallen einzelne grosse Anlagen, wie Zollverein I/II, durch die dauernde fast völlige Schlagwetterfreiheit ihrer ausgedehnten in den Gas-, Fett- und Esskohlen umgehenden Baue auf.

Von den übrigen 161 Schachtanlagen, die zusammen fördertäglich 158 660 t lieferten, weisen

65 einen CH$_4$-Gehalt des ausziehenden Gesamtstromes von 0,01—0,09 $^0/_0$ auf
33   ,,   ,,   ,,   ,,   ,,   ,, 0,10—0,19 ,, ,,
31   ,,   ,,   ,,   ,,   ,,   ,, 0,20—0,29 ,, ,,
12   ,,   ,,   ,,   ,,   ,,   ,, 0,30—0,39 ,, ,,
 9   ,,   ,,   ,,   ,,   ,,   ,, 0,40—0,49 ,, ,,
 5   ,,   ,,   ,,   ,,   ,,   ,, 0,50—0,59 ,, ,,
 4   ,,   ,,   ,,   ,,   ,,   ,, 0,60—0,69 ,, ,,
 2   ,,   ,,   ,,   ,,   ,,   ,,   0,70   ,, ,,
 ___
161

Im Durchschnitt entfällt auf den ausziehenden Gesamtstrom jeder einzelnen dieser 161 Anlagen ein CH$_4$-Gehalt von 0,22 $^0/_0$ und wenn man die oben genannten, durch die Analyse als schlagwetterfrei nachgewiesenen 30 Anlagen hinzunimmt, ergiebt sich ein solcher von 0,20 $^0/_0$.

Ein Gehalt eines ausziehenden Gesamtstromes von mehr als 1 $^0/_0$ CH$_4$ ist in der in Frage stehenden Zeit (Ende 1898) auf keiner Zeche beobachtet worden.

Die Fälle in denen der ausziehende Gesamtstrom selbst der schlagwetterreichsten Zechen thatsächlich einmal die Grenze von 1 $^0/_0$ überschreitet, sind äusserst selten und kommen nur bei einem Zusammentreffen besonders ungünstiger Umstände vor. So z. B. wurde auf der noch in Vorrichtung befindlichen Gasflammkohlenzeche Ewald Scht. III/IV, deren Schächte in den Jahren 1895—1897 abgeteuft sind, am 4. März 1899 nach einem starken Barometersturz von ca. 22 mm innerhalb 54 Stunden im Wetterkanal in dem 1 672 cbm starken Wetterstrom ein Gehalt von 1,23 $^0/_0$ CH$_4$ gefunden. Auf der Wettersohle betrug der Schlagwettergehalt zur gleichen Zeit damals bei 1 236 cbm Stärke nur 0,97 $^0/_0$; die Differenz zwischen beiden Mengen erklärt sich daraus, dass im Wetterkanal diejenigen Gasmengen mit enthalten sind, die aus einem im Schachte abgefangenen Bläser stammen.

Die 11 Zechen bezw. selbständigen Betriebsabteilungen, die in ihren ausziehenden Strömen über $^1/_2$ $^0/_0$ CH$_4$ aufwiesen, sind in folgender Tabelle zusammengestellt, in der zugleich einige weitere Angaben über die Wetterverhältnisse enthalten sind:

Tabelle 13.

Laufende No.	Betriebsanlage	Tägliche Förderung	Stärke des ausziehenden Stromes je Min.	Gehalt des ausziehenden Stromes an CH₄	In 24 Stunden entwickelte Menge CH₄	Je t täglicher Förderung entwickelte Menge CH₄	Einziehende frische Wettermenge je t Förderung	Einziehende frische Wettermenge je Kopf der Belegschaft in der Hauptschicht einschl. Pferde	In Bau befindliche Flötzgruppe	Durchschnittliche Abbauteufe unter Rasenhängebank	Mächtigkeit der Mergelüberlagerung
		t	cbm	%	cbm	cbm	cbm	cbm		m	m
	1.	2.	3.	4.	5.	6.	7.	8.	9.	10.	11.
1	Ver. Westfalia, Scht. Kaiserstuhl	1 350	4 550	0,70	45 850	33,96	3,43	7,98	Esskohle	240	130
2	Gneisenau	1 100	5 560	0,70	56 050	50,95	4,19	6,78	Esskohle	330	240
3	Dahlbusch, Schl. II/V	975	3 023	0,63	27 350	28,05	3,08	6,25	Gas- u. Fettkohle	430	110
4	Monopol, Scht. Grimberg	800	4 109	0,63	37 150	46,43	4,81	8,56	Fettkohle	680	450
5	Neu Iserlohn, Scht. I .	900	3 348	0,62	29 900	33,22	3,69	6,77	Ess- u. Fettkohle	420	20
6	Holland, Scht. I/II . .	780	3 070	0,60	26 450	33,90	2,25	4,13	Gas- u. Fettkohle	385	70
7	Hannibal, Scht. I . .	720	940	0,57	7 700	10,70	1,31	2,75	Fettkohle	400	100
8	Oberhausen, Schacht Osterfeld	1 975	3 053	0,54	23 950	12,13	1,54	2,98	Fettkohle	440	240
9	Ewald, Scht. III/IV .	550	1 642	0,53	12 550	22,82	2,87	8,63	Gasflammkohle	420	340
10	Mont Cenis, Scht. I .	(825)	(1 782)	(0,52)	(13 350)	(16,18)			Gasflamm- u. Gaskohle	325	200
		1 650	3 565	0,52	26 700	16,18	2,32	3,68			
11	Mont Cenis, Scht. II .	(825)	(1 783)	(0,52)	(13 350)	(16,18)				260	

Aus dieser Tabelle ergiebt sich, dass der hohe CH_4-Gehalt der ausziehenden Ströme dieser Zechen, die mit Ausnahme der Gas- und Gasflammkohlenzechen Ewald III/IV und Mont Cenis I und II fast nur in der Ess- und Fettkohlenpartie bauen, die natürliche Folge der aussergewöhnlich starken CH_4-Entwickelung ist und nicht etwa auf einem zu geringen frischen Wetterstrom beruht. Im Durchschnitt entfällt nämlich auf jede Tonne Förderung dieser Zechen eine frische Wettermenge von 2,8 cbm und auf jeden Kopf der grössten unterirdischen Belegschaft eine solche von 5,4 cbm, wobei jedes in dieser Schicht beschäftigte Pferd zu fünf Mann gerechnet ist.

Täglich ausströmende Menge CH_4.

Hinsichtlich der in 24 Stunden den einzelnen Betriebsanlagen entströmenden reinen CH_4-Mengen können die 191 in Betracht kommenden Anlagen in folgende Gruppen eingeteilt werden:

Die ausströmende Gasmenge beträgt bei 12 Anlagen über 20 000 cbm
»	»	»	»	» 28	»	10 000—20 000	»
»	»	»	»	» 31	»	5 000—10 000	»
»	»	»	»	» 27	»	2 500— 5 000	»
»	»	»	»	» 63	»	100— 2 500	»

Sa. 161

Durch die Analyse waren Schlagwetter nicht nachzuweisen auf 30 Anlagen.

Im ganzen sind auf den 161 Anlagen, auf welchen berechenbare Schlagwettermengen ausströmten, in 24 Stunden 1 202 250 cbm CH_4 entwickelt worden und zwar bei einer täglichen Förderung von 158 660 t. Dagegen gelangten nach der Wetterwirtschaftsübersicht des Dortmunder Oberbergamts auf denjenigen Zechen, welche nach den vorliegenden Analysen im ausziehenden Strom berechenbare Mengen CH_4 führten, im Jahre 1899 bei 163 179 t täglicher Förderung 1 231 613 cbm CH_4 täglich mit den ausziehenden Wetterströmen in die freie Atmosphäre, i. J. 1896 dagegen bei 120 000 t täglicher Förderung 933 733 cbm.

Zum Vergleich sei angeführt, dass nach Mitteilung des Oberbergamts Bonn den Saarbrücker fiskalischen Gruben im Jahre 1899 durchschnittlich täglich 288 268 cbm CH_4 entströmten, bei einer täglichen Gesamtförderung von 29 150 t. Demgegenüber betrug die gesamte Leuchtgasproduktion Berlins im Jahre 1890 / 1891 durchschnittlich täglich 367 000 cbm, also ungefähr $^1/_3$ der täglich im Ruhrbecken ungenutzt in die freie Atmosphäre entweichenden CH_4-Mengen!

Unter den Zechen, die gegen Ende 1898 innerhalb 24 Stunden über

20 000 cbm CH_4 im ausziehenden Strom enthielten, stehen die Fettkohlenzechen Gneisenau, Hibernia und Kaiserstuhl II an der Spitze. Genaueres ergiebt folgende Tabelle:

Tabelle 14.

Lfd. No.	Zeche	CH_4 täglich cbm	Förderung t
1.	Gneisenau	56 050	1 100
2.	Hibernia	51 400	850
3.	Kaiserstuhl II	45 850	1 350
4.	General Blumenthal I/II	38 700	1 600
5.	Monopol (Schacht Grimberg) . .	37 150	800
6.	König Ludwig	30 800	1 750
7.	Neu-Iserlohn I	29 900	900
8.	Dahlbusch II/V	27 350	975
9.	Holland I/II	26 450	780
10.	Erin	25 350	1 875
11.	Hansa	25 300	900
12.	Oberhausen	23 950	1 975

Von den Saarbrücker Gruben stehen den vorgenannten Ruhrzechen die Gruben Reden und Camphausen am nächsten, die nach der oben angegebenen Quelle 1892 täglich 38 934 bezw. 27 152 cbm CH_4 entwickelt haben.

Nach den bisherigen Erfahrungen ergiebt sich der beste Massstab für die Beurteilung der Stärke des Grubengas-Auftretens auf den einzelnen Zechen, wenn man die in 24 Stunden entwickelte Menge von CH_4 mit der in gleicher Zeit geförderten Kohlenmenge in Beziehung bringt, da auf die so ermittelten Zahlen der Betriebsumfang der einzelnen Anlagen und deren mehr oder minder grosse Wettermengen keinen Einfluss ausüben. Im Durchschnitt entfallen nun auf jede Tonne Förderung der 161 Anlagen, die berechenbare CH_4-Mengen ausströmen, 7,58 cbm CH_4; berücksichtigt man ausserdem noch die Förderung der 30 Anlagen, deren ausziehende Wetterströme nach den Analysen kein CH_4 enthalten, so erniedrigt sich diese Durchschnittszahl auf 6,71 cbm und bei Berücksichtigung sämtlicher 209 selbständigen Anlagen sowie bei der Annahme, dass die 18 Anlagen ohne Analysen keine berechenbaren CH_4-Mengen enthalten, auf 6,59 cbm. Aus den auf S. 86 aufgeführten amtlich ermittelten Zahlen ergiebt sich, dass im Jahre 1896 auf jede Tonne Förderung der berechenbare CH_4-Mengen ausströmenden Zechen 7,78 cbm und 1899 7,55 cbm CH_4 entfallen sind, gegen 12,09 cbm auf den Saarbrücker fiskalischen Gruben.

Teilt man auf Grund des für 1898 berechneten Mittelwertes von
7,58 cbm CH_4 - Ausströmung die erwähnten 161 Schachtanlagen in fünf
Gruppen, so enthält:

I. Gruppe: 15 Schachtanlagen mit einer CH_4-Ausströmung von mehr als 20 cbm je t.
II.   »   22   »   »   »   »   »   » 20—10 » » »
III.   »   31   »   »   »   »   »   » 10—5   » » »
IV.   »   42   »   »   »   »   »   » 5—2,5 » » »
V.   »   51   »   »   »   »   »   » 2,5—0,3 » » »

   Summa 161

Auf der Uebersichtskarte (Tafel III) sind die einzelnen Baufelder nach
obiger Gruppeneinteilung durch verschiedene Färbung kenntlich gemacht,
während Tabelle 15 die sämtlichen 161 Anlagen nach der Grösse der
CH_4-Ausströmung geordnet und unter Angabe der gebauten Flötzgruppen
enthält. Zum Vergleiche sei erwähnt, dass die drei schlagwetterreichsten
Saarbrücker Gruben im Jahre 1899 Serlo mit 60,80, Welbesweiler mit 41,56
und Reden mit 26,05 cbm CH_4 je Tonne Förderung waren.

Aus Tafel III lässt sich erkennen, wie häufig gerade diejenigen —
zumeist jüngeren — Gruben, die in einem sonst ringsumher noch unver-
ritzten Felde bauen, wie die beiden Anlagen der Zeche Monopol, Preussen,
Gneisenau, Adolf von Hansemann, General Blumenthal Schacht I/II und III/IV,
Oberhausen Schacht Osterfeld u. a. am stärksten von Schlagwettern heimgesucht sind. Andrerseits fällt auch eine Anzahl Zechen als stark schlag-
wetterführend ins Auge, die in der Gegend von Langendreer mit einander markscheiden, nämlich Vollmond, Mansfeld, Heinrich Gustav Bruchstrasse, Neu-Iserlohn, ver. Germania und Borussia.

Allgemeine Regeln für das verschieden starke Auftreten des Grubengases auf den Zechen des Ruhrbeckens aufzustellen ist nach den bisherigen
Erfahrungen nicht möglich, da der Schlagwetterreichtum der einzelnen Flötze
ausserordentlich wechselt und ausserdem auf jeder Schachtanlage eine
ganze Reihe verschiedener Verhältnisse die Grubengasausströmung beeinflussen.

Zwar nimmt die Schlagwetterführung des westfälischen Flötzgebirges
im allgemeinen mit der Teufe zu, andererseits aber sind die verschiedenen
Flötzhorizonte wieder verschieden reich an Grubengas, so zwar, dass die
Fett- und Esskohlenflötze die meisten, die Magerkohlenflötze dagegen die
wenigsten Schlagwetter enthalten. Diese beiden Hauptfaktoren aber
werden auf jeder einzelnen Zeche beeinflusst durch die speziellen Lagerungsverhältnisse und die Mächtigkeit des Deckgebirges, die eine Entgasung
der Flötze mehr oder weniger begünstigt haben, und ferner durch Alter
und Ausdehnung der Grubenbaue selbst.

Schlagwetterausströmung der einzelnen Zechen (bezw. selbständigen Betriebsanlagen) je Tonne Förderung.*)

Tabelle 15.

Lfd. No.	Name der Zeche (bezw. selbständigen Betriebsanlage)	Auf 1 t Förderung entwickelte Menge CH_4 cbm	Gasflammkohlen	Gaskohlen	Fettkohlen	Esskohlen	Magerkohlen
	I. Gruppe über 20 cbm.						
1.	Hibernia	60,47	·	·	+	·	·
2.	Gneisenau	50,95	·	·	·	+	·
3.	Monopol, Grimberg	46,43	·	·	+	·	·
4.	Kaiserstuhl II	33,96	·	·	·	+	·
5.	Holland I/II	33,90	·	+	+	·	·
6.	Neu-Iserlohn I	33,22	·	·	+	+	·
7.	Germania I, Südfeld	33,17	·	·	+	+	·
8.	Adolf von Hansemann	32,87	·	·	+	+	+
9.	Monopol, Grillo	30,23	·	·	+	+	·
10.	General Blumenthal III	28,12	·	+	·	·	·
11.	Hansa	28,11	·	·	+	+	·
12.	Dahlbusch II/V	28,05	·	+	+	·	·
13.	General Blumenthal I/II	24,18	+	+	·	·	·
14.	Ewald III/IV	22,82	+	·	·	·	·
15.	Bruchstrasse	22,25	·	·	+	+	·
	II. Gruppe 20—10 cbm.						
16.	König Ludwig	17,60	·	·	+	+	·
17.	Vollmond	16,91	·	·	+	+	·
18.	Borussia	16,55	·	·	+	+	+
19.	Mont Cenis I	16,18	+	+	·	·	·
20.	Mont Cenis II	16,18	+	+	·	·	·
21.	Heinrich Gustav	14,91	·	·	+	+	·
22.	Louise Tiefbau	14,03	·	·	+	+	+
23.	Wilhelmine Victoria I	13,84	+	+	+	·	·
24.	Preussen I	13,68	·	·	+	·	·
25.	Mansfeld, Colonia	13,65	·	·	+	+	·
26.	Erin	13,52	·	·	+	+	·
27.	Consolidation II	12,97	+	+	+	+	·

*) Durch Fragebogen ermittelt. Die Angaben beziehen sich im allgemeinen auf die Zeit Ende 1898.

Lfd. No.	Name der Zeche (bezw. selbständigen Betriebsanlage)	Auf 1 t Förderung entwickelte Menge CH$_4$ cbm	Flötzgruppe, in welcher gebaut wird:				
			Gasflammkohlen	Gaskohlen	Fettkohlen	Esskohlen	Magerkohlen
28.	Neu-Iserlohn II	12,50	·	·	+	+	·
29.	Oberhausen, Osterfeld	12,13	·	·	+	·	·
30.	Consolidation I	12,25	·	+	+	+	·
31.	Schlägel und Eisen I/II	11,81	+	+	·	·	·
32.	Schlägel und Eisen III	11,33	+	+	·	·	·
33.	Graf Bismarck III	11,12	+	·	·	·	·
34.	Recklinghausen II	10,95	+	+	+	+	·
35.	Hannibal I	10,70	·	·	+	·	·
36.	ver. Stein u. Hardenberg, Minister Stein	10,68	·	·	+	+	·
37.	Kaiserstuhl I	10,35	·	·	+	+	·
	III. Gruppe 10—5 cbm.						
38.	Zollern	9,94	·	·	+	+	+
39.	Carl Friedrichs Erbstollen	9,87	·	·	+	+	·
40.	Pluto, Wilhelm	9,85	·	+	+	·	·
41.	Dannenbaum I	9,39	·	·	+	+	+
42.	Unser Fritz II	9,35	+	+	·	·	·
43.	Victor	9,16	·	·	+	+	+
44.	Neuessen, Heinrich	9,14	+	+	·	·	·
45.	Hannover III	9,00	+	+	+	+	·
46.	Recklinghausen I	8,96	·	·	+	+	·
47.	Graf Schwerin	8,60	·	·	·	+	+
48.	Graf Bismarck II	8,28	+	·	·	·	·
49.	Ewald I/II	8,27	+	·	·	·	·
50.	Caroline b. Harpen	8,06	·	·	+	+	·
51.	Constantin der Grosse IV	7,59	·	+	+	·	·
52.	Amalia	7,36	·	·	+	+	·
53.	Massener Tiefbau I/II	7,32	·	·	·	+	+
54.	Massener Tiefbau III	7,21	·	·	·	+	+
55.	Engelsburg	7,20	·	·	·	·	+
56.	Lothringen	6,88	·	·	+	+	·
57.	Holland III	6,62	·	·	+	+	·
58.	Unser Fritz I	6,60	·	+	·	·	·
59.	Consolidation III	6,59	+	+	+	+	·
60.	Friedrich der Grosse	6,31	·	+	+	+	·

Lfd. No.	Name der Zeche (bezw. selbständigen Betriebsanlage)	Auf 1 t Förderung entwickelte Menge CH$_4$ cbm	Flötzgruppe, in welcher gebaut wird:				
			Gasflammkohlen	Gaskohlen	Fettkohlen	Esskohlen	Magerkohlen
61.	Pluto, Thies	6,27	·	+	+	+	·
62.	Shamrock III/IV	6,25	·	+	+	+	·
63.	Courl	5,79	·	·	+	+	·
64.	Präsident II	5,68	·	·	·	+	·
65.	Hugo II	5,58	+	+	·	·	·
66.	Germania II u. I Nordfeld	5,40	·	·	+	+	·
67.	Baaker Mulde	5,22	·	·	+	+	·
68.	Wilhelmine Victoria II/III	5,12	+	+	·	·	·
	IV. Gruppe 5—2,5 cbm.						
69.	ver. Rhein-Elbe und Alma, Rhein-Elbe	4,95	·	+	·	·	·
70.	Siebenplaneten	4,94	·	·	+	+	+
71.	Hannover I/II	4,90	+	+	+	+	·
72.	Königsborn I	4,85	·	·	·	+	+
73.	Friedrich Wilhelm	4,80	·	·	·	·	+
74.	Königsborn II	4,74	·	·	+	+	·
75.	Centrum II	4,69	·	·	+	+	+
76.	Westende	4,68	·	·	+	+	·
77.	Graf Bismarck I	4,49	+	·	·	·	·
78.	Graf Beust	4,46	·	·	+	+	·
79.	Oberhausen I/II	4,35	·	·	+	+	+
80.	Kölner Bergwerks-Verein, Emscher	4,25	+	+	·	·	·
81.	Wiendahlsbank	4,18	·	·	·	+	+
82.	Victoria Mathias	4,16	·	·	+	·	·
83.	Carolus Magnus	4,00	·	·	+	+	·
84.	Prinz Regent	3,93	·	·	+	+	+
85.	Bonifacius	3,93	·	+	+	+	·
86.	Hannibal II	3,78	·	+	·	·	·
87.	Concordia II/III	3,77	·	·	+	+	·
88.	Julia	3,72	·	·	+	+	·
89.	Constantin der Grosse III	3,67	·	·	·	·	+
90.	Constantin der Grosse I	3,58	·	·	+	+	·
91.	Rheinpreussen III	3,50	·	·	+	+	+
92.	Concordia I	3,44	·	+	+	+	·
93.	Dahlbusch III/IV	3,37	·	+	·	·	·

Lfd. No.	Name der Zeche (bezw. selbständigen Betriebsanlage)	Auf 1 t Förderung entwickelte Menge CH₄ cbm	Flötzgruppe, in welcher gebaut wird:				
			Gasflammkohlen	Gaskohlen	Fettkohlen	Esskohlen	Magerkohlen
94.	Friedlicher Nachbar	3,36	·	·	+	+	·
95.	Dorstfeld II	3,30	·	·	+	+	·
96.	Freie Vogel und Unverhofft	3,27	·	·	·	·	+
97.	Prinz von Preussen	3,15	·	·	+	+	·
98.	Fröhliche Morgensonne	3,12	·	·	+	+	+
99.	Dorstfeld I	3,11	+	+	·	·	·
100.	Glückauf Tiefbau, Giesbert	3,04	·	·	+	+	
101.	Glückauf Tiefbau, Gotthelf	3,04	·	·	+	+	·
102.	Kölner Bergwerks-Verein, Carl	2,97	·	·	+	+	
103.	Hugo I	2,90	+	·	·	·	
104.	Dahlhauser Tiefbau	2,88	·	·	·	+	+
105.	ver. Rhein-Elbe und Alma, Alma	2,84	·	+	+	+	·
106.	Shamrock I/II	2,81	·	+	+	+	
107.	Deutscher Kaiser III	2,80	·	+	+	·	·
108.	Kölner Bergwerks-Verein, Anna	2,69	·	·	+	+	·
109.	Zentrum I	2,68	·	·	+	+	·
110.	Dannenbaum II	2,64	·	·	+	+	·

V. Gruppe 2,5—0,3 cbm.

Lfd. No.	Name der Zeche (bezw. selbständigen Betriebsanlage)	Auf 1 t Förderung entwickelte Menge CH₄ cbm	Gasflammkohlen	Gaskohlen	Fettkohlen	Esskohlen	Magerkohlen
111.	Pörtingssiepen	2,41	·	·	·	·	+
112.	ver. Stock u. Scherenberg, Hövel	2,25	·	·	·	·	+
113.	Präsident I	2,20	·	·	+	+	·
114.	Zollverein IV	2,17	·	·	+	+	·
115.	Königin Elisabeth, Wilhelm	2,06	·	·	+	+	+
116.	Constantin der Grosse II	2,00	·	·	+	+	·
117.	Friederika	1,96	·	·	+	+	+
118.	Gottessegen	1,91	·	·	·	·	+
119.	Rheinpreussen I/II	1,88	·	·	+	+	+
120.	Alstaden II	1,87	·	·	·	+	+
121.	Königsgrube	1,81	+	+	·	·	·
122.	Sälzer und Neuack	1,80	·	·	+	+	·
123.	Julius Philipp	1,79	·	·	+	+	·
124.	Roland	1,69	·	·	·	+	+
125.	Königin Elisabeth, Joachim	1,68	·	+	+	+	·
126.	von der Heydt	1,68	·	·	·	+	·

Lfd. No.	Name der Zeche (bezw. selbständigen Betriebsanlage)	Auf 1 t Förderung entwickelte Menge CH_4 cbm	Flötzgruppe, in welcher gebaut wird				
			Gasflammkohlen	Gaskohlen	Fettkohlen	Esskohlen	Magerkohlen
127.	Altendorf, nördliche Mulde	1,66	·	·	·	+	+
128.	Hasenwinkel	1,60	·	·	·	+	·
129.	Carolinenglück	1,55	·	·	+	+	·
130.	Nordstern	1,54	+	·	·	·	·
131.	Hörder Kohlenwerk, Holstein	1,53	·	·	·	·	+
132.	Tremonia	1,50	·	·	+	+	+
133.	Ludwig	1,50	·	·	·	·	+
134.	Deutscher Kaiser I	1,44	·	+	+	·	·
135.	Margaretha	1,40	·	·	·	·	+
136.	Helene und Amalie, Amalie	1,28	·	·	+	+	·
137.	Hamburg und Franziska, Hamburg	1,23	·	·	·	·	+
138.	Schürbank und Charlottenburg	1,17	·	·	·	·	+
139.	Johann Deimelsberg	1,15	·	·	·	·	+
140.	Kaiser Friedrich	1,12	·	·	·	+	+
141.	Hörder Kohlenwerk, Schleswig	1,12	·	·	·	·	+
142.	Graf Moltke	1,11	+	+	+	·	·
143.	Sellerbeck, Carnall	1,06	·	·	·	·	+
144.	Rabe	1,00	·	·	·	·	+
145.	König Wilhelm, Neu-Cöln	0,96	·	·	+	+	·
146.	Wolfsbank und Neuwesel	0,92	·	·	+	+	·
147.	Helene und Amalie, Helene	0,92	·	+	+	+	·
148.	ver. Wiesche	0,87	·	·	·	·	+
149.	Mathias Stinnes	0,86	+	+	·	·	·
150.	Hugo III	0,83	+	·	·	·	·
151.	General und Erbstollen	0,80	·	·	·	+	·
152.	Alte Haase	0,78	·	·	·	·	+
153.	ver. Hagenbeck	0,69	·	·	·	+	+
154.	Dahlbusch I	0,68	·	+	·	·	·
155.	Bickefeld Tiefbau	0,65	·	·	·	·	+
156.	Marie Anna und Steinbank	0,63	·	·	·	+	+
157.	Freiberg	0,54	·	·	·	·	+
158.	Westhausen	0,51	·	·	+	+	·
159.	Deutscher Kaiser II	0,50	+	·	·	·	·
160.	Prosper II	0,45	+	+	+	·	·
161.	Bommerbänker Tiefbau	0,30	·	·	·	·	+

Einfluss der Teufe auf die Grubengasentwickelung.

In Tabelle 16 sind die einzelnen Betriebsanlagen gruppenweise nach derjenigen Teufe geordnet, aus der Ende 1898 die Hauptförderung stammte, also nach der Teufe des Abbau-Schwerpunktes; dabei sind nur die 191 Anlagen berücksichtigt, von denen Analysen des ausziehenden Hauptstromes vorliegen.

Tabelle 16.

Gruppe	Teufe des Abbau-Schwerpunktes unter Rasenhängebank m	Anzahl der selbständigen Betriebsanlagen	Gesamtförderung durchschnittlich je Tag t (abgerundet)	Je Tonne Förderung entwickelte CH_4-Menge cbm
1.	700—600 ausschl.	2	1 700	36,7
2.	600—500 „	10	9 250	16,7
3.	500—400 „	34	41 600	7,0
4.	400—300 „	73	71 700	6,3
5.	300—200 „	56	47 400	5,0
6.	200—100 „	14	6 700	1,2
7.	unter 100 „	2	650	0,4
	Durchschn. 325 m	191	179 000	6,7

Wenn nun auch diese Tabelle den Einfluss der Teufe auf die CH_4-Ausströmung deutlich zum Ausdruck bringt, so lässt sich doch nicht verkennen, dass der Unterschied gerade bei den die meisten Anlagen zählenden Gruppen 3—5 ziemlich gering ist. Ausserdem darf nicht übersehen werden, dass bei der zum Teil nur geringen Anzahl der Zechen einer Gruppe eine einzige Grube mit übermässig starker CH_4-Entwickelung die durchschnittliche Gasausströmung der ganzen Gruppe ungünstig beeinflussen muss.

Im besonderen sei darauf hingewiesen, dass die nur Gaskohlen bauende Schachtanlage Fürst Hardenberg der Zeche ver. Stein und Hardenberg bei Dortmund fast gänzlich schlagwetterfrei ist, trotzdem sie eine Teufe von 410 m erreicht hat, und trotzdem die umliegenden, die tieferen Fettkohlenflötze bauenden Nachbarzechen Hansa, Minister Stein u. s. w., sogar sehr viel mit Schlagwettern zu kämpfen haben. Aehnlich steht es auch mit der Zeche ver. Schürbank und Charlottenburg bei Aplerbeck, deren in der Magerkohlenpartie umgehende Baue sogar eine durchschnittliche Teufe von 550 m erreicht haben. In früheren Jahren, als die Zeche noch in geringeren Teufen einige Flötze der Esskohlenpartie abbaute, war Schürbank und Charlottenburg aber durchaus nicht schlagwetterfrei, vielmehr hat dort eine ganze Reihe, wenn auch kleinerer Explosionen stattgefunden. Ein weiteres Beispiel bietet die Zeche von der Heydt bei Herne, wo die Schlagwetterentwickelung in den letzten Jahren trotz zunehmender Teufe immer schwächer geworden ist.

Auf der anderen Seite hat die Schachtanlage Kaiserstuhl II bei Dortmund wohl im Verhältnis zu der erreichten Abbauteufe die stärkste Schlagwetterentwickelung; bei einer Durchschnittsteufe der Grubenbaue von noch nicht 250 m strömen hier aus den zum Vorhieb gelangenden Esskohlenflötzen fast 34 cbm CH_4 je Tonne Förderung aus.

Einfluss der Stärke des Deckgebirges auf die Grubengasentwickelung.

Wie sich aus der Abbauteufe ein sicherer Schluss auf die Schlagwetterführung der Gruben nicht ziehen lässt, so ist auch die Einwirkung der Stärke des Deckgebirges, besonders des Mergels, eine recht ungleichmässige, trotzdem ja im allgemeinen der zunehmenden Stärke der Deckschichten auch eine grössere Abbauteufe entspricht.

Ordnet man nämlich die 191 Zechen nach der Stärke des Deckgebirges, so erhält man folgende Reihe:

Tabelle 17.

Durchschnittliche Stärke des Mergels bezw. Deckgebirges im Baufelde m	Anzahl der selbständigen Betriebsanlagen	Durchschnittliche tägliche Förderung t	Durchschnittliche CH_4-Ausströmung je Tonne Förderung cbm	Bemerkungen
0	36	18 650	2,3	Zu dieser Gruppe gehören die sämtlichen Seite 88 erwähnten schlagwetterreichen Zechen bei Langendreer.
bis 50	35	26 650	5,8	
von 50 bis 100	32	27 550	4,5	
„ 100 „ 150	37	41 650	7,5	Darunter Hibernia, Hansa, Kaiserstuhl I/II, Dahlbusch II/V
„ 150 „ 200	17	22 750	4,6	Darunter Prosper I, Fürst Hardenberg, Christian Levin, Mathias Stinnes, v. d. Heydt.
„ 200 „ 250	17	23 400	8,7	
über 250	17	18 550	14,0	
—	Sa. 191	179 200	—	

Vergleicht man vorstehende Tabelle mit Tabelle 16, so ergiebt sich, dass der Einfluss der Abbauteufe auf die CH_4-Entwickelung stärker ist, als derjenige der Mergelüberlagerung, wobei nicht unerwähnt bleiben darf, dass es unter den in grossen Teufen bauenden Zechen eine verhältnismässig grössere Anzahl älterer Anlagen giebt, als unter denen mit besonders

mächtiger Mergeldecke. Gerade unter den letzteren sind noch eine ganze
Anzahl im Vorrichtungsstadium oder doch noch in der Ausdehnung
begriffen und befinden sich somit — nach allgemeinen Erfahrungen — in
einer Periode unverhältnismässig starker Schlagwetterentwickelung. Als
Beispiele hierfür seien General Blumenthal III/IV, Ewald III/IV, Preussen
und Adolf von Hansemann genannt. Von Interesse ist in dieser Hinsicht
noch die nachstehende Gegenüberstellung der Schlagwetterausströmung
auf den drei Anlagen der Zeche Graf Bismarck.

Tabelle 18.

	Jahr der ersten Kohlenförderung	Teufe des Ab-bau-Schwer-punktes m	CH_4-Entwickelung je Tonne Förderung cbm
Schacht . . I	1872	440	4,49
„　　 II	1883	420	8,28
„　　 III	1895	365	11,12

Grubengasentwickelung in den verschiedenen Flötzgruppen.

Betrachtet man an der Hand der Statistik, wie sich die Menge des je
Tonne Förderung ausströmenden Grubengases auf die verschiedenen Flötzgruppen verteilt, so erhält man die Tabelle 20 (a. S. 97).

Fasst man die Ess- und Fettkohlenflötze einerseits und die Gas- und
Gasflammkohlenflötze andrerseits zusammen, so ergiebt sich nachstehende
einfache Uebersicht:

Tabelle 19.

Anzahl der Anlagen	Es bauen			mit einer täglichen Förderung von t	und einer täglichen CH_4 - Entwickelung von cbm	also einer durch-schnittlichen CH_4-Entwickelung von cbm
	in der Mager-kohlen-gruppe	in der Ess- und Fett-kohlen-gruppe	in der Gas- und Gas-flamm-kohlen-gruppe			
49	+	.	.	20 695	19 150	0,92
33	+	+	.	26 596	126 100	4,74
68	.	+	.	60 950	607 500	10,00
26	.	+	+	38 199	224 650	5,88
33	.	.	+	35 908	224 850	6,21
209	.	.	.	182 348	1 202 250	6,59

Schlagwetterentwickelung in den verschiedenen Flötzgruppen.

Tabelle 20.

Flötzgruppe, in welcher die einzelnen Zechen bezw. Schachtanlagen bauen					Zechen, in deren ausziehenden Wetterströmen durch Analyse CH$_4$ nachgewiesen ist (161 Anlagen)				Zechen, in deren ausziehenden Wetterströmen durch Analyse CH$_4$ nicht nachzuweisen ist (30 Anlagen)		Gesamtzahl der Zechen, deren ausziehende Wetterströme auf CH$_4$ untersucht sind (191 Anlagen)			Gesamtsumme aller Zechen bezw. selbstständiger Schachtanlagen des Ruhrbezirks, einschl. der Anlagen, von denen keine Analysen des ausziehenden Stromes zu erhalten waren			
Magerkohlen	Esskohlen	Fettkohlen	Gaskohlen	Gasflammkohlen	Zahl	Tägliche Förderung	Je Tonne täglicher Förderung ausströmende Menge CH$_4$	In 24 Stunden ausströmende Menge CH$_4$	Zahl	Tägliche Förderung	Zahl	Tägliche Förderung	Je Tonne täglicher Förderung ausströmende Menge CH$_4$	Zahl	Tägliche Förderung	% der Gesamtförderung	Je Tonne täglicher Förderung ausströmende Menge CH$_4$
						t	cbm	cbm		t		t	cbm				cbm
+	·	·	·	·	21	11 312	1,69	19 150	13	6 659	34	17 971	1,06	49	20 695	11,3	0,92
+	+	·	·	·	12	8 854	3,78	33 500	3	1 865	15	10 719	3,12	16	10 924	6,0	3,06
+	+	+	·	·	16	14 872	6,27	92 600	1	800	17	15 672	5,91	17	15 672	8,6	5,91
·	+	·	·	·	6	6 135	17,88	109 700	4	2 375	10	8 510	12,89	12	8 745	4,8	12,54
·	+	+	·	·	48	45 510	7,97	362 900	—	—	48	45 510	7,97	48	45 510	25,0	7,97
·	+	+	+	·	10	15 477	4,51	69 800	1	2 000	11	17 477	3,99	11	17 477	9,6	3,99
·	+	+	+	+	5	7 800	8,33	65 000	—	—	5	7 800	8,33	5	7 800	4,3	8,33
·	·	+	·	·	6	6 045	22,32	134 900	2	650	8	6 695	20,14	8	6 695	3,7	20,14
·	·	+	+	·	6	5 322	13,74	73 150	—	—	6	5 322	13,74	6	5 322	2,9	13,74
·	·	+	+	+	3	6 150	2,72	16 700	1	1 450	4	7 600	2,19	4	7 600	4,2	2,19
·	·	·	+	·	6	6 013	5,65	34 700	3	1 725	9	7 738	4,48	9	7 738	4,2	4,48
·	·	·	+	+	13	14 170	8,84	125 300	2	3 000	15	17 170	7,22	15	17 170	9,4	7,22
·	·	·	·	+	9	11 000	5,89	64 850	—	—	9	11 000	5,89	9	11 000	6,0	5,89
Summa					161	158 660	7,58	1 202 250	30	20 524	191	179 184	6,71	209	182 348	100 %	6,59

Aus Tabelle 20 a. S. 97 ergiebt sich, dass gerade die schlagwetterreichsten Zechen fast nur auf Flötzen der Ess- und Fettkohlengruppe bauen. Von den 15 Schachtanlagen, die über 20 cbm CH_4 je
Tonne entwickeln, gehören zehn (Hibernia, Gneisenau, Monopol Scht.
Grimberg, Kaiserstuhl, Neu-Iserlohn I, Germania I Südfeld, Adolf von
Hansemann, Monopol Scht. Grillo, Hansa und Bruchstrasse) ganz allein
dieser Gruppe an, nur drei (General Blumenthal I/II und III/IV, sowie
Ewald III/IV) bauen in den beiden obersten Flötzetagen des Ruhrbeckens und die beiden letzten (Dahlbusch II/V und Holland I/II), die
sowohl Gas- wie Fettkohlen bauen, verdanken den grössten Teil ihrer
Gasmengen den tieferen Flötzen. Speziell Dahlbusch II/V war ebenso wie
früher die Nachbarzeche Hibernia eine ziemlich schlagwetterarme Zeche,
so lange allein die ziemlich regelmässig gelagerte Gaskohlenpartie in
Verhieb war.*) Sobald jedoch die darunter liegenden von einer ganzen Anzahl
kleinerer Störungen durchsetzten Fettkohlenflötze in Vorrichtung und
Abbau genommen werden mussten, nahm die CH_4-Entwickelung ganz
erheblich zu.

Von den 22 Schachtanlagen, die 10 bis 20 cbm CH_4 je Tonne entwickeln (vergl. S. 89) bauen 13 nur Ess- und Fettkohlen, 4 zum Teil
diese, zum Teil Gas- und Gasflammkohlen und 3 nur Gas- und Gasflammkohlen.

In der Magerkohlengruppe gehört eine stärkere CH_4-Entwickelung
zu den seltenen Ausnahmen. In dieser Beziehung steht die Zeche ver.
Engelsburg an der Spitze mit 7,20 cbm CH_4 je Tonne. Der Schwerpunkt
des Abbaues dieser Zeche liegt bei ungefähr 425 m Teufe; die Schlagwetter treten hauptsächlich in den Flötzen Finefrau, Steinknapp und
Hundsnocken auf.

An zweiter Stelle folgt Zeche Friedrich Wilhelm**) bei Dortmund mit
4,8, sodann Constantin der Grosse Schacht III***) mit 3,67 und Freie Vogel
und Unverhofft mit 3,27 cbm je Tonne Förderung.

Von den Zechen der Gas- und Gasflammkohlenpartie weist die
erst seit einigen Jahren in Förderung getretene Zeche General Blumenthal III/IV die stärkste CH_4-Entwickelung mit 28,12 cbm auf. Ihr folgt die
Schachtanlage I/II dieser Zeche mit 24,18, Ewald III/IV mit 22,82 und die
beiden Anlagen von Mont Cenis mit je 16,18 cbm.

Auffällig ist der grosse Unterschied zwischen den beiden Anlagen

---

*) Dahlbusch II/V entwickelte 1896 nach der oberbergamtlichen Statistik nur
3,26 cbm CH_4 je Tonne.

**) Die frühere Zeche Am Schwaben, deren Feld z. Zt. von Friedrich
Wilhelm gebaut wird, war sehr schlagwetterreich (vergl. S. 65).

***) Hier werden die aus der Magerkohlengruppe stammenden Kohlen z. T. mit
anderen Kohlen gemischt verkokt.

der Zeche Neu-Essen, Schacht Heinrich und Schacht Fritz. Hier sind die fast nur von Schacht Fritz gebauten oberen Flötze der Gasflammkohlengruppe schon ganz entgast, sodass der ausziehende Hauptwetterstrom keinen CH_4-Gehalt erkennen lässt, während die darunter liegenden Flötze der Gaskohlengruppe, deren Betriebspunkte fast allein durch Schacht Heinrich bewettert werden, mit 9,14 cbm je Tonne ziemlich reich an Grubengas sind.

Grubengasentwickelung einzelner Flötze.

Innerhalb der einzelnen Flötzgruppen zeichnen sich häufig wieder einzelne Flötze durch starke CH_4-Entwickelung aus, die allerdings oft schon innerhalb der Markscheiden einer einzelnen Zeche und mehr noch innerhalb verschiedener Grubenfelder schwankt. Am häufigsten werden naturgemäss die stärksten Flötze als die schlagwetterreichsten bezeichnet, so auf den Zechen ver. Germania, Graf Schwerin und Erin Flötz Dickebank der Esskohlengruppe. Ebenso gelten die beiden Flötze Sonnenschein und Röttgersbank auf vielen Zechen als die infolge ihres Gasgehaltes gefährlichsten.

Auf Hibernia sind die Flötze 13, 16 und 17 die schlagwetterreichsten, während auf den drei Anlagen der Zeche Consolidation das dicht unter dem Leitflötz Catharina liegende Flötz B und die Flötze P, π und Q der Fettkohlengruppe die meisten Schlagwetter führen; auf Schlägel und Eisen sind es die Gaskohlenflötze C 5, C 11 und C 12, auf Holland die Fettkohlenflötze Emil und Karl, auf Dahlbusch II/V und auf Oberhausen Scht. Osterfeld das Fettkohlenflötz Gustav.

Auf Zeche Gneisenau führen die sämtlichen gebauten Flötze der Esskohlenpartie ziemlich gleichmässig stark Schlagwetter; das gleiche gilt von den zahlreichen Flötzen der Zeche Kaiserstuhl.

Auftreten von Grubengas ausserhalb des Steinkohlengebirges.

Es darf auch nicht unerwähnt bleiben, dass das Auftreten der Schlagwetter sich nicht auf das eigentliche Kohlengebirge beschränkt. Wie schon früher erwähnt, sind beim Schachtabteufen mehrfach in den Klüften des Kreidemergels bedeutende CH_4-Mengen angetroffen worden. Aber auch in grösserer Entfernung von dem bisher erschlossenen Teile des Ruhrkohlenbeckens sind schlagende Wetter beobachtet worden.

Am bekanntesten ist wohl das Auftreten derselben auf den im Kreidemergel bauenden Strontianit-Bergwerken des Regierungsbezirks Münster, wo sogar laut Anlage II zum Hauptbericht der Schlagwetter-Kommission zwischen 1881 und 1886 mehrfach Explosionen vorgekommen sind. Hierbei ist darauf hingewiesen, dass es noch nicht feststehe, ob die Schlagwetter aus dem unterliegenden Steinkohlengebirge oder aus dem Mergel selbst

stammen, der stellenweise bituminöse Schichten und vereinzelt Asphalt
führt. Neuere Beobachtungen liegen über diese Frage nicht vor, da der
Strontianitbergbau schon seit längeren Jahren zum Erliegen gekommen ist.

Ferner sind in den Soolschächten der Saline Gottesgabe bei Rheine
in Westfalen schon vor längerer Zeit schlagende Wetter beobachtet worden,
die häufig zu kleinen Explosionen Veranlassung gegeben haben*). Zur
Entfernung dieser Gase musste, wie die Akten des Oberbergamts Dortmund
ergeben, zeitweilig ein besonderer Ventilator betrieben werden.

Dem Steinkohlenbergbau Ibbenbüren sind schlagende Wetter bisher
fremd geblieben; dagegen haben die bei Minden belegenen Wälderkohlen-
gruben Laura und Preussische Klus sogar eine sehr starke CH_4-Entwicke-
lung aufzuweisen. Nach einer oberbergamtlichen Zusammenstellung enthielt Mitte 1896 der ausziehende Wetterstrom von Preussische Klus $0,72^0/_0$
CH_4, was bei einer täglichen Förderung von 28 t einer Menge von 58 cbm
je Tonne entspricht.

Plötzliche Grubengasausbrüche.

Im Allgemeinen findet das Austreten der Gase aus Kohle und Nebengestein auf den westfälischen Zechen in kleinen Mengen andauernd
und gleichmässig statt. Kommen auch häufig kleinere Bläser vor, so
sind doch die in Belgien, Frankreich und England so sehr gefürchteten
plötzlichen Ausbrüche grösserer Gasmengen (dégagements instantanés) fast
ganz unbekannt. Wenn aber auch die wenigen Fälle dieser Art im Ruhrbecken immer nur einen kleineren Umfang erreicht haben und mehr als
besonders starke Bläser anzusehen sind, so sind sie doch wichtig genug,
um näher darauf einzugehen, zumal wenn man bedenkt, dass die Gefahr
derartiger Ausbrüche nach den Erfahrungen des Auslandes mit der Tiefe
zu wachsen scheint, also den schlagwetterreichen tiefen Gruben der
Emscher Mulde am meisten droht.

Thatsächlich haben sich auch gerade beim Abteufen verschiedener
Schächte in dieser Mulde Erscheinungen gezeigt, die eine gewisse
Aehnlichkeit mit den gedachten dégagements haben.

Am meisten bekannt ist ein Fall von Ewald Schacht III/IV. Hier
traf man in den Jahren 1895—1896 beim Abteufen des Schachtes III
(Schürenberg) schon bei 272 m Teufe im Mergel auf eine Kluft,
aus der soviel Grubengas ausströmte, dass das Abteufen zunächst eingestellt und zwei kleine saugende Capell-Ventilatoren mit zwei Luttentouren von 400 und 340 mm Durchmesser eingebaut werden mussten.
Nachdem hierdurch die Weiterarbeit ermöglicht war, erreichte man bei
315 m innerhalb der Grünsandschichten eine neue Kluft, der zunächst

---

*) Vergl. Poggendorffs Annalen Bd. VII, S. 133.

Wasser in 6 m hohem Strahle, dann grosse Mengen Grubengas entströmten, die nach Schwefelwasserstoff rochen und die Abteufmannschaft zum Ausfahren zwangen. Da die beiden vorhandenen Ventilatoren nicht ausreichten, wurde eine dritte Luttentour von 500 mm Durchmesser an einen dritten Capell-Ventilator angeschlossen; sodann wurde die Kluft abgemauert, die ausströmenden Gase in einem Rohr aufgefangen und dieses direkt an die 500 mm Luttentour angeschlossen. Nachdem man dann bei 328 m Teufe das Steinkohlengebirge erreicht hatte, erfolgte bei 334 m Teufe ein neuer CH_4-Ausbruch, infolgedessen sich der Schacht bis auf 170 m Höhe trotz der drei Ventilatoren in kurzer Zeit mit explosiblen Gasgemischen füllte. Die Arbeit musste wieder eingestellt werden, bis mit Hilfe elektrischer Akkumulatorlampen ein Wetterscheider eingebaut und das so abgetrennte Wettertrumm von 1,98 qm Querschnitt mit einem Winter-Ventilator von 250 cbm Leistung je Minute verbunden war. Hierdurch gelang es endlich die Sohle frei von Schlagwettern zu bekommen und das Schachtabteufen ohne weitere Unfälle zu beenden. Die Gasentwickelung aus der bei 315 m Teufe angefahrenen Kluft ist hier noch jetzt eine sehr starke. Vergleicht man die CH_4-Mengen, die der ausziehende Strom von Ewald III/IV auf der Wettersohle führt, mit dem gleichzeitig im Wetterkanal gefundenen Schlagwettergehalt in dem die abgefangenen Bläsergase mit enthalten sind, so ergiebt sich aus dem Mittel von sechs zu verschiedenen Zeiten in den Jahren 1898 und 1899 vorgenommenen Doppelmessungen, dass der Bläser je Minute durchschnittlich 6,2 cbm und maximal rund 9 cbm oder je Tag 9000 bezw. 12 500 cbm CH_4 geliefert hat.

Auch in dem Doppelschacht IV (Waldhausen) der Zeche Ewald III/IV traf man 1897 bei 347 m Teufe grössere Grubengasmengen, die den Einbau einer zweiten Luttentour erforderlich machten. Im weiteren Verlauf des Abteufens trat unterhalb einer bei 351,5 m Teufe durchfahrenen Konglomeratschicht des Steinkohlengebirges häufiger Grubengas stossweise so heftig aus den Gebirgsschichten aus, dass man auch hier zum Gebrauch von elektrischen Lampen überging.

Aehnliche Erscheinungen sind beim Abteufen des Schachtes III der Zeche Hugo beobachtet, wo die Gase, welche aus dem bei 217 m Teufe erreichten Kohlensandstein ausströmten, zur zeitweiligen Einstellung der Arbeit und zum Einbau zweier an Ventilatoren angeschlossenen Luttentouren von 300 und 350 mm Durchmesser zwangen.

Auch beim Abteufen des Schachtes III der Zeche König Ludwig 1894—1895 bereiteten die plötzlich aus den Klüften des Mergels austretenden Gasmengen erhebliche Schwierigkeiten.

Der auf Zeche Germania Schacht II am 26. Oktober 1899 beobachtete plötzliche Gasausbruch*) scheint mit dem Zubruchegehen des Sandstein-

---

*) Vergl. Glückauf 1899, S. 948.

hangenden vor Ort einer Strecke im Flötze 18 (Praesident) auf der III. Tiefbausohle in Zusammenhang zu stehen; ob aber die ursprüngliche Spannung der hierbei frei werdenden und auf ungefähr 300 cbm geschätzten Schlagwettermengen das Hereinbrechen des Sandsteins veranlasst hat erscheint zweifelhaft.

Den eigentlichen dégagements instantanés äusserlich am meisten ähnlich sind verschiedene Fälle, die im Flötz Röttgersbank der durchschnittlich bei 410 m Teufe bauenden Zeche Dannenbaum Schacht I beobachtet sind. Als das hier 3 m mächtige Flötz infolge Pfeilerrückbaues in seinen oberen Teilen in starken Druck geraten war, kam es zuweilen vor, dass unter donnerartigem Getöse plötzlich 10—20 Centner sehr feinkörnige Kohle aus den Stössen der unteren Abbaustrecken herausgeschleudert und dabei grosse Schlagwettermengen entwickelt wurden.

Schliesslich sei noch erwähnt, dass im April 1897 auf Zeche Neu-Iserlohn mit einem in stark zerklüftetem Sandstein vorgetriebenem Querschlage eine Kluft von 6 m Länge und 1,5 m Breite angefahren wurde, aus der nach dem Bericht eines Augenzeugen nach einem starken Knall ein weisslicher, stark schlagwetterführender Nebel mit solcher Heftigkeit austrat, dass der Querschlag und die benachbarten Strecken in wenigen Augenblicken mit Schlagwettern angefüllt waren. Das Geräusch der ausströmenden Gase war so stark, dass die vor Ort befindlichen Mannschaften sich durch Worte nicht mehr verständigen konnten. Dieser weisse Nebel soll angeblich in der Sicherheitslampe mit hellroter Flamme gebrannt haben; die weissliche Färbung der austretenden Gase, die mit fast gleich bleibender Stärke über zwei Monate der Kluft entströmten, soll aber schon nach 24 Stunden verschwunden gewesen sein. Schwefelwasserstoffgeruch wurde nicht wahrgenommen.

Bläser.

Bläser kleinerer Art sind auf Zeche Neu-Iserlohn namentlich in der Nähe der das südliche Baufeld durchsetzenden streichenden Störung häufig beobachtet worden; u. a. wurde die Gasmenge, die ein im Liegenden des Fettkohlenflötzes 10 auftretender Bläser mehrere Jahre hindurch entwickelt hat, auf 4 cbm je Minute berechnet.

Ueberhaupt sind Bläser im Ruhrkohlenbecken durchaus keine Seltenheit.

In dem Bericht der Lokalabteilung Dortmund der Preussischen Schlagwetter-Kommission*) werden Bläser angeführt von den Zechen

---

*) Anlagen zum Hauptbericht der Preussischen Schlagwetter-Kommission, Band II.

Kaiserstuhl I, Graf Beust, Ernestine, Bonifacius, Consolidation I, Oberhausen und Bruchstrasse. Einige von diesen Bläsern sind in Rohre gefasst worden und haben lange Jahre — mit Flammenlängen bis zu 300 mm — gebrannt. Ein derartiger Bläser diente längere Zeit zur Beleuchtung eines Füllortes auf Consolidation I.

Bei dem auf Zeche Shamrock in Flötz Dickebank der I. Tiefbausohle angefahrenen Bläser ermittelte Dr. Schondorff im Jahre 1884 eine ausströmende CH_4-Menge von 0,43 bis 0,65 cbm je Minute.

Von den in neuerer Zeit beobachteten Bläservorkommen seien folgende erwähnt:

Auf Zeche Erin im Sandsteinhangenden des Flötzes Wellington auf der 220 m Sohle.

Auf Zeche Westhausen auf der II. Tiefbausohle im Esskohlenflötz III.

Auf Zeche Germania Schacht II in den Flötzen 10 (Röttgersbank), 12 und 18.

Auf Zeche Mont Cenis in den Flötzen y, 10 und 11 in der Nähe einer diese Flötze durchsetzenden Störung.

Auf Zeche Gneisenau in allen Flötzen.

Auf Zeche Kaiserstuhl Schacht II in der Esskohlenpartie in Flötz Sonnenschein, Fl. 9, Fl. 8 und im Hangenden von Flötz 7; einzelne Bläser lieferten bis 3 cbm CH_4 je Minute.

Auf Zeche Minister Stein in den Fettkohlenflötzen 1 und 2.

Auf Zeche Hibernia im Flötz 16 auf der 9. Sohle. Hier veranlassten die ungefähr 5 cbm je Minute betragenden Bläsergase im Jahre 1894 eine Explosion, bei der drei Arbeiter tödlich verunglückten.*).
Bei einem anderen Bläser, der im gleichen Flötz auf der 10. Sohle auftrat, wurde durch die Analyse ein Gehalt von 99,5 % CH_4 und 0,5 % CO_2 festgestellt.

Auf Zeche Victor in den Flötzen Dickebank und Praesident) der
Auf Zeche Lothringen) Ess-
Auf Zeche Caroline bei Harpen) im Flötz Dickebank (kohlen-
Auf Zeche Amalia) partie.
Auf Zeche Heinrich Gustav im Fettkohlenflötz Ida.

Auf Zeche Dahlbusch II/V im Fettkohlenflötz Gustav.

Auf Zeche Neu-Essen Schacht Heinrich, im Gaskohlenflötz 12 Süden.

Auf Zeche Rheinpreussen I/II im Nebengestein.

Auf Zeche Oberhausen I/II im Flötz Carl.

Auf Zeche Ewald I/II im hangenden Sandstein des Flötzes 4.

---

*) Zeitschr. f. d. Berg-, Hütten- u. Salinenw. 1895, Bd. XLIII, BS. 309.

In vielen Fällen ist die Beobachtung gemacht worden, dass aus den angefahrenen Klüften zunächst Wasser unter heftigem Druck und erst dann Gas austrat.

Gasdruck in der Kohle.

Die Höhe des Gasdruckes hängt natürlich in erster Linie von dem Widerstande ab, welchen Kohle und Nebengestein dem Ausströmen der Gase entgegensetzen. Dementsprechend wird bei weicher, bröckeliger oder von Schlechten durchzogener Kohle, zerklüftetem Hangenden oder Liegenden der Gasdruck ein geringerer sein als bei dichter Kohle und undurchlässigem Nebengestein. Ferner wird in tiefen Bohrlöchern unter sonst gleichen Verhältnissen ein weit stärkerer Gasdruck zu beobachten sein als in solchen, welche nur wenig in den Kohlenstoss eingedrungen sind.

Den durchschnittlichen Gasdruck in den Flötzen der Zeche Hibernia ermittelte Behrens während der Jahre 1893 bis 1895 durch 598 Versuche (Bohrlöcher bis 10 m Tiefe), welche ihm das Material zu seiner interessanten Abhandlung »Beiträge zur Schlagwetterfrage« geliefert haben, zu 1,79 Atm. Der Höchstdruck betrug in einem 4 m tiefen Bohrloch im Fettkohlenflötz 13 über der neunten Sohle 14,6 Atm. Bei noch tieferen Bohrlöchern würde die Gasspannung zweifelsohne ähnliche Werte angenommen haben wie in Belgien, wo ein Höchstdruck von 42,5 Atm. beobachtet wurde. Weitere Versuche, welche auf den Zechen Consolidation III/IV und Pluto Schacht Thies gemacht wurden, haben bemerkenswerte Ergebnisse nicht gezeitigt.

Theoretisch muss die Menge des aus der Kohle austretenden Gases dem Gasdruck entsprechen. In der Praxis hat Behrens für dieses Verhältnis an drei je 4 m tiefen Bohrlöchern folgende Beziehungen zwischen Gasdruck und ausströmender Gasmenge ermittelt:

Tabelle 21.

1.	2.	3.	4.	5.	6.	7.	8.
No. des Bohrloches	Alter des Betriebspunktes Monate	Höchster Gasaustritt Liter je Min.	Gasdruck mm Wassersäule	Niedrigster Gasaustritt Liter je Min.	Gasdruck mm Wassersäule	Mittel des Gasaustritts Liter je Min.	Gasdrucks mm Wassersäule
1	25	0,628	7	0,300	0	0,486	3,8
2	9	1,703	8 000	1,015	600	1,291	3 435
3	0	4,061	146 000	1,120	38 000	3,008	92 750

Sehr häufig wird aber durch die Dichtigkeit der Kohle und andere mitspielende Momente auf die Gasausströmung eine so vorherrschende Wirkung ausgeübt, dass ihr gegenüber der Einfluss des Gasdrucks ein sehr bescheidener und oft verschwindender wird. Das ergiebt sich aus der graphischen Darstellung Fig. 4 a. S. 106. In derselben zeigen die Kurven für Druck und Ausströmung, entsprechend dem physikalischen Gesetze, in dem grösseren Teile des Verlaufs deutlich eine Korrespondenz. Gegen das Ende der Beobachtungen weichen sie aber mit dem sinkenden Gasdrucke bedeutend von einander ab und bewegen sich sogar in widersinniger Richtung.

Einfluss der Luftdruck-Schwankungen auf die Grubengasentwickelung.

Die Einwirkung der Luftdruckschwankungen auf die Gasentwickelung der Steinkohlenbergwerke wird schon seit geraumer Zeit Beachtung geschenkt. Ueber die Art und den Grad der Einwirkung liefern die Arbeiten von Galloway[1], Hilt[2], Hilbk[3], und insbesondere die Versuche von Köhler[4] in Karwin, Broockmann[5] auf Zeche Hannover und Behrens[6] auf Zeche Hibernia schätzenswerte Aufschlüsse.

Bei der Betrachtung der Beziehungen zwischen Luftdruck und Gasausströmung muss streng zwischen dem Austritt der Gase aus der anstehenden Kohle und demjenigen aus den Hohlräumen des alten Mannes unterschieden werden, welche sich zwar nach denselben einfachen Gesetzen, aber unter ausserordentlich verschiedenen Bedingungen vollziehen.

A. Die Beeinflussung der Grubengasentwickelung aus der feststehenden Kohle durch die Luftdruckschwankungen.

Neben all den anderen Verhältnissen, welche hier mitspielen, fällt die jeweilige Beschaffenheit des Flötzes und der Stand der Gewinnungsarbeiten sehr ins Gewicht. Werden durch das Vorhandensein von natürlichen Spalten und Schlechten in der Kohle oder durch die Freilegung immer neuer Kohlenpartien bei den Vorrichtungsarbeiten oder bei der Auskohlung grosse Berührungsflächen zwischen der Kohle und der Atmosphäre geschaffen, so wird die Einwirkung des Luftdruckes eine relativ grosse, während sie unter anderen Verhältnissen sehr an Bedeutung verliert.

---

[1] Proceedings of the Royal Society 1872; Quarterly Journal of the Meteorological Society Okt. 1873 u. Okt. 1874.

[2] Ztschr. f. d. Berg-, Hütten- u. Salinenw. 1886, Bd. XXXIV, BS. 72 ff.

[3] Ztschr. f. d. Berg-, Hütten- u. Salinenw. 1886, Bd. XXXIV, BS. 146 ff.

[4] Ztschr. d. Ing. 1885 S. 893 ff.

[5] Ztschr. f. d. Berg-, Hütten- u. Salinenw. 1886, Bd. XXXIV, BS. 155.

[6] Glückauf 1895 S. 577 ff.

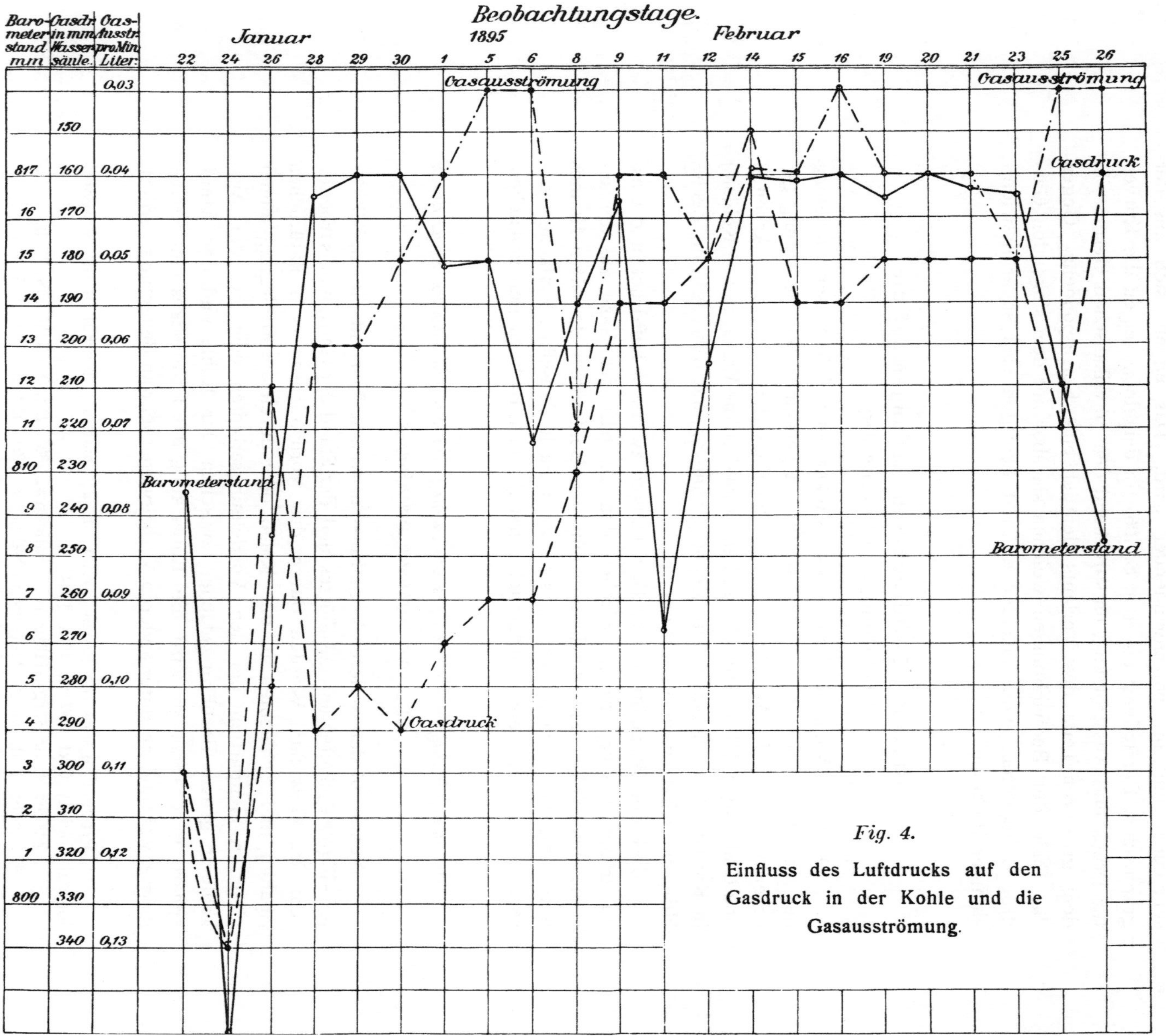

Fig. 4.

Einfluss des Luftdrucks auf den Gasdruck in der Kohle und die Gasausströmung.

Das geeignetste Mittel zur Feststellung dieses Einflusses wären Versuche an grösseren Flächen im gleichen Stand der Entgasung befindlicher Kohle. Da diese Beobachtungen nur unter Zuhülfenahme von Verdämmungen ausgeführt werden könnten, deren Herstellung sich praktisch grosse Schwierigkeiten entgegenstellen würden, hat man sich bisher damit begnügt, die Veränderungen festzustellen, welche der äussere Luftdruck auf die Gasspannung im Inneren von Bohrlöchern ausübt, eine Methode, welche besonders bei höheren Gasspannungen grosse Ungenauigkeiten in sich schliesst. Bei der geringen Fläche der Bohrlochwandung geht die Entgasung mit einem hohen, rasch, aber nicht gleichmässig rasch fallenden Druck vor sich, der Beobachtungsschwierigkeiten verursacht; auch lässt sich der Einfluss einer Gefügeverände ung der Kohle (z. B. durch Schlechtenbildung unter der Einwirkung des Gebirgsdruckes), welche während der Gasdruckmessung eine zeitweise stark erhöhte Entgasung verursachen kann, nur schwer feststellen und kaum in Rechnung ziehen.

Beobachtungen der Schwankungen des Gasdruckes in Bohrlöchern liegen von Broockmann und Behrens vor. Ersterer hat in den Jahren 1885—1886 auf Zeche Hannover den Einfluss der Luftdruckschwankungen auf die Gasentwickelung eines Bläsers an der wechselnden Höhe einer Flamme studiert, welche von dem Gase gespeist wurde, und dabei festgestellt, dass sich die Flammenhöhe annähernd genau entsprechend der Barometerkurve veränderte. Sehr eingehend hat sich Behrens mit dieser Frage beschäftigt; seiner bereits erwähnten Abhandlung ist die graphische Darstellung (Fig. 4 a. S. 106) entnommen.

Die Schaulinien geben die Werte für Luftdruck, Gasausströmung und Gasdruck wieder, welche in der Zeit vom 22. Januar bis zum 26. Februar 1895 durch direkte Messungen in einem Bohrloch des Flötzes 18 der Zeche Hibernia auf der 10. Tiefbausohle ermittelt wurden. Zur Erleichterung des Vergleichs sind den von oben nach unten fallenden Angaben des Barometerstandes die in derselben Richtung wachsenden Werte des Gasdrucks und der Gasausströmung gegenübergestellt, sodass die Beziehungen zwischen denselben in dem mehr oder minder parallelen Laufe der Schaulinien deutlich erkennbar werden. Als stärkste Luftdruckschwankung wurde in der Versuchszeit eine Differenz von 26,5 mm Quecksilber = 360 mm Wassersäule oder von durchschnittlich 16,4 mm Wassersäule für jeden der 22 Zeitversuche beobachtet. Infolge der allmählichen Entgasung der von dem Bohrloch durchörterten Kohle fiel der Gasdruck von dem höchsten Stande (340 mm Wassersäule) am 24. Januar mit bemerkenswerten Schwankungen bis auf 150 mm Wassersäule am 26. Februar, dem letzten Beobachtungstage, insgesamt also um 190 mm Wassersäule. Das ergiebt für die 22 Zeitversuche einen durchschnittlichen Fall von annähernd 9 mm Wassersäule. Die vollkommene bezw. annähernde

Parallelität der Kurven zwischen den Ordinaten 1—4, 4—14 und 17—20 spricht für den Einfluss des Luftdrucks. Der widersinnige Verlauf der Kurven zwischen den Ordinaten 14—17 beweist, dass dieser Einfluss unter Umständen durch andere stärkere Kräfte vollständig aufgehoben werden kann.

B. Die Einwirkung der Luftdruckschwankungen auf den Gasaustritt
aus dem alten Mann.

Es liegt auf der Hand, dass der Einfluss der Luftdruckschwankungen auf die Gasmengen in den der Atmosphäre zugänglichen Hohlräumen des alten Mannes ein unmittelbarer und deshalb weit wirkungsvollerer ist, als auf die in der Kohle eingeschlossenen Gase. Die alten Baue sind beim Offenstehen grosser Räume und der unvollkommenen Auskohlung, mit der man sich oft mit Rücksicht auf den Gebirgsdruck begnügen muss, mit so erheblichen Prozentsätzen an der Gesamt-Gasexhalation beteiligt, dass ein plötzlicher Abfall des Luftdruckes grosse Schlagwettermengen in den Wetterstrom ziehen kann. Für den niederrheinisch-westfälischen Bergbau hat sich diese Gefahr durch die stetig fortschreitende Einführung mit Bergeversatz arbeitender Abbaumethoden und die Vermehrung der Wettermengen sehr verringert.

Besondere Versuche zur Feststellung des Einflusses, welchen Luftschwankungen auf das Austreten der Gase aus dem alten Mann ausüben, haben, soweit bekannt ist, in unserem Revier nicht stattgefunden.

C. Versuche über die Einwirkung der Luftdruckschwankungen
auf die Gesamt-Gasausströmung.

Bei seinen Versuchen auf Zeche Hibernia hat Behrens auch die Einwirkungen starker Luftdruckveränderungen auf die Gesamtausströmung des Grubengases in den Kreis seiner Beobachtungen gezogen. Für die 13 Einzelbeobachtungen, welche an drei Tagen hintereinander während des Stillliegens des Betriebes vorgenommen wurden, führte er plötzlichen Barometerabfällen in der Wirkung annähernd gleiche Vorgänge dadurch herbei, dass er alle sechs Stunden die Tourenzahl und damit die Depression des Ventilators ändern liess, also künstlich Hebungen und Senkungen des Luftdrucks um maximal 5 mm Quecksilbersäule, gemessen im Saugkanal des Ventilators, erzielte. Der Werth der Versuche wurde dadurch erhöht, dass der natürliche Luftdruck in der Zeit von 24 Stunden (vom 8. Dezember 12 Uhr mittags bis zum 9. Dezember um dieselbe Zeit) um 8,5 (von 749,5 auf 741) mm Quecksilbersäule fiel und dann wieder im Verlauf von 18 Stunden (vom 9. Dezember 12 Uhr mittags bis zum 10. Dezember 6 Uhr früh) um 9 (von 741 auf 750) mm Quecksilbersäule stieg. So wurde eine Beobachtung des Einflusses ermöglicht, welchen starke und unvermittelte Schwankungen des natürlichen Luftdrucks auf den Gasaustritt ausüben. Bei den alle sechs Stunden sich wiederholenden Einzelversuchen wurden Feststellungen des Barometerstandes über Tage ausgeführt und aus denselben und den Werten des in der Grube gemessenen künstlichen Luftdrucks der resultierende wirksame Barometerstand ermittelt. Gleichzeitig wurden zur Bestimmung der Schlagwetterentwickelung dem ausziehenden Strome Proben entnommen und Messungen der Wettermenge vorgenommen.

Die erhaltenen Ergebnisse sind in der nachfolgenden Tabelle zusammengestellt:

Tabelle 22.

1.	2.		3.	4.	5.	6.	7.	8.	9.	10.	11.	12.
	Zeit der Beobachtung					Barometerstand		Touren-zahl des Venti-lators	Depres-sion des Venti-lators mm H$_2$O	Luftquantum	Grubengas	
Nr.						natür-licher über Tage mm Hg	wirk-samer resul-tieren-der mm Hg				%	cbm je Min.
	Monat	Tag		Tageszeit	Stunde					cbm		
1.	Dezember	7.		nachts	12	752	744,7	81	100	6112	0,64	39,11
2.	„	8.		morgens	6	752	750,3	40	24	3011	0,70	21,07
3.	„	„		mittags	12	749$^{1}/_{2}$	744,5	62	68	3050	1,25	37,85
4.	„	„		abends	6	747	743	56	54	2862	1,28	36,63
5.	„	„		nachts	12	747	742,6	60	62	2998	1,24	37,17
6.	„	9.		morgens	6	743	738	62	68	3066	1 29	39,55
7.	„	„		mittags	12	741	736	62	68	3060	1,35	41,31
8.	„	„		abends	6	743	738	62	68	3110	1,26	39,18
9.	„	„		nachts	12	748	743	62	68	3080	1,24	38,19
10.	„	10.		morgens	6	750	745	62	68	2998	1,13	35,67
11.	„	„		mittags	12	750	745	62	68	3005	1,19	35,75
12.	„	„		abends	6	749	746,9	44	29	3330	0,75	24,79
13.	„	„		nachts	12	748	742,1	80	95	5934	0,56	33,52

Die Beobachtungen 1, 2, 12 und 13 wurden im Saugkanal über Tage während des Betriebes des oberirdischen Ventilators, die Beobachtungen 3—11 im Schacht II während des Betriebes des unterirdischen Ventilators gemacht. —

Die auf Zeche Hibernia über Tage und auf der berggewerkschaftlichen Wetterwarte zu Bochum ausgeführten Beobachtungen des Barometerstandes, deren geringe Abweichungen auf die Verschiedenartigkeit der Instrumente und Ablesungsfehler zurückzuführen sind, sowie die für den künstlichen Luftdruck in der Grube ermittelten Werte sind den entsprechenden Werten der Schlagwetterausströmung in der nachstehenden graphischen Darstellung (Fig. 5 a. folg. S.) gegenübergestellt.

Der Verlauf der Schaulinien entspricht abgesehen von einer kleinen Abweichung bei Ordinate 4 genau dem Mariotte-Boyleschen Gesetz: Dem höchsten bezw. niedrigsten Barometerstand bei Ordinate 2 bezw. 7 steht die niedrigste bezw. höchste Gasausströmung gegenüber, zwischen

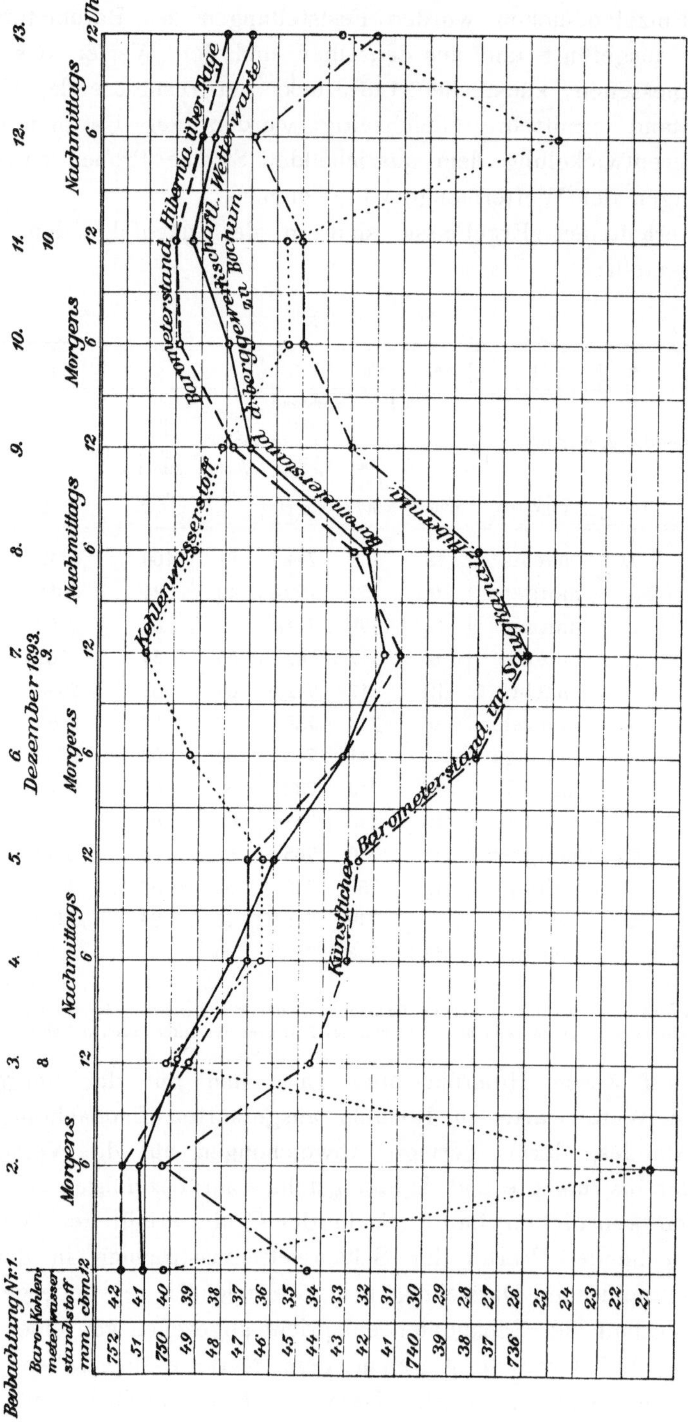

Fig. 5.

Einfluss des Luftdrucks auf die Schlagwetterausströmung.

den Ordinaten mit den gleich hohen Barometerständen 10 und 11 verlaufen die Kurven des künstlichen Luftdruckes und der Gasausströmung vollkommen parallel.

Auf Grund seiner umfangreichen Beobachtungen hat Behrens die von Köhler aufgestellten Sätze über die Beziehungen zwischen Luftdruckbewegungen und Gasaustritt aus der Kohle bestätigt, bezw. zu folgender Form berichtigt und ergänzt:

1. Ein steigender Luftdruck verlangsamt die Gasausströmung, ein fallender befördert dieselbe.

2. Je mehr der Luftdruck in der Zeiteinheit steigt, um so stärker nimmt die Ausströmung ab; je mehr er in der Zeiteinheit fällt, um so stärker wächst die Gasausströmung.

3. Hält ein um eine gewisse Barometerhöhe vermehrter Luftdruck, welcher eine Abnahme der Gasausströmung zur Folge hatte, in der erreichten Höhe eine längere Zeit oder dauernd an (wird das barometrische Niveau gehoben), so nimmt der Gasgehalt allmählich wieder zu, erreicht indessen für die Dauer der Hebung des Luftdrucks die ursprüngliche Höhe der Ausströmung nicht. Die durch die dauernde Hebung des Luftdrucks veranlasste Verminderung des Gasaustritts ist kleiner bei hohem Gasdruck in der Kohle, grösser bei niedrigem Gasdruck in derselben.

   Umgekehrt, hält ein um eine gewisse Barometerhöhe verminderter Luftdruck, welcher eine Zunahme der Gasausströmung zur Folge hatte, in der erreichten Höhe eine längere Zeit oder dauernd an (wird das barometrische Niveau gesenkt) so fällt der Gasgehalt allmählich wieder, geht indessen für die Dauer der Senkung auf die ursprüngliche Höhe nicht wieder zurück; die durch die dauernde Senkung des Luftdrucks veranlasste Vermehrung der Gasausströmung ist kleiner bei hohem Gasdruck in der Kohle, grösser bei niedrigem Gasdruck in derselben.

4. Folgt auf ein schnelleres Steigen des Luftdrucks, durch welches eine Abnahme der Gasausströmung veranlasst wurde, ein langsameres, so tritt eine langsame Zunahme der Gasausströmung ein; folgt auf ein schnelleres Fallen des Luftdrucks, durch welches eine Vermehrung der Gasausströmung veranlasst wurde, ein weniger schnelles, so tritt eine langsame Verminderung der Gasausströmung ein.

   Es entspricht daher nicht immer dem Maximum bezw. Minimum der Barometerkurve das Minimum bezw. Maximum der Gasausströmung.

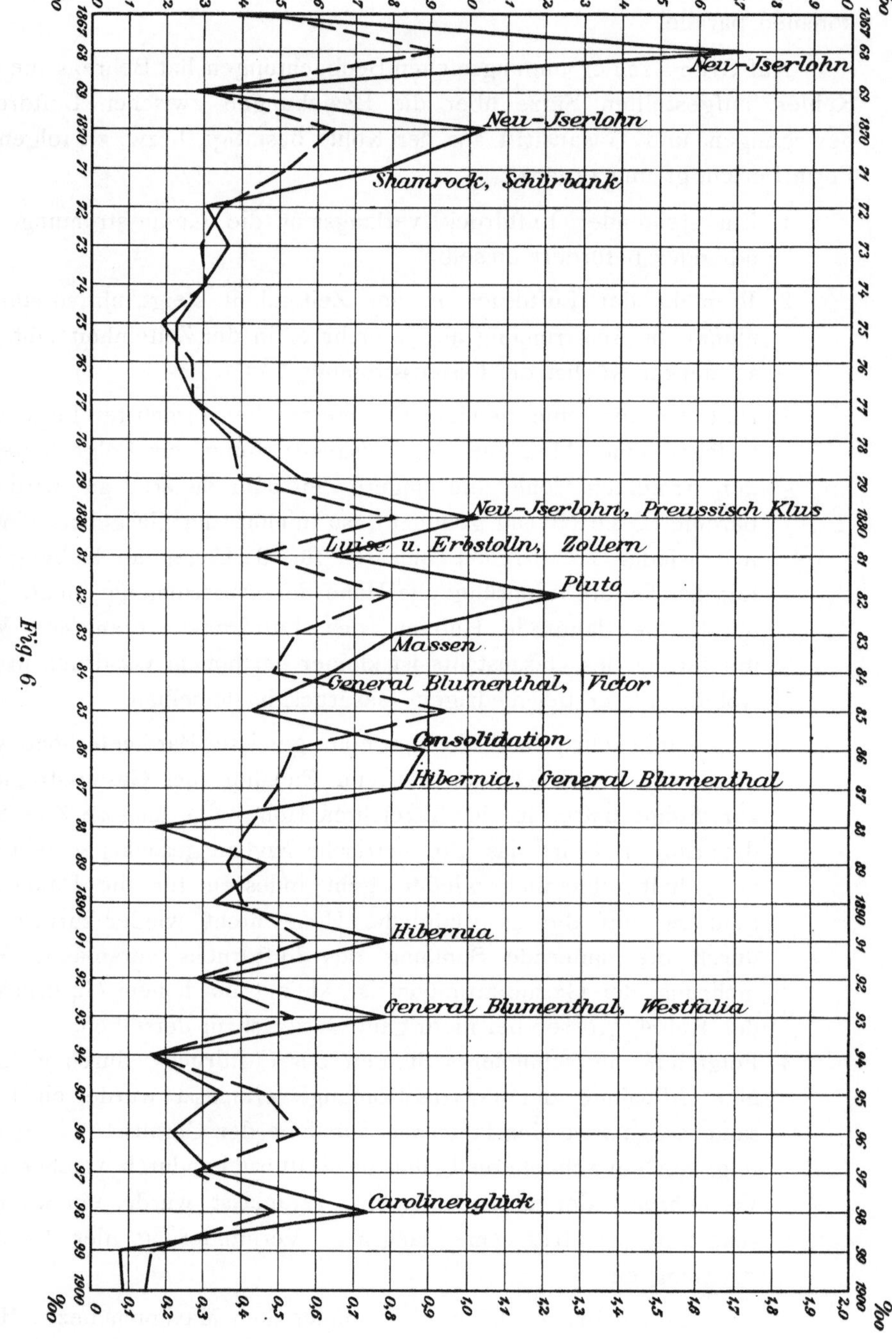

Fig. 6.

Tödliche Verunglückungen durch Explosionen:
— — — in Preussen,
——— im Oberbergamtsbezirk Dortmund.

ε. Schlagwetter-Explosionen.

Von Bergassessor Baum.

Der alte Bergbau in dem engeren Ruhrdistrikt mit seinen durch die Tagesausbisse oder Klüfte des Hangenden bereits entgasten Flötzen hatte so wenig mit Schlagwettern zu kämpfen, dass, trotzdem damals allgemein, wie es auch heute noch auf einzelnen Schächten geschieht, mit offenem Lichte gearbeitet wurde, Explosionen zu den Seltenheiten gehörten. Je mehr jedoch gegen Ende der 60 er Jahre der Bergbau nach Norden vordrang, je stärker die Mergeldecke wurde, unter der er umging, um so mehr nahmen die Explosionen an Zahl und Umfang zu.

Von den ersten Massenunglücken mit 81, 35 und 23 Toten wurde in den Jahren 1868, 1870 und 1880 die Zeche Neu-Iserlohn heimgesucht, wo bereits bei der ersten Explosion die verderbliche Mitwirkung des Kohlen-staubes sich in starker Koksbildung an der Unfallstätte bemerkbar machte. Den Einfluss, den diese und die nachfolgenden grossen Explosionen auf Pluto (1882), Consolidation (1886), Hibernia (1887 und 1891), General Blumenthal (1887 und 1893), Westfalia (1893) und Carolinenglück (1898) auf die Vermehrung der Gesamtziffer der durch Explosionen hervorgerufenen Unfälle ausübten, prägt sich deutlich in der vorstehenden graphischen Darstellung (Fig. 6) aus. Für die Grösse der Schlagwettergefahr, mit welcher der Ruhrkohlenbergbau bei der Ausdehnung des Betriebes und dem Gasreichtum seiner Flötze zu kämpfen hat, zeugt der Verlauf der für das niederrheinisch-westfälische Revier geltenden Schaulinie. Sie weicht von der gestrichelten für das Königreich Preussen geltenden Kurve nur in den Jahren ab, in welche die grossen Explosionen im Saarrevier fallen.

Der mit der wachsenden Teufe der Schächte sich stetig vergrössernden Schlagwettergefahr warf sich eine fortgeschrittene Technik, unterstützt durch die Mitarbeit der Aufsichtsbehörde und den Opfermut der Bergwerksbesitzer, entgegen. Durch Aufstellung leistungsfähiger Ventilatoren, und, wo das nicht half, durch Erweiterung der Wetterwege und Zuhülfenahme der Sonderbewetterung, durch die Einführung mit Bergeversatz arbeitender Abbaumethoden, die Beschränkung der Schiessarbeit und die Verwendung von Sicherheitssprengstoffen gelang es, diese Gefahrenquelle so einzuschränken, dass die Zahl der Explosionen trotz der ausserordentlichen Vergrösserung der Förderleistung und der nicht zu umgehenden Anlegung vieler im Bergbau unerfahrener Arbeiter selbst in den Jahren der Hochkonjunktur dauernd zurückging, wie sich aus der nachstehenden vergleichenden Uebersicht von Explosionen und Produktion ergiebt.

Tabelle 23.

Jahr	Zahl der Explosionen	Förderung t	Zahl der Explosionen auf 1 000 000 t Förderung
1891	86	37 402 454	2,29
1892	75	36 853 502	2,03
1893	70	38 613 146	1,81
1894	60	40 613 073	1,48
1895	51	41 145 744	1,24
1896	42	44 893 304	0,94
1897	61	48 423 987	1,26
1898	42	51 001 551	0,82
1899	35	54 641 120	0,64
1900	44	59 618 900	0,74

Im Jahresdurchschnitt betrug die Zahl der Explosionen in dieser Periode 56; sie weist gegen den davorliegenden Zeitraum 1881—1890 mit durchschnittlich 92 Explosionen einen bedeutenden Rückgang auf.

Leider liegt ein ähnlich günstiges Ergebnis nicht bezüglich der jährlichen Durchschnittsziffer der tödlich Verletzten vor; sie hat sich im Gegenteil von der Zahl 60 in dem Zeitraum 1881—90 auf 61 in den Jahren 1891—1900 gehoben. Diese Erhöhung fällt lediglich den Massenunglücken mit ihren fast ausnahmslos durch die verderbenbringende Mitwirkung des Kohlenstaubes stark gesteigerten Menschenverlusten zu. Die im Jahre 1898 erfolgte allgemeine Einführung der Berieselung auf den Zechen mit staubbildenden Flötzen hat indessen anscheinend bereits gute Erfolge gezeitigt, da in dem zweijährlichen Zeitraum Massenunglücke nicht mehr vorgekommen sind.

Im Verhältnis zu den anderen Unfallursachen ist der den Explosionen zufallende Prozentsatz, wie die graphische Darstellung Figur 7 zeigt, während der Jahre 1895—1899 auf 12,37 % gesunken, während er im Durchschnitt der Jahre 1867—1899 16,71 % betrug, und nur in dem Zeitraum 1870—1875 mit 11,41 % einen geringeren Wert aufwies.

Dem Einflusse der Luftdruckschwankungen auf die Entstehung der Explosionen legte man lange Zeit eine übertriebene Bedeutung bei. In England verstieg man sich sogar zu dem Vorschlag, von den meterologischen Stationen aus den Gruben Warnungen vor nahenden Stürmen zugehen zu lassen. Der Schlussbericht der englischen Grubenunfall-Kommission hielt indess bereits diese Warnungen selbst für den englischen Kohlenbergbau, wo der Einfluss der Luftdruckschwankungen bei der geringen Verbreitung mit Bergeversatz arbeitender Abbaumethoden verhältnismässig gross ist, für

überflüssig und im Hinblick darauf, dass ein Ausbleiben dieses an sich so
ungenauen Anhaltes eine Irreleitung oder eine Abstumpfung der Aufmerksamkeit des Aufsichtspersonals herbeiführen könnte, sogar für
gefährlich.

Die Preussische Schlagwetter-Kommission glaubte, sich dem Gut-
achten ihrer Lokalabteilung Dortmund anschliessend, dem Einfluss der

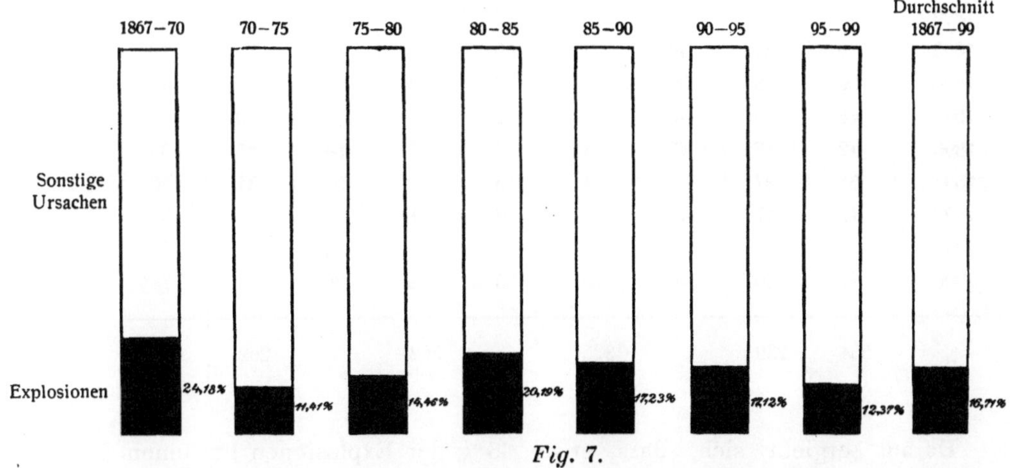

Fig. 7.

Prozentuales Verhältnis der Explosionen zu den sonstigen Ursachen der im Oberbergamtsbezirk Dortmund in der Zeit von 1867—99 eingetretenen Unfälle.

Luftdruckbewegung damit genügend Rechnung getragen zu haben, dass
sie folgende Vorschläge*) machte:

„Es empfiehlt sich die regelmässige und sorgfältige Beobachtung des Barometers bei allen schlagende Wetter entwickelnden
Gruben, sowie die zeitweise Verstärkung der Ventilation bei
niedrigem Barometerstande und starken Schwankungen des Luftdrucks."

Demgemäss werden im Ruhrrevier in den Wettermesstabellen der
Zechen regelmässige Angaben über den Barometerstand gemacht. Auch
werden diesbezügliche allgemeine Beobachtungen sowohl von der Bergbehörde als auch von privater Seite ausgeführt, und nach Eintragung der
Explosionsdaten, durch graphische Darstellung verdeutlicht, zur Veröffent-
lichung gebracht. Eine Statistik der Explosionen und der bei ihrem Eintreten beobachteten Barometerstände ist in der nachstehenden Tabelle 24
für den Zeitraum von 1891—1900 gegeben.**)

---

*) Hauptbericht S. 108.
**) Vergl. Glückauf 1901, S. 823.

Tabelle 24.

Jahr	Zahl der Ex-plosionen	Barometerstand				Nach dem Barometerstand zu erwartendes Ausströmen von Grubengas			
		unter Jahresmittel		über Jahresmittel		vermehrtes		geringeres	
		Zahl	%	Zahl	%	Zahl	%	Zahl	%
1891	86	46	53	40	46	54	62	32	37
1892	75	22	30	53	70	45	60	30	40
1893	70	28	40	42	60	37	51	33	49
1894	60	18	30	42	70	32	53	28	46
1895	48	23	48	25	52	28	58	20	41
1896	42	18	43	24	57	27	64	15	35
1897	61	27	44	34	56	30	50	31	50
1898	42	17	40	25	59	21	50	21	50
1899	35	20	57	15	43	16	45	19	55
1900	45	20	44	25	56	12	26	33	74
	564	239		325		302		262	

Daraus ergiebt sich, dass etwa 43 % der Explosionen bei einem unter dem Jahresmittel, 57 % bei einem über demselben liegenden Barometerstande eintraten. Wenn auch in einzelnen Jahren, so zum Beispiel 1896 und 1897 ein gruppenweises Auftreten von Explosionen mit niedrigen Barometerständen zusammenfiel, so wird doch die Annahme einer ursächlichen Beziehung zwischen Luftdruckschwankungen und Explosionsgefahr bei der Betrachtung der Ergebnisse in den übrigen Jahren hinfällig. Scheidet man beispielsweise für das Jahr 1900 die Explosionen aus, welche durch Oeffnen der Grubenlichter oder Benutzung von Feuerzeug entstanden sind oder sich bei stetigem Austreten von Grubengas aus dem Kohlenstoss zur Zeit minimaler Luftdruckschwankungen ereigneten, so entfallen von der Gesamtzahl von 45 Explosionen nur 11 = 24,4 % mit niedrigen Barometerständen zusammen. Bei einem ausgesprochenen Fallen der Barometerkurve während 160 Tagen fanden nur 20 %, bei schwankender oder steigender Tendenz aber 80 % aller Explosionen statt.

Auf den geringen Einfluss der Luftdruckschwankungen lässt sich aber auch ohne weiteres schliessen, wenn man sich vergegenwärtigt, dass für den Eintritt einer Explosion einmal eine gefährliche Ansammlung von Schlagwettern und zweitens eine Zündungsursache vorhanden sein muss. Was den ersten Punkt anlangt, so spielt der Einfluss einer Luftdruckschwankung gegenüber anderen Zufälligkeiten, wie Kurzschlüsse zwischen ein- und ausziehendem Strom, zu Bruche gehende Wetterkanäle, Aussetzen der zur Wetterführung dienenden Motoren, vorübergehende Anreicherung des Schlagwettergehaltes im Wetterstrom durch Anschiessen von Bläsern, Freilegung grosser Kohlenflächen bei Vorrichtungsarbeiten, Niedergehen des Hangenden im alten Mann und ähnlichen Ursachen nur eine sehr geringe Rolle. Ein ähnliches Verhältnis besteht zwischen der Einwirkung der Luftdruckschwankungen und den Zündungsursachen, welche etwa in der Hälfte der Fälle durch ein Versehen oder ein vorschriftswidriges Verhalten der Belegschaft gegeben werden.

In den Jahren 1897[1]) und 1900[2]) entfielen beispielsweise über 50 $^0/_0$ bezw. 44$^0/_0$ der Explosionen auf den Beginn der Schicht, woraus hervorgeht, dass die Belegschaften in diesen Fällen mit der Arbeit begonnen haben, ohne die Arbeitsstätte, wie vorgeschrieben ist, genügend abzuleuchten. Für das Jahr 1899[3]) verzeichnet die Statistik das traurige Resultat, dass 54 $^0/_0$ der Explosionen durch Versehen und grobe Fahrlässigkeit der Arbeiter, sowie Uebertretung der Vorschriften verursacht wurden. Die verschiedenen Ursachen der Explosionen in den Jahren 1895—1900 sind in der folgenden Tabelle aufgeführt:

Tabelle 25.

Jahr	Gesamtzahl der Explosionen	Die Explosionen entstanden durch						
		Gebrauch offener Grubenlichter	Benutzung von Feuerzeug und unbefugtes Oeffnen der Lampe	Schadhaftigkeit der Sicherheitslampe oder Schadhaftwerden derselben bei der Arbeit	Erglühen des Drahtkorbes, Durchschlagen der Zündpille und Durchschlagen der Flamme durch den Drahtkorb	Schiessarbeit	Grubenbrand	Unbekannte Vorgänge
1895	50	5	6	6	18	13	—	2
1896	42	2	1	2	25	10	—	2
1897	61	2	9	15	23	11	—	1
1898	42	5	3	7	16	10	—	1
1899	35	3	5	7	13	6	1	—
1900	45	11	2	9	14	9	—	—
Zusammen	275	28	26	46	109	59	1	6

---

[1]) Glückauf 1898, S. 751.

[2]) » 1901, S. 832.

[3]) » 1900, S. 753.

Welchen gewaltigen Einfluss die Art der Betriebe auf die Entstehung der Explosionen ausübt, geht deutlich aus der nachfolgenden graphischen Darstellung für den Zeitraum von 1861—1901 (Fig. 8) hervor. Aus derselben ist die den Bewetterungsschwierigkeiten entspringende

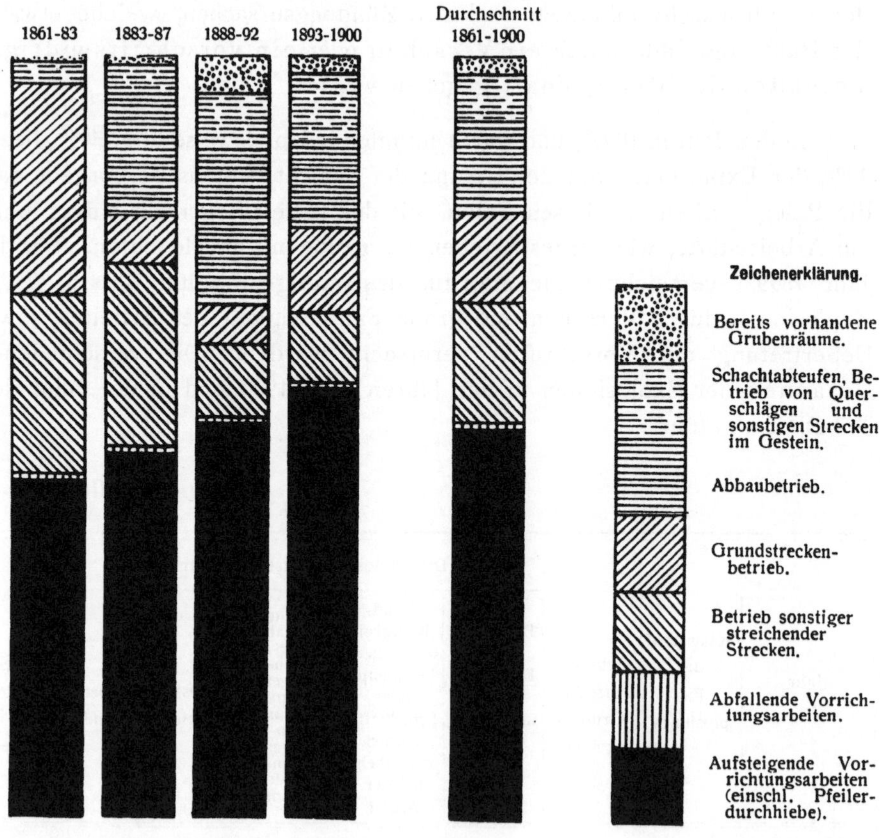

Fig. 8.

Einfluss der Art der Betriebe auf die Entstehung von Explosionen.

grosse Gefährlichkeit der schwebenden Vorrichtungsarbeiten deutlich ersichtlich.

In den Jahren 1895—1901 ereignete sich die grösste Zahl von Explosionen, wie sich aus der nachstehenden Tabelle 26 ergiebt, in der Wochenmitte, an Mittwochen und Donnerstagen; die Explosionszahl steigt vom Wochenanfang bis zur Mitte und geht gegen das Wochenende wieder herab.

Tabelle 26.

Verteilung der Explosionen auf die Wochentage in den Jahren 1895—1901.

	1895	1896	1897	1898	1899	1900	1901	Zus.
Sonntag	2	1	—	2	2	—	—	7
Montag	4	5	7	2	9	5	3	35
Dienstag	11	10	9	5	4	4	3	46
Mittwoch	9	9	15	7	6	7	3	56
Donnerstag . .	8	9	12	8	3	16	5	61
Freitag	10	3	7	11	3	7	5	46
Samstag	6	5	11	7	8	6	3	46
Zusammen	50	42	61	42	35	45	22	297

Von den Schichten ist nach der folgenden Tabelle die Frühschicht, wie bei der stärkeren Belegung und dem intensiveren Betrieb zu erwarten ist, am stärksten an der Explosionszahl beteiligt.

Tabelle 27.

Verteilung der Explosionen auf die einzelnen Schichten in den Jahren 1895—1900.

	Morgenschicht	Mittagschicht	Nachtschicht	Zusammen
1895	19	23	8	50
1896	20	14	8	42
1897	29	29	3	61
1898	24	11	7	42
1899	14	14	7	35
1900	22	16	7	45
Zusammen	128	107	40	275

d) Wasserstoff.

Von Professor Dr. Broockmann.

In den Wettern der verschiedenen Kohlenreviere hat man hin und wieder Wasserstoff gefunden. Auch ich fand und finde ihn zuweilen in den Wettern unseres Reviers; bei späteren Kontrolanalysen von Wetterproben, die an den nämlichen Punkten der Grube genommen sind, ist jedoch regelmässig kein Wasserstoff mehr nachweisbar.

Ich bin jetzt, namentlich durch die Untersuchungen über die in Kohlen eingeschlossenen Gase, zu der Ueberzeugung gekommen, dass Wasserstoff nicht von vornherein in den Wettern vorhanden ist, sondern dass er vielmehr durch irgend eine fremde Ursache hineingerät.

Einige solcher Ursachen mögen hier angeführt werden.

Bei hoher Erhitzung des CH_4 spaltet sich dieses und H wird gebildet; H ist in den Explosionsgasen mancher Sprengstoffe enthalten. Wasserstoff kann sich auch bilden bei Explosionen oder nach Explosionen, indem glühender Kohlenstoff und Wasserdampf auf einander einwirken. Ferner ist Wasserstoff in Brandgasen und in den Darmgasen*) enthalten: Ruge fand in Darmgasen bis zu 22 % H. Ich bin der Meinung, dass der Wasserstoff, welchen ich manchmal in Wetterproben aus Ueberhauen auffinde, aus Darmgasen stammt.

H ist ein sehr indifferentes Gas und wie N und CH_4 als O-Verdünner anzusehen. Eine merkwürdige Eigenschaft desselben in physiologischer Hinsicht ist die, dass man nach Einatmung grösserer Mengen reinen Wasserstoffs eine ganz heisere Stimme bekommt. Eine weitere Eigenschaft des Wasserstoffs interessiert uns hier, nämlich die leichte Entzündbarkeit (bei ca. 500°) von Wasserstoff-Luft-Gemengen; durch rotglühende Eisendrähte werden solche Gemenge schon entzündet, während dieses bei CH_4-Luft-Gemengen nicht der Fall ist.

Leuchtgas besteht etwa aus 45 % CH_4, 45 % H und 10 % anderen Gasen. Werden nun Versuche (z. B. Durchschlagsversuche) mit Leuchtgas-Luft-Gemengen ausgeführt, so bewirkt der Wasserstoff des Leuchtgases eine leichtere Entzündlichkeit derselben und ausserdem sind die Wirkungen weit kräftiger als die der CH_4-Luft-Gemenge. Die Ergebnisse solcher Versuche geben daher ein falsches Bild. Eine Versuchsreihe, welche Verfasser ausführte, um die Verhältnisse leicht entzündlicher, explosiver Gemenge kennen zu lernen, möge hier angeführt werden. Explosive Gemenge, welche H und CH_4 in verschiedenen Verhältnissen enthielten, zeigten folgende Eigenschaften:

H CH_4

1 : 1	entzündete sich an rotglühenden Eisendrähten
1 : 2	» » » » »
1 : 3	» » » » »
1 : 4	» » » » »
1 : 5	» » » » »
1 : 6	» » » » »
1 : 7	» » » » »
1 : 8	» » » » »
1 : $8^1/_2$	» sich nicht an » »

---

*) Plauer: Wiener Acad. Ber. 42, S. 307.
   Ruge: »   »   » 44, S. 739.

e) Schwefelwasserstoff.

α) Eigenschaften und Entstehung von H_2S.

Von Professor Dr. Broockmann.

Schwefelwasserstoff ist ein giftiges, brennbares Gas vom spezifischen Gewicht 1,18. Er ist in Wasser löslich und zwar absorbiert 1 Raumteil Wasser bei gewöhnlichen Temperaturen 3—4 Raumteile H_2S. In wässriger Lösung zersetzt sich H_2S allmählich durch Oxydation.

Schwefelwasserstoff macht sich leicht durch seinen eigentümlichen süsslichen Geruch bemerkbar. Allerdings gewöhnt der Mensch sich sowohl an den Geruch des Schwefelwasserstoffs, wie auch an den Genuss solcher Wässer, welche geringe Mengen dieses Gases enthalten; in Aachen wandert z. B. auch die gesunde Bevölkerung gern zum Elisenbrunnen, um dort Schwefelwasser zu trinken. Wohl jeder Chemiker hat sich im Leben mehreremal ordentlich mit H_2S vergiftet, was meistens heftiges Erbrechen im Gefolge hat; atmet man grössere Mengen H_2S ein, so wird man ohnmächtig, fällt plötzlich nieder und schleunigster Transport in frische Luft ist dann sehr geboten.

Die Angaben, wonach schon ganz minimale Mengen (0,1 $^0/_0$) Schwefelwasserstoff oder auch die durch Verbrennung des H_2S entstehende schweflige Säure (SO_2) tödlich wirken sollen, sind entschieden übertrieben; wenn das der Fall wäre, so gäbe es keinen lebendigen Chemiker und keinen Hüttenmann mehr.

Tiere sind dagegen äusserst empfindlich gegen H_2S; Katzen werden rasend, wenn sie Spuren davon zu riechen bekommen, Pferde saufen kein Wasser, welches auch nur Spuren von H_2S enthält, während Menschen solches Wasser trinken, ohne den Schwefelwasserstoff zu riechen. Nach Peyron, »De l'action toxique de l'hydrogène sulfuré sur les animaux« (Paris 1888) genügen schon 0,04 $^0/_0$ H_2S in der Luft, um ein Pferd zu töten.

Die Giftigkeit des Schwefelwasserstoffs beruht darauf, dass derselbe zunächst den Sauerstoff aus dem Blute fortnimmt, dann aber noch aus der Blutflüssigkeit feste Körper (Eiweiss) abscheidet.

H_2S hat auch die merkwürdige Eigenschaft, die Augen stark anzugreifen.

Nachweisen kann man geringe Mengen Schwefelwasserstoff durch feuchtes Bleipapier (mit essigsaurem Blei getränktes Filtrierpapier), welches in H_2S-haltiger Luft sofort schwarz wird.

Schwefelwasserstoff ist brennbar und giebt daher mit Luft gemengt explosive Gemenge. Hier möge auf einen in vielen bergtechnischen Werken vorkommenden Fehler aufmerksam gemacht werden. Es wird da gesagt, »wenn Wetter mehr als $^1/_{10}$ Prozent H_2S enthalten, so ist das Gemenge explosiv«. Dies ist ganz einfach ein Druckfehler, es könnte allenfalls heissen $^1/_{10}$, aber nicht $^1/_{10}$ Prozent. Zwei Raumteile H_2S gebrauchen nämlich 3 Raumteile O zur Verbrennung; explosiv sind Gemenge, welche über $6\,^0/_0$ SH_2 enthalten, das Maximum der Explosibilität liegt bei 12,2 $^0/_0$.

Schwefelwasserstoff bildet sich in der Grube aus den schwefelhaltigen Bestandteilen der Kohlen (Pflanzeneiweiss) durch Gährung, namentlich bei Gegenwart von viel Wasser.

In der Literatur findet man häufig Angaben, wonach H_2S aus Schwefelkies durch Einwirkung von Wärme und Wasser entstehen soll. Würde diese Umsetzung so einfach vor sich gehen, so würde es wohl in den meisten Erzgruben vor Schwefelwasserstoff nicht auszuhalten sein.

Häufig (z. B. in den Schwefelwässern) bildet sich der Schwefelwasserstoff durch Einwirkung des aus Gips oder Anhydrit durch Reduktion entstandenen Schwefelcalciums auf Wasser und Kohlensäure:

$$Ca\,S + H_2\,O + CO_2 = Ca\,CO_3 + H_2\,S.$$

Da solche Schwefelwässer auch oft Schwefelnatrium enthalten, so kann auch die Bildung aus diesem nach der Formel:

$$Na_2\,S + H_2\,O + CO_2 = Na_2\,CO_3 + H_2\,S$$

verlaufen.

In einigen Schwefelwässern kommen H_2S und CO_2 zusammen vor; die Wässer enthalten jedoch die eben erwähnten Körper $Ca\,S$ oder $Na_2\,S$ nicht. Man nimmt bei dieser Bildung an, dass beide Gase durch Einwirkung des Wassers auf Kohlenoxydsulfid entstehen:

$$COS + H_2\,O = H_2\,S + CO_2.$$

Diese Umsetzung möchte ich jedoch als recht problematisch bezeichnen.

β) Vorkommen von H_2S im Ruhrbezirk.

Von Bergassessor Kette.

Wenn auch der Schwefelwasserstoff auf den Ruhrzechen nur selten in solchen Mengen auftritt, dass bei der Wetterführung besondere Rücksicht darauf genommen werden müsste, so ist doch das Vorkommen dieses Gases an sich gar nicht selten. Besonders trägt dazu bei, dass viele von den zahlreich vorhandenen Quellen geringe Mengen H_2S führen. Schon Huyssen sagt darüber in seiner Arbeit »Die Soolquellen des westfälischen Kreidegebirges, ihr Vorkommen und mutmasslicher Ursprung«[*]), zumeist wohl mit Bezug auf die im Mergel erbohrten Soolquellen:

---

[*]) Zeitschr. der deutschen geologischen Gesellschaft 1855, S. 593.

»Von den Soolen wie von den Süsswasserquellen lassen viele einen stärkeren oder schwächeren Geruch nach Schwefelwasserstoff erkennen. An bestimmte Oertlichkeiten ist dessen Vorhandensein nicht geknüpft und er ist auch bei manchen Quellen, wo er vorkommt, nicht bemerkt worden. Die Schwefelwasserstoff-Entwickelung rührt offenbar von der Einwirkung der schwefelsauren Salze auf organische Stoffe her, wie sie zuweilen die hölzernen Bohrlochs-Veröhrungen, überall aber die organischen Reste (?) in dem Gebirge selbst darbieten.«

Besonders bemerkenswert ist ein Vorkommen von H_2S auf der Zeche Julia. Im Westfeld dieser Zeche ist nämlich in verschiedenen Sohlen eine querschlägige Hauptstörung durchfahren, deren 4—5 m mächtige Ausfüllungsmasse in der Hauptsache aus Bruchstücken des Nebengesteins (meist Sandstein, weniger Schiefer, selten auch Kohle) besteht; daneben kommt Schwefelkies in Blöcken bis zu $^1/_4$ cbm, Bleiglanz und Blende, vereinzelt auch Haarkies vor, während grosse schlotartige Hohlräume zum Teil mit Kalkspatkrystallen ausgekleidet sind. Hinsichtlich der Grösse dieser Höhlungen die auf der unteren Sohle abgemauert sind, sei bemerkt, dass in eine derselben ungefähr 40 Wagen Berge gefüllt werden mussten. Beim Durchfahren dieser Störung entleerten sich aus den angehauenen Hohlräumen zunächst grosse Mengen sehr salzhaltigen Wassers; hinterher aber strömten stark nach Schwefelwasserstoff riechende Gase in grosser Menge aus. Da hierbei die Lampen erloschen, dürfte der Hauptteil dieser Gase Kohlensäure gewesen sein. Im Jahre 1894, wo man auf der oberen (III.) Sohle zuerst diese Störung durchfuhr, strömte das stark riechende Gas stärker und anhaltender aus als im Jahre 1896, wo man auf der unteren (IV.) Sohle dieselbe Kluft antraf. Proben der ausströmenden Gase sind leider nicht analysiert worden; besondere Schwierigkeiten bereitete ihr Auftreten der Wetterführung nicht.

Aehnliche, wenn auch schwächere Erscheinungen sind beim Anfahren wasserführender Klüfte auf den Zechen Eintracht Tiefbau und Amalia bei Harpen beobachtet worden. Auf der erstgenannten Zeche verweigerten die bis dahin mit Grubenwasser getränkten Pferde die weitere Annahme desselben, sobald jene salzhaltigen, nach H_2S riechenden Wasser dem Sumpf zugeführt worden waren. Das auf Amalia aus Klüften im Hangenden von Flötz Dickebank ausströmende Wasser, das stark nach H_2S roch, war Süsswasser.

Auf Schacht Thies der Zeche Pluto führte die Wilhelmsquelle (vergl. unten S. 146) Schwefelwasserstoffgase und zwar zeitweise in solchen Mengen, dass der frische Wetterstrom, welcher an der Quelle vorbeistreicht, erheblich verstärkt werden musste, um das Weiterarbeiten an den von ihm versorgten Betriebspunkten zu ermöglichen. Ob die gelbliche Flammen-Verlängerung, welche die Sicherheitslampen nach Angabe der

Betriebsleitung in einem früheren Falle bei besonders starkem Auftreten des charakteristischen Geruches in der Nähe jener Quelle zeigten, auf das Schwefelwasserstoffgas zurückzuführen ist, erscheint nicht ganz sicher, da sonstige Beobachtungen über derartige Einwirkungen auf die Benzinflamme fehlen. Auch von den Soolquellen auf Zeche Charlotte und auf dem damaligen Schacht Oberhausen (jetzt Concordia Schacht I) der Gesellschaft Concordia berichtet Huyssen a. a. O. S. 597 und 49, dass dieselben Schwefelwasserstoff entwickelten.

Dass die beim Anfahren alter Baue angezapften Wasser häufig nach Schwefelwasserstoff riechen, ist eine allgemein bekannte Thatsache, die sich aus den oben angegebenen Zersetzungsvorgängen leicht erklärt. Man trifft daher in der Nähe alter Baue besondere Vorsichtsmassregeln (Vorbohren), die ja auch wegen der Gefahr eines plötzlichen Wasserdurchbruches notwendig sind.

Es ist auch ein Fall bekannt, wo der aus den angebohrten Wassern freiwerdende Schwefelwasserstoff der Belegschaft verhängnisvoll geworden ist.

Nach Karstens Archiv Bd. 1827 S. 208 ff. sind nämlich am 8. Mai 1827 auf der jetzt längst verlassenen Sieper & Mühlergrube bei Sprockhövel vier Bergleute tödlich dadurch verunglückt, dass sie mit einem über 8 m langen Bohrloch von 5 cm Durchmesser die Wasser eines verlassenen Abhauens anbohrten, aus denen sich nach »Schwefel oder Pulver« riechende Gase in grosser Menge und mit grosser Schnelligkeit entwickelten.

Trotzdem die Leute sofort zu fliehen versuchten, wurden sie schnell betäubt und starben teils an Ort und Stelle, teils ungeachtet bald angestellter Wiederbelebungsversuche unter heftigsten Krämpfen und Zuckungen; auch ein Teil der Rettungsmannschaften wurde, namentlich sobald sich einer bückte, ohnmächtig und musste zu Tage geschafft werden.

Kann nun auch ein Teil der Begleiterscheinungen durch die Einwirkung von Kohlensäure erklärt werden, so deutet doch neben dem beobachteten Geruch vor allem der Umstand, dass eine silberne Taschenuhr sowie einige Münzen, die die Bergleute zufällig bei sich trugen, blau anliefen, auf das Vorhandensein ziemlich bedeutender Mengen von Schwefelwasserstoffgas hin.

Ueber einen zweiten durch Schwefelwasserstoff verursachten Unfall der nach Serlo, Leitfaden der Bergbaukunde (4. Aufl. 1884) Bd. II S. 305 im Jahre 1855 auf Zeche Marie Anna und Steinbank vorgekommen sein soll, hat sich nichts Genaueres mehr ermitteln lassen.

f) Ammoniak.
Von Professor Dr. Broockmann.

Ammoniak wird wohl in keiner Grube gänzlich fehlen; denn abgesehen davon, dass die atmosphärische Luft schon Spuren davon enthält führen die verwesenden Tier- und Menschenexkremente der Grubenluft dieses Gas zu. Da nun aber sowohl das Wasser wie auch das Gestein starkes Absorptionsvermögen für Ammoniak besitzen, so findet sich sehr bald alles entstandene NH_3 entweder im Wasser oder im Gestein vor.

Was die physiologischen Wirkungen anlangt, so ist das NH_3 in den Mengen, welche für die Grube in Frage kommen können, ohne Bedeutung. Luftproben, welche unmittelbar hinter einem Pferdestalle unter Tage genommen wurden und deutlichen NH_3-Geruch besassen, ergaben Gehalte von nur 0,001—0,002 % NH_3.

g) Kohlenoxyd.

Von Professor Dr. Broockmann.

Wenn irgendwo im Grubenbetriebe, in Nachschwaden, Sprenggasen, Ueberhauen u. s. w. Bergleute erstickt aufgefunden werden, so ist stets die erste Frage: Enthielten die Wetter Kohlenoxyd? CO ist für den Bergmann zum Sammelnamen und zum Inbegriffe alles Giftigen geworden.

Zunächst wollen wir die Möglichkeiten der Bildung von Kohlenoxyd, soweit sie für den Grubenbetrieb von Interesse sind, näher besprechen.

CO bildet sich überall dort, wo CO_2 mit reduzierenden Körpern bei höheren Temperaturen in Berührung kommt; solch ein reduzierender Körper ist nun z. B. der Kohlenstoff:

$$CO_2 + C = 2\,CO.$$

Wenn C verbrennt, so bildet sich zunächst stets CO_2, kommt dieses dann mit glühendem C in Berührung, so entsteht CO. Dieser vom Hochofenprozess bekannte Vorgang tritt in der Grube ein bei Kohlenstaubexplosionen und Schlagwetterexplosionen, bei denen Kohlenstaub mitwirkt. Ist dabei Wasserdampf vorhanden, so bildet sich Kohlenoxyd auch nach der Formel:

$$C + H_2O = CO + 2\,H.$$

CO ist ferner in allen Sprenggasen enthalten. Es bildet sich auch durch Reduktion von Kohlensäure durch Eisen oder Kupfer bei höheren Temperaturen (glühender Drahtkorb). In Braunkohlen bildet sich Kohlenoxyd durch Gährung (vergl.: „Eingeschlossene Gase").

Dagegen bildet sich kein Kohlenoxyd bei reinen Schlagwetterexplosionen, selbst nicht bei Gehalten von $9^1/_2$—$13^1/_2$ % CH_4. Ferner entsteht kein CO in Ueberhauen des Steinkohlengebirges sowie in den Brandfeldern westfälischer Gruben; wenigstens habe ich in den Brandgasen westfälischer Gruben niemals CO feststellen können.

Kohlenoxyd ist ein farbloses, sehr giftiges Gas vom spezifischen Gewicht 0,97; es ist im Wasser nicht löslich. Mit Luft gemengt giebt es, wie alle brennbaren Gase, explosive Gemenge, deren Maximum der Explosibilität bei 30 $^0/_0$ CO liegt. 2 Raumteile CO erfordern zum Verbrennen 1 Raumteil O; explosive CO - Luft-Gemenge werden schon durch rotglühende Eisendrähte zur Entzündung gebracht.

Für den Bergmann ist Kohlenoxyd deshalb so gefährlich, weil bei Prozentsätzen, welche schon tödlich wirken, die Lampenflamme die Gegenwart desselben noch nicht anzeigt; da nun aber Kohlenoxyd mit blauer Flamme brennt, so sind selbstredend bei höheren Gehalten an CO genau dieselben Lichtkegel an der Flamme zu beobachten, wie in CH_4-haltiger Luft.

Die furchtbare Gefährlichkeit des Kohlenoxyds ist bekannt. Wir wollen nunmehr zu erklären versuchen, weshalb schon minimale Gehalte der Luft an CO — 0,1 $^0/_0$! — tödlich wirken.

Das Leben besteht, „chemisch" definiert, in der Aufnahme von O und Abgabe von CO_2. Das Blut hat nun die Fähigkeit, sowohl O wie auch CO zu absorbieren. Genau genommen ist diese Absorption nicht physikalisch, sondern chemisch aufzufassen, da sich bestimmte Körper bilden:

$$\text{Oxyhämoglobin} = 1 \text{ Mol. Hämoglobin} + 1 \text{ Mol. O}$$
$$\text{Kohlenoxydhämoglobin} = 1 \quad \text{„} \qquad \text{„} \qquad + 1 \text{ „ CO.}$$

Kohlenoxyd hat nun aber eine bedeutend grössere Verwandtschaft zum Hämoglobin als Sauerstoff, man spricht sogar von einer „Avidität" des Hämoglobins auf CO. Tritt daher CO in das Blut, so verbindet es sich direkt mit dem Hämoglobin des mit Kohlensäure beladenen Blutes, oder es treibt aus dem Oxyhämoglobin den Sauerstoff aus. Es entsteht in beiden Fällen Kohlenoxydhämoglobin, eine Verbindung, welche den Atmungs- und Lebensprozess nicht unterhalten kann, so dass eine Art Erstickungstod eintritt. Schon geringe Mengen von Kohlenoxyd in der Atmungsluft vermögen in ganz kurzer Zeit bedeutende Mengen Hämoglobin zu binden. Ist nun ein bestimmter Teil des Hämoglobins, z. B. die Hälfte, an CO gebunden, so ist damit auch die Ernährungsfähigkeit des Blutes um die Hälfte verringert. Der Tod tritt ein, wenn etwa 75 $^0/_0$ des Blutes aus Kohlenoxydhämoglobin besteht; dieses Ergebnis stimmt mit der Thatsache sehr gut überein, dass Tiere, welche 75 $^0/_0$ ihres Blutes verloren haben, sterben.

Die Regeneration des Blutes findet beim Atmen in reiner Luft oder besser und rascher in reinem Sauerstoff nach und nach teils durch Diffusion, teils durch Dissociation, teils durch Oxydation statt. Dieses ist wichtig für die Beurteilung der Todesursache, denn im Blute von Menschen, welche ohne Zweifel an CO-Vergiftung, aber nicht in CO-Atmosphäre, gestorben sind, ist oft kein CO mehr nachzuweisen.

Das Kohlenoxyd wird nur allmählich wieder aus dem Blute getrieben und übt daher eine sehr nachhaltige Wirkung aus. Diese beruht auf Zerstörung der Gewebezellen und zwar vor allem derjenigen, welche am sauerstoffbedürftigsten sind, des Gehirns, des Herzens und der Nierenrinde. Näheres hierüber findet man in: »Sauerstoffbedürfnis des Organismus« von P. Ehrlich, 1885.

Es würde zu weit führen, wenn wir die betreffenden Krankheitserscheinungen näher besprechen wollten; hier möge nur auf ein Werk hingewiesen werden, welches auch dem Laien verständlich ist und dieses Kapitel ausführlich behandelt: „Kohlenoxyd - Vergiftung" von Dr. med. Willy Sachs. Braunschweig, Vieweg, 1900.

Es sei noch erwähnt, dass verschiedene Individuen bei gleich starker CO-Vergiftung sehr verschieden angegriffen werden: von zehn Mann, welche in Nachschwaden vorgedrungen waren, gleiche Zeit darin verweilt hatten und demnach auch wohl gleich viel CO eingeatmet hatten, waren acht Mann vollständig ruhig, während zwei Mann wie tobsüchtig um sich schlugen und den Eindruck machten, als ob sie tüchtig betrunken seien; getrunken hatten die Leute aber seit sechs Stunden keinen Tropfen Alkohol.

Eine merkwürdige Sinnestäuschung tritt bei den durch Kohlenoxyd Vergifteten ein. Sie haben die Empfindung, als ob der ganze Körper, namentlich aber die Hände, angeschwollen seien, sodass sie Gezähstücke, Fahrtsprossen u. s. w. nicht mehr umspannen zu können glauben.

Die Bestimmung von Kohlenoxyd führen wir derart aus, dass wir zunächst das zu untersuchende Gas genau so behandeln, als ob nur CO_2 und CH_4 darin enthalten wären, d. h. wir absorbieren die CO_2 und verbrennen dann an einem elektrisch in Orangeglut gebrachten Platindraht das CH_4; ist dann nach der Verbrennung das Verhältnis von Volumen-Verminderung (x) zur gebildeten CO_2 (y) nicht genau = 2 : 1, so lässt sich nach den Formeln

$$CH_4 = \frac{2\,x - y}{3}; \ CO = \frac{4\,y - 2\,x}{3}$$

der Gehalt an CO unter der Annahme, dass nur CH_4 und CO zur Verbrennung gelangt sind, feststellen. Dass CO zugegen ist, kann man vermuten, wenn

$$2\,y \gt x$$
$$5\,y \gt 4\,x$$
$$4\,x \gt 2\,y.$$

Zur Kontrolle leiten wir das zu untersuchende Gas in salzsaures Kupferchlorür oder Palladiumchlorür und bestimmen die Menge des absorbierten Kohlenoxyds.

II. Feuchtigkeitsgehalt der Wetter.

1. Allgemeines.

Von Professor Dr. Broockmann.

Eine auch für den Bergmann wichtige konstante Beimengung der
Luft ist der Wasserdampf, welcher selbst über Wüsten, in denen nie
ein Tropfen Regen fällt, oder in gewaltigen Höhen, bei Temperaturen von
-50^0 C niemals ganz fehlt. Besondere Ermittelungen über den
Feuchtigkeitsgehalt der Luft im Ruhrbecken liegen nicht vor. Der
Durchschnitt der langjährigen auf den meteorologischen Stationen Kleve,
Krefeld, Arnsberg, Gütersloh und Münster gemachten Beobachtungen
ergab 80 % relative Feuchtigkeit.

Bekanntlich kann die Luft bei bestimmten Temperaturen bestimmte
grösste Mengen Wasserdampf in sich aufnehmen; ist die Luft mit Wasserdampf gesättigt, so enthält sie in 1 cbm:

bei $-20°$ C $=$ 1,0 Gramm Wasser
» $-10°$ » $=$ 2,3 » »
» $\quad 0°$ » $=$ 5,4 » »
» $+10°$ » $=$ 9,7 » »
» $+20°$ » $=$ 17,2 » »
» $+30°$ » $=$ 29,4 » »
» $+40°$ » $=$ 51,0 » »

Kühlt sich gesättigte Luft ab, so fällt Wasser aus und zwar soviel,
dass wiederum gesättigte Luft entsteht.

Wichtige Erscheinungen in der Grube wollen wir an der Hand
vorstehender Tabelle zahlenmässig näher besprechen. Wir wollen dabei
annehmen, dass in einer Grube auf der Wettersohle eine gleichbleibende
Temperatur von 30° C herrsche, dass die Luft dort mit Wasserdampf
gesättigt sei, dass der Ausziehstrom am Ventilator stets 20° C habe
und dass er ebenfalls mit Wasserdampf gesättigt sei — Verhältnisse,
welche nicht selten in den Gruben Rheinlands und Westfalens zu finden
sind. Wir wollen ferner zunächst annehmen, dass der Einziehstrom
ebenfalls mit Wasserdampf gesättigt sei. Nun werden wir uns leicht über
die Fragen: »wann ist es in der Grube feuchter, im Sommer oder im
Winter?«, »wieviel Wasser nimmt der Wetterstrom aus der Grube?«, »weshalb
regnet es im Ausziehschachte?«, »wieviel Wasser fällt im Ausziehschachte
nieder?« u. s. w. Rechenschaft geben können.

Bei den angenommenen Verhältnissen fallen im Ausziehschachte
jahraus, jahrein für jedes Kubikmeter ausziehender Wetter 29,4 — 17,2

= 12,2 g Wasser aus; der im Ausziehschachte herunterfallende Regen wirkt natürlich dem Wetterzuge entgegen und vermindert daher die Wettergeschwindigkeit.

Im Winter, bei 0°, tritt die Luft in die Grube ein mit 5,4 g Wasser, verlässt die Grube mit 17,2 g Wasser; jedes Kubikmeter Luft entzieht demnach der Grube 11,8 g Wasser.

Im Frühling oder Herbst, bei 10°, tritt die Luft in die Grube ein mit 9,7 g Wasser, verlässt die Grube mit 17,2 g Wasser und entzieht demnach je Kubikmeter der Grube nur 7,5 g Wasser.

Im Sommer, bei 20°, tritt die Luft mit demselben Feuchtigkeitsgehalte wieder aus, wie sie eingetreten war, entzieht also der Grube kein Wasser; bei sehr heisser Witterung lässt der Wetterstrom Wasser in der Grube zurück, z. B. bei 30° je Kubikmeter 12,2 g.

Demnach ist es im Winter in der Grube trockener als im Sommer.

Wir haben bisher angenommen, dass die einziehende Luft mit Wasserdampf gesättigt sei. Dies wird jedoch nur an sehr nebligen oder regnerischen Tagen der Fall sein. Die durchschnittliche relative Feuchtigkeit beträgt in unseren Gegenden im

$$\text{Frühling} = 74\,\%$$
$$\text{Sommer} = 67\,\%$$
$$\text{Herbst} = 80\,\%$$
$$\text{Winter} = 86\,\%.$$

Die relative Feuchtigkeit ist also in den kälteren Jahreszeiten grösser als in den wärmeren, während die absolute Feuchtigkeit in den wärmeren Jahreszeiten grösser als in den kälteren ist. Je geringer die relative Feuchtigkeit der Luft ist, umsomehr Wasser wird letztere natürlich der Grube entziehen.

Im Vorstehenden haben wir eine den Physiker interessierende Eigenschaft des Wasserdampfes — die Spannkraft, Tension — nicht berührt, weil für den Bergmann in den meisten Fällen wohl nur das »Stoffliche« des Wasserdampfes — der Gehalt an Wasser — in Frage kommen wird. Wir müssen jedoch auch jene Eigenschaft kurz erwähnen.

Nehmen wir einen bestimmten Raum trockener Luft und lassen ein Tröpfchen Wasser darin verdampfen, so machen wir die Beobachtung, dass der Raum eine Vergrösserung erfährt; das Wasser nimmt in Dampfform einen 1700 mal grösseren Raum ein und vermehrt daher den anfänglich trockenen Luftraum.

Die Zahlenverhältnisse für gesättigte Luft bei 760 mm Druck sind folgende:

	Spannkraft	Raumprozente
bei — 20° C = 1,0 mm Quecksilber		0,1
„ — 10 „ = 2,2 „	„	0,3
„ 0 „ = 4,6 „	„	0,6
„ + 10 „ = 9,1 „	„	1,2
„ + 20 „ = 17,4 „	„	2,3
„ + 30 „ = 31,5 „	„	4,1
„ + 40 „ = 54,9 „	„	7,2

Tritt daher die Luft im Einziehschachte mit 0° C und im gesättigten Zustande ein und verlässt im Ausziehschachte die Grube mit 20° C und ebenfalls im gesättigten Zustande, so haben sich die Wetter um 2,3 − 0,6 = 1,7 Raumprozente vermehrt; dazu kommt dann noch die Vergrösserung durch die Temperaturerhöhung von 0 auf $20° = \dfrac{20}{273} = 7,3$ % und die aus der Grube stammende Gasmenge, welche wir zu 1% annehmen wollen. Der Ausziehstrom ist demnach gegen den Einziehstrom um 1,7 + 7,3 + 1,0 = 10 % grösser geworden.

Im allgemeinen ist also der Ausziehstrom stärker als der Einziehstrom und nur bei ganz heisser, schwüler Witterung, etwa bei 30°, ist das Umgekehrte der Fall; bei 20° und nebeligem Wetter wird Ausziehstrom und Einziehstrom etwa gleich sein.

Dehnt sich Luft aus, so kühlt sie sich ab; kommt daher gesättigte Luft unter einen geringeren Druck, so dehnt sie sich aus, kühlt sich ab und lässt nun eine bestimmte Menge Wasser als feinen Nebel ausfallen, eine Erscheinung, welche wir in der Grube häufig beobachten können. Die physikalischen Vorgänge im Ausziehschachte sind also folgende: Zunächst kühlt sich die Luft, je höher sie steigt, an den Wandungen des Schachtes immer mehr ab, hierdurch verkleinert sich der Luftraum und es fällt Wasser aus; die Luft kommt aber auch beim Aufsteigen fortwährend unter geringen Druck, dehnt sich hierbei aus, kühlt sich infolgedessen ab, und es fällt auch aus diesem Grunde Wasser aus; beim Kondensieren von Wasserdampf wird aber Wärme frei, wodurch der Luftraum wieder ausgedehnt wird, ebenso durch die Wärme, welche durch Reibung der Luft an den Schachtwandungen und Einstrichen erzeugt wird.

2. Bestimmung des Feuchtigkeitsgehaltes der Luft.

Von Professor Dr. Broockmann.

Die meisten Hygrometer und Hygroskope sind so ungenau, dass man sie zu wissenschaftlichen Bestimmungen garnicht verwenden kann. Das Instrument, welches der Physiker zur Ermittelung der Luftfeuchtigkeit anwendet (Augusts Psychrometer mit Assmannschem Aspirator, ist dagegen zu zerbrechlich, um für die Grube in Frage kommen zu können. Es giebt aber einen sehr einfachen Apparat, welcher hier gute Dienste thut und vorzügliche Resultate ergiebt.

Der ganze Apparat besteht in einem kleinen, an einem Faden befestigten Thermometer, einem Musselinlappen und der hierunter angeführten Tabelle. Zur Bestimmung des Feuchtigkeitsgehaltes der Luft bestimmt man zunächst die Temperatur der fraglichen Oertlichkeit (trockenes Thermometer); alsdann umgiebt man die Quecksilberkugel des Thermometers mit einem nassen, doppelten oder dreifachen (nicht mehr) Musselinlappen, schwingt an dem etwa einen Fuss langen Faden das feuchte Thermometer langsam herum und notiert die Temperatur (feuchtes Thermometer). Man wird dann eine mehr oder weniger grosse Differenz gegen die erste Messung (psychrometrische Differenz) erhalten.

In Luft, welche mit Wasserdampf gesättigt ist, verdampft kein Wasser, es kann deshalb auch von dem feuchten Musselinlappen kein Wasser verdampfen und durch die Verdunstungskälte die Quecksilberkugel sich abkühlen; die beiden Temperaturmessungen ergeben daher keine Differenz d. h. es ist in der Luft 100 % relative Feuchtigkeit vorhanden.

Ist dagegen die Luft trocken, so verdunstet nach Massgabe der Trockenheit das Wasser von dem Musselinlappen mehr oder weniger schnell und kühlt dadurch die Quecksilberkugel mehr oder weniger ab; je grösser daher die gefundene Temperaturdifferenz ist, um so grösser ist auch die Trockenheit, d. h. je geringer ist die relative Feuchtigkeit.

Aus Tabelle 28 ersieht man den zur psychrometrischen Differenz gehörigen relativen Feuchtigkeitsgehalt.

Die Tabelle ist absichtlich abgekürzt gegeben, durch Interpolieren kann man jedoch leicht die in Frage kommenden Zahlen ermitteln. In unseren Gruben wird man mit dem durch dickere Strich markierten Teile auskommen.

Tabelle 28.

Das trockene Thermometer zeigt: °C	Die relative Feuchtigkeit beträgt in Prozenten bei den Differenzen:							Das trockene Thermometer zeigt: °C
	0°	1°	2°	3°	4°	5°	6°	7°	
0	100	81	63	45	28	16	10	5	0
5	100	84	69	54	39	27	15	10	5
10	100	87	74	62	50	39	28	16	10
15	100	89	78	68	58	49	39	30	15
20	100	91	81	72	64	55	47	40	20
25	100	92	83	76	68	61	54	47	25
30	100	92	85	78	71	65	59	53	30
35	100	93	88	80	73	68	63	58	35
40	100	93	90	82	75	70	66	61	40

3. Feuchtigkeitsgehalt der Grubenwetter im Ruhrbezirk.

Von Bergassessor Kette.

Schon die Preussische Schlagwetter-Kommission*) wandte ihre Aufmerksamkeit der Frage zu, inwiefern der Feuchtigkeitsgehalt der Grubenwetter im Zusammenhange stände mit der Explosionsgefährlichkeit der Schlagwetter sowohl wie des Kohlenstaubes. Die daraufhin vorgenommenen Untersuchungen verschiedener Gruben und besonders solcher, die sich durch trockenen Kohlenstaub auszeichneten, ergaben, dass fast auf allen Zechen selbst bei trockener Aussenluft der Feuchtigkeitsgehalt schon in geringer Entfernung vom Füllort des einziehenden Schachtes den ihrer Temperatur entsprechenden Sättigungsgrad nahezu erreicht; nur in ganz vereinzelten Fällen, so namentlich auf der Saarbrücker Zeche Camphausen, zeichneten sich die Abbaue durch so grosse Trockenheit aus, dass die betreffenden Wetterströme nur gegen 80 $^0/_0$ relative Feuchtigkeit enthielten.

Speziell im Ruhr-Kohlenbecken hat die Lokalabteilung Dortmund in den Jahren 1881—1883 bei ihren Befahrungen auf 32 Zechen**) Feuchtigkeitsmessungen vorgenommen, welche zumeist nur einen Vergleich der frischen Wetter über Tage mit denjenigen am Füllort des einziehenden Schachtes und evtl. mit den ausziehenden Wettern auf der Wettersohle oder im Wetterkanal über Tage bezweckten. Auf den Zechen Pluto und Neu-Iserlohn wurden jedoch auch die Wetter vor Ort einzelner Pfeiler-Betriebe untersucht.

Etwas später (i. d. J. 1886—1888) hat dann der damalige Oberbergrat Nasse in Dortmund sich eingehender mit dem Studium dieser Frage befasst und Messungen in den Wetterströmen der Zechen Ewald, Neu-Iserlohn, Hardenberg, Hugo, Pluto Schacht Thies, Zollern, Freie Vogel und Unverhofft und Consolidation Schacht II vorgenommen, deren Ergebnisse in der Zeitschrift für das Berg-, Hütten- und Salinenwesen 1888, Bd. XXXVI, B. S. 179 ff. veröffentlicht worden sind. Hierbei standen auch die Resultate der ausführlichen Messungen zur Verfügung, die Markscheider Richter ungefähr gleichzeitig auf den Zechen Hibernia und Shamrock angestellt hatte. Auch die vom Oberbergamt Dortmund eingesetzte Kommission, welche vom Jahre 1894 ab die Ruhrzechen auf Schlagwetter- und Kohlenstaubgefahr untersuchte, hat bei ihren Befahrungen eine Anzahl Hygrometer-Messungen vornehmen lassen, so z. B. auf Pluto Schacht Wilhelm, auf Hibernia, König Ludwig und Victor. Hierzu kommen noch eine kleine Anzahl von Messungen, welche verschiedene Zechen aus eigenem Interesse

---

*) Vergl. Hauptbericht S. 111.

**) Vergl. Anlagen z. H. d. Schl. K. Bd. II S. 83—91 u. 102—105.

haben vornehmen lassen, und schliesslich noch diejenigen der Zeche Schlaegel und Eisen, wo die Betriebsleitung schon seit längerer Zeit regelmässig alle Vierteljahre an den Hauptwetterstationen neben Menge und Temperatur auch die Feuchtigkeit der Wetter messen lässt.

Von all diesen Beobachtungen sind jedoch naturgemäss diejenigen auszuscheiden und evtl. besonders zu betrachten, die unter dem Einfluss der künstlichen Berieselung der Grubenbaue gestanden haben. Denn der Hauptwert dieser Messungen liegt in der Ermittelung, inwieweit sich der Feuchtigkeitsgehalt der Wetter auf ihrem Wege von der Hängebank des einziehenden bis zu der des ausziehenden Schachtes bezw. bis zum Wetterkanal unter dem Einfluss der natürlichen Grubenfeuchtigkeit verändert. Andererseits ist es einleuchtend, dass bei der ausgiebigen Anwendung der künstlichen Berieselung, wie sie in den letzten Jahren grade in Westfalen und zumal auf den kohlenstaubreichen Fettkohlenzechen eingeführt ist, der an sich schon hohe Feuchtigkeitsgehalt der Wetter fast regelmässig bis zur Sättigung erhöht werden muss.

Sieht man also von diesen letzteren Messungen ab, so bestätigen die übrigen im grossen und ganzen die schon oben angeführte Erfahrung, dass die Wetterströme der Ruhrzechen infolge der natürlichen Grubenfeuchtigkeit schon in einiger Entfernung vom Füllort des einziehenden Schachtes mit Wasserdampf nahezu gesättigt zu sein pflegen und diesen relativen Sättigungsgrad auch auf ihrem weiteren Wege durch die Grubenbaue trotz der Temperatur-Veränderungen, die sie unterwegs erleiden, beibehalten. Mit der Temperatur nimmt regelmässig auch der absolute Gehalt der Wetter an Wasserdampf zu. Naturgemäss schwankt die Entfernung, welche ein Wetterstrom von der Hängebank bezw. vom Füllort des einziehenden Schachtes zu durchlaufen hat, bis er sich mit Feuchtigkeit annähernd gesättigt hat, bei verschiedenen Gruben in erster Linie nach der mehr oder minder grossen Feuchtigkeit des einziehenden Schachtes und der übrigen Grubenbaue, in zweiter Linie nach der von der Temperatur abhängigen Aufnahmefähigkeit des Wetterstromes.

Was die natürliche Feuchtigkeit der westfälischen Zechen anlangt, so kann man sagen, dass die Zechen, auf denen das Steinkohlengebirge zu Tage ausgeht, im allgemeinen feuchter sind als die nördlichen, unter Mergelbedeckung bauenden Gruben. In der letzteren Gruppe giebt es jedoch eine Anzahl Zechen wie Erin, Victor, Gneisenau, die aus lokalen Gründen sehr wasserreich sind, während andere, so z. B. Monopol Schacht Grimberg so trocken sind, dass dort bisher überhaupt keine Wasser gehoben zu werden brauchen. Leider sind auf dieser letzteren Zeche früher keine Hygrometer-Messungen gemacht worden, die gewiss sehr interessant gewesen wären, während z. Zt. derartige Messungen durch die Berieselungsanlage beeinflusst werden würden.

Unter anderem könnte auch die Zeche Pluto, wo je Minute nur 0,8 cbm Wasser gehoben werden und von der mehrere Hygrometer-Messungen vorliegen, als trocken bezeichnet werden. Diese Zeche kann zugleich als Beispiel für den Einfluss dienen, den Feuchtigkeit und Temperatur der Aussenluft auf den Feuchtigkeitsgehalt der Grubenwetter — wenigstens innerhalb bestimmter Grenzen — ausüben.

Auf der Schachtanlage Wilhelm dieser Zeche fand nämlich die Lokalabteilung Dortmund der Schlagwetter-Kommission am 18. Januar 1882 über Tage eine Temperatur von $-0{,}25°$ C bei $100\,\%$ Feuchtigkeitsgehalt, am Füllort der 312 m - Sohle im einziehenden Strome aber $+11°$ C und $91\,\%$ Feuchtigkeit. Dies entspricht zwar einer relativen Abnahme des Feuchtigkeitsgehaltes um $9\,\%$, aber — infolge der Temperatur-Erhöhung — einer absoluten Zunahme desselben um 4 g Wasser je Kubikmeter Luft*). Am 29. November 1895 fand dagegen die Schlagwetter- und Kohlenstaub-Kommission auf demselben Schachte über Tage eine Temperatur von $-4°$ C mit nur $52\,\%$ Feuchtigkeit und auf der 495 m-Sohle im einziehenden südlichen Hauptquerschlag, durch den 1914 cbm Wetter von $+7{,}5°$ C zogen, $68\,\%$ Feuchtigkeit.

Die Temperatur hatte also zwar an diesem Tage bei einem nur 283 m längeren Wege um $11{,}5°$ C, der relative Feuchtigkeitsgehalt um $16\,\%$ und der absolute um 3,5 g Wasser je Kubikmeter zugenommen. Dagegen war der absolute Wassergehalt des einziehenden Wetterstromes im Jahre 1895 auf der 495 m Sohle noch um 3,6 g je Kubikmeter kleiner als jener im Jahre 1882 auf der 312 m - Sohle. Einige andere Hygrometer-Messungen von Zeche Pluto werden später noch besprochen werden.

Bei den sämtlichen erwähnten Messungen ist in der Grube, ein Feuchtigkeitsgehalt von weniger als $80\,\%$ nur ausnahmsweise und dann gewöhnlich nur in der Nähe des einziehenden Schachtes beobachtet worden. So fand z. B. die Lokalabteilung Dortmund am 8. Februar 1882 auf Zeche Zollern am Füllort des einziehenden Schachtes auf der 274 m-Sohle $64\,\%$ relative Feuchtigkeit bei $8{,}5°$ Wärme und bei $64\,\%$ Feuchtigkeit bezw. $6°$ Wärme der Luft über Tage; von Markscheider Richter wurden am 5. Januar 1888 auf Zeche Hibernia in der einziehenden östlichen Grundstrecke von Fl. 13 (440 m-Sohle) $71\,\%$ Feuchtigkeit bei $19{,}2°$ Wärme gemessen (Luft über Tage $+4{,}9°$ mit $77\,\%$ Feuchtigkeit). In der östlichen ausziehenden Strecke von Fl. R. auf der 337 m - Sohle der Zeche Consolidation II stellte Oberbergrat Nasse am 15. November 1887 bei $26{,}4°$ Wärme $73\,\%$ Feuchtigkeit fest, während gleichzeitig über Tage $-0{,}5°$ C und $56\,\%$

---

*) Der absolute Wassergehalt je Kubikmeter ist hier berechnet nach den Tables météorologiques internationales, Paris 1890.

Feuchtigkeit gemessen wurde. Das letzte Resultat ist insofern besonders bemerkenswert, als es im ausziehenden Strome einen Feuchtigkeitsgehalt von weniger als $80\,\%$ ergab.

Ein verhältnismässig geringer Feuchtigkeitsgehalt wurde auch auf Zeche Pluto Schacht Thies ermittelt, wo die Lokalabteilung Dortmund[*]) der Preussischen Schlagwetter-Kommission am 9. Oktober 1882 an einzelnen sehr kohlenstaubreichen Arbeitspunkten Messungen vorgenommen hat. Hier ergaben jedesmal zwei Messungen folgende Resultate:

Tabelle 29.

Messpunkt	Temperatur Grad Celsius	Feuchtigkeit $\%$
Ueber Tage	17,6	66
Flötz 8, Pfeiler 11 West.	26,0	79
» » 10 »	25,0	79
Nördlicher Hauptwetterquerschl. im Hangenden von Flötz 8	25,3	72,5

In dem gleichen Flötz fand Nasse am 4. Juni 1886 im Pfeilerrückbau über der III. (414 m-)Sohle $84\,\%$ Feuchtigkeit bei $26,4°$ Wärme. Dagegen wurde von ihm auf Zeche Neu-Iserlohn der Feuchtigkeitsgehalt vor Ort zweier ebenfalls sehr kohlenstaubreichen Pfeiler mit 89 bezw. $90\,\%$ bei $15°$ C Temperatur gemessen. Ebenso fand Nasse im Abbau auf Flötz Ewald der gleichnamigen Zeche bei zwei Messungen je $100\,\%$ Feuchtigkeit bei 25,3 bezw. $25,6°$ Wärme.

Auf der Wettersohle schwankt nach den obigen Autoren der relative Feuchtigkeitsgehalt gewöhnlich zwischen 90 und $100\,\%$, wie Tabelle 30 a. f. S. zeigt.

Abgesehen von dem schon früher erwähnten ausziehenden Teilstrome auf Zeche Consolidation II wurde allein auf Dorstfeld am 30. Mai 1883 durch die Lokalabteilung Dortmund in dem ausziehenden Strome auf der Wettersohle bei $16,3°$ C weniger als $90\,\%$, nämlich $85\,\%$ Feuchtigkeit beobachtet; über Tage waren $59,5\,\%$ Feuchtigkeit und $21,4°$ C Wärme gemessen. Im Mittel ergeben diese vorgenannten Messungen (also einschl. Dorstfeld) einen durchschnittlichen Feuchtigkeitsgehalt von $93\,\%$ auf der Wettersohle, eine Zahl, die wohl auch dem Durchschnitt der sämtlichen westfälischen Zechen — wenigstens vor der allgemeinen Einführung der Berieselung — entsprechen dürfte.

---

[*]) Vergl. Anl. II z. Hauptbericht d. Schl. K. S. 90.

Feuchtigkeitsgehalt auf der Wettersohle. Tabelle 30.

Lfd. No	Zeche	Feuch- tigkeit %	Tempe- ratur °C	Gemessen durch	Datum. der Beobachtung
1	Hardenberg	100	25,5	Nasse	7. 5. 1886
2	Neu-Iserlohn	100	19,2	Nasse	4. 5. 1886
3	Zollern	99	19,4	Nasse	21. 6. 1886
4	Kaiserstuhl I	99	18,5	Lokalabteilung Dortmund	25. 10. 1881
5	König Ludwig	98	21,0	Schlagw. u. Kohlenst.-Kom.	28. 11. 1894
6	Pluto Scht. Wilhelm . .	96	22,0	Lokalabteilung Dortmund	18. 1. 1882
7	desgl. *) . .	94	22,0	Schlagw. u. Kohlenst.-K.	29. 11. 1895
8	Hugo	95	24,5	Nasse	20. 5. 1886
9	Hibernia	96	21,0	Schlagw. u. Kohlenst.-Kom.	15. 11. 1894
10	desgl. *)	92	22,7	Richter	5. 1. 1888
11	Victor	96	25,0	Schlagw. u. Kohlenst.-Kom.	12. 12. 1894
12	Shamrock	93	22,5	Richter	8. 1886 u. 3. 1887
13	desgl.	92	21,0	Richter	8. 1886 u. 3. 1887
14	desgl.	91,5	22,0	Richter	8. 1886 u. 3. 1887
	Cölner Bergw.-Verein				
15	Schacht Carl . . .	93,5	21,0	Lokalabteilung Dortmund	2. 11. 1881
16	Königsborn	91	18,5	Lokalabteilung Dortmund	9. 5 1883
17	Ewald	90	26,0	Lokalabteilung Dortmund	25. 1. 1882

Im Wetterkanal über Tage sind ebenfalls auf einer Reihe von
Zechen Messungen angestellt worden. Eine Anzahl der gefundenen
Resultate ist in folgender Tabelle zusammengestellt.

Feuchtigkeitsgehalt im Wetterkanal. Tabelle 31.

Lfd. No.	Zeche	Feuch- tigkeit %	Tempe- ratur °C	Gemessen durch	Datum der Beobachtung
1	Victor	100	22,0	Schlagw.- u. Kohlenst.-Kom.	12. 12. 1894
2	Hibernia	100	19,0	Schlagw.- u. Kohlenst.-Kom.	15. 11. 1894
3	Pluto Schacht Wilhelm .	100	21,5	Schlagw.- u. Kohlenst.-Kom.	29. 11. 1895
4	König Ludwig	98	20,5	Schlagw.- u. Kohlenst.-Kom.	28. 11. 1894
5	Ewald	100	14,0	Lokalabteilung Dortmund	25. 1. 1882
6	Minister Stein	98	17,3	Lokalabteilung Dortmund	15. 3. 1882
7	Neu-Iserlohn I	95	15,2	Lokalabteilung Dortmund	23. 11. 1881
8	Zollern	85	11,2	Lokalabteilung Dortmund	8. 2. 1882

*) Berieselungseinrichtung war schon vorhanden.

Ferner haben auf Anfrage im Jahre 1898 eine Reihe von Zechen den Feuchtigkeitsgehalt ihrer ausziehenden Wetter im Wetterkanal über Tage wie folgt angegeben:

Feuchtigkeitsgehalt im Wetterkanal.

Tabelle 32.

Lfde. No.	Zeche	Feuchtigkeit $^0/_0$	Temperatur $^\circ$ C
1	Schlaegel und Eisen I/II	100	20,0
2	Kaiserstuhl I	100	20,0
3	Kaiserstuhl II	100	19,5
4	Neu-Iserlohn II	100	18,0
5	Carolinenglück	100	23,0
6	Pluto Scht. Thies . . .	100	23,0
7	Holland III	100	18,0
8	Berneck	95	15,0
9	Margaretha	91	21,0
10	Vorwärts	88	12,5

Man kann nach alledem wohl annehmen, dass der relative Feuchtigkeitsgehalt der ausziehenden Wetterströme in den Wetterkanälen über Tage im Durchschnitt 98 $^0/_0$ beträgt, also 5 $^0/_0$ mehr, als für die Wetter auf der Wettersohle angenommen ist, was sich aus der kühleren Temperatur der Wetter im Wetterkanal erklärt. Diese Abkühlung der Wetter im Kanal hat in vielen Fällen zur Folge, dass sich ein Teil des Wassers aus dem Wetterstrom ausscheidet und auf den Wänden des Kanals niederschlägt, so dass diese im allgemeinen feucht sind. In den Wetterschächten selbst tritt diese Erscheinung ebenfalls auf.

Regelmässige Feuchtigkeitsbeobachtungen finden im Ruhrbecken, so weit bekannt, nur auf der Zeche Schlaegel und Eisen Schacht I/II, statt, wo seit Mitte des Jahres 1898 in jedem Vierteljahr einmal an 6 bezw. 8 Hauptwetterstationen, die auf den drei vorhandenen Sohlen teils im einziehenden, teils im ausziehenden Strom liegen, der Feuchtigkeitsgehalt der Grubenwetter zugleich mit der Temperatur und der Wettermenge gemessen wird.

Eine Zusammenstellung der hier in der Zeit von Juni 1898 bis März 1900 angestellten Beobachtungen ergiebt, dass, während der Feuchtigkeitsgehalt der frischen Wetter über Tage an den betreffenden Tagen zwischen 70 und 95 $^0/_0$ schwankte, die Wetter in der Grube schon in kurzer Entfernung vom einziehenden Schachte regelmässig und unbeeinflusst durch die verschiedenen gemessenen Temperaturen mit Feuchtigkeit völlig gesättigt waren. Auch die ausziehenden Wetter wiesen stets einen Feuchtigkeitsgehalt von 100 % auf. Genaueres lassen die in folgender Tabelle zusammengestellten Beispiele ersehen.

Tabelle 33.

Datum der Beobachtung	Ueber Tage Temperatur °C	Feuchtigkeit %	Messpunkt in der Grube	Wettermenge cbm	Temperatur °C	Feuchtigkeit %	Messpunkt in der Grube	Wettermenge cbm	Temperatur °C	Feuchtigkeit %
1. Einziehender Strom.										
2. 6. 1898	+ 12	85	472 m-Sohle, 108 m östlich vom einziehenden Schacht	398	15.5	100	472 m-Sohle, 170 m südlich vom einziehenden Schacht	480	15,5	100
2. 9. 1898	+ 22	75		443	19,0	100		576	19,0	100
2. 12. 1898	+ 6	70		487	12,0	100		592	12,0	100
1. 3. 1899	+ 8	70		459	14,0	100		620	15,0	100
2. 6. 1899	+ 18	70		728	16,0	100		499	16,0	100
8. 9. 1899	+ 24	95		528	18,0	100		664	18,0	100
11. 12. 1899	+ 10	90		507	16,0	100		652	16,0	100
11. 3. 1900	+ 7	95		479	14,0	100		752	14,0	100
2. Ausziehender Strom.										
2. 6. 1898	+ 12	85	402 m-Sohle, 65 m südlich vom ausziehenden Schacht	940	23*)	100	402 m-Sohle, 15 m nördlich vom ausziehenden Schacht	1380	25*)	100
2. 9. 1898	+ 22	75		1028	23	100		1019	25	100
3. 12. 1898	+ 6	70		1120	23	100		1088	25	100
2. 3. 1899	+ 13	73		1248	23	100		1023	25	100
2. 6. 1899	+ 18	70		1256	23	100		881	25	100
2. 9. 1899	+ 21	80		1248	23	100		970	25	100
2. 12. 1899	+ 12	85		1216	23	100		950	25	100
2. 3. 1900	+ 5	86		1360	23	100		990	25	100

*) Die nach diesen beiden Spalten sich ergebende Differenz in der Temperatur der beiden ausziehenden Teilströme ist eine konstante und beruht darauf, dass die Temperatur in den nördlich auftretenden Gaskohlenflötzen höher ist als in den südlicher gelegenen Gasflammkohlenflötzen.

Zum Schluss noch einige Angaben über die absoluten Wassermengen, die durch die Ventilatoren in Gestalt von feuchten Wettern den Grubenbauen entzogen werden. (Vergl. oben S. 129.)

Aus den Messungen, die die Schlagwetter- und Kohlenstaub-Kommission am 29. November 1895 auf Zeche Pluto Schacht Wilhelm vornahm, berechnet sich z. B. die Wassermenge, die durch den 21,5 ° warmen Ausziehstrom von 6430 cbm Stärke und 100 % Feuchtigkeit in 24 Stunden aus der Grube entfernt wurde, auf rund 168 cbm oder je Stunde auf 7 cbm.

Berechnet man dagegen die mit den frischen Wettern damals der Grube zugeführte Wassermenge, d. h. diejenige die einer Wettermenge von ebenfalls 6430 cbm, bei — 4° C Temperatur und 52 % Feuchtigkeit entspricht, so ergiebt dies nur rund 19 cbm je Tag, bezw. 0,8 cbm je Stunde.

An diesem allerdings aussergewöhnlich trockenen Tage pumpte also sozusagen der Ventilator rund 150 cbm Wasser aus der Grube, wobei die Volumvermehrung der ausziehenden Wetter gegenüber den einfallenden noch nicht mit berücksichtigt ist. Unter normalen Verhältnissen, d. h. bei einer Aussentemperatur von rund 9 ° C und 80 % Feuchtigkeitsgehalt der Luft würde die Differenz zwischen einziehendem und ausziehendem Strom allerdings nur rund 103,5 cbm betragen.

Auf Zeche Hibernia zogen Ende 1899 rund 7300 cbm Wetter ein und 7500 cbm aus. Nimmt man für den frischen Wetterstrom die oben angeführten Durchschnittszahlen, für den ausziehenden die im Wetterkanal herrschende Temperatur von 20 ° und einen Feuchtigkeitsgehalt von 100 % an, wie er tatsächlich beobachtet ist, so bringen die frischen Wetter in 24 Stunden 73,7 cbm Wasser in die Grube, die ausziehenden aber führen 184,9 in der gleichen Zeit aus der Grube fort, die Differenz beträgt also 111,2 cbm. Dies ergiebt im Jahre rund 40 000 cbm Wasser, die durch den Wetterstrom dem feuchten Nebengestein und der Kohle entzogen werden. Die Bildung von trockenem Kohlenstaub wird dadurch natürlich sehr begünstigt. Es liegt also hierin ein Nachteil der grossen Wettermengen, der allerdings durch die sonstigen Vorteile derselben bei weitem aufgewogen wird.

Auf den 209 selbständigen Schachtanlagen des Ruhrbeckens, die Ende 1898 im Betrieb standen, zogen damals insgesamt je Minute rund 447 000 cbm oder je Anlage 2138 cbm Wetter aus, deren Temperatur 19,25° C und deren Feuchtigkeitsgehalt zu 98 % genommen werden kann. Nach den oben angegebenen Zahlen entzieht diese Wettermenge bei der Annahme, dass die gleiche Menge frischer Wetter (von 9° C Temperatur und 80 % Feuchtigkeit) in die Schächte einfällt, den Gruben je cbm rund 9 g Wasser, d. h. es werden je Minute 4,023 cbm oder je Stunde rund 240 cbm Wasser der Atmosphäre durch die ausziehenden Schächte zugeführt.

4. Wirkungen der Feuchtigkeit der Grubenwetter.
Von Professor Dr. Broockmann.

Der recht hohe Feuchtigkeitsgehalt der Wetter in den westfälischen Gruben übt recht unangenehme Wirkungen aus, so zunächst auf das Arbeitsvermögen und das Wohlbefinden der Arbeiter. Ferner fault das Holz schnell und das Eisen rostet, die Schiefergesteine quellen stark auf, indem sie sich hydratisieren, die Sicherheitssprengstoffe verderben wegen des in ihnen enthaltenen hygroskopischen Ammonsalpeters, die Schlaghütchen und Zündschnüre werden feucht und geben zu Versagern Veranlassung.

Auch indirekt wirkt der hohe Feuchtigkeitsgehalt verderblich. In feuchter Luft kann der Schweiss vom Körper nicht verdampfen, die Kleider werden daher klatschnass und die Bergleute entledigen sich derselben trotz aller Verbote, sie arbeiten oft vollständig nackt; ereignet sich nun eine auch nur ganz geringfügige Schlagwetterexplosion, bei welcher Bekleideten höchstens Gesicht und Hände etwas verbrannt werden würden, so beschädigt die Explosionsflamme die ganze Oberfläche des nackten Körpers und eine Art Erstickungstod tritt nach einiger Zeit unfehlbar ein, wenn nicht sofort Gegenmittel angewandt werden.

III. Temperatur der Wetter.
Von Bergassessor Kette.

1. Temperatur der Aussenluft.

a) Allgemeines.

Die mittlere Jahrestemperatur des Ruhrbeckens beträgt nach einer Angabe des Königlichen meteorologischen Instituts zu Berlin $+ 8{,}9°$ C. Sie entspricht fast genau dem Jahresmittel von Berlin und ist nur um einen Grad geringer als die von London, Newyork und Peking. Nach Andree's physikalisch-statistischem Atlas des Deutschen Reiches ist der Westen des Ruhrbeckens mit einem Jahresmittel von $+ 9\frac{1}{2}°$ C etwa $1°$ wärmer als der Osten.

Aus den Wärmekurven, welche der von der Berggewerkschaft im Stadtgarten zu Bochum aufgestellte Thermograph für die Jahre 1889 bis 1898 aufgezeichnet hat, ergiebt sich für diesen Ort eine Jahresdurchschnittstemperatur von $+ 9{,}1°$ C, während das Mittel der Sommermonate Juni—August $+ 16{,}5°$ C, das der Wintermonate Dezember—Februar $+ 1{,}4°$ C beträgt. Während dieser zehnjährigen Beobachtungszeit stieg das Thermometer an 17 verschiedenen Tagen über $30°$ C und erreichte am 18. August 1892 mit $+ 34°$ C seinen höchsten Stand. Temperaturen unter $- 15°$ C sind viermal verzeichnet, das Maximum der Kälte mit $- 17°$ C wurde am 7. Februar 1895 beobachtet. An durchschnittlich 60 Tagen in jedem Jahre lag das Minimum der Thermometerkurven unter dem Gefrierpunkt; die durchschnittliche Tagestemperatur aber sank nur an 35 Tagen jährlich unter $0°$.

b) Einfluss von Kälteperioden und Vorkehrungen gegen das Einfrieren einziehender Schächte.

Kälteperioden von längerer Dauer sind im Ruhrbecken verhältnismässig selten. Innerhalb der vorgenannten zehnjährigen Bochumer Beobachtungszeit war die längste Frostperiode wohl die an der Jahreswende 1890—1891, wo fast zwei volle Monate hindurch mit Ausnahme von nur fünf Tagen das Thermometer unter dem Gefrierpunkt stand; die durch-

schnittstemperatur in dieser Zeit war — 5,7° C. Hiervon abgesehen wurden
in dem gleichen zehnjährigen Zeitraum noch folgende Zeiten andauernder
Kälte verzeichnet:

1 Periode von 30 Tagen (— 4,9° C Durchschnittstemperatur)
1   »   » 25   »   (— 6,5° C   )
1   »   » 13   »
2   »   » 10   »
2   »   » 7   ».
1   »   » 6   »
1   «   » 5   »

Zeichnet sich somit der Winter im Ruhrbecken nur selten durch
stärkeren und andauernderen Frost aus, so können solche Zeiten doch,
wenn sie einmal eintreten, zu vielen Betriebsstörungen in den Einzieh-
schächten Anlass geben, zumal gerade auf den neueren grossen Schachtanlagen, wo 6000 cbm Wetter und mehr je Minute in die Grube gelangen,
und wo trockene Schächte wegen der wasserführenden Schichten des
Deckgebirges eine Seltenheit sind. Es bilden sich dann an den Schachtstössen und Einstrichen grosse Eismassen, welche unter Umständen bis zu
recht bedeutender Tiefe niedersetzen. So reichte z. B. in dem kalten
Winter 1892—1893 die Eisbildung im Schacht I der Zeche Mont Cenis bis
zur 400 m-Sohle hinab, während sich auf Zeche General Blumenthal
Schacht II sogar noch am Füllorte der 570 m-Sohle Eis vorfand.

Solche Eismassen können den Betrieb in der verschiedensten Weise
gefährden, sei es nun, dass beim unvermuteten Anfahren gegen solche
Hindernisse Seilbrüche entstehen, sei es, dass die absichtlich abgeschlagenen
oder bei eintretendem Tauwetter sich ablösenden Eisstücke beim Herab-
stürzen die Schachtzimmerung zertrümmern oder die am Füllort beschäftigten Leute verletzen. Als Beispiel solcher Betriebsstörungen sei
ein Fall auf Schacht III der Zeche General Blumenthal genannt, wo im
Winter 1899—1900 Eismassen, die infolge Undichtwerdens des gusseisernen
Tubbingsausbaues sich gebildet hatten, die Seilfahrt im Schachte so gefährdeten, dass die Betriebsleitung die ganze Belegschaft nicht einfahren
lassen konnte. Eine Dampfheizung, wie man sie als Mittel gegen derartige
Vereisungen anzuwenden pflegt und von denen später noch die Rede sein
wird, konnte in diesem zugleich ein- und ausziehenden Schachte wegen
Mangel an Raum nicht eingebaut werden und die Anwendung von Feuerkörben war des hölzernen Wetterscheiders wegen unstatthaft.

Als weiteres Beispiel der Wirkung strenger Kälte sei noch er-
wähnt, dass im Februar 1895 die im einziehenden Schacht Thies der Zeche
Pluto eingebaute Druckwasserleitung einer unterirdischen Kaselowsky-
Maschine während kürzerer Betriebspausen wiederholt einfror. Da der

Versuch, diesem Uebelstande durch Zusatz von Glycerin zum Druckwasser abzuhelfen, scheiterte, so musste man schleunigst eine besondere
Dampfleitung von 200 m Länge im Schacht einbauen und bei unvermeidlichen Stillständen das Druckwasser aus der Leitung auslaufen lassen.

Die Vorkehrungen, deren man sich auf den Ruhrzechen zur Verhütung der Eisbildung in einziehenden Schächten bedient, sind
entsprechend der verhältnismässigen Seltenheit derartiger gefährlicher
Zeiten im allgemeinen einfacher Art. Am verbreitetsten ist die Anwendung von Feuerkörben, die mit brennendem Koks gefüllt, auf der
Rasenhängebank am Schacht aufgestellt werden. Vor den eisernen, auf
festen Füssen stehenden Feuerkörben hat eine auf der Zeche Consolidation
in Anwendung stehende Einrichtung den Vorzug leichterer Beweglichkeit.
Man benutzt nämlich dort als Feuerkörbe alte eiserne Förderwagen, deren
Wände siebartig durchlocht sind und die im Bedarfsfall schnell gebrauchs-
fertig sind.

Ein Vorzug der Feuerkörbe vor den nachstehend beschriebenen
Dampfheizungen ist der, dass dieselben keinerlei dauernde Verengung des
freien Schachtquerschnittes bewirken und jederzeit schnell wieder bei-
seite geschafft werden können, sobald sie nicht mehr gebraucht werden.
Dieser Vorteil wird aber überwogen durch verschiedene Nachteile, nämlich
zunächst durch die grosse Feuergefährlichkeit, die eine stete Beaufsichtigung nötig macht, und zweitens durch den Umstand, dass die entstehenden
Verbrennungsgase den einziehenden Wetterstrom verschlechtern. Schliesslich ist die Wirkung der Feuerkörbe auch nur eine beschränkte; grössere
Wettermengen können durch sie nicht genügend angewärmt werden.

Man ist deswegen namentlich bei einer Anzahl neuerer Schachtanlagen dazu übergegangen, eine Dampfheizung unterhalb der Rasenhängebank im Schachte selbst einzubauen. Die einfachste Einrichtung
dieser Art besteht in einem an den Schachtwandungen horizontal entlang
geführten, mit zahlreichen Löchern versehenen Rohre, aus welchem der
Dampf abwärts in den Schacht hineingeblasen wird. Hiermit ist aber, abgesehen von dem verhältnismässig grossen Dampfverbrauch, der nicht zu
unterschätzende Uebelstand verknüpft, dass, falls die angewandte Dampfmenge nicht genügt, um den einziehenden Strom über den Gefrierpunkt
anzuwärmen, der kondensierte Wasserdampf seinerseits selbst zur Eisbildung Veranlassung giebt. Zur besseren Ausnutzung des Dampfes hat
man auf mehreren Zechen, wie z. B. auf Julia und von der Heydt, das
durchlöcherte Dampfrohr in mehreren schlangenförmigen Windungen im
Schachte eingebaut.

Auf der Zeche General Blumenthal Schacht II wurden zu demselben
Zwecke in einem freien Trumm gewöhnliche Rippen-Heizkörper eingebaut

und zwar, da der Schacht in seinem obersten Teile vollkommen trocken ist, erst 100 m unter der Hängebank. Die Heizkörper sind in fünf Reihen von je vier Stück angeordnet; ihre Gesamtlänge beträgt 50 m. Das heisse

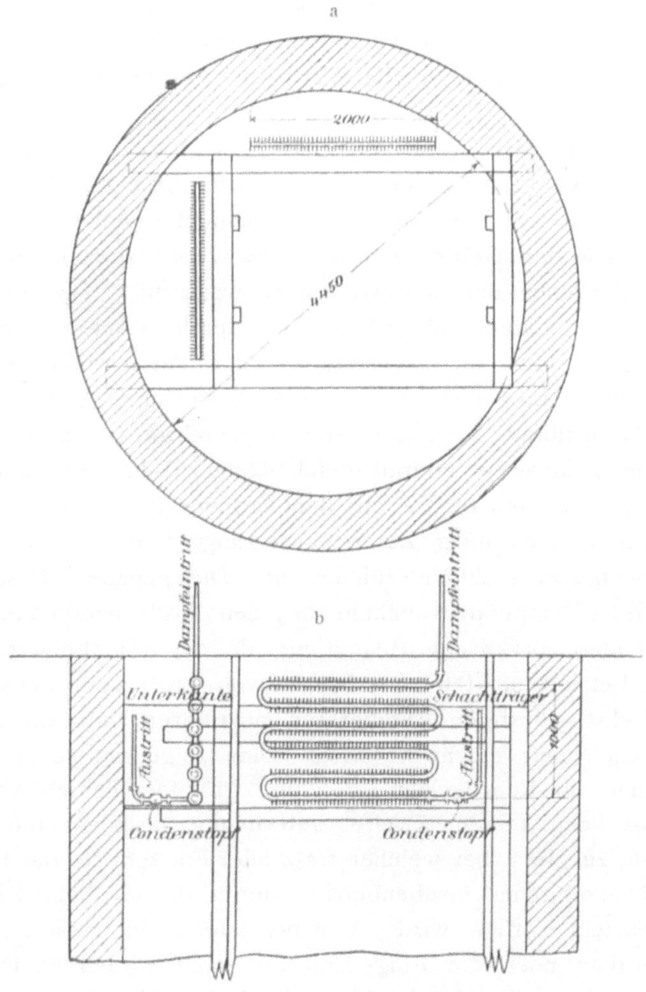

Fig. 9.

Dampfheizung im Schachte Mont Cenis I.

Kondenswasser wird durch eine senkrechte Rohrleitung noch weitere 300 m im Schachte herabgeführt.

Aehnliche Einrichtungen bestehen u. a. auf den Schächten der Zeche Mont Cenis (Fig. 9 a u. b), wo die direkt unter der Hängebank eingebauten Heizkörper bei Frostwetter dauernd unter Dampf gehalten werden.

2. Gründe der Erwärmung der Wetter in der Grube.

a) Eigenwärme der Gebirgsschichten.

Die einziehenden frischen Wetter erwärmen sich auf ihrem Wege durch die Grubenbaue unter dem Einfluss einer Reihe von Faktoren teils physikalischer, teils chemischer Natur, von denen die Eigenwärme der Gebirgsschichten, mit denen die Wetter in Berührung kommen, der wesentlichste ist.

Bekannt ist ja, dass die Temperatur der Erdkruste in der Richtung auf den Erdmittelpunkt zu immer grösser wird; diese Zunahme ist aber keine gleichmässige, sondern die obersten Schichten stehen bis zu einer gewissen, je nach der Gebirgsbeschaffenheit verschiedenen Tiefe unter dem Einfluss der nach den Jahreszeiten schwankenden Temperatur der Aussenluft. In der darauf folgenden »Zone der konstanten Temperatur« herrscht beständig eine dem Jahresmittel der Aussentemperatur entsprechende Wärme (im Ruhrbecken rund 9° C bei einer Teufe von rund 25 m). Von da an nimmt die Eigenwärme der Gebirgsschichten zwar gesetzmässig, aber keineswegs überall gleichmässig zu, da die Leitungsfähigkeit der Gesteinsschichten für die aus dem Erdinnern nach der Oberfläche strömende Wärme nach ihrer Zusammensetzung, Feuchtigkeit und den Lagerungsverhältnissen recht verschieden ist. Die genauere Bestimmung des Grades dieser Temperaturzunahme für jeden bergbautreibenden Bezirk hat eine besondere praktische Bedeutung, da die Aufgabe der Wetterführung, den Betriebspunkten stets Wetter von einer dem menschlichen Körper möglichst günstigen Temperatur zuzuführen, mit zunehmender Teufe mehr und mehr erschwert wird. Dies zeigt sich schon deutlich bei den bisher im Ruhrbecken erreichten grössten Teufen von rund 800 m, und es kann keinem Zweifel unterliegen, dass es eine Grenze nach der Teufe zu giebt, bei welcher trotz aller Fortschritte der Bergbautechnik ein ökonomischer Grubenbetrieb durch die zu hohe Erdwärme unmöglich gemacht werden wird. Von besonderem Interesse ist für den Ruhrkohlenbergbau noch die Frage, ob die nach Norden zu mächtiger werdenden Schichten des Deckgebirges auf die Wärme der darunter liegenden Steinkohlenschichten einen günstigen oder ungünstigen Einfluss ausüben.

Aus den verschiedenen zur Bestimmung dieser Temperaturverhältnisse vorgenommenen Versuchen*) ergiebt sich nun folgendes:

Wie zu erwarten, nimmt die Eigenwärme der Gebirgsschichten, zu deren Ermittelung eine grosse Zahl von Thermometermessungen in kurzen ·

---

*) Vergl. die Arbeit von Bergassessor Kette: Ueber die Temperatur der Gebirgsschichten des Ruhrsteinkohlenbeckens. Glückauf 1900, S. 733 ff.

Bohrlöchern auf verschiedenen Gruben und in verschiedener Teufe ausgeführt wurde, nach dem Erdinnern ungleichmässig zu. Nach Ausschaltung der verschiedenen Fehlerquellen ergiebt sich von der bei 25 m Teufe angenommenen Neutralzone ab eine mittlere Temperaturzunahme von 1° C auf je 28 m Teufe. Hiernach hätte man beispielsweise nachstehende Gesteinstemperaturen zu erwarten:

bei einer Teufe von 200 m eine Gesteinstemperatur von 15,25° C
» » » » 300 » » » » 18,82° »
» » » » 400 » » » » 22,39° »
» » » » 500 » » » » 25,96° »
» » » » 600 » » » » 29,54° »
» » » » 700 » » » » 33,11° »
» » » » 800 » » » » 36,68° »
» » » » 900 » » » » 40,25° »
» » » » 1000 » » » » 43,82° »

Eine Gesteinstemperatur von 50° C würde man dementsprechend bei rund 1170 m Teufe antreffen.

Etwas schneller ist die Temperaturzunahme auf denjenigen Gruben, die unter sehr mächtigem Deckgebirge bauen. Hier muss man mit einer Temperaturstufe von ungefähr 25 m auf 1° C rechnen. Es entspricht dies auch ungefähr dem Werte, den Huyssen in seiner Arbeit über die Soolquellen des westfälischen Kreidegebirges*) für die Temperaturzunahme innerhalb der Mergelschichten berechnet hat.

Fälle, in denen die Temperatur auf weniger als 25 m um einen Grad Celsius gewachsen ist, gehören auf den Ruhrzechen zu den Ausnahmen.

Die Ergebnisse der Messungen auf den verschiedenen Gruben sind auf Tafel IV graphisch dargestellt. Von den einzelnen Beobachtungen seien hier folgende hervorgehoben:

Die schnellste Temperaturzunahme ergab sich auf der unter 300 m mächtigen Mergelschichten bauenden Grube König Ludwig, wo 3 Messungen folgende Resultate ergaben:

1. bei 303 m Teufe Gesteinstemperatur 24,05°, Temperaturstufe 17,09 m auf 1° C;
2. bei 442 m Teufe Gesteinstemperatur 29,05, Temperaturstufe 20,03 m auf 1° C;
3. bei 527 m Teufe Gesteinstemperatur 31,05, Temperaturstufe 22,03 m auf 1° C.

Die höchste überhaupt beobachtete Gesteinswärme betrug 39,0° C und wurde auf Zeche Monopol Schacht Grimberg bei 677 m Teufe ge-

*) Zeitschrift der deutschen geologischen Gesellschaft 1855, S. 80.

funden. Da aber auf der gleichen Schachtanlage eine ganze Anzahl von Messungen, die auf einer um rund 100 m tieferen Sohle vorgenommen wurden, Temperaturen von nur 33,5—36,5 ° C ergaben, so dürfte jene vorgenannte Messung wohl durch aussergewöhnliche Umstände und zwar wahrscheinlich durch die Nähe einer warmen Quelle beeinflusst worden sein.

Eine Einwirkung der von den verschiedenen Zechen gebauten Flötzgruppen auf die Grösse der Temperaturstufe ergiebt sich aus diesen Messungen im allgemeinen nicht; auffallend ist aber, dass auf den Zechen Consolidation, Shamrock und Mathias Stinnes bei sonst gleicher Teufe jedesmal die liegendere Flötzgruppe höhere Temperaturen ergab als die hangendere.

Schliesslich sei noch erwähnt, dass fast ausnahmslos die Messungen auf den oberen Sohlen ein und derselben Grube eine schnellere Temperaturzunahme ergeben als auf den tieferen.

b) Heisse Quellen.

Ausser den umgebenden Gesteinsschichten üben auch aus grösserer Teufe heraufsteigende heisse Quellen, die im Ruhrbecken ziemlich zahlreich vorhanden und meist salzhaltig sind, häufig einen direkten und starken Einfluss auf die Temperatur der Wetter an den benachbarten Betriebspunkten aus. Es mögen deshalb die wichtigsten von ihnen hier besprochen werden.

Quellen von mehr als 30° Wasserwärme sind, soweit bekannt, bisher nur auf den Zechen Consolidation, Christian Levin, Pluto Schacht Thies und Graf Moltke angefahren worden. Auf den Schachtanlagen der erstgenannten Zeche hat man mit verschiedenen gen Süden getriebenen Querschlägen in der Nähe des Leitflötzes Sonnenschein teils auf der 540 m-, teils auf der 640 m-Sohle Wasser von 32° C erschroten, welche derartige Wärmemengen ausstrahlten, dass die Wetterströme bei den Querschlagsbetrieben erheblich verstärkt werden mussten.

Auf der Zeche Christian Levin sind auf der 430 m-Sohle drei Quellen angefahren worden, die je $1/_3$ bis $1/_2$ cbm Wasser je Minute von 32° C Wärme und 7—8% Salzgehalt führen. Diese Wasser werden durch je eine mit Brettern verdeckte Rösche dem Schachte zugeführt. Der Einfluss einer dieser Quellen auf die Temperatur des ihrem Laufe entgegengeführten Wetterstroms ist in Figur 10 dargestellt.

Auf Zeche Pluto Schacht Thies hat man auf der 405 m-Sohle im Leitflötz Röttgersbank eine 0,25 cbm starke Quelle von 33,75° C angefahren; eine weitere Quelle, die zum Betriebe eines Soolbades dienende Wilhelmsquelle, entspringt auf der 505 m-Sohle in der Nähe des gleichen Flötzes, ist 33° C warm und lieferte ursprünglich 1 cbm Wasser je Minute. Als

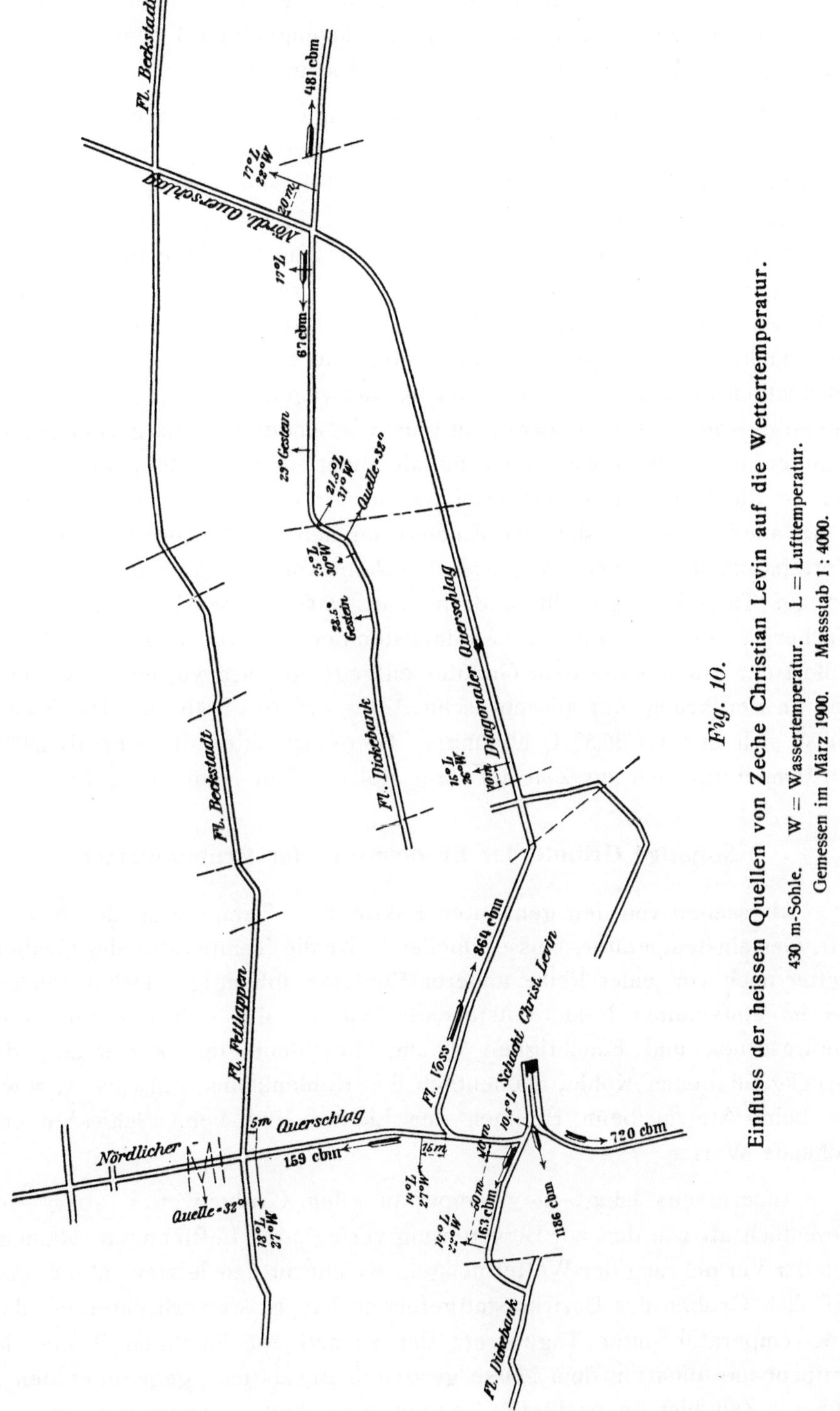

Fig. 10.

Einfluss der heissen Quellen von Zeche Christian Levin auf die Wettertemperatur.

430 m-Sohle.   W = Wassertemperatur.   L = Lufttemperatur.

Gemessen im März 1900.   Massstab 1 : 4000.

10*

man später bei 617 m Teufe dicht am Schacht im Hangenden des Flötzes Präsident eine neue Quelle von 35,5° C und ungefähr 0,5 cbm Stärke anfuhr, floss die Wilhelmsquelle entsprechend schwächer.

Auf der Zeche Graf Moltke haben ungewöhnlich starke und heisse Quellen der Wetterführung die meisten Schwierigkeiten bereitet. Die wichtigste derselben erreicht bei einer Wassermenge von ungefähr 2 cbm je Minute eine Temperatur von 37,5—37,8° C. In früheren Jahren, als man noch diese Wasser durch eine offene Rösche zum Schachte führte, wurde der entgegenkommende Wetterstrom so stark erwärmt, dass z. B. im Jahre 1897 nach einer oberbergamtlichen Statistik noch 88 Arbeiter an 28 Betriebspunkten bei Temperaturen arbeiteten, die alle und zum Teil ziemlich beträchtlich über 29° C lagen. Man hat deswegen im Winter 1897/98 diese Quelle sowohl wie eine zweite in einem besonderen, ganz geschlossenen Gefluter gefasst, das aus Brettern, die mit Theerleinen gedichtet sind, besteht und so dicht hält, dass keinerlei warmer Brodem in die Strecke dringt. Trotz alledem macht sich der Einfluss der heissen Wassermenge auf den Wetterstrom noch bemerkbar, wie eine Reihe von Thermometermessungen, die auf Tafel V dargestellt sind, im März 1900 ergeben hat. Die 400 cbm frischer Wetter, die mit einer Anfangstemperatur von 13,05—14° C vom Füllort der 448 m-Sohle dem Gefluter entgegengeführt wurden, erwärmten sich in Berührung mit diesem schnell bis auf 26°, während das Wasser selbst sich nur auf 36,5° C abkühlte. Betriebspunkte mit mehr als 29° C Lufttemperatur sind zur Zeit auf Graf Moltke nicht mehr vorhanden.

c) Sonstige Gründe der Erwärmung der Grubenwetter.

Abgesehen von den genannten Faktoren — Temperatur der Aussenluft, Gesteinstemperatur, heisse Quellen — ist die Temperatur der Grubenwetter noch von einer Reihe anderer Einflüsse abhängig. Dahin gehören die im abgebauten Felde entstehende Wärme, die sich aus der durch Gebirgsdruck und Feuchtigkeit häufig beschleunigten Zersetzung der zurückgebliebenen Kohle, namentlich des Kohlenkleins, entwickelt, sowie die beim Atmen, beim Brennen der Lichter und beim Schiessen entstehende Wärme.

Andererseits hängt die Temperatur der Grubenwetter aber auch wesentlich ab von den zur Bewetterung verfügbaren Luftmengen. Namentlich der Vermehrung der Wettermengen, welche in den letzten Jahren wohl auf allen Gruben des Bezirks stattgefunden hat, ist es zuzuschreiben, dass die Temperatur unter Tage trotz der schnell zunehmenden Teufe der Grubenbaue nicht in dem Masse gestiegen ist, als man gegenüber den in früherer Zeit hier beobachteten Temperaturen hätte annehmen sollen.

3. Temperatur der Grubenwetter im Ruhrbezirk.

Ueber die Temperatur der Wetter in den westfälischen Gruben liegen aus früherer Zeit eine Reihe von Angaben vor.

So berichtet Nonne in der Zeitschrift für das Berg-, Hütten- und Salinenwesen 1873, Bd. XXII B.S. 37 ff., dass bei der Befahrung, welche die Wetteruntersuchungskommission in den Jahren 1862 und 1868—1871 auf einer Anzahl westfälischer Gruben vornahm, folgende Durchschnittslufttemperaturen gefunden wurden:

bei einer Teufe von 50—150 m 15,88° C,
» » » » 150—250 » 17,38° C,
» » » » 250 m und mehr 18,65° C.

Die Durchschnittstemperatur über Tage betrug bei diesen Messungen 14,81° C, lag also etwa 6° über der mittleren Jahrestemperatur.

Die höchste Temperatur hatte damals ein Betriebspunkt auf der Zeche v. d. Heydt bei 243 m Teufe — vor Ort einer Grundstrecke in Flötz Dickebank auf der damaligen tiefsten Sohle — mit 26,25° C aufzuweisen; hierauf folgte ein Betriebspunkt von Zeche Prosper mit 23,37° C bei 293 m Teufe und einer auf Pluto Schacht Thies, mit 22,50° C bei 333 m Teufe.

Weit höhere Temperaturen fand die Lokalabteilung Dortmund der Preussischen Schlagwetter-Kommission, die in den Jahren 1881—1883 ungefähr 50 westfälische Zechen befuhr.

So zeigte das Thermometer an einzelnen Betriebspunkten:

32° C auf Zeche Graf Moltke (heisse Quellen!)
28° C » » Friedrich der Grosse und Hugo,
27,5° C » » Fürst Hardenberg, Consolidation, Monopol,
27,0° C » » Prosper I und II, Deutscher Kaiser, Oberhausen,
26,5° C » » Osterfeld,
26,0° C » » Recklinghausen, Victor, Minister Stein, Ewald, Pluto Scht. Thies,
25,0° C » » Schlaegel und Eisen I/II, Ruhr und Rhein.

Leider ist nicht zu ersehen, in welcher Teufe diese Temperaturen gemessen wurden und welcherlei Art der betreffende Betriebspunkt war.

Die Zeche v. d. Heydt, auf der die frühere Wetteruntersuchungskommission die höchste Temperatur beobachtet hatte, wurde von der Schlagwetterkommission nicht befahren.

Im Jahre 1896 betrug nach der oberbergamtlichen »Uebersicht der Wetterwirtschaft auf den Schlagwettergruben« (wozu sämtliche tieferen Gruben des Bezirks gehören) die höchste in den Grubenbauen beobachtete Temperatur 31° C auf Zeche Hansa, worauf Zeche Ewald mit 30° C folgte. Die übrigen Zechen schlossen sich in folgender Reihenfolge an:

29,5° C auf Zeche Pluto Scht. Wilhelm,
28,5° C » » Shamrock,

Wetterwirtschaft.

Tabelle 34.

Lfd. No.	Zeche	Temperatur Grad Celsius	Tiefe der untersten im Bau befindlichen Sohle unter Tage m
1.	Rheinische Anthracit-Werke . .	34	300*)
2.	General Blumenthal I/II	30	620
3.	Monopol, Scht. Grimberg . . .	30	761
4.	Pluto, Scht. Thies	29,5	606
5.	König Ludwig	29,0	527
6.	Graf Moltke.	29	550
7.	Tremonia	29	522
8.	Wilhelmine Victoria I	28,5	600
9.	Schlägel und Eisen I/II	28,0	600
10.	Fürst Hardenberg	28,0	452
11.	Erin.	28	460
12.	Graf Schwerin	28	600
13.	Dannenbaum I	28	500
14.	» II	28	500
15.	Hannibal I	28	500
16.	Shamrock	28	570
17.	Christian Levin	28	430
18.	Engelsburg	28	560
19.	Osterfeld	28	585
20.	ver. Charlotte	28	292†)
21.	Consolidation II	27,75	642
22.	Hansa.	27,5	664
23.	Monopol, Scht. Grillo	27,5	578
24.	Pluto, Scht. Wilhelm	27,5	595
25.	Ewald I/II	27	587
26.	A. v. Hansemann	27	440
27.	Victor.	27	488
28.	Julia . . . . , . .	27	400
29.	Recklinghausen I/II	27	450
30.	Unser Fritz I	27	550
31.	» » II	27	450
32.	Consolidation III/IV	27	645
33.	Neu-Essen, Scht. Heinrich . . .	27	433
34.	Prosper II	27	535
35.	Neu-Köln	27	421
36.	Deutscher Kaiser I	27	460
37.	Oberhausen I/II	27	509

*) Diese Temperatur ist im unterirdischen Maschinenraum auf der 200 m-Sohle beobachtet worden.
†) Diese Temperatur ist wahrscheinlich im unterirdischen Maschinenraum auf der 292 m-Sohle beobachtet worden.

28,0° C auf Zeche König Ludwig, Schlaegel und Eisen I/II, Fürst
          Hardenberg, Tremonia, Graf Schwerin, Mont
          Cenis, Pluto Scht. Thies, Osterfeld,
27,5° C » » Consolidation II,
27,0° C » » Recklinghausen I, General Blumenthal, Hugo,
          Gneisenau, Dannenbaum II, Victor, Con-
          solidation I, Wilhelmine Victoria I.

Im Beginn des Jahres 1899 ermittelte das Oberbergamt nach einer
neu zusammengestellten »Uebersicht der Wetterwirtschaft auf den Steinkohlengruben im Oberbergamtsbezirk Dortmund« (wobei also auch die
Nicht-Schlagwetterzechen berücksichtigt sind) in den Grubenbauen
nebenstehender Zechen Temperaturen von 27° und mehr (Tab. 34 a. S. 150).

Stellt man die selbständigen Betriebsanlagen, bezw. Zechen, wie sie in
der oben genannten oberbergamtlichen Wetterwirtschaftsübersicht v. J. 1899
angegeben sind, nach der Teufe ihrer untersten Sohle in Gruppen von je 50 zu
50 m Teufe zusammen, so erhält man umstehende Reihenfolge (Tab. 35).

Aus dieser Tabelle ergiebt sich, dass die in den einzelnen Tiefen-
stufen beobachtete durchschnittliche Höchsttemperatur alle 43 m um 1° C
gewachsen ist.

Bei 175 m Teufe entspricht dieselbe mit 16° C ungefähr der Gesteinswärme, in grösserer Teufe bleibt sie im allgemeinen hinter letzterer zurück.
Jedoch erreicht in einer ganzen Anzahl von Fällen der Wetterstrom über
der tiefsten Sohle einen Wärmegrad, welcher dem des Gesteins an dem
betreffenden Messpunkte entweder gleichkommt, oder ihn sogar noch
übertrifft.

Eine genauere Untersuchung der Wettertemperaturen auf den Ruhr-
zechen wurde im Herbst 1897 vorgenommen, als das Oberbergamt
gelegentlich der Regelung des Ueberschichten- und Nebenschichten-
Wesens durch die Revierbeamten feststellen liess, auf welchen Zechen des
Bezirks und an welchen Betriebspunkten (einschl. der unterirdischen
Maschinenräume) die Arbeiter in Temperaturen
          a) von 25—29° C,
          b) von mehr als 29° C arbeiteten.*)
Diese oberbergamtliche Statistik umfasst im ganzen nur 188 selbst-
ständige Betriebsanlagen gegenüber den 209, die Ende 1898 in Betrieb
standen und mit denen eine Anzahl der übrigen statistischen Nachweise
des vorliegenden Werkes rechnet; es sind nämlich eine Reihe von
Stollen- und sonstigen unbedeutenden oder damals noch in der

---

*) Der § 41 der z. Zt. dieser Temperaturmessungen in Kraft stehenden
Bergpolizei-Verordnung vom $\frac{12.\ 10.\ 1887}{4.\ 7.\ 1888}$ lautet: Beim unterirdischen Grubenbetriebe einschliesslich der Maschinenräume darf ein Arbeiter in einer Temperatur
von 29° C oder mehr nicht länger als sechs Stunden täglich beschäftigt werden.

Tabelle 35.

Lfd. No.	Teufe der untersten Sohle unter Tage m	Anzahl der Zechen	Mittel aus der beobachteten Höchst-temperatur Grad Cels.	Am grössten war die beobachtete Höchsttemperatur			Am geringsten war die beobachtete Höchsttemperatur			Bemerkungen
				auf Zeche	mit Grad Celsius	bei einer Teufe der tiefsten Sohle von m	auf Zeche	mit Grad Celsius	bei einer Teufe der tiefsten Sohle von m	
1.	0—50	1	15	—	—	—	—	—	—	Zeche Adolar mit einer grössten Sohlenteufe von 30 m.
2.	51—100	4	12	Alte Haase	15	100	Hoffnungsthal	10	80	
3.	101—150	—	—	—	—	—	—	—	—	
4.	151—200	3	16	Neuglück	18	170	Bergmann	13	165	Dazu kommen die drei Stollenzechen Wodan, Urbanus Maximus und Schöne Aussicht mit 12,7° durchschnittlicher Höchsttemperatur; für die Stollenzechen Prinz Friedrich und Joseph sind keine Zahlen angegeben. Vict. Math. war im Beginn 1899 nicht in Betrieb und Gut Glück und Wrangel ist überhaupt nicht aufgeführt. Ferner fehlen Rabe, Rheinische Anthracitwerke, ver. Charlotte und Rheinpreussen I, II, III.
5.	201—250	10	17,3	Humboldt	21	207	Mansf. Urbanus / Bommerbänker / Tiefbau und Paul	15	242 / 232 / 210	
6.	251—300	15	18,9	Bonifacius	23,5	285	Caroline bei Holzwickede	13	254	
7.	301—350	18	20,9	Zollern	26,5	350	Pauline	14	350	
8.	351—400	40	22,8	Constantin der Grosse, Julia, Gneisenau, Hannover III	26	400, 400, 383, 379	Eintracht Tiefbau / Scht. Heintzmann	15	390	
9.	401—450	30	23,6	Christian Levin	28	430	Bruchstrasse	16	404	
10.	451—500	34	24,6	Hannibal I, Erin, Dannenbaum I, Dannenbaum II,	28	500, 500, 500, 460, (452)	Ludwig	20,5	455	
11.	501—550	17	24,8	Graf Moltke, Tremonia, König Ludwig	29	550, 522, 527	Prinz Regent	18,5	501	
12.	551—600	16	26,3	Wilhelmine Victoria I	28,5	600	Freie Vogel und Unverhofft	21	560	
13.	601 650	7	27,2	General Blumenthal I/II	30	620	Graf Bismarck II	25	623	Hansa mit einer grössten Sohlenteufe von 664 m.
14.	651—700	1	27,5	—	—	—	—	—	—	
15.	701—750	—	—	—	—	—	—	—	—	
16.	751—800	1	30	—	—	—	—	—	—	Monopol, Scht. Grimberg bei einer grössten Sohlenteufe von 761 m.
Sa.		197	22,8° C durchschnittlich							

Entwickelung begriffenen Zechen sowie naturgemäss auch die linksrheinischen Anlagen von Rheinpreussen bei dieser Untersuchung nicht berücksichtigt worden.

Nachstehend sind die Hauptergebnisse der diesbezüglichen von dem Oberbergamt zusammengestellten Statistik wiedergegeben, und zwar mit der Abweichung, dass die unterirdischen Maschinenräume, deren Temperaturverhältnisse von ganz anderen Faktoren beeinflusst werden als die hier allein interessierenden eigentlichen Betriebspunkte, in den folgenden Zahlen nicht mit enthalten sind.

Es arbeiteten nun damals bei einer Gesamtbelegschaft unter Tage von 138 153 Mann 15 104 = rund 11 % bei einer Temperatur von 25° C und mehr und zwar an 3 190 verschiedenen Betriebspunkten; darunter waren 290 Mann an 69 Betriebspunkten bei einer Temperatur von mehr als 29° C beschäftigt.

Auf die einzelnen Bergreviere verteilten sich diese Zahlen folgendermassen:

Tabelle 36.

Nr.	Bergrevier	Gesamt-belegschaft unter Tage	Bei einer Temperatur von 25° C und mehr waren beschäftigt			Darunter waren bei einer Temperatur von mehr als 29° C beschäftigt		Die Angaben in Spalte 5 und 6 beziehen sich auf die Zechen
			Arbeiter	% der Spalte 1	An Betriebs-punkten	Arbeiter	An Betriebs-punkten	
		1.	2.	3.	4.	5.	6.	
1.	Gelsenkirchen .	11 102	3 639	32,8	657	20	2	Wilhelmine Victoria I
2.	Recklinghausen	13 519	3 608	26,7	663	176	47	Ewald I/II, Schlaegel und Eisen I II und Graf Moltke.
3.	Oberhausen . .	11 794	1 959	16,6	439	—	—	
4.	West-Dortmund	9 515	1 948	20,5	321	40	5	Hansa und Erin.
5.	Herne	9 208	1 517	16,5	377	—	—	
6.	Ost-Dortmund .	9 379	764	8,1	262	6	3	ver. Stein und Hardenberg, Scht. Fürst Hardenberg.
7.	West-Essen . .	11 499	697	6,7	204	—	—	
8.	Süd-Dortmund .	8 756	584	6,7	137	48	12	Monopol, Scht. Grimberg.
9.	Nord-Bochum .	7 805	145	1,9	42	—	—	
10.	Süd-Essen . . .	5 920	73	1,2	26	—	—	
11.	Wattenscheid .	8 720	89	1,0	17	—	—	
12.	Süd-Bochum . .	7 163	72	1,0	43	—	—	
13.	Hattingen . . .	6 334	9	0,1	2	—	—	
14.	Ost-Essen . . .	8 950	—	—	—	—	—	
15.	Witten	7 159	—	—	—	—	—	
16.	Werden	1 130	—	—	—	—	—	
	Summa	138 153	15 104	10,94	3190	290	69	

Bestimmt man für jede der 188 Betriebsanlagen diejenige Teufe, in der Ende 1898 der Schwerpunkt des Abbaues lag und die man ohne grösseren Fehler mit den in Rede stehenden, Ende 1897 festgestellten Temperaturverhältnissen in Beziehung bringen kann, so erhält man folgende Tabelle:

Tabelle 37.

Anzahl der selbständigen Betriebsanlagen	Der Schwerpunkt des Abbaues lag zwischen m	Gesamtbelegschaft unter Tage	Davon arbeiteten bei einer Temperatur von 25⁰ C und mehr	Das sind in Prozent
0	0—50	—	—	—
3	51—100	738	0	0
3	101—150	805	0	0
10	151—200	4 248	7	0,16
23	201—250	14 611	14	0,10
40	251—300	26 899	187	0,70
36	301—350	27 740	2 179	7,86
35	351—400	28 171	2 913	10,34
18	401—450	18 089	4 072	22,51
10	451—500	9 331	2 457	26,33
7	501—550	5 638	2 119	37,58
1	551—600	736	283	38,45
1	601—650	730	625	85,62
1	651—700	417	248	59,47
Sa. 188		138 153	15 104	

Auf den nachstehend verzeichneten Zechen arbeiteten im Herbst 1897 mehr als $^1/_5$ der unterirdischen Belegschaft bei Temperaturen von mehr als 25 ° C:

(Siehe Tabelle 38 auf Seite 156 u. 157.)

Die auf den einzelnen Zechen gefundenen hohen Wettertemperaturen sind auf sehr verschiedene Ursachen zurückzuführen. Es soll hier auf einzelne besonders interessante Fälle etwas näher eingegangen werden.

Zunächst sind nach der in Rede stehenden oberbergamtlichen Statistik im ganzen auf 8 Zechen Temperaturen von über 29° C beobachtet, nämlich auf:

Graf Moltke		an 28	Betriebspunkten	mit 88	Arbeitern
Monopol, Schacht Grimberg	» 12		»	» 48	»
Schlaegel und Eisen, I/II	» 12		»	» 48	»
Ewald I/II	» 7		»	» 40	»
Hansa	» 3		»	» 30	»
Wilhelmine Victoria I	» 2		»	» 20	»
Erin	» 2		»	» 10	»
Stein und Hardenberg, Schacht Fürst Hardenberg	» 3		»	» 6	»
	Sa. 69			Sa. 290	

Auf Graf Moltke war die hohe Wettertemperatur eine Folge der a. S. 148 erwähnten heissen Quellen, deren Wasser damals noch in offenen Wasserröschen 660 bezw. 600 m weit durch die einziehenden Hauptwetterstrecken geführt wurden, wobei sich der entgegenkommende frische Wetterstrom natürlich bedeutend stärker erwärmte als jetzt, wo die warmen Wasser in gedeckten Geflutern abgeleitet werden. Ferner ist die Gesteinstemperatur auf der genannten Zeche überhaupt aussergewöhnlich hoch.

Die zwölf Betriebspunkte von Zeche Monopol, Schacht Grimberg, deren Temperatur zwischen 29,5 und 32° C schwankte, lagen sämtlich in dem zur Fettkohlenpartie gehörigen Flötz VI über der 761 m-Sohle, also in einer Teufe, die die hohe Wettertemperatur hinreichend erklärt.

Die zwölf Betriebspunkte von Schlaegel und Eisen I/II lagen in der durch besonders hohe Gesteinstemperatur sich auszeichnenden Gaskohlenpartie im nördlichen, vom einziehenden Schacht ziemlich weit entfernten Feldesteile über der 600 m-Sohle; z. Z. gehören die betr. Flötzteile zu dem Abbaufelde der neuen Schachtanlage V/VI, wodurch eine bedeutende Verbesserung der Wetterverhältnisse infolge Vermehrung der Wetter und Verkürzung der Wetterwege erreicht ist.

Ueber die sieben mehr als 29° C warmen Betriebspunkte von Ewald ist aus der oberbergamtlichen Statistik nichts Genaueres zu ersehen.

Die drei Betriebspunkte auf Hansa hatten eine Temperatur von 29—30° C und lagen auf der 664 m-Sohle in Flötz E, II. nördliche Abteilung; hier ist die hohe Wettertemperatur wohl nur als Folge der grossen Teufe zu bezeichnen.

Die zwei über 29° warmen Betriebspunkte von Wilhelmine Victoria I waren die beiden Füllörter des ausziehenden Schachtes I auf der 500- und 600 m-Sohle, wo die Arbeiter in dem heissfeuchten, von einem unterirdischen Ventilator in den Schacht geblasenen Schwaden zu arbeiten hatten. Diese Verhältnisse sind mittlerweile durch Veränderungen in der Disposition der Wetterthüren beseitigt.

Die zwei 29—30° C warmen Betriebspunkte auf Erin lagen in einem

Lfd. Nr.	Name der Schachtanlage	Gesamt-belegschaft unter Tage	Bei einer Temperatur von 25° C und mehr waren beschäftigt			Darunter waren bei einer Temperatur von mehr als 29° C beschäftigt	
			Arbeiter	Prozent von Spalte 1	An Be-triebs-punkten	Arbeiter	An Be-triebs-punkten
		1.	2.	3.	4	5.	6.
1.	Oberhausen, Schacht Osterfeld . . .	1 672	1 461	87,4	275	—	—
2.	Hansa.	730	625	85,6	98	30	3
3.	Schlägel und Eisen, Schacht I/II . .	1 397	1 018	72,9	105	48	12
4.	Erin.	1 140	795	69,7	129	10	2
5.	Pluto, Schacht Thies	1 351	916	67,7	164	—	—
6.	ver. Stein und Hardenberg, Schacht Fürst Hardenberg	513	328	63,9	141	6	3
7.	Pluto, Schacht Wilhelm	941	595	63,3	97	—	—
8.	Monopol, Schacht Grimberg.	417	248	59,5	62	48	12
9.	König Ludwig.	1 465	846	57,7	184	—	—
10.	Consolidation, Schacht I	1 086	532	48,9	85	—	—
11.	Graf Schwerin	762	370	48,6	65	—	—
12.	Adolf von Hansemann	267	126	47,2	20	—	—
13.	Consolidation, Schacht II	1 059	483	45,6	111	—	—
14.	Shamrock, Schacht I/II	1 510	640	42,4	167	—	—
15.	Hugo, Schacht II	631	257	40,7	59	—	—
16.	Hugo, Schacht I.	736	283	38,5	68	—	—
17.	Consolidation, Schacht III/IV	1 091	374	34,3	66	—	—
18.	Gneisenau.	952	325	34,1	108	—	—
19.	Monopol, Schacht Grillo.	894	295	33,0	64	—	—
20.	Unser Fritz, Schacht I	892	260	29,1	50	—	—
21.	Oberhausen, Schacht I/II	1 575	413	26,2	137	—	—
22.	Hugo, Schacht III	388	101	26,0	21	—	—
23.	König Wilhelm, Schacht Neu-Köln .	601	155	25,8	57	—	—
24.	General Blumenthal, Schacht I/II . .	1 340	322	24,0	65	—	—
25.	Friedrich der Grosse	1 622	373	23,0	73	—	—
26.	König Wilhelm, Schacht Christian Levin	834	186	22,3	55	—	—
27.	Victor.	1 229	268	21,8	64	—	—
28.	Ewald, Schacht I/II	1 695	339	20,6	52	40	7
29.	Graf Moltke.	1 318	268	20,3	65	88	28

Teufe der tiefsten belegten Sohle unter Tage m	Durchschnittliche Teufe sämtlicher Betriebspunkte unter Tage m	Äquivalente Öffnung Ende 1898 (Nach Fragebogen)	Frische Wettermenge je Minute und Mann einschl. Pferde. Ende 1898. (Nach Wetterwirtsch. Übers. 1899) cbm	Grösste Länge der Wetterwege. Ende 1898 (Nach Fragebogen) m	Gesteinstemperatur (entweder nach Spezialmessungen der Grube oder nach Normalverhältnissen bei der durchschnittlichen Teufe der Spalte 8.) der grössten Sohlenteufe entsprechend Grad C	der durchschnittlichen Teufe entsprechend Grad C	Gasflammkohlen	Gaskohlen	Fettkohlen	Esskohlen	Magerkohlen
7.	8.	9.	10.	11.	12.	13.	14.	15.	16.	17.	18.
585	440	Südfeld 1,1 Nordfeld 0,6	2,7	5 000	27,7	22,8			+		
664	610	2,4	8,7	4 150	30,3	28,5			+	+	
600	510	2,2	5,0	5 000	28,2	25,2	+	+			
460	320	2,2	4,4	5 800	27,5	21,7			+	+	
606	470	2,5	5,0	4 300	28,4	23,8		+	+	+	
452	400	1,5	4,1	3 000	23,2	21,5		+			
595	550	2,2	4,7	4 200	28,0	26,5		+	+		
761	680	2,7	10,8	3 700	33,5	30,8			+		
527	400	Schacht II 1,7 „ III 1,6	5,3	4 250	25,7	21,5			+	+	
540	470	Schacht VI 1,5 „ V 2,4	5,0	5 300	26,2	23,8		+	+	+	
600	500	2,4	4,6	4 500	28,2	24,8				+	+
440	390	1,5	7,8	3 000	22,8	21,2			+	+	+
642	490	Schacht II 0,6 „ V 2,4	5,0	5 400	29,6	24,5	+	+	+	+	
570	390	Schacht II 4,3 „ V 1,4	4,4	5 700	27,2	21,2		+	+	+	
473	400	1,7	4,1	5 800	23,9	21,5	+	+			
594	560	Schacht II 1,7 „ III 1,1	4,1	6 500	28,0	26,8	+				
645	410	2,9	5,0	4 500	29,7	21,8	+	+	+	+	
383	350	2,5	5,1	4 750	20,9	19,8				+	
578	450	2,0	6,3	7 000	27,4	23,2			+	+	
550	430	1,5	2,7	3 000	26,5	22,5		+			
509	430	1,6	2,2	7 800	25,1	22,5			+	+	+
620	540	1,1	4,1	6 500	28,8	26,2	+				
421	310	2,2	4,2	6 600	22,2	19,5			+	+	
620	530	3,0	4,8	4 000	28,8	25,8	+	+			
420	370	2,0	2,8	4 600	22,2	20,5		+	+	+	
430	330	2,2	4,2	9 000	22,5	19,3				+	
488	420	Wetterschacht 1,8 Schacht II 1,4	6,3	10 500	24,4	22,2			+	+	+
587	490	1,8	4,8	9 000	27,7	24,5	+				
550	420	2,0 2,0	3,5	4 500	26,5	22,2	+	+	+		

Unterwerksbau auf Flötz Sonnenschein unterhalb der 460 m-Sohle; näheres über die Temperaturverhältnisse dieser Zeche folgt unten.

Auf Schacht Fürst Hardenberg der Zeche Ver. Stein und Hardenberg endlich wies ein Betriebspunkt in dem beim Pfeilerrückbau zur Selbstentzündung neigenden Flötz IV und ebenso zwei Betriebspunkte in Flötz V über der 452 m-Sohle eine Temperatur von mehr als 29° C auf.

Was nun diejenigen Betriebspunkte betrifft, an denen eine Wettertemperatur von 25—29° C herrschte, so lagen dieselben meist in einer Teufe, in welcher die hohe Wettertemperatur durch die der Teufe entsprechende Gesteinstemperatur bedingt erscheint. Um diese Beziehungen ersichtlich zu machen, sind in der Kolonne 7 der Tabelle 38 die tiefste belegte Sohle jeder Zeche und in Kolonne 12 die dieser Teufe entsprechende Gesteinstemperatur, andrerseits in Kolonne 8 die durchschnittliche Teufe der sämtlichen Kohlengewinnungspunkte und in Kolonne 13 ebenfalls die entsprechende Gesteinstemperatur angegeben. Eine Anzahl der in Tabelle 38 aufgeführten Zechen baut allerdings in verhältnismässig so geringen Teufen, dass die Gesteinstemperatur allein nicht die Ursache der hohen Wettertemperatur sein kann. Bei diesen Zechen wirkt neben der natürlichen Gesteinswärme hauptsächlich der in Anwendung stehende Bergeversatzbau erwärmend auf die Grubenwetter ein.

Ein Beispiel hierfür ist die Zeche Erin, die bei einer grössten Sohlenteufe von 460 m, bezw. einer durchschnittlichen Abbauteufe von 320 m auch gegenwärtig (1900) noch den grössten Teil ihrer Arbeiter in Temperaturen von mehr als 25° C beschäftigt. Zwar ist die Zunahme der Gesteinstemperatur auch hier eine bedeutende und jedenfalls grösser als die durchschnittliche; hiervon abgesehen aber zeigen die Teilströme jedesmal eine beträchtliche Temperaturerhöhung, sobald sie in längere Berührung mit dem Bergeversatz gelangt sind. Bei dem viel angewandten Stossbau findet in einzelnen Abteilungen der Fettkohlenflötze Mathilde und Robert ein ausgedehnter Vorsatz von Waschbergen, die noch ziemlich viel Kohle enthalten, statt, und an diesen Punkten grade erwärmen sich die Wetter besonders schnell. Man hat deswegen mit entschiedenem Erfolge in diesen Flötzen die Wetterwege durch Einführung von gruppenweisem Abbau mit Ortsquerschlägen so verändert, dass die Wetter nur auf möglichst geringe Länge mit dem Waschberge-Versatz in Berührung kommen. Während nämlich früher die frischen Wetter von der Grundstrecke aus durch ein im Bergeversatz offen gehaltenes Ueberhauen bis zur Kohlenförderstrecke des jeweiligen Stossortes in die Höhe steigen mussten und sich gerade auf diesem Teile ihres Weges stark erwärmten, leitet man sie jetzt durch einen Bremsberg, der in dem nicht in Bau befindlichen, zwischen Mathilde und Robert gelegenen Flötz Hugo aufgehauen ist, in den Ortsquerschlag in Höhe der Kohlenförderstrecke des betriebenen Stosspfeilers und dann in diesen selbst. Hierbei wird der Wetterweg zwar um die Länge des Ortsquerschlages länger, die Wetter kommen aber doch frischer vor Ort als früher.

Die verhältnismässig grösste Hitze herrscht auf Zeche Erin im Flötze Sonnenschein, das bei einer Gesamtmächtigkeit von 2,75 m ein stark schwefelkieshaltiges, hauptsächlich aus Braunkohle bestehendes Zwischenmittel von durchschnittlich 1 m Mächtigkeit führt. Beim Rückbau der streichenden Pfeiler entwickelt der alte Mann grosse Wärmemengen, die, zumal in den oberen Pfeilern eines Bremsbergfeldes, die Temperatur der die Pfeilerstösse bestreichenden Wetter auf 27° C und mehr erhöhen. Dies Flötz war es auch, in dem z. Z. der oberbergamtlichen Temperaturmessungen in einem Unterwerksbau unterhalb der 460 m-Sohle 10 Mann an 2 Betriebspunkten bei einer Temperatur von über 29° C arbeiteten.

Neben den beiden oben genannten direkt wirkenden Ursachen der hohen Wettertemperaturen, nämlich der Gesteinstemperatur und der im Bergeversatz bezw. im alten Mann infolge chemischer Prozesse entstehenden Zersetzungswärme ist die Erwärmung der Wetter infolge langer Wetterwege eigentlich sekundärer Natur, da auch auf dem längsten Wege die Wetter unter normalen Verhältnissen höchstens die Temperatur der wärmsten von ihnen durchstrichenen Gesteinsschichten annehmen können. Wenn z. B. auf Zeche König Wilhelm, Schacht Christian Levin, Wetterwege von 9000 m Länge vorkommen, so erklärt dies an sich noch nicht, dass bei einer grössten Teufe von 430 m und bei einer durchschnittlichen Abbauteufe von rund 300 m dort Ende 1897 22 $^0/_0$ der Arbeiter in Temperaturen von 25° C und mehr arbeiteten; denn die Gesteinstemperatur dürfte auf dieser Zeche nach dem Resultat der auf der nördlich markscheidenden Zeche Prosper I vorgenommenen Messungen bei 430 m Teufe höchstens 23° C oder nach der durchschnittlichen Temperatursteigerung normal höchstens 22,5° C betragen.

Hier sind es die heissen Quellen, die mit 32 bezw. 26° C auf der 430 m Sohle angefahren sind, und deren Wassermassen einige Hauptwetterstrecken auf der 430 m-Sohle durchströmen, durch die ein ziemlich bedeutender Teil der frischen Wetter zugeführt werden muss, die sich hier natürlich rasch erwärmen.

Wie schon oben erwähnt, hängt die Wettertemperatur auch von der Menge der frischen Wetter und besonders der wirklich vor Ort geleiteten ab, wenn auch wiederum nur insofern, als die ursprüngliche Wettertemperatur von derjenigen der Gesteinsschichten um so langsamer beeinflusst wird, je mehr Wetter durch die betreffende Strecke geleitet werden.

Einen recht augenfälligen Beweis für den Einfluss der Wettermenge auf die Temperaturverhältnisse einer Grube liefert die Zeche Hansa, wo Ende 1897 durch einen unter Tage stehenden Pelzer-Ventilator 2900 cbm

frische Wetter je Minute einer unterirdischen Belegschaft in der Hauptschicht von 330 Mann und 10 Pferden zugeführt wurden. Damals wiesen
nach der oberbergamtlichen Statistik 98 % aller Betriebspunkte Temperaturen von 25° und mehr auf; thatsächlich lag die Wettertemperatur der
Betriebspunkte damals im allgemeinen sogar zwischen 28 und 29,5° C, so
dass sich die Grubenverwaltung entschlossen hatte, die ganze Belegschaft
nur sechsstündige Schichten verfahren zu lassen. Durch Aufstellung eines
neuen Rateau-Ventilators über Tage, welcher 4400 cbm frische Wetter ansaugt, und durch gleichzeitige Erweiterung der Wetterwege gelang es jedoch
im Jahre 1898 die Wettertemperatur an den Betriebspunkten auf 24—27° C durchschnittlich zu erniedrigen, so dass nicht nur die normale achtstündige Schicht
wieder zur Einführung gelangen, sondern auch eine allmähliche Vermehrung
der in der Hauptschicht unter Tage beschäftigten Belegschaft auf 440 Mann
und 13 Pferde stattfinden konnte. Gleichzeitig stieg die Durchschnittsleistung
der Gesamtbelegschaft, obgleich die Flötzverhältnisse sogar ungünstiger
wurden, von 0,8 auf 0,9 t je Mann und Schicht, also um 12,5 %, und der
Durchschnittslohn von 3,85 M. auf 4,39 M., also um rund 14 %.

So wie auf Hansa ist auch auf einer ganzen Anzahl der auf
S. 156 verzeichneten »wärmeren« Zechen seit der Aufstellung jener oberbergamtlichen Statistik eine Verbesserung der Temperaturverhältnisse
infolge von Verbesserungen der Wetterführung eingetreten.

Was die 8 Zechen anbelangt, auf denen 1897 noch Betriebspunkte
mit mehr als 29° C gefunden wurden, so ist durch eine im April 1899
vom Königlichen Oberbergamt durch die Revierbeamten veranstaltete
Ermittelung über Art und Umfang der auf den einzelnen Zechen ver-
fahrenen sechsstündigen Schichten festgestellt, dass allein auf Zeche
Monopol, Schacht Grimberg zu dieser Zeit Temperaturen von mehr als
29° C auftraten, und zwar hatten nur noch 24 Mann (gegen 48 im
Jahre 1897), unter derartigen Verhältnissen zu arbeiten. Dabei war
gerade auf dieser Zeche in der Zwischenzeit die je Kopf der Belegschaft zur Verfügung stehende Wettermenge von 5,3 cbm auf 10,8 cbm je
Minute vermehrt worden; die grosse Teufe aber, in der die Grubenbaue
umgehen (bis 790 m) und die grade auf dieser Zeche vorkommenden übermässig hohen Gesteinstemperaturen (bis 39,5°) machen es ausserordentlich
schwierig, einzelne ungünstig gelegene Betriebspunkte mit hinreichend
kühlen Wettern zu versorgen. Die übrigen 7 auf S. 155 genannten Zechen
Graf Moltke, Schlaegel und Eisen I/II, Ewald I/II, Hansa, Wilhelmine
Viktoria I, Erin und Ver. Stein und Hardenberg, Schacht Fürst Hardenberg,
haben es in der kurzen Zwischenzeit erreicht, dass Betriebspunkte mit mehr
als 29° C nicht mehr vorhanden sind.

Diese Verbesserung der Verhältnisse, die sich naturgemäss auch bei
den Betriebspunkten dieser Zechen bemerkbar macht, welche im Jahre 1897

Temperaturen von 25—29° C aufwiesen, ist z. B. auf Schlaegel und Eisen I/II in der Vermehrung der Wettermenge und Verkürzung der Wetterwege durch Inbetriebnahme von Schacht III/IV, auf Graf Moltke in der mittlerweile erfolgten Abdeckung der die heissen Wasser abführenden Rösche und auf Erin in der Aenderung der Abbaumethoden begründet. Auch die Einrichtung der Berieselung dürfte nicht unwesentlich zur Herabminderung der Wettertemperatur beigetragen haben.

Eine Einwirkung der Mergelüberlagerung auf die Temperatur der Grubenwetter lässt sich in der in Rede stehenden oberbergamtlichen Statistik nicht klar erkennen; wenn auch bei den 29 oben genannten wärmeren Zechen die Mächtigkeit der überlagernden Mergelschichten z. T. ziemlich beträchtlich ist — sie schwankt zwischen 140 m auf Hansa und 450 m auf Monopol Schacht Grimberg — so giebt es doch auf der anderen Seite auch Zechen wie Preussen I mit 360 m und Graf Bismarck III mit 280 m Mergel, die trotz damals schon ziemlich ausgedehnter Grubenbaue und bedeutender Abbauteufen an keinem einzigen Betriebspunkte eine Wettertemperatur von 25° C oder mehr gezeigt haben.

Ein Einfluss der von den verschiedenen Zechen gebauten Flötzgruppen auf die Wettertemperatur ist aus der genannten Statistik ebenfalls nicht nachweisbar; die Thatsache aber steht fest, dass auf einigen Zechen, z. B. auf Consolidation, die Gasflamm- und die Gaskohlengruppe kühlere Gesteins- und infolgedessen auch kühlere Wettertemperaturen zeigen als die darunter liegende Fett- bezw. Esskohlenpartie.

Schliesslich sind in Tabelle 39 eine Anzahl von Zechen aufgeführt, die trotz der von ihnen erreichten grossen Teufe nach der oberbergamtlichen Statistik entweder gar keine oder doch verschwindend wenig Betriebspunkte mit einer Wettertemperatur von 25° C und mehr aufwiesen. Diese Zusammenstellung umfasst alle diejenigen Zechen, auf denen bei einer Teufe der tiefsten 1897 vorhandenen Sohle von 500—599 m höchstens 5 %, bei einer solchen von 600 m und mehr aber höchstens 10 % der unterirdischen Belegschaft bei 25° C oder mehr arbeiteten.

Ueber die Temperatur der ausziehenden Wetterströme der Ruhrkohlenzechen und namentlich über diejenige auf der Wettersohle ist ein umfassendes Material nicht vorhanden; denn die Angaben, die seitens der einzelnen Zechen Ende 1898 über die durchschnittliche Wärme der ausziehenden Wetter im Wetterkanal, für Sommer und Winter getrennt, gemacht sind, lassen bei einer Reihe von Zechen keinen genauen Rückschluss auf diejenige Temperatur zu, welche die Wetter auf ihrem Wege durch die Grubenbaue bis zur Wettersohle allmählich annehmen. Dies rührt einmal daher, dass die Dampfleitungen, die für unterirdische Wasserhaltungen und für andere Betriebszwecke erforderlich sind, häufig in die ausziehenden Schächte eingebaut sind und je nach Länge, Durchmesser,

Tabelle 39.

| Lfde. No. | Zeche | Teufe der tiefsten 1897 vorhandenen Sohle m | Im Oktober 1897 waren bei einer Temperatur von 25—29° C beschäftigt | | Frische Wettermenge je Mann und Minute (einschl. Pferde à 5 Mann) | | Grösste Länge der Wetterwege Ende 1898 m | Höchste in den Grubenbauen gemessene Temperatur in Celsius-Graden | |
			Arbeiter	d. i. in Prozent der gesamten unterirdisch. Belegschaft	Ende 1897	Ende 1898		1896	Anfang 1899
1.	2.	3.	4.	5.	6.	7.	8.	9.	10.
1	Graf Bismarck II . . .	623,95	0	0	3,8	3,9	6 500	24	25
2	Hibernia	610,92	58	6,9	8,9	10,6	3 350	26	25
3	Schürbank und Charlottenburg . .	600,90	21	9,1	2,9	3,3	5 800	25	25
4	WilhelmineVictoriaII/III	600,92	0	0	3,3	3,2	6 540	24	25,5
5	Graf Bismarck I . . .	567,59$_5$	0	0	3,8	3,9	6 000	22,5	25
6	Engelsburg	560,94	7	2,8	4,5	3,7	3 600	20,5	(28)*)
7	Freie Vogel und Unverhofft	560,95	4	0,8	3,9	3,3	3 760	19	21
8	Preussen I	549,95	0	0	3,5	3,7	3 500	16	21,5
9	Helene und Amalie, Schacht Amalie . .	548,96	5	0,6	2,2	2,6	5 750	23	25
10	Hörder Kohlenwerk, Schacht Schleswig .	534,96	0	0	2,2	2,2	6 000	20	20
11	Dahlbusch II/V . . .	520,94	0	0	7,7	8,2	3 600	22	21
12	Johann Deimelsberg .	515,97 / 446,96	6	1,1	2,3	4,2	3 540	—	25
13	Steingatt	515,86	0	0	5,3	5,2	4 000	21,5	20
14	Hannibal II	505,92	14	4,6	2,3	3,2	2 800	26	26
15	Dannenbaum I	500,92	0	0	4,9	4,5	3 550	24	(28)*)
16	desgl. II	500,92	2	0,4	6,3	4,0	3 640	27	(28)*)
17	Constantin d. Grosse II	500,96	12	1,9	3,7	3,9	6 100	25	26

*) Diese Temperaturen sind sehr wahrscheinlich in unterirdischen Maschinenräumen beobachtet worden.

Isolirungsart und durchströmender Dampfmenge die Wetter mehr oder weniger erhitzen. In anderen Fällen werden den aus den Grubenbauen erwärmt aufsteigenden Wettern entweder durch Undichtigkeiten der Wetterthüren auf der Wettersohle oder durch solche des Wetterscheiders oder endlich des Schachtverschlusses eine Menge frischer und daher gewöhnlich bedeutend kühlerer Wetter zugeführt, die dann auf die Temperatur im Wetterkanal über Tage abkühlend einwirken.

Was den ersteren Fall anlangt, wo eine im ausziehenden Schacht eingebaute Dampfleitung die Wetter erhitzt, so ist zunächst zu bemerken, dass hierdurch nur ganz ausnahmsweise die Temperatur der ausziehenden Wetter auf mehr als 27° C erhöht wird. In diesen Fällen aber dient dann auch regelmässig der betreffende ausziehende Schacht nur zur Wetterführung, wird also zur Fahrung nicht benutzt. Als Beispiel sei der Wetterschacht der Schachtanlage Arnold (Zeche Heinrich Gustav) angeführt, der mit seinem ganzen freien Querschnitt von 6,3 qm auszieht. In diesem sind zwei Dampfleitungen eingebaut, die zum Betrieb von fünf unter Tage stehenden Wasserhaltungsmaschinen dienen. Sie haben je 468 m Länge (davon 384 m bis zur Wettersohle), 208 mm lichten Durchmesser und eine aus Kieselguhr bestehende, aber in etwas mangelhaftem Zustande befindliche Isolirung. Die bei normaler Tourenzahl des Ventilators ausströmende Wettermenge von 2490 cbm je Minute besitzt auf der Wettersohle eine Durchschnittstemperatur von 23,5° C; im Wetterkanal hingegen beträgt die Temperatur 35° C. Die grosse Wärmemenge, welche von der Dampfleitung abgegeben wird, kommt jedoch der Leistung des Ventilators zu gute; denn selbst nach dreistündigem Stillstand des letzteren ziehen noch 1500 cbm, d. h. fast 60 % der normalen Wettermenge, durch die Grubenbaue.

Im allgemeinen ist, selbst wenn die durch eine Dampfleitung erwärmten Wetter nicht etwa durch irgend welche frischen Wettermengen wieder abgekühlt werden, die Temperaturerhöhung des ausziehenden Stromes bei guter Isolation der Dampfleitung eine nur mässige. Sobald jedoch der Ventilator durch Undichtigkeiten der Wetterthüren auf der Wettersohle oder durch solche des Schachtscheiders frische Wettermengen ansaugt, beträgt die Temperatur auch in den durch Dampfleitungen erwärmten ausziehenden Schächten bezw. Trummen häufig nur 19—21° C. Ein Beispiel hierfür bildet der zugleich ein- und ausziehende Schacht auf Zollern, in dessen ausziehendem Wettertrumm von 5,5 qm Querschnitt eine 351 m lange (bis zur Wettersohle 158 m), gut isolierte Dampfleitung von 290 mm lichtem Durchmesser eingebaut ist. Hier hat der 3700 cbm starke ausziehende Wetterstrom auf der Wettersohle eine Temperatur von 16° C; durch Undichtigkeiten des Wetterscheiders treten 800 cbm frische Wetter hinzu, sodass trotz der Wirkung der Dampfleitung der Gesamtstrom im Wettertrumm und im Wetterkanal über Tage nur 19° C Wärme aufweist.

In 32 Fällen hingegen, wo die im Wetterkanal gemessene Temperatur — ohne durch Dampfleitungen, Wetterverluste u. s. w. beeinflusst zu sein — in der Hauptsache nur von der des ausziehenden Wetterstromes auf der Wettersohle abhängig ist, ergiebt sich nach den gemachten Angaben im Mittel eine Temperatur des ausziehenden Wetterstromes im Wetterkanal von 19° C im Sommer und 17,6° C im Winter; rechnet man aber auch alle diejenigen Zechen hinzu, wo Dampfleitungen oder andere der oben genannten Ursachen die in den Wetterkanälen gemessenen Durchschnittstemperaturen beeinflussen konnten, so ergiebt sich als Mittel der in

11*

183 verschiedenen Wetterkanälen gemachten Messungen eine Temperatur der ausziehenden Wetter von 20° C im Sommer und 18,5° C im Winter.*) Betrachtet man dann schliesslich noch diejenigen mit ihrem ganzen freien Querschnitt ausziehenden Schächte gesondert, die für Seilfahrt eingerichtet sind — auf zugleich ein- und ausziehenden Schächten wird in Westfalen regelmässig im einziehenden Trumm angefahren —, so ergiebt sich, dass im Durchschnitt von 26 derartigen Schächten die Temperatur im Wetterkanal im Sommer 21° C, im Winter 19° C beträgt. Bei genau der Hälfte dieser Schächte sind Dampfleitungen eingebaut.

Ueber die Temperaturverhältnisse im Wetterkanal der unter Tage auf der Wettersohle stehenden Ventilatoranlagen, von denen Ende 1898 sieben im Betrieb standen, giebt folgende Zusammenstellung Auskunft:

Tabelle 40.

Schachtanlage bezw. Zeche	Im Saugkanal gemessene Wettertemperatur		Teufe der Wettersohle unter Tage	Vom unterirdischen Ventilator angesaugte Wettermenge bei normaler Tourenzahl cbm je Minute	Die Wetter ziehen aus	
	Sommer Grad	Winter Grad	m		durch Schacht	mit einem freien Querschnitt von qm
Graf Moltke	26	24	353	3510	I	10
Graf Schwerin	27	26	358	3450	I	17,8
Hannover I/II	23	22	234	2300	II	15,0
Rheinelbe	20	20	245	2140	II	4,14
Rheinpreussen	22	20,5	246	1800	I. Trumm	2
					II. „	1,3
Shamrock	24	22	197	3910	II	5,23
Wilhelmine Victoria I .	25	24	400	3500	I	17

*) Jičinsky giebt in ›Bergmännische Notizen über Mähr. Ostrau‹ S. 64 an, dass auf den dortigen Steinkohlengruben die mittlere Temperatur der Wetter im Ventilator-Saughals 15,7—18,6° C betragen habe, während die Luft in der Grube im Durchschnitt 14—16° C, in max. 30° C warm gewesen sei.

2. Kapitel: Wetterversorgung.

Von Bergassessor Stein.

I. Die Wettermengen.

1. Geschichtliches.

Die Wettermengen, über welche die Ruhrkohlenzechen in den ersten Jahrzehnten des 19. Jahrhunderts verfügten, waren äusserst gering. Erst als die Grubenbaue eine weite Ausdehnung erhielten und sich in grosse Teufen erstreckten, sah man sich gezwungen, auf die Zuführung grösserer Mengen frischer Wetter durch Anwendung geeigneter Hülfsmittel Bedacht zu nehmen. Langer Jahre hat es bedurft, bis eine regelrechte Wetterwirtschaft durchgeführt war und der grosse Wert derselben allgemein anerkannt wurde. In dieser Hinsicht war die Thätigkeit der Preussischen Schlagwetterkommission, welche in den Jahren 1881 bis 1885 getagt hat, von besonderer Bedeutung und bildete einen Wendepunkt in der Wetterversorgung für die Gruben des rheinisch-westfälischen Industriebezirks. Denn durch den von der Kommission erstatteten Hauptbericht sind die Bergbautreibenden in erster Linie mit den Grundsätzen einer guten Wetterwirtschaft bekannt gemacht worden. Die von der Schlagwetterkommission aufgestellten Regeln bilden die Grundlage für die von dem Königlichen Oberbergamt zu Dortmund unter dem $\frac{\text{12. Oktober 1887}}{\text{4. Juli 1888}}$ erlassene Bergpolizei-Verordnung, »betreffend die Wetterversorgung, Wetterführung, Schiessarbeit und Beleuchtung auf Steinkohlen- und Kohleneisenstein-Bergwerken«, welche lange Jahre hindurch für den Bezirk in Geltung geblieben ist und erst am 1. Januar 1902 mit Rücksicht auf die zunehmende Gefährlichkeit der Betriebe und die in der Zwischenzeit gemachten Erfahrungen durch eine neue Wetterpolizei-Verordnung ersetzt wurde.

Die ersten zuverlässigen Angaben über die Wettermengen, welche einer grösseren Anzahl westfälischer Steinkohlengruben zugeführt wurden, stammen aus den Jahren 1862 und 1863*). Durch eine Kommission des Oberbergamtes waren damals auf 28 Gruben des Dortmunder Bezirkes mit einer Gesamtförderung von täglich 4850 t und einer Belegschaft in der Hauptschicht von 4275 Mann Wettermessungen ausgeführt worden, die eine Gesamtwettermenge von 8588 cbm in der Minute oder durchschnittlich 306,7 cbm für jede Grube ergaben. Es bedeutet dies ein minutliches Wetterquantum von 2,01 cbm je Mann und von 1,77 cbm je t täglicher

---

*) Zeitschr. f. d. Berg-, Hütten- u. Salinenw. 1873, Bd. XXI, BS. 44.

Förderung. Die grösste Wettermenge für den Kopf der Belegschaft wurde damals auf Zeche Hibernia mit 4,99 cbm je Minute ermittelt. Diese Zeche hatte zu jener Zeit neben der grössten Förderung (600 t täglich) die stärkste Belegschaft in der Hauptschicht, nämlich 260 Mann aufzuweisen, gegenüber einem Durchschnitt aller Gruben von 152 Mann; die günstige Wetterversorgung war sicherlich dem durch Mulvany auf der genannten Zeche zuerst eingeführten Zweischachtsystem zuzuschreiben. Die grösste Wettermenge, auf die Tonne täglicher Förderung bezogen, besass die anscheinend noch in Vorrichtung stehende Zeche Carlsglück mit 8,3 cbm. Die verhältnismässig geringsten Wettermengen hingegen wurden auf den Zechen Johann Friedrich, Germania und Wilhelmine ermittelt, nämlich 0,54 bezw. 0,81 bezw. 0,93 cbm je Kopf der Belegschaft und Minute.

Im Jahre 1868 wurde auf 16 Gruben mit einer täglichen Förderung von 6855 t und einer durchschnittlichen Belegschaft in der Hauptschicht von 4720 Mann eine Wettermenge von 1,57 cbm je Mann bezw. von 1,08 cbm je Tonne und Minute festgestellt.

Zu einem ähnlichen Ergebnis führten die Wettermessungen, welche in den Jahren 1869/71 auf Veranlassung des Handelsministers durch eine neue Kommission auf einer grösseren Reihe westfälischer Gruben vorgenommen wurden. Auf 35 untersuchten Gruben mit einer gesamten täglichen Förderung von etwa 15 500 t und mit 9363 Mann Belegschaft in der Hauptschicht wurde eine durchschnittliche Wettermenge von 1,71 cbm für jeden unter Tage beschäftigten Arbeiter und von 1,03 cbm je t Förderung gefunden.

Fasst man die Untersuchungen aus den Jahren 1868 und 1869/71 zusammen, so ergiebt sich zwar gegenüber den Resultaten der Jahre 1862/63 eine Erhöhung des durchschnittlich auf der einzelnen Grube vorhandenen Wetterquantums von 306,7 cbm auf etwa 460 cbm, jedoch ein Zurückgehen der relativen Wettermenge je Kopf der Belegschaft von 2,07 cbm auf 1,66 cbm und derjenigen je Tonne Förderung von 1,77 cbm auf 1,05 cbm.

Dieses ungünstige Ergebnis war darauf zurückzuführen, dass in der Zwischenzeit, welche einen grossen Aufschwung der Kohlenindustrie gebracht hatte, die Einrichtungen zur Wetterversorgung mit der Zunahme der Förderung und der Vermehrung der Belegschaft nicht gleichen Schritt gehalten hatten, wenn auch auf einzelnen Gruben, wie z. B. auf den Zechen Consolidation, von der Heydt u. s. w. eine erfreuliche Verbesserung in der Zuführung frischer Wetter festzustellen war.

Von besonderem Werte für die Beurteilung der mangelhaften Wetterverhältnisse der damaligen Zeit war ferner die Untersuchung der Frage, inwieweit das den Gruben zugeführte Wetterquantum wirklich ausgenutzt wurde.

Durch Vergleich der Haupteinziehströme mit der Summe der Teilströme auf 29 Gruben gelangte die Kommission zu dem heute kaum glaublichen Ergebnis, dass auf dem kurzen Wege vom Schachte bis zu den Abzweigungen in die Grundstrecken bereits 26 % der eingeführten Wettermenge verloren gegangen, und dass diese Differenzen auf die Undichtigkeiten in der Verblendung von abgebauten Flötzen, Ueberhauen u.s.w. zurückzuführen waren. Der grösste Verlust zeigte sich auf Zeche Rhein-Elbe, woselbst von 517 cbm frischer Wetter nur 254 cbm oder 49 % in die Baue eintraten. An einer Stelle innerhalb der Betriebe, an welcher der gesamte einfallende Strom sich wieder vereinigt haben sollte, waren nur 6 %, an einer anderen nur 26 % des Stromes vorhanden. Auf Schacht Gustav der Zeche Victoria Mathias fanden sich in dem Querschlag der I. Tiefbausohle, über welche planmässig fast die ganze Wettermenge, nachdem sie die II. Tiefbausohle gespeist hatte, zur Versorgung der oberen Betriebe ziehen sollte, von etwa 130 cbm noch 20 cbm, also ungefähr 15 % vor.

Diese allgemein verbreiteten Mängel in der Wetterführung waren zum Teil die Veranlassung, dass namentlich in den Jahren mit niedrigen Kohlenpreisen ein höchst unwirtschaftlicher Betrieb stattfand, dass grosse Kohlenmengen überhaupt nicht gewonnen wurden, und dass der Abbau vielfach in eine Art Raubbau ausartete.

Allerdings zeigten auch schon damals die Beispiele von Consolidation, Franziska Tiefbau, Hannibal und Tremonia, dass es möglich war, die Wetterverluste auf ein geringes Mass herunterzudrücken.

Auf der letztgenannten Zeche ergaben die Befahrungen, dass von der einziehenden frischen Wettermenge

von 409 cbm im Jahre 1862   233 cbm oder 57 %
» 420 » » » 1868   353 » » 84 »
» 493 » » » 1869   498 » » 100 »

zur Ausnutzung gelangten.

Die nächsten amtlichen Untersuchungen grösseren Umfangs fanden in den Jahren 1881 bis 1883 durch die Lokalabteilung Dortmund der Preussischen Schlagwetterkommission statt, welche die Aufgabe hatte, die Wetterverhältnisse speziell auf den mit schlagenden Wettern behafteten Gruben zu prüfen. Auch die Ermittelungen dieser Kommission zeigten kein wesentlich anderes Bild von dem Stande der Wetterversorgung auf den Zechen des Ruhrkohlenbeckens. Sie ergaben auf 50 untersuchten Zechen einen Durchschnittssatz von 1,47 cbm je Tonne Förderung in der Hauptschicht und von 1,90 cbm je Kopf der Belegschaft, wobei jedes Pferd für 5 Mann in Rechnung gestellt wurde.

Gegenüber diesen Zahlen bedeutet der jetzige Zustand einen gewaltigen Fortschritt, der sich bis zum Jahre 1900 in allmählich steigender

Weise geltend gemacht, aber seinen Abschluss naturgemäss noch nicht erreicht hat. Seinen Ursprung hat er in erster Linie in dem energischen Eingreifen der Bergbehörde, welche durch ihre Polizeiverordnungen auf eine allgemeine Verbesserung hinwirkte, aber auch im einzelnen Falle je nach der Gefährlichkeit der Gruben besondere und einschneidende Massregeln durchsetzte. Andrerseits darf aber nicht vergessen werden, dass ein grosser Teil der Zechenverwaltungen und namentlich die grossen Bergwerksgesellschaften in richtiger Erkenntnis des grossen Wertes einer guten Wetterversorgung aus eigenem Antrieb auf Verbesserungen hingearbeitet und darin auch unter schwierigen Verhältnissen glänzende Erfolge erzielt haben.

Der folgenden Darstellung des heutigen Zustandes der Wetterversorgung sind einerseits die von den Zechenverwaltungen am Ende des Jahres 1898 für die Zwecke des vorliegenden Werkes gemachten Mitteilungen, andererseits die Angaben der von dem Oberbergamt zu Dortmund im 2. Halbjahr 1900 aufgestellten »Uebersicht der Wetterwirtschaft auf den Steinkohlenbergwerken« zu Grunde gelegt worden.

2. Die absoluten Wettermengen je Minute.

Die absolute Menge frischer Wetter, welche den einzelnen westfälischen Gruben zugeführt wurde und nach den Untersuchungen der Jahre 1862—1863 307 cbm und 1868—1871 460 cbm im Durchschnitt betragen hatte, war bis zu den Befahrungen der Preussischen Schlagwetterkommission auf 788 cbm gestiegen, hatte sich also nahezu verdoppelt. Die höchste Wettermenge wies damals die Zeche Neu-Iserlohn Schacht I mit 2030 cbm je Minute auf, wenn man von Consolidation absieht, woselbst drei selbständige Betriebsanlagen durch einen Gesamtstrom von 2355 cbm bewettert wurden. Alle übrigen befahrenen Zechen erhielten weniger als 1500 cbm und nahezu $^3/_4$ von ihnen sogar weniger als 1000 cbm in der Minute. Es ist dabei zu berücksichtigen, dass von der Schlagwetterkommission hauptsächlich die bedeutendsten Zechen einer Untersuchung unterzogen wurden, die i. G. etwa 40 $^0/_0$ der Gesamtförderung des Oberbergamtsbezirkes lieferten. Bei Berücksichtigung der zahlreichen kleinen Zechen wäre das durchschnittliche Wetterquantum sicherlich noch erheblich geringer ausgefallen.

Demgegenüber liegen aus dem Jahre 1898 von 199 selbständigen Betriebsanlagen Angaben vor, nach welchen das gesamte in einer Minute diese Gruben durchströmende Wetterquantum 395 532 cbm oder im Durchschnitt für jeden einzelnen Betrieb 1988 cbm betragen hat. Darunter stand die durch gute Ventilation von jeher ausgezeichnete Zeche Hibernia mit 7345 cbm weit an der Spitze, aber auch auf zwei anderen Zechen hatte der einziehende Wetterstrom bereits eine Stärke von mehr als 5 000 cbm erreicht, nämlich auf Prosper II 5 160 cbm und auf Shamrock III/IV 5 085 cbm.

Im Jahre 1900 wurde auf 204 Zechen insgesamt eine Wettermenge von 437 773 cbm oder im Durchschnitt 2 146 cbm auf der einzelnen Grube eingeführt. Die durchschnittliche absolute Wettermenge ist damit auf einer Höhe angekommen, die nach den Untersuchungen der Schlagwetterkommission anfangs der achtziger Jahre selbst in dem günstigsten Falle (Neu-Iserlohn) nicht ganz erreicht wurde. Zu den bereits erwähnten Zechen mit mehr als 5 000 cbm Einziehstrom sind inzwischen noch folgende hinzugetreten:

Shamrock I/II . . mit 6 859 cbm
Bismarck . . . » 6 310 »
Alma . . . . . » 5 664 »
Hugo . . . . . » 5 230 »
Neumühl . . . . » 5 200 »
Rheinelbe . . . » 5 151 »
Gen. Blumenthal . » 5 060 »

Dass aber auch mit dem Ende des Jahres 1900 die Vermehrung der absoluten Wettermengen noch nicht zum Abschluss gelangt ist, ergiebt sich daraus, dass in neuester Zeit wieder auf mehreren Zechen, wie Graf Moltke, Pluto (Schacht Wilhelm) u. s. w. die einziehende Wettermenge 5 000 cbm überstiegen hat, dass auf General Blumenthal III/IV bereits ein Wetterquantum von 7 000 cbm erreicht ist, und dass einzelne neue Ventilatoren sogar mehr als 8 000 cbm Wetter liefern können.

Ueber die Wettermengen und ihre prozentuale Steigerung giebt folgende Tabelle einen Ueberblick.

Tabelle 41.

Wettermenge	1881–1883		1898		1900	
	Anzahl der Gruben	%	Anzahl der Gruben	%	Anzahl der Gruben	%
unter 500 cbm	13	26	20	10,1	21	10,3
von 500 bis 1 000 „	24	48	20	10,1	21	10,3
„ 1 000 „ 2 000 „	11	22	75	37,6	62	30,4
„ 2 000 „ 3 000 „	2	4	52	26,1	49	24,0
„ 3 000 „ 4 000 „	—	—	17	8,5	28	13,8
„ 4 000 „ 5 000 „	—	—	12	6,1	14	6,8
„ 5 000 „ 6 000 „	—	—	2	1,0	5	2,4
über 6 000 „	—	—	1	0,5	4	2,0
Sa.	50	100	199	100	204	100

Es ist bemerkenswert, dass, während in den Jahren 1881—1883 nur wenige Gruben mehr als 1000 cbm frische Luft in ihre Baue führten, in den Jahren 1898 und 1900 nur etwa noch 20 % aller Gruben einen Wetterstrom von weniger als 1000 cbm besassen, und dass nach dem Ergebnis des letzten Jahres sogar die Gruben mit weniger als 3000 cbm im Abnehmen begriffen sind.

3. Die Wettermengen je Tonne Förderung.

In den Anlagen zum Bericht der Schlagwetterkommission ist zur Beurteilung des Standes der Wetterversorgung auf den einzelnen Gruben die Wettermenge berechnet worden, die auf eine in der Hauptschicht geförderte Tonne Kohlen entfällt. Richtiger dürfte es sein, dieser Berechnung die gesamte tägliche Förderung zu Grunde zu legen, weil es für die Entwickelung von Grubengasen, die in gewissem Grade von der Höhe der Kohlengewinnung abhängt, gleichgültig ist, in welcher Schicht die Förderung des gewonnenen Materials erfolgt. Es sind daher in nachfolgender Uebersicht über das Verhältnis der Produktion zur Wetterversorgung auf den einzelnen Gruben (Tabelle 42) die Angaben aus den Jahren 1898 und 1900 auf die gesamte tägliche Förderung bezogen, während die dem Schlagwetterkommissionsbericht entnommenen Zahlen aus den Jahren 1881/83 sich nur auf die Förderung in der Hauptschicht beziehen und deshalb im Verhältnis etwas zu hoch sind.

Tabelle 42.

Die eingeführte frische Wettermenge betrug je Tonne täglicher Förderung:	Im Jahre		
	1881/83	1898	1900
weniger als 0,5 cbm auf	2	—	— Gruben
0,5—1,0　,,　　,,	15	2	1　,,
1,0—1,5　,,　　,,	14	29	26　,,
1,5—2,0　,.　　,,	8	51	57　,,
2,0—2,5　,,　　,,	4	52	54　,,
2,5—3,0　,,　　,.	3	19	27　,,
3,0—3,5　,.　　,,	1	12	16　,,
3,5—4,0　,,　　,,	1	13	6　.,
4,0—4,5　,,　　,,	—	4	5　,
4,5—5,0　,,　　,,	—	3	4　,,
5,0—5,5　,,　　,,	1	3	3　,,
5,5—6,0　,,　　,,	—	1	1　,,
mehr als 6,0　,,　　,,	1	10	4　,,
Sa.	50	199	204 Gruben

Die Zechen mit weniger als 0,5 cbm frischer Wetter je Tonne Förderung sind demnach im Ruhrkohlenbezirk ganz verschwunden, und von denjenigen mit weniger als 1 cbm je Tonne Förderung ist nur noch eine, nämlich Neuglück mit 0,87 cbm, übrig geblieben. Bei den Zechen mit aussergewöhnlich hoher Wettermenge je Tonne Förderung handelt es sich in der Hauptsache allerdings um solche Anlagen, die noch in der Entwickelung begriffen sind, wie z. B. Zeche Neumühl mit 7,43 cbm je Tonne im Jahre 1898 oder solche, die durch besondere Umstände in ihrer Förderung beeinträchtigt sind, wie z. B. die durch den Zusammenbruch eines Schachtes betroffene Zeche Victoria Mathias mit 27,02 cbm im Jahre 1900. Aus ähnlichen Gründen kann auch die einzige Zeche aus den Jahren 1881/83 mit mehr als 6,0 cbm je Tonne Förderung, die Zeche Monopol, für die Beurteilung der damaligen Wetterverhältnisse nicht ins Gewicht fallen. Für sie berechnete sich infolge schwacher Belegung und Förderung ein Wetterquantum von 13,55 cbm je Tonne und Minute, obschon thatsächlich die Schlagwetterkommission dort manche Betriebspunkte nicht ausreichend bewettert gefunden hatte. Auch auf einigen kleinen Stollenzechen mit natürlichem Wetterzuge ist der Luftstrom im Verhältnis zur Förderung ausserordentlich stark. Von diesen aussergewöhnlichen Fällen abgesehen, zeichnet sich wiederum die Zeche Hibernia, welche allerdings durch ihre ausserordentliche Schlagwetterentwickelung zu besonderen Massregeln in Bezug auf Wetterversorgung gezwungen war, durch die günstigsten Verhältnisse aus. Im Jahre 1898 wurden dort 8,64 cbm und im Jahre 1900 6,35 cbm in der Minute je Tonne täglicher Förderung festgestellt. Die Zeche Neu-Iserlohn I hingegen, die im Jahre 1883 mit 5,08 cbm an der Spitze stand, ist in dieser Beziehung infolge erheblicher Steigerung der Förderung zurückgegangen; sie führte im Jahre 1898 nur 3,69 cbm und im Jahre 1900 3,73 cbm frischer Wetter je Minute für jede Tonne täglich geförderter Kohlen in ihre Baue ein.

Die vorliegenden Zahlen ergeben folgendes Bild von der durchschnittlichen Wettervermehrung im Verhältnis zur Steigerung der Kohlenproduktion: Während die Förderung auf den in der vorstehenden Tabelle berücksichtigten Anlagen im Jahre 1881/83 durchschnittlich 587 t in der Hauptschicht betrug und demnach 1,34 cbm frischer Wetter auf jede Tonne entfielen, belief sich die gesamte Tagesförderung, auf die einzelne Zeche bezogen, im Jahre 1898 auf 918 t und im Jahre 1900 auf 973 t; die eingeführte Wettermenge stellte sich demnach für jede Tonne auf 2,16 cbm im Jahre 1898 und auf 2,21 cbm im Jahre 1900. Es ist demnach eine recht erhebliche Vermehrung der Wetter nachzuweisen, die bis in die letzte Zeit hinein stärker war, als die Zunahme der Produktion.

4. Die Wettermengen je Kopf der Belegschaft.

Während für das Verhältnis der Wettermenge zur Förderung die gesamte tägliche Produktion in Betracht gezogen werden musste, ist für die Berechnung des auf den Kopf der Belegschaft entfallenden Wetterquantums natürlich nur die Zahl derjenigen Arbeiter massgebend, welche in der am stärksten belegten Schicht in der Grube anwesend sind. Wenn man zugleich nach dem Vorgang der Schlagwetterkommission und entsprechend der Vorschrift der bisherigen Wetterpolizei-Verordnung vom Jahre 1887/88 für jedes unter Tage befindliche Pferd 5 Mann in Rechnung setzt, so erhält man folgendes Bild von sämtlichen untersuchten Gruben:

Tabelle 43.

Wettermengen je Kopf der Belegschaft in der Hauptschicht	Anzahl der Gruben		
	1881/83	1898	1900
weniger als 1 cbm	9	—	— Gruben
1—2 „	19	8	— „
2—3 „	11	49	49 „
3—4 „	6	59	75 „
4—5 „	2	36	35 „
5—6 „	1	18	20 „
6—7 „	—	14	13 „
7—8 „	—	2	1 „
8—9 „	1	5	6 „
9—10 „	—	2	2 „
mehr als 10 cbm	1	6	3 „
Sa.	50	199	204 Gruben

Nach den Anlagen zum Bericht der Schlagwetterkommission ergaben sich für die von der Lokalabteilung Dortmund befahrenen 50 Zechen im Jahre 1883 durchschnittlich 1,89 cbm einziehende frische Wetter auf den Kopf der Belegschaft. Die Zahlen für die einzelnen Zechen schwanken zwischen 0,51 cbm auf Deutscher Kaiser und 8,83 cbm auf Neu-Iserlohn. Die Zeche Monopol mit 23,16 cbm muss infolge der oben geschilderten besonderen Verhältnisse ausser Ansatz bleiben. Bei mehr als der Hälfte aller untersuchten Zechen betrug die Wettermenge weniger als 2 cbm je Kopf, obwohl es sich, wie oben erwähnt, um die gefährlichsten Gruben handelte.

Nach den Ermittlungen vom Jahre 1898 betrug das frische Wetterquantum je Kopf der Belegschaft in der Hauptschicht durchschnittlich 3,86 cbm je Minute. Es hatte sich also seit dem Jahre 1883 mehr als verdoppelt und schwankte, wenn man von einigen Stollenzechen mit unverhältnismässig kleiner Belegschaft absieht, zwischen 1,32 cbm auf Zeche Blankenburg und 10,27 cbm auf Zeche Hibernia. Günstige Resultate lagen ferner vor von den Zechen:

Bruchstrasse	mit 9,66 cbm
Monopol, Schacht Grimberg	» 8,86 »
Hansa	» 8,71 »
Ewald I/II	» 8,63 »
Kaiserstuhl II	» 7,98 »
Neumühl	» 7,88 »

und einer Reihe kleinerer Zechen. Ein grosser Fortschritt besteht auch in dem Verschwinden der Gruben mit unzureichenden Wettermengen. Er dürfte in der Hauptsache der Vorschrift der Bergpolizeiverordnung vom Jahre 1887/88 zuzuschreiben sein, nach welcher, unter Anlehnung an die von der Preussischen Schlagwetterkommission gemachten Vorschläge, den Grubenbauen auf Schlagwettergruben für jeden unterirdisch beschäftigten Arbeiter wenigstens 2 cbm und für jedes daselbst verwendete Pferd wenigstens 10 cbm frischer Wetter je Minute zuzuführen waren. Von dieser Bestimmung waren nur solche Bergwerke ausgenommen, in deren Bauen schlagende Wetter bisher noch nicht aufgetreten waren und auf welche daher die Bezeichnung »Schlagwettergrube« keine Anwendung fand. Obwohl nun eine ganze Reihe schlagwetterfreier Gruben vorhanden war, blieben doch im Jahre 1898 nur 8 Gruben hinter der an Schlagwettergruben zu stellenden Mindestforderung zurück.

Die Statistik des Oberbergamts ergiebt, dass sich das durchschnittliche frische Wetterquantum je Minute und Kopf, einschliesslich der Pferde, im Jahre 1900 auf 3,91 cbm erhöht hat, und dass Zechen mit weniger als 2 cbm je Kopf überhaupt nicht mehr vorhanden sind. Wenn man von Zeche Altendorf und dem Schacht Jacob der Zeche Heinrich Gustav sowie der Stollenzeche Joseph absieht, stellt sich das Ergebnis wie bei den vorhergehenden Untersuchungen für Zeche Hibernia wieder am günstigsten mit 10,18 cbm.

Sodann folgen:

Germania I	mit 9,67 cbm
Hansa	» 8,49 »
Victoria Mathias	» 8,24 »
Dahlbusch II/V	» 8,18 »
Ewald III/IV	» 8,18 »
Monopol, Schacht Grimberg	» 8,14 »
Schlägel und Eisen V/VI .	» 8,1 »

Weniger als 2,5 cbm je Mann fanden sich dagegen auf 16 Zechen, von denen

Humboldt . . . . mit 2,03 cbm
Caroline . . . . » 2,07 »
Hörder Kohlenwerk, Schacht Schleswig » 2,10 »

genannt seien.

Von besonderem Interesse ist es, die Zahl der Zechen festzustellen, die weniger als 3 cbm frische Wetter je Kopf einführen, da durch die am 1. Januar 1902 in Kraft getretene Bergpolizei-Verordnung für alle Steinkohlenbergwerke eine minutliche Wettermenge von 3 cbm für jeden Mann vorgeschrieben wird. Dafür soll aber für die in der Grube befindlichen Pferde kein Wetterquantum mehr in Rechnung gestellt werden. Wenn man diese demgemäss bei Ermittelung der Belegschaftsstärke ausser Ansatz lässt, ergiebt sich, dass von den nach der Tabelle 43 auf Seite 172 vorhandenen 49 Zechen mit weniger als 3 cbm je Mann (einschl. Pferde) 37 den Bestimmungen der neuen Polizeiverordnung genügen, und dass nur 12 Gruben übrig bleiben, bei denen der Gesamteinziehstrom in Kubikmetern nicht dreimal so gross ist als die Belegschaft unter Tage in der am stärksten belegten Schicht. Ohne Einrechnung der Pferde ergiebt sich ferner ein durchschnittliches Wetterquantum von 4,91 cbm je Kopf im Jahre 1898 und von 5,06 cbm im Jahre 1900. Wird endlich statt des Einziehstromes der etwas stärkere, auf der Wettersohle gemessene ausziehende Strom der Berechnung zu Grunde gelegt, so entspricht noch bei weiteren 8 Zechen das Verhältnis zwischen Arbeiterzahl und Wettermenge der gestellten Bedingung. Es bleiben dann nur die Zechen Caroline, Friedlicher Nachbar, Eiberg und Hoerder Kohlenwerk (Schacht Schleswig) übrig, bei denen Ende des Jahres 1900 die Wettermenge noch nicht 3 cbm je Kopf betrug. Allerdings handelt es sich hierbei um den gesamten Wetterstrom ohne Berücksichtigung der Wetterverluste in der Grube. Auch ist eine der Anzahl der Arbeiter entsprechende Verteilung auf die Betriebe, die ebenfalls durch die neue Bergpolizei-Verordnung verlangt wird, nicht gewährleistet. Es wird vielmehr in dieser Hinsicht noch erheblicher Anstrengungen bedürfen, bis jeder einzelnen Bauabteilung das nach der Stärke der Belegschaft vorgeschriebene erhöhte Wetterquantum wirklich zugeführt wird.

5. Vergleich der Resultate der bisherigen Untersuchungen.

Ueber die Entwickelung der gesamten Wetterversorgung der rheinisch - westfälischen Steinkohlenbergwerke giebt nachfolgende Tabelle 44 einen Ueberblick, in welcher der Einheitlichkeit halber die in

der Grube befindlichen Pferde nicht berücksichtigt sind, da aus früheren
Jahren keine Angaben darüber vorliegen.

Tabelle 44.

Lfde. No.	Jahr der Untersuchung	Zahl der unter- suchten Gruben	Durch- schnittliche frische Wettermenge je Grube und Minute cbm	Tägliche Durch- schnitts- förderung je Grube t	Wetter- menge auf 1 Tonne Förderung cbm	Durch- schnittliche Belegschaft unter Tage in der Hauptschicht	Wetter- menge auf den Kopf der Belegschaft cbm
1.	1861/63	28	307	173	1,77	153	2,01
2.	1869/71	35	458	443	1,03	267	1,71
3.	1881/83	50	788	724	1,09	336	2,35
4.	1898	199	1 988	918	2,16	405	4,91
5.	1900	204	2 146	973	2,21	424	5,06

Die Zusammenstellung zeigt, dass die bemerkenswerthe Steigerung
der absoluten Wettermengen, die schon von der Preussischen Schlagwetterkommission festgestellt worden war, ziemlich gleichmässig angehalten
hat, indem die einer Grube durchschnittlich zugeführte Wettermenge in
der 20 jährigen Betriebsperiode von 1861/63 bis 1881/83 von 307 cbm auf
788 cbm also etwa um das 2,6 fache gewachsen ist, während in der darauf
folgenden etwas kürzeren Periode von 1881/3 bis 1900 eine Vermehrung
von 788 cbm auf 2 146 cbm, also um das 2,7 fache stattgefunden hat.

Die Wettermenge je Tonne Förderung, die in der ersten Periode
von 1861/3—1881/3 einen bedeutenden Rückgang erfahren hatte, ist inzwischen nicht nur auf dem Standpunkte der Jahre 1861/3 wieder angekommen, sondern hat denselben sogar erheblich überschritten. Gerade
diese Zunahme ist wegen der mit der Höhe der Produktion im Zusammenhang stehenden Entwickelung von Grubengasen von besonderer Wichtigkeit.

In noch stärkerem Masse hat sich das auf den Kopf der Belegschaft
entfallende Wetterquantum vermehrt. Die Steigerung belief sich in den
letzten 20 Jahren auf mehr als 100 %, während in der vorhergehenden
Periode die gesamte Zunahme nur ca. 17 % betragen und sogar vorübergehend eine erhebliche Abnahme erlitten hatte.

6. Volumenvermehrung der Wetter in der Grube.

Die bisherigen Berechnungen sind auf diejenigen Wettermengen bezogen worden, welche in die Grube eintreten, weil nur die Menge der
wirklich frischen Wetter, die noch nicht durch den Einfluss der Grubenbaue in ihrer Natur mehr oder weniger verändert sind, als Massstab für
die Beurteilung der Wetterversorgung dienen kann. Im Betriebe werden

allerdings weit häufiger die ausziehenden Wettermengen bestimmt und nach diesen auch meist die Wetterzuführung zur ganzen Grube wie zu den einzelnen Abteilungen beurteilt, weil die Messungen im ausziehenden Strome weit einfacher sind und nicht durch den Grubenbetrieb und insbesondere die Förderung gestört werden. Auch lassen sich auf den Wettersohlen diejenigen Mengen, welche wirklich die Betriebe durchströmt haben, häufig mit grösserer Sicherheit bestimmen. Das auf diese Weise ermittelte Resultat weicht aber von der Stärke des frischen Wetterstromes in vielen Fällen erheblich ab.

In den Anlagen zum Hauptbericht der Preuss. Schlagwetterkommission*) war bereits festgestellt worden, dass die aus der Grube ausziehenden Wetter infolge der höheren Grubentemperatur sowie des Hinzutritts der Gruben- und Sprengstoffgase ein grösseres Volumen besitzen müssen als die einziehenden Wetter. Die auf die Angaben der Zechenverwaltungen gestützten Ermittelungen der Lokalabteilung Dortmund ergaben bei 36 Wettersystemen ausziehend 31 199 cbm und einziehend 27 428 cbm, das ist eine Volumenvermehrung von 3 771 cbm oder 13,75 %. Diese Angaben haben indessen keinen Anspruch auf Genauigkeit. Es müssen vielmehr bei Feststellung der ein- und ausziehenden Wettermengen erhebliche Fehler vorgekommen sein, denn die bei den Versuchen ermittelte Zunahme ist auf einzelnen Zechen so stark, dass sie unmöglich durch die oben erwähnten physikalischen Gründe zu erklären ist, sondern nur darauf zurückgeführt werden kann, dass ein Teil der einziehenden Wetter sich der Messung entzogen hat, oder dass bei dem ausziehenden Wetterstrome solche Wetter mit berücksichtigt worden sind, die aus einem anderen Wettersystem oder auf eine sonstige nicht näher festzustellende Weise in die Grubenbaue gelangt sind. Die Volumenvermehrung betrug auf 7 Zechen mehr als 20 % und stieg auf Zeche Hansa sogar bis auf 57 %, während z. B. Rateau angiebt, dass sie höchstens etwa 15 % ausmachen kann.

Aus entsprechenden Gründen kommen aber auch die umgekehrten Fehler vor, dass nämlich der Einziehstrom grösser oder der Ausziehstrom kleiner festgestellt wird, als er in Wirklichkeit ist. In diesem Falle ergiebt sich für die Volumenvermehrung ein zu geringer Wert oder es tritt sogar scheinbar eine Volumenverminderung ein. Thatsächlich hat sich bei der Untersuchung durch die Schlagwetterkommission auf 14 Gruben eine Abnahme der Wettermengen ergeben, ohne dass es gelang, die Fehler oder Irrtümer, die bei den Messungen vorgekommen sein müssen, aufzuklären. Die Resultate von diesen 14 Gruben sind in die obige Summe nicht mit aufgenommen.

---

*) Bd. II, S. 69 ff.

Die Uebersicht der Wetterwirtschaft auf den Steinkohlenbergwerken im Oberbergamtsbezirk Dortmund für das II. Halbjahr 1900 enthält Angaben über die auf den einzelnen Zechen ein- und ausziehenden Wettermengen, und zwar sind letztere jedesmal sowohl auf der Wettersohle wie im Wetterkanal über Tage ermittelt worden. Um daraus einen Ueberblick über die Volumenvermehrung der Wetter in der Grube zu erhalten, müssen dem Einziehstrom die Messungen auf der Wettersohle gegenübergestellt werden. Denn in den ausziehenden Schächten tritt, abgesehen vielleicht von einer geringen Erwärmung, eine Volumenvermehrung nicht ein; andererseits ergeben die Feststellungen in den Wetterkanälen meist zu grosse Mengen, weil darin die infolge von Undichtigkeiten der Wetterscheider, Schachtverschlüsse und Wetterkanäle hervorgerufene Wettervermehrung enthalten ist, welche nicht dem Einfluss der Grube selbst zuzuschreiben ist. Diejenigen Gruben, bei denen Messungen auf der Wettersohle nicht stattgefunden haben, oder bei welchen der Ausziehstrom unter Tage geringer angegeben ist als der Einziehstrom, müssen ausgeschieden werden; ebenso solche Gruben, bei denen Zweifel an der Richtigkeit der Angaben vorliegen oder bei welchen die Wettermengen nicht vollständig oder nicht zuverlässig ermittelt werden konnten, wie z. B. bei der Zeche Stock und Scherenberg, die zahlreiche nicht genau bekannte Verbindungen mit der Tagesoberfläche besitzt. Es bleiben sodann 129 Bergwerke übrig, auf denen insgesamt folgende Wettermengen festgestellt worden sind:

$$\begin{array}{lr} \text{ausziehend (unter Tage)} & 433\,960 \text{ cbm} \\ \text{einziehend} & 405\,970 \quad\text{,,} \\ \hline \text{Zuwachs} & 27\,990 \text{ cbm} \end{array}$$

oder 6,88 $^0/_0$ des Einziehstromes. Das Resultat ist erheblich geringer als der von der Schlagwetterkommission gefundene Durchschnitt. Der Grund dafür liegt zunächst darin, dass die letztere für ihre Untersuchungen nur Gruben mit erheblicher Schlagwetterentwickelung ausgesucht hat, die ausserdem in vielen Fällen hohe Temperaturen aufwiesen, während in der vorstehenden Zusammenstellung auch die zahlreichen kühlen und schlagwetterarmen Gruben im Süden des Bezirks enthalten sind. Ausserdem ist zu berücksichtigen, dass durch die modernen Bewetterungseinrichtungen infolge reichlicher Luftzuführung eine grössere Abkühlung der Grubenbaue und eine erheblichere Verdünnung der Grubengase stattfindet, sodass die Volumenvermehrung sich prozentual geringer stellen muss. Am deutlichsten zeigt dies eine Zusammenstellung der nämlichen Gruben, welche von der Schlagwetterkommission s. Z. untersucht worden sind. Von diesen 36 Gruben haben inzwischen drei, nämlich Westfalia, Ruhr und Rhein und Wolfsbank (alter Schacht) den Betrieb eingestellt. Auf den übrigen sind nach der Wetterwirtschafts-Uebersicht i. J. 1900 festgestellt:

ausziehend (unter Tage) 110 156 cbm
einziehend   100 521   „

Zunahme 9 635 cbm

oder 9,40 % des Einziehstromes gegenüber 13,75 % nach den Anlagen zum Hauptbericht der Schlagwetterkommission.

Der gesamte einziehende Wetterstrom war im Jahre 1900 mehr als 3,5 mal so stark als in den Jahren 1881/83, die absolute Zunahme seines Volumens in den Grubenbauen ist dagegen in derselben Zeit nur um das 2,5 fache gestiegen.

Bemerkenswert ist, dass auf 13 von den 14 Gruben, bei denen nach den Anlagen zum Schlagwetterbericht die Stärke des Ausziehstromes geringer war als die des Einziehstromes, inzwischen das umgekehrte Verhältnis festgestellt worden ist, welches unzweifelhaft mehr Anspruch auf Richtigkeit besitzt. Die einzige Ausnahme bildet die Zeche Prosper II, bei der die Differenz zwischen einziehendem und ausziehendem Wetterstrom allerdings nur 3 cbm beträgt.

In der nebenstehenden Tabelle 45 sind diejenigen grösseren Bergwerke zusammengestellt, bei denen die Volumenzunahme des in die Grubenbaue eingeführten Wetterstromes nach der Wetterwirtschaftsübersicht für das II. Halbjahr 1900 mehr als 10 % beträgt.

Diese Zahlen sind zumeist unnatürlich hoch, zumal auch eine Reihe solcher Gruben sich darunter befindet, die sich weder durch Schlagwetterreichtum noch durch hohe Temperaturen auszeichnen. Differenzen von mehr als 30 % (bis zu 57 %), wie sie im Schlagwetterbericht aufgezählt sind, kommen indessen nicht mehr vor, und es dürfte daher anzunehmen sein, dass das oben angegebene durchschnittliche Resultat ein zuverlässigeres ist, zumal eine viel grössere Zahl von Gruben in die Untersuchung einbezogen ist.

7. Messung der Wettermengen.

Die Bestimmung der eine Grube durchströmenden Wettermenge erfolgt durch Messung der Wettergeschwindigkeit und Multiplikation des erhaltenen Wertes mit dem Streckenquerschnitt an der Messstelle. Die Messapparate sind fast ausschliesslich Casella'sche Flügel-Anemometer, welche meist von R. Fuess in Berlin oder Wilhelm Maess in Dortmund, zuweilen auch von Schulte-Ladbeck in Bochum, Otto Fennel in Cassel und einigen anderen Lieferanten bezogen werden.

Anemometermessungen werden im Ruhrkohlenbezirk seit etwa 30 Jahren vorgenommen. Auf den meisten Gruben ist der regelmässige Gebrauch dieses Instrumentes aber erst in den 80 er Jahren eingeführt worden. Das

Tabelle 45.

Lfde. No.	Name des Bergwerks	Zunahme der Wetter	
		cbm	%
1	Mansfeld	772	29,2
2	Tremonia.	448	25,04
3	Schürbank u. Charlottenburg . .	310	23,3
4	Centrum	969	23,2
5	Glückauf Tiefbau	316	21,43
6	Pluto	2013	20,84
7	Alte Haase	180	18,55
8	Minister Stein	671	16,86
9	Concordia	792	16,3
10	Graf Schwerin	581	16,14
11	Dahlbusch	578	16,1
12	Monopol Scht. Grimberg . . .	650	15,51
13	Borussia	315	14,44
14	Ver. Wiesche	375	14,29
15	Graf Moltke	623	12,96
16	König Ludwig.	516	12,79
17	Germania	596	12,5
18	Königsborn	338	12,24
19	Friedrich Ernestine.	249	12,2
20	Bonifacius	166	12,06
21	Deutscher Kaiser	588	11,85
22	Hannibal	299	11,81
23	Massener Tiefbau	425	11,8
24	Rhein-Elbe	605	11,74
25	Adolf v. Hansemann	352	11,66
26	Langenbrahm	267	11,6
27	Graf Bismarck	660	10,46
28	König Wilhelm	408	10,4
29	Alstaden	200	10,1

gebräuchlichste Anemometer ist das in Figur 11 abgebildete, bei welchem das Zählwerk mit der Hand oder mittelst der Schnüre a und b ein- und nach einer bestimmten Zeit wieder ausgerückt wird. Die Differenz der Zeigerstellungen vor und nach der Messung lässt erkennen, wie viele Meter der Wetterstrom in der Zwischenzeit zurückgelegt hat. Diese Zahl ist zunächst auf die Zeiteinheit (1 Minute) umzurechnen und zu dem gefundenen Resultat noch eine Konstante hinzuzuaddieren, die dem Einflusse der Trägheit und der Reibung Rechnung trägt und bei den meisten Instrumenten zu etwa 10 m je Minute ermittelt ist.

Neuerdings finden auch vielfach die in Figur 12 abgebildeten Anemometer, die von W. Maess in Dortmund und R. Fuess in Berlin in den Handel gebracht werden, Anwendung. Sie sind mit einem Uhrwerk versehen, das durch den Hebel a in Gang gesetzt, nach Verlauf von etwa $^3/_4$ Minute das Zählwerk selbstthätig einschaltet und es nach einer weiteren Minute ebenso wieder auslöst. Die Zeiger, die vor jeder Messung auf 0 gestellt werden, geben jedesmal direkt die Wettergeschwindigkeit je Minute an, eine Korrektur durch Hinzufügung einer Konstanten ist nicht erforderlich. Der grosse Vorzug dieser

Fig. 11.   Fig. 12.
Casella-Anemometer.   Casella-Anemometer mit Uhrwerk.

Apparate besteht darin, dass Fehler, welche durch ungenaue Beobachtung der Zeit und durch unrichtige Arretierung entstehen, vermieden werden. Auch findet der Beobachter in den $^3/_4$ Minuten, die zwischen der Aufstellung des Instrumentes und der Einschaltung des Zählwerkes liegen, hinreichend Zeit, sich aus dem Querschnitt der Messstelle zu entfernen.

Die regelmässig zu wiederholenden Wettermessungen werden an besonders dazu eingerichteten Stationen vorgenommen, die durch einen entsprechenden Ausbau einen regelmässigen Querschnitt erhalten. Solche Wetterstationen befinden sich namentlich in den ausziehenden Wetterströmen und werden durch die Bergpolizeiverordnung von 1887/88 für alle Hauptwetterstrecken der Schlagwettergruben ausdrücklich vorgeschrieben. Sie werden dadurch hergestellt, dass die Strecke auf eine Länge von 2—4 m glatt mit Brettern ausgekleidet wird. Häufig wird statt dessen auch ein in Mauerung gesetztes Streckenstück als Wetterstation benutzt. Der Querschnitt der Stationen beträgt je nach der Weite der Strecke 1—8 qm. Er wird genau ausgemessen und meist an der Station auf einer Tafel vermerkt, auf der auch die Messungsresultate unter Hinzufügung des Datums der Beobachtung aufgezeichnet werden. Werden Messungen an solchen Stellen vorgenommen, an denen sich keine Station befindet, so ist der Streckenquerschnitt jedesmal sorgfältig zu ermitteln.

Das Verfahren, welches bei Wettermessungen beobachtet wird, weicht auf den einzelnen Gruben sehr von einander ab. Sehr häufig hält der Beobachter das Instrument einfach mit der Hand in den Wetterstrom hinein; von einigermassen zuverlässigen Beobachtungsresultaten kann bei diesem Verfahren natürlich kaum die Rede sein, da der Streckenquerschnitt durch den Körper des Messenden eine Verkleinerung erleidet, die sich einer genauen Kontrolle entzieht. Auf anderen Gruben wird das Anemometer an einer kurzen Latte oder Stange befestigt, wobei es schon leichter möglich ist, ihm eine ruhige Stellung senkrecht gegen den Wetterstrom zu geben. Der Beobachter stellt sich in einer seitlich angebrachten Nische oder gedeckt hinter der Streckenzimmerung auf oder drückt sich, wenn dies nicht möglich sein sollte, thunlichst nahe an den Streckenstoss an. Um die entstehende Verminderung des Messquerschnitts auszugleichen, wird auf manchen Gruben ein Abzug von dem ermittelten Streckenquerschnitt gemacht, der meist 0,4—0,5 qm, häufig aber auch weniger beträgt und in vielen Fällen ganz unterbleibt. Zuweilen wird aus demselben Grunde die erhaltene Wettermenge um 5—10 $^0/_0$ vermindert. Auf einigen Gruben wird das Instrument auf einem leichten Stativ oder auf einer quer in der Strecke angebrachten horizontalen Latte aufgestellt. Der Beobachter ist dann in der Lage, sich von dem Messquerschnitt soweit zu entfernen, dass eine Verengung desselben oder eine Ablenkung des Wetterstromes ausgeschlossen ist.

Die Stelle des Streckenquerschnitts, an der das Instrument aufgestellt wird, wählt man ebenfalls sehr verschieden. Meist nimmt man einen oder mehrere willkürlich und ohne Rücksicht auf die ungleichmässige Verteilung der Wettergeschwindigkeiten ausgewählte Punkte, z. B. in der Mitte, in $^1/_3$ oder $^2/_3$ der Streckenhöhe oder -breite. Zuweilen wird aber auch in jeder Station eine Stelle genommen, an der nach dem Ergebnis früherer Messungen ungefähr eine mittlere Wettergeschwindigkeit herrscht. Nur verhältnismässig selten wird eine grössere Anzahl Messungen über den ganzen Querschnitt regelmässig verteilt und aus den Resultaten derselben das arithmetische Mittel berechnet, weil dieses Verfahren, welches zweifellos genauer ist als die übrigen Methoden, natürlich erheblich längere Zeit in Anspruch nimmt. Endlich findet man häufig, dass das Anemometer

nicht an einem Punkte festgehalten, sondern durch den ganzen Streckenquerschnitt bewegt wird, und zwar entweder gleichmässig und ruhig oder
sprungweise, indem nacheinander eine Anzahl über den Querschnitt ver-
teilter Punkte berührt und an jedem ein kurzer Aufenthalt gemacht wird.
Die Bewegung des Instrumentes erfolgt in der verschiedensten Weise,
z. B. schlangenförmig von oben nach unten oder spiralförmig von der Mitte
nach dem Umfange zu. Zuweilen wird nicht der ganze Querschnitt berührt, sondern das Instrument nur auf einer bestimmten Linie, z. B. der senkrechten Mittellinie der Strecke, auf und ab bewegt.

Auch die Dauer der Messversuche ist sehr verschieden. Meistens
lässt man das Anemometer 2—3 Minuten im Gange bleiben. Auf manchen
Gruben werden aber die Versuche bereits nach einer Minute, auf anderen
dagegen erst nach 4, 5 und sogar 10 Minuten abgebrochen. Alle wichtigen
Wettermessungen werden sofort ein- oder mehrmals wiederholt und sodann
wird aus allen Beobachtungen das arithmetische Mittel berechnet, um zufällige Ungenauigkeiten, die bei den einzelnen Operationen etwa vorgekommen sein könnten, nach Möglichkeit auszugleichen.

Solange die Wettergeschwindigkeit mit dem Anemometer nur an
einer Stelle des Streckenquerschnitts ermittelt wird, ist es unmöglich, die
durchströmende Wettermenge in einigermassen zuverlässiger Weise zu ermitteln, weil die Geschwindigkeiten an den verschiedenen Stellen sehr von
einander abweichen. Die Unterschiede beruhen in erster Linie auf der
vermehrten Reibung der Luft in der Nähe der Stösse. Daraus folgt, dass
die Wettergeschwindigkeit bei einer regelmässigen Strecke in der
Mitte am grössten sein und nach dem Umfange zu abnehmen muss. Es
wirken aber noch so viele andere Ursachen bei der Verteilung der
Geschwindigkeiten in einer Strecke mit, dass es in vielen Fällen unmöglich
ist, die richtige Erklärung für vorkommende Unregelmässigkeiten zu finden.
Zu diesen Ursachen gehören namentlich Richtungsänderungen in der
Strecke vor oder hinter der Messstelle, die den Wetterstrom nach einer
Seite zu treiben vermögen, plötzliche Querschnittsveränderungen, die Art
des Streckenausbaues, die Stärke des Luftstromes, die Stellung des Beobachters u. a. m. Einen Begriff davon, welchen Umfang diese Unregelmässigkeiten annehmen können, erhält man durch zwei Versuche, die im
Wetterkanale der Zeche Zollverein III ausgeführt sind und deren Resultate
auf Tafel VI dargestellt sind. Die in die Querschnitte eingetragenen
Zahlen bedeuten die an der betreffenden Stelle gemessenen Wettergeschwindigkeiten in Metern je Minute. Bei der ersten Messung
wurde auf Station I unmittelbar am Wetterschacht an acht Messpunkten
ein Wetterstrom festgestellt, der vom Schacht zum Ventilator gerichtet
war und dessen Geschwindigkeit zwischen 289 und 493 m betrug. An
einer neunten Stelle, auf der Mitte der Sohle des Kanals, ergab sich hingegen

Additional information of this book

(Die Entwickelung des Niederrheinisch-Westfälischen Steinkohlen-Bergbaues in der zweiten Hälfte des 19. Jahrhunderts; 978-3-642-98908-7; 978-3-642-98908-7_OSFO2)

is provided:

http://Extras.Springer.com

ein umgekehrt gerichteter Strom von 90 m Stärke. Bereits bei
Station II, also in einer Entfernung von nur 1 m, hatte sich letzterer in
einen positiven von 52 m Geschwindigkeit verwandelt und nach weiteren
2 m bei Station III war von dem Einfluss der Unregelmässigkeit nichts
mehr zu merken. Da die ganze Erscheinung offenbar auf die scharfe
Biegung zurückzuführen war, welche der Wetterstrom bei seinem Eintritt
in den Wetterkanal erlitt, wurde die Ecke zwischen Schacht und Wetterkanal vor der 2. Messung abgeschrägt und nur ein schmaler Steg auf der
östlichen Seite stehen gelassen, um den Zugang zum Schachte zu ermöglichen. Das Resultat dieser geringfügigen Aenderung war ein durchaus
gutes, denn der Wetterstrom verteilte sich nunmehr wesentlich gleichmässiger über den ganzen Querschnitt des Wetterkanals.

Auch in anderer Beziehung sind die Versuche auf Zollverein III von
Interesse, indem sie zeigen, wie der aus dem Schachte aufsteigende Strom
gegen die Firste des Wetterkanals stösst, und wie ferner die bei Station III
und IV vorhandene Krümmung die grössere Masse des Wetterstromes nach
der westlichen Seite hinüberlenkt. Endlich ist bemerkenswert, dass der
Strom auch bei Station V, nachdem er sich mehr als 40 m weit durch
eine gerade und regelmässige Strecke bewegt hat, noch nicht über den
ganzen Querschnitt regelmässig verteilt ist, sondern namentlich in der
Nähe der Ecken gegen die Mitte erhebliche Unterschiede aufweist.
Weitere derartige Versuche mit ähnlichen Resultaten sind auf Seite 185 ff.
verzeichnet.

Um die aus der ungleichen Verteilung des Wetterstromes her-
rührenden Fehler zu vermeiden, hat man im Revier Wattenscheidt an
wichtigeren Wetterstationen einen Punkt mit mittlerer Geschwindigkeit
dauernd festgelegt, an dem das Messinstrument stets aufgestellt werden
soll. Indessen sind damit auch noch keine genauen Resultate zu erzielen,
weil bei Veränderungen in der Strecke oder der Stromstärke auch die
Punkte mit mittlerer Geschwindigkeit wechseln.

Um also zuverlässige Resultate bei Wettermessungen zu erhalten, ist
es notwendig, eine grössere Anzahl von Einzelmessungen über den ganzen
Querschnitt zu verteilen und aus diesen den Durchschnitt zu berechnen.
Bei einigermassen gleichmässigen Strömen sind etwa 9—12 Beobachtungen,
bei ungünstigeren Verhältnissen dagegen 20 und mehr zu einer solchen
Netzmessung erforderlich. Es gelingt auf diese Weise, selbst bei recht
unregelmässigen Strömen, z. B. in kurzen Wetterkanälen, richtige Ergebnisse zu erhalten.

Ein weiteres Erfordernis für genaue Versuche ist, dass der Querschnitt an der Messstelle nicht durch den Körper des Beobachters verengt
wird. Das Anemometer muss also auf einem leichten Stativ oder einer

sonstigen nicht zu viel Raum einnehmenden Vorrichtung, z. B. einer horizontalen Latte, aufgestellt werden, damit der Beobachter sich nach Einschalten des Zählwerks weit genug von der Messstelle entfernen kann. Auch darf er erst im letzten Augenblick zum Abstellen des Instrumentes wieder an dasselbe herantreten.

Erwünscht ist es, wenn bei Benutzung der nicht mit selbstthätigem Schaltwerk versehenen Apparate die Beobachtung der Versuchszeit durch eine zweite Person erfolgt, sowie wenn zur Kontrolle gleichzeitig mit einem zweiten Instrumente Messungen ausgeführt werden. Als Beobachtungszeit genügen für jede Ablesung 2—3 Minuten. Jede Messung ist mehrmals zu wiederholen und aus den Resultaten der Durchschnitt zu berechnen.

Für genaue Versuche muss ferner eine Zeit gewählt werden, in welcher der Betrieb in der Grube ruht, da die Bewegung der Förderkörbe im Schachte, das Oeffnen und Schliessen von Wetterthüren sowie die Grubenförderung erhebliche Schwankungen in der Stärke der Wetterströme hervorrufen. Ueber die Höhe dieser Schwankungen sind bereits im Jahre 1890 von Richter interessante Versuche auf Zeche Shamrock ausgeführt und veröffentlicht worden.*)

Endlich ist zu berücksichtigen, dass in Strecken mit grossem Feuchtigkeitsgehalt, und zwar namentlich in Wetterkanälen, in denen sich die in dem Wetterstrome enthaltenen Wasserdämpfe infolge von Abkühlung kondensieren, die an das Flügelrad des Anemometers sich ansetzenden Wassertropfen eine Verzögerung seines Ganges hervorrufen und so erhebliche Beobachtungsfehler verursachen können.

Die Ausführung von Netzmessungen in der beschriebenen Weise hat den Nachteil, dass sie zu zeitraubend ist, als dass sie beim gewöhnlichen Grubenbetriebe überall Anwendung finden könnte. Andererseits sind aber die meisten der in Westfalen üblichen Methoden eine Quelle zahlreicher Fehler und Ungenauigkeiten, deren Beseitigung erwünscht wäre.

Recht gute Erfahrungen sind mit einem Verfahren gemacht worden, welches auf Zeche Carl des Kölner Bergwerks-Vereins Anwendung findet und nur wenig Zeit erfordert. Der Beobachter stellt sich hierbei in der Mitte der Strecke hinter der Messstation auf, d. h. so, dass der Wetterstrom erst nach Passieren der letzteren auf ihn trifft. Das Anemometer wird mit einer Klemmschraube an einer $1—1\frac{1}{2}$ m langen Stange befestigt und mit letzterer in die Wetterstation hineingehalten. Bei einer Stromgeschwindigkeit von 100 m je Minute genügt schon ein Abstand von 80 cm zwischen dem Instrument und dem Beobachter, um ausreichend genaue Resultate zu erhalten.

---

*) Zeitschr. f. d. Berg-, Hütten- u. Salinenw. 1890, Bd. XXXVIII, BS. 349 ff.

Das Ein- und Ausschalten des Zählwerks geschieht mittelst zweier langer Schnüre, ohne dass es nötig ist, näher an das Instrument heranzutreten. Während des Versuches wird das Anemometer in einer Schlangenlinie mit zahlreichen horizontalen Windungen, die an der Firste beginnen und auf der Sohle aufhören, in gleichmässiger ruhiger Bewegung durch den ganzen Querschnitt geführt, wobei darauf zu achten ist, dass das Instrument stets eine senkrechte Stellung gegen den Wetterstrom beibehält. Bei einiger Uebung gelangt man leicht dahin, dass mit dem Ablauf der Versuchszeit, welche 1 oder 2 Minuten beträgt, auch das Ende des von dem Anemometer zurückzulegenden Weges erreicht ist.

Die mit dieser Methode erzielten Erfolge zeigen sich am besten an folgenden Beispielen: Auf der Wettersohle der Zeche Carl wurde in dem Oststrome zunächst eine genaue Netzmessung ausgeführt, wobei der Streckenquerschnitt durch Schnüre in 64 gleiche Felder eingeteilt war, und in jedem die Geschwindigkeit einmal ermittelt wurde. Die Resultate sind in Tabelle 46 zusammengestellt und ergaben zuzüglich der Konstante 10 eine Durchschnittsgeschwindigkeit von 281,87 m und bei 3,25 qm Streckenquerschnitt eine Gesamtwettermenge von 916,08 cbm.

Wetterstrecke Osten.

Tabelle 46.

								Sa.
185	215	247	250	250	245	242	221	1855
221	279	303	309	314	291	247	222	2186
235	309	336	350	335	309	257	224	2355
263	313	378	375	358	325	260	225	2497
267	308	342	355	353	315	248	222	2410
255	276	313	345	337	310	348	210	2294
237	243	253	304	301	261	247	200	2046
201	212	223	251	248	222	215	189	1761
Sa.: 1864	2155	2395	2539	2496	2278	1964	1713	17404 : 64 = 271,87 + 10

281,87 $\times$ 3,25 = **916,08** cbm

Darauf wurde nach dem eben beschriebenen Verfahren das Anemometer in einer Minute in der Richtung des Pfeiles durch den ganzen Querschnitt geführt. Die ermittelte Geschwindigkeit betrug $275 + 10 = 285$ m, die Wettermenge 926,25 cbm. Die Differenz gegen das erste Resultat ist also sehr gering.

Früher war es auf der Zeche üblich, das Anemometer nur an einem Punkte in etwa $1/3$ der Streckenhöhe und -breite anzubringen. Eine Messung nach dieser Methode ergab 991,25 cbm, also ein viel zu grosses Quantum. Man sieht aus den Geschwindigkeitsunterschieden, die an den einzelnen Stellen des Querschnitts bestehen, welche Fehler möglich sind, wenn nur an einem einzigen Punkte eine Messung vorgenommen wird. Aehnliche Resultate wurden mit den drei Messungsmethoden in der südlichen und westlichen Wetterstrecke erzielt, wie aus den Tabellen 47 und 48 ersichtlich.

Wetterstrecke Süden.

Tabelle 47.

								Sa.
136	186	235	235	211	207	205	198	1613
152	212	250	225	222	183	203	172	1619
197	232	252	225	226	159	162	141	1594
207	236	234	208	206	123	116	108	1438
227	236	231	221	201	171	160	132	1579
217	227	230	243	225	187	191	159	1679
189	141	180	194	222	185	195	162	1468
147	133	150	201	210	170	158	145	1314
Sa.: 1472	1603	1762	1752	1723	1385	1390	1217	12 304 : 64 = 191,72 m je Minute.

Daraus berechnet sich die Wettermenge zu:

$(191,72 + 10) \times 2,97 =$ **599,11** cbm, während man bei Bewegung des Anemometers durch den ganzen Querschnitt 606 cbm und bei einer einfachen Messung in $1/3$ der Streckenhöhe 659 cbm ermittelte.

Wetterstrecke Westen.

Tabelle 48.

								Sa.
100	103	109	109	110	109	113	95	848
123	123	134	154	150	149	141	108	1082
130	148	155	162	155	147	138	102	1137
133	151	158	174	162	161	147	115	1201
137	141	154	174	174	170	152	115	1222
112	144	155	164	164	169	150	116	1174
121	147	148	159	159	158	138	114	1144
108	121	123	123	110	102	102	100	889
Sa.: 974	1078	1141	1219	1184	1165	1081	865	8697 : 64 = 136 m je Minute.

Das Wetterquantum berechnet sich zu $(136 + 10) \times 3 = 438$ cbm, während bei Bewegung des Anemometers durch den ganzen Streckenquerschnitt 456 cbm und bei einer einfachen Messung in $^1/_3$ der Streckenhöhe 504 cbm ermittelt wurden.

Ueber die Wettergeschwindigkeiten, welche auf den westfälischen Gruben bei Wettermessungen ermittelt worden sind, geben nachfolgende Zahlen einigen Aufschluss.

Im Jahre 1900 betrug die höchste Wettergeschwindigkeit in den Wetterstrecken des Einziehstroms je Minute:

weniger als 50 m	auf 6	Gruben
50—100 m	„ 14	„
100—150 „	„ 27	„
150—200 „	„ 41	„
200—250 „	„ 49	„
250—300 „	„ 25	„
300—350 „	„ 19	„
350—400 „	„ 11	„
400—450 „	„ 6	„
mehr als 450 „	„ 5	„

Sa. 203 Gruben.

Die höchste Wettergeschwindigkeit in den Wetterstrecken des Aus-
ziehstroms hingegen betrug je Minute:

weniger als 50 m   auf 2 Gruben
50—100 m   „ 8 „
100—150 „   „ 10 „
150—200 „   „ 12 „
200—250 „   „ 31 „
250—300 „   „ 29 „
300—350 „   „ 22 „
350—400 „   „ 26 „
400—450 „   „ 24 „
450—500 „   „ 14 „
500—550 „   „ 12 „
550—600 „   „ 6 „
mehr als 600 „   „ 7 „
Sa. 203 Gruben.

Während von der Preussischen Schlagwetterkommission, im Einziehstrome Geschwindigkeiten von mehr als 240 m je Minute nur in zwei
Fällen, nämlich auf Victor und Shamrock festgestellt wurden, ist jetzt
eine Wettergeschwindigkeit von mehr als 450 m bereits auf folgenden
fünf Gruben vorhanden: Alma (484 m), Consolidation III/IV (486 m), General
Blumenthal III/IV (490 m), Dahlbusch II/V (502 m) und Deutschland (828 m).

Im ausziehenden Strome sind die Wettergeschwindigkeiten infolge
der kleineren Querschnitte der Wetterstrecken wesentlich grösser als im
einziehenden Strome. Die Schlagwetterkommission stellte als Maxima
503,5 bezw. 502 m je Minute auf den Zechen Neu-Iserlohn I und Minister
Stein fest, auf den meisten Gruben lag dagegen die Maximalgeschwindigkeit
noch unter 240 m je Minute = 4 m je Sekunde. Auch hierin ist inzwischen
eine erhebliche Steigerung eingetreten, denn die Durchschnittsgeschwindigkeit liegt jetzt zwischen 300 und 350 m. Geschwindigkeiten
von mehr als 600 m fanden sich auf folgenden 7 Gruben: Graf Moltke
(610 m), Lothringen (645 m), Recklinghausen I (645 m), Mathias Stinnes (740 m),
Ewald III/IV (750 m), Preussen I (840 m) und Deutschland (922 m). In
Schächten und Wetterkanälen über Tage sind die Geschwindigkeiten vielfach noch grösser, und es werden 1000 m je Minute häufig überschritten.

Durch die am 1. Januar 1902 in Kraft getretene Wetter-Polizeiver-
ordnung wird zum erstenmale für den Dortmunder Bezirk eine Vorschrift
über die höchsten zulässigen Wettergeschwindigkeiten aufgestellt, um der
Gefahr zu begegnen, welche stark bewegte Luftströme bei Anwesenheit
schlagender Wetter in Bezug auf das Durchblasen der Flamme der

Sicherheitslampen bieten. Zugleich soll dadurch einer gesundheitlichen Schädigung der Arbeiter thunlichst vorgebeugt werden, die namentlich im Winter bei einem längeren Aufenthalte in den mit einem scharfen, kalten Wetterstrome erfüllten Haupt-Förderstrecken eintreten kann. In der Polizeiverordnung wird vorgeschrieben, dass abgesehen von Wetterschächten und Wetterkanälen die Wettergeschwindigkeit nur in Hauptquerschlägen und Hauptwetterstrecken des Ausziehstromes mehr als 6 m per Sekunde $=$ 360 m in der Minute betragen darf. Für diese Grubenbaue sind aber 6 m auch nur unter der Bedingung gestattet, dass sie nicht zur regelmässigen Förderung oder zur Ein- und Ausfahrt der Belegschaft dienen. In dem ersten Entwurf dieser Verordnung war sogar beabsichtigt, auch für den ausziehenden Strom eine Höchstgeschwindigkeit und zwar von 8 m je Sekunde $=$ 480 m je Minute vorzuschreiben. Es ist jedoch davon Abstand genommen worden, weil auf der verhältnismässig grossen Anzahl von Zechen, die dieser Bedingung nicht genügen, entsprechende Aenderungen überhaupt nicht oder nur mit unverhältnismässigen Kosten durchzuführen wären. Eine direkte Gefahr kann zudem in einer grossen Geschwindigkeit des Ausziehstromes nicht erblickt werden, da der Grubengasgehalt in den Hauptwetterwegen, in denen grosse Geschwindigkeiten vorkommen, nie eine solche Höhe erreicht, dass eine Uebertragung der Flamme der Sicherheitslampe nach aussen möglich wäre. Zudem haben sich Arbeiter nur selten in diesen Strecken aufzuhalten. Es mag festgestellt werden, dass im Jahre 1890 die Wettergeschwindigkeit auf 80 Gruben in den Hauptwetterwegen des Ausziehstromes mehr als 360 m und auf 30 Gruben mehr als 480 m betrug. Im einziehenden Strome hingegen war auf 22 Gruben eine grössere als die durch die neue Polizeiverordnung vorgesehene Maximalgeschwindigkeit von 360 m nachzuweisen.

II. Die Depression.

1. Wesen und Grösse der Depression.

Die Bewegung der Luft in den Grubenbauen beruht auf Pressungsunterschieden zwischen der äusseren Atmosphäre und der Grubenluft sowie zwischen den einzelnen Teilen der letzteren untereinander. Die Ermittelung der Druckdifferenz erfolgt durch Vergleich des im Wetterkanale bestehenden Druckes mit demjenigen der freien Luft, welch letzterer bei den im Ruhrkohlenbezirk fast ausschliesslich gebräuchlichen saugenden Bewetterungseinrichtungen grösser ist als ersterer. Es herrscht also in den Kanälen keine Pressung, sondern eine Depression.

Die Höhe der Depressionen auf den einzelnen mit Ventilatoren versehenen Gruben ist in Tabelle 49 a. folgd. S. in ähnlicher Weise zusammen-

gestellt, wie es vorher für die Wettermengen und -geschwindigkeiten geschehen 'ist. Die Zahlen für das Jahr 1883 sind den Ermittelungen der
Ventilatorunterkommission (Band V der Anlagen zum Schlagwetterkommissionsbericht) entnommen, da die Lokalabteilung Dortmund sich nicht
mit der Untersuchung der Depressionen beschäftigt hat.

Tabelle 49.

Depression in mm	Anzahl der Wettersysteme		
	1883	1898	1900
0 — 20	25	3	7
21 — 40	39	33	22
41 — 60	16	36	35
61 — 80	6	35	35
81 — 100	—	30	37
101 — 120	—	28	28
121 — 140	—	13	23
141 — 160	—	10	10
161 — 180	—	6	5
181 — 200	—	2	6
201 — 220	—	1	—
Sa.	86	197	208

Eine Anzahl Gruben besassen zwei oder mehrere Wettersysteme,
die in dieser Tabelle einzeln enthalten sind.

Die erhebliche Steigerung der Depression trotz der zunehmenden
Weite der Grubenbaue ist in erster Linie auf die Verbesserung der
Konstruktion der Grubenventilatoren zurückzuführen. Im Jahre 1883
betrug die Depression aller Wettersysteme im Durchschnitt 33,7 mm, sie
stieg bis zum Jahre 1898 auf 82,82 mm und bis zum Jahre 1900 auf
88,2 mm. Die höchsten Depressionen fanden sich im Jahre 1883 auf folgenden Zechen: Hansa mit 63 mm, Tremonia und Freie Vogel und Unverhofft
mit 65 mm, Prosper I und Victoria Mathias mit je 70 mm und Neu-Iserlohn II mit 72 mm. Im Jahre 1898 standen an erster Stelle Hugo II und
Nordstern mit je 190 mm und Ewald I/II sogar mit 220 mm. Bis zum
Jahre 1900 war die Depression auf Ewald I/II durch Verbesserung der
Wetterwege in der Grube auf 185 mm gesunken. Dieselbe Depression
wurde auf Lothringen und Prosper II beobachtet, ferner ergaben Mathias
Stinnes und Hugo einen Manometerstand von 190 mm und Dahlbusch II/V
einen solchen von 195 mm Wassersäule. Unter den Anlagen der aller-
neuesten Zeit zeigt diejenige auf Pluto Schacht Thies wieder mehr als 200 mm
Depression und es kann sogar bei beschleunigtem Gange des Ventilators

eine Depression von mehr als 300 mm erreicht werden. Mit sehr geringen Pressungsunterschieden von weniger als 20 mm Wassersäule wurde im Jahre 1900 auf folgenden Zechen gearbeitet:

Carolinenglück . . . . . 8 mm
Kaiser Friedrich . . . . . 10 „
Margaretha . . . . 16 „
Zollverein VI . . . . . . 15 „
Bergmann . . . . 14 „
Mansfeld Scht. Urbanus . . 20 „
Mansfeld Scht. Blankenburg 20 „

Von diesen Anlagen besassen die drei ersten je ein zweites Wettersystem, in dem eine höhere Depression herrschte. Die Zeche Zollverein VI war hingegen erst in der Entwicklung begriffen.

2. Messung der Depression.

Zum Messen der Depression dient auf den meisten Gruben eine U-förmig gebogene und etwa bis zur Hälfte mit klarem oder gefärbtem Wasser gefüllte Glasröhre, deren einer Schenkel durch ein Rohr mit dem Wetterkanal in Verbindung steht, während der andere oben offen und dem Atmosphärendruck ausgesetzt ist. Der senkrechte Abstand zwischen den Oberflächen der Flüssigkeitssäulen in den beiden Schenkeln der Glasröhre ist gleich dem Pressungsunterschied, der zwischen der Luft im Wetterkanal und der atmosphärischen Luft besteht, ausgedrückt in Millimetern-Wassersäule.

Zuweilen wird statt dessen zur Darstellung der Druckdifferenz die Höhe der Luftsäule vorgezogen, die denselben Druck auszuüben vermag, wie jene Wassersäule. Zu ihrer Berechnung muss man den an dem Manometerrohre abgemessenen Oberflächenstand durch das spezifische Gewicht der Luft δ dividieren und mit dem spezifischen Gewicht des Wassers $\gamma = 1000$ multiplizieren. Da aber die Luftsäule gewöhnlich nicht in Millimetern, sondern in Metern gemessen wird, genügt es, das Mass der Wassersäule in Millimetern durch δ zu dividieren, um die Höhe der Luftsäule in Metern zu erhalten. Das spezifische Gewicht der Luft δ kann für einen mittleren Barometerstand von 760 Millimeter und für Temperaturen t von —10° bis + 100° C nach Professor H. Fischer bei gewöhnlicher feuchter Luft, also auch bei der mit Feuchtigkeit gesättigten ausziehenden Grubenluft, nach der Formel $\gamma = 1{,}3 - 0{,}004$ t berechnet werden. Für die meisten praktischen Versuche genügt es, dafür einen Wert von 1,2 anzunehmen.

Das Abmessen des Höhenunterschiedes zwischen den beiden Flüssigkeitssäulen des Wassermanometers geschieht mittelst einer Skala.

Wenn dieselbe beweglich ist, so wird ihr Nullpunkt jedesmal auf die Oberfläche der kürzeren Säule eingestellt; ist sie fest, so werden die Abstände beider Wassersäulen von einer mittleren Nulllinie nach oben bezw. unten ermittelt und beide Ablesungen addiert. Auf jeden Fall müssen aber die Flüssigkeitssäulen in beiden Schenkeln gleichzeitig beobachtet werden, da sie sich beide zugleich ändern, und diese Veränderungen infolge der nicht ganz gleichmässigen Querschnitte beider Röhren sich fast nie genau entsprechen.

Der Wasserstand in dem Manometer ist infolge der durch den Betrieb hervorgerufenen Druckveränderungen und der Luftbewegung über und unter Tage fortwährenden Schwankungen ausgesetzt. Genaue Messungen werden dadurch sehr erschwert und können nur bei Stillstand des Grubenbetriebes vorgenommen werden; der offene Schenkel des Manometerrohres ist dabei vor dem durch die Ventilatormaschine erzeugten Luftzuge zu schützen. Zur Beseitigung der Schwierigkeiten bei der Ablesung bedient man sich ferner zweckmässig solcher Manometer, bei denen der Querschnitt des einen Schenkels gegenüber demjenigen des anderen verschwindend klein ist. Der Wasserstand des weiteren Rohres, welcher mit dem Nullpunkte der Skala zusammenfällt, kann alsdann als konstant angesehen werden, jedoch muss vor jeder Beobachtung das durch Verdunstung entstandene Sinken des Wasserspiegels ausgeglichen werden. Letzteren Uebelstand vermeidet ein von W. Maess eingeführter »Depressionsmesser mit schwimmender Skala« (Fig. 13), der mehrfach in Gebrauch steht. Die Skala ist hierbei auf einem Schwimmer angebracht, welcher sich in dem weiten Schwimmerrohr a bewegt und sich selbstthätig mit der 0-Marke auf den Wasserspiegel des Rohres einstellt. Mit dem grossen Rohre, welches mit dem Saugkanal in Verbindung steht, kommuniziert ein kleines, oben offenes Röhrchen b, welches sich vor der Skala befindet. Der Stand des Wasserspiegels in demselben ist durch eine farbige Markierlinie, die hinter dem mit Wasser gefüllten Teile des Röhrchens stark verbreitert erscheint, deutlich sichtbar gemacht.

Sehr häufig sind auf den Zechen neben den gewöhnlichen Manometern die selbstregistrierenden Ochwadtschen Druckmesser (Fig. 14) in Gebrauch, die von Julius Pintsch in Berlin bezw. W. Maess in Dortmund angefertigt werden. Sie ermöglichen eine ständige Kontrolle über die Arbeit des Ventilators, sind aber für genauere Beobachtungen weniger geeignet, weil der Depressionsstrich häufig zu dick ausfällt. Zur grösseren Sicherheit ist das Resultat der Ablesung von Zeit zu Zeit mit dem Stande des Wassermanometers zu vergleichen.

Die Verbindung zwischen dem Saugkanal des Ventilators, in dem die Depression gemessen werden soll, und dem einen Schenkel des Manometers

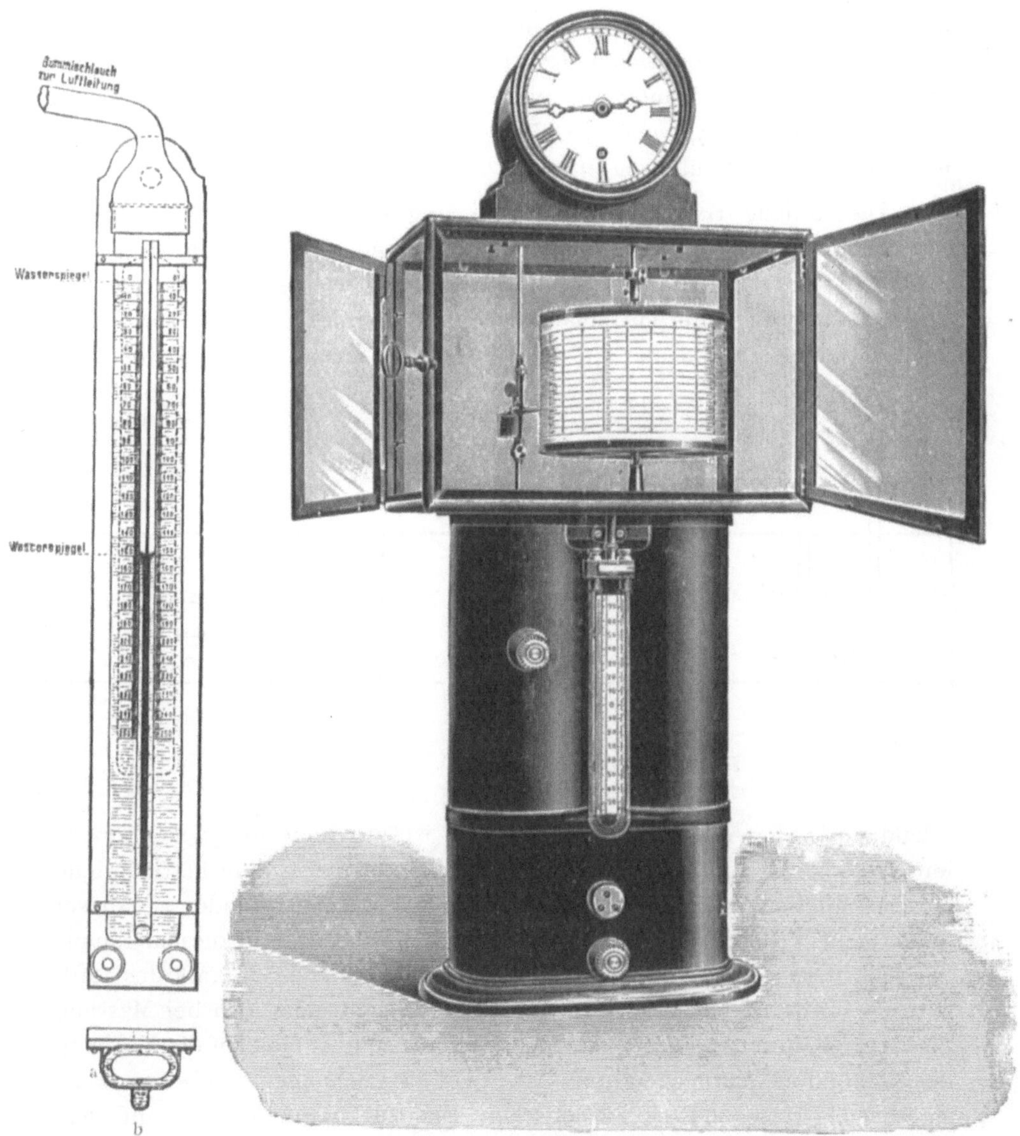

Fig. 13.
Depressionsmesser
mit schwimmender
Skala.

Fig. 14.

Depressions-Registrir-Apparat (System Ochwadt).

wird durch ein Rohr hergestellt, welches von der Decke oder von der
Seite in den Saugkanal hineinragt. Seine Mündung ist auf der Mehrzahl
der Gruben der Richtung des Wetterstromes parallel gerichtet (Fig. 15a
und b); man findet aber auch häufig, dass das Rohr am unteren Ende

rechtwinkelig umgebogen ist, und zwar entweder derart, dass der Strom
in dasselbe hineinbläst (Fig. 15 c) oder derart, dass seine Oeffnung von
dem Wetterstrom abgewandt ist (Fig. 15 d). Bei jeder dieser drei Anordnungen zeigt das Manometer eine andere Depression an, und es ist
daher zu untersuchen, welche Stellung dem Rohre gegeben werden muss,
um ein richtiges Resultat zu erhalten.

Die übliche Berechnung der Leistung eines Ventilators beruht auf
der Vorstellung, dass eine gewisse Luftmenge, die sich in ruhendem
Zustande und unter einem bestimmten Drucke in einem Raume befindet,
in einen anderen Raum mit höherem Drucke übergeführt wird und darauf
wieder in den Zustand der Ruhe gelangt.*) Während nun zwar die Luft,

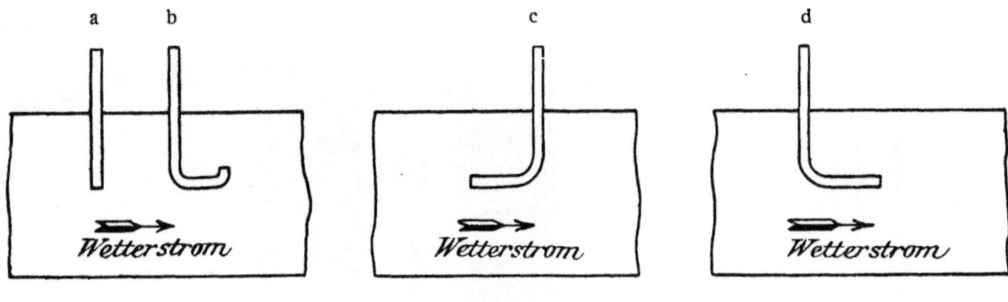

Fig. 15.

sobald sie in die Atmosphäre ausgeworfen ist, zur Ruhe gelangt, herrscht
im Wetterkanal, aus dem der Ventilator schöpft, meist eine beträchtliche
Geschwindigkeit, sodass die Voraussetzung des Ruhezustandes auf dieser
Seite nicht erfüllt ist. Zu dem statischen Drucke, der in diesem Raume
herrscht, tritt also die kinetische Energie oder lebendige Kraft des Luftstromes. Diese übt ebenfalls einen Druck aus und muss also bei Messung
der Depression mit berücksichtigt werden, da sie ebenfalls auf die Wirkung
des Ventilators zurückzuführen ist. Die Beziehungen zwischen dem
statischen Druck und der kinetischen Energie beruhen aber auf dem
Bernouillischen Lehrsatze, nach welchem in einer Rohrleitung von ver-
änderlicher Weite, durch die sich ein flüssiges Medium fortbewegt, bei
Vernachlässigung des Einflusses der Reibung für jeden Querschnitt die
Summe aus der Geschwindigkeits- und Druckhöhe eine Konstante ist.**)

----

*) Vergl. Murgue »Ueber Grubenventilatoren« S. 17 ff. Ferner: Althans,
»Anwendung der bekannten Gesetze der Wetterbewegung auf Ventilatoruntersuchungen«, in der Zeitschr. f. d. Berg-, Hütten- u. Salinenw., 1884, Bd. XXXII, BS. 176.

**) Rittinger, Centrifugalventilatoren 1858, S. 42 ff.; Murgue, Grubenventilatoren,
Anhang.

Unter Geschwindigkeitshöhe ist die Höhe der Wassersäule h_1 zu verstehen, welche denselben Druck wie die in Bewegung befindliche Flüssigkeit ausübt. Sie beträgt nach der Lehre von der Hydrodynamik $\frac{v^2}{2\,g} \cdot \frac{\delta}{\gamma}$, wobei v die Geschwindigkeit je Sekunde, $g = 9{,}81$ die Erdacceleration, $\gamma = 1000$ das spezifische Gewicht des Wassers und δ das spezifische Gewicht der Luft bedeutet. Mit Druckhöhe wird dagegen der mit einem Wassermanometer gemessene statische Druck h der Flüssigkeit bezeichnet. Der Bernouillische Satz besagt also, dass für eine Flüssigkeit, die sich in einer Leitung befindet, die Summe $h_1 + h$ an allen Stellen gleichen Wert besitzt. Da bei den verhältnismässig geringen Druckunterschieden, die durch einen Ventilator erzeugt werden, die Dichtigkeit der Luft als unveränderlich angesehen werden kann, findet der Bernouillische Satz auf den in den Wetterkanälen bestehenden Luftdruck unverändert Anwendung, und es ergiebt sich daraus folgendes: Wenn an einer Stelle des Saugkanales der statische Druck h und die Wettergeschwindigkeit v herrscht, und die gesamte in der Luft enthaltene Energie, die allgemein mit H bezeichnet wird, gleich $h + \frac{v^2\,\delta}{2\,g\,\gamma}$ zu setzen ist, so muss an einer anderen Stelle, an welcher die Geschwindigkeit und damit zugleich die kinetische Energie auf 0 herabgegangen ist, der statische Druck für sich allein immer noch $h + \frac{v^2\,\delta}{2\,g\,\gamma}$ betragen. Um also bei Messung des statischen Druckes in einem Wetterkanale diejenige Pressung zu finden, welche in dem Medium vorhanden sein würde, wenn es sich nicht in Bewegung befände, muss man zu der beobachteten Manometerhöhe h den Wert der Geschwindigkeitshöhe $\frac{v^2\,\delta}{2\,g\,\gamma}$ hinzufügen.

Nun ist aber die Druckhöhe bei saugenden Ventilatoren kein positiver, sondern ein negativer Wert. Es herrscht im Wetterkanal ein geringerer Druck als in der äusseren Atmosphäre, keine Kompression, sondern eine Depression. Die Geschwindigkeit andererseits übt dadurch, dass die Luftteilchen infolge der ihnen erteilten lebendigen Kraft in die atmosphärische Luft geschleudert werden, einen positiven Druck aus. Die algebraische Summe aus Druck und Geschwindigkeitshöhe ergiebt also infolge der entgegengesetzten Vorzeichen beider Werte einen geringeren Gesamtdruck als den ursprünglich beobachteten statischen Druck. Daher muss man die am Manometerrohre abgelesene Depression um den Wert $\frac{v^2\,\delta}{2\,g\,\gamma}$ vermindern, um den für die Berechnung der Leistung des Ventilators massgebenden Wert der totalen Energie, die sogenannte absolute Depression zu erhalten.

13*

Um sich die entgegengesetzte Wirkung beider Faktoren klar zu machen, ist es am einfachsten, wenn man sich den Wetterkanal an Stelle des Ventilators durch eine dünne Wand aus Papier oder Leinen abgesperrt denkt. Letztere würde durch den Ueberdruck der äusseren Luft in der Richtung nach dem Schachte zu durchgebogen werden, während die im Kanal herrschende Luftgeschwindigkeit darauf einen Druck in entgegengesetztem Sinne ausüben würde. Selbstverständlich ist die praktische Ausführung eines entsprechenden Versuches aus dem Grunde ausgeschlossen, weil bei Errichtung der Wand der Luftstrom im Wetterkanale sofort aufhören würde.

Die Stellung des von dem Manometer zum Saugkanal führenden Verbindungsrohres wirkt nun in folgender Weise auf das Resultat der Depressionsmessungen: Ist die Mündung des Rohres dem Wetterstrome parallel gerichtet (Figur 15 a und b a. S. 194), so zeigt das Manometer lediglich den in der Luft herrschenden statischen Druck an, weil die Luftgeschwindigkeit keinen Einfluss auf die Wassersäule des Manometers auszuüben vermag. Wenn dagegen das Verbindungsrohr im Wetterkanal derart gekrümmt ist, dass es seine Oeffnung dem Luftstrome gerade zuwendet (Figur 15 c) vermag auch die lebendige Kraft, welche die Luft infolge ihrer Geschwindigkeit besitzt, auf die Manometerhöhe einzuwirken. Das Resultat der Ablesung ist dann die arithmetische Summe aus Druckhöhe und Geschwindigkeitshöhe oder die absolute Depression H. Demnach muss dem Verbindungsrohre, wie bereits Rittinger[*]) festgestellt hatte und worauf Rateau[**]) und Murgue[***]) von neuem hingewiesen haben, die in Fig. 15 c gezeichnete Stellung gegeben werden, wenn man durch direkte Ablesung die richtige, der Berechnung der Ventilatorleistung zu Grunde zu legende Depression erhalten will.

Diese Depression ist stets niedriger als diejenige, welche sich bei Stellung des Rohres gemäss Figur 15 a und b ergiebt. Die Differenz zwischen beiden Beobachtungen hängt von der Wettergeschwindigkeit ab und lässt sich theoretisch nach der Formel $D = \dfrac{v^2\,\delta}{2\,g\,\gamma} = 0{,}061\ v^2$ berechnen.

Für die in der Praxis vorkommenden Wettergeschwindigkeiten sind die zugehörigen Werte von D in der folgenden Tabelle zusammengestellt.

---

[*]) Rittinger, Die Centrifugalventilatoren 1858, S. 46.
[**]) Bulletin de la société de l'industrie minérale 1892, S. 76.
[***]) Comptes rendus mensuels 1899, S. 81 ff.

Tabelle 50.

Bei v = m je Sekunde	ist D = mm Wassersäule	Bei v = m je Sekunde	ist D = mm Wassersäule
4	1	13	10,5
5	1,5	14	12
6	2	15	14
7	3	16	16
8	4	17	18
9	5	18	20
10	6	19	22
11	7,5	20	24,5
12	9		

Die Fehler, die sich bei Beobachtung der Depression aus der Vernachlässigung der Geschwindigkeitshöhe ergeben, fallen also bei schwachen Wetterströmen kaum ins Gewicht, können aber bei grossen Wettergeschwindigkeiten für die Berechnung der Leistung des Ventilators von erheblicher Bedeutung sein. Es wäre daher erwünscht, dass auf allen Gruben dem Verbindungsrohre im Wetterkanal die Richtung gegen den Strom gegeben würde. Bisher ist dies nur auf den Zechen des Bergreviers Gelsenkirchen allgemein der Fall.

Die Uebereinstimmung zwischen den beobachteten und den berechneten Werten ist durch Versuche leicht nachzuweisen. So betrug z. B. auf Zeche Zollverein I/II bei Stellung des Verbindungsrohres nach Figur 15 a die Depression 86 mm und nach Figur 15 c 78 mm. Die Differenz zwischen beiden Ablesungen beträgt 8 mm, während bei einem Wetterstrom von 11 m Geschwindigkeit an der Messstelle die Geschwindigkeitshöhe nach obiger Tabelle 7,5 mm betragen sollte.

Eine solche Uebereinstimmung ist allerdings nicht immer vorhanden, weil auf das Messungsergebnis verschiedene Einflüsse einwirken, deren Bedeutung noch nicht genügend festgestellt ist. Dazu gehören die Form der Rohrmündung, ob sie gerade abgeschnitten, zugespitzt oder trichterförmig erweitert ist, ferner die Länge der Leitung bis zum Manometer und ihr freier Querschnitt, die Anzahl und Form der Krümmungen in der Leitung, die Beschaffenheit der Wandungen und andere mehr. Je länger man z. B. die Verbindungsleitung macht, um so geringer wird die Depression, die das Manometer anzeigt. Dabei wächst die Abweichung von der thatsächlich im Wetterkanale herrschenden Depression mit deren Höhe. Die Unterschiede erklären sich daraus, dass die Uebertragung des Luftdruckes im Wetterkanal auf das Messinstrument durch den Luftfaden in den

Leitungsrohren vermittelt wird. Dieser erleidet aber infolge seiner Elasticität eine Ausdehnung. Es wird dadurch ein Teil der an der Mündung des Rohres ausgeübten Zugkraft verbraucht und kann also an dem Manometer nicht mehr zur Geltung kommen.

Ferner sollen nach Rateau, wenn die Mündung des Rohres parallel zur Stromrichtung steht, vor derselben Luftstauungen eintreten können, welche die Richtigkeit der Beobachtung beeinträchtigen, während er bei einem gegen den Strom gerichteten Rohre solche Stauungen für ausgeschlossen hält. Auch in letzterem Falle dürfte es zweckmässig sein, das Rohr an der Mündung nicht gerade abzuschneiden, wie es gewöhnlich geschieht (Fig. 16a), sondern es nach nebenstehender Skizze (Fig. 16b) vorne so zuzuspitzen, dass die innere Weite unverändert bleibt, und Stösse beim Eintritt des Luftstromes in das Rohr möglichst vermieden werden.

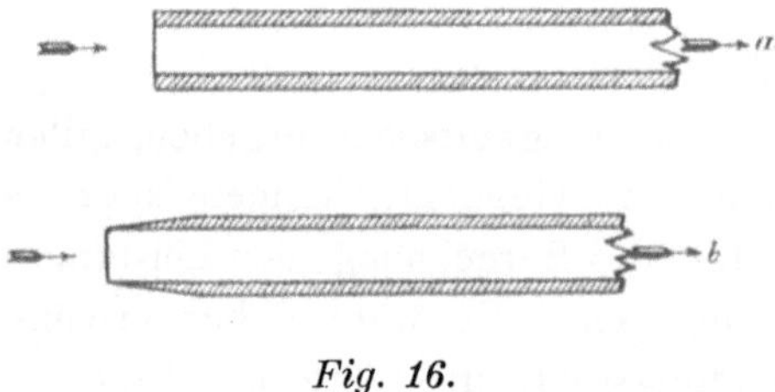

Fig. 16.

Die Krümmung des Verbindungsrohres im Saugkanal in der Richtung des Wetterstromes gemäss Figur 15 d (Seite 194), die auch auf einigen Zechen üblich ist, ist durchaus zu verwerfen. Man erhält dadurch eine Depression, welche noch grösser ist als die bei senkrecht herabhängendem Rohre (Figur 15 a) beobachtete, weil die Luftgeschwindigkeit ähnlich wie bei einem Injektor eine Art Saugwirkung auf das Manometer auszuüben vermag. Auch bei dieser Stellung scheinen zuweilen andere, nicht immer ganz aufzuklärende Einflüsse auf das Ergebnis der Beobachtung einzuwirken, da einige von den Zechenverwaltungen vorgenommene Versuche abweichende Resultate ergeben haben.

Bei Ermittelung der Depression ist ferner zu beachten, dass die in den Wetterkanälen herrschende Geschwindigkeit keine gleichmässige ist, sondern sich an den verschiedenen Stellen des Querschnitts erheblich verändert. Demgemäss wechselt auch die lebendige Kraft der Luft und damit die absolute Depression je nach der Stelle, an der das Verbindungsrohr in den Saugkanal einmündet, während der statische Druck für den ganzen Querschnitt derselbe bleibt. Für die Depressionsbeobachtungen ist natürlich die durchschnittliche Wettergeschwindigkeit des betreffenden Kanalquerschnitts in Betracht zu ziehen. Auf Zeche Prosper II verzweigt sich aus diesem Grunde das Verbindungsrohr im Wetterkanal zu einem Netz

über den ganzen Querschnitt (Fig. 17). Die horizontalen Rohre besitzen 20
gegen den Strom gerichtete Oeffnungen, die ähnlich wie bei den
Netzmessungen der Geschwindigkeiten gleichmässig über den Querschnitt verteilt sind. Der Druck des Luftstromes überträgt sich in diesem
Falle gleichzeitig von allen Messstellen auf das Verbindungsrohr, sodass in
diesem von selbst ein Durchschnittswert der Geschwindigkeitshöhe wirksam
ist. Auf Zeche Dahlbusch II/V sind aus demselben Grunde drei Rohre im
Wetterkanal angebracht, die sich an der Firste vereinigen, und von denen
das eine bis auf $\frac{1}{4}$, das andere bis auf $\frac{1}{2}$ und das dritte bis auf $\frac{3}{4}$ der
Kanalhöhe hinabreicht.

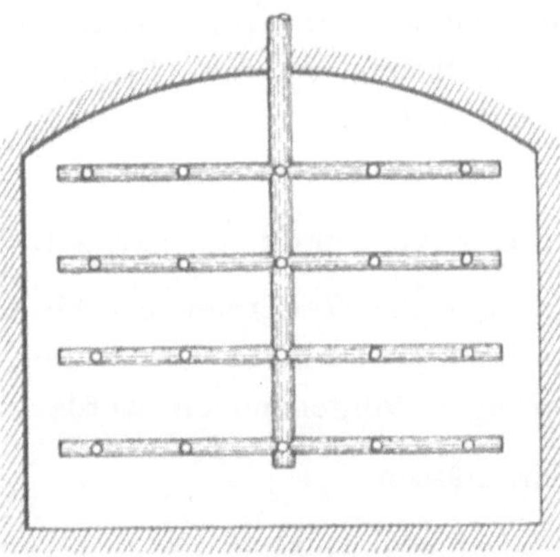

Fig. 17.

Verzweigung des Manometerrohres im Wetterkanal der Zeche Prosper II.

Wenngleich derartige Einrichtungen für genaue Beobachtungen recht
zweckmässig sind, so ist doch zu berücksichtigen, dass die Wettergeschwindigkeit immer einen verhältnismässig geringen Einfluss auf die
Höhe der Depression ausübt, und es dürfte daher im allgemeinen genügen,
wenn durch Netzmessungen eine Stelle des Querschnittes festgestellt wird,
an welcher ungefähr eine mittlere Geschwindigkeit herrscht, und an
dieser die Mündung des Verbindungsrohres angebracht wird.

Das Verbindungsrohr muss ferner in einer solchen Entfernung vom
Ventilator ausmünden, dass es von den Luftwirbeln, die in der Saugöffnung
entstehen, nicht berührt wird. Abstände von 2—10 m, je nach der Regel-
mässigkeit des Wetterstromes, wie sie auf den meisten Gruben üblich sind,
erscheinen angemessen. Geringere Entfernungen und zwar namentlich
solche von nur 0,15 — 0,5 m, die man mehrfach findet, dürften nur bei
aussergewöhnlich ruhigen Wetterströmen ausreichen. Zu grosse Entfernungen — es kommen solche bis zu 44 m vor — sind aber deshalb

nicht angebracht, weil die Depression mit der Entfernung vom Ventilator allmählich abnimmt, und weil dabei in der Regel die Rohrleitung zu lang wird.

III. Die Beziehungen zwischen Wettermenge und Depression und der Einfluss des natürlichen Wetterzuges.

1. Das Proportionalitätsgesetz.

Auf den beiden für jede Grube durch Messung feststellbaren Grössen, der Wettermenge und der Depression hat Daniel Murgue, der bekannteste Theoretiker auf dem Gebiete der Grubenventilation, sein System zur Untersuchung der Wetterführung und zur Prüfung der Ventilatoren aufgebaut. Dasselbe beruht auf dem Gesetz, dass bei unveränderter Grube das Quadrat der Wettermenge V der Depression h proportional, dass also der Ausdruck $\frac{V^2}{h}$ für alle Werte von V konstant ist. Da nach Murgue die Wettermenge auch der Umdrehungszahl n des Ventilators proportional ist, ergiebt sich weiter, dass, solange in der Grube keine Veränderungen vorgenommen werden, auch die Ausdrücke $\frac{V}{n}$ und $\frac{h}{n^2}$ konstant sein müssen.

Die Richtigkeit dieser sogenannten Proportionalitätsgesetze hat Rateau[*] bestritten, weil er auf Grund mehrerer Versuche glaubte annehmen zu müssen, dass der Wert $\frac{V^2}{h}$ mit der Wettermenge wüchse. In der That liegt eine grössere Anzahl von Wetter- und Depressionsmessungen vor, bei denen das Verhältnis $\frac{V^2}{h}$ auf derselben Grube grosse Unregelmässigkeiten zeigt. Neuerdings ist aber durch eine englische Kommission, die von den bedeutendsten technischen Gesellschaften Englands, dem North of England Institute of Mining and Mechanical Engineers und dem Midland Institute of Mining Civil and Mechanical Engineers, zur Untersuchung verschiedener Ventilatorsysteme berufen wurde, die Richtigkeit der Proportionalitätsgesetze bestätigt worden.[**]

Die Untersuchung dieser Frage stösst auf grosse Schwierigkeiten, weil bei praktischen Versuchen zahlreiche Umstände das Ergebnis beeinflussen und das Mass ihrer Einwirkung sich der sicheren Feststellung entzieht. So kommt z. B. bei Ermittlung der ausziehenden Wettermenge ihre

---

[*] Bulletin de la société de l'industrie minérale 1892, S. 13 ff.

[**] Mechanical Ventilators by M. Walton Brown. Verlag von Andrew Reid & Co., Ltd. London 1900.

mehr oder weniger starke Volumen-Vermehrung in der Grube durch Hinzutritt anderer Gase, sowie durch Veränderung der Temperatur- und Pressungsverhältnisse in Betracht. Auch ist zu erwägen, dass bei Zunahme der Depression die Luft in der Grube sich kürzere Wege aussucht (z. B. durch den Bergeversatz, verbrochene Strecken u. s. w.), die sie bei schwachen Druckunterschieden nicht oder nur zum kleinen Teil benutzt. Ferner wird die Dichtigkeit des Luftabschlusses bei Wetterthüren und anderen Wetterverschlüssen durch die Stärke des darauf lastenden Luftdruckes beeinflusst. Die Grundlage für alle derartigen Versuche, der unveränderte Zustand der Wetterwege, ist also in der Grube nicht genügend gewährleistet.

2. Der natürliche Wetterzug.

Von erheblichem, bisher nur zu wenig gewürdigtem Einfluss auf das Verhältnis zwischen dem Quadrate der Wettermenge und der Depression ist in vielen Fällen auch die Stärke des natürlichen Wetterzuges der Grube. Es empfiehlt sich daher, vor Fortsetzung der Untersuchung über die Richtigkeit des Proportionalitätsgesetzes zunächst auf die Bedeutung dieses Faktors einzugehen.

Die Bewetterung der Grubenbaue durch natürlichen Wetterzug, die in früheren Zeiten die Regel bildete, hat im Ruhrkohlenbecken ihre Bedeutung fast ganz verloren und findet sich nur noch auf wenigen kleinen Gruben am Südrande des Bezirks. Dagegen erhält die künstliche Ventilation durch den natürlichen Wetterzug oft eine grosse Unterstützung, die meist erheblich unterschätzt wird. Ein natürlicher Wetterzug ist nämlich nicht, wie man früher wohl annahm, nur dann vorhanden, wenn die Ein- und Austrittsöffnungen des Wetterstromes sich in verschiedener Höhenlage befinden, sondern er entsteht auch in einer Grube, deren Schachthängebänke in gleichem Niveau liegen. Allerdings ist in letzterem Falle erforderlich, dass die Temperatur über Tage niedriger als diejenige in der Grube ist, und dass das Gleichgewicht zwischen den Luftsäulen des Ein- und Ausziehschachtes auf künstliche Weise gestört wird. Im ersteren Falle entsteht der natürliche Wetterzug hingegen von selbst und zwar bekanntlich auch dann, wenn die Temperatur über Tage diejenige in der Grube übertrifft.

Da nun, abgesehen von einigen in der Nähe der Ruhr gelegenen kleinen Zechen, Höhenunterschiede von Bedeutung zwischen den ein- und ausziehenden Schächten kaum vorhanden sind, kommt hier nur der natürliche Wetterzug in Betracht, der zur ersten Erregung künstlicher Ventilationsmittel bedarf. Die letzteren bewirken, dass sich in den einziehenden Schacht ein Luftstrom ergiesst, der bei entsprechender

Temperatur über Tage kälter und daher schwerer ist als die dem ausziehenden Schachte entströmende Wettermenge, welche die Temperatur der Grubenbaue besitzt. Da nun die einziehenden Wetter beim Durchströmen durch die Grube allmählich deren Temperatur annehmen, bevor sie in den Ausziehschacht gelangen, bleibt der Temperaturunterschied zwischen beiden Schächten, und damit zugleich der Gewichtsunterschied zwischen den darin befindlichen Luftsäulen andauernd bestehen. Die Grubenbaue wirken also ähnlich wie ein unter Tage aufgestellter Wetterofen, sie erwärmen die ihnen durch den Einziehschacht zugeführten frischen Wetter und veranlassen sie auf diese Weise, beständig im Ausziehschachte aufzusteigen. Es entsteht also daraus ein kontinuierlicher natürlicher Wetterzug, welcher dem durch den Ventilator erzeugten Strome stets gleich gerichtet ist und denselben verstärkt. Seine Richtung kann dieser natürliche Wetterzug nicht verändern, denn er findet sofort sein Ende, wenn die Temperatur über Tage die natürliche Grubenwärme erreicht, da sich dann das Gewicht der Luftsäulen in beiden Schächten ausgleicht.

Die Stärke des natürlichen Wetterzuges hängt, abgesehen von der Grubenweite, die ja für jeden Wetterstrom von Einfluss ist, von der Temperaturdifferenz zwischen der Luft über und unter Tage ab. Sie nimmt zu mit dem Wärmegrad der Grube, besitzt also bei heissen Gruben eine grössere Bedeutung als bei kühleren. Des weiteren wird sie durch die Jahreszeit beeinflusst, und zwar so, dass sie bei allen Gruben im Winter wächst und sich im Sommer vermindert. An heissen Tagen kommt der natürliche Wetterzug in den meisten Gruben des Ruhrkohlenbezirks ganz in Fortfall, da die durchschnittliche Temperatur im ausziehenden Schachte im Sommer etwa 19—20° C beträgt, und diese durch die Temperatur über Tage leicht übertroffen werden kann. Eine solche Beobachtung wurde z. B. bei Versuchen auf Zeche Hagenbeck gemacht, bei denen eine Temperatur im Wetterkanal von 14° und eine Tagestemperatur von 23,5° C ermittelt wurde. Hier hörte der Luftstrom sofort nach Stillstand des Ventilators vollständig auf, während er unter anderen Temperaturverhältnissen weiter anhielt.

Die Stärke des natürlichen Wetterzuges hängt auch noch von manchen anderen Umständen ab. So wird er z. B. durch eine Dampfleitung im Ausziehschacht oder durch Hinzutreten der warmen Luft aus unterirdischen Maschinenräumen und Pferdeställen unterstützt, durch Dampfleitungen im einziehenden Schachte dagegen vermindert oder aufgehoben. Bei schlechter Isolierung kann sogar die von einer Dampfleitung im Einziehschachte ausströmende Wärme nach Stillsetzen des Ventilators einen entgegengesetzten Wetterzug erzeugen, der allerdings nicht mehr natürlich ist, weil er durch künstliche Temperaturerhöhung hervorgerufen wird.

Eine grosse Einwirkung üben ferner die in den Schächten herabfallenden Wassermengen auf den Wetterzug aus. Sie sind nicht nur im Stande, einen kräftigen natürlichen Wetterzug zu erzeugen, sondern sogar einen künstlichen Wetterzug vollständig zu unterdrücken. Daher erscheint es auf jeden Fall zweckmässig, den Ausbau der ausziehenden Schächte möglichst wasserdicht herzustellen. Interessante Erfahrungen wurden darüber auf Zeche Zollverein I/II gemacht. Hier trat das Mergelwasser, welches sich in dem dicht unter Tage liegenden Wetterkanal ansammelt, infolge Verstopfens der Abflussleitung in das ausziehende Schachttrum über und stürzte in demselben in einer Stärke von etwa 60 Liter je Minute frei hinab. Die Teufe bis zur Wettersohle betrug 240 m. Durch die Wucht dieser verhältnismässig geringen Wassermenge wurde der ausziehende Strom, der eine Stärke von 3700 cbm je Minute besass, vollständig gehemmt, sodass der im vollen Betriebe befindliche Ventilator keine Luftzufuhr aus der Grube mehr erhielt und daher anfing durchzugehen. Erst nach Beseitigung der Wasserzuflüsse wurde der normale Wetterstrom wieder hergestellt. Die Ursache dieser Erscheinung ist in dem hohen spezifischen Gewichte des Wassers im Vergleich zu demjenigen der Luft zu suchen.

Von erheblichem Einfluss auf die Stärke des natürlichen Wetterzuges ist endlich die Teufe der Grubenbaue, weil nicht nur die Grubentemperatur nach dem Erdinnern zu steigt, sondern auch der Gewichtsunterschied zwischen der Luftsäule des Ein- und derjenigen des Ausziehschachtes proportional ihrer Höhe zunimmt. Es ist daher anzunehmen, dass die Bedeutung des natürlichen Wetterzuges gegen frühere Zeiten gestiegen ist, und dass sie mit dem Fortschreiten des Bergbaues nach der Teufe noch weiter wachsen wird.

Die Ermittelung des natürlichen Wetterzuges erfolgt durch Messung der ausziehenden Wettermenge bei Stillstand des Ventilators. Sie kann bereits kurze Zeit nach Stillsetzen des Ventilators vorgenommen werden, denn die durch letzteren hervorgerufene Luftbewegung hört selbst bei ausgedehnten Grubenbauen bereits nach wenigen Minuten auf. Auch eine Depression wird durch den natürlichen Wetterzug erzeugt, weil ohne Pressungsunterschiede ein Wetterstrom den Widerstand der Grube nicht zu überwinden vermag. Daher finden auch beim natürlichen Wetterzug die Beziehungen zwischen Wettermenge und Depression entsprechende Anwendung. Indessen bestehen die Pressungsunterschiede nur in der Grube, nicht aber im Wetterkanal, der durch die Kanäle des Ventilators hindurch mit der freien Luft in unmittelbarer Verbindung steht und deshalb keinen anderen statischen Druck als den Atmosphärendruck aufweisen kann. Die bei Stillstand des Ventilators zuweilen im Wetterkanal beobachtete Depression beruht auf anderen Ursachen und wird später erörtert werden.

Zwar vermag der natürliche Luftstrom wie jeder andere durch die

Bewegung der Luftteilchen eine gewisse Druckwirkung auszuüben, welche
der auf Seite 195 ff. erörterten Geschwindigkeitshöhe entspricht und sich nach
der dort angegebenen Formel $D = 0{,}061\,v^2$, in der v die Stromgeschwindigkeit in der Sekunde bedeutet, berechnen lässt; ihr Wert ist aber beim
natürlichen Wetterzuge wegen der kleinen Geschwindigkeiten, die in
Betracht kommen, verschwindend gering. Es handelt sich also für die
Erzeugung des natürlichen Wetterzuges nur um die Depression, welche
im Tiefsten des Ausziehschachtes im Vergleich zu demjenigen des Einziehschachtes herrscht, und die lediglich durch den Gewichtsunterschied der
Luftsäulen h und h_1 (Fig. 18) hervorgerufen wird, weil der auf beiden
Schachtöffnungen lastende Atmosphärendruck der gleiche ist.

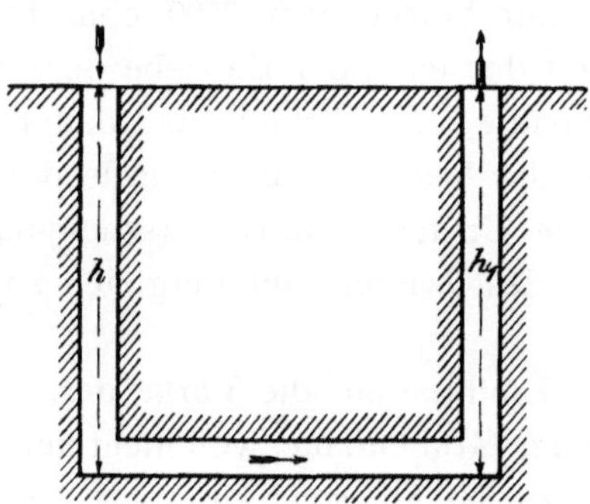

Fig. 18.

h = Gewicht der Luftsäule im Einziehschacht.
$h_1 =$,,   ,,   ,,   ,. Ausziehschacht.

Die Feststellung dieses Pressungsunterschiedes kann durch Barometer-
messungen erfolgen, oder, wenn beide Schächte nahe aneinander liegen,
durch ein Manometer, dessen Schenkel mit je einem Schachte möglichst
am tiefsten Punkte in Verbindung stehen. Nach letzterer Methode wurden
auf Zeche Hansa*) bei Stillstand des unterirdischen Ventilators 18 mm
Depression gemessen, während gleichzeitig ein natürlicher Wetterstrom
von 1700 cbm Stärke im Ausziehschachte aufstieg. Recht geeignet ist auch der
von Murgue vorgeschlagene Weg, die Wetterausziehstrecke an einer beliebigen Stelle durch eine Wand abzuschliessen, und die natürliche Druckdifferenz, die auf beiden Seiten der Wand besteht, mittelst eines Manometers zu beobachten. Auch kann diese Depression durch Rechnung ermittelt werden, wobei aber vorausgesetzt werden muss, dass das Proportionalitätsgesetz $\dfrac{V^2}{h} = C$ zu Recht besteht. Bezeichnet man nämlich mit
V_0 die Wettermenge bei natürlichem Wetterzug und mit h_0 die entsprechende Depression, ferner mit V_1 die beim Betrieb des Ventilators

---

*) Glückauf 1892, S. 909.

ausziehende Wettermenge und mit h_1 die dabei im Wetterkanal erzeugte Depression, so wird die Wettermenge V_1 durch die Summe aus der vom Ventilator erzeugten Depression h_1 und der dem natürlichen Wetterzuge entsprechenden Depression h_0 in Bewegung gesetzt. Es ergiebt sich also die Gleichung

$$\frac{V_0{}^2}{h_0} = \frac{V_1{}^2}{h_0 + h_1},$$

aus der sich der Wert der Unbekannten h_0 ermitteln lässt.

Nach den von den Grubenverwaltungen Ende 1898 über die Stärke des natürlichen Wetterstromes gemachten Angaben, die sich auf 114 Wettersysteme bezogen, gab es nur eine einzige Zeche, nämlich Bruchstrasse Schacht II, auf der bei Stillstand des Ventilators trotz der kalten Jahreszeit ein Wetterstrom weder ein- noch auszog. Dieser Fall mag in zufälligen Temperaturverhältnissen am Tage der Untersuchung oder in besonderen örtlichen Umständen seinen Grund haben. 6 Schachtanlagen zeigten umgekehrten natürlichen Wetterzug, nämlich Victor Schacht II, Centrum Schacht II, Centrum Schacht V, Dahlhauser Tiefbau, Präsident Schacht I und Ludwig (Wetterschacht). Ausser durch eine Dampfleitung im Einziehschachte kann diese Erscheinung dadurch hervorgerufen werden, dass der Schacht durch den Ventilator eines anderen Wettersystems, mit dem er in Verbindung steht, zum Einziehen gebracht wird. Auf Zeche Alma z. B. waren im Jahre 1901 zwei Wetterschächte, auf denen je ein Ventilator stand, und ein Einziehschacht vorhanden. Bei Ausserbetriebsetzung eines der beiden Ventilatoren wurde der betreffende Schacht infolge der Einwirkung des anderen Ventilators nach etwa $1/2$ Minute zum Einziehen gebracht. Bei den übrigen 107 Gruben war ein natürlicher Wetterzug vorhanden, welcher dem durch den Ventilator erzeugten Strome gleichgerichtet war, und dessen Grösse sich aus folgender Tabelle ergiebt:

Tabelle 51.

Stärke des natürlichen Wetterzuges je Minute cbm	Anzahl der Gruben
0 — 250	15
250 — 500	31
500 — 750	25
750 — 1000	14
1000 — 1250	10
1250 — 1500	8
über 1500	4
Summa	107

Die Gruben mit mehr als 1500 cbm waren Hibernia (1850 cbm), Hansa (1900 cbm), Wilhelmine Victoria (ca. 2000 cbm) und Pluto Schacht Wilhelm (ca. 2200 cbm). Auf allen vier Zechen reichen die Grubenbaue bereits in eine Teufe von mehr als 600 m hinab.

Der Anteil des natürlichen Wetterzuges an der gesamten Wetterversorgung auf den in die Tabelle aufgenommenen Gruben ist meist recht gross. Er beträgt:

$$
\begin{array}{lccl}
\text{weniger als } 10\ \% & \text{auf} & 10 & \text{Gruben} \\
10\text{—}20\ \% & » & 29 & » \\
20\text{—}30\ \% & » & 33 & » \\
30\text{—}40\ \% & » & 17 & » \\
40\text{—}50\ \% & » & 13 & » \\
\text{mehr als } 50\ \% & » & 5 & » \\
\hline
& \text{Sa.} & 107 & \text{Gruben}
\end{array}
$$

Die fünf Gruben, auf denen nach Stillsetzen des Ventilators noch mehr als die Hälfte der gesamten, bei normalem Betrieb vorhandenen Wettermenge durch die Grubenbaue strömte, waren: Ver. Hannover (52 %) Unser Fritz (54 %), Heinrich Gustav (55 %), Neu-Essen Schacht Fritz (57 %) und Wilhelmine Victoria I (58 %).

Auf einigen von diesen Gruben wie z. B. auf Unser Fritz und Neu-Essen, dürfte sich der Prozentsatz inzwischen infolge Aufstellung stärkerer Ventilatoren und der dadurch gelieferten grösseren absoluten Wettermenge vermindert haben.

Im Durchschnitt belief sich die Stärke des natürlichen Wetterzuges in den erwähnten 107 Wettersystemen auf 676 cbm je Minute und machte etwa 26 % der gesamten Wetterversorgung derselben aus.

Wenn nun auch der natürliche Wetterzug einer Grube meist bald nach Stillstand des Ventilators gemessen werden kann, weil das Beharrungsvermögen des Luftstromes gering ist, so bleibt doch seine Stärke nicht konstant, sondern ändert sich bei längerem Stillstande des Ventilators nicht unerheblich.

Diese Veränderungen sind abgesehen von den Temperaturschwankungen über Tage hauptsächlich darauf zurückzuführen, dass durch die künstliche Ventilation die natürliche Temperatur der Grube beeinflusst worden ist, dass also im allgemeinen eine Abkühlung der Grubenbaue eingetreten ist, die nach Beseitigung ihrer Ursache allmählich verschwindet. Nur in seltenen Fällen bei heisser Tagestemperatur und kühler Grube ist eine Temperaturerhöhung infolge der künstlichen Bewetterung möglich. Daraus ergiebt sich, dass bei längerem Stillstande des Ventilators die durch die Grubenbaue strömenden Wetter mit Zunahme der Grubentemperatur sich allmählich stärker erwärmen, und dass der natürliche Wetterzug in entsprechendem Masse wächst. Wie lange diese Vermehrung andauert, bis ein Beharrungszustand erreicht ist, hängt von der Ausdehnung und Beschaffenheit der Grubenbaue und ihren Temperaturverhältnissen ab.

Die Temperaturzunahme in den Grubenbauen wird sich nach Stillsetzen des Ventilators aber auch bereits im Einziehschachte bemerkbar machen, welcher der Abkühlung besonders stark ausgesetzt war. Sie wird dort um so stärker sein, je tiefer der Schacht ist und wird namentlich durch eine Dampfleitung in demselben erhöht werden. Auf diese Weise kann es vorkommen, dass die Temperaturzunahme der Luft im Einziehschachte nach längerem Stillstand des Ventilators stärker wird als diejenige in allen übrigen Grubenbauen. Infolge dessen vermindert sich die Gewichtsdifferenz, die zwischen den beiden Luftsäulen des Ein- und Ausziehschachtes besteht und für die Stärke des natürlichen Wetterzuges massgebend ist. Der letztere verringert sich daher bei längerem Stillstand des Ventilators. Die Grube zeigt das Bestreben, den durch künstliche Erregung geschaffenen natürlichen Wetterzug wieder zu beseitigen.

Dieses Bestreben ist bei der Mehrzahl der westfälischen Gruben vorhanden und würde bei längerem Stillstand des Ventilators, die vielleicht wochenlang andauern müsste, wohl zu einer völligen Beendigung des natürlichen Wetterzuges führen. Aus dem Jahre 1898 liegen Angaben der Zechenverwaltungen über die Wettermengen vor, die in der ersten, zweiten und dritten Stunde nach Stillsetzen des Ventilators im Wetterkanal gemessen wurden. Dieselben beziehen sich auf 101 Gruben, von denen 62 eine allmähliche Abnahme des natürlichen Wetterzuges erkennen liessen, während nur bei 15 Wettersystemen eine Verstärkung eintrat. Bei 24 Anlagen endlich ergaben die Messungen keine regelmässige Veränderung in einer bestimmten Richtung. Darunter befanden sich einige, wie die Zechen Lothringen und Steingatt, auf denen festgestellt wurde, dass der natürliche Wetterzug während der drei Stunden fast ganz konstant blieb. Auch neuere Versuche vom Juni 1901, welche von der Zeche General Blumenthal mitgeteilt worden sind, ergaben nahezu keine Veränderung des natürlichen Wetterzuges bei längerem Stillstand des Ventilators.

Die Veränderung des natürlichen Wetterzuges bei den dreistündigen Versuchen war meist nicht gross, nur selten betrug die Differenz in dieser Zeit mehr als 200 cbm. Es kamen jedoch auch einige erheblichere Unterschiede vor. So trat eine Verminderung ein

    auf Wilhelmine Victoria I von 2176 auf 1836 cbm,
     » Shamrock III/IV   » 1527 » 1220 »
     » Consolidation III/IV   » 1150 » 714 »
     » Pluto, Schacht Thies   » 1597 » 1253 »

Auf Graf Schwerin soll der natürliche Wetterzug sogar von 1900 auf 1300 cbm und auf Pluto (Schacht Wilhelm) von 2800 auf 1860 cbm gesunken sein. Eine erhebliche Zunahme innerhalb drei Stunden, nämlich von 249 auf 548 cbm je Minute wurde von der Verwaltung der Zeche Germania auf dem Luftschacht I dieser Zeche festgestellt.

Bei Messungen des natürlichen Wetterzuges einer Grube ist noch folgendes bemerkenswert: Es kommt zuweilen vor, dass bei Stillstand des Ventilators das Manometer nicht auf dem Nullpunkt steht, sondern im Wetterkanal eine Depression oder auch einen höheren Druck als Atmosphärendruck anzeigt, obwohl die Pressungsunterschiede, die notwendig sind, damit der natürliche Wetterzug die Hindernisse in der Grube überwindet, wie bereits erwähnt, garnicht im Wetterkanal in Erscheinung treten. Die beobachtete Depression oder Kompression beruht auch nicht auf dem Widerstand der Grube, sondern auf demjenigen des stillstehenden Ventilators. Sie kennzeichnet die Reibungshindernisse, die letzterer dem natürlichen Wetterzuge bereitet, und ist daher um so grösser, je enger der Ventilator und je stärker der Wetterstrom ist. Eine Pressung, d. h. ein Ueberdruck über den Atmosphärendruck, wird im Wetterkanal eintreten, wenn der natürliche Wetterzug dem künstlichen gleich gerichtet ist, da ersterer sich dann vor dem Ventilator anstaut; eine Depression hingegen, wenn der natürliche Wetterzug dem durch den Ventilator erzeugten Strome entgegengesetzt gerichtet ist und deshalb erst durch den Ventilator hindurch gehen muss, bevor er in die Grube gelangt. So fand sich z. B. auf Zeche Hibernia eine Pressung von 10 mm Wassersäule, die durch den Druck des natürlichen Wetterzuges von 2397 cbm je Minute auf den Ventilator entstand. Auf den beiden Wetterschächten der Zeche Alma hingegen, die entgegengesetzten natürlichen Wetterzug besitzen, wurde eine Depression von 7 bezw. 2 mm beobachtet, wobei das durch den Ventilator in die Grube einströmende Wetterquantum 945 bezw. 605 cbm je Minute betrug.

In diesen Fällen erscheint der natürliche Wetterzug geringer, als es den Verhältnissen in der Grube entspricht, weil ein Teil seiner Kraft bei Ueberwindung der Ventilatorhindernisse verloren geht. Um unter diesen Umständen seine wirkliche Stärke zu ermitteln, d. h. dasjenige Wetterquantum, welches ausströmen würde, wenn der Weg nicht durch den Ventilator beengt wäre, hat man den Ventilator so schnell laufen zu lassen, dass die von ihm geleistete Arbeit die Reibungshindernisse, welche er verursacht, ausgleicht. Diese Bedingung ist dann erfüllt, wenn das Manometer auf 0 fällt, also im Wetterkanal Atmosphärendruck herrscht. Auf Zeche Hibernia waren dazu 38 Umdrehungen oder etwa $^1/_4$ der normalen Tourenzahl der Antriebsmaschine erforderlich, wobei das ausströmende Wetterquantum von 2397 auf ca. 3400 cbm stieg. Letztere Menge würde also nach Beseitigung des Ventilators durch die Grube strömen. Bei entgegengesetzt gerichtetem Wetterzuge kann diese Feststellung nur dann erfolgen, wenn es möglich ist, den Ventilator in umgekehrter Richtung laufen zu lassen.

3. Einwirkung des natürlichen Wetterzuges auf das Proportionalitätsgesetz.

Nachdem nun festgestellt ist, dass ein erheblicher Teil der Wetterversorgung der westfälischen Gruben auf den natürlichen Wetterzug zurückgeführt werden muss, fragt sich weiter, in welcher Weise letzterer die durch das Proportionalitätsgesetz ausgesprochenen Beziehungen zwischen dem Quadrate der Wettermenge und der Depression beeinflusst. Murgue hatte angenommen, dass sein Einfluss ohne grosse Bedeutung sei und überhaupt nur Beachtung verdiene, wenn es sich um genaue Bestimmung der äquivalenten Ausflussöffnung handle. Indessen ist leicht einzusehen, dass durch einen natürlichen Wetterzug, der dem künstlichen gleichgerichtet ist, die Bewegung der Wettermengen aus der Grube in den Wetterkanal erleichtert wird. Um also ein bestimmtes Wetterquantum zu erreichen, braucht der Ventilator nur eine geringere Depression zu erzeugen als sonst. Seine Arbeit wird geringer, da sie durch die dem natürlichen Wetterzuge entsprechenden Pressungsunterschiede unterstützt wird. Da nun letztere, wie bereits erwähnt, im Wetterkanal nicht in Erscheinung treten, erhält man bei allen Versuchen zwar das gesamte aus der Grube strömende Wetterquantum, aber nicht die volle Depression, sondern nur den auf die Thätigkeit des Ventilators entfallenden Teil. Der Wert des Ausdrucks $\frac{V^2}{h}$ fällt also grösser als dem Widerstande der Grube allein entsprechend aus. Solange nun der Ventilator mit geringer Tourenzahl arbeitet und der von ihm erzeugte Luftstrom und die entsprechende Depression verhältnismässig gering sind, wird V^2, das Quadrat der gesamten Wettermenge, gegenüber h sehr gross erscheinen, weil darin der natürliche Wetterzug sehr zur Geltung kommen kann. Bei Steigerung der Ventilatorgeschwindigkeit wird dagegen der Einfluss des natürlichen Wetterzuges immer mehr zurücktreten und infolge dessen h stärker zunehmen als V^2. Man findet also, dass bei unveränderter Grube durch Vermehrung des Luftvolumens der Ausdruck $\frac{V^2}{h}$ abnimmt, ohne dass es berechtigt wäre, die Richtigkeit des Proportionalitätsgesetzes zu bezweifeln. Die umgekehrte Erwägung führt naturgemäss dazu, dass bei entgegengesetzt gerichtetem natürlichem Wetterzuge der Wert $\frac{V^2}{h}$ mit steigender Wettermenge grösser werden muss.

Zahlreiche Messungen haben nun ergeben, dass in der That der Wert

$\frac{V^2}{h}$ bei veränderlichem Volumen nicht konstant bleibt, sondern erheblichen Schwankungen unterworfen ist. Eine Anzahl Versuche, welche das beweisen, sind in Tabelle 52 zusammengestellt. Sie sind teils besonders für diesen Zweck ausgeführt, teils aus Aufsätzen in der Ministerial-Zeitschrift entnommen, teils von den Zechen bezw. der Firma Schüchtermann & Kremer in Dortmund mitgeteilt worden. Spalte 3 der Tabelle enthält die Wettermengen V je Sekunde, Spalte 5 die zugehörigen Depressionen h; in Spalte 4 ist das Quadrat der Wettermenge und in Spalte 6 der Wert $\frac{V^2}{h}$ berechnet worden.

Tabelle 52.

Lfd. No.	Name der Zeche	V cbm	V²	h mm	$\frac{V^2}{h}$
1.	2.	3.	4.	5.	6.
1		18,1	327,61	24	13,65
2		27,4	750,76	36	20,85
3	I. Alma.	36,2	1 310,44	49	26,74
4	(Gemessen im Jahre 1901.)	53,1	2 819,61	85	33,17
5		64,5	4 160,25	120	34,66
1		11,1	123,21	5	24,64
2		19,5	380,25	20	19,01
3	II. Hagenbeck.	29,1	846,81	47	18,02
4	(Gemessen im Jahre 1901.)	34,2	1 169,64	69	16,95
5		40,2	1 616,04	94	17,19
1	III. Consolidation III/IV.	38,0	1 444,00	33	43,75
2	(Nach Angaben der Firma	65,4	4 277,16	83	51,53
3	Schüchtermann & Kremer.)	76,8	5 898,24	112	52,66
4		93,2	8 686,24	169	51,39
1		33,3	1 108,89	15	73,92
2		39,0	1 521,00	25	60,84
3	IV. General Blumenthal.	54,0	2 916,00	50	58,32
4	(Nach Angaben der Zeche.)	65,1	4 238,01	80	52,97
5		83,4	6 955,56	125	55,64
6		98,4	9 682,56	170	56,95
1	V. Dannenbaum V.	30,9	954,81	106	9,01
2	(Nach Angaben der Firma	35,6	1 267,36	140	9,05
3	Schüchtermann & Kremer.)	39,9	1 592,01	176	9,04
4		45,9	2 106,81	238	8,85

Lfd. No.	Name der Zeche	V cbm	V²	h mm	$\frac{V^2}{h}$
1.	2.	3.	4.	5.	6.
1		37,7	1 421,29	21	67,67
2		43,0	1 849,00	28	66,03
3	VI. Shamrock I/II.	47,5	2 256,25	36	62,67
4	I. Versuch.	49,7	2 470,09	43	57,44
5	(Aus der Ministerial-Zeit-	51,4	2 641,96	45	58,71
6	schrift 1886, S. 234	58,5	3 422,25	59	58,00
7	Aufs. von Gräff.)	60,4	3 648,16	66	55,27
8		65,2	4 251,04	75	56,68
9		67,3	4 529,29	79	57,33
1		17,5	306,25	4	76,56
2		20,1	404,01	7	57,71
3	VII. Shamrock I/II.	23,1	533,61	12	44,46
4	II. Versuch.	25,2	635,04	15	42,33
5	(Aus der Ministerial-Zeit-	28,6	817,96	24	34,08
6	schrift 1890, S. 354 ff.	31,7	1 004,89	32	31,40
7	Aufs. v. Richter.)	34,3	1 176,49	40	29,41
8		36,2	1 310,44	47	27,88
9		38,0	1 444,00	55	26,25
10		39,7	1 576,09	62	25,42
1	VIII. Wilhelmine Victoria I.	18,5	342,25	8	42,78
2	(Aus der Ministerial-Zeit-	22,6	510,76	13	39,29
3	schrift 1890, S. 354 ff.	26,1	681,21	20	34,06
4	Aufs. v. Richter.)	27,9	778,41	25	31,13
5		28,4	806,56	26	31,02
1	IX. Kölner B. V. Scht. Carl.	32,0	1 024,00	42	24,4
2	(Nach Angabe der Zeche.)	38,8	1 494,44	59	25,3
3		43,8	1 918,44	82	23,4
1		40,0	1 600,00	— 10	—
2		55,9	3 124,80	— 1	—
3	X. Hibernia.	75,9	5 760,80	12	480,1
4	(Nach Angabe der Zeche.)	98,7	9 741,70	36	270,6
5		130,2	16 952,00	76	223,1

Die Versuche lassen erkennen, dass der Wert $\frac{V^2}{h}$ auf einer Grube sich häufig in demselben Sinne ändert, d. h. bei wachsender Luftmenge entweder andauernd zu- oder abnimmt. Die Unterschiede verlieren aber

14*

meist bei Vergrösserung des Wetterquantums an Bedeutung, und es kommt sogar mehrfach vor, dass der Wert $\frac{V^2}{h}$, der bei Versuchen mit geringen Wettermengen grosse Veränderlichkeit zeigte, bei stärkerer Leistung des Ventilators ziemlich konstant bleibt. Unter den aufgeführten Beispielen zeigt No. I bei Vermehrung der Wettermengen ein andauerndes Wachsen des Wertes $\frac{V^2}{h}$. Eine Erklärung für diese Erscheinung findet sich leicht in dem auf der Zeche Alma bestehenden entgegengesetzt gerichteten natürlichen Wetterzuge, welcher bewirkt, dass h im Verhältnis zu V^2 anfangs sehr gross erscheint, während dieser Einfluss später mehr und mehr verschwindet. No. II, IV, VI, VII, VIII und X weisen eine starke Abnahme des Wertes $\frac{V^2}{h}$ bei steigender Ventilatorleistung auf. In allen diesen Fällen mit Ausnahme von No. II ist der dem künstlichen gleich-gerichtete natürliche Wetterzug, welcher auf den betreffenden Zechen eine erhebliche Stärke besitzt, von Einfluss gewesen, indem für die ersten Beobachtungen V^2 gegenüber h verhältnismässig zu gross ausfiel. Bei Versuch No. II hingegen war ein natürlicher Wetterzug nicht vorhanden. Der Luftstrom hörte nach Stillsetzen des Ventilators vollständig auf, da die Temperatur über Tage bei Vornahme der Versuche erheblich höher war als diejenige der Grube (22,5 ^{0} C gegen 14 ^{0} im Wetterkanal). Diese Thatsache bietet zugleich eine Erklärung für die Abnahme des Wertes $\frac{V^2}{h}$. Die warme Luft über Tage wird durch den Ventilator in den ein-ziehenden Schacht gesaugt und vermag in denselben bis zu einer gewissen Tiefe einzudringen, bevor sie durch ihre Umgebung abgekühlt ist. Sie erzeugt in diesem Schachte einen Auftrieb, der dem künstlichen Wetter-zuge entgegenarbeitet und bewirkt, dass die Depression, die der Ventilator erzeugt, schneller zunehmen muss als das Quadrat der Wettermenge. Bei den Versuchen No. III, V und IX endlich ist die Veränderlichkeit des Ausdrucks $\frac{V^2}{h}$ für verschiedene Wettermengen verhältnismässig gering.

Trotz der grossen Abweichungen, welche die Tabelle für den Wert $\frac{V^2}{h}$ zeigt, beweisen die Versuche doch eine grosse Gesetzmässigkeit in dem Verhalten von Depression und Quadrat der Wettermenge, die sich leicht durch graphische Darstellung nachweisen lässt. Letztere ist auf Tafel VII in der Weise versucht worden, dass die Werte von V^2 als Abscissen und die zugehörigen Werte von h als Ordinaten nach beliebigem, aber für alle Versuche gleichmässigen Massstabe aufgetragen worden sind. Die erhaltenen Punkte bilden bei jeder Grube, wenn man von einigen Un-regelmässigkeiten, die durch Ungenauigkeit der Messungen bedingt sind,

Additional information of this book

(Die Entwickelung des Niederrheinisch-Westfälischen Steinkohlen-Bergbaues in der zweiten Hälfte des 19. Jahrhunderts; 978-3-642-98908-7; 978-3-642-98908-7_OSFO3)

is provided:

http://Extras.Springer.com

absieht, eine gerade Linie. In den Figuren 4, 6, 7 und 9 ist der wahrscheinliche Verlauf derselben punktiert.

Die gerade Linie schneidet die Abscissenachse bei allen Darstellungen auf einer Stelle A, die teils vor, teils hinter dem Null-Punkte des Koordinatensystemes liegt. Daraus folgt, dass die Depression nicht ohne weiteres dem Quadrate der beobachteten Wettermenge proportional ist, sondern dass letzteres zuvor um eine auf jeder Grube konstante Grösse, die Länge O—A, vermehrt oder vermindert werden muss. Diese Grösse entspricht dem Einfluss des natürlichen Wetterzuges. Die graphische Darstellung von Luftvolumen und Depression lässt also erkennen, ob ein solcher auf der Grube besteht, und welche Richtung er besitzt. Ist der natürliche Wetterzug $= 0$, so muss die durch Verbindung der einzelnen Punkte sich ergebende gerade Linie theoretisch durch den Null-Punkt des Koordinatensystems gehen. Bei dem Versuch No. II auf Zeche Ver. Hagenbeck, wo dieser Fall vorlag, wird das entsprechende Ergebnis in der Zeichnung nahezu erreicht. Bei gleichgerichtetem natürlichen Wetterzuge schneidet die gerade Linie die Abscissenachse vor dem Null-Punkte, weil bereits ein Wetterstrom durch den Wetterkanal auszieht, ohne dass eine Depression daselbst vorhanden ist. Diesen Fall zeigen die Versuche No. IV — X. Bei entgegengesetztem natürlichen Wetterzuge hingegen ist der bei der Depression 0 vorhandene Wetterstrom eine negative Grösse. Um diese aufzuheben, ist ein gewisser Pressungsunterschied erforderlich, der durch den Abschnitt der geraden Linie auf der Ordinatenachse gekennzeichnet wird. Auf diese Weise wird der auf Zeche Alma bestehende entgegengesetzte natürliche Wetterzug durch die bildliche Darstellung unter Figur 1 (auf Tafel VII) nachgewiesen, und auch bei den Versuchen unter No. III müssen ähnliche Verhältnisse vorgelegen haben.

Ebenso wie der Wert von $\frac{V^2}{h}$ lassen sich auch die Beziehungen zwischen V und n, sowie zwischen h und n^2 auf ihre Gesetzmässigkeit prüfen, wobei unter n die Zahl der Ventilatorumdrehungen in der Minute zu verstehen ist. Man gelangt dabei zu ähnlichen Resultaten. Auch ergiebt sich aus der graphischen Darstellung leicht, welche Bedeutung in jedem einzelnen Falle das Stück besitzt, welches durch die gerade Linie auf den Achsen des Koordinatensystems abgeschnitten wird.

Die in der Tabelle 52 auf Seite 210 aufgeführten Versuche scheinen geeignet zu sein, in Verbindung mit den Resultaten, welche von der oben erwähnten englischen Kommission neuerdings erzielt worden sind, die Richtigkeit des Proportionalitätsgesetzes zu bestätigen. Sie haben vor den Untersuchungen der französischen Kommission des Gard-Distriktes, auf die sich Murgue bei Aufstellung seiner Theorien stützte, den Vorzug, dass sie zum Teil mit sehr grossen Wettermengen und Depressionen aus-

geführt sind, während die Gard-Kommission nur mit äusserst geringen
Werten arbeitete. Sie beweisen also, dass diese Gesetze auch für grössere
Ventilatorleistungen Gültigkeit behalten. Trotzdem können die Untersuchungen dieser Frage noch nicht als abgeschlossen gelten. Es bleibt
noch übrig, manche Unregelmässigkeiten klarzustellen, die sich bei Bestimmungen des Wertes $\frac{V^2}{h}$ auf einzelnen Gruben ergeben haben. Auch
ist die Höhe der Pressungsunterschiede, die bei natürlichem Wetterzuge
vorhanden sind, durch direkte Versuche festzustellen und mit den durch
Berechnung oder durch graphische Darstellung gefundenen Werten zu vergleichen. Wenn ferner die dem natürlichen Wetterzuge entsprechende
Depression zu der im Wetterkanal gemessenen Depression hinzugefügt
wird, erhält man den ganzen durch Reibung in den Grubenbauen entstandenen Druckverlust, der zugleich der gesamten im Wetterkanal
gemessenen Wettermenge entspricht. Durch Vereinigung dieser beiden
Grössen zu dem Ausdruck $\frac{V^2}{h}$ gelangt man zu einem Wert, der lediglich
auf dem Widerstand der Grube beruht und daher, wenn das Proportionalitätsgesetz richtig ist, bei unveränderter Grube konstant sein muss, da er nicht
mehr von der Ventilatorgeschwindigkeit abhängt.

4. Die Grubenweite.

Für die Wetterversorgung eines Bergwerks ist eine genaue Kenntnis
des Zustandes der Grubenbaue und des Widerstandes, den sie dem Wetterstrome bieten, von grosser Wichtigkeit. Zur Beurteilung dieser Verhältnisse geht man allgemein von den Beziehungen zwischen dem
Quadrate der Wettermenge V einerseits und der Depression h andererseits
aus und setzt dabei voraus, dass das Verhältnis $\frac{V^2}{h}$ konstant bleibt, solange sich die Grubenbaue nicht verändern. Auf diesem Gesetz beruht
z. B. der von Guibal aufgestellte Begriff des »Temperaments« einer Grube,
wobei die zu untersuchende Grube mit einer »Normal-Grube« verglichen
wird, d. h. einer solchen, durch die bei 1 mm Depression ein Wetterquantum von 1 cbm je Sekunde hindurchzieht. Eine ähnliche Bedeutung
für den Vergleich der Gruben untereinander inbezug auf ihren Widerstand hat der von Devillez vorgeschlagene Begriff der »äquivalenten
Länge«. Ferner haben Rateau und neuerdings Petit besondere Massstäbe
zu diesem Zwecke vorgeschlagen, die sämtlich auf dem Proportionalitätsgesetz aufgebaut sind. Auch der von Murgue eingeführte Ausdruck der
»äquivalenten Ausflussöffnung«, welcher der Vorstellung am leichtesten
zugänglich ist und daher im Ruhrkohlenbecken wie in anderen Kohlen-
bezirken allgemeinen Eingang gefunden hat, beruht auf denselben Voraus-
setzungen.

Als äquivalente Oeffnung bezeichnet Murgue diejenige Oeffnung in dünner Wand, die in gegebener Zeit dasselbe Luftquantum durchströmen lässt wie die zu untersuchende Grube, wenn zwischen dem Saugkanal der Grube und der atmosphärischen Luft die gleichen Pressungsunterschiede vorhanden sind wie auf beiden Seiten der Wand. Da diese Oeffnung bei der Erzeugung eines Wetterstromes den Widerständen der Grube gleich zu setzen ist, wird sie häufig auch direkt als »Grubenweite« bezeichnet. Die Wettermenge, die durch eine Oeffnung in einer dünnen Wand in der Sekunde durchzieht, berechnet sich nach der Formel

$$V = k\, a \sqrt{2\, g\, h\, \frac{\gamma}{\delta}},$$

in der a die Grösse dieser Oeffnung in Quadratmetern, h die Manometerhöhe in Millimetern Wassersäule und g = 9,81 m die Erdacceleration bedeutet; γ und δ sind die spezifischen Gewichte des Wassers und der Luft, von denen ersteres 1000 beträgt, letzteres ohne Rücksicht auf die Dichtigkeit der Luft und die Temperaturunterschiede mit hinreichender Genauigkeit zu 1,2 angenommen werden kann; k ist ein Ausflusskoëfficient (Kontraktionskoëfficient), der durch besondere Versuche von Murgue zu 0,65 ermittelt worden ist. Aus dieser Formel erhält man für die Grösse der äquivalenten Oeffnung in dünner Wand den bekannten Ausdruck

$$a = 0{,}38\, \frac{V}{\sqrt{h}}.$$

Derselbe hängt lediglich von dem als konstant vorausgesetzten Quotienten aus dem Quadrate der Wettermenge und der Depression ab.

Wenn nun auch die äquivalente Oeffnung geeignet ist, die Grösse der Hindernisse zu veranschaulichen, die der Wetterstrom auf seinem Wege durch die Grubenbaue zu überwinden hat, so ist doch durch die Untersuchungen Rateaus und anderer festgestellt worden, dass die nach dieser Formel gefundene Grubenweite nicht unwesentlich von derjenigen Oeffnung in einer dünnen Wand abweicht, welche wirklich dieselbe Wettermenge hindurchlässt wie die Grube und demnach der von Murgue gegebenen Definition entsprechen würde. Die Grubenweite ist nach diesen Versuchen stets kleiner als die Oeffnung in einer dünnen Wand, und zwar soll das Verhältnis zwischen beiden Grössen je nach der in der künstlichen Oeffnung herrschenden Luftgeschwindigkeit zwischen 1,11 und 1,83 betragen. Wenn also z. B. auf einer Grube bei 100 mm Depression 6000 cbm Luft ausziehen und ihr demnach die Grubenweite 3,8 qm zukommt, so werden durch eine Oeffnung in dünner Wand von demselben Querschnitt, die durch einen Wetterkanal mit einem Ventilator in Verbindung steht, bei 100 mm Depression durchaus nicht 6000 cbm hindurchgehen, sondern erheblich weniger. Diese Erscheinung beruht nach den Versuchen mehrerer belgischer und französischer Ingenieure in der Hauptsache darauf, dass der Kontraktionskoëfficient k für eine Oeffnung in dünner Wand keine absolute Grösse ist, sondern sich je nach der in dem Anschlusskanal herrschenden Depression verändert, und dass namentlich auch die Art, wie der Kanal an die Oeffnung in dünner Wand angeschlossen ist, auf die Pressungsverhältnisse in demselben von Einfluss ist.*) Wenn mithin auch ein Vergleich nach der Murgueschen Methode zwischen den Widerständen einer Grube und der in einer dünnen Wand hergestellten Oeffnung keine richtigen Resultate liefert, und demnach Versuche, die mit Ventilatoren über Tage an einer solchen Oeffnung vorgenommen werden, kein sicheres Urteil über deren Leistungen auf einer gleichweiten Grube gestatten, so ist doch die Murguesche Formel zum Gebrauch in der Praxis wohl geeignet, solange sie dazu dient, Veränderungen in den Widerstandsverhältnissen einer und derselben Grube nachzuweisen, und den Einfluss der in ihrer Weite und Länge stets wechselnden Grubenbaue auf die Wetterversorgung zu kontrollieren. Denn bei diesen Versuchen bestehen gleiche Fehlerquellen, welche das Resultat in gleichem Sinne beeinflussen. Aber auch zu einem Vergleich der Gruben unter einander kann die nach der Formel $a = 0{,}38 \dfrac{V}{\sqrt{h}}$ berechnete äquivalente Oeffnung dienen, wenn sie nur als ein relativer Vergleichswert für die Hindernisse betrachtet wird, die der Wetterstrom auf seinem Wege durch die Grubenbaue zu überwinden hat, und die in jeder Grube durch das Verhältnis zwischen dem Quadrate der Wettermenge und der Depression gekennzeichnet werden.

Murgue unterschied bei Untersuchung der Wettersysteme nach seiner Methode zwischen weiten, mittleren und engen Gruben. Er bezeichnete als eng diejenigen Wettersysteme, deren Grubenweite merklich kleiner, und als weit solche, deren Grubenweite grösser als 1 qm war, während Gruben von ungefähr 1 qm Weite als mittlere angesehen wurden. Später wurde die Bezeichnung »mittlere Grube« auf alle diejenigen ausgedehnt, deren Grubenweite zwischen 1 und 2 qm liegt.

Die ersten Angaben über die Grubenweite auf den Zechen des Ruhrkohlenbeckens finden sich in den Anlagen zum Hauptbericht der Preussischen Schlagwetter-Kommission.

Zwar hat sich die Lokalabteilung Dortmund bei ihren Untersuchungen noch nicht mit der Feststellung der Grubenweiten auf den von ihr befahrenen Zechen befasst, dafür sind aber durch die Ventilator-Unterkommission die äquivalenten Oeffnungen für 69 westfälische Gruben berechnet worden. Ausserdem lassen sich die Grubenweiten für einige andere Bergwerke aus der in Bd. V der Anlagen zum Hauptbericht der Schlagwetter-

---

*) Essai des ventilateurs, v. Hanappe. Revue universelle des mines etc. 1898, Bd. 44.

Kommission enthaltenen Statistik der Ventilationseinrichtungen feststellen. Auf diese Weise erhält man für das Jahr 1883 die Grubenweiten von 84 Wettersystemen, und es ergiebt sich folgendes Bild:

Grubenweite	Anzahl der Gruben	Prozentsatz:
unter 0,5 qm	7	8,3
von 0,5—1,0 »	34	40,5
» 1,0—1,5 »	27	32,1
» 1,5—2,0 »	15	17,9
über 2,0 »	1	1,2
Sa. 84		100 %.

Der Durchschnitt beträgt 1,06 qm. Die Zahlen lassen erkennen, wie gross die Widerstände waren, welche die Wetterströme zur damaligen Zeit auf ihrem Wege durch die Grubenbaue zu überwinden hatten. Fast die Hälfte aller Zechen gehörte zu den engen Gruben nach der Murgueschen Bezeichnung. Nur eine einzige Schachtanlage Neu-Iserlohn Schacht I besass mit 2,43 qm eine äquivalente Oeffnung von mehr als 2 qm. Die Zusammenstellung umfasst sämtliche Zechen, die im Jahre 1883 im Ruhrkohlenbezirk mit einem Ventilator ausgerüstet waren, die also damals in Bezug auf Wetterversorgung am weitesten fortgeschritten waren. In zahlreichen kleinen Betrieben mit natürlichem Wetterzuge herrschten wahrscheinlich noch viel ungünstigere Verhältnisse.

Bei einer Ermittelung im Jahre 1898, die sich auf sämtliche Gruben des Oberbergamtsbezirks bezog, ergab sich aus den Angaben der Zechenverwaltungen ein wesentlich besseres Bild. Die Untersuchung erstreckte sich auf 209 in Betrieb befindliche Schachtanlagen. Von diesen dienten sieben nur zum Einziehen des Wetterstromes, bildeten also kein Wettersystem für sich. 20 Anlagen arbeiteten mit Wetteröfen oder natürlichem Wetterzuge, sodass ihre Grubenweite nicht ermittelt werden konnte. Es bleiben also 182 Anlagen übrig, von denen 11 je zwei und 2, nämlich Maria Anna u. Steinbank und Bommerbänker Tiefbau, je drei selbständige Wettersysteme besassen. Es ergeben sich also für das Jahr 1898 im ganzen 197 Angaben über äquivalente Oeffnungen, welche sich folgendermassen verteilen: Es besassen eine Grubenweite

unter 0,5 qm:	7 Wettersysteme	oder		3,6 %
von 0,5—1,0 »	36	»	»	18,2 %
» 1,0—1,5 »	58	»	»	29,4 %
» 1,5—2,0 »	49	»	»	24,9 %
» 2,0—2,5 »	31	»	»	15,7 %
» 2,5—3,0 »	7	»	»	3,6 %
über 3,0 »	9	»	»	4,6 %
Sa. 197		»	»	100 %

Folgende Zechen besassen eine Grubenweite von mehr als 3 qm:

Gneisenau	3,02 qm
Consolidation III/IV	3,04 »
Mansfeld Scht. Colonia	3,14 »
General Blumenthal	3,22 »
Centrum I/III	3,31 »
Monopol Scht. Grimberg . . .	3,57 »
Shamrock III/IV	3,57 »
Shamrock I/II	4,34 »
Hibernia	5,12 »

Unter den sieben Wettersystemen von weniger als 0,5 qm Weite bildeten nur zwei eine selbständige Bergwerksanlage, nämlich die Zeche Herzkämper Mulde mit 0,49 qm und die Zeche Berneck mit 0,41 qm. In den übrigen Fällen handelt es sich um kleine Wetterströme, welche einen Teil des Grubenfeldes selbständig bewetterten und sodann getrennt von dem Hauptwetterstrome auszogen.

Als Durchschnitt ergiebt sich für die im Jahre 1898 untersuchten 197 Wettersysteme eine Grubenweite von 1,56 qm und somit seit dem Jahre 1883 eine Steigerung um etwa 50 %. Der Prozentsatz der engen Gruben war von 48,8 auf 21,8 % gefallen und derjenige der weiten Gruben von 1,2 auf 23,9 % gestiegen.

Von Interesse ist es, für das Jahr 1898 die Grubenweiten auf denselben Gruben zu berechnen, auf die sich die Angaben aus den Anlagen zum Schlagwetterkommissionsbericht bezogen. Da auf zwei Schächten der Betrieb inzwischen eingestellt worden ist, bleiben 82 Wettersysteme übrig, die in folgende Zusammenstellung aufgenommen sind:

Grubenweiten	Anzahl der Gruben	Prozentsatz:
unter 0,5 qm	—	—
0,5—1,0 »	10	12,2
1,0—1,5 »	28	34,1
1,5—2,0 »	28	34,2
2,0—2,5 »	12	14,6
2,5—3,0 »	3	3,7
über 3,0 »	1	1,2
Summa	82	100 %

Gruben unter 0,5 qm waren nicht mehr vorhanden, und der Prozentsatz der engen Gruben war von 48,8 auf 12,2 % zurückgegangen. Auch waren weite Gruben mit mehr als 2,0 qm Grubenweite keine Seltenheit mehr, ihre Anzahl betrug bereits 16 = 19,5 %, unter denen die Zeche General Blumenthal mit 3,22 qm an der Spitze stand. Im Durchschnitt betrug die äquivalente Oeffnung 1,69 qm, war also gegen das Jahr 1883 um 0,63 qm oder etwa 60 %/₀ gestiegen. Es zeigt sich aus allen diesen Zahlen, dass die Zechen, die bereits seit langen Jahren künstliche Ventilation zur Anwendung brachten, sehr eifrig an der Erweiterung ihrer Grubengebäude gearbeitet haben. Sie übertrafen in Bezug auf äquivalente Oeffnung den allgemeinen Durchschnitt, der auch zahlreiche Neuanlagen einschliesst, obwohl bei letzteren die Herstellung einer grossen Grubenweite naturgemäss viel weniger Schwierigkeiten begegnen musste, da man von Anfang an auf die Verkürzung der Wetterwege durch Teilung der Wetterströme und auf die Erzielung grosser Streckenquerschnitte bedacht sein konnte.

Auch die Wetterwirtschaftsübersicht des Königlichen Oberbergamts zu Dortmund für das zweite Halbjahr 1900 giebt Mitteilungen über die Grubenweiten der westfälischen Zechen. Im ganzen werden 212 Zechen aufgezählt; bei 23 derselben ist die äquivalente Oeffnung nicht bestimmt worden, teils weil es sich um Anlagen handelte, die sich in der ersten Entwickelung befanden, teils weil auf denselben nur der natürliche Wetterzug zur Wetterversorgung benutzt wurde. Drei weitere, im Betrieb zwar selbständige Zechen bilden mit einer zweiten Grube ein zusammenhängendes Wettersystem. Es bleiben also 212 — 26 = 186 Anlagen übrig, auf denen die Grubenweite bestimmt werden konnte. Von diesen besitzen wieder 20 Zechen je zwei und 4 Zechen, nämlich Graf Bismarck, Ver. Bommerbänker Tiefbau, Ver. Maria Anna und Steinbank und Ver. Hagenbeck je drei gesonderte Wetterströme, sodass insgesamt 214 Angaben über äquivalente Oeffnungen vorliegen. Dieselben verteilen sich folgendermassen:

Grubenweiten	Anzahl der Gruben	Prozentsatz
unter 0,5 qm	10	4,7
von 0,5—1,0 »	38	17,8
» 1,0—1,5 »	64	29,9
» 1,5—2,0 »	51	23,8
» 2,0—2,5 »	31	14,5
» 2,5—3,0 »	14	6,5
über 3,0 »	6	2,8
Sa.	214	100 %/₀

Die durchschnittliche Grubenweite betrug bei diesen 214 Wettersystemen 1,54 qm, war also nahezu dieselbe wie im Jahre 1898. Ein Fortschritt ist demnach auf diesem Gebiet in den letzten zwei Jahren nicht mehr zu verzeichnen. Die günstigen Absatzverhältnisse in der Kohlenindustrie und der damit zusammenhängende intensive Abbau auf allen Gruben, der zu einer erheblichen Vermehrung der Betriebspunkte führte, dürften eine Erklärung für diesen zeitweiligen Stillstand bieten.

Die geringste Grubenweite, nämlich 0,19 qm, besass die Zeche Zollverein VI, die noch in der ersten Entwicklung stand. Ausserdem wurde weniger als 0,5 qm Grubenweite auf folgenden Zechen festgestellt:

Ver. Engelsburg	0,32 qm
Ver. Bommerbänker Tiefbau (I. Wettersystem)	0,33 »
Ver. Bickefeld Tiefbau	0,37 »
Ver. Bommerbänker Tiefbau (II. Wettersystem)	0,38 »
Dorstfeld II	0,43 »
Mansfeld, Schacht Urbanus	0,43 »
Ver. Wiesche	0,43 »
Stock u. Scherenberg, Schacht Hövel	0,44 »
Richradt	0,45 »

Meist handelte es sich hier um einen kleineren selbständigen Wetterstrom, der von dem Hauptstrome abgezweigt war, um einen Teil der Grubenbaue zu bewettern. In anderen Fällen bestand wenigstens eine Verbindung mit einem zweiten Wettersystem von grösserer Weite. Nur auf Zeche Richradt stand die Betriebsanlage mit der kleinen äquivalenten Oeffnung für sich allein da. Die höchsten Grubenweiten fanden sich auf folgenden Zechen:

Hibernia	4,66 qm
Shamrock I/II	3,66 »
Monopol, Sch. Grimberg	3,45 »
Neumühl	3,42 »
Shamrock III/IV	3,39 »
Consolidation III/IV	3,12 »

Die Zunahme der Grubenweiten seit den Untersuchungen der Schlagwetterkommission gab in Verbindung mit der Aufstellung leistungsfähiger Ventilatoren den Zechen die Möglichkeit, ihre Wettermengen in dem Masse zu vermehren, als dies infolge Ausdehnung der Baue, Zunahme der Teufe und Steigerung der Schlagwetterentwickelung notwendig wurde. Solange aber eine Erweiterung der Grube, sei es durch Vergrösserung der Streckenquerschnitte oder durch Teilung des Wetterstromes in Hinsicht auf die Betriebsverhältnisse möglich ist, bietet sie ein viel zweckmässigeres Mittel zur Vermehrung des Wetterquantums als die Verstärkung der Ventilatoranlage. Denn abgesehen von den Nachteilen und Gefahren, welche die durch kräftige Wettermaschinen in engen Grubenbauen erzeugten grossen Luftgeschwindigkeiten und Pressungsunterschiede mit sich bringen, nimmt der Kraftbedarf der Ventilatoren bei Steigerung ihrer Leistung unverhältnismässig schneller zu als die dadurch erzielte Wettervermehrung, nämlich in der dritten Potenz der letzteren. Durch die Bergpolizei-Verordnung vom Jahre 1887/88 war vorgeschrieben, dass der vorgesehene Mindestbedarf an frischen Wettern jederzeit um 25 % verstärkt werden konnte. Um diese geringe Mehrleistung zu erzielen, war bereits eine Steigerung des maschinellen Kraftverbrauchs um etwa 100 %, d. h. auf das Doppelte der normalen Arbeitsleistung, erforderlich. Um aber eine Verdoppelung der Wettermenge zu erreichen, würde der Kraftaufwand des Ventilators sogar auf das Achtfache gesteigert werden müssen.

Die Erklärung für diese Erscheinung liegt in dem Proportionalitätsgesetz, nach welchem die Depression bei unveränderter Grubenweite stärker wachsen muss als die Wettermenge. Sie nimmt z. B. bei Verdoppelung der Wettermenge den vierfachen Wert an: $\left(\dfrac{V^2}{h} = \dfrac{(2\,V)^2}{4\,h}\right)$. Da nun die Arbeitsleistung eines Ventilators durch das Produkt aus Wettermenge und Depression ausgedrückt wird ($L = V \cdot h$), so erhält man bei Verdoppelung des Wetterquantums das Achtfache der ursprünglichen Arbeitsgrösse ($L_1 = 2\,V.\ 4\,h = 8\,Vh = 8\,L$).

Ganz anders verhält sich die Steigerung der Wettermenge bei Abnahme der Widerstände in der Grube. In demselben Masse, in welchem man die Streckenquerschnitte erweitert oder die Wetterwege verkürzt, tritt nämlich auch eine Verminderung der Reibungsverluste ein, die der Grubenweite umgekehrt proportional sind. Es vermehrt sich demnach auch die Wettermenge im geraden Verhältnis zur äquivalenten Oeffnung. Daraus folgt, dass es, solange keine technischen Schwierigkeiten vorliegen, zweckmässiger ist auf eine Verbesserung der Wetterversorgung durch Erweiterung der Grube statt durch Verstärkung des Ventilators hinzuarbeiten, zumal die Leitung der Wetterströme im Innern der Grube dadurch ebenfalls wesentlich erleichtert wird.

Ein typisches Beispiel für die Erfolge, welche in dieser Beziehung zu erzielen sind, bietet die Zeche Hibernia*), die nach der obigen Zusammenstellung weitaus die höchste Grubenweite im Ruhrkohlenbezirk besitzt. Die Zeche war früher mit einem unterirdischen Geisler-Ventilator von 2400—2500 cbm Leistungsfähigkeit ausgerüstet und ihre äquivalente Oeffnung betrug 1,90 qm.

Infolge starken Auftretens von Schlagwettern sah sich die Direktion der Bergwerksgesellschaft Hibernia im Jahre 1891 gezwungen, eine wesentlich grössere Menge frischer Wetter einzuführen, und zwar berechnete sie das erforderliche Wetterquantum auf etwa 5000 cbm je Minute. Da aber bei dem erheblichen Schlagwettergehalt der Wetterströme allzugrosse Wettergeschwindigkeiten wegen der Gefahr des Durchschlagens der Sicherheitslampen vermieden werden mussten, war man darauf angewiesen, die Grubenbaue systematisch zu erweitern. Zu diesem

---

*) Behrens, Beiträge zur Schlagwetterfrage, Glückauf 1896, S. 517 ff.

Zwecke wurde zunächst ein neuer ausziehender Wetterschacht (Schacht III) von 5 m Durchmesser abgeteuft, auf dem über Tage ein neuer Ventilator Aufstellung fand. Der bis dahin ausziehende Schacht II wurde dagegen neben Schacht I zum Einziehen des Wetterstromes verwandt.

Sodann wurde auf eine Erweiterung der Streckenquerschnitte und insbesondere auf eine Erweiterung und Vermehrung der ausziehenden Wetterwege Bedacht genommen. Letzteres wurde hauptsächlich dadurch erreicht, dass für den Betrieb in dem flachgelagerten Teile der Fettkohlenpartie, der sich durch besonderen Schlagwetterreichtum auszeichnete, selbständige, von dem übrigen Grubengebäude getrennte Wetterabteilungen eingerichtet wurden. Es wurde nämlich für die Baue über der 9. und 10. Bausohle je ein besonderer Wetterquerschlag von grossen Dimensionen getrieben, der 10 m unter dem einziehenden Förderquerschlag der nächsthöheren Sohlen lag. Durch diese Wetterquerschläge wurden die verbrauchten Wetter der gefährlichsten Bauabteilungen direkt zum Wetterschacht abgeführt, ohne dass sie mit den einziehenden Wetterströmen für die oberen Sohlen in Berührung kamen. Endlich wurde in den Fettkohlenflötzen ein schwebender Stossbau eingeführt, der sich durch grosse Oeffnungen für die Wetterwege auszeichnet. Infolge dieser Anordnungen und Neuanlagen gelang es, die Wettermenge, welche am 11. Mai 1891 noch zu 2454 cbm in der Minute gemessen worden war, bis zum November 1893 auf über 6000 cbm zu erhöhen. Die äquivalente Oeffnung, die zur Zeit des Betriebes des unterirdischen Ventilators 1,9 qm betragen hatte, war bis dahin auf 3,8 qm gewachsen. Sie stieg indessen mit dem Fortschritt der Erweiterungsarbeiten in der Grube und beim Durchschlag der neu aufgefahrenen Wetterquerschläge mit dem Wetterschachte stufenweise bis auf 5,79 qm bezw. 6,02 qm im Februar des Jahres 1896. Da das Wetterquantum seit dem Jahre 1893 durch Regulierung des Ventilators auf annähernd gleicher Höhe gehalten wurde, war mit der Zunahme der Grubenweite selbstverständlich eine Abnahme der Depression verbunden. Dieselbe ging im Verlaufe von etwa $2^1/_4$ Jahren von 112 mm auf 45 mm Wassersäule zurück, wobei die Tourenzahl des Ventilators von 170 auf 140 vermindert wurde. Daraus ergiebt sich eine Ersparung an maschineller Kraft, die lediglich als Verdienst der Erweiterung der Grube anzusehen ist. Während nämlich das Durchführen eines Wetterquantums von 6238 cbm durch die 3,61 qm weite Grube im Jahre 1893 einen Aufwand von 209,36 indizierten Pferdekräften erforderte, war es bei der auf 5,79 qm erweiterten Grube möglich, dieselbe Leistung mit 181,1 indizierten Pferdekräften zu erzielen. Die Erweiterung der Grube bedeutete demnach eine laufende Ersparnis von 28,26 indizierten Pferden, die neben der hervorragenden Leistungsfähigkeit, welche die Bewetterungseinrichtungen der Grube nunmehr besitzen, recht beachtenswert ist.

Da die Grubenweite sowohl von der durch den Ventilator angesaugten Wettermenge, wie von der Depression abhängt, wirken auch alle diejenigen Umstände auf sie ein, die ausser den Widerständen in der Grube selbst die Leistung des Ventilators beeinflussen, z. B. der Barometerstand und die Temperaturverhältnisse. Die Stärke dieser Einflüsse dürfte jedoch nur schwer durch praktische Versuche festzustellen sein, da sich die Beobachtungen naturgemäss über einen längeren Zeitraum erstrecken müssen, in welchem die Fortschritte des Betriebes und sonstige Veränderungen der Grubenbaue in einer Weise auf die äquivalente Oeffnung einwirken, die sich jeder Schätzung entzieht, aber jedenfalls viel intensiver ist, als die durch meteorologische Schwankungen hervorgerufenen Abweichungen. Versuche auf den Zechen Wilhelmine Victoria I und Hibernia, bei denen die Temperaturunterschiede bis zu 16° C und die Luftdruckunterschiede bis zu 26 mm betrugen, liessen jedenfalls keine bestimmten Schlüsse zu, obwohl die Veränderungen in der Grubenweite bei gleichbleibender Tourenzahl des Ventilators ungefähr 12 % des niedrigsten Wertes erreichten.

Von besonderer Wichtigkeit für die Berechnung der Grubenweite ist aber Richtung und Stärke des natürlichen Wetterzuges, da derselbe ebenso wie auf das Verhältnis zwischen dem Quadrat der Wettermenge und der Depression $\frac{V^2}{h}$ auch auf die nach der Murgueschen Formel ermittelte äquivalente Oeffnung $a = 0{,}38 \, \frac{V}{\sqrt{h}}$ verändernd einwirkt. Bei einem natürlichen Wetterzuge, der dieselbe Richtung hat wie der Ventilatorstrom, wird also die Grubenweite zu gross ausfallen im Vergleich zu den Widerständen, welche die Grube bietet, und zwar wird dieser Fehler um so stärker sein, je langsamer der Ventilator läuft. So ergab sich z. B. auf Zeche Hibernia:

bei 75 Touren der Antriebsmaschine 6,12 qm Grubenweite
» 112 » » » 5,51 » »
» 150 » » » 5,31 » »

Dagegen wird sich bei einem natürlichen Wetterzuge von entgegengesetzter Richtung die umgekehrte Erscheinung ergeben, wie dies die Versuche auf dem Wetterschacht II der Zeche Alma zeigen:

Bei 31 Touren der Antriebsmaschine betrug die Grubenweite 1,40 qm
» 41 » » » » » » 1,74 »
» 51 » » » » » » 1,97 »
» 61,5 » » » » » » 2,19 »
» 71,5 » » » » » » 2,24 »

Auch hier vermindern sich die Fehler bei schnellerem Gange des Ventilators.

Die Unterschiede in den berechneten Werten sind von solcher Bedeutung, dass man die Grubenweite auf vielen Gruben nicht als eine konstante, d. h. von dem Gange des Ventilators unabhängige Grösse ansehen kann, wenn nicht der Einfluss des natürlichen Wetterzuges ausgeschieden wird. Namentlich in einem Falle werden aber die Zechen sehr häufig in die Lage versetzt, auf den Widerstand der Grube einschliesslich der Einwirkung des natürlichen Wetterzuges Rücksicht nehmen zu müssen, wenn es sich nämlich darum handelt, die Wetterversorgung des Bergwerks durch Aufstellung eines neuen, stärkeren Ventilators zu verbessern. Da die äquivalente Oeffnung stets die Grundlage für die Konstruktion und die Dimensionen des Ventilators bildet, werden unrichtige Angaben über dieselbe einen nachteiligen Einfluss auf die Leistungen und den Wirkungsgrad des Ventilators ausüben. Infolge der Veränderlichkeit der äquivalenten Oeffnung wird man finden, dass ein neuer Ventilator mit anderer Leistung, der auf Grund älterer Berechnungen der Grubenweite gebaut worden ist, der Grube in keiner Weise angepasst ist.

Die graphische Darstellung des Ausdrucks $\frac{V^2}{h}$, die bei Besprechung des Proportionalitätsgesetzes gegeben worden ist (Tafel VII), dürfte ein geeignetes Mittel sein, um diese Nachteile zu vermeiden. Sobald nämlich die Richtung der geraden Linie, die man erhält, wenn man die Werte von V^2 als Abscissen und die Werte von h als Ordinaten auf ein Koordinatensystem aufträgt, auf einer Grube durch eine Anzahl Versuche mit genügender Sicherheit festgelegt ist, kann man durch Verlängerung der Linie auch für grössere Werte von V^2, als bis dahin auf der Grube in Gebrauch waren, die zugehörige Depression h ermitteln. Die Veränderlichkeit, die in der äquivalenten Oeffnung durch den natürlichen Wetterzug hervorgerufen wird, findet dadurch von selbst ihre Berücksichtigung und manche Enttäuschungen, die bei Inbetriebnahme eines neuen Ventilators aus diesem Grunde vorkommen, dürften vermieden werden.

IV. Wirkungsgrad und Durchgangsöffnung der Ventilatoren.

1. Der manometrische Wirkungsgrad.

Wie die Grubenweite dazu dienen soll, um auf einfache Weise die Widerstände im Innern des Bergwerks zu ermitteln, bieten zwei weitere von Murgue aufgestellte Begriffe ein Mittel, um die Güte und Leistungen der Ventilatoren jederzeit prüfen zu können. Es sind dies: »der manometrische Wirkungsgrad« und die »Durchgangsöffnung» der Ventilatoren. Der manometrische Wirkungsgrad eines Ventilators ist das Verhältnis $\frac{h}{H}$ zwischen der von ihm thatsächlich erzeugten und der theoretischen, d. h. derjenigen Depression, die der Ventilator bei derselben Umdrehungsgeschwindigkeit und bei Fortfall aller Unvollkommenheiten der Konstruktion leisten müsste. Da die beobachtete Depression h nicht nur von dem Ventilatorsystem an sich, sondern in erster Linie von der Weite der Grube abhängt, so hat Murgue, um den Begriff genau zu präzisieren, seinem manometrischen Wirkungsgrade die höchste Depression zu Grunde gelegt, die mit dem zu untersuchenden Ventilator ohne Aenderung seiner Geschwindigkeit in der Praxis erzielt werden kann. Sie ergiebt sich dann, wenn man den Ventilator aus einem hinten abgeschlossenen Wetterkanale saugen lässt. Eine Luftströmung findet in diesem Falle nicht statt; alle durch die Reibung der Luft bedingten Pressungsverluste fallen daher fort. Die dabei beobachtete Depression wird als anfängliche oder Initialdepression bezeichnet. Wenn man nun den Kanal allmählich öffnet, wird die Luft in zunehmendem Masse aus der Grube in den Ventilator strömen. Zugleich wird die Wassersäule des Manometers sinken, weil die Kraft der Wettermaschine nicht mehr völlig zur Erzeugung von Pressungsunterschieden dient, sondern zum Teil durch die Reibung des Luftstromes in den Ventilatorkanälen aufgebraucht wird. Würde man schliesslich den Ventilator direkt aus der freien Luft ansaugen lassen, so würde er überhaupt keine Depression hervorbringen, sondern seine Arbeit würde lediglich auf die Ueberwindung von Reibungshindernissen verwendet werden.

Da die Ermittlung der anfänglichen Depression unter Abschluss des Wetterkanals auf den Gruben meist nicht ausführbar ist, pflegt man allgemein die gewöhnliche, bei offener Grube ermittelte Depression zur Berechnung des manometrischen Wirkungsgrades zu benutzen. Man erhält dadurch einen Wert, der stets zu klein ist, und somit einen Fehler, der um so grösser wird, je grösser die äquivalente Oeffnung der Grube ist.

Die theoretische Depression H andererseits ist nach der Berechnung von Murgue für einen vollkommenen Centrifugal-Ventilator gleich $\frac{u^2}{g}$, als Luftsäule gemessen, worin u die Umfangsgeschwindigkeit des Flügelrades und g die Erdacceleration bedeutet. In dieser Formel hat g für jeden Ventilator einen konstanten Wert, während u und damit die ganze theoretische Depression H allein von der Tourenzahl n des Flügelrades abhängt. Da ferner das Verhältnis zwischen n und der beobachteten Depression h nach dem Proportionalitätsgesetz für alle Werte von n konstant sein soll, folgt weiter, dass der manometrische Wirkungsgrad $\frac{h}{H}$ bei Veränderungen in dem Gange des Ventilators denselben Wert behalten muss. Im Gegen-

satz zur Grubenweite lässt sich diese Thatsache auch bei gewöhnlichen
Versuchen feststellen, da weder die Umdrehungszahl noch die Depression
durch den natürlichen Wetterzug beeinflusst werden.

Bei der Berechnung ist übrigens zu beachten, dass auch h als Luftsäule
eingesetzt werden muss. Daher ist die an dem Wassermanometer in Millimetern abgelesene Grösse durch das spezifische Gewicht der Luft $\gamma = 1,2$
zu dividieren, um die Höhe der Luftsäule in Metern zu erhalten. Die in
der Praxis übliche Formel für den manometrischen Wirkungsgrad ist daher:

$$k = \frac{gh}{\gamma \, u^2} \cdot$$

Voraussetzung für die nach der Formel $H = \frac{u^2}{g}$ berechnete theoretische Depression ist, dass Effektverluste irgend welcher Art beim Betriebe
nicht vorkommen, und dass z. B. auch die lebendige Kraft, welche die
Luft beim Austritt aus dem Flügelrade besitzt, durch einen Diffusor vollständig zurückgewonnen wird. Da diese Bedingungen je nach der Konstruktion des Ventilators in mehr oder weniger starkem Masse nicht erfüllt sind — z. B. lassen sich Reibungsverluste in den Achsenlagern nicht

vermeiden —, so ergiebt sich, dass der manometrische Wirkungsgrad $\frac{h}{H}$

stets kleiner als 1 sein muss, selbst wenn man für h die in einem geschlossenen Kanal erzeugte anfängliche Depression einsetzen würde. Dies
muss natürlich um so mehr der Fall sein, da statt dessen allgemein die
von der äquivalenten Oeffnung abhängige, bei offener Grube beobachtete
Depression dem manometrischen Wirkungsgrade zu Grunde gelegt wird.

Trotzdem haben zuverlässige Versuche für einzelne Ventilatorkonstruktionen einen höheren manometrischen Wirkungsgrad als 1 ergeben*)
und bei anderen Beobachtungen ist dieser Wert annähernd erreicht worden,
sodass bei Berücksichtigung der durch den Betrieb bedingten Kraftverluste
ein anscheinend unmögliches Resultat erzielt wurde.

Diese Erscheinung beruht darauf, dass die Formel $H = \frac{u^2}{g}$ für alle Ventilatorsysteme angewandt wird, während sie nur für Ventilatoren mit radial
auslaufenden Flügeln Gültigkeit besitzt. Murgue ging nämlich von der
irrtümlichen Ansicht aus, dass bei dieser Konstruktion, die u. a. bei den
Geisler-Ventilatoren vorkommt, die theoretische Depression den höchsten
Wert erreiche.**) Er schloss dies aus einer von ihm selbst aufgestellten
allgemeinen Formel

$$H = \frac{u^2}{g} - \frac{u \, v_2 \cos \alpha}{g} - \frac{w^2}{2\,g},$$

---

*) Bulletin de la société de l'industrie minérale 1892, S. 96.
**) Murgue, über Grubenventilatoren. (Deutsch bearbeitet von v. Hauer) S. 25.

die für jede Krümmung der Flügel Geltung hat, und in der v_2 die relative Austrittsgeschwindigkeit der Luft aus den Flügelkanälen, w die Luftgeschwindigkeit beim Austritt aus dem Diffusor und α den Winkel zwischen den äusseren Flügelenden und der an die Peripherie des Rades gelegten zugehörigen Tangente bedeutet. Dabei nahm er an, dass man aus dieser Formel den grössten mathematischen Wert für die theoretische Depression H erhalten würde, wenn $\alpha = 90°$ wird, weil dann $\cos \alpha = 0$ wird und das mittlere negative Glied des Ausdrucks verschwindet. Thatsächlich wird aber H am grössten, wenn α grösser als 90° ist, da dann $\cos \alpha$ negativ und der mittlere Ausdruck $-\dfrac{u\,v_2\,(-\cos \alpha)}{g}$ positiv wird. Bei Ventilatoren mit nach vorne gekrümmten Flügeln bilden aber die Flügelenden mit der an den Radumfang gelegten Tangente einen stumpfen Winkel. Demnach wird bei ihnen $\alpha > 90°$, das zweite Glied muss in obiger Formel addiert werden und die theoretische Depression erhält einen grösseren Wert als $\dfrac{u^2}{g}$. Dadurch ist aber die Möglichkeit gegeben, dass in der Praxis auch die wirklich beobachtete Depression grösser als $\dfrac{u^2}{g}$ und damit zugleich der auf den Wert $\dfrac{u^2}{g}$ bezogene manometrische Wirkungsgrad grösser als 1 wird, vorausgesetzt, dass nicht eine schlechte Ventilatorkonstruktion und eine allzu grosse Grubenweite dies verhindern. Umgekehrt wird mit rückwärts gebogenen Ventilatorflügeln ein ungünstiger manometrischer Wirkungsgrad erzielt werden, weil bei ihnen der Winkel $\alpha < 90°$ ist. Daher müsste hier eigentlich die theoretische Depression um die negative Grösse $\dfrac{u v_2 \cos \alpha}{g}$ vermindert werden, während der manometrische Wirkungsgrad in der Praxis doch so berechnet wird, dass für H der Wert $\dfrac{u^2}{g}$ gesetzt wird.

Zu demselben Ergebnis kommt man durch geometrische Konstruktion. In Figur 19 sind die absoluten Austrittsgeschwindigkeiten c, c_1 u. c_2 dargestellt worden, die sich für radial stehende bezw. für vorwärts und rückwärts gekrümmte Flügel ergeben, wenn die Umfangsgeschwindigkeiten u und die relativen Austrittsgeschwindigkeiten längs der Flügel v in allen drei Fällen gleich sind. Es ist aus der Zeichnung leicht ersichtlich, dass $c_1 > c > c_2$ ist. Bei sonst gleichen Verhältnissen ist aber die absolute Austrittsgeschwindigkeit der Luft für die erzeugte Depression massgebend, da letztere natürlich um so höher steigen wird, je schneller sich die zuströmende Luft aus dem Depressionsraume entfernt. Es zeigt sich also auch hieraus der Vorteil, den die nach vorwärts gekrümmten Flügel zur Erzielung einer hohen Depression bieten. Allerdings darf die Neigung der Flügel nach vorwärts

nicht übertrieben werden, da mit ihr die Reibung der Luft in den Flügelkanälen wächst, und die dadurch entstehenden Kraftverluste schliesslich
den Vorteil der grösseren Austrittsgeschwindigkeit aufheben können.

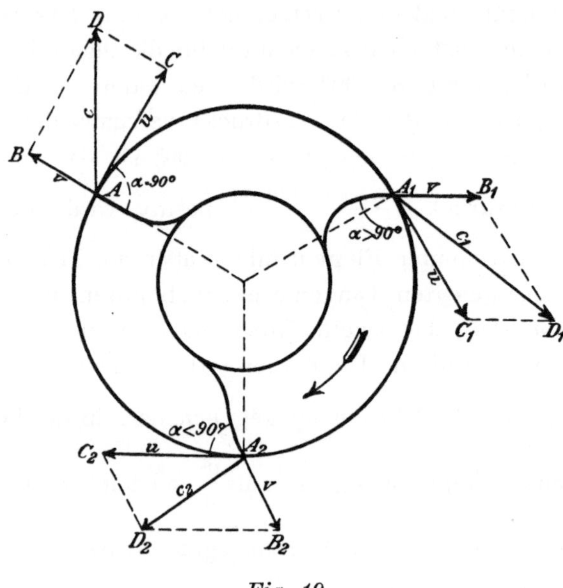

Fig. 19.

In Uebereinstimmung mit diesen Erwägungen findet man unter den
im Ruhrkohlenbezirk gebräuchlichen Ventilatorsystemen bei den Pelzer-
und Rateau-Ventilatoren, die nach vorwärts gekrümmte Flügel besitzen,
einen manometrischen Wirkungsgrad von durchschnittlich etwa 70—80 $^0/_0$
und vereinzelt sogar noch bedeutend höhere Werte. Bei den Capell-Ventilatoren hingegen, deren Flügel nach rückwärts gebogen sind, geht der
manometrische Wirkungsgrad selten über 50—60 $^0/_0$ hinaus, während er
bei den mit radial auslaufenden Flügeln versehenen Geisler-Ventilatoren
durchschnittlich etwa 50—60 $^0/_0$ beträgt.

Die Bedeutung des manometrischen Wirkungsgrades für die Beurteilung eines Ventilators beruht darauf, dass er durch die Reibungswiderstände der Luft nicht beeinflusst wird, weil er ja eigentlich — und
bei allen genauen Versuchen muss dies wirklich geschehen — die Messung
der anfänglichen Depression in einem geschlossenen Wetterkanale voraussetzt, in dem eine Wetterbewegung nicht stattfinden kann. Der manometrische Wirkungsgrad kennzeichnet also diejenigen Spannungsverluste,
die unabhängig von den Luftströmen in dem Ventilator selbst ihren Ursprung haben und giebt mithin ein Bild von der Vollkommenheit der Konstruktion des Apparates. Dieses Bild wird aber dadurch recht ungenau

dass die Versuche im gewöhnlichen Betriebe bei offener Grube vorgenommen werden und daher der manometrische Wirkungsgrad stets nur annähernd ermittelt wird. Er ist zudem nur einer von vielen Momenten, die für die Beurteilung eines Ventilators in Betracht kommen, und man findet nicht selten, dass ein Ventilator trotz hohen manometrischen Wirkungsgrades aus anderen Gründen schlechte Leistungen zeigt. Daher besitzt letzterer für den Bergwerksbesitzer nicht die grosse Bedeutung, die ihm oft zugeschrieben wird. Es bedeutet im Grunde ja nur das Verhältnis der beobachteten Depression zur Umfangsgeschwindigkeit des Rades. Nun ist es zwar für den Konstrukteur von Wichtigkeit, dass die Umfangsgeschwindigkeit nicht zu hoch wird, weil nach ihr die Festigkeit des Rades bemessen werden muss, und weil auch die Reibungsverluste in den Lagern von ihr abhängen. Ein hoher manometrischer Wirkungsgrad ist also immerhin ein günstiges Zeichen; er genügt aber zur Beurteilung einer Ventilatoranlage nicht, da für den Bergwerksbesitzer weniger die Vor- und Nachteile der Konstruktion, als die Frage in Betracht kommt, ob die gesamte Leistung des Ventilators ausreicht, und welchen Arbeits- und Kostenaufwand sie im Verhältnis zum Erfolge erfordert. Zur Prüfung dieser Fragen bietet aber der später zu behandelnde mechanische Wirkungsgrad ein besseres Mittel als der manometrische Wirkungsgrad.

2. Die Durchgangsöffnung.

Der zweite von Murgue angegebene Begriff zur Prüfung der Ventilatoren ist die Durchgangsöffnung. Sie beruht darauf, dass ein in einen Wetterkanal eingebauter Ventilator ebenso wie die gesamten Grubenbaue dem Durchgang der Luft Widerstand entgegensetzt. Dieser Widerstand äussert sich in Reibungen, Wirbelbildungen und Geschwindigkeitsänderungen, die einen Teil des von dem Ventilator erzeugten Spannungsunterschiedes aufzehren.

Da die Hindernisse, die im Ventilator der Luftbewegung bereitet werden, Aehnlichkeit haben mit dem Widerstand der Grubenbaue selbst, hat Murgue für sie einen ähnlichen Vergleichswert eingeführt, nämlich eine Oeffnung in dünner Wand, die, bei entsprechenden Pressungsunterschieden auf beiden Seiten, die gleiche Luftmenge durchziehen lässt wie der Ventilator selbst. Diese Oeffnung wird seine Durchgangsöffnung genannt. Sie kann nach derselben Formel berechnet werden, die zur Bestimmung der Grubenweite angewandt wird, nämlich

$$a = 0{,}38\,\frac{V}{\sqrt{h}}.$$

Die Durchgangsöffnung hängt weniger von der Konstruktion, als von den Dimensionen des Ventilators ab, da bei jedem System durch Vergrösserung der Abmessungen der innere freie Raum beliebig erweitert werden kann; doch zeichnen sich einzelne Systeme infolge ihrer Konstruktion durch besonders grosse Durchgangsöffnungen aus.

Die Durchgangsöffnung muss so weit sein, dass der aus der Grube kommende Luftstrom in den Kanälen des Ventilators keinen allzu grossen Widerstand findet, weil sonst die Arbeit, die durch Reibung verloren geht, zu gross wird. Diese Kraftverluste hängen bei jedem Ventilator von der gelieferten Wettermenge ab, die ihrerseits sowohl durch die äquivalente Oeffnung der Grube, als durch die Umfangsgeschwindigkeit des Flügelrades bedingt ist. Während nun bei Vergrösserung der Umfangsgeschwindigkeit der verhältnismässige Anteil der im Innern des Ventilators entstehenden Reibungsverluste an der gesamten aufzuwendenden Arbeit keine Veränderung erleidet, ist dies bei Zunahme der Grubenweite in erheblichem Masse der Fall.

Nach dem Proportionalitätsgesetz ist die Wettermenge der Umfangsgeschwindigkeit proportional, und diese vermehrt sich ihrerseits nach bekannten mechanischen Gesetzen im quadratischen Verhältnis zu der den Luftstrom erzeugenden Centrifugalkraft. Demnach steht auch das Quadrat der Wettermenge in direktem Verhältnis zur Centrifugalkraft. Dieselben Beziehungen bestehen zwischen der Wettermenge und den Druckverlusten, die sich bei ihrem Durchgang durch den Ventilator ergeben, denn auch hier ist, wie bei den Grubenbauen selbst, das Quadrat der ersteren dem zur Ueberwindung der Widerstände notwendigen Pressungsunterschiede proportional. Daraus folgt, dass bei Beschleunigung des Ventilatorganges der Zunahme der inneren Reibungsverluste eine entsprechende Vermehrung der aufgewandten Kraft gegenübersteht und dass der Anteil der ersteren an der gesamten aufzuwendenden Arbeit und damit die Nutzleistung des Ventilators unverändert bleibt.

Andere Verhältnisse ergeben sich hingegen durch Erweiterung der Grube bei unverändertem Gange des Ventilators. Hierbei wird das Wetterquantum erhöht, zugleich steigen auch die Reibungsverluste im Ventilator im Quadrate der Vermehrung, während die Centrifugalkraft des Rades sich in keiner Weise ändert, weil die Peripheriegeschwindigkeit die gleiche bleibt. Der verhältnismässige Anteil der im Innern des Ventilators entstehenden Arbeitsverluste wird also erheblich wachsen, sodass für die Erzeugung von nutzbringender Arbeit nur ein geringer Teil der aufgewandten Kraft übrig bleibt. Die gesamte Nutzleistung der Anlage wird also sinken.

Daher ergiebt sich die Notwendigkeit, bei jedem Ventilator für eine der Grubenweite entsprechende Durchgangsöffnung Sorge zu tragen, weil sonst der Ventilator selbst dem Luftstrome zu grossen Widerstand bietet. Umgekehrt darf aber die Durchgangsöffnung im Verhältnis zur Wettermenge auch nicht zu reichlich bemessen werden, weil bei zu grossen Dimensionen die Bewegung der toten Last einen unverhältnismässigen Arbeitsaufwand erfordert, und ausserdem in den nicht vollkommen durch den Luftstrom ausgefüllten Kanälen des Flügelrades Wirbelbildungen entstehen, die ebenfalls zu Kraftverlusten Anlass geben. Zur Erzielung einer guten Leistung darf also die Durchgangsöffnung eines Ventilators im Verhältnis zur äquivalenten Oeffnung weder zu gross noch zu klein sein, sie muss der letzteren vielmehr gehörig angepasst sein. Aus dem Vorhergehenden folgt aber ferner, dass es für jeden Ventilator eine bestimmte Grubenweite geben muss, der er am besten entspricht und bei der er am rationellsten arbeitet.

Die französische Kommission, die im Jahre 1876 zur Untersuchung von Ventilatoren im Gard-Distrikt zusammentrat, hat sich mit dieser Frage beschäftigt*), indem sie durch Einbauen von Hindernissen oder durch Oeffnen von Wetterthüren für eine Anzahl Ventilatoren, welche mit unveränderter Umdrehungsgeschwindigkeit liefen, verschiedene Grubenweiten herstellte und dabei den mechanischen Wirkungsgrad ermittelte. Die Versuche bestätigten durchaus den grossen Einfluss, den die Beziehungen zwischen Durchgangsöffnung und Grubenweite auf den Effekt des Ventilators ausüben.

Im Ruhrkohlenbezirk machte die Zeche Hibernia bei Aufstellung eines Geisler-Ventilators im Jahre 1893**) bemerkenswerte Erfahrungen auf diesem Gebiete. Da die Zeche beabsichtigte, zur Verbesserung der Wetterversorgung die Grubenweite durch die bereits bei Besprechung der Grubenweite (Seite 221 ff) angegebenen Vorkehrungen von 1,9 qm allmählich auf 3,2 qm zu erhöhen, war der neue Ventilator mit einer diesem Masse entsprechenden Durchgangsöffnung konstruiert worden. Dadurch dass nun unerwarteterweise die äquivalente Oeffnung der Grube infolge der Erweiterung bis auf 6,02 qm stieg, trat sie zu der Durchgangsöffnung in ein auffallendes Missverhältnis, und der Ventilator vermochte die aus der weiten Grube in Fülle zuströmende Luft nur unter grossen Reibungsverlusten durchzulassen. Die Folge war eine empfindliche Verminderung der Nutzleistung des Ventilators, die dadurch festgestellt wurde, dass man durch Aufrichten einer Wand im Wetterkanale künstlich eine Grubenweite von 3,61 qm erzeugte, die ungefähr derjenigen entsprach, für welche der Ventilator erbaut war. Der mechanische Wirkungsgrad des letzteren stieg dadurch auf 82 %, während er ohne diese Wand im November 1894 bei einer Grubenweite von 4,29 qm 51 % und bei einer Grubenweite von 6,02 qm im Februar 1896 nur noch 34 % betragen hatte. Der Verlust an

---

*) Bulletin de la société de l'industrie minérale 1878.
**) Behrens, Beiträge zur Schlagwetterfrage. Glückauf 1896.

Nutzleistung infolge der zu geringen Durchgangsöffnung des Ventilators belief sich also auf circa 48 %.

Würde man unter diesen Verhältnissen einen Ventilator gleichen Systems aufgestellt haben, dessen Durchgangsöffnung einer Grubenweite von etwa 6,00 qm angepasst und von dem mithin im normalen Betriebe auch eine mechanische Nutzleistung von 82 % zu erwarten gewesen wäre, so würde er die gleiche zur Bewetterung der Grube erforderliche effektive Arbeitsleistung von 62,5 PS, zu der der alte Ventilator 181 PS$_i$ nötig hatte, bereits mit etwa 76 PS$_i$ bewältigt haben. Es fand also auf der Grube ein andauernder Kraftverlust von $181 - 76 = 105$ PS statt, welcher den zu geringen Dimensionen des Ventilators zuzuschreiben war und von der Grubenverwaltung auf Grund des Ergebnisses dieser Berechnung schleunigst durch Beschaffung eines neuen Ventilators beseitigt wurde.

Der Fall, dass die Durchgangsöffnung eines Ventilators für die Grubenweite zu klein ist, liegt im Ruhrbezirk bei einer grossen Anzahl von Ventilatoren vor, seltener ist sie zu gross ausgefallen. Letzterer Fehler dürfte am besten durch Erweiterung der Grube abzustellen sein. Jedenfalls sind die durch unrichtige Durchgangsöffnung entstehenden Kraftverluste auch jetzt noch auf manchen Gruben so gross, dass die Beschaffung eines neuen Ventilators von grösserer Durchgangsöffnung sich lohnen würde, und die Ausgabe dafür in kurzer Zeit durch die Ersparnisse an maschineller Kraft eingebracht werden würde.

Die Berechnung der Durchgangsöffnung erfordert umfangreiche Versuche, zu denen meistens auf den in Betrieb befindlichen Gruben die Gelegenheit fehlt. Nur bei Gruben mit starkem natürlichen Wetterzuge ist es möglich, die ungefähre Grösse der Durchgangsöffnung auf einfache Weise festzustellen. Hierzu dient der Pressungsunterschied zwischen dem Wetterkanale und der atmosphärischen Luft bei Stillstand des Ventilators, der, wie bereits oben erwähnt, dem Widerstande entspricht, den der Ventilator dem natürlichen Luftstrom entgegensetzt. Die Pressung erscheint am Manometerrohre als »negative« Depression oder als Ueberdruck über den atmosphärischen Druck, wenn der natürliche Wetterzug dem künstlichen gleichgerichtet ist, dagegen als »richtige« Depression, wenn der Strom durch den Ventilator hindurch in die Grube einfällt. Die Höhe dieses Pressungsunterschiedes, sowie die Stärke des natürlichen Luftstromes hat man als Werte für h und V in die Formel

$$a = 0{,}38 \, \frac{V}{\sqrt{h}}$$

einzuführen, um die Grösse der Durchgangsöffnung des Ventilators zu erhalten.

So wurde z. B. bei einem Versuch auf Zeche Hibernia im Mai 1901 bei Stillstand des Ventilators ein natürlicher Wetterzug von 2397 cbm in der Minute ermittelt und zugleich im Wetterkanal ein Ueberdruck von 10 mm Wassersäule beobachtet. Die Durchgangsöffnung für den daselbst aufgestellten Geisler - Ventilator berechnet sich daraus zu 4,8 qm. Bei Versuchen auf Zeche Alma fand sich in dem Wetterschacht II, der mit einem Mortier-Ventilator ausgerüstet ist, ein entgegengesetzter natürlicher Wetterzug von 605 cbm und eine Depression von 2 mm. Die Durchgangsöffnung des Ventilators betrug also dort 2,72 qm. Auf dem ausziehenden Wetterschachte derselben Zeche in Bulmke, auf dem ein Rateau-Ventilator aufgestellt ist, erhielt man bei Stillstand des letzteren einen einziehenden Wetterstrom von 945 cbm und eine Depression von 7 mm, woraus sich eine Durchgangsöffnung von 2,27 qm für den Ventilator ergiebt.

Die auf diese Weise berechneten Durchgangsöffnungen haben natürlich keinen Anspruch auf grosse Genauigkeit, weil einerseits bei der Beobachtung dieselben Fehler und Schwierigkeiten vorkommen, die schon für die Feststellung der Grubenweite hervorgehoben worden sind. Ausserdem handelt es sich nur um kleine Pressungsunterschiede, bei denen geringe Ungenauigkeiten in der Ablesung, die bei den Schwankungen des Wasserstandes im Manometerrohre leicht vorkommen, bereits erheblich ins Gewicht fallen.

Die Bestimmung der Durchgangsöffnung nach dieser Methode ist auch nicht in allen Fällen möglich. Abgesehen von dem Vorhandensein eines kräftigen natürlichen Wetterstromes kommt es dabei auch auf den Ventilator selbst an. Es zeigt sich nämlich, dass Apparate mit weiter Durchgangsöffnung dem natürlichen Wetterzuge häufig nur einen so geringen Widerstand bieten, dass der entstehende Pressungsunterschied garnicht mittelst des Manometers beobachtet werden kann, weil der Niveauunterschied der beiden Wassersäulen bereits durch die Adhäsion der Flüssigkeit an den Röhrenwandungen oder aus sonstigen Gründen aufgehoben wird. Namentlich die Capell-Ventilatoren mit ihrer zweiseitigen Einströmung und ihren breiten Rädern lassen meist keine derartigen Versuche zu.

Ebenso wie der manometrische Wirkungsgrad ist auch die Durchgangsöffnung nur ein Mittel, um den Ventilator in Bezug auf eine bestimmte Eigenschaft zu prüfen. Murgue hatte beide so unterschieden, dass durch den ersteren die »verdünnende Kraft« und durch die letztere die »fortbewegende Kraft« eines Ventilators gekennzeichnet werden sollte. Keine von beiden Eigenschaften genügt aber für sich allein, um gute Resultate auf einer Grube zu erzielen. Daher ist auch die Durchgangsöffnung ebenso wie der manometrische Wirkungsgrad für den Bergwerksbesitzer ohne grosses Interesse. Sie geht vielmehr in erster Linie die

Ventilatorfabrikanten und Konstrukteure an, die meist nach Erfahrungs-
regeln die Grösse des Ventilators für eine bestimmte Grubenweite sowie
die verhältnismässigen Dimensionen der einzelnen Teile des Flügelrades,
wie Durchmesser, Breite, Einlauföffnung u. s. w. festsetzen. Der Bergwerksbesitzer hat dann nur nötig, die äquivalente Oeffnung seiner Grube und
die Wettermenge, welche für den Betrieb erforderlich ist, zu ermitteln,
hat aber nicht dafür zu sorgen, dass der Ventilator auch imstande ist, diese
Wettermenge ohne allzu grossen Arbeitsaufwand durchzulassen.

3. Der mechanische Wirkungsgrad.

Die von dem Ventilator geleistete Arbeit besteht in der Verdünnung der
Luft und wird bekanntlich in Kilogrammmetern ausgedrückt durch das Produkt
$V \times h$, in dem V die in der Sekunde gelieferte Luftmenge in Kubikmetern
und h die Depression in Millimetern Wassersäule bedeutet. Diese als Nutzleistung oder effektive Leistung N_u bezeichnete Arbeit ist naturgemäss
geringer als die zum Betriebe des Ventilators erforderliche Arbeit, die sogenannte indizierte Leistung N_i, weil ein Teil der letzteren durch
Reibung oder durch sonstige Hindernisse verloren geht. Daher muss das
von Murgue als mechanischer oder motorischer Wirkungsgrad des
Ventilators bezeichnete Verhältnis zwischen den beiden Arbeitsgrössen
$\dfrac{N_u}{N_i}$ stets kleiner als 1 sein. Dieses Verhältnis wird meist in Prozenten
des Wertes der indizierten Leistung ausgedrückt.

Da sich ferner die auf den Ventilator selbst übertragene Arbeit in
der Praxis nur mit grossen Schwierigkeiten ermitteln lässt, beschränkt
man sich meist darauf, die Arbeit des Dampfes in der Antriebsmaschine
durch Indizieren festzustellen und diesen Wert als indizierte Leistung der
gesamten Ventilatoranlage zu bezeichnen. Da aber von dieser Arbeitsgrösse sowohl in der Dampfmaschine selbst, wie durch die Uebertragung
auf die Ventilatorachse ein Teil verloren geht, muss sich ein mechanischer
Wirkungsgrad ergeben, der erheblich hinter demjenigen des Ventilators
allein zurücksteht. Bei dem augenblicklichen Stande der Technik besitzt
eine gute Dampfmaschine höchstens $90\,{}^0/_0$ und ein Ventilator höchstens
$80\,{}^0/_0$ Nutzeffekt. Durch Uebertragung der Arbeit von der Antriebsmaschine
auf den Ventilator, die wegen der nicht übereinstimmenden Umdrehungszahlen ausser bei elektrischem Antrieb nie durch direkte Kuppelung,
sondern nur mittelst Riemen oder Seilen erfolgt, gehen wenigstens $2\,{}^0/_0$
verloren. Es ergiebt sich also als höchstmöglicher mechanischer Wirkungsgrad für einen Ventilator einschliesslich der Antriebsmaschine

$$\frac{90 \times 98 \times 80}{100 \times 100 \times 100} \sim 70\,{}^0/_0.$$

Dieser Wert würde aber nur beim Zusammentreffen der günstigsten Umstände möglich sein und dürfte bisher wohl bei keinem Ventilator erreicht werden. Allerdings liegen eine Anzahl Versuche vor, die teils von den Grubenverwaltungen, teils von den Ventilatorlieferanten ausgeführt worden sind, und durch welche Nutzeffekte von mehr als 70 $^0/_0$ und stellenweise von mehr als 80 $^0/_0$ festgestellt worden sind. Bei näherer Untersuchung der betreffenden Anlage ergab sich aber bisher stets, dass diese Resultate entweder auf Fehlern in der Beobachtung oder im Messverfahren beruhten, oder dass .ein starker natürlicher Wetterzug den Ventilator unterstützte.

Um den Wirkungsgrad eines Ventilators für sich wenigstens annähernd zu bestimmen, sind namentlich solche Anlagen geeignet, die mit elektrischem Antrieb versehen sind, und bei denen Motor und Ventilator sich auf derselben Achse befinden. Hierbei fällt nämlich der mit der Kraftübertragung verbundene, nur schwer zu bestimmende Arbeitsverlust fort. Ferner ist der Wirkungsgrad des elektrischen Motors aus den Angaben der Fabrikanten häufig ziemlich sicher bekannt, sodass man aus der gesamten indizierten Leistung auf die Menge der dem Ventilator allein mitgeteilten Kraft schliessen kann.

Wenn eine Ventilatoranlage überhaupt imstande ist, das für die Wetterversorgung der Grube erforderliche Wetterquantum zu liefern, so ist die Ermittelung des mechanischen Wirkungsgrades das wichtigste Mittel, um sie auf ihre Brauchbarkeit zu prüfen, denn dieser zeigt dem Bergwerksbesitzer an, ob dem Dampfverbrauch der Antriebsmaschine eine entsprechende Leistung des Ventilators gegenübersteht, und ob die Thätigkeit des Ventilators demnach keine unnötig hohen Betriebskosten verursacht. Es ist daher für jede Grube von Wichtigkeit, sich in regelmässigen Zeitabschnitten durch sorgfältige Versuche von der Nutzleistung des Ventilators Rechenschaft zu geben.

Zur Beurteilung des praktischen Wertes der Ventilatorsysteme dient ebenfalls der mechanische Wirkungsgrad. Man hat denselben durch eine Reihe von Versuchen bei verschiedenen Grubenweiten aber unveränderter Tourenzahl zu ermitteln und die erhaltenen Werte als Ordinaten aufzutragen, während die Grubenweiten die Abscissen bilden. Durch Verbindung der einzelnen Punkte erhält man eine der charakteristischen Kurven des Ventilators, die über seine Leistungen und die Fähigkeit, sich der Grubenweite anzupassen, ein Bild giebt.

Die Ermittlung des mechanischen Wirkungsgrades bietet insofern einige Schwierigkeiten, als die erhaltenen Werte bei einem und demselben Ventilator beträchtlich von einander abweichen können. In erster Linie ist darauf die Tourenzahl des Flügelrades von Einfluss, weil bei zunehmender Umdrehungsgeschwindigkeit der Wirkungsgrad der

Anlage grösser wird. Wie Murgue hervorgehoben hat, beruht dies einerseits darauf, dass die Nutzleistung' bei Beschleunigung des Ventilatorganges stärker wächst als die durch Reibung in den Lagern und andere Ursachen entstehenden Hindernisse. Andererseits liegt der Grund aber auch darin, dass die Antriebsmaschine, die ja in den Wirkungsgrad der Gesamtanlage inbegriffen ist, wie jede andere Dampfmaschine bei schnellerem Gange günstiger arbeitet. Versuche, die mit dem Mortier-Ventilator auf Zeche Alma über diese Frage angestellt wurden, ergaben folgendes Resultat:

Umdrehungszahl des Ventilators je Min.	Mechanischer Wirkungsgrad %
144	25,20
192	29,94
234	30,95
284	43,10
319	47,64

Bei dem Rateau - Ventilator derselben Zeche erhielt man folgende Werte:

Umdrehungszahl des Ventilators je Min.	Mechanischer Wirkungsgrad %
152	37,1
175	46,3
199	50,8
221	55,7

Um also die Ventilatoren mit einander zu vergleichen, hat man sich auf eine bestimmte Gangart zu einigen; dies ist naturgemäss die normale, d. h. diejenige, in welcher der Ventilator gewöhnlich arbeitet. Unter Umständen, namentlich zur Kontrolle, ist es zweckmässig, auch den Wirkungsgrad bei maximaler Geschwindigkeit festzustellen.

Von welcher Bedeutung für den mechanischen Wirkungsgrad die Anpassung des Ventilators an die Grubenweite ist, wurde bei Besprechung der Durchgangsöffnung bereits erwähnt. Es kommt aber noch hinzu, dass der Nutzeffekt einer Anlage in ähnlicher Weise wie die äquivalente Oeffnung durch den natürlichen Wetterzug beeinflusst wird, weil dadurch das beobachtete Wetterquantum verändert wird, während die Depression die gleiche bleibt. Ein dem künstlichen gleich gerichteter natürlicher Wetterzug kommt also dem mechanischen Wirkungsgrade des Ventilators zu Hülfe, während ein Strom von umgekehrter Richtung ihn herabsetzt, ohne dass man daraus auf eine Mehr- bezw.

Minderwertigkeit der Ventilatoranlage schliessen dürfte. Es kommt also darauf an, den natürlichen Wetterzug bei Ermittlung des Wirkungsgrades auszuscheiden und zwar geschieht dies am zweckmässigsten durch Berechnung nach der Formel

$$V = \sqrt{V_n^2 + V_k^2},$$

die auf dem Proportionalitätsgesetz beruht, und in der V_n die Stärke des natürlichen und V_k die des künstlichen Wetterzuges für sich bedeutet, während V die beim Zusammenwirken beider Einflüsse aus der Grube austretende Wettermenge darstellt. Wenn nämlich der Wettermenge V_n die Depression h_n und der Wettermenge V_k die Depression h_k entspricht, so muss der den gesamten Strom V erzeugende Pressungsunterschied aus der algebraischen Summe beider Depressionen $h_n + h_k$ bestehen. Damit nun aber der Bedingung des Proportionalitätsgesetzes

$$\frac{V_n^2}{h_n} = \frac{V_k^2}{h_k} = \frac{V^2}{h_n + h_k}$$

entsprochen wird, muss

$$V^2 = V_n^2 + V_k^2$$

sein.

Daraus lässt sich der Wert der Unbekannten V_k berechnen, die bei Berechnung der effektiven Nutzleistung für den mechanischen Wirkungsgrad eines Ventilators einzusetzen ist.

Wenn nun auch die Vermehrung der künstlichen Wettermenge durch den natürlichen Wetterzug nach dieser Formel nicht so gross ist, als man nach seiner absoluten Grösse, ohne Mitwirkung des Ventilators vermuten sollte, da beide sich nicht wie die Depression einfach addieren lassen, sondern erst die Summe der Quadrate dem Quadrat der Gesamtmenge gleichkommt, so ist doch ein kräftiger natürlicher Wetterzug nicht zu unterschätzen und seine Berücksichtigung dürfte geeignet sein, unwahrscheinliche Resultate bei Berechnung des mechanischen Wirkungsgrades auszuschliessen. Für annähernde Werte dürfte man indessen meist auch ohne diese besondere Ermittlung auskommen, namentlich wenn der natürliche Wetterzug im Verhältnis zur Ventilatorleistung nicht allzu gross ist.

Endlich ist zu berücksichtigen, dass eine veraltete oder schlecht arbeitende Antriebsmaschine die Erfolge, die bei einem guten Ventilator möglich sind, zu nichte machen kann.

Alle diese Umstände, die bei genauen Untersuchungen nach ihrer richtigen Bedeutung ermittelt und aus der Berechnung ausgeschieden werden müssen, machen es ausserordentlich schwierig, über den mechanischen

Wirkungsgrad der einzelnen Ventilatorsysteme und damit über ihren Wert
ein positives Urteil zu fällen. Wenn auch feststeht, dass die älteren
Konstruktionen, und zwar namentlich diejenigen ohne Diffusor, hinter den
neueren weit zurückstehen, so sind doch die vergleichenden Versuche über
den Wert der neueren Ventilatoren noch nicht zum vollen Abschluss gelangt.
Eine Zusammenstellung der Messungsergebnisse, die auf den westfälischen
Gruben erhalten wurden, ist daher an dieser Stelle unterlassen worden.
Zahlreiche Angaben darüber sind aber in dem nachfolgenden Kapitel über
die einzelnen Systeme beigefügt, aus denen ein ungefährer Durchschnittswert für diejenigen Systeme entnommen werden mag, bei denen Versuche
in grosser Zahl vorliegen. Sie entstammen teils besonderen zu diesem
Zweck vorgenommenen Messungen, teils sind sie den Angaben der Grubenverwaltungen und Fabrikanten entnommen; jedoch ist hierbei insofern eine
Auswahl getroffen worden, als nur solche Versuche aufgenommen wurden,
die nach ihrer ganzen Anlage Anspruch auf Richtigkeit haben können.

Das Zahlenmaterial beweist im allgemeinen die grossen Fortschritte,
die in der Konstruktion der Ventilatoren gemacht sind; denn während nach
Angabe von Murgue die Ventilatoren ohne Gehäuse in den siebziger Jahren
nur einen Wirkungsgrad von etwa 28 % besassen, und dieser sich bei Anwendung von Gehäuse und Schlot auf etwa 38 % im Durchschnitt erhöhte,
und bei den damals vollkommensten Apparaten, den Guibals, sogar auf
50 % stieg, beträgt zur Zeit der mechanische Wirkungsgrad bei allen
besseren Anlagen zwischen 50 und 60 % und es sind sogar solche
Ventilatoren keine Seltenheit, bei denen er 60 % erheblich übersteigt.

3. Kapitel: Erzeugung des Wetterzuges.

Von Bergassessor Stein.

I. Geschichtliches.

Die Erzeugung des Wetterzuges auf den Steinkohlenbergwerken des
Ruhrbeckens war entsprechend der natürlichen Entwickelung des Bergbaues bis weit in die erste Hälfte dieses Jahrhunderts hinein eine natürliche.
Die über dem Niveau des Ruhrthales in Betrieb befindlichen Stollenzechen
waren in der Lage, Zugänge zu ihren Bauen in verschiedener Höhenlage herzustellen, und hierdurch einen natürlichen Wetterwechsel herbeizuführen, der lediglich auf Temperaturunterschieden beruhte und darin be-

stand, dass im Winter die warme Grubenluft in den zahlreichen auf der
Höhe der Ruhrberge zu Tage tretenden Wetterschächten und Ueberhauen
aufstieg und die kalte Atmosphärenluft durch die in den Thälern gelegenen
Stollen in die Grubenbaue nachströmte, während im Sommer der umgekehrte Wetterzug eintrat.

Diese Art der Wetterversorgung mochte bei der geringen Ausdehnung
der Betriebe lange Jahrzehnte hindurch als genügend angesehen werden,
zumal die damals in Bau befindlichen, bis zu Tage ausgehenden Flötze der
Magerkohlenpartie fast völlig entgast und schlagwetterfrei waren. Die Entwickelung des Bergbaues brachte aber für die Wetterversorgung immer
grössere Schwierigkeiten und damit für die Gruben die Notwendigkeit,
zur Unterhaltung eines ausreichenden Wetterzuges künstliche Mittel anzuwenden. Am nächsten lag es natürlich, dass man zur Verbesserung der
Grubenventilation die den natürlichen Wetterzug hervorrufenden Kräfte
kennen zu lernen und durch entsprechende Massnahmen zu verstärken
suchte. Demgemäss strebte man mit allen Einrichtungen, welche diesen
Zweck verfolgten, dahin, den Temperaturunterschied zwischen der atmosphärischen Luft und der Grubenluft durch künstliche Erwärmung des
Ausziehschachtes zu erhöhen, oder den Niveauunterschied zwischen den
beiden Tagesöffnungen durch Aufsattelung der höher gelegenen Oeffnung
oder Aufbau eines Kamines auf dieselbe zu vergrössern. Häufig fanden
auch beide Methoden zugleich auf den Gruben Anwendung. Als dann in
den vierziger Jahren das Maschinenwesen anfing, unter Benutzung der
Dampfkraft seinen grossen Aufschwung zu nehmen, begann man auch,
zur Erzeugung des Wetterstromes in den Grubenbauen mechanische
Mittel anzuwenden. Aber es gelang zunächst nicht, mit den Wettermaschinen nennenswerte Erfolge zu erzielen, denn noch im Jahre 1873
stellte die zur Untersuchung der Wetterführung auf den westfälischen
Gruben eingesetzte Kommission fest,*) dass diejenigen Gruben, welche
durch Wetteröfen ventiliert wurden, ungefähr das doppelte Wetterquantum aufzuweisen hatten als die mit Ventilatoren ausgerüsteten Gruben, und zwar nicht
nur absolut, sondern auch relativ, d. h. mit Bezug auf die Feldesausdehnung,
die Förderung und die Arbeiterzahl, und sie musste zugestehen, dass die
Wetteröfen nach allen ihren Beobachtungen sich als bedeutend wirksamer
gezeigt hatten als die Ventilatoren. Zugleich stellte sich heraus, dass sowohl die Anlage-, wie die Betriebskosten im Durchschnitt bei letzteren höher
waren als bei ersteren. Erst den neueren Fortschritten in der Maschinen-
technik und dem gewaltig gesteigerten Bedürfnis des Grubenbetriebes
nach frischen Wettern, das sich in den letzten Jahrzehnten geltend machte,
war es vorbehalten, die Ueberlegenheit der Ventilatoren über alle anderen

---

*) Zeitschr. f. d. Berg-, Hütten- u. Salinenw. 1873, Bd. XXI, BS. 59 ff.

Bewetterungseinrichtungen endgültig zu beweisen. In stufenweisem Fortschritt gelangte man sodann zu den grossartigen Leistungen der modernen Wettermaschinen, ohne welche die Entwickelung des westfälischen Bergbaues, der mit den grössten Schwierigkeiten bei der Wetterversorgung zu kämpfen hat, unmöglich gewesen wäre.

II. Natürlicher Wetterzug.

In den Anlagen zum Hauptbericht der Schlagwetterkommission werden 6 Zechen aufgeführt, bei denen die Wetterversorgung der Grubenbaue lediglich durch die natürlichen Temperaturunterschiede herbeigeführt wurde. Nur eine von diesen, nämlich die Zeche Gilles Antoine, die inzwischen mit der Zeche Prinz Friedrich verschmolzen worden ist, war im Jahre 1898 noch auf natürlichen Wetterzug angewiesen. Die übrigen 5 Zechen haben inzwischen ihren Betrieb derart erweitert, dass sie zur Anlage von Wetteressen bezw. Ventilatoren übergehen mussten. Dafür ist im letzten Jahrzehnt eine Reihe neuer Betriebe eröffnet worden, bei denen der Wetterstrom auf natürliche Weise entsteht und keiner künstlichen Unterstützung bedarf. Abgesehen von einigen im Abteufen oder in der ersten Entwickelung begriffenen Tiefbauanlagen, die nach ihrer Fertigstellung Ventilatoren erhalten werden, gehören dazu nur Stollenzechen, bei denen ja bedeutende Niveauunterschiede zwischen der ein- und der ausziehenden Tagesöffnung am leichtesten vorkommen. Ihre Zahl, die im Jahre 1898 7 betrug, stieg bis Ende 1900 auf 8. Sie liegen in den südlichen Bergrevieren Werden und Hattingen, und ihre Förderung beträgt zusammen etwa 40 000 t Kohlen im Jahr, also weniger als $\frac{1}{10}\,{}^0/_0$ der Förderung des gesamten Bezirks.

III. Künstlicher Wetterzug.

1. Erzeugung des Wetterzuges durch Erwärmung.

a) Wetteressen.

Das einfachste Mittel zur Verstärkung des natürlichen Wetterzuges ist die Verbindung der ausziehenden Tagesöffnung mit einer Wetteresse, wie sie im Jahre 1883 auf 38 Zechenanlagen vorhanden war. Selten handelte es sich dabei um besondere Kamine, die lediglich zur Höherlegung des Mundloches einer Tagesöffnung errichtet waren, vielmehr wurde in den meisten Fällen die Esse der Kesselanlage zur Wetterversorgung mit benutzt und zu diesem Zweck mit dem ausziehenden Schachte durch einen Wetterkanal verbunden. Man konnte so die in den Verbrennungsgasen der Dampfkessel enthaltene Wärme zum Teil zur Vergrösserung der ausziehenden Wettermenge nutzbar machen. Abgesehen von denjenigen Kaminen, die zu einer Wetterofenanlage gehören, wurden im Jahre 1898 noch auf 5 Zechen Wetteressen in regelmässigem Betriebe erhalten. Ausserdem war auf Zeche Westhausen das die Dampfleitung enthaltende Trumm des Schachtes I mit einer Esse verbunden, damit die von der Leitung ausstrahlende Wärme nicht in die Grubenbaue gelangte. Ferner war auf 19 Zechen durch einen für gewöhnlich abgesperrten Anschlusskanal die Möglichkeit gegeben, falls der Ventilator versagte, einen Kamin zur Aushülfe zu benutzen.

Meist wurde der durch die Esse erzeugte Wetterzug zugleich durch eine Dampfleitung im Ausziehschachte verstärkt. Namentlich auf Zeche Langenbrahm, der einzigen Anlage, die einen besonderen Wetterkamin besass, der nicht zum Abziehen von Kesselgasen diente, hatte eine Dampfleitung an der Beförderung des Wetterwechsels wesentlichen Anteil. Eine Ventilation lediglich durch Erhöhung des Niveauunterschiedes der Schachtmündungen fand sich im Jahre 1898 auf keiner Grube mehr. Bis zum Jahre 1900 wurden die Kaminanschlüsse auf Langenbrahm und Westhausen ausser Betrieb gesetzt, dafür war aber auf Zeche Friderika die Wetterabführung aus einer unterirdischen Maschinenkammer durch den Kamin der Kesselanlage neu eingerichtet worden. Ausserdem hatten die Zechen Centrum IV/VI und Rudolf vorübergehend während des Abteufens und der Vorrichtungsarbeiten eine Verbindung zwischen dem ausziehenden Schachte und der Dampfkesselesse hergestellt.

Die zur Ventilation benutzten Kamine hatten eine Höhe von 20 bis 80 m. Ihr lichter Querschnitt, der sich stets von unten nach oben mehr oder weniger stark verjüngte, betrug an der Basis 1,5 bis 12 qm, an der Spitze 0,8 bis 7,0 qm. Das gelieferte Wetterquantum, welches natürlich von der Beschaffenheit der Grube, der Weite des Kamins, der Menge und Temperatur der Kesselgase und anderen Umständen abhing, betrug nach den Angaben von 16 Zechenverwaltungen im Durchschnitt 650 cbm je Minute. Es soll auf den Zechen Langenbrahm und Julia die ausserordentliche Höhe von 1 500 cbm erreicht haben, während das Minimum, nämlich 110 cbm je Minute, von der Zeche Bommerbänker Tiefbau mitgeteilt wurde.

In den meisten Fällen scheitert die zweckmässige Ausnutzung eines Kamins zur Wetterversorgung daran, dass derselbe für die Abführung der Kesselgase bereits stark in Anspruch genommen wird und deshalb für den Wetterstrom der Grube zu wenig Raum bietet. Daher reicht eine solche Anlage, abgesehen von kleinen Betrieben, zur Lieferung der von einer Grube des Ruhrbezirks benötigten Wettermenge nicht aus.

b) Wetteröfen.

Einen weiteren Schritt zur Ergänzung des natürlichen Wetterzuges stellen die Wetteröfen dar. Dieselben waren noch vor wenigen Jahrzehnten in Westfalen von grosser Bedeutung und fanden auf allen wichtigen Gruben Anwendung. Im Jahre 1883 z. B. waren noch 41 Schachtanlagen vorhanden, auf denen Wetteröfen dauernd in Betrieb standen, gegenüber fast doppelt so viel mit Ventilatoren ausgerüsteten Gruben.

Wenn die Grubenbaue keine allzu grosse Ausdehnung besassen und die Gefahr eines Brandes oder einer Schlagwetterentzündung nicht vorhanden war oder durch entsprechende Massnahmen ausgeschlossen erschien, boten die Wetteröfen bei zweckmässiger Anlage zweifellos ein recht geeignetes und auf Steinkohlengruben auch wirtschaftliches Mittel, um dem Betriebe verhältnismässig grosse Wettermengen zuzuführen. Die Leistungsfähigkeit der Wetteröfen ist aus dem Schlussergebnis zu ersehen, zu dem die westfälische Wetter - Untersuchungskommission im Jahre 1873 gelangte. Danach betrug bei den auf 21 Gruben vorgenommenen Versuchen durchschnittlich auf jeder Grube in einer Minute:

die absolute Wettermenge . . . . 580,2 cbm
die Wettermenge je Tonne täglicher Förderung (1 Jahr zu 300 Arbeitstagen gerechnet) . . . . 1,8 »
und die Wettermenge je Kopf der in der
   Grube beschäftigten Belegschaft . . . 2,46 »

Infolge der zunehmenden Schwierigkeiten in der Wetterversorgung und der Fortschritte des Maschinenwesens sind die Wetteröfen allmählich verdrängt worden und können heute fast nur noch auf ein geschichtliches Interesse Anspruch machen.

Im Jahre 1898 standen nur noch auf 7 Anlagen 10 Wetteröfen in regelmässigem Betriebe und auf 4 andern Zechen waren 5 Oefen als Reserve für den Fall des Versagens des Ventilators beibehalten worden. Bis zum Ende des Jahres 1900 sind die ersteren ausser zwei Oefen auf den Zechen Crone und Herkules ebenfalls abgeworfen werden.

Von den im Jahre 1898 vorhandenen Oefen befanden sich 7 über Tage, 8 in der Grube. Letztere Aufstellung erforderte zwar beim Auftreten von Schlagwettern grosse Vorsicht, war aber im übrigen vorteilhafter, da die erzeugte Wärme besser ausgenutzt werden konnte und ausserdem die ganze Luftsäule des Ausziehschachtes durch die Temperaturerhöhung verdünnt wurde, während im anderen Falle die kurze Luftsäule in dem Kamin über Tage die Arbeit allein leisten musste. Auf Zeche Stock und Scherenberg gelang es z. B. dadurch, dass man die vorher über Tage befindlichen Wetteröfen auf der Stollensohle aufstellte, die Wettermenge auf mehr als das Dreifache zu erhöhen. Auch die Beschaffung des Brennmaterials ist unter Tage meist einfacher und billiger, da es durch das Heizerpersonal selbst aus nahe gelegenen Flötzen gewonnen werden kann.

Eine Entzündung schlagender Wetter an einem Wetterofen ist im Ruhrbezirk nur einmal auf Zeche Shamrock unter nicht näher aufgeklärten Umständen vorgekommen.

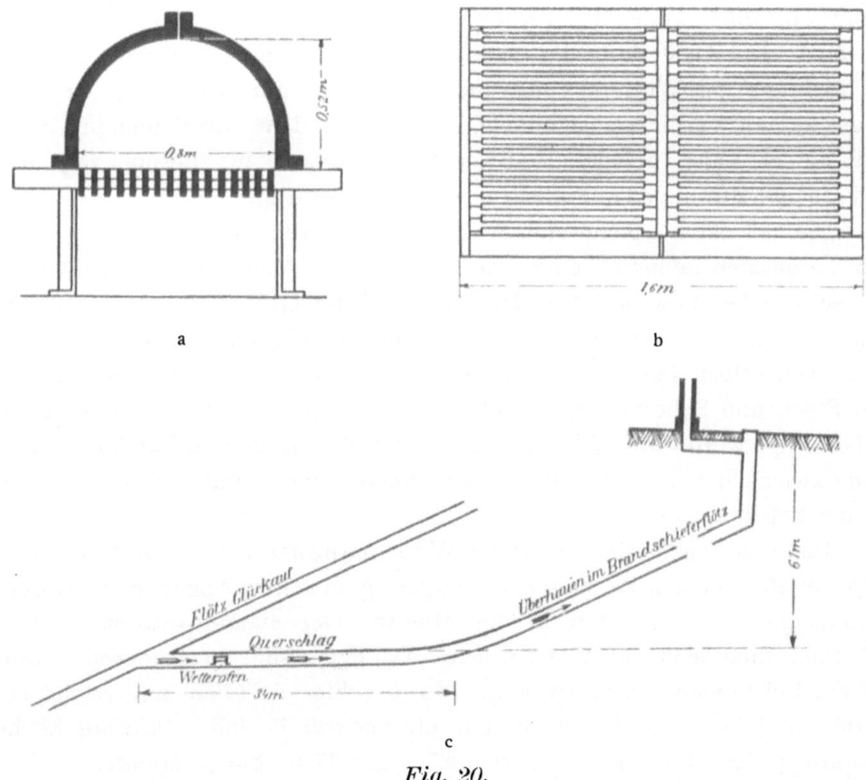

Fig. 20.

Wetterofenanlage auf Zeche Stock und Scherenberg.

Zur Vermeidung von Flötzbränden waren die Oefen unter Tage häufig frei in einer Strecke aufgestellt, sodass sie von allen Seiten von kühlender Luft umspült wurden. Die Oefen selbst, von denen einige auf Tafel VIII zusammengestellt worden sind, waren meist aus Mauerwerk hergestellt und besassen eiserne Planroste. Ihre eigentliche Rostfläche war etwa 2 bis 3 qm gross.

Auf einigen Zechen, wie z. B. auf Stock und Scherenberg, verwendete man ganz aus Eisen hergestellte transportable Oefen (Fig. 20 a bis c). Sie

bestanden aus liegenden gusseisernen Halbröhren (Fig. 20 a), welche
1 600 mm lang, 800 mm breit und 520 mm hoch waren und auf vier
eisernen Füssen standen. Der Rost war zweiteilig und hatte eine Fläche
von 1,28 qm. Diese Oefen konnten in mehrere Teile zerlegt und selbst
durch enge Grubenbaue an eine andere Stelle gebracht werden. Bei den
zahlreichen Tagesüberhauen, welche die Zeche Stock und Scherenberg
besass, war es möglich, nahezu in jeder Bauabteilung einen besonderen
Wetterofen aufzustellen, der 150 bis 180 cbm Luft je Minute lieferte,
und auf diese einfache Weise einen ausreichenden Wetterstrom immer
gerade in dem Teile des Grubenfeldes zu erzeugen, wo der Betrieb
stattfand. Die Aufstellung der Oefen erfolgte mit der langen Seite parallel
der Richtung des Wetterstromes und zwar, wie Figur 20 c zeigt, meist in
einem kurzen Verbindungsquerschlag zwischen dem abzubauenden Flötz
und einem nahe gelegenen Brandschieferflötz. In diesem zog der
verbrauchte Strom sodann durch Ueberhauen zu Tage.

Die Strecken, welche zum Abzug der Verbrennungsgase dienten, sowie die ausziehenden Schächte waren fast alle mit Mauerwerk ausgekleidet,
um schädliche Einwirkungen der Gase auf die Gebirgsschichten zu verhüten. Holzausbau verbot sich wegen der Brandgefahr in der Nähe des
Ofens von selbst, fand aber auf einigen Gruben, z. B. auf Langenbrahm
und Stock und Scherenberg im oberen Teile des Schachtes Verwendung.
Ueber Tage wurde der Wetterschacht mit einem Kamin verbunden, dessen
Höhe zwischen 4 und 43 m und dessen lichter Querschnitt zwischen 1 und
5,7 qm betrug.

Das von einem Ofen gelieferte Wetterquantum belief sich im Jahre
1898 bei 10 von den Zechenverwaltungen gemachten Angaben im Durchschnitt auf etwa 550 cbm in der Minute. Der stärkste Strom, nämlich
900 cbm, fand sich auf Zeche Crone. Dagegen sind in früheren Jahren
höhere Leistungen erzielt worden. So brachte ein Ofen auf Zeche Hibernia im Jahre 1863 etwa 1300 cbm, ein anderer im Jahre 1873 auf Zeche
Shamrock 1500 cbm und im Jahre 1883 sogar 1740 cbm je Minute.

Die Verbrennung wurde bei einigen über Tage stehenden Oefen, wahrscheinlich weil der Ausziehstrom schlagende Wetter enthalten konnte, durch
frische Wetter, bei den meisten Oefen dagegen durch gebrauchte Grubenwetter unterhalten. Nur selten zogen, wie auf Zeche ver. Hagenbeck, sämtliche Grubenwetter durch den Ofen hindurch, vielmehr diente meist nur
ein Teil der Luftmenge, der von dem Hauptstrom abgezweigt wurde und
sich oberhalb des Ofens wieder mit ihm vereinigte, zur Unterhaltung des
Feuers. Natürlich war es zweckmässig diesen Teilstrom eher zu gross als
zu klein zu nehmen, damit eine vollständige Verbrennung erzielt wurde
und kein Kohlenoxyd entweichen konnte. Der Teilstrom betrug nach den
Angaben der Zechen durchschnittlich etwa 200 cbm je Minute und machte

auf den einzelnen Anlagen zwischen 7 und 45 %, der gesamten ausziehenden Wettermenge aus. Die Temperatur des Stromes nach der Vereinigung mit den Verbrennungsgasen des Ofens betrug nach den vorliegenden Angaben zwischen 35 und 40° C.

Jeder Ofen verbrauchte durchschnittlich etwa 2 t Kohlen je Tag. Dabei schwankten die Leistungen je nach der Zweckmässigkeit der Anlagen und den Widerständen der Grubenbaue zwischen 160 und 840 cbm in der Minute für jede täglich zur Verbrennung gelangende Tonne Steinkohlen. Die Betriebskosten, welche sich aus Kohlenverbrauch, Löhnen und Unterhaltungskosten zusammensetzten, gingen ebenfalls weit auseinander; sie betrugen im Durchschnitt in 24 Stunden 17,80 M. oder für das Minutenkubikmeter Grubenwetter 3,16 Pf. je Tag.

c) Dampfrohrleitungen im Schachte.

Ebenso wie die Wetteröfen wirken durch Erwärmung der Luftsäule Dampfrohrleitungen im ausziehenden Schachte. Sie finden im Gegensatz zu den erstgenannten Apparaten, die ihre Bedeutung fast ganz eingebüsst haben, auch heute noch auf den Gruben des Ruhrkohlenbezirks eine ausgedehnte Verwendung.

Nur in vereinzelten Fällen, bei wenig umfangreichen Gruben kann aber ein Wetterzug in genügender Stärke ausschliesslich durch die Wärmeabgabe einer Dampfleitung hervorgerufen werden. Nach den Anlagen zum Schlagwetterkommissionsbericht lag dieser Fall im Jahre 1883 nur auf 8 Schachtanlagen vor. Diese Zahl hat sich seitdem nicht wesentlich verändert, wenn auch die einzelnen Gruben gewechselt haben. Sie stieg bis zum Jahre 1900 auf 9. Die meisten dieser Betriebe, die alle in den südlichen Bergrevieren Hattingen, Witten, Werden und Dortmund I liegen sind Stollenzechen, die unterhalb der Stollensohle einen Abbau von geringem Umfange führen. Die hierbei auftretenden Wasser werden bis zur Stollensohle durch eine am tiefsten Punkte unter Tage aufgestellte und mit Dampf betriebene Pumpe gehoben, deren Dampfzuleitungsrohr zugleich für die Zwecke der Wetterversorgung nutzbar gemacht ist.

Weit verbreiteter sind dagegen Dampfleitungen auf solchen Gruben, deren Wetterstrom durch Ventilatoren hervorgerufen wird. Hier wirken sie je nach ihrer Lage im Ein- oder Ausziehschachte hemmend oder fördernd auf die Wetterversorgung ein, und zwar in einem Masse, das durchaus nicht gering anzuschlagen ist. In den Schächten des Bezirks waren im Jahre 1898 insgesamt 114 Dampfleitungen vorhanden, von denen nur 5 für die Erzeugung des Wetterzuges nicht in Betracht kamen, da sie in neutralen, d. h. nicht zur Wetterführung benutzten Schächten oder Schachttrummen eingebaut waren. Von den übrigen befanden sich

51 Leitungen in einziehenden und 58 in ausziehenden Schächten, 8 Gruben besassen sowohl im einziehenden wie im ausziehenden Strome eine Dampfleitung. Die Leitungsrohre waren fast in allen Fällen von einer Isoliermasse umgeben, die namentlich in den einziehenden Schächten meist sorgfältig und regelmässig geprüft und unterhalten wurde. Nur in drei Fällen, auf den Zechen Altendorf, Neu-Wesel und Westhausen, war die Dampfleitung unverkleidet im Schachte angebracht. Auf dem Schachte Neu-Wesel und dem Schachte in der nördlichen Mulde der Zeche Altendorf lagen sie im ausziehenden Wetterstrome und trugen durch starke Wärmeausströmung, allerdings unter empfindlichen Dampfverlusten, erheblich zur Vermehrung des Wetterzuges bei. Auf Zeche Westhausen befanden sie sich in einem besonderen Schachttrum, das an den Kamin der Kesselanlage angeschlossen war und aus einem unterirdischen Maschinenraum in der Minute 200 cbm verbrauchter Wetter absaugte. Auf Zeche Graf Beust liegt eine Dampfleitung, die an sich schon isoliert ist, noch in einem unten und oben mit Pitchpine-Bohlen wetterdicht abgekleideten Schachttrumm. Die in letzterem enthaltene Luftsäule dient somit als schlechter Wärmeleiter nur zur Vermeidung von Dampfverlusten, während ein Einfluss der Dampfleitung auf den Wetterstrom gänzlich vermieden wird.

Der lichte Durchmesser der Dampfrohrleitungen beträgt zwischen 60 und 300 mm. Die grösste Länge erreichen sie auf dem tonnlägigen Schachte der Zeche Langenbrahm mit 740 m und auf Zeche Hibernia mit 610 m.

Der Einfluss der Dampfleitungen auf die Wetterversorgung kommt in der Stärke und Richtung des nach Ausserbetriebsetzung des Ventilators noch vorhandenen Wetterzuges zum Ausdruck. Doch lässt sich, ausser vielleicht bei Neuanlagen und grossen Reparaturen, durch direkte Messungen nicht feststellen, in welchem Masse sie eine Zunahme bezw. Verminderung des Wetterzuges herbeizuführen vermögen, weil sich im Betriebe wohl kaum Gelegenheit bietet, die Leitung durch Absperren des Dampfes auf längere Zeit kalt zu stellen. Dagegen ist es unter günstigen Umständen möglich, die durch die Wärmeausstrahlung der Dampfleitung bewirkte Temperaturerhöhung des Luftstromes zu messen und daraus die Luftverdünnung im ausziehenden Schachte und die Zunahme des Auftriebes ihrem ungefähren Werte nach zu berechnen. Genauere Versuche der angedeuteten Art sind leider nicht bekannt Immerhin liegt auf der Hand, dass die Erwärmung des Luftstroms durch Dampfleitungen eine recht kostspielige und daher unzweckmässige Art der Wetterstromerzeugung ist, weil die Erzeugung des Dampfes in den Dampfkesseln mit grossen Wärme- und Energieverlusten verbunden ist.

2. Erzeugung des Wetterzuges auf mechanischem Wege.

Die bisher erwähnten Ventilationsmittel, welche alle durch Erwärmung der Luftsäule des Ausziehschachtes wirken, sind nicht geeignet, den grossen Bedarf der westfälischen Gruben an frischen Wettern zu befriedigen und treten daher gegenüber den Ventilationsmaschinen immer mehr zurück. Der geringe Anteil, den sie an der Wetterversorgung des ganzen Bezirks haben, ergiebt sich daraus, dass im Jahre 1900 auf den nicht mit einem Ventilator ausgerüsteten Gruben

die Förderung 587 000 t oder etwa 1 $^0/_0$ der gesamten Förderung,

die Belegschaft 2 682 Mann oder etwa 1,2 $^0/_0$ der gesamten Belegschaft,

die ausziehende Wettermenge je Minute 5 462 cbm oder etwa 1,26 $^0/_0$ der gesamten Wettermenge

ausmachte.

Die zunehmende Bedeutung der Ventilatoren dagegen ist aus folgender Tabelle zu ersehen, in der die Anzahl der Wettersysteme und die Art der Wettererzeugung in den Jahren 1883, 1898 und 1900 gegenüber gestellt ist.

Tabelle 53.

Lfd. No.	Jahr	Anzahl der vorhandenen Wettersysteme	Anzahl der Wettersysteme, in denen der Wetterstrom erzeugt wurde:								
			a durch natürlichen Wetterzug	b durch Wetteressen	c durch Wetteröfen	d durch Wetteröfen mit Wetteressen	e durch Dampfrohrleitungen	Summe a—e	Anteil von a—e $^0/_0$	f durch Ventilatoren oder andere Maschinen	Anteil von f in $^0/_0$
1	1883	187	6	38	41	7	8	100	53,5	87	46,5
2	1898	234	7	6	—	10	7	31	13,2	204	86,8
3	1900	228	8	7	—	2	9	26	10,9	212	89,1

a) Strahlapparate, Volum- und Schraubenventilatoren.

Zu den Ventilationsmaschinen sind auch die Dampfstrahlapparate zu rechnen, die zwar eine Erwärmung des ausziehenden Luftstromes herbeiführen, deren Wirkung aber in der Hauptsache auf einer beschleunigten mechanischen Fortbewegung der einzelnen Luftteilchen beruht. Diese Apparate sind in früheren Jahren in wenigen Fällen zur Ventilation ganzer Grubengebäude benutzt worden, so z. B. auf Zeche Alstaden, auf der ein von Körting in Hannover gebauter Dampfstrahlapparat bei $3^1/_2$ Atm. Dampfüberdruck 186 cbm Luft je Minute lieferte und dabei 3 mm Depression erzeugte. Da ihre Leistungen sich jedoch auf kleine Wettermengen beschränken, sind die Strahlapparate für die Hauptventilation ganz in Fortfall gekommen; bei der Separatventilation werden sie dagegen noch häufig angewandt und sollen daher in jenem Kapitel näher beschrieben werden.

Eine zweite Art von Wettermaschinen, die sogenannten Volum-Ventilatoren, die bei jeder Umdrehung ein unveränderliches Wetterquantum liefern, und bei denen keine offene Verbindung zwischen der freien Luft und den Grubenbauen besteht, sondern die Maschine den Wetterkanal jederzeit vollständig absperrt, sind ganz aus dem Grubenbetriebe verschwunden. Als die wichtigsten Maschinen dieser Art sind die Fabryschen Wetterräder anzusehen, mit denen Anfangs der fünfziger Jahre in Westfalen die ersten Versuche angestellt wurden, und die sich, wie auch die graphische Darstellung auf Tafel IX zeigt, in allerdings nicht sehr grosser Anzahl lange Jahre erhalten haben. Zur Zeit der Untersuchungen der Preussischen Schlagwetterkommission waren noch 11 Fabry-Räder in Betrieb, jedoch wurden sie bereits damals als veraltet angesehen und sind daher bei Beschaffung neuer Maschinen allmählich beseitigt worden. Das letzte Fabry-Rad wurde im Jahre 1894 auf der Zeche Graf Beust abgebrochen.

Unter den Wettermaschinen der neueren Zeit, den Grubenventilatoren, die nunmehr zu besprechen sind, nahmen die sogenannten Schraubenventilatoren eine besondere Stellung ein, weil sie nicht auf der Wirkung der Centrifugalkraft beruhten, sondern die Luft bei ihnen parallel zur Achse des Flügelrades in den Apparat eintrat und durch schraubenförmig gestellte Flügel in derselben Richtung weitergedrängt wurde. Eine auf diesem Prinzip beruhende Maschine wurde im Jahre 1882 von der Maschinenfabrik R. W. Dinnendahl in Huttrop für die Zeche Ver. Hannover Schacht I erbaut. Ihre Leistung betrug bei 120 Umdrehungen je Minute 15 mm Depression und 285 cbm Wetter. Die Konstruktion wurde nicht wieder ausgeführt und die Anlage auf Ver. Hannover im Jahre 1893 beseitigt.

Die Kaselowskischen Schraubenventilatoren, welche von Schwartzkopff in Berlin gebaut wurden, und aus 12 windmühlenartig an einer Achse befestigten Flügeln bestanden, gehören ebenfalls hierher. Auch diese Apparate haben sich zur Bewegung grosser Wettermengen nicht bewährt und haben daher keine Verbreitung gefunden. Sie wurden auf den Zechen Borussia und Siebenplaneten in den Jahren 1878 bezw. 1879 bis 1890 verwendet. Die Leistungen beider Maschinen werden in den Anlagen zum Bericht der Schlagwetterkommission bei 2,6 bezw. 2,0 m Raddurchmesser und bei 320 bezw. 500 Touren je Minute auf 617 bezw. 1 000 cbm Luft und 35 bezw. 37,5 mm Depression angegeben.

Additional information of this book

(Die Entwickelung des Niederrheinisch-Westfälischen Steinkohlen-Bergbaues in der zweiten Hälfte des 19. Jahrhunderts; 978-3-642-98908-7; 978-3-642-98908-7_OSFO4) is provided:

http://Extras.Springer.com

b) Centrifugalventilatoren.

α) Allgemeines.

Auch in der Konstruktion der Centrifugalventilatoren, die für die Wetterversorgung grösserer Grubengebäude z. Z. allein in Betracht kommen, haben erhebliche Umwälzungen stattgefunden. Die in den Jahren 1869—71 mit der Untersuchung der Wetterführung auf den westfälischen Gruben betraute Kommission hatte sich nur mit einer einzigen Klasse der Centrifugalventilatoren, nämlich mit den Guibal-Ventilatoren zu befassen, die aber bereits eine solche Vollkommenheit in der Konstruktion und Leistungsfähigkeit besassen, dass sie sich auf einer grösseren Anzahl von Zechen, wenn auch fast nur als Reserve, bis zum Jahre 1900 erhalten konnten. Die Preussische Schlagwetter-Kommission fand dagegen bei ihren Befahrungen eine ganze Reihe neuer Ventilatorsysteme vor, bei denen im Gegensatz zu den grossen, langsam laufenden Guibal-Rädern eine bedeutende Umfangsgeschwindigkeit bei verhältnismässig kleinem Raddurchmesser dadurch erzielt wurde, dass die Uebertragung der Betriebskraft von der Dampfmaschine auf den Ventilator nicht direkt, sondern mittelst Riemen- oder Seiltransmission erfolgte.

Das erste dieser Systeme, die man vielfach als »Schnellläufer« bezeichnete, wurde im Jahre 1876 auf dem Schacht Schleswig der Zeche Hörder Kohlenwerk durch die Maschinenfabrik C. Schiele & Co. in Manchester ausgeführt. In kurzen Zeiträumen folgten dann weitere Konstruktionen von Pelzer, Winter, Wagner, Moritz und anderen Erfindern, die vielfache Anwendung fanden, sodass im Jahre 1883 diese Systeme hinsichtlich der Zahl der vorhandenen Ventilatoren den Guibal bereits überholt hatten. Von allen diesen Konstruktionen hat sich bis zum Jahre 1900 nur diejenige von Pelzer, allerdings in wesentlich verbesserter Form erhalten, alle übrigen waren teils überhaupt verfehlt, teils sind sie von Systemen, die sich besser bewährten, allmählich verdrängt worden. Neu aufgetreten sind in dieser Zeit folgende Systeme: Kley, Geisler, Capell, Rateau und Mortier. Sie allein kommen heute neben den Pelzer-Ventilatoren für die Wetterversorgung der westfälischen Gruben in Betracht, die übrigen stehen, soweit sie aus früherer Zeit noch erhalten sind, fast ausschliesslich in Reserve und werden bald vollständig verschwinden.

Die Verbreitung der einzelnen Ventilatorsysteme ergiebt sich aus der graphischen Darstellung auf Tafel IX, die unter Fortführung einer bereits in den Anlagen zum Schlagwetterbericht enthaltenen Statistik vom Jahre 1856 bis zum Jahre 1900 reicht und sämtliche Ventilatoren umfasst. Nur bei einigen älteren Anlagen war der Zeitpunkt, an dem sie beseitigt worden sind, nicht genau bekannt. Bemerkenswert ist aus der Uebersicht

neben der grossen Bedeutung der Guibal-Räder in früherer Zeit die
ausserordentliche Verbreitung der Capell-Ventilatoren in den letzten Jahren.
Die Darstellung auf Tafel X weist in etwas kleinerem Massstabe in
einer Kurve die Gesamtzahl der im Bezirke in den Jahren 1856 bis
1900 vorhanden gewesenen Ventilatoren nach. Sie zeigt die schnelle Vermehrung der maschinellen Einrichtungen zur Wetterversorgung, die im
Jahre 1900 durch 316 Apparate vertreten waren und seitdem noch eine
weitere Steigerung erfahren haben. Ueber die Verbreitung der einzelnen
Ventilatorsysteme und ihre Verwendung, teils zum ständigen Betriebe, teils
als Reserve, in den Jahren 1883, 1898 und 1900 giebt nachfolgende Tabelle
Aufschluss.

Tabelle 54.

No.	Ventilator-System	Im Jahre 1883 waren vor-handen	Davon standen in Betrieb	in Reserve	Im Jahre 1898 waren vor-handen	Davon standen in Betrieb	in Reserve	Im Jahre 1900 waren vor-handen	Davon standen in Betrieb	in Reserve
1	Capell	—	—	—	89	75	14	106	85	21
2	Dinnendahl. . .	1	1	—	—	—	—	—	—	—
3	Fabry	11	8	3	—	—	—	—	—	—
4	Geisler	—	—	—	14	11	3	19	13	6
5	Guibal	46	40	6	23	16	7	19	3	16
6	Kaselowski . . .	2	2	—	—	—	—	—	—	—
7	Kley	—	—	—	9	7	2	11	6	5
8	Moritz	—	—	—	17	9	8	11	5	6
9	Mortier.	—	—	—	12	9	3	14	10	4
10	Pelzer	18	7	1	55	42	13	57	41	16
11	Rateau.	—	—	—	28	25	3	44	36	8
12	Schiele.	8	4	4	6	6	—	3	—	—
13	Wagner	1	1	—	5	2	3	3	2	1
14	Winter	13	13	—	33	17	16	29	14	15
	Sa.	100	86	14	291	204	87	316	212	104

Aus dieser Uebersicht ergiebt sich, dass von allen Systemen in neuerer
Zeit fast nur diejenigen von Capell und Rateau in grösserer Zahl neu beschafft
worden sind. Bemerkenswert ist ferner die Vermehrung der Zahl der
Reserve-Ventilatoren. Als solche dienen nicht nur veraltete Apparate,
die auf der Grube aus früherer Zeit vorhanden sind, sondern in vielen
Fällen wurden zwei moderne Ventilatoren neu angeschafft, von denen
jeder für sich zur Wetterversorgung der Grube ausreicht, so dass eine

Additional information of this book

(Die Entwickelung des Niederrheinisch-Westfälischen Steinkohlen-Bergbaues in der zweiten Hälfte des 19. Jahrhunderts; 978-3-642-98908-7; 978-3-642-98908-7_OSFO5)

is provided:

http://Extras.Springer.com

für die regelmässige Untersuchung und Instandsetzung der Maschinen sehr zweckmässige Abwechslung im Betriebe beider Ventilatoren stattfinden kann.

β. Die einzelnen Ventilatorsysteme.

Rateau-Ventilator.

Unter allen im Ruhrbezirk vertretenen Ventilatorsystemen ist dasjenige von Rateau theoretisch das vollkommenste, weil es zur Erzeugung eines hohen Wirkungsgrades neben einer guten Ausnutzung der dem Luftstrome erteilten lebendigen Kraft durch seine Konstruktion in weitestem Masse alle infolge von Stössen und plötzlichen Richtungsveränderungen in der Bewegung der Luft entstehenden Kraftverluste vermeidet. Der Ventilator von Rateau besteht, wie alle neueren Centrifugalventilatoren, aus 3 Teilen, dem Flügelrad, dem Saughals und dem Diffusor.

Das einseitig saugende Flügelrad, welches auf der Achse fliegend angeordnet ist, hat eine doppelte Aufgabe zu erfüllen, nämlich sowohl den stossfreien Uebergang des Luftstromes in die durch die Flügel gebildeten Luftkanäle zu vermitteln, als auch die auf die Ventilatorachse übertragene mechanische Energie dem Luftstrome mitzuteilen. Es besteht aus einem kreisbogenförmig gekrümmten, auf der Achse sitzenden Radboden und den darauf befestigten, entsprechend gebogenen Flügeln. Bei grösseren Anlagen, wie z. B. dem in Figur 21 a — c abgebildeten Ventilator, ist der Radboden mehrteilig und besteht aus der gusseisernen Nabe N (Fig. 21 a) und den Stahlblechsegmenten S, die mit ersterer und untereinander fest vernietet sind. Vor der Nabe, bezw. vor der Achse sitzt im Innern des Saugraumes noch eine kleine zugespitzte Haube h, welche die angesaugten Wetter stossfrei auf den Umkreis des Radbodens verteilen soll, während die Krümmung des letzteren hauptsächlich dazu dient, den Uebergang des Luftstromes von der axialen in die radiale Richtung möglichst zu erleichtern.

Die vermittelst angenieteter Winkeleisen auf dem Radboden befestigten Flügel, deren Zahl je nach der Grösse des Ventilators 18—24 beträgt, sind aus gepresstem Stahlblech angefertigt und ragen in den Saugraum frei hinein. Sie sind nach zwei Richtungen gekrümmt, nämlich einmal nach vorwärts (in der Dreh-Richtung des Rades), wodurch die absolute Geschwindigkeit der Luft bei ihrem Austritt aus dem Rade und damit zugleich der manometrische Wirkungsgrad der Anlage erhöht wird (vergl. »Der manometrische Wirkungsgrad« Seite 227). Ausserdem ist aber die dem Saugkanale zugewandte Spitze ebenfalls in der Drehrichtung umgebogen und nimmt dadurch eine ähnliche Stellung ein, wie sie den Flügeln der Schraubenventilatoren eigentümlich ist. Durch diese Einrichtung soll die parallel zur Ventilatorachse einströmende Luft allmählich

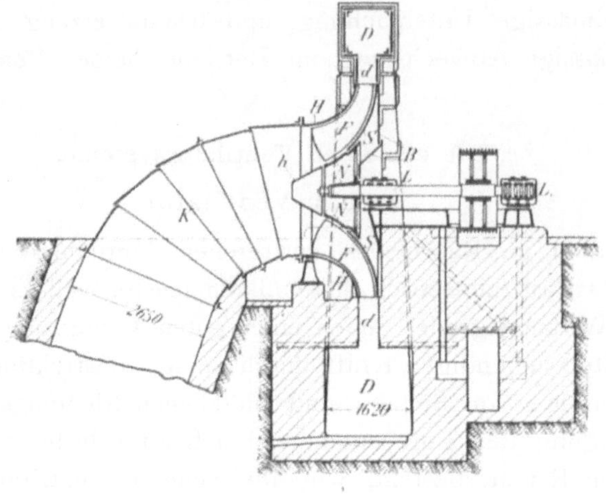

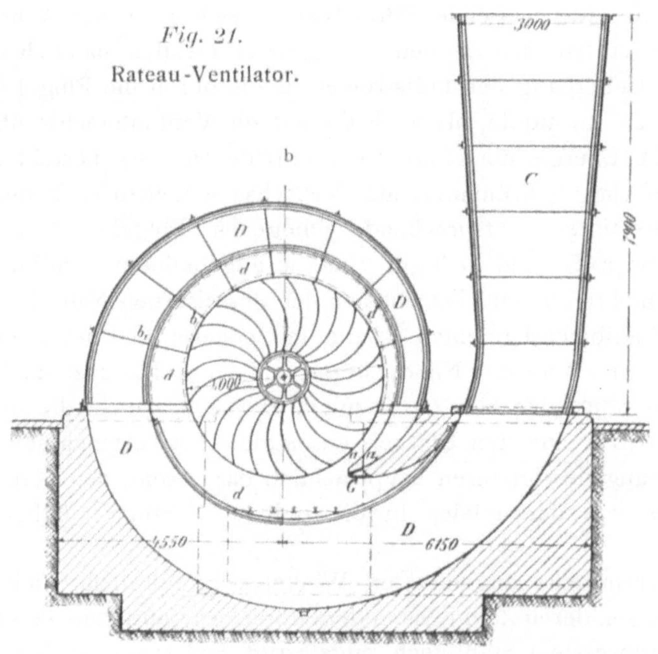

Fig. 21.
Rateau-Ventilator.

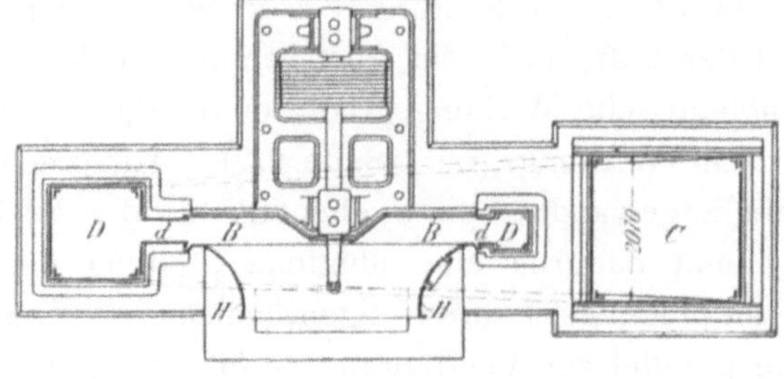

in Rotation versetzt und der Uebergang zu der senkrecht zur Achse gerichteten relativen Austrittsbewegung erleichtert werden. Die durch die doppelte Krümmung geschaffene Flügelform ist aus den Figuren 22 und 23 ersichtlich, welche zwei in Aufstellung begriffene Rateau-Ventilatoren wiedergeben. Die Breite der Flügel nimmt nach der Peripherie des Rades allmählich ab, und zwar in demselben Masse, in welchem die Entfernung zwischen den einzelnen Flügeln in radialer Richtung wächst. Dadurch wird erreicht, dass der Querschnitt der durch die Flügel gebildeten einzelnen Luftkanäle überall gleichen Flächeninhalt besitzt und infolgedessen auch die Luftströme sich von ihrem Eintritt bis zum Austritt aus dem Rade mit gleichmässiger Geschwindigkeit bewegen. Auf diese Weise werden Wirbelbildungen und Kraftverluste verhindert, die eintreten müssten, wenn die Weite der Kanäle nach aussen hin zunehmen würde.

Der äussere Abschluss des Ventilators wird durch die gusseiserne Haube H (Fig. 21 c) gebildet, die an geeigneter Stelle mit einem Mannloch versehen ist und den äusseren Flügelrand an der dem Radboden gegenüberliegenden Seite mit geringem Spielraum umschliesst. Den Uebergang zum Saugkanal bildet der eiserne Krümmer K (Fig. 21 a), der durch entsprechende Biegung dem natürlichen Verlauf des Wetterstromes möglichst angepasst ist.

Um den durch die einseitige Wirkung der atmosphärischen Luft auf das Flügelrad entstehenden seitlichen Achsendruck auszugleichen, befindet sich hinter der Rückwand des Rades ein festes ringförmiges Blech B, welches die Radachse dicht umschliesst. Es soll den Zutritt der atmosphärischen Luft an die hintere Wand des Flügelrades verhindern und ist, wie Figur 21 a zeigt, in seinem mittleren Teile nach der Saugöffnung zu eingebuchtet, damit das Lager L, auf dem die Achse ruht, dem Schwerpunkte des Rades möglichst nahe gebracht werden kann. Durch schmale Oeffnungen zwischen dem Rande der Nabe N und der Haube h wird in dem durch dieses Blech abgesperrten Raume hinter dem Flügelrade eine Depression erzeugt, die derjenigen des Saugraumes nahezu gleichkommt. Auf diese Weise gelingt es, die Druckdifferenz zwischen der äusseren Atmosphäre und dem Saugkanal, die das Rad beständig in der Richtung auf letzteren hindrängt, bis zu 90 % auszugleichen. Zur grösseren Sicherheit ist aber noch das äussere Achsenlager L_1, wie aus Figur 21 a ersichtlich, als Kammlager konstruiert; es soll namentlich bei Undichtigkeiten in der Rückwand die Wirkung des seitlichen Druckes auf die Achse unschädlich machen. Da ein solcher Fall jedoch bisher nicht vorgekommen ist, hat man bei den neuesten Anlagen von der Anbringung eines Kammlagers Abstand genommen.

Von besonderem Interesse ist bei den Rateau-Ventilatoren die Kon-

Fig. 22.

Rateau - Ventilatoren.

Fig. 23.

Rateau - Ventilator.

struktion des Diffusors. Sie zeigt, mit welcher Sorgfalt der Erfinder darauf bedacht gewesen ist, alle Kraftverluste, die durch den scharfen Anprall oder die gegenseitige Reibung mehrerer Luftströme von verschiedener Richtung oder Geschwindigkeit entstehen können, zu vermeiden. Infolge der hohen absoluten Ausflussgeschwindigkeit, die der Ventilator dem Luftstrome erteilt, ist aber auch ein guter Diffusor für ihn von besonderer Wichtigkeit, damit die lebendige Kraft der Luft möglichst vollständig wiedergewonnen wird. Der Diffusor besteht aus drei Teilen: Zunächst aus dem seitlich von zwei senkrechten Wänden begrenzten kleinen Diffusorraum d (Fig. 21b), der sich an das Flügelrad unmittelbar anschliesst und überall die gleiche Breite wie dieses an seinem äusseren Umfange, aber eine in der Drehrichtung des Rades zunehmende Höhe besitzt. Zweitens aus dem grossen Diffusorraum D, der den ersteren spiralförmig umgiebt und quadratischen Querschnitt mit abgerundeten Ecken besitzt. Die innere Weite dieses Raumes wächst in demselben Masse, in welchem der kleine Diffusorraum an Höhe zunimmt. Als dritter Teil endlich schliesst sich an den grossen Diffusorraum ein senkrechter Kamin C an, der ebenfalls einen quadratischen, nach oben sich erweiternden Querschnitt besitzt.

Der Zweck dieser Konstruktion, die sich von den meisten anderen Ventilatorsystemen durch die Teilung des spiralförmigen Diffusors in zwei verschieden geformte Räume d und D unterscheidet, und die häufig wegen der plötzlichen Querschnittsveränderungen des Diffusors in radialer Richtung als unnötig oder gar schädlich angesehen wird, ist eben die Vermeidung aller Stösse bei der allmählichen Umwandlung der Geschwindigkeit des Luftstromes in statischen Druck. Die Luft entströmt dem Flügelrade an ihrem ganzen Umfange mit der gleichen Geschwindigkeit. Während aber ein Luftteilchen, welches an dem Punkte a_1 (Fig. 21b) mit der Geschwindigkeit v in den Diffusor D gelangt, auf seinem Wege durch den letzteren infolge der allmählichen Querschnittszunahme Gelegenheit hat, seine Schnelligkeit zu ermässigen, und daher an dem Punkte b_1 mit der geringeren Geschwindigkeit v_1 ankommt, würde ein Luftteilchen, welches bei b austritt, wenn der Zwischendiffusor d nicht vorhanden wäre, mit der vollen Geschwindigkeit v auf den bereits verlangsamten Luftstrom in dem grossen Diffusor stossen und es würden sich daraus Reibungsverluste ergeben. Durch Einschalten des Zwischendiffusors wird aber auch die Geschwindigkeit des bei b austretenden Luftteilchens ermässigt, weil der Zwischendiffusor sich in radialer Richtung erweitert, und zwar ist seine Höhe von Rateau so bemessen worden, dass das Luftteilchen beim Uebergange in den grossen Diffusor der an dem Punkte b_1 stattfindet, gerade die in diesem herrschende geringere Geschwindigkeit v_1 angenommen hat und daher ohne jede Reibung in den grossen Diffusor eintreten kann. In entsprechender Weise wie bei diesem Beispiel reguliert sich natürlich der Austritt der Luft an dem ganzen Radumfange.

Die beiden Achsenlager L und L_1, welche bei allen neueren Ventilatoren dieses Systems mit Ringschmierung versehen sind, liegen völlig frei und ruhen auf einem gusseisernen Rahmen, der seinerseits in dem Fundament des Ventilators verankert ist. Letzteres sowie der untere Teil des Diffusors ist aus Mauerwerk hergestellt. Ein gusseiserner Schuh unterstützt die aus Figur 21b ersichtliche, in den Diffusorraum hineinragende gemauerte Nase. Der obere Teil des Ventilators, der über Flurhöhe liegt, besteht ganz aus Eisen.

Der Rateau-Ventilator wird von der Firma Schüchtermann & Kremer in Dortmund gebaut, welche das Recht zur Verwertung des Patentes für Deutschland erworben hat. Er wird je nach der vorhandenen Grubenweite in neun verschiedenen Grössen geliefert, wobei der Durchmesser des Flügelrades zwischen 0,5 und 4,0 m und derjenige der Saugöffnung zwischen 0,3 und 2,4 m schwankt.

Der erste Rateau gelangte im Ruhrkohlenbezirk im Jahre 1894 auf der Zeche Schlaegel und Eisen, Schacht II zur Aufstellung. Seit dieser Zeit hat sich das System infolge seiner guten Leistungen trotz der verhältnismässig hohen, durch die umständliche Anfertigung der doppelt gekrümmten Flügel bedingten Anlagekosten eine rasch steigende Beliebtheit erworben. Im Jahre 1900 betrug die Zahl der vorhandenen Apparate bereits 44, von denen 36 in regelmässigem Betriebe und 8 in Reserve standen. Seitdem ist eine Anzahl weiterer Neuanlagen teils vollendet, teils in Aufstellung begriffen.

Ueber die Leistungen der Rateau-Ventilatoren bietet Tabelle 55 a. folgd. S. eine Uebersicht. Sie enthält Beobachtungsresultate von 15 Ventilatoren, die sich bei Versuchen der Zechenverwaltungen ergeben haben und einigen Anspruch auf Genauigkeit haben dürften. Die Versuche wurden zum Teil einer Nachprüfung unterzogen; auch wurde bei allen der Wert der Geschwindigkeitshöhe von der statischen Depression in Abzug gebracht (vergl. »Die Depression« Seite 195).

Die Versuche ergaben im Durchschnitt einen manometrischen Wirkungsgrad von 79 % und einen mechanischen Nutzeffekt von 58,1 % für die Gesamtanlage einschliesslich der Antriebsmaschine. Die Höhe des mechanischen Wirkungsgrades erklärt sich häufig durch Nichtberücksichtigung des natürlichen Wetterzuges, der insbesondere bei den Anlagen mit mehr als 60 % mechanischer Nutzleistung, z. B. auf den Zechen Zollern, Dannenbaum I, Centrum I/III u. s. w., bei Stillstand des Ventilators in beträchtlicher Stärke festgestellt wurde. In besonderem Masse dürfte dieser Einfluss bei dem nicht in die Tabelle aufgenommenen

Rateau-

Lfd. Nr.	Name der Schachtanlage	Jahr der Aufstellung des Ventilators	Flügelrad-Durchmesser m	Umdrehungszahl		Umfangs-geschwindig-keit des Flügelrades je Sekunde m
				der Antriebs-maschine	des Ventilators	
1.	Preussen I	1894	3,4	50	150	26,72
2.	Zollern	1895	3,4	58,5	212	37,74
3.	Consolidation III/IV . .	„	4,0	48	160	33,52
4.	Vollmond	1896	3,4	59	176	31,3
5.	Prinz Regent	„	3,4	51	173,5	30,8
6.	Centrum I/III	„	4,0	42	126	26,38
7.	Hansa	1897	4,0	55	181,5	31,99
8.	Dannenbaum I.	„	3,4	59	203	36,1
9.	Gneisenau	1898	4,0	56	185	38,71
10.	Neu-Iserlohn I	„	3,4	53,5	160	28,48
11.	Mathias Stinnes	„	4,0	70	186	38,95
12.	A. v. Hansemann . . .	1899	4,0	50	133	27,8
13.	Alma	„	3,4	66	199	35,41
14.	Victor	„	2,8	61	228	33,4
15.	Neu-Essen	1900	4,0	40	132,5	27,76

Ventilator auf Schacht Hugo II vorherrschen, der nach den Angaben der Verwaltung bei 198 Touren des Flügelrades einen manometrischen Effekt von 84 % und einen mechanischen Wirkungsgrad von über 69 % ergeben haben soll, obwohl der Ventilator bei einem Durchmesser von 4,0 m der Grubenweite durchaus nicht angepasst war. Der natürliche Wetterzug betrug auf diesem Schachte Ende 1898 über 1 100 cbm je Minute.

Wenn demnach auch die einzelnen Beobachtungen keinen genauen Schluss auf die Güte des Ventilatorsystems gestatten, so kann man doch bei der grossen Zahl der Versuche annehmen, dass bei der Durchschnitts-berechnung ein Resultat herauskommt, bei dem etwa ein mittelstarker natürlicher Wetterzug mitgewirkt hat, zumal da diejenigen Gruben, bei denen ungewöhnlich günstige Resultate, nämlich ein mechanischer Wirkungsgrad von 65 % angegeben war, ganz aus der Berechnung aus-geschieden sind.

Nach denselben Gesichtspunkten sind auch bei den übrigen Ventilatorsystemen, soweit es möglich war, die Durchschnittsleistungen berechnet worden, um einen ungefähren Vergleichswert zu erhalten. Ein-gehende Versuche mit Berücksichtigung des natürlichen Wetterzuges, die

Ventilatoren.   Tabelle 55.

Depression		Mano-metrischer Wirkungs-grad $\frac{h}{H}$	Luftmenge je Minute	Leistung		Me-chanischer Wirkungs-grad	Aequi-valente Oeffnung der Grube	Der Ventilator ist gebaut für eine Grubenweite von	Lfd. Nr.
beobachtete h	theoretische H			der Maschine	des Ventilators				
mm	mm	%	cbm	PSi	PSe	%	qm	qm	
53	87	61	2 120	44	25	56,8	1,73	1,8—2,6	1.
153	174	91	3 828	201	130	64,7	1,93	1,8—2,6	2.
100	137	73	4 800	206	106	51,8	3,04	mehr als 2,6	3.
102	119	86	2 250	87	51	58,7	1,40	1,8—2,6	4.
89	116	77	2 196	88,3	44	49,7	1,43	desgl.	5.
76	85	89	4 554	119,9	76	63,3	3,31	mehr als 2,6	6.
135	177	76	4 650	243	139	57,2	2,54	desgl.	7.
127	—	85	2 060	90,4	58	64,3	1,14	1,8—2,6	8.
129	184	70	5 560	253	158	62,4	3,02	mehr als 2,6	9.
81	98	83	3 555	106,6	64	60,0	2,40	1,8—2,6	10.
140	185	76	2 215	112	69	61,5	1,18	mehr als 2,6	11.
76	94	81	2 340	65,9	39,5	59,9	1,63	desgl.	12.
107	153,4	70	2 151	100,8	51	50,8	1,32	1,8—2,6	13.
115	135	85	2 500	120	64	53,0	1,48	1,25—1,8	14.
70	94,3	84	3 060	82,1	47,6	58,0	2,28	mehr als 2,6	15.
		Durchschnitt 79 %				58,1 %			

allein über die Vorzüge und Nachteile der einzelnen Konstruktionen Aufschluss geben können, stehen leider noch aus.

In anderer Beziehung bemerkenswert sind die Versuche mit einem Rateau-Ventilator auf Zeche Victor aus dem Jahre 1896, weil er mit einer alten Antriebsmaschine verbunden war und infolgedessen die mechanische Nutzleistung der Gesamtanlage auf 38,5 % herabsank. WeitereVersuche über zwei Rateau-Ventilatoren auf der Zeche König Wilhelm sind in dem Abschnitt über den gleichzeitigen Betrieb mehrerer Ventilatoren a. S. 340 enthalten. Im Anschluss an die Besprechung der Capell-Ventilatoren sind endlich auf S. 279 auch Vergleichsresultate zwischen einem Ventilator dieses Systems und einem Rateau, die auf einem Schachte der Zeche Victor unter gleichen Verhältnissen arbeiten, einander gegenübergestellt.

Pelzer-Ventilator.

Mit dem Rateau- besitzt der Pelzer-Ventilator eine grosse Aehnlichkeit. Er wurde zuerst von der Firma Petry & Hecking in Dortmund als Schnellläufer gebaut und ist ein komb. Schrauben- und Centrifugal-Ventilator. Seine ursprüngliche Form giebt Fig. 24 wieder. Auf der

Ventilatorachse ist die Nabe N angebracht, die zur Befestigung eines der
Grösse des Rades entsprechenden Blechkonus b dient. Auf letzterem sind
die nach dem Saugkanal zu etwas schraubenförmig gebogenen Flügel F
aufgenietet, welche den Zweck haben, der aus dem Saugkanal S ge-
schöpften und in axialer Richtung heranströmenden Luft allmählich eine
Bewegung senkrecht zur Achse zu erteilen. Zur Versteifung der Flügel

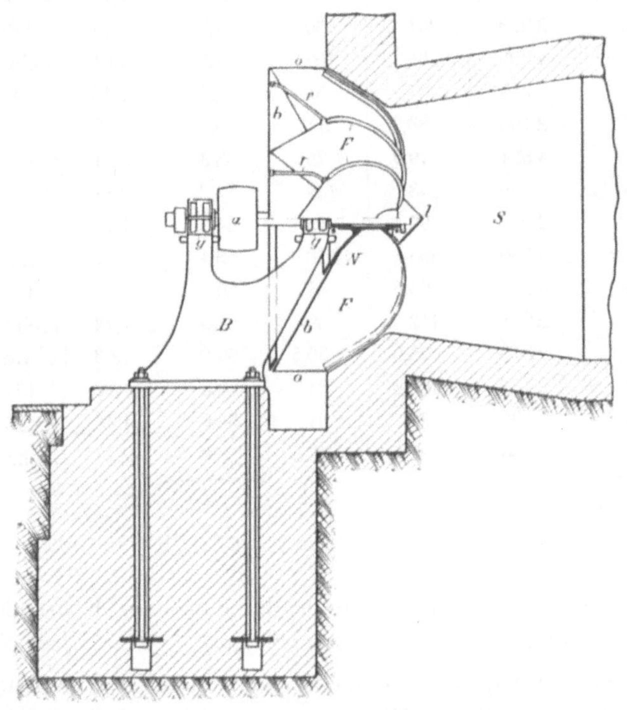

Fig. 24.

Combinirter Schrauben- und Centrifugal-Ventilator, System Pelzer.
(Ursprüngliche Form.)

ist ihr äusserer in den Saugkanal ragender Rand durch besondere Anker r
mit dem Blechkonus b verbunden. Die Achse des Flügelrades ist einseitig
auf einem gusseisernen Bock B mittelst der beiden Lager g verlagert,
zwischen denen, ähnlich wie bei dem Rateau-Ventilator, die Antriebsscheibe a auf der Achse sitzt. Die dem Wetterstrom zugekehrte Seite der
Achse ist durch den Blechkonus l verdeckt. Der gusseiserne Bock ist
mittelst langer Schrauben im Fundament befestigt. Der gemauerte Saugkanal ist soweit fortgeführt, dass er die Ventilatorflügel auf eine kurze
Strecke dicht umschliesst. An seinem äussersten Umfange bei o liegt das

Rad jedoch völlig frei, sodass die aus dem Wetterkanale angesaugte Luft dort nach allen Seiten frei ausströmen kann. Ein Diffusor ist bei der ältesten Form des Pelzer-Ventilators nicht vorhanden.

Dieser Typus wurde bis zum Jahre 1884 gebaut. Zur Zeit der Untersuchung durch die Preussische Schlagwetter-Kommission standen im Oberbergamtsbezirk Dortmund 18 derartige Ventilatoren in Betriebe, 2 kamen im nächsten Jahre neu hinzu, sodass diese Klasse insgesamt durch 20 Apparate vertreten war. Ein grosser Teil derselben ist inzwischen wegen Abnutzung oder zu geringer Leistungsfähigkeit beseitigt worden; im Jahre 1900 waren nur noch 11 Ventilatoren der ältesten Konstruktion vorhanden und zwar standen dieselben fast ausschliesslich in Reserve. Der mechanische Wirkungsgrad betrug nach den Anlagen zum Schlagwetterkommissionsbericht bei dem Pelzer auf Zeche Maria Anna und Steinbank $26\,^0/_0$ und bei dem durch eine Dampfleitung im Ausziehschachte unterstützten Ventilator auf Ver. Westfalia $40\,^0/_0$. Der manometrische Effekt wurde zu $48,6\,^0/_0$ bezw. $44,9\,^0/_0$ ermittelt. Zur Zeit ist naturgemäss die manometrische und mechanische Nutzleistung infolge des Verschleisses von Maschinen und Flügelrädern eine höchst ungünstige.

Zur Verbesserung seines Ventilators sah sich der Erbauer Pelzer zunächst veranlasst, besondere Schöpfschaufeln s anzubringen (Fig. 25a u. b), die mit den einzelnen Flügeln fest verbunden waren und anfangs vorspringende Ecken mit ihnen bildeten. Sie wurden an ihrem nach der Peripherie zu gelegenen äusseren Rande durch einen cylindrisch oder schwach konisch geformten Ring r mit einander verbunden, wodurch die Festigkeit des Rades erheblich erhöht wurde. Auch wurde aus demselben Grunde der seitliche Rand der Flügel F durch den Blechkonus k teilweise bedeckt. Die Schöpfschaufeln, die in der ersten Zeit ganz flach waren, erhielten bald eine gekrümmte Form, indem ihre in den Saugkanal ragenden Spitzen in der Drehrichtung des Rades gebogen wurden. Dadurch wurde der Bewegung der Luft mehr Rechnung getragen und wurden sowohl bei ihrem Eintritt in die Schöpfschaufeln wie beim Uebergange auf die eigentlichen Flügel Stösse und Wirbelbildungen vermieden. Die Achsenlager g wurden bei dem Schöpfschaufelventilator auf beide Seiten des Flügelrades verteilt und dieses an seinem ganzen Umfange mit einem spiralförmigen, allmählich sich erweiternden Diffusor D umgeben, der in einen gemauerten Kamin K von rechteckigem, nach oben allmählich zunehmendem Querschnitt auslief.

Die nach diesem Typus gebauten Ventilatoren, von denen im Jahre 1900 noch 18 in Betrieb standen, gleichen der in Figur 25a und b dargestellten Konstruktion in den wesentlichsten Teilen. Einzelne von ihnen weisen aber bereits Uebergänge zu der dritten, weiter unten beschriebenen Form auf. Der Durchmesser ihres Flügelrades beträgt zwischen 2,0 und 4,0 m,

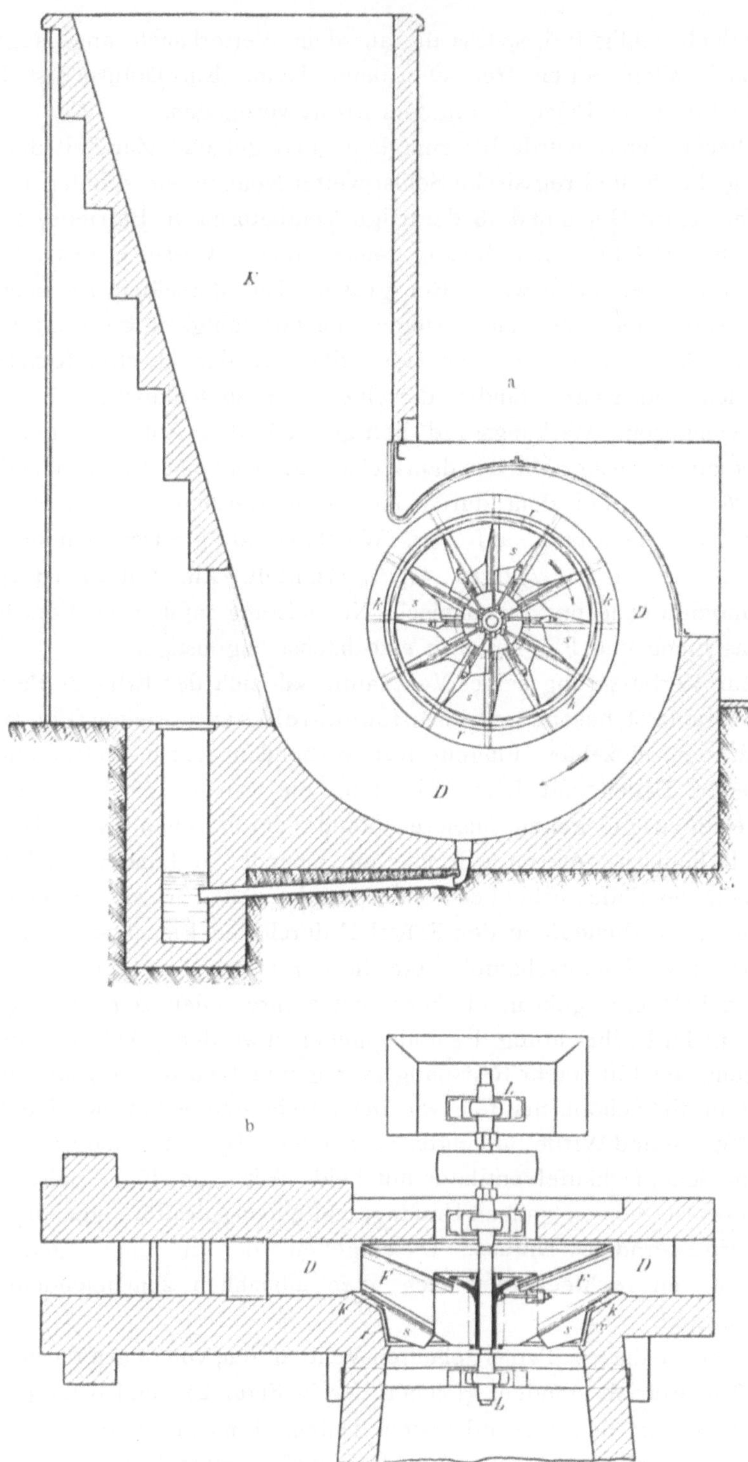

Fig. 25.

Schöpfschaufel-Ventilator von Pelzer mit spiraligem Diffusor.
(2. Ausführungsform.)

seine äussere Breite zwischen 0,33 und 1,0 m. Die Anzahl der Flügel beläuft sich fast durchgängig auf 12 oder 16; die Zahl der Umdrehungen des Ventilators bei normalem Gange schwankt zwischen 185 und 313 in der Minute.

Die Leistungen der Ventilatoren von dieser Konstruktion sind gegen diejenigen der ersten Ausführung nicht unerheblich gestiegen. Von den vorhandenen 18 Anlagen wollen wir 5 ausscheiden, bei denen der Ventilator unter Tage aufgestellt ist, sowie 4, von denen unvollständige oder offenbar unrichtige Resultate vorliegen; die übrigen 9 Anlagen — auf den Zechen Alma, Alstaden, Dorstfeld I, Eintracht Tiefbau, Friedlicher Nachbar, Graf Beust, Kaiserstuhl II, Königsgrube und Recklinghausen II — weisen nach Angaben der Zechenverwaltungen aus dem Jahre 1898´ ohne Berücksichtigung des natürlichen Wetterzuges im Durchschnitt einen manometrischen Wirkungsgrad von 49,4 % und einen mechanischen Wirkungsgrad von 44,97 % auf.

Mit einem auf Zeche Königsgrube aufgestellten Ventilator dieser Klasse von 2,5 m Raddurchmesser wurden im Dezember 1897 Versuche angestellt, welche folgende Resultate lieferten:

Tabelle 56.

Tourenzahl	Depression	Theoret. Depression	Mano-metrischer Wirkungs-grad	Luftmenge je Minute	Leistung der Maschine	Leistung des Ventilators	Mechani-scher Wirkungs-grad
	mm	mm	%	cbm	PSi	PSe	%
200	40	84	48	1092	17,9	9,7	54
244	58	125	46	1404	31,1	18,1	58
284	80	169	47	1692	49,3	30,1	61
320	104	215	48	1974	74,0	45,6	62

Der manometrische Wirkungsgrad betrug bei diesen Versuchen im Mittel etwa 47 % und stand dem angegebenen durchschnittlichen Werte aus dem Jahre 1898 annähernd gleich. Der dynamische Nutzeffekt erscheint mit durchschnittlich 59 % reichlich hoch gegenüber nur 24,2 % nach den Angaben derselben Zeche aus dem Jahre 1898. Auch der oben berechnete Durchschnittswert für die 9 Anlagen ist mit Rücksicht auf das Alter und die Abnutzung der seit langer Zeit in Betrieb befindlichen Antriebsmaschinen und Ventilatoren recht günstig.

Ein im Jahre 1895 erbauter Pelzer auf dem Wetterschacht »Schwarzer Junge« der Zeche Maria Anna u. Steinbank, der mittelst eines von Schuckert gelieferten Gleichstrommotors angetrieben wird, ergab bei mehrmals wiederholten Versuchen im August 1901 folgende Resultate:

Tourenzahl des Ventilators 220
Umfangsgeschwindigkeit . . . . . 23,03 m
Theoretische Depression . . . . . 64,71 mm
Beobachtete Depression . . . . . 28 mm
Manometrischer Wirkungsgrad 43,1 %
Wettermenge . . . . 1380 cbm
Effektive Leistung des Ventilators . 8,59 PS
Stromspannung . . . . 1200 Volt
Stromstärke . . . . 14,1 Amp.
Indizierte Leistung der Maschine . 25,93 PS
Mechanischer Wirkungsgrad . 33,13 %
Aequivalente Oeffnung . . . . . 1,65 qm

Hierbei ist in Betracht zu ziehen, dass der Ventilator für eine Grubenweite von nur 1,09 qm gebaut war, also für die Verhältnisse, unter denen er arbeitete, zu klein war. Ausserdem bestand am Tage der Untersuchung in dem Wetterschachte ein natürlicher Wetterzug von entgegengesetzter Richtung, der bei einer Tagestemperatur von 22,5° C und einer Grubentemperatur von 13,5° C dadurch hervorgerufen wurde, dass die kühlere Grubenluft durch ein in der Thalsohle gelegenes Stollenmundloch ausströmen konnte, während die wärmere Luft über Tage in den Wetterschacht einzog. Unter diesen ungünstigen Umständen, die den mechanischen Wirkungsgrad beeinträchtigten, können die Leistungen als befriedigende angesehen werden.

Ausser den Ventilatoren dieser Klasse, wurden von Pelzer Anfangs der neunziger Jahre eine Anzahl Ventilatoren nach einem neuen Typus gebaut, der von den vorstehend beschriebenen erheblich abweicht. Es sind dies die als Figur 26 a und b abgebildeten Ventilatoren »mit verstellbarem Diffusor« ohne vollständigen spiralförmigen Auslauf. Die Konstruktion des Flügelrades und sein Durchmesser wurde nicht verändert, dagegen wurde seine Breite bis auf 1,2 m vergrössert. Der Diffusor besteht aus zwei glatten Wänden und ist nach oben und teilweise auch nach der Seite offen, sodass die Luft ziemlich ungehindert ins Freie zu strömen vermag. Das Flügelrad und der hinter demselben angebrachte feste Cylinder a sind zum Teil von dem ringförmigen Scheider S umgeben, der von den Trägern T mittelst eines auf Rollen laufenden Gehänges h getragen wird und mittelst der Stellschrauben g über den Flügelumfang vorgeschoben werden kann.

Bei dieser Konstruktion des Difussors kann die vorteilhafteste Weite der Ausströmungsöffnung des Flügelrades in jedem einzelnen Falle durch praktische Versuche festgestellt werden sodass nach Ansicht des Erbauers unnötige Reibungsverluste an den Wänden des

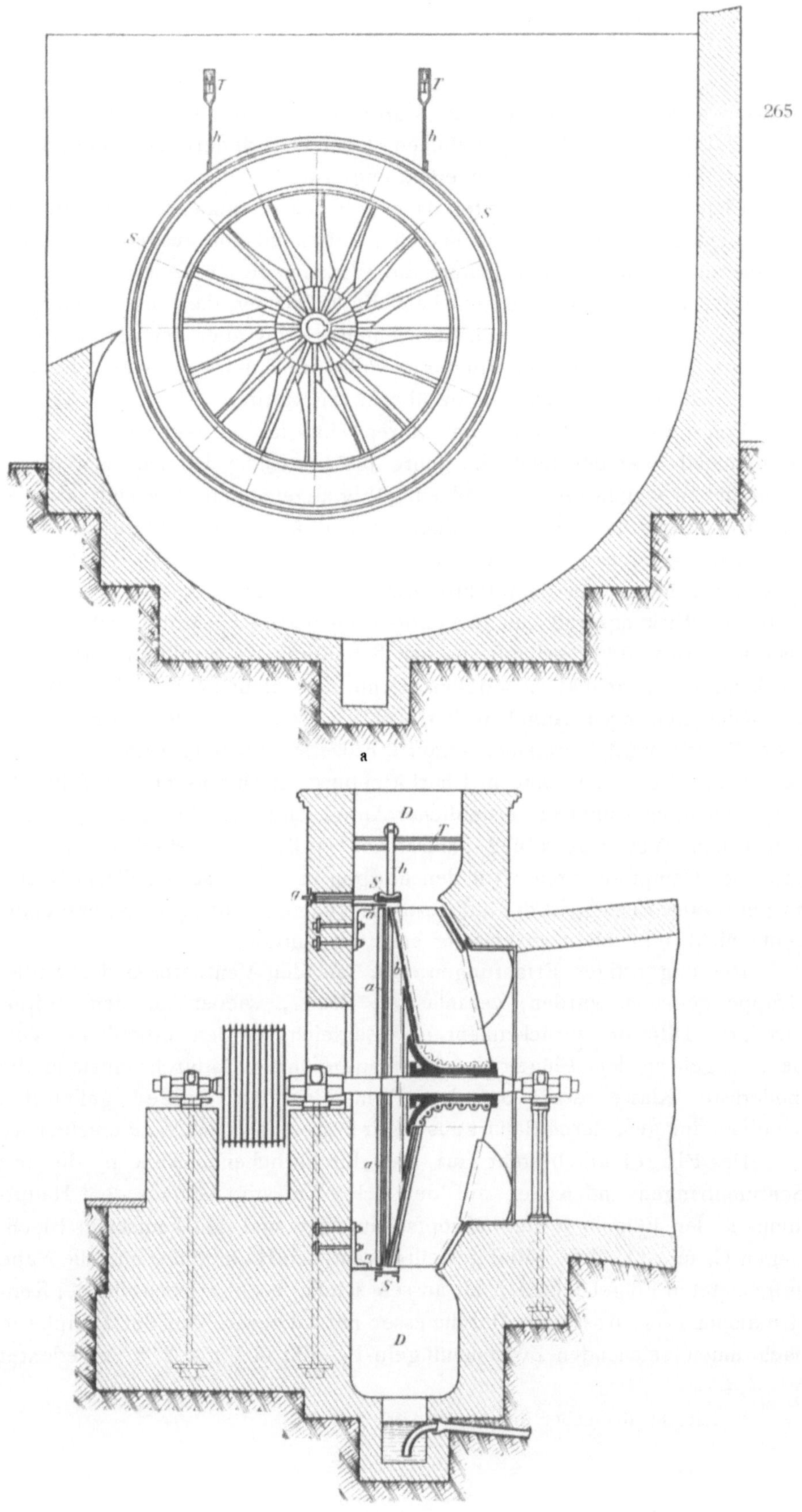

Fig. 26.
Pelzer-Ventilator mit verstellbarem Diffusor. (3. Ausführungsform.)

Diffusors vermieden werden*). Es wurde indessen der Umstand nicht berücksichtigt, dass durch die plötzlichen Querschnittsänderungen in den Luft-
kanälen und im Diffusor der Nutzeffekt ungünstig beeinflusst werden musste.
Ausserdem ergab sich der Nachteil, dass durch den unvollkommenen Diffusor D
die lebendige Kraft der ausströmenden Luft nicht voll ausgenutzt wurde.
Schon aus diesen Gründen konnte die Wirkung dieser Ventilatoren keine
günstige sein. Dazu machte man bald die Erfahrung, dass ihre Leistungen
dann am höchsten waren, wenn der Schieber S bis über den festen Ring a
zurückgezogen war und das Flügelrad völlig frei liess, sodass also der verstellbare Diffusor als solcher ganz überflüssig wurde.

Von dieser Klasse von Ventilatoren sind im ganzen nur 18 erbaut
worden und zwar der letzte im Jahre 1895; seitdem ist man von dieser
Konstruktion wegen ihrer Mängel endgültig abgegangen. Der Durchmesser
dieser Ventilatoren betrug zwischen 2,5 und 4,0 m, die äussere Radbreite
zwischen 0,47 und 1,1 m, die Flügelzahl zwischen 12 und 24. Ueber die
Leistungen liegen aus dem Jahre 1898 folgende Angaben vor: der manometrische Wirkungsgrad von 16 Ventilatoren betrug im Mittel 39,96 $^0/_0$, war
also um etwa 10 $^0/_0$ geringer als bei der älteren Konstruktion. Auch der
mechanische Nutzeffekt ist gefallen, wenn auch nicht in demselben Masse.
Er belief sich nach Angaben der Zechen Courl, Friedrich der Grosse
(zwei Ventilatoren), Germania, Hugo III, Kaiserstuhl I, Margarethe, Recklinghausen und Ver. Schürbank u. Charlottenburg im Durchschnitt auf 40,6 $^0/_0$.
Wahrscheinlich entfiel ein erheblicher Anteil daran auf die Einwirkung des
natürlichen Wetterzuges und zahlreicher in den Ausziehschächten vor-
handener Dampfleitungen. Auf den übrigen mit Ventilatoren dieser Klasse
ausgerüsteten Zechen ist die indizierte Leistung der Antriebsmaschine überhaupt nicht, oder nicht zuverlässig ermittelt worden.

Die ungünstigen Erfahrungen, die mit den Ventilatoren der dritten
Gruppe gemacht wurden, veranlassten Pelzer, wieder zu dem spiralförmigen Diffusor zurückzukehren. Zugleich wurden erhebliche Verbesserungen an dem Flügelrade selbst ausgeführt. Dadurch entstand die
modernste Klasse der von der Firma Friedr. Pelzer gelieferten
Ventilatoranlagen, deren Bauart aus Figur 27 a—c (a. S. 268/9) zu ersehen ist.

Das Flügelrad besteht aus der durchbrochenen Nabe n, die mit
Schrumpfringen und Keilen auf der Achse befestigt ist, aus dem Hauptkonus k, den Flügeln F, den Schöpfschaufeln S und den konischen Blechringen C_1 und C_2. Die radial gestellten, auf den Hauptkonus und die Nabe
aufgenieteten Flügel laufen nach aussen schmal zu und wechseln bei Konstruktionen von grösserem Durchmesser mit kürzeren, von der Peripherie
nach innen reichenden Zwischenflügeln F_1, die in Figur 27 b angedeutet

---

*) Zeitschr. deutscher Ingenieure 1892, S. 190.

sind, ab. Letztere sollen verhindern, dass die Luftmassen infolge der nach aussen zunehmenden Umfangsgeschwindigkeit zu stark gegen eine Seite der Hauptflügel gepresst werden, weil dadurch an der gegenüberliegenden Seite des nächsten Flügels eine Luftverdünnung eintreten würde, die ein Zurücksaugen der im Diffusor befindlichen Luft zur Folge haben könnte. Die Flügel sind meist eben, zuweilen aber auch am Rande etwas nach vorwärts gekrümmt. Die mit ihrer Vorderseite in der Drehrichtung des Rades umgebogenen Schöpfschaufeln S sind an dem vorderen Rande m der Hauptflügel befestigt und mit dem Konus C_2 fest vernietet. Letzterer ist wieder mit dem auf den Flügeln befestigten Konus C_1 verbunden, sodass das ganze Rad, mit Ausnahme der Ein- und Austrittsöffnungen der Luft bei E und A, sowie der Durchbrechungen der Nabe bei b dicht umschlossen ist.

Um einen möglichst stossfreien Uebergang der angesaugten Luft aus der axialen in die radiale Richtung zu erzielen, sind zwischen den Flügeln F Leitbleche L angebracht. Ihre Verbindung mit dem Hauptkonus k erfolgt derart, dass zwischen beiden Teilen Schlitze offen bleiben, durch welche die Luft, nachdem sie die Oeffnungen in der Nabe bei b passiert hat in der durch Pfeilstriche angedeuteten Weise aus dem Aussenraum R in das Innere des Rades gelangen kann. Da der Raum R zugleich gegen die Maschinenkammer durch die Wand w luftdicht abgeschlossen ist, entsteht in ihm nahezu die gleiche Depression, wie in dem Saugkanal, wodurch der einseitige Luftdruck auf das Flügelrad und die dadurch hervorgerufene schädliche Belastung der Lager in ähnlicher Weise wie bei dem Rateau-Ventilator beseitigt wird. Durch die Leitbleche L in Verbindung mit der allmählich nach aussen abnehmenden Breite der Flügel wird ferner erreicht, dass die Weite der einzelnen Luftkanäle des Rades in ihrer ganzen Länge ziemlich die gleiche bleibt und infolgedessen auch die relative Geschwindigkeit der Luft innerhalb des Rades sich nicht verändert.

Die Ventilatorachse ruht in drei mit Ringschmierung versehenen Lagern g, von denen eins innerhalb des Saugraumes auf einem gusseisernen Gestell angebracht ist.

Der Diffusor besteht bei den neueren Pelzer-Ventilatoren aus drei Teilen: dem, abweichend vom Rateau - Ventilator, meist ringförmigen Zwischendiffusor d, der überall gleiche Höhe besitzt und in der Breite mit dem äusseren Rande des Flügelrades übereinstimmt, und dem spiralförmigen Diffusor D, der in Höhe und Breite allmählich zunimmt. Ersterer hat den Zweck, die Geschwindigkeit der austretenden Luft allmählich zu ermässigen und ihre lebendige Kraft nutzbar zu machen, letzterer soll daneben auch der in der Drehrichtung allmählich wachsenden Luftmenge den nötigen Raum gewähren. An den Diffusor der zum grössten Teil aus Mauerwerk hergestellt ist, schliesst sich als dritter Teil der gemauerte Kamin K an, dessen lichter Querschnitt ebenfalls nach oben zunimmt.

a) Grundriss.

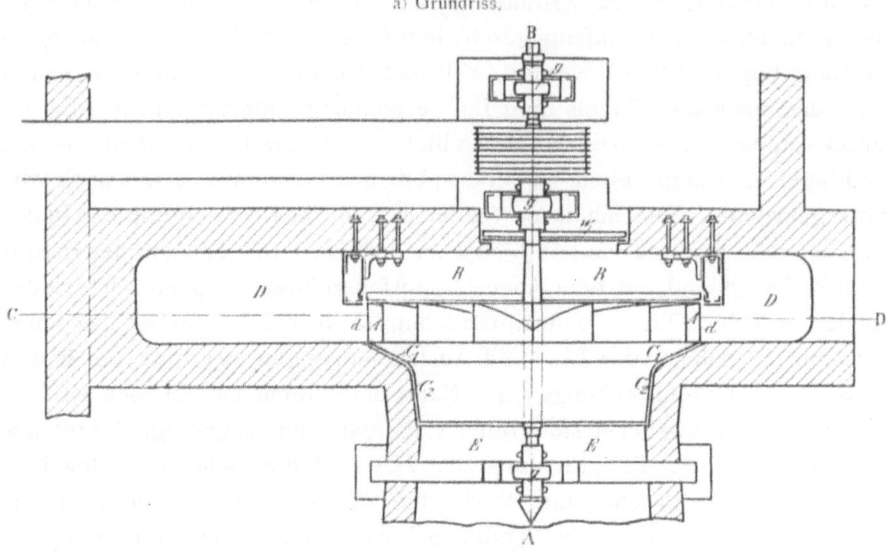

b) Schnitt A — B.

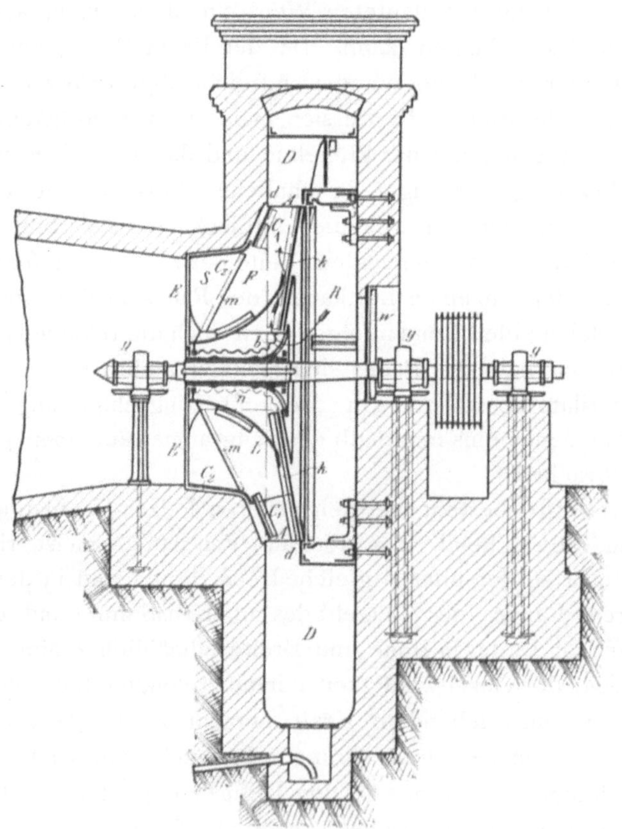

Fig. 27 a u. b.

Ventilator von Pelzer. (Neueste Form.)

c) Aufriss.

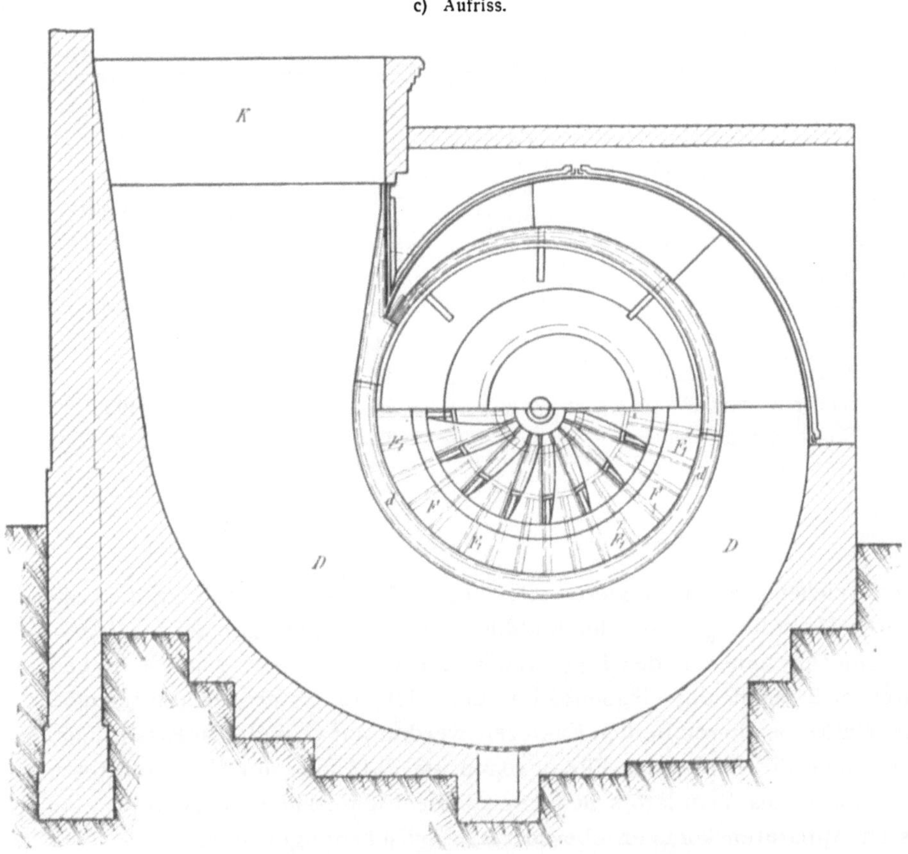

Fig. 27 c.

Ventilator von Pelzer. (Neueste Form.)

Die Zahl der Ende 1898 in Betrieb oder in Reserve befindlichen Pelzer-Ventilatoren betrug 55. Seitdem sind bis Ende 1900 einige neue hinzugekommen, sodass im Jahre 1900 ihre Gesamtzahl 57 betrug. Davon gehören nur 14 der neuesten Klasse an, alle übrigen sind mehr oder weniger veraltet. Bei Beurteilung der Leistungsfähigkeit der Pelzer-Ventilatoren, kann natürlich nur die neueste Konstruktion in Betracht kommen. Sie hat nach folgender Tabelle 57, in der einige von den Zechenverwaltungen ausgeführte Versuche enthalten sind, recht befriedigende Resultate geliefert.

Im Durchschnitt ergiebt sich daraus ein manometrischer Wirkungsgrad von 68,5 % und ein mechanischer Wirkungsgrad von 57,7 %, doch ist die Zahl der Versuche zu gering, um ein sicheres Resultat zu erhalten. Jedenfalls sind die neueren Pelzer-Ventilatoren brauchbare Apparate und wenn sie auch in ihren Leistungen die Rateau-Ventilatoren vielleicht nicht

Pelzer-

Lfd. Nr.	Name der Schachtanlage	Jahr der Aufstellung des Ventilators	Flügelrad-Durchmesser m	Umdrehungszahl		Umfangsgeschwindigkeit des Flügelrades je Sekunde m
				der Antriebsmaschine	des Ventilators	
1	Nordstern	1897	4,0	60	224	46,92
2	Friedr. Wilhelm	„	2,1	50	264	29,0
3	Kaiserstuhl II	1898	4,0	58	163	34,12
4	Maria Anna u. Stb. . . .	„	3,5	—	80	14,65
5	Sälzer u. Neuack . . .	„	2,5	55	192	25,12
6	Stock u. Scherenberg .	„	2,6	—	184,5	25,2

ganz erreichen, so sind andererseits ihre Anlagekosten infolge der einfacheren Herstellungsweise der Radflügel erheblich geringer als bei jenen.

Der Durchmesser des Flügelrades beträgt zwischen 2 und 4 m und richtet sich nach der Grubenweite und der zu liefernden Luftmenge. Nach Massgabe dieser beiden Faktoren werden auf Grund von Erfahrungssätzen auch die Breite der Flügel (0,215 und 0,42 m), sowie die sonstigen Dimensionen des Ventilators bemessen. Die Flügelzahl beträgt 12—16, bei grossen Apparaten kommen ebenso viele Zwischenflügel hinzu.

Bei zwei neueren Pelzer-Ventilatoren auf den Zechen Mont Cenis und Königsgrube findet sich insofern eine Besonderheit in der Konstruktion, als die Saugöffnung in ähnlicher Weise, wie bei den weiter unten beschriebenen Kley'schen Ventilatoren mit einem spiralförmigen Einlauf versehen ist, der den Zweck hat, dem Luftstrome bereits vor dem Eintritt in das Rad eine drehende Bewegung zu erteilen. Diese Einrichtung war indessen lediglich durch die örtlichen Verhältnisse bedingt, weil nämlich der Ventilator infolge der Disposition der Tagesanlagen mit seiner Achse nicht parallel zum Wetterkanale, sondern senkrecht zu demselben aufgestellt werden musste.

Ueber die unter Tage aufgestellten Pelzer-Ventilatoren, sowie über den elektrischen Antrieb bei einigen von ihnen wird im Zusammenhange mit den übrigen Systemen weiter unten berichtet werden.

Capell-Ventilator.

Der Capell-Ventilator, der bei weitem die grösste Verbreitung im Ruhrkohlenbezirk gefunden hat, wird von der Firma R. W. Dinnendahl (Kunstwerkerhütte bei Steele) gebaut, welche die ersten Ventilatoren dieser

Ventilatoren. **Tabelle 57.**

Depression		Mano-metrischer Wirkungs-grad	Luftmenge je Minute	Leistung		Me-chanischer Wirkungs-grad	Aequi-valente Oeffnung der Grube	Der Ventilator ist gebaut für eine Grubenweite von	Lfd. Nr.
beobachtete h	theoretische H	$\frac{h}{H}$	je Minute	der Maschine	des Ventilators	grad	der Grube		
mm	mm	%	cbm	PSi	PSe	%	qm	qm	
180	269	67	4 662	299,2	18,6	62,2	2,14	2,0	1
70	102	69	1 054	28,6	16,4	57,3	0,77	0,87	2
104	142,6	73	4 289	156,8	98,8	63,0	2,59	2,31	3
22	27	81	840	8,0	4,1	51,2	1,13	2,5	4
35	77	47	1 550	23,0	12,1	52,6	1,55	1,6	5
57	77	74	1 293	27,5	16,4	60,0	1,08	1,2	6

Durchschnitt 68,5 %   57,7 %

Art im Jahre 1888 auf den Zechen Matthias Stinnes, Friedrich Joachim und Gneisenau Schacht II zur Aufstellung gebracht hat.

Er unterscheidet sich von allen anderen im Bezirke vertretenen Systemen dadurch, dass sein Flügelrad, wie aus den Tafeln XI und XII ersichtlich, nicht nur in der Breite, sondern auch in radialer Richtung in zwei Teile zerfällt. Die Teilung in der Breite erfolgt durch eine zur Achse senkrechte Scheibe S, die in einer auf der Achse befestigten zweiteiligen Nabe n festgeklemmt ist. In radialer Richtung wird die Teilung durch einen cylinderförmigen Körper c bewirkt, dessen Achse mit derjenigen des Ventilators zusammenfällt. Er ist mit der Scheibe S durch Winkeleisen verbunden und besitzt zwischen je zwei Flügeln rechteckige Oeffnungen o für den Durchgang der Luft. Bei den älteren Ausführungen wird der Cylinder an beiden Seiten durch gusseiserne Arme a gehalten (Tafel XI Fig. 1 und 2), die nach der Achse zu um 90° verdreht und auf dieser mittelst der Naben n_1, befestigt sind. Die nach rückwärts gekrümmten Flügel sind durch den Cylinder c in zwei Teile geteilt. Der eine Teil F befindet sich innerhalb des Cylinders und ist mit ihm und mit der Scheibe S durch Winkeleisen verbunden. Die äusseren Teile F_1 der Flügel sind ausser an dem Cylinder c und an der Scheibe S auch an den beiden Blechringen R befestigt, die den äusseren Teil des Flügelrades zwischen der Peripherie und dem Blechcylinder c nach beiden Seiten abschliessen. Die Verbindung zwischen den äusseren und inneren Flügelteilen F und F_1 erfolgt durch je ein streifenförmiges Stück p des Blechcylinders c.

Der untere Teil des Ventilators ist eingemauert, der obere von einem Blechgehäuse überdeckt, zuweilen aber auch teilweise von Mauerwerk umgeben. Die Achse ist zweiseitig verlagert. Bei älteren Ausführungen

ruhen zwei Lager L im Innern des Saugkanals auf je einer gusseisernen
Brücke B (Tafel XI Fig. 4 und 5) innerhalb des gusseisernen Ringes G.
Dieser Ring trägt den oberen Teil des Gehäuses und bewirkt zugleich die
seitliche Abdichtung zwischen dem Flügelrad und den Saugkanälen.
Ausserhalb des Saugraumes befinden sich noch zwei Lager L_1, zwischen
denen die Antriebsscheibe auf der Achse angebracht ist. Zur Schmierung
der Lager dienten bei den älteren Ventilatoren meist Schmiertöpfe, die
mit fein geschnittenem, rohen Nierenfett gefüllt und beständig mit einem
dünnen Wasserstrahl bespritzt wurden.

Der Eintritt der Luft aus dem Saugkanal in das Rad erfolgte früher
zuweilen nur von einer Seite, bei neueren Ventilatoren aber ausschliesslich
zweiseitig. Die Luft tritt zunächst in einem parallel zur Achse gerichteten Strome in den inneren Flügelraum ein, wird hier von den
Flügeln erfasst und durch die ihr mitgeilte Centrifugalkraft gezwungen,
die Oeffnungen o zu passieren. Dadurch gelangt sie in den Teil des
Rades, in dem sich die äusseren Flügel befinden und wird aus diesem
allmählich mit abnehmender Geschwindigkeit durch den das Rad umgebenden spiraligen Diffusor D und den allmählich sich erweiternden
Schlot K ins Freie befördert.

Der Erfinder ist bei der Konstruktion seines Ventilators ursprünglich
von der Idee ausgegangen, dass die inneren Teile F des Flügelrades die
eigentliche Nutzarbeit verrichten, die äusseren F_1 dagegen die angesaugte
Luft nur zweckmässig nach aussen befördern sollten. Die von den
rückwärts gekrümmten inneren Flügeln ungefähr in radialer Richtung fort-
geschleuderte Luft sollte ferner bei ihrem Durchgang durch die engen
Oeffnungen o eine grössere Geschwindigkeit annehmen, um damit gegen
die Rückwand der äusseren Flügel F_1 zu stossen und an letztere einen
Teil ihrer lebendigen Kraft abzugeben. Auf diese Weise hoffte man einen
Teil der aufgewendeten Arbeit wiederzugewinnen, der sonst verloren
gehen würde. Ausserdem sollten die äusseren Flügelzellen in ähnlicher
Weise wie ein Diffusor, zur Ermässigung der absoluten Austrittsgeschwindigkeit beitragen.

Wenn auch letzteres richtig ist, da in dem äusseren Teile des Rades
infolge der zunehmenden Weite der Flügelkanäle die Luftgeschwindigkeit
sich zum Teil in statischen Druck verwandelt, so sind doch, wie v. Hauer*)
nachweist, die einspringenden Ecken $\alpha \beta \gamma$ und $\beta \gamma \delta$ (Tafel XI, Fig. 3)
von Nachteil, innerhalb deren eine relative Bewegung der Luft nicht statt-
findet. v. Hauer vertritt die Ansicht, dass die Strömung der Luft so vor sich
geht, als wenn jede Zelle von zwei kontinuierlichen Seitenwänden $\alpha \beta \delta$

---

*) v. Hauer: Die Wettermaschinen 1889, S. 124.

und $\alpha_1\,\gamma_1\,\delta_1$ begrenzt wäre, und hält es daher zur Vermeidung von Luftwirbeln in den Ecken für vorteilhafter, jeden Flügel durch 2 Kurven $\alpha\,\gamma\,\delta$ und $\alpha\,\beta\,\delta$ zu begrenzen. Vielleicht wäre es auch richtig, statt dessen beide Kurven zusammenfallen zu lassen und den Flügeln einfach die Form der Kurven $\alpha\,\gamma\,\delta$ oder $\alpha\,\beta\,\delta$ zu geben.

Aber abgesehen von diesen Bedenken sind die plötzlichen Querschnittsveränderungen und zwar sowohl die Verengung als auch die Erweiterung innerhalb des Flügelrades sicherlich unzweckmässig, weil sie zu direkten Druckverlusten beim Durchgange des Luftstromes durch die Oeffnung o Anlass geben.*) Ausserdem ist der durch die Konstruktion des Flügelrades bedingte plötzliche Uebergang der Luft aus der axialen in die radiale Richtung nicht zweckmässig, sowie der damit verbundene stossweise Eintritt in die inneren Flügelzellen, der dadurch hervorgerufen wird, dass die inneren Flügel F nach der Mitte des Rades zu fast senkrecht zur Achse auslaufen.

In der Anordnung der einzelnen Teile des Ventilators sind im Laufe der Jahre verschiedene Veränderungen vorgenommen, wie ein Vergleich der Zeichnungen auf den Tafeln XI und XII ergiebt. Zunächst sind an den inneren Flügeln F nach den Saugöffnungen zu ähnlich wie bei den Pelzer-Ventilatoren Schöpfschaufeln V angebracht worden, die in der Drehrichtung gebogen sind und durch ihre schraubenförmige Stellung die Luft bereits in drehende Bewegung versetzen sollen, bevor sie in das Flügelrad eintritt. Sodann sind die inneren Flügel nicht mehr gekrümmt, sondern eben; sie sind aber nicht radial, sondern etwas nach rückwärts geneigt angeordnet. Ihre Stellung zur Achse ergiebt sich aus der Richtung der Arme a (Tafel XII, Fig. 4) an denen sie neuerdings befestigt werden. Letztere sind nicht mehr um 90° verdreht, sondern gerade und mit dem Blechcylinder c durch Winkeleisen verbunden. Die inneren Flügel stehen ferner nicht mehr senkrecht auf der Mittelscheibe S sondern etwas schief dazu (Tafel XII, Fig. 6), sodass die eintretende Luft allmählich schräg in das Innere des Rades gedrückt wird. Die äusseren Flügel sind nicht mehr ausschliesslich nach rückwärts gebogen, sondern nehmen am äusseren Umfange des Rades wieder eine geringe Krümmung nach vorwärts an, sodass sie fast radial zur Achse auslaufen. Durch diese Aenderung ist der manometrische Wirkungsgrad der Ventilatoren erhöht worden. Die Oeffnungen o, zwischen dem inneren und dem äusseren Teile des Rades sind wesentlich vergrössert; während sie früher die engste Stelle des Rades bildeten, sind sie jetzt so bemessen, dass die Summe ihrer Querschnitte gleich der Grösse der beiden zum Wetterkanale führenden Saugöffnungen ist. Eine Steigerung der relativen Luftgeschwindigkeit innerhalb des Rades tritt

---

*) Vergl. Rittinger, Centrifugalventilatoren § 17.

also im Gegensatz zu manchen anderen Ventilatorsystemen, bei denen die engen Flügelkanäle eine hohe Luftpressung und grosse Geschwindigkeit zur Folge haben, nicht ein. · Durch die Erweiterung der Oeffnungen o sind die Verbindungsstücke p zwischen den äusseren und inneren Flügeln kleiner geworden. Sie bilden auch nicht mehr einen vollständigen Cylinder sondern bestehen nur noch aus einzelnen Blechstreifen, die infolge der schrägen Stellung der inneren Flügel F eine trapezförmige Gestalt besitzen.

Diese Veränderungen zeigen, dass sich offenbar in der Praxis das Bedürfnis geltend gemacht hat, die durch die einspringenden Winkel ge-

Aeltere Capell

Lfd. No.	Name der Schachtanlage	Jahr der Aufstellung des Ventilators	Flügelrad-Durchmesser m	Umdrehungszahl		Umfangs-geschwindig-keit des Flügelrades je Sekunde m
				der Antriebs-maschine	des Ventilators	
1.	Altendorf, nördl. Mulde	1889	2,5	54	270	35,32
2.	Consolidation I	„	3,75	70	210	41,23
3.	Königin Elisabeth, Scht. Friedr. Joachim . . .	„	2,5	60	240	31,40
4.	Eintracht Tiefbau . . .	1890	3,0	58	253	39,72
5.	Prosper I	„	3,75	58	232	45,55
6.	Steingatt	„	2,5	60	240	31,40
7.	Lothringen	1891	3,6	48	245	46,18
8.	Neu-Essen, Scht. Heinrich	„	3,75	50	200	39,25
9.	Dahlbusch III/IV . . .	„	3,6	45	180	33,93
10.	Altendorf, südl. Mulde .	1892	3,0	42	210	32,97
11.	Dahlbusch I/II	„	4,0	39	172	35,82
12.	Mont Cenis	1893	4,0	52	260	54,45
13.	Neu-Iserlohn I	„	3,3	48	205,6	35,51
14.	Constantin der Grosse I	„	4,0	42	210	43,98
15.	Centrum II/V	„	4,0	42	210	43,98
16.	Helene u. Amalie, Scht. Amalie	„	3,75	46	239	46,94
17.	Germania I	1894	3,0	55	275	44,23
18.	Pluto, Scht. Wilhelm . .	1895	4,5	51	210	49,45
19.	Prosper II	„	4,5	45	216	50,83
20.	Deutscher Kaiser I . .	„	4,0	65	195	40,85

bildeten Ecken, deren nachteiliger Einfluss auf den Verlauf des Luftstromes bereits erwähnt wurde, zu verkleinern.

Die Verlagerung des Flügelrades erfolgt neuerdings auf beiden Seiten ausserhalb des Gehäuses, dessen Saugöffnungen etwas verschmälert sind, damit die freitragende Länge der Achse nicht zu gross wird. Die Achsenlager sind dadurch leicht zugänglich gemacht, auch ist die Brücke B überflüssig geworden, die in dem Einlaufring G angebracht war und ein Hindernis für die einströmende Luft bildete. Die Achse muss natürlich wegen der grossen Entfernung der beiden Lager besonders stark konstruiert werden. Sie besteht aus Martinstahl und hat z. B. bei

Ventilatoren.

Tabelle 58.

Depression		Mano-metrischer Wirkungs-grad	Luftmenge je Minute	Leistung		Me-chanischer Wirkungs-grad	Aequi-valente Oeffnung der Grube	Lfd. No.
beobachtete h	theoretische H	$\frac{h}{H}$		der Maschine	des Ventilators			
mm	mm	%	cbm	PSi	PSe	%	qm	
67	152	44	1 209	68	18	26,4	0,92	1.
81	208	38,9	3 429	156	61,0	39,4	2,41	2.
55	120	45,8	1 590	35,5	19,4	54,6	1,20	3.
77	193	39,8	1 810	87,0	30,9	35,5	1,28	4.
98	253	38,7	3 100	129	67,5	52,3	1,96	5.
36	120	30,0	1 200	39	9	23,0	1,26	6.
120	260	46,1	1 989	130	53	40,6	1,28	7.
107	187	57,2	2 286	110	54,3	49,3	1,38	8.
84	140	60,0	1 410	54	26,3	48,8	0,98	9.
69	132	52,3	1 311	38	20,1	52,4	0,99	10.
81	157	51,6	1 530	71,8	27,5	38,3	0,81	11.
115	356	32,3	2 545	125,5	65,0	51,8	1,47	12.
65	154	42,2	2 498	63,48	36,0	57,1	1,96	13.
107	236	45,3	3 040	129	72,9	56,5	1,84	14.
115	236	48,7	1 896	106,4	48,4	45,5	1,12	15.
130	268	48,5	2 254	127,8	65	50,8	1,25	16.
109	239	45,6	1 550	107	37,5	35,0	0,93	17.
160	274	58,3	5 978	384,4	212,5	55,3	2,99	18.
167	316	52,8	5 200	346	192,9	55,7	2,52	19.
110	204	53,9	3 020	150,9	73,8	49,0	1,82	20.

Durchschnitt 46,6%   45,87%

18*

Neuere Capell-

Lfd. No.	Name der Schachtanlage	Jahr der Aufstellung des Ventilators	Flügelrad-Durchmesser m	Umdrehungszahl		Umfangs-geschwindig-keit des Flügelrades je Sekunde m
				der Antriebs-Maschine	des Ventilators	
1.	General Blumenthal I/II	1897	4,0	58	237	49 7
2.	Ewald, Scht. Hilger . .	„	4,5	53	254	59,96
3.	Deutschland	„	2,5	60	210	25,9
4.	Graf Bismarck I . . .	1898	4,0	40	200	41,87
5.	Graf Bismarck III . . .	„	4,0	52	260	54,42
6.	Monopol, Scht. Grillo .	„	4,0	60	222	46,51
7.	Julius Philipp	1899	4,0	52	208	43,54
8.	Königin Elisabeth, Scht. Hubert.	„	4,0	45	157,5	33
9.	Pluto, Scht. Wilhelm . .	„	4,5	54	231	54,4
10.	Pluto, Scht. Thies . . .	1901	4,5	49	208	48,98

dem auf Tafel XII dargestellten Ventilator der Zeche Julius Philipp bei einer Gesamtlänge zwischen den beiden Lagern L von 7,35 m einen Durchmesser von 350 mm in der Mitte und von 200 mm an den Enden. Sämtliche Lager sind ferner mit Ringschmierung versehen worden und werden, je nach der Belastung, verschieden breit bemessen.

Der gusseiserne Rahmen M auf dem der Ventilator ruht, und der bei den älteren Ventilatoren fehlte, besteht aus zwei nicht miteinander verbundenen Teilen. Es trägt die Einlaufringe G, die zur Abdichtung des Flügelrades gegen den Saugkanal dienen und mit besonderen Vorsprüngen e auf dem Rahmen aufliegen. Auch die aus Blech hergestellten Kappen k, welche den oberen Abschluss der Einlaufkanäle bilden, liegen unmittelbar auf dem Rahmen M. Mit Ausnahme der Achse und der aus Stahlfaçonguss angefertigten Naben ist das Material, aus dem der Ventilator hergestellt wird, Stahlblech, nur der untere Teil des Gehäuses besteht noch aus Mauerwerk.

Verschiedene Ansichten von neueren z. Z. im Bau befindlichen Capell-Ventilatoren sind auf Tafel XIII wiedergegeben.

Der Capell-Ventilator besitzt die gute Eigenschaft, dass er infolge der doppelten Saugöffnung und der grossen Weite des Flügelrades dem Durchströmen der Luft geringe Widerstände entgegensetzt. Zweifellos ist diese Eigenschaft für die Bewältigung grosser Wettermengen und für

Additional information of this book

(Die Entwickelung des Niederrheinisch-Westfälischen Steinkohlen-Bergbaues in der zweiten Hälfte des 19. Jahrhunderts; 978-3-642-98908-7; 978-3-642-98908-7_OSFO6)

is provided:

http://Extras.Springer.com

Ventilatoren. Tabelle 59.

Depression		Mano-metrischer Wirkungs-grad $\frac{h}{H}$	Luftmenge je Minute	Leistung		Me-chanischer Wirkungs-grad	Aequi-valente Oeffnung der Grube	Der Ventilator ist gebaut für eine Grubenweite von	Lfd. No.
beobachtete h mm	theoretische H mm	%	cbm	der Maschine PSi	des Ventilators PSe	%	qm	qm	
129	302	42,7	5 600	258	160,6	62,2	3,06		1.
220	439	50,1	5 650	459	276	60,2	2,41		2.
38	81	46,9	900	14,0	7,6	54,3	0,91	1,02	3.
80	214	37,4	2 350	92,0	41,8	45,4	1,66	2,10	4.
136	362	37,5	2 340	141,0	56,5	40,1	1,81	2,10	5.
100	263	38,0	3 059	130,8	68	52,0	1,93	2,10	6.
133	232	57,3	3 400	152,0	100,5	66,1	1,87	1,79	7.
60	133,2	45,0	2 360	59,1	31,4	53,2	1,94	2,00	8.
205	362	61,6	6 116	413,2	278,6	67,4	2,70	2,62	9.
144	293,7	49,0	5 959	382	190,7	49,9	3,14	2,62	10.
	Durchschnitt	46,6 %				55,1 %			

grosse Grubenweiten von Vorteil und erklärt die günstigen Resultate, die mit dem Ventilator trotz seiner sonstigen Mängel erzielt sind.

Die Zahl der Flügel beträgt beim Capell-Ventilator nur 8. Diese geringe Zahl erscheint ausreichend, weil der Druck der Flügel auf den Luftstrom infolge ihrer Krümmung nach rückwärts in radialer Richtung nur wenig oder garnicht zunimmt, obschon die Rotationsgeschwindigkeit des Rades wie bei allen Centrifugal-Ventilatoren proportional dem Abstande von der Achse wächst. Daher vermögen die Luftmassen die weiten Flügelzellen immer gleichmässig auszufüllen. Bei radial gestellten oder gar nach vorwärts-gekrümmten Flügeln hingegen wird die Luft, infolge des nach der Peripherie zu wachsenden Druckes, auf der Vorderfläche der Flügel zusammengedrängt, während auf der Rückseite derselben eine Verminderung des Luftdruckes eintritt. Dadurch wird man zu einer entsprechenden Verengung der Kanäle durch Vermehrung der Flügelzahl, oder durch Einschieben von kürzeren Zwischenflügeln gezwungen, um den Unterschied zwischen der Luftpressung unmittelbar vor und hinter den Flügeln in mässigen Grenzen zu halten.

Der Durchmesser der Capell-Ventilatoren, soweit sie für die Venti-lation ganzer Grubengebäude benutzt wurden, beträgt zwischen 2,0 und 4,5 m und richtet sich nach der zu erzielenden Depression. Die Breite des Rades schwankt zwischen 0,6 und 2 m und hängt von der äquivalenten Oeffnung der Grube und der zu liefernden Wettermenge ab.

Die Capell - Ventilatoren erfreuen sich im rheinisch - westfälischen Kohlenbezirk grosser Beliebtheit. Sie haben seit ihrem ersten Erscheinen, Ende der 80er Jahre, in immer steigendem Masse auf den Gruben Eingang gefunden, sodass Ende 1898 bereits 89 und Ende 1900 sogar 106 Apparate dieses Systems gezählt wurden, von denen 85 zur ständigen Versorgung der Grubenbaue mit frischen Wettern, 21 dagegen als Reserve dienten.

Ueber die Leistungen des Systemes geben die Tabellen 58 und 59 einigen Aufschluss, von denen die erste ältere Apparate, die zweite dagegen neuere Ventilatoren umfasst.

Beide Tabellen enthalten in der Hauptsache Angaben von Zechenverwaltungen, die einigen Anspruch auf Richtigkeit haben. Der Wert der Geschwindigkeitshöhe ist bei allen Versuchen in Abzug gebracht, dagegen der natürliche Wetterzug, wie bei den übrigen Systemen nicht berücksichtigt. Dadurch erklären sich wohl einige auffallend hohe Angaben über den mechanischen Wirkungsgrad, namentlich in Tabelle 59. Der manometrische Wirkungsgrad ist in beiden Tabellen im Durchschnitt gleich, nämlich 46,6 %. Er ist infolge der nach rückwärts geneigten Stellung der Flügel natürlich erheblich geringer als bei den Rateau- und Pelzer-Ventilatoren. Der mechanische Wirkungsgrad beträgt im Durchschnitt 45,87 bezw. 55,1 %.

Beachtenswert sind ferner folgende Angaben: Auf Zeche Centrum I/III befindet sich ein Capell aus dem Jahre 1893, der bei einer Grubenweite von 2,45 qm einen mechanischen Nutzeffekt von 22,1 % ergab. Auch der manometrische Wirkungsgrad betrug nur 21 %. Der Grund für dieses ungünstige Ergebnis dürfte hauptsächlich darin liegen, dass der Ventilator für eine äquivalente Oeffnung von nur 1,50 qm konstruiert ist und daher jetzt bei der fortgeschrittenen Erweiterung der Grubenbaue bis auf 2,45 qm nicht mehr vorteilhaft arbeitet.

Auf Zeche Lothringen liegt der umgekehrte Fall vor. Hier ist ein Ventilator, der im Jahre 1898 aufgestellt wurde, für eine äquivalente Oeffnung von 1,85 qm berechnet, die Grube besitzt aber erst eine Weite von 1,24 qm. Die Folge ist ein mechanischer Effekt von nur 26,2 % und ein manometrischer Wirkungsgrad von 36,2 %.

Auf Zeche Victor ist ferner die verhältnismässig seltene Gelegenheit gegeben, zwei neue Ventilatoren der Systeme Capell und Rateau, die auf demselben Wetterschachte aufgestellt sind, zu vergleichen. Sie arbeiten unter genau gleichen Verhältnissen, haben also auch mit demselben natürlichen Wetterzuge zu rechnen, der bei beiden die Leistungen und das Ergebnis der Versuche in gleicher Weise beeinflussen wird. Die von der Zechenverwaltung zur Verfügung gestellten Vergleichsresultate geben folgendes Bild:

Tabelle 60.

Wettermessungen auf Zeche Victor am 20. September 1897.

Dampfmaschine: 475 mm Cylinder-Durchmesser und 900 mm Hub bei jeder Anlage.

Umdrehungen je Minute		Umfangs-geschwin-digkeit des Flügel-rades in m je Sekunde u	Wetterge-schwindig-keit an der Messstelle in m je Sekunde v	Wetter-menge in cbm je Minute V	Abgelesene Depression in mm Wasser-säule abzüglich der Ge-schwindig-keitshöhe $h = h_1 - \dfrac{\gamma v^2}{g}$	Nutz-leistung der Anlage HP $Nu = \dfrac{V h}{60.75}$	Indizierte Leistung der Maschine in Pferde-stärken Ni	Mecha-nischer Wirkungs-grad in % $\eta = \dfrac{Nu}{Ni}$	Mano-metrischer Wirkungs-grad in % $k = \dfrac{gh}{\gamma u^2}$	Aequi-valente Gruben-weite in qm $a = \dfrac{0,38\,V}{60\,V\sqrt{h}}$
der Maschine n	des Venti-lators n_1									
I. Rateau-Ventilator von 2,8 m Flügelrad-Durchmesser.[1]										
52,5	238	34,9	$\dfrac{318,6}{60}$	2 493	121	67,03	108,7	61,66	81,3	1,422
60	271	39,75	$\dfrac{358,6}{60}$	2 811,4	159	99,34	156,18	63,61	82,3	1,403
II. Capell-Ventilator von 3,50 m Flügelrad-Durchmesser.[2]										
54	244	39,12	$\dfrac{293}{60}$	2 297	124	63,30	117,5	53,87	66,3	1,306
57,5	260	41,35	$\dfrac{316,2}{60}$	2 479	138	76,02	138,27	54,98	65,3	1,327

[1]) Gebaut im Jahre 1896 für eine Grubenweite von 1,25—1,8 qm.
[2]) Gebaut im Jahre 1897 für eine garantierte Leistung von 2500 cbm.

Sowohl hinsichtlich der Umdrehungszahlen und der gelieferten Wetter-mengen, als auch namentlich in Bezug auf den Nutzeffekt sind die Messungen für den Rateau-Ventilator günstiger ausgefallen. Die während der Versuche anscheinend eingetretene kleine Aenderung in der Grubenweite ist für das Ergebnis ohne Bedeutung.

Ueber die Leistungen eines Capell-Ventilators auf Zeche Glücks-winkelburg, der als einziger im ganzen Ruhrkohlenbezirk blasend arbeitet, wird später berichtet werden, ebenso über den bei 14 Capell-Ventilatoren vorhandenen elektrischen Antrieb.

Geisler-Ventilator.

Der in den Figuren 28 und 29 a u. b abgebildete Ventilator von Geisler ist einseitig saugend und einseitig verlagert. Sein Flügelrad be-steht aus der ebenen Scheibe S (Fig. 29), die von einer auf der Achse aufsitzenden Muffe m getragen wird und bei grossen Ausführungen aus zwei Hälften zusammengesetzt ist und den auf dieser Scheibe in geringen Ab-ständen von einander aufgenieteten, zahlreichen kurzen Flügeln F, die ähnlich wie bei den alten Rittinger-Ventilatoren, nach aussen radial endigen, während sie nach der Achse zu behufs möglichst stossfreier Aufnahme der Luft in der Drehrichtung des Rades nach vorwärts gekrümmt sind. Ihre Breite nimmt wie beim Pelzer-Ventilator nach dem Umfange zu allmählich ab, wodurch ein ziemlich gleichmässiger Querschnitt in den Flügelzellen erzielt wird. An ihrer dem Saugraume zugekehrten Seite sind die Flügel durch den schwach konisch geformten Blechkranz B mit einander verbunden.

Fig. 28.

Geisler-Ventilator.

Zur Erleichterung des Ueberganges der Luft aus der axialen in die radiale Richtung trägt das dem Saugraume zugewandte Ende der Achse einen Einlaufkegel k, der auf die Scheibe S aufgenietet und mit seiner Spitze auf der Muffe M durch eine Schraubenmutter befestigt ist. Während das Flügelrad, abgesehen von der zur Einströmung der Luft nötigen Saugöffnung, nach der Seite des Wetterkanales zu von Mauerwerk oder zuweilen auch von einem gusseisernen Ring umgeben ist, steht es nach dem Maschinenraum zu ganz frei. Nach beiden Seiten hin ist das Rad aber zur Vermeidung von Luftverlusten sehr sorgfältig abgedichtet und zwar nach aussen gegen das Mauerwerk des Diffusors an der mit a bezeichneten Stelle (Fig. 29 a) und gegen den Rand des Saugkanals beim Punkte b. Die Art der Dichtung ist in Figur 30 a und b in grösserem

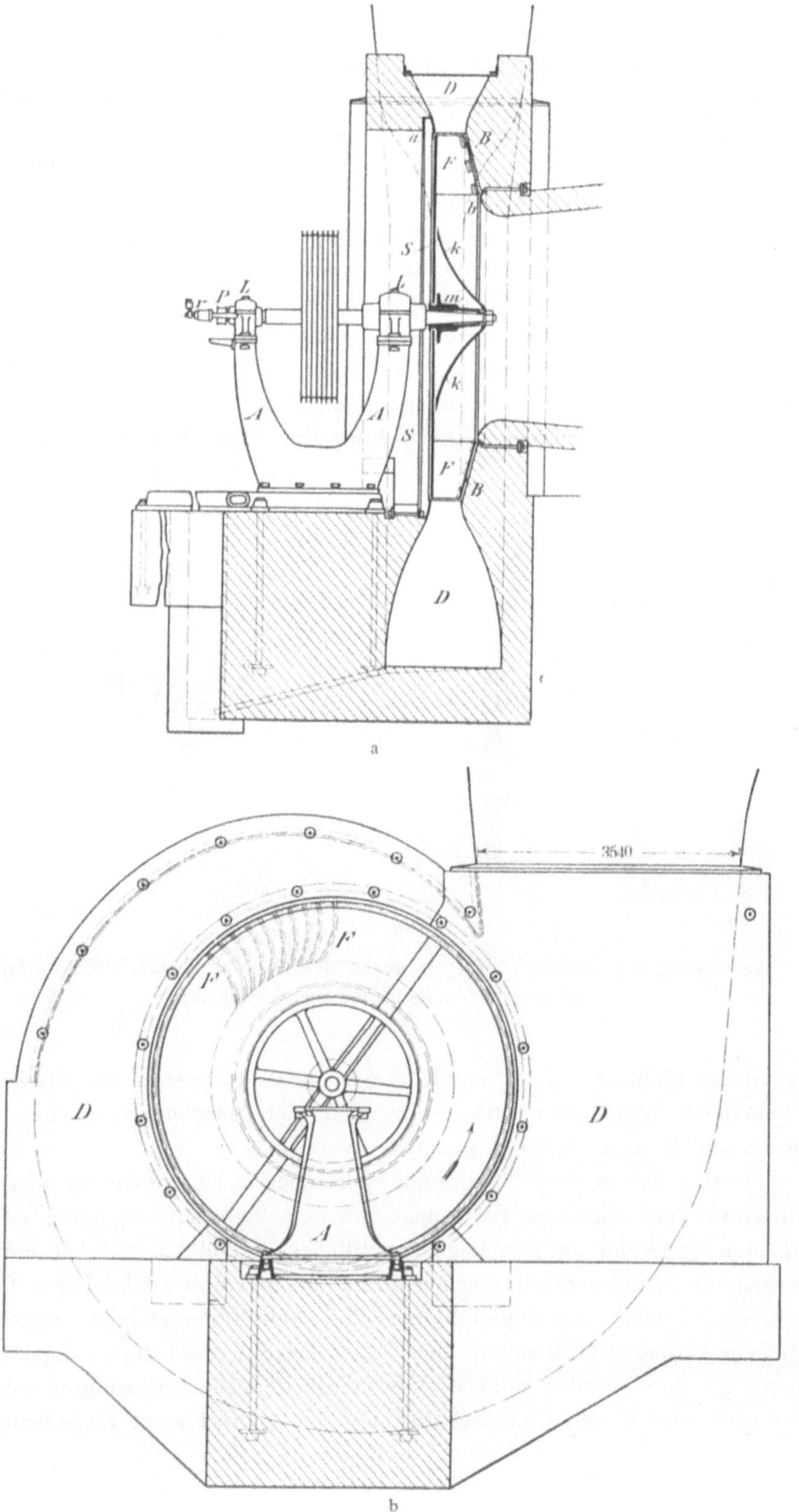

a

b

Fig. 29.
Geisler-Ventilator auf Zeche Hibernia.

Massstabe dargestellt. Sie erfolgt durch zwei schmiedeeiserne Ringe c
und d, von denen einer auf dem äusseren Rande der Scheibe S, der
andere auf dem inneren Rande des konischen Blechkranzes B aufgenietet
ist. Beide Ringe besitzen abgedrehte Flächen und passen genau auf zwei
gusseiserne Ringe e und f, die an dem Mauerwerk des umgebenden Gehäuses durch Schrauben befestigt sind.

Die Achse ruht in zwei mit Ringschmierung versehenen Lagern L
(Fig. 29a), zwischen denen sich die Antriebsscheibe befindet. Das dem Flügelrad am nächsten gelegene Hauptlager ist breiter als das andere, da es den
grössten Teil des Gewichtes zu tragen hat. Beide Lager sind auf dem
Lagerbock A befestigt, der auf Schienen ruht und sich auf diesen
seitlich, d. h. nach dem Maschinenraume zu, verschieben lässt. Dadurch
und durch die zweckmässige Konstruktion der Abdichtung des Ventilators

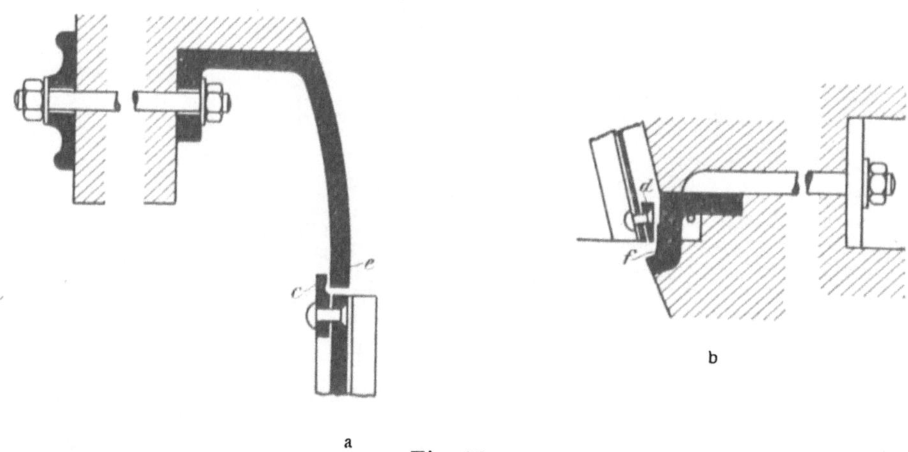

Fig. 30.

**Abdichtung des Geisler-Ventilators gegen das Mauerwerk des Diffusors (a)
und gegen den Rand des Saugkanals (b).**

gegen das Gehäuse ist es möglich, das ganze Flügelrad bei etwa vorkommenden Reparaturen ohne weiteres in den Maschinenraum hineinzu-
ziehen und in allen Teilen zugänglich zu machen.

Durch die in dem Saugraume herrschende Depression erfährt das
Flügelrad eine einseitige Belastung; um derselben zu begegnen, ist am
äusseren Ende der in den Lagern seitlich verschiebbaren Achse ein mit
besonderer Schmiervorrichtung ausgerüstetes, gewölbtes Stirn-Lager P angebracht. Damit ist zugleich eine mit Schraubengewinde versehene
Stellvorrichtung v verbunden, durch die das Flügelrad derart dem Saugraume genähert werden kann, dass zwischen den Dichtungsringen c und d
einerseits und e und f andererseits nur ein ganz kleiner Zwischenraum

verbleibt. Auf diese Weise wird eine gute Abdichtung des Flügelrades erreicht und ein Zurückströmen der am Umfange des Rades ausgeworfenen Luft nach dem Saugraume, fast ganz vermieden. Auch ist ein Ansaugen von Luft aus dem Maschinenraum in grösserer Menge nicht zu befürchten, trotzdem hinter dem Flügelrade ein besonderer unter Depression stehender Raum, wie beim Rateau- und Pelzer-Ventilator, nicht vorhanden ist, und es erübrigt sich daher der Abschluss des Rades nach der Maschinenkammer durch eine besondere Dichtungsplatte. Allerdings ist der einseitige Druck der atmosphärischen Luft auf das Flügelrad mit seinen Nachteilen in vollem Masse vorhanden und kann bei ungenügender Wartung ein Heisslaufen des Stirnlagers verursachen, wie es z. B. auf Zeche Hibernia einige Male vorgekommen ist.

Das Flügelrad ist von einem spiralig sich erweiternden Auslaufraum D umgeben, der im Gegensatz zum Rateau- und Pelzer-Ventilator in radialer Richtung keine plötzliche Querschnittsveränderung zeigt, sondern nach dem Umfange zu allmählich an Breite zunimmt. Dieser Diffusor ist ebenso wie das Gehäuse des Flügelrades fast ganz aus Mauerwerk hergestellt und mit Cement verputzt. Nur der obere Abschluss des Diffusors wird durch eine Blechdecke bewirkt, die durch Winkeleisen und Bolzen mit den Seitenmauern verbunden ist. Bei kleineren Ausführungen ist zuweilen das ganze Gehäuse nebst dem Auslaufraum vom Fundamente ab aus Gusseisen hergestellt. An den Auslaufraum schliesst sich ein hoher, schlanker Kamin von viereckigem, nach oben allmählich zunehmendem Querschnitt an, der zur Verstärkung von Ringen aus Winkeleisen umgeben ist.

Die Grösse der Einströmungsöffnung des Ventilators wird nach der Grubenweite, für die derselbe bestimmt ist, und nach dem verlangten Wetterquantum bemessen. Als Mass für den Flügelraddurchmesser wird die $1^2/_3$ bis zweifache Weite der Einströmungsöffnung angenommen. Im Ruhrkohlenbezirk finden sich drei verschiedene Grössen des Geisler-Ventilators, nämlich von 3,5, 4,5 und 4,75 m Raddurchmesser. Die Anzahl der Flügel wird nach der Formel $n = 16d$ bestimmt, worin d die Grösse des Raddurchmessers in Metern bedeutet. Durch die grosse Anzahl der Flügel wird der Luft eine sichere Führung gegeben und werden erhebliche Druckunterschiede innerhalb der Radkanäle vermieden; andererseits sind damit aber auch vermehrte Reibungsverluste verbunden.

Der Geisler-Ventilator ist im Ruhrrevier durch 21 Exemplare vertreten und zwar nur bei der Bergwerksgesellschaft Hibernia und auf den Zechen Zollverein und Neumühl. Ausserdem findet sich noch eine ältere Anlage dieses Systems unter Tage auf Zeche Rheinpreussen. Seine Leistungsfähigkeit zur Versorgung der Grubenbaue mit grossen Wettermengen steht ausser Zweifel. Es zeigt sich dies namentlich in seiner

Anwendung auf den grossen und gefährlichen Schachtanlagen der Bergwerksgesellschaft Hibernia, die insgesamt 14 Geisler-Ventilatoren besitzt und bei allen ihren Neuanlagen in den letzten Jahren dieses System den anderen vorgezogen hat.

Ueber die mit Geisler-Ventilatoren erzielten Leistungen enthält Tabelle 61 einige von den Zechenverwaltungen gemachte Angaben:

Geislei

Lfd. Nr.	Name der Schachtanlage	Jahr der Aufstellung des Ventilators	Flügelrad-Durchmesser m	Umdrehungszahl der Antriebsmaschine	des Ventilators	Umfangsgeschwindigkeit des Flügelrades je Sekunde m
1	Wilhelmine Victoria II/III	1891	3,5	75	225	35,35
2	Zollverein IV/V	1893	3,5	78	211	38,66
3	Hibernia	„	4,5	76	152	35,79
4	Neumühl	1896	3,5	72	223	41,00
5	Zollverein I/II	„	3,5	123	209	38,30
6	Shamrock III/IV	1898	4,5	70	140	33,00
7	Shamrock V	„	3,75	72	144	28,26
8	Shamrock I/II	„	4,5	60	150	35,34
9	Wilhelmine Victoria I . .	1900	4,5	65	162,5	38,31

Im Durchschnitt beträgt nach obiger Tabelle der manometrische Wirkungsgrad 52,6 % und der mechanische Nutzeffekt 50,4 %. Es ist anzunehmen, dass beide Werte bei neuen Anlagen etwas höher sein werden, da die Tabelle einige Resultate von Versuchen enthält, die durch besondere Umstände ungünstig beeinflusst waren, wie z. B. die Angaben über die Zeche Shamrock V, die bei Vornahme der Messungen in Vorrichtung stand und mit ihrer Grubenweite nicht zur Durchgangsöffnung des Ventilators passte. Dagegen sind gerade beim Geisler-Ventilator eine Reihe von Versuchen mitgeteilt worden, die einen Wirkungsgrad von mehr als 80 % und vereinzelt sogar bis zu 86 % ergeben haben sollen. Diese können natürlich für die Beurteilung des Ventilators nicht massgebend sein und sind daher in obige Tabelle nicht aufgenommen worden. Wahrscheinlich hat bei diesen Angaben, die sich auf die tiefen und warmen Gruben der Gesellschaft Hibernia beziehen, der natürliche Wetterzug eine bedeutende Rolle gespielt.

Ueber die Energie-Verluste die mit dem Betriebe eines Ventilators verbunden sind, wenn er der Grubenweite nicht angepasst ist, hat Behrens interessante Versuche veröffentlicht,*) die speziell mit einem Geisler-Ventilator vorgenommen wurden und die bereits im 2. Kapitel S. 231 besprochen sind. Hier ist noch nachzutragen, dass bei einem Geisler auf Hibernia, der für die Grubenweite zu gross war, das den Diffusor bedeckende Blech unter lautem Geräusch zu vibrieren anfing, weil die Luftmassen den Innenraum des Ventilators nicht andauernd auszufüllen vermochten.

Ventilatoren.   **Tabelle 61.**

Depression		Mano-metrischer Wirkungs-grad $\frac{h}{H}$	Luftmenge je Minute	Leistung		Me-chanischer Wirkungs-grad	Aequi-valente Oeffnung der Grube	Lfd. Nr.
beobachtete h	theoretische H			der Maschine	des Ventilators			
mm	mm	%	cbm	PSi	PSe	%	qm	
80	152	52,6	3100	165	55,1	33,3	2,19	1
60	180	33,3	2912	90,8	38,9	42,8	2,38	2
80	156	51,2	5930	203	105,4	51,8	4,20	3
130	206	63,1	2900	149	84,0	56,4	1,61	4
104	179	58,1	3160	152,6	73,0	47,8	1,97	5
84	133	63,1	5183	151,0	96,7	64,0	3,57	6
34	97	35,0	1367	29,2	10,32	34,4	1,48	7
95	151,5	62,7	6177	181,8	118,86	65,4	4,18	8
98	179,1	54,7	4676	177	102	57,6	2,99	9

Durchschnitt 52,6 %   50,4 %

Von 4 unter Tage aufgestellten Geisler-Ventilatoren sind 3 im Laufe der letzten Jahre wieder beseitigt worden, weil ihre Leistungen bei dieser Aufstellung nicht befriedigten.

Guibal-Ventilator.

Die Guibal-Ventilatoren, deren Konstruktion aus Figur 31 a—d ersichtlich ist, besassen in den 1870 und 80er Jahren im rheinisch-westfälischen Industriebezirk von allen Ventilatorsystemen die grösste Bedeutung und sind auch jetzt noch in einer beträchtlichen Anzahl, wenn auch fast nur als Reserveanlagen, vorhanden. Sie wurden von verschiedenen Firmen ausgeführt, insbesondere von der Essener Maschinenfabrik Union und der Maschinenfabrik Humboldt in Kalk. Von den Apparaten der Union waren 1900 noch 13, von den Humboldtschen 3 Anlagen vorhanden. Die Ausführung ist bei den einzelnen Fabriken wenig von einander verschieden.

Das Flügelrad besteht aus einer achtkantigen Nabe n, an der 8 bald

---

*) Glückauf 1896.

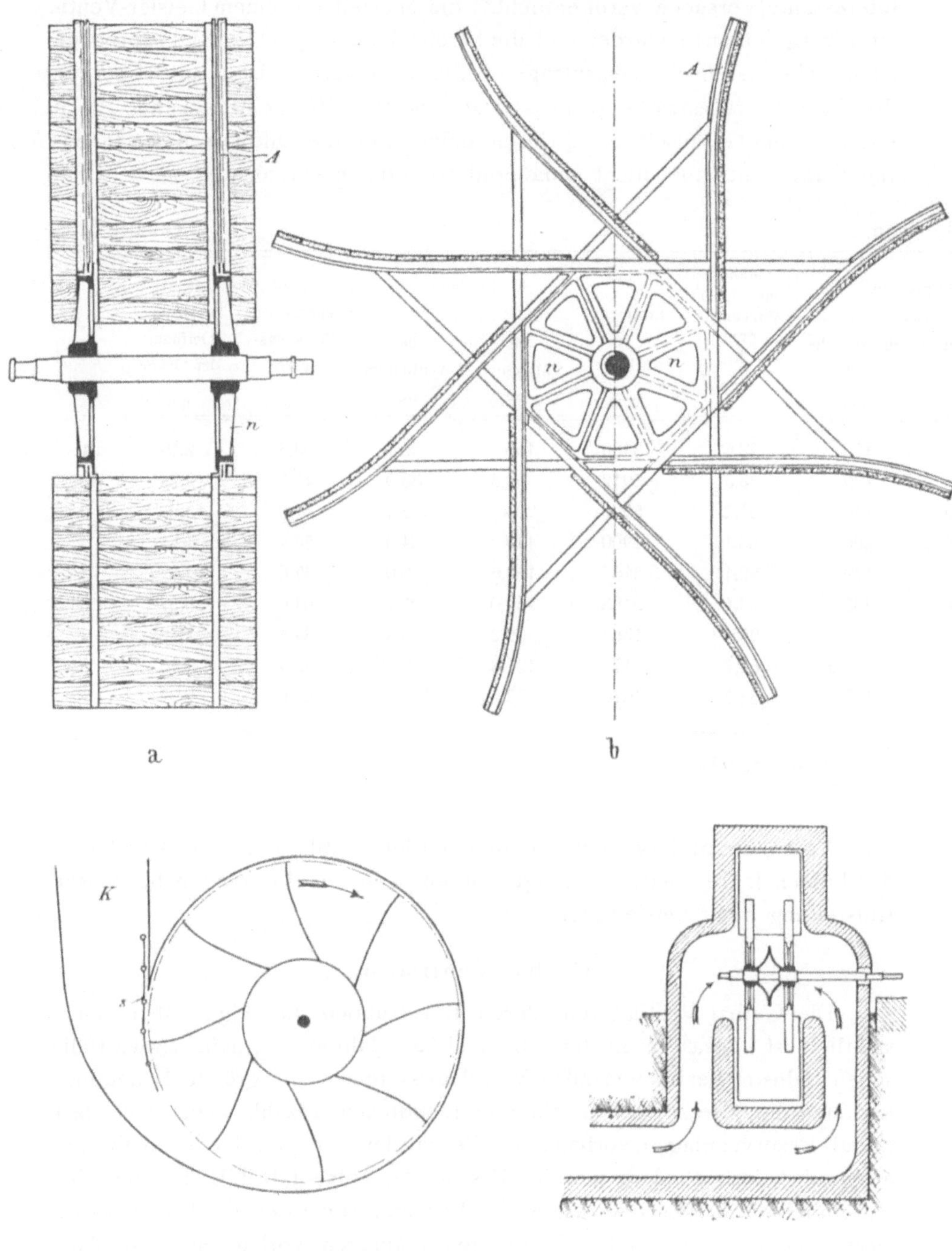

Fig. 31.

Guibal-Ventilator.

aus Eisenblech, bald aus Holz angefertigte Flügel mittelst der aus Winkeleisen bestehenden Arme A befestigt sind. Die Flügel sind den Seiten der achtkantigen Nabe parallel gerichtet und weichen daher von der radialen Richtung stark nach rückwärts ab. Sie besitzen meist eine ebene Fläche, nur bei den späteren Ausführungen, wie auch bei dem in Figur 31 dargestellten Ventilator, sind sie nach der Peripherie zu etwas nach vorwärts gekrümmt und laufen, zum Vorteil des manometrischen Wirkungsgrades, ungefähr in radialer Richtung aus. Die Lufteinströmung in das Flügelrad erfolgt meist von beiden Seiten.

Bei einzelnen Ausführungen wurde versucht, auf der Achse in der Mitte des Flügelrades ein Doppelkonoid anzubringen, das in ähnlicher Weise wie die Leitbleche beim Pelzer-Ventilator den Uebergang der Luft aus der axialen in die radiale Richtung erleichtern sollte. Bei Besprechung des Winter-Ventilators, der mit einem solchen Doppelkonoid ausgerüstet ist, wird auf dasselbe näher eingegangen werden.

Die Bedeutung der Guibal-Ventilatoren liegt darin, dass bei ihnen zuerst eine Nutzbarmachung der lebendigen Kraft des Luftstromes durch einen von unten nach oben sich erweiternden Schlot K stattfand; darauf beruhen auch die guten Leistungen, die mit den Apparaten erzielt worden sind. Die Anwendung eines spiralförmigen Diffusors war dem Erfinder noch unbekannt. Statt dessen umgab er das Flügelrad mit einem dichten Gehäuse, das nur an der Stelle, wo der Schlot einmündete, eine durch eine Schütze verstellbare Oeffnung besass. Durch diese konnte die zwischen je zwei Flügeln eingeschlossene Luftmenge, die beim Betriebe des Rades infolge der Zentrifugalkraft gegen die Aussenwand des Gehäuses gepresst wurde, beim jedesmaligen Passieren der Oeffnung stossweise entweichen. Dieser intermittierende Luftaustritt, der in regelmässigen Zeiträumen wiederkehrende und auf weite Entfernungen vernehmbare Geräusche verursacht, findet bei allen Guibals in gleicher Weise statt, jedoch zeigt die in Figur 31 c angedeutete Schütze s, durch welche die zum Kamin führende Oeffnung des Ventilatorgehäuses nach Bedürfnis vergrössert oder verkleinert werden kann, in ihrer Konstruktion einige unwesentliche Verschiedenheiten.

Von v. Hauer sind die von der Maschinenfabrik R. W. Dinnendahl in Steele bis Ende der 80 er Jahre gebauten Guibal-Ventilatoren als ein besonderes System bezeichnet worden, weil sie die Luft nicht stossweise sondern kontinuierlich austreten lassen. Dies wurde dadurch erreicht, dass die Ventilatoren, wie sich aus Figur 32a—c näher ersichtlich, mit einem spiralförmig sich erweiternden Gehäuse umgeben wurden, das allmählich in den Schlot überging. Die verstellbare Schütze kam dabei in Fortfall, im übrigen stimmen die Apparate in ihrer Bauart mit den eigentlichen Guibals vollständig überein und sollen daher hier mit diesen zusammengefasst werden. Auch die Dinnendahlschen Guibal-Ventilatoren

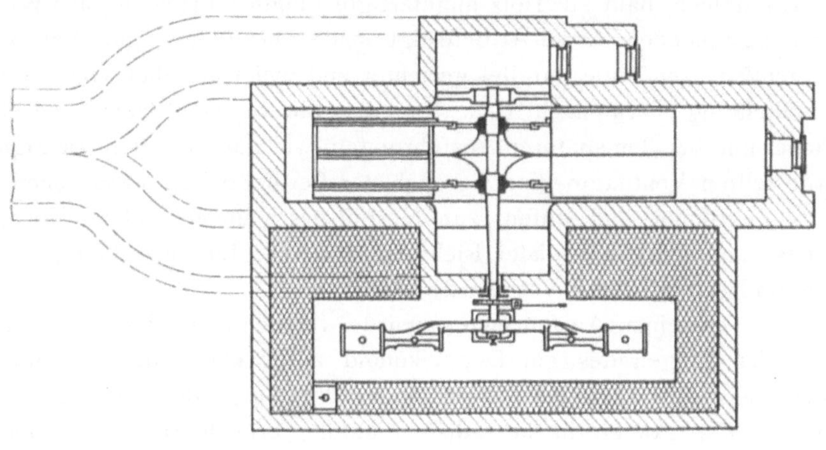

a

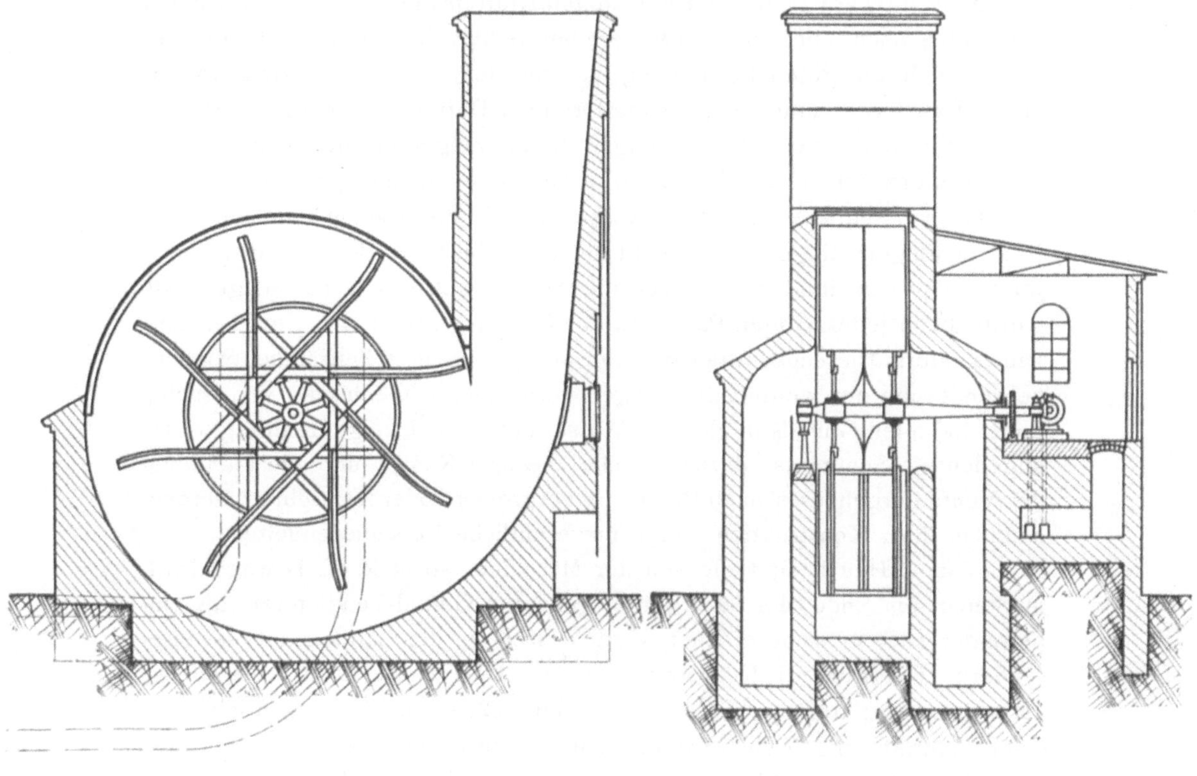

b   c

Fig. 32.

Guibal-Ventilator von Dinnendahl.

sind im Ruhrkohlenbezirk in grösserer Anzahl in Betrieb gewesen. Am Ende des Jahres 1900 waren indessen nur noch 5 Apparate dieser Art vorhanden.

Ein Ventilator von ähnlichem Bau ist auch der im Jahre 1897 auf Zeche Carolinenglück aufgestellte Apparat, der auf Veranlassung von Professor Herbst mit einigen bemerkenswerten Neuerungen versehen worden war. Er hatte zunächst, ähnlich wie die neueren Pelzer-Ventilatoren, an seinem Flügelrade seitliche Schöpfschaufeln erhalten. Ausserdem wurden in dem spiralförmigen Diffusor, der den Ventilator umgab, wie in Skizze 33 angedeutet, zahlreiche Gleitbleche angebracht, durch die

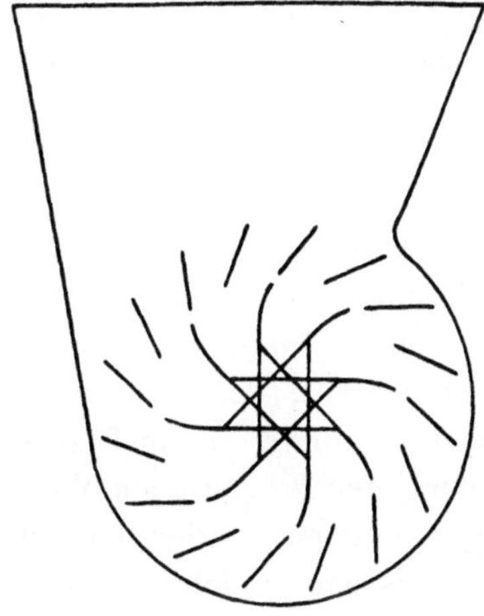

Fig. 33.

eine regelmässige Verteilung des aus dem Rade austretenden Luftstromes in den Auslaufraum und eine volle Ausnutzung des breiten Kamins erzielt werden sollte. Die Versuche entsprachen aber nicht den gehegten Erwartungen, vielmehr wurden die dünnen Gleitbleche durch den Luftstrom in zitternde Bewegung versetzt und verursachten ein heftiges Geräusch, sodass man sich veranlasst sah, sie wieder zu beseitigen.

Die Guibal-Ventilatoren zeichnen sich durch grosse Flügelräder aus. Abgesehen von dem Apparat auf Carolinenglück der 4 m Durchmesser besitzt, beträgt der Raddurchmesser zwischen 7 und 12 m und die Radbreite zwischen 1,5 und 3 m. Obwohl ihre Tourenzahl nu gering ist, wird infolge des grossen Durchmessers doch eine bedeutende Peripheriegeschwindigkeit erzielt.

Die häufige Anwendung der grossen Guibal-Räder in früheren Jahren ergab sich aus der irrigen Ansicht, dass die aus einer Grube angesaugte Wettermenge von der Grösse des Ventilators abhängig sei. Die Folge davon war, dass die meisten Guibal-Ventilatoren für die Weite der Grube, auf der sie arbeiten sollten, viel zu gross waren und demgemäss geringe Leistungen erzielten. Seitdem diese Anschauung sich als unrichtig herausgestellt hat, sind Guibal-Ventilatoren im Ruhrkohlenbezirk nicht mehr gebaut worden.

Die Guibal-Ventilatoren besitzen einen hohen manometrischen Wirkungsgrad, der im Jahre 1898 bei 19 Anlagen durchschnittlich zu 64,3 % ermittelt wurde. Der mechanische Nutzeffekt ist hingegen gering. Er betrug bei 5 Anlagen mit intermittierendem Luftaustritt im Mittel 26,3 %, wobei allerdings das hohe Alter von Antriebsmaschinen und Ventilatoren ungünstig ins Gewicht fällt. Die sonstigen Gründe für den geringen mechanischen Wirkungsgrad liegen, wie Rateau hervorhebt*), in den erheblichen Reibungsverlusten, welche die grossen Räder verursachen, sodann in dem grossen Spielraum zwischen Flügelrad und Seitenwänden und endlich in dem stossweisen Luftaustritt, der bedeutende Energieverluste zur Folge hat. Bei den Guibals mit kontinuierlichem Luftaustritt dürften die Leistungen etwas günstiger gewesen sein, doch liegen keine zuverlässigen Angaben darüber vor.

Die ersten Guibals wurden im Jahre 1867 auf den Zechen Rheinelbe und Sälzer u. Neuack aufgestellt, denen im nächsten Jahre ein solcher auf Zeche Wilhelmine Victoria folgte. Beim Erscheinen des Berichtes der westfälischen Lokalabteilung der Preussischen Wetterkommission war das System durch 46 Anlagen vertreten. Seitdem ist nur noch ein Guibal, nämlich der auf Zeche Gneisenau im Jahre 1886 neu erbaut worden. Von insgesamt 47 Apparaten, unter denen der Ventilator auf Carolinenglück nicht mitgezählt ist, ist inzwischen der grösste Teil beseitigt worden. Im Jahre 1900 waren noch 19 Anlagen vorhanden, von denen weitaus der grösste Teil als Reserve diente und nur zwei Ventilatoren, auf den Zechen Neu-Iserlohn II und Königin Elisabeth (Schacht Wilhelm) noch ständig in Benutzung waren.

Kley-Ventilator.

Der Ventilator von Kley (Figur 34 a bis d a. S. 292/3) ist aus dem Guibal-Ventilator hervorgegangen, unterscheidet sich aber von diesem wie von allen übrigen Ventilatorsystemen dadurch, dass der Saugkanal S auf beiden Seiten des Flügelrades in je einem spiralförmigen Einlaufraum C endigt, in dem die Luft, bevor sie in die Einströmungsöffnung E des Ventilators eintritt, bereits eine drehende Bewegung erhält. Der mit dieser Einrichtung verfolgte Zweck ist ähnlich wie bei den Schöpfschaufeln des Pelzer-Ventilators, die Luft auf die Bewegung in dem Flügelrade

---

*) Bulletin de la société de l'industrie minérale 1892, S. 81.

möglichst vorzubereiten, um plötzliche Uebergänge aus der einen in die andere Richtung zu vermeiden. Die Einmündung des Saugkanales in die Einlaufspirale erfolgt bei dem in Figur 34 dargestellten Ventilator in tangentialer Richtung und die Kanalweite entspricht der Differenz zwischen dem grössten und dem kleinsten Durchmesser der Spirale. Bei anderen Ausführungen ist die Weite des Saugkanales grösser als diese Differenz und sein oberer Rand liegt dann statt bei a b in der durch die Linie $\alpha\,\beta$ angedeuteten Höhe (Fig. 34 b). Die seitliche Begrenzung der Einlaufspiralen wird durch senkrecht zur Ventilatorachse stehende Wände gebildet, die ebenso wie das Ventilatorgehäuse meist ganz in Mauerwerk ausgeführt werden.

Ein weiterer Unterschied gegenüber dem Guibal-Ventilator besteht darin, dass das Kley-Rad von einem spiralförmigen Diffusor D umgeben ist, in den die Luft kontinuierlich austritt und in dem sie allmählich ihre Geschwindigkeit vermindert, bevor sie in den ebenfalls aus Mauerwerk hergestellten Kamin K gelangt. Bei neueren Ventilatoren ist mehrfach, wie beim Pelzer, zwischen Diffusor und Flügelrad noch ein ringförmiger Zwischendiffusor eingeschaltet, der ebenfalls zur Verminderung der Luftgeschwindigkeit dient.

Das Flügelrad selbst bewegt sich möglichst dicht an dem umschliessenden Gehäuse vorbei. Es besteht aus der auf der Achse sitzenden Nabe n, an der mittelst der Arme m die Flügel F befestigt sind. Letztere haben eine trapezförmige Gestalt, ihre Breite nimmt nach aussen allmählich ab (Fig. 34 c). Die Arme sind untereinander durch den Ring R verbunden und durch die Bolzen B versteift. Die Flügel selbst sind eben, aber nicht radial gestellt, sondern ebenso wie die Arme etwas nach rückwärts geneigt. Bei neueren Ausführungen sind die Flügel sowohl am äusseren wie am inneren Ende etwas in der Drehrichtung nach vorwärts gekrümmt. Auf der Rückseite werden sie meist durch besondere Stützen T gegen den Ring R versteift.

Die Anzahl der Flügel beträgt 16—18, die Breite des Flügelrades 0,52—1,0 m und sein Durchmesser 4,0—5,4 m. Nur die Ventilatoren auf den Zechen Hannibal I und Recklinghausen II, die abweichend von allen übrigen Anlagen dieses Systems nur einseitige Luftzuführung besitzen, haben den aussergewöhnlich grossen Durchmesser von 9 m.

Die drei Achsenlager, welche die Ventilatorwelle tragen, liegen ausserhalb des Gehäuses.

Abgesehen von dem im Jahre 1884 von der Dülmener Hütte erbauten Apparat der Zeche Recklinghausen II werden die Kley-Ventilatoren seit dem Jahre 1884 von der Gutehoffnungshütte in Oberhausen ausgeführt. Sie finden sich insgesamt auf 11 Zechen, darunter sind vier Anlagen, die nur zur Reserve dienen. Neuausführungen nach diesem System sind in

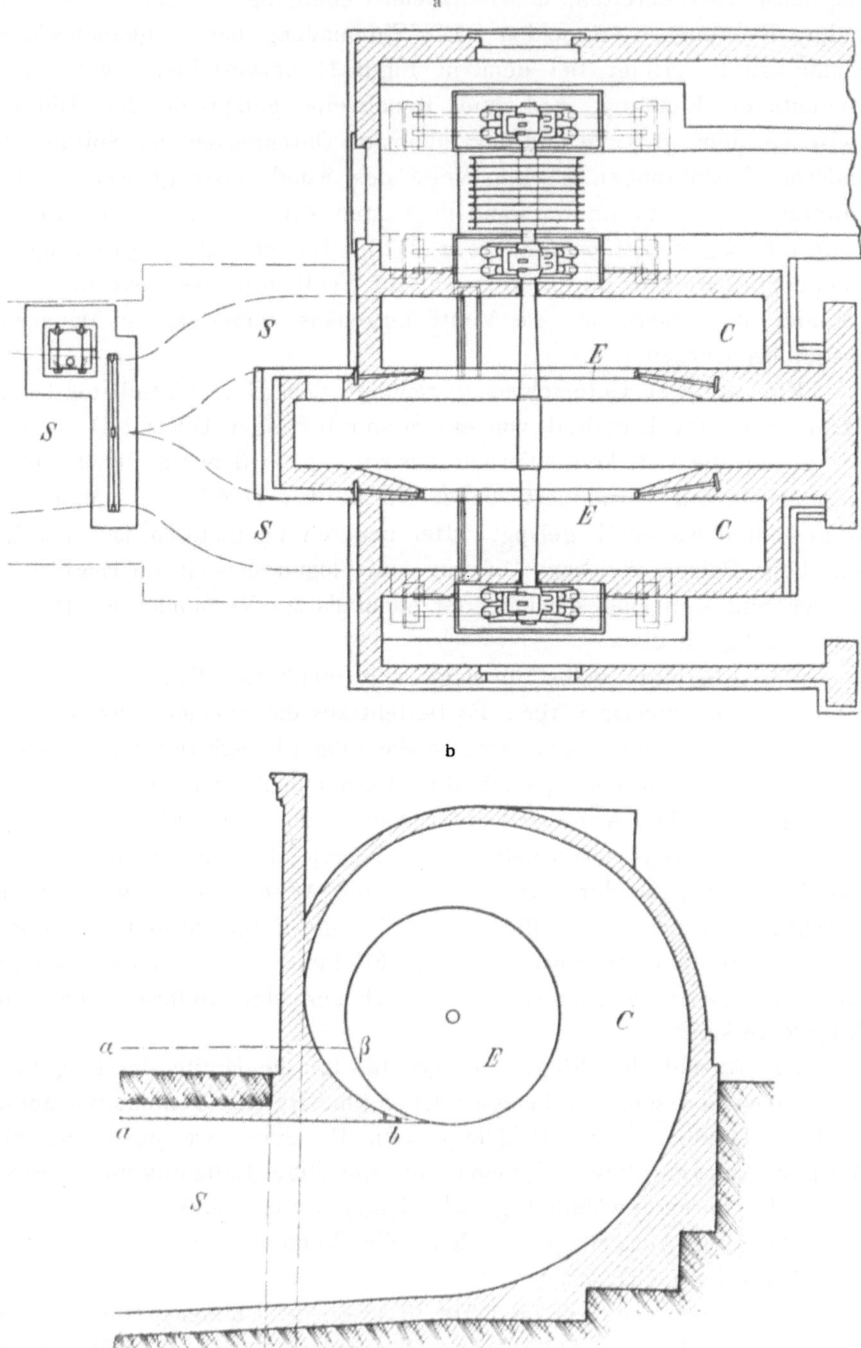

Fig. 34 a u. b.

Ventilator von Kley.

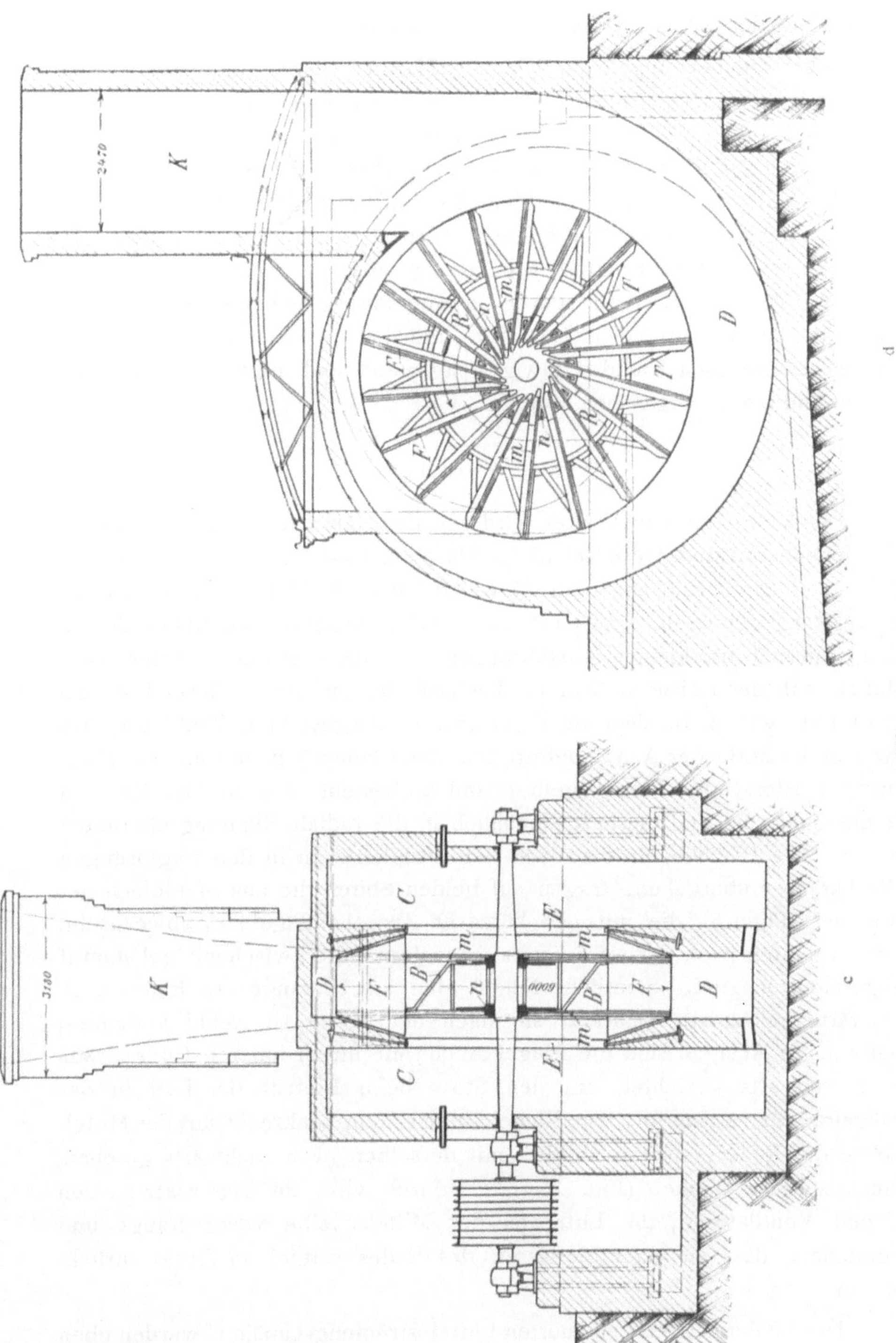

Fig. 34 c u. d.
Ventilator von Kley.

den letzten Jahren nur auf den eigenen Schächten der Gutehoffnungshütte nämlich auf den Zechen Oberhausen und Osterfeld errichtet worden.

Ueber die Leistungen der Kley-Ventilatoren liegen umfassende und zuverlässige Versuche nicht vor. Eine Anlage auf der Zeche Graf Bismarck II, die aus dem Jahre 1887 stammt, soll bei 156 Umdrehungen 86 mm Depression und 1340 cbm Wetter geliefert haben, während der Kraftaufwand der Antriebsmaschine 56 indizierte Pferdekräfte betrug. Da das Flügelrad 4,0 m Durchmesser hatte, berechnet sich daraus ein manometrischer Wirkungsgrad von 66,1 $^0/_0$ und ein mechanischer Nutzeffekt von 45,5 $^0/_0$. Ersterer wurde in ungefähr gleicher Höhe auch bei zwei Ventilatoren auf Zeche Osterfeld und bei je einer Anlage auf den Zechen Oberhausen I und Ludwig festgestellt und darf also wohl als Durchschnittswert angesehen werden.

Winter-Ventilator.

Der Ventilator von Winter wird seit dem Jahre 1879 von der Baroper Maschinenbau-Aktien-Gesellschaft in Barop gebaut und hat in der ersten Zeit seiner Einführung im rheinisch-westfälischen Kohlenbezirk eine grosse Verbreitung gefunden. Er ist ein zweiseitig saugender Ventilator, dessen Flügelrad sich bei kleinen Ausführungen um eine einfache zwischen zwei Muffen auf der Achse befestigte Blechscheibe aufbaut, während es bei grösseren, wie z. B. dem in Figur 35 a—c dargestellten Ventilator, aus zwei in der Mitte der Achse befestigten, flach konischen und mit der Basis zusammenstossenden Blechkegeln k und k_1 besteht, die auf der Muffe m festgenietet sind und die Luft allmählich in die radiale Richtung überleiten sollen. Die Blechkegel, die nach der Peripherie zu in den ringförmigen Blechkranz r übergehen, tragen auf beiden Seiten die aus Stahlblech gepressten Flügel F, die mit den kürzeren Zwischenflügeln F_1 abwechseln. Erstere laufen nach der Achse spitz zu, während die Zwischenflügel stumpf abgeschnitten sind. Sämtliche Flügel sind am Umfange des Rades nach vorwärts gekrümmt, während sie nach der Achse zu radial verlaufen; bei einigen Anlagen sind die Flügel auch mit ihrem inneren Ende etwas nach vorwärts gerichtet, um den Stoss beim Eintritt der Luft in das Flügelrad zu verringern. Die Flügel stehen nicht senkrecht auf der Mittelebene des Rades, sondern bilden mit derselben, von rückwärts gesehen, einen spitzen Winkel (Fig. 35 c). Dadurch wird, im Gegensatz zu den Capell-Ventilatoren, die Luft von der Mittelscheibe weggedrängt und verhindert, dass sie nach Verlassen des Rades seitlich in dieses zurückströmt.

Die beiderseitigen gemauerten Lufteinströmungskanäle C werden oben durch die gusseisernen Hauben h abgeschlossen, die sich auf das Mauer-

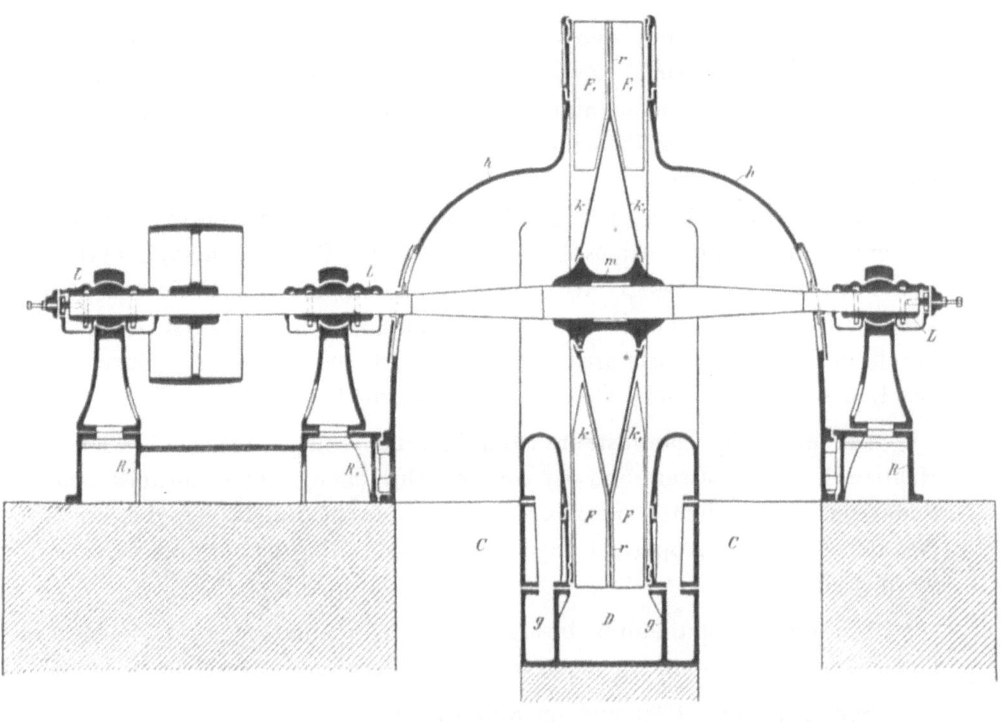

a

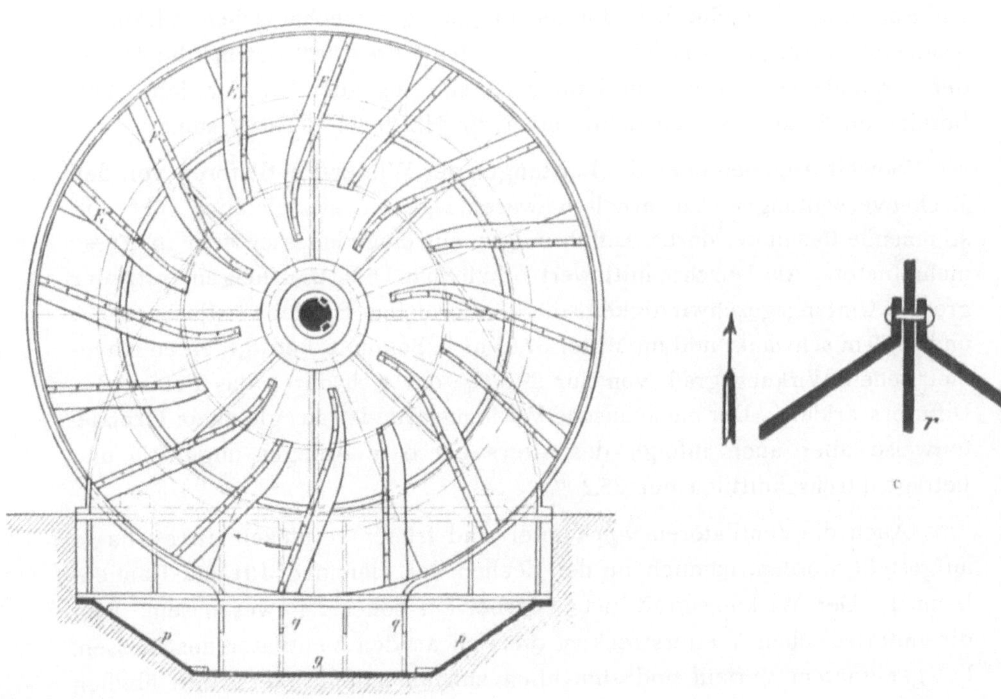

b

Fig. 35.
Ventilator von Winter.

werk aufsetzen und mit den die Lager der Achse tragenden Rahmen R und R_1 verschraubt sind. Zwischen den Luftzuführungskanälen befindet sich ein auf dem Fundamentmauerwerk befestigtes, durch Querrippen q versteiftes gusseisernes Fussstück g. Der mittlere Hohlraum D desselben dient zur Aufnahme der von dem Flügelrade nach unten ausgeworfenen Luftmassen, seine schräg ansteigenden Bodenflächen p vermitteln ihre Abführung in die äussere Atmosphäre. Soweit das Rad sich nicht innerhalb des Fussstückes g bewegt, tritt die Luft unmittelbar ins Freie aus. Ein Diffusor ist nicht vorhanden, und die lebendige Kraft des Luftstromes, der durch die nach vorwärts gekrümmten Flügel und die grosse Tourenzahl des Rades eine erhebliche Geschwindigkeit erhält, geht verloren.

Die aus Stahl hergestellte Ventilatoraxe reicht durch die beiden Hauben h nach aussen und ist an den Durchgangsstellen mittelst einer Federeinrichtung dicht umschlossen. Sie ruht in drei breiten Lagern L, die bei einzelnen Apparaten nachträglich mit Ringschmierung versehen worden sind.

Die Winter-Ventilatoren besitzen einen Durchmesser von 1,6—4,0 m, ihre Flügelzahl schwankt je nach der Grösse des Rades zwischen 12 und 20.

Seit dem Jahre 1892 sind im Ruhrkohlenbezirk keine Apparate dieses Systems mehr gebaut worden; dasselbe ist wegen des Mangels eines Diffusors und des dadurch bedingten ungünstigen mechanischen Wirkungsgrades als veraltet anzusehen. Zu Ende des Jahres 1898 betrug die Anzahl der vorhandenen Winter-Ventilatoren 33, sie ging aber bis zum Jahre 1900 bereits auf 29 zurück, von denen etwa die Hälfte in Reserve stand.

Soweit Angaben über die Leistungen der Winter-Ventilatoren von den Zechenverwaltungen zu erhalten waren, gaben sie ziemlich übereinstimmende Resultate, deren Aufführung im einzelnen indessen kein Interesse mehr bietet. Als Durchschnittswert erhält man bei 20 Anlagen trotz der grossen Umfangsgeschwindigkeit, die bei normalem Betriebe zwischen 20,93 und 45,79 m schwankt und im Mittel 37,05 m je Sekunde beträgt, einen manometrischen Wirkungsgrad von nur 29,3 %, der sich durch das Fehlen des Diffusors erklärt. Der mechanische Wirkungsgrad ist aus gleichem Grunde, teilweise aber auch infolge des Alters der betr. Anlagen ungünstig und beträgt durchschnittlich nur 35,2 %.

Auch die Ventilatoren von Winter sind früher vereinzelt unter Tage aufgestellt worden, nämlich auf den Zechen Ver. Hannover I/II und Dannenbaum I. Der Wirkungsgrad mag hierbei ein höherer gewesen sein, weil die unterirdischen Wetterstrecken, die sich an den Ventilator anschlossen, bei geeignetem Verlauf und allmählich zunehmendem Querschnitt ähnlich wie ein Diffusor wirken konnten.

Moritz-Ventilator.

Der von der Maschinenbau-Aktien-Gesellschaft »Union« in Essen zuerst anfangs der 80er Jahre für den Ruhrkohlenbezirk gebaute Ventilator von Moritz (Fig. 36 a und b) ist ein Centrifugalventilator mit zweiseitiger Luftzuführung, der in seinem Aeusseren durch den Mangel eines Diffusors und durch die, die Wetterzuleitungskanäle nach oben abschliessenden gewölbten Hauben H einige Aehnlichkeit mit dem Ventilator von Winter besitzt. Er unterscheidet sich von diesem dadurch, dass die Hauben H nicht das ganze Flügelrad umgeben, sondern nur die Saugöffnung S. Das Flügelrad besteht aus einem hohlen Kern, der die Form eines Doppelkonoids besitzt und entweder ganz aus Gusseisen hergestellt ist, oder sich aus der zweiteiligen Nabe n und den darauf befestigten Blechscheiben zusammensetzt. Der Kern ist also ähnlich wie bei der Winterschen Konstruktion eingerichtet und trägt auch an seinem äussersten Umfang einen mittelst Schrauben befestigten Blechkranz B, auf dem beiderseitig die nach dem Radumfang zu sich verschmälernden Flügel F aufgenietet sind. Diese waren bei den zuerst gebauten Ventilatoren nach rückwärts gekrümmt (Fig. 36 b), später wurden statt dessen meist radial auslaufende Schaufeln angebracht. Auf dem Kern sind ferner die schraubenförmigen, in der Drehrichtung des Rades gebogenen Leitschaufeln L befestigt, die in die Saugkanäle hineinragen und den Luftstrom auf die drehende Bewegung des Rades vorbereiten sollen. Gegen die äussere Luft sind die Leitschaufeln L am Umfange und die Flügel F an beiden Seiten durch die beiden mit einander verbundenen Blechkränze k und k_1 dicht abgeschlossen. Bei einigen der älteren Apparate, wurde der Versuch gemacht, die Leitschaufeln fortzulassen, was sich jedoch als nachteilig herausstellte; die seit dem Jahre 1890 erbauten Ventilatoren sind daher alle mit Leitschaufeln versehen worden.

Die Achse wird von drei ausserhalb des Gehäuses befindlichen und daher leicht zugänglichen Lagern getragen. Zwischen zwei von ihnen ist die Antriebsscheibe angebracht.

Die beiden Hauben H, welche die Saugöffnungen des Ventilators umschliessen, sind gegen die Blechkränze k zum Abschluss der äusseren Luft abgedichtet. Im übrigen bewegt sich das Flügelrad nur mit seinem untersten Teile in einem in der Längsrichtung bogenförmig gekrümmten, mit Eisen ausgekleideten Kanal C und liegt sonst nach allen Seiten frei. Nur bei zwei Anlagen, auf den Zechen Consolidation VI und Fröhliche Morgensonne, ist es von einem spiralförmigen Diffusor mit anschliessendem Schlot umgeben.

Der Moritz-Ventilator ist in Westfalen mit einem Durchmesser von 2,5 bis 4 m gebaut worden. Die Zahl der Flügel beträgt 16—20 und die

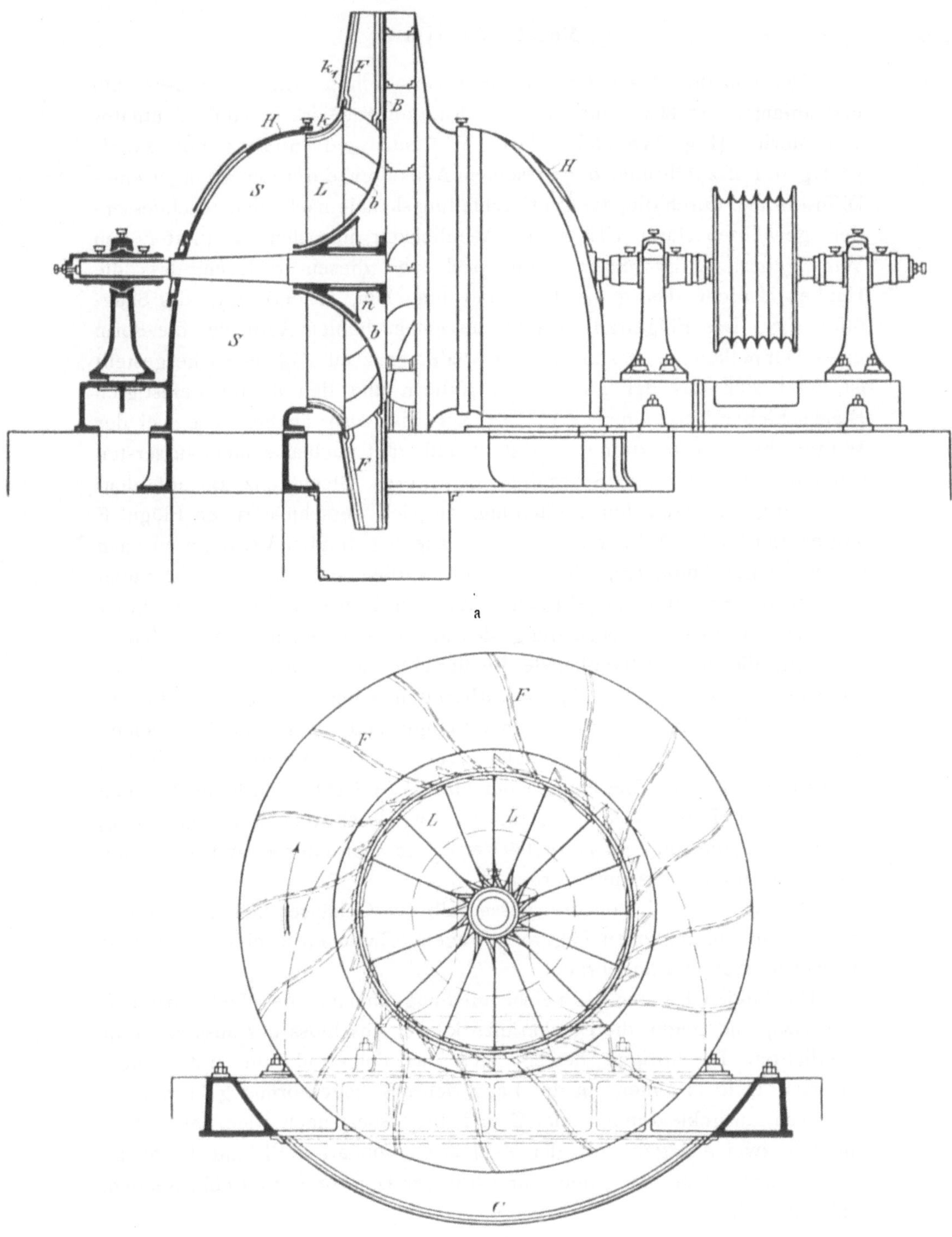

a

b

Fig. 36.
Ventilator von Moritz.

Breite des Rades 0,30—0,50 m. Letztere wurde bei der Anlage auf
Consolidation VI auf 1,0 m erhöht. Die Umdrehungszahl beträgt 180—350
je Minute.

Das System hat, wie aus der graphischen Darstellung auf Tafel IX hervorgeht, ebenso wie die anderen Schnellläufersysteme Winter und Schiele

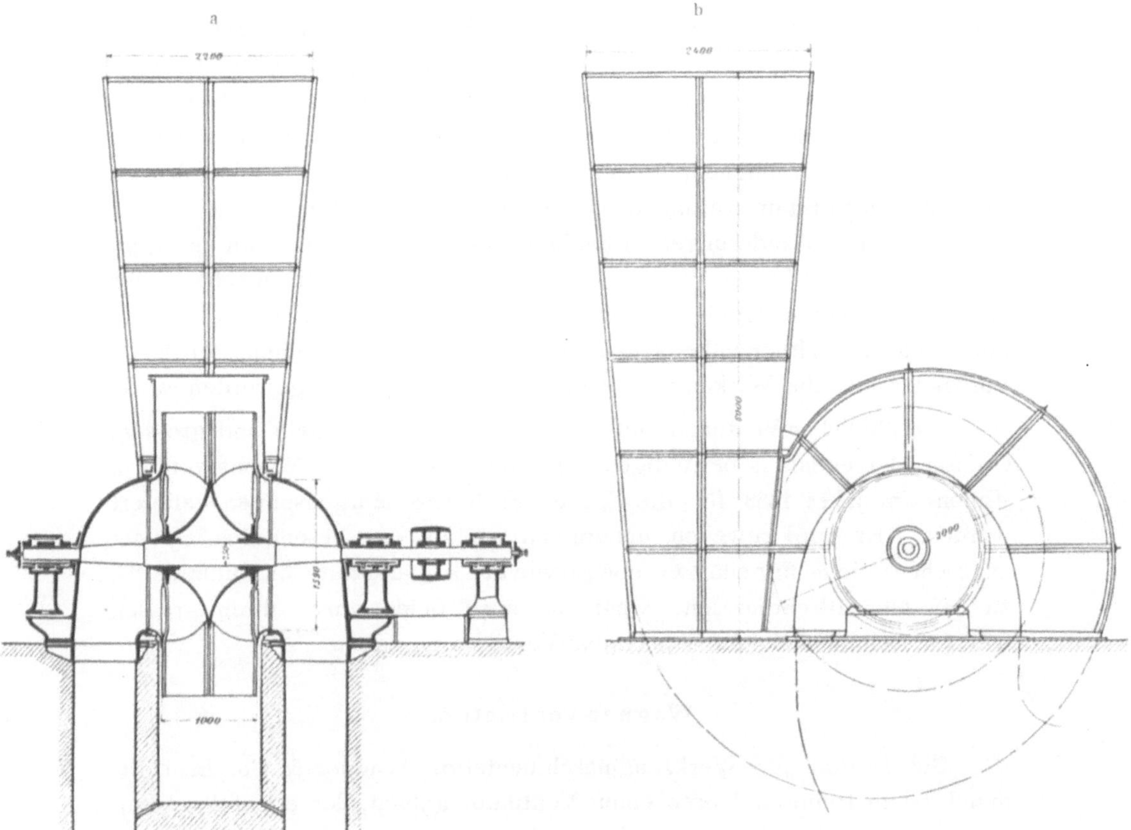

Fig. 37.

Moritz-Ventilator mit Diffusor.

in den ersten Jahren nach seiner Erfindung eine ziemlich rasche Verbreitung gefunden. Bis zum Jahre 1889 waren bereits 21 Apparate in Thätigkeit. Seitdem ist aber nur 1 Ventilator neu hinzugekommen, nämlich die im
Jahre 1898 erbaute Anlage auf Zeche Consolidation VI. Dagegen sind die
älteren Apparate allmählich beseitigt worden, sodass Ende 1898 nur noch
14 und Ende 1900 nur noch 10 Stück gezählt wurden.

Die Leistungen des Ventilators sind verhältnismässig gering, da mit
zwei Ausnahmen ein Diffusor nicht vorhanden ist. Nach den von den Zechen-

verwaltungen angestellten ziemlich übereinstimmenden Beobachtungen betrug der manometrische Wirkungsgrad bei 10 Anlagen zwischen 20,6 und 34,3 % und im Durchschnitt 28,44 %. Der mechanische Wirkungsgrad war nur bei 5 Anlagen einigermassen sicher bekannt und betrug zwischen 42,0 und 46,5 % oder im Durchschnitt 43,8 %.

Eine bemerkenswerte Abweichung von diesen Zahlen erhielt man mit einem auf Zeche Consolidation Schacht VI provisorisch in Betrieb genommenen Moritz-Ventilator aus dem Jahre 1898, der im Jahre 1899 umgebaut wurde. Dabei wurden seine schmalen Flügel durch solche von 1 m Breite und mit radialem Auslauf ersetzt; ausserdem wurde das Flügelrad mit einem spiralförmigen Diffusor umgeben, an den sich ein 6 m hoher Schlot anschloss. Dieser Ventilator ist in Figur 37 a und b dargestellt. Seine Leistungen sind infolge der getroffenen Aenderungen erheblich besser geworden, denn es ergab sich ein manometrischer Wirkungsgrad von 68,5 % und ein mechanischer von 56,4 %. Diese Ergebnisse sind um so mehr zu beachten, als an dem Flügelrade die seitlichen Leitschaufeln (Schöpfschaufeln) fehlen, bei deren Vorhandensein die Wirkung wahrscheinlich noch grösser geworden wäre.

Ein ähnlicher Ventilator mit radial auslaufenden Flügeln und grossem Diffusor, der ebenfalls befriedigend arbeitete, ist von der Maschinenfabrik »Union« im Jahre 1888 für die Zeche »Fröhliche Morgensonne« geliefert worden. Er wird zuweilen unnötigerweise als ein besonderes System angesehen; vielmehr gehört er, ebenso wie der Apparat auf Consolidation VI, zu den Moritz-Ventilatoren, wenn sie auch beide durch ihren grossen Diffusor Aehnlichkeit mit den Guibal-Ventilatoren haben.

Wagner-Ventilator.

Die Dortmunder Werkzeugmaschinenfabrik Wagner & Co. in Dortmund hat in früheren Jahren einen Ventilator gebaut, der ebenfalls Aehnlichkeit mit demjenigen von Winter besitzt. Er ist in Westfalen nur in 5 Exemplaren zur Ausführung gekommen und zwar zuletzt im Jahre 1880 auf Zeche Germania Schacht II. Seitdem hat die Firma den Bau von Ventilatoren aufgegeben. Die Einzelheiten der Konstruktion, die sich aus Figur 38 a und b ergeben, sind daher von geringerem Interesse. Er unterscheidet sich von dem Winter-Ventilator hauptsächlich durch die geraden, radial gestellten Flügel F, die der Bedingung einer stossfreien Führung des Luftstromes wenig entsprechen. Die Anzahl der Flügel, von denen immer ein längerer und ein kürzerer miteinander abwechseln, beträgt nur 10. Das den Ventilator und die beiden Saugkanäle umgebende Gehäuse besteht aus je einer oberen und unteren Hälfte H und H_1, die mit einander verschraubt sind. An die untere Hälfte des Gehäuses sind die Lagerstühle L, welche die Achsenlager tragen, direkt angegossen.

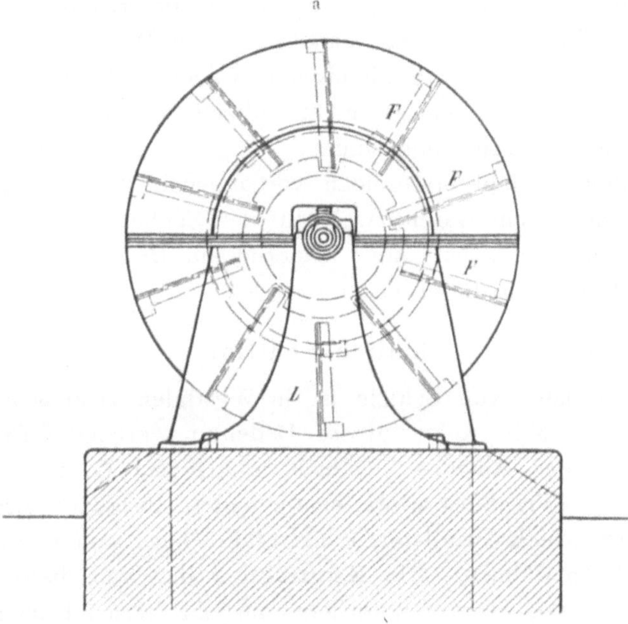

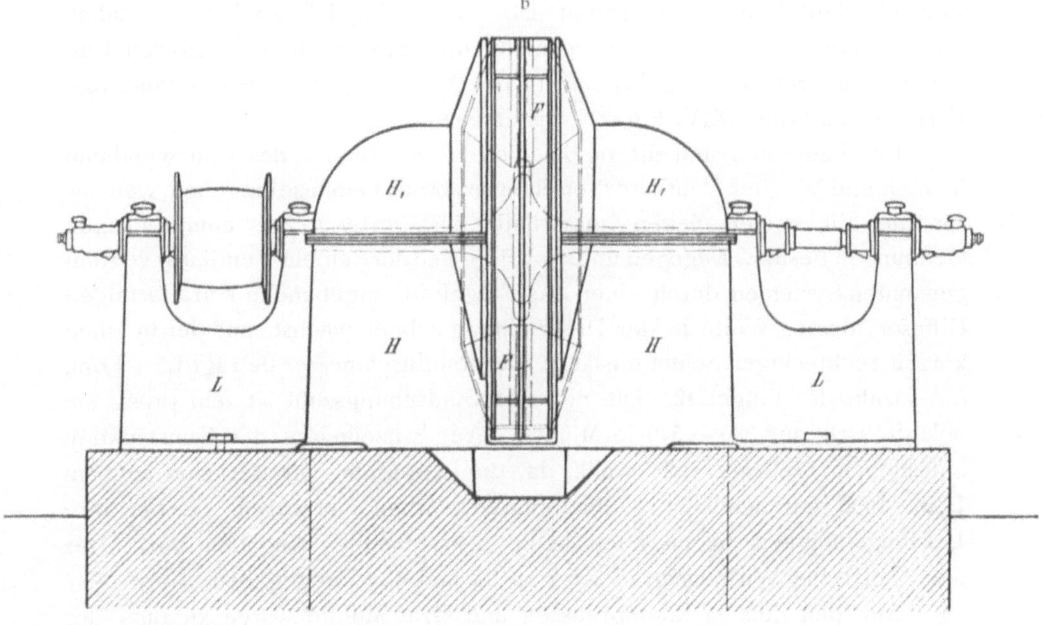

Fig. 38.

Ventilator von Wagner.

Bei den Mängeln der Konstruktion und infolge des Fehlens eines Diffusors konnten die mit dem Wagner-Ventilator erzielten Resultate nicht befriedigen. Er besitzt einen manometrischen Wirkungsgrad von etwa 26 — 28 %. Ueber seinen mechanischen Nutzeffekt liegen keine Angaben vor, da die Antriebsmaschinen nicht indiziert worden sind, doch dürfte dieser ebenfalls ein schlechter sein.

Von den im Jahre 1900 noch vorhandenen drei Ventilatoren nach Wagnerschem System waren zwei (auf den Zechen Kaiser Friedrich und Karl Friedrichs Erbstollen) noch dauernd im Betriebe, der dritte (auf Germania II) stand in Reserve.

Schiele-Ventilator.

Der Ventilator von Schiele ist in Westfalen zwar seit langer Zeit vorhanden, hat aber keine grosse Bedeutung erlangt. Erbauerin der noch vorhandenen Anlagen ist nicht die Firma G. Schiele & Co. in Bockenheim bei Frankfurt a. M., die für andere Bergbaubezirke bis in die letzten Jahre Schiele-Ventilatoren ausgeführt hat, sondern die Eisenhütte Prinz Rudolf in Dülmen. Die Konstruktion der von dieser Fabrik gelieferten Apparate, von denen der letzte im Jahre 1885 auf Zeche Constantin der Grosse aufgestellt wurde, ist aus Tafel XIV ersichtlich. Es sind zweiseitig saugende Ventilatoren, deren Flügelrad durch eine senkrecht zur Achse stehende Mittelscheibe S geteilt ist. Die Flügel F sind nicht radial, sondern etwas nach rückwärts gestellt und ausserdem am äusseren Umfange nach rückwärts gekrümmt (Tafel XIV, Fig. 4). Ihre eigenartige Form ist aus Tafel XIV, Figur 1, zu ersehen.

Der Saugraum und die beiden Seiten des Flügelrades sind wie beim Winter- und Wagner-Ventilator von einem eisernen Gehäuse umgeben, welches für die auf beiden Seiten ausserhalb verlagerte Achse entsprechende Oeffnungen besitzt. Dagegen unterscheidet sich der Schiele-Ventilator von den genannten Systemen durch einen das Flügelrad umgebenden spiralförmigen Diffusor, dessen Weite in der Drehrichtung schnell wächst, und der in einen kurzen, rechteckigen Schlot ausläuft. Der Raddurchmesser beträgt 1,5—1,6 m, die Anzahl der Flügel 12. Die normale Umdrehungszahl ist sehr gross, sie beläuft sich auf 380 — 540 je Minute. Auf Einzelheiten der Konstruktion einzugehen erübrigt sich wohl, da die Apparate veraltet sind und im Jahre 1900 nur noch in 3 Exemplaren vorhanden waren. Ueber ihre Leistungsfähigkeit liegen auch keine ausreichenden Angaben vor. Der manometrische Wirkungsgrad wird zu 28 und 43 % angegeben.

Auf den Zechen Rheinpreussen und Graf Moltke waren anfangs der 80 er Jahre zwei kleine Schiele-Ventilatoren unter Tage in Betrieb, die vorübergehend bis zur Herstellung einer definitiven Anlage die Wetterversorgung der Grube übernommen und diesen Zweck ausreichend erfüllt haben. Die Aufstellung des Ventilators auf Rheinpreussen, der übrigens als einziger von G. Schiele & Co. in Bockenheim erbaut worden ist, wird bei Besprechung der unterirdischen Ventilatoren beschrieben werden.

Mortier-Ventilator.

Der Mortier-Ventilator, der erst seit dem Jahre 1895 im Ruhrkohlenbezirk eingeführt ist, unterscheidet sich von allen anderen Ventilatorkonstruktionen durch die Art des Lufteintritts in das Flügelrad. Derselbe erfolgt nämlich nicht parallel zur Radachse in der Mitte des Rades, sondern an einer Seite des Radumfanges. Ausserdem findet der Austritt der Luft nicht gleichmässig am ganzen Radumfange statt, sondern beschränkt sich auf einen der Eingangsöffnung gegenüber liegenden Teil desselben, sodass der Luftstrom diametral durch das Rad hindurch zieht.

Das Flügelrad ist durch eine senkrecht zur Achse stehende und an den beiden Naben N befestigte kräftige Blechscheibe S in zwei Hälften geteilt (Fig. 39a und b). An beiden Seiten dieser Scheibe sind je 36 kurze nach vorwärts gekrümmte Flügel F angenietet, die nach dem Innern des Rades zu in radialer Richtung auslaufen und an beiden Seiten durch je einen schmiedeeisernen Ring R zusammengehalten werden. Entsprechend dem Wege, den der Luftstrom zu machen hat, zeigt auch das Gehäuse, welches das Flügelrad umgiebt, eine von den übrigen Ventilatoren abweichende Form. Es besteht an den Seiten aus zwei glatten Blechwänden B, die nur von einer Oeffnung für die Achse durchbrochen sind. Die Blechwände tragen an der Innenseite einen mittelst Flanschen und Schrauben befestigten gusseisernen Hohlkörper H, der fast bis an die Mittelscheibe S heranreicht und einen Teil des von der Luft durchströmten Raumes innerhalb des Flügelrades ausfüllt. An seinem Umfange ist das Flügelrad von dem Blechmantel m dicht umschlossen, der nur für den Ein- bezw. Austritt der Luft je eine grosse rechteckige Oeffnung E und A besitzt. Von diesen Oeffnungen, welche die gleiche Breite wie das Flügelrad haben, umfasst die untere E, die zur Einströmung dient, etwa $^3/_8$ des Radumfanges, während die Ausströmungsöffnung A sich nur über $^1/_4$ des Umfanges ausdehnt. Der Grössenunterschied soll der Geschwindigkeitszunahme der Luft innerhalb des Rades entsprechen. Von der Einströmungsöffnung E führt ein allmählich sich erweiternder Saugkanal C nach unten zum Wetterschachte. An die Ausströmungsöffnung A schliesst sich der rechteckige aus Eisenblech hergestellte Kamin K an, der die lebendige Kraft der Luft im statischen Druck verwandeln soll und, um diesen Zweck zu erfüllen, ziemlich hoch sein muss, weil bei dem Mortier-Ventilator der spiralförmige Diffusor fehlt, in dem bei anderen Ventilatorsystemen der grösste Teil der Umwandlung vor sich geht.

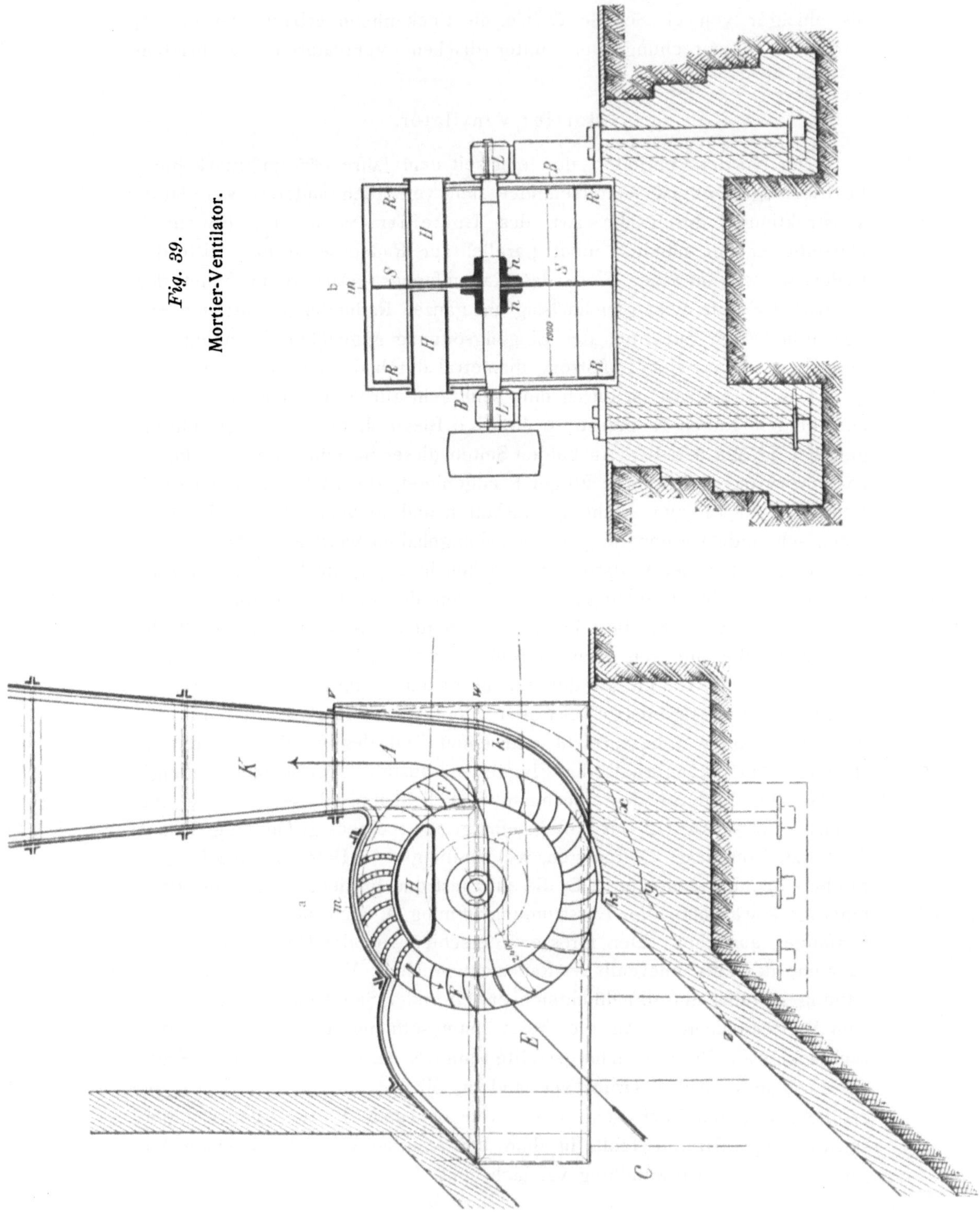

Fig. 39.
Mortier-Ventilator.

Die Achse des Flügelrades ragt an beiden Seiten aus dem Mantelgehäuse heraus und ist gegen dasselbe durch Gummi- oder Pappscheiben abgedichtet. Sie ist in den beiden mit Ringschmierung versehenen Lagern L verlagert, die ihrerseits auf einem gusseisernen im Fundament befestigten Rahmen ruhen. Auf dem einen frei schwebenden Ende der Achse befindet sich die Riemenscheibe für die Antriebsmaschine.

Bei der ursprünglichen Form der Mortier-Ventilatoren war der untere in Figur 39 a mit k bezeichnete Teil der Mantelfläche, der ebenfalls aus Eisenblech bestand und als Multiplikationsklappe bezeichnet wurde, beweglich konstruiert und konnte mittelst Stellschrauben von dem Flügelrade abgerückt werden, sodass er ungefähr die in Figur 39 a punktierte Stellung v—w—x—y—z einnahm und zwischen ihm und dem Flügelrade ein Verbindungskanal offen blieb, der direkt vom Saugkanal zum Kamin führte. Durch diese Oeffnung sollte ein Teil der Wettermenge unmittelbar in den Kamin gelangen, ohne das Flügelrad zu passieren, indem er durch die Saugwirkung des letzteren mit fortgerissen wurde.*) Man glaubte auf diese Weise das gesamte ausströmende Luftquantum zu erhöhen und will bei Vornahme von Versuchen wirklich eine Vermehrung desselben beobachtet haben, während gleichzeitig die Depression abnahm. Wenn auch ohne genaue Untersuchung die Gründe für dieses Ergebnis nicht festzustellen sind, so muss es doch, falls sich die Grubenweite nicht geändert hat, als unmöglich bezeichnet werden, und es ist anzunehmen, dass bei den Versuchen Beobachtungsfehler vorgekommen sind. Dagegen hat Professor Herbst darauf hingewiesen, dass durch die Oeffnung, welche durch die Multiplikationsklappe geschaffen wird, ein Luftstrom austritt, der nur durch Reibung an dem Flügelrade mitgerissen wird, und dass bei dieser unvollkommenen Art des Transportes der mechanische Nutzeffekt gering ist und umsomehr abnimmt, je weiter die Klappe geöffnet wird.**) Höchstens würde die Multiplikationsklappe dann vielleicht nichts schaden, wenn der Ventilator auf einer zu weiten Grube arbeitet, weil seine Durchgangsöffnung durch die Klappe vergrössert werden kann. Weitere Versuche haben die Richtigkeit der Angaben von Herbst bewiesen. Daher wurde bei allen neueren Ausführungen des Mortier-Ventilators keine Multiplikationsklappe mehr angebracht und das ganze Gehäuse ohne bewegliche Teile konstruiert.

Die Grössenverhältnisse der Mortier-Ventilatoren, insbesondere sein äusserer Durchmesser und seine Breite richten sich nach der äquivalenten Oeffnung der Grube und der zu erzielenden Depression. Im Ruhrkohlenbezirke findet man Radgrössen von 1,4 bis 2,8 m Durchmesser, die Flügel-

---

*) Glückauf 1896, S. 217 ff.
**) Glückauf 1896, S. 729 ff.

breite schwankt dabei zwischen 0,9 und 2,0 m. Der Durchmesser des zwischen den Flügeln befindlichen Raumes beträgt $^7/_{10}$ des äusseren Durchmessers, die Länge der einzelnen Flügel also nur das 0,15 fache des letzteren. Die Höhe des Schlotes ist etwa viermal so gross als der Raddurchmesser und beträgt demnach bei grossen Apparaten 11 m.

Die Wirkungsweise des Mortierrades besteht darin, dass die der Saugöffnung zugewandten Flügel die Luft in ähnlicher Weise wie die Schöpfschaufeln des Pelzer-Ventilators oder die Flügel eines Schraubenventilators erfassen. Die Luft bewegt sich sodann durch die Flügelkanäle in das Innere des Rades und wird an der gegenüberliegenden Seite durch die an der Ausströmungsöffnung befindlichen Flügel in den Kamin geschleudert. Die am oberen Teile des Mantels befindlichen Flügel, welche auf dem Rückwege von der Ausströmungs- zur Saugöffnung sind, arbeiten dem so erzeugten Luftstrom entgegen und sind, um Luftwirbel im Innern des Rades zu vermeiden, durch den festen Kern H von dem wirksamen Teile des Rades abgesperrt. Dadurch wird zugleich erreicht, das nur das kleine Luftquantum, welches sich bei Beginn des Rückweges gerade in den Flügelkanälen befindet, zum Saugkanal zurückbefördert wird und verloren geht. Der Ventilator von Mortier unterscheidet sich also in seiner Wirkungsweise von den anderen Systemen dadurch, dass zwar eine Richtungsänderung der Luft innerhalb des Rades nahezu vermieden wird, dafür aber auch immer nur ein Teil der Flügel nutzbringende Arbeit leistet.

Der manometrische Wirkungsgrad der Mortier - Ventilatoren ist sehr hoch. Er betrug bei Versuchen auf Zeche Monopol über 90 $^0/_0$ und soll in anderen Bezirken sogar bis auf 110 $^0/_0$ gestiegen sein. Diese aussergewöhnlichen Ergebnisse erklären sich dadurch, dass die beobachteten Depressionen mit der für gewöhnliche Centrifugalventilatoren mit radial gestellten Flügeln geltenden theoretischen Depression $H = \dfrac{\gamma\,V^2}{g}$ verglichen werden, während nach der Berechnung von Herbst die theoretische Depression des Mortier-Ventilators $H_1 = \dfrac{2\,\gamma\,V^2}{g}$ beträgt, also zweimal so gross sein soll, als H. Demnach müsste der Ventilator theoretisch d. h. bei Fortfall aller Reibungshindernisse in dem Luftstrome und bei gleicher Umfangsgeschwindigkeit die doppelte Depression erzeugen wie andere Ventilatoren. Selbstverständlich ist aber zum Vergleich mit anderen Systemen der manometrische Wirkungsgsgrad der Mortier-Ventilatoren, wie es hier geschehen ist, nach der alten Formel $\dfrac{h}{H}$ zu berechnen.

Zur Erzielung einer guten Leistung ist es von besonderer Wichtigkeit, dass die Mortier-Ventilatoren der Grubenweite genau angepasst sind, da sie im anderen Falle wesentlich geringere Wettermengen liefern. Interessant in dieser Beziehung sind die Erfahrungen, die auf Zeche Margaretha mit einem unmittelbar über dem Schachte stehenden Mortier gemacht wurden, der für eine äquivalente Oeffnung von 1 qm gebaut war, während die Grubenweite thatsächlich nur etwa 0,4 qm betrug. Es zeigte sich, dass beim Betriebe zunächst etwa 30 Sekunden lang die Luft aus der Grube ausgeworfen wurde, und darauf plötzlich während einiger Sekunden sich ein heftiger Luftstrom vom Tage her durch den Ventilator in den Schacht ergoss. Diese beiden Erscheinungen wechselten in regelmässiger Aufeinanderfolge ab. Sie erklären sich dadurch, dass infolge der engen Grubenbaue die Luft nicht reichlich genug in den Schacht nachströmte. In letzterem wurde daher durch den Ventilator ein luftverdünnter Raum erzeugt, in dem die Depression schliesslich so stark wurde, dass der Ueberdruck der äusseren Luft den Widerstand des Flügelrades zu überwinden vermochte und plötzlich das Gleichgewicht zwischen Schacht und Tagesoberfläche wiederherstellte. Auf Rat des Fabrikanten wurde durch Oeffnen der Klappe eines Einsteigeschachtes der Wetterschacht seitlich in direkte Verbindung mit der Tagesoberfläche gebracht und auf diese Weise die Grubenweite künstlich vergrössert, worauf die besprochene Erscheinung sofort verschwand und ein regelmässiger Luftstrom austrat. Aehnliche Erfahrungen wurden mit einem Mortier auf Zeche Dahlbusch II/V gemacht.

Im Jahre 1900 betrug die Anzahl der im rheinisch-westfälischen Kohlenbezirk vorhandenen Mortier-Ventilatoren 14, einschliesslich einer auf Zeche Rheinpreussen Schacht III befindlichen Anlage. Sie werden seit dem Jahre 1896 von der Maschinenfabrik Emil Wolff in Essen gebaut, dem die Ausführung des Patentes für Deutschland und Oesterreich übertragen ist. Nur der erste Apparat, auf Zeche Monopol Schacht Grillo, ist von der Firma L. Galland in Chalons-sur-Saône geliefert worden.

Umfassende und einigermassen zuverlässige Versuche über dieses System liegen nur von wenigen Zechen vor. Sie sind in Tabelle 62 zusammengestellt und ergeben im Mittel einen mechanischen Wirkungsgrad von 54,6 % und einen manometrischen Wirkungsgrad von 76,4 %.

Bemerkenswert ist darin der geringe manometrische Wirkungsgrad bei den Ventilatoren auf dem Schacht Grimberg der Zeche Monopol und auf Zeche Alma, die für die betreffende Grubenweite nicht genau passen. Dieselbe Erscheinung wird von der Zeche Rheinpreussen Schacht III mitgeteilt, wo aus gleichem Grunde nur ein manometrischer Wirkungsgrad von 64 % ermittelt wurde.

Mortier-

Lfd. No.	Name der Schacht-anlage	Jahr der Aufstellung des Ventilators	Flügelrad-Durch-messer m	Umdrehungszahl		Umfangs-geschwindig-keit des Flügelrades je Sekunde m	Depression	
				der Antriebs-maschine	des Ventilators		beobachtete h mm	theoretische H mm
1	Monopol (Schacht Grillo)	1894	2,1	48	348	38,3	156	177
2	Alma	1896	2,4	71,5	319	40,07	120	197
3	Bommerbänker Tiefbau	1898	1,4	—	285	20,85	50	53
4	Monopol (Schacht Grimberg) . . .	1898	2,8	62	261	38,2	116	177
5	Dahlbusch II/V. .	1899	2,8	81	283	41,5	155	211

Durchschnitt

γ. Antrieb der Ventilatoren.

Antrieb mittelst Dampfmaschinen.*)

Von der grossen Zahl der zum Zechenbetriebe erforderlichen Maschinen haben die Ventilator-Antriebsmaschinen wohl die günstigsten Arbeitsbedingungen. Ihre Arbeitsleistung schwankt im normalen Betriebe nur in sehr engen Grenzen, entsprechend den durch zufällige Umstände hervorgerufenen Aenderungen der Grubenweite, sowie den Schwankungen der Temperatur und des Barometerstandes. Andererseits wird aber von diesen Maschinen verlangt, dass sie nahezu ununterbrochen zu laufen im Stande sind, weil schon ein Stillstand des Ventilators von wenigen Minuten für die in der Grube beschäftigten Arbeiter verhängnisvoll werden kann.

Die Anforderungen, welche die Zechen namentlich in früheren Jahren an die Güte der Ventilator-Antriebsmaschinen stellten, waren geringe und deckten sich nicht mit den Ansprüchen, die man in Bezug auf den Dampfverbrauch bei normalem Betriebe an eine gute Maschine zu stellen berechtigt ist.

Der Lieferant einer solchen Maschine wusste in den meisten Fällen wenn Ventilator und Dampfmaschine gesondert bestellt wurden, nicht einmal, welchem Zwecke letztere dienen sollte. Man schrieb lediglich vor wieviel Pferdestärken bei bestimmten Umlaufzahlen und dem auf der Zeche

---

*) Unter Benutzung einer Arbeit von Ingenieur Stach, Lehrer an der Berg-schule in Bochum.

Ventilatoren.

Tabelle 62.

Mano-metrischer Wirkungs-grad h H %	Luftmenge je Minute cbm	Leistung		Me-chanischer Wirkungs-grad %	Aequi-valente Oeffnung der Grube qm	Der Ventilator ist gebaut für eine Grubenweite von qm	Bemerkungen	Lfd. Nr.
		der Maschine PSi	des Ventilators PSe					
88,1	2920	191	101,2	53,0	1,48	—	Von Galland erbaut.	1
61,0	3872	216,6	103,25	47,6	2,24	2,5		2
								3
94,3	805	15	8,81	57,7	0,72	0,7	Von Emil Wolff in Essen erbaut	4
65,7	5724	272,4	147,9	54,3	3,36	2,5		
73	3598	206	124	60,2	1,83	1,8		5
76,4 %				54,6 %				

vorhandenen Dampfdruck von der Maschine abgegeben werden sollten. Die unausbleibliche Folge davon war, dass bei geringeren Umlaufzahlen die eigene Regulierfähigkeit der Maschine versagte und sie mit gedrosseltem Dampfe arbeiten musste, so dass von wirtschaftlichem Betriebe keine Rede mehr sein konnte.

Neuerdings beginnt man diesen Fehler mehr und mehr einzusehen und hat daher bereits hervorragende Dampfmaschinenfirmen an den Lieferungen der Ventilator-Antriebsmaschinen beteiligt, wie G. Kuhn in Stuttgart-Berg, Maschinenfabrik Gritzner in Durlach, Rich. Raupach in Görlitz, Sundwiger Eisenhütte in Sundwig etc., Firmen, die in früheren Jahren gegenüber solchen weniger guten Rufes auf dem Gebiete des Dampfmaschinenbaues zurücktreten mussten, da man die höheren, aber der Güte angemessenen Preise erster Firmen nicht bewilligen wollte oder konnte.

Die Eincylindermaschinen bilden mit 50 % den Hauptanteil aller Antriebsmaschinen; die jetzt veralteten Ventilatoren von Moritz, Guibal, Kley und Wagner wurden nur durch eincylindrige Maschinen betrieben, bei den Systemen Winter und Schiele sind sie noch vorherrschend, während sie bei Pelzer, Rateau und Capell zurücktreten. Bei Capell-Ventilatoren nehmen die Zwillingsmaschinen mit 42 % die erste Stelle ein. Verbundmaschinen sind erst in letzter Zeit in Aufnahme gekommen und nehmen gegenwärtig mit 8 % an der Gesamtzahl Teil.

An den älteren Maschinen sind hauptsächlich Steuerungen von Meyer, Meyer-Guhrauer und Rider angebracht, mit fortschreitender

Dampfmaschinentechnik kamen dann entlastete Kolbenschieber in Anwendung.

Zur Einstellung der Expansion ist bei den ersteren Maschinen die bekannte Handradverstellung angebracht, während ein Regulator, falls überhaupt vorhanden, eine Drosselung des Arbeitsdampfes vor seinem Eintritt in die Maschine bewirkt. In vielen Fällen ist sogar der Regulator abgebaut oder ausgeschaltet worden, da man ihn entbehren zu können glaubte.

Die erste Ventilsteuerung nach Patent Küchen wurde bei der von der Maschinenfabrik R. Küchen in Bielefeld im Jahre 1900 für Zeche Margaretha Schacht II gelieferten Maschine angewandt. Es folgten dann in den nächsten Jahren Ventilsteuerungen in grösserer Zahl; so bauten z. B. Schüchtermann & Kremer die neue Collmannsteuerung, Maschinenfabrik Hohenzollern die Ventilsteuerung Patent Kaufhold, G. Kuhn die Steuerung Patent Kuchenbecker.

Von Regulatoren sind neben einigen Porter- und Weissschen Leistungsregulatoren überwiegend solche von Hartung mit Stufenantrieb zur Anwendung gekommen. Es scheint, dass die letzteren den Anforderungen beim Ventilatorantrieb am besten gerecht werden.

Die Uebertragung der Kraft von der Maschine auf den Ventilator erfolgt bei den älteren Anlagen entweder durch direkte Kuppelung, wenn es sich um langsam laufende Ventilatoren (Guibal) handelt, oder mittels Riemen von dem Schwungrade aus. Die Uebersetzungsverhältnisse schwanken sehr, das höchste Verhältnis dürfte 1 : 10 für einen Wagner-Ventilator auf Wolfsbank und Neuwesel sein.

Bei neueren Anlagen findet man fast ausschliesslich den Seilantrieb, da er vor dem Riemenantrieb den Vorteil grösserer Betriebssicherheit besitzt. Das höchste Uebersetzungsverhältnis ist für Seiltrieb zu 1 : 5,5 ermittelt bei dem Winter-Ventilator auf Zeche Helene und Amalie.

Eigene Kondensation haben Ventilatormaschinen nirgend erhalten, dagegen sind die Maschinen auf denjenigen Zechen, die eine Zentralkondensation besitzen, stets an diese angeschlossen, wie z. B. auf Constantin der Grosse Schacht IV, Pluto, Dorstfeld, Recklinghausen II u. a.

Es sollen nunmehr einige Beispiele von Ventilator-Antriebsmaschinen näher besprochen werden.

Tafel XV stellt eine Zwillingsmaschine neuerer Konstruktion mit Ventilsteuerung und zwei Schwungrädern zum Antrieb eines Mortier-Ventilators dar, die für den Wetterschacht der Zeche Alma von R. Meyer in Mülheim a. d. Ruhr ausgeführt ist. Die Maschine hat zwei Cylinder von 500 mm Durchmesser und 800 mm Hub, sie leistet normal 208 und maximal 290 PS bei 0,30 bezw. 0,70 % Füllung. Die höchste Tourenzahl beträgt 83 i. d. M. Die Regulierung wird durch einen Weissschen Leistungsregulator bewirkt, der von der Schwungradwelle aus durch eine Kette angetrieben wird. Die Regulatorbewegung wird durch eine unter dem Flur liegende Welle nach beiden Cylindern übertragen, wobei die auf den Enden der Welle sitzenden Hebel die Einlassventilstangen der zwangläufigen Ventilsteuerung, Patent Widumanns, entsprechend verstellen. Die Dampfcylinder sind mit Mantelheizung versehen.

Die grosse Mittenentfernung der beiden Maschinenhälften von 6,4 m ist durch die Konstruktion des Mortier-Ventilators bedingt, der auf beiden Seiten der Achse fliegend aufgekeilte Riemenscheiben besitzt; dementsprechend sitzen auch die Schwungradscheiben auf der Maschinenwelle.

Die Leistung der Maschine ist aus folgender Tabelle ersichtlich, welche die Resultate einer am 19. Mai 1901 vorgenommenen Ventilatoruntersuchung enthält:

Tabelle 63.

Durchschnittliche Tourenzahl		Gesamtleistung der Maschine	Ausziehende Wettermenge je Minute	Depression
der Antriebs-maschine	des Ventilators	PSi	cbm	mm
30	144	23	1086	24
41	192	40,1	1644	36
51	234	74,8	2169	49
61,5	284	140,3	3188	85
71,5	319	217,1	3872	120

Tafel XVI zeigt die Disposition einer Zwillingsmaschine, welche zum Betriebe eines Rateau-Ventilators auf Schacht IV der Bergwerks-Aktien-Gesellschaft Consolidation dient. Die von der Firma Schüchtermann & Kremer gelieferte Maschine hat entlastete Kolbensteuerung und Hartung-Regulator. Neun Seile von 50 mm Durchmesser treiben einseitig den Ventilator an, dessen Achse in einem neben der Seilscheibe befindlichen Kammlager läuft. Die Maschine kann mit 48—68 Umdrehungen in der Minute laufen und leistet normal 230, maximal 440 PSi.

Die Anordnung einer Verbundmaschine zum Antrieb eines Rateau-Ventilators auf Zeche Neu-Iserlohn ist aus Tafel XVII ersichtlich. Der Frischdampf passiert zunächst einen Wasserabscheider A, gelangt dann in den Hochdruckcylinder B, von dort durch den heizbaren Receiver C in den Niederdruckcylinder D und dann ins Freie. Beide Cylinder sind für Mantelheizung eingerichtet. Jeder Cylinder ist mit auslösender neuer Collmannsteuerung versehen, die Steuerung der Hochdruckseite wird durch einen mit Gewichtsbelastung arbeitenden Hartung-Regulator beeinflusst. Die Cylinder haben $\frac{425}{600}$ mm Durchmesser und 900 mm Hub. Die Leistung beträgt bei 15 $^0/_0$ Füllung 190 PS und bei 0,25 Füllung 334 PS.

Eine gleiche Maschine besitzt Zeche Alma, sie ergab bei Ventilatoruntersuchungen am 6. Juni 1901 folgende Leistungen:

Tabelle 64.

Tourenzahl der Maschine je Minute	Gesamtleistung PSi	Ausziehende Wettermenge je Minute cbm	Depression in mm Wassersäule
44	41,6	—	30—40
50	55	1 317,6	64
57	83,6	1 879,2	83
65	109	2 151	107
72,5	151,5	2 476,8	135

Besondere Eigentümlichkeiten beim Antriebe des Ventilators finden sich auf den Zechen Preussen I und ver. Wiesche. Es ist dort die Einrichtung getroffen, dass von einer Dampfmaschine ein Kompressor und ein Ventilator gleichzeitig betrieben werden kann. Auf Zeche Preussen ist zwischen Antriebsmaschine und Ventilator noch eine besondere Welle eingeschaltet, durch die die Kraft der ersteren auch auf andere Betriebsanlagen übertragen werden kann.

Inwieweit eine Vereinigung mehrerer Maschinen zu Gruppen mit einer Antriebsmaschine zweckmässig ist, muss wohl im einzelnen Falle entschieden werden. Die Kombination von Ventilator und Kompressor erscheint ganz vorteilhaft, wenn letzterer dauernd in Betrieb bleiben kann, weil grössere Dampfmaschinen einen günstigeren Dampfverbrauch haben als kleinere. Dafür wird aber durch die Zwischentransmission ein Teil der Maschinenkraft absorbiert, sodass jener Vorteil z. T. wieder verloren geht.

Auf Zeche Graf Schwerin befand sich ferner ein unterirdischer, mit Dampf betriebener Ventilator, dessen Antriebsmaschine zugleich eine kleine Dynamomaschine betrieb, welche Lichtstrom für die Maschinenkammer lieferte. Diese Ventilatoranlage ist aber inzwischen abgeworfen und durch eine oberirdische Anlage ersetzt werden.

Die neuen im Januar 1902 in Kraft getretenen Bergpolizeivorschriften über die Grubenbewetterung werden auch auf den Bau neuer Ventilator-Antriebsmaschinen nicht ohne Einfluss sein, weil darin die durch die alten Bestimmungen für den Bedarfsfall verlangte Steigerung der geringsten zulässigen frischen Wettermenge um 25 % fallen gelassen ist. Da diese Steigerung einer Mehrleistung der Antriebsmaschine von etwa 100 % der Normalleistung gleichkommt, mussten die Maschinen zum Nachteil der Wirtschaftlichkeit beständig mit sehr geringer Füllung, bezw. mit

Fig. 40.

Gasmotor zum Antrieb eines Reserve-Ventilators auf Zeche Mathias Stinnes.

gedrosseltem Dampf arbeiten, falls man nicht regelmässig mit einem Wetterüberschuss arbeiten wollte oder in der Lage war, mehrere Maschinen zusammen zu kuppeln. Nunmehr ist eine Veränderlichkeit der Maschinenleistung in so weiten Grenzen nicht mehr erforderlich und es kann daher grösseres Gewicht auf eine vorteilhafte Dampfausnutzung bei normalem Betriebe gelegt werden.

Antrieb mittelst Gasmaschinen.

Auf der Zeche Mathias Stinnes ist ein Reserve-Ventilator mit Gasmotorantrieb vorgesehen, jedoch noch nicht in Betrieb genommen worden.

Der 300 pferdige Motor ist im Viertaktsystem gemäss Figur 40 mit zwei einander gegenüberliegenden Cylindern von Friedr. Krupp-Grusonwerk, Magdeburg-Buckau, gebaut. Als Betriebskraft wird Koksofengas dienen, welches jedoch vorher einer gründlichen Reinigung unterzogen werden muss.

Da man dem Koksofengase als Kraftquelle in den letzten Jahren mehr Aufmerksamkeit zugewendet hat, werden, wenn die Versuche mit dieser Anlage von Erfolg begleitet sind, in absehbarer Zeit jedenfalls weitere Anlagen mit Gasmotoren als Antrieb für Ventilatoren entstehen.

Elektrischer Antrieb.

Grubenventilatoren mit elektrischem Antriebe sind auf zahlreichen westfälischen Gruben vorhanden, und ihre Anzahl wird mit der allgemeinen Zunahme der Verwendung des elektrischen Stromes sicherlich noch weiter steigen.

Im Jahre 1893 gaben die Zechen Rheinelbe und Ver. Bonifacius das erste Beispiel der Anwendung von Elektrizität zum Ventilatorantriebe. Seitdem ist bis zum Jahre 1900 die Anzahl der Ventilatoren, die ihre Antriebskraft durch elektrische Uebertragung beziehen, auf 23 gewachsen, und zwar sind darunter 13 Capell-, 4 Rateau-, 4 Pelzer- und 2 Mortier-Ventilatoren.

Als Stromart wurde bei den älteren Anlagen ausschliesslich Gleichstrom mit Spannungen von 400 bis 1100 Volt gewählt, so z. B. auf den Zechen Consolidation, Bonifacius, Maria Anna und Steinbank (Schacht Schwarzer Junge) und bei dem unterirdischen Ventilator der Zeche Rheinelbe. Bei den neueren Anlagen findet sich dagegen nur noch Drehstrom, weil dieser die höchsten Spannungen zulässt und damit grössere Sicherheit des Betriebes und Einfachheit der Maschine verbindet.

Auf einigen Zechen, z. B. auf Bonifacius und Ver. Bommerbänker Tiefbau, ist der Motor mit dem Ventilator direkt gekuppelt, wobei natürlich die mit allen anderen Kraftgetrieben verbundenen Verluste vermieden werden. Bei dieser Einrichtung muss aber bereits in der Konstruktion des Motors auf die verhältnismässig geringe Tourenzahl des Ventilators Rücksicht genommen werden. In den meisten Fällen, z. B. auf Zeche Langenbrahm und Maria Anna und Steinbank, wird daher die Verbindung zwischen beiden Apparaten durch Riemen oder Seile hergestellt, wobei das Uebersetzungsverhältnis beliebig ausgewählt werden kann. Daher kann in diesem Falle der Bau des Motors ohne Rücksicht auf die Umdrehungsgeschwindigkeit des Flügelrades lediglich nach elektrotechnischen Grundsätzen erfolgen, und ausserdem kann ohne Veränderung der Tourenzahl des Motors der Gang des Ventilators durch Anwendung einer anderen Riemenscheibe nach Bedarf beschleunigt oder verlangsamt werden.

Wegen der leichten und billigen Uebertragbarkeit der Elektrizität auf grosse Entfernungen ist ihre Anwendung zum Antrieb von Ventilatoren namentlich dann von grossem Vorteil, wenn es sich um die Versorgung eines von der Hauptanlage entfernt liegenden Wetterschachtes mit Kraft handelt, auf dem ausser der Antriebsmaschine des Ventilators keine anderen Maschinen in Betrieb sind. Würde man in einem solchen Falle zum Antrieb des Ventilators eine Dampfmaschine wählen, so müsste dafür eine besondere Dampfkesselanlage gebaut werden, wofür sich sehr hohe Anlagekosten ergeben würden. Dazu kommt, dass die Beschaffung des Brennstoffes auf einem einsamen Schachte mit Schwierigkeiten und hohen Kosten verknüpft ist und in den meisten Fällen sogar die Anlage einer sonst nicht weiter zu benutzenden Fördereinrichtung erfordern würde.

Der elektrische Antrieb ermöglicht es dagegen, die von dem Hauptschachte entfernt stehenden Ventilatoren an eine auf dem ersteren befindliche Centraldampfanlage anzuschliessen und so die teuere besondere Dampfkesselanlage auf dem Wetterschachte ganz zu sparen. Ausserdem ist bei elektrischem Antrieb die Bedienung sehr einfach. Eine besondere Bedienung kann sogar bei Drehstrommotoren und nicht allzu grosser Entfernung von dem Hauptschachte ganz wegfallen, und es genügt, wenn die Anlage tagsüber einige Male besucht wird, zumal jede Störung im Gange der Anlage durch Alarmapparate gemeldet werden kann. Bei Dampfantrieb hingegen sind für die Bedienung der Dampfmaschine und der Kesselanlage, da der Ventilator Tag und Nacht zu arbeiten hat, mindestens zwei Leute erforderlich. Für den Betrieb auf einem allein liegenden Wetterschacht ergiebt daher der elektrische Antrieb, sowohl was Anlagekosten als auch was Bedienung, Beaufsichtigung und Betriebskosten angeht, grosse Vorteile.

Aber auch wenn der Ventilator in unmittelbarer Nähe eines Kesselhauses steht, kann der elektrische Antrieb dem Betriebe durch eine besondere Dampfmaschine vorzuziehen sein, wenn eine grosse elektrische Centrale vorhanden ist, weil diese im allgemeinen mit einem bedeutend höheren Nutzeffekt arbeitet, als er bei mittleren Dampfmaschinen, wie sie zum Antrieb eines Ventilators gebraucht werden, zu erreichen ist. Dazu kommen noch Ersparnisse an Schmiermaterial und Wärterpersonal. Dadurch kann der Energieverlust, der mit der Umwandlung der Dampfkraft in elektrischen Strom verbunden ist, vollständig ausgeglichen werden. Man hat dann bei elektrischem Antriebe den Vorteil, dass die Bedienung des Ventilators vereinfacht wird, und dass dieser, weil er sich ununterbrochen in Betrieb befindet, für die elektrische Centrale eine konstante Grundbelastung liefert. Dadurch wird erreicht, dass die Centrale auch zu Zeiten, wo sie durch den übrigen Grubenbetrieb nur mässig in Anspruch genommen wird, mit günstigem Dampfverbrauch arbeiten kann.

Nur in dem Falle ist der elektrische Antrieb mit Hülfe einer grossen Centrale nicht von Vorteil, wenn der Ventilator auf einer davon entfernt liegenden Schachtanlage aufgestellt werden soll, die für sich, sei es zur Förderung oder aus anderen Gründen, mit einer Dampfkesselanlage ausgerüstet werden muss.

Unter diesen Umständen würden die grossen Anlagekosten, die die Fernleitung erfordert, sowie die Kraftverluste, die damit verbunden sind, den Antrieb durch eine auf dem Wetterschachte aufgestellte und durch die dortige Kesselanlage gespeiste Dampfmaschine vorteilhafter erscheinen lassen.

Von besonderer Wichtigkeit ist bei den grossen Schachtventilatoren die Frage, wie die gelieferte Wettermenge bei der Wahl des elektrischen Antriebes reguliert werden kann. In vielen Fällen muss, sobald der Betrieb auf einem Bergwerk gegenüber dem anfänglichen Umfange wesentlich erweitert wird, oder wenn die Schlagwetter-Entwickelung infolge des Abbaus gefährlicher Flötze zugenommen hat, eine Vermehrung der frischen Wettermenge eintreten, die eine erhöhte Tourenzahl des Ventilators bedingt. Seltener kommt es vor, dass infolge Verbesserung der Wetterführung unter Tage und Erweiterung der Grubenwege eine derartige Zunahme der äquivalenten Oeffnung erzielt wird, dass eine Abnahme der Ventilatorgeschwindigkeit wünschenswert erscheint, um eine Kraftvergeudung zu vermeiden.

Während es sich in diesen beiden Fällen lediglich um eine allmähliche, dafür aber auch dauernde Veränderung der Umdrehungszahl handelt, kann es auch erwünscht sein, die Wettermenge in besonderen Fällen z. B. bei Schlagwetter-Explosionen schnell über das zum normalen Betriebe ausreichende Mass hinaus erhöhen zu können. Eine jederzeitige Verstärkung um 25 $^0/_0$ über den polizeilich vorgeschriebenen Mindestbedarf hinaus war für alle Schlagwettergruben sogar durch die Bergpolizeiverordnung vom Jahre 1887/88 vorgeschrieben, eine Bestimmung, die durch die am 1. Januar 1902 in Kraft getretene neue Polizeiverordnung allerdings wieder aufgehoben worden ist. Denn bei dem jetzigen Stande der Wetterversorgung auf den westfälischen Gruben übertrifft in den meisten Fällen die normale Wetterzufuhr den zum Betriebe erforderlichen Mindestbedarf, und eine weitere Verbesserung in dieser Hinsicht ist auch in der folgenden Zeit zu erwarten. Daher dürfte sich selbst bei einem Unglücksfalle nur selten eine Steigerung der Wettermenge als notwendig erweisen, zumal eine solche wegen der grösseren dabei erzeugten Wettergeschwindigkeiten auch wieder gewisse Gefahren in sich schliesst. Wenn aber ausnahmsweise eine plötzliche Verstärkung erzielt werden soll, so wird sie sich nur auf eine Zeitdauer von wenigen Stunden zu erstrecken haben. Eine vorübergehende stärkere Anspannung der Kräfte wird aber bei keiner Anlage, weder bei Gleichstrom noch bei Drehstrom, Schwierigkeiten machen, da man einen schnelleren Gang des Ventilators einfach durch Vergrösserung der Tourenzahl der zum Antriebe der Primärmaschine dienenden Dampfmaschine erzielen kann. Bei einer Ueberlastung von mehr als $25\,^0/_0$ über die normale Arbeitsleistung hinaus würde allerdings auf die Dauer eine zu starke Erhitzung des Motors eintreten. Doch können sich daraus Bedenken gegen die Anwendung des elektrischen Antriebes kaum ergeben zumal es ja im Notfall stets möglich sein wird, den gefährdeten Feldesteilen einer Grube durch Abdrosselung der übrigen Teilströme grössere Wettermengen zuzuführen.

Dagegen ist noch die Frage zu erörtern, auf welche Weise sich die Forderung einer dauernden Veränderung der Umdrehungszahl des Ventilators innerhalb weiter Grenzen erfüllen lässt.

Bei der Erörterung der möglichen Lösungen kann das Gleichstromsystem ausser Betracht gelassen werden, da es für den Bau grosser Centralen auf Bergwerken nicht mehr in Frage kommen wird. Dieses System würde gestatten, durch Einschalten von Regulierwiderständen in den Motor, die Ventilatorgeschwindigkeit in ebenso einfacher wie rationeller Weise zu ändern.

Bei Anwendung von Drehstrombetrieb ist die Sache nicht so einfach.

In den rotierenden Teil des Drehstrommotors einen Widerstand einzuschalten und damit für den normalen Betrieb die Tourenzahl zu ermässigen, kann als eine brauchbare Methode nicht angesehen werden, denn der dadurch dauernd verloren gehende Betrag an Energie führt bei einigermassen weitgehender Reduktion der Tourenzahl zu einer unzulässigen Verschlechterung der Anlage.

Dagegen kann man durch Veränderung der Periodenzahl auch beim Drehstromsystem die Tourenzahl in genügendem Masse erhöhen, ohne dass dadurch irgend welche Nachteile, wie dauernde Energieverluste oder dergleichen entstehen. Diese Form der Regulierung macht es allerdings nötig, zur Erzeugung der für den Ventilatormotor erforderlichen elektrischen Energie einen besonderen Generator zu verwenden. Bei grossen Ventilatoranlagen von mehreren 100 PS lässt sich diese Abtrennung des Ventilatorantriebes von dem übrigen Kraftnetz und die Verwendung eines besonderen Generators nur für den Ventilatormotor sehr wohl erreichen, ohne dass dadurch die gesamte Disposition ungünstig beeinflusst oder der Wirkungsgrad vermindert würde. Natürlich ist aber dabei auf die Leistungsfähigkeit des Motors selbst Rüchsicht zu nehmen, und da diese sich nur in bescheidenen Grenzen verändern lässt, wird es sich zuweilen empfehlen, falls der Generator gross genug ist, bei dem Ventilator zwei gleich grosse Motoren anzubringen, von denen der eine gewöhnlich in Reserve steht aber erforderlichen Falles unter Parallelschaltung gleichzeitig in Betrieb gesetzt werden kann.

Bei Ventilatoren mit kleinerer Leistung muss man dagegen andere Mittel zur Regulierung der Wettermenge wählen, weil man im Interesse eines besseren Nutzeffektes mit dem Anschluss an eine elektrische Centrale und daher mit konstanter Periodenzahl des antreibenden Drehstrommotors zu rechnen hat. Sobald es sich nur um kleinere Leistungen von höchstens 50 PS handelt, lässt sich durch Anbringung von Stufenscheiben eine weitgehende Regulierbarkeit der Ventilatorleistung schaffen.

Ferner ist eine Veränderung der Wettermenge dadurch zu ermöglichen, dass man die Ventilatoranlage für die grösste erforderliche Wettermenge baut und bei geringerem Bedarf so viel Luft abdrosselt, dass nur das erforderliche Wetterquantum gefördert wird. Dieses Mittel, durch welches die Grubenweite künstlich verringert wird, gewährt auch bereits einige Kraftersparnisse, da der Kraftbedarf des Ventilators, sobald die Wettermenge reduziert wird, ebenfalls sinkt, wenn auch nicht proportional der Verringerung der Nutzleistung. Wenn man z. B. mit einem Ventilator eine Depression von 100 mm und ein Wetterquantum von 6 000 cbm erzielt, beträgt die Grubenweite 3,8 qm und die Nutzleistung des Ventilators 133 PS. Solange nun der Betrieb noch nicht voll entwickelt ist und etwa noch ein Wetterquantum von 4 500 cbm zur Versorgung der Grubenbaue ausreicht, lässt man den durch einen Drehstrommotor angetriebenen Ventilator trotzdem mit unveränderter Tourenzahl arbeiten, dagegen wird die Grube durch künstliche Widerstände derartig verengt, dass nur das zum Betriebe erforderliche Wetterquantum von 4 500 cbm = 75 cbm je Sekunde hindurchzieht. Die Depression, die ja in der Hauptsache von der Umfangsgeschwindigkeit des Rades abhängt, wird sich dabei nur wenig verändern und soll hier der einfacheren Berechnung halber als ganz konstant angenommen werden. Man erhält dann eine Grubenweite von $a = \dfrac{0,38 \cdot 75}{\sqrt{100}} = 2,85$ qm und eine Nutzleistung von $\dfrac{100 \cdot 75}{75} = 100$ PS. Die Ersparnis an Kraft im laufenden Betriebe beträgt also für den Motor etwa 33 PS.

Bei Antrieb mittelst einer Dampfmaschine hingegen würde man in demselben Falle die Wettermenge durch Verminderung der Geschwindigkeit aber bei voller Grubenweite reduzieren. Die Depression, die sich dabei ergeben würde, berechnet sich nach der Gleichung $a = 3,8 = \dfrac{0,38 \cdot 75}{\sqrt{x}}$ zu $x = 56$ mm. Demnach würde die von dem Ventilator zu leistende Arbeit nur $\dfrac{56 \cdot 75}{75} = 56$ PS betragen, sodass sich gegenüber dem Motorbetrieb eine weitere Ersparnis von 44 PS ergeben würde.

Das Beispiel zeigt, dass die Verminderung der Grubenweite behufs Regulierung der Leistung eines elektrischen Motors recht unwirtschaftlich ist. Immerhin ist das Verfahren aber vorteilhafter als die Veränderung der Tourenzahl des Drehstrommotors durch Einschalten von Widerständen in den umlaufenden Teil des Motors. Auch hat es für eine kürzere Zeitperiode immerhin den Vorzug der Einfachheit. Es findet z. B. Anwendung auf Zeche Germania, wo die Regelung der Stärke des Wetterstromes durch einen Schieber im Ausblaserohr des Ventilators erfolgt, der je nach Bedarf mehr oder weniger geöffnet wird.

Zum Schlusse soll noch auf eine weitere Möglichkeit, die Geschwindigkeit des Ventilators zu verändern, hingewiesen werden, nämlich durch Anschaffung eines neuen Motors mit einer dem Grubenbetrieb angepassten Tourenzahl. Eine derartige Neuanlage wird in vielen Fällen wegen der damit verbundenen Kraftersparnis sich lohnen, zumal die Ausgabe dafür nur einen kleinen Teil der Kosten einer Ventilatoranlage ausmacht, namentlich, wenn in letzterer die Kosten einer Fernleitung einbegriffen sind. Auch kann der alte Motor häufig an anderer Stelle zweckmässig Verwendung finden.

Ueber die Fernleitungen auf den einzelnen Gruben liegen folgende Angaben vor. Ihre Länge zwischen Primärmaschine und Motor beträgt zwischen 450 und 4000 m. Sie bestehen meist aus Kupferdrähten, die an Masten durch die Luft geführt werden. Sicherer, wenn auch in der Anlage teuerer, sind im Erdboden verlegte Kabel. Letztere werden jetzt bei Neuanlagen meist bevorzugt. Die Energieverluste, die durch die Fernleitung verursacht werden, sind verhältnismässig gering. Beispielsweise beträgt der Spannungsverlust bei der etwa 1400 m langen Leitung zu dem Wetterschachte der Zeche Bonifacius, die aus zwei blanken Kupferdrähten von je 6 mm Durchmesser besteht, bei normalem Betriebe etwa 34 Volt oder 3,4 % der von der Primärmaschine erzeugten Spannung. Bei der von der Zeche Hasenwinkel zum Luftschacht Schwarzer Junge der Zeche Maria Anna u. Steinbank führenden Leitung, die 2500 m lang ist und ebenfalls aus zwei Drähten von je 6 mm Durchmesser besteht, beträgt der Verlust sogar nur 23 Volt oder 1,7 %.

δ. Aufstellung der Ventilatoren.

Die Aufstellung der Grubenventilatoren erfolgt im Ruhrbezirk neuerdings ausschliesslich über Tage und mit einer einzigen Ausnahme auf Zeche Glückwinkelburg stets unter Anschluss an den ausziehenden Wetterschacht, sodass also die saugende Grubenventilation die Regel bildet.

Massgebend für die Wahl des Platzes ist in erster Linie die Disposition der Tagesanlagen. Darnach richtet sich die Entfernung zwischen Schacht und Ventilator und der Verlauf des Verbindungskanals zwischen beiden. Auch in Bezug auf die Orientierung des Ventilators und seiner Antriebsmaschine ist der Bergwerksbesitzer häufig durch die Betriebsverhältnisse über Tage gebunden und darf darauf um so eher Rücksicht nehmen, als sich durch zweckmässigen Bau des Wetterkanales selbst unter ungünstigen Umständen eine geeignete Verbindung zwischen Schacht und Ventilator herstellen lässt Indessen sind bei der Anlage der Wetterkanäle wie bei der Aufstellung der Ventilatoren häufig Fehler vorgekommen, die man hätte vermeiden können. Daher sollen hier einige wesentliche Gesichtspunkte angedeutet werden, die bei derartigen Anlagen zu berücksichtigen sind. Die zu diesem Zwecke in den Figuren 41 bis 58 dargestellten Beispiele von Wetterkanälen sollen nur vom Standpunkte der Wetterversorgung aus betrachtet werden, ohne Rücksicht auf sonstige Gründe, die für die Grubenverwaltung bei der Ausführung massgebend gewesen sind.

Aufstellung oberirdischer, saugender Ventilatoren.

Die Verbindung zwischen Ventilator und Wetterschacht besteht aus drei Teilen, dem eigentlichen Wetter- oder Saugkanal, seinem Anschluss an den Ventilator und dem Uebergang vom Kanal zum Schachte. Der Saugkanal selbst soll, wie jede andere Hauptwetterstrecke, im Innern der Grube dem Durchgange des Luftstromes möglichst geringen Widerstand bereiten. Er muss daher einen für das zu bewältigende Luftquantum ausreichenden Querschnitt und glatte Wände besitzen, auch darf er keine plötzlichen und scharfen Krümmungen aufweisen. Am besten verläuft er natürlich vom Schacht bis zum Ventilator in gerader Richtung. Enge Wetterkanäle wirken bei grösserer Länge ebenso schädlich auf die Ventilatorleistung ein, wie enge Schächte. Daher ist es eine falsche Sparsamkeit, bei Aufstellung neuer Ventilatoren mit grösserer Leistung einen engen Wetterkanal beizubehalten, wenn der ausziehende Schacht für sich zur Bewältigung der Wettermenge weit genug ist.

Im Jahre 1883 besassen die Wetterkanäle im Ruhrkohlenbezirk eine durchschnittliche Weite von 3,7 qm und entsprachen damit ungefähr dem Querschnitt der ausziehenden Schächte bezw. Schachttrümmer. Nach neueren Untersuchungen beträgt ihr Querschnitt je nach der Stärke des

Wetterstromes zwischen 3 und 8 qm. Unter den längeren Kanälen dürfte wohl das grösste Mass auf dem Schachte Thies der Zeche Pluto erreicht sein, dessen Kanalquerschnitt 10,08 qm beträgt. Der allerdings zweiteilige Kanal der Zeche Shamrock III/IV (siehe Fig. 53 auf S. 332) besitzt eine Weite von etwa 15 qm und der kurze Kanal der Zeche Ewald, Schacht Hilger (siehe Fig. 46 auf S. 327) auf etwa 1 m Länge sogar einen Querschnitt von 22,5 qm. Auf einigen Zechen reichen aber die Kanalquerschnitte durchaus nicht zur Bewältigung der Wettermengen aus; das ergiebt sich schon aus den grossen Wettergeschwindigkeiten von mehr als 1000 bezw. 1200 m je Minute, die im Jahre 1898 auf den Zechen Hibernia und Zollverein IV/V festgestellt wurden.

Die gebräuchlichste Form des Kanalquerschnittes sind senkrechte Seitenwände und nach oben ein Abschluss durch ein flach bogenförmiges oder kreisförmiges Gewölbe. In Figur 41 sind eine Anzahl Querschnitte von Wetterkanälen zusammengestellt worden. Besonders auffallend ist darunter der Querschnitt auf Zeche Mathias Stinnes, der bei 10,5 m Breite nur 1 m Höhe besitzt, weil man wegen der dicht unter der Erdoberfläche liegenden Fliessschichten die Kanalsohle nicht tiefer legen konnte. Der Boden des Kanales wird häufig, statt durch eine flache Steinlage, durch ein Gewölbe gebildet, während die Decke zuweilen aus I Trägern mit dazwischenliegenden Gewölben besteht. Statt in gewöhnlichem Mauerwerk ist der Wetterkanal auf Zeche Julius Philipp in Beton ausgeführt worden.

Natürlich erfordert die Herstellung von Wetterkanälen grosse Sorgfalt. Die Wandungen müssen so dicht hergestellt sein, dass sie trotz des Pressungsunterschiedes keine Luft von aussen eindringen lassen und so solide sein, dass in ihnen durch die Erschütterungen beim Gange der Antriebsmaschine und des Ventilators keine Risse entstehen. Auch sollten die Kanäle ganz in den Erdboden verlegt und mit einer starken Erdschicht zugedeckt werden, damit diese bei Vorhandensein kleiner Risse oder schlechter Stellen im Mauerwerk den Zutritt der äusseren Luft zum Kanale verhindern hilft. Der freie Aufbau der Kanäle auf den Erdboden, der z. B. auf Zeche Christian Levin vorgezogen wurde, ist nicht so zweckmässig, obwohl dabei Undichtigkeiten leichter zu erkennen sind.

Zur Erleichterung der Luftführung trägt es bei, wenn die Wetterkanäle statt, wie es gewöhnlich der Fall ist, horizontal zu verlaufen, vom Schachte bis zum Ventilator ansteigen. Dadurch wird erreicht, dass der Luftstrom beim Uebergang aus dem Schacht in den Kanal seine Richtung nicht um einen Winkel von vollen 90° zu verändern braucht, auch wird der Eintritt in den höher gelegenen Ventilator erleichtert. Kanäle dieser Art finden sich auf den Zechen Tremonia (Fig. 42 a u. b), Hansa I (Fig. 43 a u. b) und Borussia, jedoch scheitert die Ausführung häufig an der schlechten und

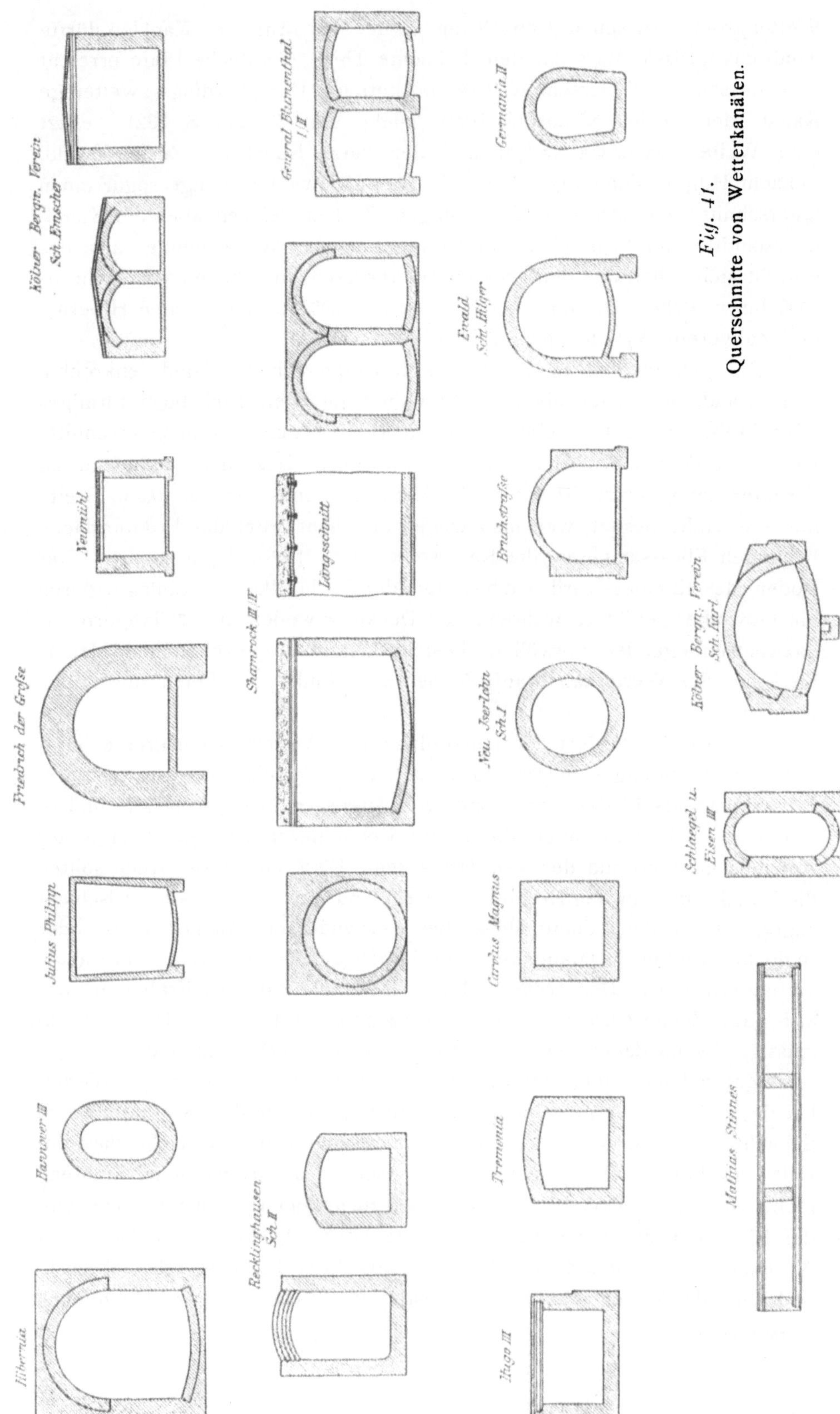

Fig. 41.

Querschnitte von Wetterkanälen.

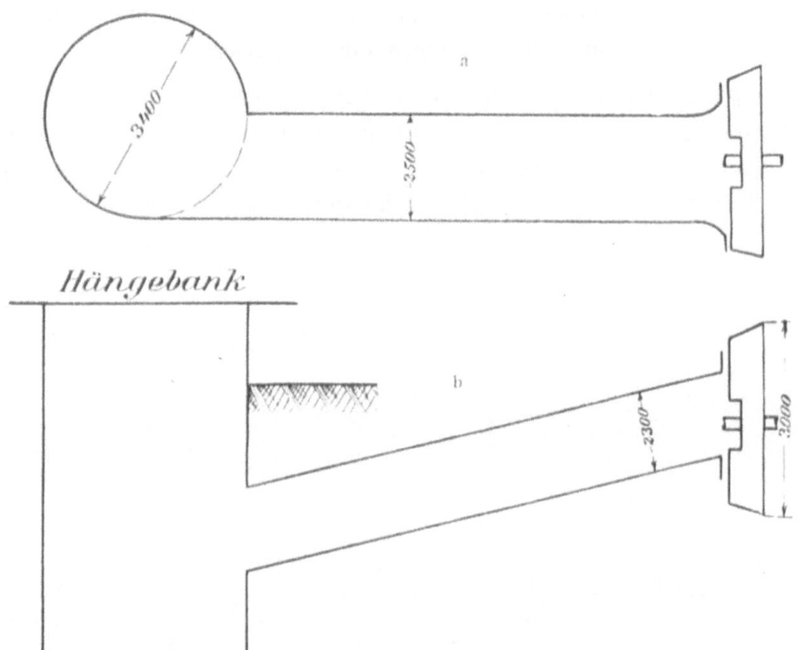

Fig. 42.
Wetterkanal auf Zeche Tremonia.

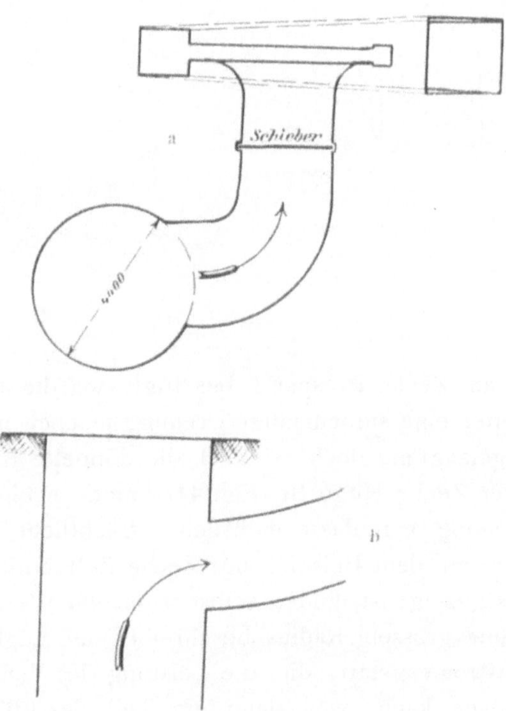

Fig. 43.
Wetterkanal auf Zeche Hansa.

21*

wasserreichen Beschaffenheit des Baugrundes, der ein tiefes Eindringen mit der Kanalsohle unter die Erdoberfläche erschwert.

Für glatte Wände ist in den Wetterkanälen fast überall durch Cementverputz gesorgt, dagegen finden sich häufig Krümmungen, die man hätte vermeiden oder wenigstens nicht so scharf und unvermittelt ausführen sollen. Allerdings ist die von der Schlagwetterkommission entdeckte Un-

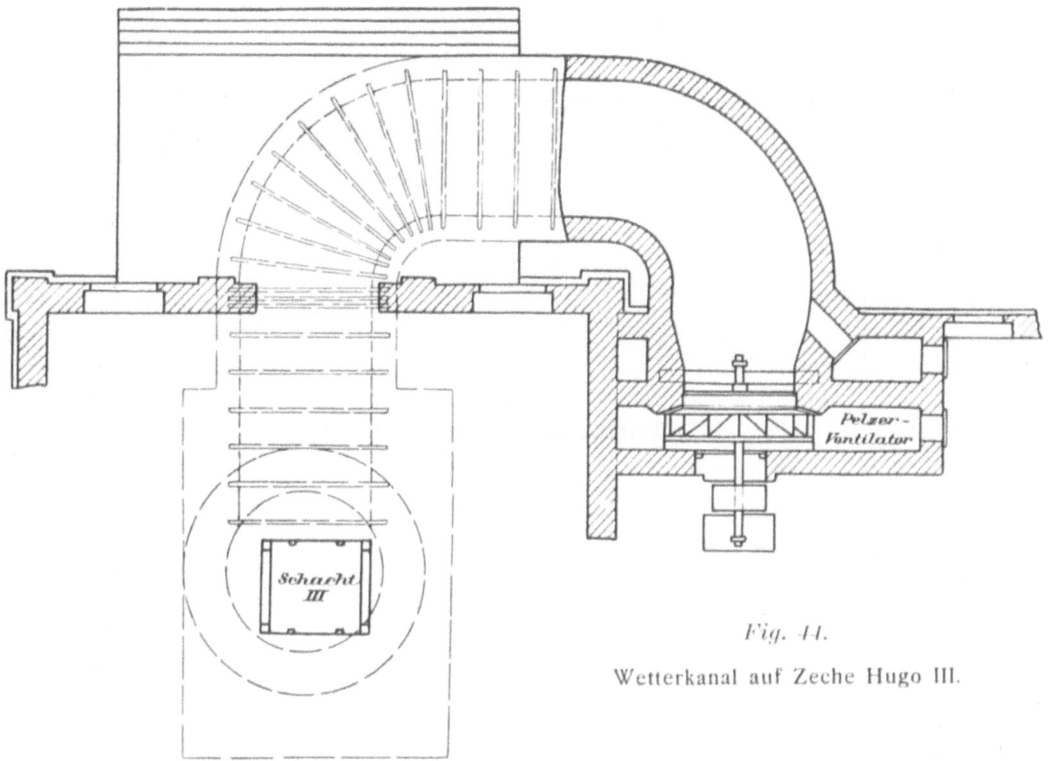

Fig. 44.

Wetterkanal auf Zeche Hugo III.

geheuerlichkeit auf Zeche Prosper I beseitigt, wo die aus dem Schachte kommenden Wetter eine siebenmalige Drehung machen mussten, bevor sie zum Ventilator gelangten, doch ist z. B. die doppelte Krümmung in dem kurzen Kanal der Zeche Hugo III (Fig. 44) immer noch recht ungünstig. Jede scharfe Biegung veranlasst natürlich beträchtliche Reibungsverluste. Wie aber ferner an dem Beispiel der Zeche Zollverein III im Kapitel 2 Seite 182 bereits gezeigt ist, findet, selbst wenn der Wetterkanal nur einen flachen Bogen mit grossem Radius beschreibt, eine ungleichmässige Verteilung des Luftstromes statt, die die Leistung des Ventilators leicht ungünstig beeinflussen kann, weil dann ein Teil des Flügelrades eine zu grosse Wettermenge empfängt und überlastet wird, während in dem anderen die Flügelkanäle nicht voll von dem Luftstrom ausgefüllt werden.

Die Wetterkanäle sind meist durch eine kurze, mit mehreren dicht schliessenden eisernen Thüren versehene Luftschleuse zugänglich. Diese Zugänge sind notwendig, um Wettermessungen in den Kanälen ausführen zu können. Dabei dient der Raum zwischen innerer Thür und Wetterkanal zur Aufnahme des Beobachters während der Versuche, falls zu diesem Zwecke keine besonderen Nischen in den Seitenwänden ausgespart sind. Namentlich aber ermöglichen die Zugänge, von Zeit zu Zeit eine Reinigung der Kanäle vorzunehmen und die Schlammmassen zu entfernen, die sich aus dem in dem Wetterstrom enthaltenen Staube bilden, sich auf der Sohle absetzen und so den freien Querschnitt vermindern. Auch die Flügelräder lassen sich, wenn sie nicht wie beim Geisler-Ventilator in den Maschinenraum gezogen werden können, an der inneren Seite am besten vom Saugkanale aus von einer anhaftenden Schmutzkruste befreien.

Um die Länge des Weges für den Wetterstrom zu verkürzen und die Baukosten zu verringern, steht der Ventilator zweckmässig dicht am ausziehenden Schachte oder sogar über demselben, sodass ein eigentlicher Wetterkanal kaum vorhanden ist, sondern der Saughals des Ventilators sich direkt an den Schacht en finden sich z. B. auf den Zechen Humboldt, Prosper I, Germania II (Fig. 45 a u. b), Ewald Schacht Hilger (Fig. 46 a u. b). Doch ist eine grössere Länge des Kanals an sich nicht bedenklich, wenn sie im Interesse der zweckmässigen Verteilung der Tagesanlagen erfolgt, und im Uebrigen der Kanal nach richtigen Grundsätzen gebaut ist. Wetterkanäle von bedeutender Länge waren nach Angaben aus dem Jahre 1898 unter anderen auf folgenden Zechen vorhanden:

Neu-Iserlohn II	etwa	85 m	Länge
General Blumenthal I/II	»	80 »	»
Königsborn I	»	75 »	»
Zollverein III	»	75 »	»
Kölner Bergwerksverein, Schacht Carl .	»	70 »	»
Concordia	»	60 »	»

Oft wird der Fehler gemacht, dass der Ventilator zum Wetterkanal nicht richtig orientiert wird, und dass dadurch der Wetterstrom noch im letzten Augenblick, bevor er in das Rad eintritt, zu einer Richtungsänderung gezwungen wird, ohne dass man durch die Situation der Tagesanlagen oder aus anderen Gründen zu dieser Massregel gezwungen wäre. Ist letzteres aber doch der Fall, so wäre es besser, den Wetterkanal, wenn auch auf einem entsprechenden Umwege, so doch in guter Richtung auf den Ventilator hinzuführen. Jedenfalls dürfte eine so scharfe Biegung

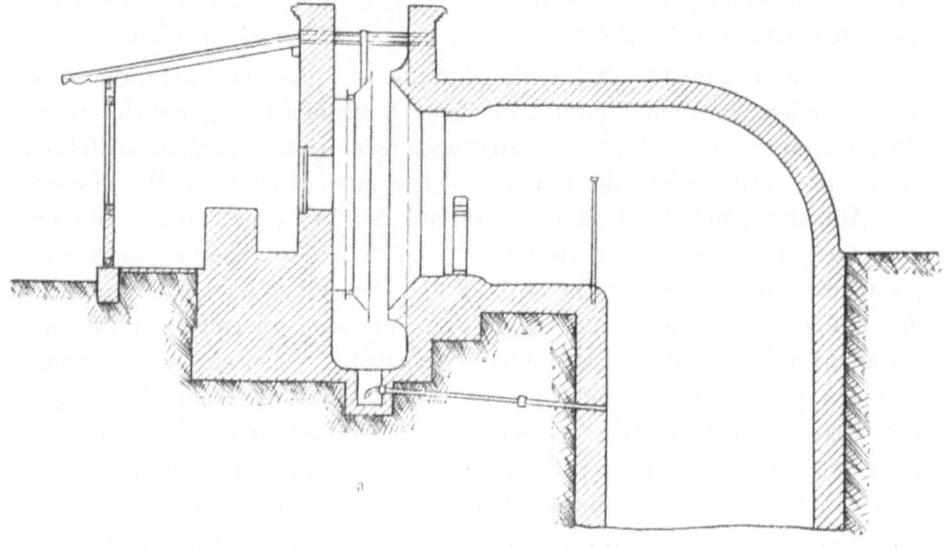

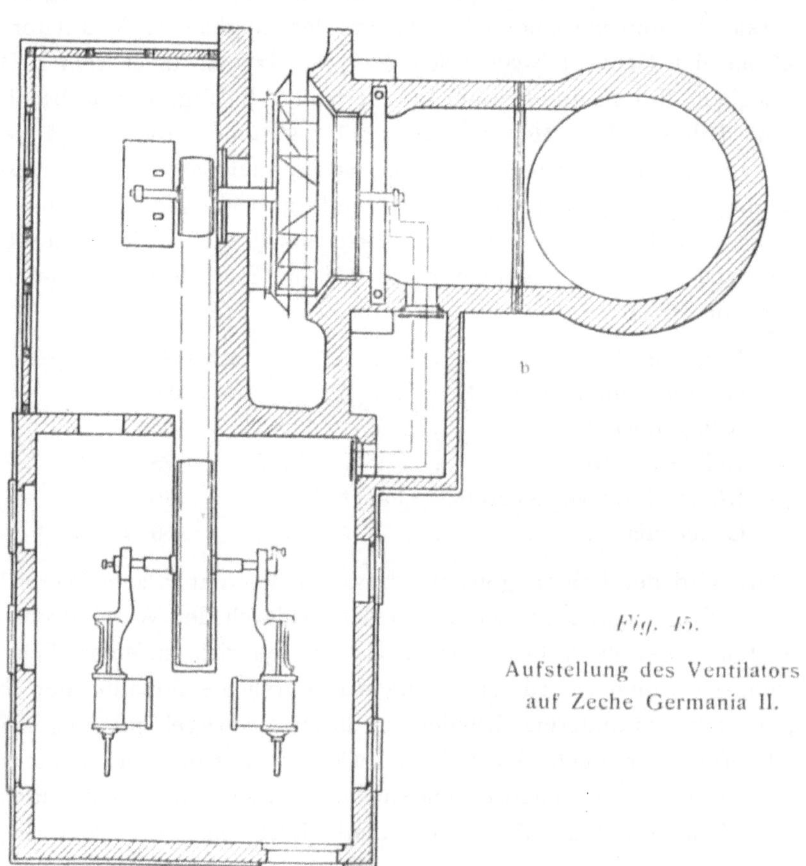

Fig. 15.

Aufstellung des Ventilators
auf Zeche Germania II.

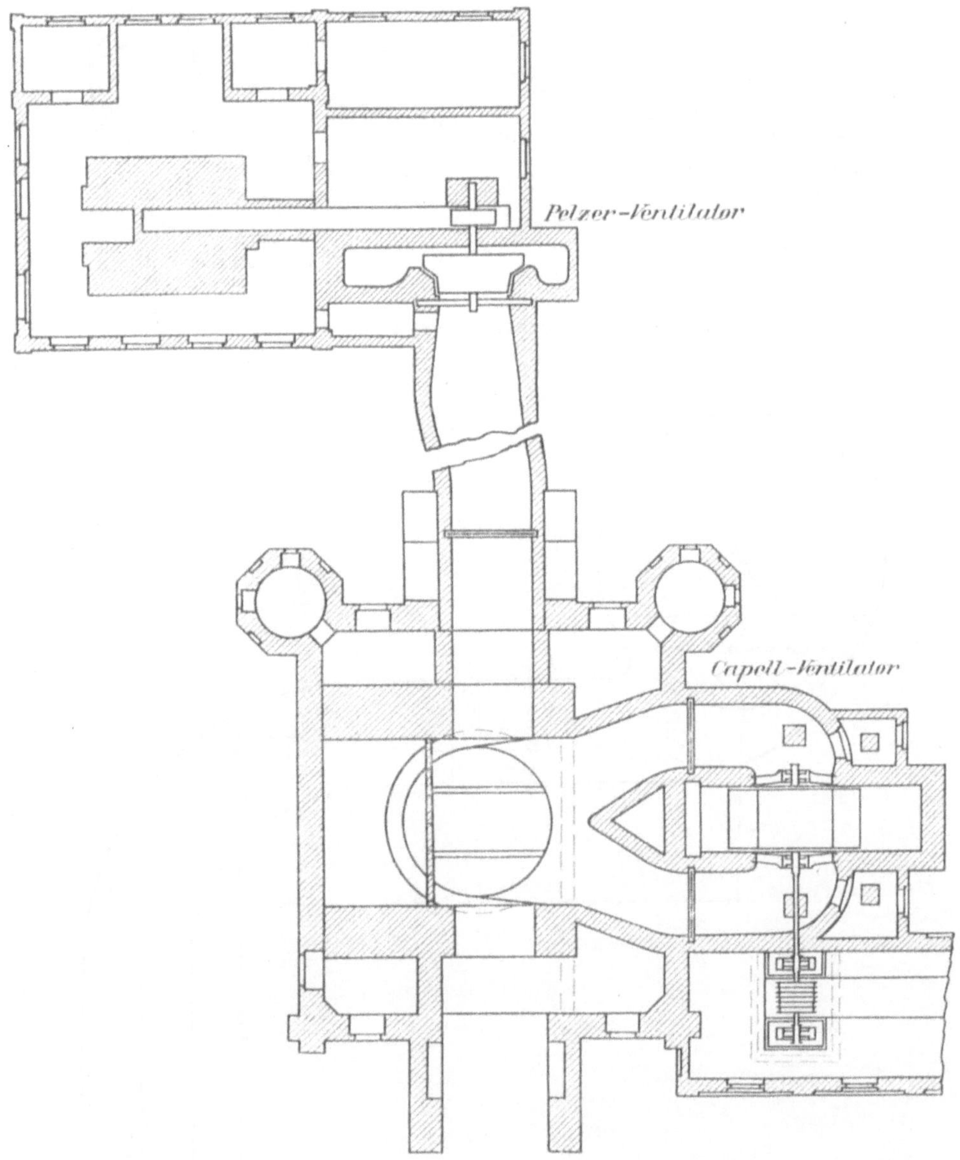

Fig. 46.

Aufstellung der Ventilatoren auf Zeche Ewald, Schacht Hilger.

wie auf Zeche Bruchstrasse (Fig. 47) nicht vorkommen.

Bei allen einseitig saugenden Ventilatoren muss die Radachse der Längsrichtung des Wetterkanales parallel stehen, damit der Luftstrom auf geradem Wege in die Saugöffnung eintreten kann. Bei zweiseitig saugenden

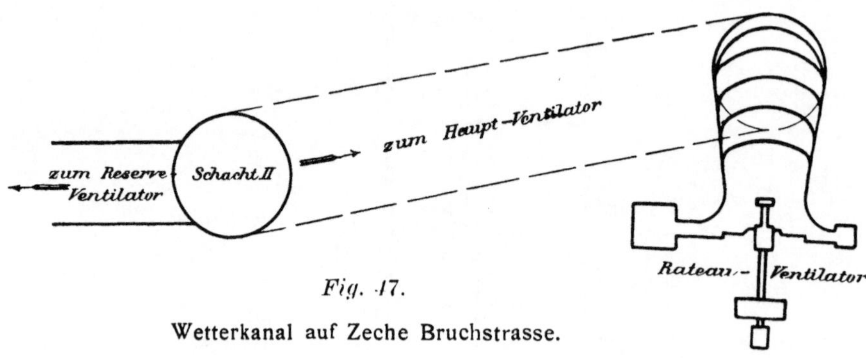

Fig. 47.

Wetterkanal auf Zeche Bruchstrasse.

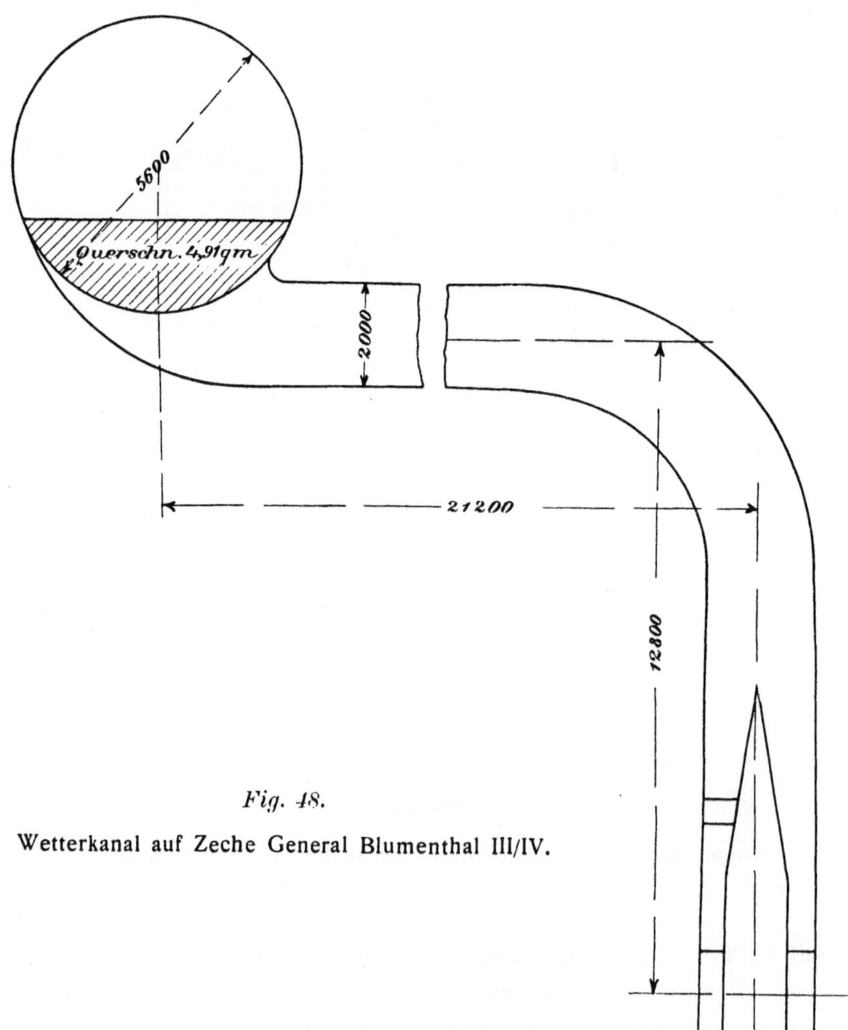

Fig. 48.

Wetterkanal auf Zeche General Blumenthal III/IV.

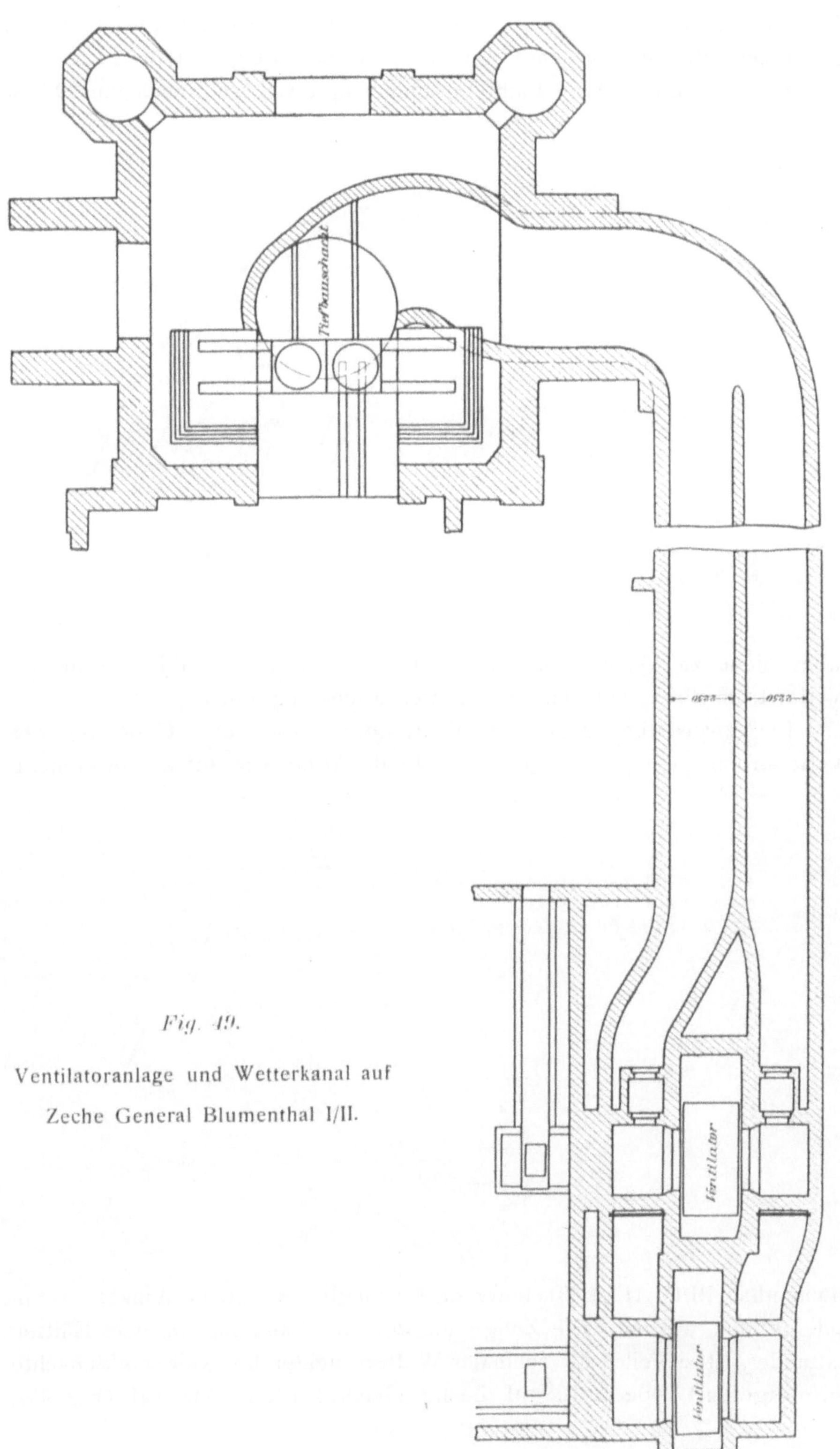

Fig. 49.

Ventilatoranlage und Wetterkanal auf
Zeche General Blumenthal I/II.

Ventilatoren hingegen muss die Achse qu er zum Wetterkanale gerichtet sein,
wobei sich letzterer vor dem Flügelrade in zwei Teile gabelt, die zu je einer
Saugöffnung führen. Eine Richtungsänderung des Luftstromes um 90° ist

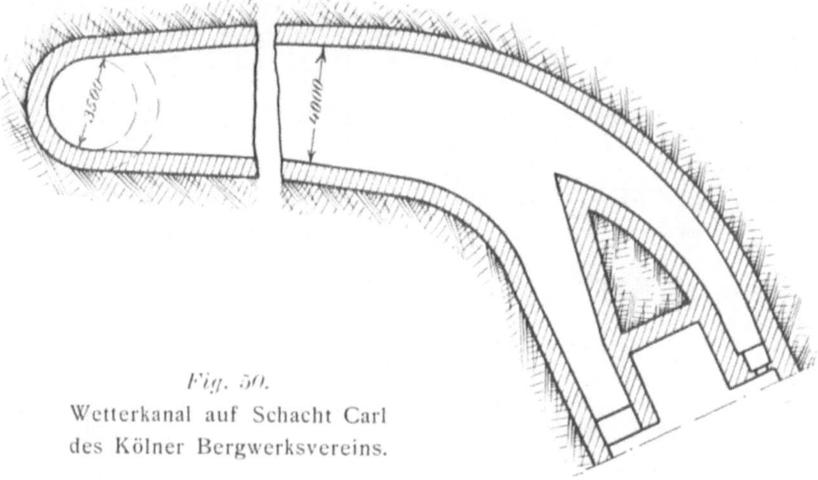

Fig. 50.

Wetterkanal auf Schacht Carl
des Kölner Bergwerksvereins.

dabei nicht zu vermeiden. Beim Mortier-Ventilator endlich wird der
Wetterstrom direkt auf den Umfang des Rades zugeführt.

Bei zweiseitig saugenden Ventilatoren soll die Gabelung des
Wetterstromes derart erfolgen, dass beide Arme, wie auf Zeche General

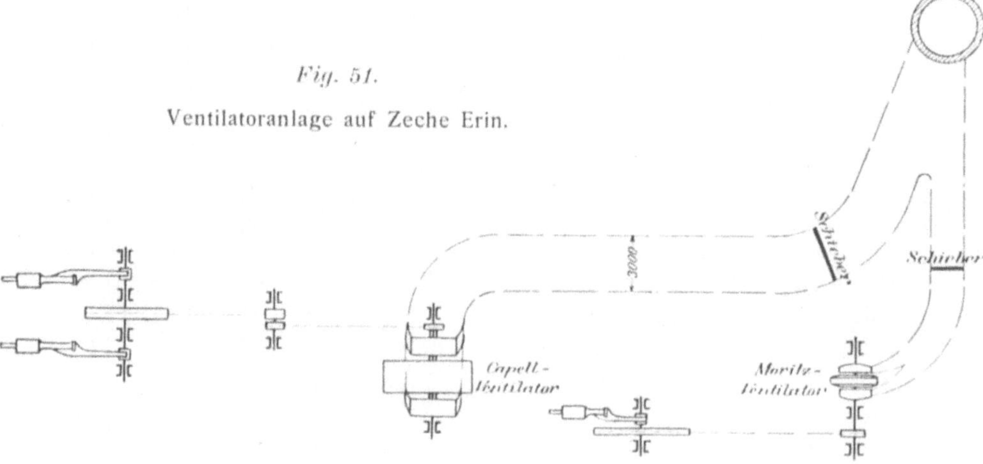

Fig. 51.

Ventilatoranlage auf Zeche Erin.

Blumenthal III/IV (Fig. 48) unter einem möglichst spitzen Winkel ausein-
andergeführt werden. Die Zunge an der die Trennung in zwei Hälften
stattfindet, ist zuweilen als schmaler Wetterscheider bis weit zum Schachte
hin fortgeführt, wie z. B. auf Zeche General Blumenthal I/II (Fig. 49);

doch sollte die Trennung, wenn möglich, nicht, wie auf dieser Zeche, gerade in der Nähe einer Biegung des Kanales erfolgen, weil dadurch der einen Seite des Flügelrades mehr Wetter zugeführt werden, als der anderen. Ist die Gabelung an einer solchen Stelle nicht zu vermeiden, so wird am

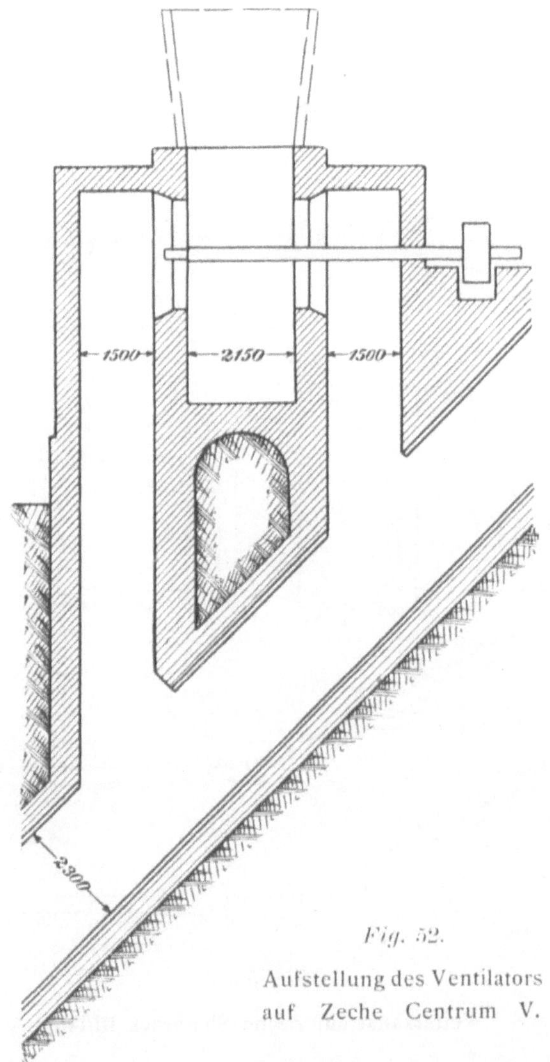

Fig. 52.

Aufstellung des Ventilators
auf Zeche Centrum V.

besten, wie auf dem Schachte Carl des Kölner Bergwerkvereins (Fig. 50), der Eingang zu dem an der inneren Seite gelegenen Kanalarm entsprechend weiter gemacht. Derselbe Nachteil der ungleichmässigen Luftzuführung zeigt sich auch dann, wenn die Radachse bei zweiseitig saugenden Ventilatoren, z. B. bei den Capell-Ventilatoren auf Zeche Erin (Fig. 51) und Centrum V (Fig. 52), parallel zum Wetterstrom gerichtet ist.

Da der Wetterkanal sich in den meisten Fällen unter der Erdoberfläche befindet, muss er meist zuletzt etwas ansteigen, um in die Höhe des Ventilators zu gelangen; doch hat man dabei für einen allmählichen Uebergang zur Saugöffnung des Rades Sorge zu tragen. Die Anlage auf

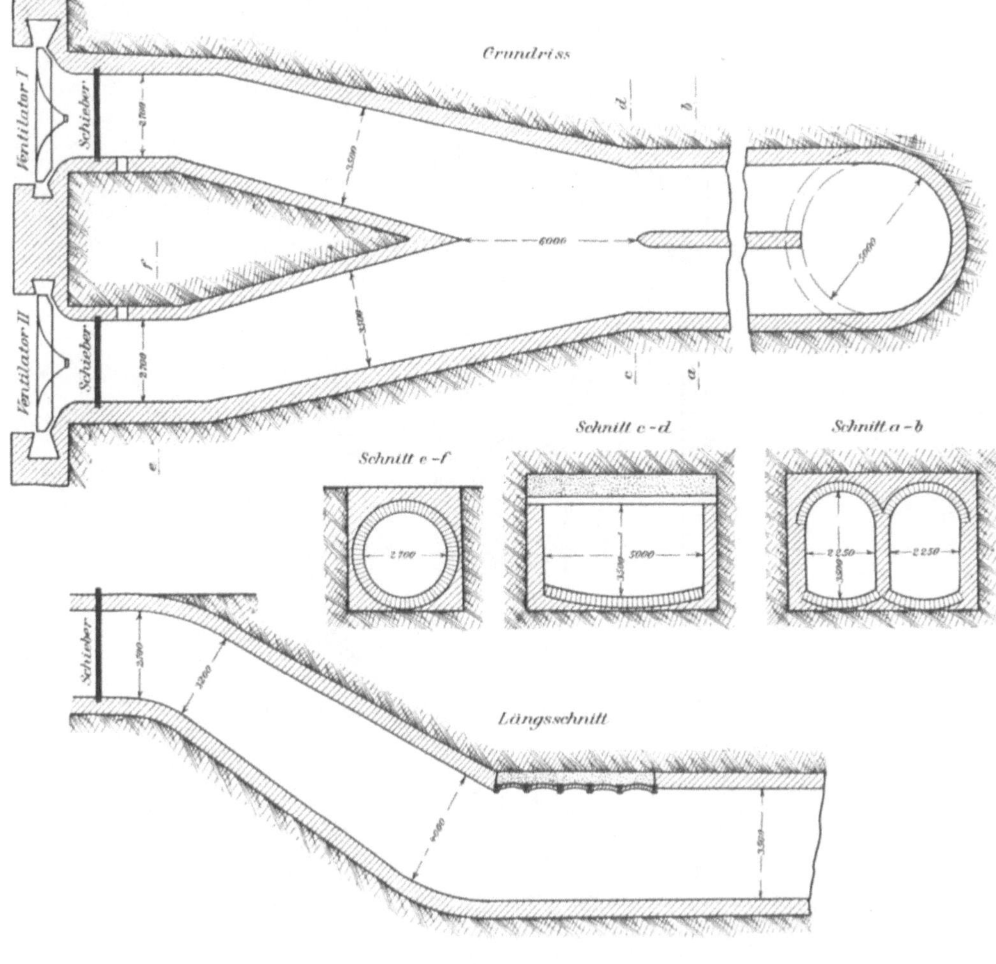

Fig. 53.

Wetterkanal auf Zeche Shamrock III/IV.

Shamrock III/IV (Fig. 53) erscheint in dieser Beziehung recht zweckmässig.

Sind an einen Wetterschacht mehrere Ventilatoren angeschlossen, die abwechselnd in Betrieb gesetzt werden, so besitzt oft jeder von ihnen einen besonderen Wetterkanal. Zuweilen zweigt sich auch von einem gemeinsamen Wetterkanale nur ein Arm zu jeder Ventilatoranlage ab.

Für diese Abzweigungen gilt ebenfalls der Grundsatz, dass alle plötzlichen und scharfen Richtungsänderungen zu vermeiden sind. Nicht vorteilhaft für den Luftstrom ist daher die Abzweigung zu dem alten Ventilator auf Zeche Schlägel und Eisen III (Fig. 54).

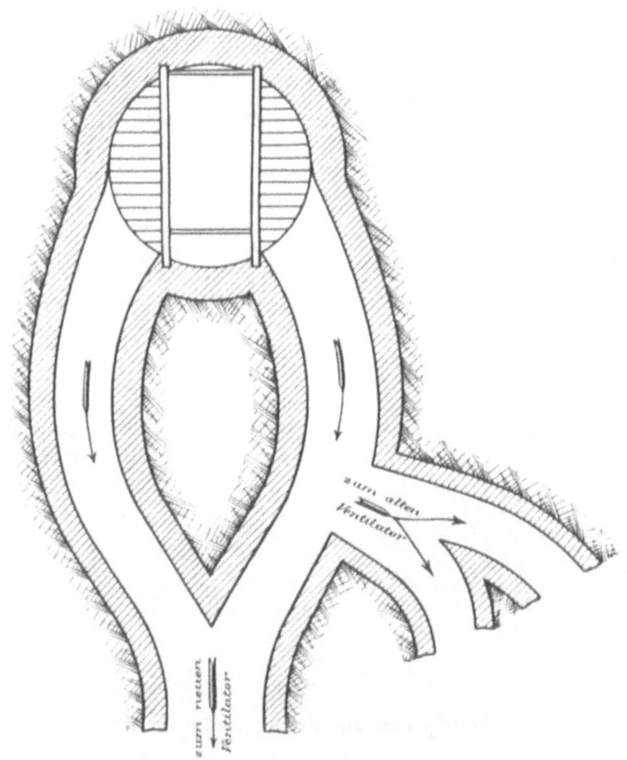

Fig. 54.

Wetterkanäle auf Zeche Schlägel und Eisen III.

Auf Zeche Neu-Iserlohn I (Fig. 55) hat man die zweckmässige]Einrichtung getroffen, dass über einem gerade verlaufenden Wetterkanale 2 Ventilatoren hintereinander aufgestellt sind, und dass jeder von ihnen durch nach unten führende Oeffnungen mit dem Wetterkanale verbunden werden kann.

Stets muss bei Aufstellung mehrerer Ventilatoren auf einem Schachte der Kanalarm, der zu einem nicht in Betrieb stehenden Ventilator führt, mit dichtem Verschluss versehen sein. Wenn man nicht zu diesem Zweck bei einem Zustand von längerer Dauer einfach eine feste Mauer aufführt, wendet man eiserne Thüren oder meistens Schieber an, die über Tage an einem Gestell aufgehängt und durch Gewichte abbalanciert sind und durch

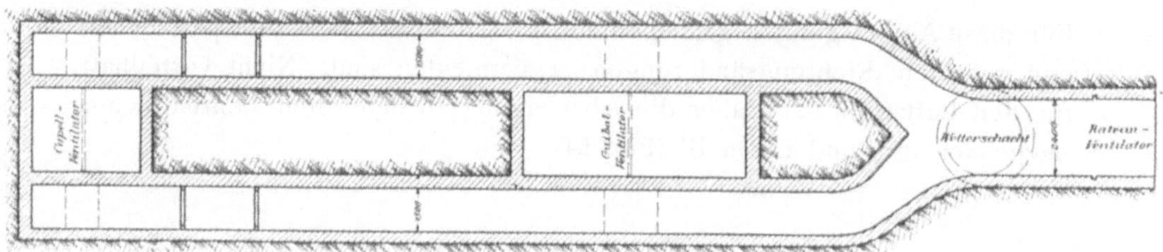

Fig. 55.

Wetterkanäle auf Zeche Neu-Iserlohn I.

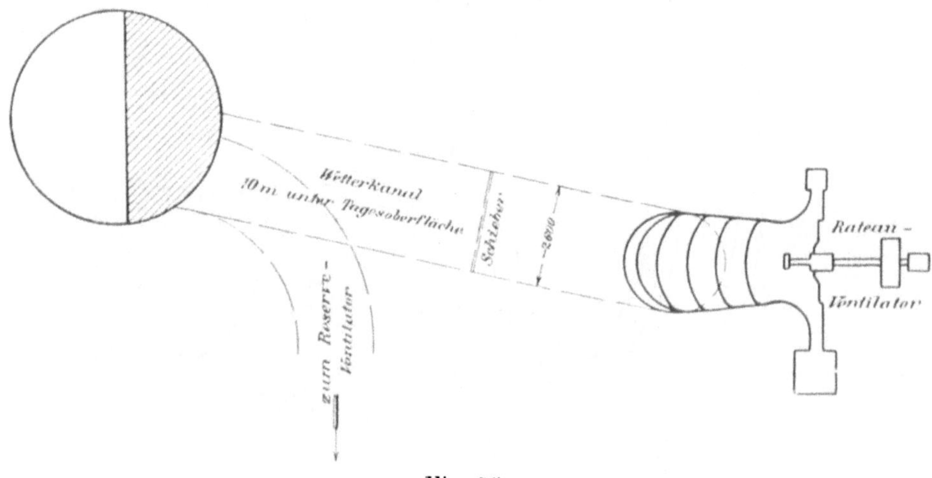

Fig. 56.

Wetterkanal auf Zeche Zollern.

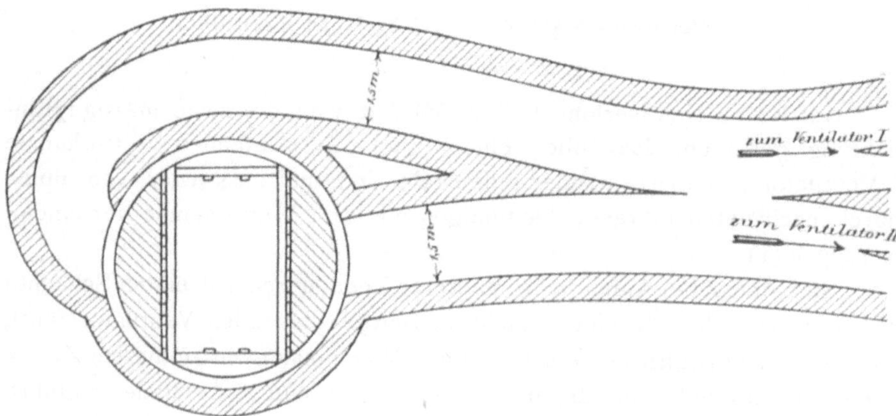

Fig. 57.

Wetterkanäle auf Zeche König Ludwig I/II.

eine schmale Oeffnung in der Decke senkrecht herabgelassen werden
können. Die Spalten zwischen den Wandungen und dem Schieber werden
mit Lehm dicht verschmiert. Beim Kölner Bergwerksverein werden als
Verschluss einfach Deckel auf die Diffusoröffnung des nicht in Betrieb befindlichen Ventilators gelegt.

Für die Verbindung des Schachtmundloches mit den Wetterkanälen kommt in Betracht, ob der ganze Schachtquerschnitt oder nur

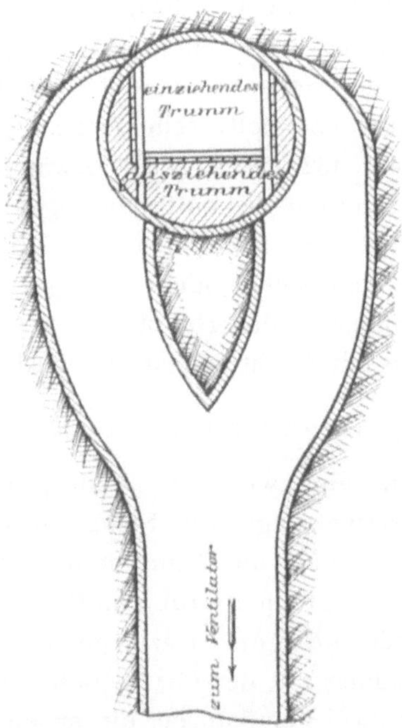

Fig. 58.

Wetterkanal auf Zeche Königsborn I.

ein oder mehrere Trumme desselben zum Ausziehen des Wetterstromes
dienen. In ersterem Falle beginnt der Kanal am besten, wie auf Zeche
Shamrock III/IV (Fig. 53 a. S. 332) in der vollen Breite des Schachtes und
geht, wenn diese zu gross oder zu klein ist, allmählich zu seinem normalen
Querschnitt über. Im zweiten Falle muss er natürlich der Breite des
Wettertrumms bezw. der Wettertrümmer angepasst sein. Die Verbindung
ist z. B. zweckmässig auf Zeche General Blumenthal III/IV (Fig. 48, S. 328),
unzweckmässig dagegen auf Zeche Zollern (Fig. 56).

Wenn mehrere ausziehende Teilströme im Schacht vorhanden sind,
muss von jedem Wettertrumm ein Kanal ausgehen. Letztere sind sodann
zwecks Vermeidung von Luftstössen unter einem spitzen Winkel zu ver-

einigen. Beispiele dieser Art finden sich auf den Zechen Schlägel und Eisen III (Fig. 54, S. 333) und König Ludwig I/II (Fig. 57). Auf Zeche Königsborn I (Fig. 58) ist der Anschluss des Kanals an den Schacht ebenfalls an zwei Stellen erfolgt, obwohl nur ein Wettertrumm vorhanden ist.

Auch zwischen Schacht und Wetterkanal ist eine Erleichterung des Luftüberganges aus der aufsteigenden in die horizontale Richtung anzustreben durch Abrundung oder wenigstens durch Abschrägung der Ecke zwischen der Bodenfläche des Wetterkanales nach dem Schachte. Die Anlage auf Zeche Hansa I (Fig. 43 a. S. 323) ist in dieser Beziehung trotz der ansteigenden Richtung des Kanals nicht besonders günstig, weil letzterer nahezu rechtwinklig in den Schacht mündet. Die Erfolge, die mit einer kurzen Abschrägung auf Zeche Zollverein Schacht III erzielt worden sind, sind im 2. Kapitel (Seite 182 ff.) bereits erwähnt worden. Derartige Einrichtungen zur Erleichterung des Luftüberganges sind bisher nur selten versucht worden, würden sich aber in vielen Fällen ohne grosse Mühe ausführen lassen. Sie sind sicher nicht weniger wichtig als die Vermeidung scharfer Biegungen in den Hauptwetterstrecken unter Tage, die auf den meisten Gruben mit Recht angestrebt wird.

Aufstellung gleichzeitig betriebener Ventilatoren.

In der Regel dient ein zweiter Ventilator, der auf einem Wetterschachte steht, als Reserveanlage zur Sicherung der Wetterversorgung. Zuweilen hat man aber auch die Einrichtung getroffen, dass mehrere Ventilatoren gleichzeitig auf einer Grube im Betrieb sind oder wenigstens gemeinschaftlich arbeiten können. Dazu gehört aber, dass ihre Aufstellung und ihre Verbindung mit der Grube besonderen Bedingungen entspricht. Wenn nämlich zwei Ventilatoren, die an einen Ausziehschacht angeschlossen sind, gleichzeitig in Betrieb gesetzt werden, dient die Arbeit des einen weniger kräftigen in erster Linie dazu, um zu verhindern, dass die atmosphärische Luft durch seine Ausblaseöffnung und die Flügelkanäle in den Wetterkanal einströmt, in dem eine durch den anderen Ventilator erzeugte Depression besteht. Häufig wird seine ganze Kraft dazu nicht einmal ausreichen, wenn er nämlich eine grosse Durchgangsöffnung besitzt, weil durch sie für den Luftstrom eine viel einfachere Verbindung zwischen der atmosphärischen Luft und dem Wetterkanale geschaffen wird, als durch die engen und hindernisreichen Grubenbaue.

Auf der Schachtanlage Schürenberg-Waldhausen der Zeche Ewald, hat man den Versuch gemacht, einen Rateau- und einen Pelzer-Ventilator gleichzeitig in Betrieb zu setzen. Beide Apparate waren von annähernd gleicher Leistungsfähigkeit und an einen zweiarmigen Wetterkanal angeschlossen, besassen aber für die vorhandene Grubenweite eine etwas zu grosse Durchgangsöffnung. Da der Pelzer-Ventilator infolge grösserer Umfangsgeschwindigkeit des Flügelrades eine etwas höhere Depression erzeugte, vermochte er den Widerstand des in vollem Gange befindlichen Rateau-Ventilators zu überwinden und die Luft durch denselben hindurch anzusaugen. Aus dem Schachte gelangte während des Versuches nur ein Wetterquantum von etwa 500 cbm in der Minute, das etwa der Stärke des natürlichen Wetterzuges entsprach, zum Ausziehen. Für die Wetterversorgung der Grube waren also beide Ventilatoren ganz wirkungslos.

Bei absolut gleichwertigen Ventilatoren, die zudem mit grosser Tourenzahl arbeiten, würde es vielleicht möglich sein, dass jeder von ihnen eine gewisse Wettermenge lieferte, wenn die Ventilatoren so aufgestellt würden, dass der Uebergang der Luft durch den Wetterkanal von dem einen zum andern möglichst erschwert wird. Indessen würde die zu erzielende Leistung in keinem Verhältnis zu der aufgewandten grossen Arbeit stehen. Denn die aus einer bestimmten Grube angesaugte Wettermenge hängt lediglich von der Depression ab, die sich bei jedem Ventilatorsystem nach der Umfangsgeschwindigkeit des Rades richtet. Letztere wird aber in diesem Falle nicht geändert, da beide Ventilatoren gleiche Grösse und Tourenzahl besitzen. Es bleibt also nur der Vorteil übrig, dass dem Luftstrom durch den zweiten Ventilator der Weg zur äusseren Atmosphäre erleichtert wird, weil die Durchgangsöffnung verdoppelt wird, und die Reibungshindernisse im Ventilator sich vermindern. Dieser Vorteil ist aber nicht gross, wenn bereits der erste Ventilator der Grubenweite genügend angepasst ist. Dazu kommt, dass ein absolut gleicher Gang bei zwei Ventilatoren in der Praxis wohl nur dann zu erreichen ist, wenn man beide Ventilatoren zwangläufig miteinander verbindet oder einen einseitig saugenden Ventilator dadurch verdoppelt, dass auf der Rückseite des Radbodens ebenfalls Flügel angebracht werden und er so in einen zweiseitig saugenden verwandelt wird.

Die gleichzeitige Verwendung von zwei einzelnen Ventilatoren auf demselben Schachte, die nach Analogie der Dynamomaschinen als Nebeneinanderschaltung zu bezeichnen wäre, ist also für den Grubenbetrieb nicht zu gebrauchen. Wohl aber findet man häufig, dass mehrere Ventilatoren auf verschiedenen Schächten derselben Grube in Betrieb sind und die dadurch erzeugten Wetterströme im Einziehschachte oder im Innern der Grube miteinander in Verbindung stehen. In diesem Falle sind die nebeneinander geschalteten Ventilatoren durch ein mehr oder weniger ausgedehntes Netz von Grubenbauen von einander getrennt, während bei gleichzeitigem Anschluss an einen und denselben Schacht nur der kurze Wetterkanal zwischen ihnen liegt. Daher zeigen sich die Nachteile des gleichzeitigen Betriebes dort nur in beschränktem Masse; denn der eine Ventilator wirkt zwar stets auf den Wetterstrom des anderen ein, aber die Grösse der Wirkung ist je nach der Länge der Grubenwege, die dazwischen liegen, und dem Widerstande, den sie dem Luftstrom bieten, verschieden. Zu erkennen ist dieser Einfluss am besten bei Stillstand eines der Ventilatoren, weil dann in dem betreffenden Schachte die Wetter trotz der natürlichen Wirkung der Grube durch den anderen Ventilator zum Einziehen gebracht werden.

Wenn also der Ventilator auf diesem Schachte wieder in Betrieb gesetzt wird, hat er zunächst einen entgegengesetzt gerichteten Wetterzug zu überwinden. Er muss dazu eine gewisse Arbeit leisten, durch die zwar im Wetterkanal eine Depression erzeugt, aber keine Wettermenge geliefert wird, und die daher für die Bewetterung der Grube verloren geht. Daher empfiehlt es sich, wenn auf einer Grube mehrere Wettersysteme eingerichtet werden und die Anzahl der Schächte sowie die unterirdischen Verhältnisse es gestatten, die einzelnen Systeme vollständig, d. h. einschliesslich des Einziehschachtes, von einander zu trennen, oder wenigstens einen möglichst grossen Teil der Grubenbaue zwischen die ausziehenden Schächte zu legen.

Als Beispiel für die Wirkung, die mehrere Ventilatoren auf einander ausüben, ist bereits im 2. Kapitel Seite 205 die Zeche Alma angeführt worden, die zwei Wetterschächte besitzt, von denen der eine in der Gemeinde Bulmke gelegene mit einem Rateau-, der andere neben Schacht II abgeteufte mit einem Mortier-Ventilator ausgerüstet ist. Der umgekehrte Wetterzug von ca. 600 cbm Stärke in der Minute, der bei Ausserbetriebsetzung des Mortier in dem Wetterschachte bei Schacht II durch den Rateau hervorgerufen wurde, konnte erst durch etwa 90 Umdrehungen des Mortier-Ventilators, das ist etwa ein Drittel seiner vollen Tourenzahl, zur Ruhe gebracht werden. Dadurch wurde aber der Schacht immer erst neutral, ohne dass sein natürlicher Wetterzug zur Geltung gelangt wäre. Um dagegen den Einfluss des stärkeren Mortier-Ventilators, der bei Stillstand des Rateau in dem Wetterschacht bei Bulmke einen einziehenden Strom von etwa 950 cbm Stärke erzeugt, zu überwinden, musste der Rateau, der im gewöhnlichen Betriebe mit 200 Touren in der Minute läuft, etwa 120 Umdrehungen machen. Aehnliche Erscheinungen dürften wohl noch auf verschiedenen anderen Gruben des Bezirks zu beobachten sein (vergl. dazu die Angaben über die Stärke des natürlichen Wetterzuges, 2. Kapitel, S. 205).

Im Gegensatz zu der »Nebeneinanderschaltung« mehrerer Ventilatoren steht die »Hintereinanderschaltung« oder »Schaltung auf Spannung«. Hierbei wirft ein Ventilator die aus der Grube angesaugte Wettermenge einem zweiten Ventilator zu, und dieser befördert sie sodann in die atmosphärische Luft. Theoretisch würde bei dieser Einrichtung jeder Ventilator die seiner Umdrehungsgeschwindigkeit entsprechende Depression h bezw. h_1 erzeugen, und der gesamte Pressungsunterschied zwischen dem Wetterkanale des der Grube am nächsten stehenden Ventilators und der atmo-

sphärischen Luft würde $h + h_1$ oder bei gleichen Umdrehungsgeschwindig-
keiten 2 h betragen. Unter der Voraussetzung, dass die Beziehungen
zwischen Wettermenge und Depression genau konstant bleiben, würde
also nach dem Proportionalitätsgesetz bei Aufstellung eines zweiten,
gleich starken Ventilators hinter dem ersten die Wettermenge auf das $\sqrt{2}$
oder 1,414fache steigen müssen. In der Praxis wird dieser Erfolg nicht
erreicht, weil durch die Einschaltung des zweiten Ventilators erhöhte

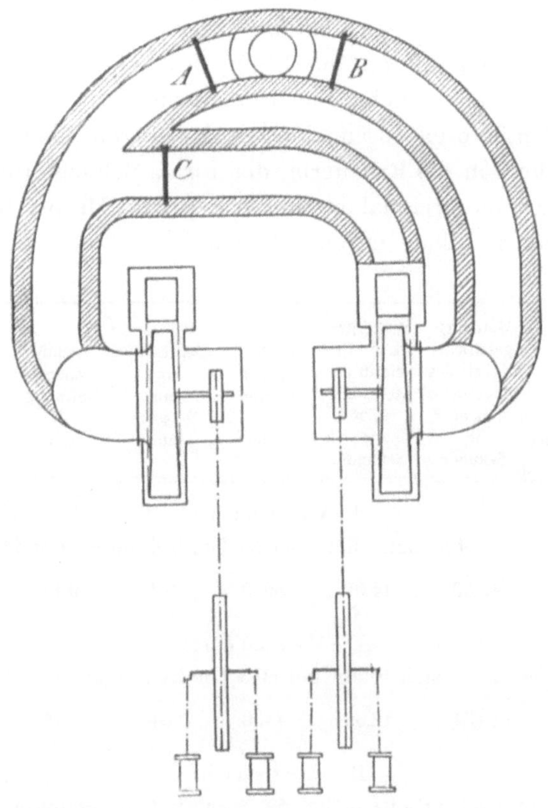

Fig. 59.
Doppelventilatoranlage auf Zeche Christian Levin.

Reibungswiderstände entstehen. Diese verursachen aber einen Kraftverlust,
der sich durch eine Verminderung der Depression zu erkennen giebt.

Die einzige derartige Doppelventilatoranlage befindet sich auf der
Zeche Christian Levin des Essener Bergwerksvereins »König Wilhelm«.
Sie besteht aus zwei Rateau-Ventilatoren von je 3,4 m Flügelrad-Durch-
messer, die mit gleichen Antriebsmaschinen versehen sind. Die Auf-
stellung der Ventilatoren auf dem Wetterschachte, sowie der Verlauf der
Wetterkanäle ergiebt sich aus Figur 59.

22*

Es kann sowohl jede Ventilatoranlage für sich, als auch beide zusammen betrieben werden, je nach der Stellung der drei Schieber A, B und C, welche die Wetterkanäle abschliessen. Um z. B. beide Ventilatoren zusammen und zwar »hintereinandergeschaltet« arbeiten zu lassen, müssen die Thüren bei B und C geöffnet, diejenige bei A aber geschlossen werden. Ausserdem ist es nötig, den Ventilatorkamin der rechten Anlage nach oben durch einen horizontalen Schieber abzusperren.

Da die Doppeleinrichtung nie benutzt wurde, ist leider der Verbindungskanal zwischen beiden Ventilatoren, weil sich in seinem Mauerwerk einige undichte Stellen zeigten, durch eine feste Mauer abgesperrt worden. Dadurch wurde es unmöglich, eine Untersuchung bei gleichzeitigem Betriebe beider Ventilatoren vorzunehmen. Es liegen indess einige ältere Versuche vor, die von der Erbauerin, der Firma Schüchtermann & Kremer, drei Monate nach Inbetriebnahme der Anlage im Herbst 1896 ausgeführt sind und folgende Resultate ergeben haben:

Tabelle 65.

Umdrehungen je Minute		Umfangsgeschwindigkeit des Flügelrades in m je Sekunde	Wettergeschwindigkeit an der Messstelle in m je Sekunde	Wettermenge in cbm je Minute	Depression in mm Wassersäule	Aequivalente Oeffnung in qm	Bemerkungen
der Maschine	des Ventilators						
I. Versuch: Anlage rechts für sich allein bei 68 Umdrehungen der Maschine.							
68	247	43,83	14,05	5020	218	2,15	Schieber B geöffnet, A u. C geschlossen
II. Versuch: Anlage links für sich allein bei 60,5 Umdrehungen der Maschine.							
60,5	221	39,34	12,35	4430	164	2,16	Schieber A geöffnet, B u. C geschlossen
III. Versuch: Beide Anlagen zugleich arbeitend bei 59 bezw 58 Umdrehungen der Maschinen.							
Maschine rechts:							
59	213,5	38,00	16,025	5750	293	2,13	Schieber B und C geöffnet, A geschlossen
Maschine links:							
58	210	37,38					
IV. Versuch: Anlage rechts für sich allein bei 59 Umdrehungen der Maschine.							
59	213,5	38,00	12,18	4356	164,1	2,15	Wie bei I
V. Versuch: Anlage links für sich allein bei 58 Umdrehungen der Maschine.							
58	210	37,38	11,73	4247	150,7	2,17	Wie bei II

Die Angaben unter No. IV und V sind nicht durch Beobachtungen, sondern durch Berechnung ermittelt, um die Leistungen beider Ventilatoren bei derjenigen Tourenzahl zu erhalten, mit der der Versuch No. III stattgefunden hat. Daraus ergiebt sich, dass die Depression, welche beide Maschinen zusammen erzeugen (No. III), etwas geringer ist, als die Summe der von den einzelnen Maschinen hervorgerufenen Pressungsunterschiede (No. IV und V). Der Verlust beträgt etwa 19 mm Wassersäule und beruht auf den durch Einschalten des zweiten Ventilators erhöhten Reibungsverlusten. Die angesaugte Wettermenge ist bei Einzelbetrieb auf beiden Anlagen nahezu gleich. Sie ergiebt auf je 59 Umdrehungen berechnet 4 356 und 4 298 cbm in der Minute. Durch die Hintereinanderschaltung wird sie um mehr als 30 % auf 5 750 cbm erhöht. Die Zeche ist also durch diese Einrichtung in die Lage gesetzt, bei gewöhnlichem Betriebe beide Ventilatoren abwechselnd laufen und stets einen Ventilator in Reserve stehen zu lassen, wie es zur Sicherung der Wetterversorgung erforderlich ist. Andererseits vermochte sie, solange der Verbindungskanal noch nicht abgesperrt war, ohne Mühe die Wetterführung erheblich zu verstärken, und zwar noch über das durch die frühere Bergpolizei-Verordnung vom $\frac{\text{12. Oktober 1887}}{\text{4. Juli 1888}}$ geforderte Normalmass von 25 % hinaus. Dabei ergab sich aber der Vorteil, dass die einzelnen Maschinen nicht übermässig beansprucht wurden und ihre Tourenzahlen unverändert blieben.

Der mechanische Wirkungsgrad betrug bei den Versuchen auf Zeche Christian Levin nach den Angaben der Firma Schüchtermann & Kremer für die Ventilatoren einzeln 67,1 bezw. 65,64 %. Beim Betriebe beider Anlagen zusammen wurde dagegen ein Nutzeffekt von 55,75 % festgestellt, sodass sich also nur eine mässige Verringerung ergab.

Aufstellung blasender Ventilatoren.

Blasende Ventilatoren sind im Ruhrkohlenbezirk ausser auf Zeche Glückwinkelburg zur Bewetterung ganzer Grubengebäude nicht vorhanden. Nachdem sich herausgestellt hat, dass der günstige Einfluss, der ihnen auf die Entwickelung von Grubengasen im Allgemeinen zugeschrieben wurde, kaum von Bedeutung ist, dürfte ihre Anwendung auch in der Folge nur unter besonderen Umständen, wie sie z. B. gerade auf Glückwinkelburg vorliegen, gerechtfertigt sein. Denn die einziehenden Schächte, auf denen ein blasender Ventilator Aufstellung findet, müssen gegen die äussere Atmosphäre luftdicht abgeschlossen werden. Dadurch ergeben sich erhebliche Hindernisse für den Betrieb, weil diese Schächte, die in der Regel bis zur tiefsten Sohle des Grubengebäudes reichen, zugleich als Förderschächte benutzt werden müssen.

Der einzige Vorteil, den die blasende Ventilation besitzt, besteht darin, dass im Gegensatz zur saugenden Ventilation bei Beschleunigung des Ganges des Ventilators die bösen Wetter, die sich etwa im alten Mann angesammelt haben, durch die höhere Luftpressung zurückgedrängt bezw. an dem Austreten in die Grubenbaue verhindert werden. Bei regelmässigem Betriebe hingegen ist ein grundlegender Unterschied der saugenden und blasenden Ventilation nicht vorhanden. Erstere mag zwar bei Beginn des Betriebes einen höheren Gasaustritt bewirken, wie er in ähnlicher Weise auch durch das Sinken des Barometerstandes hervorgerufen wird. Sobald aber einmal ein Ausgleich in den Druckverhältnissen der in der Grube vorhandenen Gasmengen stattgefunden hat, besitzen die saugenden Ventilatoren auf die Schlagwetter-Entwickerung keinen Einfluss mehr und verhalten sich darin geradeso wie eine Periode niedrigen Barometerstandes von längerer Dauer. Denn durch die Versuche auf den Karwiner Gruben im Jahre 1885*) und die Untersuchungen der Preussischen Schlagwetterkommission**) ist festgestellt worden, dass die Entwickelung schlagender Wetter nicht von der absoluten Tiefe des Luftdruckes abhängig ist.

Allerdings kommt noch hinzu, dass die blasenden Ventilatoren nicht so leicht der Verschmutzung ausgesetzt sind, wie die saugenden, weil sie nicht mit der stauberfüllten und nassen Grubenluft in Berührung kommen. Ausserdem ist die Luftmenge die der Ventilator zu bewältigen hat und damit der Reibungswiderstand in dem Flügelrade im ersteren Falle etwas geringer, weil sich das Volumen der Luft auf dem Wege durch die Grubenbaue vergrössert. Jedoch sind diese Unterschiede kaum von Bedeutung.

Auf der Zeche Glückwinkelburg lagen aber besondere Verhältnisse vor, die sie veranlassten zur blasenden Ventilation überzugehen***). Die Grube baut nämlich die in zwei steilen Mulden abgelagerten Flötze der untersten Esskohlenpartie, die in ihrem Felde zu Tage ausgehen. Die Wetterführung war vor der Beschaffung des Ventilators derartig geordnet, dass die frischen Wetter auf jedem der vier in Betrieb befindlichen Muldenflügel durch je ein Wetterüberhauen von 1 qm Querschnitt einströmten. Sie bestrichen sodann abfallend die Grubenbaue und sammelten sich in der Nähe des Förderschachtes. Hier befand sich ein Hauptwetter·überhauen, das mit einem Wetterofen ausgerüstet war und in dem der verbrauchte Strom zu Tage geleitet wurde. Eine besondere Wettersohle war nicht vorhanden, weil die Vereinigung der einzelnen Wetterströme auf der Fördersohle stattfand.

---

*) Oesterreichische Zeitschr. f. d. Berg- und Hüttenwesen 1886, No. 3—5.
**) Hauptbericht der Preuss. Schlagwetterkommission, S. 105.
***) Glückauf 1899, S. 546.

Für die Anlage eines Ventilators, die sich infolge der Zunahme des Betriebes als notwendig herausstellte, kamen unter diesen Umständen folgende Gesichtspunkte in Frage: Um das Auffahren einer Wettersohle zu vermeiden und zugleich die gesonderte Wetterführung für die einzelnen Muldenflügel beizubehalten, mussten sämtliche fünf Wetterschächte auch ferner im Betrieb bleiben. Da die Teufe der Grubenbaue mit der Zeit zunehmen musste, erschien es ferner wünschenswert, die Betriebe in aufsteigender Richtung zu bewettern; denn man musste damit rechnen, dass sich der bis dahin ungefährliche Charakter der Flötze änderte und sich aus der abfallenden Wetterführung beim Auftreten von Schlagwettern Schwierigkeiten ergeben würden. Es blieb also der Zeche nur übrig, entweder auf jedem bis dahin einziehenden Wetterüberhauen einen besonderen saugenden Ventilator aufzustellen, wie dies z. B. unter ähnlichen Verhältnissen auf Zeche Ver. Bommerbänker Tiefbau geschehen ist, oder auf dem bisher ausziehenden Hauptwetterüberhauen einen blasenden Ventilator aufzustellen. Für letztere Einrichtung sprach neben den geringen Anlagekosten und der besseren Gelegenheit zur Ueberwachung des Betriebes namentlich der Umstand, dass die Beschaffung der zum Antriebe des Ventilators erforderlichen Kraft bei den im Felde zerstreut liegenden Ueberhauen mit grossen Kosten verbunden gewesen wäre, während die Maschine für einen auf dem Hauptüberhauen stehenden blasenden Ventilator leicht von der benachbarten Förderanlage aus gespeisst werden konnte. Man entschied sich daher für letztere Einrichtung die im Jahre 1897 zur Ausführung gelangte. Der Ventilator ist ein Capell von 1,75 m Raddurchmesser. Er steht über Tage und bläst bei 60 Umdrehungen in der Minute und einer Kompression von 25 mm Wassersäule etwa 400 cbm frische Wetter in die Grubenbaue hinein. Nach den Angaben der Verwaltung wird bei einem manometrischen Wirkungsgrad von 30 %, der allerdings recht niedrig ist, ein mechanischer Effekt von 53,6 % erzielt.

Für den Gang der Förderung unter Tage besitzt die Anlage auf Glückwinkelburg den Nachteil, dass der Förderschacht auf der Fördersohle durch dreifache Wetterthüren gegen das einziehende Wetterüberhauen und den frischen Wetterstrom abgeschlossen werden musste. Bei dem geringen Umfange des Betriebes — es wurden bei einer Belegschaft von 140 Mann unter Tage im Jahre 1900 etwa 240 t Kohlen täglich gefördert — ist aber ein störendes Hindernis dadurch nicht entstanden. Die Wetterverluste, die durch Ausströmen von noch nicht benutzten Wettern aus dem Förderschachte infolge von Undichtigkeiten und durch Oeffnen der Wetterthüren entstanden, waren so gering, dass sie durch Messung nicht festgestellt werden konnten.

Die Zechenverwaltung glaubt die Beobachtung gemacht zu haben, dass nach Einführung der blasenden Bewetterung weniger matte Wetter aus dem alten Manne austreten als früher. Diese Erscheinung würde vielleicht zu dem Schlusse berechtigen, dass abgebaute Grubenteile mit der Tagesoberfläche durch Klüfte in Verbindung stehen, durch welche die entstehenden matten Wetter infolge des in der Grube herrschenden Luftüberdruckes ausströmen. Bei der Geringfügigkeit der vier ausziehenden Teilströme, von denen jeder ungefähr nur 100 cbm Wetter führt, sind aber die durch den alten Mann verursachten Verluste an frischen Wettern nicht mit Sicherheit zu bestimmen.

Aufstellung unterirdischer Ventilatoren.

Um die ausziehenden Wetterschächte, die mit einem Ventilator über Tage in Verbindung stehen, für die Förderung nutzbar zu machen, ist es erforderlich, sie mit einem beweglichen Verschluss (Briartscher Verschluss, Luftschleuse u. s. w.) zu versehen, der sie zwar gegen die äussere Atmosphäre absperrt, aber doch den regelmässigen Verkehr der Förderwagen nach aussen zulässt. Da jedoch mit allen diesen Einrichtungen durch Hemmung der Förderung, durch Wetterverluste und durch starke Abnutzung der beweglichen Teile erhebliche Nachteile verbunden sind, entschloss man sich in Westfalen in den achtziger Jahren auf mehreren Gruben dazu, den Ventilator unter Tage aufzustellen. Dadurch wurde der ausziehende Schacht für die Förderung vollständig freigehalten, weil der Ventilator auf der Wettersohle, seitlich vom Schachte stand und der ausziehende Schacht in dem nur ein geringer Luftüberdruck gegenüber dem einziehenden Schachte herrschte, mit der atmosphärischen Luft in direkter Verbindung stehen konnte. Nur die Wettersohle, auf der im allgemeinen kein Betrieb stattfindet, wurde dabei gegen den Einziehschacht luftdicht abgesperrt. Indessen kehrte infolge des Pressungsunterschiedes zwischen dem Ausziehschacht und den inneren Grubenbauen ein nicht unbeträchtlicher Teil des ausziehenden Wetterstromes, wie in Figur 60 angedeutet ist, über die Fördersohle wieder in den Betrieb zurück und führte auf diese Weise einen nutzlosen Kreislauf in den Grubenbauen aus. Wenn man also nicht mit grossen Wetterverlusten rechnen wollte, war eine die Förderung behindernde Absperrung des Luftstromes in der Grube an dem Füllort des Ventilatorschachtes notwendig. Wenn diese Absperrung nicht vorhanden war, machte sich hier auch noch eine erhebliche Belästigung der Anschläger durch die mit dem verbrauchten Luftstrom herabkommenden feuchten Schwaden geltend, derart, dass das Füllort häufig ganz in Nebel gehüllt war. Dazu kam, dass die Ueberwachung des Ventilators in der Grube mit mehr Schwierigkeiten verbunden war als über Tage, und dass auf schlagwetterreichen Zechen die Gefahr einer Zerstörung desselben durch eine Explosion nahe lag, wodurch die ganze Wetterversorgung der Grube auf längere Zeit aufgehoben worden wäre. Ferner ergaben sich Kraftverluste durch die Leitung der zum Betriebe des Ventilators erforderlichen mechanischen Energie im Schachte herab und bei der ersten Anlage besondere Kosten durch Herstellung der unterirdischen Maschinenräume und andere Ausgaben, denen keine entsprechenden Vorteile gegenüberstanden. Daher ist man in Westfalen von den unterirdischen Ventilatoren wieder zurückgekommen, zumal auch die Nutzleistungen, wie die unten folgenden Beispiele zeigen, recht gering waren.

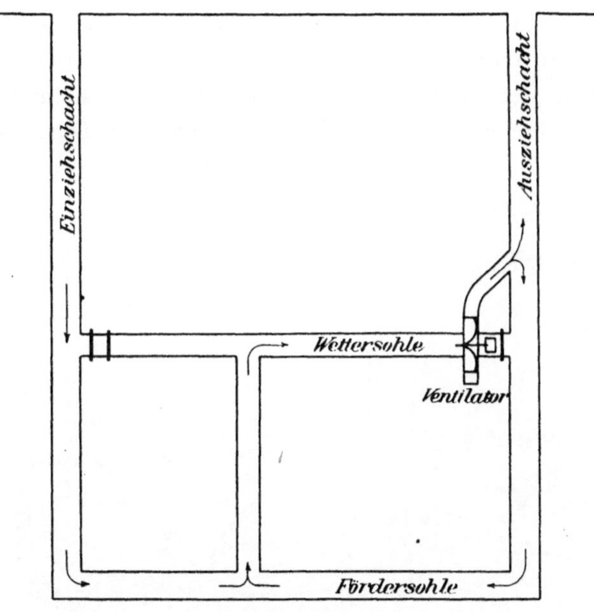

Fig. 60.
Aufstellung eines unterirdischen Ventilators.

Insgesamt sind 13 grössere Anlagen dieser Art vorhanden gewesen. Seit dem Jahre 1893 aber, in dem der letzte unterirdische Ventilator auf Zeche Rhein-Elbe aufgestellt wurde, ist ein Teil der Anlagen vollständig abgeworfen, ein anderer Teil allmählich in Reserve gestellt worden. Ende 1900 waren nur noch 4 unterirdische Ventilatoren in Thätigkeit, nämlich auf den Zechen Graf Schwerin, Hannover I/II, Rhein-Elbe und Rheinpreussen I/II. Auf Zeche Rhein-Elbe besass der Ventilator elektrischen Antrieb, bei den anderen musste ein Dampfleitungsrohr im Schachte die Kraftübertragung vermitteln.

Die Depressionsmessungen erfolgen bei unterirdischen Ventilatoren durch ein Verbindungsrohr zwischen Saug- und Blasehals. Statt dessen kann man auch die Pressung im Einziehschachte mit derjenigen in der

Saugöffnung vergleichen. Dabei erhält man zwar nicht die volle vom
Ventilator erzeugte Depression, weil der Verlust in den Schächten unberücksichtigt bleibt. Dafür wird aber die dem natürlichen Wetterzuge
entsprechende Depression mitgemessen.

Unter den verschiedenen Ventilatorsystemen hat dasjenige von
Pelzer am häufigsten, nämlich sechsmal unter Tage Anwendung gefunden,
Geisler war viermal und Winter dreimal vertreten. Für eine kurze
Uebergangszeit bis zum Einbau eines grösseren Bewetterungsapparates
waren ausserdem auf Rheinpreussen I/II und Graf Moltke zwei oben nicht
mitgezählte Schiele-Ventilatoren unter Tage thätig.

Die erste unterirdische Ventilatoranlage entstand im Jahre 1883 auf
der Zeche Rheinpreussen*), als sich infolge der Entwickelung des Betriebes daselbst der Kamin des Kesselhauses als nicht mehr ausreichend
erwies. Man stellte einen Schiele-Ventilator von 1 m Durchmesser auf der

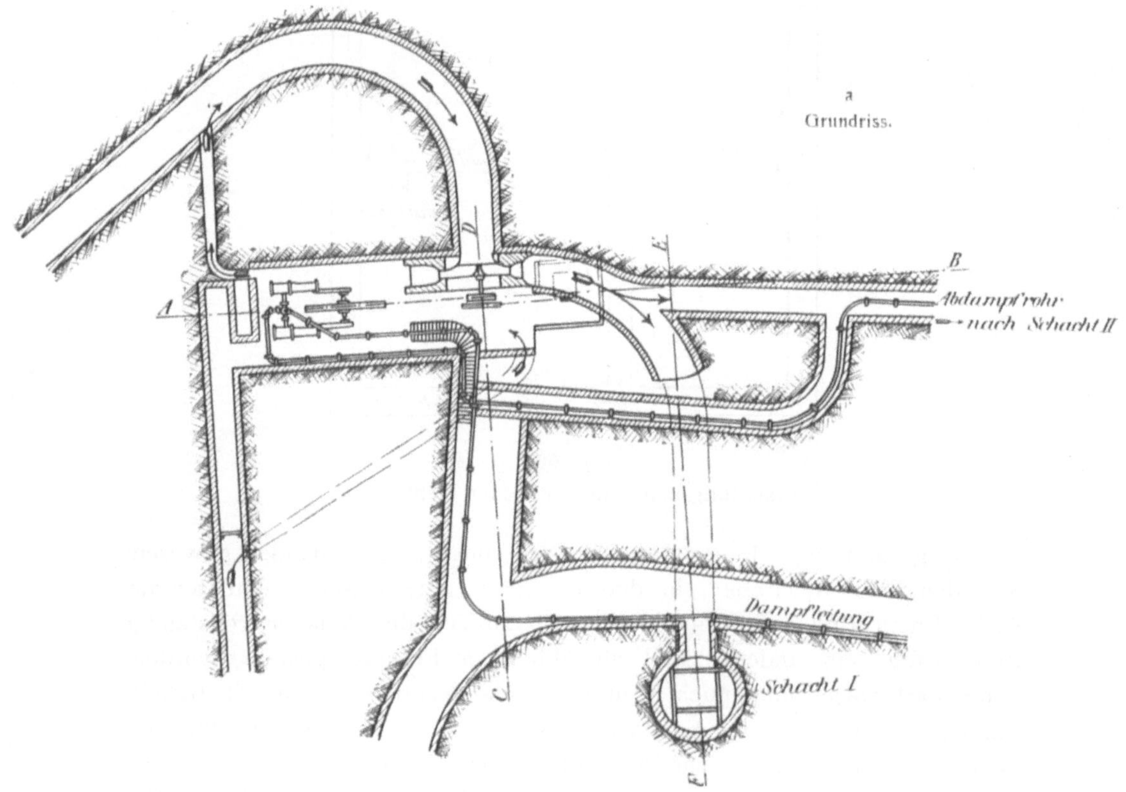

Fig. 61a.

Unterirdische Ventilatoranlage auf Zeche Rheinpreussen I/II.

*) Zeitschr. f. d. Berg-, Hütten- u. Salinenw. 1884, Bd. XXXII, BS. 300 ff.

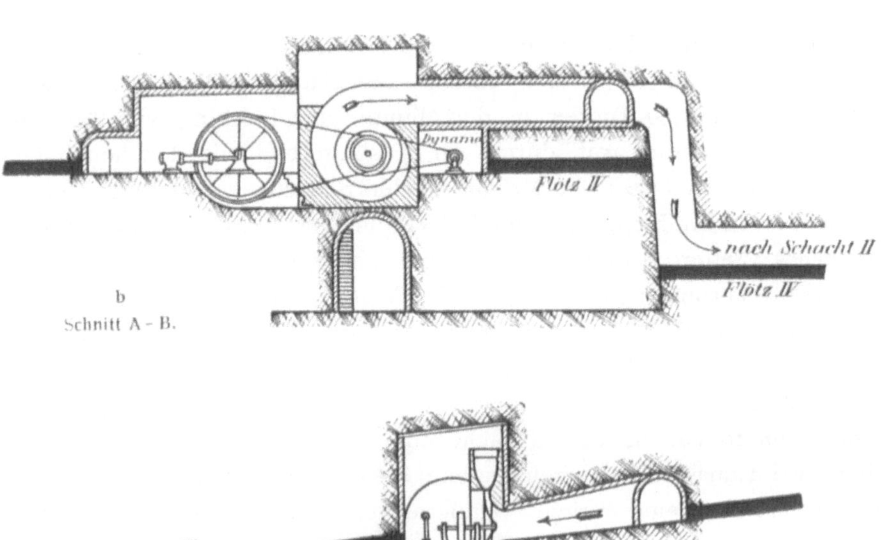

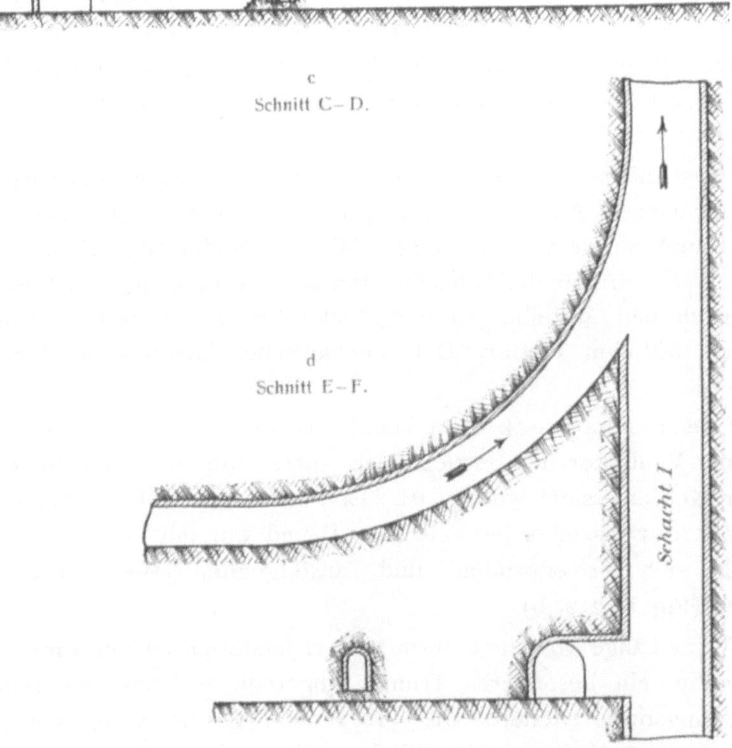

Fig. 61 b—d.

Unterirdische Ventilatoranlage auf Zeche Rheinpreussen I/II.

246 m tiefen Wettersohle in der Nähe des ausziehenden Schachtes I auf, und verband ihn durch ein Saugrohr mit der Hauptwetterstrecke. Damit erzielte man bei 750 Touren in der Minute eine Leistung von 280 cbm. Dieses Wetterquantum trat durch ein Ausblaserohr mit der hohen Geschwindigkeit von 1426 m je Minute in den Schacht und erzeugte darin, ähnlich wie ein Strahlapparat, eine Luftverdünnung, durch die ein weiteres erhebliches Wetterquantum mit nach oben gerissen wurde, welches durch eine direkte Verbindungsstrecke von der Wettersohle in den Schacht gelangte. Der Antrieb des Ventilators erfolgte bei dem provisorischen Charakter der ganzen Einrichtung durch eine Lokomobile, die unter Tage geheizt wurde. Ihre Verbrennungsgase und der Abdampf der Maschine wurden unmittelbar in den Schacht abgeführt, wo sie durch die ausziehenden Luftmassen in ausreichendem Masse verdünnt wurden. Sie erzeugten dort noch eine geringe Temperaturerhöhung und trugen auf diese Weise ihrerseits auch zur Verstärkung des Wetterzuges bei. Das gesamte Wetterquantum, welches durch die Anlage zum Ausziehen gebracht wurde, betrug 750 cbm in der Minute.

Im Jahre 1888 wurde auf Zeche Rheinpreussen statt des Schiele-Ventilators ein unterirdisch aufgestellter Geisler von 3,5 m Durchmesser in Betrieb genommen, der im Jahre 1900 noch in Thätigkeit war. Neuerdings wird beabsichtigt, ihn statt durch Dampf, mittelst Elektrizität anzutreiben.

Er bläst die verbrauchten Grubenwetter, wie sich aus der Disposition der unterirdischen Anlage (Fig. 61a bis d) ergiebt, gleichzeitig zum Schacht I und zu dem durch einen Wetterscheider abgekleideten ausziehenden Wettertrumm des Schachtes II aus. Die Leistung des Ventilators beträgt nach den Mitteilungen der Zeche bei 150 Touren und 81 mm Depression 1800 cbm Wetter. Der mechanische Nutzeffekt wird zu 32 % angegeben.

Auf Zeche Shamrock I/II*) stand bis zum Jahre 1899 unter Tage ein Geisler-Ventilator in Betrieb, der später durch einen über Tage stehenden Geisler ersetzt worden ist. Er befand sich auf der Wettersohle in der Nähe des ausziehenden Schachtes II und war mit diesem durch den allmählich sich erweiternden und ansteigenden Wetterausziehkanal verbunden (Fig. 62 a u. b).

Auf eine Länge von etwa 16 m war in letzterem an der Firste durch ein Gewölbe ein besonderes Trumm abgeteilt, welches die Dampfzu- und Ableitungsrohre enthielt. Die verbrauchten Grubenwetter vereinigten sich aus dem nördlichen nnd südlichen Wetterquerschlag in dem Saug-

---

*) Zeitschr. f. d. Berg-, Hütten- u. Salinenw. 1886, Bd. XXXIV, BS. 234.

kanale, der zum Ventilator hinführte. Die Bewetterung des Maschinenraumes erfolgte durch die direkt zum einziehenden Schachte I hinführende Zugangsstrecke Z und die kurze Umbruchsstrecke x bis y, deren Oeffnung

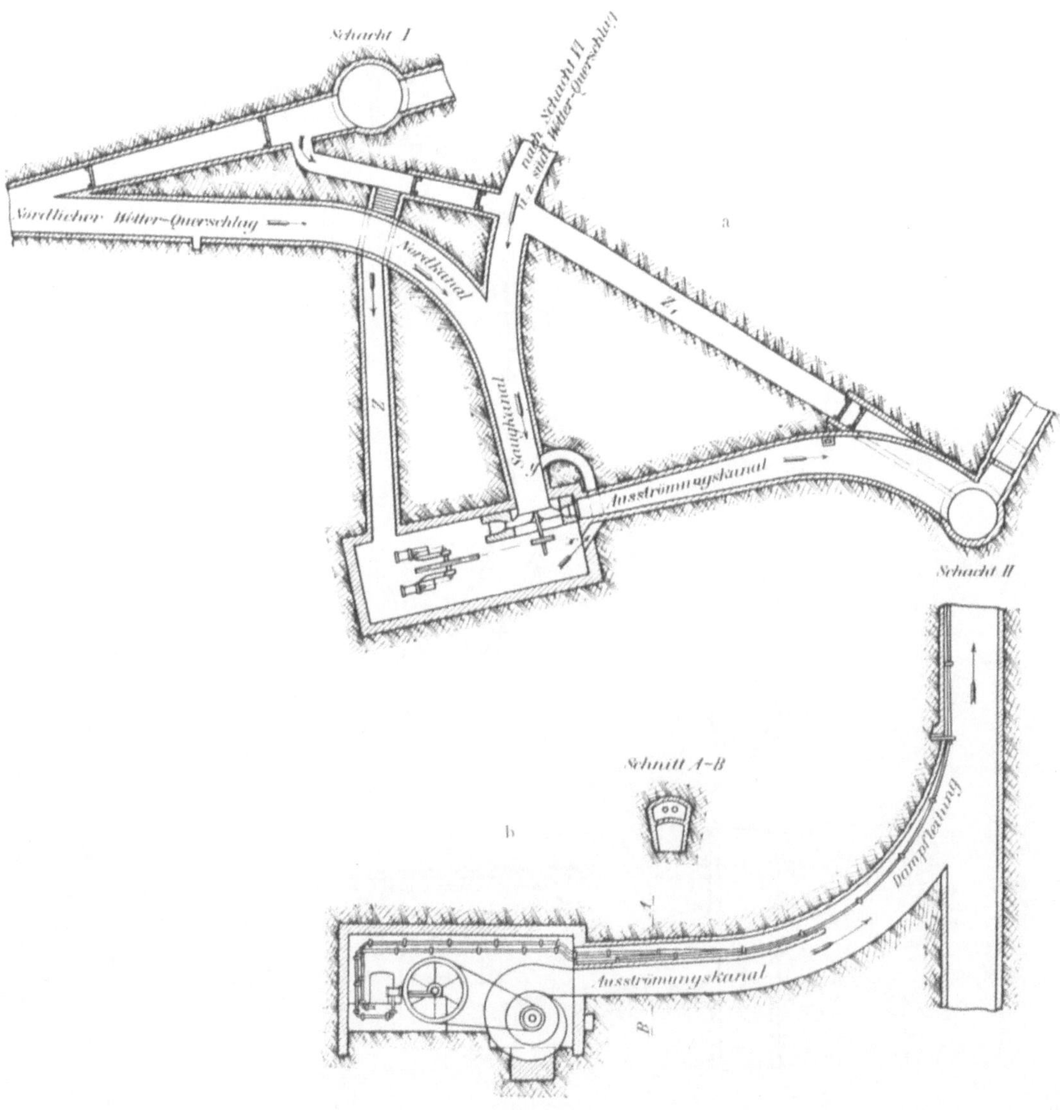

Fig. 62.

Unterirdische Ventilatoranlage auf Zeche Shamrock I/II.

durch einen Schieber reguliert wurde. Eine besondere Strecke Z_1, die für gewöhnlich wetterdicht abgesperrt war, ermöglichte den Zutritt zum Schacht II.

Der Ventilator, der einen Durchmesser von 3,5 m besass, lieferte nach den Aufzeichnungen der Verwaltung zuletzt bei 204 Umdrehungen und 32 mm Drepression ca. 3900 cbm Wetter je Minute. Sein Nutzeffekt war indessen

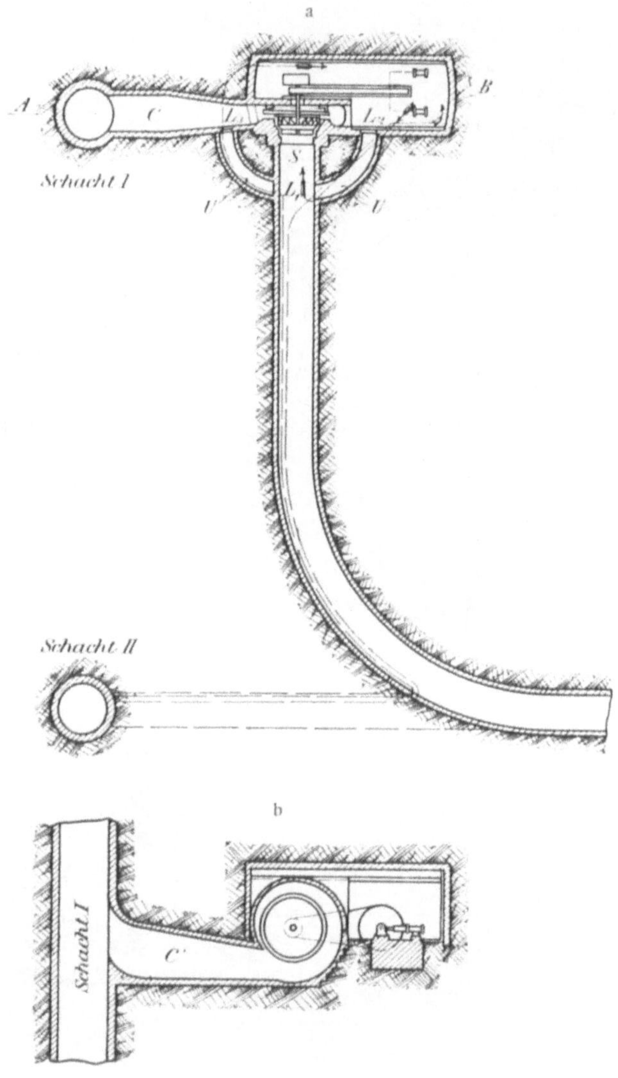

Fig. 63.

Unterirdische Ventilatoranlage auf Zeche Hansa.

gering, weil er zu der Grubenweite, die durch systematische Streckenerweiterung bedeutend vergrössert worden war, durchaus nicht mehr passte. Auf der Zeche Hansa wurde im Jahre 1891 ein unterirdischer Pelzer-

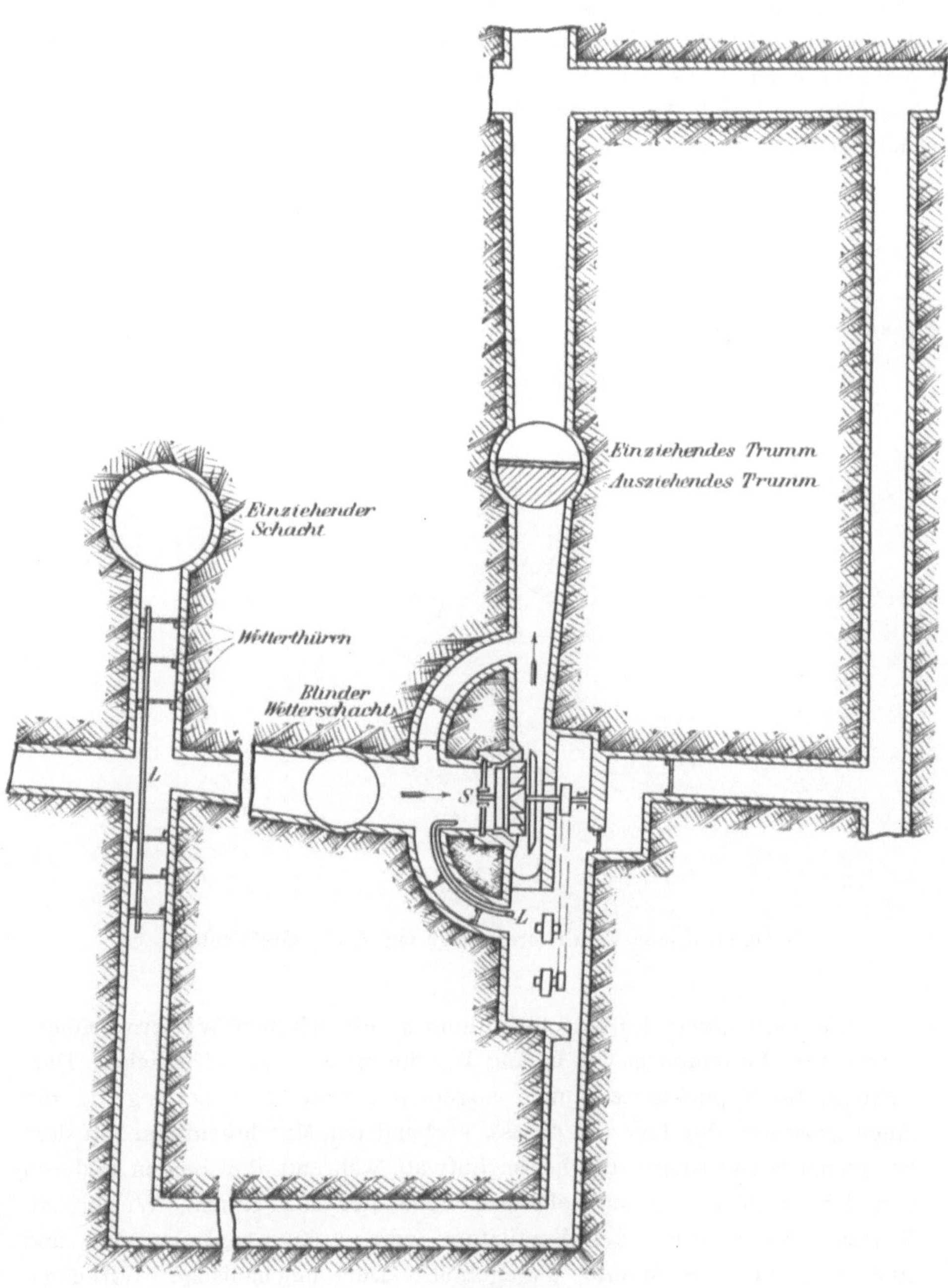

Fig. 64.

Unterirdische Ventilatoranlage auf Zeche Rhein-Elbe I/II.

Ventilator in Betrieb genommen,*) aber bereits im Jahre 1897 wieder ausgebaut, weil er für die Grube nicht mehr ausreichte und die Maschinenkammer sehr unter dem Gebirgsdrucke zu leiden hatte. Der Ventilator
dessen Aufstellung sich aus Figur 63a und b ergiebt, stand auf der Wettersohle in einer Teufe von 545 m und blies die Wetter durch eine sich
konisch erweiternde Ausblasestrecke C in den Schacht I aus. Die Strecke C
und der Maschinenraum waren durch je eine Umbruchstrecke U zugänglich.

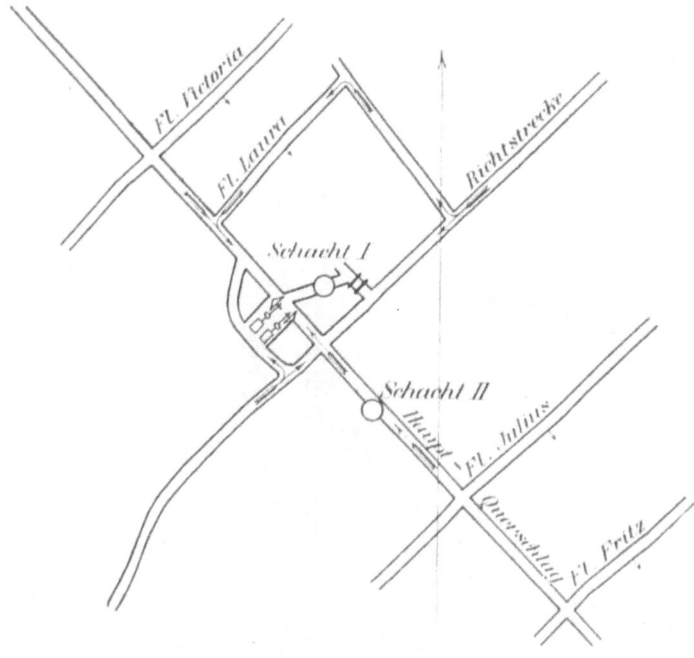

Fig. 65.

Unterirdische Ventilatorenanlage auf Zeche Graf Moltke.

Die Versorgung des Maschinenraumes mit frischen Wettern erfolgte
durch drei Luttentouren L_1, L_2 und L_3, die in der grundrisslichen Darstellung durch punktierte Linien angedeutet sind. Die Leitung L_2, die
einen grösseren Durchmesser besass, verband den Maschinenraum mit dem
Saugkanal S und saugte die heisse Luft ab, während die beiden anderen
von dem Füllorte des einziehenden Schachtes her frische Wetter zu-
führten. Als Leistung des Ventilators werden 60 mm Depression und
3064 cbm Luft je Minute angegeben. Der mechanische Wirkungsgrad soll 63,5 % betragen haben, jedoch ist diese Angabe unbedingt über-

---

*) Glückauf 1892, S. 909.

trieben, weil der Ventilator zu dem älteren System Pelzer »mit verstellbarem Diffusor« gehörte, deren Effekt wegen der mangelhaften Konstruktion nur gering war.

Die in Figur 64 dargestellte Anordnung des unterirdischen Pelzer-Ventilators auf Zeche Rhein-Elbe I/II ist derjenigen auf Hansa ähnlich. Der Maschinenraum steht durch je eine Luttenleitung L mit dem einziehenden Schacht I und dem Saugkanal S in Verbindung. Zum Antrieb des Ventilators dient ein elektrischer Strom von 500 Volt Spannung, der mittelst isolierter Kabel durch den einziehenden Schacht nach der 300 m unter Tage liegenden Maschinenkammer geleitet wird und dort zwei

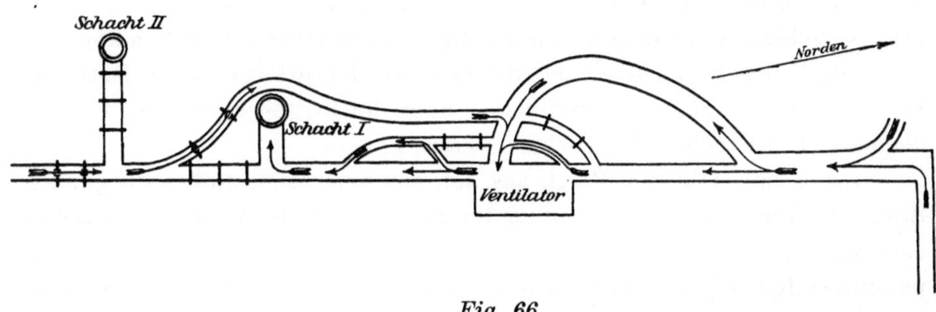

Fig. 66.

Unterirdische Ventilatoranlage auf Zeche Graf Schwerin.

gleich konstruierte Gleichstrommotoren speist. Der Ventilator ist im Jahre 1893 aufgestellt worden und liefert bei 188 Umdrehungen 75 mm Depression und 2140 cbm Luft je Minute. Sein mechanischer Wirkungsgrad beträgt 29 %.

In Figur 65 ist die Situation der Doppel-Ventilator-Anlage auf Zeche Graf Moltke dargestellt, die aus dem Jahre 1889 stammt, aber bereits in Reserve gestellt ist, und Figur 66 giebt diejenige der Zeche Graf Schwerin wieder; der Verlauf der Wetterströme ist aus den Figuren ohne nähere Erklärung verständlich. Beide Anlagen sind mit Pelzer Ventilatoren ausgerüstet. Die erstere leistet nach Mitteilung der Verwaltung etwa 1800 cbm in der Minute bei 32 mm Depression und hat einen ·mechanischen Wirkungsgrad von 28 %, bei der letzteren sind die entsprechenden Angaben 3400 cbm Luft, 75 mm Depression und 33 % Nutzeffekt.

ε. Kosten der Ventilatoranlagen.

Die Ventilator-Unterkommission der Preussischen Schlagwetterkommission hatte versucht, sich von den Betriebskosten der damals vorhandenen Ventilatorenanlagen aus den Angaben der Zechenverwaltungen ein Bild zu machen. Sie war dabei zu dem Resultat gelangt, dass diese Kosten auf eine Pferdekraft der normalen Nutzleistung der Ventilatoren und ein Jahr gerechnet sich je nach dem auf der Grube vorhandenen Ventilatorsystem zwischen 398 und 2 834 M. bewegten. Die Kommission warnte aber zugleich davor, nach diesen Ergebnissen die Güte der einzelnen Systeme zu beurteilen und zog selbst daraus nur den leicht verständlichen Schluss, dass sich die Anfangs der achtziger Jahre neu aufgekommenen Schnellläufer vor den grossen langsam laufenden Apparaten durch billigeren Betrieb auszeichneten. Mehr dürfte auch wohl aus den von den Zechenverwaltungen angegebenen Zahlen nicht gefolgert werden können, denn die Unterlagen, nach denen in den einzelnen Betrieben der Wert der durch den Ventilator verbrauchten Kraft bestimmt wird, sind allzu verschieden, als dass sie ein richtiges allgemeines Bild geben könnten. In vielen Fällen ist nicht einmal die Grösse der erforderlichen Betriebskraft genau bekannt und Mitteilungen über die Kosten derselben beruhen dann meist auf recht willkürlicher Schätzung.

Daher hat es keinen Wert, aus den aus dem Jahre 1898 vorliegenden Angaben allgemein eine Berechnung über die Kosten des Ventilatorbetriebes aufzustellen. Aber selbst wenn alle Angaben darüber nach gleichen Gesichtspunkten aufgestellt wären, so würde doch die geringe Höhe der laufenden Betriebsausgaben noch keineswegs direkt die Güte des Ventilators beweisen, sondern nicht zum wenigsten der Kesselanlage, der Antriebsmaschine, der Dampfleitung, und, bei elektrischem Antriebe, der Primärmaschine und der Stromleitung zuzuschreiben sein. Ein Vergleich zwischen mehreren Ventilatorsystemen ist also nur dann mit einiger Zuverlässigkeit möglich, wenn verschiedene Ventilatoren auf einer Grube unter genau gleichen Verhältnissen arbeiten und längere Zeit hindurch bezüglich des Kraftverbrauchs sorgfältige Ermittelungen ausgeführt werden.

Lediglich als Beispiel, um zu zeigen, wie eine Betriebskostenberechnung etwa aufzustellen ist, sollen hier einige Angaben folgen, die sich auf einen im Jahre 1898 auf dem Hauptwetterschacht der Zeche Shamrock I/II aufgestellten Geisler-Ventilator beziehen.

Die Kosten setzen sich zusammen aus der für Verzinsung und Amortisation der Ventilatoranlage aufzuwendenden Summe und aus den eigentlichen Betriebskosten.

Der Ventilator selbst hat fertig montiert 16 900 M., die Antriebsmaschine ebenfalls fertig montiert 18 250 M. gekostet, sodass die Ventilatoranlage an sich mit $16\,900 + 18\,250 = 35\,150$ M. zu Buch steht. Dazu kommen 20 000 M. für die Fundamente und das Maschinengebäude, sodass die ganze Anlage einen Wert von 55 150 M. darstellt. Da für gewöhnlich Maschinen mit $10\,^0/_0$ und Gebäulichkeiten mit $5\,^0/_0$ ihres Wertes amortisiert werden, worin Reparaturkosten eingeschlossen sind, ergiebt sich für die

Ventilatoranlage eine Amortisation von jährlich 4 515 M. Dazu tritt für eine fünfprozentige Verzinsung des Anlagekapitals der Betrag von 2 758 M., sodass die Gesamtsumme für Verzinsung und Tilgung jährlich 7 273 M beträgt.

Die jährlichen Betriebskosten setzen sich zusammen aus der Ausgabe für

1. die Dampferzeugung,

2. Schmierung und Wartung der Maschine.

Der Dampfverbrauch einer Maschine lässt sich ausser durch eingehende Versuche zweckmässig nur nach Erfahrungssätzen ermitteln. Zahlen, welche im allgemeinen ausreichen dürften, erhält man durch Benutzung folgender Zusammenstellung, die dem im Jahre 1895 erschienenen Flugblatt No. 1 des Magdeburger Vereins für Dampfkesselbetrieb entnommen ist. Demnach beträgt der Dampfverbrauch von 7 Atm. Spannung stündlich für eine effektive Pferdestärke

I. für Eincylinder-Auspuffmaschinen:

$$
\begin{array}{lll}
\text{von} & 5-\ 10 \text{ PS} & 26 \text{ kg} \\
\text{»} & 10-\ 20 \text{ »} & 24 \text{ »} \\
\text{»} & 20-\ 45 \text{ »} & 22 \text{ »} \\
\text{»} & 40-\ 70 \text{ »} & 20 \text{ »} \\
\text{»} & 70-110 \text{ »} & 18 \text{ »} \\
\text{»} & 110-150 \text{ »} & 16 \text{ »}
\end{array}
$$

II. für Eincylinder-Kondensationsmaschinen:

$$
\begin{array}{lll}
& \text{bis } 30 \text{ PS} & 15 \text{ kg} \\
\text{von } 30-\ 60 & \text{»} & 14 \text{ »} \\
\text{»} \ \ \ 60-100 & \text{»} & 13 \text{ »} \\
\text{»} \ 100-150 & \text{»} & 12 \text{ »} \\
\text{»} \ 150-200 & \text{»} & 11 \text{ »}
\end{array}
$$

III. für Compoundmaschinen mit Kondensation:

$$
\begin{array}{lll}
& \text{bis } 50 \text{ PS} & 10 \text{ kg} \\
\text{von } 50-100 & \text{»} & 9{,}5 \text{ »} \\
\text{»} \ 100-200 & \text{»} & 9{,}0 \text{ »} \\
\text{»} \ 200-300 & \text{»} & 8{,}5 \text{ »} \\
\text{»} \ 300-400 & \text{»} & 8{,}0 \text{ »} \\
\text{»} \ 400-500 & \text{»} & 7{,}5 \text{ »}
\end{array}
$$

Die Zahlen beziehen sich zwar nur auf einen Dampfdruck von 7 Atm. Doch dürften sie für alle zwischen 6 und 8 Atm liegenden Spannungen noch ausreichende Genauigkeit besitzen.

Im vorliegenden Falle — Zeche Shamrock I/II — wo es sich um eine Zwillingsmaschine ohne Kondensation handelt, die mit Dampf von 7 Atm. Ueberdruck arbeitet und bei normalem Betriebe 122 effektive Pferdekräfte leistet, würde also nach Reihe I ein Dampfverbrauch von 16 kg je Pferdekraft und Stunde anzunehmen sein. Die Betriebszeit des Ventilators beläuft sich im Jahre auf etwa 350 Tage, wenn man einen durchschnittlichen Stillstand von 6 Stunden an jedem Sonn- oder Feiertag behufs Vornahme von Reparaturen in Anrechnung bringt.

Der Dampfverbrauch beziffert sich demnach im Jahre auf

$$122 \times 16 \times 24 \times 350 = 16\,396\,800 \text{ kg.}$$

Bei einer Verdampfung von $1:7$, die für westfälische Kohle selbst dann noch angenommen werden kann, wenn eine minderwertige Kohle zum Kesselheizen verwandt wird, werden also im Jahr $\dfrac{16\,396\,800}{7 \times 1\,000} = 2\,342,4$ t Kohlen verbraucht.

Nimmt man für die Tonne Förderkohle geringerer Qualität, wie sie zum Kesselheizen gebraucht wird, einen Wert von 5 M. an, so ergiebt sich eine jährliche Ausgabe von $2\,342,4 \times 5 = 11\,712$ M. zur Dampferzeugung für den Ventilator. Nicht berücksichtigt ist dabei, dass ein Teil der Kessel auf Grube Shamrock durch die Abgase der Koksöfen geheizt wird.

Zu den Verdampfungskosten kommt der Preis des verbrauchten Speisewassers. Ein Kubikmeter desselben kostet der Zeche durchschnittlich 7 Pf. Der Preis des Speisewassers berechnet sich demnach auf

$$\frac{16\,396\,800 \times 0,07}{1\,000} = 1\,147,80 \text{ M.}$$

Auch sind noch die Heizerlöhne und die Kosten der Unterhaltung der Kessel, sowie die Beträge für Tilgung und Verzinsung des Kesselanlagekapitals zu berücksichtigen.

Um diese festzustellen ist zunächst der verhältnismässige Anteil des Ventilatorbetriebes an der Beanspruchung der ganzen Kesselanlage der Zeche zu ermitteln, der sich auf Shamrock I/II folgendermassen berechnet:

Die dort in Betrieb befindlichen von Schulz-Knaudt gelieferten 28 Cornwall-Kessel von denen $^2/_3$—$^3/_4$ ständig in Betrieb sind, besitzen zusammen 2866 qm Heizfläche. Im Durchschnitt kann bei ihnen eine Dampferzeugung von 18 kg je qm Heizfläche und Stunde angenommen werden. Daraus berechnet sich für jedes Quadratmeter Heizfläche im Jahr bei 350tägigem Betriebe eine Dampfmenge von

$$18 \times 24 \times 350 = 151\,200 \text{ kg.}$$

Zur Lieferung der für den Betrieb des Ventilators benötigten Dampfmenge ist also ein Kessel von

$$\frac{16\,396\,800}{151\,200} = 108 \text{ qm}$$

Heizfläche erforderlich. Dazu kommt etwa ein Drittel als Reserve, sodass insgesamt $108 + 36 = 144$ qm Heizfläche für die Ventilatoranlage zur Verfügung stehen müssen. Es ist das etwa der zwanzigste Teil der ganzen Kesselanlage. Nach diesem Verhältnis berechnen sich die für den Ventilatorbetrieb aufzuwendenden Kosten und man erhält demnach folgende Beträge:

1. Die Anlagekosten der ganzen Kesselanlage einschliesslich der Kosten des Kesselhauses, der Kesselarmatur, der Speisepumpen, der Ausgaben für Fracht, Montage, Einmauerung und Schornstein betragen rund 450 000 M., von denen demnach etwa 22 500 M. auf den Ventilatorbetrieb entfallen. Rechnet man von dieser Summe jährlich 5 % für Verzinsung und 10 % für Tilgung und Reparaturen, so ergiebt sich ein Betrag von 3 375 M., der bei der Betriebskostenberechnung des Ventilators einzusetzen ist.

2. Der Betrieb des Kesselhauses erfordert ein ständiges Personal von 14 Heizern und drei Oberheizern in jeder Schicht, von denen erstere 3,40 M., letztere 3,60 M. Lohn erhalten. Bei zwölfstündigen Arbeitsschichten und 350 Betriebstagen im Jahre beträgt demnach die Ausgabe für Löhne zur Kesselheizung insgesamt.

$$(14 \times 3,4 + 3 \times 3,6)\, 2 \times 350 = 40\,880 \text{ M.}$$

Auf den Ventilatorbetrieb entfällt davon ein Anteil von 2 044 M. im Jahre.

3. Die Kosten für Kesselreinigung, für Schmierung der Speisepumpen und für das für die Kesselanlage benutzte Pack- und Putzmaterial betragen insgesamt 700 M. im Monat oder 8 400 im Jahr; der Anteil, der den Ventilationskosten zuzurechnen ist, beläuft sich also auf 420 M.

Demnach sind zu den oben berechneten Dampferzeugungskosten von

$$11\,712 + 1\,147,8 = 12\,859,8 \text{ M.,}$$

die durch den Verbrauch an Kohle und Speisewasser entstanden, noch Beträge von

$$3\,375 \text{ M.} + 2\,044 \text{ M.} + 420 \text{ M.}$$

oder in Summa 5 839 M. hinzuzurechnen, die sich aus dem Betriebe des Kesselhauses ergeben, sodass für die gesamte Dampferzeugung zum Ventilatorbetriebe die Summe von 18 698,8 M. jährlich anzusetzen ist.

Ferner sind die Kosten für Schmierung und Wartung der Antriebsmaschine und des Ventilators in Betracht zu ziehen. Sie lassen sich auf jeder Zeche leicht durch genaue Aufzeichnungen während einer längeren Betriebsdauer mit Sicherheit ermitteln. Ist dies, wie auf Zeche Shamrock I/II, nicht geschehen, so genügt auch eine annähernde Ermittelung nach Erfahrungssätzen, die ebenfalls dem oben erwähnten Flugblatt des Magdeburger Vereins für Dampfkesselbetrieb entnommen werden können. Demnach betragen die Kosten für die in obiger Zusammenstellung unter I genannten Maschinen zwischen 0,65 und 0,40 Pf. je nach der Grösse der Maschine für eine effektive Pferdestärke und Stunde und vermindern sich dabei für jede folgende in der Tabelle unter I aufgezählte Stufe um 0,05 Pf. Für die Maschinen unter No. II fällt der Satz von 0,375 auf 0,275 Pf. und die jedesmalige Stufe beträgt 0,025 Pf. Bei No. III endlich betragen die Angaben zwischen 0,250 und 0,1875 Pf. und die Höhe der Stufe beläuft sich auf 0,0125 Pf.

Auf Zeche Shamrock I/II hat man demnach mit einer Ausgabe von etwa 0,4 Pf. für jede Pferdestärke und Stunde zu rechnen, die auf Wartung und Schmierung der Maschinenanlage, worin der Ventilator selbst mit einbegriffen werden kann, zu verwenden ist.

Die Gesamtausgabe für diesen Zweck beträgt also

$$122 \cdot 0,4 \cdot 24 \cdot 350 = 4\,099,3 \text{ M.}$$

Demnach belaufen sich die gesamten jährlichen Kosten bei 52 Touren der Antriebsmaschine für Amortisation und Verzinsung auf . . . .   7 273   M.
Dampferzeugung » . . . .   18 698,8 »
Schmierung und Wartung » . . . .   4 099,3 »
                                                   30 071,1 M.

Die Leistung des Ventilators betrug bei diesem Gange 5 782 cbm je Minute und 73 mm Depression, die ganze Nutzleistung also 93,8 PS. Demnach betragen die Kosten für jede erzielte Pferdekraft im Jahre

$$\frac{30\,071,1}{93,8} = 320,58 \text{ M. oder rund } \mathbf{320} \text{ M.}$$

Für die Lieferung von 1 cbm Wetter in der Minute sind im Jahre $\frac{30\,071,1}{5\,782} = \mathbf{5{,}20}$ M. aufzuwenden und bei einer Jahresförderung von 812 000 t ergiebt sich auf die Tonne Kohlen eine Ausgabe von **3,70** Pf.

Im Gegensatz zu den Betriebskosten sind die von den Zechenverwaltungen mitgeteilten Anlagekosten für die Ventilatoren im allgemeinen richtig, da sie auf positiven Grundlagen beruhen, die auf jeder Zeche in einfacher Weise festgestellt werden können. Es ist daher von Interesse, die einzelnen Ventilatorsysteme in dieser Hinsicht mit einander zu vergleichen.

Auch die Ventilator Unterkommission hat darüber im Jahre 1883 Erhebungen angestellt,*) aus denen sich folgendes ergab: Bei 98 Ventilatoren stellte sich das Anlagekapital für jeden einzelnen Apparat ausschliesslich der Kosten des Wetterschachtes, des Wetterkanals und der Dampfkessel im Durchschnitt auf 18 057 M. Die effektive Nutzleistung eines Ventilators betrug im Mittel 6,6 PS, also entfielen auf jede geleistete Pferdestärke 2 736 M. Anlagekapital.

Wenn man aus dem Bericht der Kommission für jedes Ventilatorsystem die Anlagewerte berechnet, die auf eine geleistete Pferdekraft entfallen, so erhält man den günstigsten Wert für den Schiele-Ventilator, bei dem sich ein durchschnittlicher Betrag von 1 149 M. je Pferdestärke ergiebt, und den ungünstigsten Wert bei den Guibals, welche 4 428 M. Anlagekosten je Pferdestärke Nutzleistung erforderten.

Die Fortschritte, die seit den Untersuchungen der Schlagwetterkommission in dem Bau von Ventilatoren gemacht sind, ergeben sich in augenfälliger Weise aus der starken Abnahme der Anlagekosten im Verhältnis zur erzielten Leistung seit dieser Zeit. Die Angaben, welche darüber im Jahre 1898 von den Zechenverwaltungen gemacht wurden, sind in folgender Tabelle zusammengefasst und nach der Höhe des Anlagekapitals geordnet, das im Durchschnitt auf eine effektive Pferdekraft entfällt, die ein Ventilator zu leisten vermag:

Anlagekosten von Ventilatoren.

Tabelle 66.

Ventilator-System	Anzahl der Anlagen, über welche Angaben gemacht sind	Durchschnittliche Kosten je Anlage M.	Durchschnittliche effektive Leistung einer Anlage PS	Durchschnittliche Anlagekosten je PS M.
Rateau	27	41 180	85,3	482,70
Moritz	9	22 019	37,57	586,40
Pelzer	39	22 792	36,0	632,90
Geisler	11	45 526	69,33	656,30
Capell	64	34 474	51,61	661,76
Mortier	6	34 972	49,06	712,84
Kley	5	21 470	28,5	753,30
Winter	24	16 852	14,25	1 082,60
Guibal	7	33 377	20,65	1 616,65

---

*) Anlagen zum Hauptbericht der Schlagwetterkommission, Bd. V, Abschnitt I, S. 6 ff. und Anlage C.

Diese Zahlen zeigen zwar, wie die Anlagekosten im Verhältnis zur Leistung durch Verbesserung der Systeme gesunken sind, sie gestatten aber nicht ohne weiteres einen Vergleich der einzelnen Konstruktionen unter einander, da hierbei diejenigen Systeme, die durch eine grössere Zahl älterer, bereits abgenutzter Apparate vertreten sind, im Nachteil wären. So sind z. B. unter die Pelzer-Ventilatoren in Tabelle 66 mehrere Anlagen aufgenommen, die den älteren und unvollkommeneren Klassen dieses Systems angehören, wodurch der Wert des auf die Einheit der Leistung berechneten Anlagekapitals im Vergleich zu anderen Ventilatoren ungünstig beeinflusst wird. Bei Zusammenstellung der nach der neuesten Konstruktion gebauten Pelzer-Ventilatoren ergeben sich beispielsweise die durchschnittlichen Kosten für eine Anlage zu 23100 M., die durchschnittliche Nutzleistung zu 58,07 PS und der auf eine Pferdekraft entfallende Kostenbetrag zu 397,80 M., ein Resultat, das den nach der Tabelle am günstigsten gestellten Rateau-Ventilator noch übertrifft. In ähnlicher, wenn auch nicht so auffallender Weise würden die Werte für die übrigen Ventilatorsysteme sinken, wenn man sich in jedem Falle zur Berechnung nur die neuesten Anlagen aus der Zusammenstellung heraussuchen würde.

4. Kapitel: Wetterführung.

Von Bergassessor Stein.

I. Die Zu- und Abführung der Grubenwetter.

1. Allgemeines.

Die eigentliche Wetterführung in der Grube wird in erster Linie beeinflusst durch Zahl, Lage und Grösse der zur Verbindung mit der Erdoberfläche dienenden Tagesöffnungen, welche dazu benutzt werden, um den frischen Wetterstrom den Betrieben zuzuführen und den verbrauchten Strom daraus zu entfernen. In dieser Beziehung zeigt sich auf den neueren Gruben gegenüber den älteren ein grundsätzlicher Unterschied. Während nämlich im südlichen Teile des Ruhrbezirkes, in welchem der älteste Bergbau in unmittelbarer Nähe der Tagesoberfläche umging, die Herstellung zahlreicher Tagesöffnungen für jede einzelne Grube nur unbedeutende Schwierigkeiten und Kosten verursachte, und man daher die Zu- und Ableitung des Wetterstromes zu und von den Grubenbauen fast nach Belieben einrichten und verändern konnte, wurde mit der nach Norden zunehmenden Mächtigkeit des Deckgebirges und der grösseren Teufe der Abbaubetriebe die Herstellung der Schächte immer mühsamer und kostspieliger. Man war daher gezwungen, sich für die Wetterführung mit einer kleineren Zahl von Tagesöffnungen zu begnügen, deren Querschnitt und richtige Verteilung über das Grubenfeld natürlich eine um so grössere Rolle spielt. Nur wenige Gruben sind auch jetzt noch in der Lage, zahlreiche Tagesöffnungen zur Wetterführung benutzen zu können, wie z. B. die Zeche Ver. Blankenburg, welche über einen Schacht, acht bis zehn Tagesüberhauen und zwei Stollen verfügt.

Da die Wetterüberhauen häufig nach Bedürfnis und nach Lage des Betriebes zeitweise in Benutzung genommen und wieder abgeworfen wurden, liess sich die Gesamtzahl der zur Wetterführung dienenden Tagesöffnungen in früheren Jahren nicht immer genau ermitteln. In neuerer Zeit überwiegen aber die eigentlichen Schächte, deren Zahl natürlich festzustellen ist, derart alle sonstigen Verbindungen mit der Erdoberfläche, dass letztere kaum noch in Betracht kommen.

Da die Preussische Schlagwetterkommission nur einen Teil der westfälischen Gruben untersucht hat und von diesen auch nur die ausziehenden Schächte aufzählt, erhält man die ersten Angaben über die Gesamtzahl der im Ruhrbezirk vorhandenen Schächte aus den Mitteilungen von Nonne.*) Danach waren im Jahre 1886 253 Schächte vorhanden, von denen man annehmen darf, dass sie mit wenigen Ausnahmen auch zur Wetterführung benutzt wurden.

Eine genauere Uebersicht liegt erst aus dem Jahre 1898 vor, in dem auf 202 selbständigen Betriebsanlagen — unter Ausschluss der im Abteufen befindlichen Schächte und der auf natürlichen Wetterzug angewiesenen Gruben — 390 zur Wetterführung benutzte Schächte vorhanden waren. Dazu kamen noch etwa 40 zu Tage gehende Ueberhauen und zehn Stollen. Von den Schächten wurden 169 nur für den einziehenden und 165 nur für den ausziehenden Wetterstrom benutzt, während 56 Schächte, die mit Scheider versehen waren, beide Ströme zugleich aufnahmen. Bis zum Jahre 1900 war eine Vermehrung auf 426 Schächte eingetreten, von denen 202 zum Einziehen und 182 zum Ausziehen des Wetterstromes dienten, während 42 für beide Zwecke zugleich nutzbar gemacht waren. Die Zahl der Stollen war auf 11 gestiegen, dagegen hatten sich die Wetterüberhauen bis auf etwa 20 vermindert. Nicht einbegriffen in diese Zahlen sind 36 in der Entstehung befindliche Schächte sowie etwa 20 kleine Gruben, die nur mit natürlichem Wetterzuge arbeiteten. Auf der Uebersichtskarte (Tafel XVIII) sind sämtliche zur Wetterführung dienenden

---

*) Technische Mitteilungen des Vereins für die bergbaulichen Interessen, 1886.

Schächte verzeichnet, wobei allerdings auf die genaue Lage der einzelnen
Schächte zu einander nicht überall Rücksicht genommen worden ist. Man
ersieht aus der Karte zunächst deutlich die Abnahme der Zahl der Schächte
nach Norden; auch im Westen ist infolge der stark wasserführenden Deckgebirgsschichten eine Beschränkung der Schachtzahl zu bemerken. Am
dichtesten besetzt mit Schächten ist dagegen ein in der Richtung von
Werden und Steele nach Dortmund verlaufender Streifen, der in der Hauptsache dem südlichen Rande der Mergelüberlagerung entspricht. Ausserdem
liegen in dem Gebiet zwischen Essen und Gelsenkirchen die Schächte
besonders nahe bei einander.

Auf der Karte sind ferner die zur Förderung dienenden ausziehenden
Schächte besonders kenntlich gemacht worden. Es lässt sich deutlich
das Bestreben der im Norden gelegenen Gruben erkennen, möglichst alle
Schächte zur Erhöhung der Produktion auszunutzen. Schächte, die keinem
anderen Zwecke dienen als der Abführung des Wetterstromes, sind dort
kaum vorhanden. Entweder beschränkt man den ausziehenden Strom
mittelst Schachtscheider auf einzelne Abteilungen eines Schachtes, oder
man richtet einen der Förderschächte durch entsprechende Schachtverschlüsse oder sonstige Mittel als ausziehenden Wetterschacht ein.

2. Der Querschnitt der zur Wetterführung dienenden Schächte.

Von grosser Bedeutung für die Wetterführung sind natürlich die
Querschnitte der Wetterschächte, weil die Wettermengen, Wettergeschwindigkeiten, Reibungsverluste und die Arbeitsleistungen der
Ventilatoren dadurch in hohem Grade beeinflusst werden. Im allgemeinen
sind die ausziehenden Ströme diejenigen, denen aus leicht erklärlichen
Gründen ein zu geringer Teil des gesamten freien Schachtquerschnittes
der Grube zugewiesen wird, während dem einziehenden Strome fast stets
ein Schachtweg von ausreichender Weite zur Verfügung steht. Eigentlich
sollte aber der ausziehende Strom mindestens den gleichen, wenn nicht
gar den grösseren Teil des Schachtquerschnittes erhalten, da ja sein
Volumen etwas grösser ist wie dasjenige des frischen Wetterstromes.

Die Preussische Schlagwetterkommission hatte auf den westfälischen
Gruben ein grosses Missverhältnis in der Weite der Schachtwetterwege für
die beiden Ströme feststellen müssen, denn sie fand auf den von ihr
untersuchten 64 Gruben bezw. Wettersystemen, dass der Einziehstrom
durchschnittlich einen Schachtquerschnitt von 10,8 qm, der Ausziehstrom
hingegen nur etwa den dritten Teil davon, nämlich 3,8 qm, benutzen konnte.
Noch ungünstiger wurde dieses Bild, wenn die mit dem ganzen Querschnitt ausziehenden Schächte, die im Mittel eine Grundfläche von 6 qm
besassen, aus der Berechnung ausgeschieden wurden, denn es ergab sich,

dass auf den übrigen 47 Anlagen für den Ausziehstrom nur ein Wettertrumm von durchschnittlich 3 qm Flächeninhalt vorhanden war. Bei derartig engen Wetterwegen war natürlich die Bewegung der für die Gruben nötigen Wettermengen ausserordentlich erschwert.

In den folgenden Jahren zeigte sich allerdings bereits ein eifriges Bestreben, den neuen Schächten grössere Querschnitte zu geben und die bestehenden engen Anlagen durch Abteufen neuer Schächte zu ergänzen. Indessen kam der weitaus grösste Teil der Schachtvermehrung wieder dem einziehenden Strome zu gute, sodass das ungünstige Verhältnis zwischen den Querschnitten für die beiden Ströme nahezu bestehen blieb. Aus den Angaben von Nonne aus dem Jahre 1886 über die Einteilung der Schachtscheiben von 188 Schächten, die zusammen 136 vollständig, d. h. einschliesslich des Ein- und Ausziehschachtes, getrennte Wettersysteme bildeten, ergiebt sich nach Abzug der durch Schachtausbau und Verzimmerung entstehenden Verengungen im Durchschnitt für jedes Wettersystem eine Schachtfläche von 17,86 qm, von der 13,43 qm auf den einziehenden und nur 4,43 qm, also immer noch nicht mehr als ein Drittel, auf den ausziehenden Strom entfielen.

Wesentlich günstiger sind aber in den nächsten zwölf Jahren die Schachtwege für den ausziehenden Strom geworden. Nach Angaben der Zechenverwaltungen betrug im Jahre 1898 auf 179 Gruben der Schachtquerschnitt der ausziehenden Schächte und Wettertrümmer im Durchschnitt 8,1 qm für jedes selbständige Wettersystem und hatte sich demnach seit der Nonneschen Untersuchung nahezu verdoppelt. Dagegen war die Weite der einziehenden Schächte nur unwesentlich gestiegen, sie betrug im Durchschnitt 14,4 qm. Demnach war also das Verhältnis zwischen den Querschnitten der aus- und einziehenden Schachtabteilungen von 1 : 3 auf erheblich mehr als 1 : 2 erhöht worden.

Die Statistik des Oberbergamtes aus dem Jahre 1900 enthält leider keine Angaben über die von dem einziehenden Strome benutzten Schachtquerschnitte. Doch ergiebt sich daraus für die durchschnittlichen Flächeninhalte der ausziehenden Schächte einer Grube wieder eine Steigerung, die für einen Zeitraum von zwei Jahren ganz beträchtlich ist. Denn bei insgesamt 193 selbständigen Wettersystemen betrug der Schachtquerschnitt für den ausziehenden Strom im Mittel 8,96 qm und war demnach um fast 1 qm grösser als im Jahre 1898.

Um nun ein Bild davon zu erhalten, wie sich die zur Wetterführung dienenden Schächte in Bezug auf Zahl und Weite zu dem in Betrieb befindlichen Teile des Grubenfeldes verhalten, müsste zunächst dieser letztere auf den einzelnen Zechen seinem Inhalte nach festgestellt werden. Indessen würde die Umgrenzung des wirklich in Betrieb befindlichen Feldes doch mehr oder weniger willkürlich ausfallen. Daher ist hier ein anderer Massstab zum Vergleich herangezogen worden. Bei allen Zechen wurde nämlich die grösste streichende und querschlägige Länge der Betriebe ermittelt und aus diesen Grössen das Produkt gebildet. Dieses Produkt, welches kurz als »Abbaufeld« bezeichnet werden soll, obwohl es in den meisten Fällen erheblich grösser ist als der durch Aus- und Vorrichtung erschlossene Teil des Grubenfeldes, eignet sich deshalb ganz gut zur Beurteilung der verhältnismässigen Weite der Schachtwetterwege einer Grube, weil eine grosse Ausdehnung der Grubenbaue in einer bestimmten Richtung, selbst wenn an den Endpunkten nur vereinzelte Betriebe liegen, die Schwierigkeiten der Wetterführung gegenüber einem konzentrierten Abbau sehr erhöht.

Die streichende Länge der Grubenbaue beträgt in der Regel zwischen 1 und 3 km. Eine derartige Ausdehnung wurde bei 66 % aller Zechen festgestellt. Nur auf wenigen Gruben, so z. B. auf Hugo I, Victor, Erin und Maria Anna und Steinbank, erstreckt sich der Betrieb auf eine grössere Länge als 5000 m in einer Richtung. In querschlägiger Richtung ist die Ausdehnung des Baufeldes naturgemäss geringer und beträgt bei 80 % aller Gruben zwischen 500 und 2500 m. Gruben mit mehr als 3 km querschlägiger Entfernung, zu denen unter anderen die Zechen Oberhausen (Schacht Osterfeld) und Graf Moltke gehören, rechnen schon zu den Seltenheiten.

Das Abbaufeld beträgt nun:

zwischen	0	und	2	Millionen qm	bei	53	Gruben	oder	26,8 %
»	2	»	4	»	»	» 80	»	»	40,5 %
»	4	»	6	»	»	» 30	»	»	15,2 %
»	6	»	8	»	»	» 12	»	»	6,5 %
»	8	»	10	»	»	» 14	»	»	7,0 %
»	10	»	12	»	»	» 5	»	»	2,5 %
über			12	»	»	» 3	»	»	1,5 %

Sa. 197 Gruben = 100 %.

Bei etwa 67 % aller Gruben bleibt nach dieser Uebersicht das Abbaufeld unter 4 Millionen Quadratmeter und bei 83 % unter 6 Millionen Quadratmeter. Folgende Gruben ergeben dagegen ein Feld von mehr als 12 Millionen Quadratmeter: Neumühl mit 12 960 000 qm, Maria Anna und Steinbank mit 14 400 000 qm und Victor mit 16 500 000 qm.

Von den 197 Gruben müssen 10 mit anderen zusammengefasst werden, da sie zwar eine selbständige Betriebsanlage bilden, aber keine getrennte Wetterführung besitzen.

Für die Wetterführung ist die Anzahl der Schächte und ihr Verhältnis zur Grösse des Abbaufeldes weniger von Interesse. Sie hat nur dann Bedeutung, wenn eine zweckmässige Verteilung der Schächte über das ganze Feld damit Hand in Hand geht. Daher sei hier nur erwähnt, dass bei 63 % der Gruben auf einen zur Wetterführung benutzten Schacht ein Abbaufeld von $\frac{1}{2} - 2\frac{1}{2}$ Millionen Quadratmeter entfällt.

Viel wichtiger für die Versorgung der Grubenbaue mit frischen Wettern ist dagegen der Querschnitt der Schächte, der in folgender Uebersicht der Grösse des Abbaufeldes gegenübergestellt ist.

Auf je 1 qm freier Schachtfläche in den zur Wetterführung dienenden Schächten kommt ein Abbaufeld

unter 100 000 qm	bei 80 Gruben oder			42,8 %
von 100 000 — 200 000 qm	» 64	»	»	34,2 %
» 200 000 — 300 000 »	» 28	»	»	15,0 %
» 300 000 — 400 000 »	» 8	»	»	4,3 %
» 400 000 — 500 000 »	» 4	»	»	2,1 %
» mehr als 500 000 »	» 3	»	»	1,6 %
	Sa. 187 Gruben		=	100 %

Ein besonders günstiges Resultat findet sich dabei neben manchen kleineren Zechen auf der schlagwetterreichen Zeche Gneisenau, die auf 1 qm Schachtfläche weniger als 20 000 qm Abbaufeld besitzt. Mehr als 500 000 qm Abbaufeld ergeben sich andererseits für die Zechen Alstaden I, Königsborn und Deutscher Kaiser.

Auch die ausziehenden Schächte allein lassen sich zweckmässig zum Vergleich mit der Grösse des Abbaufeldes heranziehen, zumal sie fast stets gegenüber den einziehenden Schächten im Nachteil sind, denn unter 196 Betriebsanlagen finden sich nur 25, bei denen der Querschnitt der Einziehschächte kleiner und 10, bei denen er gleich dem Querschnitt der ausziehenden Schächte ist. Daher stellen die letzteren in der Regel den für die Wetterversorgung bedenklichsten Teil der Schachtwetterwege dar.

Auf je 1 qm Flächeninhalt der ausziehenden Schächte ergiebt sich:

bei 52 Gruben oder 27,8 %	ein Abbaufeld unter 200 000				qm
» 44 » » 23,5 %	»	»	von 200 000 — 400 000	»
» 34 » » 18,2 %	»	»	» 400 000 — 600 000	»
» 21 » » 11,2 %	»	»	» 600 000 — 800 000	»
» 14 » » 7,5 %	»	»	» 800 000 — 1 000 000	»
» 8 » » 4,3 %	»	»	» 1 Mill. — 1,2 Mill.	»
» 4 » » 2,1 %	»	»	» 1,2 » — 1,4 „	»
» 10 » » 5,4 %	»	»	» über 1,4 Mill.	»

Sa. 187 Gruben = 100 %

Bei dieser Aufstellung ist u. a. das Ergebnis für die Zechen Hörder Kohlenwerk Schacht Holstein und Consolidation II besonders günstig, da sich hier weniger als 50 000 qm Abbaufeld auf 1 qm Wetterschachtfläche ergeben. Mehr als 1,5 Millionen Quadratmeter hingegen wurden festgestellt auf den Zechen Alstaden I, ver. Bickefeld, Eiberg, Zollverein I, Deutscher Kaiser I, Kaiser Friedrich, Königsborn I, Graf Bismarck II, Centrum II und Oberhausen Schacht Osterfeld. Von diesen Zechen sind allerdings mehrere bereits mit dem Abteufen neuer Schächte beschäftigt, so dass in absehbarer Zeit auch hier dem ausziehenden Strome ein Weg von grösserem Querschnitt zur Verfügung stehen wird.

3. Die Schachtsysteme.

Bei der geringen Anzahl der vorhandenen Schächte konnten sich für die Zu- und Abführung der Wetterströme im allgemeinen nur wenige Methoden entwickeln.

Eine Ausnahme bilden nur, wie schon oben erwähnt, die Gruben am Südrande des Bezirks, die mit keinen Schwierigkeiten beim Schachtabteufen zu rechnen hatten. Sie waren im Gegensatz zu den nördlicheren Gruben fast stets in der Lage, in der Fallrichtung des Flötzes durch tonnlägige Schächte oder Ueberhauen, wo es zweckmässig erschien, eine schnelle und billige Verbindung mit der Erdoberfläche herzustellen, die für die Zwecke der Wetterführung in jeder Beziehung brauchbar war. Diese Zechen zeichnen sich daher durch eine im übrigen Bezirke unbekannte Zahl von Tagesöffnungen aus. Alle selbständigen Betriebsanlagen, die mehr als drei Wetterverbindungen mit der Erdoberfläche besitzen — etwa 15 an der Zahl — gehören hierher. Ausser diesen verfügt nur die Zeche Shamrock I/II über vier Schächte, von denen zwei für den frischen und zwei für den verbrauchten Strom dienen, ja sie ist sogar z. Z. mit dem Abteufen eines fünften Schachtes beschäftigt.

Die Benutzung zahlreicher Tagesöffnungen für die Wetterversorgung einer Grube beruhte in früherer Zeit, wo die Richtung des Wetterstromes vielfach den zufälligen Verhältnissen überlassen war, meist auf der Notwendigkeit, Wetterverbindungen mit der Erdoberfläche stets in dem Feldesteile herzustellen, in welchem sich gerade der Betrieb bewegte. Dadurch ergab sich eine Abkürzung der unterirdischen Wetterwege, die ausserordentlich schätzenswert war, und es entwickelten sich zuweilen für die Wetterführung ganz ideale Verhältnisse, die in heutiger Zeit nicht annährend mehr erreicht werden können.

So besass z. B. auf Zeche Stock und Scherenberg fast jede einzelne Bauabteilung eines Flötzes ihren eigenen ausziehenden Wetterschacht, der mit einem transportablen unterirdischen Wetterofen ausgerüstet war, nur für die Zeit des Betriebes in der betr. Abteilung benutzt und nachher abgeworfen wurde. (Vergl. S. 243). Die frischen Wetter konnten zugleich durch zahlreiche andere Tagesüberhauen zuströmen. Die auf diese Weise erzielten Wettermengen würden auch bei heutigen Ansprüchen durchaus ausreichend erscheinen. Es bestand allerdings die Schwierigkeit, die Ströme richtig bis zum Grubentiefsten zu leiten und zu verhindern, dass sie auf kürzerem Wege zu den Ausziehschächten gelangten.

Mit dem Uebergange zur künstlichen Wetterversorgung und mit zunehmender Teufe ist aber auch auf den südlichen Gruben der Wechsel in der Benutzung der Tagesöffnungen erschwert worden und es sind statt dessen feste, wenn auch etwas komplizierte Wettersysteme geschaffen worden. Indessen kann man von diesen wenigen Gruben, ihrer geringen Bedeutung wegen, weiterhin absehen.

Durch die Ausdehnung des Bergbaues in nördlicher Richtung, die damit verbundene Zunahme der Mergelüberlagerung und die wachsenden Schwierigkeiten und Kosten des Schachtabteufens wurde ein immer grösserer Teil der Grubenverwaltungen auf eine thunlichste Beschränkung der Anzahl der Schächte hingedrängt. So entstand im Ruhrkohlenbezirk zunächst das Einschachtsystem, bei dem jedes Grubenfeld nur durch einen einzigen, allen bergmännischen Zwecken zugleich dienenden Verbindungsweg mit der Erdoberfläche aufgeschlossen, und dieser der Länge nach durch einen Schachtscheider in je einen Teil für den ein- und den ausziehenden Strom geteilt wurde.

Die grossen Nachteile, welche dieses System wegen der Gefahr einer Zerstörung des Scheiders durch Unglücksfälle, wegen grosser Wetterverluste infolge der Undichtigkeiten des Scheiders, wegen zu enger Querschnitte der Wetterwege und aus manchen anderen Gründen bietet, liegen auf der Hand. Dazu kam, dass sich mit dem Anwachsen der Deckgebirgsschichten eine reichliche Schlagwetterentwickelung bemerkbar machte, und daher besondere Vorsichtsmassregeln zur Sicherung der Wetterführung notwendig wurden. Trotzdem hat das höchst missliche Einschachtsystem im Oberbergamtsbezirk Dortmund eine grosse Bedeutung erlangt, während es in allen anderen preussischen Steinkohlenrevieren kaum zu finden war, abgesehen von wenigen untergeordneten Einzelfällen, die in der Regel vorübergehende Notbehelfe oder in den ersten Anfängen befindliche Betriebe waren. Nach Erhebungen vom 1. Juli 1881*) gehörten von den 186 betriebenen Gruben des Ruhrbeckens nicht weniger als 40 Zechen, deren Jahresbeförderung 3 574 397 t $= 16 \%$ der Gesamt-

---

*) Hasslacher, die Steinkohlenbergwerke Preussens nach den verschiedenen Arten ihrer Wetterführung. Zeitschr. f. d. Berg-, Hütten- u. Salinenw. 1882 Bd. XXX, BS. 181 ff.

förderung des Beckens ausmachte, dem reinen Einschachtsystem an, besassen also keinen zweiten Ausgang aus den Grubenbauen. 30 von diesen
Zechen zeichneten sich durch das Auftreten schlagender Wetter in den
Grubenbauen aus und 23 von ihnen waren in den drei letzten der Untersuchung vorhergehenden Jahren sogar von Explosionen betroffen worden.

Der erste grundlegende Eingriff in dieses System erfolgte durch eine
Bergpolizei-Verordnung vom 1. Oktober 1881, durch die vorgeschrieben
wurde, dass jedes Bergwerk mit mindestens zwei von einander getrennten
fahrbaren Ausgängen nach der Erdoberfläche versehen sein müsse. Wenn
auch diese Bestimmung nicht direkt auf die Wetterführung Bezug hatte,
so lag doch nahe, dass die Gruben, wenn sie einmal zur Anlage eines
zweiten Schachtes gezwungen waren, diesen auch mit zur Wetterführung
benutzen würden. Durch eine weitere Bergpolizei-Verordnung vom
$\frac{\text{12. Oktober 1887}}{\text{4. Juli 1888}}$ wurde sodann wenigstens für alle mit schlagenden
Wettern behafteten Gruben verlangt, dass von den beiden vorgeschriebenen
Tagesöffnungen die eine zum Einziehen und die andere zum Ausziehen
der Wetter dienen müsse. Diese Bestimmung ist durch die am 1. Januar 1902
in Kraft getretene Wetter-Polizei-Verordnung auf sämtliche Gruben ausgedehnt worden. Zugleich ist die gleichzeitige Benutzung eines Schachtes
zum Ein- und Ausziehen der Wetter, abgesehen von einer Uebergangszeit
während der Betriebseröffnung, überhaupt verboten worden.

Diesen polizeilichen Massregeln war es hauptsächlich zu danken, dass
im ganzen Bezirke das Einschachtsystem mehr und mehr verschwand. In
den 80er Jahren wurden auf 15 und in den 90er Jahren auf mehr als
50 grösseren Zechenanlagen, die bis dahin für die Zwecke der Wetterführung nur einen zugleich ein- und ausziehenden Schacht zur Verfügung
hatten, ein neuer Schacht, der mit seinem ganzen Querschnitte zum Ausziehen des Wetterstromes diente, in Betrieb genommen.

Wenn nun auch das reine Einschachtsystem, abgesehen von den in
der Entstehung begriffenen Anlagen, jetzt gänzlich beseitigt worden ist, so
hat es sich doch noch stellenweise auf dem Gebiete der Wetterführung erhalten. Es giebt noch immer eine Anzahl Gruben, bei denen ein durch
einen Schachtscheider geteilter Schacht allein für die Wetterversorgung der
Grubenbaue benutzt wird. Daneben bestehen allerdings stets Durchschläge mit
benachbarten Bergwerken oder, wie z. B. auf der Zeche Fröhliche Morgensonne, »neutrale« Verbindungen mit der Erdoberfläche, d. h. solche, die
für die Wetterführung der Grube nicht in Betracht kommen. Auch die
Zeche Consolidation II besitzt noch einen zugleich ein- und ausziehenden
Schacht, giebt allerdings je einen grösseren Teilstrom an die ausziehenden
Schächte der Betriebsanlagen I/VI und III/IV ab. Gegen Ende des Jahres 1898
waren noch **37** Betriebe dieser Art vorhanden, doch ist bei vielen von

ihnen das Abteufen eines zweiten Wetterschachtes zur Trennung der Ein- und Ausziehströme bereits in Angriff genommen, und zum Teil der Vollendung nahe, z. B. auf den Zechen Kaiserstuhl I, Zollern, Constantin der Grosse IV, Recklinghausen II, Fröhliche Morgensonne, Graf Bismarck I und anderen.

Das nächstliegendste und nunmehr auch auf den westfälischen Gruben am meisten verbreitete System ist das Zweischachtsystem, da es durch die Polizeiverordnungen direkt vorgeschrieben wird bezw. als Minimum hinsichtlich der Zahl der Verbindungen mit der Tagesoberfläche anzusehen ist. Wenn von beiden Schächten der eine ganz dem frischen und der andere ganz dem verbrauchten Strome überlassen wird, ist nicht nur eine zuverlässige Trennung beider Ströme, sondern in der Regel auch ein ausreichender Querschnitt für jeden von ihnen gewährleistet.

Während die Schlagwetterkommission in den Jahren 1881—1883 unter 62 untersuchten Wettersystemen nur 7 fand, die je einen einziehenden und einen ausziehenden Schacht besassen, wurde Ende 1898 auf 105 Zechen, das ist auf mehr als der Hälfte aller Betriebsanlagen, dieses Zweischachtsystem festgestellt. Grössere Grubenfelder werden häufig durch mehrere paarweise zu einem Wettersystem vereinigte Schächte erschlossen, z. B. die Zechen Prosper, Pluto, Mont Cenis und Hannover. Nach Fertigstellung ihrer neuen Anlagen werden auch General Blumenthal, Helene u. Amalie und Wilhelmine Victoria dazu zu rechnen sein.

Nur wenige Gruben giebt es daneben, bei denen Ein- und Ausziehstrom trotz des Zweischachtsystems noch teilweise in einem Schachte vereinigt sind. Auf Zeche Rheinpreussen ist z. B. von dem einziehenden Schachte II ein Trumm für den verbrauchten Strom abgezweigt, weil der Querschnitt des ausziehenden Schachtes I für die Aufnahme der gesamten Wettermenge zu eng ist. Ferner besitzt die Zeche Centrum II/V neben dem eigentlichen Wetterschachte V ein ausziehendes Trumm in Schacht II, das für die in der Nähe dieses Schachtes gelegenen Baue benutzt wird.

Auf 5 Zechen ist die Einrichtung getroffen, dass unter zwei Schächten der eine ganz zum Einziehen, der andere, der mit einem Schachtscheider versehen ist, teils zum Ein-, teils zum Ausziehen des Wetterstromes dient. Dabei ist man in der Lage, auch den zweiten Schacht intensiver zur Förderung benutzen zu können, weil die Fördertrümmer an der Hängebank nicht durch eine Vorrichtung zum Wetterabschluss abgesperrt sind. Für die Wetterführung besitzt aber diese Einteilung in vollem Masse die Nachteile des Einschachtsystems und oft ist sogar das Verhältnis zwischen den ein- und ausziehenden Schachtquerschnitten noch ungünstiger wie bei diesen.

Da alle Betriebsanlagen mit mehr als drei Tagesöffnungen bereits ausgeschieden sind, bleiben nur noch diejenigen Zechen übrig, bei denen je drei Schächte zu einem Wettersysteme vereinigt sind. Hierbei kommen drei verschiedene Zusammenstellungen vor. Zunächst findet man auf 18 Gruben, dass zwei Einziehschächte, die, ausser auf der Zeche Ver. Trappe, regelmässig zur Förderung benutzt werden, mit einem nur der Wetterführung dienenden Ausziehschachte verbunden sind. Dieses System ist namentlich dann recht zweckmässig, wenn in einem langgestreckten Grubenfelde der Ausziehschacht mitten zwischen den beiden Förderschächten liegt. Bedenklich ist dabei nur, dass gar leicht die Dimensionen des Wetterschachtes im Vergleich zu denen der beiden Förderschächte zu gering sind.

In der That findet man nur auf der Zeche Hibernia, dass der Wetterschacht eine grössere Weite besitzt als beide Einziehschächte zusammen. Auch auf der Zeche Unser Fritz besteht ein leidliches Verhältnis zwischen beiden Grössen. In fast allen übrigen Fällen ist dagegen der lichte Querschnitt des Ausziehschachtes viel zu klein. Er beträgt meist $\frac{1}{2}$—$\frac{1}{3}$, mehrfach aber nur $\frac{1}{5}$—$\frac{1}{6}$ und auf Zeche Ver. Hannibal nicht einmal $\frac{1}{9}$ der Summe der lichten Querschnitte der Einziehschächte.

Nicht ganz so häufig, nämlich auf 13 Gruben, findet man ein Schachtsystem, bei dem einem einziehenden Schachte zwei solche für den verbrauchten Strom gegenüber stehen und demnach zwei bis auf den Einziehschacht von einander getrennte Wettersysteme vorhanden sind. Es ist gewiss, dass durch diese Teilung die Wetterversorgung der Grube sehr erleichtert wird; auch besitzt der zur Förderung eingerichtete einziehende Schacht wohl stets genügende Weite, um den gesamten Strom aufnehmen zu können. Doch ist auch der Nachteil zu berücksichtigen, dass die auf den ausziehenden Schächten befindlichen beiden Ventilatoren, wie die Versuche auf Zeche Alma zeigen*), und die Erfahrungen mancher anderen Zechen bestätigen, sich gegenseitig die Luft wegzusaugen streben, selbst wenn sie durch ausgedehnte Grubenbaue getrennt sind.

In drei Fällen endlich, nämlich auf den Zechen König Ludwig, Victor und Rhein-Elbe, findet man neben einem einziehenden und einem ausziehenden Schachte noch einen dritten, der beiden Zwecken zugleich dient.

4. Verteilung der Schächte über das Grubenfeld.

Auch bei Untersuchung der weiteren Frage, in welcher Weise und in welchen Abständen die zur Wetterführung dienenden Schächte über das Grubenfeld zu verteilen sind, kommen die Gruben am Südrande des Ruhrkohlenbeckens, bei denen das Kohlengebirge direkt zu Tage ausgeht, nicht in Betracht. Denn abgesehen von ihrer geringen Bedeutung bietet

---

*) Vergl. 2. Kapitel, S. 205.

bei ihnen die Wetterversorgung an sich wegen der fortgeschrittenen Entgasung der Flötze weniger Schwierigkeiten, als auf den nördlichen Gruben. Ausserdem vermögen sie, wenn sich das Bedürfnis geltend macht, mit verhältnismässig geringem Aufwand weitere Verbindungen mit der Erdoberfläche herzustellen und endlich sind die Lagerungsverhältnisse dort durch Aufschlüsse über und unter Tage meist derartig geklärt, dass man sie direkt bei der Wahl der Schachtpunkte zu Grunde legen kann. Aus allen diesen Gründen zeigt die Lage der Schächte zu einander in diesem Teile des Bezirks häufig eine gewisse Regellosigkeit.

Anders werden aber die Verhältnisse je weiter man nach Norden fortschreitet. Hier sind die Gruben wegen der verhältnismässig geringen Zahl von Schächten darauf angewiesen, von vornherein ein gewisses System bei ihrer Verteilung über das Grubenfeld ins Auge zu fassen. Bei der Auswahl eines solchen Systems sprechen natürlich ausser der Wetterführung viele andere Gründe mit und letztere sind sogar häufig für die Zahl und Lage der Schächte allein ausschlaggebend.*) Diese Gründe können jedoch bei Untersuchungen über die Wetterführung nicht in Betracht gezogen werden, ebenso wenig kommen die örtlichen Lagerungsverhältnisse hier in Frage.

Bevor die Verteilung der einzelnen Schächte in einem Grubenfeld ins Auge gefasst wird, ist zu erwägen, ob die Vereinigung des ganzen Betriebes zu einem Wettersystem angängig ist, oder ob mehrere selbständige Systeme vorzusehen sind.**) In der Regel wird es sich empfehlen jede selbständige Betriebsanlage auch in Bezug auf Wetterführung möglichst unabhängig zu machen, schon aus dem Grunde, damit der Betriebsleiter ganz über seinen Wetterstrom verfügen kann. Daher wird die Einteilung eines Grubenfeldes in Wettersysteme häufig direkt von der Zahl der zu errichtenden Zechenanlagen abhängen. Ferner kommen aber auch alle Verhältnisse in der Grube selbst in Betracht, die bei der Wetterversorgung von Einfluss sind.

Daher lassen sich allgemeine Regeln über die Ausdehnung eines Wettersystems gar nicht aufstellen. Während häufig in kleinen Grubenfeldern sich die Erzeugung mehrerer selbständiger Wetterströme als zweckmässig erwiesen hat, ist z. B. auf Zeche Erin das ganze bisher aufgeschlossene Feldesstück, das etwa die Grösse von zwei Maximalgrubenfeldern besitzt, zu einem Wettersysteme vereinigt worden, und auf Zeche Fröhliche Morgensonne ist, bei allerdings recht günstigen Schlagwetterverhältnissen, der Betrieb unter Benutzung eines einzigen Wetterstromes über die ganze, etwa vier Maximalfelder grosse Berechtsame ausgedehnt

---

*) Vergl. Bd. II. S. 10 ff.

**) Unter Wettersystem ist dabei ein Strom zu verstehen, der von Anfang bis zu Ende, d. h. einschliesslich der Schachtwege, von anderen Wetterströmen unabhängig ist.

worden. Bei dem Mangel an Aufschlüssen wird man nur selten die Zahl der Wettersysteme gleich bei Beginn des Betriebes fest bestimmen können, sondern wird in der Regel dessen Entwickelung abwarten müssen.

Sobald aber die Grösse der Wettersysteme mit einiger Sicherheit beurteilt werden kann, empfiehlt es sich, das Feld in entsprechende Abschnitte von möglichst regelmässiger Form zu zerlegen — bei deren Abgrenzung natürlich in erster Linie die Lagerungs- und Produktionsverhältnisse zu berücksichtigen sind —, und sodann für jeden Teil die Erzeugung eines besonderen Wetterstromes vorzusehen. So ist z. B. das Feld des Kölner Bergwerksvereins, welches das Aussehen eines grossen V besitzt, durch je eine besondere Betriebsanlage an der Basis und an den beiden Schenkeln aufgeschlossen, und das langgestreckte Grubenfeld der Zeche Königin Elisabeth ist in drei Abschnitte von je 1 200 m Länge geteilt worden. Kleinere Rechtecke werden häufig in derselben Weise senkrecht zur Längsrichtung in zwei Hälften zerlegt. Mehrfach findet man auch eine Einteilung in parallele Streifen, ohne dass diese gerade durch längliche Form des Grubenfeldes bedingt wäre. Je nachdem, ob die Teilung senkrecht oder parallel zur Streichrichtung erfolgt, erhalten die dadurch entstandenen Wettersysteme lange Querschläge und kurze streichende Strecken, oder kurze Querschläge und lange streichende Strecken. Eine Teilung nach der ersten Art findet sich in ausgeprägter Weise auf Zeche Consolidation, letztere ist auf den Zechen Graf Bismarck und Dahlbusch zur Anwendung gekommen.

Bei Eröffnung des Betriebes sind die grösseren Zechen, so z. B. General Blumenthal, Oberhausen und Schlägel u. Eisen, meist in der Weise vorgegangen, dass sie zunächst eine Ecke ihres Feldes durch eine Betriebsanlage untersuchten, die etwa 1 000 m Abstand von den Markscheiden besass. Es empfiehlt sich, diese Entfernung nicht zu gross zu nehmen, damit nicht später zwischen Schacht und Feldesgrenze weitere Schächte eingeklemmt werden müssen. Von den Aufschlüssen in der Grube wird sodann die weitere Einteilung des Feldes abhängig gemacht.

Die Zeche Gladbeck hat dagegen im Interesse einer schnelleren Betriebsentwickelung vorgezogen, gleich zwei Betriebsanlagen in einem gegenseitigen Abstand von etwa 3 000 m in Angriff zu nehmen. Ob die dadurch geschaffene Feldeseinteilung zweckmässig ist, wird sich erst in Zukunft herausstellen.

Auch die Zeche Preussen hat, ohne unterirdische Aufschlüsse abzuwarten ihre beiden Betriebsanlagen auf die ganze Feldeslänge von etwa 7 500 m so verteilt, dass sie in der Einteilung des Feldes für die Zukunft gebunden ist.

Einen anderen Weg hat die Zeche Zollverein bei Eröffnung des Betriebes eingeschlagen, indem sie zunächst in der Mitte ihres Feldes eine Zechenanlage errichtete und diese in dem Masse wie sich der Betrieb erweiterte, mit einem Kranze neuer Anlagen umgab. Bei weniger ausgedehnten Grubenfeldern würde dieses Verfahren nicht empfehlenswert sein, weil es leicht zu einer unnötigen Vermehrung der Schachtzahl führt, die sich bei zweckmässiger Einteilung des Feldes vermeiden lässt.

Endlich sind noch diejenigen grösseren Grubenfelder zu erwähnen, die durch Vereinigung mehrerer, bereits in Betrieb befindlicher Zechen entstanden sind. Dazu gehören der Mülheimer Bergwerksverein und die Bochumer Zechen der Harpener Bergbau - Aktien - Gesellschaft: Neu-Iserlohn I/II, Heinrich Gustav, Prinz von Preussen, Caroline, Amalie und Vollmond. Wenn auf diesen Gruben auch die Zahl der Wettersysteme meist durch die früheren Verhältnisse bedingt ist, so lässt sich doch die Abgrenzung der einzelnen Betriebsabteilungen nach der Zusammenlegung häufig zweckmässiger gestalten.

Für jedes Wettersystem kommt nun ferner Zahl und Verteilung der einzelnen Wetterschächte in Betracht. Hierbei stehen sich zwei im Prinzip verschiedene Methoden der Wetterführung gegenüber. Die eine ist die centrale Bewetterung, bei der Ein- und Ausziehschacht nahe bei einander, und zwar in der Regel in der Mitte des Feldes liegen. Der Wetterstrom muss also stets an die Stelle zurückkehren, von der er ausgegangen ist, nachdem er zuvor nach allen Seiten bis zu den entlegensten Betrieben vorgedrungen ist. Dieses System hat im Ruhrkohlenbezirk auf mehr als 90 Betriebsanlagen Anwendung gefunden, und befindet sich auf vielen Neuanlagen in Vorbereitung. Wenn beide Schächte gleichmässig zur Förderung eingerichtet werden, wie es bei Gruben mit mächtigen Deckgebirgsschichten stets geschieht, bezeichnet sie man als Zwillingsschächte. Vereinzelt sind sogar drei Schächte dicht bei einander abgeteuft worden, z. B. auf Zeche Erin.

Die Gründe für die häufige Anwendung der centralen Wetterführung liegen hauptsächlich auf wirtschaftlichem Gebiete, nämlich in der aus der Vereinigung der Schächte sich ergebenden bedeutenden Verminderung der Anlage- und Betriebskosten. Dazu kommt noch bei dem Zwillingsschachtsystem der Vorteil, dass durch die Benutzung des zweiten Schachtes zur Förderung eine Produktionserhöhung möglich ist, ohne dass eine zweite Ausführung der gesamten Tagesanlagen notwendig wäre.

Die andere Methode, die diagonale Wetterführung, besteht in ihrer allgemeinen Form darin, dass der Wetterstrom, der an einem oder mehreren Punkten in die Grubenbaue eingeführt worden ist, sie an anderen, davon entfernt liegenden Punkten wieder verlässt. Insbesondere versteht man aber darunter eine Wetterführung von der Mitte des Grubenfeldes nach den Grenzen hin oder in umgekehrter Richtung derart, dass entweder eine centrale einziehende Förderschachtanlage mit einer Anzahl von Ventilatorschächten an der Peripherie des Feldes zu einem Wettersystem verbunden wird, oder dass die einziehenden Schächte in der Nähe der Markscheide stehen und die Wetterströme sich von dort zu dem in der Mitte des Feldes befindlichen ausziehenden Schachte bewegen. Diese besonderen Formen der diagonalen Wetterführung, die z. B. im Saarbrücker Bezirk vollkommen ausgebildet worden sind,*) und die vor der centralen Bewetterung manche Vorzüge besitzen, findet man im Ruhrkohlenbecken, abgesehen vom Süd-rande desselben, nicht. Wohl giebt es in der Nähe der Markscheiden einzelne lediglich der Wetterführung dienende Ausziehschächte, z. B. auf den Zechen Bonifacius, Alma und Rheinelbe. Ihre Anlage ist meist durch die besondere Wetterbedürftigkeit eines bestimmten Feldesteiles oder seine ungünstige Lage zu den übrigen Schächten veranlasst worden und sie dienen daher nur zur Abzweigung eines Teilstromes von einem im übrigen centralen Bewetterungssystem. Die Gründe für die seltene Anwendung der vollkommenen diagonalen Grubenbewetterung werden voraussichtlich auch in Zukunft ihre Einführung auf den westfälischen Gruben verhindern. Sie beruhen darauf, dass dieses System in der Regel eine grössere Anzahl von Schächten erfordert als die centrale Wetterführung und daher in der Anlage den Zechen eine erhebliche Mehrbelastung auferlegt. Würde man aber versuchen, diese Belastung dadurch auszugleichen, dass man ein grösseres Feld als gewöhnlich zu einem Wettersystem mit diagonaler Wetterführung vereinigte, so würden nicht nur durch die Verlängerung der Wetterwege die Vorzüge des Systems aufgehoben werden, sondern es würde auch die Teilung des grossen Grubenfeldes in mehrere völlig un-abhängige Wettersysteme, die doch auch als Vorteil anzusehen ist, verloren gehen.

Dazu kommt ferner, dass, je weiter der Bergbau nach Norden fortschreitet, wegen der grösseren Teufe und der dadurch bedingten höheren Anlagekosten und geringeren Leistungsfähigkeit der Schächte die Zechen um so mehr gezwungen werden, alle Schächte, auch die Venti-latorschächte, zur Förderung zu benutzen. Bei der diagonalen Wetter-führung befindet sich aber ein grosser Teil der Schächte in der Nähe der Markscheiden und liegt mithin für die Förderung sehr ungünstig. Soweit daher im Ruhrkohlenbezirk eine diagonale Bewetterung besteht, ist sie in der Weise den Verhältnissen angepasst, dass der ein- und der ausziehende Schacht nur durch einen mittleren Teil des Grubenfeldes von einander getrennt sind, während der Rand des Feldes nicht mit Schächten besetzt ist. Dieses System ist mehrfach vertreten, so z. B. auf den Zechen Hugo und Präsident mit je zwei ausziehenden Schächten und einem in der Mitte gelegenen Einziehschachte.

---

*) Aufsatz von v. Braunmühl in der Zeitschr. f. d. Berg-, Hütten- und Salinenw. 1899, Bd. XLVII, S. 89.

Diese und ähnliche auch noch auf anderen Zechen vorhandene Einrichtungen bieten nur teilweise die technischen Vorzüge der vollkommenen diagonalen Wetterführung, immerhin lässt sich jedoch durch dieselben gegenüber der centralen Bewetterung eine Verkürzung der Wetterwege und eine Verminderung der Wetterverluste erreichen. Auch bei dem reinen Zweischachtsystem mit nur einem Schacht für den frischen und einem für den verbrauchten Strom, dessen Vorzüge bereits erwähnt sind, kann man den Wetterstrom durch einen Teil des Feldes in diagonaler Richtung führen, indem man beide Schächte in grösserer Entfernung auseinander legt. Dies ist unter anderen auf der Zeche Wolfsbank und Neuwesel geschehen, die einen einziehenden Förderschacht und in 1 500 m Abstand einen Ventilatorschacht besitzt. Eine Abkürzung der Wetterwege ergiebt sich dadurch aber nicht, sondern höchstens eine Verminderung der Wetterverluste und eine erhöhte Sicherheit gegen Kurzschluss. Wenn beide Schächte mit Fördereinrichtung versehen sind, müssen sie entweder beide mit vollständigen Tagesanlagen ausgerüstet oder, wie es neuerdings mehrfach, z. B. auf Zeche Bonifacius, geschehen ist, über Tage durch einen Förderweg verbunden werden. Wegen der höheren Anlagekosten wird dieses System nur wenig Anwendung finden. Erst wenn einmal durch polizeiliche Vorschrift eine Maximalgrenze für den Abstand der Betriebe vom Schachte durchgeführt werden sollte, würde es voraussichtlich mehrfach zur Ausführung kommen, da es geeignet ist, trotz einer solchen Vorschrift, die Zahl der abzuteufenden Schächte in mässigen Grenzen zu halten.

5. Einrichtung der Schächte für die Wetterführung.

a) Schachtscheider.

Ein Schacht, der gleichzeitig zum Ein- und Ausziehen der Wetter dienen soll, muss für jeden der beiden Ströme eine besondere Abteilung besitzen und demnach in seiner Längsrichtung durch eine feste Wand, einen Schachtscheider, in mindestens zwei Trumme geschieden sein. Durch die Möglichkeit einer Zerstörung des Scheiders im Falle einer Explosion oder eines Schachtbrandes ergiebt sich eine grosse Gefahr, weil der Wetterzug dann völlig zum Stillstand kommen würde. Sodann ist damit meist der Nachteil grosser Wetterverluste verbunden, weil die Scheider wegen der bei der Schachtförderung und Wasserhaltung vorkommenden Stösse sowie namentlich wegen der grossen Pressungsunterschiede der Luft in den beiden Abteilungen des Schachtes nicht dicht zu halten sind. Ferner wird die Ausführung von Schachtreparaturen und Revisionen durch einen Scheider sehr erschwert. Endlich sind in fast allen Fällen die durch die Teilung des Schachtes entstehenden Wettertrümmer und zwar namentlich diejenigen für den ausziehenden Strom im Verhältnis zur Wettermenge zu eng. Dadurch werden bedeutende Reibungsverluste verursacht, zumal auch die Querschnittsformen der Trümmer häufig recht ungünstig sind, und wird die Anwendung hoher Depressionen bei der Grubenbewetterung bedingt.

Aus diesen Gründen sind die Schachtscheider und mit ihnen das Einschachtsystem nach und nach beseitigt worden.

Während die Preussische Schlagwetterkommission bei ihren Befahrungen im Ruhrkohlenbecken in 53 Wettersystemen nicht weniger als 47 Schächte dieser Art gefunden hat, waren nach den im Jahre 1886 von Nonne für den III. Deutschen Bergmannstag herausgegebenen »Technischen Mitteilungen« unter 188 Schächten noch 90 vorhanden, die mit einem Schachtscheider versehen waren und gleichzeitig von dem Ein- und dem Ausziehstrom benutzt wurden.

Bis zum Jahre 1892 war die Anzahl der in ein- und ausziehende Trumme geteilten Schächte bereits auf 73 zurückgegangen, Ende 1898 betrug sie noch 60 und im Jahre 1900 gab es nur noch 42 Schachtscheider im ganzen Bezirk. Ein grosser Teil derselben wird nach Vollendung zahlreicher im Abteufen befindlicher Wetterschächte in den nächsten Jahren voraussichtlich ebenfalls abgeworfen werden können.

Eine vorübergehende Verwendung werden die Schachtscheider auch fernerhin bei der Errichtung neuer Betriebsanlagen finden; im übrigen verbietet aber § 6 der neuen Bergpolizei-Verordnung vom 12. Dezember 1900 die Benutzung eines Schachtes zugleich zum Ein- und Ausziehen des Stromes.

Die Schachtscheider werden fast ausschliesslich durch einfache oder doppelte Holzverkleidung von 30 bis 80 mm Stärke hergestellt, die an den Schachteinstrichen befestigt wird. Als Material nimmt man meist Pitchpine- oder Eichenbohlen, zuweilen aber auch gewöhnliche Tannen- oder Kieferbretter, die durch Feder und Nut miteinander verbunden werden. Ausserdem kann man die Fugen noch mit getheertem Tuch abdichten und mit Leisten benageln. Auf der Zeche Friedrich Ernestine sind ferner die senkrechten Felder zwischen den Einstrichen mit einer $^1/_2$ Stein starken Ziegelmauerung dicht ausgekleidet worden.

Da infolge der Schachtförderung hier leicht Undichtigkeiten entstehen können, ist auf die Abdichtung der Scheiderwände gegen die Schachtstösse besondere Sorgfalt zu verwenden. Man verwendet dazu in der Regel Cement und stellt ausserdem in den Schachtstössen meist einen senkrechten Schlitz her, in den die Holzwand eingelassen wird. Häufig werden auch die von dem Scheider und den Schachtstössen gebildeten Ecken zur Abdichtung einfach ausgemauert.

Figur 67 stellt einen Schachtscheider von gewöhnlicher Konstruktion dar. Er ist auf Zeche Oberhausen, Schacht Osterfeld in Benutzung, soll aber demnächst abgeworfen werden. Die von den Schachteinstrichen gebildeten Ecken sind hier durch Latten a von dreieckigem Querschnitt, die mit einer Unterlage von getheerter Leinwand auf die Holzwände aufgenagelt sind, noch besonders abgedichtet.

Neuerdings wird beabsichtigt auch anderes Material als Holz zur Herstellung der Wetterscheider zu verwenden. So soll auf Zeche Erin ein Scheider durch eine in den Schachtstössen verlagerte Eisenkonstruktion

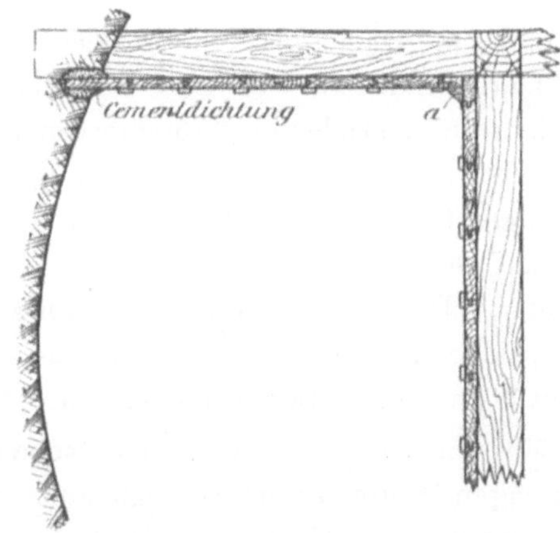

Fig. 67.

Schachtscheider auf Zeche Oberhausen, Scht. Osterfeld.

gebildet werden, die mit Drahtgewebe und Cementverputz nach dem System Monier überzogen wird. Auf den Zechen Rheinelbe und Minister Stein beabsichtigt man, ein flaches Betongewölbe von 8 cm Stärke in der Mitte und 22 cm an den Schachtstössen als Wetterscheider herzustellen, das in Abständen von 4 m durch eingelegte $\mathbf{I}$-Eisen unterstützt wird, um der Belastung durch das eigene Gewicht zu begegnen. Ob derartige Konstruktionen sich auf die Dauer und bei starkem Betriebe bewähren werden, bleibt abzuwarten. Ein eigenartiger Wetterscheider ist endlich auf Schacht II der Zeche Centrum vorhanden, indem dort ein ausziehendes Wettertrumm aus verzinkten Eisenblechlutten von 1 m Durchmesser gebildet worden ist. Der Preis für diese Anlage einschliesslich des Einbaues ist von der Zeche zu 26,50 M. je laufendes Meter angegeben worden. Die Einrichtung ist also nicht nur recht teurer, sondern auch wegen des geringen Querschnittes von etwa $^3/_4$ qm für die Wetterversorgung einer grösseren Grubenabteilung nicht geeignet. Für die

Herstellung der gewöhnlichen hölzernen Wetterscheider ergiebt sich im Durchschnitt ein Aufwand von 4,60 M. an Material und 1,75 M. an Löhnen, zusammen also von 6,35 M. für 1 qm Fläche.

Die Fläche der Schachtscheider berechnet sich aus ihrer Länge und Breite. Erstere hängt von der Teufe der Wettersohle ab und dürfte bei dem inzwischen abgeworfenen Scheider auf Schacht Wilhelm der Zeche Hamburg u. Franziska mit 530 m am grössten gewesen sein. Die Breite der Scheidewände richtet sich nach den Querschnitten der ausziehenden Wettertrümmer, deren gebräuchlichste Formen in Figur 68 a—e dargestellt sind. Die ausziehenden Trümmer sind doppelt schraffiert, die einziehenden einfach.

Nach zahlreichen Angaben aus dem Jahre 1898 betrug die Breite der Schachtscheider im Durchschnitt 4,70 m und war namentlich dann sehr gross, wenn sich mehrere ausziehende Trümmer in einem Schachte befanden, oder wenn ein Wettertrumm, wie auf Zeche Königsborn I, aus mehreren Segmenten zusammengesetzt war. So ergab sich z. B. auf der Zeche Westende 9 m und auf Deutscher Kaiser Schacht I mehr als 8 m Breite für den Wetterscheider. Die durchschnittliche Grundfläche der Wettertrümmer, die dem ausziehenden Strom zur Verfügung standen, betrug im Jahre 1898 je Schacht 5 qm gegenüber 3 qm im Jahre 1883.

Während die übrigen Nachteile der Schachtscheider, wie z. B. die Kraftverluste in den engen Wettertrümmern, sich nur schwer ziffernmässig nachweisen lassen, liegen über die Wetterverluste durch Undichtigkeiten einige bemerkenswerte Angaben vor.

Zunächst hat die Preussische Schlagwetterkommission*) durch Vergleich der Wettermengen über und unter Tage diese Verluste auf 28 Gruben ermittelt und dabei gefunden, dass sie im Durchschnitt 31,4 $^0/_0$ oder nahezu ein Drittel der gesamten ausziehenden Wettermenge ausmachten. Auf 8 von diesen Gruben betrug die Differenz sogar mehr als 50 $^0/_0$. Allerdings waren diese ungünstigen Resultate im wesentlichen durch schlechte Ausführung und Instandhaltung der Scheider entstanden, da die meisten Gruben nicht gewohnt waren, der Wetterführung grosses Gewicht beizulegen. Auf drei Zechen konnte die Kommission dagegen einen Wetterverlust durch den Scheider von weniger als 10 $^0/_0$ feststellen.

In neuerer Zeit ergiebt sich nach einer Zusammenstellung von 57 gleichzeitig ein- und ausziehenden Schächten aus dem Jahre 1898 ein mittlerer Wetterverlust infolge von Undichtigkeiten in den Schachtscheidern von 10,7 $^0/_0$, sodass also seit dem Anfang der achtziger Jahre eine Verminderung auf etwa den dritten Teil stattgefunden hat.

---

*) Band II der Anlagen zum Hauptbericht, S. 74.

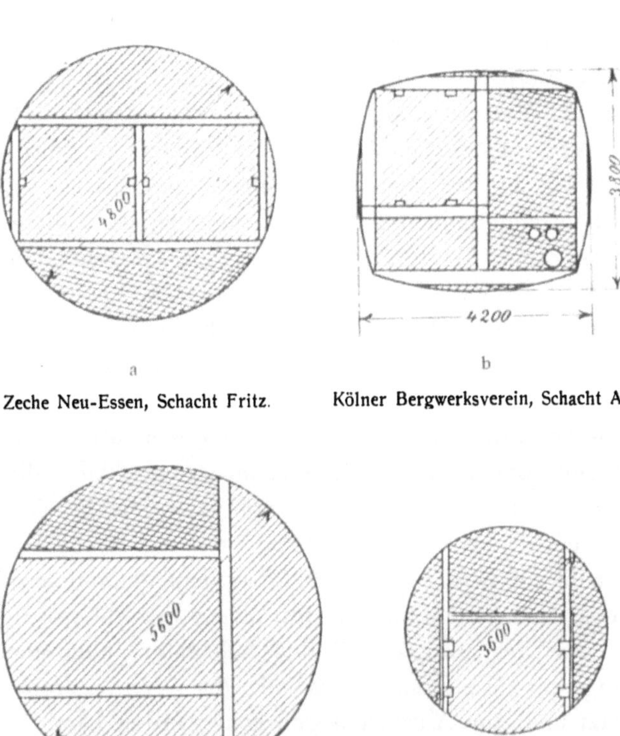

Zeche Neu-Essen, Schacht Fritz.   Kölner Bergwerksverein, Schacht Anna.

Zeche Helene u. Amalie, Schacht Amalie.   Zeche Königsborn I.

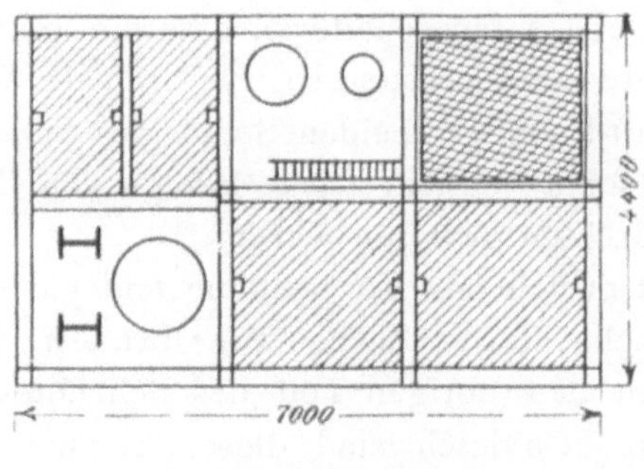

Zeche Ver.-Engelsburg.

Fig. 68.

Schachtquerschnitte.

Zu einem ähnlichen Ergebnis gelangt man durch Vergleich der Wettermessungsresultate im ausziehenden Schachte über und unter **Tage**, welche in der Wetterwirtschaftsübersicht des Oberbergamtes Dortmund für das II. Halbjahr 1900 zusammengestellt sind. Demnach beträgt auf 30 Anlagen der Verlust durch Schachtscheider im Durchschnitt 11,4 %. Allerdings ist der Verlust seiner absoluten Höhe nach infolge der Verstärkung der Wetterströme im Verlauf der letzten 20 Jahre von durchschnittlich 302 cbm auf 438 cbm in der Minute gestiegen.

Während im allgemeinen die Schachtscheider dazu dienen, den einziehenden Strom eines Wettersystems von dem ausziehenden zu trennen, sind sie in einzelnen Fällen auch zu anderen Zwecken benutzt worden. Dass auf Zeche Dorstfeld Schacht I das durch einen Scheider abgekleidete Wettertrumm dazu dient, um den verbrauchten Strom nicht dieses, sondern des Schachtes II abzuführen, bedeutet keinen wesentlichen Unterschied. Auf Zeche Westhausen ist aber ein sogenanntes »neutrales« Trumm durch eine Scheidewand vom Einziehstrom getrennt worden, damit die in ersterem befindliche Dampfleitung nicht durch ihre ausstrahlende Wärme auf den frischen Strom einwirken kann. Auf Schacht II der Zeche Prosper dient der Schachtscheider gewissermassen als Reserveanlage, indem er ein Trumm abscheidet, das bei gewöhnlichem Betriebe zwar ebenso dem Einziehstrome dient, wie der übrige Teil des Schachtes, aber im Notfalle bei Nichtbenutzung des Wetterschachtes mit der Ventilatoranlage in Verbindung gesetzt und zum Ausziehen gebracht werden kann.

Auf Zeche Dahlbusch II/V hat man den Versuch gemacht, den Wetterschacht durch eine feste Wand in zwei ausziehende Hälften zu teilen, von denen jede nur mit einem Teile des Grubenfeldes in Verbindung stand. Man wollte sodann beide auf dem Schachte stehenden Ventilatoren gleichzeitig nebeneinander betreiben, um die gesamte Wettermenge zu erhöhen. Wenn auch der Versuch daran scheiterte, dass die Ventilatoren zu der veränderten Grubenweite nicht passten, so war doch der Grundgedanke nicht übel, zumal der Luftdruck auf beiden Seiten des Scheiders ziemlich derselbe gewesen, und somit Wetterverluste infolge von Undichtigkeiten desselben nicht zu befürchten gewesen wären.

Eine vereinzelt dastehende Verwendung findet der Scheider auf dem alten ausziehenden Schachte der Zeche Oberhausen. Hier sind die beiden Fördertrumme gegen den übrigen Teil des Schachtes durch feste Holzwände abgeschlagen. Zugleich sind diese Trumme an den Füllörtern durch Wetterthüren verschlossen, während sie an der Hängebank mit der freien Luft in Verbindung stehen. Sie bilden daher indifferente Trumme, in denen eigentlich keine Wetterzirkulation stattfinden soll, und haben denselben Zweck zu erfüllen, wie die noch zu besprechenden beweglichen Schachtverschlüsse, nämlich den ausziehenden Wetterschacht für die Förderung nutzbar zu machen. Bei dem durch die Förderung bedingten häufigen Oeffnen und Schliessen der Thüren an den Füllörtern und der Undichtigkeit der Wände zieht aber ein Strom von über 1000 cbm in der

Minute durch diese Trümmer direkt zu Tage, der für den Grubenbetrieb verloren geht. Zugleich weist die Einrichtung alle sonstigen Nachteile der Schachtscheider auf und muss daher als recht unzweckmässig angesehen werden.

b) Feste Schachtverschlüsse.

Alle ausziehenden Wetterschächte oder Trümmer müssen oberhalb des Wetterkanals möglichst dicht abgeschlossen werden, um ein direktes Ansaugen frischer Wetter durch den Ventilator auf ein Mindestmass zu beschränken. Das geschieht meist durch einen doppelten hölzernen Bohlen- oder Bretterbelag, der zur besseren Abdichtung mit Lehm bedeckt oder mit einer Beton-, Cement- oder Asphaltschicht versehen wird. So ist

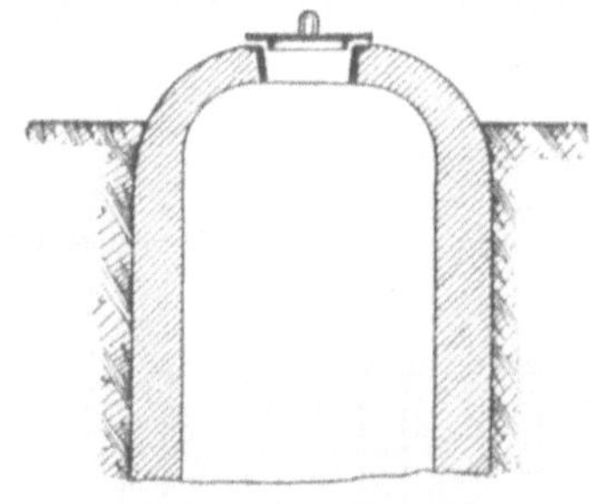

Fig. 69.

Schachtverschluss auf Zeche Consolidation, Schacht V.

z. B. das ausziehende Trumm des Schachtes Shamrock V mit Pitchpine-Bohlen von 39 mm Dicke und 300 mm Breite belegt, die mit Feder und Nut ineinandergreifen. Darüber befindet sich eine 30 cm starke Lehmschicht. Auf Zeche Courl Schacht II liegen über einer Holzunterlage Platten von Blei- und Eisenblech. Statt des Holzverschlusses ist auf den Zechen Pluto Schacht Thies und Constantin der Grosse Schacht III der Wetterschacht mit Kesselblechplatten luftdicht abgedeckt, die von darunter liegenden Eisenbahnschienen getragen werden. Vereinzelt findet man auch eiserne Klappen, die in Angeln beweglich sind, z. B. auf Zeche Ver. Hagenbeck.

Ungefähr ebenso häufig wie diese flachen Schachtverschlüsse aus Holz oder Eisen wendet man gemauerte Gewölbe zum Abschluss der Wetterschächte über Tage an. Sie sind entweder kuppelförmig ausgeführt, wie auf dem Luftschacht V der Zeche Consolidation (Fig. 69) und dem Wetterschacht der Zeche Germania I (Fig. 70), wo sich an das Gewölbe direkt der Wetterkanal anschliesst, oder in flachem Bogen

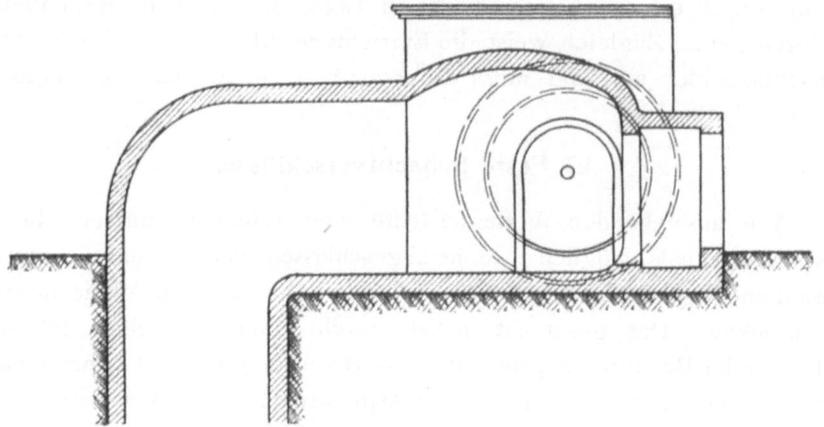

Fig. 70.

Schachtverschluss auf Zeche Germania I.

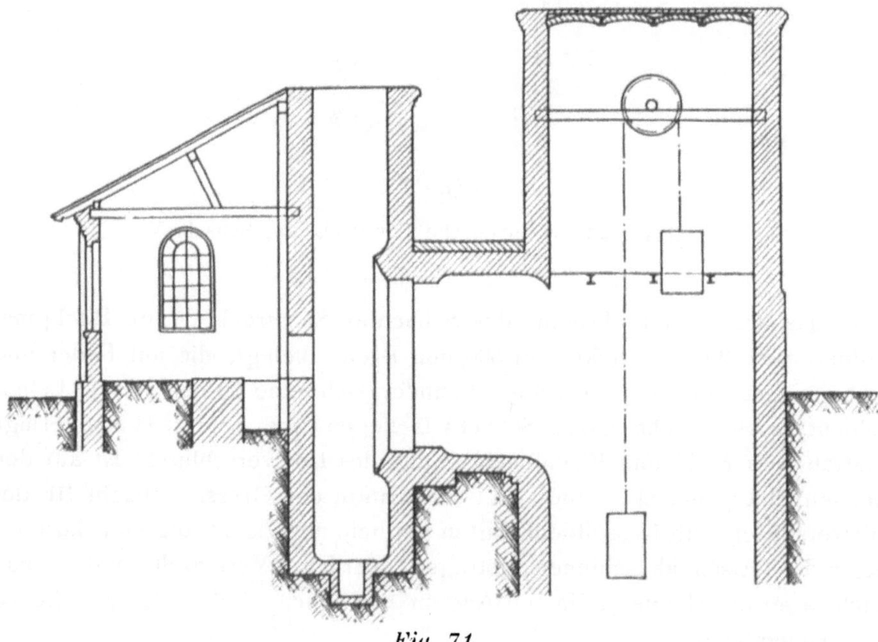

Fig. 71.

Schachtverschluss auf Zeche Germania II.

zwischen ⊥-Eisen verlagert, eine Ausführung, die sich auf den Zechen
Germania II (Fig. 71), Mathias Stinnes, Mont Cenis und anderen findet.
Ziemlich regelmässig sind die festen Schachtverschlüsse mit einer

verschliessbaren Oeffnung versehen, um den Zugang zu dem Schacht zu ermöglichen. So ist z. B. auf Schacht Consolidation V (Fig. 69) eine Einsteigeöffnung von 1 m Durchmesser vorhanden, die durch einen eisernen Deckel verschlossen wird.

Aehnliche Schachtverschlüsse aus Holz, Eisen oder Stein finden sich auch innerhalb der ausziehenden Wetterschächte unterhalb der Wettersohle auf manchen Gruben, z. B. auf Massener Tiefbau, Tremonia und Dahlbusch II/V, wenn der untere Teil eines ausziehenden Schachtes dazu dienen soll, den frischen Strom von einer höheren zu einer tieferen Sohle zu leiten.

Mehrfach hat man den Wetterschacht mit einem Deckel versehen, der beim Eintreten einer Explosion dem aus der Grube kommenden Luft-

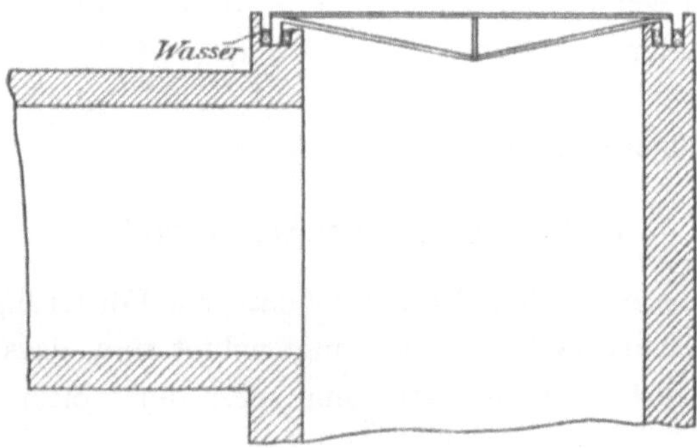

Fig. 72.
Schachtverschluss auf Zeche Shamrock, Scht. IV.

stosse nachgeben und sich nach Entweichen der überflüssigen Wettermenge selbstthätig wieder senken soll. Einen derartigen Deckel findet man auf Zeche Shamrock Schacht IV (Fig. 72). Die meisten Deckel sind jedoch nicht wie dieser flach konstruiert, sondern bestehen aus kuppelförmigen, aus Eisenblech hergestellten Schachthauben. Diese Deckel- oder Haubenverschlüsse werden lose auf den Schachtrand aufgesetzt, doch empfiehlt es sich, dieselben ringsum mit Cement (Zeche Rheinelbe), Lehm oder sonstigem Material abzudichten, um Wetterverluste zu vermeiden. Auch Wasserverschlüsse, wie der in Figur 72 angedeutete, die u. a. auch auf mehreren Schächten des Kölner Bergwerksvereins eingeführt sind, sperren in einfacher und sicherer Weise die äussere Luft ab, wenn nur für rechtzeitige Erneuerung des durch Verdunstung verloren gehenden Wassers gesorgt wird. Auf Schacht III der Zeche Hibernia wird warmes Kondenswasser zum Füllen der Wasserrinne benutzt, damit der Deckel im Winter nicht einfriert. Auf Zeche Kaiserstuhl II kann die ganze Haube im Notfalle abgenommen und der Schacht zur Menschenförderung benutzt werden. Zuweilen ist auch ein solcher Deckel mit seiner Unterlage fest verbunden, auf Neu-Iserlohn I ist er z. B. auf dem Schachtausbau aufgeschraubt. Endlich bildet auf einigen Gruben, z. B. auf Zeche Hamburg und Franziska, die eiserne Haube, welche den Schacht verschliesst, zugleich den Uebergang zur Saugöffnung des unmittelbar am Schachte aufgestellten Flügelrades.

Bei guter Ausführung und Unterhaltung sind die Wetterverluste, die durch einen festen Schachtverschluss entstehen, gering. Wenn in der Wetterwirtschaftsübersicht des Oberbergamtes Dortmund für das II. Halbjahr 1900 alle diejenigen Gruben ausgeschieden werden, bei denen es zweifelhaft sein mag, ob sorgfältige Messungen des ausziehenden Stromes über und unter Tage stattgefunden haben, so bleiben 44 Betriebsanlagen mit festen Schachtverschlüssen übrig; bei diesen ergiebt sich ein Wetterverlust von insgesamt 2 877 cbm in der Minute oder 1,62 $^0/_0$ der im Wetterkanale gemessenen Wetterströme, der auf Undichtigkeit der Verschlüsse über Tage zurückzuführen ist.

c) Bewegliche Schachtdeckel.*)

Wenn die ausziehenden Wetterschächte zur Förderung dienen sollen, müssen die Schachtverschlüsse so eingerichtet sein, dass sie den Durchgang der Förderkörbe ermöglichen, ohne dass der wetterdichte Abschluss aufgehoben wird.

Am einfachsten erreicht man diesen Zweck durch bewegliche Schachtdeckel, die darum auch am häufigsten angewandt werden. Diese Deckel werden von dem zu Tage kommenden Förderkorb hochgehoben, der seinerseits, so lange er sich an der Hängebank befindet, mit seinem Boden die Schachtöffnung versperrt, während beim Niedergange des Korbes die Deckel wieder selbstthätig auf den Schacht niederfallen. Die Fördertrumme müssen bei Anwendung dieses Verschlusses von der Rasenhängebank bis zur Abzugshängebank wetterdicht abgekleidet sein.

Die Deckel bestehen aus zwei Teilen, nämlich aus einer der Querschnittsform des Fördertrumms angepassten, über dessen Ränder hinausragenden Platte, die in der Mitte mit einer grösseren Oeffnung versehen ist, und aus einer diese Oeffnung bedeckenden und lose auf der Platte liegenden Scheibe, die in ihrer Mitte ein kleines Loch für das Förderseil besitzt. Die Scheibe soll während der Förderung den Schwankungen des Seiles ausreichenden Spielraum gewähren, da sie sich mit diesem seitlich hin- und herbewegen kann. Ausserdem hat sie

---

*) Unter Benutzung einer Arbeit des Bergassessors Macco »Die Schachtdeckelverschlüsse im Ruhrrevier«.

noch einen anderen Zweck. Sie wird beim Heraufkommen des Korbes von dem Seileinband erfasst und hochgehoben; dadurch wird die in der Deckelplatte befindliche grosse Oeffnung freigelegt, und der Druckunterschied zwischen der atmosphärischen Luft und dem obersten Teile des Wetterschachtes kann sich ausgleichen. Wenn darauf der Korb selbst an der Hängebank ankommt und die Deckelplatte hochhebt, werden infolge dieses Ausgleiches die Stösse beim Anprall des Korbes weniger heftig.

Die Deckelplatte wird meist aus Eisenblech mit Verstärkungen aus Profileisen angefertigt. Sie ist in der Regel aus mehreren Teilen zusammengesetzt, die entweder aus parallelen Streifen bestehen (Zeche Bruchstrasse, Fig. 81 a. S. 395; Zeche Dannenbaum, Fig. 82 a. S. 396) oder sektorartig in der Mitte des Deckels zusammenstossen (Zeche Colonia, Fig. 83 a. S. 397). Die Stärke der Deckelbleche schwankt je nach der Höhe der Depression zwischen 1,5 und 10 mm und beträgt meist 4—6 mm. Zur Verstärkung dient ein ringsum laufender Kranz von Winkel- oder Flacheisen. Ebenso ist der Rand der mittleren Oeffnung versteift, da er durch den darauf niederfallenden kleinen Deckel stark in Anspruch genommen wird. Die Verstärkungen werden zweckmässig auf der Unterseite des grossen Deckels angebracht, damit der kleine Deckel mit einer breiten Fläche auf dem grossen aufliegt.

Auf mehreren Zechen, z. B. Präsident, ruht der kleine Deckel auf einem bis zu mehreren Decimetern hohen cylindrischen Aufbau (Fig. 73a u. b). Bei Seilzwischengeschirren mit divergierenden Ketten, wie auf Zeche General Blumenthal, wird ein entsprechender konischer Aufsatz auf dem grossen Deckel angebracht (Fig. 74 a—c). Durch solche Aufsätze wird auch die Zeit abgekürzt, während welcher der kleine Deckel bereits geöffnet, der Schacht aber noch nicht durch den Boden des Förderkorbes abgeschlossen ist, und somit eine Verminderung der Wetterverluste herbeigeführt. Dafür besitzen die Aufsätze den Nachteil, dass namentlich an den Verbindungsstellen mit der Deckelplatte leicht Undichtigkeiten eintreten, welche häufige Reparaturen veranlassen. Auch bieten sie dem kleinen Deckel meist eine zu geringe Auflagefläche.

Verstrebungen aus Winkeleisen, die auf der Oberfläche des grossen Deckels verteilt sind, sollen ein Verbiegen des Eisenbleches verhindern und dafür sorgen, dass es an allen Seiten glatt und mit genügender Breite auf den Schachträndern aufliegen kann.

Nur auf vier Zechen ist der grosse Schachtdeckel aus Holz hergestellt worden und zwar aus zwei Lagen Tannenholzbohlen von je 40—50 mm Stärke, die durch Nut und Feder verbunden sind. In einem Falle befindet sich zwischen beiden Lagen noch eine Schicht Dachpappe und die Fugen sind mit Teer und Mennige besonders abgedichtet. Die

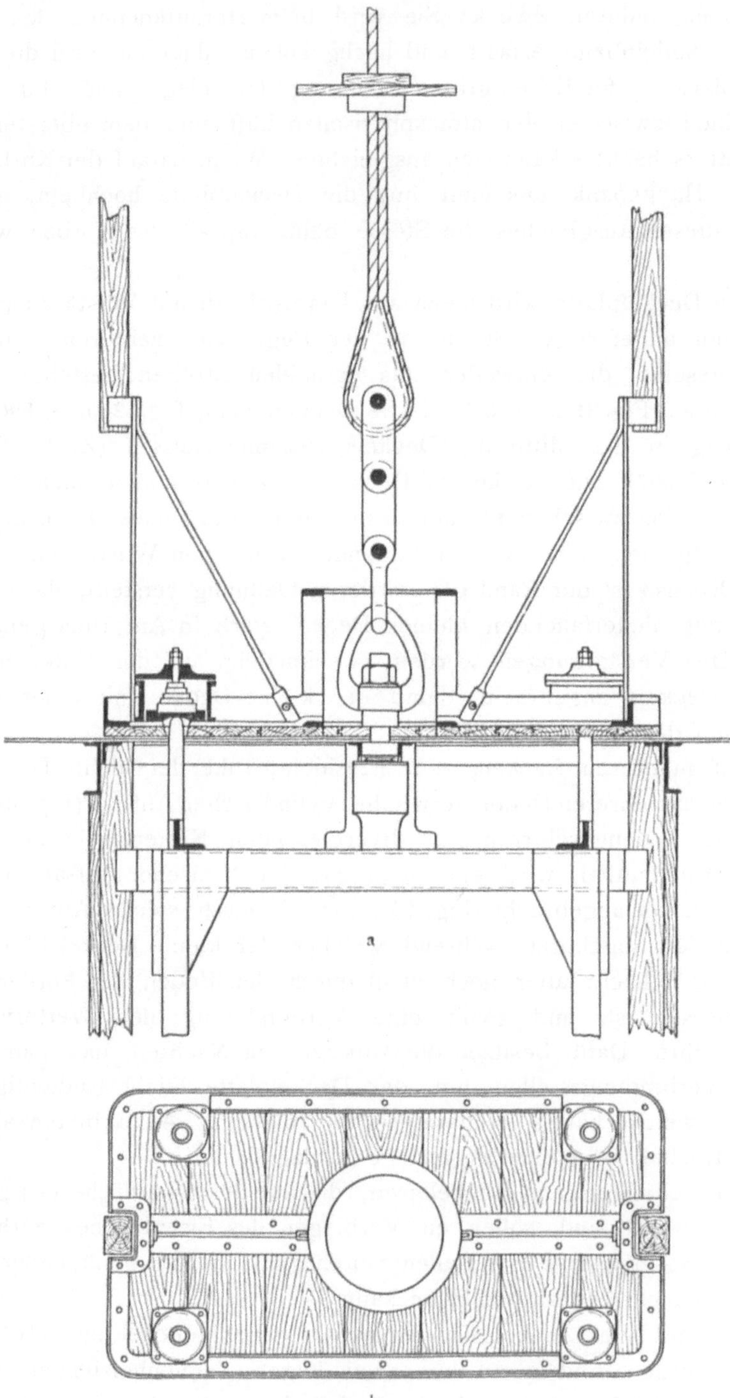

Fig. 73.

Schachtdeckel auf Zeche Präsident.

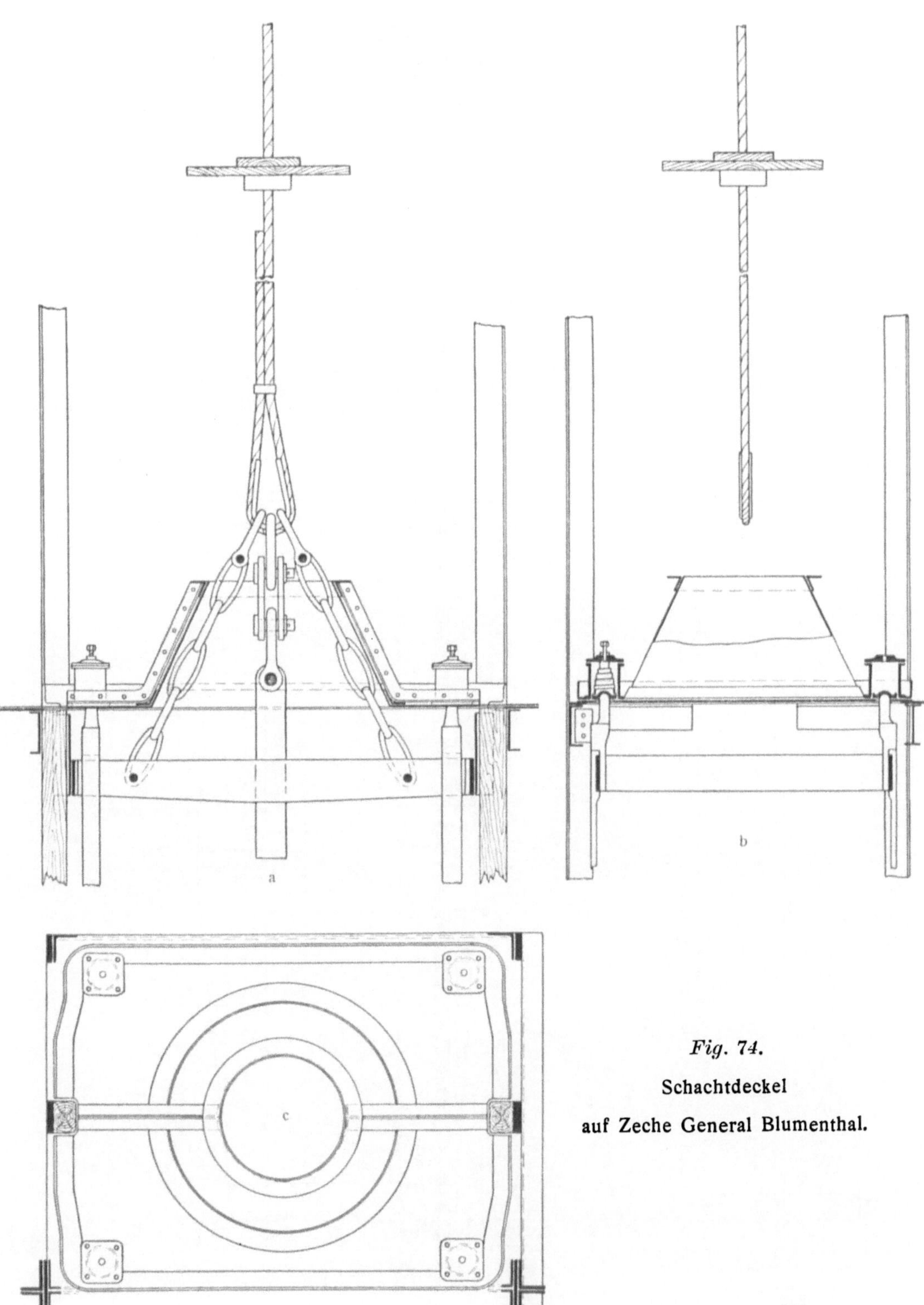

Fig. 74.

Schachtdeckel

auf Zeche General Blumenthal.

25*

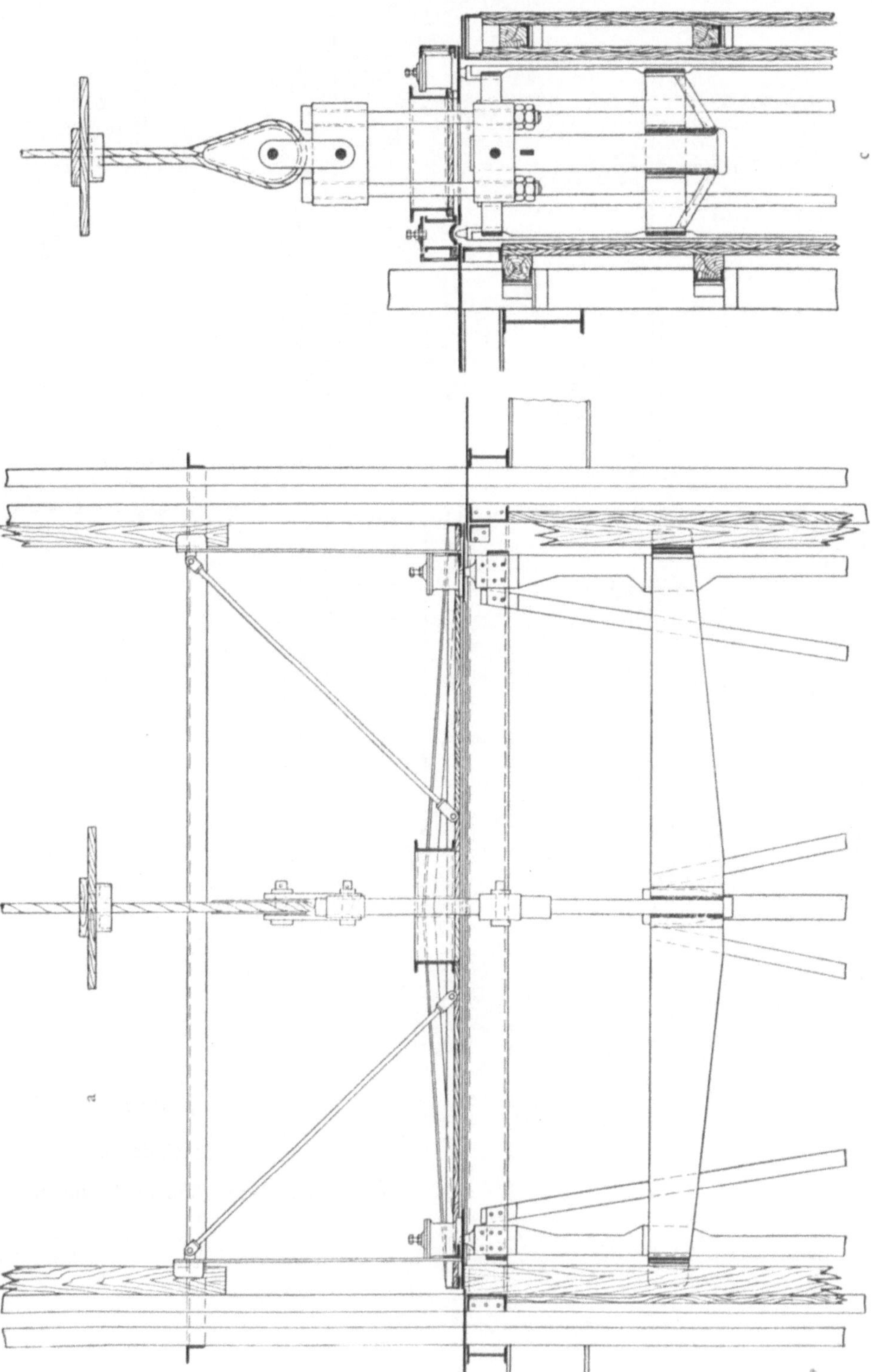

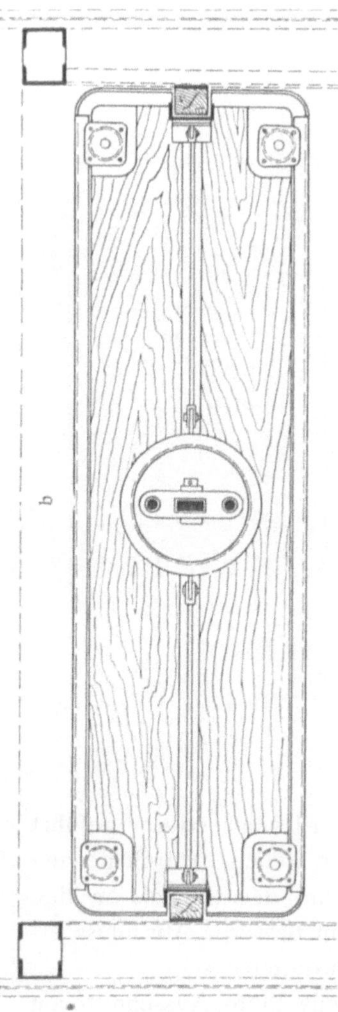

Fig. 75.

Schachtdeckel auf Zeche
Consolidation Schacht VI.

Holzdeckel werden an ihrem äusseren Rande
ebenfalls durch einen Rahmen von Winkeleisen
zusammengehalten, der aber schwächer sein
kann als bei eisernen Schachtdeckeln. Auch
bedürfen sie keiner Querverstrebungen. Dagegen bringt man am unteren Rande zweckmässig ein Flacheisenband an, um ein Splittern
des Holzes zu vermeiden und auch der Rand
der mittleren Oeffnung muss durch Eisenbe-
schlag oder durch Ringe aus Profil- oder
Flacheisen geschützt werden.

Im allgemeinen besitzen eiserne Deckel
ein geringeres Gewicht als hölzerne. Dafür
sind sie aber trotz sorgfältiger Versteifung
leicht Formveränderungen ausgesetzt und verursachen dann Wetterverluste infolge mangelhaften Anschlusses an den Rändern. Die
Holzdeckel bleiben dagegen eben und dürften
daher wohl den eisernen Deckeln vorzuziehen
sein. Sie können, wie das Beispiel der Zeche
Consolidation (Fig. 75 a — c) zeigt, eine Reihe
von Jahren benutzt werden, ohne dass eine
Erneuerung oder Reparatur nötig wird. Dagegen haben häufige Reparaturen an den
ganz aus Eisen hergestellten Deckeln dazu
geführt, dass man sie auf einigen Zechen
nachträglich mit einem Holzfutter versehen
hat. Auf den Zechen Dannenbaum V und
von der Heydt wurde die obere Seite des
Deckels mit einer Holzauflage bekleidet, auf
Centrum und Präsident dagegen auf der
Unterseite ein Bohlenbelag angebracht.

Die erheblichsten Wetterverluste entstehen bei den Schachtdeckeln dadurch, dass
sie den Schachtrand nicht überall gleichmässig überdecken. Zunächst erfordern die
Spurlatten entsprechende Einschnitte am
Rande des Deckels. Namentlich bei Kopfführung ist der Verschluss ungenügend, da
dann an der Hängebank eine Unterbrechung
der Spurlatten eintritt und die zugespitzten
Enden derselben beim Aufliegen des Deckels

die darin ausgesparten Oeffnungen nur ungenügend ausfüllen.   Zur Vermeidung dieser Verluste schneiden auf Schacht Hugo III die Spurlatten dicht
unter der Hängebank ab und der Korb wird weiter oberhalb in seinen vier
Ecken geführt (Fig. 76a—c).   Letztere sind zu diesem Zwecke mit sorgfältig
bearbeiteten Winkeleisen beschuht, die mit geringem Spielraum in vier

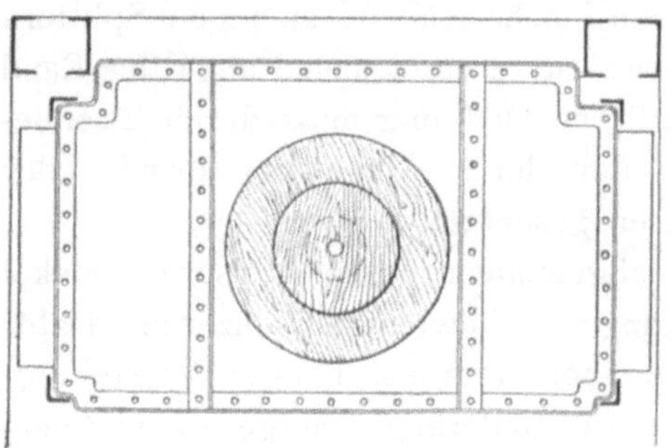

Fig. 76.

Schachtdeckel auf Zeche Hugo.

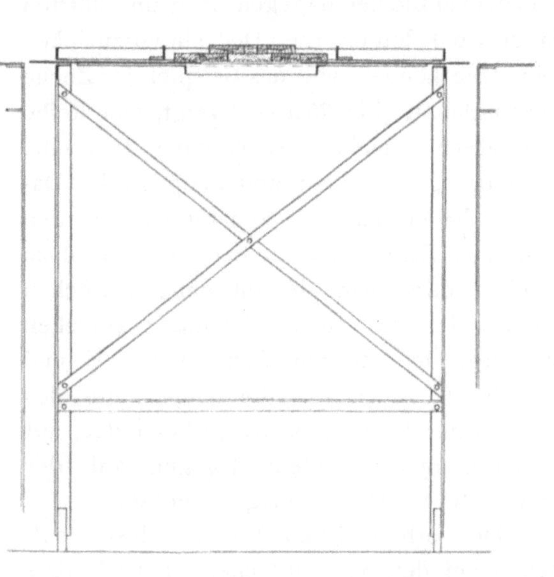

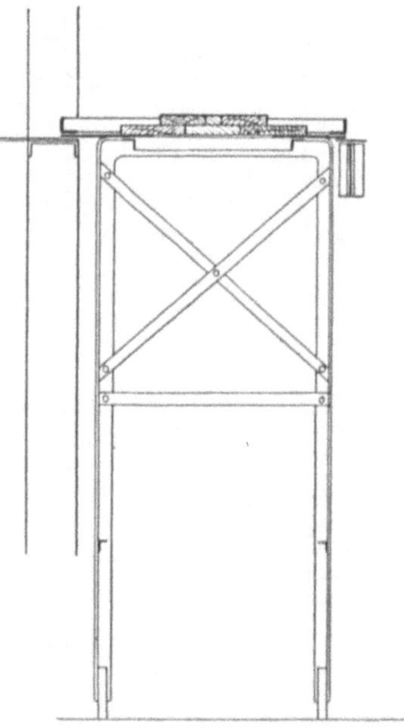

Führungswinkeleisen gleiten.   Auch der Deckel wird von letzteren geführt
und besitzt entsprechende Auskerbungen an seinen Ecken.   Durch genaue
Bearbeitung der einzelnen Teile ist der Spielraum des Deckels in den
Ecken auf das geringste Mass beschränkt und ein besserer Abschluss erzielt worden als bei einer Führung durch Kopfspurlatten.

Weiter sind bei einigen Anlagen, wie auf Zeche Pluto, Ausschnitte am

Deckelrande für die Kapsstützen erforderlich. Auch dadurch entstehen Verluste und obendrein sind die Zacken am Rande sehr dem Verschleiss ausgesetzt.

Den Deckelrand hat man mehrfach an der Unterseite ringsum mit einer Filzschicht versehen. Wenn dieselbe nicht zu schwach ist, leistet

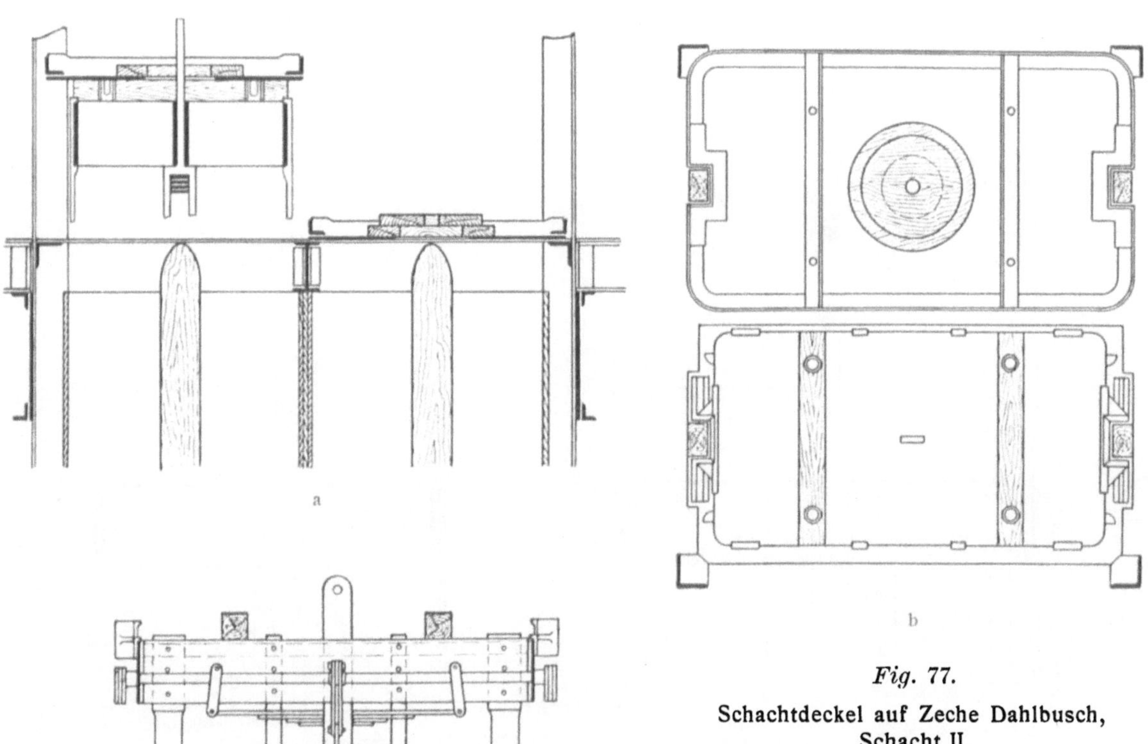

Fig. 77.

Schachtdeckel auf Zeche Dahlbusch,
Schacht II.

sie gute Dienste, da sie sowohl die Stösse abschwächt, denen der Deckel ausgesetzt ist, als auch die Undichtigkeiten zwischen dem Deckelrand und seiner Auflagefläche ausfüllt. Die Filzschicht ist bei guter Befestigung auch durchaus haltbar: Auf Schacht Consolidation IV war eine allerdings recht starke Filzunterlage länger als drei Jahre in Benutzung.

Zur Uebertragung des Stosses, den der aufgehende Förderkorb auf den Schachtdeckel ausübt, wird regelmässig eine besondere Vorrichtung eingeschaltet. Am einfachsten ist dieselbe auf Dahlbusch II eingerichtet, wo nur zwei Holzbalken auf dem Förderkorb angebracht sind, die gegen die Unterseite des Deckels stossen (Fig. 77 a—c). Da jedoch auf manchen Zechen das Zwischengeschirr zwischen Seil und Korb eine grössere Breite

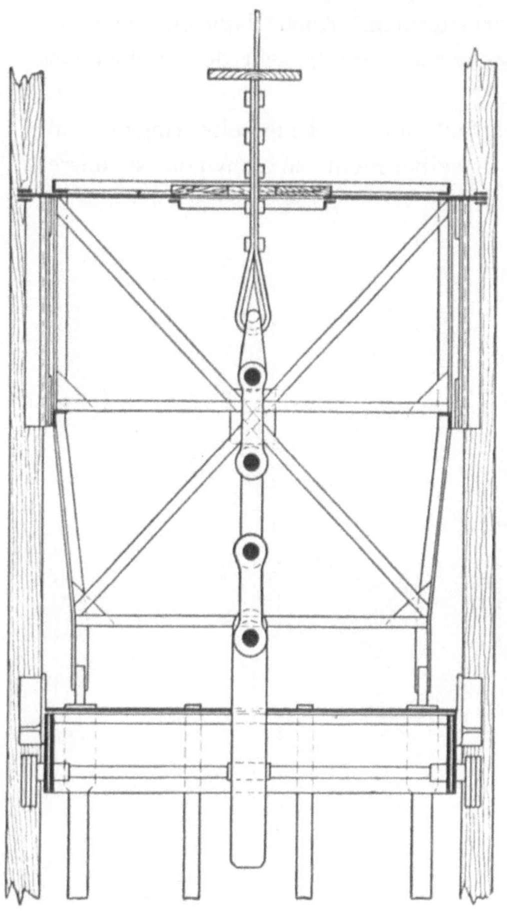
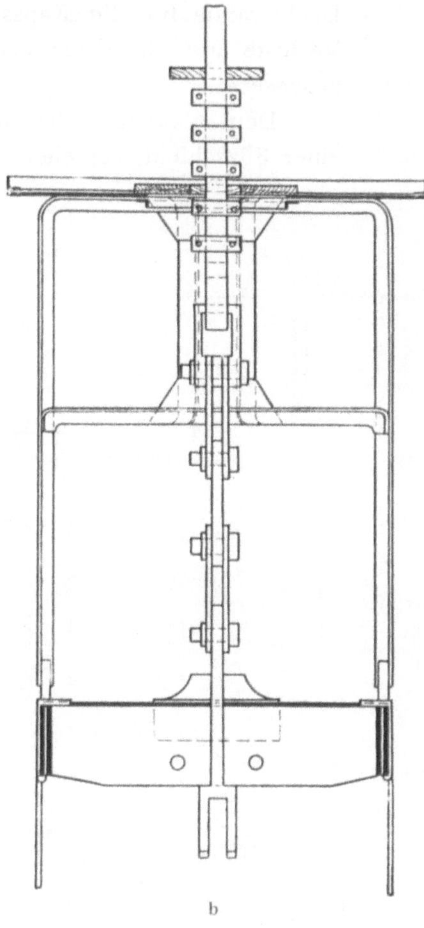

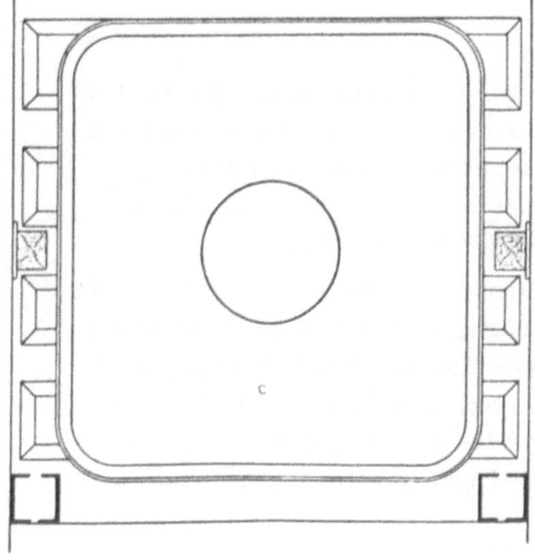

Fig. 78.

Schachtdeckel auf Zeche Pluto.

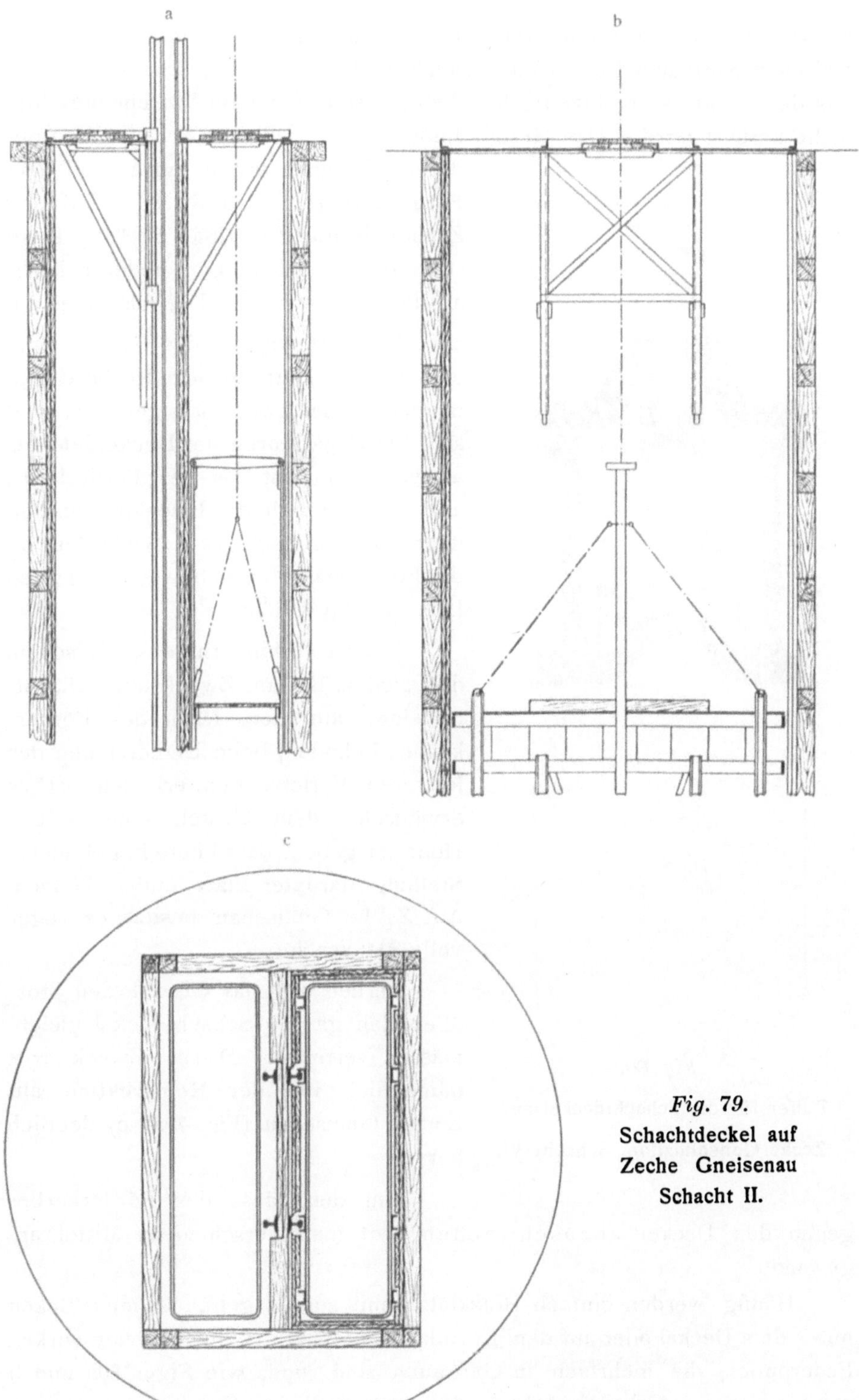

Fig. 79.
Schachtdeckel auf
Zeche Gneisenau
Schacht II.

besitzt, als man der mittleren Deckelöffnung geben kann, muss häufig zwischen Korb und Deckel ein besonderes Gestell eingeschaltet werden, das den Deckel so rechtzeitig hochhebt, dass er von dem Zwischengeschirr nicht berührt wird. Das Gestell bildet meist, z. B. auf Schacht Consolidation VI, einen festen Aufsatz auf dem Förderkorb (Fig. 75a. S. 388). Auf den Zechen Hugo (Fig. 76a. S. 390), Pluto (Fig. 78a—c) und einigen anderen ist es an der Unterseite des Deckels befestigt.

Die Befestigung des Gestelles an dem Deckel statt an dem Korbe dürfte im allgemeinen zweckmässiger sein, weil sich bei Reparaturen der Deckel leichter auswechseln lässt als der Förderkorb; auch wird durch die Eisenkonstruktion über dem Korbdach das Gewicht der von der Fördermaschine zu bewegenden toten Last unnötig erhöht.

Um zu verhindern, dass Personen, die sich z. B. zum Zweck der Schachtrevision, auf dem Dach des Förderkorbes befinden, beim Emporziehen des letzteren Verletzungen erleiden, ist es erwünscht, dem Gestell eine solche Höhe zu geben, dass Leute in gebückter Stellung darunter Platz finden können. Auf Zeche Gneisenau besitzt es sogar volle Mannshöhe.

Ferner soll das Gestell den Stoss über den ganzen Schachtdeckel gleichmässig verteilen. Dieser Zweck tritt namentlich bei der Konstruktion auf Zeche Gneisenau (Fig. 79a—c) deutlich hervor.

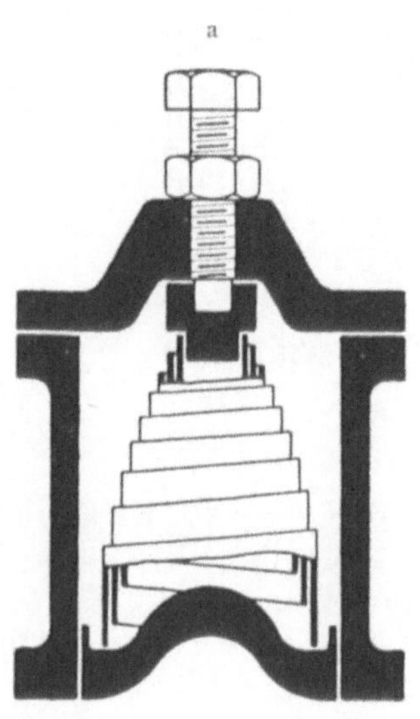

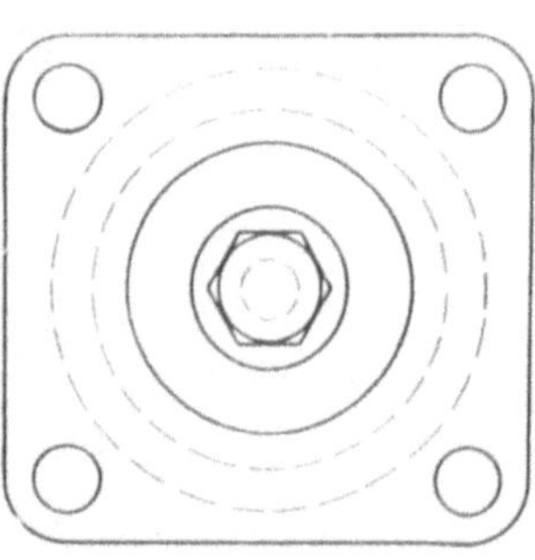

Fig. 80.

Puffer für die Schachtdeckel auf Zeche Consolidation, Schacht VI.

Um den Stoss des Förderkorbes gegen den Deckel abzuschwächen, hat man verschiedene Mittel angewandt.

Häufig werden einfach Holzklötze mit aufgenagelten Gummistücken unter dem Deckel oder auf dem Korbdach befestigt. Vollkommener wirken Federpuffer, die mehrfach in Gebrauch sind und, wie Figur 80a und b zeigt, aus einer starken, in einem Gehäuse befindlichen Stahlfeder bestehen,

deren Spannung durch eine Kopfschraube reguliert wird. Gegen die Fuss-
platte des Puffers stösst ein starker eiserner Dollen, der auf dem Korbe
befestigt ist. Gewöhnlich wird in jeder Ecke des Deckels ein solcher
Puffer angebracht.

Einfacher noch und ebenso zweckmässig sind die Luftpuffer, die auf
Zeche Dahlbusch neuerdings in Gebrauch sind. Dieselben bestehen aus

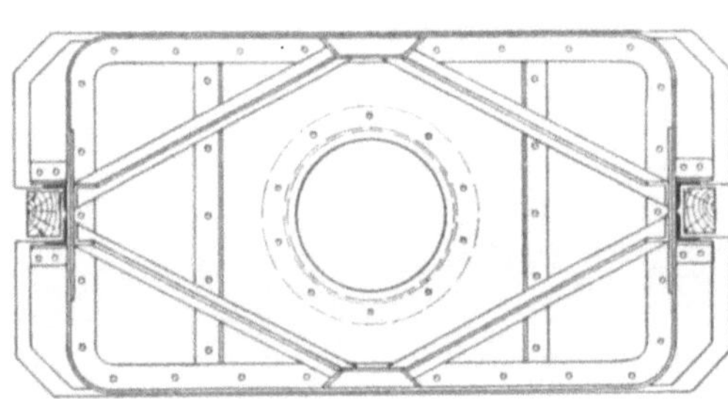

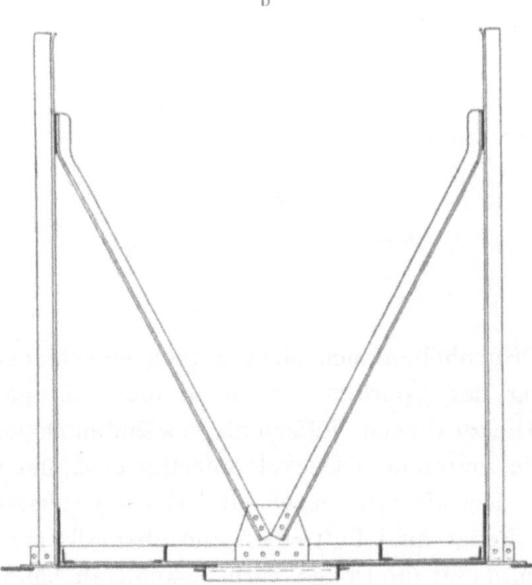

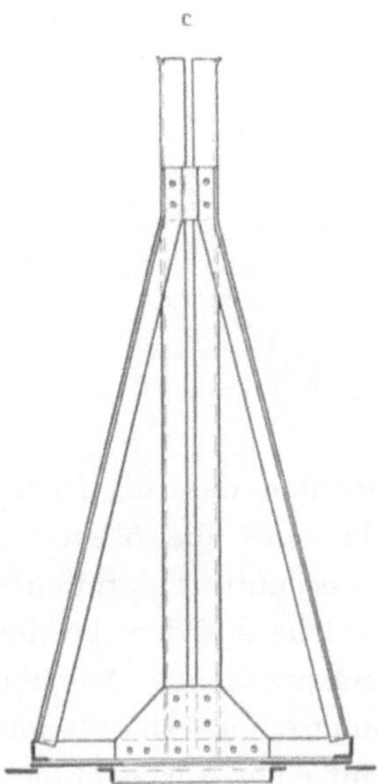

Fig. 81.
Schachtdeckel mit Führungsgestell.
Zeche Bruchstrasse.

einem Cylinder, in dem sich eine Kolbenplatte bewegt. Der Cylinder steht
nach oben durch ein feines Loch mit der Atmosphäre in Verbindung.
Wenn nun von unten der Stoss der auf dem Korbe befestigten Dollen auf
die Kolbenplatte erfolgt, vermag die Luft aus dem Cylinder nur allmählich
zu entweichen. Sie wird daher zusammengepresst und mildert durch ihre
Federwirkung den Stoss des Korbes.

Auf Zeche Preussen waren auf dem Schachtrande vier federnde
Stifte angebracht, auf die der Deckel beim Niedergange des Korbes herab-

fiel. Zwar wurde dadurch der Deckel selbst geschont, doch wurde seine Auflage auf dem Schachtrand verschlechtert. Auch war der Verschleiss an Federn ein sehr grosser, sodass man sich entschloss, die Einrichtung wieder abzuwerfen.

Die Führung der Schachtdeckel an den Spurlatten geschieht meist mit Schuhen. Auf den Schächten mit Kopfführung, wo die Spurlatten an der Hängebank untergebracht sind, muss auf andere Weise dafür gesorgt

Fig. 82.

Schachtdeckel mit Führungsgestell.   Zeche Dannenbaum V.

werden, dass die Deckel beim Hochheben sich nicht seitlich verschieben, da sonst die obere Fortsetzung der Spurlatten nicht in die Führungsausschnitte eingreifen würde. Hierzu dienen vielfach die erwähnten Dollen, welche auf dem Förderkorb oder unter dem Deckel befestigt sind und in entsprechende Ausschnitte des Korbdaches bezw. der Deckelunterseite eingreifen. Die Fussplatten der Feder- und Luftpuffer sind ebenfalls meist mit einer Ausbuchtung versehen, damit die Dollen darin festen Halt haben. In diesen Fällen dürfte eine besondere Führungskonstruktion über dem Deckel, die auf Zeche Consolidation VI noch obendrein angebracht ist, entbehrlich sein.

Wenn aber die Dollen fehlen, wird auf dem Kopf des Deckels ein Führungsgestell angebracht. Es besteht aus je zwei zu beiden Seiten des Spurlattenausschnittes stehenden Winkeleisen, die durch Streben abgestützt werden (Fig. 81a—c und 82a—c). Wenn die Führung sehr lang ist, wie z. B. auf Zeche Colonia (Fig. 83a—c), erfordert sie natürlich zu ihrer Stütze eine komplizierte Eisenkonstruktion. Diese Führungen besitzen den

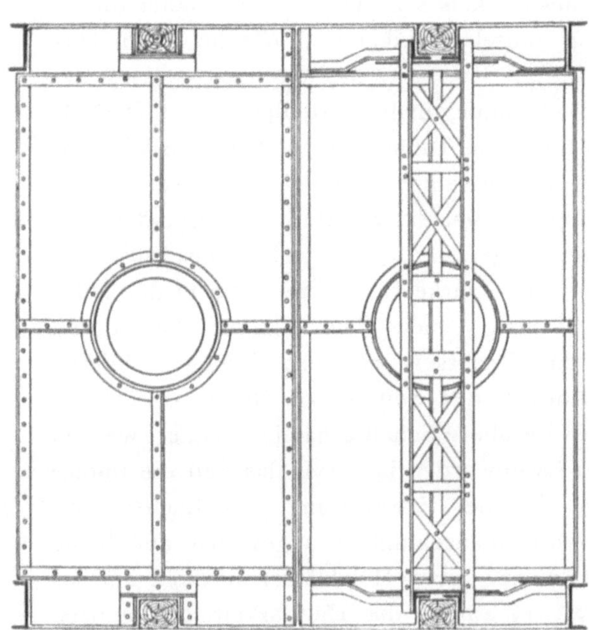

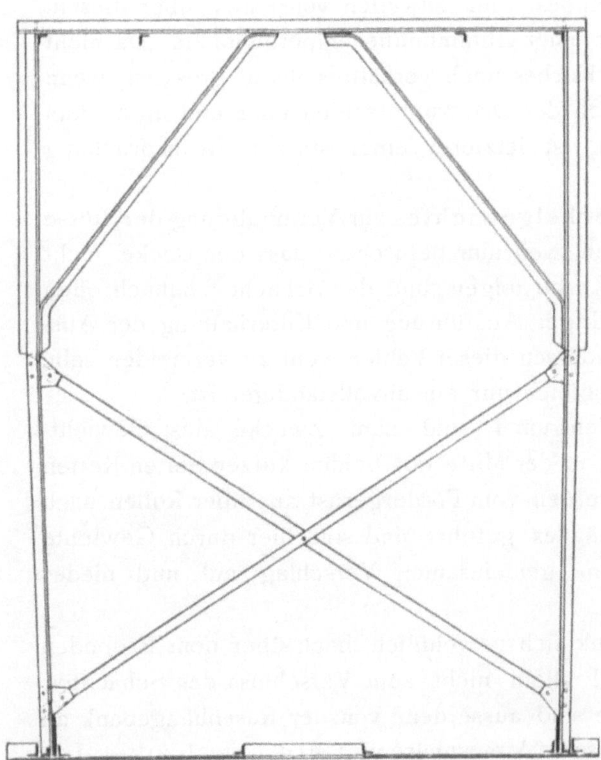

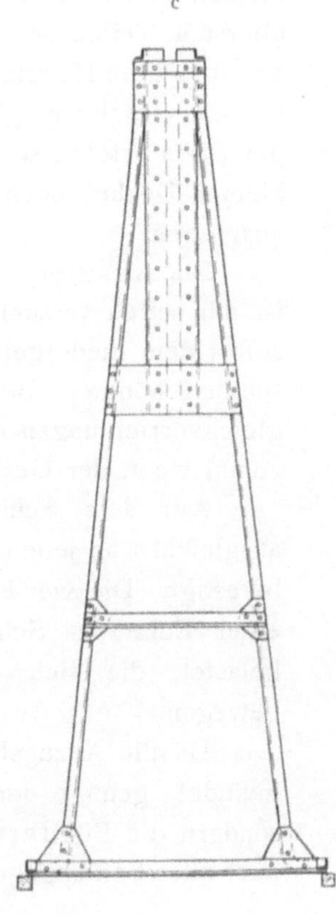

Fig. 83.

Schachtdeckel mit Führungsgestell. Zeche Colonia.

Nachteil, dass sie das Gewicht des Deckels sehr vermehren. Daher dürfte die bereits erwähnte Eckführung mittelst Winkeleisen (Zeche Hugo) vorzuziehen sein.

Der kleine Deckel, der die Oeffnung in der Mitte des grossen Deckels verschliessen soll, ist rund und meist aus Tannenholz, seltener aus Weidenholz angefertigt, welch letzteres wegen seiner Zähigkeit für diesen Zweck empfohlen wird. Zur Verstärkung und um das Splittern zu verhindern, ist er häufig mit einem Eisenband eingefasst. Er besteht meist aus zwei aufeinanderliegenden Scheiben, einer stärkeren unteren, die in der Mitte einen grösseren Ausschnitt besitzt, und einer darauf befestigten schwächeren Scheibe, welche das Förderseil möglichst dicht umschliesst. Da die Oeffnung zur Durchführung des Seiles sich durch die starke Reibung schnell erweitert, muss die obere Scheibe häufig erneuert werden und zwar bevor das Loch so gross geworden ist, dass das Seil die untere Scheibe berühren kann. Um die bei Erweiterung des Loches entstehenden Wetterverluste möglichst einzuschränken, nagelt man auf Zeche Consolidation auf den Deckel immer neue Holzklötzchen dicht um das Seil herum auf, bis nach etwa 14 Tagen die Haltbarkeit des ganzen kleinen Deckels erschöpft ist und er mitsamt dem darauf entstandenen kleinen Holzaufbau abgeworfen wird. Der kleine Deckel wird von den obersten Teilen des Seileinbandes oder zuweilen von einem über diesem angebrachten Holzriegel oder einer Gummimuffe emporgehoben. Da nicht nur die Geschwindigkeit des Korbes noch verhältnismässig gross ist, wenn der Stoss erfolgt, sondern auch der Druckunterschied über und unter dem kleinen Deckel noch besteht, ist letzterer einer starken Beanspruchung ausgesetzt.

Ein Ausgleich des Deckelgewichtes zur Verminderung der Stösse ist nur selten versucht worden, weil man befürchtet, dass der Deckel nicht sofort dem niedergehenden Korbe folgen und der Schacht demnach offen bleiben könnte. Bei sorgfältiger Ausführung und Unterhaltung der Ausgleichvorrichtungen dürfte indessen dieser Fehler wohl zu vermeiden sein, zumal wenn der Gewichtsausgleich nur ein unvollständiger ist.

Auf dem Schachte Centrum I sind zum Zwecke des Gewichtausgleiches an jedem Deckel in der Mitte der beiden kurzen Seiten Ketten befestigt. Die vier Ketten werden vom Fördergerüst aus über Rollen nach einer Ecke des Schachtgebäudes geführt und sind hier durch Gewichte belastet, die sich in einem gemeinsamen Verschlag auf und nieder bewegen.

Da die Abzugshängebank sich gewöhnlich hoch über dem Erdboden befindet, genügt der Deckel allein nicht zum Verschluss des Schachtes, sondern die Fördertrumme sind ausserdem von der Rasenhängebank an nach allen Seiten gegen die äussere Atmosphäre wetterdicht abzukleiden

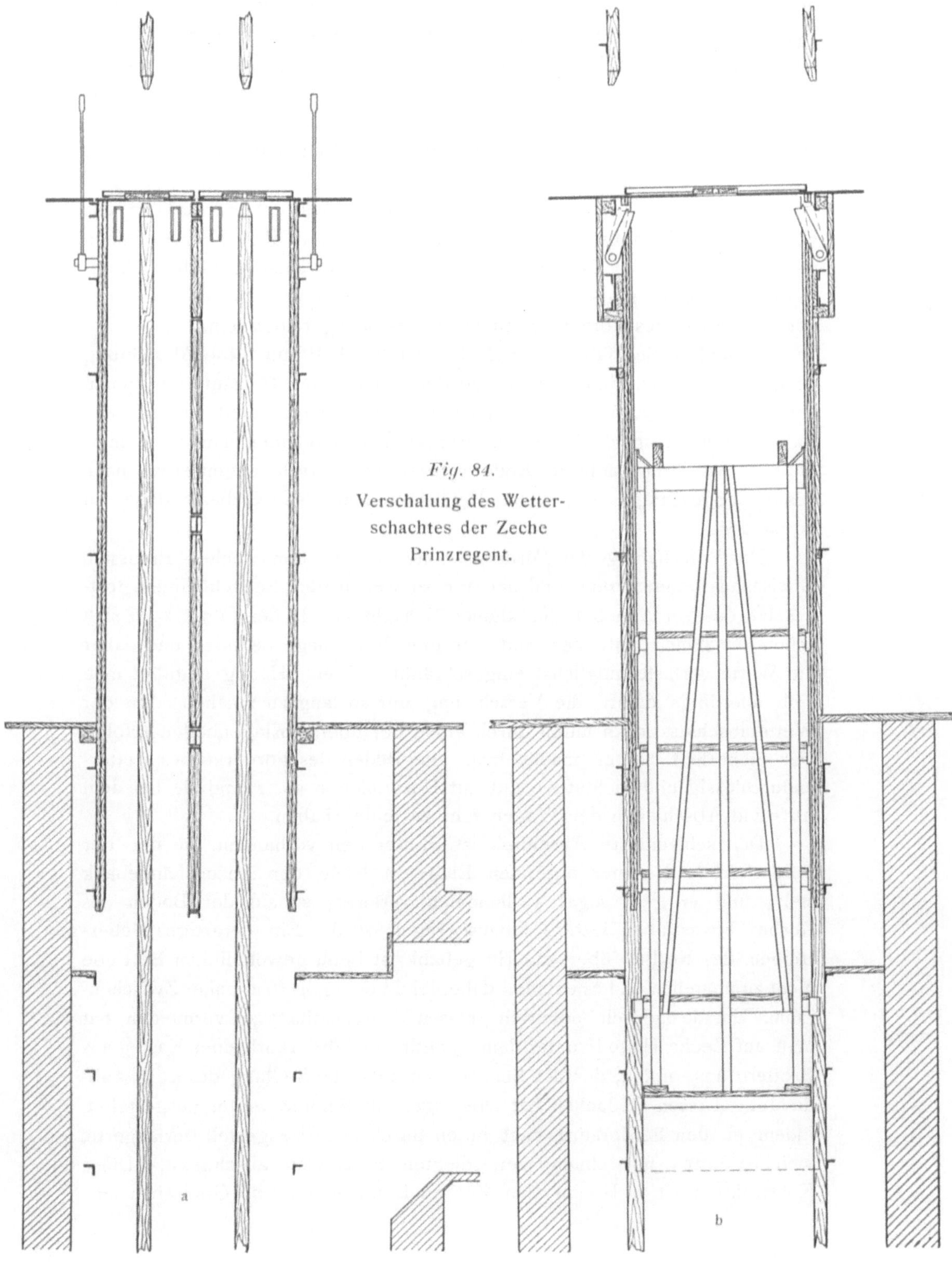

Fig. 84.
Verschalung des Wetter-
schachtes der Zeche
Prinzregent.

und alle anderen Trumme in Höhe der Rasenhängebank mit festem Verschluss zu versehen. Auch voneinander müssen die Fördertrumme durch einen dichten Wetterscheider getrennt sein, weil sonst die Tageswetter beim Hochheben eines Deckels durch das benachbarte Fördertrumm einen bequemen Weg zum Ventilator finden würden. Die Abdichtung wird meist in Holzverschalung (Fig. 84 a und b), seltener in Mauerwerk oder Eisenblech hergestellt.

Da ferner bei hochgehobenem Schachtdeckel der Förderkorb das Fördertrumm abschliessen soll, muss der Korb einen dichten Boden haben und in den Verschlag möglichst wie ein Kolben in einen Cylinder hineinpassen. Deshalb muss der lichte Querschnitt des Verschlages genau der äusseren Form des Förderkorbquerschnittes nachgebildet sein.

Besondere Sorgfalt ist auf Zeche Dahlbusch II auf diese Abdichtung verwendet worden, indem man auf der Verschalung Holzauflagen genau entsprechend den Einbuchtungen des Förderkorbes angebracht hat, und zwar so, dass sich anfangs die Nieten des Korbes an den Wänden blank gescheuert haben. An ihrem unteren Ende werden die Verschalungen etwas nach aussen abgeschrägt, um beim Heraufkommen des Korbes Stösse zu vermeiden.

Die Verschalung der Fördertrümmer ist auf den Zechen Preussen, Gneisenau, Dannenbaum und anderen so weit in den Schacht hinein fortgesetzt, das vor Anheben des kleinen Schachtdeckels der Förderkorb sich schon mit seinem untersten Boden in dem Verschlage befindet und daher die Wetterverluste möglichst eingeschränkt werden. Häufig begnügt man sich allerdings damit, die Verschalung nur so lang zu machen, dass der Wetterabschluss nach unten durch einen der oberen Etagenböden erfolgt. Der Sicherheit halber macht man alle Böden des Förderkorbes wetterundurchlässig und dichtet sie gut mit Holzeinlagen ab, zumal sie bei dem Auf- und Abschieben der Wagen sehr zu leiden haben.

Der schlechteste Abschluss ist in der Zeit vorhanden, in der der Förderkorb mit seiner untersten Etage in Höhe der Abzugshängebank steht, und er geht sogar vollkommen verloren, sobald der Boden des Korbes etwas über leztere hinausgezogen wird. Ein derartiges Uebertreiben des Korbes über die Hängebank ist beim gewöhnlichen Betriebe nicht zu umgehen und es entsteht dabei leicht ein $1/2$ bis $3/4$ m hoher Zwischenraum. Um die dadurch bedingten grossen Wetterverluste zu vermeiden, hat man auf Zeche Hugo II unter dem eigentlichen Förderkorb einen Kasten aus Brettern angebracht, der den Schacht bei zu hoher Stellung des Korbes abdichtet. Diesen Gedanken hat Oberingenieur Schulte weiter ausgestaltet, indem er den Förderkorb nach unten durch ein Eisengestell verlängerte, welches unten mit einem wetterdichten Holzboden abschliesst. Diese Konstruktion ist z. B. auf den Zechen Dannenbaum und Gneisenau aus-

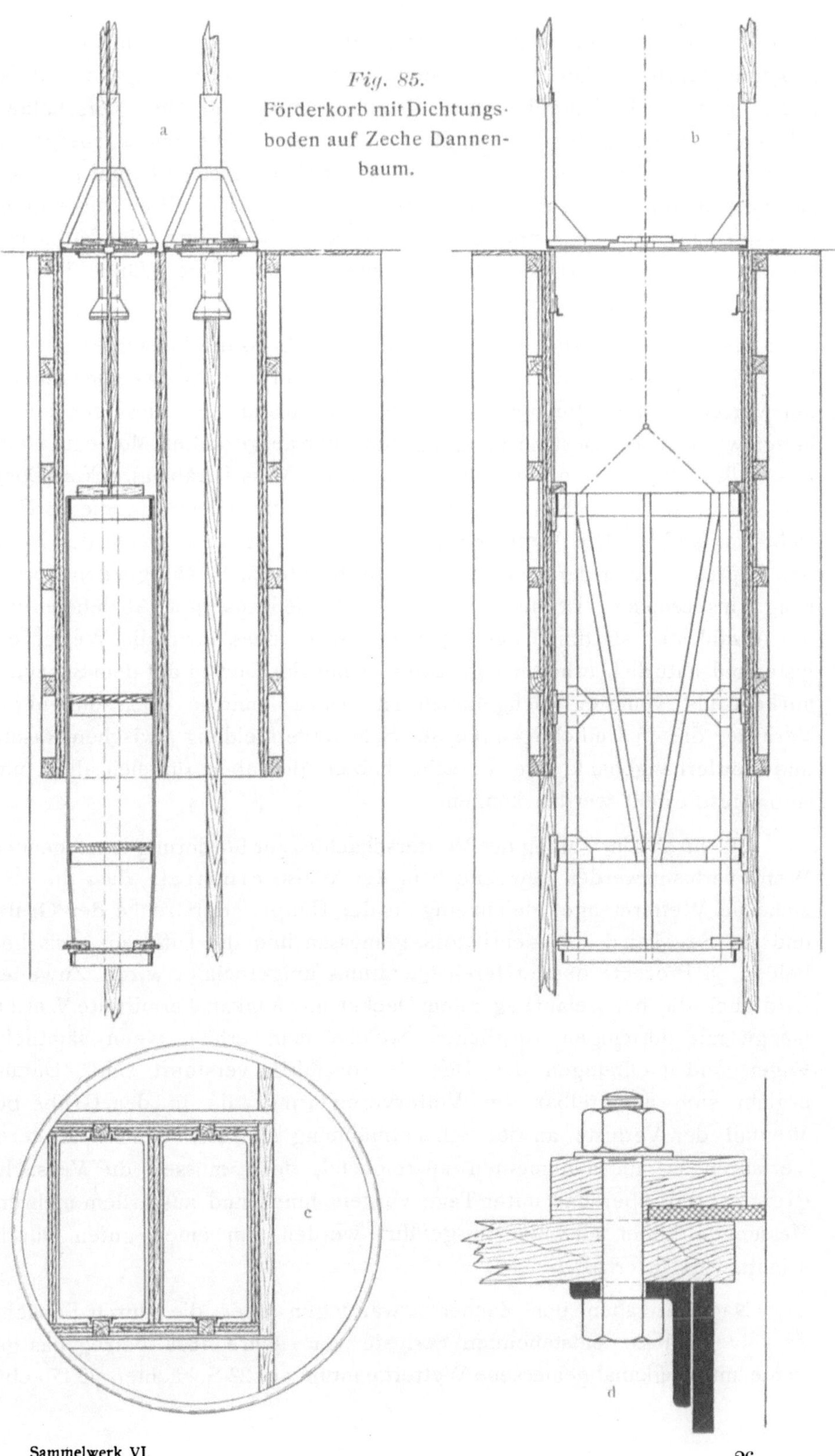

Fig. 85.
Förderkorb mit Dichtungs-
boden auf Zeche Dannen-
baum.

geführt worden. Der Holzboden ist breiter als das sich nach unten verjüngende Gestell. Auf seinen überstehenden Kanten ist ringsum mittelst Holzrahmen und Schrauben ein bis unmittelbar an die Verschalung reichender Lederstreifen befestigt, welcher beim Auf- und Niedergehen des Korbes an den Seitenwänden der Fördertrümmer schleift und so einen ausgezeichneten Wetterabschluss bildet (Fig. 85 a bis d). Bei Anwendung dieser Dichtungsböden braucht die Schachtverschalung der äusseren Gestalt des Förderkorbes nicht angepasst werden, ihre Wände bleiben vielmehr besser ganz eben.

Die Wetterverluste, die durch den Abschluss des Schachtes mittelst beweglicher Schachtdeckel entstehen, hängen sehr von der Zweckmässigkeit der Verschlusseinrichtungen und der Sorgfalt ab, mit der dieselben unterhalten werden. Bei Berücksichtigung aller hier aufgezählten Momente ist es jedenfalls möglich, sie auf ein erträgliches Mass herabzudrücken, doch sind leider auf manchen Zechen noch erhebliche Mängel in dieser Hinsicht vorhanden. Die Wetterverluste richten sich ferner nach der Höhe der Depression und der von dem Wetterschachte zu bewältigenden Förderung. Insbesondere ist auch die Dauer des jedesmaligen Abziehens und die Anzahl der stattfindenden Treiben von Einfluss, denn die Wetterverluste sind natürlich erheblich geringer, wenn der Deckel auf dem Schachte aufliegt als wenn er hochgehoben ist. Dazu kommen noch diejenigen Verluste, die in Undichtigkeiten der Schachtverkleidung zwischen Rasenund Förderhängebank ihre Ursache haben, die aber für sich allein nur selten festgestellt werden können.

Die durch Einrichtung des Wetterschachtes zur Förderung entstehenden Wetterverluste werden gewöhnlich in der Weise ermittelt, dass die ausziehende Wettermenge gleichzeitig in der Hauptwetterstrecke der Grube und im Saugkanal des Ventilators gemessen und die Differenz zwischen beiden in Prozente des letzteren Quantums umgerechnet wird. Zuweilen wird auch die bei freiaufliegendem Deckel im Saugkanal ermittelte Wettermenge mit derjenigen verglichen, welche man erhält, wenn sämtliche Fugen und Oeffnungen des Deckels sorgfältig verstopft sind. Daraus ergiebt sich unmittelbar die Wettervermehrung, die in der Grube bei Wegfall der Verluste an der Schachtmündung eintreten würde. Ersteres Verfahren ist im allgemeinen ausreichend, doch müssen die Versuche gleichzeitig über und unter Tage vorgenommen und ausserdem mehrere Messungen hinter einander ausgeführt werden, um einen guten Durchschnittswert zu erhalten.

Nach Angaben der Zechenverwaltungen über die durch Schachtdeckelverschlüsse entstehenden Verluste vom Jahre 1898 betrug das gesamte im Saugkanal gemessene Wetterquantum auf 22 Schächten 78 170 cbm je Minute und war um 9 029 cbm grösser als die gleichzeitig auf der Wettersohle ermittelte Wettermenge. Die Verluste betrugen also im Durchschnitt 11,55 %. Sie sind demnach recht beträchtlich und weisen darauf hin, dass auf manchen Zechen mehr Sorgfalt auf die Ausführung und Unterhaltung der Verschlüsse gelegt werden muss.

Auf Zeche Dahlbusch II/V hat man dagegen durch die bereits erwähnten Verbesserungen erreicht, dass bei einer Förderung von 500 Wagen in der Schicht höchstens $7\frac{1}{2}$ % der Wettermenge verloren gehen.

Auf den Zechen Consolidation III/IV und Ewald I/II wurden während der normalen Förderung längere Zeit hindurch Versuche angestellt und aus den Ergebnissen das Mittel gezogen. Der Zufluss an frischen Wettern von der Schachtmündung her betrug auf ersterer Zeche 463 cbm in der Minute oder 8,7 %, auf letzterer 624 cbm oder 11,8 %. Auf Zeche Consolidation wurden ferner Messungen angestellt, während die Deckel auf dem Schachte auflagen, wobei also beide Körbe sich im Schachte befanden. Der Wetterverlust sank dabei auf 259 cbm in der Minute oder 4,9 %. Andererseits wurde auf Zeche Ewald festgestellt, dass die Verluste sich bei hochgehobenem Deckel, wo also der Verschluss nur durch den Förderkorb gebildet wurde, auf 1 176 cbm oder 20,4 % der ausziehenden Wettermenge erhöhten. In ähnlicher Weise ergab sich bereits im Jahre 1887 auf Zeche Hugo während der Förderung ein Verlust von 20 %, der auf 5 % herabsank, wenn beide Deckel auf der Hängebank auflagen. Auf Zeche Ewald wurden ferner sämtliche Ritzen und Oeffnungen im Deckel sorgfältig verstopft und sodann die Wettermenge in der Grube und im Saugkanal ermittelt. Hierbei ergab sich eine Differenz von nur 97 cbm oder 1,56 %, die in der Hauptsache auf Undichtigkeiten der Verschalung zwischen Rasen- und oberer Hängebank zurückzuführen ist.

Die Anzahl der in Westfalen vorhandenen beweglichen Schachtdeckel betrug im Jahre 1900 etwa 30. Ausserdem waren auf einzelnen abgesondert liegenden Luftschächten, die sonst nicht zur Förderung dienten, Schachtdeckel vorhanden, lediglich um den Bedarf an Kohlen für die Kesselanlage aus dem Schachte entnehmen zu können. Die Schachtdeckelverschlüsse sind demnach das verbreitetste Mittel, um ausziehende Wetterschächte für die Förderung nutzbar zu machen. Sie besitzen den Vorteil, dass sie einfach und nicht kostspielig in der Anlage sind und den Betrieb wenig stören. Daher werden sie stets mit Vorliebe angewandt werden, selbst wenn die Wetterverluste etwas höher sein sollten als bei anderen Einrichtungen, die zum Abschlusse des Wetterschachtes über Tage getroffen werden, und obwohl die Reparaturkosten bei sorgfältiger Unterhaltung nicht unerheblich sind.

26*

d) Wetterschleusen.

Statt durch die einfachen auf der Schachtmündung aufliegenden Deckel werden die Wetterschächte neuerdings auch durch Schleusen abgeschlossen. Dazu gehört, dass über Tage ein grösserer Raum, nicht nur die Fördertrümmer bis zur Abzugshängebank, sondern auch ein Teil der Schachtkaue unter Depression gehalten und demgemäss nach aussen luftdicht abgesperrt wird. Meist bleibt dann auch der obere Teil der Fördertrümmer bis zu den Seilscheiben mit dem Schachte in offener Verbindung, denn die Förderseile besitzen unmittelbar unter den Seilscheiben die geringsten Schwankungen und können daher hier ohne grosse Wetterverluste durch kleine Oeffnungen in der Verschalung nach aussen geführt werden. Der Zugang zu dem Schachte wird durch mehrere hintereinander liegende Thüren abgesperrt, von denen stets mindestens eine geschlossen sein muss.

Luftschleusen mit Doppelthüren sind zunächst fast an allen Wetterkanälen in einfachster Form vorhanden, um den Eintritt in den Kanal zu ermöglichen. Ferner werden sie mehrfach bei einzeln im Felde liegenden Wetterschächten, z. B. Centrum V und Borussia, angelegt, um das geringe Kohlenquantum für die Kesselanlage des Ventilators fördern zu können. Nur in wenigen Fällen, nämlich auf 8 Zechen, dient die Schleuse der regelmässigen Förderung, oder ist derartig eingerichtet, dass sie zur Bewältigung einer mittleren Förderleistung ausreicht. Für einen grossen Betrieb ist eine Wetterschleuse überhaupt nicht geeignet, nicht nur weil der unter Depression stehende Raum an der Hängebank zu beschränkt ist, und daher leicht Störungen in der Förderung entstehen, sondern auch, weil das beständige Oeffnen und Schliessen der Schleusenthüren viel Zeit und Arbeitskräfte erfordert.

Die erste Luftschleuse, die zur Förderung diente, ist auf dem alten Schacht der Zeche Westfalia errichtet worden und wird in den Anlagen zum Hauptbericht der Schlagwetterkommission erwähnt.

Eine andere wurde Ende der siebziger Jahre auf Schacht van Braam der Zeche Holland ausgeführt und ist in Figur 86 wiedergegeben. Zwischen der Schachtmündung und der ersten Hängebank ist der Luftabschluss durch einen Mauerring hergestellt, der sich unmittelbar an die Schachtmauer anschliesst und mit mehreren grösseren, durch Holzthüren verschliessbaren Oeffnungen zum Ein- und Ausbauen der Förderkörbe versehen ist. Der obere Teil der Fördertrümmer ist von einem Verschlag aus 30 mm starken eichenen Brettern umgeben und mit einem Deckel verschlossen, durch den die Förderseile mittelst seitlich verschiebbarer, im Innern mit weichem Metall ausgekleideter Stopfbüchsen hindurch geführt werden. Zur Herstellung der Verbindung zwischen den

Hängebänken und den Fördertrümmern sind in dem Verschlage Oeffnungen a
vorhanden, die durch Schieber verschlossen werden können. Wenn der
Förderkorb sich an der Hängebank befindet und die Schieber geöffnet sind,
bildet der Boden des Korbes den allerdings recht mangelhaften Verschluss.

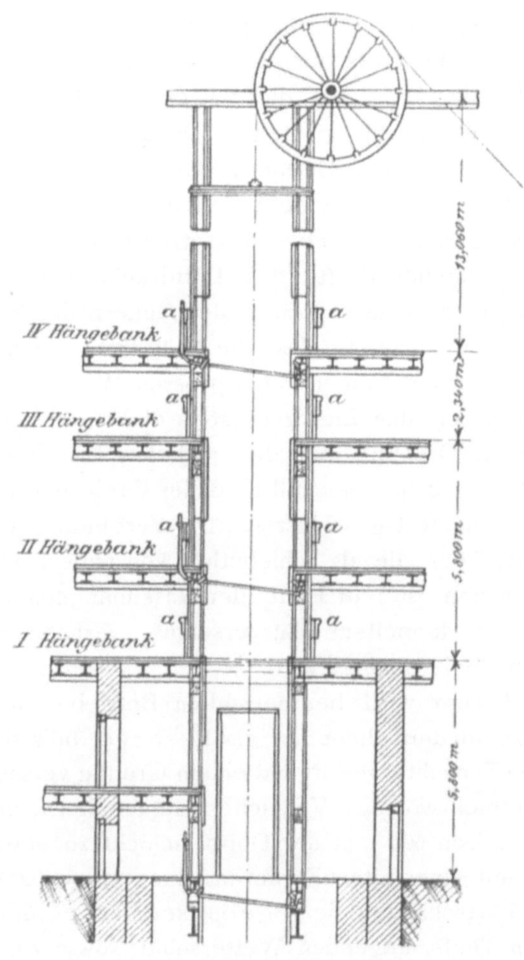

Fig. 86.

Luftschleuse auf Zeche Holland, Schacht van Braam.

Wesentlich besser eingerichtet ist die Luftschleuse auf dem Schacht III
der Zeche Prosper (Tafel XIX). Bei dieser Anlage steht der gemauerte
Schachtturm, dessen Decke zwischen $\mathtt{I}$·Eisen eingewölbt ist, ganz unter
Depression; der darüber hinausragende Teil der Fördertrümmer ist dagegen
frei. In der Decke des Schachtturms sind zwei schachtdeckelartige Verschlüsse zum Durchführen der Förderseile vorhanden, die entsprechend

den Seilschwankungen nach allen Seiten verschiebbar sind. Die sorgfältige Abdichtung der aus 26 mm dickem Glase hergestellten Fenster,
von denen einzelne zum Oeffnen eingerichtet sind, ist aus Figur 3
(Tafel XIX) ersichtlich.

Zur Verbindung zwischen der Hängebank und der in der atmosphärischen Luft liegenden Transportbrücke dient die 10 m lange und
4,5 m breite eigentliche Luftschleuse, in der insgesamt 20 Förderwagen
Aufstellung finden können, und die an den beiden Kopfseiten durch
schwere hölzerne Thüren abgesperrt ist. Die Thüren bestehen aus dicken
Bohlen und sind mit starken Eisenbeschlägen versehen und mit Filz abgedichtet. Die nach dem Schachtturm führende Thür ist eine Drehthür
(Fig. 4, Tafel XIX), deren Achse etwas versetzt ist, derart, dass die nach der
Schleuse zu sich öffnende Hälfte dem Luftdrucke eine grössere Fläche
bietet als diejenige, welche sich nach dem Innern des Schachtturmes zu
bewegt. Dadurch wird erreicht, dass die Thür trotz der hohen Depression
im Schachte dem Oeffnen keinen allzu grossen Widerstand entgegensetzt
und dabei doch durch den Luftdruck stets dicht gegen den Rahmen gepresst wird. Diese Drehthür hat den grössten Teil der Abdichtung zu
übernehmen und wird daher bei Stillstand der Förderung noch durch einen
besonderen Querbaum fest geschlossen. Die Verbindung nach aussen vermittelt eine zweite Thür, die als Schiebethür konstruiert und durch Gegen-
gewichte ausgeglichen ist. In Höhe der Rasenhängebank ist noch eine
zweite Schleuse mit doppeltem Thürverschluss vorhanden, die zum Einhängen von Grubenholz benutzt wird.

Die ganze Anlage wird bei normalem Betriebe nicht zur Kohlenförderung benutzt, sondern dient nur als Reserve, falls die Förderung in
dem einziehenden Schachte aus irgend einem Grunde versagt. Man vermag
aber, wie durch mehrwöchige Versuche festgestellt ist, mit der Schleuse
ein Förderquantum von 600 t in der Doppelschicht zu bewältigen, obwohl
der Schacht nur mit einer alten Fördermaschine ausgerüstet ist.

Eine kleine Luftschleuse, die regelmässig zur Förderung der Kohlen
von der in 400 m Teufe liegenden Wettersohle sowie zum Transport der
Berge in die Grube benutzt wird, befindet sich auf dem ausziehenden
Schacht II der Zeche Wilhelmine Victoria und ist auf Tafel XX dargestellt. Während derjenige Teil des Schachtquerschnittes, der zur
Förderung nicht benutzt wird, an der Rasenhängebank durch eine Bühne
dicht abgeschlossen ist, sind die Fördertrumme von diesem Niveau ab bis
auf 3,3 m unterhalb der Seilscheiben nach allen Seiten dicht verkleidet.
Die Seitenwände bestehen aus 5 mm starken verzinkten Eisenblechplatten,
die an den Verbindungsstellen mit Gummidichtung versehen sind. Nach
oben wird der Luftabschluss der Fördertrümmer durch eine starke Holz-
bühne hergestellt, in der sich 12 cm weite Oeffnungen für die Förderseile

befinden. Ueber diesen Oeffnungen liegen bewegliche Deckel aus Weiss-buchenholz, die nur eine kleine, für den Durchgang der Seile ausreichende Oeffnung besitzen und infolge starken Verschleisses alle 3—4 Tage erneuert werden müssen.

Zur Verbindung des Schachtes mit der Umgebung und zum Durchgang der Förderung dienen zwei Schleusen, die beide ganz in Holz konstruiert sind, und von denen eine sich an der Rasenhängebank, die andere auf der Abzugsbühne für die Förderwagen befindet. Die untere Schleuse wird nur ausnahmsweise zum Einhängen grösserer Gegenstände in den Schacht benutzt. Sie hat 6,2 m Länge und besitzt zwei mit Gummi gedichtete Thüren von je 4,3 m Höhe, die in der Regel durch Riegel und Keile fest verschlossen sind. Die obere Schleuse besitzt 7,6 m Länge, 4,8 m Breite und 2,15 m Höhe und schliesst sich mit einem Zwischenraum von nur etwa 1 m an die Fördertrümmer an. Sie ist an den beiden schmalen Seiten mit je zwei Thüren versehen, die ebenfalls mit Gummi-platten gedichtet sind. In den Seitenwänden der Schleuse sind Fenster aus starkem Glase angebracht, welche von aussen durch Drahtnetze ge-schützt werden.

Bei regelmässigem Gange des Ventilators und einer Depression von 59 mm ergab sich auf Zeche Wilhelmine Victoria als Durchschnittswert mehrerer während der Kohlenförderung vorgenommener Messungen ein Verlust von 105 cbm Luft je Minute oder 3,4 %.

Auf dem zur Förderung benutzten Wetterschacht der Zeche Graf Beust ist eine Luftschleuse vorhanden, deren Zugänge mit Schiebern aus-gestattet sind. Hierbei wurde die Einrichtung getroffen, dass die an der Schachtseite befindlichen und die Aussenschieber nicht gleichzeitig geöffnet werden können.*)

Derartige selbstthätige Verschlüsse dürften bei den Wetterschleusen dann angebracht sein, wenn der Luftdruck allein nicht ausreicht, um das Oeffnen der zweiten Thür zu verhindern, wenn die erste offen steht. Es giebt jedoch zu diesem Zweck einfachere Vorrichtungen, als die auf Graf Beust angewandte, die zudem das gleichzeitige Oeffnen beider Schieber nicht einmal unbedingt ausschliesst.

Nach Angaben aus dem Jahre 1898 über 8 grössere Schleusen-anlagen betrug der Wetterverlust darin insgesamt 1240 cbm oder 6,5 % der ganzen ausziehenden Wettermenge. Er ist demnach erheblich geringer als bei den gebräuchlichen Schachtdeckelverschlüssen. Dennoch werden letztere im allgemeinen vorgezogen, weil sie der Förderung nicht so grosse Hindernisse bereiten.

---

*) Zeitschr. f. d. Berg-, Hütten- und Salinenwesen 1901, Bd. XLIX, BS. 139.

e) Sonstige bewegliche Schachtverschlüsse.

Neben den bisher erwähnten Vorkehrungen, um ausziehende Wetterschächte für die Förderung nutzbar zu machen, den beweglichen Schachtdeckeln und den Luftschleusen, hat man vereinzelt noch andere Einrichtungen versucht, um ohne Unterbrechung des Luftabschlusses die
Ueberführung des Fördergutes aus dem Schachte in die freie Atmosphäre
zu ermöglichen.

Auf Zeche Rheinpreussen*) ist in dem durch einen Wetterscheider abgekleideten Wettertrumm des Schachtes III eine Nebenförderung eingerichtet, die über Tage in einem in Figur 87a und b mit
dicken Linien umränderten Depressionsraum endigt. Dieser Raum befindet sich zwischen der oberen und mittleren Hängebank und ist gegen
die Atmosphäre luftdicht abgeschlossen. Auch das Fördertrumm für die
Nebenförderung ist von der Rasenhängebank an bis unter die Seilscheiben
nach allen Seiten dicht verkleidet. Auf der mittleren Hängebank werden
die beladenen Förderwagen abgezogen und sodann durch eine »Schleusenbremse« auf die untere Hängebank, die mit der Atmosphäre in offener
Verbindung steht, herabgelassen. Die Schleusenbremse besteht aus einem
Bremsschacht mit Gegengewicht und zwei stopfbüchsenartig abgedichteten
Deckeln A und B, deren Abstand voneinander grösser ist als die Höhe
der seitlichen Schachtöffnung bei C. Dadurch wird erreicht, dass in
keinem Falle eine Verbindung zwischen dem Depressionsraum und der
äusseren Atmosphäre eintreten kann, denn wenn der Boden A bei C angekommen ist, befindet sich der Deckel B im Bremsschachte, und wenn B
über den Punkt D sich erhebt, dichtet A ab.

Die Einrichtung ist einfach im Betriebe und in der Konstruktion,
auch hat sie gegenüber den Schachtdeckeln den Vorteil, dass die Stösse,
denen Korb und Seil ausgesetzt sind, fortfallen, und die Schachtöffnung
leicht zugänglich ist. Dazu sind die Luftverluste nur gering, weil der
Luftabschluss automatisch und dabei stets rechtzeitig erfolgt, sodass eine
auch nur kurze Unterbrechung desselben ausgeschlossen ist. Dagegen
muss das Fördergut um den Abstand zwischen unterer und mittlerer
Hängebank höher gehoben werden als bei anderen Verschlüssen, auch
erfordert das Abbremsen der Wagen eine Vermehrung des Anschlägerpersonals. Da auf Zeche Rheinpreussen die Nebenförderung nur wenig
beansprucht wird, konnte der unter Depression stehende Teil der Hängebank in beschränkten Dimensionen gehalten werden. Bei starkem Betriebe
ist natürlich ein entsprechend grösserer Raum erforderlich.

*) Zeitschr. f. d. Berg-, Hütten- und Salinenwesen 1901, Bd. XLIX, BS. 139.

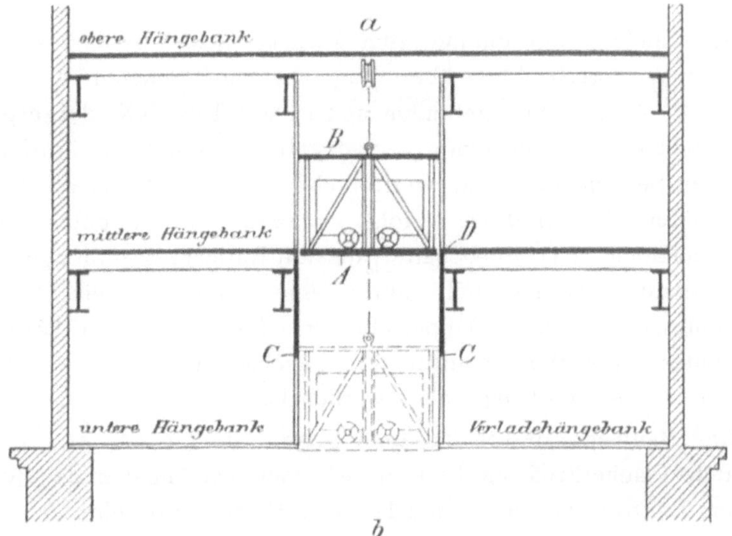

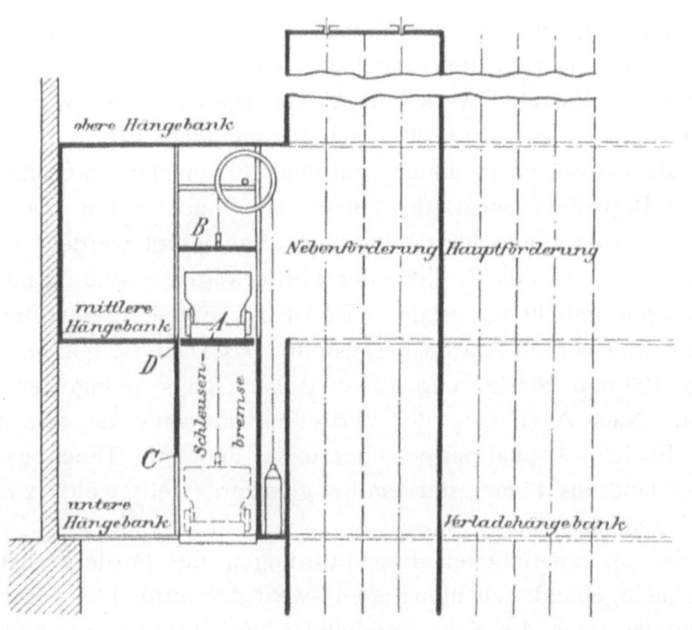

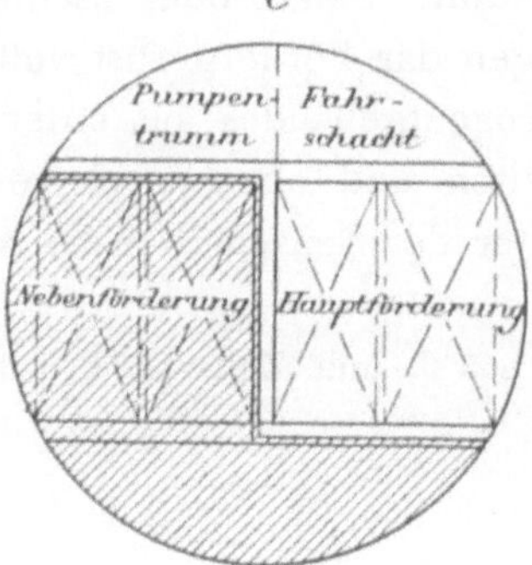

Fig. 87.

Wetterschleuse auf
Zeche Rheinpreussen.

Eine andere Einrichtung zum Zwecke des Abschlusses eines ausziehenden Wetterschachtes über Tage hat auf Schacht II der Zeche Neumühl*) Anwendung gefunden und ist auf Tafel XXI dargestellt. Das die Hängebank umschliessende Verladegebäude sowie die Fördertrümmer bis zu den Seilscheiben sind wetterdicht abgekleidet und die Entleerung der gefüllten Fördergefässe erfolgt innerhalb dieser unter Depression stehenden Räume in Vorratsbehälter, die mit Entleerungsöffnungen versehen sind. Letztere werden teils durch eine genügend hohe Schicht des Fördergutes, teils durch Doppelschieber oder auch durch Austragen des Fördergutes unter Wasser luftdicht abgeschlossen, sodass aus der freien Atmosphäre keine Luft angesaugt werden kann.

Das Bauwerk, dessen gesamte gegen die äussere Atmosphäre abgedichtete Fläche 3265 qm beträgt, ist nach den Angaben des Bergwerksdirektors Bentrop von der Firma Baum in Herne ausgeführt.

Das Schachtgebäude S (Fig. 2, Tafel XXI) hat quadratischen Grundriss von 18 m Seitenlänge und ist bis zur Hängebank in 0,50 m starkem Mauerwerk hergestellt. Auf ihm ruht die Hängebank mit dem Verladegebäude, dessen Seitenwände aus Eisenfachwerk mit 25 cm starkem Mauerwerk gebildet werden und einen Raum von 38 m Länge und 18 m Breite einschliessen. Das ganze Mauerwerk ist im Innern mit einer 10 mm starken Cementschicht überdeckt. Besonders sorgfältig musste der nach unten frei liegende Boden des Verladeraumes konstruiert und abgedichtet werden, da er die Erschütterung durch den Verkehr der Förderwagen aushalten muss, ohne in seinen Fugen undicht zu werden. Er ist aus aneindergenieteten, 12 mm starken, grossen eisernen Platten hergestellt. Das Dach besteht aus Cementbeton von 120 mm Stärke und ist zwischen längs gelagerte $\mathbf{I}$-Träger eingewölbt. Nach Ausfüllung der Vertiefungen wurde dasselbe mit einer doppelten Schicht Asphaltpappe überzogen und mit Theer gestrichen. Die Fenster sind aus 12 mm starkem Rohglas hergestellt, welches in eiserne Rahmen eingedichtet ist.

Um die unvermeidlichen Erschütterungen des Fördergerüstes nicht auf das Schachtgebäude zu übertragen, wird der luftdichte Anschluss des ersteren an das Dach des Schachtgebäudes nur durch einen angenieteten, rechtwinklig nach unten gebogenen Eisenblechstreifen bewirkt, der in einen ringsumlaufenden mit Sand oder Schlamm gefüllten Behälter taucht, während im übrigen das Fördergerüst vollkommen freisteht.

Vom Dache des Schachtgebäudes bis unter die Seilscheiben ist das Fördergerüst an den Seiten und oben durch vernietete Eisenbleche verschlossen. Da dicht unter der Seilscheibe die Schwankungen des Seiles

---

*) Glückauf 1901, S. 865 ff. und Zeitschr. f. d. Berg-, Hütten- u. Salinenw. 1901, Bd. XLIX, BS. 327.

sehr gering sind, so genügt für die Einführung desselben ein Loch von nur 4 mm grösserem Durchmesser, als der des Seiles beträgt. Zur Schonung des Seiles befindet sich diese Oeffnung in einem Deckel aus weichem Holz, der auf einer etwas grösseren Oeffnung im Eisenblech befestigt ist.

Die geförderten Kohlen werden an der Hängebank innerhalb des Depressionsraumes vermittelst der beiden Wipper A (siehe Fig. 3) auf das Schwingsieb B gestürzt. Alle Kohlen von weniger als 80 mm Korngrösse fallen nach unten durch in den Vorratsturm V. Von hier können sie nach Belieben durch Schieber C und Becherwerk D zur Wäsche geschafft, durch Schieber C_1 und Becherwerk D_1 der Stückkohle beigemischt oder durch Schieber C_2 direkt als trockene ungewaschene Kleinkohle verladen werden. Der Luftabschluss wird einerseits durch den Kohleninhalt des Vorratsturms, andererseits durch die Schieber bewirkt, die eingeschliffen sind und mittelst Zahnradkurbel bewegt werden.

Für die Stückkohlenverladung hat man einen Wasserabschluss konstruiert, indem die Stückkohle durch eine kurze luftdichte Führung F in einen Wasserbehälter W gelangt, der ausserhalb des Vorratsturmes angebracht ist. Sie wird sodann unter Wasser von dem Leseband L aufgenommen und zu den Bahnwagen geschafft.

Bei eintretendem Wagenmangel kann die Kohle durch die an der Ostseite der Verladebühne gelegenen Wipper A_2, A_3, A_4 in die 400 cbm fassenden Rohkohlentürme R gestürzt werden. Diese sind ebenfalls luftdicht verschlossen. Der Absschluss wird durch die Schieber C_3, C_4 und C_5, die unter den Wippern liegen, und ausserdem durch die Abzugsschieber C_6 und C_7 unter den Türmen bewirkt. Das Füllen der Vorratstürme erfolgt in der Weise, dass die oberen Schieber geöffnet und die unteren geschlossen werden. Beim Entleeren hingegen werden, wenn der Kohleninhalt zum Abschluss der Luft nicht mehr genügt, die oberen Schieber geschlossen.

An der gegenüberliegenden Seite der Verladebahn liegen die Wipper A_5, A_6 und A_7 (Fig. 1) zur Aufnahme der geförderten Berge und unter diesen abgedichtete Bergekasten mit einem Fassungsraum von je 7 cbm. Sind die Berge nicht fein genug, um bei gleichzeitigem Stürzen und Entladen noch genügenden Luftabschluss zu gewähren, so werden die Bergekasten abwechselnd vollgestürzt und beim Entleeren die oberen Schieber verschlossen gehalten.

Der Zugang zum Schachtgebäude erfolgt durch zwei Schleusen, von denen eine in Höhe des Zechenplatzes liegt und zum Einbringen von Holz und sonstigen Materialien dient, während die andere den Zugang von der ersten, über den Verladegleisen gelegenen Bühne aus gestattet und hauptsächlich für die Anfahrt der Belegschaft bestimmt ist.

Die Wetterverluste, die bei der Anlage auf Zeche Neumühl sich ergeben haben, sind trotz der grossen Abdichtungsflächen gering. Bei einer ausziehenden Wettermenge von etwa 6 000 cbm je Minute und 120 mm Depression ergab sich nur ein Verlust von 135 cbm oder $2^{1}/_{3}$ %. Um denselben zu ermitteln wurde teils die Wettermenge in der Grube derjenigen im Wetterkanal gegenübergestellt, teils wurde der Verlust direkt ermittelt, indem in dem Schachte unmittelbar über dem Wetterkanal ein luftdichter Abschluss hergestellt und durch diese eine Lutte von 0,35 qm Weite hindurch geführt wurde. Die in das Schachtgebäude von aussen zuströmende Luft musste durch die Lutte hindurch ziehen und konnte darin gemessen werden.

Neben diesen geringen Verlusten besitzt die Einrichtung auf Neumühl den Vorteil, dass sie die Bewältigung einer grösseren Förderung weniger als Schleusenverschlüsse behindert, auch besitzt sie keine Teile, die sich rasch abnutzen, wie es bei Deckelverschlüssen der Fall ist.

Immerhin dürfte aber eine ständige scharfe Kontrolle im Betriebe erforderlich sein, um zu verhüten, dass einzelne der zahlreichen Verschlüsse versehentlich offen gelassen werden. Auch wird sich erst im Laufe der Jahre herausstellen, ob die grossen Abdichtungsflächen auf die Dauer dicht zu halten sind. Die vorkommenden Undichtigkeiten, die an dem Geräusch der eindringenden Luft zu erkennen sind, werden sich aber meist leicht ausbessern lassen.

II. Die Wetterführung in der Grube.

1. Verteilung des Wetterstromes auf die einzelnen Sohlen.

Von den einzelnen Schächten gelangt der Wetterstrom in die inneren Grubenbaue und verfolgt hier die Wege, deren Verlauf durch die Aus- und Vorrichtungsarbeiten und den Abbau der Flötze gegeben ist. Die Wetterführung in der Grube hängt daher mit dem System und der Einteilung des ganzen Grubenbetriebes, sowie mit den Lagerungsverhältnissen unmittelbar zusammen. Dabei sind dem Wetterstrome seine Wege genau vorgeschrieben und er wird durch künstliche Mittel gezwungen, dieselben innezuhalten, sodass eine Wetterführung im Kreislauf, wie sie von der Preussischen Schlagwetterkommission auf Zeche Concordia entdeckt worden ist,*) nicht mehr vorkommen kann.

Nach einem allgemein anerkannten Prinzip soll der Wetterstrom zunächst bis zum tiefsten Punkte des Grubengebäudes einfallen und sodann die Betriebspunkte in aufsteigender Richtung bewettern. Daher tritt

*) Anl. z. Hauptbericht Bd. II, S. 143.

der vom Schachte kommende frische Strom auf den tieferen Sohlen, die fast regelmässig zur Förderung dienen, in die Betriebe ein und gelangt auf den oberen Sohlen, den sogenannten Wettersohlen, zum Ausziehschachte.

Ausnahmen bestehen nur auf wenigen später zu erwähnenden Gruben, auf denen Betriebe oberhalb der Wettersohle mit einem durch Tagesüberhauen bis zur Wettersohle abfallenden Strom gespeist werden. Dadurch wird eine eigentliche Einströmungssohle für diese Baue entbehrlich. Zuweilen findet auch vorübergehend die Zuführung des frischen Stroms zu einer in Vorrichtung begriffenen neuen Sohle nicht unmittelbar vom Schachte aus, sondern von der nächst höheren Sohle durch Abhauen oder blinde Schächte statt.

Bei ganz flacher Flötzlagerung kann ferner dieselbe Sohle gleichzeitig für den Hin- und Rückweg des Wetterstromes benutzt werden. Dieses Verfahren findet vorübergehend bei der Vorrichtung neuer Bausohlen, wie z. B. auf der IV. Sohle der Zeche Ewald I/II Anwendung. Bei einem regelmässigen Betriebe geht man aber nur selten dazu über, obwohl dadurch die Wetterströme auf den einzelnen Sohlen vollständig unabhängig voneinender gemacht werden; denn, namentlich bei ausgedehnten Grubenfeldern wird dadurch ein zweckmässiger Abbau erschwert und die Gefahr eines Kurzschlusses zwischen ein- und ausziehenden Wetterströmen vergrössert.

Eine Ausnahme von der oben genannten Hauptregel der Wetterführung findet sich auf der Schachtanlage Grimberg der Zeche Monopol, auf der die verbrauchten Wetter nicht einer höheren Sohle zuströmen, sondern nach Bewetterung der Baue in demselben Niveau in den Schacht gelangen, in welchem sie in die Grubenbaue eingetreten sind. Ebenso ist auf Zeche Rhein-Elbe eine eigentliche Wettersohle nicht vorhanden. Sonst gilt es als Regel, dass der Wetterstrom stets von einer tieferen zu einer höheren Sohle aufsteigt, und dass also auf jeder Grube wenigstens z w e i S o h l e n vorhanden sind. Wird diese Zahl nicht überschritten, so ist die Wetterführung sehr einfach und regelmässig. Denn um den Gebirgsstreifen zwischen beiden Sohlen an beliebiger Stelle mit frischen Wettern zu versorgen, hat man nur für entsprechende Verbindungswege von unten nach oben Sorge zu tragen. Die Zu- und Abführung der Ströme in horizontaler Richtung ergiebt sich auf den beiden Sohlen von selbst. Abgesehen von wenigen Gruben der Magerkohlenpartie, deren Kohlenvorrat durch eine einzige Bausohle erschlossen und ausgebeutet werden kann, kommt aber für jedes Bergwerk der Zeitpunkt, wo die im Bau befindliche Sohle erschöpft ist, und eine neue, darunter gelegene in Angriff genommen werden muss. Diese erfordert mehrere Jahre der Aus- und Vorrichtung, bevor sie die obere Sohle voll ersetzen kann, sodass zeitweise mehrere Bausohlen in Betrieb sein müssen. Da ferner je nach der Grösse des Feldes und der Art und Reichhaltigkeit der Flötzablagerung der Verhieb einer Sohle oft nur verhältnismässig kurze Zeit in Anspruch nimmt, muss auf vielen Gruben sogar regelmässig eine grössere Zahl von Bausohlen vorhanden sein. Nach Angabe der Zechen befanden sich im Jahre 1898 unter 210 Bergwerken

> 58 mit je einer Bausohle
> 80 » » zwei Bausohlen
> 48 » » drei »
> 18 » » vier »
> 6 » » fünf »

Unter letzteren mögen die Zechen Zollverein I und III und Königin Elisabeth Schacht Wilhelm genannt werden. Neuerdings sind auch auf Zeche Dahlbusch II/V fünf Bausohlen in Betrieb.

Zu den Bausohlen kommen in der Regel noch eine, zuweilen aber auch mehrere Wettersohlen, die nicht für die Förderung benutzt werden.

Aus der grösseren Zahl der Sohlen ergeben sich aber für die Leitung der Wetterströme in den Hauptwetterstrecken zwischen den Schächten und den eigentlichen Abbaubetrieben vielfache Schwierigkeiten, wenn man sich nicht darauf beschränken will, ohne Rücksicht auf die Zahl und Höhe der Sohlen und den Umfang der Grubenbaue die Wetter einfach auf der tiefsten Sohle einzuführen, sie der Reihe nach über sämtliche Sohlen und die zu jeder gehörigen Betriebe in aufsteigender Richtung zu leiten und sodann auf der obersten Sohle zum Ausziehschachte abziehen zu lassen.

Diese Methode hat in früheren Zeiten, als man den Wert einer zweckmässigen Wetterverteilung noch nicht kannte, fast allgemein Anwendung gefunden, da sie einfach war und keiner weiteren Vorbereitung bedurfte, als der wetterdichten Absperrung der oberen Sohlen gegen den Einziehschacht. Sie ist aber wegen der starken Ausnutzung der frischen Wetter, die zahlreiche Betriebspunkte nach einander zu passieren haben, sehr mangelhaft und verbindet damit die Nachteile langer Wetterwege, bedeutender Reibungsverluste, grosser Wettergeschwindigkeiten und die Gefahr, dass eine auf einer tieferen Sohle stattfindende Explosion oder die dadurch erzeugten Schwaden auf die oberen Sohlen übertragen werden.

In den Anlagen zum Schlagwetterbericht*) ist als typisches Beispiel einer derartigen Wetterführung die Zeche Oberhausen angeführt, auf der fünf Sohlen mit ausgedehnten und verzweigten Betrieben vorhanden waren. Abgesehen von der nur schwach belegten V. Sohle wurde der ganze frische Wetterstrom der Grube der untersten IV. Sohle zugeführt, während die oberen Sohlen nur die in den Bauen der unteren Sohlen ausgenutzten und

---

*) Band II, S. 189.

verschlechterten Wetter erhielten. Dieser Uebelstand machte sich bereits in den Bauen der III. Tiefbausohle, noch mehr aber natürlich über der II. Sohle fühlbar, derart, dass die hier den Betrieben zugeführten Wetter, die $0{,}64\,^0/_0$ CO_2 enthielten, unbedingt als verdorben zu bezeichnen waren. Auch in neuerer Zeit findet vereinzelt die Wetterversorgung mehrerer Sohlen nur von der untersten Bausohle aus statt. Auf den Zechen ver. Schürbank u. Charlottenburg und Caroline bei Holzwickede erhält zum Beispiel unter drei Sohlen die tiefste den ganzen frischen Strom, während die oberste als Wettersohle dient. Allerdings wird die mittlere Sohle nicht ganz ohne frische Wetter gelassen, sondern ein Teil des Einziehstromes wird durch blinde Schächte und Ueberhauen direkt von der unteren Sohle dorthin geleitet und dient zur Auffrischung derjenigen bereits vor den Betrieben benutzten Wettermengen, die noch die Betriebspunkte über der Mittelsohle versorgen sollen.

Gegenüber der Methode, den gesamten Strom von der tiefsten Sohle bis zur Wettersohle aufsteigen zu lassen, wies die Preussische Schlagwetterkommission nachdrücklich auf die Vorteile hin, die mit der Teilung des Wetterstromes am Einziehschachte und der direkten Zuführung des erforderlichen Quantums frischer Wetter zu jeder einzelnen Bausohle verbunden sind. Sie machte auch bereits den Vorschlag, dass für die von den unteren Sohlen aufsteigenden Wetter, wenn möglich, besondere Wetterwege zur Abführung nach der Wettersohle offen erhalten werden sollten, damit sie nicht mit den Betrieben der oberen Sohlen in Berührung kämen.

Dieses Prinzip hat durch die Wetterpolizeiverordnung vom Jahre 1887/88 wenigstens auf den Schlagwettergruben Eingang gefunden, durch die Bestimmung, dass abgesehen von der Wettersohle jeder Bausohle frische, nicht bereits zur Ventilation einer tieferen Sohle verwendete Wetter zugeführt werden sollten. Wenn es indessen nicht zu vermeiden wäre, dass Wetter, die bereits zur Versorgung einer tieferen Sohle gedient hätten, den Betriebspunkten einer oberen Sohle zuströmten, so sollten sie auf letzterer durch unmittelbare Zuführung genügender Mengen frischer Wetter aufgefrischt werden. Der Grundgedanke dieser Vorschrift, dass die auf einer Sohle benutzten Wetter in den Betrieben der oberen Sohlen überhaupt keine weitere Verwendung finden dürften, kam vorerst wenig in Betracht. Dagegen konnte die Methode des Auffrischens auf jeder Sohle durch direkte Zuleitung eines frischen Teilstromes vom Schachte her ohne Schwierigkeiten Anwendung finden, wenn nur die einzelnen Bausohlen mit dem Einziehschachte in direkter Verbindung standen. Auf einer Anzahl Gruben war die Wetterführung bereits im Jahre 1883 nach diesem System eingerichtet, und in der Folgezeit ging die grösste Zahl der westfälischen Zechen dazu über.

Gegen Ende des Jahres 1898 waren unter 176 Gruben 47 vorhanden, die auf den oberen Bausohlen eine Auffrischung des Wetterstromes vom Schachte her eintreten liessen. Auf 26 anderen Gruben fand eine teilweise Auffrischung, nämlich für einzelne Feldesteile oder Flötzgruppen, statt.

Die vollständige Trennung der Wetterströme für die verschiedenen Bausohlen, die durch die Wetterpolizeiverordnung vom Jahre 1887/88 für alle Schlagwettergruben angestrebt wurde, kam daneben nur allmählich zur Anwendung und konnte häufig erst bei Inbetriebnahme neuer, besonders dazu eingerichteter Bausohlen ermöglicht werden. Bei diesem System wird der Strom, der auf einer Sohle benutzt worden ist, direkt, d. h. ohne weitere Verwendung, zum Schachte oder zur Wettersohle abgeführt.

Dadurch wird nicht nur die Uebertragung der Wirkung einer Explosion von einer Sohle auf die Betriebe der nächst höheren verhindert, sondern auch einer zu starken Ausnutzung der einzelnen Wetterströme vorgebeugt. Es ist daher ein Zeichen guten Fortschrittes, dass dieses System Ende 1898 bereits auf 64 Gruben, d. i. mehr als ein Drittel aller Anlagen, durchgeführt war. Diese Zahl ist seitdem noch weiter gestiegen und voraussichtlich wird unter dem Einfluss der am 1. Januar 1902 in Kraft tretenden Wetterpolizeiverordnung die Selbständigkeit der einzelnen Bausohlen inbezug auf Wetterversorgung weitere Fortschritte machen. Zwar ist in dieser Verordnung der Standpunkt verlassen worden, dass jede Sohle mit einem frischen Strom zu versehen sei, und statt dessen einfach auf die Bildung möglichst vieler selbständiger Wetterabteilungen hingewirkt worden. Da letztere indessen nur eine beschränkte Anzahl von Betriebspunkten und Arbeitern umfassen dürfen, ergiebt sich von selbst, dass die Teilung des Wetterstromes in der Regel schon am einziehenden Schachte ihren Anfang nehmen muss.

Die Schwierigkeiten bei der selbständigen Wetterversorgung der einzelnen Bausohlen bestehen darin, dass auf jeder Sohle, abgesehen von der untersten und obersten, zwei Wetterströme vorhanden sind, die nicht mit einander in Berührung kommen dürfen, ein frischer Strom, der die Baue bis zur nächst höheren Sohle versorgen soll, und ein benutzter, der aus den Betrieben der darunter liegenden Sohle aufgestiegen ist.

Zur Abführung des letzteren in den Wetterschacht giebt es zwei Möglichkeiten. Entweder wird er, nachdem er die Baue einer Sohle bestrichen hat, auf der nächsthöheren Sohle unmittelbar, und zwar auf Wegen, die von denen des Einziehstromes dieser Sohle verschieden sind, in den Wetterschacht geleitet, sodass also auf der Grube ebensoviele Wettersohlen als Einziehsohlen vorhanden sind; oder er wird ohne weitere Benutzung im Betriebe durch besondere Ueberhauen oder blinde Schächte zu einer für alle Sohlen gemeinsamen oberen Wettersohle aufwärts geführt und gelangt auf dieser zum Wetterschachte. Die Vereinigung der ausziehenden Ströme auf einer Sohle ist im allgemeinen einfacher und daher auch häufiger anzutreffen. Sie fand sich im Jahre 1898 auf 44 Gruben, während auf 20 Bergwerken die Einziehsohlen zugleich als Wettersohlen dienten.

Im ersteren Falle hat eine Trennung zwischen den Ein- und Auszieh-strömen auf den mittleren Sohlen an denjenigen Stellen stattzufinden, wo die von unten aufsteigenden und nach oben weiterzuführenden Ströme die Sohlenstrecke schneiden. Wenn die zu kreuzende Strecke der mittleren Sohle nicht zur Wetterführung benutzt wird, so genügt je nach Lage der Betriebe auf beiden Sohlen zu einander ein Abschluss nach einer oder nach beiden Seiten durch Wetterthüren oder feste Wetterverschläge. Sonst ist die Herstellung von Wetterkreuzungen oder Wetterbrücken erforderlich, oder besser noch von horizontalen oder ansteigenden Um-bruchstrecken, bei denen eine Gesteinsfeste beide Wetterwege trennt.

Noch umständlicher wird die Trennung, wenn der von unten in die Sohlenstrecke einmündende Weg für den verbrauchten Strom nicht in gerader Richtung nach oben fortgeführt werden kann, sondern beide Ströme eine Strecke weit in horizontaler Richtung neben einander her geleitet werden müssen. Man kann in diesem Falle die Trennung durch Wetterscheider in der Sohlenstrecke herstellen, doch ist bei allen wichtigen Wetterströmen die Anlage besonderer Strecken für den zweiten Strom neben, über oder unter den Grundstrecken der Sohle zu empfehlen. Häufig eignen sich bereits vorhandene Parallelstrecken dazu, um den ausziehenden Strom bis zu der Stelle zu führen, wo er zur Wettersohle aufsteigen kann.

Bei einfachen Betriebsverhältnissen lässt sich endlich die künstliche Trennung der ein- und ausziehenden Ströme überhaupt vermeiden. So ist auf Zeche Rhein-Elbe III bei ganz flacher Flötzlagerung für die Fettkohlen-partie eine Wetterführung projektiert, bei der jedes Flötz gewissermassen als Sohle anzusehen ist und von dem centralen Schachte aus seinen frischen Strom erhält. Die verbrauchten Ströme sollen in demselben Flötz bis zu den Feldesgrenzen weitergeleitet werden und hier durch eine Anzahl blinder Wetterschächte direkt zu einer gemeinsamen Wettersohle aufsteigen.*)

Die Vereinigung sämtlicher ausziehenden Ströme auf einer Wetter-sohle hat den Nachteil, dass die Ausführung und Unterhaltung der Ueber-hauen und blinden Schächte erhebliche Kosten verursacht, zumal sie häufig im alten Mann oder Bergeversatz liegen und daher starkem Gebirgsdrucke ausgesetzt sind. Ausserdem entstehen auf der Wettersohle

---

*) Glückauf 1901, S. 789.

leicht grosse Reibungsverluste, weil der Querschnitt der Wetterwege dort
für die Aufnahme so grosser Wettermengen nicht ausreicht.

Die gleichzeitige Benutzung einer Sohle zur Zuleitung des frischen
Stromes und Abführung des verbrauchten Stromes kann man auf verschiedene Weise erreichen. Am einfachsten wird sie, wenn der Betrieb
auf den einzelnen Sohlen in verschiedenen Feldesteilen liegt. Die Grundstrecken der oberen Bausohle können dann, soweit sie über den Betrieben
der unteren Sohle liegen, ohne weiteres zur Abführung des von dieser
aufsteigenden Wetterstromes dienen, weil sie zur Zuführung frischer
Wetter für die obere Sohle nicht benutzt werden.

So ist z. B. auf Zeche General Blumenthal der Abbau auf der
unteren und oberen Sohle derartig verteilt worden, dass der gebrauchte
Strom auf letzterer ohne besondere Vorkehrungen zum ausziehenden
Schachte gelangen kann.

Aber auch, wenn die Betriebe auf verschiedenen Sohlen senkrecht
übereinander liegen, kann bei günstigen Lagerungsverhältnissen eine
getrennte Abführung der gebrauchten Ströme auf den einzelnen Sohlen
ohne weiteres möglich sein. Ein Beispiel dieser Art bietet die Zeche
Dahlbusch II/V. Hier ist unterhalb der V. Tiefbausohle die Fettkohlenpartie in Angriff genommen, und der ausziehende Strom aus diesen Betrieben zieht auf der V. Sohle zum Schachte. Gleichzeitig treten aber die
frischen Wetter für die oberhalb der V. Sohle in Betrieb stehende Gaskohlenpartie auf derselben Sohle in die Grubenbaue ein. Eine Trennung
beider Ströme ergab sich dadurch, dass die Fettkohlenflötze, die auf den
tieferen Sohlen südlich der beiden Schächte liegen, das Niveau der
V. Sohle bereits im nördlichen Teile des Grubenfeldes schneiden. Die
Gaskohlenpartie hingegen liegt auch auf dieser Sohle noch ganz südlich
der beiden Schächte. Dadurch steht der nördliche Hauptquerschlag der
V. Sohle für den Ausziehstrom, der südliche aber für den Einziehstrom
zur Verfügung.

Wenn derartige günstige Umstände nicht vorliegen und auf verschiedenen Bausohlen nach derselben Seite des Ausziehschachtes Betrieb
stattfinden soll, so ist eine teilweise Verdoppelung der Wetterstrecken
auf den mittleren Sohlen erforderlich, um den verbrauchten Strom direkt
zum Schachte leiten zu können.

Auf Zeche Kaiserstuhl II, deren Baue sämtlich nördlich des Schachtes
liegen, bilden die Flötze einen Sattel, dessen Nordflügel zwischen der III.
und II. Sohle und dessen Südflügel zwischen der II. und I. Sohle in Betrieb
ist. Die Trennung der Wetterströme auf der II. Sohle ist derart erfolgt,
dass der nördliche Hauptquerschlag der II. Sohle nur zur Abführung der
verbrauchten Wetter aus dem Sattelnordflügel dient, während vom Einziehschachte zwei Umbruchstrecken nach Osten und Westen in Verbindung

mit je einem nördlichen Abteilungsquerschlag die Zuführung des frischen
Stromes zu dem Sattelsüdflügel übernehmen. Es sei bemerkt, dass diese
zweckmässige Wetterverteilung erst nachträglich nach Inbetriebnahme der
beiden Sohlen unter erheblichen Schwierigkeiten durchgeführt worden ist.

In einer ähnlichen Lage befand sich die Zeche Hibernia, auf der bei
geneigter Flötzlagerung ein Abbau auf verschiedenen Sohlen unmittelbar
übereinander stattfand. Hier hat man für die Betriebe der X. und IX.
Bausohle, die sich durch aussergewöhnlichen Schlagwetterreichtum auszeichneten, je einen besonderen ausziehenden Hauptquerschlag hergestellt,
der 10 m unter dem Niveau der einziehenden Querschläge der nächst
höheren Sohle liegt und in welchem die von unten kommenden verbrauchten Teilströme gesammelt und ohne Berührung mit den Einzieh-
strömen zum Schachte geführt werden. Diese Einrichtung die unter allen
Lagerungsverhältnissen eine zuverlässige und dauerhafte Trennung der
Wetterströme auf den einzelnen Sohlen ermöglicht und daher vom Standpunkte der Wetterversorgung aus als Muster angesehen werden kann,
wird allerdings des hohen Kostenaufwandes halber unter einfacheren
Wetterverhältnissen kaum Anwendung finden. Bei Gruben mit zahlreichen
in Betrieb befindlichen Bausohlen wird sich aber häufig die Möglichkeit
bieten, ohne diese kostspieligen Ausrichtungsarbeiten durch zweckmässige
Einteilung der Betriebe, wenigstens auf einer der mittleren Sohlen den in
dem tieferen Teile des Grubengebäudes verbrauchten Strom zum Schachte
zu führen und so einer allzu grossen Konzentration der ausziehenden
Wettermengen auf der obersten Sohle vorzubeugen, wenn auch im
übrigen die Vereinigung mehrerer Bausohlen mit einer Wettersohle beibehalten wird.

Häufig wird sich die Trennung so einrichten lassen, dass jeder Flötz-
horizont eine besondere Wetterführung erhält. So ist z. B. auf den Zechen
Rhein-Elbe, Dahlbusch und Hibernia für die Fett- und die Gaskohlenpartie
je ein selbständiges Wettersystem hergestellt worden, während man auf
Borussia die Wetterströme der Fett- und der Magerkohlenpartie von einander getrennt hat. Auf diese Weise ist zugleich die Möglichkeit gegeben,
in jedem Horizont die seinem Gasgehalt und seinem Gefahrencharakter
entsprechenden Massnahmen zur Wetterversorgung zu treffen.

2. Bildung von Wetterabteilungen.

Nachdem die erste Teilung des einziehenden Wetterstromes, wenigstens
auf den meisten Gruben, bereits am Schachte entsprechend der Anzahl
der Bausohlen vorgenommen worden ist, findet eine weit stärkere Zersplitterung auf den einzelnen Bausohlen selbst statt. Diese Teilung des
Einziehstromes so weit zu treiben, als die Betriebsverhältnisse

es zulassen, und die Wiedervereinigung der einzelnen Zweige
möglichst hinauszuschieben, derart, dass sie, wenn angängig, erst auf
der Wettersohle in der Nähe des Ausziehschachtes wieder zusammentreffen,
ist ein erstrebenswertes Ziel der Wetterführung. Selbstverständlich
ist dabei Voraussetzung, dass der Betrieb nicht unnötig über das ganze
Grubenfeld verzettelt wird, sondern im Gegenteil möglichst konzentriert
bleibt.

Der Vorteil der Teilung der Wetterströme beruht in erster Linie auf
der Verminderung der Widerstände in den Grubenbauen und der
damit verbundenen Erleichterung der Wetterversorgung. Nach dem bekannten Gesetz

$$h = n\,\frac{L\,P\,v^2}{S},$$

in dem n einen von der Streckenbeschaffenheit abhängigen Reibungs-
koëfficienten bedeutet, stehen die Reibungsverluste h des Luftstromes zu
der Länge des Weges L, dem Streckenumfange P und dem Quadrate der
Geschwindigkeit v^2 im geraden und zum Streckenquerschnitt S im umgekehrten Verhältnis. Wenn man daher einen Strom in mehrere Teile zerlegt,
und jedem von diesen einen entsprechenden Abschnitt des ganzen Weges
zuweist, so ändern sich zwar die ganze Streckenlänge, der Querschnitt und
der Streckenumfang nicht, doch die Geschwindigkeit nimmt entsprechend der
Verminderung der Wettermenge auf den einzelnen Teilstrecken ab und
daher vermindern sich die Reibungsverluste proportional dem Quadrate
der Geschwindigkeit. Wenn also statt eines Stromes, der die ganze
Strecke passieren müsste, beispielsweise zwei gleiche Teile je die
Hälfte derselben zurücklegen, so erhält man bei konstantem Streckenquerschnitt und -umfang einen Widerstand h_1, der sich zu

$$n\,\frac{L\,2\,P\left(\frac{v}{2}\right)^2}{2\,S} = \frac{1}{4}\,n\,\frac{L\,P\,v^2}{S}$$

berechnet und demnach nur noch den vierten Teil des ursprünglichen
Widerstandes h ausmacht.

Der Nutzen dieses Verfahrens besteht entweder in einer Kraftersparnis beim Betriebe des Ventilators, oder in einer Erhöhung der
absoluten Wettermenge ohne weiteren Arbeitsaufwand.

Ein weiterer Grund für die Zweckmässigkeit zahlreicher selbständiger
Teilströme beim Grubenbetriebe ist die Abnahme der Wettergeschwindigkeit und der damit verbundenen Gefahren für die Gesundheit
der Arbeiter.

Denn bei den ungeheuren Wettermengen, die zum Betriebe grosser Gruben erforderlich sind, würden ohne Teilung des Stromes mässige Geschwindigkeiten schon deshalb nicht beibehalten werden können, weil es unmöglich sein würde, die Grubenbaue in ausreichenden Dimensionen herzustellen und aufrecht zu erhalten. Die vom Oberbergamt Dortmund als Maximum zugelassene Wettergeschwindigkeit von 6 m je Sekunde würde z. B. bei einer Wettermenge von nur 3 600 cbm in der Minute bereits einen Streckenquerschnitt von 10 qm bedingen, während Ströme von 6 000 cbm und mehr ausserordentlich geräumige Grubenbaue erfordern würden. Im allgemeinen besitzen die Hauptwetterstrecken selbst auf grösseren Bergwerken nur 3—5 qm Weite; Querschnitte von 6 qm sind schon recht selten, und nur vereinzelt, so z. B. auf Zeche Hansa, kommen Streckenweiten von 8 qm oder gar noch mehr vor. Die neue Wetterpolizeiverordnung verlangt als Minimum einen Querschnitt von 4 qm für Hauptströme, 2 qm für Teilströme und 1 qm für Wetterdurchhiebe zwischen den Abbaustrecken (§ 7 Abs. 1). Eine grosse Zahl von Gruben besitzt aber noch Hauptstrecken, die dem Luftstrom weniger als 3 qm freie Fläche bieten.

Demnach ist die Teilung der Wetterströme eine Notwendigkeit für die Gruben, die dazu den weiteren Vorteil besitzt, dass sie die Wirkung einer Schlagwetterexplosion auf einen kleinen Bezirk, nämlich auf die Wetterabteilung, in der die Entzündung stattgefunden hat, beschränkt. Allerdings gehört dazu, dass die Abteilungen selbständig sind, d. h. dass die Wetterströme in so zuverlässiger und dauerhafter Weise von einander getrennt sind, dass die Scheidewände nicht durch die Explosion zerstört werden, und die Explosionsflamme nicht durch entzündlichen Kohlenstaub oder Ansammlungen von Grubengas von einer Wetterabteilung in die andere übertragen werden kann. Der letztere Fall wird um so sicherer ausgeschlossen sein, je länger die einzelnen Teilströme bestehen bleiben, d. h. je früher sie voneinander getrennt und je später sie wieder vereinigt werden. Die sichere Trennung der einzelnen Ströme ist gleich bei der Herstellung der einzelnen Wetterabteilungen ins Auge zu fassen. Daher können beispielsweise zwei Teilströme, die die Baue auf je einer Seite eines zweiflügeligen Bremsberges bestreichen, nicht als selbständig angesehen werden, da sie auf allen Oertern nur durch leichte Verschläge geschieden sind und eine Explosion, zumal bei Anwesenheit von Grubengas oder entzündlichem Kohlenstaub auf dem Verbindungswege, leicht von einer Seite auf die andere übertragen werden kann.

Durch möglichst unmittelbare Zuleitung eines frischen Stromes zu allen Betriebspunkten wird endlich auch erreicht, dass Temperatur und Sauerstoffgehalt der Luft an den Arbeitsstellen selbst verbessert werden.

Die Teilung des Wetterstromes wird allgemein angestrebt durch die Vorschrift der neuen Wetterpolizeiverordnung (§ 11), dass auf jeder Grube möglichst viele selbständige Abteilungen mit gesonderten Wetterströmen

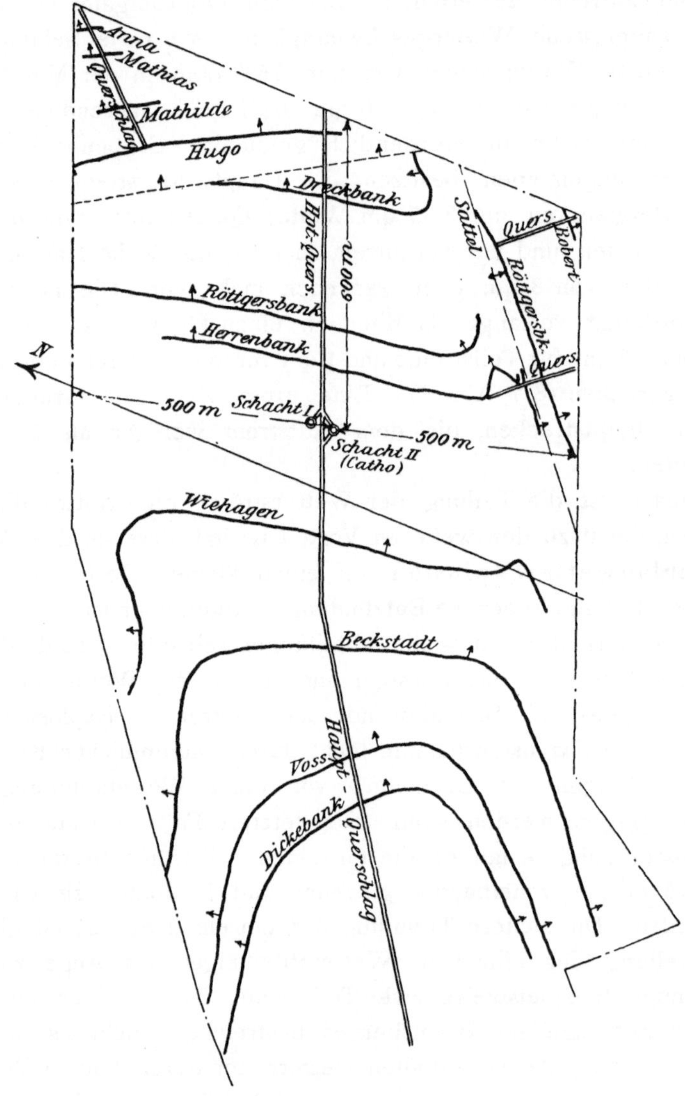

Fig. 88.

Grundriss der Zeche Carolus Magnus.

einzurichten und derartig von einander zu trennen sind, dass das Ueber-strömen von Wettern aus einer Abteilung in die andere ausgeschlossen ist. Zur Ausführung gelangt sie beim praktischen Grubenbetrieb durch eine Reihe aufeinanderfolgender und meist ziemlich übereinstimmender Massnahmen.

Der einziehende Strom gelangt in der Regel vom Schachte in den Hauptquerschlag, der das Feld rechtwinklig zum Streichen der Gebirgsschichten durchschneidet. Er erfährt hier, falls die Baue sich nicht nur auf einer Seite des Schachtes befinden, sofort eine Zerlegung in zwei Teilströme, die sich in entgegengesetzter Richtung nach den Feldesgrenzen bewegen. Diese Art der zweiseitigen Wetterzuführung nur durch den

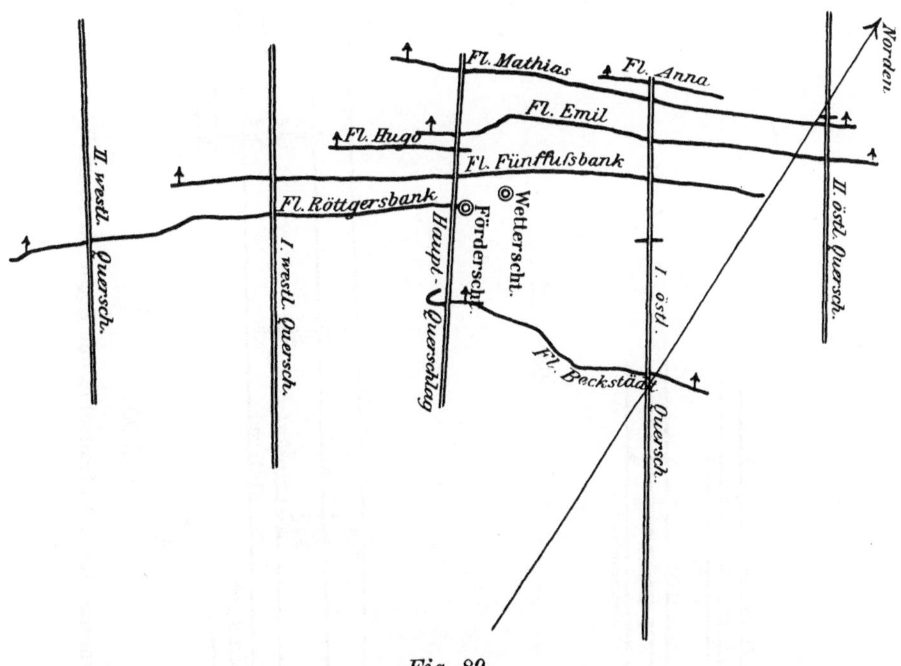

Fig. 89.

Hauptgrundriss der 370 m Sohle von Schacht Karl des Kölner Bergwerkvereins.

Hauptquerschlag ist ausreichend, solange die Feldesausdehnung in der Streichrichtung eine gewisse Länge nicht überschreitet, die sich zweckmässig auf eine Bauabteilung nach jeder Seite des Querschlages, also auf einige 100 m im ganzen beschränkt. Ein Beispiel dafür zeigt der Grundriss der Zeche Carolus Magnus (Fig. 88).

Sobald jedoch die streichende Länge ein von den örtlichen Verhältnissen abhängiges Maximum überschreitet, pflegt man, um die Unterhaltung langer Förder- und Wetterwege in jedem Flötz zu vermeiden, mehrere dem Hauptquerschlag parallele Abteilungsquerschläge aufzufahren, welche mit dem Schacht bezw. dem Hauptquerschlage durch streichende Hauptförderstrecken verbunden werden. So entsteht das besonders für Gruben

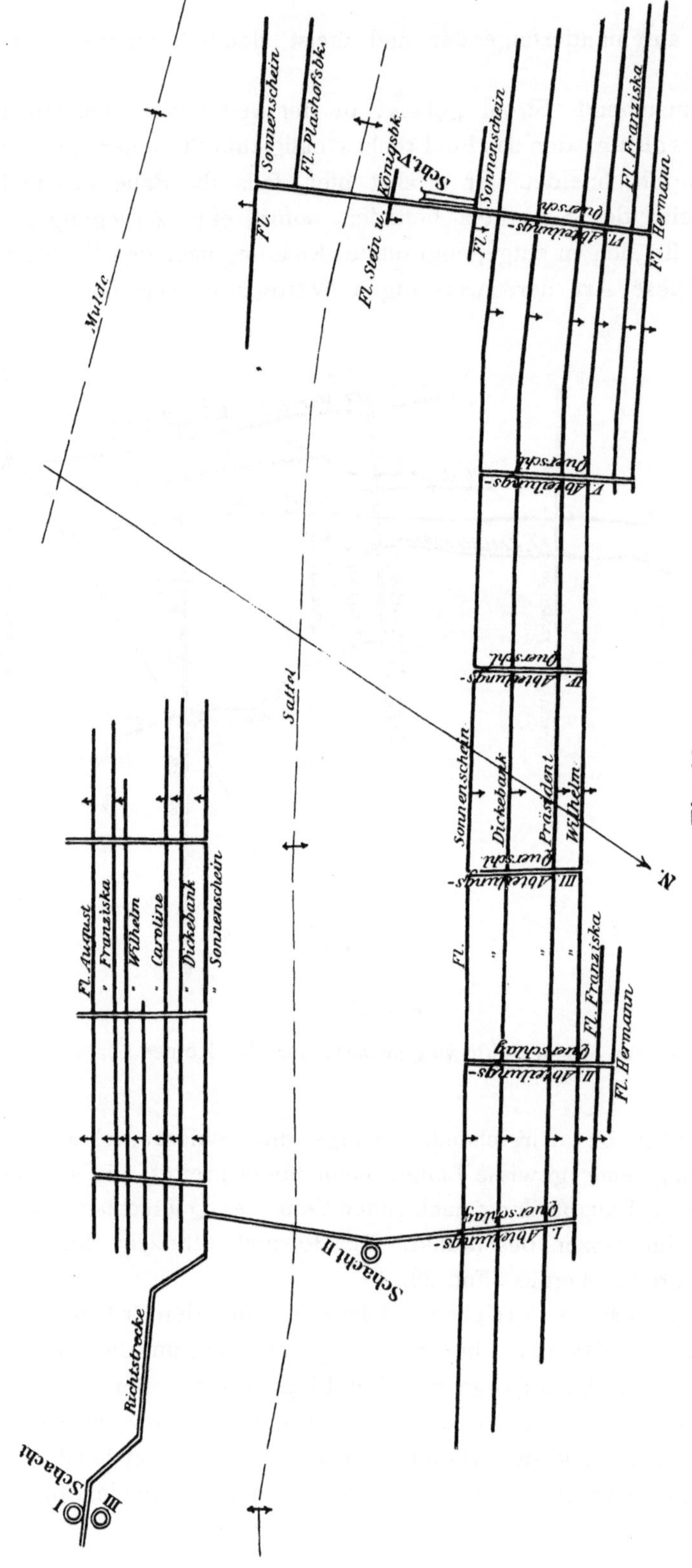

Fig. 90.

Hauptgrundriss der I. Tiefbausohle der Zeche Centrum II.

mit geneigter Lagerung bezeichnende Bild der Sohlenausrichtung und und Wetterführung durch rechtwinklig sich kreuzende Strecken. Als Beispiele mögen die Grundrisse der Zechen Karl des Kölner Bergwerks-Vereins (Fig. 89) und Centrum (Fig. 90) dienen.

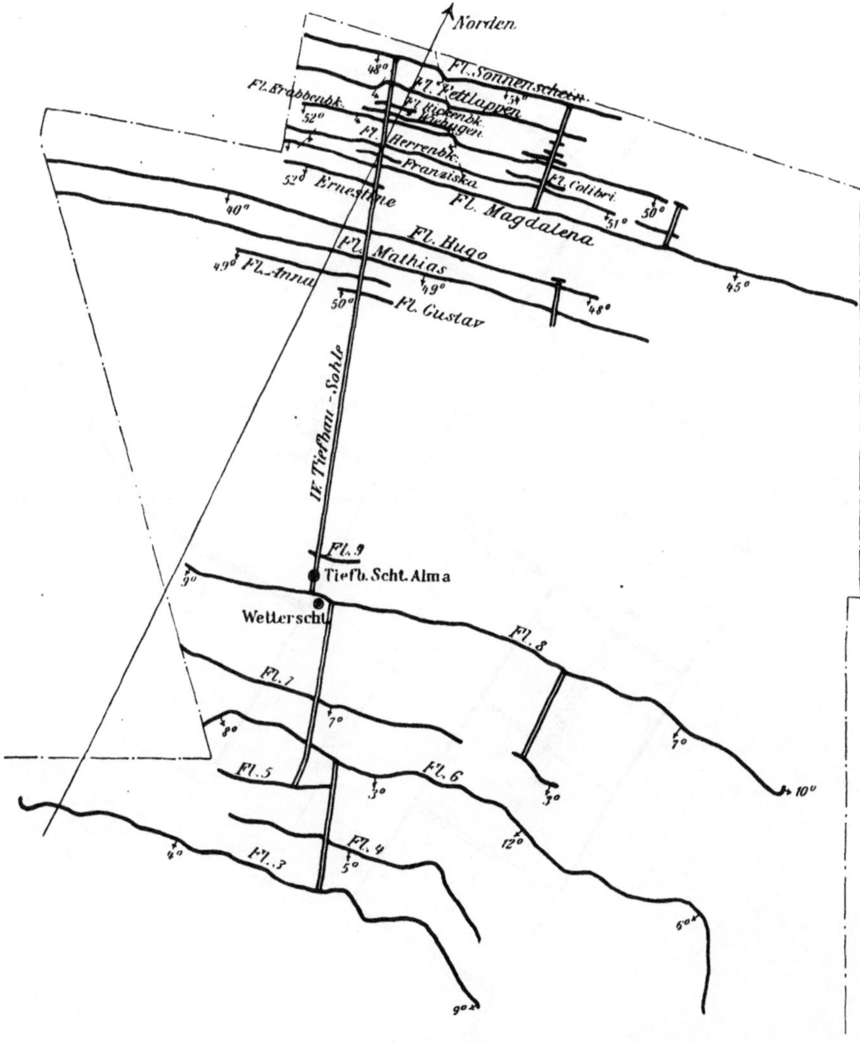

Fig. 91.
Hauptgrundriss der 300 m Sohle der Zeche Alma.

Auf manchen Gruben sind die Abteilungsquerschläge nicht durch das ganze Feld getrieben, sondern dienen nur zur Ausrichtung eines Teiles desselben oder einer bestimmten Flötzgruppe. Für andere Feldesteile sind wieder neue Querschläge vorhanden, die ebenfalls durch streichende

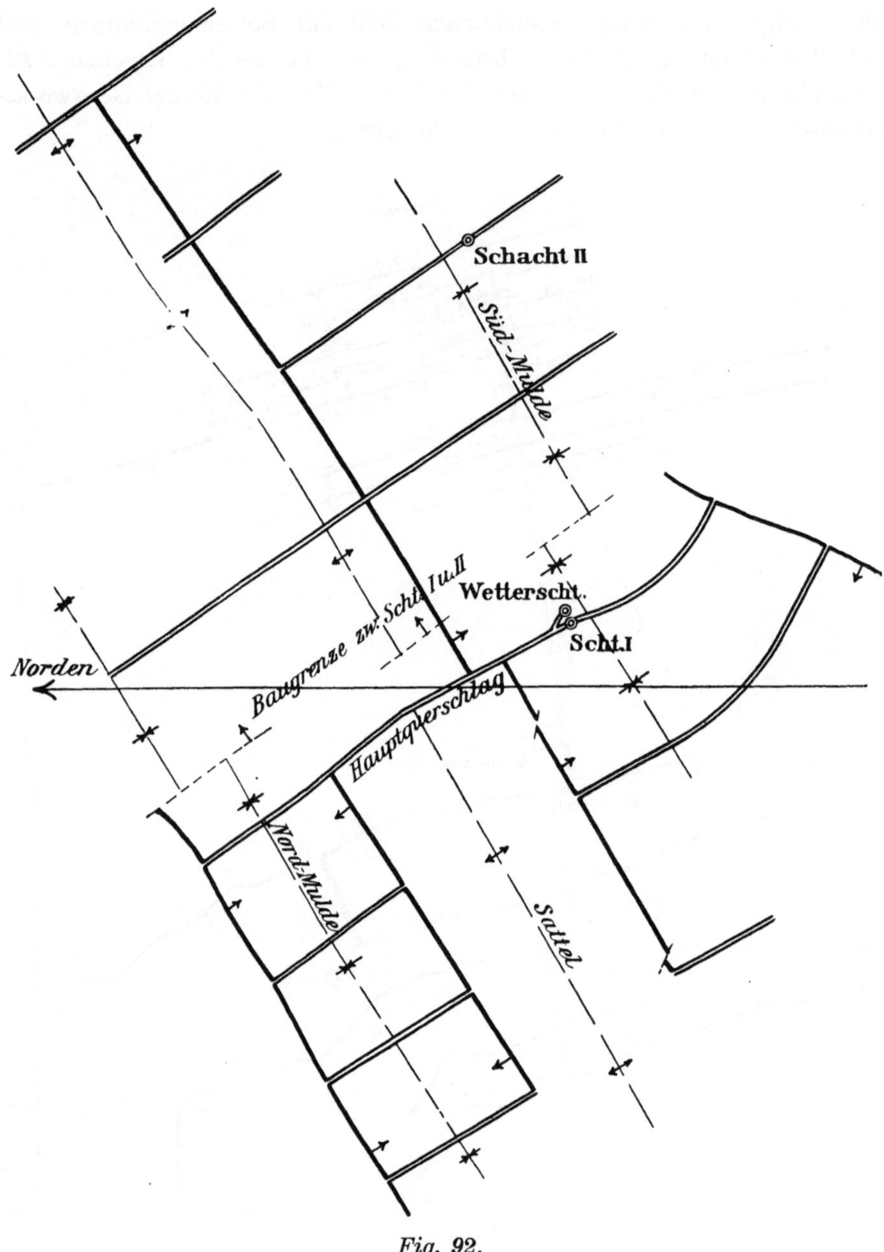

Fig. 92.

Lage der Schächte und Streichen der Flötze auf Zeche Mont Cenis.

Strecken mit dem Hauptquerschlage in Verbindung stehen. Daraus ergiebt
sich eine Zerlegung des parallel zur Streichrichtung der Flötze verlaufenden
Hauptwetterstromes in mehrere Teilströme. Sie ist z. B. auf Zeche Alma
(Fig. 91) und in dem Westfelde der Zeche Mont Cenis (Fig. 92) vertreten.

Für die Wetterführung ist sie häufig nicht weniger von Bedeutung als die Anlage der Abteilungsquerschläge, weil sie eine Ueberlastung der von grossen Strömen benutzten streichenden Hauptwetterstrecken verhindert.

Bei der Auswahl der für die Hauptwetterstrecken geeigneten Flötze kommen vom Standpunkte der Wetterführung in erster Linie diejenigen in Betracht, welche in dem auszurichtenden Feldesteile den Schächten am nächsten liegen, damit nicht nur die Teilung der Wetterströme im Hauptquerschlage möglichst frühzeitig und ihre Vereinigung auf der Wettersohle möglichst spät erfolgt, sondern namentlich damit die Wetterversorgung der dem Schachte am nächsten liegenden Flötze nicht auf dem Umweg über entferntere Flötze zu erfolgen braucht. Häufig beginnen daher die streichenden Hauptwetterstrecken unmittelbar am Schachte, sodass also eine Vierteilung des Stromes gleich bei seiner Ankunft auf der Bausohle eintritt.

Bei der neuerdings auf einigen Zechen beliebten Ausrichtung durch streichende Richtstrecken, z. B. auf Schacht III/IV der Zeche Shamrock (vergl. Band II, Tafel III) und auf Schlägel u. Eisen V/VI, ergibt es sich von selbst, dass die Teilung des Wetterstromes möglichst nahe am Schacht erfolgt.

Die Wetterteilung durch ein Netz von rechtwinkligen Strecken bildet nicht nur bei geneigter Lagerung, für die sie in erster Linie bestimmt ist, sondern auch in ganz flach gelagerten Flötzen die allgemeine Regel, nur mit dem Unterschied, dass in letzterem Falle sämtliche Strecken im Flötz aufgefahren werden und die Verbindung der Flötze statt durch Querschläge durch blinde Schächte erfolgt. Daneben findet man zuweilen eine sternförmige Ausrichtung des Grubenfeldes vom Schachte aus, so z. B. auf Schacht Grimberg der Zeche Monopol (Fig. 93), wo man bei ganz flacher Lagerung und in völliger Unkenntnis der Lagerungsverhältnisse sich entschloss, mit Versuchsstrecken nach allen Seiten vorzugehen, und diese später als Hauptwetterstrecken beibehielt.

Im übrigen können auch örtliche Lagerungsverhältnisse und zwar namentlich Veränderungen im Flötzstreichen, Sattel- und Muldenwendungen und grössere Störungen Zahl und Lage der Hauptwetterwege beeinflussen.

Neben der Hauptteilung der Wetterströme durch die Ausrichtungsstrecken der einzelnen Sohlen, die sich immerhin nur auf verhältnismässig wenige Zweige beschränkt, findet nun eine weitere Zersplitterung dadurch statt, dass der Strom sich in die Bauabteilungen der einzelnen Flötze ergiesst. Dadurch ergeben sich die eigentlichen selbständigen Wetterabteilungen, die sich bis zur Wiedervereinigung der Ströme auf der oberen Sohle ausdehnen. Allerdings bildet nicht überall das einzelne Flötz jeder Bauabteilung auch eine Wetterabteilung für sich, vielmehr findet bei flacher wie bei geneigter Lagerung häufig vermittelst blinder Schächte, Teilsohlen- oder Ortsquerschläge ein Uebergang aus den unteren Betrieben des einen Flötzes in die höher gelegenen eines anderen Flötzes statt. Die Verwendung eines Stromes in mehreren Flötzen hat auch keine Bedenken, wenn seine Stärke den Verhältnissen angemessen ist und der Betrieb in den

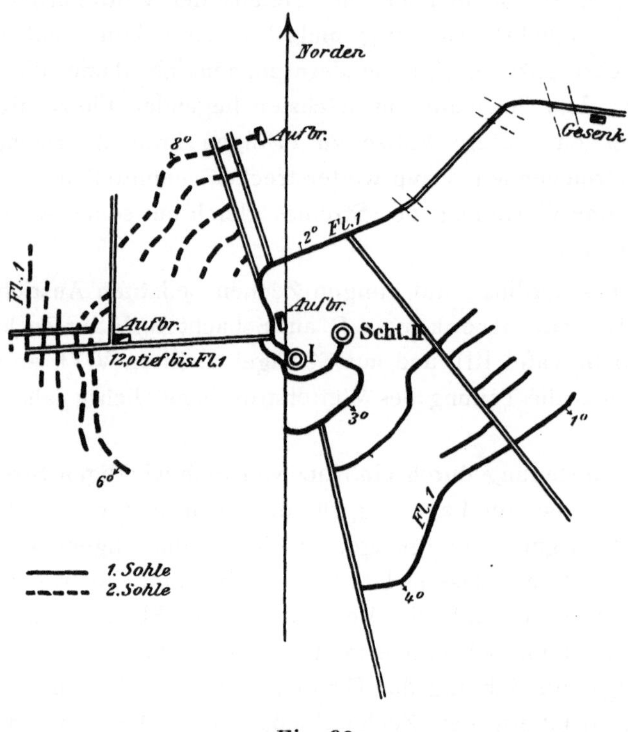

Fig. 93.

Hauptgrundriss der Zeche Monopol, Schacht Grimberg.

einzelnen Flötzen geringen Umfang hat. Die Regel ist jedoch, dass jedes Flötz eine eigene Wetterabteilung bildet. Die auf diese Weise sich ergebende Teilung des Wetterstromes unterscheidet sich von der zuerst erwähnten Verzweigung in den Ausrichtungsstrecken der Sohlen dadurch, dass sie der Willkür des Bergwerksleiters fast ganz entzogen ist, da dieser zwar die Anzahl der Abteilungsquerschläge und Hauptförderstrecken nach Belieben festsetzen kann, aber im allgemeinen jedem in die Sohlenstrecke einmündenden Flötz einen besonderen Teilstrom gewähren muss. Von welcher Bedeutung diese Teilung auf den meisten Gruben für die Wetterführung ist, lässt sich aus der grossen Zahl der abzubauenden

Flötze ermessen, die im folgenden nach der oberbergamtlichen Statistik zusammengestellt sind. Es stehen im Bau:

1 Flötz auf 10 Gruben
2 Flötze » 14 »
3 » » 16 »
4 » » 16 »
5 » » 15 »
6 » » 9 »
7 » » 20 »
8 » » 13 »
9 » » 12 »
10 » » 19 »
11 » » 14 »
12 » » 7 »
13 » » 6 »
14 » » 9 »
15 » » 5 »
16 » » 5 »
17 » » 6 »
18 » » 4 »
19 » » 3 »
20 » » 4 »
mehr als 20 Flötze auf 8 Gruben

Sa. 215 Gruben.

Dabei ist zu berücksichtigen, dass die Flötze in den einzelnen Abteilungsquerschlägen sich wiederholen, und dass sie infolge von Sattel- und Muldenbildungen oder von grossen Ueberschiebungen (Zeche Courl) häufig in mehrfacher Lagerung angetroffen werden.

Die Teilung der Wetterströme ist also auf den westfälischen Gruben in sehr weitgehendem Masse möglich; sie darf jedoch nicht zu weit getrieben werden, um eine zu grosse Zersplitterung des Betriebes zu vermeiden. Daher bleibt in der Praxis die Bildung der selbständigen Wetterabteilungen auf den Gruben in bescheidenen Grenzen. Das beweist die nachstehende, von Bergassessor Hundt veröffentlichte Tabelle über das Bergrevier Gelsenkirchen, dessen Gruben in bezug auf Wetterführung sehr entwickelt sind*); zur Beurteilung der einzelnen Gruben ist hier noch die tägliche Förderung in der Hauptschicht aus der oberbergamtlichen Statistik angefügt worden.

---

*) Festschrift zum VIII. Allgemeinen Deutschen Bergmannstag, S. 118.

Wetterverteilung auf den Gruben des Bergreviers Gelsenkirchen.

Tabelle 67.

Namen der Zeche	Zahl der selbständigen Wetterabteilungen	Der selbständigen Wetterabteilungen durchschnittliche		Tägliche Förderung in der Hauptschicht
		Belegung in der Hauptschicht	Zahl der Betriebe	t
Königsgrube	6	108	36	1150
Pluto, Schacht Thies	15	33	11	863
Pluto, Schacht Wilhelm . .	25	26	8	700
Hibernia	12	44	9	900
Unser Fritz I	12	36	10	650
Unser Fritz II	10	40	12	550
Wilhelmine Victoria I . . .	17	26	8	1000
Wilhelmine Victoria II . . .	15	49	19	1258
Consolidation I	7	13	4	400
Consolidation II	6	20	8	150
Consolidation V	22	24	8	820
Consolidation III/IV	24	32	11	1305
Summe bezw. Durchschnitt	171	37	12	9746

Durch die am 1. Januar 1902 in Kraft getretene Wetterpolizeiverordnung wird in dieser Beziehung vorgeschrieben, dass nicht mehr als 20 belegte Betriebspunkte zu einer Abteilung vereinigt werden sollen (§ 11 Abs. 1). Ausserdem wird verlangt, dass die verbrauchten Ströme aus Aus- und Vorrichtungsarbeiten gesondert, d. h. ohne noch Abbaubetriebe zu berühren abgeführt werden (§ 13). Da jene Arbeiten in der Regel vereinzelt liegen, wird häufig sogar ein einziger Betriebspunkt einen selbständigen Wetterstrom erhalten müssen. Auch die weitere Bestimmung, dass in einem Wetterstrom nicht mehr als 60 Arbeiter gleichzeitig beschäftigt werden dürfen (§ 11 Abs. 2), sorgt dafür, dass eine ausreichende Zahl selbständiger Wetterabteilungen gebildet wird. Alle grösseren Gruben, die in einer Schicht mehr als 600 Arbeiter unter Tage beschäftigen, und zwar 40 an der Zahl, müssen also schon mindestens zehn gesonderte Ströme einrichten. Einzelne Gruben, darunter Prosper II mit über 1200 Mann Belegschaft in der Hauptschicht kommen noch bedeutend höher. Der Erfolg dieser Bestimmungen wird sich indessen erst dann voll übersehen lassen, wenn sie längere Zeit in Geltung gewesen und auf allen Gruben zur Durchführung gekommen sind.

Bei einem Grubenfeld von gegebener Ausdehnung ist, wenn man von der Zahl und Lage der Schächte absieht, die Teilung des Wetterstromes in der Grube das wichtigste Mittel, um die Länge der Wetterwege abzukürzen. Sie ist für die Gruben des Ruhrkohlenbeckens um so wichtiger, als man wegen der grossen Schwierigkeiten und Kosten, die das Schachtabteufen verursacht, bestrebt ist, das Baufeld für jede einzelne Anlage möglichst gross zu bemessen. Dazu kommt, dass das allgemein verbreitete Zwillingsschachtsystem der Verkürzung der Wetterwege nicht günstig ist, weil der Strom, der vom Schacht bis zur äussersten Feldesgrenze vorgedrungen ist, auf der Wettersohle den ganzen Weg bis zu seinem Ausgangspunkte noch einmal zurücklegen muss. Durch die Teilung der Wetterströme ist es bisher gelungen, einer Verlängerung der Wetterwege trotz der zunehmenden Ausdehnung der Grubenbaue vorzubeugen.

Die Preussische Schlagwetterkommission hatte die durchschnittliche Stromlänge auf den westfälischen Gruben zu etwa 3500 m angegeben, aber auch auf vielen Gruben Wetterwege von grösserer Erstreckung vorgefunden. So kamen auf den Zechen Alma, Neu-Iserlohn II und Shamrock Längen von 4500 m, auf Zeche Zollern solche von 5000 m und auf Rheinelbe sogar von 6000 m vor.

Im Jahre 1898 betrug dagegen die durchschnittliche Länge der Wetterwege:

weniger als 1000 m	auf 13 Gruben
zwischen 1000 und 2000 m	» 41 »
» 2000 » 3000 »	» 72 »
» 3000 » 4000 »	» 37 »
» 4000 » 5000 »	» 19 »
» 5000 » 6000 »	» 2 »
mehr als 6000 »	» 3 »
	Sa. 187 Gruben.

In der ungünstigsten Lage befanden sich die Zechen Monopol (Schacht Grillo) mit 6200 m, Prosper Schacht II mit 6500 m und Victor mit 7530 m durchschnittlicher Stromlänge. Wenn auch nach der Zusammenstellung auf mehr als zwei Drittel der Gruben die Durchschnittslänge der Wetterwege weniger als 3000 m betrug, so ist doch zu berücksichtigen, dass dabei zahlreiche unbedeutende Gruben am Südrande des Bezirks, die nur kleine Grubenfelder besitzen, mitgezählt sind, während die bedeutenderen Gruben wohl noch ungefähr auf dem Durchschnitt des Jahres 1881 stehen werden.

Von Interesse ist es, auch die grösste Länge der Wetterwege festzustellen, die auf den einzelnen Gruben im Jahre 1898 vorhanden waren.

Es gab damals:

4	Gruben, deren grösste Stromlänge				unter 1000 m			betrug
11	»	»	»	»	zwischen 1000 und 2000 m			»
25	»	»	»	»	»	2000 »	3000 »	»
59	»	»	»	»	»	3000 »	4000 »	»
39	»	»	»	»	»	4000 »	5000 »	»
26	»	»	»	»	»	5000 »	6000 »	»
12	»	»	»	»	»	6000 »	7000 »	»
6	»	»	»	»	»	7000 »	8000 »	»
5	»	»	»	»	über 8000 »			»

Sa. 187 Gruben.

Auf folgenden Zechen überschritt die Stromlänge für einzelne Teile des Betriebes 8000 m: auf Wilhelmine Victoria I (8900 m), Christian Levin und Ewald (9000 m), Prosper II (10000 m), und auf Victor betrug die grösste Länge sogar 10450 m. Dass derartige Entfernungen im inneren Grubenbetrieb noch aus anderen als Gründen der Wetterführung zu verwerfen oder höchstens vorübergehend zulässig sind, bedarf wohl kaum der Erwähnung.

Ueber die Art und Weise, wie der vorhandene Wetterstrom auf die einzelnen Wetterabteilungen zu verteilen ist, lassen sich natürlich allgemeine Grundsätze nicht aufstellen, da man sich lediglich nach den örtlichen Verhältnissen zu richten hat. Während in der polizeilichen Vorschrift die Wettermenge nach der Zahl der Belegschaft bestimmt und ausserdem verlangt wird, dass der Strom beim Verlassen der Abteilung nicht mehr als 1 $^0/_0$ CH_4 enthält, sprechen in der Praxis zahlreiche andere Gründe bei der Wetterverteilung entscheidend mit. So kommt in Frage, ob man es mit Aus- und Vorrichtungsarbeiten oder mit Abbaubetrieben zu thun hat, und bei letzterem wieder, ob das Flötz durch Oerterbetrieb bereits aufgeschlossen ist oder nicht. Ferner muss mit der Natur und den Eigenschaften des Flötzes und des Nebengesteins und eventl. mit der Möglichkeit einer Vermehrung der Schlagwetterentwickelung gerechnet werden. Sodann ist die Abbauteufe nnd die Grubentemperatur zu berücksichtigen und endlich den tieferen und entfernter gelegenen Abteilungen wegen der Wetterverluste auf dem langen Wege ein Ueberschuss an frischer Luft zuzumessen. Auf diese Weise kommt es vor, dass einzelnen Teilen einer Grube 20—30 cbm Luft in der Minute und mehr für jeden darin beschäftigten Arbeiter zugeführt wird, während andere Betriebe derselben Grube nur in normaler Weise entsprechend der polizeilichen Vorschrift mit frischem Strome versehen werden.

3. Wetterführung in den Betrieben.

a) Allgemeines.

Die Wetterführung beim Schachtabteufen ist in Band III mit behandelt worden; es erübrigt sich daher, hier nochmals auf dieselbe einzugehen.

Die Bewetterung der Aus- und Vorrichtungsarbeiten erfolgt nach zwei verschiedenen Methoden. Bei Gesteinsbetrieben nämlich, die noch nicht durchschlägig sind, d. h. noch nicht an den beiden äussersten Punkten mit dem Netz der Grubenwetterwege in Verbindung stehen, dient regelmässig zur Hin- und Rückleitung des Wetterstromes derselbe Weg, der zu diesem Zweck der Länge nach durch einen Wetterscheider oder dergl. in zwei Hälften geteilt wird. Bei Strecken im Flötz hingegen, gleichviel welche Richtung sie haben, wird zwar auch dieses Verfahren zuweilen angewandt, häufiger werden aber zwei parallele Strecken gleichzeitig betrieben, von denen die eine der Zu- und die andere der Abführung des Wetterstromes dient. Man verbindet sie in gewissen Abständen mit einander durch Durchhiebe, um den Strom von der einen Strecke in die andere überleiten zu können. Nach Fertigstellung eines neuen Durchhiebes wird stets der vorhergehende, wetterdicht geschlossen, um zu verhindern, dass der Wetterstrom vorzeitig auf die ausziehende Strecke übergeht.

Die Bewetterung der in Ausführung begriffenen Gesteinsstrecken erfolgt nun entweder durch Spezialventilation, d. h. in der Zugangstrecke wird der Wetterstrom gedrosselt, durch entsprechende Vorrichtungen abgelenkt und bis vor das Ende der Gesteinsstrecke geleitet. Hierbei ist der durch den Hauptventilator der Grube erzeugte Zug auch das Triebmittel für den Wetterstrom in der Gesteinsstrecke. Dem gegenüber steht die Separatventilation, bei der ein Teilstrom von dem frei durchgehenden Hauptstrome abgezweigt und durch besondere mechanische Kräfte gezwungen wird, den Umweg bis vor Ort der Gesteinsstrecke zu machen.

Die Mittel, deren man sich bei der Spezialventilation zur Drosselung und Ablenkung des Wetterstromes bedient, sind weiter unten näher beschrieben. Der Separatventilation ist in Anbetracht ihrer stets zunehmenden Bedeutung ein besonderes Kapitel (5) gewidmet.

Die Bewetterung der im Flötz liegenden Strecken ist, soweit bei ihnen nicht ebenfalls Separatventilation Anwendung findet, bereits im Kapitel Vorrichtung (Bd. II, S. 69ff.) besprochen worden. Dort ist sowohl der Betrieb von Doppelstrecken beschrieben worden, wie die Bewetterung

einer einfachen Strecke mittelst Wetterscheider oder unter Bildung soge-
nannter Wetterröschen mittelst Bergeversatz.

Im allgemeinen wird man bei der Auswahl der Bewetterungsmethoden
für die einzelnen Teile einer Grube dahin streben müssen, dass die Widerstände in allen Wetterabteilungen in umgekehrtem Verhältnis zu ihrem
Wetterbedarf stehen. Solange das möglich ist, ist Spezialventilation am
Platze. Erst wenn der Widerstand eines Zweiges besonders gross wird,
muss Separatventilation eintreten, weil sonst der übrige Strom zu stark
gedrosselt werden müsste und dadurch ein erheblicher Teil der Arbeit des
Hauptventilators verloren gehen würde. Besonders deutlich zeigt sich der
Einfluss, den der Widerstand einzelner Bauabteilungen gegen die Wetter-
bewegung auf die gesamte Grubenventilation ausübt, auf der Zeche
Hibernia, weil diese Zeche nur ein kleines Grubenfeld und dabei eine sehr
grosse äquivalente Oeffnung besitzt. Kleinere Veränderungen im Betriebe
können hier bereits ziemlich erhebliche Schwankungen in der Gruben-
weite herbeiführen. Insbesondere hat man festgestellt, dass bereits das
Auffahren eines einzelnen Querschlages mittelst Wetterscheider und ohne
Anwendung von Separatventilation sich durch Sinken der äquivalenten
Oeffnung der ganzen Grube deutlich bemerkbar machte.

Die Abdrosselung einzelner Ströme lässt sich indessen nicht überall
vermeiden und muss namentlich in den in der Nähe der Schächte liegenden
Bauabteilungen Anwendung finden.

Die wesentlichsten Fortschritte in Bezug auf die Wetterversorgung
der einzelnen Betriebspunkte sind zwar der Initiative einzelner Bergwerksbesitzer zu verdanken, dagegen gelang ihre allgemeine Einführung
erst durch die strengen Vorschriften der Bergpolizeiverordnungen. Nachdem die Preussische Schlagwetterkommission zuerst die Aufmerksamkeit
weiterer Kreise auf die Zuführung des Wetterstromes bis vor Ort gelenkt
hatte und die auf manchen Gruben herrschenden Missstände, dass Strecken
bis zu 40 m, ja in einem Falle bis zu 70 m Länge von dem letzten Durchhieb bis vor Ort der Bewetterung durch Diffusion überlassen wurden,
gerügt hatte, brachte die Wetterverordnung vom $\frac{\text{12. Oktober } 1887}{\text{14. Juli } 1888}$ die
Vorschrift, dass auf Schlagwettergruben der Abstand des Ortsstosses von
dem mit dem Wetterstrom gespeisten letzten Durchhieb ohne Anwendung
besonderer Hülfsmittel zur Wetterführung 20 m nicht übersteigen dürfe.
Die Nachführung eines aus Wettertuch bestehenden Scheiders von dem
letzten Ueberhauen bis vor Ort und die Beseitigung der Wetterversorgung
durch Diffusion fand auf der gasreichen Zeche Neu-Iserlohn zuerst
weitgehende Anwendung.

Die Preussische Schlagwetterkommission erkannte die Ventilation der
Betriebspunkte nach dieser Methode in jeder Beziehung als vorteilhaft an.

Sie vertrat indessen die Ansicht, dass ihre allgemeine Einfüh ung auf einer Grube nur dann möglich sei, wenn zugleich die Ventilatorleistung entsprechend verstärkt würde, weil durch die Wetterscheider die Querschnitte vermindert, die Wetterwege verlängert und daher die Widerstände in der Grube erheblich vergrössert würden. Dieses Bedenken dürfte indessen kaum aufrecht zu erhalten sein, weil der Verminderung des bewegten Wetterquantums infolge grösserer Widerstände die bessere Wetterführung bis unmittelbar vor die Betriebspunkte gegenübersteht, d. h. bis zu denjenigen Stellen in der Grube, wo die Schlagwetterentwickelung in erster Linie vor sich geht.

Ausserdem hielt die Schlagwetterkommission eine allgemeine Anwendung des Systems wegen der hohen Kosten technisch und ökonomisch kaum für durchführbar. Auch diese Ansicht ist durch die Thatsachen widerlegt worden. Denn auf manchen anderen schlagwettergefährlichen Gruben machte sich das Bedürfnis nach unmittelbarer Bewetterung des Ortsstosses mit der Zeit derart geltend, dass ein grosser Teil freiwillig, ein anderer dagegen auf Veranlassung der Behörde dem von der Zeche Neu-Iserlohn gegebenen Beispiel folgte und zur Spezialventilation in ihren verschiedenen Formen beim Ortsbetriebe überging. · Vielfach wurde aber auch durch Einführung von Abbaumethoden mit Bergeversatz an Stelle des früher ausschliesslich herrschenden Pfeilerbaues, der Ortsbetrieb im Flötz wesentlich eingeschränkt. Von Interesse ist die von Bergassessor Hundt aufgestellte Tabelle (68 auf folgd. S.) über die Bewetterung der einzelnen Oerter auf sämtlichen westfälischen Gruben mit Ausnahme der Zechen des Reviers Werden aus dem Jahre 1898.*)

Sie zeigt, dass damals bereits mehr als die Hälfte sämtlicher Betriebspunkte mit Vorrichtungen versehen war, die den Wetterstrom bis dicht vor Ort führten. Namentlich in den Revieren Recklinghausen, Ost-Dortmund und Gelsenkirchen überwog diese Methode gegenüber der Bewetterung durch Diffusion, während sie allerdings in manchen Revieren, wie zum Beispiel Hattingen, Nord-Bochum und sogar trotz zahlreicher schlagwetterreicher Gruben in Herne verhältnismässig wenig verbreitet war.

Nachdem es seit dem 1. Januar 1902 allen Gruben mit wenigen Ausnahmen untersagt ist, die Bewetterung der Abbaustösse und der Ortsbetriebe jeglicher Art der Diffusion zu überlassen (§ 12 Absatz 4 und § 15 Absatz 1 der Polzeiverordnung vom 12. Dezember 1900), wird der Wetterführung an den einzelnen Betriebspunkten noch mehr Sorgfalt gewidmet werden müssen und die Gruben werden in noch stärkerem Masse teils die in der Tabelle aufgezählten Vorkehrungen zur Leitung des Stromes bis

---

*) Festschrift zum VIII. Allgemeinen Deutschen Bergmannstag, S. 115.

Laufende Nummer	Namen der Bergreviere	Zahl der betreffenden Gruben	Anzahl der Anfang März 1898 betriebenen Oerter, Durchhiebe,[1] Abhauen, Ueberhauen u. Schachtabteufen	Durchschnittliche Oerterzahl auf einer Grube	mittelst eines durch Bergeversatz abgetrennten Wetterkanals (Wetterrösche)	durch gemauerten Scheider	durch Bretterscheider	durch Scheider aus Segeltuch bei einer Länge des Scheiders in m			
								0—5	5—10	10—15	über
1	1a	2	2a	3	4	5	6	7	8	9
1	Recklinghausen . .	15	1 013	67	332	2	6	66	100	122	105
2	Ost-Dortmund (II) .	13	702	54	73	5	.	25	69	62	72
3	West-Dortmund (III)	14	781	56	37	2	.	26	55	50	54
4	Süd-Dortmund (I) .	16	791	49	165	.	.	48	50	65	40
5	Witten	14	838	60	39	4	17	48	69	61	58
6	Hattingen	19	1 007	53	5	1	.	4	6	.	.
7	Süd-Bochum . . .	12	697	58	39	2	16	66	68	58	37
8	Nord-Bochum . . .	12	809	67	8	.	4	3	9	3	4
9	Herne	8	956	119	7	2	5	32	54	36	18
10	Gelsenkirchen . . .	12	557	46	131	4	6	7	17	24	36
11	Wattenscheid . . .	9	871	97	192	.	1	1	5	3	1
12	Ost-Essen	12	692	58	224	1	2	10	26	15	30
13	West-Essen	14	1 587	113	336	16	2	47	60	50	99
14	Süd-Essen	9	660	73	82	1	2	7	6	8	6
15	Oberhausen	17	1 821	107	379	16	7	47	65	54	80
	Summe	196	13 782	70 Durchschnitt	2 049	56	68	437	659	691	640
									2 347		

[1] Wetterbohrlöcher sind nicht mitgezählt.

dicht vor Ort anwenden, teils an Stelle des Abbaustrecken-Betriebes mit nachfolgendem Pfeilerrückbau andere Abbaumethoden, die für die Wetterführung günstiger sind, einführen.

Die Erleichterung der Wetterführung im Betriebe durch Anwendung geeigneter Abbaumethoden, namentlich solcher mit Bergeversatz, ist bekannt. Doch ist immerhin die Frage der Wetterversorgung nur ein Gesichtspunkt, der bei der Auswahl eines Abbausystems in Betracht kommt und der für sich allein nicht massgebend sein kann. Daher hat es keinen Zweck, die einzelnen Abbaumethoden hier lediglich nach dieser Seite zu untersuchen, zumal bei ihrer Beschreibung in Band II*) ihre sämtlichen Vor- und

*) Band II, S. 117 ff.

Tabelle 68.

wurden bewettert													Zahl der Betriebe, deren Bewetterung vom Durchgangswetterstrome ab (z. B. letzter Durchhieb) ohne besondere Vorkehrungerfolgte (Differenz zwischen Spalte 22 u. 2)
durch Lutten mit Selbstzug		mit Drüsenapparat betrieben durch			mit besonderem kleinen Ventilator, betrieben durch					durch freies Ausströmen von Pressluft		Summe Spalte 3—21	
vor Ort blasend	vom Orte ab-saugend	Pressluft	Wasser	Dampf	Pressluft	Druckwasser	Dampf	Elektrizität	Menschenhand	allein	unt. gleichzeitiger Anwendung einer der in den Spalten 3 bis 19 aufgeführt. Methoden		
10	11	12	13	14	15	16	17	18	19	20	21	22	23
14	50	7	.	.	10	.	1	.	15	17	32	879	134
32	74	52	2	.	14	2	1	.	17	15	1	516	186
69	31	40	.	.	22	3	.	.	4	5	15	413	368
21	21	34	.	.	4	3	.	.	16	44	1	512	279
17	26	8	.	.	26	4	1	.	2	9	3	392	446
14	15	2	2	.	4	.	.	.	48	42	6	149	858
26	61	10	6	.	8	9	.	.	14	.	4	424	273
4	41	4	.	.	3	.	.	.	25	2	2	112	697
14	75	.	11	.	11	.	.	.	7	12	10	294	662
40	23	16	45	.	6	1	.	.	5	5	1	367	190
25	26	26	7	.	9	.	.	.	13	45	.	347	524
17	21	12	8	.	1	3	2	.	15	.	3	390	302
40	14	6	.	.	4	.	.	.	13	51	17	835	752
36	26	16	1	.	.	1	.	.	28	1	3	224	436
40	174	2	1	.	9	.	.	3	16	28	10	931	890
409	758	235	83	.	124	26	5	3	238	276	108	6 785	6 997

Nachteile, u. zw. auch diejenigen in Bezug auf Wetterführung, im Zusammenhange behandelt worden sind.

Es bleiben daher hier nur noch einzelne Spezialzweige der Wetterführung zu erwähnen.

b) Bewetterung unterirdischer Maschinenkammern und Pferdeställe.

Die Wetterversorgung der unterirdischen Maschinenkammern und Pferdeställe macht zwar im allgemeinen keine Schwierigkeiten, doch erfordert sie ein recht erhebliches Wetterquantum, welches zudem nach der Benutzung nicht in die Grubenbaue gelangen darf, sondern durch besondere Strecken, oder wenn dies nicht angängig ist, durch Lutten direkt zum

Wetterschachte oder zur Wettersohle abgeleitet werden muss. Eine weitere Verwendung dieser Ströme, die sich noch vereinzelt findet, ist nicht zu empfehlen, dagegen unterliegt es keinem Bedenken, einen bereits in anderen Grubenbauen benutzten Strom durch die Maschinenkammer zu leiten, wenn dieser Strom keine gefährlichen Mengen von Grubengas enthält.

Wetterströme von mehreren 100 cbm Stärke in der Minute für Maschinenkammern und Pferdeställe bilden keine Seltenheit. Mehrfach dient ein kleiner Ventilator wie auf Dannenbaum II oder auch ein Kamin, der mit einem besonderen Wettertrumm oder Schacht in Verbindung steht, lediglich zur Versorgung der unterirdischen Maschinenkammer mit frischen Wettern. Auf Zeche Julius Philipp ist der Maschinenraum mit einem besonderen ausziehenden Schachte verbunden, der durch die darin liegende Dampfleitung erwärmt wird.

Auch die verschiedenen Arten der Separatventilation werden zur Speisung der Maschinenkammern mit frischer Luft verwandt. So steht z. B. auf den Zechen General und Erbstollen und Johann Deimelsberg ein mit Druckwasser betriebener Strahlapparat zu diesem Zwecke in Betrieb. Auf Zeche Mansfeld dient ein Pelzer- und auf Zeche ver. Trappe ein Turbinenventilator zur Bewetterung eines unterirdischen Maschinenraumes.

Bei Dampfmaschinen, die unter Tage stehen, muss der Abdampf unschädlich gemacht werden, und zwar geschieht dies fast regelmässig durch Kondensation in der Sumpfstrecke der Grube, seltener durch Einspritzen von Kondenswasser. Zuweilen wird aber auch der Abdampf in den ausziehenden Schacht geleitet, oder wie auf Wilhelmine Victoria und Shamrock durch besondere Rohre bis zu Tage geführt.

Trotz reichlicher Wetterzufuhr ist in den meisten unterirdischen Maschinenräumen, in denen Dampfmaschinen aufgestellt sind, die Temperatur recht bedeutend. Nach 150 Angaben aus dem Jahre 1898 betrug in 82 Maschinenkammern die Temperatur mehr als 25° C. Darunter waren 17, in denen sie sogar über 30° stieg, und unter diesen standen die Zechen Monopol (Schacht Grillo) mit 40°, Friederica mit 36° und Präsident II mit 35° C an der Spitze.

c) Bewetterung des alten Mannes.

Eine weitere nicht unwichtige Frage der Wetterführung ist die Behandlung des alten Mannes, da die in diesem entstehenden schlagenden Wetter eine grosse Gefahr für die in Betrieb befindlichen Grubenbaue bilden können. Der alte Mann muss unbedingt gegen den frischen Wetterstrom durch Mauerung oder sonstige sichere und haltbare Vorrichtungen abgedämmt werden, wenn die Möglichkeit vorliegt, dass der frische Strom sich durch die verlassenen Baue einen kürzeren Weg zur Wettersohle sucht und dadurch für den Betrieb verloren geht. Dagegen sind die Ansichten darüber geteilt, ob es zweckmässig ist, den alten Mann vollständig, d. h. wetterdicht gegen die benutzten Grubenbaue abzusperren, oder ob die planmässige Zuleitung eines gewissen frischen Wetterquantums in denselben zur Vermeidung der Ansammlung grösserer Schlagwettermengen vorzuziehen ist. Auf den westfälischen Gruben findet die vollständige Abdichtung weit häufiger Anwendung, als die Bewetterung des alten Mannes. Man wird aber annehmen dürfen, dass in vielen Fällen durch Undichtigkeiten in den Abdämmungen ein gewisses Wetterquantum von selbst in den alten Mann gelangt, und dass sich daher meist eine freiwillige Zuleitung frischer Wetter erübrigt.

Ueber die Ausführung dieser Absperrungen ist folgendes zu bemerken. Auf zahlreichen Gruben erfolgt die Abdämmung einer verbrochenen Bauabteilung sowohl in der Fördersohle wie in der Wettersohle, sodass also zwischen dem alten Mann und der Grube gar keine Verbindung offen bleibt. Dagegen besteht das Bedenken, dass sich hinter den Wetterdämmen im alten Mann gefährliche Gase unter grösserer Spannung ansammeln können, die gegebenen Falles, z. B. beim Zubruchegehen grösserer Hohlräume unter Zerstörung der Abdämmungen plötzlich nach allen Seiten in die Baue getrieben werden. Demgegenüber erscheint es zweckmässiger, die vollständige Absperrung nur auf der tieferen Sohle vorzunehmen, auf der Wettersohle hingegen, gleichsam als Ventile, ausreichende Oeffnungen zu belassen und dadurch die Ansammlung von Gasmengen unter höherem Drucke im alten Mann zu verhindern. ·

Für diesen Zweck genügt es schon, wenn durch die auf der Wettersohle errichteten Mauerdämme gegen den alten Mann Gasrohre hindurch geführt und diese in der Wetterstrecke in der Stromrichtung umgebogen werden, um den Gasaustritt zu erleichtern. Auf Zeche Neu-Iserlohn, wo diese Einrichtung getroffen ist, entströmen den Rohren beständig grosse Mengen Grubengas. Man gewinnt dadurch weiter den Vorteil, dass die im alten Mann sich bildenden bösen Gase, deren Ansammlung in grösserer Menge gefährlich ist und deren Austritt auf die Dauer doch nicht mit Sicherheit verhindert werden kann, durch die vorhandenen Oeffnungen direkt in den ausziehenden Strom gelangen, wo sie nicht weiter bedenklich sind, dass dagegen die Grubenbaue, in denen Betrieb stattfindet, von ihnen verschont bleiben. Allerdings erfordert der Wetterstrom auf der Wettersohle, der die Gase aus dem alten Mann aufzunehmen bestimmt ist, eine regelmässige und sorgfältige Ueberwachung, auch ist namentlich zur Zeit sinkenden Barometerstandes grosse Vorsicht beim Befahren der Wettersohle angebracht, weil dann ein vermehrtes Austreten der Gase zu erwarten ist.

d) Abwärtsführung eines Wetterstromes.

In nicht seltenen Fällen muss von der allgemeinen Regel, den Wetterstrom zunächst auf dem kürzesten Wege im Schachte bis zum tiefsten Punkte des Grubengebäudes einfallen zu lassen und ihn sodann in stetig aufsteigender Richtung vor die Betriebspunkte und bis zur Wettersohle zu führen, abgewichen werden. Allerdings handelt es sich dabei meist um kleine Teilströme, die aus mannigfachen Gründen auf eine verhältnismässig kurze Strecke innerhalb der Grubenbaue abwärts geführt werden, während im übrigen die der Temperaturzunahme der Wetter und dem natürlichen Bestreben der Grubengase entsprechende Bewegung der Ströme nach aufwärts durchgeführt ist.

Nicht in Betracht kommen hierbei alle abfallenden und aufsteigenden Aus- und Vorrichtungsbetriebe sowie Wetterdurchhiebe, bei denen eine Abwärtsführung des Stromes überhaupt nicht ganz zu vermeiden ist. Sie sind daher in der am 1. Januar 1902 in Kraft getretenen Wetterpolizeiverordnung (§ 12) von dem allgemeinen Verbot abwärts gehender Bewetterung bedingungslos ausgeschlossen worden, während in der bisherigen Polizeiverordnung (§ 19) nur die Herstellung von Ueberhauen ohne weiteres gestattet war.

Noch eine weitere Erleichterung bringt die neue Verordnung, indem demnächst beim Unterwerksbau bis zu 15 m flacher Teufe und beim Rückbau von Grundstreckenpfeilern über den Sohlenstrecken, abwärtsgeführte Wetterströme zugelassen werden. Durch erstere Bestimmung wird der Versatz der beim Betriebe fallenden Berge unter der Sohlenstrecke in einzelnen Streben ermöglicht, die in Bezug auf Wetterführung keine Gefahr bieten; im zweiten Falle kann ein abfallender Strom umso eher zugelassen werden, als nach der neuen Verordnung die Bewetterung durch Diffusion oder die Abführung des Stromes durch den alten Mann hindurch verboten ist und daher beim Mangel einer oberen Strecke von der Grundstrecke aus ein Wetterscheider bis in den Pfeiler hinein mitzuführen ist.

Eine vollständige Umkehrung des gebräuchlichen Systems der Wetterführung, derart, dass sich der Strom, statt aufzusteigen, in abfallender Richtung vor den Betriebspunkten bewegt, findet sich nur in vereinzelten Fällen und ist von einer besonderen Erlaubnis des Oberbergamtes abhängig. Sie handelt sich dabei um Gruben ohne Mergelüberlagerung, bei denen der Betrieb in geringer Teufe geführt wird und jede Schlagwettergefahr ausgeschlossen ist. Hier bestehen meist durch Ueberhauen oder alte Baue zahlreiche Verbindungen mit der Erdoberfläche. Um unter solchen Umständen eine geordnete aufwärtsgerichtete Wetterführung zu erzielen, wäre man gezwungen, auf einer grösseren Zahl von Tagesöffnungen Ventilatoren aufstellen. Die Zeche Bommerbänker Tiefbau hat diesen Weg gewählt, indem sie drei ausziehende Wetterschächte einrichtete.

Auf eine andere Weise hat sich die Zeche Glückwinkelburg zu helfen gewusst, indem sie einen Wetterstrom an einer Stelle bis zum tiefsten Punkte durch blasende Ventilation einführte, welcher dann durch die Tagesüberhauen wieder aufstieg.*) Im übrigen aber würde, wenn in solchen Fällen saugende Ventilation Anwendung finden müsste, infolge der grossen Zahl der aufzustellenden Apparate eine unrationelle Zersplitterung der Maschinenkräfte eintreten. Die allgemein übliche Hin- und Rückleitung des Stromes würde unter diesen Verhältnissen auch kaum zu bewerkstelligen sein.

Daher lässt man in solchen Fällen den Strom von Tage aus direkt vor den Betrieben bis zur ersten Sohle absteigen und kann das um so unbedenklicher thun, als man mit völlig frischen Strömen arbeitet und die Wetterwege durch die diagonale Führung wesentlich verkürzt werden. Unter diesen Verhältnissen arbeitet z. B. die Zeche Blankenburg, auf der ein mit einem beweglichen Verschluss versehener centraler Förderschacht vorhanden ist, durch den der gesamte Strom auszieht. Eine grössere Zahl in verschiedenen Feldesteilen gelegener Wetterüberhauen und zwei Stollen dienen dazu, den frischen Strom direkt zu den nächsten Betriebspunkten zu führen.

Auf den Zechen Maria Anna und Steinbank, Crone und Siebenplaneten strömen in ähnlicher Weise die frischen Wetter von Tage aus durch die Betriebe selbst bis zu tieferen Sohlen abwärts, und auf Zeche ver. Trappe ist die Wetterführung der ganzen Grube derartig abfallend eingerichtet.

Abgesehen von dieser durch die Verhältnisse bedingten abfallenden Bewetterung kommt eine Abwärtsführung der Wetter vor den Betrieben nur in ganz vereinzelten Fällen und in kleinem Massstabe vor. So kann zuweilen in einem Spezialsattel, der nicht bis zur nächst höheren Sohle durchsetzt, der Strom, der die Betriebe eines Flügels aufsteigend versorgt hat, bei seinem Absteigen auf dem Gegenflügel noch einzelne Arbeitspunkte berühren. Eine derartige Wetterführung ist z. B. im Südfeld der Zeche Bommerbänker Tiefbau auf Flötz Bergmann zugelassen worden. Auch auf Zeche Zollern wurden vorübergehend die Betriebe auf einem flachen Sattel in Flötz X oberhalb der Wettersohle abfallend bewettert durch einen Strom, der in einem blinden Schacht bis zur Sattelspitze hochgestiegen war. Sobald die Wetterüberhauen von der I. Tiefbausohle mit der Wettersohle durchschlägig waren, wurde allerdings die Stromrichtung umgekehrt.

---

*) Vergleiche 3. Kapitel, S. 342 ff.

Auf Zeche Friederica andererseits wird der Südflügel einer flachen Mulde unterhalb der II. Sohle in Flötz XII abfallend bewettert, während der Strom auf dem Nordflügel wieder aufsteigt.

Auf Zeche Hamburg und Franziska ist die Abwärtsbewetterung der Arbeitspunkte in einzelnen Bauabteilungen gestattet worden unter der Bedingung, dass die dabei benutzten Ströme nicht in anderen Bauabteilungen wieder zur Aufwärtsbewetterung dienen, sondern direkt zum Schachte abgeführt werden. Aehnliche Beispiele sind auf einer ganzen Anzahl von Gruben zu finden.

Doch ist immerhin die eigentliche Abwärtsbewetterung, nämlich diejenige vor den Betriebspunkten, sehr beschränkt und wird auch mit Recht nur in Ausnahmefällen von der Behörde zugelassen. Dagegen giebt es zwei häufiger vorkommende Fälle, dass ein Wetterstrom sich in absteigender Richtung bewegt, auf einer Strecke, auf der er nicht ausgenutzt wird: nämlich die geschlossene Abwärtsführung eines noch nicht benutzten Stromes und die Abwärtsführung eines bereits gebrauchten Stromes, der ohne weitere Verwendung in den Ausziehschacht gelangt. Die Abwärtsführung eines gebrauchten Stromes, der später noch weitere Betriebe berühren soll, kommt dagegen nur als Ausnahme vor.

Der erste Fall ist auf jeder Grube zu finden, nämlich in allen Schächten, in denen der frische Strom einfällt. Er ist selbstverständlich und unvermeidlich, trotzdem steht er merkwürdigerweise in direktem Widerspruch mit der Vorschrift des § 12 der neuen Wetterpolizeiverordnung, die die Abwärtsführung eines Stromes verbietet, denn zu den abfallenden Aus- und Vorrichtungsbetrieben, in denen neben gewissen Unterwerksbauen allein die Abwärtsführung der Wetter gestattet ist, kann man einen fertigen Schacht doch wohl nicht rechnen.

Gewöhnlich kann der frische Strom in dem einziehenden Schachte bis zum tiefsten Teile des Grubengebäudes gelangen. Es kommt aber auch vor, dass er nach Verlassen des Hauptschachtes noch durch Abhauen oder blinde Schächte weiter abwärts geführt werden muss. Ein solches Verfahren durchbricht keineswegs das oben aufgestellte Prinzip der aufsteigenden Wetterführung, sondern kennzeichnet sich nur dadurch, dass der Strom statt in einer geraden Linie, auf gebrochenem Wege bis zum Grubentiefsten gelangt. Sei es nun, dass die frischen Wetter unterhalb des tiefsten Punktes des Schachtes noch bis zu einer neuen Sohle einfallen oder, wie es häufig vorkommt, bereits auf oberen Sohlen abgezweigt und noch ein Stück zum Betriebe von Unterwerksbauen abwärts geführt werden, so ergeben sich für die Wetterführung keine Bedenken, wenn nur dafür gesorgt wird, dass die frischen Wetter überall so sicher abwärts geführt werden wie in einem Schachte und dass der ausziehende Strom auf der Bausohle einen besonderen Weg zum Wetterschachte besitzt oder direkt zu einer höheren Sohle weiter ziehen kann.

Daher wird auch das bisherige Verbot der Unterwerksbaue durch die Polizeiverordnung vom 12. Dezember 1900 aufgehoben; sie sollen vielmehr unter bestimmten Bedingungen und unter jedesmaliger Zustimmung des Bergrevierbeamten zulässig sein. (§ 20). Der Unterwerksbau in seinen verschiedenen Formen ist beim Grubenbetriebe nicht ganz zu entbehren; nicht selten ist er aber auch ohne durchaus notwendig zu sein, aus Betriebsrücksichten sehr am Platze. Am häufigsten kommt er vor beim Abbau eines Flötzstückes, das nicht bis zur tieferen Sohle niedersetzt, weil es zu früh an die Markscheide gelangt, oder durch eine Störung abgeschnitten wird, oder in der Nähe der höheren Sohle muldet. Die Ausrichtung solcher Flötzteile von der unteren Sohle würde häufig zu grosse Kosten verursachen. In anderen Fällen wären die Zechen zwar aus Gründen der Wirtschaftlichkeit an sich nicht zur Anwendung des Unterwerksbaues gezwungen, aber es liegt ein gewisses Verschulden der Betriebsleitung vor, die sich nicht rechtzeitig um die Entwickelung der nächsten Sohle gekümmert hat, und nunmehr einen Teil der Flötze von der oberen Sohle aus abbauen muss, wie es z. B. auf Zeche Schlägel und Eisen eine Zeit lang nötig war, um den Betrieb in vollem Umfange aufrecht zu erhalten.

Ebenso ist es in der Regel auf falsche Betriebsdispositionen zurückzuführen, wenn ein Flötzstück derartig im alten Mann eingekeilt ist, dass keine Wetterverbindung mit der unteren Sohle aufrecht zu erhalten ist, und daher ebenfalls Unterwerksbau von der oberen Sohle her stattfinden muss.

Andere Gründe, die zu dieser Methode Anlass geben, entsprechen dagegen völlig den Regeln eines wirtschaftlichen Betriebes. So ist es auf vielen Gruben gebräuchlich, dass die bei Vorrichtung einer neuen Sohle gewonnenen Berge möglichst an Ort und Stelle in Unterwerksbauen versetzt werden, um Förderkosten zu ersparen. Man verbindet damit den Vorteil, dass man sich Aufschluss über den weiteren Verlauf der Ablagerung nach der Teufe verschafft und darauf häufig seine weiteren Betriebsdispositionen, z. B. bezüglich des Abstandes der nächsten Sohle, aufbauen kann.

Auf manchen Zechen kommt Unterwerksbau ganz systematisch zur Anwendung. Namentlich bei flacher Flötzlagerung kann damit eine für die Förderung unbequeme grosse flache Höhe zwischen zwei Bausohlen überwunden werden, indem man einen Teil des Flötzes der oberen Sohle zuweist. Sobald allerdings die Wetterzufuhr von der unteren Sohle und nur noch die Förderung nach oben erfolgt, handelt es sich nicht mehr um eigentlichen Unterwerksbau. Bei flacher Lagerung, bei der ein solcher Bau nur vorkommt, ergeben sich auch bei der Gewinnung des nächst tieferen Flötzstückes für die Wetterführung keine Schwierigkeiten, weil man zur Abführung des verbrauchten Stromes nach der oberen Sohle in der Regel saigere blinde Schächte anlegt und daher nicht nötig hat, einen Wetterweg durch die Unterwerksbaue offen zu halten. Auf mehreren Flötzen der Zeche Monopol (Schacht Grillo) sind auf diese Weise bei einem saigeren Sohlenabstand von 100 m und einer flachen Bauhöhevon 350 m die obersten 150 m von der höheren Sohle aus gewonnen worden.

Die Ausführung von Unterwerksbauen erfordert aber die Beobachtung gewisser Vorsichtsmassregeln zur Sicherung des Betriebes. Für die Wetterführung kommt dabei in Betracht, dass die frischen Wetter durch einen besonderen Wetterweg abwärts geführt und von dem ausziehenden Strome zuverlässig isoliert werden. Auch muss der Strom nach der

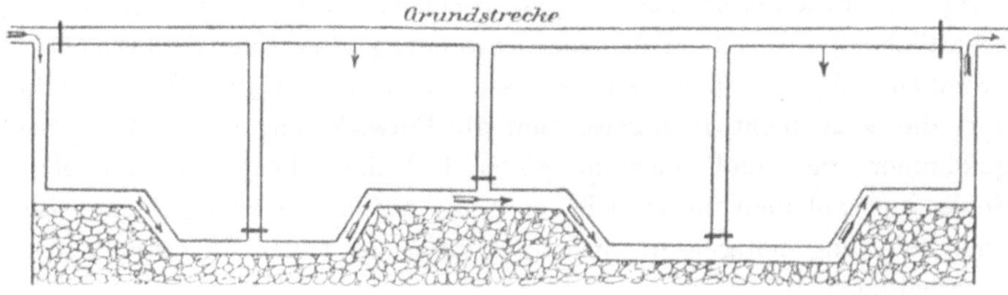

Fig. 94.

Vereinigung mehrerer Unterwerksbaue in Bezug auf Wetterführung.

allgemeinen Regel zunächst bis zum tiefsten Punkte niederfallen und sodann vor den Betriebspunkten aufsteigen.

Zuweilen wird bei Anwendung von Stossbau die Wetterführung mehrerer Unterwerksbaue derartig vereinigt, dass der Strom an dem einen Ende einfällt, nacheinander sämtliche Stösse auf- und absteigend bestreicht und endlich am entgegengesetzten Ende wieder zur Wettersohle gelangt (Fig. 94). Beispiele für diese Art sind auf Zeche Hansa und Kaiserstuhl II zu finden.

Ferner ist Abbau mit Bergeversatz und möglichst dichter und vollständiger Ausfüllung der offenen Räume beim Unterwerksbau angebracht, weil damit eine sichere Führung der Wetterströme und eine ausreichende Versorgung der Betriebspunkte am besten zu erreichen ist und ausserdem die Grundstrecke gesichert wird. Doch ist gewöhnlicher streichender Pfeilerabbau in einzelnen Fällen, z. B. auf Zeche Ver. Charlotte, nicht ausgeschlossen. In gewissem Sinne hat auch die Festlegung der Unterwerksbaue durch Präcisionsmessung auf die Wetterführung Bezug, als sie zur Sicherung der Wetterwege, für die darauf folgenden tieferen

Baue beiträgt. Neben der Befolgung dieser allgemeinen Vorschriften können je nach den Verhältnissen des beabsichtigten Betriebes besondere Vorsichtsmassregeln getroffen werden. So ist auf einzelnen Zechen ein Wetterquantum von 5 cbm und mehr je Arbeiter und Minute vorgesehen und die Anzahl der in einem Wetterstrom beim Unterwerksbau beschäftigten Leute anf höchstens 40 oder 20 beschränkt worden. Ferner sind häufige Wetteranalysen und sonstige Kontrollmassregeln vorgeschrieben worden.

Endlich kann die Genehmigung zum Unterwerksbau auch daran geknüpft werden, dass für direkte Abführung des verbrauchten Stromes oder für seine zuverlässige Trennung von anderen Teilströmen der Grube gesorgt wird.

Der zweite beim Grubenbetrieb häufig vorkommende Fall ist die Abwärtsführung eines gebrauchten und nicht zu weiterer Verwendung bestimmten Wetterstromes. Er wird in der neuen Wetterpolizeiverordnung nur als ausnahmsweise zulässig erklärt (§ 12 Absatz 2) und ebenfalls von der Genehmigung des Revierbeamten abhängig gemacht. Dabei wird in erster Linie auf sichere Isolierung der Abzugsstrecke von den übrigen Grubenräumen Wert gelegt, um Kurzschlüsse bei der Wetterführung sicher zu vermeiden.

Die wichtigste und sehr verbreitete Anwendung findet diese Art der Wetterführung bei dem Abbau der über der Wettersohle anstehenden Kohlenpfeiler, der namentlich dadurch an Bedeutung zugenommen hat, dass man auf vielen Zechen dazu übergegangen ist, die im Mergelsicherheitspfeiler anstehenden Kohlen nachträglich noch zu gewinnen. Aber auch ohnedies liesse sich ein Betrieb über der Wettersohle nicht vermeiden, weil im allgemeinen der Abstand zwischen Wettersohle und Mergelgrenze infolge des nördlichen Einfallens der letzteren in den südlich des Schachtes gelegenen Feldesteilen mit der Entfernung vom Schachte immer grösser wird, und der Abbau der in diesem Raume enthaltenen Kohlen vom wirtschaftlichen Standpunkte aus geboten ist.

Auch auf tieferen Sohlen kann die Abwärtsführung eines verbrauchten Stromes von den Betrieben wieder zur einziehenden Sohle hinab notwendig werden, wenn eine Verbindung mit der nächst höheren Sohle wegen dazwischen liegender alter Baue nicht mehr möglich ist, oder wenn die Strecken auf der oberen Sohle nicht weit genug fortgeführt sind, bezw. wegen zu grossen Druckes nicht aufrecht erhalten werden können. Auf den Zechen Carolus Magnus, Victor und Concordia kamen derartige Fälle mehrfach vor. Zuweilen vermeidet man auch der hohen Kosten halber einen Durchschlag mit der oberen Sohle, wenn es sich um Flötze handelt, die sich nur wenig über die untere Sohle erheben, da sie durch die Markscheide bezw. durch einen Sicherheitspfeiler zum Schutz der Tagesoberfläche begrenzt oder durch Störungen abgeschnitten werden, oder einen kleinen Spezialsattel unmittelbar über der Bausohle bilden.

In allen diesen Fällen wird der Wetterstrom in der gewöhnlichen Weise bis zum höchsten Betriebspunkte aufwärts geleitet, fällt aber dann durch ein besonderes Unterhauen, bezw. einen Bremsberg, oder einen saigeren blinden Schacht oder seltener eine einfallende Gesteinsstrecke wieder zur Sohle, von der er ausgegangen ist, herab. Wenn mehrere Bauabteilungen gleichzeitig auf diese Weise bewettert werden, ein Fall, der namentlich beim Abbauen von Wettersohlenpfeilern vorkommt, vereinigt man auch wohl die ausziehenden Ströme zunächst in einer gemeinsamen streichenden oder querschlägigen Strecke, je nach Lage der Abteilungen zu einander, und führt sie dann in geschlossenem Strome gemeinschaftlich abwärts. So ist z. B. auf Schacht II der Zeche Kaiserstuhl im Nordfeld ein Wetterquerschlag unmittelbar unter der Mergeldecke geplant, in dem die Wetter aus allen Betrieben über der eigentlichen Wettersohle gesammelt und dann durch eine diagonale Strecke abwärts geführt werden sollen. Auf Zeche Neu-Iserlohn besteht ein ähnlicher Querschlag, der entsprechend der Senkung der überlagernden Mergeldecke mit 6 — 7 ° nach Norden einfällt. Auf Zeche Victor wird in der II. östlichen Abteilung der gesamte ausziehende Strom von der Wettersohle bis zur Bausohle hinunter geleitet, weil der Wetterquerschlag hier in grösserer Entfernung vom Schachte bereits fertiggestellt, aber noch nicht bis zur Hauptwetterstrecke durchgeführt ist. Nach der Abwärtsführung werden die Wetter auf der unteren Sohle sogar vorübergehend zur Versorgung von Vorrichtungsbauen benutzt, ehe sie zum Schachte gelangten.

Bei dem Abbau von Spezialsätteln und von einzelnen Flötzstücken ist häufig eine gewisse Abwärtsführung der Wetter notwendig, selbst wenn der Wetterstrom auf der oberen Sohle abziehen kann. Wenn nämlich die Sattellinie bezw. obere Grenze des Flötzstückes nicht horizontal verläuft, sondern nach einer Seite sich einsenkt, trifft der Verbindungsweg nach der oberen Sohle meist nicht gerade an der höchsten Stelle mit dem Flötze zusammen. Daher muss in der Regel in dem höher gelegenen Teil des Flötzes eine abfallende Strecke bis zu dem Treffpunkte hergestellt werden. Ein Beispiel für eine mit 4 bis 8° einfallende und zu einem blinden Schacht hinführende Wetterstrecke in der Sattellinie findet sich auf Flötz Präsident der Zeche Carolinenglück über der **345 m**-Sohle. Auf Zeche Alstaden hatte ein zur Bewetterung eines Spezialsattels von der oberen Sohle abgeteufter blinder Schacht nicht einmal die Sattellinie getroffen, sondern war auf einem Flügel des Flötzes niedergekommen. Daher mussten die Wetter, welche den gegenüberliegenden Flügel versorgt hatten von der Sattelspitze bis zu dem Schachte durch ein Ueberhauen ein Stück abwärts geführt werden. Unvermeidlich ist ferner die Abwärtsführung der verbrauchten Ströme auf allen Zechen mit fast horizontaler Lagerung, wenn man nicht, wie es auf Rheinelbe beabsichtigt wird, ein Netz von horizontalen Wettersohlenstrecken im Gestein auffahren will. In der Regel liegt auf diesen Zechen die Wettersohle in einem Flötz, und wenn der Ventilatorschacht nicht gerade auf einer Sattelkuppe steht, die ganz regelmässig nach allen Seiten abfällt, müssen die verbrauchten Ströme auf der Wettersohle teilweise dem Flötzeinfallen folgend ein Stück abwärts-ziehen, um zum Schacht zu gelangen.

Auf Zeche Ewald ist eine derartige Wettersohle mit flacheinfallenden Strecken ausgebildet (Fig. 95). Auf Zeche Dahlbusch III/IV/VI stehen die Schächte ungefähr in der Mitte einer flachen Mulde. Die Wetterströme

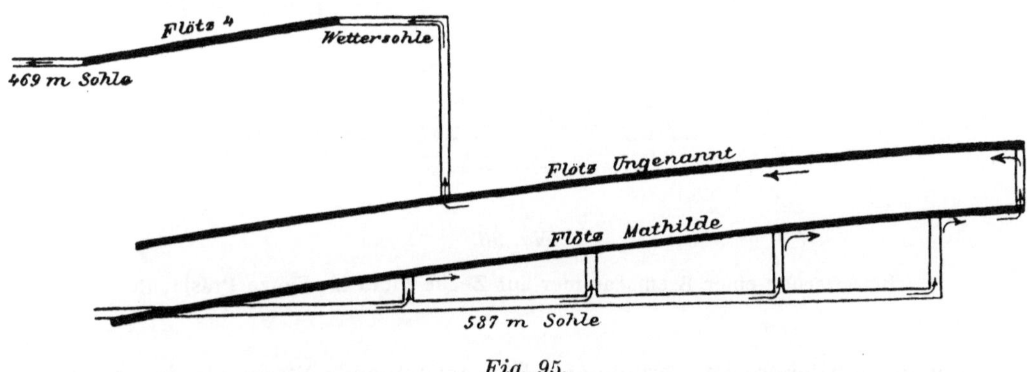

Fig. 95.

Schematische Skizze der Wetterführung auf Zeche Ewald.

steigen auf den Fördersohlen nach allen Seiten zu den Betrieben auf und kehren einfallend wieder zu den Schächten zurück. Auch auf Zeche Charlotte ist eine gewisse Abwärtsführung des Wetterstromes in den Sohlenstrecken durch die flach wellenförmige Ablagerung des Sattelnord-flügels bedingt, und auf Zeche Monopol Schacht Grimberg ist die Abwärts-führung der Wetter in flach geneigten Strecken bis zu 6° Einfallen all-gemein zugelassen, damit die Wetterstrecken dem veränderlichen Flötz-einfallen folgen können.

Auf einigen Gruben lagen besondere Veranlassungen vor, von der aufsteigenden Wetterführung abzuweichen. Vereinzelt hat man einen Abbau in beschränktem Umfange und unter bestimmten Sicherheits-massregeln, z. B. dem Verbot der Schiessarbeit, zugelassen, bevor der Durchschlag mit der nächst höheren Sohle erreicht war. Ein derartiger Betrieb bestand z. B. vorübergehend auf Zeche Ewald in Flötz Mathilde, weil der Durchschlag mit der oberen Sohle nicht in gerader Linie erfolgen konnte. Man musste dazu erst eine streichende Strecke und einen blinden Schacht auffahren, deren Fertigstellung vor Beginn des Abbaubetriebes nicht mehr abgewartet werden konnte.

Eine andere Veranlassung lag auf Zeche Pluto vor. Hier besass bei einem Stossbau im Flötz Präsident der zum Transport der Kohlen dienende Bremsberg keinen Durchschlag mit der oberen Sohle und es zeigten sich in der Bremskammer, die 6 bis 8 m über der Kohlenförderstrecke lag, dauernd Ansammlungen von Grubengas. Um diesem Uebelstande abzuhelfen, wurde von dem obersten Punkte der Bremskammer aus (Fig. 96) eine kurze streichende Strecke aufgefahren und dieselbe durch ein Ueberhauen

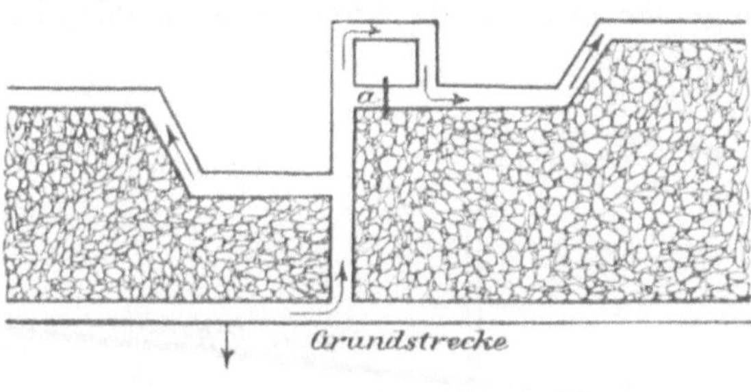

Fig. 96.

Bewetterung einer Bremskammer auf Zeche Pluto im Flötze Präsident.

mit der Förderstrecke verbunden. Der aufsteigende Strom für den einen Flügel wurde nunmehr durch eine Wetterthür bei a gezwungen, die Bremskammer zu passieren und sodann in dem Ueberhauen wieder abzufallen, ehe er vor den Abbaustoss gelangte.

Zu erwähnen ist endlich noch, dass mehrfach, z. B. auf Zeche Fröhliche Morgensonne, beim streichenden Pfeilerrückbau der Wetterstrom in einzelnen Pfeilern mittelst eines Scheiders auf- und abwärts geführt wird, wenn eine direkte Verbindung nach der obenliegenden Strecke nicht möglich ist.

4. Hülfsmittel zur Führung des Wetterstromes in der Grube.

a) Feste Wetterdämme.

Um zu verhindern, dass der Wetterstrom statt vor die Betriebspunkte zu ziehen, auf dem kürzesten Wege zum ausziehenden Schachte gelangt, müssen alle vorhandenen Strecken, durch die eine nähere Verbindung mit dem ausziehenden Schachte hergestellt wird, wetterdicht abgesperrt werden. Dazu eignen sich feste Wetterdämme aus Mauerwerk oder

Holz, die bereits bei der Absperrung des alten Mannes erwähnt sind, nur in wenigen Fällen, weil durch einen derartigen Verschluss der Verkehr in der Strecke völlig unterbrochen wird. Nur die beim Pfeilerbau hergestellten Wetterdurchhiebe (Ueberhauen) werden, wenn sie nicht mehr benutzt werden, regelmässig durch feste Wände luftdicht verschlossen. Diese Verschläge werden am unteren Ende des Ueberhauens angebracht, um die Bildung von Wettersäcken möglichst auszuschliessen, doch ist immerhin ein Abstand von $\frac{1}{2}$ bis 2 m von der unteren Strecke nötig, da die Kohlenstösse an der Einmündung in die Strecke leicht ausbrechen und hierdurch Undichtigkeiten im Verschluss entstehen können. Die Verschläge werden aus Holz oder aus Bergemauern mit Mörtelbewurf hergestellt und an den Seiten häufig in Schlitze eingelassen. Zur besseren Abdichtung werden die Holzverschläge zuweilen verdoppelt und die Undichtigkeiten in denselben mit Letten verschmiert. Der obere Teil des Ueberhauens wird häufig mit feinen Bergen verfüllt und bei flacher Lagerung auch noch das kurze untere Stück damit zugesetzt.

b) Wetterthüren.

In den zur Fahrung und Förderung dienenden Strecken wendet man Wetterthüren zur Führung des Wetterstromes an. Sie werden in der Regel aus Holz hergestellt und mit eisernen Beschlägen versehen. Die Thüren werden in einem Holzrahmen aufgehängt, der nach allen Seiten gegen die Streckenstösse durch Mauerung, Holz oder Segeltuch abgedichtet ist.

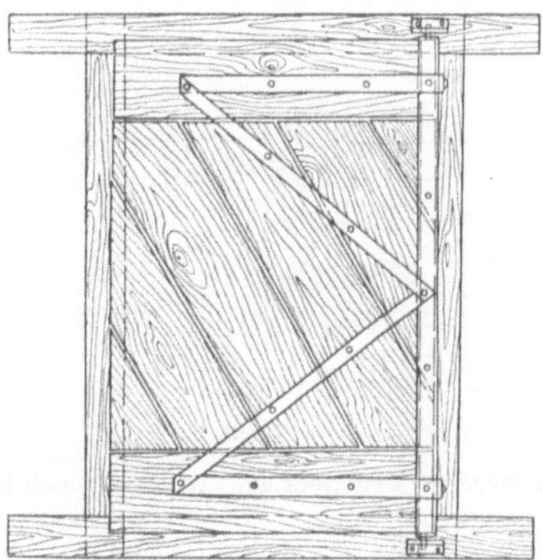

Fig. 97.

Wetterthür auf Zeche Shamrock.

Gummi- oder Filzdichtung findet man auch zuweilen an den Thürrändern. Die Thüren sind regelmässig etwas schräg gestellt oder mit Gegengewichten versehen, derart, dass sie sich von selbst schliessen. Eine

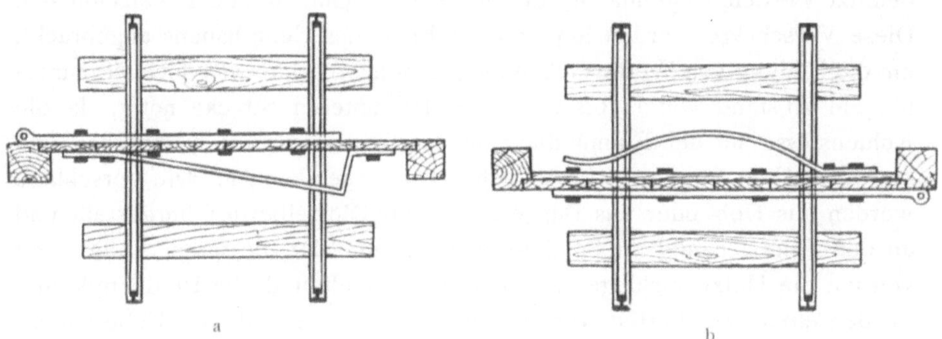

Fig. 98.

Wetterthüren auf Zeche Gneisenau.

einfache auf Zeche Shamrock gebräuchliche Wetterthür zeigt Figur 97. In Strecken, in denen Schlepperförderung umgeht, werden die Thüren zum Schutz gegen schnellen Verschleiss in Wagenkastenhöhe mit einem

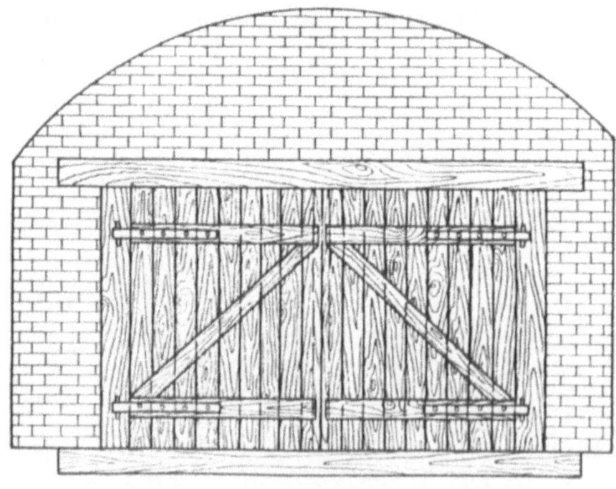

Fig. 99.

Zweiflügelige Wetterthür auf Zeche Dahlbusch III/IV.

rechtwinkelig gebogenen Flacheisen versehen (Fig. 98a). Noch besseren Schutz erzielt man dadurch, dass man die Thür ebenfalls in Wagenkastenhöhe quer mit einem kräftigen eichenen Brett benagelt und darauf ein

gebogenes, blattfederähnliches Flacheisen (Fig. 98 b) befestigt. Bei doppel-
gleisigen Förderstrecken wendet man zweiflügelige Wetterthüren (Fig. 99)
oder sogenannte Drosselthüren (Fig. 100) an. Letztere müssen mit Gegengewichten versehen sein, um ein selbstthätiges Schliessen zu erzielen; sie
erfordern zum Oeffnen in starken Wetterströmen keinen hohen Kraftaufwand wie die übrigen Wetterthüren, da sie durch den Luftdruck nicht
einseitig belastet sind.

Ausser zur völligen Absperrung werden die Wetterthüren auch zur
Verteilung und Regulierung der Wetterströme benutzt und besitzen

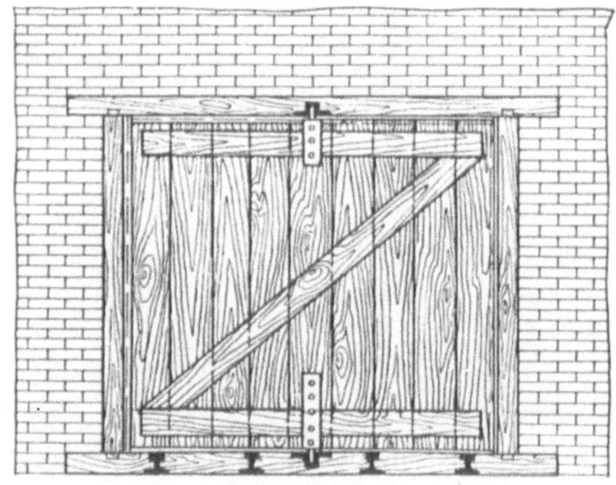

Fig. 100.

Drosselthür auf Zeche Prosper.

dann eine Oeffnung, durch die ein Teil des Wetterstromes hindurch ziehen
kann. Häufig ist zu diesem Zwecke in der Verkleidung ausserhalb des
Thürrahmens einfach eine entsprechende Lücke ausgespart, die zur
Vermeidung von Grubengasansammlungen an der Streckenfirste sich meist
oberhalb der eigentlichen Thür befindet. Zur genauen Regulierung der
Ströme ist aber die Anbringung eines verstellbaren Schiebers vorteilhafter,
der es gestattet, die Oeffnung nach Bedarf grösser oder kleiner zu machen
(Fig. 101 und 102).

Bei allen wichtigeren Wetterabsperrungen müssen stets zwei oder
mehrere Wetterthüren in derartigen Abständen hintereinander angebracht
werden, dass während des Ganges der Förderung mindestens eine von
ihnen stets geschlossen sein kann.

Auf Zeche Neu-Iserlohn findet man häufig zwei Wetterthüren unmittelbar
hintereinander, von denen eine mit dem Strome und die andere gegen den

Strom sich öffnet (Fig. 103). Man hofft dadurch zu erreichen, dass im Falle
einer Explosion, von welcher Seite auch der Stoss kommen mag, nur eine
Thür zerstört wird, die andere hingegen durch den Luftdruck aufgestossen
wird und nachher von selbst wieder zufällt. Natürlich muss der Rahmen,

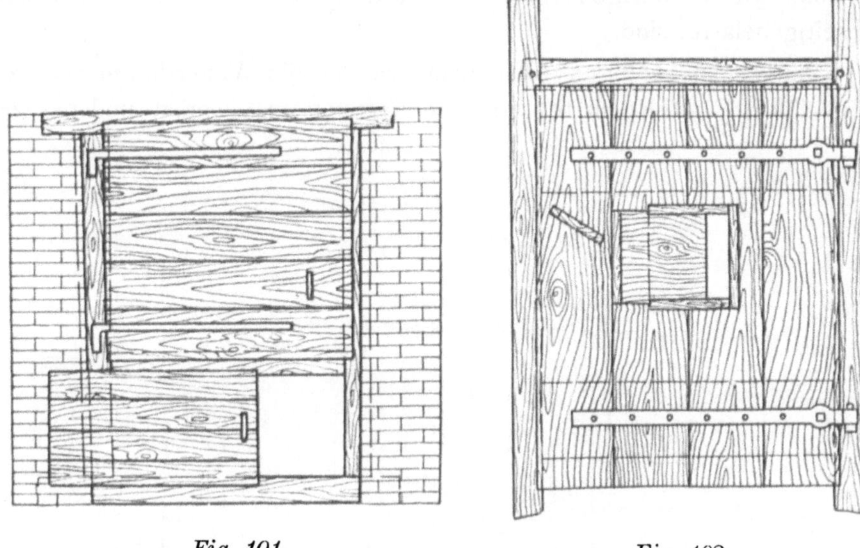

Fig. 101.   Fig. 102.

Verteilungsthür auf Zeche Neu-Iserlohn.   **Verteilungsthür auf Zeche General.**

in dem diese Thüren befestigt sind, besonders stark sein. Statt dieser
als »explosionssicher« bezeichneten Thüren verwendet man auch starke
eiserne Thüren, die von einem schweren eisernen Rahmen umgeben sind

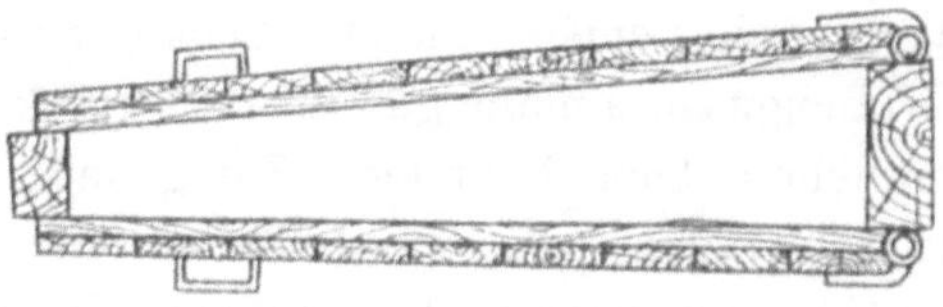

Fig. 103.

Explosionssichere Wetterthür auf Zeche Neu-Iserlohn.

und sich nach beiden Seiten öffnen lassen. Sie schliessen indessen nicht
so dicht als die übrigen Wetterthüren. Wenn daher ein Wetterverschluss
in der Nähe des ausziehenden Schachtes anzubringen ist, wo ein Explosions-
stoss nur von einer Seite zu erwarten ist, zieht man den nach zwei Seiten

beweglichen Thüren gewöhnlich einseitig zu öffnende eiserne Thüren von solider Konstruktion vor, wie sie z. B. auf Zeche Kaiserstuhl II zu finden sind. In Figur 104 ist eine schmiedeeiserne Thür mit Filzdichtung abgebildet, welche auf den Zechen des Kölner Bergwerksvereins im Gebrauch steht.

Endlich giebt es auch Sicherheitsthüren, die beim gewöhnlichen Betriebe offenstehen und so konstruiert sind, dass sie durch eine Explosion

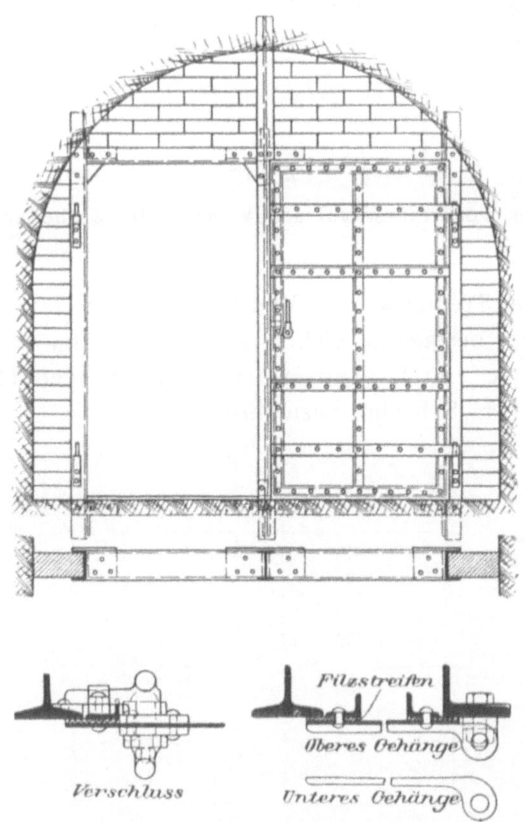

Fig. 104.
Schmiedeeiserne Wetterthür, Kölner Bergwerksverein.

nicht beschädigt werden können. Sie sollen erst dann geschlossen werden, wenn die übrigen Thüren durch einen Unfall zerstört sind, und müssen in der Nähe des Einziehschachtes stehen oder sich von dort aus mittelst mechanischer Vorrichtungen leicht verschliessen lassen.

Namentlich die Verbindungsstrecken zwischen den Ein- und Ausziehschächten erfordern wegen ihrer Bedeutung für die Wetterversorgung der Grube eine ausgedehnte Anwendung von zuverlässigen Wetterthüren. Figur 105 zeigt eine Anordnung, welche auf der IV. Tiefbausohle der Zeche

Neu-Iserlohn getroffen ist, um Kurzschlüsse zwischen den Förder- und den Wetterschächten und zwischen den beiden Wettersystemen der Schächte I und II zu verhindern. Das Wetterthürsystem bei A hat nur

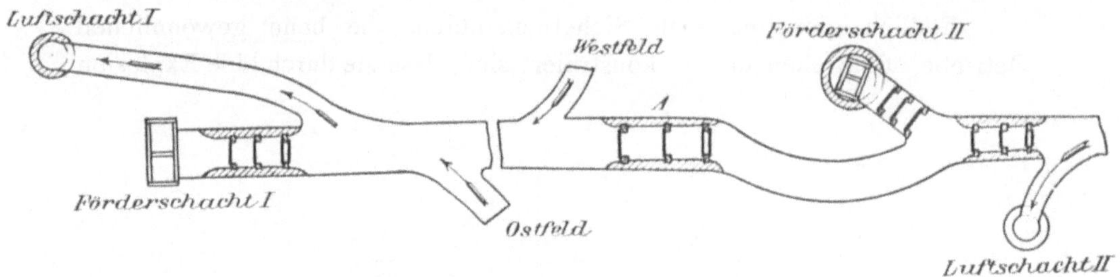

Fig. 105.

Anordnung der Wetterthüren auf der IV. Sohle der Zeche Neu-Iserlohn I/II.

den Zweck, die Trennung der Wetterführung in den Baufeldern der beiden Schächte besonders sicher zu stellen. Im Notfalle ist man auch in der Lage, durch Oeffnen der entsprechenden Thüren die ganze Wettermenge einem Schachte zuzuführen.

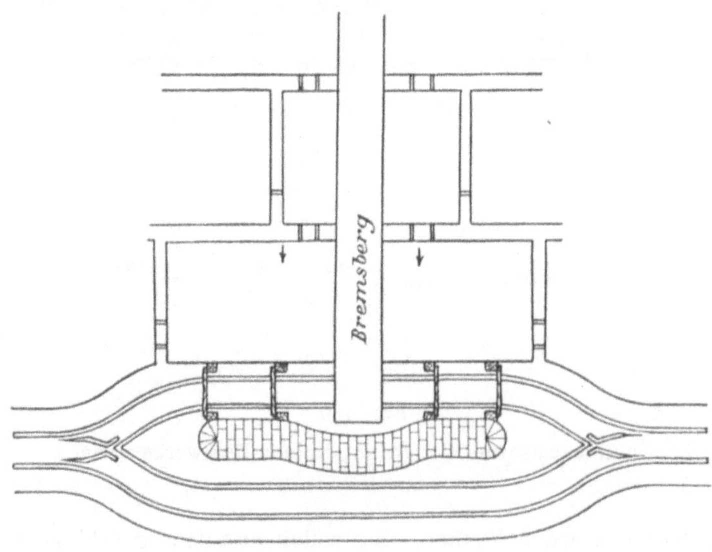

Fig. 106.

Wetterdichter Abschluss eines Bremsberges.

Auf Zeche Ewald hat man mehrere hintereinander aufgestellte Wetterthüren, die zur Trennung wichtiger Wetterströme dienen, durch einfache mechanische Vorrichtungen derart mit einander verbunden, dass die erste nicht geöffnet werden kann, wenn nicht die nächste geschlossen ist, und umgekehrt.

Auch zum Abschluss der Bremsberge gegen die von dem einziehenden Strome benutzte untere Förderstrecke werden Wetterthüren, und zwar meist zwei hintereinander benutzt (Fig. 106), die im Zusammenhange mit einer aus Bergen oder Ziegelsteinen hergestellten Mauer oder einem sonstigen, möglichst kräftigen Verschlage den direkten Durchgang des Wetterstromes zur Wettersohle verhindern und zugleich das Abziehen und Aufschieben der Förderwagen ermöglichen. Die Einzelheiten in der Anordnung der Wetterverschlüsse an Bremsbergen richten sich natürlich nach den örtlichen Verhältnissen.

An Stelle von Wetterthüren hat man häufig versucht, die Strecken durch einfache an der Firste befestigte Wettertücher (Wettergardinen) abzusperren. Selbst wenn mehrere solche Tücher hintereinander angebracht werden, sind die Wetterverluste dabei sehr gross. Daher dürfen solche Tücher nur dann an Stelle von Thüren verwendet werden, wenn diese infolge zu starken Gebirgsdruckes garnicht dicht zu halten sind, und es müssen stets mehrere Tücher in passenden Abständen hintereinander angebracht werden.

c) Wetterscheider.

Wenn für die Hin- und Rückleitung des Wetterstromes zu einem Betriebspunkte nur eine Strecke zur Verfügung steht, muss sie in ihrer Längsrichtung in zwei Teile geteilt werden. Neben Lutten oder Wetterröschen benutzt man hierzu Wetterscheider aus Holz, Mauerwerk oder Wettertuch. Sie haben vor den Lutten den Vorteil, dass sich damit sowohl für den einziehenden wie für den ausziehenden Teil der Strecke ein ausreichender Querschnitt herstellen lässt, und dass die grossen Reibungsverluste vermieden werden, die bei langen und engen Luttenleitungen entstehen. Allerdings können letztere namentlich bei druckhaftem Gebirge leichter dicht gehalten werden und sind auch einfacher und schneller einzubauen. Im Vergleich mit den Wetterröschen haben Wetterscheider den Vorteil, dass sie bei einigermassen guter Ausführung geringere Wetterverluste verursachen als diese. Sehr beliebt sind Wetterscheider aus Segeltuch, weil sie billig und schnell herzustellen sind. Sie finden ausgedehnte Anwendung bei der Bewetterung von Orts- und Pfeilerbetrieben vom letzten Wetterdurchhieb ab bis vor Ort. Die Kosten für derartige Wetterscheider in Oertern und Ueberhauen berechneten sich auf Zeche Neu-Iserlohn, wo sie zuerst zu diesem Zwecke verwandt wurden, im Jahre 1881 auf 0,13 M. je Tonne geförderte Kohlen.

Die Anordnung solcher Scheider im Ortsbetriebe zeigt Figur 107. Hier ist am Oberstoss ein Wettertrumm gebildet und an das obere Ueber-

hauen angeschlossen, während der breitere Teil der Strecke zur Förderung
dient. Man könnte natürlich ebenso gut das Wettertrumm an den Unter-
stoss legen und dasselbe mit dem unteren Ueberhauen in Verbindung
bringen. Das grobe, mit Mennige oder Theer getränkte Segeltuch wird
an Stempeln festgenagelt, die in regelmässigen Abständen aufgestellt
werden. Zur guten Abdichtung nach oben wird häufig unmittelbar unter
dem Hangenden eine dünne Latte angebracht und das Wettertuch daran
befestigt. Zum Abschluss nach unten nimmt man das Tuch so lang, dass
es auf der Streckensohle aufliegt, und wirft auf das überschüssige Stück
feine Berge.

So sehr sich die Wetterscheider aus Segeltuch zur Verbesserung der
Wetterführung bei den eigentlichen Abbaubetrieben, wo es sich immer

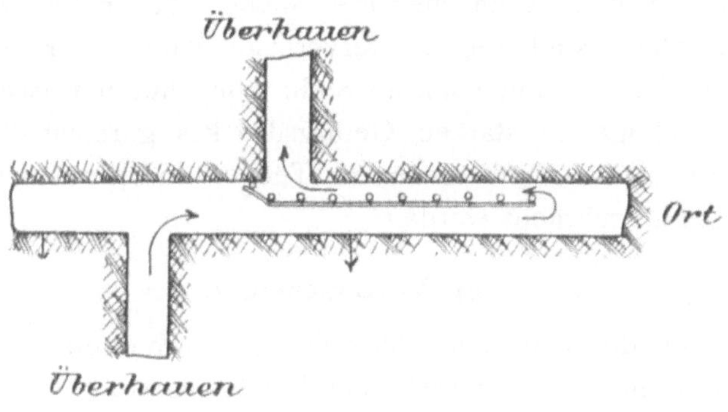

Fig. 107.

Anordnung eines Wetterscheiders.

nur um kurze Entfernungen handelt, bewährt haben, so wenig sind sie
geeignet, Scheider aus anderem Material bei der Wetterversorgung von
Aus- und Vorrichtungsbetrieben zu ersetzen. Denn bei grösserer Streckenlänge nehmen die Wetterverluste bei Anwendung von Tuchwetterscheidern
in solchem Masse zu, dass es kaum noch gelingt, ein ausreichendes
Wetterquantum bis vor Ort zu führen. Daher könnte höchstens in sehr
druckhaften Strecken, wo andere Scheider auf die Dauer nicht dicht zu
halten sind, die Benutzung von Wettertuch in Frage kommen, doch sind
auch in diesem Falle Lutten von entsprechender Weite stets vorzuziehen.

Von Interesse sind einige Versuche, die auf Zeche Hibernia mit
sorgfältig hergestellten Wetterscheidern aus Segeltuch, deren oberer Rand
zur Abdichtung gegen das Hangende mit Lehm verschmiert war, vorgenommen wurden. In einer Strecke im Flötz 16, die durch einen solchen
Scheider auf eine Länge von 90 m geteilt war, ergab sich beim Eintritt
des Wetterstromes hinter die Wand eine Stärke von 67 cbm in der Minute,

während am Ausgang nur noch ein Quantum von etwa 8 cbm als Durchschnitt aus drei Messungen gefunden wurde. Der Verlust betrug also 59 cbm oder über 88 %. In der westlichen Strecke desselben Flötzes blieben auf eine Länge von nur 40 m hinter dem Scheider von 94 cbm nur 16 cbm oder 17 % übrig. Bei derartigen Resultaten erscheint es erklärlich, dass durch die Polizeiverordnung vom 12. Dezember 1900 die Verwendung von Wetterscheidern aus Segeltuch und ähnlichen Stoffen nur bis auf 50 m Länge gestattet worden ist (§ 15 Abs. 2).

In allen Strecken, in denen die Wetterführung eine gewisse Sorgfalt erfordert, verwendet man Holz oder Mauerwerk zur Herstellung der Scheider und errichtet daraus in der Regel senkrechte, gegen die Firste und Sohle der Strecke dichtanschliessende Wände, seltener dagegen horizontale Verschläge oder flache, nach unten geöffnete Bogengewölbe.

Ein horizontaler Wetterscheider von 300 m Länge wurde u. a. auf Zeche Centrum Schacht III in der 2 m hohen westlichen Richtstrecke der IV. Sohle angewandt und bestand aus einer Bretterwand, die in 1,3 m Streckenhöhe angebracht und mit gestampftem Lehm bedeckt war.

Auf Zeche Kaiserstuhl II wurden horizontale Scheider aus tannenen Bohlen hergestellt, die mit Feder und Nut versehen waren und gegen die Stösse mit Letten abgedichtet wurden.

Senkrechte Scheider werden, wenn es die Streckenbreite erlaubt, möglichst in die Mitte gesetzt, um beiden Wetterwegen gleiche Querschnitte zu geben. In engen Strecken wird an einer Seite ein schmaleres Trumm abgetrennt, damit in dem grösseren Teile die Förderung unbehindert vor sich gehen kann.

Hölzerne Scheider werden so gebaut, dass man zunächst senkrechte Stempel in gewissen Abständen aufstellt und zwischen Sohle und Firste festkeilt. Diese werden sodann von unten nach oben mit Brettern benagelt, die mit der Kante aufeinander gesetzt werden. Die Abdichtung der Fugen erfolgt zuweilen mittelst Feder und Nut, meist werden sie aber nur mit Theerleinen oder Latten übernagelt oder mit Letten zugeschmiert. Besondere Sorgfalt ist auf den dichten Anschluss der Wetterscheider an Firste und Sohle zu verwenden, da hier am leichtesten Wetterverluste eintreten. An der Sohle lässt man die Wand möglichst tief beginnen und dichtet mit Lehm oder feinen Bergen von beiden Seiten ab. Die Abdichtung an der Firste macht in Flötzstrecken, wenn das Hangende glatt ist, keine Schwierigkeiten. Dagegen müssen in Querschlägen die Bretter an der Firste entsprechend den Unebenheiten des Gesteins beschnitten werden. Man stellt den Abschluss hierbei häufig durch kurze vertikal gestellte Brettchen her, welche zunächst provisorisch an der Wand befestigt werden, sodass sie gegen die Firste anstossen (Fig. 108). Darauf fährt man mit einem senkrechten Stabe, an dessen unterem Ende ein

horizontal gestellter Stift befestigt ist, an der Streckenfirste entlang, wobei
die Spitze des Stiftes die Bretterwand berührt. Dadurch wird auf dieser
die in Fig. 108 punktierte Linie a—b aufgezeichnet, die der Streckenfirste

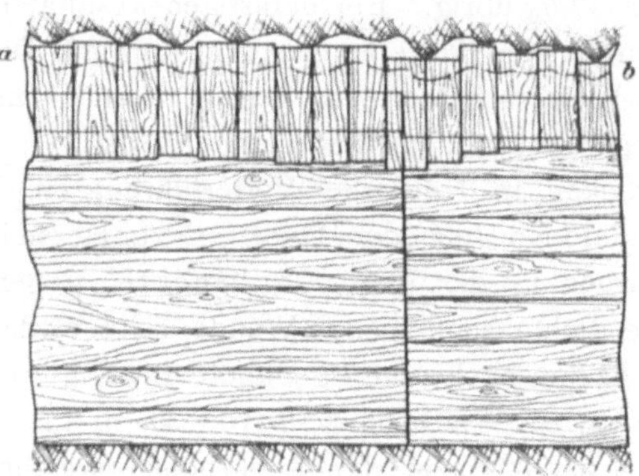

Fig. 108.

Abdichtung eines Wetterscheiders gegen die Firste auf Zeche Neu-Iserlohn.

parallel läuft. Nunmehr werden die einzelnen Bretter nach dieser Linie
beschnitten und sodann dicht unter der Firste wieder festgenagelt.

Nach einem anderen Verfahren stellt man den Anschluss eines
hölzernen Wetterscheiders an die Firste auf Zeche Prosper her (Fig. 109).

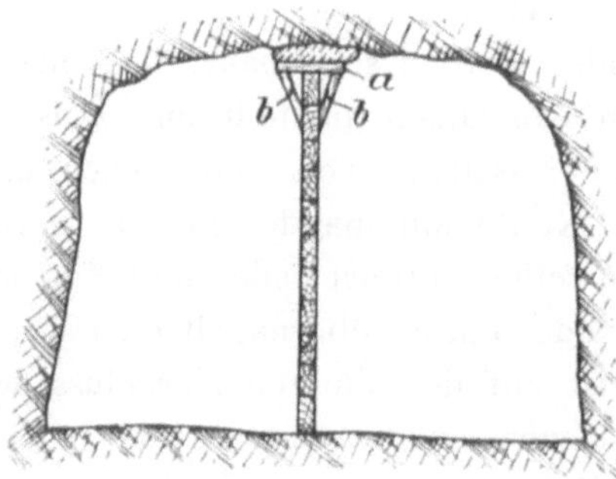

Fig. 109.

Abdichtung eines Wetterscheiders gegen die Firste auf Zeche Prosper.

Hier wird auf die von unten aufgeführte Bretterwand möglichst dicht
unter der Firste ein horizontales Brett a mit der Breitseite aufgelegt und
durch Streben b befestigt. Der Zwischenraum zwischen dem Brett und
der Firste wird sodann mit Lehm oder Letten dicht ausgefüllt.

Wenn hölzerne Wetterscheider gut ausgeführt und sorgfältig überwacht werden, lassen sich mit ihnen gute Resultate erzielen. So ergab sich z. B. bei einem Wetterscheider in einem 770 m langen Querschlage auf der VI. Tiefbausohle der Zeche Neu-Iserlohn am Eingange der Strecke ein einziehendes Wetterquantum von 175 cbm je Minute, während vor dem Ortsstoss noch 164 cbm gemessen wurden. Die Verluste durch Undichtigkeiten betrugen also trotz der bedeutenden Länge nur 11 cbm oder 6,3 %. Indessen sind bei grösseren Streckenlängen und wenn die Scheider längere Zeit in Betrieb bleiben müssen, gemauerte Scheider trotz der höheren Anlagekosten vorzuziehen, weil sie haltbarer sind und leichter dicht gehalten werden können. In der Regel verwendet man Holz- oder Eisenfachwerk. Die Ausfüllung der Felder mit Mauerwerk erfolgt in $1/_2$ Steinbreite oder sogar mit auf die Kante gestellten Steinen, wodurch sich der Raum, den der Scheider in Anspruch nimmt, vermindert. Die Ansicht eines gewöhnlichen Wetterscheiders aus Fachwerk zeigt Figur 110.

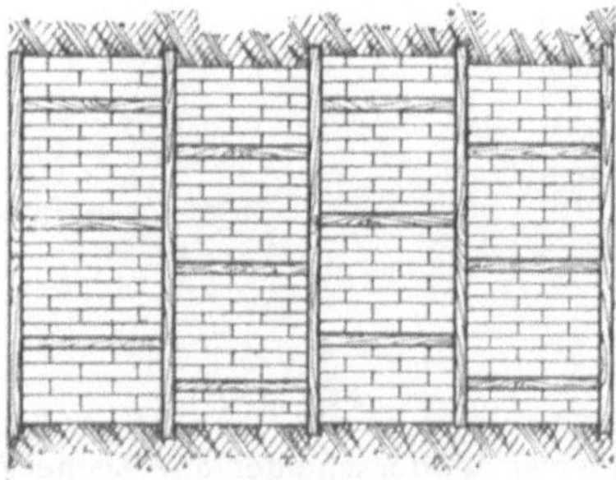

Fig. 110.

Wetterscheider aus Fachwerk.

Auf Zeche Prosper hat man eine andere Art gemauerter Wetterscheider angewandt (Fig. 111a und b), weil bei der gewöhnlichen Ausführung wegen des schlechten Hangenden ein dauerhafter Wetterabschluss an der Firste nicht erzielt werden konnte. Die Strecke selbst war mit starken Thürstöcken und eisernen Kappen (Eisenbahnschienen) in Abständen von 50 cm ausgebaut und die Firste mit dünnem Holz dicht verzogen. Man führte nun zunächst in der Strecke eine einen Stein starke Mauer A bis zur Firste auf. Sodann wurden zwischen den eisernen Kappen eichene Bretter B von genau abgepasster Länge dicht nebeneinander angebracht, die von dem Fuss der Schiene getragen wurden. Der Zwischenraum zwischen diesen Brettern und der Firste wurde dicht mit Lehm ausgefüllt, und endlich wurde an einem Querschlagsstoss noch zwischen den Thürstöcken bis zur Firste eine Abschlussmauer C aufgeführt.

Zur Sicherung der Wetterscheider gegen Beschädigung durch die
Luftstösse, die bei der Schiessarbeit vor Ort entstehen, hat man auf Zeche
Hansa in Abständen von 5 m quadratische Löcher in der Wand ausgespart
und dieselben mit Klappen versehen, die sich abwechselnd nach der einen
oder nach der anderen Seite der Strecke öffnen. Dadurch soll ein rascher
Ausgleich des Druckunterschiedes der Luft auf beiden Seiten der Wand
herbeigeführt werden.

Auf Zeche Pluto Schacht Thies hat man ähnliche Klappen angebracht,
die sich jedoch alle nach der Seite des ausziehenden Stromes öffnen, weil
man annahm, dass der durch die Sprengschüsse entstehende Luftstoss, der

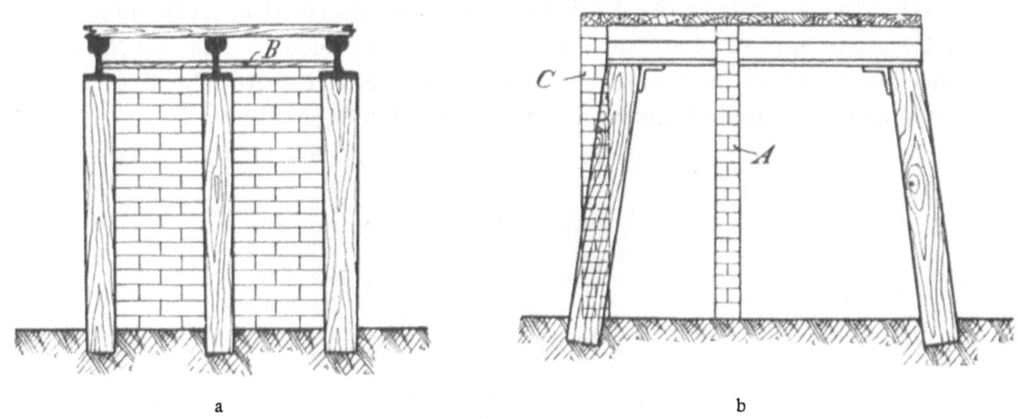

a   b

Fig. 111.

Gemauerter Wetterscheider auf Zeche Prosper.

dem einziehenden Strom entgegengerichtet ist, nur in diesem Stauungen
hervorriefe, die dem Wetterscheider gefährlich werden könnten.

Ueber die Kosten der Wetterscheider macht die Zeche Neu-Iserlohn
folgende Angaben. Sie berechnet für 1 qm Wetterscheider, der aus be-
hobelten und mit Feder und Nut versehenen 2—2½ cm starken Brettern
hergestellt wird:

für Hobelbretter . . . . 0,91 M.

(wobei vorausgesetzt wird, dass 30 % der
    Bretter noch einmal benutzt werden
    kann)

für Schalhölzer und Stempel dazu . . 0,16 »

» Drahtstifte und Dichtungsmaterial 0,22 »

» Arbeitslohn . . . . 1,80 »

sodass also 1 qm Wetterscheider auf 3,09 M.
zu stehen kommt.

Bei Verwendung von Holz ohne Feder und Nut, dürften sich die Kosten auf etwa 2,50 M. ermässigen.

Backsteinscheider kosten nach den Angaben verschiedener Grubenverwaltungen 3,50—4,00 M. je Quadratmeter.

Von Scheidern aus Wettertuch kostet 1 qm auf Zeche Neu-Iserlohn:

an Wettertuch. . . . . 0,16 M.
(wobei vorausgesetzt wird, dass das
Tuch zweimal hintereinander benutzt werden kann)
an Stempelholz und Latten . . . 0,25 »
 » Nägeln und Dichtungsmaterial 0,08 »
 » Arbeitslohn . . . . 0,60 »

Sa. 1,09 M.

Die Gesamtausgaben der Zeche Neu-Iserlohn für Wetterscheider betrugen im Jahre 1898 auf Schacht II:

für Scheider aus Holz 12 144 M.
 » » » Wettertuch 27 187 »

Sa. 39 331 M.

oder etwa 12 Pf. je Tonne Förderung.

Auf Schacht I betrugen dieselben Ausgaben 13 209 + 29 752 = 42 961 M. oder etwa 17 Pf. je Tonne Förderung.

d) Wetterröschen und Wetterlutten.

Neben den Wetterscheidern giebt es noch zwei Mittel, um in einer einzelnen Strecke frische Wetter vor Ort zu führen, nämlich die Anwendung von Wetterröschen und Lutten. Die ersteren, die zuerst auf Zeche Dorstfeld in ausgedehntem Masse Anwendung gefunden haben und beim Streckenbetriebe im Flötz namentlich dann zweckmässig sind, wenn die erforderlichen Berge an Ort und Stelle in genügender Menge und Beschaffenheit fallen, wurden in Band II bei Erörterung der Abbaumethoden und der Ausführung von Ortsbetrieben bereits besprochen. Die Wetterlutten kommen hauptsächlich bei der Separatventilation, d. h. im Anschluss an kleine Wettermotoren zur Verwendung und sollen daher erst in diesem Kapitel näher beschrieben werden.

e) Wetterbrücken.

Endlich sind noch die Wetterbrücken oder Wetterkreuze ein wichtiges Hülfsmittel für die Wetterführung. Sie waren auf den westfälischen Gruben früher kaum bekannt. Die Preussische Schlagwetter-Kommission hatte bei ihren Befahrungen nur zwei derartige Anlagen, nämlich auf den Zechen Neu-Iserlohn und Wolfsbank (Schacht Neuwesel) gefunden. Durch die Vermehrung der Betriebe auf flach gelagerten Flötzen und namentlich durch das Bestreben der Zechenverwaltungen und Behörden, die Wetterströme zu teilen und die einzelnen Teilströme möglichst selbständig zu machen, sind jedoch die Wetterbrücken zur Trennung mehrerer sich kreuzender Ströme auf vielen Gruben unentbehrlich geworden. Neben dem wetterdichten Abschluss der Ströme gegen einander kommt es bei der Anlage von Wetterbrücken darauf an, dass jedem Strom ein ausreichender Querschnitt zur Verfügung steht. Ausserdem ist für die Sicherung gegen plötzliche Zerstörung und die Vermeidung scharfer

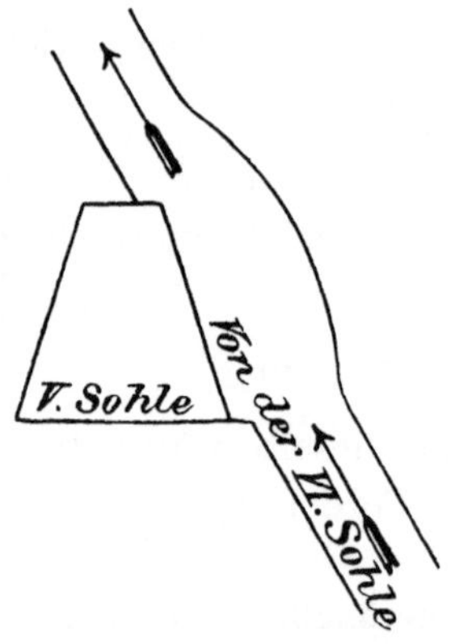

Fig. 112.

Wetterbrücke auf Zeche Wilhelmine Viktoria II/III.

Richtungsveränderungen zu sorgen. Daher ist es wünschenswert, dass der Streckenquerschnitt an der Kreuzungsstelle in genügender Weise erweitert wird, wie es auf der V. Sohle der Zeche Wilhelmine Victoria II/III geschehen ist (Fig. 112). Die Ueberleitung eines Stromes über einen anderen mittelst Lutten, die u. a. auf Zeche Rheinpreussen ausgeführt ist, hat meist den Nachteil, dass der durch die Lutten geführte Strom durch einen zu engen Querschnitt gepresst werden muss. Wetterbrücken, die durch hölzerne Wetterscheider und Wetterthüren gebildet werden, können im allgemeinen nicht als genügend haltbar angesehen werden. Besser ist z. B. die in Figur 113 dargestellte Wetterbrücke auf Zeche Dahlbusch, deren Seitenwände aus Ziegelmauerwerk und deren Dach aus nebeneinander liegenden und noch besonders abgedichteten Eisenbahnschienen hergestellt ist. Zweckmässig sind ferner solche Wetterbrücken, die ganz aus kräftigem Steingewölbe hergestellt sind, da sie grosse Widerstandsfähigkeit besitzen und die Herstellung genügender Streckenquerschnitte ermöglichen. Endlich empfiehlt es sich zuweilen, um möglichste Sicherheit zu erhalten, statt der

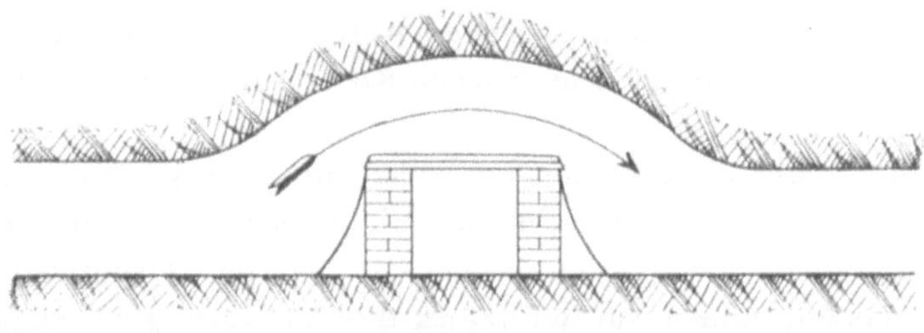

Fig. 113.

Wetterbrücke auf Zeche Dahlbusch III/IV.

Wetterbrücken vollständige Umbruchsstrecken im Gestein herzustellen und, wenn überhaupt zwischen beiden Wetterströmen eine fahrbare Verbindung notwendig sein sollte, diese durch starke, in Mauerung gesetzte eiserne Thüren abzusperren.

5. Kapitel: Sonderbewetterung.

Von Bergassessor Baum.

I. Allgemeines.

In den ausgedehnten Bauen der Steinkohlenbergwerke finden sich immer Betriebspunkte, deren ausreichende und wirtschaftliche Bewetterung durch den Durchgangsstrom auf Schwierigkeiten stösst. Insbesondere ist dies der Fall bei den Aus- und Vorrichtungsarbeiten.

Die Ausrichtungsarbeiten: Herstellung der Stollen, Querschläge, Schächte, Gesenke u. s. w. sind hauptsächlich Gesteinsarbeiten, bei denen die freigelegte, entgasende Flötzfläche eine verhältnismässig geringe ist. Daher wird der Wetterführung hier hauptsächlich die Erneuerung der Luft vor Ort und die Beseitigung der Sprengstoffgase zufallen. Doch ist auch mit Schlagwettern zu rechnen, welche an den Durchörterungsstellen der Flötze, aus Bläsern u. s. w. oft in beträchtlichen Mengen ausströmen.

Weit grössere Kohlenflächen wie bei den Ausrichtungsarbeiten und selbst wie beim Abbau werden bei den im Flötze selbst geführten Vorrichtungsbetrieben, dem Auffahren der Grund-, Teilungs-, Abbau- und Wetterstrecken und ihrer Verbindungswege, der Bremsberge, Durchhiebe, Ueber- und Abhauen für die Entgasung freigelegt. Dem Wetterstrom fällt hier, neben den sonstigen Aufgaben, die fortwährende Verdünnung der besonders an dem frischen Kohlenstoss reichlich austretenden Schlagwetter zu.

Während sich die Strecken und Schächte der Aus- und Vorrichtungsarbeiten nach dem erfolgten Durchschlag mit den schon vorhandenen Strecken meistens ohne Schwierigkeiten in das System der Hauptwetterführung einreihen lassen, bilden sie während des Vortriebes Sackgassen, für deren Bewetterung besondere Massnahmen erforderlich sind. Der § 15 Abs. 1 der Bergpolizeiverordnung des Oberbergamtes zu Dortmund vom 12. Dezember 1900 bestimmt in dieser Hinsicht:

> „Bei Herstellung von Schächten, Querschlägen, Ueberhauen, Abhauen, Wetterdurchhieben und Strecken aller Art sind durch besondere Vorkehrungen zwei Wetterwege von genügendem freien Querschnitt zu schaffen und stets bis in solche Nähe des Arbeitsstosses nachzuführen, dass dessen Bewetterung nicht der Diffusion überlassen bleibt."

Der zweite Wetterweg wird durch Lutten, Wetterscheider oder Parallelstrecken geschaffen. Die entstandene Doppelstrecke schliesst man an die Hauptwetterführung an und führt einen von dem Durchgangsstrom abgespalteten Zweigstrom durch dieselbe. Der Zweigstrom wird entweder lediglich durch den Hauptwetterzug bewegt, dann ist der Fall des »Selbstzuges« oder der »Spezialventilation« gegeben; oder es wird ihm durch besondere motorische Hülfsmittel eine Beschleunigung erteilt, ein Umstand, der kennzeichnend für den Begriff »Sonderbewetterung« ist.

Andere Erklärungen*) nehmen eine Ausschaltung des sonderbewetterten Betriebes aus dem Hauptwetterstrom an. Ausgeschaltet ist dieser Betrieb in Wirklichkeit aber nicht, da die für ihn bestimmten Wetter dem Durchgangsstrom entnommen, vorübergehend beschleunigt und dann wieder in den ausziehenden Strom zurückgeführt werden. Eine vollständige Unterbrechung des entnommenen Teilstroms, welche dem Begriff »Ausschaltung« entspräche, findet also nicht statt; es wird im Gegenteil stets die Wirkung des Sonderbewetterungsmittels durch den Selbstzug verstärkt.

Bezüglich der Sonderbewetterung bestimmt die oben angezogene Bergpolizeiverordnung im § 16 Abs. 1:

---

*) Glückauf 1895, S. 1210.

„Können Betriebspunkte nicht wirksam oder nicht ohne Nachteil für die übrige Wetterführung unter Anwendung der in § 15 angegebenen Mittel bewettert werden, so muss ihre Versorgung mit frischen Wettern durch zweckentsprechende Einschaltung besonderer Ventilatoren oder Strahlapparate (Sonderbewetterung) erfolgen. Die angewandten Ventilationsmittel müssen, abgesehen von den zur Instandhaltung erforderlichen Stillständen, fortdauernd, und zwar auch während der Zeit, in der die betreffenden Betriebspunkte nicht belegt sind, im Betriebe erhalten werden und so leistungsfähig sein, dass Ansammlungen von Grubengas mit Sicherheit verhütet werden.“

II. Die Verwendbarkeit der Sonderbewetterung.

Die Verwendbarkeit sowie die Vor- und Nachteile der Sonderbewetterung werden durch einen Vergleich mit den Methoden der Spezialventilation, den mit Selbstzug arbeitenden Lutten und der Scheider- und Parallelstreckenwetterführung, am besten beleuchtet. Dieser Vergleich soll sich auf die Wirksamkeit, das Verhalten im Falle von Schlagwetter- oder Kohlenstaubexplosionen und die Kostenfrage erstrecken.

1. Vergleich der Wirksamkeit der einzelnen Bewetterungsmethoden.

Mit den Selbstzuglutten hat man bei guter Dichtung der Verbindungsstellen und unter sonst günstigen Verhältnissen annehmbare Resultate erzielt. Als Beispiel sei die Bewetterung eines im Jahre 1899 auf der 587 m-Sohle der Zeche Ewald I/II aufgefahrenen Querschlags angeführt. Die Luttentour war im ganzen 1400 m lang und hatte in den ersten 1250 m einen Durchmesser von 500 mm, in den letzten 150 m einen solchen von 400 mm. Die Verbindung der Luttenenden erfolgte durch Ineinanderstecken derselben und Umlegen eines Cementumschlages um die Dichtungsstelle. Die Luttenleitung wirkte blasend und war an das Füllort des einziehenden Schachtes angeschlossen. Die Depression betrug 250 mm.

Vor Ort gelangten bei

400 m	Luttenlänge	80	cbm
500 »	»	72	»
600 »	»	67	»
700 »	»	60	»
800 »	»	54	»
900 »	»	46	»
1 000 »	»	42	»
1 100 »	»	37	»
1 200 »	»	30	»
1 300 »	»	23	»
1 400 »	»	19	»

Durch Verlängerung der Luttentour um 1000 m ergab sich also eine Abnahme der Wettermenge von 80 auf 19 cbm = 61 cbm oder 77 %.

In diesem Falle gelang es bei der guten Luttendichtung und der hohen Depression, das Ort genügend zu bewettern. Bei geringerer Depression wäre es erforderlich gewesen, zur Erzielung derselben Wirkung Lutten von einem sehr grossen Durchmesser einzubauen, welche sich aus wirtschaftlichen Gründen von selbst verbieten und in den Strecken durch ihren Raumverbrauch lästig fallen. Mit Lutten auch geringerer Durchmesser erzielt man eine hinreichende Wetterzufuhr nur dann, wenn man den Querschnitt durch stärkere Beschleunigung des Luftstroms besser ausnutzt, mit einem Worte zur Sonderbewetterung übergeht.

In dem angeführten Falle der Zeche Ewald hatte unzweifelhaft der Hauptventilator für die Ueberwindung einer so weitgehenden Drosselung des Teilwetterstromes und so hoher Reibungswiderstände in der Luttentour eine Arbeit aufzuwenden, gegen welche der Bewetterungseffekt verschwindend klein war. Im Hinblick auf die grosse Kraftvergeudung und die hohen Anlagekosten ist auch vom wirtschaftlichen Standpunkt jedenfalls der Einbau so langer und weitbemessener Luttenleitungen zu verwerfen.

Das Urteil der Preussischen Schlagwetter-Kommission*) über die Selbstzuglutten lautet wie folgt:

»Nur bei Anwendung weiter Luttentouren sind daher nennenswerte Wetterquantitäten zu erzielen, da die vor entlegenen Betriebspunkten noch vorhandenen Depressionen nicht genügen, um die grossen Reibungswiderstände bei engen Luttentouren, insbesondere auf grosse Längen zu überwinden. Die Kommission hat dies bei ihren Befahrungen durchweg bestätigt gefunden. In allen Lutten wurde nur eine schwache Wetterbewegung bemerkt. Bei nicht sorgfältig hergestellter Dichtung der Verbindungen und geringer Länge der einzelnen Lutten fand man auch die aus der Lutte ausströmenden Wettermengen 3—4 mal grösser als an der Einströmung vor Ort; in den Strecken selbst wurde aber meistenteils eine Wetterbewegung nicht wahrgenommen.«

Das Oberbergamt Breslau hat aus dem Falle einer Explosion, welche durch ungenügende Wetterzufuhr mittelst einer 750 m langen Luttentour von 235 mm Durchmesser verursacht wurde, Veranlassung genommen, nach vorher angestellten Versuchen die Verwendung von Selbstzuglutten von mindestens 1200 qcm freiem Querschnitte nur vorübergehend und auf Streckenlängen von 25 m zu gestatten, sie sonst aber zu verbieten.

Eine weit ausgedehntere Verwendung als die Selbstzuglutten haben bei dem Betriebe von Aus- und Vorrichtungsarbeiten die Wetterscheider gefunden, deren Herstellung bereits im vorigen Kapitel beschrieben worden

---

*) Anlagen zum Hauptbericht Bd. II, S. 173 ff.

ist. Sie bieten vor den Lutten den Vorteil, dass sich mit ihnen ohne hohe Kosten Wetterkanäle von grossem Querschnitt herstellen lassen. Diesem einzigen Vorteil stehen aber ganz erhebliche Nachteile der Scheider gegenüber, nämlich

1. der grosse Raumverbrauch,
2. die geringe Wirksamkeit,
3. die hohen Kosten.

Beim Auffahren schmaler Strecken (Abbaustrecken, Pfeilerdurchhieben, Bremsberg- und Fahrüberhauen u. s. w.) werden die Vortriebarbeiten durch die üblichen Segeltuch- oder Bretterscheider ausserordentlich behindert, so dass man sich häufig genötigt sieht, die Strecke breiter aufzufahren, als es der Betriebszweck an sich erfordert. Bei der grösseren Beschleunigung, die einem Sonderbewetterungsstrome erteilt werden kann, ist es dagegen möglich, die Wetterleistung der Scheiderbewetterung mit Lutten von geringem Raumverbrauch zu erreichen.

Die Wirksamkeit der Scheider wird durch verschiedene Mängel der Ausführung und des Systems derselben sehr verringert.

Als Mängel der Ausführung sind zu bezeichnen:

1. die Schwierigkeiten der Dichtung,
2. der grosse Reibungswiderstand.

Segeltuchscheider lassen sich selbst bei sehr sorgfältiger Ausführung nur unvollkommen gegen Firste und Sohle abdichten. Die Schwierigkeiten sind besonders gross in Ueberhauen mit steilem Fallen. Aber auch in horizontalen Strecken verursachen kleine Oeffnungen zwischen den Fäden des Segeltuchgewebes, welche auch durch die Imprägnation mit Kautschuklösung nicht ganz zu schliessen sind, die bei mehrfacher Benutzung der Leinwand unvermeidlichen Nagellöcher, die bei der Lockerung der Dichtung durch den Explosionsdruck der Sprengschüsse entstehenden Spalten u. s. w. viele Kurzschlüsse zwischen den beiden Wetterwegen, so dass nur ein geringer Teil der Wetter in die Abbaue gelangt. Durch Messungen*), welche in Saarbrücken in 60—80 m langen Abbaustrecken ausgeführt wurden, ist festgestellt worden, dass mit Hülfe von Segeltuchscheidern in Bauabteilungen mit gutem Hangenden und schwachem Gebirgsdruck 30 $^0/_0$, in solchen mit gebrächem Hangenden und starkem Gebirgsdruck 20 $^0/_0$ und in den oberen Abbaustrecken oft nur 15 $^0/_0$ der in die Bauabteilung eintretenden Wetter vor die Oerter gelangten. Angesichts der geringen Leistungsfähigkeit der Segeltuchscheider lässt die Bergpolizei-Verordnung des Oberbergamts Dortmund vom 12. Dezember

---

*) Zeitschr. f. d. Berg-, Hütten- und Salinenwesen 1889, Bd. XXXVII, B S. 162 ff.

1900 (§ 15 Abs. 2) die Verwendung derselben nur bis zu 50 m Länge zu. Ausnahmen bedürfen der schriftlichen Genehmigung des Revierbeamten.

Die Leistungsfähigkeit der Bretterscheider übertrifft die der Segeltuchscheider nur wenig, da bei ihnen eine hinreichende und dauerhafte Anschluss- und Fugendichtung auch nicht zu erzielen ist.

Backsteinscheider ermöglichen zwar, besonders wenn ihre Flächen mit Mörtel verputzt sind, eine wirksamere Trennung der Wetterwege, verlieren aber bei stärkerem Gebirgsdruck diese Fähigkeit sehr rasch. Den Wirkungen der Lufterschütterung bei der Explosion von Sprengschüssen, welche die Anschlussdichtungen an der Firste und der Sohle herauswerfen, sind sie fast ebensosehr ausgesetzt, als die Segeltuch- und Bretterscheider. In die Scheidermauer eingebaute Sicherheitsklappen nehmen zwar dem Explosionsdruck den ärgsten Stoss, können aber auf die Dauer die Zerstörung nicht aufhalten. Bei sorgfältiger Ausführung der Scheidermauer, gutem Gebirgsverhalten und weiten Abmessungen der Scheiderstrecke wird man mit Mauerscheidern bis auf 400 m Streckenlänge und vielleicht noch darüber hinaus eine gute Bewetterung der Oerter erzielen können. Doch verliert, wie durch Versuche*) festgestellt ist, auch der beste Mauerscheider auf je 100 m 10—20 % der einziehenden Wettermenge. Bei druckhaftem Gebirge oder geringerem Streckenquerschnitt versagt diese Bewetterungsmethode schon bei viel kürzeren Entfernungen.

Als sehr ins Gewicht fallender Nachteil der Segeltuch-, Bretter- und Mauerscheider ist der Umstand zu bezeichnen, dass es in den Strecken, wo gesprengt wird, mit Rücksicht auf die Scheiderbeschädigungen durch Sprengstücke nicht möglich ist, die trennende Wand bis nahe vor Ort nachzuführen. Da die frischen Wetter unter diesen Umständen den Ortsstoss nicht direkt bespülen, sondern umkehren, ehe sie denselben erreicht haben, bleibt der Wetterwechsel auf Entfernungen von 4—5, oft aber auch auf 8—10 m der Diffusion überlassen. Zumal für Ueberhauen erweist sich eine derartige Bewetterung als ganz unzureichend. Dabei wird die Kraft des Hauptventilators, welcher den Wetterstrom oft nach Ueberwindung aller Widerstände in den Wetterstrecken nur bis in die Nähe des Ortes bringen kann, äusserst schlecht ausgenutzt. Eine weit wirksamere Bespülung des entgasenden Stosses ist durch Sonderbewetterung zu erreichen. Es steht hier ein viel beschleunigterer Wetterstrom zur Verfügung, welcher infolge der grösseren Blaswirkung auch einen mehrere Meter breiten Zwischenraum vor Ort leicht überwindet, förmlich gegen den Ortsstoss prallt und auf dem Rückwege etwaige in Kesseln der Firste stehende Schlagwetter fortspült. Durch eine beim Sprengen entfernbare Vorstecklutte kann

---

*) Glückauf 1895, S. 1209 ff.

ausserdem der Zwischenraum zwischen Luttenende und Stoss sehr verringert werden.

Auf die Bergescheider üben Gebirgsdruck, Lufterschütterung und Sprengstücke keinen schädigenden Einfluss aus. Ihre Wirksamkeit hängt ganz von der Ausführung des Bergeversatzes ab; sie dürfte im allgemeinen die der Holz- und Segeltuchscheider kaum übertreffen. Eine genügende Abdichtung der Wetterwege ist aber auch hier selbst bei bester Ausführung der Bergemauerung nicht zu erreichen. Senkt sich das Hangende unter dem Einfluss des Gebirgsdruckes auf den Bergeversatz herab, so wird der Druck bald durch einzelne grössere Stücke oder Erhöhungen des Versatzes aufgenommen und so ein weiteres Verdichten des Versatzes verhindert.

Die bei Vorrichtungsarbeiten viel angewandte Bewetterung mittelst Parallelstrecken und Durchhieben wird durch Kurzschlüsse, welche in ungenügend verschlagenen oder verdämmten Durchhieben entstehen, schwer in ihrer Wirksamkeit geschädigt. Bei stärkerem Gebirgsdruck sind die Verschläge der Durchhiebe äusserst schwer dicht zu halten. Bei den vielen Durchhiebverschlägen des früher im Ruhrrevier allgemein üblichen Pfeilerbaues setzte dieser Fehler die Wirksamkeit der Wetterführung ganz gewaltig herab. Nonne[*]) fand bei seinen in den Jahren 1868/71 vorgenommenen Kommissionsbefahrungen, dass noch nicht einmal 20 % des einziehenden Wetterstromes an die Verbrauchsstellen gelangten, der Rest der Wetter aber in den undichten Verblendungen von abgebauten Flötzen und Ueberhauen verloren ging. Die Preussische Schlagwetter-Kommission stellte bei ihren Befahrungen in den Jahren 1881/83 fest, dass die Wetter in den Ortsbetrieben beim Pfeilerbau oft gänzlich still standen. In dem Streckenstück zwischen dem letzten Durchhieb und dem Stoss, welches auf einer grösseren Zahl von Zechen bis 40, in einem Fall sogar 70 m lang war, überliess man die Wetterbewegung der Diffusion.

Werden die Durchhiebe in grösseren Abständen angesetzt, so muss für das letzte Streckenstück die Scheiderwetterführung mit ihren Nachteilen zu Hilfe genommen werden. Diese Kombination der Parallelstrecken- und Scheider- oder Luttenbewetterung hat sich auf einzelnen Zechen sehr verschieden herausgebildet. Auf Zeche Erin vergrösserte man beispielsweise seit dem Jahre 1892 zur Beschränkung der Entgasung die Abstände der Durchhiebe bis zu 60 m und richtete von Durchhieb zu Durchhieb eine Scheiderventilation ein. Unter diesen Umständen kann man zwar, wie in Saarbrücken[**]) festgestellt wurde, bei gutem Gebirgsverhalten und unter sonst günstigen Verhältnissen im Maximum 70 bis 80 % der in das

---

[*]) Festschrift zum VIII. Allgemeinen Deutschen Bergmannstage, S. 116.
[**]) Zeitschr. f. d. Berg-, Hütten- u. Salinenwesen 1889, Bd. XXXVII, BS. 162.

Bremsbergfeld eintretenden Wetter vor Ort einer 60—80 m langen Abbaustrecke bringen; eine allgemeine Durchführung dieses Systems, welche auf der gasreichen Zeche Neu-Iserlohn versucht wurde, verbietet aber die Höhe der Kosten.

Zu den Luftverlusten der Scheider- und Parallelstreckenbewetterung, welche durch Mängel bei der Ausführung und Unterhaltung der Absperrungsvorrichtungen verursacht werden, treten solche, welche im System selbst begründet sind. Ein gutes Zusammenwirken*) des komplizierten Wetter-Verteilungs-, Leitungs- und Regulierapparates wird sich selbst bei bester Beaufsichtigung dauernd kaum erreichen lassen. Beim Vortrieb der Abbaustrecken muss z. B. die oft nicht unbedeutende Förderung durch die Absperrvorrichtungen geleitet werden. Dazu müssen die Wetterthüren so oft und — beim Durchfahren grösserer Förderzüge — so lange geöffnet werden, dass auch dann, wenn sie an sich gut schliessen, erhebliche Luftmengen durch Kurzschluss ihrer Bestimmung verloren gehen. Durch Einbauen von Doppelthüren kann dieser Missstand auch nicht gänzlich beseitigt werden, da das Oeffnen und Schliessen der Wetterthüren dem Förderpersonal, gewöhnlich jugendlichen Arbeitern (Schleppern, Pferdeknechten) obliegt, von deren Zuverlässigkeit nicht allzuviel zu halten ist. Ferner kann man sehr häufig beobachten, dass das Schliessen der Wetterthüren durch Klemmungen, welche durch das Werfen des Holzes, den Gebirgsdruck u. s. w. verursacht werden, behindert wird.

Als ein Fehler des Systems muss endlich noch der Umstand bezeichnet werden, dass den Arbeitern die Möglichkeit einer Einwirkung auf die Reguliervorrichtungen gegeben ist. Oft bemerkt man, dass Belegschaften einzelner Streckenbetriebe in rücksichtslosem Eigennutz durch Verstellung der Regulierschieber ihren Arbeiten ein grösseres Wetterquantum zuführen, während andere Arbeitspunkte Mangel an frischen Wettern leiden.

Die Dichtungsverluste sind auch bei längeren Luttenleitungen viel geringer, als bei Scheidern und Parallelstrecken. Ueber den Wirkungsgrad der Lutten werden weiter unten nähere Angaben gemacht werden.

Neben einer grösseren Leistungsfähigkeit in Bezug auf die gelieferten Luftmengen wird bei der Sonderbewetterung oft auch eine Verbesserung der Wetter erzielt. Die in die Blaslutte austretende Abluft der Pressluftventilatoren und -düsen und die Strahlen der Wassergebläse üben auf die mitgerissenen Wetter eine kühlende Wirkung aus, welche in den meisten Fällen sehr erwünscht ist und die Arbeitsfähigkeit der Belegschaft erhöht. Bei der Scheider- und Parallelstreckenventilation geben dagegen die Gesteinswände an die träge vorbeistreichende Luft grosse Wärmemengen ab, so dass den Wettern ihre kühlende Wirkung genommen wird.

---

*) Glückauf 1896, S. 198.

Die rauhen Wandflächen der Segeltuch-, Holz-, Mauer- und besonders der Bergescheider, die häufigen Verengungen des Kanalquerschnittes durch die hervortretenden Trage-, Verstärkungs- und Rahmenhölzer und durch aus dem Hangenden, den Seitenstössen oder der Bergemauer hereingebrochene Kohlen und Bergestücke, welche namentlich in Ueberhauen nicht immer sogleich entfernt werden können, und die unregelmässige Form der Gesteinswände setzen dem durchziehenden Wetterstrom einen grossen Reibungswiderstand entgegen. Die Beseitigung der Hindernisse in den Scheiderstrecken wie die Kontrolle der letzteren durch das Aufsichtspersonal ist bei den geringen Abmessungen äusserst schwierig, ja oft fast unmöglich. Nach den Untersuchungen von Meissner*) ist die Widerstandskonstante der Wetterscheider um ein Mehrfaches — bis zum Fünffachen — grösser als die glatter Luttentouren.

Auch die Parallelstrecken setzen trotz des weiten Querschnittes, den man ihnen giebt, dem durchziehenden Wetterstrom einen beträchtlichen Widerstand entgegen. In den Durchhieben findet eine starke Drosselung, in den weiteren Orts- und Parallelstrecken eine Druckverminderung und damit verbunden eine Verlangsamung des Luftstromes statt. Infolgedessen büsst derselbe seine Spülkraft ein und die Verdünnung der aus dem frischen Kohlenstoss austretenden Schlagwetter bleibt der Diffusion überlassen.

Bei der Bewetterung weit ins Feld gehender Aus- und Vorrichtungsstrecken hat der Hauptventilator über grosse Entfernungen hin bedeutende Reibungswiderstände zu überwinden. Für den im Verhältnis zu der Leistung sehr hohen Kraftverbrauch führt Uthemann**) beredte Beispiele aus dem Saarbrücker Grubenbetriebe an. Bei der Bewetterung eines 550 m langen Ortsbetriebes mit Parallelstrecke gelang es, 20 cbm Wetter vor Ort zu bringen. Der Widerstand der Doppelstrecke wurde dabei zu 6 mm Wassersäule ermittelt. Nach erfolgtem Durchschlag der Strecke stieg die Ventilatorleistung bei gleicher Tourenzahl von 900 auf 1140 cbm. Wäre es während der Dauer des Ortsbetriebes aus irgend welchen Gründen erforderlich gewesen, die Wettermenge auf der letztgenannten Höhe zu halten, so hätte der Ventilator an mechanischer Arbeit die der Volumendifferenz von $1140^3 - 900^3$ entsprechende Mehrleistung von 103 % aufweisen müssen, was einer Erhöhung lediglich der Brennmaterialkosten um 20 M. je Tag gleichgekommen wäre. Mit Sonderbewetterung wäre derselbe Erfolg für täglich 2 M., also für den zehnten Teil der obigen Betriebskosten, erreicht worden.

In einem andern Falle erforderte ein 800 m langer Querschlag eine

*) Zeitschr. f. d. Berg-, Hütten- u. Salinenwesen 1890, Bd. XXXVIII, B S. 243.
**) Glückauf 1895, S. 1209.

Erhöhung der Depression von 26 auf 37 mm, also um 42 %. Im allgemeinen kann man nach Uthemann den Kraftverbrauch, welchen die Scheider- und Parallelstreckenbewetterung der Aus- und Vorrichtungsarbeiten je nach der Ausdehnung und dem Stande dieser Arbeiten von dem Hauptventilator erfordern, auf 20 bis 50 % veranschlagen, während in wirklicher Wetterleistung an diese Betriebe nur 5 bis 20 % abgegeben werden.

Der Anschluss längerer Aus- und Vorrichtungsstrecken an die Hauptwetterführung bereitet aber auch sonstige Schwierigkeiten. Für die Bewältigung der Widerstände muss dem Teilstrom eine höhere Depression gegeben werden, als sie für die übrigen Teile des Grubenbetriebes erforderlich wäre. Da eine Aenderung der Depression für die Vorrichtungs- u. s. w. Betriebe natürlich ebenso ausgeschlossen ist, wie die Herstellung eines den Widerständen der übrigen Grubenbaue angepassten Kanalquerschnittes, nimmt man bei einer derartigen Einrichtung auch noch folgende Missstände in Kauf:

1. Die für die Bewetterung der Vorrichtungs- u. s. w. Betriebe aufzuwendende Kraftleistung des Hauptventilators steht wegen der Drosselungsverluste der übrigen Wetterströme und der grossen Reibungsverluste des Zweigstroms in einem recht ungünstigen Verhältnis zu der Wetterwirkung.

2. Durch den Anschluss der Vorrichtungs- u. s. w. Betriebe wird das ganze Bewetterungssystem der von dem Ventilator sonst noch versorgten Baue einseitig belastet, in seiner Uebersichtlichkeit gestört und der Möglichkeit schädlicher Rückwirkungen der bei den Arbeiten im frischen Feld eintretenden Zwischenfälle und Störungen ausgesetzt.

Hier gewährt die Einrichtung der Sonderbewetterung die Vorteile, dass

1. der Hauptstrom entlastet wird und die Wetterwirkung der zur Erzeugung des Stroms aufgewendeten Arbeit entspricht, da die Reibungswiderstände der langen Anschlusswege grösstenteils in Wegfall kommen,

2. die Bewetterung des übrigen Grubengebäudes in keiner Weise durch den Anschluss der sonderbewetterten Baue berührt wird,

3. auf einfache Art eine Regelung und Verstärkung des Wetterdurchflusses in den Vorrichtungs- und Ausrichtungsstrecken zu erreichen ist.

In richtiger Erkenntnis der Vorzüge der Sonderbewetterung in einem derartigen Falle stellt man z. Z. im Westfelde der Zeche Matthias Stinnes, das bisher von dem Durchgangsstrom aus durch einen langen Wetterweg mit einem unverhältnismässig hohen Kraftaufwand bewettert wurde, einen Sonderventilator von 1 000 cbm Leistung in der Minute auf.

2. Vergleich des Verhaltens der verschiedenen Bewetterungsmethoden beim Eintritt von Explosionen.

Von den Gegnern der Sonderbewetterung wird gegen dieselbe geltend gemacht, dass sie beim Eintritt von Explosionen hauptsächlich in zwei Punkten hinter dem Parallelstreckenbetriebe zurückstehe. Einmal sei nur e i n Zugang zu den Arbeitspunkten vorhanden. Bei dem Zubruchegehen desselben unter der Gewalt der Explosionswirkung fehle ein zweiter fahrbarer Weg für die Rettung der Ortsbelegschaft oder das Vordringen der Hülfsmannschaften; ferner sei die Sonderbewetterung bei der wahrscheinlichen Zerstörung des Ventilators und der Lutten durch die Explosion aufgehoben. Hierzu ist vorerst zu bemerken, dass die Entstehungsmöglichkeit der Explosion durch die grössere Leistungsfähigkeit der Sonderbewetterung sehr herabgemindert wird, während die Herstellung der zahlreichen bei dem Parallelbetrieb erforderlichen Durchhiebe — namentlich wenn sie mit der in diesem Falle besonders unzuverlässigen Scheiderventilation erfolgt — zu einer Hauptquelle der Schlagwetter- und Kohlenstaubexplosionen wird. Nach der Statistik betrug der prozentuale Anteil der Explosionen in aufsteigenden Vorrichtungsarbeiten (einschliesslich Pfeilerdurchhieben) an der Gesamtexplosionszahl

$$
\begin{aligned}
\text{in den Jahren } 1861{-}1883 &= 44{,}12\ \% \\
\text{»}\quad\text{»}\qquad\text{»}\qquad 1883{-}1887 &= 48{,}12\ \% \\
\text{»}\quad\text{»}\qquad\text{»}\qquad 1887{-}1892 &= 51{,}53\ \% \\
\text{»}\quad\text{»}\qquad\text{»}\qquad 1893{-}1900 &= 56{,}6\ \ \%,
\end{aligned}
$$

er zeigte also eine stetige Steigerung.

Auch in anderer Beziehung bietet die Sonderbewetterung beim Eintritt von Explosionen Vorteile gegen die Parallelstrecken- und Scheiderventilation. So wird die Explosionsgefahr bei der ersteren Bewetterungsart durch verschiedene Umstände herabgesetzt. Es fehlen die verschlagenen Durchhiebe, welche als Schlagwetterreservoire und Ablagerungsplätze für den Kohlenstaub äusserst gefährlich sind. Eine Kontrolle des Schlagwettergehaltes der darin stehenden Wetter und eine wirksame Bekämpfung des Kohlenstaubes durch Berieselung ist wegen der Verdämmung dieser Strecken schlecht durchzuführen. In einer sonderbewetterten Strecke ist dagegen infolge des Fehlens der Parallelstrecken und Durchhiebe die entgasende Kohlenfläche und das austretende Gasvolumen weit — erstere um etwa zwei Drittel — geringer. Wenn ja nun auch die Entgasung bei sehr schlagwetterreichen Flötzen, wie z. B. auf Zeche Hibernia*), unter Umständen so willkommen sein kann, dass man zur Beförderung derselben

---

*) Glückauf 1896, S. 523.

die Grund-, Parallel- und Teilungsstrecken als Entgasungskanäle bis zu den Feldesgrenzen vortreibt, so wird man doch im allgemeinen die Entgasung mit Rücksicht auf die Sicherheit und die Kohlenqualität möglichst beschränken und zu diesem Zwecke Durchhiebe und Parallelstrecken in möglichst weiten Abständen ansetzen.

Ein weiterer Vorzug der Sonderbewetterung ist der, dass bei ihr eine Ueberleitung von Nachschwaden in benachbarte Baufelder, welche beim Parallelstreckenbetriebe eine grosse Gefahr bildet, nicht stattfindet. Auch wird es der kühlere und schneller bewegte Wetterstrom vor Ort der Belegschaft ermöglichen, in einigermassen vollständiger Kleidung zu arbeiten und dadurch den grössten Teil des Körpers gegen die Explosionsflamme mehr zu schützen.

Was ferner den ersten Punkt des oben erwähnten Vorwurfes angeht, so muss sehr bezweifelt werden, dass beim Parallelstreckenbetriebe in der Mehrzahl der Fälle wirklich ein zweiter fahrbarer Ausweg zur Verfügung steht. Mit wirtschaftlichen Rücksichten wird es sich wohl dauernd nicht vereinen, die Doppelstrecken des Parallelbetriebes so auszubauen und zu unterhalten, wie eine sonderbewetterte Strecke von nur etwa der halben Länge. Jedenfalls lehrt die Erfahrung, dass durch die Gewalt einer Explosion in den Strecken und zwar besonders an den oft nicht ausreichend verzimmerten Ansatzstellen der Durchhiebe Brüche fallen, welche die Fahrung sehr behindern, wenn nicht unmöglich machen. Die Durchhiebe selbst bieten so wenig Raum, dass sie schon durch einen kleinen Bruch aus dem Hangenden oder den Stössen vollständig verstopft werden können. Daher kann der Vorteil, den der Parallelstreckenbetrieb in dieser Hinsicht aufweist, nur sehr gering bewertet werden.

Endlich bieten die Lutten dem Gasdruck bei einer Explosion viel weniger Angriffsfläche, wie die Durchhiebsverschläge und Wetterscheider aus Segeltuch oder Holz.

Nach erfolgter Explosion lässt sich die Sonderbewetterung in kurzer Zeit wieder in Thätigkeit setzen. Die etwa herabgeworfene Luttentour kann schnell wieder in ihre frühere Lage gebracht oder durch eine neue ersetzt werden. Ebenso verhält es sich mit dem Ventilator. Umgeworfene Scheider und Durchhiebsverschläge bedürfen zu ihrer Erneuerung, zu Bruch gegangene Strecken und Durchhiebe zu ihrer Aufwältigung eines weit grösseren Zeitaufwandes. Nicht unwichtig ist auch der Vorteil, dass nach einer Explosion die Schwaden aus der sonderbewetterten Strecke nur allmählich in den Hauptwetterstrom diffundieren und nicht durch den starken Zug des letzteren sofort in benachbarte Baue geführt werden.

Die Sicherheit der mit Scheidern oder Parallelstrecken bewetterten Strecken wird jedoch nicht allein durch eine Vergrösserung der Schlagwettergefahr, sondern auch durch eine Vermehrung der Steinfallmöglichkeiten beeinträchtigt. Durch das Breiterauffahren zur Gewinnung des Scheiderraumes oder die Anlage der Parallelstrecken und Durchhiebe gerät sehr oft die Hauptstrecke unter Druck, was umsomehr ins Gewicht fällt, als die Dienstzeit derselben bei dem langsamen Fortschreiten nach den älteren Methoden ventilierter Strecken weit grösser ist als bei sonderbewetterten.

Aus diesen Gründen muss auch in Hinsicht auf die Sicherheit der Sonderbewetterung unbedingt der Vorzug gegeben werden.

3. Vergleich der einzelnen Bewetterungsmethoden bezüglich der Kosten.

Wenn auch die Kostenfrage dort, wo es sich um die Sicherung des Lebens und der Gesundheit der Belegschaft handelt, nicht ins Gewicht fallen darf, so braucht doch auch in dieser Hinsicht die Sonderbewetterung den Vergleich mit Scheider- und Parallelstreckenventilation nicht zu scheuen. Von den Wetterscheidern kommen für den Vergleich nur verputzte Backsteinscheider, das einzige Scheidersystem, welches sich auf grössere Entfernungen verwenden lässt, in Betracht; das letzte Stück des Scheiders wird auch bei Mauerscheidern gewöhnlich bis zur Nachmauerung provisorisch aus Segeltuch hergestellt. Bei allen Scheiderarten, insbesondere aber bei den Bergescheidern, erhöhen sich die Kosten der Strecken durch das Erfordernis des Breiterauffahrens.

Beim Parallelstreckenbetrieb*) entfällt auf 1 m Hauptstrecke auch etwa 1 m Parallel- und Durchhiebstrecke, welche je nach den Flötzverhältnissen einen Aufwand von 10—30 M. für das Streckenauffahren und das höhere Kohlengedinge verursachen. Nimmt man an, dass auf einer mittelgrossen Steinkohlengrube im Jahre etwa 1 500 m Oerter mit Parallelstrecken betrieben werden, so sind die Anlagekosten der letzteren mit 15—45 000 M. einzusetzen. Der Wert der Parallelstrecken für den späteren Abbau hängt sehr von dem Verhalten des Gebirges und der Kohle ab. Jedenfalls wirkt die Durchörterung des Flötzes durch Parallelstrecken und Durchhiebe auf eine Vergrösserung des Druckes hin. Das kann ab und zu einmal erwünscht sein, wie z. B. dort, wo mässiger Druck bei gutem Hangenden lockernd auf die Kohle wirkt. In den meisten Fällen aber wird diese Vermehrung des Druckes den Verhau des Flötzes gefährlicher, schwieriger und teurer machen. Der Wert der Parallelstrecken und Durchhiebe als Fahr-, Förder- und Wetterwege während des Flötzabbaues ist ein sehr fraglicher, da dieselben gewöhnlich bis zum Heranrücken des Abbaues zu Bruche gegangen sind und die Aufwältigungskosten oft die des Neuauffahrens erreichen.

---

*) Glückauf 1895, S. 1209.

Hinsichtlich der Kostenfrage wird der Sonderbewetterung der Vorwurf gemacht, dass die Apparate derselben einem raschen Verschleiss unterworfen seien. Diese Behauptung wird durch die Praxis widerlegt. Uthemann*) hat bei zwei Ventilatoren in Saarbrücken einen ununterbrochenen und ungestörten Betrieb von 756 bezw. 889 Tagen festgestellt; bei anderen Ventilatoren waren in einem Zeitraum von 2 500 Tagen nur kleine Reparaturen auszuführen. Der Aufwand hierfür und für die Bedienung der Ventilatoren wird durch die Kosten der ständigen Reparaturarbeiten an den Wetterscheidern mehr denn ausgeglichen. Einen interessanten Vergleich**) der Einrichtungskosten der Bewetterung bei einer mit Scheidern oder Parallelstreckenbetrieb, oder unter Benutzung eines Sonderventilators aufgefahrenen Grundstrecke im Saarbrücker Revier giebt Tabelle 69 auf folgender Seite.

Wenn sich auch nach diesem Vergleich die Gesamtbetriebskosten der Sonderbewetterung nicht viel höher stellen als die Kosten der Scheidereinrichtung und nur einen Bruchteil derjenigen einer Parallelstreckenanlage ausmachen, so soll nicht gesagt sein, dass diese Vorteile in jedem Falle vorliegen. Es ist im Gegenteil nicht zu verkennen, dass unter bestimmten Umständen auch die Anwendung der Spezialbewetterungsmethoden sehr berechtigt ist. Die Sonderbewetterung wird ja nie die Hauptwetterführung gänzlich ersetzen können, sie ist nur dazu berufen, diese zu unterstützen und zu ergänzen. Die Wahl des einen oder andern Systems wird durch die vorliegenden Betriebsverhältnisse gegeben sein. Jedenfalls gewährt die Sonderbewetterung in der grossen Mehrzahl der Fälle hinsichtlich der Wirksamkeit, Sicherheit und Wirtschaftlichkeit so grosse Vorteile, dass das Urteil, welches die Preussische Schlagwetter-Kommission***) über diese damals noch in den Kinderschuhen stehende Bewetterungsmethode fällte, ausserordentlich berechtigt erscheint. Es lautete:

»Die Kommission hat geglaubt, die Separatventilation durch komprimierte Luft und blasende Lutten sowie durch die Körtingschen und andere geeignete Apparate für die Wetterversorgung besonders wetternötiger Oerter nur aufs wärmste empfehlen zu sollen.«

III. Geschichte der Sonderbewetterung.

Die ersten Anfänge der Verwendung von besonderen Motoren zur örtlichen Bewetterung auf den Ruhrzechen finden sich in den fünfziger Jahren. Auf einigen Gruben, z. B. auf ver. Sellerbeck, wurden zur Wetter-

---

*) Glückauf 1896, S. 144.
**) Zeitschrift f. d. Berg-, Hütten- und Salinenwesen 1890, Bd. XXXVIII, B S. 290.
***) Hauptbericht der Preussischen Schlagwetter-Kommission, S. 203.

Kostenvergleich der Bewetterung einer im Vortrieb befindlichen Grundstrecke beim Anschluss an die Hauptwetterführung und bei Sonderbewetterung. Tabelle 69.

Kosten beim Anschluss an die Hauptwetterführung:						Kosten der Sonderbewetterung durch einen mit Pressluft angetriebenen Ventilator		
Durch Backstein- bezw. Segeltuchscheider	M.	Pf.	Durch Parallelstrecken	M.	Pf.		M.	Pf.
1. 180 m Backstein- Wetterscheider zu je 4,14 M. (nach Abzug des Wertes der später wieder zu benutzenden Backsteine) . . .	750	60	1. 200 m Parallelstrecke zu je 5 M.	1 000	—	1. Pressluftverbrauch des Venti- lators während des fünf Monate dauernden Streckenauffahrens in der Stunde 7,5 cbm von 4 Atm. zu 2,39 Pf. je cbm, in 5 Monaten 27 000 cbm	645	30
			2. Höhere Gewinnungskosten der Kohlen beim Streckenbetrieb gegenüber dem Pfeilerbau . .	825	—			
			3. 200 Stück Thürstöcke zu je 0,88 M.	176	—			
2. 200 m Segeltuch (dreimal zu be- nutzen)	80	—	4. 2 000 Pfähle zu je 0,06 M. . . .	120	—	2. 200 m Lutten von 260 mm Durch- messer zu 4,60 M. je Meter (5 mal zu benutzen)	184	—
			5. Abnutzung an Segeltuch (4 mal zu benutzen)	100	—			
			6. Abnutzung an Schienen, Schwel- len, Schienenhaken und Zim- merung	90	—	3. 5 % Verzinsung und Amortisation vom Anlagekapital der Druck- luftanlage, welches sich für den Ventilator auf 1830 M. berechnet, für die Zeit von fünf Monaten .	37	—
			7. 150 m Durchhiebe zu je 3 M. . .	450	—			
			8. 30 m Hülfsbremsberg zu je 10 M.	300	—			
			9. Höhere Gewinnungskosten der Kohlen beim Auffahren der Hülfs- bremsberge	144	—	4. 10 % Verzinsung und Amortisa- tion der Beschaffungskosten des Ventilators für die Zeit von fünf Monaten	25	—
			10. Abnutzung der Wetterscheider in der Grundstrecke	156	—			
	830	60		3 361	—		891	30

Angegeben sind nur die besonderen Kosten der verschiedenen Bewetterungsarten; die Ausgaben für das Auffahren und den Ausbau der Grundstrecken sind nicht in Rechnung gestellt.

bewegung beim Streckenauffahren gewöhnliche Schmiedeblasebälge verwandt. Etwas später begannen sich von Hand getriebene Wetterräder einzuführen, deren Gehäuse zuerst aus Holz, später aus Eisen- oder Zinkblech angefertigt wurden.

In den sechziger Jahren standen auf einer Reihe von Zechen (Bickefeld, Wiesche u. s. w.) die von dem Fahrsteiger Eckardt*) konstruierten Wettertrommeln in Betrieb. Dieselben bestanden aus einem zweiteiligen Gehäuse mit zwei Ausblaseöffnungen aa_1 (Fig. 114 a u. b) und zwei seitlichen Saughälsen cc_1. Die Flügel des Wetterrades bb_1 — gewöhnlich sechs an der Zahl — sassen auf einer eisernen Achse e, waren mit Verstärkungsrippen versehen und an einer oder auf beiden Seiten an eiserne Tragscheiben

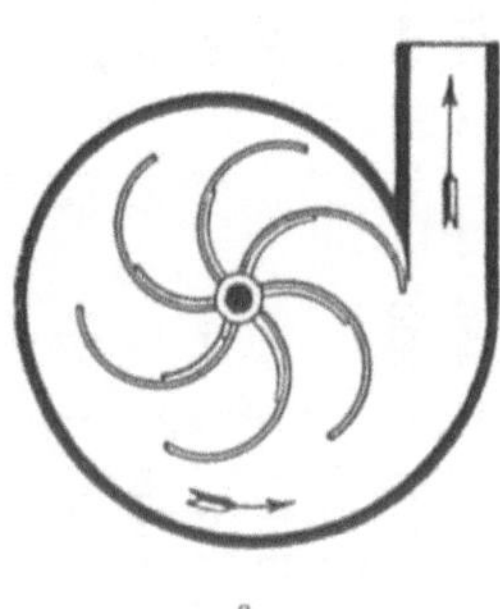
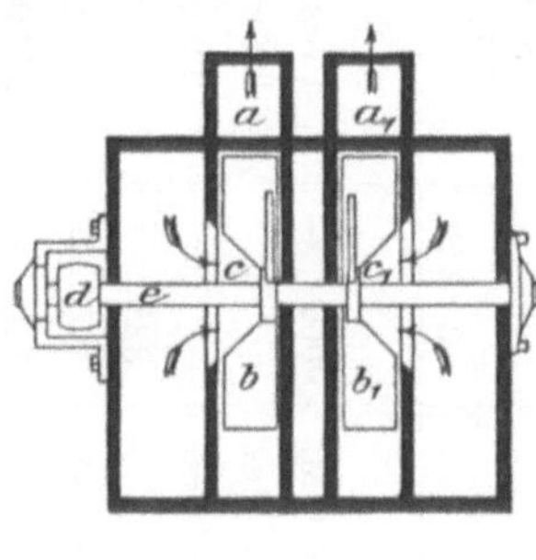

Fig. 114.

Wettertrommel von Eckardt.

angenietet. Dem Wetterrade wurde durch ein Riemenvorgelege eine Geschwindigkeit von 600—1000 minutlichen Umdrehungen erteilt. Die abgesaugten Gase wurden damals gewöhnlich in Wetterbohrlöcher gedrückt, durch welche sie in den ausziehenden Strom gelangten.

Auf der Zeche Gewalt**) stand in der damaligen Zeit zur örtlichen Bewetterung eine Kolbenwettermaschine von 0,16 m Cylinderdurchmesser und 1 m Hub in Betrieb, welche durch ein Wasserrad bethätigt wurde.

In den siebziger Jahren finden wir nach Art der Rootsgebläse arbeitende Kapselwetterräder (Fig. 115) und einen von der Maschinenfabrik Humboldt gebauten »Universal-Ventilator« für ein- oder zweimännischen Handbetrieb.

Die Schwierigkeiten der Wetterführung, welche damals schon dem Bergbau unseres Reviers in mittleren Teufen durch den zunehmenden

---

*) Zeitschr. f. d. Berg-, Hütten- u. Salinenwesen 1858, Bd. V, BS. 79.
**) von Hauer, Die Wettermaschinen, S. 185.

Schlagwettergehalt der Kohle erwuchsen, machten für besonders schlagwetterreiche Betriebe die Unterstützung der Hauptwetterführung durch die Sonderbewetterung erforderlich. Die Bestrebungen, den teuren und unzulänglichen Handbetrieb der Ventilatoren durch mechanische Kraft zu ersetzen, wurden zunächst durch die Einführung ausgedehnter Pressluftverteilungsnetze, welche in der Hauptsache für maschinellen Haspel- und Bohrbetrieb bestimmt waren, gefördert. Die Pressluft diente entweder zum Antrieb der Ventilatormotoren oder zur direkten Bewetterung mittelst Düsen. Das letztere so einfache, wenn auch sehr unwirtschaftliche Verfahren gelangte bald zu so grosser Beliebtheit, dass man auf Zeche Mont Cenis*) eine grosse Kompressoranlage eigens für Sonderbewetterungszwecke errichtete.

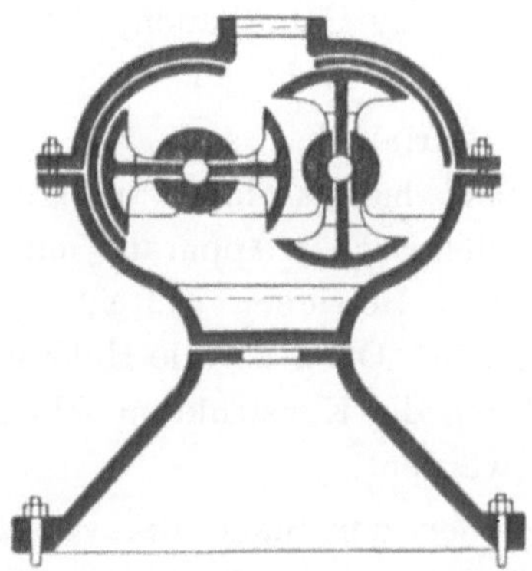

Fig. 115.

Kapselwetterrad.

Die ausgedehnten Versuche, welche man gegen Ende der achtziger und in der ersten Hälfte der neunziger Jahre in Saarbrücken mit den verschiedenen Arten von Sonderbewetterungsapparaten anstellte, wurden im Ruhrrevier eifrig verfolgt. Die grosse Explosion von Camphausen im Jahre 1884 hatte dort viele Schäden der Hauptwetterführung aufgedeckt, denen man durch die Einrichtung der Sonderbewetterung erfolgreich begegnete.

Die bei dem Bau der Hauptventilatoren gemachten Erfahrungen wurden von einer Reihe rühriger Maschinenfabriken — es seien hier die Firmen R. W. Dinnendahl in Steele, Frölich & Klüpfel in Unterbarmen, E. Wolff in Essen, Friedrich Pelzer und Petry & Hecking in Dortmund erwähnt — bei dem Bau der Sonderventilatoren nutzbar gemacht.

---

*) von Hauer, Die Wettermaschinen, S. 185.

Eine recht wertvolle Bereicherung erfuhr der Apparat der Sonderbewetterung durch die im Jahre 1898 erfolgte ausgedehnte Einführung
der Berieselung auf der grossen Mehrzahl der niederrheinisch-westfälischen Gruben. Da das Berieselungswasser in fast allen Strecken
als billige Kraftquelle zur Verfügung steht und sich der Betrieb der
Wassermotoren und -düsen äusserst einfach gestaltet, wird die Verwendung
von Wasserapparaten in der Sonderbewetterung bald eine vorherrschende
Stellung einnehmen.

Als Beispiel für die Verbreitung, welche dieses Bewetterungsmittel
in kurzer Zeit gefunden hat, sei der Stand der Oerterventilation im Bergrevier Dortmund III angeführt*). Während dort im März 1898 Druckwasser nur in drei Fällen zur Bewetterung verwandt wurde, wurden
im März 1901 bereits 121 Betriebspunkte mittelst Druckwasserdüsen bewettert.
Darunter waren 58 Oerter, 29 Ueberhauen, 7 Durchhiebe, 10 Aufbruchschächte, 15 Querschläge und 2 Abhauen.

Der elektrische Betrieb hat sich zur Bethätigung von Sonderventilatoren bisher — wohl hauptsächlich infolge der Bedenken, welche
gegen die Aufstellung elektrischer Apparate mit funkengebenden Teilen
in schlagwettergefährlichen Betrieben geltend gemacht wurden — nur
wenig einzuführen vermocht. Doch ist alle Hoffnung vorhanden, dass diese
Schwierigkeiten bald durch die Konstruktion schlagwettersicherer Motoren
und Apparate behoben werden.

Einen Ueberblick über den Stand der verschiedenen Bewetterungsarten für Oerter im Ruhrrevier beim Abschluss der Materialsammlung für
dieses Werk giebt Tabelle 68 auf Seite 437.

Zu den Angaben der Tabelle sei bemerkt:

Direkt ausblasende Pressluft ist durch § 16 Absatz 2 der Bergpolizei-
verordnung vom 12. Dezember 1900 als alleiniges Bewetterungsmittel ausgeschlossen; sie darf nur zur Unterstützung der Hauptbewetterung oder
eines Sonderbewetterungssystems verwandt werden.

Die Verwendung von Wasserstrahlgebläsen, welche beim Abschluss
der Materialsammlung noch wenig verbreitet war, hat sich inzwischen im
Anschluss an die Einführung der Berieselung sehr ausgedehnt. Die Wasserstrahlgebläse stellen einen vorzüglichen Ersatz für die Handventilatoren
dar, welche nach den Angaben der Tabelle noch in recht vielen Fällen —
hauptsächlich beim Auffahren von Durchhieben und Ueberhauen — in
Betrieb standen.

Ueber die Güte der einzelnen Systeme von Motoren wurden auf
mehreren Zechen eingehende Versuche angestellt; man nahm dort Luft- und

---

*) Festschrift zum XIII. Allgemeinen Deutschen Bergmannstage, S. 116.

Wasserstrahlgebläse und Ventilatoren der verschiedenen Systeme neben einander zum Vergleich in Gebrauch.

Die Zahl der Sonderventilatoren ist besonders auf den neuen Zechen, wo der Uebergang zur Sonderbewetterung leichter war, sehr gross; so sind beispielsweise für die Zeche Neumühl allein 30 Pelzer-Ventilatoren geliefert worden.

IV. Die Apparate der Sonderbewetterung.

1. Die Ventilatoren.

a) Die Systeme der Sonderventilatoren.

Die Wirkungsweise der Ventilatorsysteme Capell der Maschinenfabrik R. W. Dinnendahl in Kunstwerkerhütte bei Steele, Pelzer der gleichnamigen Maschinenfabrik in Dortmund und Mortier der Maschinenfabrik E. Wolff in Essen ist im 3. Kapitel so eingehend behandelt, dass hier nur kurz eine Beschreibung der Formen gegeben zu werden braucht, welche diese Systeme als Sonderventilatoren erhalten.

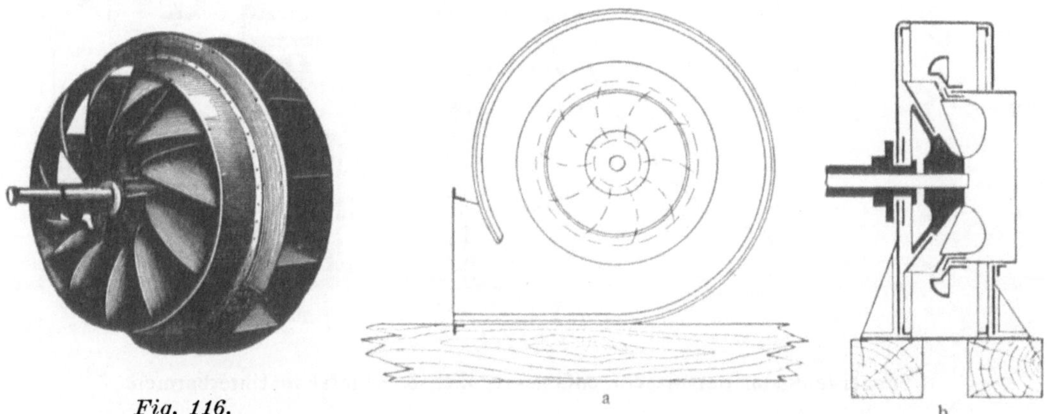

<table>
<tr><td>

Fig. 116.

Flügelrad des
Sonderventilators von Pelzer.

</td><td>

Fig. 117.

Sonderventilator von Pelzer.

</td></tr>
</table>

Die Capell- und Mortier-Ventilatoren sind mit den bekannten Flügelrädern, die Pelzerventilatoren (Fig. 116 und 117 a u. b) mit kombinierten Flügel- und Schaufelrädern ausgerüstet. Die Systeme Capell und Pelzer werden gewöhnlich für einseitigen Lufteinlauf gebaut; bei dem Mortier-System liegen die Ein- und Austrittsöffnungen entsprechend der von dem Konstrukteur angegebenen Wirkungsweise des Flügelrades einander diametral an der Peripherie des Gehäuses gegenüber.

Eine eingehendere Behandlung erfordern die speziell für Sonderbewetterungszwecke gebauten Ventilatoren der Maschinenfabrik Frölich

& Klüpfel in Unter-Barmen und Petry & Hecking in Dortmund, welche im Ruhrrevier, erstere als Hand- und Motor-Ventilatoren, letztere lediglich als Handventilatoren eine grosse Verbreitung gefunden haben; ferner die Systeme Pinette und Ser der Maschinenfabrik Dingler in Zweibrücken (Pfalz) und der früher von der Maschinenfabrik F. A. Münzner

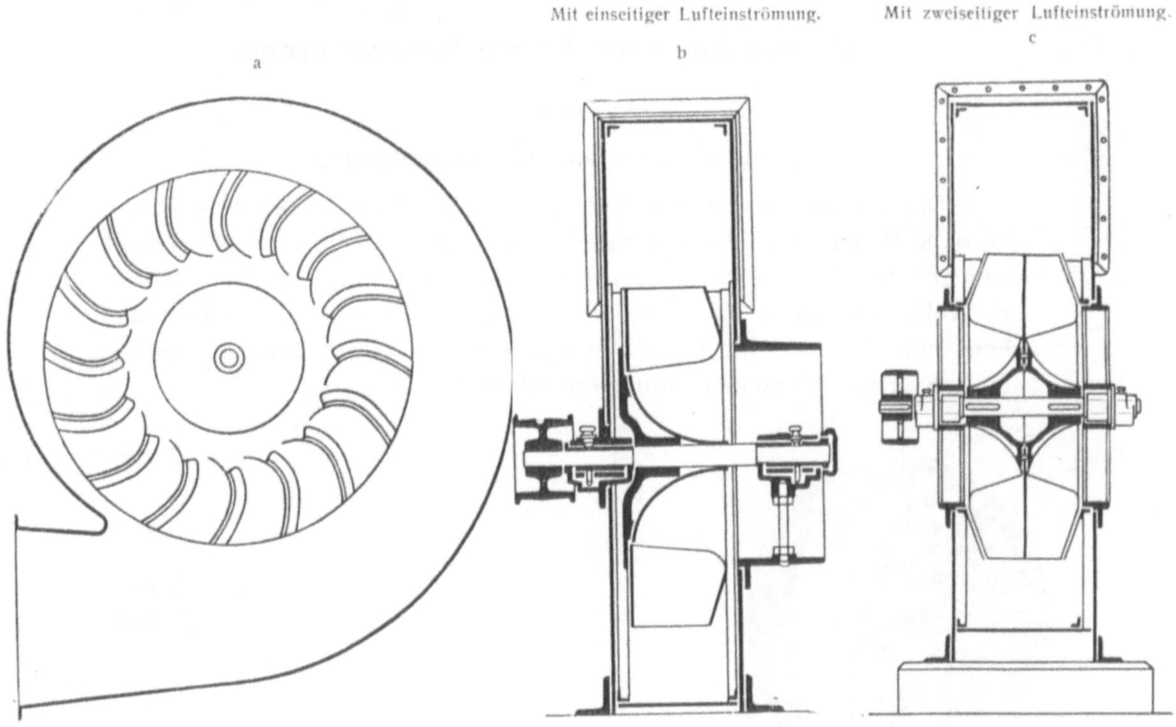

Fig. 118.

Sonderventilator der Maschinenfabrik Frölich & Klüpfel in Unterbarmen.

in Obergruna (Königreich Sachsen) gebaute Eisenbeis-Ventilator, die auf einzelnen Ruhrzechen in Betrieb stehen.

Die Verbreitung der einzelnen Systeme war, soweit sich aus den vorhandenen Unterlagen ermitteln liess, i. J. 1900 folgende:

Das System Capell stand in Verwendung auf 83 Zechen
    » Petry & Hecking (Handventilator) » 71 »
    » Frölich & Klüpfel » » 66 »
    » Mortier » » 23 »
    » Pelzer » » 17 »
    » Dingler » » 8 »
    » Ser » » 2 »
    » Eisenbeis » » 1 »

Der Ventilator der Maschinenfabrik Frölich & Klüpfel wird, wie sich aus den Figuren 118 a bis c ergiebt, mit ein- oder doppelseitiger Ausströmungsöffnung ausgeführt. In ersterem Falle sind die leicht gekrümmten 16 Flügel (Fig. 118a) an einer seitlichen, im letzteren zu beiden Seiten einer mittleren Tragescheibe aufgenietet.

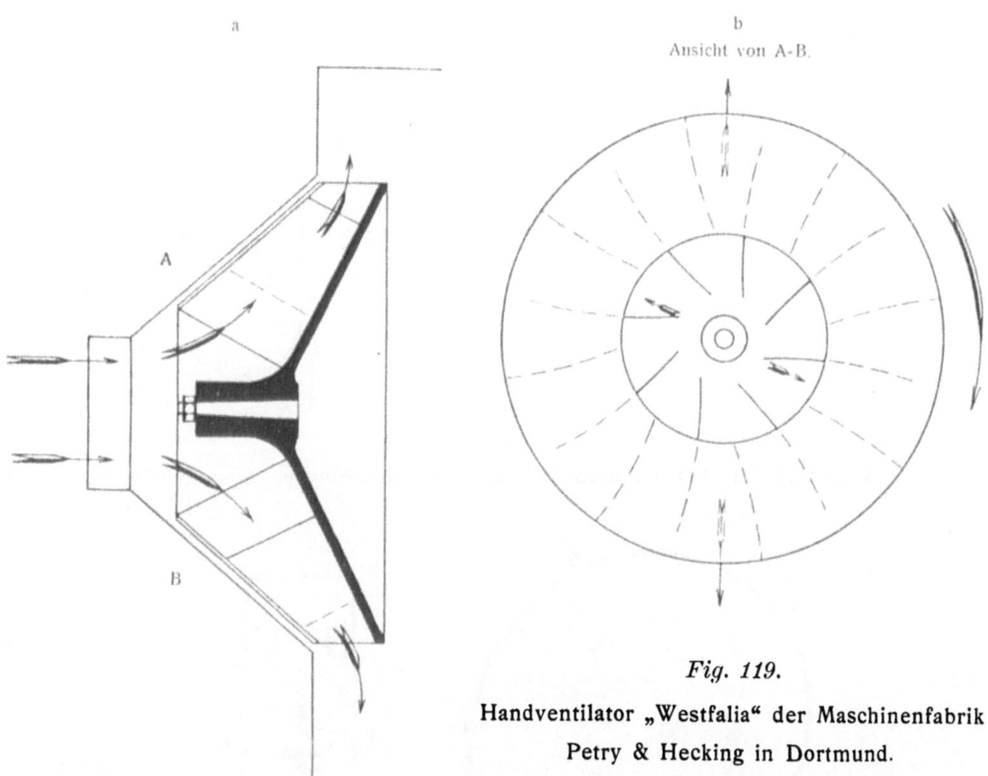

Fig. 119.

Handventilator „Westfalia" der Maschinenfabrik
Petry & Hecking in Dortmund.

Das Flügelrad des von der Maschinenfabrik Petry & Hecking in Dortmund nach dem Patente Petersen hergestellten Handventilators »Westfalia« (Fig. 119 a u. b) ist mit einem Kranz innerer kürzerer und äusserer längerer Flügel versehen, die an einem Tragekonus befestigt sind. Um die Saugwirkung zu verstärken, sind die äusseren Flügel nach dem Saughals hin verlängert und konisch abgeschrägt. Eine Weiterführung der inneren Flügel, welche hauptsächlich centrifugal wirken sollen, nach der Saugöffnung würde die letztere zu sehr verengen und ist deshalb unterblieben.

Die Maschinenfabrik Dingler baut Ventilatoren System Pinette (Fig. 120a und b) mit einer wechselnden Anzahl (gewöhnlich 8) unter 12° nach rückwärts geneigten Flügeln und mit einseitigem Einlauf.

Bei den älteren Ausführungen des Dingler-Ventilators geht die Achse durch das Gehäuse hindurch und ist beiderseitig verlagert. Bei den neueren Konstruktionen ist das Wetterrad auf die Achse fliegend aufgesetzt. Diese

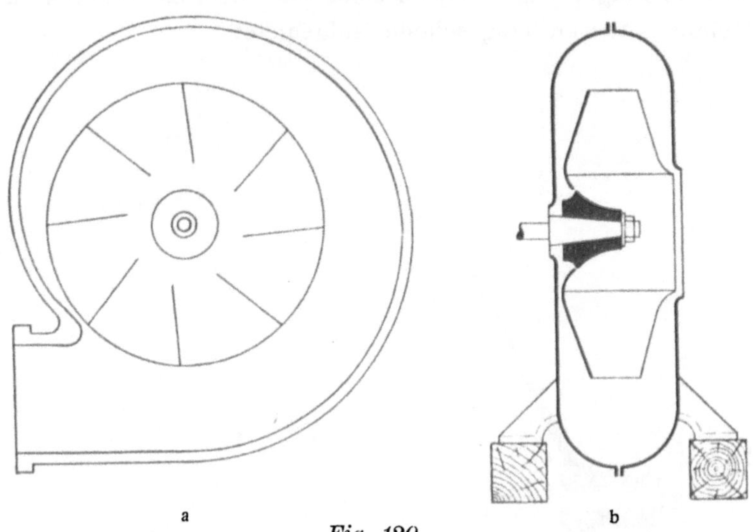

Fig. 120.

Ventilator der Maschinenfabrik Dingler in Zweibrücken. System Pinette.

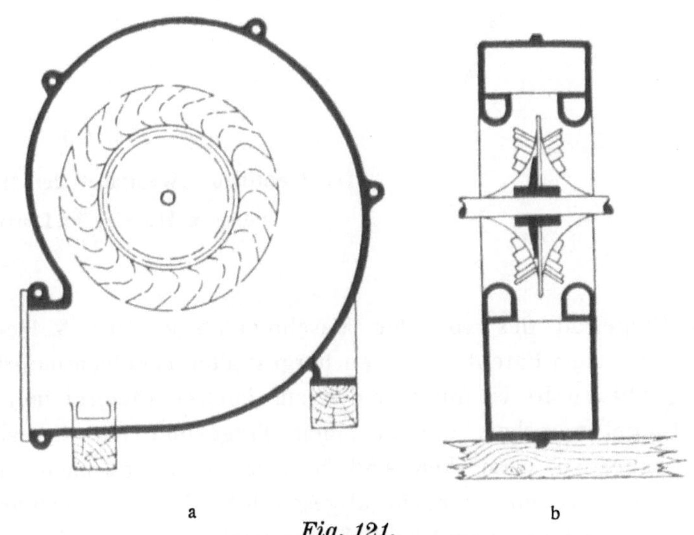

Fig. 121.

Sonderventilator von Ser.

Anordnung bietet den Vorteil, dass der Querschnitt der Saugöffnung sich um den von der Achse und dem Lager beanspruchten Raum vergrössert.

Das Flügelrad des Ser-Ventilators (Fig. 121a u. b) setzt sich aus zwei durch eine Scheidewand getrennten Teilen zusammen und ist mit einer grösseren Anzahl (28—30) in der Laufrichtung hakenförmig gekrümmter Flügel versehen.

Das Flügelrad des Eisenbeis-Ventilators (Fig. 122a u. b) hat grosse Aehnlichkeit mit dem Rade von Ser. Das Schaufelrad besitzt wie bei diesem eine mittlere Scheidewand, doch sind die Schaufeln weit flacher. Die Eigenart dieses Systems liegt in der abwechselnden Aufeinanderfolge längerer und kürzerer Schaufeln und in der Anordnung des guss-

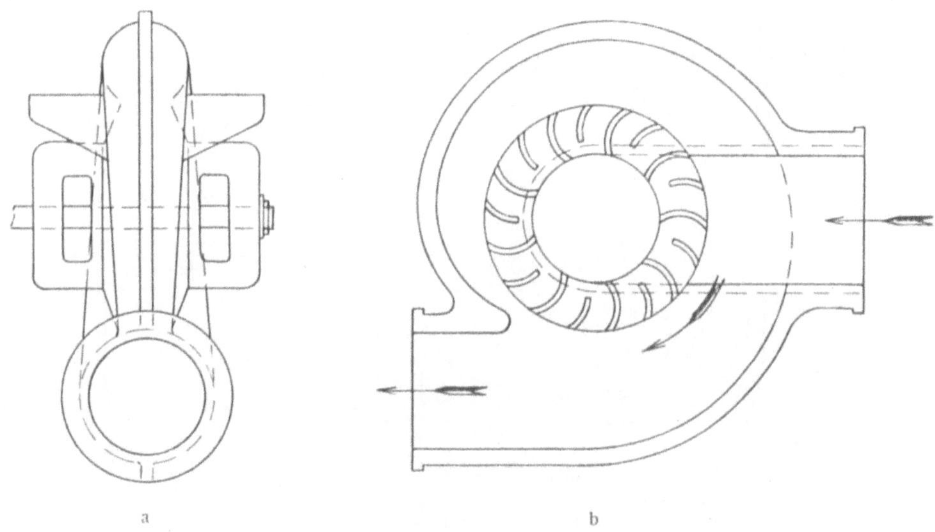

Fig. 122.

Sonderventilator von Eisenbeis.

eisernen Gehäuses. Dasselbe ist beiderseitig zu Saughälsen ausgebildet, welche sich zu einem Rohr mit Flansch vereinigen und dadurch Krümmer für den Anschluss saugender Luttentouren entbehrlich machen.

Die Mehrzahl der Sonderventilator-Systeme wird für blasenden und für saugenden Betrieb ausgeführt. Die Vor- und Nachteile beider Betriebsarten sollen später eingehend besprochen werden.

b) Die mechanische Ausführung der Sonderventilatoren.

Die Gehäuse der Separatventilatoren sind aus Gusseisen oder Blech mit Guss- oder Schmiedeeisenverstärkungen hergestellt. Sind die Gusseisengehäuse auch stabiler und verhindern sie durch ihre Masse Schwingungen der Ventilatorachse und eine daraus hervorgehende stärkere

Abnutzung der Lager, und bieten sie mechanischen Beschädigungen und
dem oxydierenden Einfluss der Grubenwetter einen stärkeren Widerstand
als solche von Blech, so bevorzugt man für Ventilatoren, welche oft ihren
Aufstellungsort wechseln, doch mit Rücksicht auf die Transportfähigkeit
die leichteren Blechgehäuse. Bei einer Ausführungsform der Capell-

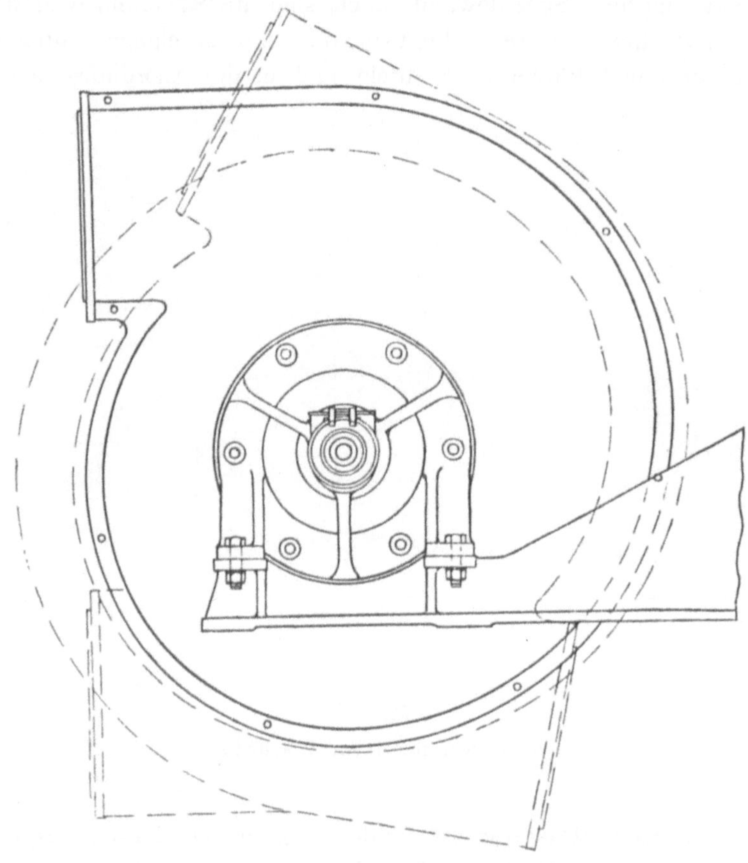

Fig. 123.

Dingler - Ventilator mit drehbarem Gehäuse.

Ventilatoren der Maschinenfabrik Dinnendahl sind die Seitenwände aus
Gusseisenplatten hergestellt, welche durch eine ringförmige Blech-
ummantelung abgedeckt werden.

Die kleineren Ventilatoren lassen sich ungeteilt durch engere Strecken,
Wetterthüren u. s. w. transportieren. Bei den grösseren Typen werden
die Gehäuse aus mehreren Teilen zusammengesetzt. Beispielsweise kann der
mit einem Druckluftmotor ausgerüstete Ventilator der Maschinenfabrik Dingler

so zerlegt werden, dass mit den Teilen Strecken von 0,9 m Breite und 1,20 m Höhe passiert werden können. Die Transportfähigkeit grösserer Ventilatoren wird sehr dadurch gefördert, dass an denselben Räder angebracht sind.

Die Maschinenfabrik Dingler hat bei ihren Ventilatoren eine praktische Neuerung eingeführt, welche den Zweck verfolgt, den Anschluss der Luttentouren an das Ventilatorgehäuse leichter zu gestalten. Während man gewöhnlich nur Ventilatoren mit oberer oder unterer Ausblaseöffnung für hoch oder tief geführte Luttentouren zur Verfügung hat und unter Umständen gezwungen ist, einen Ventilator mit unterer Ausblaseöffnung an eine hochgeführte Luttentour oder umgekehrt mit einem scharf gebogenen Krümmer anzuschliessen, gestatten die Gehäuse der neuen Dingler-Ventilatoren den Anschluss von Luttenleitungen in allen möglichen Höhenlagen. Dieser Vorteil wird einfach dadurch erzielt, dass das Gehäuse drehbar angeordnet ist und die Saugöffnung in jede beliebige Stellung gebracht werden kann (Fig. 123).

In Anbetracht der hohen Tourenzahlen und des Dauerbetriebes der Ventilatoren muss auf die Verlagerung der Flügelräder grosse Sorgfalt verwendet werden. Deshalb sind bei den neueren Ventilatoren nur die kleineren Modelle mit ausgebüchsten Lagern versehen, für die grösseren Ausführungen hat sich allgemein die Ring- oder Centralschmierung eingeführt, welche zuverlässig wirkt und wenig Wartung beansprucht.

Sollen die Ventilatoren längere Zeit an einem Ort verbleiben, so werden sie auf eine Holzunterlage oder mitunter auch auf ein leichtes Steinfundament gesetzt.

c) Der Antrieb der Sonderventilatoren.

α) Handventilatoren.

Den mit unmittelbarem Kurbelantrieb arbeitenden Wetterrädern ältester Konstruktion konnte nur eine mässige Geschwindigkeit erteilt werden. Die Folge davon war, dass diesen Apparaten bei bescheidenen Leistungen schon recht umfangreiche Dimensionen gegeben werden mussten. Eine Verkleinerung des Gehäuses, welche im Interesse der Transportfähigkeit anzustreben war, konnte man ohne Verringerung der Leistung nur durch eine Erhöhung der Tourenzahl des Wetterrades erzielen; deshalb wurde bereits bei den in den 50 er Jahren gebauten Wettermühlen die Antriebskurbel durch ein tourenerhöhendes Riemenvorgelege mit der Flügelradachse gekuppelt. Da die Riemen jedoch viel Raum beanspruchten und sich schlecht in der feuchten Grubenatmosphäre hielten, machten sie bei späteren Ausführungen den Zahn- und Schneckenrädervorgelegen Platz.

Fig. 124.

Handventilator (System Mortier) von E. Wolff.

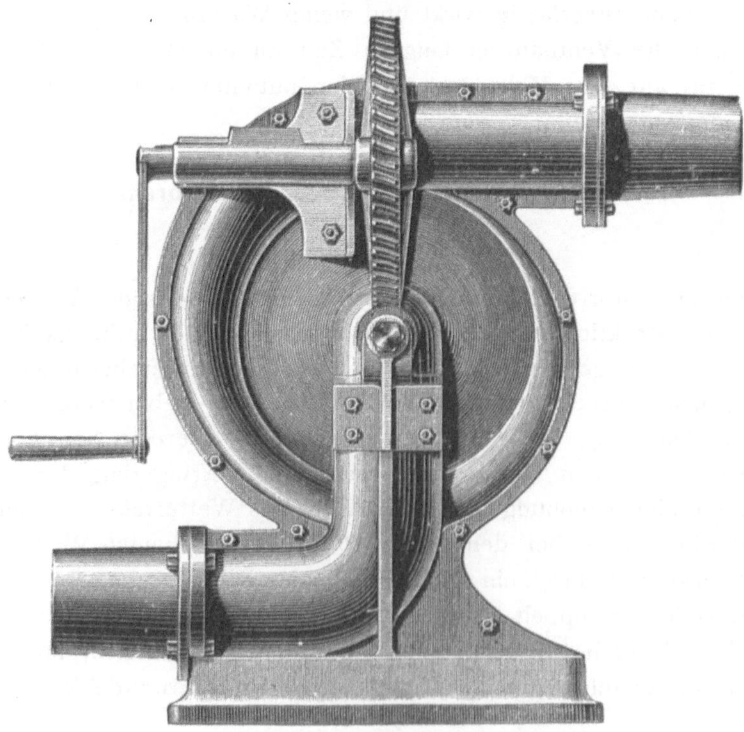

Fig. 125.

Handventilator mit Schneckenradantrieb der Bochumer Eisenhütte.

Figur 124 stellt einen Handventilator System Mortier der Maschinenfabrik E. Wolff in Essen dar, welcher mit einem doppelten Zahnradvorgelege versehen ist.

Figur 125 giebt einen mit Schneckenradantrieb ausgerüsteten, im
Ruhrrevier viel verbreiteten Handventilator der Bochumer Eisenhütte,
vorm. Heintzmann & Dreyer wieder.

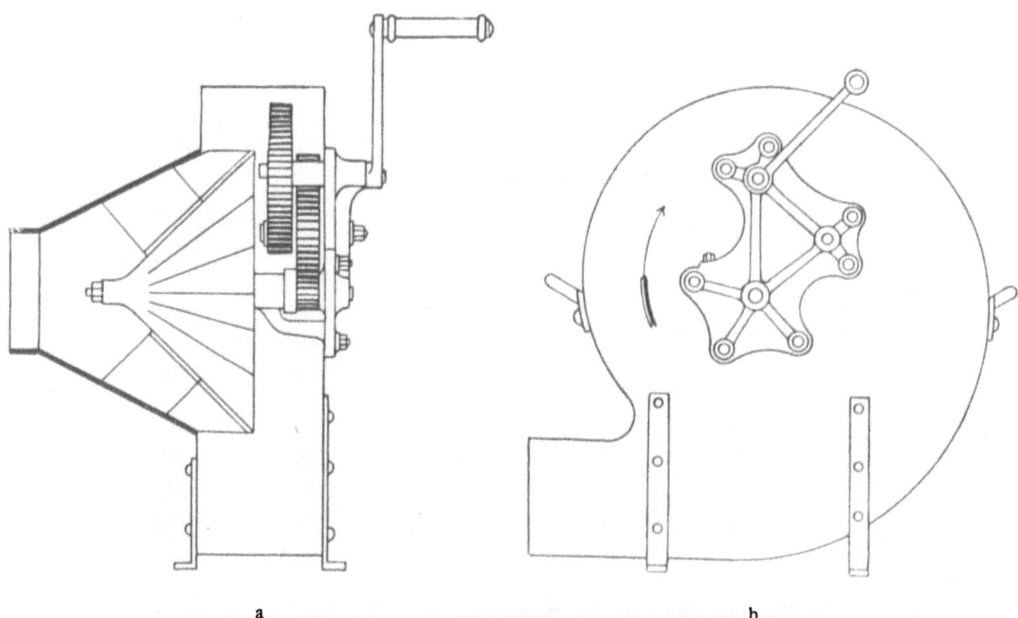

Fig. 126.

Handventilator von Petry & Hecking.

Fig. 127.

Handventilator von
Dinnendahl
(System Capell).

Fig. 128.

Handventilator von Pelzer.

Fig. 129.

Handventilator
von Frölich & Klüpfel.

Um Verletzungen der Bedienungsleute an den Vorgelegen und ein Verschmutzen der Zahnräder u. s. w. zu verhindern, werden die letzteren, wie bei dem Ventilator der Firma Petry & Hecking, im Inneren des Gehäuses angeordnet oder durch ein besonderes Schutzgehäuse abgedeckt (Fig. 126 a u. b bezw. Fig. 127—129).

Die Figuren 127—129 geben Handventilatoren von Dinnendahl, Pelzer und Frölich & Klüpfel wieder.

Ueber Abmessungen und Leistungen ihrer Handventilatoren machen die betreffenden Maschinenfabriken folgende Angaben:

A) Handventilatoren der Maschinenfabrik R. W. Dinnendahl, Aktiengesellschaft in Steele (System Capell).

Tabelle 70.

| Modell-No. | Flügelrad | | Leistung je Min. | Weite des Saug- und Blashalses bezw. Luttenweite | Gewicht |
| | Durchmesser | Breite | | | |
	mm	mm	cbm	mm	kg
1	250	130	12	150	38
2	350	150	20	200	55
3	430	160	30	250	80
4	500	170	40	290	100

B) Handventilatoren der Maschinenfabrik E. Wolff in Essen.

Grösse A mit einfachem Vorgelege, Leistung 15 cbm je Minute,
Grösse B mit doppeltem Vorgelege, Leistung bis zu 50 cbm, Gewicht 45 kg.

C) Handventilatoren der Bochumer Eisenhütte Heintzmann & Dreyer.

Grösse A: Flügelraddurchmesser 340 mm, Preis 130 M.
   » B: »   500 »   » 200 »

D) Handventilatoren der Maschinenfabrik Frölich & Klüpfel, Unterbarmen.

Tabelle 71.

| Abmessungen in Millimetern | | | | Kurbel-umdrehungen je Minute | Angesaugte Luftmenge je Minute | Gewicht | Preis |
Flügelrad-Durchmesser	Länge	Breite	Höhe		cbm	kg	M.
300	430	550	530	55	20	37	115
450	660	700	860	50	40	93	150

Die Bewetterung mittels Handventilatoren wird durch den § 18 Abs. 1 der Polizeiverordnung des Königlichen Oberbergamts zu Dortmund vom 12. Dezember 1900 nur mehr für Entfernungen bis zu höchstens 20 m zugelassen. Nach §§ 16 und 18, Abs. 1 derselben Verordnung müssen die Handventilatoren wie die übrigen Sonderbewetterungsmittel fortdauernd, und zwar auch während der Zeit, in der die betreffenden Betriebspunkte nicht belegt sind, in Betrieb gehalten werden. Zur Bedienung der Handventilatoren dürfen nach § 18 Abs. 2 nur kräftige und zuverlässige, an dem Gedinge der Kameradschaft in keiner Weise beteiligte Arbeiter Verwendung finden, welche beim Schichtwechsel vor Ort abzulösen sind.

Als einziger Vorzug der Handventilatoren lässt sich anführen, dass sie keine Zuleitungen von Betriebskraft benötigen und sich deshalb überall leicht aufstellen lassen. Diesem Umstand verdanken sie ihre grosse Verbreitung bei dem Betriebe von Durchhieben und Aufhauen, wo der Aufstellungsort in kurzen Zeiträumen wechselt.

Doch stehen diesem einzigen Vorteil neben hohen Betriebskosten und geringer Leistungsfähigkeit als Nachteile die Unzuverlässigkeit und Unregelmässigkeit der Wetterbewegung entgegen. Die Wirksamkeit der Handventilatoren liegt ganz in der Hand der Bedienungsleute, wozu aus Ersparnisrücksichten gewöhnlich jüngere Leute genommen werden, von deren Zuverlässigkeit erfahrungsgemäss auch bei der besten Beaufsichtigung nicht viel zu halten ist. Während der durch Unthätigkeit oder Ermüdung der Bedienungsleute verursachten Pausen im Gang des Ventilators bleibt das Ort ohne jede Wetterzuführung. Darin liegt bei stärkerer Gasentwickelung natürlich eine grosse Gefahr.

β) Durch Motoren betriebene Ventilatoren.

Weit wirksamer und wirtschaftlicher als die Handventilatoren arbeiten die Motorventilatoren, welche durch Druckluft, Druckwasser oder Elektricität betrieben werden.

Ventilatoren mit Druckluftantrieb.

Die Druckluftmotoren sind entweder mit dem Flügelrad unmittelbar oder durch ein Vorgelege gekuppelt.

Bei den hohen Tourenzahlen der Ventilatoren kommen für den unmittelbaren Antrieb nur kurzhübige, vertikale Schnellläufermaschinen in Betracht, welche je nach der Grösse 400 — 1100 Umdrehungen in der Minute machen. Sie sind entweder an das Gehäuse des Ventilators seitlich angebaut oder auf der Grundplatte desselben verlagert. Die Cylinder

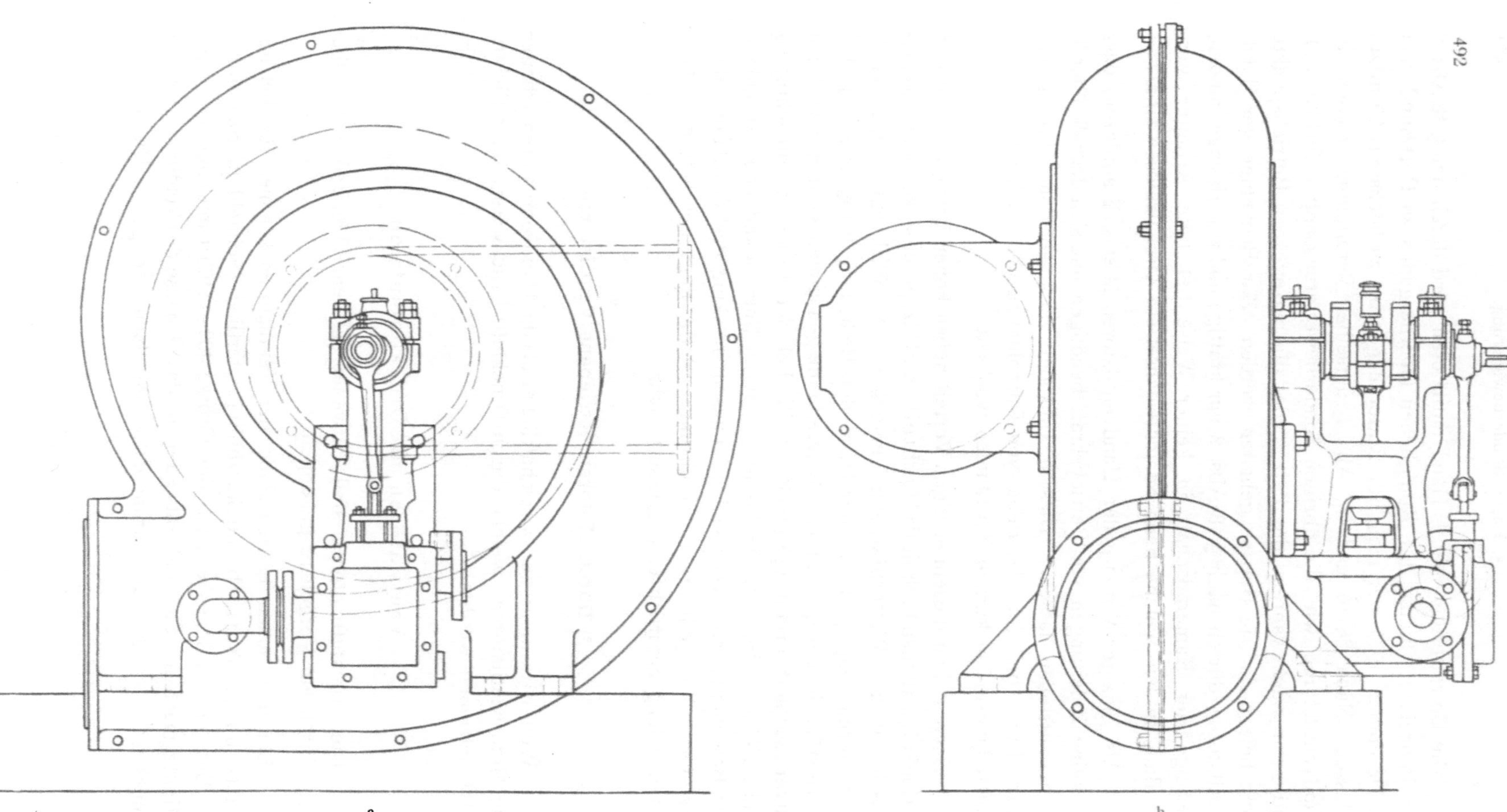

Fig. 130.

Sonderventilator der Dinglerschen Maschinenfabrik mit direkt gekuppeltem Druckluftmotor. Cylinder feststehend.

werden entweder feststehend (Fig. 130 a—b u. 131) oder oscillierend nach dem Trunksystem angeordnet (Fig. 132).

Fig. 131.

Sonderventilator (System Capell) mit direkt gekuppeltem Druckluftmotor.

Cylinder feststehend.

Fig. 132.

Sonderventilator (System Capell) mit direkt gekuppeltem Druckluftmotor.

Cylinder oscillierend.

Ueber die Abmessungen, Leistungen und Preise ihrer Ventilatoren machen die Lieferantenfirmen folgende Angaben:

A) Ventilatoren von Dinnendahl, System Capell.

Tabelle 72.

Modell-Bezeichnung	Ventilator		Weite des Saug- und Blase-halses mm	Durch-messer des Lufteinlass-rohres mm	Um-drehungen je Minute max.	Leistung bei 4 Atm. Pressluft		Gewichte der kompl. Apparate kg
	Flügel-raddurch-messer mm	Breite mm				Luftmenge je Minute cbm	Depression Wasser-säule mm	
MV 2	500	170	290	25	1 100	55	40	150
„ 3	650	220	380	30	1 000	80	45	270
„ 4	750	250	450	35	800	120	50	400
„ 5	900	300	500	40	800	200	50	600

B) Ventilatoren von Frölich & Klüpfel.

Tabelle 73.

Admissionsspannung 4 Atm.	Abmessungen in Millimetern				Gewicht	Umdrehungen je Minute bei 4 Atmosphären Admissionsspannung	Angesaugte Luftmenge je Minute	Preis bei	
	Flügelrad-Durchmesser	Länge	Breite	Höhe	kg		cbm	Fettschmierung M.	Tropfölschmierung M.
	600	800	650	1 050	250	1 000	. 160	525	575
	750	1 050	750	1 300	372	700	245	655	705
	900	1 400	900	1 750	540	600	490	925	975
	1 000	1 550	1 000	1 850	680	500	550	1 050	1 100
	1 200	1 850	1 300	2 300	1 700	400	800	2 150	2 200

C) Ventilatoren der Dinglerschen Maschinenfabrik.

Tabelle 74.

Maschine	Ventilator		Maschine			Touren je Minute		Max. Leistung		Druckluftbedarf in angesaugter Luft bei $n = 600$
	Durchmesser	Durchmesser Saug- und Druckrohr	Durchmesser des Dampf- od. Luftrohres	Cylindr. Durchmesser	Hub	normal.	max.	Luft-Menge je Minute	Depression Wassersäule	
	mm	mm	mm	mm	mm			cbm	mm	cbm
GV_0	600	250	25	100	40	400	600	45	40	1,0
GV_1	700	300	30	120	50	400	600	65	40	1,3

Wie die Figuren 131 und 132 erkennen lassen, ist bei allen Ventilatoren das Abluftrohr der Maschine zur Erhöhung der Wirkung in den Blasehals geführt.

Die direkte Kuppelung von Motor und Flügelrad gewährt die Vorteile eines einfachen und gedrängten Baues und geringerer Anschaffungskosten. Ihre grossen Nachteile bestehen darin, dass bei der hohen Tourenzahl die arbeitenden Teile der Maschine sehr beansprucht werden, trotz starken Schmierölverbrauchs rasch verschleissen und vor allem dass der Ventilator auch beim schnellsten Lauf der Maschine nicht auf die für den Wirkungsgrad günstigste Tourenzahl gebracht werden kann, welche die zur Ueberwindung grösserer Reibungswiderstände nötige Depression liefert. Diese Nachteile fallen so sehr ins Gewicht, dass man neuerdings die Apparate dieses Systems nur für kleine Leistungen in Gebrauch nimmt, für grössere aber Ventilatoren mit Vorgelegekuppelung wählt.

Bei diesem System ordnet man die Motoren meistens stehend (Fig. 133), ab und zu auch liegend (Fig. 134) an. Die liegende Anordnung wird nur für grössere Ausführungsformen gewählt; sie verbraucht verhältnismässig

Fig. 133.

Sonderventilator von Dinnendahl mit Riemenvorgelege.

Fig. 134.

Sonderventilator von Pelzer mit Riemenvorgelege.

viel Raum, ist aber stabiler und zugänglicher. Die Maschine wird entweder
wie in den Figuren 133 und 135 freistehend neben das Gehäuse gesetzt oder
wie in Figur 136 an dasselbe angebaut. Bei dem Dinnendahl-Ventilator (Fig. 133)
ist der Cylinder hoch auf einer gusseisernen Säule verlagert, welche
gehäuseförmig ausgebildet ist und Pleuelstange nebst Kurbel in sich aufnimmt. Gebräuchlicher ist die in den Figuren 136 und 137 veranschaulichte

Anordnung, bei welcher der Cylinder zur Vermeidung von Schwingungen möglichst tief aufgestellt wird.

Die Motoren haben bei dem immerhin noch recht schnellen Lauf (300—600 Umdrehungen) einen kurzen Hub, wirken einfach oder doppelt und sind gewöhnlich mit Flachschiebersteuerung versehen. Einen einfach wirkenden Motor mit Drehschiebersteuerung führt neuerdings die Dinglersche Maschinenfabrik aus (Fig. 138).

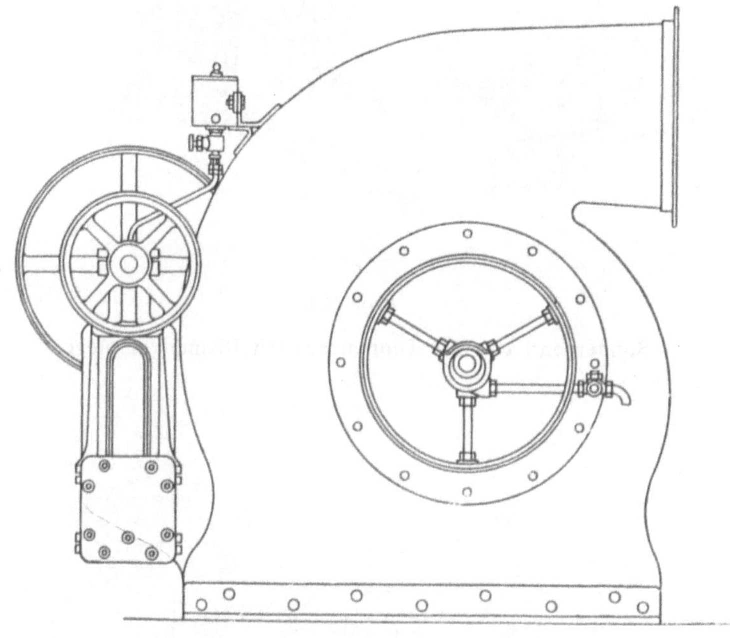

Fig. 135.

Sonderventilator mit Riemenvorgelege von Frölich & Klüpfel.

Auf der Achse sitzen an einem oder beiden Enden (Fig. 134 bzw. 136) als Riemscheiben ausgebildete Schwungräder. Bei Doppelschwungrädern wird einseitiger Riemenzug vermieden und dadurch eine gleichmässige Belastung der Motor- und Ventilatorachsen und -lager sowie eine vollkommenere Kuppelung erzielt. Auch bietet diese Ausführung den Vorteil, dass beim Zerreissen oder Abfallen eines Riemens in dem zweiten immer noch eine Reserve vorhanden ist.

Die Riemenübersetzung wechselt je nach Grösse und Herkunft der Apparate zwischen den Verhältnissen 1 : 2 und 1 : 5, entsprechend der Motortourenzahl, so dass die Flügelräder auf die wirksamste Umdrehungsgeschwindigkeit (900—1600 Touren) gebracht werden. Die erzielten Depressionen betragen 50—150 mm Wassersäule, und die Leistung erreicht ein Mehrfaches der mit direkt gekuppelten Motoren erreichbaren. Die Kolbengeschwindigkeit der Maschinen bleibt dabei eine mässige, sie

Fig. 136.
Sonderventilator von Wolff.

überschreitet z. B. bei den Pelzer-Motoren nicht einen Meter in der Sekunde. Gegenüber den Vorzügen dieses Systems, der höheren Wirkung und der geringeren Abnutzung, fallen die kleinen Missstände desselben, grösseres Gewicht, Mehrverbrauch an Raum und die Nachteile des Riemenbetriebes überhaupt, nur wenig ins Gewicht. Bei Verwendung von Lederriemen, welche sich in der feuchten Grubenatmosphäre längen, wird der Motor von einzelnen Fabriken verschiebbar auf dem Ventilatorrahmen angeordnet,

Fig. 137.

Sonderventilator von Dinnendahl.

wodurch das Nachspannen erleichtert wird. Bei grosser Feuchtigkeit empfiehlt sich die Verwendung von Gummiriemen.

Angesichts der immerhin noch hohen Tourenzahl der Maschinen müssen selbstthätig wirkende und reichlich bemessene Schmiervorrichtungen vorgesehen werden. Bei der Mehrzahl der Maschinen

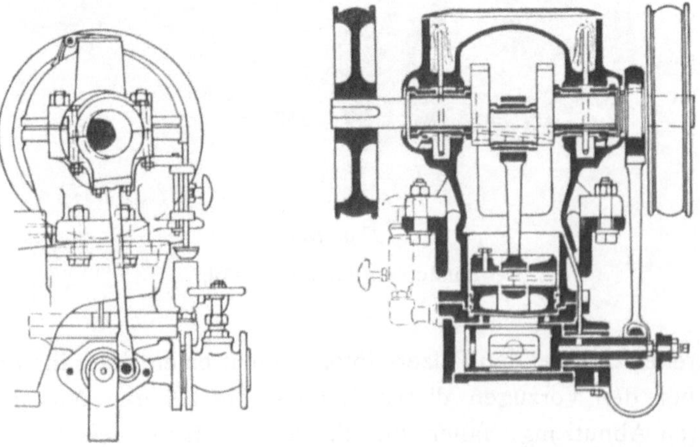

Fig. 138.

Druckluftmotor mit Drehschiebersteuerung der Dinglerschen Maschinenfabrik.

erfolgt die Schmierung zentral aus einem Oelgefäss (Fig. 135), die Motorlager werden mit Tropföl- oder Docht- (Fig. 138), die Flügelradlager mit Ringschmierung ausgerüstet. Dem Kreuzkopflager wird bei dem Motor von Frölich und Klüpfel das Schmieröl in der durchbohrten Kurbelwelle zugeführt.

Ueber Abmessungen, Leistungen und Preise ihrer mit Riemenvorgelege arbeitenden Ventilatoren für Druckluftbetrieb machen die verschiedenen Firmen folgende Angaben:

A) Capell-Ventilatoren von Dinnendahl. Tabelle 75.

| Modell-bezeich-nung | Ventilator | | Weite des Saug- und Blase-halses | Durchm. des Luft-einlass-rohres | Um-drehungen d. Maschine je Min. max. | Leistung b. 4 Atm. Druck | | Gewicht des kompletten Apparates |
| | Flügel-raddurch-messer | Breite | | | | Luftmenge b. geringst. Druckun-terschied | grösster Druckun-terschied in mm | |
	mm	mm	mm	mm		cbm je Min.	Wassersle.	kg
A V 2	500	170	290	30	650	120	80	220
„ 3	650	220	380	35	600	200	100	380
„ 4	750	250	450	40	500	320	115	550
„ 5	900	300	500	40	450	500	130	750
„ 6	1 000	350	600	40	400	650	140	1 100

B) Ventilatoren von Frölich & Klüpfel. Tabelle 76.

| | Abmessungen in Millimetern | | | Gewicht | Umdrehungen je Minute bei 4 Atmosphären Admissions-spannung | Angesaugte Luftmenge je Minute | Preis |
	Flügelrad-Durchmesser	Länge	Breite	Höhe	kg		cbm	M.
Betriebsdruck 4 Atm.	450	1 100	400	870	205	1 200	90	570
	600	1 400	600	1 050	405	900	145	810
	750	1 400	650	1 300	490	700	250	920
	900	1 800	900	1 750	922	750	600	1 550

C) Ventilatoren von Pelzer. Tabelle 77.

	Gehäuse-ventilator	Flügel-rad-durch-messer	Abmessungen									Preis
			der Betriebsmaschine			des Ventilators						
			Cylin-der-durch-messer	Hub	Touren-zahl	bei liegender Anordnung der Betriebsmaschine			bei stehender Anordnung der Betriebsmaschine			
						Länge	Höhe	Breite	Länge	Höhe	Breite	
		mm	mm	mm	je Min.	mm	mm	mm	mm	mm	mm	M.
Betriebsdruck 4 Atm.	A	500	120	100	260	.	.	.	2 000	1 100	650	670
	B	600	120	160	200	2 500	1 250	900	2 100	1 450	900	850
	C	750	140	180	180	3 100	1 300	1 000	2 400	1 800	1 000	1 180
	D	900	150	220	150	3 250	1 750	1 100	2 500	1 950	1 100	1 435

D) Mortier-Ventilatoren von Wolff.

Tabelle 78.

Grösse	Dimensionen des Flügelrades		Leistung bis	Gewicht
	Durchmesser mm	Breite mm	cbm	kg
A	450	300	125	280
B	600	400	300	450

E) Ventilatoren von Dingler.

Tabelle 79.

Maschine	Ventilator				Durchmesser des Pressluftrohres mm	Maschine				
	Durchmesser mm	Durchmesser der Drucklutte mm	Flanschdurchmesser mm	Umdrehungen je Min. norm.		Cylinderdurchmesser mm	Hub mm	Maximale Leistung bei 4 Atm. Druckluft Luftmenge je Minute cbm	Druckluftbedarf in angesaugter Luft bei n = 600 je Min. cbm
NGV 0	600	250	330	600	25	140	40	70	0,8
NGV 1	700	300	380	600	30	150	50	100	1,0

Ventilatoren mit Druckwasserantrieb.

Eine der ersten Maschinen, welche für die Zwecke der Sonderbewetterung im Ruhrkohlenbergbau Verwendung fand, das bereits (S. 478) erwähnte Cylinder-Gebläse der Zeche Gewalt*), wurde durch einen Wassermotor, ein oberschlächtiges Wasserrad von 10 Fuss Durchmesser, betrieben, dessen Aufschlagwasser auf einer höheren Sohle gesammelt wurden. Mit Turbinen betriebene Separatventilatoren finden wir schon im Anfang der 80er Jahre auf den Zechen Trappe**) und König Wilhelm, Schacht Christian Lewin. Die Aufschlagwasser wurden auf Christian Lewin auf einer oberen Sohle gefasst und der Turbine durch ein im Schacht niedergeführtes Rohr zugeleitet. Auf Zeche Trappe entnahm man das Betriebswasser einer stark wasserführenden Verwerfungsspalte, welche man mit einer Strecke durchörtert hatte. Vor und hinter der Kluft wurde ein Mauerdamm aufgeführt und das dazwischen liegende Streckenstück mit einer Tubbingstour ausgebaut, welche zur Wasserentnahme mit einem Zapfloch versehen war. In andern Fällen lieferte die Steigrohrleitung der Wasserhaltung, welche zu diesem Zwecke mit einer Ableitung versehen wurde, das Druckwasser zum Betrieb hydraulischer Motoren.

Auf diesem Wege lässt sich in einfacher Weise Luft für die Bewetterung in der Ausrichtung begriffener Sohlen beschaffen, wenn die

---

*) Zeitschr. f. d. Berg-, Hütten- und Salinenwesen 1860, Bd. VIII, BS. 196.
**) Zeitschr. f. d. Berg-, Hütten- und Salinenwesen 1883, Bd. XXXI, BS. 299.

Zeche über eine leistungsfähige und, wie gewöhnlich, noch nicht vollkommen ausgenutzte Wasserhaltung verfügt. Der Turbinenventilator wird dann auf der Wasserhaltungssohle aufgestellt, an die Steigrohrleitung angeschlossen und durch eine in den Schacht eingebaute Luttenleitung mit den zu bewetternden Oertern verbunden.

Vielfach hat man, wenn die Wasserbeschaffung auf anderem Wege unmöglich war, das Wasser von Tage aus hereingeleitet. Das geschieht insbesondere beim Anschluss der Wassermotoren an Berieselungs-Anlagen, welche durch die Bergpolizeiverordnungen vom 12. Juli 1898 und 12. Dezember 1900 für die weitaus meisten Ruhrkohlenzechen vorgeschrieben worden sind. Da die Berieselungsleitungen wie die Fäden eines Netzes das ganze Grubengebäude durchziehen, sind sie auch überall dort vorhanden, wo die Sonderventilatoren zur Aufstellung gelangen.

Fängt man das Abwasser des Motors in einer Leitung auf, so wird dasselbe immer noch genügenden Druck haben, um bei der Berieselung tiefer gelegener Baue oder auch bei dem Betriebe dort aufgestellter Motoren von neuem nutzbar gemacht zu werden.

Die Einführung der Wassermotoren wurde lange Zeit durch den Umstand verzögert, dass es an einem einfachen Motor von gutem Nutzeffekt fehlte. Die kleinen Wassersäulenmaschinen mit festem oder oscillierendem Cylinder eigneten sich für die allgemeine Verwendung wegen der hohen Beschaffungs- und Unterhaltungskosten und der für den Ventilatorbetrieb zu niedrigen Tourenzahl nur wenig. Einen grossen Fortschritt bedeutete deshalb die Erfindung des Peltonrades. Die Vorzüge dieses Motors, der in Band V dieses Werkes, Seite 143, ausführlich beschrieben ist, sind folgende:

1. Der Nutzeffekt ist ein guter. Die Energieausbeute ist auch bei ungünstigen Verhältnissen (geringen Gefällhöhen usw.) weit höher wie bei dem Druckluftmotor.

2. Der Motor eignet sich besonders zur Ausnutzung hoher Gefälle (10—40 Atm.), wie sie in Bergwerken oft zur Verfügung stehen.

3. Die Wartung des Motors ist so einfach, dass sie auch von ungeübtem Personal, z. B. den Ortshauern, nebenbei besorgt werden kann.

4. Infolge der einfachen Konstruktion und des Fehlens gleitender Teile sind die Unterhaltungskosten auch bei Verwendung unreiner Grubenwasser sehr gering.

5. Die hohe Tourenzahl des Peltonrades gestattet bei grösserem Gefälle eine direkte Kuppelung des Motors mit schnelllaufenden Ventilatoren.

Die Turbinen sind entweder mit den Ventilatoren direkt oder durch ein Vorgelege gekuppelt. Bei der ersteren Ausführungsart ist das

Turbinenrad zwischen den Lagern des Ventilators eingebaut (Fig. 139)
oder ausserhalb derselben angeordnet (Fig. 140). Bei der letzteren Ausführung, welche von der Maschinenfabrik Pelzer bevorzugt wird, ist das

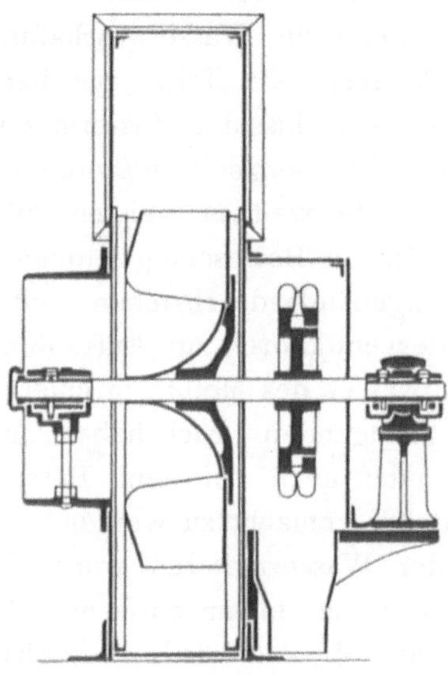

Fig. 139.

Turbinenventilator von Frölich & Klüpfel.

Fig. 140.

Turbinenventilator von Dinnendahl.

Turbinenrad fliegend auf das über die Lager hinaus verlängerte Wellenende
aufgesetzt (Fig. 141).

Original-Peltonräder werden von den Maschinenfabriken E. Wolff

Fig. 141.

Turbinenventilator von Pelzer.

Fig. 142.

Mortier-Ventilator von Wolff mit Peltonrad.

(Fig. 142) und Frölich & Klüpfel (Fig. 143) zum Betrieb von Separat-
Ventilatoren verwandt.

Fig. 143.

Sonderventilator von Frölich & Klüpfel mit Peltonrad.

Die zu einem Doppellöffel ausgebildeten Peltonschaufeln (Fig. 144a u. b)
werden gewöhnlich von einem Rade getragen, dessen beide Seitenteile
durch Schrauben zusammengehalten werden. Die scharfe Kante zwischen

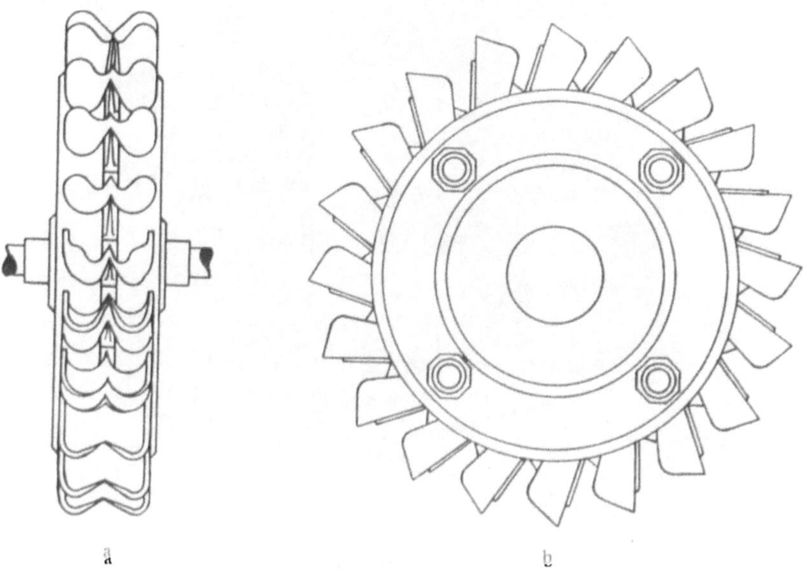

Fig. 144.

Peltonrad.

den beiden Löffeln zerteilt den auftreffenden Wasserstrahl und vermittelt dadurch eine stossfreie Beaufschlagung. Zur Regulierung derselben dient die in Fig. 145 abgebildete Spindel, mit welcher die Ausflussöffnung des auswechselbaren Düsenstückes verändert werden kann.

Die Turbinen der Ventilatoren von Dinnendahl, Pelzer und Dingler zeigen in der Form der Schaufelung bezw. der Düsen Abweichungen von der normalen Peltonausführung.

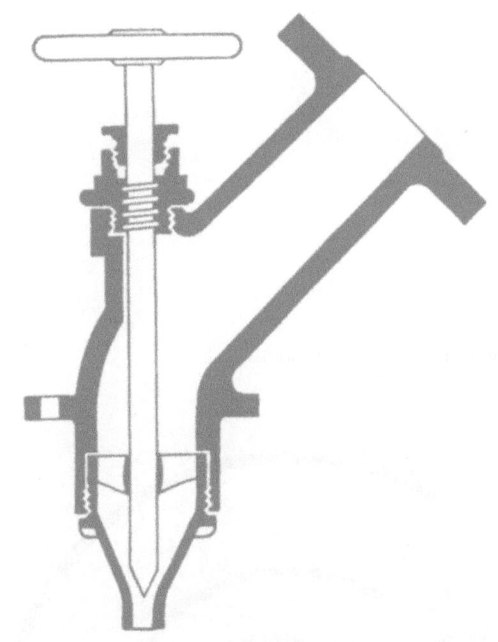

Fig. 145.

Düse des Peltonrades.

Um eine sichere und dauernde Teilung des Wasserstrahles zu erzielen, ist die Schaufel der Turbine von Dinnendahl (Fig. 146a u. b) mit einer bis zum Rücken fortlaufenden Schneide versehen. Die Düsen (Fig. 147) sind konisch gebohrt. Zu jeder Turbine werden mehrere Düsen von verschiedener, dem jeweiligen Gefälle entsprechender Weite geliefert, welche leicht ausgewechselt werden können. Die Anordnung einer Regulierspindel wird dadurch entbehrlich gemacht. Die Turbinen von Pelzer (Fig. 148a—d) zeigen in der Anordnung und der Befestigung der Löffel auf dem Rad und in der Stellung und Form der Aufschlagdüse ebenfalls Abweichungen von der Peltonschen Konstruktion. Die Beaufschlagung er-

Fig. 146.
Turbine von Dinnendahl.

Fig. 147.
Düse der Turbine
von Dinnendahl.

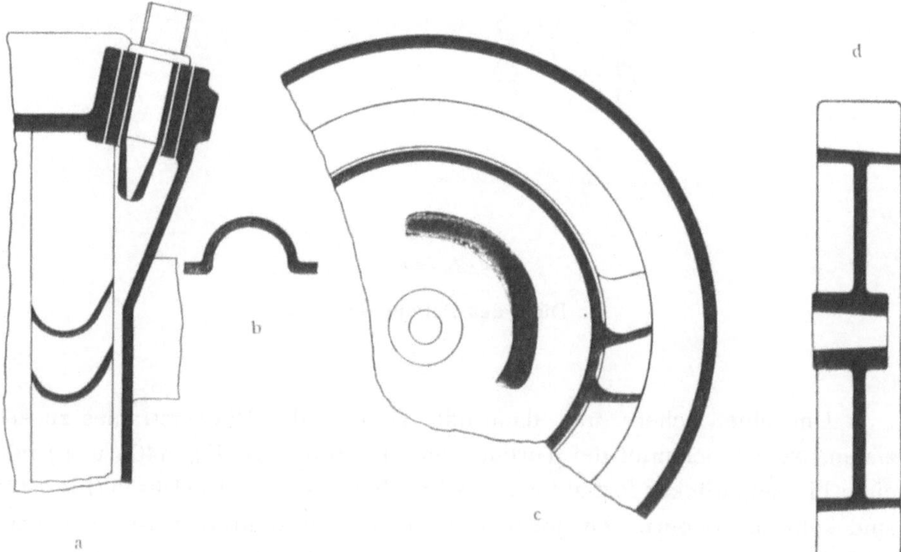

a. Schnitt durch die Düse mit Ansicht der
　Schaufelung.
b. Schnitt durch die Schaufel.

c. Längsschnitt durch das Schaufelrad.
d. Schnitt durch das Schaufelrad in der Richtung
　der Achse.

Fig. 148 a—d.

Turbine von Pelzer.

folgt hier von der Seite aus. Bei einer älteren Ausführung ist die Düse
am Mundloch abgeschrägt (Fig. 149).

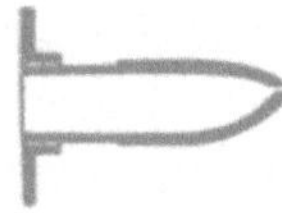

Fig. 149.
Düse der Pelzerschen Turbine.

Die zum Antrieb der Dingler-Ventilatoren benutzten, für Gefälle von
$^1/_5$—6 Atm. gebauten Turbinen (Fig. 150) haben kastenartige Schaufeln mit

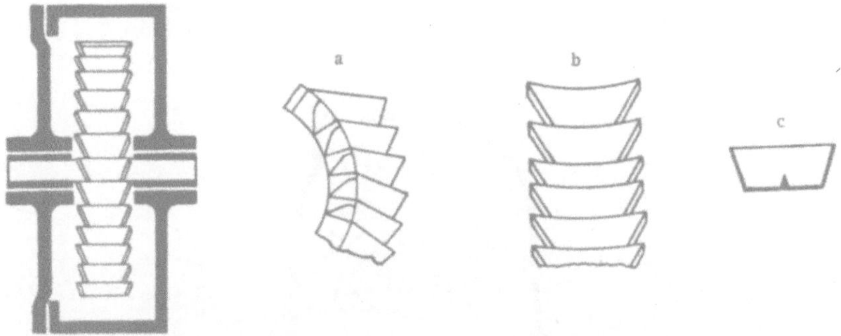

Fig. 150.   *Fig. 151.*
Turbine von Dingler.   Schaufeln der Turbine von Dingler.

schräg zulaufenden Seitenwänden (Fig. 151 a—c). Die Beaufschlagung erfolgt
in der Richtung der Längsachse durch eine Düse (Fig. 152), deren

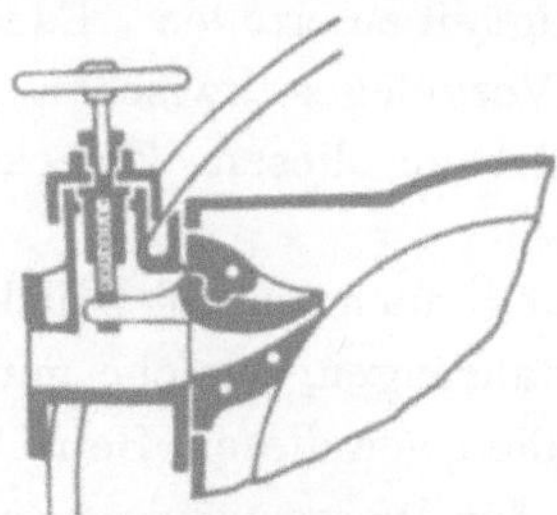

Fig. 152.
Beaufschlagung der Dinglerschen Turbinen.

Ausflussende etwas nach oben gebogen ist. Der Austrittquerschnitt kann
durch die Verstellung einer beweglichen Zunge mittels eines Handrades
verändert werden.

Das Material der Schaufelräder ist gewöhnlich Stahl, das der Düsen mit Rücksicht auf die sauren Grubenwasser Bronze oder Rotguss.

Bei geringerem Drucke des Aufschlagwassers wird die zur Erzielung einer bestimmten Leistung erforderliche grössere Wassermenge auf zwei (Fig. 153), drei (Fig. 154) oder mehr Düsen (Fig. 155) verteilt. Eine Vergrösserung der gewöhnlich 3—4 mm weiten Düsenöffnung würde eine entsprechende Verbreiterung der Schaufelung verlangen und zu einer unerwünschten Gewichtsvermehrung des Schaufelrades führen.

Bei geringeren Gefällhöhen ist die Umdrehungszahl der Turbine oft nicht mehr gross genug, um bei direkter Kuppelung dem Ventilator die

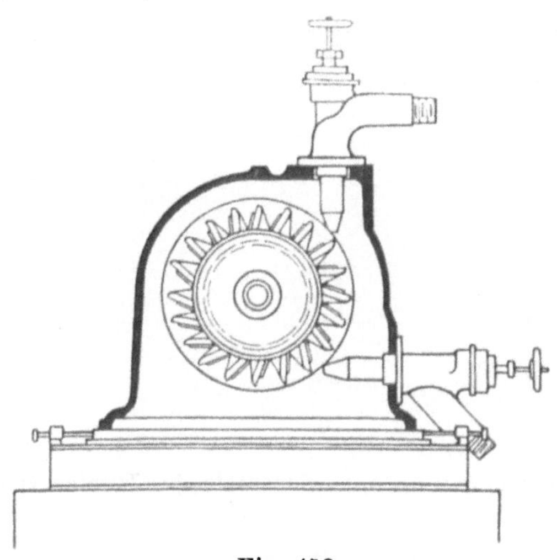

Fig. 153.
Peltonrad mit 2 Düsen.

nötige Umfangsgeschwindigkeit zu erteilen. Es wird dann die Einschaltung eines tourenerhöhenden Vorgeleges zwischen Motor und Ventilator erforderlich. Man verwendet zu diesem Zwecke Riemen- (Fig. 154) oder Zahnradgetriebe (Fig. 155).

Die Turbine lässt sich auch durch Druckluft betreiben, doch wird man auf Grund der Erfahrungen, welche mit Dampfturbinen gemacht worden sind, nur in Notfällen von diesem Betriebsmittel Gebrauch machen, da bei der Konstruktion der Wasserturbinen auf die Verwendung einer gasförmigen Betriebskraft natürlich keine Rücksicht genommen ist.

Dank der guten Kraftausnutzung der Turbinen hat man mit denselben bei mässigem Kraftverbrauch Strecken bis zu 1000 m Länge erfolgreich bewettert. Es genügen auch in diesen Fällen bei den gewöhnlichen Entfernungen und hohen Gefällen Rohrleitungen von geringem Querschnitt (25—40 mm Durchmesser) zur Energiezuführung. Beim Anschluss

Fig. 154.
Ventilator von Frölich & Klüpfel mit Riemenvorgelege und 3 düsigem Peltonrad.

Fig. 155.
Pelzer-Ventilator mit Zahnradvorgelege und 6 düsigem Peltonrad.

der Turbinen an Berieselungsleitungen kommen die Kosten der Kraftzuführung überhaupt nicht in Betracht.

Ueber die Leistungen und Betriebskosten der Turbinenventilatoren wird ein weiter unten durchgeführter Vergleich der verschiedenen Motoren Aufschluss geben.

Ueber die Abmessungen, Leistungen usw. ihrer Turbinen-Ventilatoren machen die verschiedenen Lieferanten folgende Angaben:

A. Capell-Ventilatoren mit Turbinenbetrieb von Dinnendahl.

Tabelle 80.

Modell-Bezeichn	Ventilator-flügelrad		Touren je Minute	Leistung		Weite der Saug- und Blase-leitung	Wasserverbr. der Turbine je Sek.	Ge-wicht
	Durch-messer	Breite		je Min.	Depression Wasser-säule			
	mm	mm		cbm	mm	mm	l	kg
TV 1	200	80	1800	6—10	bis 30	120	0,4—0,6	23
„ 2	250	100	1650	10—15	„ 40	150	0,8—1,0	40
„ 3	300	120	1500	15—20	„ 50	180	1,0—1,5	50
„ 4	350	150	1200—1600	20—30	„ 60	200	1,5—2,0	60
„ 5	430	160	1000—1400	35—40	„ 70	250	2,5—3,5	90
„ 6	500	170	1000—1250	40—60	„ 80	290	3—5	150
„ 7	650	220	800—1000	60—100	„ 90	370	5—8	300
„ 8	750	250	750—900	100—140	„ 100	450	9—12	500
„ 9	900	300	650—800	140—220	„ 110	540	12—15	750
„ 10	1000	350	600—750	200—300	„ 120	600	15—20	1000

Die Leistungen sind für einen Betriebsdruck von 4 Atm. berechnet.

B. Turbinenventilator von Pelzer.

Tabelle 81.

No.	Durchmesser des Flügelrades
3	300 mm
4	400 mm
5	500 mm
6	600 mm
7	700 mm

C. Turbinenventilatoren von Dingler.

Tabelle 82.

Maschine	Ventilator		Turbine				Leistung	
	Durch-messer	Durchm. Saug- und Druckrohr	Wasser-verbrauch je Minute ca.	Ge-fälle	Durchm. Druckrohr	Touren je Minute	Luft-Menge je Minute	Depression Wasser-Säule
	mm	mm	l	m	mm		cbm	mm
TGV 0	600	250	50	100	50	500	25	30
TGV 1	700	300	60	100	50	500	35	30

Ventilatoren mit elektrischem Antrieb.

Den Elektromotor macht sein geringes Gewicht, die Anspruchslosigkeit in der Wartung und dem Raumverbrauch, und die hohe, leicht zu regulierende Tourenzahl wie geschaffen zum Antrieb von Sonderventilatoren. Diesen Vorzügen, welche durch den günstigen Wirkungsgrad des elektrischen Triebwerkes und die leichte Verlegbarkeit der Leitungen noch

Fig. 156.

Sonderventilator mit direkt angebautem Elektromotor von Siemens & Halske.

vermehrt werden, steht als einziges Bedenken noch die Gefahr entgegen, dass durch die Funkenbildung an Stromübergängen Schlagwetter entzündet werden. Bei den Wechselstrom-Kurzschlussanker-Motoren findet allerdings ein Stromübergang nicht statt und fällt damit die Möglichkeit einer Funkenbildung weg, so dass für deren Verwendung auch in schlagwettergefährlichen Betrieben keinerlei Bedenken bestehen. Die Gefährlichkeit der übrigen mit Wechselstrom betriebenen Gegenschaltungs- und

Schleifring- sowie der Gleichstrommotoren und der zugehörigen Schalt-
apparate, Sicherungen u. s. w. ist, wie Heise und Thiem durch Versuche
in Schlagwettergemischen*) festgestellt haben, sehr überschätzt worden
und kann durch geeignete Schutzvorrichtungen auf ein Mass herabgedrückt
werden, welches von der bestkonstruierten und unterhaltenen Sicherheitslampe nicht erreicht wird. Es besteht daher kein Zweifel, dass mit der
fortschreitenden Einführung elektrischer Kraftverteilungsnetze für den
unterirdischen Betrieb sich die elektrische Kraft auch im Antrieb der
Sonderventilatoren ein weiteres Arbeitsfeld erobern wird.

Bis zum Jahre 1900 wies das Ruhrrevier nur 3 elektrisch betriebene
Sonderventilatoren, sämtlich auf der Zeche Alstaden, auf. Sie dienten zur

Fig. 157.   *Fig. 158.*

Capell-Ventilatoren von Dinnendahl mit einem Elektromotor direkt gekuppelt.

Bewetterung von Vorrichtungsarbeiten und haben sich, abgesehen von
einigen Betriebsstörungen, zu welchen die ungenügende Bewehrung der
Zuführungskabel Veranlassung gab, gut bewährt. Die grosse, auf Seite 472
erwähnte Sonderbewetterungsanlage für das Westfeld der Zeche Mathias
Stinnes wird ebenfalls elektrischen Antrieb erhalten.

Der Zusammenbau von Elektromotoren und Ventilatoren wird in
verschiedener Weise bewerkstelligt. Die einfachste Anordnung ist die,
dass der feststehende Teil des Motors direkt mit dem Ventilatorgehäuse
verschraubt und die Armatur auf die verlängerte Ventilatorwelle aufgesetzt
wird, (Figur 156). Eine grössere Stabilität bietet die Anordnung der
Figuren 157 und 158, wo der Motor auf einem besonderen Fundament oder
auf der verlängerten oder zu einem Sockel erhöhten gusseisernen Grundplatte des Ventilators ruht. Zur Erhöhung der Transportfähigkeit ersetzt

---

*) Glückauf 1898, S. 1 ff.

man bei Ventilatoren, welche sehr oft ihren Aufstellungsort wechseln, die Grundplatte auch durch einen Schienenrahmen (Fig. 159).

Während sich der offene Gleichstrommotor mit seinem Funken gebenden Kollektor (Fig. 157) weniger für den Betrieb in feuchten, staubigen und schlagwettergefährdeten Strecken eignet, entspricht der funkenlos arbeitende Drehstrom-Kurzschlussankermotor (Fig. 158 und 159), dessen

Fig. 159.

Ventilator von Pelzer mit einem Drehstrommotor direkt gekuppelt.

Gehäuse nur einige Lüftungsschlitze aufweist, im übrigen aber geschlossen ist, weit mehr den Anforderungen, welche der unterirdische Betrieb an eine Maschine stellt.

Ueber Abmessungen, Leistungen u. s. w. ihrer elektrisch betriebenen Ventilatoren macht die Firma Dinnendahl folgende Angaben:

Tabelle 83.

Modell-Be-zeichnung	Ventilatorflügelrad		Um-drehungen je Minute im Mittel	Leistungen		Kraftbedarf bezw. Leistung des Motors PS	Gewicht des kompletten Apparates, (Akkumulator, Motor, Grund-platte) kg
	Durch-messer mm	Breite mm		Luft je Minute cbm	Depression Wasser-säule mm		
EV 1	250	130	1 600	8—15	bis 30	0,25	90
,, 2	300	140	1 500	12—20	,, 40	0,5	160
,, 3	350	150	1 400	16—30	,, 50	0,6	200
,, 4	430	160	1 200	22—40	,, 60	1,0	260
,, 5	500	170	1 200	32—60	,, 75	1,5	330
,, 6	600	200	1 100	48—90	,, 90	2,5	500
,, 7	650	220	1 000	60—105	,, 95	3,2	640
,, 8	750	250	900	80—140	,, 100	4	800
,, 9	900	300	900	135—240	,, 130	7	1 230
,, 10	1 000	350	800	170—300	,, 140	11	1 850
,, 11	1 250	400	700	260—450	,, 160	14	2 600
,, 12	1 500	450	600	350—600	,, 180	20	3 400

2. Die Strahlapparate.

a) Allgemeines.

Die vorherrschende Stellung, welche die Luft- und besonders die Wasserstrahlgebläse in kurzer Zeit unter den Motoren der Sonderbewetterung erlangt haben, verdanken sie einer Reihe wichtiger Vorzüge:

Sie sind in der Anschaffung und Unterhaltung sehr billig, verlangen nur wenig Raum und ein Minimum von Wartung, verursachen weniger Geräusch als die Motorventilatoren, lassen sich leicht ein- und ausbauen, transportieren, sowie jedem Druck des Betriebsmittels und jedem Widerstande der Luttenleitung entsprechend einstellen. Dazu kommt noch als ein weiterer Vorteil die kühlende Wirkung, welche die Wasserstrahlen und noch mehr die expandierende Luft auf die mitgerissenen Wetter ausüben.

Die Benutzung fallender Wasserstrahlen zur Wetterbewegung reicht recht weit in den alten Bergbau zurück und war noch zu Anfang des vergangenen Jahrhunderts in den Wassertrommelgebläsen weit verbreitet.

Denselben in der Wirkung gleich kommt das Verfahren, die Geschwindigkeit des Hauptwetterzuges durch Wasserstrahlen zu erhöhen, welche man in dem einziehenden Schachte herabfallen liess. An heissen Sommertagen, wo der natürliche Wetterwechsel stockte, wurden die Wetter durch dieses einfache Mittel sehr aufgefrischt.

Neuer ist die Verwendung horizontal gerichteter Druckwasserstrahlen als Wettermotoren, welche sich im niederrheinisch-westfälischen Revier zuerst auf Zeche Rheinpreussen in grösserem Massstabe eingeführt zu haben scheint. Dort bewetterte man bereits im Anfang der achtziger Jahre einen im Auffahren begriffenen Querschlag dadurch, dass man von der Druckwasserleitung, welche die Brandtschen Bohrmaschinen mit Energie versorgte, in Abständen von etwa 100 m dünne, an der Spitze auf 2 mm Durchmesser verjüngte Kupferröhrchen abzweigte und aus ihnen in eine an den Hauptschacht angeschlossene Lutte oder in den freien Raum der $^1/_2$ Stein stark überwölbten Wasserseige Druckwasser einspritzen liess.*) Später gelangte im Gefolge des Körtingschen Luftstrahlventilators auch der Wasserstrahlapparat derselben Firma auf vielen Zechen in Gebrauch. Einen riesigen Aufschwung nahm, wie bereits auf Seite 480 erwähnt, die Verbreitung der Wasserstrahlapparate, als im Jahre 1898 auf der Mehrzahl der rheinisch-westfälischen Steinkohlenbergwerke die Berieselung eingeführt wurde.

---

*) Zeitschr. f. d. Berg-, Hütten- u. Salinenw. 1883, Bd. XXXI, BS. 323.

Der Gedanke, die zum Betriebe der Förderhaspel, Bohrmaschinen u. s. w. unter Tage vorhandenen Pressluftleitungen neben dem Betriebe der Ventilatoren auch direkt den Zwecken der Wetterbewegung dienstbar zu machen, lag sehr nahe. Mit der Vermehrung der Pressluftanlagen verbreitete sich dieses bequeme Bewetterungsmittel ausserordentlich, was sich mit Rücksicht auf die geringe Wirtschaftlichkeit dieser Apparate sehr wenig rechtfertigen lässt. Bereits im Jahre 1882 stand die Druckluftbewetterung auf 11 Zechen des Ruhrrevieres in ausgedehnter Anwendung.

Die Idee, die Treibwirkung gespannter Gase in ökonomischerer Weise zur Wetterbewegung zu benutzen, scheint zuerst in England in die Praxis umgesetzt worden zu sein. Dort verwendete man bereits im Jahre 1858 auf der Grube Cannel und Pemperton Pit bei Wigan zur Beschleunigung des Durchgangsstromes nach dem Injektorprincip wirkende »Steam Jet Apparatus«, welche sich aus einer Reihe neben einander stehender Röhren zusammensetzten. In Deutschland führte sich als erster derartiger Apparat der Körtingsche Strahlventilator ein, welcher über Tage mit Dampf, unter Tage mit Pressluft betrieben wurde. Daneben gelangten insbesondere für kleinere Leistungen billigere Apparate einfacherer Konstruktion in Gebrauch.

b) Die Wirkungsweise der Strahlapparate.

Ueber die Wirkungsweise der Strahlapparate stellte Zeuner*) auf Grund umfangreicher theoretischer und praktischer Ermittelungen folgenden Satz auf:

Die angesaugte Luftmenge ist der ausfliessenden Flüssigkeitsmenge direkt proportional, von der Grösse des Flüssigkeitsdruckes unabhängig und nur eine Funktion der verschiedenen Querschnittsverhältnisse, nicht aber der absoluten Grösse derselben.

Das austretende gasförmige (Dampf, Luft), oder flüssige (Wasser) Betriebsmittel treibt die in der Lutte befindliche Luft in der Strahlrichtung vor sich her, wobei es seine lebendige Kraft zur Beschleunigung der letzteren abgiebt. Vor dem Strahlrohr entsteht ein luftverdünnter Raum, in welchen die Aussenluft nachdrängt (Fig. 160). Da die forttreibende Wirkung des Strahles um so besser ausgenutzt wird, je vollkommener die lebendige Kraft an die Luftsäule in der Lutte übertragen wird, muss eine möglichst grosse Berührungsfläche zwischen Triebmittel und Luft geschaffen werden. Dies wird auf einfache Art durch das Austretenlassen des ersteren aus einer Düse erreicht, wobei es durch Expansion, beziehungsweise durch Zer-

---

*) v. Ihering, Die Gebläse, 1893, S. 684 ff.

teilung oder Zerstäubung die Form eines Kegels annimmt. Bei hohem Druck
lässt sich in der Lutte a (Fig. 161) ein langer spitzer Kegel von hoher Wir-
kungsfähigkeit entwickeln, bei niederer Pressung wird ein kurzer stumpfer

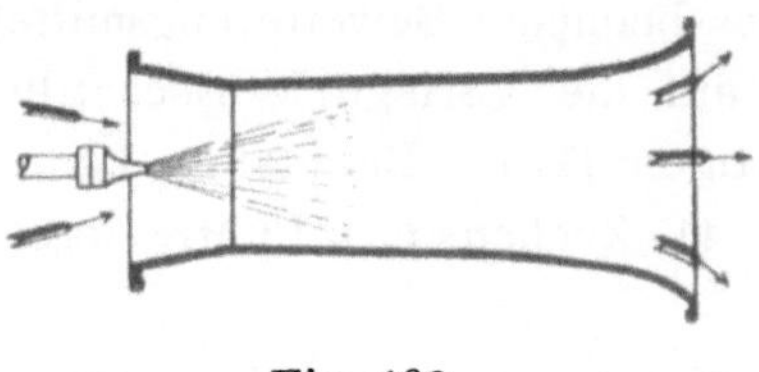

Fig. 160.

Wirkungsweise eines Strahlapparates.

Strahlkegel von gleicher Treibkraft nur durch Ausströmenlassen einer vermehrten Menge des Triebmittels in einer weiteren Lutte (b) erzielt. Es ergiebt
sich daraus ohne weiteres, dass Düsenöffnung und Luttenweite in einem be-

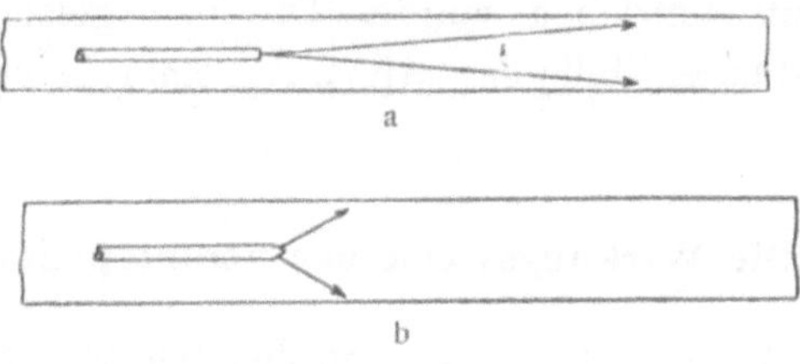

Fig. 161.

stimmten Verhältnis zu dem Druck des Triebmittels stehen müssen. Erreicht
der Kegel mit seinem unteren Rande geschlossen die Luttenwandung (Fig. 162),
so ist der Luft der Eintritt versperrt. Trifft das Triebmittel noch mit einer ge-

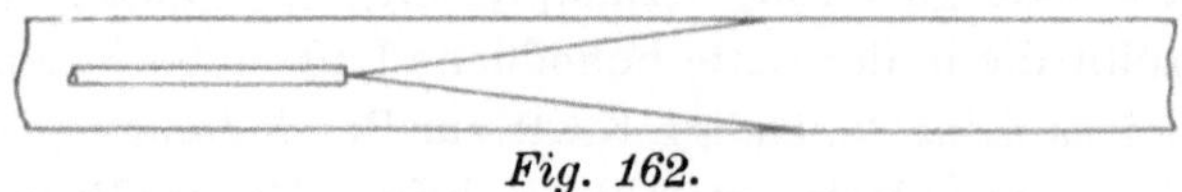

Fig. 162.

wissen Energie auf die Luttenwandung auf (Fig. 163), so wird unter gleich-
zeitiger Energievergeudung der Zug durch entstehende Luftwirbel noch mehr
behindert. Ist der Streukegel im Verhältnis zu dem Luttenquerschnitt zu

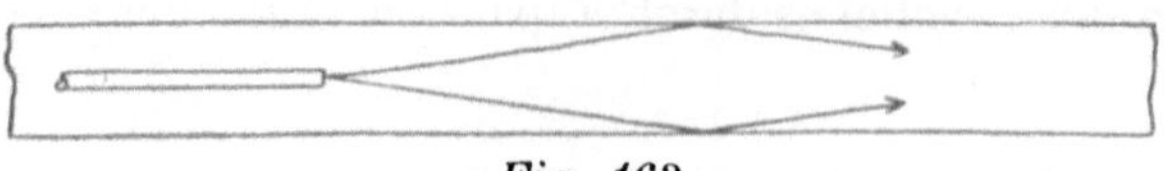

Fig. 163.

klein, so ist die vortreibende Kraft in der Randzone des Kegels nicht stark genug, um die nötige Saugwirkung auszuüben.*) Da die letztere hauptsächlich der Basis des Kegels innewohnt, welcher die Luft auf möglichst kurzem Wege zugeführt werden muss, und da der unmittelbar vor dem Strahlrohr liegende spitzere Teil des Kegels nur eine geringere Saugkraft besitzt, empfiehlt es sich, den letzteren dadurch möglichst ausserhalb der Lutte zu verlegen, dass man die Düse in einem gewissen Abstand vor der Luttenöffnung anordnet. Die Grösse dieses Abstandes ist durch die Art und den Druck des Betriebsmittels gegeben und wird nach den Erfahrungen, welche auf Zeche Ver. Bonifacius gemacht wurden, am besten zu 18—20 cm gewählt. Auf die mangelnde Berücksichtigung dieser Vorgänge, welche sich bei den grossen Pressluftstrahlkegeln ebenso abspielen als bei den kleineren der Wasserstrahlapparate, ist die geringe Wirkung vieler Strahlapparate zurückzuführen, welche sich in der Praxis leicht dadurch erkennen lässt, dass ein vor die Saugöffnung der Lutte geworfenes Papierstückchen wirbelnd umhertreibt, ohne in die Lutte gezogen zu werden.

Der beste Effekt wird erreicht werden, wenn der Strahlkegel wie in Fig. 164 der nachströmenden Luft eine ringförmige Eintrittsöffnung frei lässt.

Fig. 164.

Daraus erhellt denn auch ohne weiteres, dass für runde Lutten Düsenquerschnitte vorzuziehen sind, welche einen kegelartigen, nicht etwa keilförmigen Strahl liefern, und dass die Düse genau centrisch und achsial gerichtet in die Lutte eingesetzt werden muss. Bei den Körtingschen Strahlapparaten (Fig. 165) wird eine Reihe ringförmiger Eintrittsöffnungen

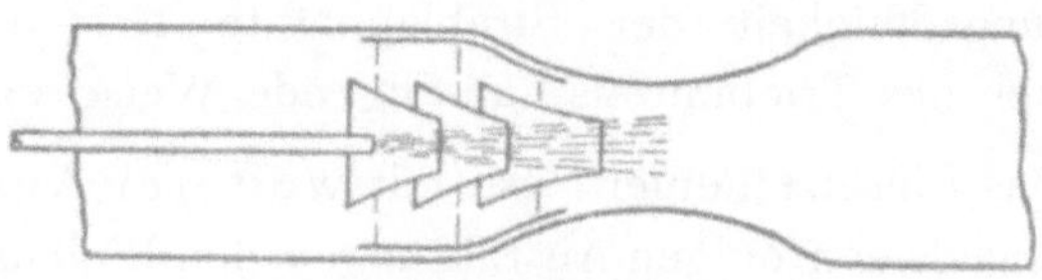

Fig. 165.
Körtingscher Strahlapparat.

durch das vor der Düse angeordnete Glockensystem freigehalten, welches die seitliche Ausdehnung des Strahlkegels einschränkt.

---

*) Glückauf 1901, S. 995.

Ein anderes Mittel, der Luft den Eintritt zu erleichtern, kommt bei den Wasserstrahlapparaten zur Verwendung und besteht darin, dass man das Wasser in einzelnen Strahlen oder in Staubform austreten lässt. Im ersteren Falle tritt die Luft durch die Zwischenräume der gewöhnlich zu einem Bündel vereinigten Strahlen, im letzteren mit den einzelnen Wasserstäubchen vermischt ein. Dadurch wird zugleich eine grosse Berührungsfläche zwischen Wasser und Luft geschaffen, welche den Kraftübergang von dem ersteren zur letzteren erleichtert.

Eine den Wirkungsgrad herabsetzende Veränderung des Verhältnisses Düsenquerschnitt: Luttenweite wird auch dann eintreten, wenn die Ausströmungsöffnung durch Rost oder mechanischen Verschleiss erweitert wird oder eine unzweckmässige Form annimmt. Deshalb empfiehlt es sich, die Strahlstücke der Düsen aus einem chemischen und mechanischen Einwirkungen trotzenden Metall anzufertigen und die Ausstrahlöffnungen sorgfältig auszubohren. Die Herstellung derselben mittelst ungenügender Werkzeuge (Meissel u. s. w.), wie sie auf einzelnen Zechen erfolgt, liefert dünne, wenig widerstandsfähige Metallwandungen und rächt sich bald durch raschen Verschleiss und dadurch bedingte Wasserverluste.

Gehoben wird die Wirkung der Strahlapparate durch das Aufsetzen eines Trichters auf die Saugöffnung, oder die konische Gestaltung des Saugstückes, Mittel, welche die Lufteinströmung begünstigen. Die Luftausströmung wird befördert durch die Ausbildung des Blasestücks der Gehäuselutte zu einem Diffusor, welcher die lebendige Kraft der angesaugten Luft unter Verminderung der Geschwindigkeit in statischen Druck umsetzt. Von diesen Mitteln wird aber gewöhnlich nur bei den Apparaten Gebrauch gemacht, welche, wie der Körtingsche Strahlventilator, für grössere Leistungen bestimmt sind. Bei den Ausführungen von geringeren Abmessungen begnügt man sich damit, den Strahlapparat zentrisch in eine Lutte einzuführen und dort durch eine geeignete Vorrichtung, etwa einen sternartigen Blech- oder Drahtsteg, festzuhalten.

Die Leistungsfähigkeit der Strahlapparate lässt sich bei gleichbleibendem Druck des Triebmittels auf folgende Weise verstärken:

1. Durch das Einsetzen einer Düse mit weiterer Ausflussöffnung, welches nach den obigen Ausführungen den Einbau einer Gehäuselutte von grösserem Durchmesser erfordert.

2. Durch Verwendung mehrdüsiger Apparate. Dieselben werfen ein Strahlenbündel von einer komplizierten, schwer auf ihre Wirksamkeit zu kontrollierenden Form in die Lutte. Wie aus den später angeführten Versuchsergebnissen hervorgeht, wird ein guter Wirkungsgrad mit diesen Apparaten nur dann erzielt, wenn bei der Anordnung der Düsenöffnung und dem Einbau des Apparates

die oben angeführten Grundsätze berücksichtigt werden. Vor allem
ist Gewicht darauf zu legen, dass die einzelnen Strahlkegel ihre
volle Wirkung entfalten können, sich nicht gegenseitig behindern,
dabei, sowie durch des Anprallen des Triebmittels an die Luttenwandung Kraft verlieren und der nachströmenden Aussenluft den
Eintritt erschweren. Kreuzen sich zwei Strahlen (Fig. 166), so wird
ein Teil der beim Aufeinandertreffen verlorengehenden Kraft durch

Fig. 166.

die erzielte Wasserzerstäubung wieder nutzbar gemacht, zumal die
Resultierende der beiden sich kreuzenden Strahlkräfte in die Längsachse der Lutte fällt. Trotzdem wird aber in diesem Falle lange nicht
die Wirkung erreicht, wie bei dem Ausstrahlen zweier isolierter
Kegel (Fig. 167). Daraus erhellt, dass eine günstige Wirkung bei
den Mehrstrahldüsenapparaten nur bei sehr sorgfältigem Einbau

Fig. 167.

und genauer Einstellung der Düsen zu erreichen ist, Bedingungen,
welchen im Grubenbetriebe nur selten genügt werden kann.

3. Durch die viel angewandte Hintereinanderschaltung von
Düsen. Die Verteilung der Motoren auf die Luttenstrecke ist
hierbei sehr verschieden. Entweder rüstet man die beiden Enden
der Luttentour mit je einer Düse aus, oder man baut ein
saugend und blasend wirkendes Düsenpaar in die Mitte ein, oder
man verteilt eine Anzahl von Düsen in mehr oder minder gleichmässigen Abständen bis zu 100 m auf die ganze Luttenlänge. Die
Strahlapparate unterstützen sich dabei in der Art, dass die Ge-
samtdepression die Summe der von den einzelnen Apparaten erzeugten Einzeldepressionen darstellt. Die Erfahrung hat gelehrt,
dass bei nicht genügend sicherer Verbindung der Luttenenden die
Verteilung in möglichst gleichen Abständen angestrebt werden muss,
da sonst ein gefährlicher und kraftverschwendender Ausgleich der
Depressionsunterschiede auf dem Wege des Nebenschlusses an den

undichten Luttenverschlüssen erfolgt. In einem derartigen Falle,
wo drei Luft- und eine Wasserdüse in ungleichen Entfernungen
über eine annähernd 400 m lange Luttentour verteilt waren, stellte
man fest, dass nur etwa 10 $^0/_0$ der vor Ort gelieferten Wetter aus dem
einziehenden Strom, die übrigen 90 $^0/_0$ dagegen aus der Strecke selbst
angesaugt wurden. Das bedeutet eine grosse Gefahr, wenn man
bedenkt, dass die an der Firste angebrachte Luttentour oft von
Schlagwettern umgeben ist.

Es soll nunmehr auf die einzelnen Arten von Strahlapparaten näher
eingegangen werden.

c) Wasser-Strahlapparate.

α) Die Wassertrommeln.

Dass eine veraltete Einrichtung unter günstigen Umständen auch
heute noch gute Dienste leisten kann, beweist die Verwendung einer
Wassertrommel in neuester Zeit auf Zeche Zollverein I/II, wo mit Hülfe
dieses Wettermotors ein Querschlag von 250 m Länge aufgefahren und
später auch ein Schachtaufbrechen betrieben wurde.

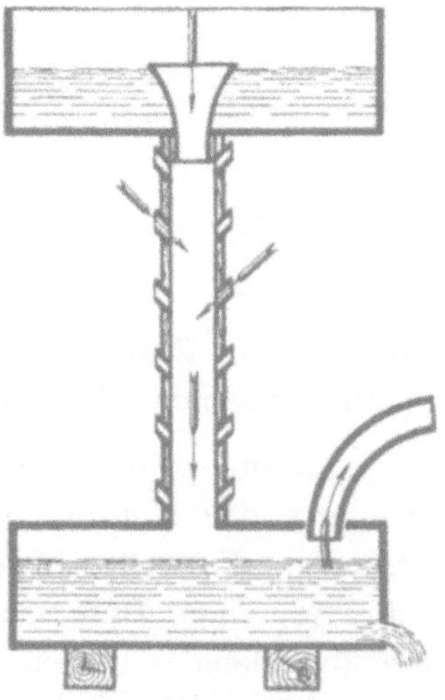

Fig. 168.
Wassertrommel.

Die Konstruktion einer Wassertrommel veranschaulicht Figur 168.
Das Wasser wird in einem oberen Kasten gesammelt und fliesst durch
eine senkrechte Luttentour einem tiefer liegenden geschlossenen Reser-
voir zu. Ueber den Wasserspiegel des oberen Kastens ragt ein trichter-
förmiger Ansatz hervor; er ermöglicht der Luft den Zutritt in den luft-

verdünnten Raum, welchen das niederfallende, die innere Luft mitreissende Wasser am oberen Ende der Lutte erzeugt. Zur weiteren Luftzuführung dienen die schräg nach unten gerichteten Durchbohrungen der Luttenwandung. Das Wasser-Luft-Gemisch gelangt in den unteren geschlossenen Kasten, aus welchem die Luft unter Pressung austritt, während das Wasser durch eine Oeffnung am Boden abfliesst.

β) Die Wasserdüsenapparate.

Viel verbreiteter ist die Verwendung horizontal gerichteter Druckwasserstrahlen zur örtlichen Bewetterung, welche ebenso wirken wie die Wassertrommel. Im Gegensatz zu der letzteren lässt sich ein ungestörter Betrieb der Düsenapparate nur erreichen, wenn das Betriebswasser rein ist. Im Ruhrrevier verwendet man gewöhnlich Wasser aus den Berieselungsrohren, welches von Tage aus zugeführt oder dem Mergel durch Zapfleitungen entnommen wird, welche in die Tübbingauskleidung der Schächte eingelassen werden.

Vorbedingung für die Verwendung von Grubenwasser ist, dass es keinen unangenehmen, fauligen Geruch hat, ferner, dass es abfliessen kann und nicht durch das Aufweichen des Gebirges den Gebirgsdruck erhöht. Nicht genügend reines Grubenwasser wird in unterirdischen Bassins oder Bottichen auf den oberen Sohlen geklärt. Trotzdem sind Verstopfungen der Düsenmündungen nicht selten. Sie werden meistens durch vom Wasser mitgeführte Rostteilchen, welche sich bei dem üblichen Signalklopfen von den Rohrleitungen loslösen, verursacht. Zur Verhinderung von Verstopfungen ist es deshalb oft erforderlich, vor den Düsen Siebe in die Röhrenleitungen einzuschalten.

Zur Entfernung des niederfallenden Betriebswassers ist die Gehäuselutte der Strahlapparate mit einem U-förmig gebogenen Abflussrohr versehen, welches zugleich als Wasserverschluss wirkt. Um zu verhindern, dass das Betriebswasser den Luttenquerschnitt verringert, wird häufig zur Aufnahme desselben ein Wassersack einfach dadurch hergestellt, dass man der Gehäuselutte eine eliptische Form giebt und dieselbe so aufstellt, dass die längere Achse mit der Senkrechten zusammenfällt.

Zu den Berieselungsleitungen, welchen in der Regel die Energieversorgung der Wassermotoren zufällt, verwendet man schmiedeeiserne, gut verzinkte Flanschenrohre, welche auf hohen Druck geprüft und gewöhnlich für eine maximale Wassergeschwindigkeit von 1 m in der Sekunde bemessen sind.

Der starke Verbrauch an Düsen, welchen einerseits der grosse Bedarf an Wasserstrahlapparaten und andererseits der rasche Verschleiss durch Rost, besonders bei der Verwendung saurer Grubenwasser, verursacht, hat

dazu geführt, dass man auf der Mehrzahl der Ruhrzechen einfachen
Konstruktionen den Vorzug giebt. Der Luftdüse nachgebildet ist die vielfach verbreitete Anordnung der Figur 169, dass ein kurzes Rohr durch Zu-
sammenschmieden zu einer runden Ausflussöffnung von 2—4 mm Durch-

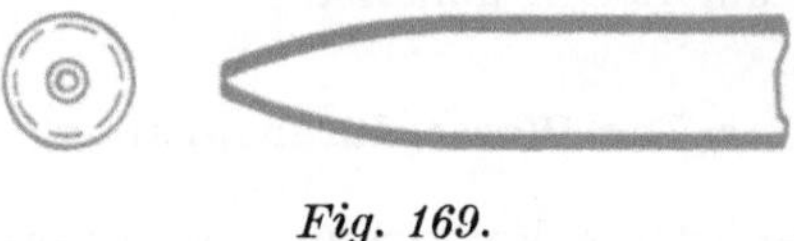

Fig. 169.

messer konisch verjüngt wird. Leichter zu reinigen sind Düsen mit aufgeschraubten Strahlstücken, welchen man gewöhnlich die Fingerhutform
der Figuren 170 a u. b giebt.

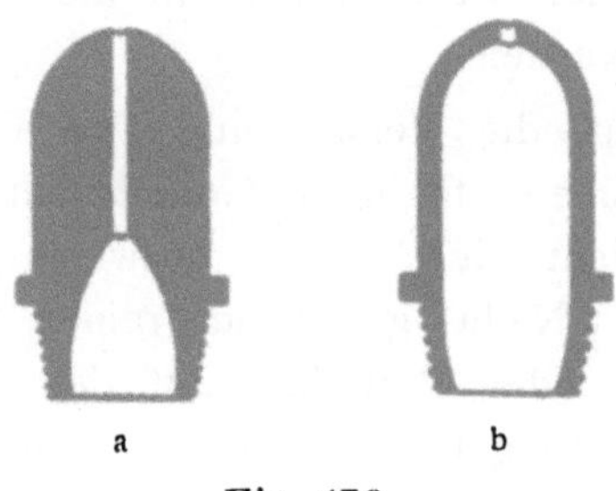

Fig. 170.

Fingerhutdüsen.

Diese Anordnung verbilligt auch den Ersatz der Düsen beim Verschleiss. Zudem kann durch das Aufschrauben von Strahlstücken engerer
oder weiterer Bohrung jeder Aenderung des Wasserdruckes oder des
Widerstandes der Luttentour Rechnung getragen werden.

Das austretende Wasser wird in diesen einfachen Düsen bei mittlerem
Druck nur wenig zerstäubt und bildet einen geschlossenen Kegelmantel.
In keilförmiger Form zerteilt es sich bei den hier und da verwandten,
durch Zusammenschlagen eines Rohres hergestellten Düsen mit rechteckigem
Ausströmungsschlitz, deren Wirkung die der vorbeschriebenen Konstruk-
tionen bei den gebräuchlichen runden Lutten nicht erreicht (s. Seite 517).

Für grössere Leistungen stehen auf einzelnen Zechen Apparate mit
mehreren neben einander oder kreuzweise gestellten Düsen (Fig. 171 a u. b)
in Anwendung, welche den Luttenraum mit einem Strahlenbündel erfüllen.

Ein anderes Verfahren zur Herstellung von Düsen, welches beispielsweise auf Zeche Zollverein III / IV angewandt wird, ist das Einlöten einer

zur Vermeidung des Rostens gewöhnlich aus Messing bestehenden Schlussplatte (Fig. 172), welche eine zentrale Ausströmungsöffnung von 1—2 mm
Durchmesser besitzt, in ein kurzes, an die Wasserleitung anschliessbares

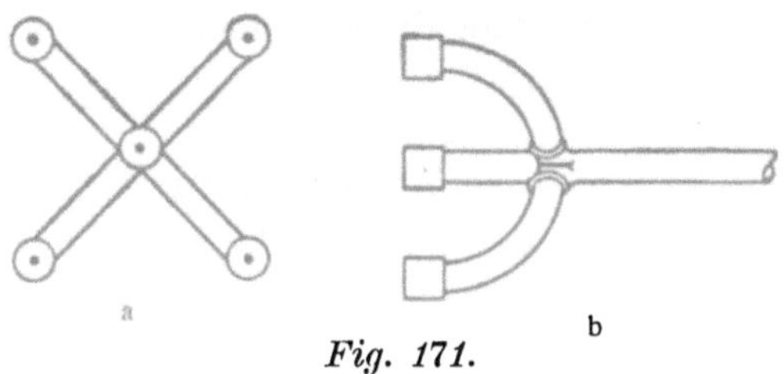

Fig. 171.

Mehrstrahlige Rohrdüsen.

Rohrstück. Zur Hebung der Leistungsfähigkeit wird die Schlussplatte mit
mehreren (bis 30) Ausströmungsöffnungen versehen. Es entsteht dann die
sogenannte »Pfefferbüchsendüse.« (Fig. 173.)

Fig. 172.   *Fig. 173.*

Düse mit Schlussplatte.   Pfefferbüchsendüse.

Eine vervollkommnetere Form derselben (Fig. 174a u. b), von dem
Reviersteiger Tendam der Zeche Bonifacius herrührend, steht auf dieser
Zeche seit dem Jahre 1893 in Verwendung und hat sich auch auf anderen

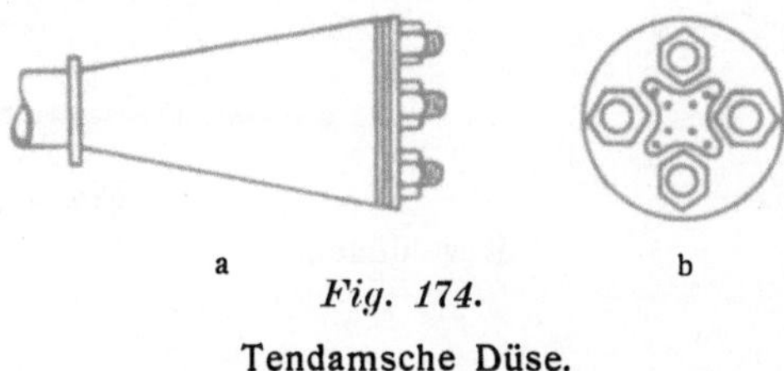

Fig. 174.

Tendamsche Düse.

Zechen (Hibernia, Friedrich Ernestine) eingeführt. Der aus Rotguss hergestellte kegelförmige Düsenkörper wird durch eine aufgeschraubte
Schlussplatte aus demselben Metall abgedeckt. Die Platte ist mit 8 eng
zusammenstehenden Oeffnungen von etwa 1 mm Durchmesser versehen,
welche so gestellt sind, dass die austretenden Strahlen ein geschlossenes

Bündel bilden. Auf Bonifacius wird der Apparat mittels eines Bleirohres an die Wasserleitung angeschlossen. Bei blasendem Betriebe (Fig. 175 a) wird an die Lutte ein Saugtrichter, bei saugendem (Fig. 175 b), sowie bei blasendem und saugendem Betriebe ein Saugkessel angesetzt, welch letzterer die gesetzlich geschützte Eigenart des Apparates bildet.

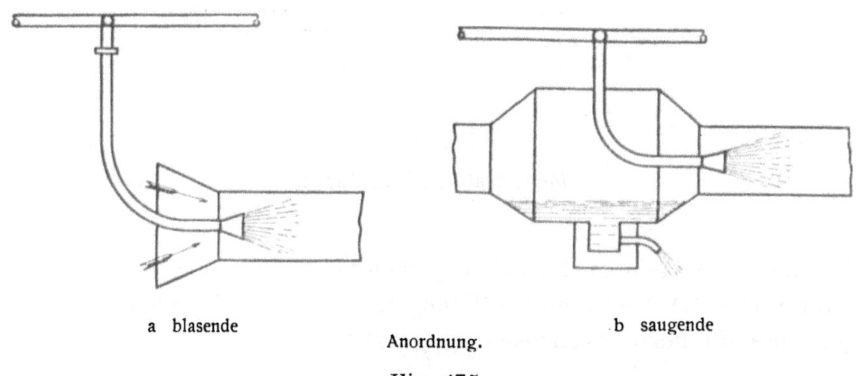

Fig. 175.

Tendamscher Strahlapparat.

Zur Erzeugung eines grösseren Streukegels mittelst einfacher Düsen hat man — allerdings auf Kosten der Längenwirkung des Strahles — einen konischen Stift*) vor oder hinter der Ausströmungsöffnung angeordnet (Fig. 176). Dieselbe Wirkung bringt die in Fig. 177 dargestellte Konstruktion der Kegeldüse hervor, welche auf einer grösseren Anzahl Zechen in

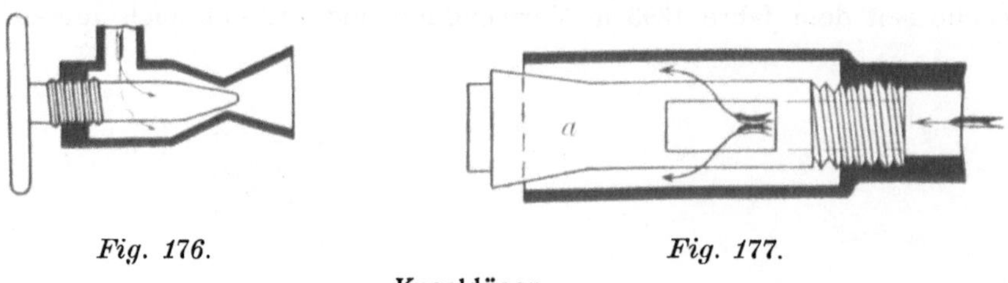

Fig. 176.   *Fig. 177.*

Kegeldüsen.

Betrieb steht. Der drehbare Konus a befördert die Zerteilung des austretenden Wasserstrahles und ermöglicht zugleich die Regulierung der Austrittsöffnung.

Eine noch grössere Zerstäubung des Wassers wird dadurch erreicht, dass man durch das Einsetzen eines festen konischen Stiftes in die Düse

*) Zeitschr. f. d. Berg-, Hütten- u. Salinenwesen 1889, Bd. XXXVII, BS. 138.

den Strahl zu einer grösseren Divergenz hinter der Austrittsöffnung bringt oder demselben durch einen spiralisch gewundenen Ausflusskanal eine drehende Bewegung erteilt, welche ihn schräg auf das Strahlstück auftreffen und vor dem letzteren in einen weiten Kegel zerstäuben lässt.

Eine zweiteilige Düse mit festem Konus stellt Figur 178a u. b dar. Das Strahlstück ist hier nach Art eines Ueberwurfs auf die in einen Konus auflaufende Düse geschraubt und durch einen Gummiring gegen dieselbe abgedichtet. Spiralisch gestaltete Austrittskanäle weisen die Körting-,

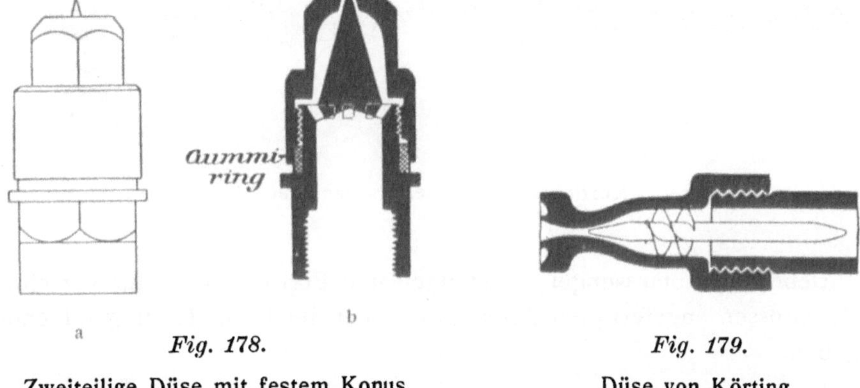

Fig. 178.

Zweiteilige Düse mit festem Konus.

Fig. 179.

Düse von Körting.

Dunk- und Westfaliadüse auf. Bei der älteren Konstruktion von Körting (Fig. 179) wird dem Wasser eine drehende Bewegung durch einen in der Düse lose verlagerten Dorn erteilt, welcher eine Schnecke trägt und beiderseitig spitz zuläuft. Die Düse wird gewöhnlich als Motor des

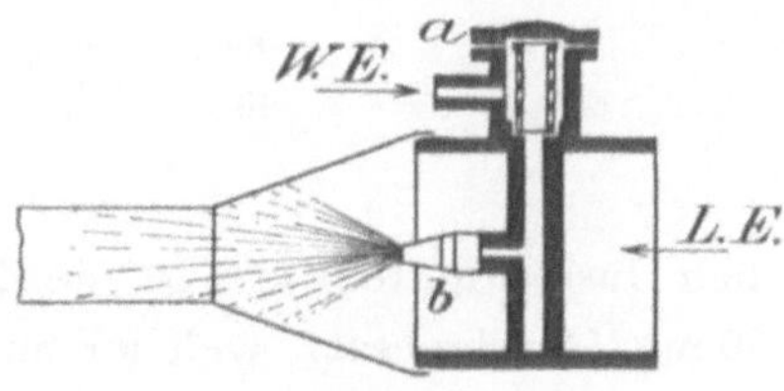

Fig. 180.

Einbau der Düse im Körtingschen Wasserstrahlapparat.

Körtingschen Wasserstrahlventilators verwandt, dessen Einbau und äussere Ansicht die Figuren 180 und 181 veranschaulichen. Das Betriebswasser tritt bei WE (Fig. 180) in den Apparat und passiert zunächst einen Siebtopf, welcher durch Entfernung des aufgeschraubten Deckels a leicht herausgenommen und gereinigt werden kann. Der aus der Düse b austretende

Streukegel saugt die Luft durch einen trichterförmigen Ansatz bei LE an.
Das verbrauchte Wasser fliesst bei U (Fig. 181) ab. Der ganze Apparat ist
bis auf das kurze gusseiserne Rohr, welches den Anschluss an die Wasserleitung vermittelt und die Düse trägt, aus Eisenblech gefertigt.

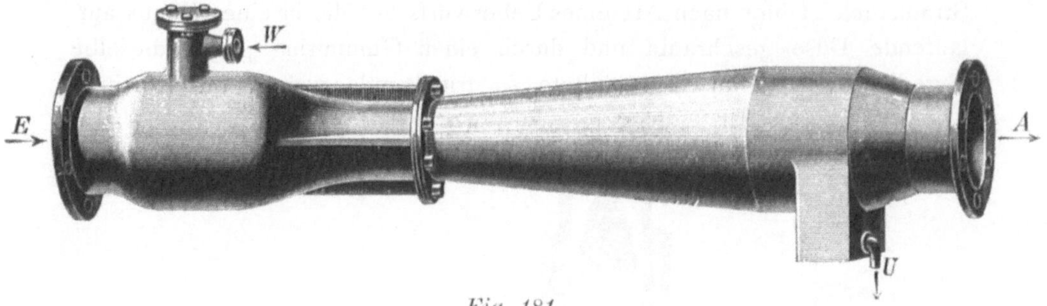

Fig. 181.

Körtingscher Wasserstrahlapparat.

Ueber die Abmessungen, Leistungen und Preise des in vier verschiedenen Grössen angefertigten Apparates macht die Firma Körting folgende
Angaben:

Tabelle 84.

Nummer des Apparates	Für eine Lutte passend von	Leistung je Minute bei 6 Atm. Druck	Preis des Apparates mit Wasserabscheider und Siebtopf	Preis eines Wasserventils	Weite des Wasserrohrs
	mm Durchm.	cbm Luft	M	M.	mm
1	150	4,1	150	7,50	13
2	200	8,2	200	7,50	13
3	300	16,4	300	9,00	20
4	400	24,6	400	11,50	25

Bei der Dunkschen Düse (Fig. 182) erfolgt die Zerstäubung auf einem
Messingbolzen b von 20 mm Durchmesser, welcher auf der Oberfläche eine
spiralische Rinne trägt und ebenfalls lose in eine etwa 60 mm lange und
12 mm weite Messinghülse a eingesetzt wird. Nach der Vorderseite ist
das aufgeschraubte und durch den Lederring c geliderte Strahlstück abgedeckt.

Von den vorbeschriebenen Konstruktionen weicht die sogenannte
Westfalia-Düse (Fig. 183), welche von der Armaturenfabrik Westfalia in
Gelsenkirchen auf den Markt gebracht wird und sich auf einer grösseren
Anzahl von Zechen eingeführt hat, nur sehr wenig ab. Die drehende Be-
wegung wird dem Wasser durch die Schnecke des Bolzens b erteilt, deren

Gewinde gegen die Horizontale um 60—75° geneigt ist. Das aus dem Drallbolzen b austretende Wasser wird dem Strahlstück c durch einen trichterartig sich verengenden Einsatz zugeführt. Das Strahlstück ist vermittelst eines Schraubengewindes auswechselbar aufgesetzt und zur Verminderung des Verschleisses aus harter Stahlbronze hergestellt.

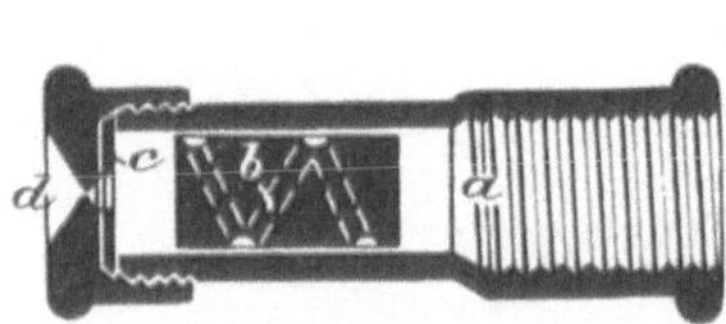

Fig. 182.

Düse von Dunk.

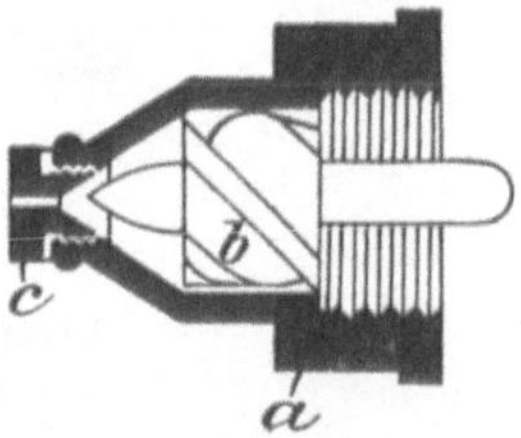

Fig. 183.

Westfalia-Düse.

Nach einem anderen Prinzip erzielt man eine Wasserzerstäubung durch das Aufeinandertreffen genügend beschleunigter Wasserstrahlen. Mit diesem Zerstäubungsmittel arbeitet die Viktoria-Düse*) (Fig. 184a—c) der Firma Gumtow & v. Gillet in Wien, welche auf den Zechen Wilhelmine Viktoria und Hibernia**) zu Anfang der neunziger Jahre mit gutem Erfolge benutzt

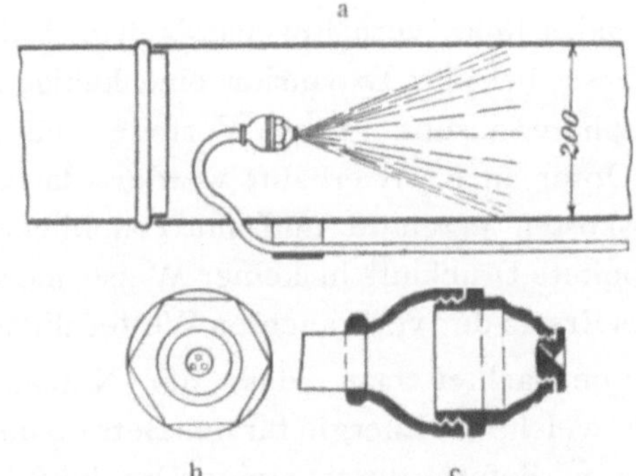

Fig. 184.

Viktoria-Düse.

wurde. In das eingeschraubte Strahlstück der Düse sind drei gegen die Mittelachse geneigte und nach aussen konisch zulaufende Löcher eingebohrt, welche die Strahlen kurz nach dem Austritt aufeinander treffen

---

*) von Hauer, Die Wettermaschinen, Seite 170.
**) Zeitschrift für das Berg-, Hütten- und Salinenwesen 1892, Bd. XL, BS. 291.

lassen. Hinter das Strahlstück war bei den ersten Ausführungen ein Flach-
sieb zum Zurückhalten gröberer Verunreinigungen eingefügt. Später wurde
in das Zuleitungsrohr ein siebartig gelochtes Rohr P eingeschaltet (Fig. 185).

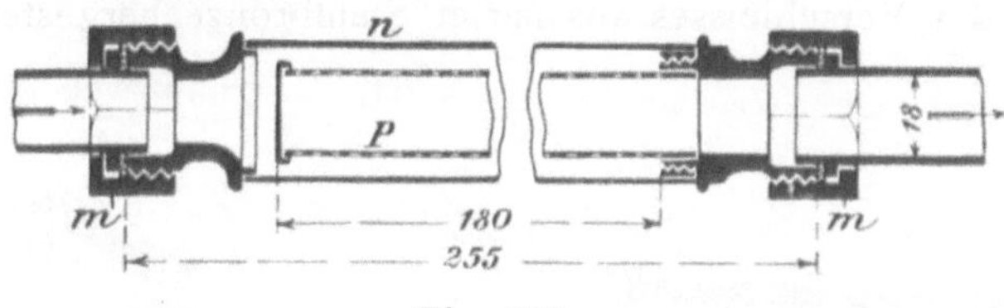

Fig. 185.

Anschlussrohr des Viktoria-Strahlapparates.

Die Zugänglichkeit desselben wird dadurch erleichtert, dass das Rohr n
nach Entfernung der Schraubenmuttern m herausgenommen werden kann.
Das Filterrohr kann dann leicht abgenommen und gereinigt werden.

d) Druckluft-Strahlapparate.

Die Sonderbewetterung vermittelst direkt ausströmender Pressluft
ist wenig zu empfehlen. Der Kompressor ersetzt bei dieser Methode
den Ventilator, die Druckluftleitung den Wetterkanal. Die höhere Spannung
der Luft bietet lediglich den Vorteil, dass durch ein billiges, wenig
Raum beanspruchendes Rohr verhältnismässig viel Luft vor Ort geliefert
wird, und dass diese bei der Expansion eine kühlende Wirkung auf die
umgebende Atmosphäre ausübt. Diese Vorteile müssen aber durch un-
verhältnismässige Opfer an Kraft erkauft werden, da die mit grossen An-
lage- und Betriebskosten erzeugte und mit erheblichen Verlusten in der
Rohrleitung fortgeleitete Druckluft in keiner Weise mechanisch ausgenutzt,
sondern lediglich als Ersatz der verbrauchten Wetter dienstbar gemacht wird.

Nicht selten beobachtet man, dass der Nutzeffekt pneumatischer
Kraftübertragungen, welche die Energie für den Betrieb unterirdischer Haspel,
Bohrmaschinen u. s. w. liefern, durch einige Druckluftdüsen ganz gewaltig
herabgesetzt wird. Das darf nicht wundernehmen, wenn man bedenkt,
dass die Austrittsöffnungen der Düsen einen direkten Kurzschluss zwischen
dem Kompressor und der Atmosphäre herstellen.

Die Schlagwetterkommissionen, welche diese Bewetterungsart bereits
aus wirtschaftlichen Gründen verwarfen, machten gegen dieselbe aber
auch noch Bedenken sicherheitlicher Natur geltend. Die direkt ausströmende Druckluft bringt unter Umständen die Lampenflamme zum Durch-
schlagen; sie erzeugt ferner vor Ort wohl Wetterwirbel und verdünnt die
verbrauchte Luft, erteilt derselben aber nur eine geringe Bewegung in der

Abflussrichtung. Das ist leicht daran zu erkennen, dass der Pulverdampf in derartig bewetterten Strecken bereits in kurzer Entfernung von dem Ort zum Stehen kommt und von dort aus nur sehr langsam weiter abzieht, ein sicheres Zeichen dafür, dass bei dieser Bewetterungsmethode auch Schlagwetteransammlungen in unmittelbarer Nähe der Oerter möglich sind.

Gegen diese Gefahrenquelle richtet sich der § 16 Abs. 2 der Bergpolizeiverordnung des Oberbergamts in Dortmund vom 12. Dezember 1900, welcher die ausschliessliche Bewetterung eines Betriebspunktes durch ausblasende Pressluft verbietet. Daher tritt die direkt ausströmende Druckluft nur in Verbindung mit der Hauptwetterführung oder einer anderen Sonderbewetterungsmethode in Erscheinung.

Die Pressluftleitungen stellt man aus schmiedeeisernen Rohren mit Flansch- oder Muffenverbindung her. Die Muffenrohre lassen sich sicherer dichten, Flanschenrohre haben den Vorzug, dass sie leicht ausgewechselt werden können und haltbarere Verbindungsteile besitzen. Die Rohre werden vorteilhaft so bemessen, dass die Geschwindigkeit der Pressluft 10 m in der Sekunde nicht übersteigt. Von den Hauptleitungen, welche oft über 200 mm Durchmesser haben, zweigen Seitenstränge von 100 mm und von diesen wieder Teilleitungen von 70—20 mm Durchmesser ab.

Um das Auswechseln zu erleichtern, empfiehlt es sich, Luft- und Wasserröhren in gleichen Längen von etwa 5 m zu verwenden.

Die Strahlstücke werden aus eisernen Rohren gefertigt, welche auf 3—10, im Durchschnitt 5 mm, konisch verjüngt sind.

Der Betriebsdruck, welcher nach Abzug der vielen Verluste in den Rohrleitungen noch zur Verfügung steht, beträgt gewöhnlich 3 bis 4 Atmosphären, also wenig mehr als die Hälfte der Kompressorspannung.

Für die Luftversorgung sehr wetternötiger Orte, insbesondere der Aufbruchschächte u. s. w., wird des öfteren eine recht wirksame, aber wegen des hohen Pressluftverbrauches sehr teuer arbeitende Kombination von direkt ausblasenden Pressluftdüsen und Luftstrahlapparaten verwandt. Wie die umstehende Skizze (Fig. 186) zeigt, bläst aus einem konisch verjüngten Zweigrohre Pressluft direkt gegen die Firste des Aufbruches und erzeugt dort eine lebhafte Bewegung der Wetter, welche durch die in die Abzuglutte blasende Düse I abgesogen werden. Zur Unterstützung der letzteren wird am Fusse des Aufbruchschachtes eine zweite Düse II in die Luttentour eingeschaltet.

Die mit Druckluft betriebenen Strahlapparate sind meist mit den einfacheren Konstruktionen der Wasserdüsen ausgerüstet. Auswechselbare Strahlstücke sind hier nicht erforderlich, da eine Gefahr der Verstopfung nicht vorhanden ist.

Eine Pressluftdüse besonderer Form, die in Figur 187 dargestellt ist, hat sich auf der Zeche Kaiserstuhl II sehr gut bewährt. Die Düse wird aus einem $^3/_4$—1″ Gasrohr hergestellt, das zu einem beinahe geschlossenen

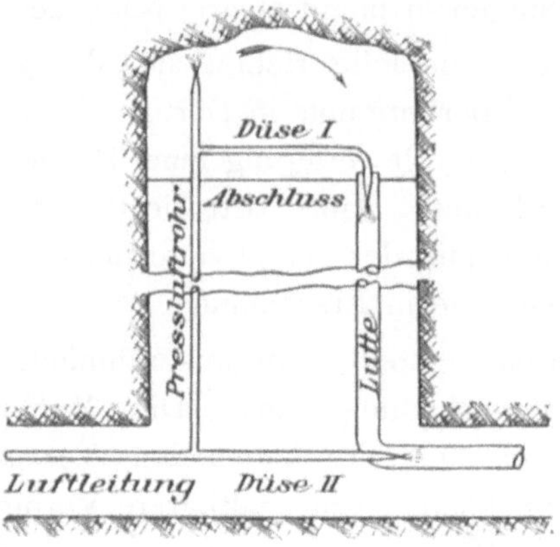

Fig. 186.

Kombination frei und in Lutten blasender Pressluftdüsen bei der Bewetterung von Ueberhauen.

Ring gebogen und auf der Vorderseite mit 12 in gleichmässigen Abständen gebohrten Ausflusslöchern versehen ist. Der Ring wird, wie die Figur zeigt, konzentrisch in die Lutte eingesetzt. In dem cylin-

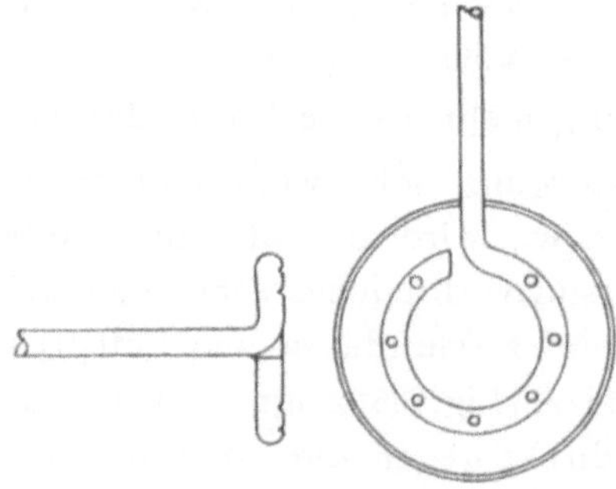

Fig. 187.

Ringdüse der Zeche Kaiserstuhl.

drischen Innenraum, welchen die ausströmende Pressluft bildet, entsteht eine Luftverdünnung, in welche die Aussenluft nachströmt. Der Apparat wirkt je nach der Art des Einbaus saugend oder blasend. Gewöhnlich verwendet man auf Kaiserstuhl eine Kombination beider Betriebsarten, bestehend aus zwei nebeneinander gesetzten Lutten, von welchen die eine mit einer blasenden und die andere mit einer saugenden Düse ausgerüstet ist.

Der Körtingsche Luftstrahlapparat (Fig. 188), weist in seiner Konstruktion unverkennbar Analogien mit der alten Wassertrommel auf. Die bei a einströmende Druckluft tritt aus der Düse b in ein System achsial

Fig. 188.

Körtingscher Luftstrahlapparat.

hintereinander angeordneter Blechtrichter c, e, f und g und giebt dabei unter allmählicher Expansion ihre lebendige Kraft an die Aussenluft ab, welche durch die ringförmigen Zwischenräume der einzelnen Glocken einströmt. An der Austrittsstelle des Luftgemisches ist das Gehäuse zur Verstärkung der Diffusorwirkung eingeschnürt. Mit Hülfe der Regulierspindel d kann der Querschnitt der Austrittsöffnung je nach dem vor-

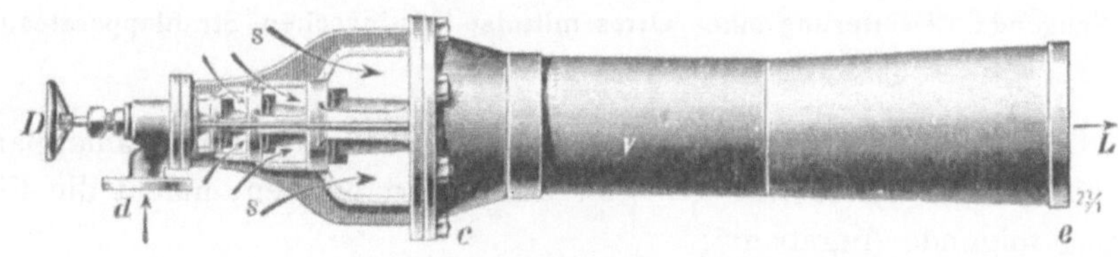

Fig. 189.

Körtingscher Luftstrahlapparat.

handenen Luftdrucke und dem zu überwindenden Widerstande der Luttentour eingestellt werden. Eine Ansicht der neueren Ausführungsform des Apparates giebt Figur 189.

Bei blasendem Betrieb (Fig. 190) erfolgt der Einbau einfach in der Weise, dass das Ausblaserohr von dem Bunde e bis zu dem Flansche c in die Luttentour eingeführt oder mit der letzteren durch einen Flansch (Fig. 189) verbunden wird. Bei viereckigen hölzernen Lutten wird der

Fig. 190.

Blasende Bewetterung eines Ortes mittelst Körtingschen Luftstrahlapparates.

Zwischenraum zwischen Apparat und Luttenwandung durch ein Dichtungsmittel verstopft. Beim saugenden Betriebe (Fig. 191) wird das Düsenende in die Lutte eingesetzt.

Fig. 191.

Saugende Bewetterung eines Ortes mittelst Körtingschen Strahlapparates.

Ueber Abmessungen, Leistungen und Preise ihrer Luftstrahlapparate, die in vier verschiedenen Grössen ausgeführt werden, macht die Firma Körting folgende Angaben:

Tabelle 85.

Nummer des Apparates	Minimale Weite der Lutten mm	Leistung je Minute bei 3 Atm. Betriebsdruck und vollkommen geöffneter Düse		Minimale Weite des Rohres für die Pressluft mm	Gewicht des kompletten Apparates kg	Preis	
		bei kurzen Luttenstrecken cbm	bei Luttenstrecken von 100 m Länge cbm			des kompletten Apparates M.	der Luftabsperrventile M.
1	150	20—25	15	20	22	160	9,—
2	210	40—50	30	25	35	240	11,50
3	300	80—100	60	35	75	320	15,—
4	400	150—180	110	45	135	400	21 —

3. Die Wetterlutten.

Den neben der vorzutreibenden Strecke erforderlichen zweiten Wetterweg bilden bei der Sonderbewetterung, wie schon oben erwähnt, gewöhnlich Lutten, seltener Wetterscheider oder -röschen.

a) Holzlutten.

Die in früheren Zeiten allgemein verwandte Holzlutte kämpft seit den fünfziger Jahren[*]) mit der Konkurrenz der Metalllutte, welche sie bis auf vereinzelte Fälle verdrängt hat. Für die Holzlutte sprechen nur ihre geringen Herstellungskosten und die Möglichkeit, sie bei eintretendem Bedarf für beliebige Querschnitte durch Zusammennageln von vier Tannenbrettern auf der Zeche selbst anzufertigen. Die Fugen der Bretter werden durch Einlagen von geteertem Papier oder Leinwand, durch Lehm- oder Kittverschmierung, übergenagelte Leisten u. s. w. verdichtet. Zur Verbindung der Lutten untereinander dienen hölzerne oder blecherne Muffen, welche an einem Ende jeder Lutte befestigt sind.

Die auf der Zeche General und Erbstolln in Gebrauch stehenden Holzlutten sind 3,75 m lang und haben bei einer lichten Weite von $0,24 \times 0,24$ m einen Querschnitt von 0,0576 qm. Holzlutten grösserer Abmessungen, sog. »Wetterkästen«, wie sie in Schlesien und Frankreich verwendet werden, gelangen beim Ruhrkohlenbergbau nur sehr selten zur Benutzung.

Der Wirkungsgrad der Holzlutten ist ein recht geringer. Wetterverluste entstehen in den Längsfugen und an den Verbindungsstellen, deren an sich unvollkommene Dichtung beim Werfen des Holzes in der feuchten Grubenatmosphäre sehr an Wirkung verliert. Der verhältnismässig hohe Reibungswiderstand, welchen selbst das behobelte Holz aufweist, und der eckige Querschnitt sind der Fortleitung der Wetter nichts weniger als förderlich.

Die Anlagekosten der Holzluttentouren werden durch den starken Verschleiss erhöht, welchen die geringe Widerstandsfähigkeit gegen mechanische Beschädigungen und die Fäulnis verursacht; gegen letztere schützt in der feuchten und stockigen Grubenatmosphäre auf die Dauer auch Teeranstrich und Imprägnation nicht.

b) Asphaltlutten.

Anfangs der siebziger Jahre standen auf mehreren Zechen unseres Reviers, z. B. Mansfeld, Schacht Colonia aus Asphaltpappe gefertigte Lutten der Firma W. Leyen in Bochum in Gebrauch. Bei 26 mm Wandstärke hatten

---

[*]) Zeitschr. f. d. Berg-, Hütten- u. Salinenw. 1855, Bd. II, BS. 387.

die Lutten 2,17 m Länge und 350 mm Durchmesser. Sie bewährten sich nicht, weil sie zu teuer waren und weil ihre rauhe Oberfläche der Luft zuviel Reibungswiderstand entgegensetzte.

c) Papierlutten.

In neuester Zeit werden aus imprägnierter Papiermasse gefertigte Lutten auf den Markt gebracht, deren Köpfe zum Schutze gegen Verstossen mit metallenen Verstärkungsringen versehen sind. Ueber eine Einführung derselben auf Zechen des Ruhrreviers liegen Angaben nicht vor.

d) Tuchlutten.

Wetterlutten aus Segeltuch standen bereits in den siebziger Jahren auf Zeche Siebenplaneten und gegen Ende der achtziger Jahre auf einem Braunkohlenbergwerk bei Cassel*) in Verwendung. Eine verbesserte Ausführung

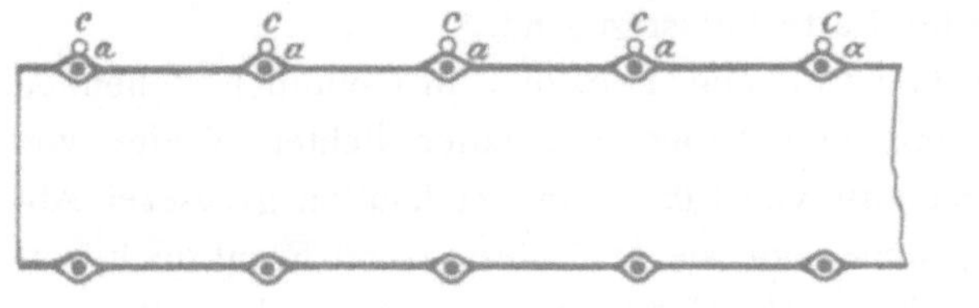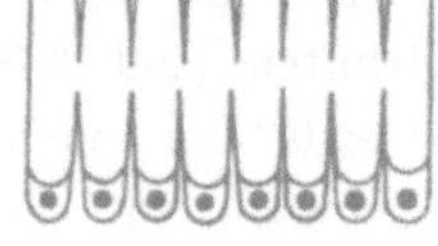

Fig. 192.

Wetterlutte aus Segeltuch.

derselben, welche von der Firma Paul Weinheimer in Düsseldorf herrührt, hat sich auf einer Reihe von Ruhrzechen**) eingeführt. Die Lutte wird aus einem kräftigen, zur Erhöhung der Dichtigkeit und Widerstandsfähigkeit gegen Fäulnis mit Metallsalzen und Kautschuk imprägnierten Segeltuch hergestellt und in Abständen von 0,3—0,4 m durch innen festgenähte, verzinkte Stahldrahtringe a, a (Fig. 192) versteift. An den letzteren hängen kleine eiserne Trageringe c c, mit denen die Lutten an Nägeln, Drähten, Schnüren u. s. w. befestigt werden.

Die gebräuchlichsten Ausführungen weisen Durchmesser von 150, 180, 260, 300 und 400 mm auf, die gewöhnlichen Fabrikationslängen halten sich zwischen 5 und 10 m.

Die Verbindung zweier Tuchlutten geschieht in der Weise, dass der letzte Verstärkungsring vorübergehend zu einer eliptischen Form zusammengedrückt und so in das Ende der nächsten Lutte bis hinter den letzten

---

*) Zeitschr. für das Berg-, Hütten- und Salinenwesen 1889, Bd. XXXVII, BS. 137.
**)   »   » » »   »   »   »   1898, Bd. XLVI, BS. 128.

Versteifungsring eingeführt wird. Hierauf zieht man die Lutten auseinander, wobei der zusammengedrückte Ring seine Form wieder annimmt und sich fest hinter den letzten Ring der anderen Lutte legt. Vor dem letzteren ist in die Lutte ein Hohlsaum eingenäht, welcher zur Vervollkommnung der Dichtung durch eine Schnur zusammengezogen werden kann.

Die Ausführung längerer Tuchluttentouren wird sich für den normalen Betrieb wegen der ziemlich hohen Anlagekosten und des starken Reibungswiderstandes, welchen die rauhe Oberfläche des Materials und der unregelmässige Querschnitt der Lutte verursacht, nicht empfehlen. Dagegen besitzt die Lutte eine Reihe recht wesentlicher Vorzüge für die Verwendung in anderen Fällen. Die Leichtigkeit und Zusammendrückbarkeit

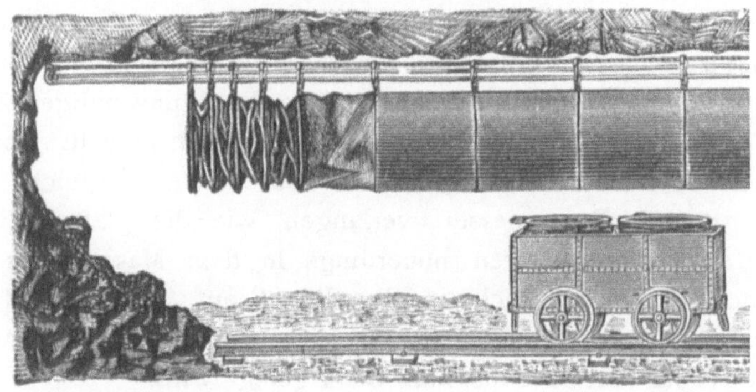

Fig. 193.
Tuchlutte mit Schnurzug.

des Materials ermöglichen es, dass ein Förderwagen 50—60 m Tuchlutte von 0,5 m Durchmesser aufnehmen, und ein Mann 20 m tragen kann. Ferner erleichtert die einfache Ausführung der Verbindung und Befestigung dieser Lutten das Einbauen so sehr, dass eine Luttentour von 100 m Länge in 5 Minuten fertiggestellt werden kann. Dieser Vorzug macht die Tuchlutte zu einem äusserst wertvollen Hülfsmittel bei Rettungsarbeiten und empfiehlt dieselbe auch für die Verwendung als Vorstecklutte zur Verlängerung fester Blechluttentouren bei Vorrichtungsarbeiten. In letzterem Falle kann die Lutte, durch leichte Lattenkreuze u. s. w. gestützt, bis dicht vor Ort geführt und kurz vor dem Sprengen wieder entfernt werden. Weniger zweckmässiger erscheint, wenigstens für Oerter, wo gesprengt wird, die in Figur 193 abgebildete Schnurzug-Vorrichtung, welche das Vor- und Zurückbringen der Lutten erleichtern soll; die umherfliegenden Sprengstücke des ersten Schusses würden die Schnüre jedenfalls zerstören.

e) Metalllutten.

α) Material und Form der Metalllutten.

Die Haltbarkeit der Metalllutten wird durch chemische und mechanische Einwirkungen beschränkt. Um dem oxydierenden Einfluss der Grubenwetter möglichst zu begegnen, verwendet man zur Herstellung der Metalllutten nur Materialien, welche dem Roste trotzen, wie Zinkblech und verzinktes Eisenblech. Mit Bleiblech*) und verzinntem oder verbleitem Eisenblech ausgeführte Versuche haben einen Erfolg nicht gezeitigt. Das Rosten verhütende Anstriche von Mennige, Teer u. s. w. empfehlen sich für Lutten weniger, weil sie mechanischen Einwirkungen zu wenig widerstehen und den Reibungswiderstand erhöhen.

Der Preisunterschied zwischen den teueren Zink- und den billigeren Eisenlutten wird zwar teilweise dadurch ausgeglichen, dass für den Zinkschrott bis zu 50 % der Anschaffungskosten gezahlt werden, während der Eisenschrott beinahe wertlos ist. Da aber die dünnwandigen Zinklutten zur Erhöhung der Widerstandsfähigkeit gewöhnlich gewellt werden, und dann wegen des hohen Reibungswiderstandes für eine gleiche Leistung erheblich grössere Durchmesser verlangen, wie die glatten Eisenlutten, bevorzugt man die letzteren neuerdings in dem Masse, dass der Gebrauch der Zinklutten sich in der Regel auf kürzere und dünnere Leitungen und solche Fälle beschränkt, wo auf ihr geringes Gewicht und die damit verbundene Handlichkeit Wert gelegt wird.

Für Eisenlutten kann man ohne erhebliche Erhöhung der Herstellungskosten eine Wandstärke von 1—1,5, noch besser von 2 mm wählen, welche den im unterirdischen Betriebe unvermeidlichen mechanischen Beschädigungen trotzt.

Die früher gebräuchlichen Luttendurchmesser von 250—300 mm reichen für die mehrere hundert, hie und da über 1000 m langen Leitungen, welche der moderne Bergbau erfordert, nicht mehr aus. Heute dürften Lutten mit 400 mm Durchmesser am verbreitetsten sein; wo der Raumbedarf keine Rolle spielt, finden sich auch Luttentouren von 500 bis 600 mm und ausnahmsweise solche von 700—1000 mm Durchmesser.

Durch das Verjüngen der Leitung wird der Wirkungsgrad stark beeinträchtigt, wenn an den Verjüngungsstellen nicht zugleich eine Verminderung des Luftquantums durch abzweigende Leitungen stattfindet.

Die Länge der einzelnen Lutten beträgt gewöhnlich 2 m. Doch haben die verhältnismässig hohen Kosten der neuerdings immer mehr in Gebrauch kommenden Band- und Flanschenverbindungen in letzter Zeit dazu geführt, dass man, um möglichst an Verschlüssen zu sparen, die Luttenlängen auf

---

*) Oesterr. Zeitschr. f. d. Berg- und Hüttenwesen 1876, S. 330.

3—4 m erhöhte, wie sie sich für die Verwendung in Schächten schon länger eingebürgert haben.

Die älteste Ausführung der Metalllutten ist die in der Figur 194 dargestellte **glatte Lutte**. Die Längsnaht wird durch einfache oder doppelte

Fig. 194.

Glatte Lutte mit Verstärkungswulsten.

Verfalzung und Verlötung, bei Eisenlutten auch durch Vernietung (Fig. 195) hergestellt. Die Verzinkung der Eisenlutten erfolgt nach der Herstellung. Die Enden werden jetzt fast allgemein mit einem eingewellten Verstärkungswulst versehen und erhalten eine dem zur Ver-

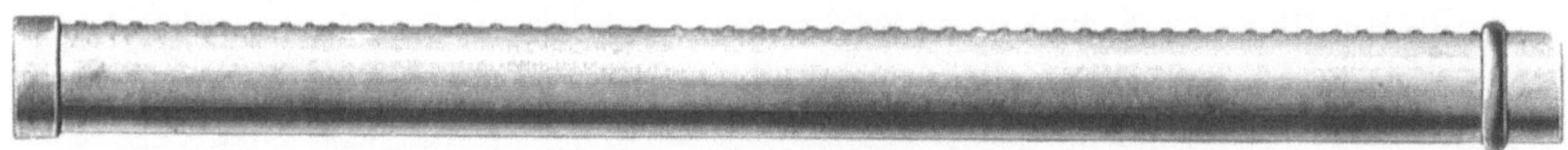

Fig. 195.

Lutte mit vernieteter Längsnaht.

wendung kommenden Verschluss angepasste Form. Wird derselbe durch einfaches Ineinanderstecken der Luttenenden hergestellt, so versieht man das eine Ende mit einer konischen Erweiterung und einem äusseren Verstärkungsring (Fig. 196), während das andere konisch verjüngt und durch einen inneren Ring versteift wird.

Fig. 196.

Lutte mit äusserem Verstärkungsring am weiteren Ende.

Die Verstärkungsringe erhöhen die Gebrauchsfähigkeit der Lutten ausserordentlich, da sie einer der Hauptursachen des Verschleisses, dem Verbeulen der Lutten an den Enden, entgegenwirken. Werden die Lutten

deformiert, so empfiehlt es sich, dieselben sofort aus der Grube zu nehmen
und durch einen Klempner wieder in Stand setzen zu lassen, nicht aber
das teure Material, wie es immer noch viel geschieht, den Häuern zur
Ausbesserung zu überlassen, welche es mit dem Fäustel und ähnlichen
ungeeigneten Werkzeugen so bearbeiten, dass die Lutte nach einer zweimal
wiederholten derartigen Reparatur zum Schrott wandern muss.

Bei den übergreifenden Band- und Muffenverschlüssen ist eine besondere Zurichtung der Luttenenden nicht erforderlich. Für die Flanschenverschlüsse werden die Luttenenden mit aufgenieteten oder angelöteten

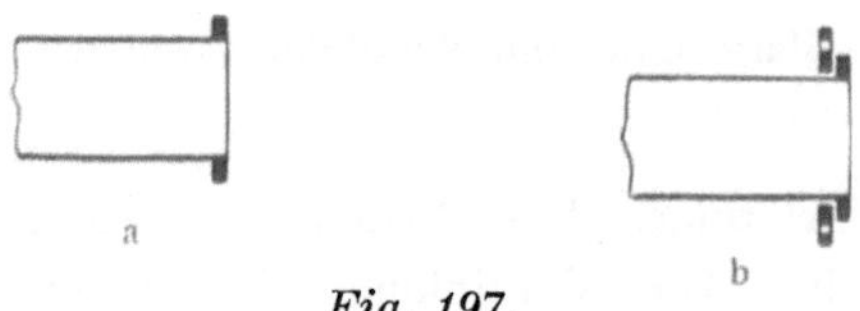

Fig. 197.

Zurichtung der Luttenenden für Flanschenverschlüsse.

Flanschringen versehen, welche besondere Verstärkungswulste überflüssig
machen (Fig. 197 a). Die neuerdings viel verwandten losen Flanschenringe
(Fig. 197 b) werden durch einen Verstärkungsring in ihrer Lage festgehalten.

Die quer gewellten (Fig. 198) oder spiraligen (Fig. 199) Rippen der
aus Zink gefertigten Wellblechlutten werden auf Spezialmaschinen ein-

Fig. 198.

Wellblechlutte.

gewalzt, wodurch die Lutten um etwa 2,5 $\%$ in der Länge verkürzt, aber in
dem Masse versteift werden, dass sie einer aus zwei Nummern stärkerem
Blech hergestellten an Widerstandsfähigkeit gleichkommen. Dieser Vorteil

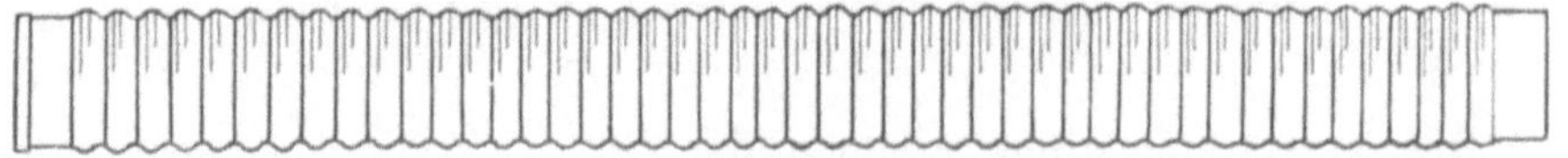

Fig. 199.

Spiralige Wellblechlutte.

wird aber durch den Missstand sehr beeinträchtigt, dass die Wellung der durchgeleiteten Luft einen ausserordentlichen, glatten Lutten gegenüber bis zu 50 % erhöhten, Reibungswiderstand entgegensetzt. (S. S. 579.)

Eine bessere Leitungsfähigkeit besitzt die in Figur 200 dargestellte Luttenform, bei welcher die Rippen zur Vermeidung einer Querschnitts-

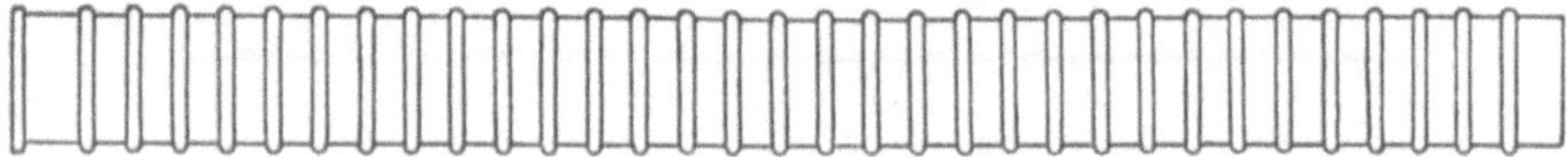

Fig. 200.

Lutte mit äusseren Rippen.

beschränkung nach aussen gepresst und auf Abstände von 60—120 mm verteilt sind.

Da auch bei dieser Konstruktion immer noch Reibungsverluste entstehen, bringt man neuerdings Zinklutten auf den Markt, bei denen eine Verstärkung durch andere Mittel herbeigeführt wird. Bei der Konstruktion

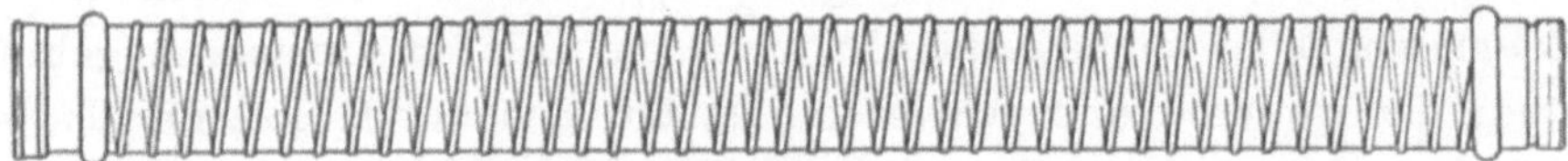

Fig. 201.

Lutte mit aufgelöteter Drahtspirale.

der Figur 201 wird eine genügende Bewehrung des Bleches durch eine aufgelötete Drahtspirale erreicht. Doch hat sich in der Praxis gezeigt, dass die Verbindung zwischen Draht und Blech nicht fest genug ist, um ein Ablösen der Spirale unter den mechanischen Einwirkungen, wie sie im unterirdischen Betriebe unvermeidlich sind, zu verhindern. Haltbarer ist

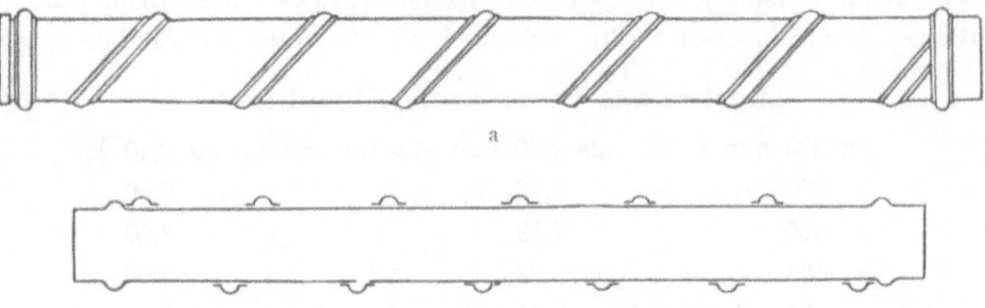

Fig. 202.

Lutte mit spiraligem Verstärkungswulst.

die in Figur 202a und b dargestellte Lutte, welche durch einen spiraligen, in 6—7 Windungen um die Lutte gelegten Zinkwulst versteift ist.

Als weitere Ausführung wird die Doppellutte (Figur 203) auf den Markt gebracht, bei welcher in eine gewellte Lutte eine glatte Lutte aus dünnem Zinkblech eingelötet ist. Das Wellblechrohr soll den nötigen Widerstand gegen mechanische Beschädigungen bieten, die innere glatte

Fig. 203.

Doppellutte.

Lutte eine ungehinderte Fortleitung der Wetter ermöglichen. Der erhöhte Materialverbrauch und die komplizierte Herstellung verteuert aber diese Luttenart so sehr, dass sie in der Praxis bis jetzt wenig Eingang gefunden hat. Auch wird durch die Armierungsmittel der Gewichtsunterschied zwischen ihr und der widerstandsfähigeren Eisenblechlutte immer mehr verringert.

Die dünneren Luttenleitungen hängt man mit Drähten an der Zimmerung oder an hölzernen Pflöcken auf, die im Gestein angebracht sind; die weiteren und schwereren stützt man durch Holzspreizen oder Ständer, oder man legt sie auf die Sohle.

Um in Ueberhauen das Einstürzen von Kohlen in die Lutten zu verhindern, werden dieselben mit siebartigen Kappen versehen, welche zwar dem angestrebten Zweck dienen, aber den Wirkungsgrad nicht unerheblich herabsetzen. Zur Abschwächung der Erschütterungen, welche die Sprengschüsse auf die Lutten ausüben, baut man ab und zu mit Filz gedichtete Sicherheitsklappen in die Luttentouren ein.

β) **Preise der Metallutten.**

Die Luttenpreise sind natürlich von den schwankenden Zink- und Eisenpreisen abhängig und weisen deshalb starke Differenzen auf. Bei mittleren Materialpreisen stellte sich das laufende Meter frei Zeche für glatte

Lutten aus verzinktem Eisenblech:

von 300 mm l. W. aus 1,00 mm starkem Blech zu 2,40 M.

»	300	»	»	»	»	1,13	»	»	»	»	2,60	»
»	400	»	»	»	»	1,13	»	»	»	»	3,20	»
»	400	»	»	»	»	1,38	»	»	»	»	4,00	»
»	500	»	»	»	»	1,25	»	»	»	»	4,70	»
»	500	»	»	»	»	1,38	»	»	»	»	5,10	»
»	500	»	»	»	»	1,75	»	»	»	»	5,30	»

Wetterlutten der Firma H. von der Weppen in Essen.

Tabelle 86.

Abmessungen der Lutte		Material														
		Glatte Lutten aus				Gewicht der 2 m langen		Halbgerippte resp. aussen gerippte Lutte aus Zinkblech			Schraubenförmig gerippte Lutte aus Zinkblech			Schraubenförmig gerippte Lutte mit glatter Innenlutte (sogenannte Doppellutte)		
		Zinkblech		verzinktem Eisenblech												
Freier Querschnitt	Durchmesser der Lutte	Nummer des Bleches	Stärke	Nummer des Bleches	Stärke	Zink-Lutte	Eisen-Lutte	Nummer des Bleches	Stärke	Gewicht der 2 m langen Lutte	Nummer des Bleches	Stärke	Gewicht der 2 m langen Lutte	Nummer des Bleches	Stärke	Gewicht der 2 m langen Lutte
qm	m		mm		mm	kg	kg		mm	kg		mm	kg		mm	kg
0,002	0,050	11	0,580	21	—	1,45	—	—	—	—	—	—	—	—	—	—
0,005	0,078	11	0,580	21	0,75	2,17	3,15	—	—	—	—	—	—	—	—	—
0,009	0,105	12	0,660	21	0,75	3,35	4,16	—	—	—	—	—	—	—	—	—
0,013	0,125	12	0,660	21	0,75	4,00	5,04	12	0,660	4,00	—	—	—	—	—	—
0,020	0,155	12	0,660	—	0,75	4,93	6,29	12	0,660	4,93	12	0,660	4,00	12	0,660	6,54
0,020	0,155	13	0,740	21	—	5,73	—	13	0,740	5,73	12	0,660	4,93	13	0,740	7,34
0,034	0,205	13	0,740	—	0,75	7,16	—	13	0,740	7,16	13	0,740	5,73	13	0,740	9,24
0,034	0,205	14	0,820	19	—	7,88	8,19	14	0,820	7,88	13	0,740	7,16	14	0,820	9,36
0,041	0,228	13	0,740	—	1,00	8,19	9,19	13	0,740	8,19	14	0,820	7,88	14	0,740	10,53
0,041	0,228	14	0,820	19	—	8,96	—	14	0,820	8,96	13	0,740	8,19	14	0,820	11,30
0,050	0,250	14	0,820	—	1,00	9,75	13,28	14	0,820	9,75	14	0,820	8,96	14	0,820	12,34
0,050	0,250	15	0,950	19	—	10,98	—	15	0,950	10,98	14	0,820	9,75	15	0,950	13,67
0,079	0,315	15	0,950	—	1,00	14,00	16,80	15	0,950	14,00	15	0,950	10,98	15	0,950	17,15
0,079	0,315	16	1,080	—	—	15,82	—	16	1,080	15,82	15	0,950	14,00	16	1,080	18,97
0,079	0,315	17	1,210	19	—	17,68	—	—	—	—	16	1,080	15,82	—	—	—
0,126	0,400	—	—	15	1,00	—	21,50	15	0,950	18,60	15	0,950	18,60	15	0,950	22,55
0,126	0,400	—	—	19	1,50	—	31,74	16	1,080	20,90	16	1,080	20,90	16	1,080	24,85
0,197	0,500	—	—	15	1,00	—	26,74	15	0,950	22,60	15	0,950	22,60	15	0,950	27,52
0,197	0,500	—	—	—	1,50	—	39,46	16	1,080	25,60	16	1,080	25,60	16	1,080	30,52
0,256	0,570	—	—	—	—	—	—	—	—	—	15	0,950	26,40	—	—	—
0,256	0,570	—	—	—	—	—	—	—	—	—	16	1,080	29,80	—	—	—
0,256	0,570	—	—	—	—	—	—	—	—	—	17	1,210	33,20	16	1,080	36,80
0,283	0,600	—	—	—	—	—	—	16	1,080	30,90	16	1,080	30,90	—	—	—
0,283	0,600	—	—	—	—	—	—	17	1,210	34,40	17	1,210	34,40	—	—	—

Gerippte Lutten aus Zinkblech:

von 250 mm l. W. aus 0,74 mm starkem Blech zu 2,75 M.

 » 300 » » » » 0,82 » » » » 3,60 »

 » 400 » » » » 0,95 » » » » 5,20 »

 » 500 » » » » 0,95 » » » » 6,50 »

 » 600 » » » » 1,08 » » » » 9,00 »

Die im Ruhrrevier verwandten Lutten werden hauptsächlich von H. von der Weppen in Essen, der Rheinischen Metallwarenfabrik ebendort, Wirtz & Co. in Schalke, der Metallwarenfabrik Bochum und Würfel & Neuhaus daselbst sowie von Hugo Krieger & Co. in Düsseldorf geliefert.

Ueber die Abmessungen und Gewichte der gebräuchlichen Lutten machen die Firmen H. von der Weppen und Rheinische Metallwarenfabrik folgende Angaben: (Tabelle 86 auf voriger Seite und Tabelle 87.)

Wetterlutten der Rheinischen Metallwarenfabrik in Essen.

Tabelle 87.

Innerer Durchmesser	Quer- oder schraubenförmig gerippte Lutten aus Zinkblech			Lutten aus verzinktem Eisenblech			
	Stärke des Bleches		Gewicht der 2 m langen Lutte	Stärke des Bleches		Gewicht der 2 m langen Lutte	
						gefalzt	genietet
m	No.	mm	kg	No.	mm	kg	kg
0,105	12	0,660	3,7	21	0,75	4,35	4,50
0,125	12	0,660	4,4	21	0,75	5,15	5,30
0,155	12	0,660	5,3	21	0,75	6,45	6,60
0,155	13	0,740	5,9	20	0,88	7,45	7,60
0,205	13	0,740	7,5	21	0,75	8,45	8,55
0,205	14	0,820	8,1	20	0,88	9,80	9,90
0,228	13	0,740	8,5	21	0,75	9,65	9,75
0,228	14	0,820	9,2	20	0,88	11,15	11,25
0,250	13	0,740	9,1	20	0,88	11,65	11,80
0,250	14	0,820	10,0	19	1,00	13,65	13,80
0,315	14	0,820	12,5	19	1,00	18,20	18,30
0,315	15	0,950	14,3	18	1,13	20,20	20,30
0,400	15	0,950	18,2	19	1,00	22,85	23,00
0,400	16	1,080	21,0	18	1,13	25,85	26,00
0,500	15	0,950	23,6	18	1,13	33,00	33,15
0,500	16	1,080	26,5	17	1,25	36,00	36,15
0,600	16	1,080	33,2	17	1,25	44,50	44,65
0,600	17	1,210	36,8	16	1,38	48,50	48,65

γ) **Luttenverbindungen.**

Auf den Wirkungsgsgrad der Sonderbewetterungsanlagen übt die Güte der Verbindung der Luttenenden einen solch ausserordentlichen Einfluss aus, dass der Mangel an einer guten Luttenkuppelung und die demselben entspringenden grossen Dichtungsverluste in früheren Jahren eines der hauptsächlichsten Hemmnisse für die Einführung der Sonderbewetterung waren. Eine solche Verbindung darf nicht viel Kosten verursachen und nur wenig Raum verbrauchen; sie muss trotz des geringen Zwischenraumes, der gewöhnlich zwischen der Lutte und der Firste, der Sohle oder den Stössen vorhanden ist, leicht zugänglich sowie schnell ein- und auszubauen sein.

Man kann folgende Arten von Luttenverbindungen unterscheiden:

Steckverbindungen,
Muffenverbindungen,
Bandverbindungen,
Flanschenverbindungen.

Steckverbindungen.

Auf die einfachste Art wird eine Verbindung dadurch hergestellt, dass das engere cylindrische oder konisch zulaufende Ende der einen Lutte etwa 20 cm tief bis zu der Stelle, wo gewöhnlich in die Lutte ein verstärkender Wulst eingewalzt ist, in das entsprechend erweiterte Ende der anderen Lutte eingeführt wird. Die Abdichtung wird meist durch Verschmieren der Verbindungsstelle mit Lehm oder Kitt vervollständigt. Diese Steckverbindungen weisen den Nachteil auf, dass sie die Luttentour nicht unerheblich verkürzen und dass zum Herausnehmen eines Teiles derselben, wie es z. B. bei Reparaturarbeiten erforderlich wird, die ganze Leitung verschoben werden muss.

Muffenverbindungen.

Von den Muffenverbindungen stellt sich der viel verwandte Lehmumschlag, welcher häufig durch ein- oder umgelegte Leinwandstreifen verfestigt wird, am billigsten. Bei den Lufterschütterungen, welche die Sprengschüsse verursachen und den Stössen, welche sich von den Antriebsmaschinen der Ventilatoren auf die Luttenleitungen übertragen, verliert er jedoch bald seine Dichtungsfähigkeit. Haltbarer als die Umschläge aus Lehm sind solche aus den weit elastischeren Luttenkitten. Dieselben weisen eine sehr verschiedene Zusammensetzung auf. Auf Zeche Pluto hat sich ein aus gleichen Teilen Harz und Talg hergestelltes Gemisch gut bewährt. Der Kitt hält auch stärkeren Lufterschütterungen durch Sprengschüsse Stand, auftretende Risse können durch Verstreichen der plastisch bleibenden Masse leicht beseitigt werden. Für die Verwendung an sehr warmen Betriebspunkten wird die Zusammensetzung etwas zu Gunsten des Harzgehaltes verändert. Auf einzelnen Zechen des Reviers Oberhausen setzt man dem Gemisch zur Erhöhung der Konsistenz noch gestossene Schlemmkreide zu.

Gute Dienste thun auch Luttenkitte aus folgenden Gemischen:

1. Wagenfett und Cement zu gleichen Teilen gemischt.
2. Unschlitt, Thon und Cement in gleichem Verhältnis.
3. 5 Teile Cement, 6 Teile Teer, 6 Teile Kohlenstaub.

Eine zweckdienliche Einrichtung zum Festhalten der plastischen Dichtungsmasse ist der von der Firma Würfel & Neuhaus hergestellte Verschluss. Er besteht in einem elastischen Zinkblechbande, welches an

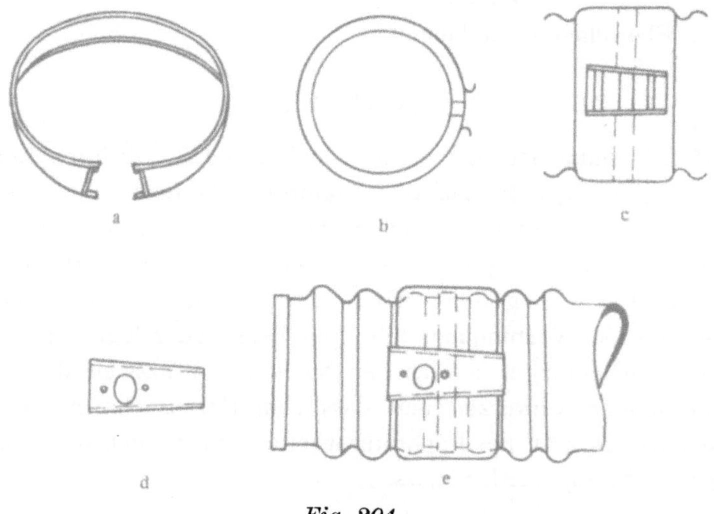

Fig. 204.

Luttenverbindung von Würfel & Neuhaus.

beiden Seiten so eingezogen ist, dass es einen flach ⊓-förmigen Querschnitt erhält (Fig. 204 a u. b). Die Enden des Bandes sind mit Keilhaltern versehen, in welche ein Blechkeil von der in Fig. 204d abgebildeten Form eingreift. Wird das Band um die Luttenenden gelegt und durch den Keil angezogen, so entsteht ein ringförmiger Zwischenraum, welcher einen vorher um die Dichtungsstelle gelegten Lehmumschlag oder einen nachher durch eine Oeffnung des Keils eingeführten Umguss von Gips oder Luttenkitt aufnimmt.

Eine gute Dichtung stumpf aneinander gestossener Luttenenden wird auch dadurch herbeigeführt, dass man um dieselben eine geschlossene Gummimuffe spannt und letztere durch Bindedrähte befestigt. Diese Vorrichtung besitzt den Vorteil, dass sie kleine Krümmungen der Lutten ohne weiteres zulässt, ist aber weniger widerstandsfähig und stellt sich bei dem raschen Verschleiss des Gummis in der Grubenatmosphäre recht teuer.

Bandverbindungen.

Eine Reihe erheblicher Vorteile weisen die seit Mitte der neunziger Jahre eingeführten Bandverschlüsse auf, als deren erste Ausführung die der Firma Wirtz & Co. in Schalke patentierte Verbindung (Fig. 205a u. b) anzusehen ist. Das federnde Verschlussband wird in derselben Weise wie

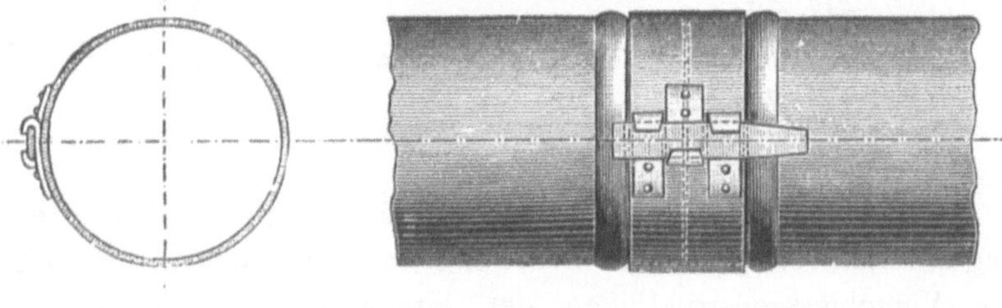

Fig. 205.

Bandverschluss mit Keil von Wirtz & Co.

bei dem vorbeschriebenen Verschluss der Firma Würfel & Neuhaus um die Lutte gelegt. Abweichend von diesem erfolgt die Abdichtung der Luttenenden durch ein elastisches Innenfutter aus imprägnierter Leinwand, welches in dem Blechbande durch seitliche Umbördelungen festgehalten wird. Zieht man den Keilverschluss durch Eintreiben eines einfachen Holzkeiles zwischen die in einander greifenden Keilhalter an, so legt sich das Band dicht über die Verbindungsstelle und verhindert, wie die später angeführten Versuchsergebnisse bezeugen, in wirksamer Weise das Entweichen der Luft.

Fig. 206.

Bandverschluss mit hohlem Blechkeil von Würfel & Neuhaus.

Eine Reihe von anderen Firmen hergestellter Verschlüsse weist Unterschiede von dem Wirtzschen nur in den konstruktiven Mitteln zum Anziehen des Bandes auf. Der Bandverschluss der Firma Würfel & Neuhaus (Fig. 206a—c) wird, wie der oben beschriebene Muffenverschluss, durch einen Blechkeil geschlossen, welcher über die aus Winkeleisen hergestellten Keilhalter

Fig. 207.

**Bandverschluss mit Keil
von v. d. Weppen.**

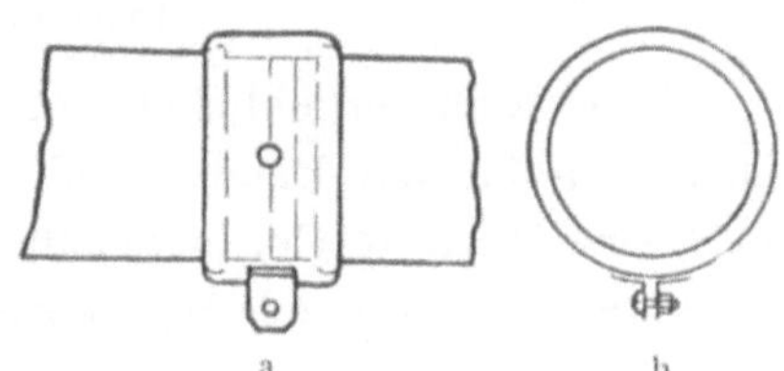

Fig. 208.

**Bandverschluss mit Zugschraube
von v. d. Weppen.**

greift. Bei einer von der Firma H. von der Weppen fabrizierten Ausführung des Bandverschlusses ist der Keil etwas anders angeordnet (Fig. 207). Andere Verschlusskonstruktionen der letzteren Firma werden durch Schrauben (Fig. 208a u. b), einfache (Fig. 209a u. b) oder Exzenterhebel (Fig. 210) angezogen. Der Excenterhebel gewährt den Vorteil, dass er

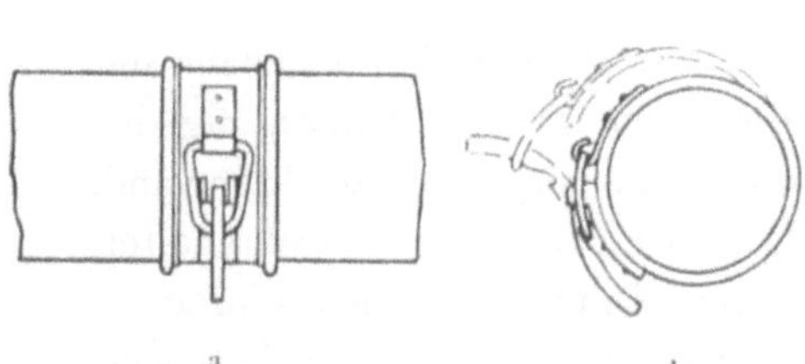

Fig. 209.

**Bandverschluss mit einfachem Hebel
von v. d. Weppen.**

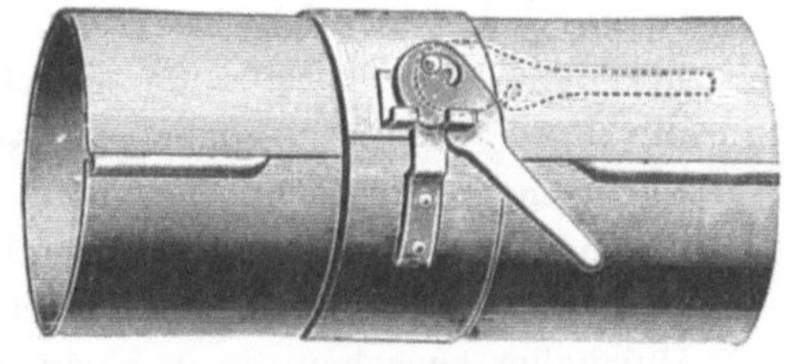

Fig. 210.

**Bandverschluss mit Excenterhebel
von v. d. Weppen.**

in verschiedenen Stellungen festgestellt und deshalb an Lutten verschiedener Durchmesser angebracht werden kann.

Die umgekehrte Anordnung des Dichtungsfutters weist der Innenbandverschluss der Firma H. von der Weppen auf (Fig. 211). Bei demselben ist ein Band aus verzinktem Eisenblech mit einer elastischen Segeltuchauflage versehen. Es wird in die Luttenenden derartig eingeführt, dass ein mit zwei vorstehenden Keilhaltern versehenes Zwischenstück frei bleibt. Durch das Anschlagen des Keiles wird das Band auseinander und fest gegen die Innenwandung der Lutte gepresst. Zur Vermeidung einer Querschnittsverminderung werden die Lutten, wie die Figur zeigt, beiderseits mit Erweiterungen versehen, welche das Band aufnehmen und dadurch einer Verengung des Querschnittes vorbeugen.

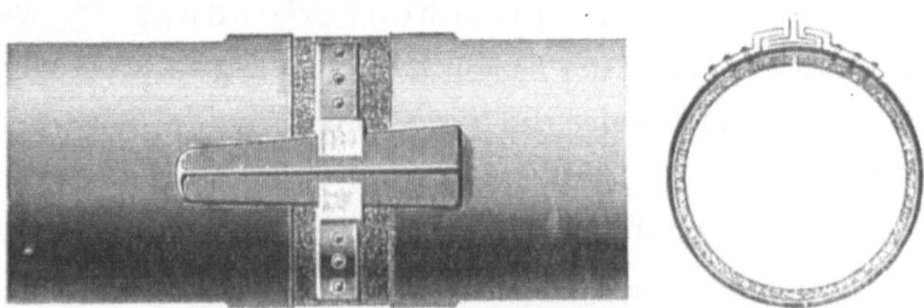

Fig. 211.

Innenbandverschluss von v. d. Weppen.

Der Preis der Bandverschlüsse schwankt je nach dem Luttendurchmesser und der Ausführung zwischen 1,25 und 2,50 M.

Flanschenverbindungen.

Als einfache und wirksame Verbindungsart erfreut sich der Flanschenverschluss (Fig. 212) einer wachsenden Beliebtheit besonders bei Luttenleitungen, die länger an einem Orte verbleiben. Zur Aufnahme der Ver-

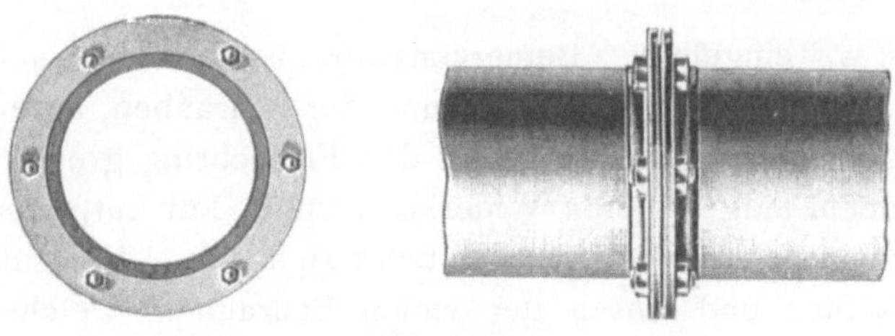

Fig. 212.

Flanschenverschluss von v. d. Weppen.

bindungsschrauben werden die Luttenenden mit aufgenieteten Ringen aus Vierkant- oder Winkeleisen versehen, welche die mechanischen Beschädigungen in erster Linie ausgesetzten Luttenenden verstärken. Eine bequemere Montage gestatten die losen Flanschenringe (Fig. 197b auf Seite 538). Die Abdichtung des Flansches wird durch Zwischenlegen von Packungsringen aus Gummi, Pappe oder Hanf vervollkommnet.

Als billigstes Dichtungsmaterial empfehlen sich Pappringe*), welche vermittelst Holzmeissel oder besonderer Stanzen aus gewöhnlichen Papptafeln gehauen werden. Um zu verhindern, dass die Ringe aus ihrer Lage kommen und in die Lutte hineinragen, klebt man sie zweckmässiger Weise mit Vogelleim u. s. w. an den Flanschen fest.**).

Eine noch sicherere Verbindung wie beim gewöhnlichen Flanschenverschluss ermöglicht die Nut-Flanschenverbindung***), welche von der Firma Wolf, Netter & Co. in Bischofsheim ausgeführt wird. Wie aus Figur 213 zu ersehen ist, weist der eine Flansch eine etwa 5 mm tiefe und 15 mm breite Nut auf, in welche ein vorstehender Ring des anderen eingreift. Zur Vervollkommnung der Dichtung wird in die Nut ein Ring aus

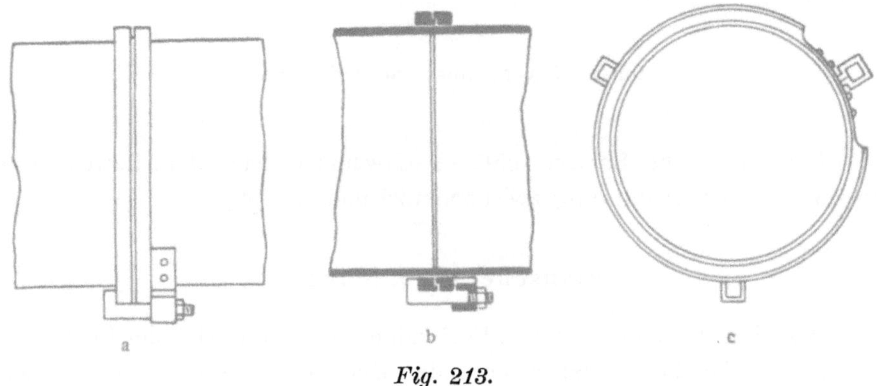

Fig. 213.

Nut-Flanschenverbindung von Wolf, Netter & Co.

Pappe u. s. w. eingelegt. Bemerkenswert ist bei diesem patentierten Flanschenverschluss auch die Ausführung der Schrauben, deren eines Ende mit einer gebogenen Kramme hinter den Flanschring greift, während das andere in einem aufgenieteten Widerlager ruht. Für Luttentouren, welche öfter umgebaut werden müssen, empfiehlt sich dieser Verschluss weniger, da das Anziehen und Lösen der vielen Schrauben, welche unter dem Einfluss der Grubenfeuchtigkeit leicht festrosten, eine zeitraubende und wegen des geringen Zwischenraumes zwischen Lutte und Strecke gewöhnlich auch eine recht schwierige Arbeit ist. Zudem verteuern die Schrauben und die Zurüstung der Flanschenringe zu ihrer Aufnahme sowie der grosse Arbeitsaufwand für das Lösen und Festdrehen der Schrauben beim Umbau die Anlagekosten einer derartigen Luttentour nicht unerheblich.

---

*) Zeitschr. für das Berg-, Hütten- und Salinenwesen 1901, Bd. XLIX, B S. 329.
**) Zeitschr. für das Berg-, Hütten- und Salinenwesen 1901, Bd. XLIX, B S. 324.
***) Zeitschr. für das Berg-, Hütten- und Salinenwesen 1899, Bd. XLVII, B S. 207.

Für Luttentouren, deren Gebrauchsort häufig wechselt, stellt deshalb der Klammer-Flanschenverschluss (Fig. 214) der Firma Würfel & Neuhaus in Bochum einen wesentlichen Fortschritt dar. Bei dieser Verschlussart sind die Luttenenden mit aufgenieteten eisernen Kopfringen

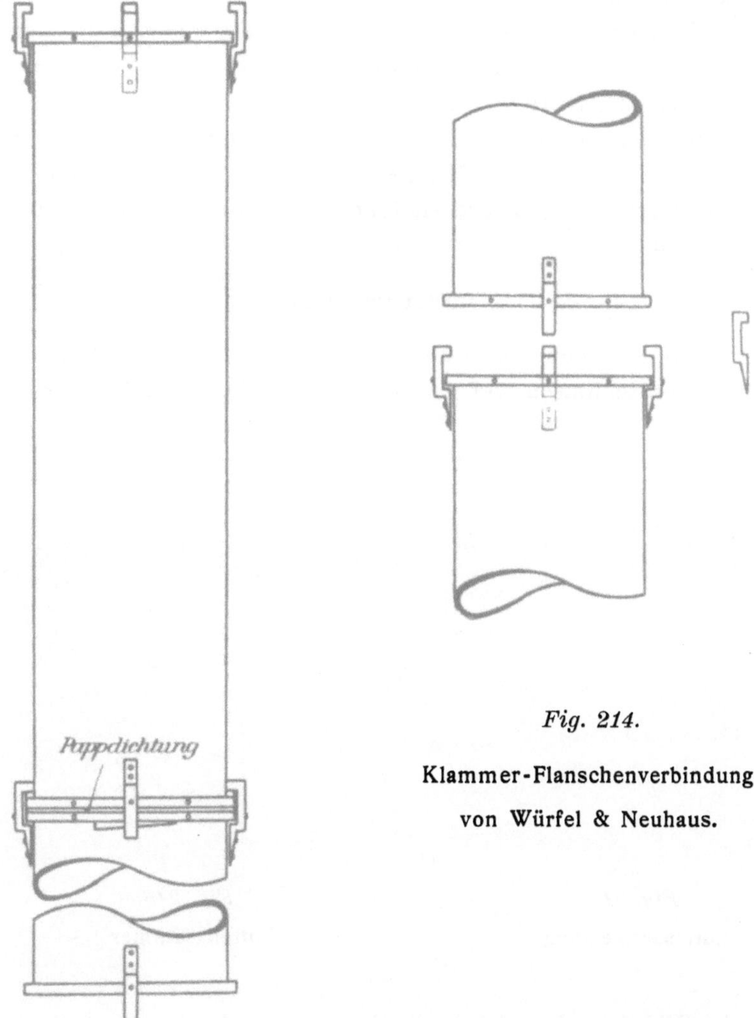

Fig. 214.

Klammer-Flanschenverbindung
von Würfel & Neuhaus.

und Klammern versehen, welch letztere in der Art verteilt sind, dass das eine Luttenende 3 derselben und das andere nur eine trägt. Der Zusammenbau der Lutten erfolgt einfach dadurch, dass das mit einer Klammer ausgerüstete Ende der einen Lutte in die 3 Klammern am Ende der anderen eingelassen wird, und die Klammern durch dazwischen geschlagene Keile aus Holz oder Eisen angezogen werden. Keile aus Buchen- oder Tannenholz haben den Vorzug, dass sie billiger und leichter zu ersetzen sind und infolge ihrer Schmiegsamkeit ein zu starkes Antreiben nicht zulassen. Zur besseren Dichtung wird zwischen die Flanschen ein Pappring eingefügt. Die vorstehenden Klammern erleichtern den Einbau, weil die Lutten schon vor dem Antreiben der Keile in die gewünschte Lage gebracht werden können, und sich auf mehrere Längen selbst frei tragen. Auch wird durch die Klammern der Dichtungsring in seiner konzentrischen Lage gehalten und somit verhindert, dass er teilweise in die Lutte hineinragt und dadurch Reibungsverluste verursacht.

Die Flanschenverbindungen stellen sich je nach der Luttenweite und der Ausführung auf 4,50 bis 10 M.; diese hohen Anschaffungskosten machen sich jedoch durch die grössere Haltbarkeit der Lutten und den besseren Nutzeffekt bezahlt.

♂) **Luttenkrümmer.**

Die erforderlichen Richtungsveränderungen und Abzweigungen (Fig. 215) der Luttentouren werden durch feste oder verstellbare Krümmer vermittelt.

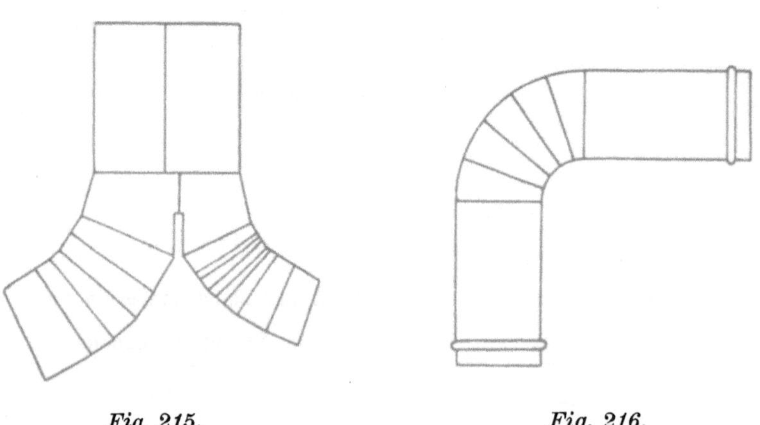

<table>
<tr><td>Fig. 215.</td><td>Fig. 216.</td></tr>
<tr><td>Luttenabzweigung.</td><td>Luttenkrümmer.</td></tr>
</table>

Da der Widerstand, welchen die Krümmerstücke der durchströmenden Luft entgegensetzen, mit dem Kurvenwinkel wächst, empfiehlt es sich, starke unvermittelte Krümmungen wie die der Fig. 216 nach Möglichkeit zu vermeiden und durch flachere Bögen zu ersetzen. Ganz erhebliche Kraftverluste verursachen knieförmig gebogene, einfache und scharfgebogene Doppelkrümmer (Fig. 217), wie sie zum Kreuzen von Strecken und zum Ueberführen der Luttentour in eine andere Höhen- oder Seitenlage verwandt werden. Hier wird man meistens mit flacheren Krümmer-

stücken (Fig. 218—220) von weit geringerem Durchgangswiderstand auskommen können.

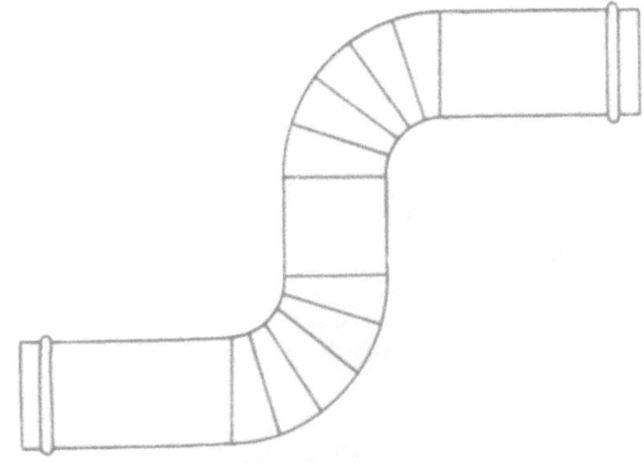

Fig. 217.

Doppelkrümmer.

Für die verschiedenen Luttenarten und -weiten und die gewöhnlichen
Krümmungswinkel von 3, 4, 6 und 8 m Radius werden auf den Zechen

Fig. 218.

Flacher Krümmer.

besondere Krümmer auf Lager gehalten. Um dieser Notwendigkeit
überhoben zu sein, welche die Verwendung fester Krümmer erschwert und

Fig. 219.   *Fig. 220.*

Luttenkrümmer.

verteuert, geht man neuerdings vielfach zum Gebrauch verstellbarer
Krümmer über, welche zugleich den Lutteneinbau bedeutend erleichtern.
Die einfachste Ausführung derselben besteht darin, dass man die Ver-

änderung des Krümmerwinkels durch Einlegen keilförmiger Ringe oder
Passstücke herbeiführt, wobei man jedoch den Nachteil mehrerer Dichtungs-
stellen in den Kauf nimmt. Dieser Umstand lässt sich durch den Einbau

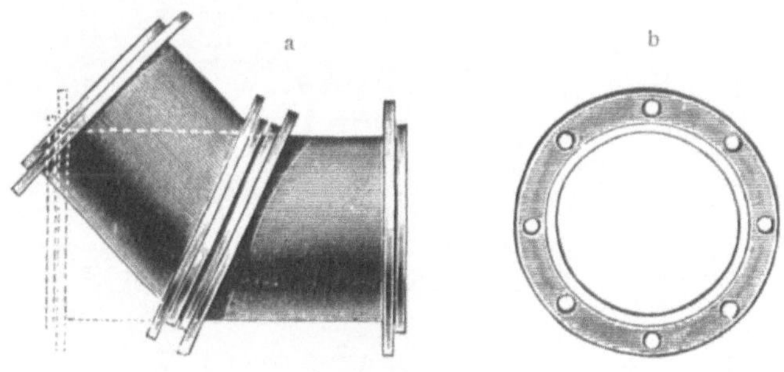

Fig. 221.

Verstellbarer Krümmer von Wirtz & Co.

der aus 2 Teilen bestehenden Krümmer, welche seit mehreren Jahren im
Gebrauch sind, umgehen, welche den Luttenlegern die Möglichkeit ver-
schaffen, in der Strecke jeden passenden Bogen selbst herzustellen, so dass

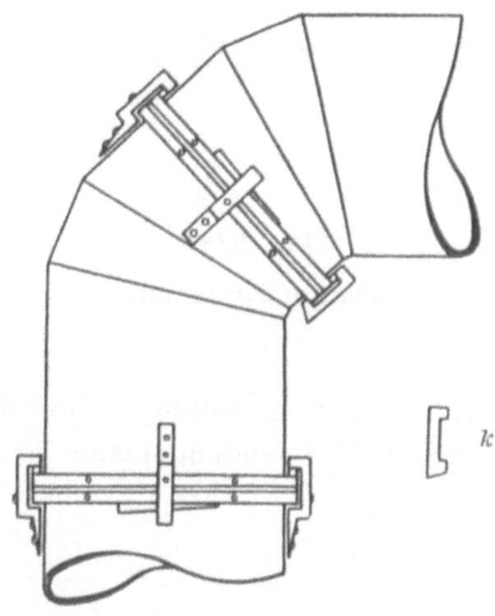

Fig. 222.

Verstellbarer Krümmer mit Klammerverschluss.

nur noch eine Art von Krümmern auf der Grube im Bestand gehalten zu
werden braucht.*) Der von der Firma Wirtz & Co. in Schalke auf den Markt
gebrachte verstellbare Krümmer, den Figur 221 a u. b in seiner geringsten

---

*) Zeitschrift für das Berg-, Hütten- und Salinenwesen 1899, Bd. XLVII, BS. 206.

und grössten Ablenkung zeigt, setzt sich aus zwei, in einem beliebigen aber
gleichen Winkel, abgeschrägten Luttenstücken zusammen. Am zweckmässigsten beträgt der Winkel $112^1/_2°$. Die entstehende eliptische Schnitt-
fläche wird durch entsprechendes Einziehen des Bleches in eine kreisförmige
umgewandelt und mit losen Flansch- und festgenieteten Verstärkungsringen versehen. Die losen Flanschringe gestatten auch nach ihrer Ver-
schraubung eine achsiale Drehung der Krümmerhälften in einem Winkel
zwischen 135 und 180°. Für Winkel, die ausserhalb dieser Grenzen liegen,
sind zwei Luttenkrümmer erforderlich.

Bei der Verwendung des Klammer-Flanschenverschlusses der Firma
Würfel & Neuhaus (Seite 549) werden die losen Flanschringe durch eine
bewegliche Klammer k (Fig. 222), welche auf der inneren Seite des
Krümmers angebracht wird, entbehrlich gemacht.

V. Der Betrieb der Sonderbewetterung.

1. Allgemeines.

Bei der Wahl des Aufstellungsortes der Motoren ist natürlich
darauf zu achten, dass die frischen Wetter dem einziehenden Strome auf dem
kürzesten Wege entnommen und die Abwetter möglichst direkt dem ausziehenden Strome zugeführt werden. Lange Saugleitungen verursachen grosse
Kraftverluste, das Eindringen schlagwetterführender Abwetter in andere Baue
kann Gefahren im Gefolge haben. Beispielsweise berichtet Hoernecke*) von
einem Fall, wo eine Explosion dadurch verursacht wurde, dass die von
einem Ventilator aus einem Fahrüberhauen abgesaugten Wetter von einem
zweiten Ventilator aufgenommen und in ein benachbartes Bremsbergüber-
hauen gedrückt wurden, wo sie sich entzündeten. Gegen diese Gefahr
richtet sich der § 17 der Bergpolizeiverordnung des Oberbergamtes zu
Dortmund vom 12. Dezember 1900, welcher lautet:

§ 17. 1. Triebwerke zur Sonderbewetterung müssen frei im
frischen Wetterstrome an einem von dem Abteilungssteiger an Ort
und Stelle bezeichneten Punkte aufgestellt werden und so eingerichtet sein, dass die zur Bewetterung des Orts bereits benutzten
Wetter sich nicht mit dem frischen Strome vermischen und dem
Orte nochmals zufliessen können.

2. Wirken die Triebwerke saugend, so müssen sie eine dichte Ausblaseleitung haben, welche verhindert, dass die angesaugten Gase
mit der Lampe eines Bedienungsmannes in Berührung kommen.

Die Bedienung der Strahlapparate ist gewöhnlich den Ortsbeleg-
schaften überlassen, welche einfache Reparaturen und das Einsetzen der

*) Zeitschrift f. d. Berg-, Hütten- und Salinenwesen 1883, Bd. XXXI, BS. 330.

meistens an Ort und Stelle vorrätigen Reservedüsen selbst ausführen. Die Motorventilatoren werden dagegen gewöhnlich von einem besonderen Maschinenwärter überwacht, welcher dieselben schmiert und sie nach den Anordnungen des Wettersteigers auf eine bestimmte Tourenzahl einstellt. Um ein Eingreifen Unbefugter zu verhindern, werden sie häufig durch einen Bretter- oder Lattenverschlag unzugänglich gemacht, dessen Thür nur der kontrollierende Maschinenwärter öffnen kann.

Um zu vermeiden, dass die Pressluftventilatoren unnötigerweise von der Ortsbelegschaft auf die höchste Leistung gebracht werden, hat man in einigen Fällen dünne Eisenblechplatten mit einer Oeffnung von 3 mm Durchmesser in die Pressluftleitung eingeschaltet. Dadurch wird zwar der angestrebte Zweck erreicht, andererseits aber durch die starke Drosselung der Pressluft in dem schon an sich so schlecht wirkenden Triebwerke eine Quelle weiterer Kraftverluste geschaffen. Zudem bietet diese Massregel nach der sicherheitlichen Seite das Bedenken, dass in Notfällen eine Verstärkung des Wetterzuges nur nach der zeitraubenden Entfernung der Drosselscheibe erzielt werden kann.

Das Anlassen der direkt mit den Flügelrädern gekuppelten Pressluftmotoren verursacht Schwierigkeiten, wenn die Maschine im toten Punkte steht. Die mit Riemenkuppelung arbeitenden Motoren kann man durch Ziehen am Riemen leicht in eine günstige Anlaufstellung bringen. Durch Turbinen oder Elektromotoren bethätigte Ventilatoren lassen sich auch aus grösserer Entfernung in Gang setzen.

Der Betrieb der Strahlapparate ist gewöhnlich ein dauernder und gleichmässiger, doch ist meistens die Möglichkeit vorhanden, durch weiteres Oeffnen der Luft- oder Wasserventile die Wirkung vorübergehend, beispielsweise vor und nach dem Abgeben von Schüssen, zu steigern. Die Abluft der unterirdischen Pressluftmotoren zur Bethätigung der Haspel u. s. w. wird oft dadurch der Bewetterung dienstbar gemacht, dass man sie in benachbarte Luttenleitungen ausströmen lässt.

Die Betriebssicherheit der Düsen ist grösser wie die der Ventilatoren, welche zur Auswechselung verschlissener Teile und zur Reinigung ab und zu still gesetzt werden müssen. Unreines Wasser verursacht bei den Wasserdüsen oft Schwierigkeiten, welche sich so steigern können, dass dieses Bewetterungsmittel nicht mehr den Anforderungen an Betriebssicherheit genügt, welche man in Oertern mit starker Schlagwetterentwickelung stellen muss. Jedenfalls ist in allen Fällen eine sorgfältige Ueberwachung der Wasserapparate und, wenn das Wasser zu unrein ist, seine Ausnutzung durch einen Peltonradventilator geboten.

Die Leistung der Sonderbewetterungsvorrichtungen wird periodisch durch den Wettersteiger kontrolliert, welcher gewöhnlich den ausziehenden Strom misst und die Messergebnisse in das Kontrollbuch einträgt. Der auf S. 520 erwähnte Fall eines Nebenschlusses lässt es dringend geboten erscheinen, des öfteren auch die Wettereinströmung zu messen, wie es auf einzelnen Zechen schon geschieht.

Um die Möglichkeit zu schaffen, die Motorventilatoren vorübergehend bei Reparaturen still zu setzen, und zugleich im Falle einer Betriebsstörung über eine Reserve zu verfügen, verwendet man neuerdings vielfach Kombinationen von Motorventilatoren und Strahlapparaten zur Bewetterung. Werden die Ventilatoren still gesetzt, so treten die gewöhnlich von derselben Energiequelle gespeisten Strahlapparate in Thätigkeit und übernehmen so lange den Betrieb, bis die ersteren wieder ihre Thätigkeit aufnehmen können.

Mit Rücksicht auf den verfügbaren Raum und die Verhütung von Beschädigungen führt man die Luttenleitungen in der Regel möglichst nahe an der Firste. Das gewährt für saugende Lutten den Vorteil, dass die Schlagwetter aus den Kesseln des Hangenden gesogen werden, und für blasende, dass die ausströmende kühlere und deshalb spezifisch schwerere Luft durch die ganze Streckenhöhe herabsinkt und sich innig mit den Streckenwettern vermischt. Handelt es sich, wie z. B. im Flötz Herrenbank der Zeche Bonifacius, um die Abführung von Kohlensäure, so muss der Saughals der Lutte natürlich am Boden liegen. Sind die wetternötigen Oerter passend gelegen, wie z. B. beim Auffahren von Grundstrecken auf beiden Seiten eines Querschlags, so lassen sich mehrere derselben durch einen kräftigen Motor mit Wettern versorgen.

Mit den ersten Anfängen der Einführung von Sonderbewetterungsmotoren erhob sich ein Streit über die Vorzüge der blasenden oder saugenden Betriebsart, der auch in die polizeilichen Bestimmungen der überwachenden Bergbehörden hinüberspielte. Die Bergpolizeiverordnung des Oberbergamtes zu Dortmund vom 17. Juli 1879 bestimmte für die damals lediglich in Frage kommenden Handventilatoren folgendes:

§ 24. Die Handventilatoren dürfen nur im frischen Wetterstrome beziehungsweise beim letzten Wetterdurchhiebe aufgestellt werden und dürfen, von den nachstehend erwähnten Ausnahmen abgesehen, nur saugend wirken. Dieselben sind mit einer Ausblaseleitung zu versehen, durch welche die angesaugten Wetter unmittelbar in den abziehenden Wetterstrom geführt werden, sodass sie mit den zur Versorgung des zu ventilierenden Orts und seines Parallelortes dienenden frischen Wettern nicht wieder in Berührung kommen können. Blasend wirkende Handventilatoren dürfen nur ausnahmsweise angewendet und müssen stets vor dem letzten offenen Durchhiebe, das ist auf der Seite desselben, von welcher der frische Wetterstrom herkommt, aufgestellt werden.

Dieser Bevorzugung der saugenden Ventilatoren stand die Ansicht des Königlichen Oberbergamtes in Halle, welche sich in der Bergpolizeiverordnung dieser Behörde vom 6. März 1875 für das Steinkohlenbergwerk Wettin kundgab, direkt entgegen. Danach sollen die bei ansteigendem Betriebe zur Verwendung gelangenden Wettermaschinen der Regel nach blasend wirken. Saugende sind nur statthaft, wenn die Wetter direkt in die ausziehende Strecke gelangen, also mit belegten Abbau- und Förderstrecken nicht mehr in Berührung kommen. Dieser Widerstreit der Meinungen hat sich neuerdings zu Gunsten des blasenden Betriebes entschieden, welcher auch im Ruhrkohlenbergbau in der weit überwiegenden Mehrzahl der Fälle zur Verwendung kommt. Der einzige ins Gewicht fallende Vorteil der anderen Bewetterungsart besteht darin, dass die Wetter der ganzen Strecke durch die Lutte gesogen und durch nachströmende Luft ersetzt werden, während beim blasenden Betrieb die frischen Wetter sich mit den Streckenwettern vermischen, gegebenenfalls den Schlagwettergehalt derselben reduzieren, aber nur verhältnismässig wenig Kraft für die Wetterbewegung abgeben. Es ist deshalb nicht möglich, die Wetterstrecke selbst so rein zu halten wie beim saugenden Betrieb. Bei genügender Leistungsfähigkeit des Wettermotors ist aber immerhin Kraft genug vorhanden, um die Luftsäule selbst in hohen Aufhauen, wo die Schlagwetter infolge ihres geringen spezifischen Gewichtes mit stärkerer Macht vor Ort gedrängt werden, in Bewegung zu setzen, zumal da sich dieselbe viel leichter durch die breite Strecke, als durch die enge, nur etwa $\frac{1}{50}$ des Querschnittes aufweisende Lutte treiben lässt.

Ein einfaches und wirksames Mittel, um ein Ansammeln von Schlagwettern in den vom Orte entfernten Teilen von Aufhauen zu verhindern, ist die Beförderung des Zuges an der Firste, welche man dadurch erreicht, dass der untere Teil des Streckenquerschnitts mit Wettertuch verhängt wird. Auf Grube Reden*) in Saarbrücken ordnet man diese Segeltuchblenden in Abständen von 5 zu 5 m so in der Strecke an, dass sie einen Spalt von 10 cm unter der Firste freilassen. Auf anderen Gruben, z. B. der Zeche Friedrich der Grosse**), bohrte man die Lutten an und zapfte ihnen soviel Wetter ab, als für die Streckenbewetterung erforderlich sind.

Der Vorteil, dass man bei der saugenden Bewetterung (Fig. 223a) eine Wetterthür in der Förderstrecke umgeht, fällt bei der verhältnismässig geringen Förderung in Aus- und Vorrichtungsarbeiten nur wenig ins Gewicht.

Wenn es auch mit Hilfe der saugenden Betriebsart leichter gelingt,

---

*) Glückauf 1895, S. 1209.
**) Zeitschr. f. d. Berg-, Hütten- u. Salinenw. 1883, Bd. XXXI, BS. 209.

die Strecke schlagwetterfrei zu halten, als bei der blasenden, so versagt die erstere gerade an dem gefährlichsten Punkte, dem frisch entgasenden Ortsstoss, wo sich der grössere Teil der Belegschaft aufhält, während die Strecke während der Schicht nur wenig befahren wird. Die Saugwirkung schneidet kurz vor dem Mundloch der letzten Lutte ab, wo die frischen Wetter, ohne das Ort zu erreichen, umkehren. Der namentlich in steilen Ueberhauen

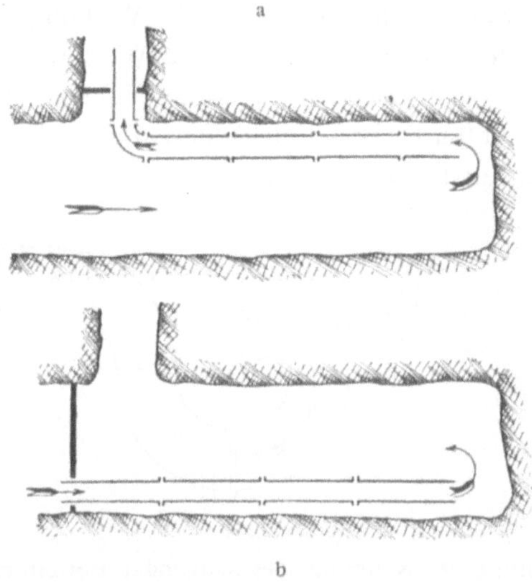

Fig. 223.

a. Saugende }
b. Blasende } Bewetterung eines Ortsstosses.

nur schwach wirkenden Diffusion bleibt es dann überlassen, über den breiten Zwischenraum hin, welchen man zur Vermeidung von Beschädigungen der Lutte durch Sprengstücke und mit Rücksicht auf den erforderlichen Arbeitsraum zwischen das Saugende und den Stoss legen muss, die schlagwetterreichsten Wetter dem Saugrohr zuzuführen. Menzel hat durch Versuche festgestellt, dass bei saugender Bewetterung der Grubengasgehalt in einem Ueberhauen 2—3 mal so gross war, wie bei blasender.*) In einem von Uthemann**) erwähnten Falle stand der Ortsstoss voll Schlagwetter, obwohl ein 400 mm weiter Flanschluttenstrang bis $^3/_4$ m an denselben herangeführt war, während unter denselben Verhältnissen eine blasende Lutte durch ihre Spülwirkung ein Ort über einen Zwischenraum von 10 m hinweg bewetterte.

Die blasende Anordnung begegnet in wirksamer Weise der zunächst

---

*) Zeitschr. f. d. Berg-, Hütten- und Salinenwesen 1883, Bd. XXXI, BS. 331.
**) Glückauf 1895, S. 1212.

liegenden Gefahr, indem sie die Wetter mit einer gewissen Wucht über den Zwischenraum hin gegen den Stoss wirft, denselben kräftig bespült, die Schlagwetter dort verdünnt, wo sie hauptsächlich entstehen, und sie in die Strecke abführt.

Eine saugende Lutte schafft dagegen in der Nähe des Orts eine Luft, die träge an den Streckenwänden vorüber streicht, durch die Gesteinstemperatur erwärmt, durch die austretenden Gase verschlechtert und von Feuchtigkeit geschwängert ihre erfrischende Wirkung verloren hat. Im Gegensatz hierzu liefert der blasende Betrieb Wetter, welche mit grosser Geschwindigkeit und von den verbrauchten feuchten Aussenwettern geschieden, vor Ort geführt, der Belegschaft die willkommene Kühlung spenden und die Arbeitsfähigkeit heben.

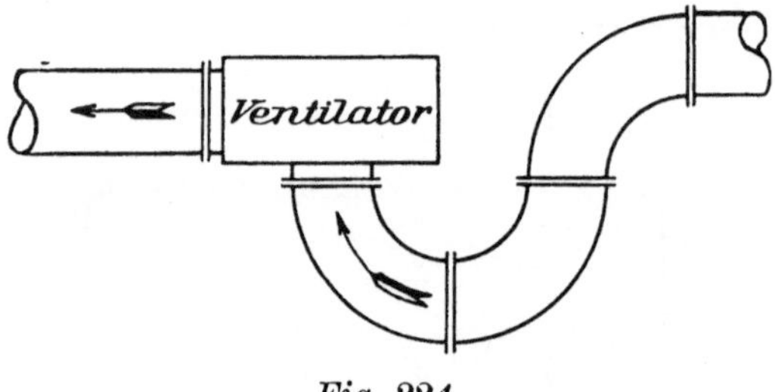

Fig. 224.
Anordnung der Krümmer bei saugender Bewetterung.

Auch vom kraftwirtschaftlichen Standpunkte aus betrachtet verdient die blasende Betriebsart den Vorzug vor der saugenden. Die letztere erfordert einen kraftverzehrenden Krümmer mehr zur Abführung der Wetter aus dem Ventilator in die Wetterstrecke (Fig. 224). Wenn auch die an den Ausblasehals des Ventilators angeschlossene Lutte den Austritt der Luft durch ihre Diffusorwirkung erleichtert, so wird diese Erhöhung des Nutzeffektes durch den zusätzlichen Reibungswiderstand der Kniestücke mehr als aufgehoben. Harzé berechnet in der Annahme, dass nur ein Kniestück zur Abführung der Luft nach der Wetterstrecke in die Lutte eingeschaltet wird, den Wirkungsgrad der blasenden Anordnung um 4 % höher als den der saugenden.

2. Betriebsergebnisse.

a) Betriebsergebnisse der Ventilatoren.

Trotz der grossen Anzahl von Versuchen, welche an Sonderventilatoren ausgeführt wurden, liegt nur wenig einwandfreies und übersichtliches Material zur Bestimmung des Wirkungsgrades von Antriebsmotoren und Wetterrädern vor. Der Grund hierfür ist darin zu suchen, dass bei den angestellten Prüfungen Wetterräder von verschiedenen Abmessungen

unter stark abweichenden Bedingungen und in Verbindung mit Luttentouren von wechselnden, oft gar nicht gemessenen Reibungswiderständen
betrieben wurden, dass der Energieverbrauch des Antriebsmotors nur
oberflächlich festgestellt und die Mitwirkung des Selbstzuges meistens gar
nicht berücksichtigt wurde. Derartige Untersuchungen genügen wohl, um
den Gesamtwirkungsgrad der Sonderbewetterungsanlage in einem einzelnen Fall festzustellen, lassen aber Schlüsse auf den Nutzeffekt der einzelnen Glieder derselben (Wetterrad und Motor) und auf den Betrieb unter
veränderten Verhältnissen nicht zu.

Eine Ausnahme von diesen Prüfungen bilden die von Zörner[*]) in
Saarbrücken angestellten Versuche, bei denen eine Basis zum Vergleich
verschieden bemessener Ventilatoren dadurch geschaffen wurde, dass ihre
Leistung für 1 m Umfangsgeschwindigkeit berechnet wurde. Da die
Umfangsgeschwindigkeit den wesentlichsten Faktor für die Berechnung
der Depression abgibt, ist diese Basis eine recht brauchbare.

Zur Untersuchung gelangten Ventilatoren mit geschlossenen Gehäusen,
welche die in Tabelle 88 zusammengestellten Leistungen ergaben.

Tabelle 88.

System:	Pelzer	Rateau	Wolf	Ser	Pinette I	Pinette II	Zwei Pinettevent. nebeneinander	Zwei Pinettevent. hintereinander
			(Mortier)		blasend	saugend		
Zahl der Flügel	10	—	6	24	—	—	—	—
$\varnothing$ des Flügelrades . mm	500	500	550	600	700			
Einströmung	einseitig	einseitig	einseitig	zweiseitig	einseitig			
Querschnitt der Saug-öffnung . . . qmm	138 544	70 686	70 686	2 × 96 211	77 981			
Querschnitt der Aus-blaseöffnung . qmm	76 375	70 686	61 100	90 000	66 052			
Umdrehung minimal . .	600	800	700	750	400			
» maximal . .	—	1 200	1 100	1 200	700			

Mittlere Wettermengen in cbm für 1 m Umfangsgeschwindigkeit:

Umdrehungen je Minute zwischen:	Pelzer	Rateau	Wolf	Ser	Pinette I	Pinette II	nebeneinander	hintereinander
Bei 100 m Lutten von 500 mm $\varnothing$								
200—800	2,78	3,93	1,55	4,17	2,26	2,17	3,29	2,12
Bei 100 m Lutten von 350 mm $\varnothing$								
200—1000	2,10	2,80	1,40	2,72	1,94	1,88	2,25	2,28
Bei 100 m Lutten von 262 mm $\varnothing$								
200—1200	0,75	0,86	0,73	0,71	0,79	0,93	0,76	1,07

[*]) Zeitschrift f. d. Berg-, Hütten- u. Salinenwesen, 1895, Bd. XLIII, BS. 295 ff.

Die im Ruhrbezirk verwandten Ventilatoren von Capell, Frölich & Klüpfel, Mortier und Pelzer geben, wie ihre Verbreitung beweist, gute Resultate; von den weniger vertretenen Systemen hat sich der Ser-Ventilator, welcher bei den Saarbrücker Versuchen in direkter Kuppelung mit schnell laufenden Peltonrädern am besten abschnitt, auf Zeche Monopol, Schacht Grimberg, sehr gut bewährt. Im allgemeinen wird man annehmen können, dass die Wirkungsgrade der einzelnen Sonderwetterräder sich ähnlich verhalten, wie diejenigen der bei der Hauptwetterführung gebrauchten grösseren Typen.

In erheblicherem Masse als durch die kleinen Fehler der einen oder anderen Konstruktion wird der Wirkungsgrad eines Sonderventilators durch den fortwährenden Wechsel der Depressionen, welcher durch die Aenderung der Luttenlänge hervorgerufen wird, beeinflusst. Nur vorübergehend wird der Ventilator unter den Verhältnissen betrieben werden können, welche seiner Bemessung nach für den Wirkungsgrad am günstigsten sind.

Da sich mit der Zunahme der Tourenzahl die Arbeit für die Bewegung der Flügelradmassen und zur Ueberwindung der Lagerreibung ermässigt, wird bei schnellem Lauf ein grösserer Teil der Kraft für die Wetterbewegung verfügbar. Daraus ergibt sich, dass sich die Motorventilatoren in erster Linie für höhere Depressionen und Leistungen eignen, dass Handventilatoren nur für ganz geringe Depressionen zu verwenden sind und dass auch die Ventilatoren mit direkt gekuppelten Pressluftmotoren, deren Tourenzahl nach obenhin begrenzt ist, starke Reibungswiderstände längerer Luttentouren (über 200 m) nicht überwinden können. Eine Vergrösserung des Flügelraddurchmessers, welcher sich gewöhnlich zwischen 500 bis 700 mm hält, würde zwar eine Erhöhung der Leistung auch bei geringerer Tourenzahl bewirken; sie verbietet sich aber bei den engen Grubenräumen und den Anforderungen an die Beweglichkeit des Apparats von selbst.

Durch Pressluftmotoren mit Vorgelegen, insbesondere, wenn sie mit Stufenscheiben ausgerüstet sind, und vor allem in Verbindung mit den sehr regulierfähigen Turbinen und Elektromotoren lässt sich dagegen leicht eine Tourenzahl erreichen, welche den wechselnden Reibungswiderständen entspricht.

Die Anpassungsfähigkeit des Peltonrades an die wechselnde Beanspruchung wird so recht durch die Ergebnisse von Versuchen auf Zeche Zollverein gekennzeichnet, wo ein mit diesem Motor ausgerüsteter Ventilator auf Luttentouren von 125—374 m Länge und 210 bezw. 400 mm lichter Weite arbeitete und bei 12—22 Atm. Druck und 640—2341 minutlichen Umdrehungen $2^1/_2$—85,64 cbm Wetter vor Ort brachte.

Die Kraftverluste, welche ungünstige Betriebsverhältnisse verursachen, bleiben selbst beim Betrieb einer grösseren Anzahl von Sonderventilatoren immerhin weit hinter der Energieverschwendung durch Drosselung des

Hauptwetterstromes zur Spezialbewetterung eines entfernten Aus- oder Vorrichtungsortes zurück. Diese Erwägung darf allerdings den Bestrebungen, durch rationell arbeitende Motoren den Nutzeffekt der Sonderbewetterungsanlagen zu heben, nicht im Wege stehen.

Im folgenden sollen die Leistungen und Betriebskosten der verschiedenen Antriebsarten von Ventilatoren besprochen werden.

α) Leistungen und Betriebskosten von Handventilatoren.

Ueber die Leistungen der Handventilatoren geben die nachstehenden Angaben Aufschluss, welche auf einer Zeche des Bergreviers Ost-Essen für Handventilatoren der Systeme Capell und Pelzer ermittelt sind.

Tabelle 89.

Lfde. No.	System	Durchmesser der Lutten	Länge der Luttentour	Ausgeblasene Luftmengen in cbm
1	Capell	180	40	5,51
2	«	180	22	9,24
3	«	180	24	9,08
4	«	180	36	5,15
5	«	240	16	11,03
6	«	240	10	10,85
7	Pelzer	240	12	10,34
8	«	240	18	8,60
9	«	240	16	10,72
10	«	240	10	15,86

Die geringe Leistung (maximal etwa 16 cbm bei einer Luttenlänge von durchschnittlich 21 m) ist bei den Messungen 1—4 zum grossen Teile auf den erheblichen Reibungswiderstand der zu engen Luttentour zurückzuführen. Der günstige Einfluss weiterer Leitungen trat bei einem in der Tabelle nicht enthaltenen Versuche zu Tage, bei dem es gelang, mittels des Pelzer-Handventilators durch eine Luttentour von 60 m Länge und 400 mm Durchmesser 22 cbm Wetter vor Ort zu bringen. Doch war dieses Ergebnis weniger dem Ventilator, als dem in diesem Falle äusserst kräftigen Selbstzuge zuzuschreiben, dessen Mitwirkung bei den Wettermessungen oft nicht genügend berücksichtigt wird.

Die geringen Leistungen der Handventilatoren müssen mit einem unverhältnismässig hohen Kostenaufwande erkauft werden. Für den Betrieb eines Ventilators, der Tag und Nacht in Betrieb stehen muss, sind arbeitstäglich 3 Schichten der Bedienungsleute erforderlich. Setzt man als Schichtlohn nur 2,40 M. ein, so ergeben sich als tägliche Bedienungskosten für einen Handventilator 7,20 M. Wenn man bedenkt, dass die von einer Bedienungsperson an der Kurbel dauernd ausgeübte Kraft $^1/_{25}$ PS. nicht überschreitet, und dass diese Leistung nach Abrechnung der Ruhepausen in der Schicht nur etwa 5 Stunden lang erzielt wird, so stellt sich $^1/_5$ Pferdekraftstunde auf 2,40 M., was gegenüber den Betriebskosten der Motoren ausserordentlich hoch erscheint. Dazu treten noch die Kosten für die Unterhaltung, Verzinsung und Amortisation, welche die Gesamtbetriebskosten auf ein mehrfaches der motorisch bewegten Ventilatoren und insbesondere der billigen Strahlgebläse bringen.

Die auf S. 491 besprochenen Nachteile sicherheitlicher und wirtschaftlicher Natur lassen es erwünscht erscheinen, dass die Handventilatoren nach Möglichkeit durch Strahlgebläse oder Motorventilatoren ersetzt werden.

β) Leistungen und Betriebskosten von Motorventilatoren.

Von den Betriebskräften der Motoren müssen Druckluft und Elektrizität über Tage in besonderen Vordermaschinen erzeugt werden, während beim Wasserbetrieb der natürliche Druck in der Zuführungsleitung in Kraft umgesetzt und das Abwasser von den meistens nicht voll ausgenutzten Wasserhaltungen mit gehoben wird. Daher können bei dieser Betriebsart die Anlagekosten für die Vordermaschinen ausser Rechnung bleiben. Wird das Wasser dem Berieselungsnetz entnommen, so bleiben zudem Aufwendungen für die Zuleitung, welche bei der Elektrizität nicht unwesentliche und bei der Druckluft recht beträchtliche Kosten verursacht, ausser Berechnung. Die letzteren Betriebsarten weisen dagegen den Vorteil auf, dass eine Ableitung des verbrauchten Triebmittels nicht erforderlich ist, welches beim Druckluftbetrieb sogar durch Einblasen in die Luttentour zur Erhöhung des Effektes herangezogen werden kann, während bei dem Wasserbetriebe dort, wo ein Quellen der Sohle oder eine Vermehrung des Gebirgsdrucks durch Aufweichen des Gesteins zu befürchten ist, für die Ableitung des verbrauchten Wassers Sorge getragen werden muss. Stellen sich derselben, wie beispielsweise in Unterwerksbauen, Schwierigkeiten entgegen, so muss vom Wasserbetrieb überhaupt abgesehen werden. Ohne Konkurrenz steht derselbe da, wenn Wasser auf dem Wege zur Sumpfsohle ausgenutzt werden kann und nach Lage der Gebirgs- und Betriebsverhältnisse eine Ableitung überflüssig ist.

Der Nutzeffekt der Druckluft-Kraftübertragung dürfte bei den grossen Verlusten durch Adiabasie, Dichtungsfehler und dem geringen Wirkungsgrad der Luftmotoren bei den meisten Anlagen 30 % kaum erreichen. Bei dem Wasserbetriebe wird er unter Berücksichtigung der Wirkungsgrade von Pumpen, Zu- und Ableitung sowie gut instandgehaltener Turbinen sich auf etwa 40 % stellen, während bei Elektromotoren auch auf grössere Entfernungen, wenn nötig mit Hochspannung und nachheriger Herabtransformierung, leicht 55 % zu erzielen sind.

Pressluft-Ventilatoren.

Der Wirkungsgrad der Pressluftmotoren leidet ganz erheblich darunter, dass der Druck in der Pressluftverteilungsleitung je nach der Entfernung der Betriebsstelle vom Kompressor ein sehr verschiedener ist, der Motor aber infolge seiner Bemessung eine günstige Leistung nur bei einer bestimmten Druckhöhe abgibt. Da aber ein ausgedehntes Pressluftnetz sehr schwer auf einem einigermassen konstanten Druck zu halten ist, so arbeitet der Motor gewöhnlich unrationell, weil er für einen niederen Druck zu eng und für einen hohen Druck zu weit bemessen ist. Wie sehr dieser Umstand ins Gewicht fällt, geht aus einem Falle[*]) hervor, wo man eine bedeutende Herabsetzung der Betriebskosten dadurch erreichte, dass man den Cylinder durch Einsetzen von Büchsen verengte.

Auch die Unterhaltungskosten sind beim Druckluftmotor höher als bei der Turbine und dem Elektromotor. Die vielen gleitenden Teile (Schieber, Stopfbüchsen u. s. w.) sind bei den ausserordentlich hohen Tourenzahlen einem starken Verschleiss unterworfen, wodurch zudem die Betriebssicherheit ungünstig beeinflusst wird; sie verbrauchen viel Schmiermaterial und verlangen eine sorgsame Wartung, wohingegen bei der Turbine und dem Elektromotor nur 2 Lager zu schmieren sind und die übrige Wartung so leicht und einfach ist, dass sie von den Ortshauern mit versehen werden kann.

Die Kosten der Druckluft sind auf den einzelnen Zechen je nach den Aufwendungen für Brennmaterial u. s. w. und der Güte der Kompressorenanlagen sehr verschieden; 1 cbm auf 4 Atm. gepresster Luft dürfte sich auf 1,2 bis 2 Pf. stellen. Auf Zeche Zollverein hat man durch sorgfältige Rechnung festgestellt, dass die Verdichtung eines cbm vom Kompressor angesaugter Luft auf 4 Atm. an Brennmaterialien, Löhnen und Unterhaltung des Kompressors einen Kostenaufwand von 0,20 Pf. und mit Einrechnung von 10 % Amortisation und 5 % Zinsen des Anlagekapitals einen solchen von 0,45 Pf. verursacht.

Bei den Schwierigkeiten, welche sich einer direkten Messung des Luftverbrauchs entgegenstellen, musste man sich bisher damit begnügen, den Luftverbrauch der Motoren zu errechnen. Die Luftverbrauchszahlen eines Mortier- und eines Frölich & Klüpfel-Ventilators, welche von den anderen Systemen sich in dieser Hinsicht nur wenig unterscheiden dürften, giebt mit in der Praxis ermittelten korrespondierenden Angaben der Wetterleistung die nachstehende Tabelle[**]):

---

[*]) Zeitschr. f. d. Berg-, Hütten- u. Salinenwesen 1895, Bd. XLIII, BS. 299 ff.
[**]) Glückauf 1901, S. 995.

Versuchsmessungen an Sonderventilatoren.

Ver-such No.	Flügelrad-durch-messer	Tourenzahl		Betriebs-druck P	Verbrauchte Luft vom Betriebs-druck Q	Verbrauchte Energie $P \times Q$	Depression h	Gelieferte Wettermenge L je Minute	Wetter-leistung $h \times L$	Leistung $\dfrac{h \times L}{P \times Q}$	Bemerkungen
	mm	Kolben	Flügelrad	Atm.	cbm		mm H_2O	cbm			
a) Mortier-Ventilator mit einem Motor von 100 mm Cylinderdurchmesser und 80 mm Hub.											
1	450	40	114	3,9	0,0426	0,16614	0,4	6,804	2,7216	16,3814	Der Druckluft-verbrauch ist be-rechnet aus 0,8 Kol-benfüllung (unter Abzug des Kolben-stangenvolumens).
2	450	60	180	4,0	0,0670	0,26800	1,0	13,671	13,6710	51,0112	
3	450	132	396	4,45	0,1478	0,65771	2,4	29,295	70,3080	106,8982	
4	450	224	672	4,6	0,2509	1,15414	7,0	52,794	369,5580	320,2021	
5	450	275	805	4,8	0,3080	1,47840	8,2	67,573	554,0986	374,7961	
b) Ventilator von Frölich & Klüpfel mit einem Motor von 145 mm Cylinderdurchmesser und 80 mm Hub.											
1	800	66	153	4,4	0,1373	0,60412	2,1	26,036	54,6756	90,5045	Wegen Voreilung des Schiebers und innerer und äusse-rer Ueberdeckung ist 0,2 des Volu-mens auf Expan-sion zu rechnen.
2	800	87	213	4,2	0,1810	0,76020	3,3	36,903	121,7799	160,1946	
3	800	106	240	4,2	0,2205	0,92610	3,6	40,345	145,2420	156,8319	
4	800	148	340	4,1	0,3078	1,26198	7,1	59,627	423,3517	335,4663	
5	800	182	445	4,3	0,3768	1,62024	15,0	80,150	1202,2500	742,0197	
6	800	206	510	4,0	0,4285	1,71400	19,0	92,152	1750,8880	1021,5216	
7	800	250	584	3,9	0,5200	2,02800	23,0	100,311	2307,1530	1137,6494	
8	800	260	600	4,2	0,5408	2,27136	24,0	110,727	2657,4480	1169,9810	

Unter Berücksichtigung der Durchschnittsergebnisse in Tabelle 90 und mittlerer Anlagekosten ergeben sich für einen Monat zu 30 Tagen und Luttentouren verschiedener Länge folgende Betriebskosten:

Tabelle 91.

Länge der Luttentour von 400 mm Durchmesser m	Gelieferte Wettermenge in der Minute *) cbm	Druckluftverbrauch bei 4 Atm. Ueberdruck, einschliesslich Verlust		Kosten der verbrauchten Druckluft für 1 cbm von 4 Atm.		Gesamtbetriebskosten einschliesslich 5% Amortisation und Verzinsung des Anlagekapitals bei		Einrichtungskosten auf den Monat verteilt M.
		in der Minute cbm	in einem Monat cbm	bei 2 Pf. M.	bei 1,2 Pf. M.	2 Pf. pro cbm M.	1,2 Pf. pro cbm M.	
50	40	0,13	6 607	132,14	79,28	146,74	93,88	31,00
50	50	0,16	8 132	162,64	97,58	177,24	112,18	
50	90	0,27	13 722	274,44	164,66	289,04	179,26	
100	40	0,24	12 935	258,70	155,22	276,90	173,44	56,00
100	50	0,30	16 200	324,00	194,40	342,20	212,60	
100	90	0,52	28 059	561,18	336,71	579,38	354,91	
200	40	0,47	30 456	609,12	365,47	634,62	390,97	106,00
200	50	0,58	37 584	751,68	451,00	777,18	476,50	
200	90	1,04	67 392	1347,84	808,70	1373,34	834,20	

*) Unter Einrechnung eines Verlustes in der Luttentour
von 15% für 50 m Länge,
„ 20% „ 100 „ „ .
„ 33½% „ 200 „ „ .

Die Kosten des Jahresbetriebes eines Druckluftventilators von mittleren Abmessungen beliefen sich nach einer anderen Quelle*), wenn man von den Anlagekosten der Leitung, über die schwer Angaben zu machen sind, absieht, wie folgt:

1. Anteil an den Betriebskosten des Kompressors, der für die Verdichtung des cbm angesaugter Pressluft auf 5,5 Atm. an Brennmaterial, Löhnen und Unterhaltung einen Kostenaufwand von 0,27 Pf. verursachte 690 M.
2. Kosten des Ventilatorbetriebes:
   a) Amortisation und Verzinsung des Anlagekapitals 10% . . . . 90 »
   b) Unterhaltung, Schmierung und Wartung . . . 100 »

zusammen 880 M.

Turbinen-Ventilatoren.

Der Wirkungsgrad der bei der Sonderbewetterung verwandten Turbinen hängt von dem Grade der Instandhaltung, dem zur Verfügung

*) Glückauf 1895, S. 1213.

stehenden Betriebsdruck und der Tourenzahl ab und kann für Peltonräder und die gleichwertigen Ausführungen kleiner Turbinen bei höherem Druck auf $60-70\,^0/_0$ geschätzt werden. Bei der Höchstleistung des Peltonrades auf Zeche Zollverein (85,64 cbm durch einen Luttenstrang von 125 m Länge und 400 mm Durchmesser, s. S. 560 und 581), welche bei 2341 minutlichen Umdrehungen erzielt wurde, verbrauchte der Motor 214 l Wasser von 22 Atm. = 4708 mkg in der Minute, was bei Annahme eines Verlustes von $30\,^0/_0$ in der Turbine einer Motorleistung von rund 1 PS. entspricht. Bei dem mittleren Wasserverbrauch und -druck (32,5 l und 12 Atm.) stellte sich die Motorleistung bei 650—700 minutlichen Umdrehungen auf etwa $^1/_{12}$ der obigen. Bei niederer Wasserpressung arbeiten die Peltonräder etwas ungünstiger.

Die Betriebskosten der Turbinen richten sich nach den Kosten der Wasserhebung, welche auf den einzelnen Zechen sehr von einander abweichen.*) Als Normalwerte können eingesetzt werden für die Hebung von 1 cbm Wasser auf 100 m 1,2 Pf., auf 200 m 2,5 P., auf 300 m 3,9 Pf., auf 400 m 5,9 Pf. und auf 500 m 8 Pf.

Uthemann**) gibt die jährlichen Betriebskosten eines mit 15 Atm. arbeitenden Peltonrad-Ventilators wie folgt an:

> Kosten des Aufschlagwassers . . . .   92 M.
> für $10\,^0/_0$ Verzinsung und Amortisation der Anlagekosten 120 «
> für Wartung, Unterhaltung und Schmierung . . . . . 100 «
>   zusammen 312 M.

Auf Zeche Zollverein I/II, wo die Hebung von 1 cbm Wasser auf 400 m Höhe ohne Amortisation und Zinsen 3,1 und mit Berücksichtigung dieser beiden Posten 4,73 Pf. kostet, stellt sich der Betrieb eines Peltonrad-Ventilators im Jahre auf 335 M. ohne Berücksichtigung und auf 611 M. mit Berücksichtigung der Verzinsung und Amortisation. Ein Druckluftventilator verursacht entsprechend einen Aufwand von 432 M. bezw. 1112 M.

Elektromotor-Ventilatoren.

Betriebsergebnisse von Elektromotor-Ventilatoren liegen noch nicht vor; doch kann als unzweifelhaft angesehen werden, dass die Elektromotoren die günstigen Resultate der Turbinen zum mindesten erreichen, wenn nicht übertreffen.

b) Betriebsergebnisse der Gebläse.

α. Pressluft-Gebläse.

Zur Berechnung des Luftverbrauchs von Pressluft-Gebläsen bedient man sich gewöhnlich der Formel für die Ausflussmenge von Gasen

---

*) Siehe Band IV, S. 371, Tabelle 11.
**) Glückauf 1895, S. 1213.

$$L = A \cdot F \sqrt{\frac{2\,g \cdot h \cdot D}{d}}$$, welche Annäherungswerte liefert, oder der Formel:

$$L = \frac{a\,F}{v^0} \sqrt{2\,g \cdot c_p \frac{T^0}{A}\left[\left(\frac{p}{p^0}\right)^{\frac{2}{n}} - \left(\frac{p}{p^0}\right)^{\frac{n+1}{n}}\right]}$$

über deren Anwendung von Ihering*) näheren Aufschluss giebt. Eine genauere Bestimmung des Luftverbrauchs und der Leistung der Luft im Strahlapparate ist sehr kompliziert**) und hat zudem nur geringen praktischen Wert, da sie eine Reihe von Konstanten voraussetzt, welche sich nur in jedem einzelnen Falle hinreichend genau angeben lassen. Grösseres Interesse bieten auch hier die Ergebnisse, welche im Wege des Versuchs ermittelt wurden.

Eine ausserordentlich geringe Nutzwirkung ergiebt die freie Ausströmung der Pressluft aus Düsen. Die Beliebtheit, welcher sich diese Methode heute noch auf vielen Zechen erfreut, lässt sich nur dadurch erklären, dass sie gegen den Betrieb der viel verwandten, teuer arbeitenden Handventilatoren immerhin einige Vorteile bietet. Weigl***) fand, dass ein Pressluftstrahl in einer Lutte von 1,17 m Länge schon die vierfache Wirkung ergiebt, als bei direktem Ausströmen in die Atmosphäre. Bei dieser geringen Luttenlänge wird die lebendige Kraft der Luft auch nur sehr wenig ausgenutzt. In Verbindung mit Luttentouren der gewöhnlichen Betriebslängen zeigen sich die Strahlapparate so überlegen, dass sie bei Luttenlängen von 10—20 m das Zwölffache†) und solchen von 100 m bis zum Vierzigfachen dessen leisten, was mit direkt ausströmender Pressluft zu erzielen ist. Als Beweis dafür seien die Ergebnisse von Versuchen angeführt, welche Zörner††) in Saarbrücken anstellte (Tabelle 92).

Tabelle 92.

	Düsendurchmesser in mm			
	2,5	3	4	5
	cbm Wettermengen			
1. Frei ausblasende Pressluft	0,40	0,57	1,01	1,58
2. Strahlgebläse in Verbindung mit 100 m Lutten von 500 mm Durchmesser				
a) bei blasendem Betrieb	16,10	19,60	25,69	29,68
b) bei saugendem Betrieb	13,44	20,23	27,30	38,92

*) A. von Ihering, Die Gebläse, 2. Aufl. 1903, S. 714 ff.
**) Berg- und Hüttenmännische Zeitung 1887, S. 89.
***) Ritter von Hauer, Die Wettermaschinen, S. 169.
†) Hauptbericht der Preussischen Schlagwetter-Kommission 1885, S. 203.
††) Zeitschrift f. d. Berg-, Hütten- u. Salinenwesen 1895, BS. 298.

Der bessere Wirkungsgrad, den die saugenden Düsen mit weiterem Durchmesser im vorliegenden Falle ergaben, erklärt sich durch den stärkeren Reibungswiderstand, welchen die blasenden Lutten dem Durchströmen der um das expandierte Betriebsmittel vermehrten Wettermenge entgegensetzten. Da bei der 2,5 mm-Düse das Verhältnis zwischen Düsen- und Luttenquerschnitt ein günstigeres ist, ergiebt hier der blasende Betrieb bessere Resultate, als der saugende.

Aus den Versuchen Steindels*) folgert Hauer: Die Luftförderung steigt in etwas geringerem Masse als die Quadratwurzel aus der Pressluftspannung und langsamer, als der Querschnitt oder das Quadrat des Durchmessers der Düsenöffnung. Ist diese Regel lediglich eine Folgerung der von Hauer wiedergegebenen Versuchsergebnisse, so kann derselben keine grosse Bedeutung beigelegt werden, da die Versuche mit ungenügend verbundenen (lediglich ineinander geschobenen) Lutten ausgeführt und daher die geförderten Luftmengen jedenfalls durch Nebenschlüsse stark beeinflusst wurden. Praktisch grösseren Wert besitzt der auf Seite 516 näher begründete Satz, dass ein rationeller Betrieb von Strahlapparaten nur dann möglich ist, wenn Düsen-

Versuche mit Luftstrahlapparaten und einem Luttenstrang von 100 m Länge und 400 mm Durchmesser.[1]

Tabelle 93.

Durchmesser der Düsenöffnung	Verbrauch an Druckluft in der Minute[2]			Wetterleistung in der Minute			Leistungsverhältnis: $\dfrac{\text{Depression} \times \text{Menge der Wetter}}{\text{Druck} \times \text{Menge der Pressluft}} = \dfrac{Q}{P}$
	vom Betriebsdruck in Atm.	cbm	Produkt P aus	von der Depression in mm Wassersäule	cbm	Produkt Q aus	
mm	I	II	I × II	III	IV	III × IV	
1	3,8	0,0074	0,0281	0,8	10,72	8,576	305,195
2	4,0	0,0290	0,1160	1,2	19,53	23,436	202,034
3	4,0	0,0660	0,2640	2,1	23,28	48,888	185,182
4	3,8	0,1215	0,4617	2,4	29,81	71,544	154,958
5	3,9	0,1830	0,7137	3,5	33,77	118,195	165.609
6	4,0	0,2616	1,0464	5,2	42,65	221,780	211,946
7	3,8	0,3635	1,3813	6,8	51,35	349,180	252,791
8,4	3,6	0,5230	1,8828	7,5	52,92	396,900	210,803
Düsen mit 2 Oeffnungen	5,2	0,0261	0,1357	0,9	15,32	13,788	101,606
Düsen mit 3 Oeffnungen	5,0	0,0344	0,1720	0,9	15,95	14,355	83,459
Düsen mit 5 Oeffnungen	4,0	0,0599	0,2396	1,1	18,84	20,724	86,494

[1] Glückauf 1901, S. 994.
[2] Der Pressluftverbrauch ist nach der auf voriger Seite zuerst gegebenen Formel berechnet.

---

*) Ritter von Hauer, Die Wettermaschinen, S. 168 ff.

und Luttenquerschnitt in einem bestimmten Verhältnis stehen. Dass enge Düsen von 1 mm Durchmesser bei dem gewöhnlich zur Verfügung stehenden Betriebsdruck und den gebräuchlichen Luttenweiten die besten Ergebnisse liefern, weite und insbesondere mehrstrahlige Düsen aber ungünstiger arbeiten, wird durch die in Tabelle 93 aufgeführten Resultate auf Zeche Germania II angestellter Versuche vollständig bestätigt.

Eine eigentümliche Erscheinung, welche bei anderen Versuchen nicht beobachtet wurde, ist die Zunahme des Nutzeffektes der Düsen von 6 bis 8,4 mm Durchmesser. Mit der Erhöhung des Betriebsdrucks hält die Leistungsvergrösserung nicht gleichen Schritt. Dass bei niederem Druck bessere Ergebnisse erzielt wurden, war wohl in der Bemessung der Apparate begründet.

Recht minderwertige Leistungen lieferten die mehrstrahligen Düsen. Dagegen ergab eine Kegeldüse so gute Resultate, dass sich ihre höheren Anschaffungskosten durch die Mehrleistung bezahlt machen.

Auf Zeche Germania II wurden auch Versuche zur Ermittlung der günstigsten Form der Düsenöffnung angestellt. Es stellte sich dabei heraus, dass eine in der Strahlrichtung vorgenommene konische Verjüngung oder Erweiterung der Austrittsöffnungen einen wesentlichen Unterschied in der Leistung nicht ergab. Die Hintereinanderschaltung mehrerer Düsen dürfte sich aus den auf Seite 519 entwickelten Gründen besonders für enge Lutten empfehlen. Bei genügend weiten Lutten giebt, wie die nachstehenden Ergebnisse auf oben genannter Zeche angestellter Versuche*) beweisen, die Nebeneinanderschaltung unter Umständen sogar eine kleine Mehrleistung.

Tabelle 94.

Durch-messer der Düsen-öffnung	Quer-schnitt der Düsen	Ueber-druck	Ver-brauch an Druck-wasser resp. Druck-luft je Minute	Länge der Lutten-tour	Quer-schnitt der Lutten-tour	Ange-saugte Luft je Minute	Ausge-blasene Luft je Minute	Depres-sion in Wasser-säule	Bemerkungen
mm	qmm	Atm.	1	m	qm	cbm	cbm	mm	
2	3,14	4	50	130	0,1256	14,32	14,07	0	1 Düse
3 × 2	9,42	4	150	„	„	27,75	23,48	1,5	3 Düsen nebeneinander
3 × 2	9,42	4	150	„	„	25,62	22,86	1,5	3 Düsen hintereinander
3,6	10,17	4,6	170	130	0,1256	23,23	22,39	1	1 Düse
3×3,6	30,52	4,6	520	„	„	48,73	41,69	5,4	3 Düsen nebeneinander
3×3,6	30,52	4,6	520	„	„	47,35	40,44	5	3 Düsen hintereinander

*) Zeitschrift f. d. Berg-, Hütten- und Salinenwesen 1901, Bd. XLIX, BS. 326.

Die Urteile über den Wert des Körtingschen Luftstrahlventilators gehen weit auseinander. Durch Messung wurde festgestellt, dass der Apparat bei 2 Atm. Druck*) in kurzen Lutten etwa das 6fache, bei 20 m langen Lutten von 315 mm Durchmesser das 14fache der Betriebsluft vor Ort bringt. Bei noch längeren Luttentouren verändert sich das Verhältnis bis zu 1 : 60. Gegenüber den Düsen einfacher Konstruktion wurde durch die nachstehend angeführten Messungen auf Zeche Germania II bei einem Durchmesser der Strahlöffnung von 1 mm, der sich auch hier als der günstigste erwies, eine Mehrleistung von etwa 25 % festgestellt.

Versuche mit Körtingschen Luftstrahlapparaten und einem Luttenstrang von 100 m Länge und 400 mm Durchmesser.**)

Tabelle 95.

Durchmesser der Düsenöffnung	Verbrauch an Druckluft in der Minute			Wetterleistung in der Minute			Leistungsverhältnis: Depression $\times$ Menge der Wetter / Druck $\times$ Menge der Pressluft $= \dfrac{Q}{P}$
	vom Betriebsdruck in Atm.	cbm	Produkt P aus	von der Depression in mm Wassersäule	cbm	Produkt Q aus	
mm	I	II	I $\times$ II	III	IV	III $\times$ IV	
1,0	4	0,0073	0,0292	1,0	12,22	12,22	418,49
2	4	0,0382	0,1528	1,2	18,27	21,924	143,482
3	4,2	0,1319	0,55398	3,7	35,10	129,87	234,431
4	4,6	0,1730	0,7958	5,8	44,96	260,768	327,680
5	4,5	0,2507	1,12815	8,0	56,90	455,2	403,492
6	3,8	0,3625	1,3775	7,5	51,35	385,125	279,583

Bei 2 mm Düsendurchmesser wurde auch hier, wie bei den einfachen Düsen, ein starker Abfall der Leistung beobachtet, welche sich bei 3 mm wieder zu heben begann und bei 5 mm erst beinahe ebenso günstig war, wie bei 1 mm.

Die Betriebsgeschichte des Ruhrkohlenbergbaus weist manchen Erfolg des Körtingschen Apparates namentlich in den Zeiten auf, wo die Handventilatoren und direkt ausblasende Pressluftdüsen die hauptsächlichsten Hülfsmittel der Sonderbewetterung waren. Anfangs der achtziger Jahre bewetterte man auf Zeche Friedrich der Grosse***) mit Hülfe desselben Strecken bis zu 400 m Länge und Ueberhauen bis zu 200 m Höhe.

---

*) Anordnung der Düsen: Die nebeneinander liegenden waren in die vordere Oeffnung der Luttentour eingeführt. Von den hintereinander angebrachten befand sich die erste am Anfang der Luttentour, die 2. und 3. waren in Abständen von je 15 m in die 130 m lange Luttentour eingesetzt.

**) Der Pressluftverbrauch ist nach der auf S. 567 zuerst gegebenen Formel berechnet.

***) Zeitschr. f. d. Berg-, Hütten- und Salinenwesen 1883, Bd. XXXI, B S. 209.

Auf Zeche Kaiserstuhl versagten die Handventilatoren in den stark entgasenden Flötzen vollkommen, während man mit Körtingapparaten die Schlagwetter bewältigte. Neuerdings will man dort eine Ueberlegenheit der Ringdüse (Fig. 187, Seite 530) über die Körtingdüse festgestellt haben. Ein Nachteil des Körtingapparates ist das von der austretenden Pressluft verursachte Geräusch, welches unter Umständen so stark wird, dass es die Verwendung dieses Wettermotors an Stellen, wo Signale gegeben werden müssen, ausschliesst.

Der Vorteil, dass die Luftstrahlgebläse den relativ betriebssichersten Wettermotor darstellen, da bei ihnen Düsenverstopfungen wie bei den Wasserstrahlapparaten nicht auftreten und reparatur- und ersatzbedürftige Maschinenteile wie bei den Motorventilatoren nicht vorhanden sind, wird sehr durch den starken Energieverbrauch und die sich daraus ergebenden hohen Betriebskosten beeinträchtigt. Nach den Versuchen von Harzé[*] verlangt eine vom Körtingschen Apparat nutzbar gemachte Pferdekraftstunde bei Dampfbetrieb und

$$1 \text{ Atm. Druck } 48,3 \text{ kg Kohlen,}$$
$$2 \quad \text{„} \quad \text{„} \quad 43,6 \text{ „} \quad \text{„}$$
$$\text{und } 3 \quad \text{„} \quad \text{„} \quad 31,3 \text{ „} \quad \text{„}$$

Nimmt man nun für die pneumatische Uebertragung einen Wirkungsgrad von 50 % an, so steigt der Kohlenverbrauch für die durch Pressluft übertragene Pferdekraftstunde auf das Doppelte.

Vom wirtschaftlichen Standpunkt kann deshalb die Verwendung weitdüsiger Strahlapparate nur in Ausnahmefällen, wo die Aufstellung eines anderen Wettermotors auf Schwierigkeiten stösst, oder zu grosse Anlagekosten verursacht, gutgeheissen werden. In beschränkterem Masse gilt das auch für die durch Luft zu betreibenden Düsen mit engerer Bohrung, die in der Anschaffung weit billiger sind als Körtingapparate. Es stellt sich

eine einfache Düse aus Gasrohr (Fig. 169). . . . . auf 1,50 M.
eine Pfefferbüchsendüse (Fig. 173) . . . . » 3,— »
eine Dunksche Düse (Fig. 182) . . . . » 2,50 »
eine Westfalia-Düse (Fig. 183) . . . . » 4,50 »
eine Körtingsche Düse (Fig. 179) . . . . » 7,50 »
ein Wasserstrahlapparat bestehend aus einer schraubenförmig ausgebohrten Düse und zusammengezogener Lutte, in der Grubenwerkstätte hergestellt . . . . . » 15,— »
ein Tendam-Strahlapparat für blasenden Betrieb (Fig. 175a) . » 20,— »
» » » saugenden » (Fig. 175b). . » 35,— »

---

[*] Compt. rend. soc. ind. min. 1886, S. 230; von Hauer, Die Wettermaschinen, S. 174.

Unter Zugrundelegung mittlerer Einrichtungskosten und der auf Zeche Germania II erzielten Leistungen (Tabelle 93) ergeben sich für den Betrieb blasend eingebauter einstrahliger Luftdüsen folgende Gesamtbetriebskosten:

Tabelle 96.

Länge des Luttenstranges von 400 mm $\varnothing$ m	Gelieferte Luftmenge*) in 1 Min. cbm	Verbrauch an Druckluft von 4 Atm. Ueberdruck		Kosten der verbrauchten Druckluft		Gesamtbetriebskosten einschliessl. Amortisation (10%) und Zinsen (5%) des Anschaffungskapitals		Einrichtungskosten einmalig M.
		in 1 Minute cbm	in 1 Monat (einschl. Verlust) cbm	bei 2 Pf. für 1 cbm von 4 Atm. M.	bei 1,2 Pf. für 1 cbm von 4 Atm. M.	bei 2 Pf. je cbm M.	bei 1,2 Pf. je cbm M.	
50	10	0,003	153	3,06	1,84	6,56	5,44	
50	20	0,028	1423	28,46	17,08	32,06	20,68	25,50
50	30	0,083	4217	84,34	50,60	88,04	54,20	
100	10	0,005	266	5,32	3,19	12,60	10,40	
100	20	0,056	3005	60,10	36,06	67,25	43,20	50,50
100	30	0,166	8963	179,26	107,56	186,40	114,70	
200	10	0,010	648	12,96	7,78	27,50	22,30	
200	20	0,112	7257	145,14	87,08	159,60	101,60	100,50
200	30	0,332	22,810	456,20	273,72	470,70	288,22	

*) Unter Annahme von Verlusten von 15,20 und 33$^1/_3$ % für Luttenstränge von 50, 100 bezw 200 m Länge.

Die Sätze der Tabelle werden durch Angaben anderer Zechen bestätigt. Beispielsweise kostete auf Zeche Zollverein der monatliche Betrieb einer Düse mittleren Durchmessers 20,60 M. ohne und 48,60 M. mit Amortisation (10%) und Verzinsung (5%).

Eine angenehme Beigabe, deren Wert nicht in Zahlen ausgedrückt werden kann, ist bei dem Luftbetriebe die Kühlwirkung, welche die expandierende Betriebsluft auf die mitgerissenen Wetter ausübt.

β. Wasserstrahlgebläse.

Wenn auch die Kühlwirkung bei den Wasserstrahlapparaten nicht so gross ist wie bei den mit Luft betriebenen, so reicht sie immerhin aus, die Wettertemperatur nicht unbeträchtlich herabzusetzen. Beispielsweise erniedrigte ein auf Zeche Viktor zur Bewetterung eines unterirdischen Maschinenraumes eingebauter Körtingscher Wasserstaubventilator die Temperatur der mit 37,50 ° C in den Ventilator eintretenden Wetter auf 26,5° C. Mit einfachen Strahlapparaten gelang es auf Zeche Zollverein I/II die Temperatur in Ueberhauen von 26 auf 18,5 ° zu ermässigen.

Die Sättigung der Luft mit der Feuchtigkeit des zerstäubten Wasserkegels bietet einerseits den Vorteil, dass die Kohlenstaubbildung, wenn auch nicht verhindert, so doch erschwert wird und dass mitgerissene Staubteilchen durch das Wasser niedergeschlagen werden; andrerseits ist sie aber mit dem Nachteil verbunden, dass die mit Feuchtigkeit geschwängerte Luft die Abgabe des Schweisses verhindert. Dadurch wird die günstige Einwirkung, welche die Abkühlung der Luft durch das Wasser auf die Arbeitsfähigkeit der Ortsbelegschaft ausübt, nicht unwesentlich beeinträchtigt.

Der Wasserverbrauch kann nach einer komplizierten Formel*) berechnet werden, wird aber einfacher und sicherer in Messkästen bestimmt.

Bei einem Wasserdruck von 10—15 Atm. und darüber, wie er auf den Zechen gewöhnlich zur Verfügung steht, werden durch Wasserdüsen weit grössere Wettermengen gefördert als mit Pressluftapparaten. Nach den Ergebnissen auf Zeche Germania II ausgeführter Versuche (Tabelle 97) mit Wasserstrahlapparaten und einem Luttenstrange von 100 m Länge bei 400 mm Durchmesser empfehlen sich im allgemeinen für höheren Wasserdruck (10—13 Atm) weitere Düsen als bei Verwendung von Pressluft, was sich einfach daraus erklärt, dass der Strahlkegel im ersteren Falle relativ kleiner ist und das günstigste Verhältnis zwischen der Düsenöffnung und Luttenweite erst bei grösseren Ausstrahlöffnungen erreicht wird.

Tabelle 97.

Durchmesser der Düsenöffnung	Verbrauch an Druckwasser in der Minute			Wetterleistung in der Minute			Leistungsverhältnis
	vom Betriebsdruck Atm.	l	Produkt P aus	von der Depression mm Wassersäule	cbm	Produkt Q aus	Depression × Menge d. Wetter / Druck × Menge d. Triebmittels $= \frac{Q}{P}$
mm	I	II	I × II	III	IV	III × IV	
1,5	13,2	4,9	64,68	2,1	24,38	51,198	0,7916
2	12,8	8,3	106,24	2,3	26.71	61,433	0,5782
3	12,6	14,2	178,92	5,2	42,15	219,180	1,2250
4	11,6	25,4	294,64	6,7	50,65	339,355	1,1518
5	10,4	39,1	406,64	7,2	57,08	410,976	1,0107
6	10,0	50,6	506,00	12,0	66,59	799,080	1,5792
Düsen mit 2 Oeffnungen	13,4	5,2	69,68	1,5	21,67	32,505	0,4665
Düsen mit 3 Oeffnungen	13,2	6,6	87,12	2,3	26,03	59,869	0,6872
Düsen mit 5 Oeffnungen	12,6	14,4	181,44	3,6	34,27	123,372	0,6800
Kegeldüse	12,0	39,15	469,80	11,0	62,17	683,870	1,4557

Bei geringerem Wasserdruck (5—7 Atm.), wo der Strahlkegel breiter wird, muss die Düsenöffnung, wie die Ergebnisse vergleichender Versuche

---

*) A. von Ihering, Die Gebläse. 2. Aufl. S. 717 ff.
**) Glückauf 1901, S. 996.

mit Fingerhut- und Westfalia-Düsen (Tabelle 98) beweisen, enger gewählt
werden.

Tabelle 98.

Lfd. No. des Ver- suchs	Bezeichnung der Düse	Durch- messer der Oeffnung mm	Wasser- verbrauch in der Minute l	Druck Atm.	Wettermenge in der Minute cbm	je l Wasser cbm	Bemerkung
1	Fingerhutdüse (Fig. 170)	1,5	4,04	7,6	12,54	3,10	
2	„	2,5	9,30	7,5	19,01	2,04	
3	„	3,0	10,56	7,5	24,50	2,32	
4	„	3,5	20,21	7,5	25,08	1,24	
5	„ Fig.	3,5	20,21	7,5	30,77	1,54	
6	Westfalia- Düse, Fig. 183 mit 60° Schnecken- steigung	1,5	3,75	7,75	17,64	4,70	Zum Versuche diente eine Luttentour von 500 mm Durch- messer und 94 m Länge
7	„	2,5	9,30	7,75	24,41	2,62	
8	„	3,0	11,63	7,75	30,57	2,62	
9	„	3,5	12,56	7,00	30,77	2,45	
10	Westfalia- Düse mit 75° Schnecken- steigung	1,5	3,64	7,75	14,89	4,09	
11	„	2,5	10,00	7,50	26,65	2,66	
12	„	3,0	12,91	7,25	29,79	2,30	
13	„	3,5	16,31	7,25	35,45	2,14	

Während diese Ergebnisse sehr für die komplizierte Düsenform mit
schraubenförmiger Bohrung sprechen, fiel der ähnlich gebaute Körtingsche
Wasserstrahlventilator bei den Versuchen auf Zeche Germania II, welche
unter denselben Verhältnissen angestellt wurden, wie die in der Tabelle 95
aufgeführten, nach den in Tabelle 99 mitgeteilten Ergebnissen sehr gegen
die einfachen Düsenkonstruktionen ab.

Tabelle 99.

Durch- messer der Düsen- öffnung mm	Verbrauch an Druckwasser in der Minute vom Betriebs- druck Atm. I		Produkt P aus I×II	Wetterleistung in der Minute von der Depression mm Wasser- säule III		Produkt Q aus III×IV	Leistungsverhältnis: Depression × Menge der Wetter Druck × Menge des Triebmittels $= \dfrac{Q}{P}$
	I	II	I×II	III	IV	III×IV	
1,0	13,2	3,5	46,20	1,4	20,16	28,224	0,6109
2,0	13,0	8,2	106,60	2,5	29,48	73,700	0,6914
3,0	11,6	14,4	167,04	3,6	34,52	124,272	0,7440
4,0	11,8	25,3	298,54	5,6	42,21	236,376	0,7918
5,0	11,6	38,8	450,08	5,6	41,38	231,728	0,5149

Bessere Resultate erzielte man mit einer grossen Ausführung des Apparates in Oberschlesien. Bei einem Verbrauch von 112 l Wasser von 19 Atm. Druck in der Minute saugte er 47 cbm Wasser an und drückte sie durch eine 950 m lange, 80 m seiger in einem Schachte, 600 m streichend und darauf 300 m schwebend geführte Luttentour mit einem Verluste von etwa $30^0/_0$ vor Ort. Der Kraftaufwand für die Hebung der 112 l Wasser in der Minute ($\sim$ 1,9 l in der Sekunde) auf 220 m betrug allerdings bei der Annahme eines Pumpenwirkungsgrades von $78^0/_0$ nicht weniger als

$$\frac{220 \times 1,9}{75 \times 0,78} \sim 7\,\mathrm{PS}.$$

Mit der Erhöhung des Druckes wächst die Leistung nur bis zu einer bestimmten Grenze, über welche hinaus sie stark fällt. Das erklärt sich wohl daraus, dass der entstehende langgezogene Strahlkegel den Lufteintritt behindert.

Nach Versuchen auf einigen Zechen des Reviers Ost-Essen wurden durch dieselbe Wasserdüse angesaugt:

bei 12 Atm. Ueberdruck 18 cbm Wetter,

   „ 15 „   „   38 „   „

   „ 22 „   „   44 „   „

   „ 39 „   „   22 „   „

Bezüglich der Anordnung der Wasserdüsen gilt dasselbe, was auf Seite 569 von den Luftdüsen gesagt ist. Auch hier wurde durch Versuche auf Zeche Germania II (Tabelle 100)*) bei weiten Lutten eine kleine Mehrleistung bei Nebeneinanderschaltung beobachtet, die wohl bei engeren Lutten einer Minderleistung Platz gemacht hätte.

Tabelle 100.

Durchmesser der Düsenöffnung	Querschnitt der Düsen	Ueberdruck	Verbrauch an Druckwasser bezw. Druckluft je Min.	Länge der Luttentour	Querschnitt der Luttentour	Angesaugte Luft je Minute	Ausgeblasene Luft je Minute	Depression in Wassersäule	Bemerkungen
mm	qmm	Atm.	l	m	qm	cbm	cbm	mm	
2	3,14	11,2	7,65	130	0,1256	25,37	24,62	1,5	1 Düse
3×2	9,42	11,2	22,95	„	„	41,45	37,68	4	3 Düsen nebeneinander
3×2	9,42	11,2	22,95	„	„	40,94	35,80	3,6	3 Düsen hintereinander
3,6	10,17	11,2	19,75	130	0,1256	40,44	37,68	3	1 Düse
3×3,6	30,52	8,8	59,25	„	„	56,52	45,85	7,8	3 Düsen nebeneinander
3×3,6	30,52	8,8	59,25	„	„	53,38	43,08	7,2	3 Düsen hintereinander

*) Zeitschr. f. d. Berg-, Hütten- und Salinenwesen 1901, Bd. XLIX, BS. 326.

Auch beim Wasserbetriebe fielen, wie die Angaben der Tabellen 97 und 100 beweisen, die mehrstrahligen Düsen ausserordentlich gegen die einstrahligen ab, was auch durch Messungen in der Praxis*) bestätigt wird. Eine Düse mit vier schlecht verteilten Oeffnungen brachte auf Zeche Zollverein unter sonst gleichen Verhältnissen nur etwa 15 cbm Wetter vor Ort, während ein anderer Apparat mit zwei besser angeordneten Strahllöchern mit der Hälfte des Wassers annähernd die doppelte Wettermenge lieferte. Der Wirkungsgrad der Einstrahldüsen wird auch von der Tendamdüse trotz der zweckmässigen Anordnung der Strahlöffnungen nicht erreicht, wenn auch der Apparat auf einzelnen Zechen, wie Friedrich Ernestine**) und Bonifacius, mit gutem Erfolge verwandt wurde. Auf der ersteren Zeche brachte eine Tendamdüse bei einem Wasserverbrauch von 5,5 l in der Minute 2 cbm Wetter durch einen Luttenstrang von 200 m Länge und 200 mm Durchmesser vor Ort.

Bei vergleichenden Versuchen soll sich nach einer Quelle***) die Dunksche Düse der Körtingschen überlegen gezeigt haben. Bei ungefähr gleichem Wasserverbrauch (1,30 bezw. 1,35 l) drückte die erstere 15, die letztere 12 cbm Luft durch eine 6 m lange Lutte.

Unter Berücksichtigung der in Tabelle 97 aufgeführten Verbrauchszahlen für Betriebswasser und mittlerer Wasserhebungs-†) und Einrichtungskosten ergeben sich für den monatlichen (30 tägigen) Betrieb blasend eingebauter einstrahliger Wasserdüsen folgende Gesamtkosten: (Tab. 101).

Die geringeren Wasserhebungskosten, mit welchen die Mehrzahl der Zechen zu rechnen hat, verbilligen die Betriebskosten der Wasserdüsen mittleren Durchmessers (2—3 mm) auf 15—20 M. im Monat.

Die Kombination von Ventilator- und Düsenbetrieb, welche sich aus anderen Gründen (s. S. 555) empfiehlt, hat auch nach der mechanischen Seite hin recht gute Ergebnisse geliefert. Nach einer Beobachtung††) brachte ein Ventilator allein 9,6 cbm durch einen 417 m langen Luttenstrang; der Einbau einer Düse in einer Entfernung von 162 m vom Ventilator verstärkte die Leistung auf 11,4 cbm und der Einbau einer zweiten bei 384 m hob dieselbe auf 22,2 cbm.

c) Betriebsergebnisse der Lutten.

Einen ausserordentlichen Einfluss auf den Nutzeffekt der Sonderbewetterung übt die Leitungsfähigkeit der Lutten aus, genau

---

*) Die Anordnung der Düsen war die auf S. 570 beschriebene.
**) Der Bergbau 1894, No. 46.
***) Zeitschr. f. d. Berg-, Hütten- und Salinenwesen 1901, Bd. IL, BS. 326.
†) Zeitschr. f. d. Berg-, Hütten- und Salinenwesen 1886, Bd. XXXIV, BS 262.
††) Ebendort 1901, Bd. IL, BS. 325.

Tabelle 101.

Länge des Luttenstranges von 400 mm Durchmesser	Gelieferte Luftmenge in 1 Minute	Verbrauch an Kraftwasser von 12 Atm. Ueberdruck		Kosten für das verbrauchte Kraftwasser, wenn 1 cbm zu heben kostet:			Gesamtbetriebskosten: einschl. Amortisation (10%) und Zinsen (5%) des Anschaffungskapitals, wenn 1 cbm zu heben, kostet:			Einrichtungskosten einmalig
		in 1 Minute	in 1 Monat einschl. Verlust	5,9 Pf.	7 Pf.	3,9 Pf.	5,9 Pf.	7,0 Pf.	3,9 Pf.	
m	cbm	l	cbm	M.[1]	M.[1]	M.[1]	M.	M.	M.	M.
50	10	1,6	81	4,78	5,67	3,16	8,38	9,27	6,76	
50	20	2,4	122	7,20	8,54	4,78	10,80	12,14	8,38	
50	30	5,3	268	15,81	16,76	10,45	14,41	22,36	14,05	25,50
50	40	7,1	361	21,30	25,27	14,08	24,90	28,87	17,68	
50	50	12,7	645	30,06	45,15	25,16	41,66	48,75	28,76	
50	60	16,6	995	58,71	69,65	38,81	62,31	73,25	42,41	
100	10	3,2	173	10,21	12,11	6,75	17,41	19,31	13,95	
100	20	4,8	259	15,28	18,10	11,10	22,50	25,30	18,30	
100	30	10,5	567	33,45	39,70	22,10	40,65	46,90	29,30	50,50
100	40	14,2	767	45,25	53,69	29,91	52,45	60,89	37,11	
100	50	25,4	1 372	80,90	96,00	53,50	80,10	103,20	60,20	
100	60	39,2	2 117	124,90	148,20	82,60	132,10	155,40	89,80	
200	10	6,4	415	24,50	29,00	16,17	29,00	43,50	30,70	
200	20	9,6	622	36,70	43,60	29,26	51,20	58,10	38,80	
200	30	21,0	1 361	80,30	95.27	53,08	94,70	109,77	67,50	100,50
200	40	28,4	1 840	108,60	128,80	71,80	123,10	143,30	86,30	
200	50	50,4	3 256	192,70	228,82	127,40	207,10	243,20	141,70	
200	60	78,4	5 080	299,80	355,60	198,10	314,30	370,10	212,60	

[1]) 5,9 Pf. = für 1 cbm auf 390 m
7,0 „ = „ 1 „ „ 450 „ } S. S. 566.
3,9 „ = „ 1 „ „ 310 „

wie bei der Hauptwetterführung die Beschaffenheit der Wetterstrecken von grösserer Bedeutung ist, als der Wirkungsgrad der Ventilatoren. Die mangelhaften Ergebnisse vieler Anlagen sind lediglich entweder auf den grossen Widerstand der Lutten, welcher durch zu geringe Querschnitte, eine schlecht leitende, gewellte, verbeulte oder verschmutzte Innenfläche und die Einschaltung mehrerer scharfer Krümmer verursacht wird, oder auf Dichtungsverluste infolge schlechter Verbindung der Luttenenden zurückzuführen.

Bei der Berechnung der Lutten bedient man sich gewöhnlich der

Formel: $h = \alpha \dfrac{u \cdot l \cdot v^2}{s}$, in welcher bedeutet:

h = die Depression in mm Wassersäule,
α = den Reibungskoëffizienten der Luttenwandung,
v = die mittlere Geschwindigkeit,

l = die Länge
u = den Umfang $\Big\}$ der Lutte.
s = den Querschnitt

Für die Konstante α von Metall- und Holzlutten verschiedenartiger Oberfläche und Form ermittelte Petit*) auf dem Wege des Versuches die in der nachstehenden Tabelle angegebenen Werte:

Tabelle 102.

	Material der Lutten	Durchmesser mm	Luftgeschwindigkeit m je Sek.	α	Bemerkung
1.	Verzinktes Eisenblech .	259	2,68	0,00046	Zwischen diesen Grenzen ergaben sich für α dem Durchmesser entsprechende Werte
2.	„ „ .	259	14,30	0,00043	
3.	„ „ .	338	2,60	0,00041	
4.	„ „ .	338	14,30	0,00033	
5.	Unverzinktes Eisenblech	450		0,00031	Bei Lutten von 600 mm und darüber blieb α für alle Querschnitte und Geschwindigkeiten konstant.
	„ „	600		0,00023	
6.	„ „	900		0,00022	
7.	Eisenblech mit Mennige-Anstrich	1 000		0,00020	
8.	Wetterkästen (grosse Lutten aus Holz mit rechteckigem Querschnitt, genau vernutet und mit guten Stossverbindungen). Innenfläche mit schmierigem	1500 × 750	1,53 / 3,6	0,00024 im Durchschnitt	
9.	Kohlenstaub bedeckt .	1000 × 750	4,9 / 10,0	im Durchschnitt 0,00026	
10.	Kästen wie oben. Innenfläche frisch und unbestaubt	570 × 450	5,2 / 18,9	im Durchschnitt 0,00025	

*) „Etude sur l'aérage des travaux préparatoires dans les mines à grisou" von P. Petit, Chefingenieur der Société anonyme des Houillères de St. Etienne, veröffentlicht durch diese Gesellschaft anlässlich des Congrès International des Mines et de la Métallurgie, Paris 1900. — Oesterr. Ztschr. f. d. Berg- u. Hüttenwesen 1901 S. 1 ff.

Er stellte ferner auf Grund seiner Versuche fest, dass für Lutten mit kreisförmigem Querschnitt und mittlerem Reibungskoeffizienten die Formel

$$h = 0{,}0000948 \ \frac{L}{\varrho^{1{,}506}} \cdot \delta \cdot v^{1{,}916}$$

welche er aus der von Althans für gusseiserne Leitungen angegebenen Formel

$$h = 0{,}0007489 \times \frac{L}{D^{1{,}373}} \ \delta^{\frac{2}{3}} \ v^2$$

herleitete, bessere Resultate als die zuerst angeführte ergiebt.

In obigen Formeln bedeutet:

L = Länge der Luttenleitung.
v = mittlere Geschwindigkeit der Luft.
ϱ = Querschnitt: Umfang.
D = Durchmesser.
δ = Gewicht des cbm durchgeleiteter Luft.

Für gerade Lutten aus verzinktem Eisenblech von mittlerem Durchmesser und glatter Oberfläche kann die Widerstandskonstante zu 0,0035 angenommen werden, ein Wert, der sich mit dem von d'Aubisson für glatte Windleitungen ermittelten (0,0037) beinahe deckt. Diese Konstante ändert sich mit dem Durchmesser nur wenig.

Auf Wellblechlutten hat Petit seine Versuche nicht ausgedehnt. Durch die in Tabelle 103 aufgeführten Versuchsergebnisse ist aber festgestellt, dass der Reibungswiderstand derselben annähernd doppelt so gross ist, als derjenige glatter Lutten.

Tabelle 103.

Durch zwei gleich lange Luttenturen von 115 m Länge und 30 cm Lichtweite wurden mittelst eines Ser-Ventilators in der Minute geblasen:	Bei einer 2 m vor dem Ventilator gemessenen reinen Pression in mm Wassersäule von:											
	10	15	20	25	30	40	50	60	70	80	90	100
Durch glatte Lutten cbm	16,02	21,96	27,27	30,45	34,95	41,58	46,38	50,73	54,99	61,05	62,82	66,00
Durch Wellblechlutten cbm . . .	11,14	13,14	14,40	15,90	18,00	20,70	23,40	26,40	28,11	30,09	33,12	34,38

Der Widerstand, den die Luttenkrümmer der Fortleitung der Luft entgegensetzen, ist bei eckigen Krümmern bedeutend höher als bei gebogenen. Für die Druckverluste in Krümmern ermittelte Petit folgende Werte, ausgedrückt in äquivalenten Längen gerader Lutten von demselben Durchmesser:

Tabelle 104.

Art der Leitung	Winkel	Aequivalente Länge in Metern gerader Lutten desselben Durchmessers
Elliptische Lutten mit unabgesetzten, abgerundeten Knieen	15°	0,7678
	45°	4,589
	75°	6,135
	90°	7,017
Elliptische Luttenleitungen mit abgesetzten Knieen, aus mehreren Teilen bestehend	30°	5,443
	60°	8 604
Abgerundetes Knie in Lutten von 1 m Durchmesser	90°	13,525

Für gebrochene Kniee rechteckiger Holzlutten von 750×1250 mm Querschnitt erhöhten sich diese Druckverluste auf folgende Werte:

$$\text{für ein scharfes Knie von } 90° = 82,35 \text{ m}$$
$$\text{" " " " " } 45° = 23,30 \text{ "}$$
$$\text{" " " " " } 135° = 162,30 \text{ "}$$

Ein Knie von 45° Biegung, das 15 m vor einem rechtwinkligen Krümmer eingebaut war, vergrösserte die äquivalente Länge auf 182 m. Ein spitzes Knie kam allein einer solchen von 132 m gleich, verursachte also doppelt so viel Widerstand, als ein rechtwinkliges Knie. Nach den Versuchen auf Grube Reden*) im Saarrevier, deren Ergebnisse in Tabelle 105 wiedergegeben sind, wies ein aus 2 Stücken winklig zusammengesetzter Krümmer 3 mal so viel Reibung auf, als ein glattwandiger mit kreisförmigen Grenzlinien.

Tabelle 105.

Reine Pression in mm Wassersäule:	10	15	20	25	30
In der Minute gelieferte Wettermenge in cbm bei: gerader Luttentour von 41,3 m Länge, 30 cm Lichtweite	39,48	52,26	60,60	69,54	77,52
derselben Luttentour mit eingeschaltetem gutem förmigen Doppelkrümmer	31,74	44,70	54,60	64,29	70,14
derselben Luttentour mit eingeschaltetem schlechtem förmigen Doppelkrümmer . . .	27,42	35,10	42,57	44,64	51,54

*) Glückauf 1895, S. 1212.

Der Wert der Leistungsvermehrung, welcher sich für weite Lutten aus dem Grundgesetz ergiebt, dass der Widerstand derselben in direktem Verhältnis zu der Länge der Leitung und dem Quadrate der Luftmenge und umgekehrt proportional dem Quadrate des Luttenhalbmessers wächst, sei durch ein praktisches Beispiel*) gekennzeichnet. Ein Ort soll durch eine Luttentour von 100 m Länge mit 30 cbm Wetter versorgt und eine Berechnung der Depression für Lutten von 250 und 400 mm Durchmesser gegeben werden. Nach Petit stellt sich die Konstante α für die 250 mm-Lutte auf 0,00047, für die 400 mm-Lutte auf 0,00033. Unter Verwertung dieser Konstante berechnen sich die Depressionen, welche bei den verschiedenen Luttentouren erforderlich sind, nach der Formel

$$h = \alpha \cdot \frac{u \cdot l \cdot v^2}{s}$$ für h_{250} zu $0,00047 \cdot \frac{100 \cdot 0,79 \cdot 16}{0,049} = 12,12$ mm Wassersäule und bei einer Wettergeschwindigkeit von 4 m in der Sekunde, für h_{400} zu $0,00033 \cdot \frac{100 \cdot 1,26 \cdot 16}{0,126} = 5,28$ mm Wassersäule. Bei gleicher Geschwindigkeit würde die enge Wetterlutte nur etwa 12 cbm vor Ort liefern. Bei längeren Luttensträngen hätte sich das Verhältnis noch mehr zu Ungunsten der engeren Leitung verschoben. Dabei ist auch noch zu berücksichtigen, dass die Dichtungsverluste an den Verbindungsstellen der Lutten bei den hohen Depressionen, wie sie für die engeren Lutten erforderlich sind, viel bedeutender sind, als bei den niedrigen Depressionen weiterer Leitungen.

Als Beispiel für die hohen Bewetterungseffekte, welche mit weiten Lutten zu erreichen sind, seien noch Ergebnisse von Versuchen mitgeteilt, welche auf den Zechen Zollverein I/II und VI an 2 Mortier-Ventilatoren vorgenommen wurden, von denen der eine durch einen Pressluftmotor, der andere durch ein Peltonrad getrieben wurde. Mit dem ersteren gelang es, bei derselben Tourenzahl und Luttenlänge durch eine 240 mm-Lutte 5,6, durch eine 400 mm-Lutte dagegen annähernd das 4 fache dieser Menge, nämlich 22,52 cbm Luft zu pressen. Der durch ein Peltonrad angetriebene Ventilator lieferte bei 1526 minutlichen Umdrehungen durch eine 210 mm-Lutte von 247 m Länge nur 2,5 cbm und bei 2341 minutlichen Umdrehungen durch eine 400 mm-Lutte von 125 m Länge 85,64 cbm vor Ort.

Aus diesen Beispielen tritt deutlich der grosse Vorteil hervor, den die volle Ausnutzung der Wettermotorleistung durch weite Lutten insbesondere dann bietet, wenn die Betriebskraft teuer ist. Mit weiteren Lutten bringt man bei gleichen Längen mit demselben Kraftaufwand ein Mehrfaches und oft ein Vielfaches der Wettermenge vor Ort, wie durch enge, man schafft dieselbe Wettermenge auf weit grössere Entfernungen

---

*) Glückauf 1903, S. 159.

fort oder erzielt gleiche Leistungen mit einem Bruchteil des Kraftaufwandes und der Betriebskosten.

Ausser durch Reibungsverluste wird der Nutzeffekt der Luttenleitungen durch die Dichtungsfehler stark herabgesetzt. Dieselben waren bei den älteren Luttenverschlüssen so gross, dass die Leitungen schon auf mittlere Entfernungen versagten. Zwar geben Lehmverschlüsse, solange Erschütterungen der Luttentour nicht auftreten, verhältnismässig günstige Resultate. Diese verschwinden aber sofort, wenn der Lehm durch Stösse oder durch Austrocknen rissig wird oder abbröckelt. Versuche ergaben für Muffenlutten mit sorgfältig ausgeführten Lehmumschlägen von 100 m Länge 50 % Verlust, für solche von 200 m Länge 80 % Verlust. Eine bessere und dauerhaftere Abdichtung lässt sich durch die neueren Band- und Flanschenverschlüsse erzielen. Durch die Wirtzsche patentierte Verbindung wurde in einem Falle der Wirkungsgrad so gehoben, dass man mit einer 300 mm-Luttentour einen Bewetterungseffekt erzielte, wie mit einer nach alter Manier gedichteten 350 mm-Lutte. Ergebnisse von Versuchen mit dem Wirtzschen Verschlusse enthält folgende Tabelle:

Tabelle 106.

Luttenlänge m	Verluste	
	bei einer angesaugten Wettermenge von 39—52 cbm *)	bei einer Depression von 30—40 mm Wassersäule **)
100	22,5 %	25 %
200	41,5 %	50 %
300	54 %	65 %
400	—	74 %
500	—	76 %

Noch besser wirken die Flanschenverschlüsse. Eine mit denselben ausgerüstete Luttentour von 565 m Länge ergab einen Verlust von 10 %.

Mit Hülfe von Erfahrungswerten lässt sich, wenn die Wettermenge Q, welche ein Luttenstrang von 100 m Länge vor Ort leitet, bekannt ist, das Wetterquantum Q_1 für $n \times 100$ m nach der Formel***)

$$Q_1 = \frac{Q}{\sqrt{n}} \cdot \frac{100-v_1}{100} \cdot \frac{100-v_2}{100}$$

berechnen, worin

v_1 den Reibungs- und Dichtungsverlust in der Leitung in %,
v_2 den Verlust durch Krümmer in % bedeutet.

---

*) Versuche auf Zeche Zollverein.
**) Versuche in Saarbrücken, s. Glückauf 1895, S. 1211 f.
***) Zeitschr. f. d. Berg-, Hütten- und Salinenwesen 1895, Bd. XLIII, BS. 296.

VI. Schlussfolgerungen.

Schlussfolgernd sei zu dem Kapitel „Sonderbewetterung" bemerkt: Die Sonderbewetterung verdient in noch höherem Masse, als es bisher im westfälischen Bergbau geschah, zur Wetterversorgung der Ortsbetriebe herangezogen zu werden. Der blasenden Anordnung der Wettermotoren wird in der weitaus überwiegenden Zahl der Fälle der Vorzug vor der saugenden zu geben sein. Was die Wahl der Wettermotoren angeht, so verbietet sich die Verwendung von Handventilatoren und direkt ausströmender Pressluft aus Gründen der Wirtschaftlichkeit und der Sicherheit. Von den übrigen Wettermotoren empfehlen sich Strahlgebläse für kleinere Mengen (etwa bis zu 60 cbm Wetter in der Minute und 10 mm Depression); Ventilatoren für darüber hinausgehende Leistungen. Bei der Bemessung der Strahlapparate ist vor allem auf die Innehaltung des richtigen Verhältnisses zwischen Düsen- und Luttenquerschnitt zu achten. Bei den gebräuchlichen Luttenweiten werden die günstigsten Erfolge mit engen Düsen erzielt, mehrstrahlige Düsen arbeiten unrationell. Luftstrahlapparate sind zwar sicher, aber auch teuer im Betriebe. Sehr billige, wirksame und, wenn das Wasser rein ist, auch betriebssichere Gebläse sind die Wasserstrahlapparate. Als Motoren für die Ventilatoren empfehlen sich beim Pressluftbetriebe Maschinen mit Vorgelegekupplung, während die Leistungsfähigkeit der direkt gekuppelten eine recht beschränkte ist. Wirtschaftlicher und wegen ihrer hohen Tourenzahl leistungsfähiger als Pressluftmotoren sind Turbinen und Elektromotoren.

Die Mehrausgaben für weite Lutten machen sich durch die Kraftersparnis oder die Leistungserhöhung gut bezahlt. Als Material verdient verzinktes Eisenblech von grösserer Wandstärke unbedingt den Vorzug vor Zinkblech. Wellblechlutten setzen den Wirkungsgrad der Sonderbewetterungsanlagen sehr herab und verteuern daher den Betrieb. Aus denselben Gründen empfiehlt es sich, scharfe Krümmer nach Möglichkeit zu vermeiden und die Lutten mit gut schliessenden, wenn auch teureren, Verbindungen zu versehen. Von diesen eignen sich die schnell zu bedienenden Bandverbindungen in erster Linie für Leitungen, welche öfters umgebaut werden; die Flanschenverschlüsse, welche noch dichter halten als die Bänder, aber bei dem Anbringen und Abnehmen einen grösseren Zeitverlust verursachen, für länger an einem Orte verbleibende Luttenstränge.

6. Kapitel: Kontrolle der Wetterwirtschaft.

Von Bergassessor Stein.

Neben der Beschaffung eines ausreichenden Wetterstromes und seiner zweckmässigen und ordnungsmässigen Verteilung auf die Grubenbaue ist eine regelmässige Kontrolle über die Wetterversorgung der einzelnen Betriebspunkte notwendig, sowie ständige Beobachtungen über das Auftreten von Grubengas. Erst dadurch erhält man die Gewähr, dass die für die Wetterversorgung getroffenen Massnahmen jederzeit den Verhältnissen des Betriebes entsprechen, und vermag Veränderungen und Störungen in der Wetterwirtschaft rechtzeitig wahrzunehmen und abzustellen. Die Vorkehrungen zur Sicherung der Wetterversorgung bestehen zunächst in zuverlässiger und regelmässiger Beaufsichtigung der Ventilatoren, der Wetterwege in der Grube und der Hülfsmittel zur Führung und Verteilung der Wetterströme. Ferner gehören dazu ständige Untersuchungen über die Beschaffenheit der Grubenwetter durch Abprobieren mit der Lampe, Analysen und Temperaturmessungen, sowie systematische Wettermessungen in allen Teilen des Betriebes. Sodann ist eine planmässige und übersichtliche Darstellung der Wetterverteilung in der Grube erforderlich und endlich sind über sämtliche Beobachtungen und Untersuchungen regelmässige Aufzeichnungen vorzunehmen.

Alle diese Mittel zur Untersuchung und Beaufsichtigung der Wetterführung, vielleicht mit Ausnahme der Anfertigung richtiger Wetterrisse, fanden auf einzelnen westfälischen Gruben bereits vor der Thätigkeit der Schlagwetter-Kommission Anwendung und wurden von dieser zur allemeinen Einführung empfohlen.

Indessen begnügte sich die Wetterpolizeiverordnung vom Jahre 1887/88 damit, nur für Schlagwettergruben gewisse regelmässige Untersuchungen, wie z. B. die Befahrung der Betriebspunkte durch Wettermänner vor Anfahrt der Belegschaft vorzuschreiben. Andere Massregeln, nämlich Wetter- und Temperaturmessungen, Aufstellung von Wetterbetriebsplänen und Wetterrissen sowie Buchführung über die Ergebnisse der Wetterbeobachtungen wurden von dem Ermessen der Bergbehörden im einzelnen Falle abhängig gemacht. Doch gelangte man im Laufe der Zeit durch verschärfte Spezialvorschriften dazu, dass auf einer grossen Zahl von Gruben ein Teil der weiteren Sicherheitsmassnahmen getroffen, insbesondere regelmässige Wetteranalysen angefertigt, und Wettersteiger zur Aufsicht über die Wetterwirtschaft bestellt wurden, und dass auf den gefährlicheren Gruben das System der Kontrolle sogar ganz zur Durchführung kam.

Erst die Wetterpolizeiverordnung vom 12. Dezember 1900 hat diese Vorschriften auf sämtliche Kohlengruben des Bezirks ausgedehnt. Demnach müssen nunmehr die Grubenventilatoren mit selbstregistrierenden Kontrollapparaten versehen sein, welche die erzeugte Depression fortlaufend angeben, und deren Diagramme wenigstens drei Monate lang aufzubewahren sind. Zur Ueberwachung aller zur Wetterversorgung dienenden Strecken und Anlagen sowie der gesamten Wetterverhältnisse, die ja an sich schon Pflicht aller verantwortlichen Grubenbeamten ist, muss auf jeder Grube ein besonderer Wettersteiger angestellt werden. An sämtlichen Betriebspunkten hat ferner kurze Zeit vor Anfahrt der Belegschaft durch besondere Wettermänner eine Untersuchung der Wetterströme mittelst der Grubenlampe auf das Vorhandensein schädlicher Gase zu erfolgen, und über das Ergebnis dieser Untersuchung ist besonders Buch zu führen. Daneben sind die Ortsältesten noch zur Prüfung ihrer Arbeitsstelle mit der Sicherheitslampe vor Beginn der Arbeit verpflichtet. Zugleich sind die Befugnisse und Pflichten der Grubenbeamten festgesetzt, um beim Auftreten schlagender Wetter in einem Teile der Grubenbaue Abhülfe zu schaffen. Ausserdem sind Messungen der Stärke des Gesamtstromes sowie der einzelnen Teilströme an bestimmten, dazu eingerichteten Stationen in höchstens 14 tägigen Zwischenräumen vorgeschrieben sowie vierteljährliche Analysen über den Gehalt der Gesamtströme und der wichtigeren Teilströme an Kohlenwasserstoffen und Kohlensäure. Auch über diese Ermittelungen haben regelmässige Aufzeichnungen stattzufinden. Zur Darstellung der Wetterverhältnisse sind endlich besondere Wetterrisse anzufertigen, aus denen Stärke und Verlauf des Wetterzuges und alle auf letzteren bezügliche Einrichtungen zu ersehen sind.

Neben den eigentlichen Wetterrissen sind vielfach auf den Gruben sogenannte Wetterstammbäume in Gebrauch, das sind schematische Darstellungen über die Verzweigung der Wetterströme, die Stärke der einzelnen Teilströme und die Anzahl der darin beschäftigten Arbeiter. Den mit den Verhältnissen der Grube vertrauten Personen geben diese Stammbäume einen schnellen Ueberblick über den Stand der Wetterversorgung, die Zweckmässigkeit der Wetterverteilung und die Möglichkeit einer Veränderung derselben.

Die Wetterrisse sollen hingegen die Leitung der Wetterströme durch das verzweigte System der Grubenbaue zur Anschauung bringen, wobei der Verlauf und die Richtung der einzelnen Wetterwege zu erkennen sein muss. Sehr häufig findet man auf den Gruben zu diesem Zwecke grundrissliche Darstellungen, die einfach durch Kopieren des Grubenbildes hergestellt werden. Derartige Zeichnungen werden aber, wenn sie sämtliche Grubenbaue aus mehreren Sohlen enthalten, undeutlich, wenn sie sich dagegen auf eine Sohle beschränken, entbehren

sie der Vollständigkeit und verfehlen daher fast alle ihren Zweck, eine
übersichtliche und zuverlässige Darstellung des Verlaufes der Wetterströme
zu geben.

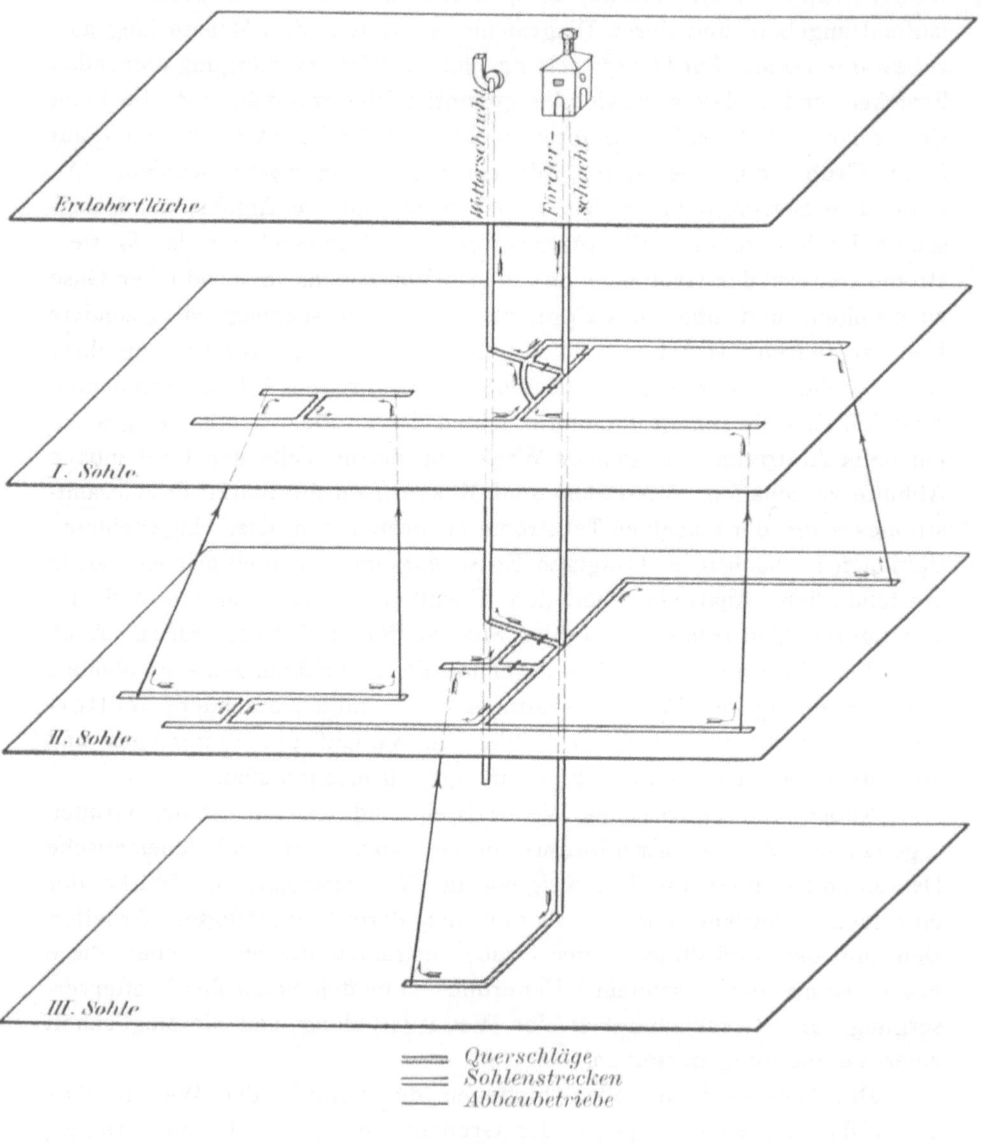

Fig. 225.

Wetterriss.

Zur Anfertigung brauchbarer Wetterrisse giebt es zwei Methoden,
von denen eine aus dem auf Tafel XXII wiedergegebenen Wetterriss von
Zeche Kaiserstuhl II ersichtlich ist. Man legt eine Reihe von Profilen durch

Additional information of this book

(Die Entwickelung des Niederrheinisch-Westfälischen Steinkohlen-Bergbaues in der zweiten Hälfte des 19. Jahrhunderts; 978-3-642-98908-7; 978-3-642-98908-7_OSFO7) is provided:

http://Extras.Springer.com

die Schächte, den Hauptquerschlag und sämtliche Abteilungsquerschläge. Die einzelnen Profile werden möglichst genau und zwar in Abständen, die ihren horizontalen Entfernungen entsprechen, untereinander gezeichnet. Sodann werden die streichenden Grundstrecken durch Verbindung der entsprechenden Schnittpunkte zwischen Querschlag und Flötz in einfachen Linien in der Farbe der betreffenden Sohle eingetragen. Sämtliche zwischen zwei Grundstrecken liegenden Abbaubetriebe werden nur durch je eine schwarze Verbindungslinie dargestellt, um die Uebersichtlichkeit nicht zu stören. Dafür werden für die Abbaubetriebe besondere Spezialrisse geführt, von denen mehrere auf den Tafeln XXIII—XXV wiedergegeben sind, die ohne weitere Erklärung verständlich sein dürften. Diese Darstellungsmethode ergiebt offenbar eine vorzügliche und leichte Uebersicht über die Wetterführung der Grube.

Die zweite Methode der Anfertigung von Wetterrissen ist anscheinend auf den westfälischen Gruben noch nicht versucht worden, sie soll aber doch kurz beschrieben werden. Man trägt sämtliche Sohlen der Grube untereinander auf und zwar, wie Figur 225 zeigt, in perspektivischer Ansicht als einzelne fest begrenzte Flächen. In der Breite erscheinen die Sohlen dadurch verkürzt.

Sämtliche Grundstrecken und Querschläge werden nunmehr auf den einzelnen Sohlen genau untereinander aufgetragen und darauf werden Schächte, Wetterüberhauen und andere Strecken, die von einer Sohle zur anderen führen, durch Verbindung der entsprechenden Punkte auf den verschiedenen Sohlen dargestellt. Diejenigen Teile der letzteren, die durch die Grundflächen verdeckt erscheinen, sind dabei zu punktieren. Um das Bild nicht unnötig zu verwirren, werden die Abbaubetriebe am besten auch hier nur durch einfache Linien in der Farbe der betr. Sohle wiedergegeben. Zur Darstellung der Bewetterung der Abbaue sind wieder besondere Spezialrisse anzulegen.